U0254081

先进注塑模设计手册

现代理念 · 设计标准 · 全自动注塑

Handbook of
Advanced Injection
Mould Design

刘勇 编著

化学工业出版社

·北京·

内 容 简 介

本手册突出创新性、先进性、科学性和实用性，全面系统地介绍了注塑模具设计的先进技术、模具标准和模具设计理念，列举了大量具有高效、精密和长寿命特点的先进注塑模具设计结构。

主要内容包括：注塑模设计概论、注塑模设计规范、塑料零件设计、型腔零件设计、浇注系统设计、脱模系统设计、结构件设计、排气系统设计、侧身分型与抽芯系统设计、温度调节系统设计、热流道模具设计、导向与定位系统设计、双色模具设计、注塑模材料选用。

本手册图文并茂，资料翔实，所选择的模具结构均为经过实践检验的成熟模具结构。

书中总结了国外先进模具设计理念与技术，归纳了模具设计人员常见的技术问题并给出解决方案，可为从事注塑模具设计与制造相关工作的技术人员提供参考，也可供大学院校相关专业师生学习使用。

图书在版编目（CIP）数据

先进注塑模设计手册：现代理念·设计标准·全自动注塑／刘勇编著. -- 北京：化学工业出版社，2024.8. -- ISBN 978-7-122-46221-3

Ⅰ．TQ320.66-62

中国国家版本馆 CIP 数据核字第 2024QT7723 号

责任编辑：贾　娜　　　　　　文字编辑：温潇潇
责任校对：王　静　　　　　　装帧设计：史利平

出版发行：化学工业出版社
　　　　　（北京市东城区青年湖南街 13 号　邮政编码 100011）
印　　装：中煤（北京）印务有限公司
787mm×1092mm　1/16　印张 47¼　字数 1182 千字
2024 年 8 月北京第 1 版第 1 次印刷

购书咨询：010-64518888　　　　　售后服务：010-64518899
网　　　址：http://www.cip.com.cn
凡购买本书，如有缺损质量问题，本社销售中心负责调换。

定　　价：298.00 元

前言

先进制造业是实体经济的基础，是国民经济的脊梁，也是我国经济实现创新驱动、转型升级的主战场。模具制造作为制造业的基础行业，对于"中国制造 2025"提出的十大重点领域起到重点支撑和保障作用。注塑模具必须在模具设计、模具加工工艺和生产模式等方面加以改进，完善标准化体系，快速适应先进制造业对模具发展的需求。

改革开放 40 多年来，我国模具行业得到了飞速发展，但和发达国家比仍然存在一定的差距，学习和总结国外的先进经验和设计理念十分必要。本手册的编写正是为了满足这种需要。

本手册突出创新性、先进性、科学性和实用性，通过研究国内外几百家专业注塑模制造厂商和注塑成型厂家的模具图纸、模具设计标准和规范，总结欧、美、日著名的模具标准件的使用经验，消化和归纳了先进模具结构，解决了注塑模具设计实践中常见的问题。涉及的模具标准有美国的 DME、 PCS 和 Progressive 标准，德国的 HASCO 标准、 STRACK 标准、 EOC 标准，英国的 DMS 标准，法国的 ROUBARDIN 标准，奥地利的 MEUSBURGER 标准，日本的 PUNCH、 MISUMI、池上金型工业株式会社标准和双叶电子工业株式会社的富得巴模架标准。对中国香港地区的 LKM 龙记标准也做了介绍。

手册以创新为宗旨，对于模具设计人员面临的迫切需要解决的问题，总结出一些先进经验可供参考，并给出了复杂注塑模具设计的一系列解决方案。手册中的实例主要来源于深圳和东莞地区设计制造的出口欧美和日本的注塑模，也有一些实例来自欧美和日本的产品设计。

本手册在全面介绍和总结先进模具标准化设计和模具标准件使用经验的基础上，提出了注塑模具结构的系统分析法，即把模具看作一个整体，其各个组成部分是互相影响和互相制约的，模具的设计制造是面向注塑的全面解决的整体式方案，高效、精密和长寿命模具设计是模具制造业永恒的追求。

本手册在编写过程中，得到中国模具网首席执行官、浙江宇辉智能科技有限公司董事长万晓宇先生、温州浩瑞网络科技有限公司徐康剑先生、东江模具（深圳）有限公司江训敏先生的大力支持，得到中航工业航宇救生装备有限公司高级工程师文根保先生的悉心指导，在此表示衷心感谢！

本手册是笔者 30 多年塑料模具设计制造经验之总结，同时也参考了行业众多企业和工程技术人员设计的图纸和标准，谨向这些对我国注塑模的发展作出贡献的企业和工程师们表示崇高的敬意。

由于作者水平所限，书中不足之处在所难免，欢迎广大读者批评指正。任何建议和技术交流可以发至邮箱： 914183367@qq.com。

刘 勇

目录

第7章　结构件设计　　　426

第 1 章 注塑模设计概论

1.1　模具设计理念

1.1.1　模具质量标准

国际标准化组织（ISO）2015 年颁布的 ISO 9000：2015《质量管理体系　基础和术语》中对质量的定义是：一组固有特性满足要求的程度。这表明产品的质量首先是指产品的某种特性，这种特性反映着客户的需求。概括起来产品质量特性包括性能、可靠性、经济性和安全性四个方面。性能是产品的技术指标，是出厂时（$t=0$）产品应具有的质量特性，显然，能出厂的产品就应满足性能指标，对于模具来说，就是符合客户的模具设计式样书（简称式样书）并能满足正常生产；可靠性是产品出厂后（$t>0$）所表现出来的一种质量特性，是产品性能的延伸和扩展；经济性是在确定的性能、可靠性水平下的总成本，包括购置成本和使用成本两部分；安全性则是产品在流通和使用过程中保证安全的程度。

在上述产品质量特性所包含的四个方面中，可靠性占主导地位。性能差，模具实际上是废品；性能好，也并不能保证模具的可靠性水平高。但可靠性水平高的模具在使用中不但能保证其性能，而且故障发生的次数少，维修费用及因故障停机造成的损失也少，安全性也随之提高。由此可见，模具的可靠性是模具质量的核心，是模具生产厂家和用户努力追求的目标。

国际标准化组织对质量的定义，实际上是要求好的质量不仅要符合技术标准的要求，同时必须满足客户的要求，还要满足社会的要求。模具质量评价的对象也从模具本身扩展到过程、体系、系统性解决方案和服务等各个方面。所以，它体现了一个广义的质量观。

模具是工业生产的重要工艺装备，模具的质量决定产品的质量。要保证产品质量首先就要重视模具质量。真正重视模具质量就必须转变对模具的质量观念。客户满意是判断注塑模具合格性的唯一标准。即不仅制件质量应符合要求，还应使模具使用寿命、可靠程度、生产效率、注塑周期、制造成本和售后服务等符合要求。从技术、经济的角度全面衡量模具质量。为此，必须完善以工作质量保证制造质量的保证体系，以保障模具质量。

模具设计需要进行系统性的分析，其中包括了解塑件在产品中的功能及与相关零件的关系，了解使用模具的设备和塑料的物性，了解生产批量以及征求产品设计、工艺人员及模具制造和注塑操作人员的意见，搜集有关的模具设计、制造和使用资料等。这对合理的模具设计是非常必要的。

模具设计标准化是保证设计质量的基本途径。模具标准是模具制造理论和实践经验的总结。我国已制定了一批模具标准，近年来，国外先进的模具标准 HASCO、DME、MISUMI 等在国内的应用也日益增多，模具设计标准化已经取得了明显的成效。

一套优质的模具并不局限于模具做出来的产品如何完美，模具的整体外观不容忽视。作为一个专业的模具厂，应该学会从细节做起，如保护模具外观表面，制定模架打印字码的规则，运水接头和电气插头等外观部件排列整齐，攻螺纹的深浅，模具铭牌设置，电路、气路和水路的标识等，必要时全部按照图纸做到位。模具要素的细节在模具设计时全部表达在模具结构图上，才能正确表达模具设计理念。如排气、运水、气路和水路集成器、吊模梁、锁模片、摩擦面开油槽、热嘴电源箱安装等很多细节，必须一次加工到位。

模具制造过程是确保模具质量的重要一环，模具加工方法和加工精度会影响模具的使用寿命。各零件的精度直接影响模具整体装配质量，需通过改善零件的加工工艺来提高模具零件的加工精度。若模具整体装配精度达不到要求，则在试模中模具在不正常状态下动作的概率会提高，对模具的总体质量会有很大影响。因此，为保证模具具有良好的原始精度——原始的模具质量，在制造过程中首先要合理选择高精度的加工方法，如磨削、线切割、数控加工等，同时应注意模具的精度检查，包括模具零件的加工精度、装配精度及通过试模验收工作综合检查模具的精度。在检查时还需尽量选用高精度的测量仪器，对于那些成型表面复杂的模具零件，需选用三坐标测量仪之类的精密测量设备，来确保测量数据的准确性。手工修整修配会使模具零件失去加工基准，破坏模具零件的互换性，给后续模具维护带来困难，因此没有加工到位的部位，应重新上机加工，严禁手工修整。

应用价值工程方法，在满足零件生产批量和质量的前提下，把模具设计的先进性、合理性和加工工艺的经济性有机地结合起来，以便用最短的周期、最经济的成本生产出用户满意的模具。

1.1.2 模具寿命

1.1.2.1 模具寿命的定义和标准

组成模具的零部件在工作一段时间后会由于某些原因而失效，从而影响模具整体功能的实现和模具的使用寿命。通常影响模具零件寿命的主要因素包括：断裂失效、过量变形失效、表面损伤失效、磨损、零件老化及加工缺陷等。长寿命设计是指在对模具功能进行系统性分析的基础上，采用各种先进的设计理论和软件工具，使设计出的模具能满足客户模具设计式样书的要求。由此可见，长寿命设计并非单纯地延长模具的寿命。因为简单地延长模具的寿命并不一定确保模具在使用过程中能经济地满足用户要求。所以，长寿命设计是个综合性的问题，模具不仅应具有预计的寿命，而且在其服役期间能动态地满足用户和环境的要求。由于用户和社会对模具功能和性能的要求是不断变化的，因此，要在满足用户要求的前提下实现绿色产品的长寿命设计还有很多困难。为了生产出具有长寿命的绿色产品，必须革新传统的设计思想和设计理念。

实现模具长寿命设计应遵循的原则包括：模具的性能保持性原则、模具的易维修原则、模具的标准化原则、模具的注射适应性原则和模具的经济性原则。

模具的失效分为正常失效和非正常失效。非正常失效（早期失效）是指模具未达到一定的工业水平下公认的寿命时就不能服役了，通常以模具设计式样书约定的寿命为准。早期失效的形式有塑性变形、断裂、局部严重磨损等。正常失效是指模具经大批量生产使用，因缓慢塑性变形或较均匀地磨损或疲劳断裂而不能继续服役。模具正常失效前，生产出合格产品的注射次数，叫模具寿命。在模具的寿命期内，因塑件结构原因产生的强度薄弱零件和易损零件需要定期更换。在模具设计制造前，这些模具零件应该列出明细，经过客户确认后制作备品。在模具寿命期内，除了薄弱零件更换备品之外，其余主要零件如型腔（又称模腔）和型芯等在良好维护下应该保持正常的寿命。

总的失效形式主要以磨损、塑性变形、断裂为主。影响模具寿命的因素是多方面的，从大量模具失效分析中可以看出，模具材料、热处理、模具结构设计、制造精度、润滑和维护保养等是影响模具寿命的主要因素。

模具首次修复前生产出合格产品的注射次数叫首次寿命。模具一次修复后到下一次修复前所生产出的合格产品的注射次数叫修模寿命，模具寿命是首次寿命与各次修模寿命的总和。这是国内传统的模具寿命的概念。模具出现问题就修修补补使用，偶发性模具问题随时可能发生，注射质量和交货期处于不确定中，模具维修人员经常被动地处于救火的状态中。对于合格的商品模具，在其寿命期内，只需要进行维护、保养和薄弱零件的更换，而不需要进行传统意义上的维修。

DLC（diamond-like carbon，类金刚石薄膜）涂层的推广使用，是增加导柱导套寿命的有效手段。DLC 是一种由碳元素构成、在性质上和钻石类似，同时又具有石墨原子组成结构的物质。类金刚石薄膜是一种非晶态薄膜，由于具有高硬度和高弹性模量、低摩擦系数、耐磨损以及良好的真空摩擦学特性，很适合作为耐磨涂层。DLC 可以应用于导柱上，使导柱导套配合表面光滑从而有效延长导柱导套的寿命。欧洲的 HASCO 标准导柱已经广泛地使用了 DLC 涂层。对于需要注射 100 万模次以上的长寿命模具，使用 DLC 涂层的导柱是十分必要的。

模具使用环境对注塑模具寿命有很大的影响，注塑机周边辅助设备如碎料机、色粉搅拌机和原料准备工序应安排在远离注塑区域，模具制造车间和注塑成型车间隔离可以避免磨床粉尘等。因为在不清洁干净的注塑车间，空气中的粉尘等积累在模具表面形成污垢，长此以往会压垮分型面，以致产生分型面毛边。

注射易分解的原料如 PVC 以及某些含易分解添加剂的塑料（如防火料添加剂）时，注塑机应该隔离，以免空气中的有害气体腐蚀影响其他模具和注塑机，这种影响在空气湿度大的南方地区尤其明显。基于同样原因，注塑模具的存放处应与注塑成型区隔离。医疗器械塑料件、某些食品包装类和化妆品包材类的注塑成型，多在无尘车间进行，以保证注塑质量，良好的注塑环境对模具的寿命是大为有利的。因此，注塑成型车间应该加强 5S 管理（整理、整顿、清扫、清洁、素养）。

模具寿命与模具类型和结构有关，它是一定时期内模具材料性能、模具设计与制造水平、模具热处理水平以及使用及维护水平的综合反映。模具寿命的高低在一定程度上反映一个地区、一个国家的冶金工业、金属热处理及机械制造工业水平。

对于模具寿命，目前尚无统一的标准，国际上普遍采用的是美国塑料工业协会的 SPI 标准。

我国目前尚未制定关于塑料模具等级的国家标准。美国塑料工业协会（Society of Plastics Industry，SPI）制定的塑料模具分级标准（SPI AN-102-78）见表 1-1。该标准在全世界得到广泛应用，是商品模具交易和模具出口公认的基础标准。它按照模具的使用寿命要求对模具进行分类。配 400t 以下注塑机的中小型模具按照其寿命分为五级，这五级模具各有其不同的要求标准。

表 1-1　美国 SPI 模具分级标准（SPI　AN-102-78）

SPI 分级标准	注塑机合模力/t	预期寿命(开模次数)	模具描述
101	<400	＞100 万次	产量极高
102		≤100 万次	产量中等～高
103		＜50 万次	中等产量
104		＜10 万次	产量低
105		＜500 次	只生产样模
401	≥400	＞50 万次	产量极高
402		＜50 万次	产量中等～高
403		＜10 万次	产量低～中等
404		＜500 次	只生产样模

（1）101 型

模具寿命可达 100 万次及以上，属于长期生产精密模具。要求标准如下：

① 需要有详尽的模具设计图纸。

② 模架材料硬度最低为 280BN（30HRC，DME♯2 钢/4140 钢）。

③ 前后模仁硬度最少要达到 48～50HRC。其他配件如滑块、斜顶、压块等应使用淬硬的工具钢。

④ 顶出机构应有导柱导套导向。

⑤ 滑块斜面和底面一定要装耐磨板。

⑥ 定模、动模、滑块或模具上其他有需要的地方都要装上温度控制系统。

⑦ 在模具寿命上，因冷却运水管道的侵蚀而造成产品质量下降和注塑周期增加的，建议有冷却运水的嵌件或模板做电镀防锈蚀处理。

⑧ 所有此类型的模具皆要装零度边锁。

（2）102 型

模具寿命可达 50 万次至 100 万次，属于大量生产模具。要求标准如下：

① 需要有详尽的模具设计图纸。

② 模架材料硬度最低为 280BN（30HRC，DME♯2 钢/4140 钢）。

③ 前后模仁硬度最少要达到 48～50HRC。其他功能配件应做热处理。

④ 定模（CAV）、动模（CORE）、滑块或模具上其他有需要的地方都要装上温度控制系统。

⑤ 所有此类型的模具皆要装零度边锁。

⑥ 以下项目需要与否，取决于最后的生产数量。建议报价时确认是否有以下项目：

a. 顶出导向件；

b. 滑块耐磨板；

c. 电镀运水孔；

d. 电镀型腔。

（3）103 型

模具寿命可达 50 万次，用于中等生产量的产品。要求标准如下：

① 需要有详尽的模具设计图纸。

② 模架硬度要求最少要有 165BHN（17HRC，DME♯1 钢/1040 钢）。

③ 内模钢材为 P20（28～32HRC）或高硬度（36～38HRC）。

④ 其余要求根据需要而定。

（4）104 型

模具寿命可达 10 万次，用于低生产量的产品。要求标准如下：

① 需要模具结构图。

② 模架材料 P20（28～32HRC）可用软钢（1040 钢）或铝。

③ 内模件可用铝、软钢或其他认可金属。

④ 其余要求则根据需要而定。

（5）105 型

模具寿命不超过 500 次，用于生产有限数量的首板或试验模具，价格非常便宜。要求标准如下：

可用铝、铸铁或环氧树脂或其他材料，只要有足够强度生产最少测试数量便可。

400t 及以上注塑机的大中型模具按照其寿命分为 4 级，分别是 401、402、403 和 404，见表 1-1。

1.1.2.2　模具失效形式及机理

模具结构种类繁多，工作状态差别很大，损坏部位也各异，但失效形式归纳起来大致有四种，即塑性变形、开裂、磨损、腐蚀。影响模具寿命的主要因素是型腔、型芯、斜顶和滑块的失效，丧失其基本功能。其中，斜顶和滑块的故障率较高。

（1）塑形变形

模具在机械加工、电加工和热处理后都会产生变形，解决办法是真空去应力处理。热处理前留足加工余量，再进行精密加工。深腔模具加工时容易变形，模具设计时注意分析其强度，对薄弱部位拆分镶件，消除零件薄厚不匀的现象。模具的塑性变形是模具金属材料的屈服过程。是否产生塑性变形，起主导作用的是机械负荷以及模具的室温强度。在高温下服役的模具，是否产生塑性变形，主要取决于模具的工作温度和模具材料的高温强度。

塑料模具在服役时承受很大的应力，而且不均匀。当模具某个部位的应力超过了当时温度下模具材料的屈服极限时，就会以晶格滑移、孪晶、晶界滑移等方式产生塑性变形，改变几何形状或尺寸，而且不能修复再服役时，叫塑性变形失效。塑性变形的失效形式表现为镦粗、弯曲、型腔胀大、塌陷等。斜顶和滑块的烧死现象就是一种塑性变形。在高温成型时，导柱和导套也有烧死的现象，因此大型模具中，导柱导套周围需要加强冷却。

（2）开裂

注塑模有时也会因开裂而失效，特别是硬度高且内腔圆角半径太小的型腔。有的模具在使用前就已存在裂纹，这样的模具往往会早期开裂，典型的开裂就是通过裂纹发展到冷却水路破裂引起漏水而被发现。模具设计结构不合理，过度避空而使型腔处于悬臂梁的状态，或者型腔和型芯中有加工残余应力等，都可能使模具开裂。

模具出现大裂纹或分离为两部分和数部分丧失服役能力时，称为断裂失效。断裂可分为塑性断裂和脆性断裂。模具材料多为中、高强度钢，断裂的形式多为脆性断裂。脆性断裂又可分为一次性断裂和疲劳断裂。断裂现象多发生在推杆、推管内针、斜顶和细小的斜楔等零件中。

（3）磨损

注塑模与其相接触的塑料之间，或注塑模零件之间产生相对运动时都会导致模具零件的磨损，特别是当塑料中加有硬质物质时，这种磨损会更严重。例如塑料中加入金属粉末或玻璃纤维（GF）时，对模具的磨损就会加剧。值得注意的是，注塑模具与其所成型的材料之间的磨损和金属之间的磨损不一样，因为塑料还会明显地增加腐蚀作用，导致模具表面的腐蚀磨损。模具被磨损的后果是轻者导致模具表面变粗糙并失去光泽，重者会导致型腔和型芯尺寸超差或形状发生变化。一般来说，注塑模具的表面硬度与其耐磨性是有关的，从这个观点出发，就希望模具具有很高的硬度。在腐蚀磨损的情况下，还希望模具具有良好的耐腐蚀性。对模具进行淬火和表面处理都能达到提高耐磨性的目的。

磨损的交互作用使摩擦磨损情况变得很复杂，在一定的工况下，模具与塑料相对运动中，磨损一般不只以一种形式存在，往往是多种形式并存，并相互影响。

（4）腐蚀

模具在注射时，与成型塑料接触，顶出时产生相对运动。由于表面的相对运动，接触表面逐渐失去物质的现象叫腐蚀。腐蚀磨损失效可分为以下几种。

① 疲劳磨损。两接触表面相对运动时，在循环应力（机械应力与热应力）的作用下，使表面金属疲劳脱落的现象称为疲劳磨损。

② 气蚀磨损和冲蚀磨损。金属表面的气泡破裂，产生瞬间的冲击和高温，使模具表面形成微小麻点和凹坑的现象叫气蚀磨损。液体和固体微小颗粒反复高速冲击模具表面，使模具表面局部材料流失，形成麻点和凹坑的现象叫冲蚀磨损。

③ 磨蚀磨损。在摩擦过程中，模具表面和周围介质发生化学或电化学反应，再加上摩擦力的机械作用，引起表面材料脱落的现象叫磨蚀磨损。

注塑模被腐蚀的现象，不仅在塑料成型加工中可见，在模具保管中也常有出现。注塑模在塑料成型加工时被腐蚀，主要是由成型原料中的添加元素经加热分解所释放的腐蚀气体所致；而后者是由保管状况和储存环境（如潮湿或空气中有腐蚀气体存在的注塑车间）造成的，大多是因为使用和保管交替太频繁。例如注射聚氯乙烯（PVC）塑料时，会释放出氯气，其和空气中的水分结合而生成盐酸腐蚀模具。注射聚甲醛（POM）时，会产生甲酸和福尔马林，对模具产生腐蚀。

1.1.2.3 模具寿命的影响因素

（1）注塑机与模具的精度匹配

注塑机与注塑模具构成一个注塑成型的基础系统。模具与注塑机互相影响使用寿命，模具对注塑机的影响有以下几种情形。

① 对于一个单腔的大型塑件，侧浇口往往会偏离模具中心，如果浇口套偏离模具中心超过 30mm，则会引起注塑机导柱的非均匀磨损，影响注塑机精度。应该加大模架规格，在非型腔区域设计平衡块，使注塑机的合模压力均匀地作用在模具上。

② 大型注塑机上，配置过小的模具，也会影响注塑机精度。

③ 模具的模板平行度超差会影响注塑机精度。

注塑机的精度也会严重影响模具的精度，注塑机的四个导柱的导向精度、动模安装板与定模安装板的平行度都会影响注塑模具的精度。因此，精密模具应该选用精度良好的注塑机成型。

（2）模具结构的影响

模具结构对模具受力状态的影响很大，产品设计造型越复杂，相应的模具结构也越复杂，模具薄弱环节增多，注塑模容易出现故障的部位为滑块抽芯机构、小尺寸斜顶或者大角度斜顶、细小的镶件、细小的顶针和推管、导柱等。

分型面设计的合理性对模具寿命具有很大的影响。塑件的分型面高低起伏很大，结构复杂时，分型面往往包含插穿、碰穿和枕位。插穿多的地方也是毛边容易发生的部位。插穿（又叫插破）结构设计型芯与型腔侧面密封面会产生磨损、插凹、压塌和拉毛等现象，也会使制品产生毛边，插穿在所有模具封胶分型面里是最危险的一种分型面，也是使用寿命最短的一种分型面，一般不轻易使用。使用插穿工艺时，最好把动模的插穿位做成单独的镶件，并且让动模插穿位镶件的材料稍差于定模镶件，硬度也要稍软于定模镶件，这样可以达到保护定模型腔的目的。

可以通过设计滑块侧向分型机构来避免插穿结构，这会影响模具成本。万不得已必须使用插穿结构时，在确保塑件尺寸公差的情况下，尽可能采用较大的插穿角度。碰穿（也叫靠破）是指制品内部的塑料熔体密封面（即动、定模镶件的接触面）和开模方向垂直（如平面）或接近于垂直。枕位结构危险程度比插穿要小得多，使用寿命也比插穿长得多，可以使用枕位结构就不要使用插穿结构。

模具结构形式对于模具寿命的影响很大，整体模具与镶拼模具的强度和刚度区别很大，整体模具的凹圆角半径很易造成应力集中，并由此引起开裂。模具是否需要拆分镶件，以及是否需要采用全镶拼结构，需要采用系统分析的方法来确定。

采用导向装置的模具能保证模具中各相关零件相互位置的精度，增加模具抗弯曲、抗偏载的能力，避免模具不均匀磨损。小镶件插穿的模具，模具的精定位如零度定位块等可以起到保护小镶件的作用。模架上的精定位只有在导入角度小于或等于小镶件插穿角度时才能够起作用。模架上的精定位必须在订购模架时一起定做，后期补做的精定位由于加工精度原因难以起到精定位的作用。HASCO 零度定位块见图 1-1。

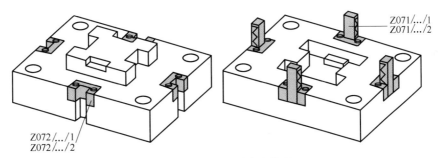

图 1-1 HASCO 零度定位块

模架是模具的主要部件，也是其他零部件的载体，因此其不但要满足强度要求，更要有良好的刚性。模板不宜太薄，在满足注塑机容模空间的情况下模板要有适当厚度。国产模具存在模板偏薄的现象，其主要原因是对模架刚性的认识不足。商品模具要防止模架变形挠曲，增加模板厚度和模仁边缘模板的宽度。

在模具设计时要减小在维修某一零部件时需拆装的范围，特别是易损件更换时，尽可能减小其拆装范围。在热流道模具的拆模过程中，如果热流道系统本身无问题，只需要拆下模具镶件，不需要将热流道系统拆开，见图 1-2。

设计四个定模板定位销 2，直径在 $\phi 30$ 以上，与模板的配合为 H7/g6，其长度要超过热嘴嘴尖，在组装时能保护热嘴嘴尖不被碰坏。当模具组装和维修拆开时，只需要拆下定模固定螺栓 8，热流道系统固定在顶面的三块模板上，不需要拆开，这样模具维护就方便了。这

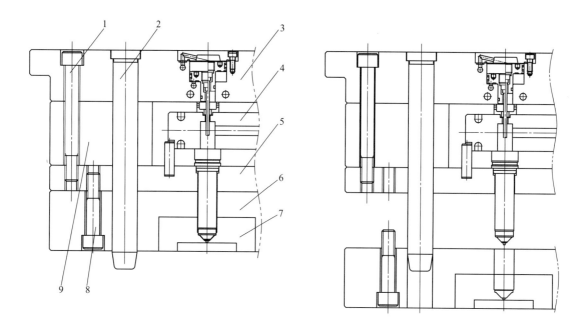

图 1-2　便于拆卸的热流道系统设计

1—螺栓；2—定位销；3—定模座板；4—分流板；5—热嘴固定板；

6—定模板；7—型腔；8—螺栓；9—支撑板

样设计虽然多了一块热嘴固定板 5，加大了模具成本，但是由于其便于维护，节省的费用大大超过其模板成本，值得推广。

（3）模具零件工艺性的影响

合理的模具零件结构能使模具工作时受力均匀、不易偏载、应力集中小。在非封胶位设置圆角，圆角 R 的大小须结合加工工艺与刀具确定。圆角半径分为外（凸）圆角半径和内（凹）圆角半径。工作部位圆角半径的大小不仅对成型过程及成型件品质有影响，也对模具的失效形式及寿命产生影响。

（4）注塑工艺对模具寿命的影响

塑料材料对模具寿命有很大影响，特别是成型含有玻璃纤维等添加剂的塑料时，对模具的磨损非常严重。

在成型高温塑料时，模具因接收热量而升温，随着温度的上升，模具的强度下降，易产生塑性变形。同时，模具同塑件接触的表面与非接触表面温度差别很大，在模具中产生温度应力。热膨胀使导柱导套、滑块、斜顶等运动元件的间隙减小，容易出现动作不畅现象，导致磨损加剧。因此，精密模具需要使用滚珠导套或含有石墨润滑的导向元件，并对导向元件周围进行冷却。

（5）高速成型

薄壁注塑的优点是塑件壁厚减小，需要冷却的材料少，可以将成型周期缩短一半。注射速度是成功进行薄壁注塑的关键因素之一。快速充模和高压能以高速将熔融的热塑性材料注入型腔中，从而防止浇口冷固。

目前在 PE 薄壁餐具注塑中，最短的成型周期已经能在 3s 以下，高效率赢得了好的收益。

为了能承受新型注塑机的高压，锁模力的最小值必须是 $5\sim7\mathrm{t/in}$❶（投影面积）。另外，当壁厚减小、注塑压力增加时，大型模板有助于减少弯曲。薄壁制品用的注塑机的拉杆对模板厚度的比为 2：1 或更低。生产薄壁制品时，对注射速度和压力以及其他加工参数的闭环控制有助于在高压和高速下控制充模和保压。

在注塑成型过程中，注塑机因受模具的反作用力将产生弹性变形。注塑机对模具的注射压力是在一段时间内逐渐增加的，注射速度影响施力过程。注射速度愈高，模具在单位时间内受的冲击力愈大，时间愈短，冲击能量来不及传递和释放，易集中在局部，造成局部应力超过模具材料的屈服应力或断裂强度。因此，注射速度越高，模具越易断裂或发生塑性变形失效。因此高速注射需要考虑模具用材。P20 钢被广泛应用于传统制品的注塑，但由于薄壁注塑的压力更高，模具必须十分坚固。H13 和其他热处理钢材为薄壁注塑模具的首选钢材。

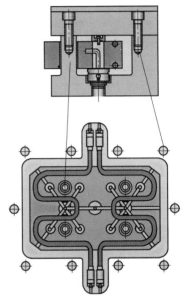

高速成型中，热流道的应用随处可见，高速高压对热流道的分流板提出了更高的要求，除了选择优良的钢材外，分流板的结构也需要改进。图 1-3 所示为 EWIKON 公司设计的高强度分流板，在分流板的中心设计空位，模板上设计了支撑柱与模板连为一体，有效地增加了模板的刚性和强度。同时，在模板的边缘增加固定螺栓的数量，增加连接刚性。

（6）模具材料性能的影响

模具材料的性能对模具的寿命影响较大，这些性能包括：强度、冲击韧性、耐磨性、耐蚀性、硬度、热稳定性和耐热疲劳性。总之，在模具材料的选择上要考虑下述几个方面：一是模具材料的热处理过程要简单、容易，热变形要小；二是材料的耐磨性能好，硬度、强度和韧性高；

图 1-3 EWIKON 公司设计的高强度分流板

三是材料必须具有良好的切削加工性能、电加工性能和抛光性能。近几年发展起来的一种 FCVA 真空镀金刚石膜技术，能在零件表层形成一层与基体结合异常牢固又十分光滑均匀密实的保护膜，这种技术特别适合用于模具表面保护性处理，也是提高模具质量的一种效果显著的方法。

1.1.3 面向注塑的模具设计理念

1.1.3.1 模具质量对于注塑的影响

注塑成型包含注塑成型机、模具与塑料三要素。注塑成型生产的管理是一个系统工程，如果管理工作不到位，就会出现生产效率低、不良率高、原材料消耗大、经常性的批次报废或客户退货、模具问题影响正常生产、不能按期交货及安全生产事故等问题。

注塑生产企业是与模具有关联的产业。注塑生产效率及质量与模具有密切的联系。80%以上的质量及效率与模具有关。实际上，注塑企业的工程服务能力主要表现为模具管理和维护的能力，其次为对注塑工艺和塑料性能的掌握。模具在注塑企业的重要性具体表现在如下

❶ 1in＝25.4mm。

几个方面。

① 模具按期交付：决定注塑开始量产的时间。

② 模具的成型周期和质量：决定注塑生产的效率（成型快，模具维护时间少）。

③ 注塑件的质量（外观、尺寸精度、强度等），主要取决于模具的质量，好的模具保证生产的产品质量稳定，生产效率高。

注塑企业在产业链中处于模具企业的上游，同时处在整机制造企业的下游，这与整机生产等行业的管理目标有明显的差异。塑件的供货时间和质量都要满足客户的要求。由于上游客户推行 JIT（just in time，准时）生产模式，将风险转嫁到注塑等配套生产企业。注塑企业必须做适量的库存以满足客户交付的要求，同时还要控制风险，避免企业经营陷入困境。提高经营风险的控制能力是注塑企业健康成长的前提，注塑企业的经营基础就是有高质量的模具。

注塑企业需要精益生产，保证交付计划的同时，将生产过程无谓的浪费减少到最少。由于实际生产过程中存在许多不确定的因素，生产过程的不良率及生产效率的变化会影响交付，并产生不正常的库存。精益生产的管理模式能帮助企业提高效益。

注塑企业是标准和规则的执行者，必须具备快速的应变能力（敏捷性），以适应市场的变化、客户需求的变化、技术的变化。在承接订单时，能迅速回应客户何时可以交货；客户计划调整时，能够迅速调整内部生产，以满足客户的需求；能够快速准确地向客户提供注塑生产进度。这一切都需要有好的模具才能做到。

1.1.3.2 注塑周期

面向注射的塑料模具设计，就是以注射为手段，以实现高效率、高质量塑件为目的，这就需要运用系统分析的方法。品质、成本与交付日期（quality，cost and delivery，QCD），是注塑成型企业的管理目标，通过 QCD 的分析和改善通常可以持续地改进企业管理流程，使其进入良性运作。

决定注塑模具结构设计的三要素是顶出方式、浇口和分型面（PL）。根据面向对象的不同，注塑模具分为两大类：生产模具和商品模具。生产模具是主要针对本单位、本公司或者本地客户的模具。商品模具是指商品化的、符合客户的模具标准并且交付客户注塑生产的模具，专业模具公司设计制造的出口模具都是商品模具，商品模具需要质量承诺和更优良的售后服务。显然，商品模具比生产模具具有更高的要求。

有人说判断模具合格的标准是能否生产出合格的产品，产品的尺寸和形位公差以及外观都符合图纸要求，同时模具能够长寿命运作，便于维护，长期使用无故障，如果满足这样的要求就算好模具。这种观念适合国内的粗放式管理的客户，对于欧、美、日等客户，这种观念显然是不行的。例如原来有一款产品，长期生产已经有几十年了，注塑周期是 25s，现新开一套模具，产品的各项性能完全达到要求，但是注塑周期需要 30s，实际的产能就降低了20%，很显然这样的模具是不合格的。

影响注塑周期的因素很多，塑料制品的材料、壁厚和脱模斜度、注塑机、注塑辅助设备、注塑工艺、注塑成型自动化程度、模具设计和制造水平等，都会影响注塑周期。模具设计中，模具结构、流道、浇口、排气和冷却则是影响注塑周期最重要的因素。

塑件的壁厚是影响注塑周期的第一因素，消除塑料制品较笨重的一些区域，而代之以筋板等结构，同时也不要做过度设计。有一些典型的设计方法可以帮助我们设计精巧而结实的结构。塑件壁厚与注塑周期的关系见表 1-2。塑料模具厂可以建议客户采用薄壁设计，薄壁成型有其相应的一些问题，但是薄壁制品确实能够有效缩短注塑周期。GE公司的研究表明，采用薄壁制件与通常的制件相比，所需要的成型周期只有原来的三分之一。GE公司估计，一个壁厚3mm的制件成型周期需要40s，如果采用1mm的壁厚，成型周期则会低于20s。

浇注系统设计时需要考虑浇口的自动分离，这是高效注塑成型的关键。潜伏式浇口和牛角进胶（也叫香蕉入水）是最理想的浇口，这两种浇口都可以在模具内自动分离，免除人工修剪浇口。

表1-2 塑件壁厚、注塑机吨位与注塑周期的关系

零件描述	实例	注塑机规格/t	期望的周期/s
1.5mm或以下壁厚的小尺寸的零件	按钮或POM小塑件	<70	20
1.5mm或以下壁厚的中等尺寸的零件	学生计算器外壳等塑件	≥70～120	30
2.0mm或以下壁厚的小尺寸的壳体，多型腔的零件	鼠标、充电器外壳等	>120～200	34
2.5mm或以下壁厚的中等尺寸的壳体	电话机底壳和面壳，打印机、传真机外壳等	>200～280	38
2.5mm或以下壁厚的中等尺寸的壳体	电话机底壳和面壳，打印机、传真机外壳等	>280～350	42
3.0mm或以下壁厚的大的壳体	面包机、饮水机壳体	>350～450	48
3.0mm或以下壁厚的特大的壳体	吸尘器壳体、老式彩电后壳等	>450～600	55

模具厂商特别需要注意的是不要设计过于粗壮的流道和厚重的浇口。真正控制循环周期的是粗壮的流道和厚重的浇口，通常冷却所花的时间主要用在了等待流道和浇口的冷却上。为避免注塑成型缺陷而特别设计的冷料井，会造成塑料"死角"，如分流道拐角处或顶杆过短造成的物料死区。这种死区的厚度可能达到制件厚度的2倍，而这样的厚度需要更多的冷却时间。

浇口太小，会使型腔充满困难并对熔体过度剪切造成温升，从而导致冷却时间延长或塑料老化。可以使用模流分析软件对流道系统进行优化设计，避免常见的浇口错误。采用模流分析软件可以评估影响循环周期的诸多因素，如减小壁厚、优化冷却系统布置以及热流道系统的热传递，可以帮助客户节省15%～20%的循环周期。模具报价时，主要以类似产品为参考来估算成型周期，必要时采用模流分析软件加以协助。利用模流分析软件分析塑件可能的变形，采取相应对策，一般不得利用矫形工装。

如果采用热流道系统，考虑采用专门的浇口冷却系统，该系统把冷却槽直接设在浇口区域。这种系统的热交换效率相当高。

尽可能使用针阀式热流道系统，采用这种系统可以节约循环时间。因为一旦浇口被机械关闭，机器就可以开始下一个周期的塑化。当采用多浇口充填长制件时，可试用连续阀浇口（或"喷射"成型），可以进一步缩短循环周期。

采用气辅成型。采用气辅成型可以减轻制件的重量或增强刚度，由于其减少了冷却缓慢的厚壁区，因而可以专门用于缩短注塑周期。通过进行提高产品生产效率可能性的试验发现，制件的循环周期可以缩短30%。

注塑生产方式也会严重影响注塑周期，从半自动过渡到全自动生产可以节约许多时间。研究表明，使用机器人技术可以使循环周期缩短15%～50%，最典型的是缩短30%。采用机械手可以缩短冷却时间。许多薄壁制件或易碎制件通常需要增加冷却时间以保证制件质量。而采用机器人在保证安全取出热的易碎制件时可以节约2～3s的时间。

如果手动二次操作会影响成型周期，则可用机械手顺利解决这个问题。采用浇口取出装置，可以减少二或三次的顶出操作，可以节约 0.5～1s 的时间。与熟练工人操作相比，一般可以节约 5%～15% 的循环时间。

机械手甚至可以超过自由跌落的速度。最新的高速侧取式机械手已经可以超过自由跌落的速度。它节约的时间并不多，大约 0.2s，但是在自动化技术领域，代表着技术创新的一些优势。

开合模的时间受机台大小、模具结构等因素影响，模具上的抽芯结构（滑块）、开合模齿条传动机构、三板模（细水口）机构、脱螺纹的油缸和液压抽芯油缸等也会影响开合模时间。一般 80～200t 的注塑机取 4～8s，200～500t 的注塑机取 6～10s，500～1000t 的注塑机取 8～15s。

顶出取件时间受顶出速度、顶出行程、取件方法（自动、人工、机械手）的影响。动模设计有斜顶时，顶出速度较慢为宜。有细小推杆或推管时，快速顶出有可能使其折断。推杆或推管的断裂计算需要用到材料力学的压杆失稳理论和计算公式。自动掉落一般只用于外观要求不高（内部件）的较小的制品，顶出时间一般取 0.5～2s。机械手取产品时，在产品离开模具后，模具就可以开始闭模动作，顶出取件时间一般为 3～8s，人工比机械手取产品一般要多出 1～3s。机械手取流道凝料时，可以不需要等到其完全冷却，为避免

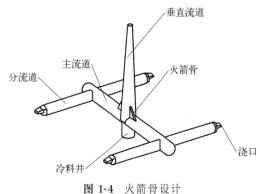

图 1-4　火箭骨设计

流道凝料断裂，可以在主流道和垂直流道交界处设计火箭骨，能够有效减少注塑周期，如图 1-4 所示。

关于成型冷却，同时使用先进的冷却系统和高传导率合金时效果更好。例如，同时使用脉冲式冷却系统和铍铜镶件，会使冷却更加高效，应确保冷却水道尽可能接近热量最集中的区域。以注射一个杯子为例，在杯子的底部和侧壁（尖部和中心）的接合处，热量最为集中，可以达到其他部位的 3 倍。

为了得到较好的冷却效果，用导热更好的合金钢代替工具钢。现在精炼的铍铜合金硬度可以达到 20～30HRC，可以达到与 P20 钢同样的硬度，且热导率是该工具钢的 5 倍。例如，当成型小货车散热器尾箱时，若用 Moldmax BeCu 代替 P20 钢型芯，成型周期可以由 50s 缩短到 35s，实践经验表明，即使模具温度升高 40℃，也会缩短成型周期。

考虑脉冲形式冷却，以便实现加热和冷却之间的快速切换。一些研究人员提出可以从两方面缩短循环时间：较快排出热量，以及在较热的模具中实现快速充模。

做好冷却水的处理，避免模具与冷却系统内形成水垢。根据试验数据，仅仅 0.15mm 厚的水垢就可能使传热效率降低 30%。

最好选用大的折流孔，折流孔的直径不能小于 12mm。不能把折流孔和水道加工成同样的尺寸，因为这种设计会造成压力损失，降低冷却能力，把折流孔设计成比水道孔径大 40% 是一种非常好的设计准则，以保证整个系统具有相同的冷却速率。折流孔的应用和孔中隔水片的形式见图 1-5 和图 1-6。

缩短注塑成型周期最易于实现的途径来源于模具冷却、螺筒加热和树脂干燥系统的改

进，以及保持正确的温度设置，确保这些部分的正确设置可以解决大多数的注塑周期问题。如果可以，尽量采用较低的模具温度。保持模具干燥是采用较低的模具温度并避免湿气压缩造成制件缺陷的有效途径，必要时可以采用除湿系统。

注意，冷却系统进水和回水之间应有一个很小的压差。模具设计的一个重要的规则是至少应保持5psi❶的压差，而理想的压差为20～30psi或更多。确保模具内的冷却液有足够高的流动速度。根据试验数据，若冷却液的流动速度足够大产生紊流时，传热系数要比层流时高10～

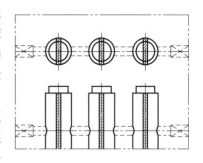

图 1-5 折流孔的应用

20倍。达到紊流需要的速度是冷却通道直径和冷却液黏度的函数。由于防冻剂可以提高冷却水的黏度，对在较低的流动速度下获得较低的模具温度是不利的。从冷却系统供应商处可以了解冷却系统的功率是否足够。

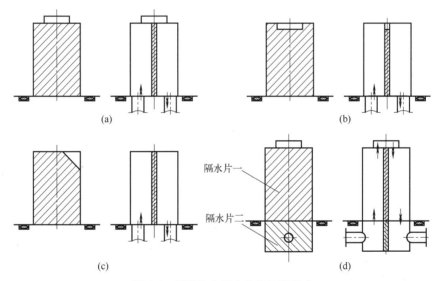

图 1-6 折流孔中隔水片的几种形式

不要忘记冷却型腔侧壁、顶出机构附近以及其他任何与熔体接触的部位。如果在熔体的流动路径上有一些部位没有冷却系统，实际上就是模具设计的失误。对于型腔较深的模具，不要把冷却水路设计成环形，否则末端的水温将远高于始端的温度。这种温差会使循环周期加长1%～2%。

模具的设计直接影响生产效率，模具设计中的一个关键就是冷却水道的布局。传统线性冷却水道只能加工简单的直通孔，当制品较为复杂时，冷却效果差，会导致塑件冷却不均匀，影响塑件品质。激光、3D打印等快速成型技术的出现，使模具温控系统的设计大大改进，也成功实现对复杂零件的冷却效果的改进。注塑模具的随形冷却技术，依据冷却水道直径的大小、冷却水道之间的中心距及冷却液的流速对型腔表面温度场分布进行影响，以达到最佳的温控效果。据此提出一种根据制品形状自动生成的包络随形冷却水道结构，并通过实

---

❶ 1psi≈6894.757Pa。

例验证这种冷却水道的可靠性，这种冷却水道有效地改善了制品表观品质，缩短了成型周期。在近年来的研究中发现：随形冷却设计能更快速准确地调控模具温度，冷却效率大大提高；能获得更均匀的型腔温度场；能最大限度地减少影响产品品质的缺陷，如收缩率差异、翘曲、缩痕和热残余应力等。模具随形冷却结构较传统线性冷却结构具有更均匀的型腔表面温度场和更高的传热效率；随形冷却结构的冷却时间较线性冷却结构大大降低；随形冷却结构能更快速准确地控制模具型腔温度，使温控系统更快地进入稳定的循环工作状态，有效提高了制品品质，降低了生产成本。

因为随形冷却所随的"形"指的是制品的整体外形，所以在进行特征的分割时，只需关注能在模型整体外形变化上有着决定性影响的特征，不包括模型局部区域的细微特征，如微小孔、槽等。制品模型的设计是一个从整体设计到局部细化的过程，因此，特征分割可以在模型已经完成初步的整体外形设计时进行。整体的冷却回路创建完毕后，需对冷却回路进行修正，主要涉及与顶出系统、浇注系统和侧抽芯等位置存在干涉的回路区域。解决水道干涉可以采取改变水道截面形状、改变冷却回路轨迹等方式绕过干涉位置。如图 1-7（a）所示，虚线框处冷却水道与顶针孔有干涉；图 1-7（b）所示为改变回路轨迹，使得冷却水道绕过顶针孔；图 1-7（c）所示的是冷却水道在顶针孔处先分流绕过顶针孔，然后再汇合。

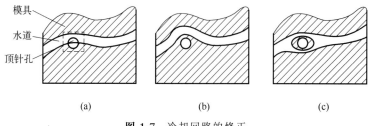

图 1-7　冷却回路的修正

传统的冷却水道为光滑管道，采用 3D 打印制造的随形冷却模具可以改变冷却水道的内部结构。在传热学中，换热器采用异形管可以增加冷却水在管内的扰动，对传热有促进作用，常用螺旋槽纹管、缩放管、波纹管、横纹管和螺旋扁管等特殊管道来提高换热效率，因此，若随形冷却采用具有一定内部结构的异形管道，无疑对传热有促进作用。此处仅以横纹管为例，其内部结构可以提高随形冷却的传热效果，这是由于管道内部存在微细凸起结构，增大了管道壁面的传热面积，增大了冷却水的扰动，这种扰动在管径较小时显得更加强烈。具有横纹结构的冷却水道传热效率有明显提高，冷却水道内部的冷却水之间的热量交换增多，冷却并不局限于靠近型腔壁面那一侧冷却管壁的冷却水。具有内部结构的随形冷却水道会增加冷却水的流动阻力，因此，凸起不宜设计得过大、过密。随形冷却技术的应用，对于开发高精密与高效能的模具，有效缩短模具注塑周期具有积极作用。

减少不必要的顶出操作。为了达到这一目的，可采用电子眼以确保制件已充分脱模。采用这种装置可以在极短的时间里检查出是否所有制件均已完全脱出，检查速度甚至比制件完全从模具中脱离出来的速度还要快。

1.1.3.3　快速换模

注塑成型生产属于技术密集型生产与劳动密集型生产的结合，以设备为主的生产流程，对设备和模具的稳定性要求高，对工艺参数的设定要求严谨。半自动化生产模式基本上是人工＋设备的模式对产品增值。换产时间长，换产品生产时需更换模具，涉及水路、油路、气路和电路等各种接口的切换，需要比较多的工序，花费时间较多。

传统经济批量理论认为换模时间是不可缩短的，因此"经济批量"的概念应运而生。但是精益生产理念认为，任何库存都是浪费，它认为每次生产一个的成本是最低、最经济的，经济批量是不需要计算的。要达到此境界，就要缩短换模时间，但对于实际生产来说，"零切换"本身是不可能实现的。如果能将快速换模技术与经济批量理论相结合，缩短换模时间，那么生产的批量自然也跟着减小，从而降低存储成本。这必定能够给企业带来更大程度的经济效益提升。以缩短"切换"时间为核心，结合精益生产理论与 6σ 的管理方式，提出一套客观科学有效的实施流程。换模流程主要分为：换模准备、换模和调整。根据换模操作是否需要停机这一特性，可以将换模时间进一步分为内部换模时间、外部换模时间和调整时间。外部换模时间是指不必停机也能进行换模作业的时间，属于这一类的常见操作有：获得新的工作指令，从物料仓库提取原材料，从模具仓库提取新的模具，归还原有模具到模具仓库，安排下一环节所需的起重设备与人员到指定的地点，换模后的清理工作等。内部换模时间是指必须停机才能进行换模作业的时间，包括：移除机器中的工件，拆除原有的模具，清理工作机台，安装新模具，等等。调整时间是指当模具更换完成之后，为确保产品的质量、精度及故障处理等使生产停滞的时间。它包括：机器的参数调试，模具的位置调整，以及零件试制所消耗的时间。在区分了内部换模时间、外部换模时间与调整时间后，就可以分别针对它们采取不同的措施缩短换模时间，实现快速换模。换模时间的划分见图1-8，典型的换模步骤见图 1-9。

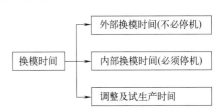

图 1-8 换模时间

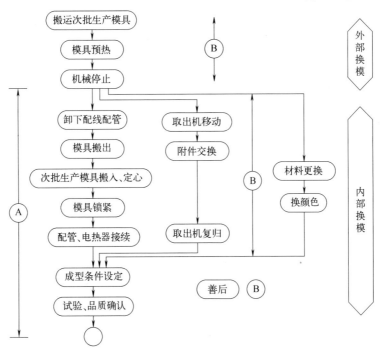

图 1-9 注塑模具的换模步骤

日本提出的口号是，换模时间向秒挑战。快速换模（single minute exchange of die，SMED）意思是在单分钟（少于 10min）内完成换模，快速换模（SMED）技术由日本丰田汽车工业工程师新乡重夫博士于 1969 年提出，采用这种方法可以使产品的换模时间、生产启动时间或调整时间得到最大限度降低。快速换模运用方法研究和作业测定两大技术，利用"5W1H"和"ECRS四大原则"，对换模过程中的每一个程序进行分析，发现其中存在的问题并进一步探讨改进的可能性。其目的是在缩短换模作业时间、提高设备利用率、增加制造柔性基础上，提高设备综合效率OEE（overall effectiveness of equipment），同时降低工人劳动强度，提高作业效率。

每套模具所需的锁模力、顶杆位置、操作顺序等参数都有差别。调模时，工艺人员根据记忆及经验调试初件，耗时长。为缩短调机时间，采用DOE技术优化工艺参数，降低成型周期并进行标准化管理，制定标准成型条件参数表。调机人员在调机时按照标准成型参数表进行参数设置，调试时间减少10min，换模效率提升10%。

通过以上内容可以总结出SMED作业三要素：内外部作业、快速插拔、集中水排油排。

把模具放到用于存放模具的货架上（采用可滚动的支架来移动模具，明确标识具体的常用存储位置，便于寻找），模具上挂上三色状态标签（红色；需修模；绿色；已保养；黄色；需保养），让模具面对容易识别的方向，将经常使用的模具放在离使用者最近的地方，努力将运输转为流水化的外部换模。模具设计信息化可以使模具信息以芯片方式保存在模具中，挑选模具时，操作工持手持终端扫描，能够方便快速地找到所用的模具。

码模方式是影响快速换模的最主要因素。螺栓和压板是最常用的固定模具的方法。安装和拆卸时必须完全卸下锁紧的螺栓，非常浪费时间。在模具切换过程中，装卸螺栓的动作通常占去了很多的切换时间。因此，缩短内部作业时间的最佳对策就是消除使用螺栓的固定方式。

注塑模具一般常使用定位圈来定心，使模具与注塑机喷嘴的中心一致，但码模时喷嘴中心通常不易看到。为了解决这些问题，在吊车采用纵向方式从注塑机上方吊入模具时，使用V形定位座与固定侧座，可以不需要完全依赖定位圈。图1-10所示为法国某公司利用V形定位座快速码模的模具，吊车采用横向进入的方式时，应使用滑动式搬运台，并在固定模板上设置横向停止器，这样可以

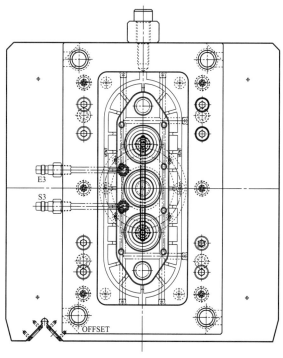
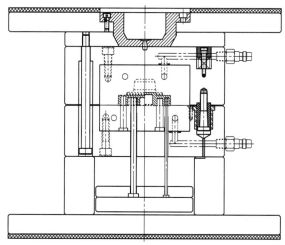

图1-10 V形定位座快速码模

轻易地搬运模具。

快速换模的前提是能够快速码模，快速插拔水嘴，大型模具的油路和水路使用集中式油排和水排能够方便快速插拔。快速码模的方式很多，最常见的有以下几种。

① 机械旋拉式。这是较早期的快速换模系统，该系统的特点是：模具背部中心夹紧，适用于中小型注塑机。其机械结构比较复杂，夹紧力在模具背板后部中心部位。该系统的优点是：模具四周完全开放，无任何夹压元件，便于外部管路的插接和布置。该系统的缺点是：模具背板需加装统一的夹紧机构。由于背板四周无夹紧力，工作中模具变形及磨损较大，夹压部位的元件磨损严重，无夹压元件的状态反馈信号供给主机，系统安装、维修难度较大，不适于现有设备的加装。

② 液压压板式。这是使用最普遍的快速换模系统，通过液压夹具夹持模具。该系统的特点是：液压系统及控制比较复杂，模具背板周边夹紧。该系统的优点是：加装方便，适用于各种规格的液压式注塑机。该系统的缺点是：模具背板的规格要统一。由于背板芯部无夹紧力，对于较大模具而言工作中变形磨损较大，夹压部位的元件磨损严重，无夹压元件的状态反馈信号供给主机，漏油污染且不适于全电动注塑机；液压压板布置在模具周边，对外围管路的插接有干涉；液压压板凸出于机器模板，换模时易被撞坏，液压系统及执行元件须定期维修保养。

③ 磁力吸盘式。这是近年来发展迅猛，被欧美工业发达国家广为接受和采纳的快速换模系统。近几年，大部分公司从传统的液压换模系统转向磁力系统的开发。该系统的特点是：结构及控制非常简单，无任何机械夹紧元件和动作，在模具背板与吸盘磁极的接触面上，不论是芯部还是周边，全部由永久磁力夹紧，适用于各种形式和规格的注塑机。该技术的基本原理是：用电控来改变永磁体的磁路分布，靠永磁体吸附模具，夹紧与放松过程只需几秒，工作过程中不需电能，夹紧力在全部接触面上可达 $15\mathrm{kgf/cm^2}$，对任何吨位注塑机上任何重量的模具都可保证正常工作。

该系统的优点是：加装方便，适用于各种规格的液压式和全电动注塑机，夹紧力来自永久磁性材料，夹紧状态由实时信号反馈给主机，保证夹紧的绝对安全；由于全接触面夹紧力均匀，模具在工作中变形和磨损很小，注塑件精度及一致性好，模具寿命延长；模具周边无任何执行元件，外围管路插接方便。该系统无机械动作，瞬间用电，因此在使用中无须维护，寿命极长。

该系统的缺点是：磁力模板的厚度（54mm＋54mm）对小型机的开模行程有一定影响。快速换模系统在使用过程中，要充分考虑模具设计的标准化，根据模具、注塑机大小，选用以下四种方式。

注塑机 200t 以下手动中心孔锁定系统；注塑机 400t 以下小型 47mm 方圆形磁极的电磁吸盘；注塑机 400t 以上 80mm 方形磁极电磁吸盘；大型注塑机液压夹具＋气动液压泵，或者采用自走式夹模器改造，同时配合注塑机快插接头、油路分频器、换模车等使用，减少内部作业时间，达到快速换模的目的。

近来发展迅猛的磁力吸盘换模系统，具有先进、高效、安全、节能环保等特点，具体表现如下。

① 节约装卸模时间，提高工作效率，只需要操作一个安全钥匙开关和充/退磁按钮，在几秒内就可以稳固安全地将模具固定和卸开，比传统装夹方式节约 90％以上的装卸模时间。

② 最大限度利用注塑机的容模空间。电控永磁快速换模系统由于没有使用压板和其他气动、液压部件，节省出更多的空间，大大提高了注塑机的容模尺寸，同时也使注塑机中模具的外围设备更便于维护和操作。

③ 保护模具，延长模具的寿命。传统模具装夹方式使模具的受力是点受力，其受力点是模具周围的几个点，而电控永磁快换模是面受力，电控永磁盘的磁力均匀分布。

④ 安全。电控永磁模板磁力强大，免除了传统机械、液压、气压夹具系统中的电、油、气路及蓄能器的配置，避免因停电，或油、气的泄漏及夹紧螺栓的疲劳损伤而带来的安全隐患。

⑤ 节能环保。快速换模系统只在充/退磁的极短时间内需要使用电能，在正常使用过程中不需要任何能源而能保持安全、强大的吸附力，不会产生诸如油污、噪声等的环境污染，既经济又环保。由于无需使用夹具，所以也免除了螺钉螺母、压板、专用工具以及排污等额外成本，也不需要对电控永磁系统进行特别的维护。

注塑机的模具更换是一件很麻烦、很容易出工伤事故的事情。传统的模具固定方式，不但费时费力，而且存在重大安全隐患。电控永磁快速换模系统是最新一代的注塑机快速换模系统，广泛使用于欧美和日本市场。产品安全可靠，柔性敏捷，在一台注塑机上可对各种不同模具进行快速换模，特别适合于多品种、小批量、准时制（just in time）混流生产。另外，该产品的夹紧力均匀分布于模具与磁盘的全部接触表面，使模具背面无受力空腔，更好地保证了合模精度，大大减少模具损耗，提高模具使用寿命降低生产成本。

1.1.3.4 机上快换镶件的模具设计

在注塑生产过程中，经常会有很多塑料产品有着相同的主体结构，由于产品的多样性，这些塑料产品具有多个款式，不同款式间仅存在局部细微的差别。因产品局部长度变化或局部结构变化，而衍生同类多系列的产品，满足不同功能要求。对于这种局部结构的修改，为了节约模具成本，可以使用一套模具搭配不同的镶件来加工。模具设计中常考虑采取一副模具，多个模仁或模仁镶件，通过更换模仁或模仁镶件，达到一模多款的效果。然而一般模具设计很难实现在线换款，常规模具设计注塑前更换好换款镶件，然后安装到注塑机上生产，需换款时，又要将模具拆下，更换镶件再重新组装模具，然后安装在注塑机上生产。如果产品量不是很大，又要生产多款产品，频繁拆卸，工作强度大，生产周期长，生产效率低，影响模具寿命。

注塑作业不需要更换模具，仅仅需要更换模具的部分镶件，形成不同的塑件。现代注塑成型，追求高的效率，要求减少停机换模的时间，因而镶件的更换过程及效率十分重要。机上快换镶件就是在注塑机上更换镶件，不需要拆下模具。

锁镶件一般有两种方式，一是从镶件背后锁紧，二是通过镶件正面（分型面）锁紧。从背后锁紧的镶件需要更换为其他款式时，通常需要经过模具下机、拆模、更换、合模和重新上机等步骤，而且往往还需要重新校正模具位置，连接冷却水管等，这个过程需要大量的时间，制约了模具的加工效率。从正面锁紧的模具虽然可以实现机上快换，但是受结构限制，镶件一般通过螺钉固定在模仁的型腔区域上，因此，模仁型腔区域上需要开设用于固定镶件的螺纹孔，这样就有可能影响产品在模具内的成型效果。

图 1-11 所示是在注塑机上实现快速换镶件的设计方案。在注塑机上打开模具分模面，拧下锁紧螺钉 1 和 6 后，可以拆下锁紧块 2 和 7，定模镶件 3 和动模镶件 5 就可以分别从定模和动模拆下，换上定模镶件 8 和动模镶件 9，实现高效率换镶件。这种设计具有方便使

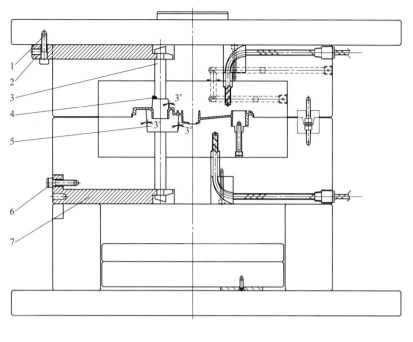

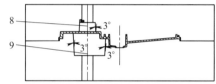

图 1-11　机上快换镶件的模具设计

1,6—锁紧螺栓；2,7—锁紧块；3,8,9—定模镶件；4—止转销；5—动模镶件

用、生产辅助时间短的特点。

1.1.3.5　全自动注塑模具设计

　　注塑成型竞争日趋白热化，成型质量与效率关系企业生存。要提高生产效率就要争分夺秒，实现自动化生产。塑料制品生产企业设备自动化程度也成为衡量企业综合实力的重要标志之一，机械手及其自动化成套设备是国内外极受重视的高新技术。优质客户也希望选择有机械手的注塑厂家合作，使用机械手很大程度上克服了人工的惰性，可准确算出日产量与交期。使用机械手，可以应对人工流失率高、交货周期缩短、安全问题等多方面的挑战。机械手取出产品放置在输送带或承接台上，只需一人看管或一人可以同时看两台甚至更多台注塑机，可节省人工，做成自动流水线更能节省场地，使整厂规划更小、更紧凑精致。

　　成型质量与注塑机本身性能、模具工艺及周边环境有关。成型效率与模具精度、成型工艺、生产数量有关。因成型产品各异，自动化应用也非常繁杂，机械手能够克服人力效率低下的弊端，保证成型产品工艺。机械手的主要用途如下：

　　① 机械手取出模内产品，将原来半自动生产转向全自动化生产；

　　② 机械手模外取产品，模内埋入产品（贴标签、埋入金属、二次成型等）；

　　③ 机械手取出后自动包装，自动入库；

　　④ 用在成型原料自动供料系统，废料回收系统中；

　　⑤ 用整厂生产控制系统中。

使用机械手可以使生产周期稳定，效益更高，便于生产管理。由于生产周期的稳定，无形中就提高了产量，增加了利润。

使用机械手可以使安全性提高，不会出现由于工作疏忽或者疲劳造成的工伤事故。人手进入模内取产品，如果注塑机故障或按键失灵造成合模，会有伤手危险，尤其是两班倒三班倒的工作，晚上更容易出现生理性疲劳，更容易出安全事故。使用机械手则可确保安全生产，在大型注塑机中尤甚。

机械手可以使每一模的产品生产时间固定化，相同的塑化时间、射出时间、保压时间、冷却时间、开关模时间，容易提高产品的成品率。以注塑周期30s计算，人工取出时间为6s，机械手取出为1.5s。15kW的120t注塑机，人工取出产品按一个班8h来计算可以成型800模，使用机械手可提高到915模，生产效率提高了14%，8h注塑机用电量为120kW·h，使用机械手后用电量节省120×14%＝17kW·h。

提升产品品质。刚成型产品还未完全冷却，存在余温，人手取出会造成手痕且人工取出用力不均，取出产品存在不均匀的变形。如自动脱模，产品掉落会造成碰伤，沾到油污而产生不良品。机械手采用无纹吸具取出产品，用力均匀，锁模时间固定，模温正常，可降低产品不良率，节省原料、降低成本，使产品质量大大提升。人员取出时间不定，会造成产品缩水或塑料过热变形。工人如未能成功取出产品，合模会造成模具损坏，机械手若未能成功取出产品，会自动报警停机。

使用机械手抓取塑件和流道系统凝料，是全自动注塑的主要方法之一。使用机械手的模具，需要在模具设计时特别注意，塑件和流道系统凝料在开模顶出后，要确保在某个位置，便于机械手抓取。图1-12所示为适合机械手作业的流道设计，图（a）为三板模具，其流道系统凝料较长，容易翻转，在模具天侧设计一个小凸台定位，便于机械手抓取。图（b）为两板模具的情形，顶出后流道系统凝料在推杆上，便于机械手抓取。

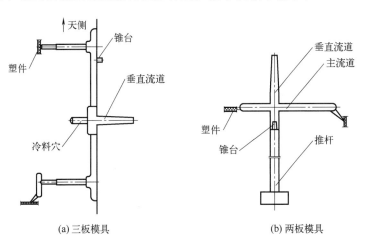

图 **1-12** 适合机械手作业的流道设计

图1-13所示的模具结构，先复位机构会妨碍机械手运作，造成安全隐患，使用机械手时应该避免这样设计。

全自动注塑，除了使用机械手外，小型塑件或要求不是很高的塑件也可以使其自动跌落。不同的生产方式会影响浇注系统的设计，浇口和流道系统的设计要考虑全自动注塑生产，尽可能设计潜伏式浇口或者牛角浇口，在开模时，能够实现流道系统凝料在模具内自动分离。注塑后不需要再花费人工修整，是注塑行业永恒的追求。

在现代加工中有三个必不可少的因素，分别是模具的先进性、加工工艺的合理性、加工设备的高效性。模具对注塑工艺性和注塑机的使用起着重要的制约作用。

高效率的自动化生产需要高精度的模具，在现代加工中对高效率、自动化和高寿命的模具的要求越来越高。在模具的设计上，从最初的经验设计发展到现在的计算机设计，制品在产量和质量方面也得到了很大提高。高效自动化的先进模具结构配合高效的自动化机械生产，使企业的产量得到很大的提高，提高了生产效率和产品质量，并且降低了产品生产的成本。

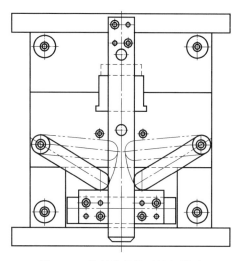

图 1-13　先复位机构干涉机械手

模具内自动切水口在欧洲得到广泛应用。过去常见的是模具内冷切水口。例如，环形浇口适用于熔体流动性较差的圆形制品，或者对塑件圆度要求较高的制品。因其具有充模均匀、易排气等优点，可避免熔接痕及减缓压力。浇口呈环状，在流道与型腔之间，即在成型品的外周或内周。环形浇口适合圆形产品，但浇口痕的去除难度稍大。模具内自动切水口具有高效、精密、断面光洁等特点，圆形产品的模具内自动切水口通常有两种方法，一种为浮动机嘴剪切，另一种是浮动面板剪切。这两种模具内切水口方法都是利用了注塑机的开模力实现自动切水口。

模具内冷切水口往往受到制品形状和模具结构的限制，近年来发展出了模内热切技术。模内热切就是在塑胶模具未开模前，剪切或挤断浇口，从而在模具开模后，实现件料分离的自动化注塑。模具内安装自动切水口装置是一种先进的方法，这种方法可以使产品注塑成型的切水口过程在模内自动进行，制品在开模后就已经满足制作的要求了，无须人工切水口加工，生产效率得到了很大的提高。

"机器换人"就是宁可模具结构复杂一些，模具成本高一些，也要换下来人工成本。没有使用模内热切技术的模具很难具有行业竞争优势，这也造成了很多模具厂商对于模内热切技术意识上的转变。模内热切模具在当今世界各工业发达国家和地区均得到极为广泛的应用。这主要因为模内热切模具具有如下显著特点。

① 模内浇口分离自动化，降低对人的依赖度。

② 降低产品人为品质影响。在模内热切模具成型过程中，浇口分离的自动化保证了浇口分离处外观一致性。

③ 降低成型周期，提高生产稳定性。模内热切成型的自动化，避免了生产过程中无用的人为动作，而产品的全自动化机械剪切保证了品质一致性。

模内热切模具有许多显著的优点，但也具有如下一些缺点。

① 模具成本上升。模内热切元件价格比较贵，模内热切模具成本会大幅度增加。如产品附加值较低，塑件产量不高，对于模具厂商来说经济上不划算。

② 模内热切模具制作工艺设备要求高。模内热切模具需要精密加工机械作保证。模内热切系统与模具的集成与配合要求极为严格，否则模具在生产过程中会出现很多严重问题。

如模具油缸安装孔平面加工粗糙，密封件无法封油，导致油缸无法运动；切刀与模仁的配合不好，导致切刀卡死无法动作，等等。

③ 操作维修复杂。模内热切模具操作维修复杂，如使用操作不当，极易损坏模内热切零件。新用户需要较长时间来积累使用经验。

1.1.3.6　注塑系统信息化

依赖信息化技术快速响应市场并持续创新产品，已成为企业提升竞争力和赢得优势的关键。模具行业大力发展信息化技术，深化数字化设计、制造与管理技术的应用，从而提升企业的核心竞争力。模具生产技术革命，浓缩到一点就是企业信息化，也就是数字化制造和信息化管理。

企业信息化的内容是非常丰富的，企业的每一项生产经营活动都可以信息化。对模具企业而言，模具数字化设计、制造及管理集成技术是其核心内容，主要包括两个方面，即设计制造技术的信息化和管理系统的信息化。其中，设计制造技术的信息化是管理系统信息化的基础，没有设计制造技术的信息化，就无法实现企业的管理系统的信息化。设计制造技术的信息化和管理系统的信息化是相辅相成、密不可分的。

成型过程数字模拟 CAE 技术的出现，为成型工艺决策提供了有力的技术支持。在模具设计过程中加强前期的分析仿真，将会提高成型工艺和模具结构设计的水平，减少试模的工作量，降低模具制造成本，缩短模具新产品的设计制造周期。

（1）信息集成系统

针对模具企业的生产特点，将模具企业设计、制造、管理的信息加以集成，使信息化基础架构能随业务的需求变化而灵活改变，快速实现新老系统的过渡，降低信息系统集成的成本，真正实现面向服务的、松散耦合的 IT 基础架构，为企业信息化管理注入新的活力。建立基于面向服务的架构（service-oriented architecture，SOA）的模具企业设计制造集成平台，最大程度降低集成应用之间的相关性，为模具企业应用集成和企业间协作提供信息集成、流程集成、知识集成等功能的系统是其发展趋势。

信息化管理是注塑企业先进的管理模式，通过实现信息化，生产和检测通过在线管理的模式，使客户通过信息化系统网络能实时看到其产品的生产状况。信息化管理系统是帮助企业建立先进管理体系的非常有效的工具和保证，并积累大数据为改善管理提供支持，形成注塑模具企业自己的大数据系统。注塑系统的大数据管理，需要与模具的信息化管理融于一体，模具的信息存储在模具上的信息存储元件里。欧洲著名的模具标准件供应商 HASCO 开发的模具信息存储器 A5800——通过将模具信息存储在模具上，让所有模具及注塑相关信息在模具中存档变成现实。

（2）自动化生产阶段

在设计和管理信息化发展到一定水平的基础上，将模具设计和加工工艺进行高度标准化，综合应用智能设计技术、自动化物流技术、设备状态监控技术和生产管理技术，将多台数控设备组成为自动化加工单元，以便快速响应市场需求。

（3）流水线生产阶段

此阶段采用大规模定制化生产技术组织模具生产。大规模定制是个性化定制产品和服务的大规模生产模式，是模具企业综合利用标准化技术、知识重用和共享技术、自动化控制技术等构成的针对特定行业需求，将设计和制造模块化，形成具有一定灵活性的模具快速制造系统，力求模具生产达到大规模生产的高效益和低成本。主要采用自动化生产设备、自动化检测仪器和自动化物流搬运存储设备,实现生产现场的完全自动化控制。

随着智能化、信息化的发展,智能注塑具有无废品、产能高、低成本等优势,开始成为塑料工业发展的必由之路。这种模塑智能集成系统分为精密注塑与智能注塑两部分,同时连接注塑机和模具。智能注塑能够实时监测模具在生产过程中出现的故障并诊断,优化参数设定,实行全过程质量闭环控制与模内在线监测。智能注塑未来的发展将基于大数据系统平台,以智能注塑机控制器与智能模具为核心发展方向。

当前,模具制造自动化时代已经来临,模具的质量保障、流程控制需要依靠测量设备实现,精密加工设备单机连线、在线测量的改造已是模具企业普遍的行为。模具加工的重点发展方向是在线测量、单件高精度并行加工、少人化甚至无人化加工控制。模具制造在提高精密程度和信息化水平的基础上,将逐步深化 CAD/CAE/CAM 技术一体化能力。随着模具企业产业链的延伸,新工艺的使用以及新成型设备、装配自动化设备的发展更趋活跃。大数据时代,机床、先进的材料、刀具和先进的软件都可以通过资金购买,而大数据则无法购买,或者买来的并不适用。

智能数字化车间设计主要包括:系统监控中心、自动供料系统、注塑成型机、注塑机械手、产品在线检测、自动产品运输线、生产管理智能控制系统等。

数字化制造意味着需要利用网络信息技术,将生产现场的各个生产活动节点连接起来,形成一个关于产品生产集成、协同的数字化信息空间,这些节点在车间局域网中接收车间生产管理与控制信息系统的数字化任务和监控指令,并及时、准确地反馈自身状况以及与产品制造相关的各种数字化信息,实现资源共享、优化组合。

中央供料系统、集中供料系统、统一供料系统实现原料集中处理、封闭输送,彻底避免车间噪声、灰尘、热气污染。工业机器人由操作机、控制器、伺服驱动系统和检测传感装置构成,是一种仿人操作、自动控制、可重复编程、能在三维空间完成各种作业的机电一体化自动化生产设备,特别适合于多品种、变批量的注塑企业柔性生产。智能制造通过信息技术的数据采集、智能分析、信息传递、指令下达、监控和广播等技术,实现对实体设备的控制及各个业务环节的联动,进而实现将整个车间建设成一台结构合理、动力充沛、自动运转的机器的数字化车间建设目标。

1.1.3.7 自动化模具和智能模具

随着多组分注塑技术的发展,双色、三色甚至四色等多色注塑设备的应用,注塑制件的模内组装(in-mold assembly,IMA)技术成为注塑成型技术新的发展方向。模内组装技术,其核心要素是将原本放在模外装配的各个独立塑件,在模具内通过扣合、焊接、粘接等方式将塑件的各个单独部分组装成一个整体,也就是说,当制品需要模外的后续加工时,就可以考虑使用该技术。

模内组装可以带来经济效益,研究表明,与常规模具相比,生产同一产品的成本大约可以下降 40%～50%。但是,对于模具本身来说,即便是两塑件间的很简单的组装,也会极大地增加模具的复杂程度,模具成本将高出 30%～70%。因此,一般认为,当成型数量达到 25 万件左右时可选择采用该技术。此外,使用该技术生产的制件在品质上也有所提高。这是由于制品一次性完整成型,避免了二次操作常有的翘曲变形或收缩,消除了因错误处理、加工异常或污染等原因而导致的废品。

模内组装技术在一定程度上与多组分注塑有一定相似性,模具的设计制造也有一定的相同之处。因此,目前一些应用于模内装配的简单模具其技术原理与多组分注塑成型的模具类似，即模具通过一定运动方式在注射间隙改变型腔的形状，实现不同零件的成型及零件之间的组装。主要技术原理是通过模具部件的旋转或移动实现两个部件的组装。

上述方式虽然可以解决模内组装的问题，但目前用于生产中小型制件的常规模具，几乎都是一模多腔，而通过旋转、移动等方式的组装，多腔模具无疑会更为复杂。于是，出现了一种新型的立体式叠层模具，该模具共有 4 个成型面，整体又类似一个拥有 4 个工位的旋转工作台，每个面可作为一个独立的模具，可以执行不同的操作，实现不同部件间的组装。如图 1-14 所示为德国 Zahoransky Formenbau 公司制造的生产瓶盖的立方体旋转模具系统，也可以叫作总集成制造叠层模具（total integrated manufacturing stackmold）。该系统通过设置在模具外部两侧的组装板的旋转和移动来实现塑件自身或与其他不同零件间的扣合、焊接和粘接等。同时，这些操作并不会增加新的循环时间，旋转的时间间隙也有利于制品的进一步冷却，便于部件实现后续的组装。

此外，还有一种半成品传递技术，这种技术在欧洲已经取得了长足的发展，其基本原理是：通过内部到外部的机械结构将半成品传递至下一个成型位置，从而实现模内组装。通常该技术需要一些辅助的外部机构来实现，例如机械手或机器人等，因而在注塑成型工艺上还存在机构精度要求高、成型周期过长等一些缺点，欧洲部分公司已将该技术应用于牙刷等日用品的生产。如图 1-15 所示，为牙刷传递式模具示意图，该模具的中心模板有上下两个成型面，传递机构同时具有运送和顶出塑件的功能。该模具的工作过程是：传递机构将牙刷头传递至模具的内部上表面进行牙刷柄的第一次注塑成型，而后继续传递至模具内部下表面进行牙刷柄的第二注塑成型，最后将牙刷传递到模具外部，顶出牙刷。整个过程可连续进行。

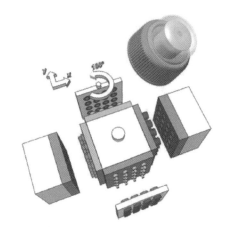

图 1-14 总集成制造叠层模具

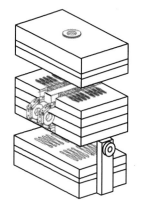
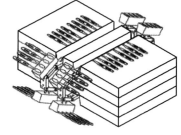

图 1-15 牙刷传递式模具示意图

模内组装的应用主要有两个方面：一是实现不同部件之间的组装，如塑料瓶盖、医疗用品、汽车内饰件、电子元件等，如图 1-16 所示，分别为电子传感器和齿轮构件；二是生产常规的成型技术不能生产的制品。

对于用于模内组装的注塑成型设备，只要控制精度高，能实现多组分注塑即可。模内组装技术的重点在于模具的设计，因此除了遵循一般的模具设计原则之外，在模具设计中还需要注意成型零件的先后次序和组装次序。

模内组装技术最早用于解决制品整体注塑时难以实现的问题，如使用该技术生产塑料叶轮，而真正涉及不同组件间的模内组装技术则在 20 世纪 90 年代出现，主要是日本、欧洲和美国的一些模具制造公司。目前，模内组装技术主要研发者仍是欧美的模具公司，如

(a) 电子传感器　　　　　　　　　　(b) 汽车空调齿轮构件

图 1-16　模内组装成型制品

德国 Zahoransky Formenbau 公司、Foboha 公司，奥地利 Engel 公司，丹麦 Gram 技术公司，美国 Arburg 公司，等等。不同的模具制造或生产公司所研究的方向有所不同。但是，随着立体旋转模具的出现，由于立体旋转模具存在多个成型工作面，在模内组装上具有很大的优势，成了各公司的研发重点。从整体来看，各模具公司实现制品模内组装是不存在问题的，所要解决的是如何使模具的设计更合理、更简化，模具的自动化组装系统有更好的适用性。

国内也有部分公司在模内组装领域作出了尝试。广州博创机械股份有限公司在自身开发的四色注塑机的基础上，设计了一套四色模内组装模具，注塑成型出了一个四色组合的转盘模型，其组合盘的齿轮可以转动自如。该组合盘首先由注塑机进行四色注塑，在型腔内分别成型七个零件，并定义为四个工位，然后利用连串开合模和抽芯活动，进行四个工位的模内组装动作，自动地实现了模内组装。

图 1-17 所示为瓶装洗发水、洗涤剂等日常用品的瓶盖结构示意图。该类瓶盖在外形上各有不同，分为内盖和外盖两部分，内盖通常设置有螺纹或者卡扣，外盖可以快速进行闭合。在瓶盖注射完成后，需人工将外盖（即翻盖）闭合，以便于灌装后的加盖工作。采用模内组装技术，在传统瓶盖模具基础上进行新的设计，从而能够在模具内部完成瓶盖的合盖工作，省去人工合盖步骤，降低人力成本，提高模具自动化水平。此类瓶盖产量较大，型腔数目多。图 1-18 所示为合盖动作过程，图 1-19 为其模具结构，图 1-20 为液压缸工作过程。

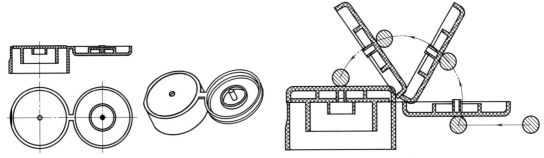

图 1-17　瓶盖结构示意图　　　　　　　　　图 1-18　合盖动作过程

液压缸工作过程如图 1-20 所示（标号含义见图 1-19）。图 1-20（a）为合盖装置初始位置。制品完成第 1 次顶出后，液压缸 18 首先动作，推动固定板 21、齿条导轨 15 和齿条 17整体向前移动，齿轮 39 及压杆 12 同时随着齿条导轨 15 移动，如图 1-20（b）所示。当压杆

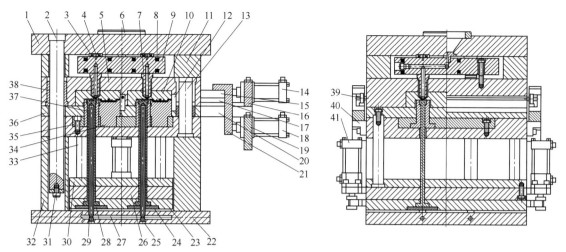

图 1-19 模具结构

1—定模座板；2—导柱；3—隔热垫块；4—定位销；5—定模板；6—定位环；7—热喷嘴；8—加热圈；9—热流道板；
10—型腔板；11—支撑板；12—压杆；13—导柱；14,18,41—液压缸；15—齿条导轨；16,19,21—固定板；17—齿条；
20—导轨固定座；22—动模座板；23,26—推板；24—推板固定板；25—冷却水道隔板；
27,29—冷却水道；28—推管；30—推杆固定板；31—螺钉；32—垫块；33—推杆；34,37—型芯；
35—型芯固定板；36—推件板；38—导套；39—齿轮；40—固定座

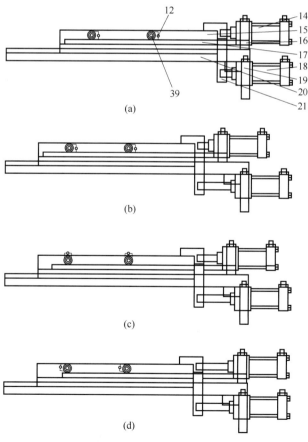

(a)

(b)

(c)

(d)

图 1-20 液压缸工作过程

12 到达外盖下方后，液压缸 14 开始动作，液压缸带动固定板 16 与齿条 17 向后移动，驱使啮合齿轮 39 转动，带动压杆 12 旋转，图 1-20（c）所示为压杆旋转 90°时的位置。压杆继续旋转，直至压合外盖，合盖后的液压缸位置如图 1-20（d）所示。合盖完成后，液压缸 14 和 18 做相反运动，压杆 12 和齿条 17 等回到原位。

模内组装技术所带来的高度自动化和经济效益使其成为注塑行业发展的最新方向，这也是解决低成本人力资源难以为继的问题和科学技术水平不断发展的结果，该技术的发展趋势主要集中在标准化、集成化和智能化三个方面。

（1）标准化

模内组装技术的重点在于模具设计，而模具设计又是一个带有创造性思维的具体化的过程。该技术的模具制造成本是较昂贵的，因此，一个成熟的模内组装系统并不只限于解决特定的产品组装，而是在某类零件的组装上具有通用性，可适应不同产品的组装，即在模内组装系统上实现类似于注塑模具模架的"标准化"。

（2）集成化

模内组装技术本身是一个注塑成型技术集成化的过程，涉及多色注塑、包覆注塑、嵌件注塑等成型技术。因此，模内组装技术将会成为一个高度集成化的技术，将成为各注塑成型技术综合应用的平台。气辅注塑成型制件的模内组装在未来也可以实现。

（3）智能化

用于模内组装技术的模具不再是一个仅仅只能完成开模、合模、侧向抽芯等简单机械动作的机构，而是一个可以实现多种功能、多种动作协调运动的模具系统，是一个自动化、智能化的机械系统，具有感知、分析、决策和控制功能。

模内组装技术是未来塑胶制品的新型组合成型方式。注塑模具与机械制造及其自动化的结合进一步紧密，模具设计的难度进一步加大。该技术作为一种综合性集成技术，以自动控制、模具设计和机械制造为基础，需要具备机械、电子、流体控制和自动化技术，只有各种相关技术的发展和社会生产环境的要求，才能推动该技术实现完全工业化。

智能制造更新了制造自动化的概念，将其扩展到柔性化、智能化和高度集成化。从智能制造系统的本质特征出发，在分布式制造网络环境中，实现制造单元的柔性智能化与基于网络的制造系统柔性智能化集成。根据分布系统的同构特征，智能制造系统建立在一种局域实现形式基础上，实际也反映了智能制造系统的实现模式。

智能制造装备是具有感知、分析、决策和控制功能的制造装备，智能模具也是有感知、分析、决策和控制功能的，具有温控功能、注塑参数及模内流动状态等智能控制手段的注塑模具等都是智能模具。

随着科学技术水平的不断发展，自动化和智能化制造必然要成为现代制造业的重要发展方向，智能模具也必将随之快速发展。用智能模具生产产品可使产品质量和生产效率进一步提高，更加节约材料，实现自动化生产和绿色制造。因此，智能模具在行业产品结构调整和发展方式转变方面将会起到越来越重要的作用。

为新兴战略性产业服务的智能化模具有：为节能环保产业服务的节能环保型模具，这类模具主要有为汽车节能减排轻量化服务的模具、通过注塑参数及模内流动状态等智能控制手段制造的高光无痕及模内装配装饰模具、叠层模具和旋转模具、多色多料注塑模具、多层共挤复合模具、多功能复合高效模具和 LED 新光源配套模具等；为新一代信息技术产业服务的具有传感等功能的精密、超精密模具，这类注塑模具主要有多腔多注射头引线框架精密橡塑封装模具、电子元器件和新一代电子产品塑料零件智能成型模具、高精密多层导光板模具和物联网传感器超精密模具等；为生物产业服务的医疗器械精密超精密模具，这类模具主要为通过塑料注塑参数及模内流动状态等智能控制手段制造精密超精密医疗器械注塑模具、生物及医疗产业尖端元件金属（不锈钢等）粉末注塑模、生物芯片模具等。

1.1.4　模具安全性设计理念

1.1.4.1　模具安全性

安全性就是在模具设计时为使模具在使用中不致引起人身、物质等重大损失而采取的预防措施。为了确保安全性，应制定相关模具设计标准，使模具在寿命周期内，用及时、经济有效的办法来满足模具的安全性要求，提高其使用效能。

从事故致因理论可知，人的不安全行为和物的不安全状态是造成能量或危险物质意外释放的直接原因。在事故控制过程中，物的不安全状态具有决定性意义。这是由于受生活环境、作业环境和社会环境的影响，人的自由度较大，可靠性比机械差，人为失误难以避免，因此要实现注塑成型生产安全，必须有某种即使存在人为失误的情况也能确保人身及财产安全的机制和物质条件，即注塑模具的本质安全。

模具本质安全是指当操作人员发生失误时，模具能自动保证安全；当模具出现故障时，能自动发现并自动消除，能确保人身和设备的安全。本质安全的模具具有高度的可靠性和安全性，可以杜绝或减少伤亡事故，减少模具故障，从而提高设备利用率，实现安全生产。由于绝对安全的机械是不存在的，本质安全只是人们追求的最高安全目标。本质安全程度并不是一成不变的，它将随着科学技术的进步而不断提高。

和其他机械行业一样，模具行业的本质安全建立在以物为中心的事故预防技术的理念上，它强调先进技术手段和物质条件在保障注塑安全生产中的重要作用。希望借助现代科学技术，从根本上消除模具的不安全状态，如果暂时达不到时，则采取相应的安全措施，达到最大限度的安全。同时尽可能采取完善的防护措施，增强人体对各种伤害的抵抗能力。

模具本质安全的指导思想，可以从设计、操作和管理措施等方面理解。

① 应采取技术措施来消除危险，使人不可能接触或接近危险区；将危险区安全封闭；采用安全装置；用专用工具代替人手操作；实现机械化和自动化等。

② 模具能自动防止操作失误和设备故障。人员操作失误和设备故障是生产中难以避免的。因此，设备应有自动防范措施，即使操作失误，也不会导致事故；即使出现故障，也能自动排除、紧急切换或安全停机。

③ 操作阶段。建立有计划的维护保养和预防性维修制度；采用故障诊断技术，对运行中的模具进行状态检测；避免或及早发现设备故障；对安全装置进行定期检查，保证安全装置始终处于可靠和待用状态；提供必要的个人防护用品等。

编写模具使用说明书，指导模的安全使用，向用户及操作人员提供有关模具危险性的资料、安全操作规程、维修安全手册等技术文件。加强对操作人员的教育和培训，提高操作人员发现危险和处理紧急情况的能力。

模具直接关系到操作人员的人身安全、设备安全以及注塑生产的正常进行。模具担负着使工件加工成型的主要功能，是整个系统能量的集中释放部位。由于模具设计不合理，或有缺陷，没有考虑作业人员在使用时的安全，在操作时手要直接或经常性地伸进模具才能完成作业，就增加了受伤的可能。有缺陷的模具则可能因磨损、变形或损坏等原因在正常运行条件下发生意外而导致事故。

图 1-21 所示为防护板设计的例子，其目的是防止机械手失误将流道凝料掉入推板内，引起事故。防护板 6 通常用 5mm 厚的 PMMA 板制作，用 4 个沉头螺钉固定在动模天侧。行程开关 9 的信号线从防护板穿过。推板顶出时，边缘与防护板应避开，不能产生摩擦。定模回针 4 与动模回针 7 相碰，可以使推板可靠回位。行程开关 9 对推板的回位起到监测作用。

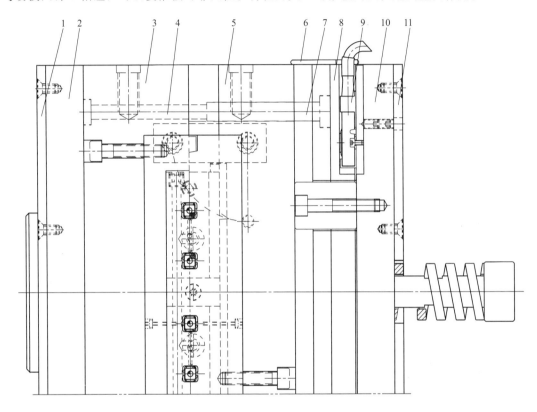

图 1-21　防护板设计

1,11—隔热板；2—定模固定板；3—定模板；4—定模回针；5—动模板；6—防护板；
7—动模回针；8—推板；9—行程开关；10—动模固定板

注塑模具安全性设计的内容很多，必须制定相应的模具设计标准。例如对于大型滑块，尽可能不要设计在天侧，必须设计在天侧时，建议使用 DME 的老虎扣定位，或者使用足够弹力的弹簧将其在开模后准确定位。对于滑块投影下方有顶针的情形，设计先复位机构使顶针板及早复位，并加行程开关监测。欧洲模具的顶出机构一般强制回位，即所谓强拉强顶，回针上不套弹簧。滑块投影下方有顶针时，除了设计行程开关监测外，还需要设计滑块安全针。

近年来，模具安全技术发展很快，在很多方面都取得了长足的进步，但是在模具安全保障体系方面尚有很大的发展空间。现代模具的发展方向为自动化、高速化、智能化。由于集"三化"于一体，涉及安全的因素众多，仅靠单一学科的理论与方法很难解决问题。为此，人们提出了建立模具安全保障体系的思路。模具安全保障体系是建立在机械学、力学、现代智能测试、信息、控制技术和计算机技术等学科基础上的新型体系。

1.1.4.2 模具防错设计

防错设计又称愚巧法、防呆法，即在过程失误发生之前加以防止，是一种在作业过程中采用自动作用、报警、标识、分类等手段，使作业人员不特别注意也不会失误的方法。防错法是一种以追求零缺陷为目的的理念和手段。

零缺陷理论：

① 质量符合要求；

② 产生质量系统应立足于预防，而不是检验；

③ 工作执行标准必须是零缺陷，而不是越多越好；

④ 质量是用不符合要求的代价（PONC）来衡量的，而不是用表征质量的指数；

⑤ 零缺陷的管理理念是：无论是产品质量，还是工作质量，都要努力实现第一次就提供正确的结果。

注塑模具的防呆设计主要体现在如何避免模具在装配时发生错误。模具装配的错误主要是将零件装反方向，造成合模时干涉、模具损坏或者塑件尺寸形状错误。图 1-22 所示塑件为打印机磁带盒盖，此塑件为扁平塑件，背面存在多条较深的方格骨位，且骨位的底端为圆弧形，骨位底端无法设计扁顶针，因此只能将扁顶针加宽并兜住骨位顶出。此时，扁顶针的组装就需要注意方向，为了便于组装，将扁顶针的头部削成 D 形，与顶针板产生定位，这样就能够避免发生装模失误。

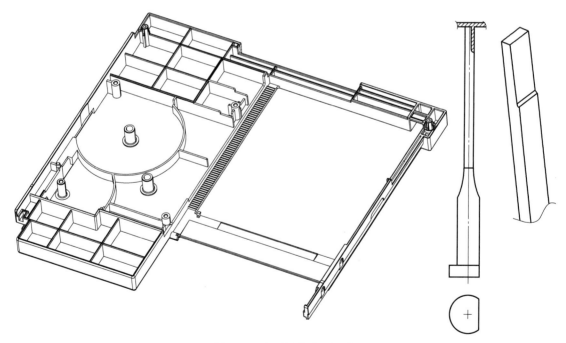

图 1-22 扁顶针的防呆设计

龙记（LKM）模架为了确保合模的准确性，将基准角的导柱和导套的中心距减小 2mm，一旦合模时动定模方向错误，则无法合模，起到防呆的作用。欧洲的 HASCO 模架与龙记模架不同，采用将基准角的导柱导套直径减小 2mm 来防呆。其他防呆设计的例子如下。

① 前后模精框设计，不要设计成正方形，以防装配错误。最好将模仁（精框）的四角

圆角 R 设计成 3 大 1 小，即基准角的 R 减小 2mm，避免装配错误。

② 模具开料时就固定基准位，做好明显的基准，以便后续加工不会出错。

③ 电极在加工时，将基准角倒角，以防放电加工时出错。

1.1.4.3 墨菲定律

墨菲定律是一种心理学效应，是由爱德华·墨菲（Edward A. Murphy）提出的。主要内容：

① 任何事都没有表面看起来那么简单；

② 所有的事都会比你预计的时间长；

③ 会出错的事总会出错；

④ 如果你担心某种情况发生，那么它就更有可能发生。

墨菲定律的原句是这样的：如果有两种或两种以上的方式去做某件事情，而其中一种选择方式将导致灾难，则必定有人会做出这种选择。

在模具行业，欧美的很多模具制造企业利用墨菲定律进行企业管理。通过总结先前的经验，从中找出规律性的东西加以提炼，形成新的技术标准，类似于现在的大数据管理。模具行业的大数据是在长期的实践中积累起来的，是模具企业竞争的法宝。

墨菲定律在模具中的具体应用就是 DFM（可制造性设计），通过制定流程，提前评审模具问题，对各种可能出现的问题做出预判。模具质量取决于模具的设计质量和制造质量，在模具质量的形成过程中，工艺起了至关重要的作用。样板试出来了但模具性能不稳定无法投产，返工多以致不能按订单要求及时交货，模具到了客户现场出现各种各样的问题要技术人员去救火，等等，这些都是模具企业经常碰到的令人头痛的问题。出现这些问题的原因主要是模具设计前准备工作欠缺，或者没有养成按流程设计和制作模具的习惯，或者缺乏模具标准和流程，模具设计和制作人员按照各自的习惯做事，造成模具质量不稳定。

1.1.5 模具可靠性设计

客户对模具质量的要求是模具能够长期使用并保持良好的稳定性能，要求模具具有很高的可靠性。模具可靠性是反映模具动态质量的指标，在现代模具工业中，可靠性技术已经贯穿到模具的开发、设计、制造和使用的所有环节中，统称为模具的可靠性工程。

模具的可靠性是通过设计、制造直至使用的各个阶段的共同努力才能得以保证的。模具设计奠定了模具可靠性的基础，模具制造实现模具的可靠性设计目标，使用则是验证和维护模具可靠性目标。任何一个环节的疏忽都会影响模具的可靠性水平，尤其是模具设计阶段的可靠性保障。模具是一种技术含量较高的科技产品，其可靠性与一般产品的可靠性存在差异。常见的可靠性设计、试验、技术与标准的部分内容不能完全适用于模具设计，必须对其进行适当的修改。

表面强化技术通过改变模具表面成分、镀层及组织来提高模具的耐磨性、耐热性、硬度、疲劳强度等力学性能。表面强化技术有热喷涂法、气相沉积、等离子体热处理、熔盐浸镀法等，这些技术已经日趋成熟并广泛应用。热喷涂法将喷涂材料加热至熔化，用高压气流将其雾化，然后喷涂到模具的表面，能有效地改善模具表面的性能。气相沉积是将具有特殊性能的稳定化合物直接沉积于金属模具表面，这些化合物形成一层超硬覆盖膜，使模具具有高硬度、耐腐蚀、耐磨等特性。等离子体热处理中发展快、应用广的是等离子体化学热处理，有离子渗碳、离子渗氮、离子碳-氮共渗、离子渗硼等。熔盐浸镀法在模具中应用广泛的是在模具表面渗钒，所形成的 V-C 薄膜，能够显著提高模具表面的硬度、耐磨性、耐腐蚀性和抗黏着性。近年来，纳米技术发展很快，纳米材料在模具零件表面处理中已经得到广泛应用。过去对于斜顶零件经常采用氮化的方法进行表面处理，现在可以应用纳米涂层来延长其磨损寿命。

决定模具可靠性的最重要的因素除了模具设计和模具保养外，还有模具钢材和热处理方法以及模具的加工工艺。一套优质的模具应该充分了解和满足客户的需求并且是符合客户理念的，为不同客户的不同产品而量身定制的解决方案。模具可靠性高就是能确保模具在寿命期内正常服役，判断模具合格的标准是客户是否满意。一套优质模具，不仅仅需要有好的加工设备和熟练的模具制造工人，另外一个非常重要的因素就是要有好的模具设计。对于复杂的模具，模具设计得好坏占模具质量的 85%。一个优秀的模具设计是：在满足客户要求的前提下，加工成本低、加工难度小、加工时间短。要做到这一点，不仅要完全消化客户要求，还要求模具设计对注塑机、模具结构和加工工艺以及本厂的加工能力等有所了解。因此，作为模具设计师，要想提高模具设计水平，应做到以下几点：

① 弄懂每套模具设计中的每个细节，理解模具中每个零件的用途与装配；

② 在设计时多参考以前相似的设计，并了解它在模具加工和产品生产时的情况，借鉴和吸取其中的经验和教训；

③ 多了解注塑机的工作过程并掌握成型原理，以加深对模具和注塑机关系的理解；

④ 到工厂了解加工工艺，认识每种加工的特点和局限性；

⑤ 了解自己设计的模具的试模结果和改模情况，吸取教训，扬长避短；

⑥ 在设计时尽量借鉴以前比较成功的模具结构；

⑦ 研究一些特殊模具结构，了解学习最新的模具技术。

1.1.6 绿色设计和绿色制造理念

1.1.6.1 绿色设计

绿色设计（green design）又称生态设计（ecological design，eco-design）、面向环境的设计（design for environment，DFE）、可持续设计（sustainable design）、产品生命周期设计（product life cycle design）等。绿色设计是基于环境意识和可持续发展思想，在产品整个生命周期设计中考虑双重属性，即环境属性（可拆卸性、可回收性、可维护性、可重复利用性等）和基本属性（功能、质量、寿命、成本等）的一种机械产品现代设计方法。绿色模具是指采用绿色设计理念，以模具的环境属性为设计目标，从材料、结构、寿命、制造及应用到模具回收报废方面考虑模具对环境资源的影响所设计制造的模具。

模具绿色设计包含以下几个方面的内容。

（1）模具绿色结构

在结构设计时，主要以面向拆卸（design for disassemly，DFD）和再循环（design for recycling，DFR）为设计目标。如模具中的易损零件，为便于快速维护和更换，应采用面向产品维修（design for maintenance，DFM）的设计，因此设计时多采用可拆卸连接的镶拼结构，尽量避免整体结构，以免拆卸时只能采用破坏性的拆卸方式，所以应少用焊接、铆接等方式。另外，为保证某些模具零件（模架）的通用、互换、共用、重复使用等要求，零件应设计成通用标准型结构，尽量系列化。类似设计已经得到应用，如针对某系列产品采用共用模架，DME 模架中的 MUD 快换模架等。

（2）模具绿色材料

绿色材料是实现绿色制造的前提，涉及范围广，包括绿色材料的生产，绿色材料的选用，绿色材料的加工，绿色材料的管理等方面。模具零件不同于一般的机械零件，工作时常处于高温、高压、高速状态，又要求模具具有长寿命、耐磨损、耐腐蚀等特点，正是这些原因，使绿色模具材料在选择上存在困难，既要兼顾传统设计注重材料的技术性和经济性要求，又要考虑模具的绿色程度。在绿色设计中，材料选择应遵循环境协调性原则，也称为3R1D 原则，即 reduce（减量化）、reuse（回收重用）、recycle（循环再生）和 degradable（可降解）。在材料管理方面，企业应该制定"绿色采购"计划，优先选用具有绿色标识的材料，即从企业社会责任高度考虑材料的使用。

（3）模具绿色技术

在模具设计时，除从模具结构、材料选取考虑绿色以外，还要注意对当前绿色技术的引进和应用。例如，在塑料模中全面采用热流道技术，避免产生料头，节约原料，从而避免对料头的回收、粉碎等二次处理，节省人力、设备和工艺。模具企业还应加强 CAX 平台建设，实现无纸化作业，实现模具设计、制造、管理的一体化和并行工程的应用，以提高工作效率和缩短开发周期，节省资源。

绿色设计借助产品生命周期中与产品相关的各类信息，利用并行设计等各种先进的理论，使设计出的产品具有先进的技术性、良好的环境协调性以及合理的经济性。产品能否达到绿色标准要求，关键取决于在设计时是否采用绿色设计。绿色设计涉及制造学、材料学、管理学、社会学、环境学等诸多学科的内容，具有较强的多学科交叉特性。现有的设计方法是难以适应绿色产品的要求的，因此绿色设计是设计方法的集成和设计过程的集成。绿色设计综合了面向对象技术、并行工程、寿命周期设计等系统设计方法，将产品的质量、功能、寿命和环境等因素集于一体。

1.1.6.2 绿色制造

绿色制造主要包括以下几方面内容：一是制造问题，包括产品生命周期全过程；二是环境影响问题；三是资源优化问题。绿色制造就是这三部分内容的交叉和有机集成，其概念和内涵正在不断发展和完善，其目标是使得产品在设计、制造、包装、运输、使用到报废处理的整个产品生命周期中，对环境的负面影响最小，资源使用效率最高。

随着绿色制造的深入推进，模具设计理念需要考量模具设计对环境的影响。比如说模具设计理念要根据制造环境的不同而进行不同程度的改革，一些污染较为严重，噪声相对较大的模具生产要尽量避免污染和噪声危害。在包装的设计上要突出包装的环保，切忌将一些有害于自然环境的包装大规模地使用于模具中。

模具的绿色制造是指模具零件在生产制造过程中所采用的加工方法和工艺对环境资源产生的影响最小的制造模式。绿色模具不仅仅在于模具本身是绿色产品，还要保证其零件的制造过程绿色化，所以制造绿色化是 实现绿色模具的根本保证。

模具绿色加工技术以模具零件的特殊性（尺寸精度高、表面质量高、材料硬度高、结构复杂且异形）为基础，在加工时往往有别于一般机械零件的加工，诸如数控铣、磨削、线切割、电火花成型等加工方法已广泛用于模具制造。这类传统加工基本属于湿式加工，即要使用切削液，切削废液任意排放会污染环境损害人体。如电加工中，电极材料损耗会消耗资源，成型时油雾的排放会污染空气，增加皮肤病和呼吸系统疾病发生的概率。目前，注塑模电加工中广泛使用紫铜电极和石墨电极。紫铜电极的回收利用率较高。石墨电极的回收利用率较低，极易污染环境，加工时也容易钻入机床的导轨等部位，加大机床磨损。手摇磨床加工时，其砂轮灰尘会进入到人的肺部，影响身体健康。所以模具零件要实现绿色制造，还有待于一些新技术、新工艺的出现。目前模具行业具有代表性的绿色制造技术有以下几种。

（1）洁净加工技术

它是指在加工过程中，不用或少用切削液（干切削、准干切削、绿色湿式切削），以避免切削液对环境的污染，实现加工方式从传统的大量使用切削液向绿色少、无切削液使用转变，达到高效切削、节能减排、绿色环保的目标。

（2）快速原型制造（RPM）

它是基于离散堆积原理采用不同方法堆积材料最终完成零件的成型与制造的技术，它改变了传统的材料去除或材料变形方法生产零件，实现无屑加工，节约材料。

（3）高速切削（HSC/HSM）

模具制造业是高速加工应用的重要领域。模具型腔所用材料硬度高，故常用电加工，但其加工效率低且有电极消耗。高速切削具有加工效率高，切削表面质量好，可切削高硬度（60HRC）材料等特点，所以可用高速切削代替部分电加工，提高生产效率，节约电极材料，降低成本。

（4）虚拟制造技术（VM）

虚拟制造是在"实际制造"之前对产品的功能及可制造性的潜在问题进行预测的方法，它是仿真、建模和分析技术及工具的综合应用。如塑料模中的模流分析等，通过虚拟现实预测产品性能，降低材料消耗，节约制造成本，缩短产品开发周期。

除上述介绍的几种先进绿色制造技术以外，目前还有绿色铸造技术、绿色热处理技术、绿色冷却润滑技术、绿色表面处理技术和绿色工艺规划技术等。在模具设计、制造、生产、回收再利用整个生命过程中都必须加入绿色理念。这也是模具工业发展的必然趋势。

注塑模具作为一种特殊产品其具有两重性：注塑模具是模具制造企业的产品；注塑模具又为使用该模具的企业生产新的产品。在模具设计与制造中，这两方面需要统筹考虑，既要在模具制造过程中采用绿色制造，也要考虑利用模具加工产品时的绿色生产问题。采用绿色加工工艺要求在提高生产效率的同时，必须兼顾削减或消除危险废物及其他有毒化学品的用量，改善劳动条件，减少对操作者的健康威胁，生产出安全并与自然兼容的产品。例如，日本佳能公司生产的打印机，其外壳是 HIPS（抗冲击性聚苯乙烯）材料制作的，在产品图纸的技术要求上有一条关于任何时候不得使用脱模剂的要求，就是出于对注塑工厂环境和打印机产品使用环境的环保考虑，大型塑件上的材料回收标志以及年月日章等就是为了便于实施绿色制造。

现代模具制造已经从依靠技艺优良的技术工人向使用高精度数控机床转变，先进的 3D 软件和三维检测设备、模流分析软件的应用，已经使模具加工水平逐步摆脱传统的手工配制的方法，也减少了红丹的应用，洗模水的应用，水管接头上聚四氟乙烯生料带的使用，技术的进步对于环境保护有极大的好处。

注塑成型在 first shot（第一次射出）和 EP（第一次试模）阶段发生粘模问题时可使用脱模剂，但脱模剂必须是无毒的，不含氯氟烃（一种破坏臭氧层的物质）。在 FEP（第一次批量打印）和 PP（大批量生产）阶段以后，不允许使用脱模剂。注塑成型必须采用环保的添加剂，色粉 ASTM F963-11 标准是由美国商务部国家标准局主持制定的美国玩具检测标准，并已于 2012 年 6 月 12 日成为强制标准。EN71 是欧盟市场玩具类产品的规范标准。制造商必须对因生产缺陷、不良设计或不适当材料的使用而导致的事故负责。

尽管脱模剂行业一直注重环保，但从 20 世纪 90 年代开始，全球范围内高度重视在工作环境中降低对人体有害的蒸气，取消使用对大气中臭氧层有破坏作用的氟氯烃（CFCS）化合物，到 1989 年底，脱模剂生产商和供应商普遍从喷雾剂和溶剂载体中取缔了氯氟烃类化合物，取而代之的是按照 1987 年的《蒙特利尔公约》可被大众接受的其他溶剂。许多配方已将新型水基脱模剂引入到大范围的热固性树脂的应用中，如不饱和聚酯、环氧树脂、酚醛塑料及聚氨酯类等。

另外，在努力停止使用外部脱模剂的过程中，树脂供应商和模压加工人员越来越强烈地意识到并接受了这样的观念，即通过直接向树脂内部添加内部脱模剂可以达到脱模目的。

国际工业发达国家多采用金属喷雾罐灌装的脱模剂。金属喷雾罐密封性能较好，可避免脱模剂氧化或混入杂质，能保证脱模剂出厂时的纯洁性。大型的注塑设备安装在室内，环境温度变化小，对喷雾脱模剂的使用无影响。但对模压成型的模具温度要予以考虑，要选热稳定性能好的脱模剂，一般要求脱模剂的热分解温度要高于成型的模具温度，不然会发生炭化结垢现象。高档制品和需要二次加工（如喷漆和印刷）的制品要选用适合于二次加工的脱模剂。为防止环境污染，要选用不易燃烧，气味和毒性小的脱模剂。在脱模剂选用中，经济性是不可忽视的重要因素。质量差的脱模剂会使产品表面产生龟裂皱纹，影响产品外观和模具使用寿命，并带来环境污染。选择高质量的喷雾脱模剂，价格较高，但综合经济效益高。

综上所述，脱模剂的选择要点是：

① 脱模性优良，喷雾脱模剂表面张力在 17～23N/m 之间；

② 具有耐热性，受热不发生炭化分解；

③ 化学性能稳定，不与成型产品发生化学反应；

④ 不影响塑料的二次加工性能；

⑤ 不腐蚀模具，不污染制品，气味和毒性小；

⑥ 外观光滑美观；

⑦ 易涂覆，生产效率高。

1.1.7 出口模具设计理念

模具出口不同于普通货物的出口。虽然中国制造的模具出口目的地很广泛，远至欧洲、北美、中东，近至东南亚、日本、韩国，但是行业里所说的出口模具，一般是指出口到欧洲、北美和日韩等国家和地区的模具。

按照模具设计理念和风格的不同，目前出口模具可以简单分为三大类，也就是三大标准体系。亚洲的日本和韩国，模具标准采用日本标准或与其近似。有代表性的就是 MISUMI 标准，计量单位采用公制，以软模为主，制模周期相对较短，产品更新换代较快。除了个别大公司外，热流道的普及率较低，三板模占有一定的比例，模具的性价比较高。

欧洲的英国、德国、法国、意大利和荷兰等国家，模具采用欧洲标准，最具代表性的就是德国的 HASCO 标准，其次每个国家都有自己的标准，比如英国有 DMS 标准，法国有 RABOURDIN 标准，德国还有 STRACK 标准，奥地利有 MEUSBURGER 标准。这些标准与 HASCO 标准既有区别，又有相类似的地方，都是采用公制，以毫米为单位。例如，订购 HASCO 标准模胚，导柱、导套、模板等元件，都是按零件单件供货的。HASCO 模胚的面板和底板都可以选择相同的零件，也可以不同，有带定位圈孔的，有不带定位圈安装孔的，这些零件采购回来后，需要自己组装成模胚。在欧洲，很多模具的面板和底板都带定位圈，这些特点都和国内模具不同。

欧洲模具的设计理念是模具内自动剪切浇注系统凝料，不得采用人工削剪，注塑生产必须采用全自动，因而三板模细水口进胶的模具十分少见。最常用的就是潜伏式浇口和牛角进胶（也叫香蕉入水），因为这两种浇口能够在模具内自动切断。需要在产品顶部进胶的模具多采用单个热嘴模具或者热流道解决。HASCO、RABOURDIN、DMS 这些是模具标准件供应商，同时也是热流道技术的开发商。

在欧洲，追求模具的高效、精密和长寿命运作，视模具为艺术品，模具配件也相当精致。欧洲模具绝大部分都是硬模，通过热处理提高钢材的性能。HASCO、RABOURDIN、STRACK、DMS 和 MEUSBURGER（奥地利品牌）等标准件生产商的工厂规模并不大，员工人数一般为五六百人，十分重视研发和技术创新，发展迅速，有力地推动了模具标准化的发展。德国 HASCO 公司在最近 10 年中，技术创新层出不穷，模具标准件体系日趋完善，标准件逐渐覆盖了模具结构的方方面面。这些技术创新既降低了模具制造成本，又缩短了模具制造周期，更重要的是提升了模具制造品质。

第三大标准体系就是北美模具，包括美国、加拿大和哥伦比亚等国家的模具。北美模具和欧洲模具唯一相同或者相似的地方就是北美模具也是以硬模为主，细水口的三板模具很少使用，热流道和热嘴较为普及，模胚都是导柱在定模。此外，无论从其他哪个角度去分析，北美模具和欧洲模具都存在很大的差异，不能统称欧美模具。从外形来看，欧洲模具一般为工字模架，美国模具则以直身模架为主。

出口美国的塑胶模具属于高端的商品模具，最著名的模具标准件供应商是 DME、PCS 和 Progressive，他们的标准件体系广泛应用在美国、加拿大和哥伦比亚等国家，具体选用时需要按照客户的指定。北美模具主要采用英制尺寸单位。

不同的文化理念决定了不同的模具结构形式。出口模具的观念就是所设计的模具要符合客户的设计理念。客户满意是判断模具合格的唯一标准，我们要生产客户满意的、想要的高品质模具。品质观念包括模具外观，使客户认为模具是为他们量身定制的，是精工细作的。例如，动模抛光，动定模同样重要的观念，模具外表是否美观都要受到重视。有条件的大型出口模具厂，需要对客户分类管理，不同的客户要求不同，分客户制定不同的模具制造工艺标准，满足其需求。真材实料制作，材料代用等要与客户提前沟通，并取得同意。

成本观念，就是在满足强度的前提下，不造成钢材浪费和注塑生产效率的浪费。选择符合客户需要的模具标准件品牌。纳期，则是信誉的体现。

出口模具具有高效、精密和长寿命的优势，而决定模具可靠性的最重要因素除了模具设计和模具保养外，还有模具钢材和热处理方法以及模具的加工工艺。一套优质的模具应该充分了解和满足客户的需求并且是符合客户理念的，是为不同客户的不同产品量身定制解决方案。出口模具要注重资料的完整性，包括模具设计图纸、模具使用说明书、材质证明书、热处理证明书、样板品质报告和装箱清单等，这些都是非常重要的。

出口模具的设计一定要符合客户的设计理念，全球不同地域的客户对注塑模具有着不同的理念，这是由不同的文化传统所决定的。出口模具的设计需要熟悉客户的模具标准以及注塑机规格标准，严格按照客户的模具设计式样书（Mould Specification）设计。注重尺寸检测，严格按模具零件图纸加工，杜绝人工配作等传统的工艺。另外，模具出口前要按客户的标准进行出口检测、包装，然后按既定的运输方式，陆运、海运或空运送达客户指定的地区。

出口不同的国家要符合不同国家的工业标准，欧洲使用英制（in），美国使用美制（UNC），亚洲和大洋洲为公制（mm）标准，针对不同的客户要使用其指定的标准，如标准模胚、模具钢材、模具配件、油缸、热流道、注塑机台等。油缸结构紧凑，直线运动平稳，输出力大，在模具中得到较多的运用，但因其工作效率低、控制烦琐，应用受到了一定的限制。欧洲客户一般趋向于使用德国的迈克尔（MERKEL）油缸，日本客户喜欢用太阳铁（TAIYO）油缸，北美客户喜欢PARKER油缸和MILLER油缸，我国台湾地区的君帆油缸也有相当广泛的应用。

1.1.8 模具标准化理念

标准化是为在一定范围内获得最佳秩序，对实际的或潜在的问题制定共同的和重复使用的规则的活动。注塑模具标准化是关于注塑模具生产经营活动所制定的规则和技术文件，内容贯穿模具制造全过程，是模具经营管理和模具设计与制造活动的标准化。

实现注塑模具标准化的目的与意义在于：

① 能够使生产经营中复杂无序的状态转变为秩序井然的状态，减少零件、刀具和夹具的种类；

② 明确各部门对生产活动的责任与权限，通过标准化，管理者可以恰当准确地进行指示和检查工作，对工作的判断进行合理化，清楚地把握工作的现状；

③ 能够使员工明确了解工作内容，有效提升工作效率；

④ 能够使具有企业特征的传统技术保留下来，进而准确地流传下去；

⑤ 是质量、生产、成本和设备等管理活动向前推动的基础。

模具设计一般不具有唯一性。对于同一产品零件，不同设计人员设计的模具不尽相同。为了使CAD得以实施，减少数据的存储量，在建立模具CAD系统时首先要解决的问题便是标准化问题，包括设计准则的标准化、模具零件和模具结构的标准化。标准化极大地便利了模具设计，有了标准化的模具结构，在设计模具时就可以选用典型的模具组合，调用标准模具零件，需要设计的只是少数型腔零件。标准化工作涉及的问题较多，有技术问题，也有管理问题。目前我国已经颁布《中华人民共和国标准化法》。对于已经公布的模具标准，模具设计时应贯彻使用。

模具标准化设计，在于不断总结生产实际中的产品结构，提炼和升华到标准化的可推广的措施。

信息化的基础是标准化，模具发达国家，如日本、美国、德国等，模具标准化工作已有近100年的历史，模具标准的制定、模具标准件的生产与供应，已形成了完善的体系。标准制定方面，已形成了比较成熟的适应市场经济的标准化管理体制，建立了完善的标准制定、支持、管理的先进模式。我国组建了全国模具标准化技术委员会，提出制定中国自己的模具国家标准和行业标准，但由于起步较晚，标准化程度和水平偏低。在模具标准件覆盖率方面有一定差距，这也是我国模具企业实施全面信息化管理所面临的一个瓶颈问题。

标准化的作用是不言而喻的，但标准化并不是一种限制和束缚，而是将企业中最优秀的做法固定下来并传承下去，使得不同的人来做都可以做到最好，发挥最大成效和效率。而且，标准化也不是僵化、一成不变的，标准需要不断地创新和改进，在现有标准的基础上不断改善，就可以推动组织持续进步。

1.2　模具设计流程

1.2.1　模具设计依据

合理的模具设计，主要体现在所成型的塑料制品的质量（外观质量及尺寸稳定性），使用时安全可靠和便于维修，在注塑成型时有较短的成型周期和较长的使用寿命以及具有合理的模具制造工艺性等方面。

在开始模具设计时，应多考虑几种方案，衡量每种方案的优缺点，再从中优选一种。对于重新做的模具，亦应当认真对待，因为时间和认识上的原因，当时认为合理的设计，经过生产使用也还会有改进的地方。在设计时多参考过去所设计的类似图纸，并了解它在制造和使用方面的情况，吸取其中的经验和教训。模具设计的主要依据就是客户所提供的塑料制品图及样板。模具设计人员必须对制品图及样板进行详细的分析和消化，同时在设计模具时，注意核查以下所有项目：

① 尺寸精度及其相关尺寸的正确性；
② 脱模斜度是否合理；
③ 制品厚度及其均匀性；
④ 塑料种类及其缩水率；
⑤ 制品有无影响脱模的倒扣，注意其解决方式；
⑥ 表面要求；
⑦ 表面颜色；
⑧ 塑料制品成型后是否有后处理；
⑨ 制品的批量；
⑩ 注塑机的规格；
⑪ 注塑生产要求。

以上这些内容，模具设计人员必须认真考虑和核对，以便满足客户的要求。

1.2.2　生产模设计程序

模具设计人员，必须按客户所提供的上述依据和要求认真地进行模具设计，其设计过程按以下程序进行。

（1）对塑件产品图和样板进行分析、消化

其内容包括以下几个方面：

① 制品的几何形状；
② 制品的尺寸、公差和设计基准；
③ 制品的技术要求；
④ 制品所用塑料名称、牌号；

⑤ 制品的表面要求。

（2）注塑机型号的选定

注塑机规格主要根据塑料制品的大小及生产批量确定。在选择注塑机时，主要考虑其塑化率、注射量、锁模力、安装模具的有效面积（注塑机拉杆内间距）、容模量、顶出形式及顶出长度。倘若客户已提供所用注塑机的型号或规格，设计人员必须对其参数进行校核，若满足不了要求，则必须与客户商量更换。

（3）型腔数量的确定及型腔排列

模具型腔数量主要是根据制品的投影面积、几何形状（有无侧抽芯）、制品精度、批量以及经济效益来确定。影响型腔数量和排列的因素主要有以下几个方面：

① 制品重量与注塑机的注射量；

② 制品的投影面积与注塑机的锁模力；

③ 模具外形尺寸与注塑机安装模具的有效面积；

④ 制品精度；

⑤ 制品有无侧抽芯及其处理方法；

⑥ 制品的生产批量。

以上这些因素有时是互相制约的，因此在确定设计方案时，必须进行协调，以保证满足其主要条件。型腔数量确定之后，便进行型腔的排列，即型腔位置的布置。型腔的排列涉及尺寸、浇注系统的设计、浇注系统的平衡、抽芯（滑块）机构的设计。以上这些问题又与分型面及浇口位置的选择有关，所以在具体设计过程中，要进行必要的调整，以达到比较完美的设计。

（4）分型面的确定

分型面在一些产品图中已做具体规定，但在很多的模具设计中要由模具设计人员来定。一般来讲，在平面上的分型面比较容易处理，有时碰到不规则的分型面就应当特别注意。分型面的选择应遵照以下原则：

① 不影响制品的外观，尤其是对外观有明确要求的制品，更应注意分型面对外观的影响；

② 有利于保证制品的精度；

③ 有利于模具加工，特别是型腔加工；

④ 有利于浇注系统、排气系统、冷却系统的设计；

⑤ 有利于制品的脱模，确保在开模时使制品留于动模一边；

⑥ 便于嵌件的安装。

（5）侧向分型与抽芯机构的确定

在设计侧向分型与抽芯机构时，应确保其安全可靠，尽量避免与顶出机构发生干扰，否则在模具上应设置先复位机构。

（6）浇注系统的设计

浇注系统的设计包括主流道的选择，分流道截面形状及尺寸的确定，浇口位置的选择，浇口形式及浇口截面尺寸的确定。当采用点浇口时，为了确保点浇口的脱落，还应注意脱浇口装置的设计。

（7）排气系统的设计

排气系统对确保制品成型质量起着至关重要的作用，其排气方式有以下几种：

① 利用排气槽，排气槽一般设在型腔最后被充满的部位。排气槽的深度因塑料不同而异，基本上是以塑料不产生飞边时所允许的最大间隙来确定的。

② 利用型芯、镶件、顶针等的配合间隙或专用排气塞排气。

③ 有时为了防止制品与模具的真空吸附，设计防真空元件。

（8）冷却系统的设计

冷却系统的设计是一项比较烦琐的工作，既要考虑冷却效果及冷却的均匀性，又要考虑冷却系统对模具整体结构的影响。

（9）顶出系统的设计

制品顶出是注塑成型过程中的最后一个环节，顶出质量将最终决定制品的质量，因此，制品的顶出是不可忽视的。制品的顶出形式，归纳起来可分为机械顶出、液压顶出、气动顶出三大类。

（10）模架的确定和标准件的选用

模架一般采用标准模架，特殊情况或客户指定要求时，可以对模架的部分形状、尺寸和材料做出更改。

标准件包括通用标准件和模具专用标准件两大类。通用标准件如紧固件等。模具专用标准件如定位圈、浇口套、推杆、推管、导柱、导套、模具专用弹簧、冷却及加热元件、二次分型机构及精密定位标准组件等。一般情况下，尽量采用客户指定的标准件或容易购买的标准件，客户指定要求时，需采用客户指定的品牌或规格的标准件，以满足客户的要求。模具设计时，尽可能选用标准模架和标准件，这对缩短制造周期、降低制造成本是极其有利的。

（11）绘制装配图

模架及有关内容确定之后，便可以绘制装配图。在绘制装配图的过程中，对已选定的浇注系统、冷却系统、顶出系统等做进一步的协调和完善，从结构上达到比较完美的设计。完整的模图应注意以下几点：

① 模图上应显示注塑机拉杆示意形状和位置；

② 模图上应注明塑胶产品的塑胶材料及缩水率；

③ 模图上应清楚标明改动标记，在标题栏内注明改动标记、日期和内容。

（12）绘制模具主要零件图

在绘制型腔或型芯图时，必须注意所给定的成型尺寸、公差及脱模斜度是否相互协调，其设计基准是否与制品的设计基准相协调。同时还要考虑型腔、型芯在加工时的工艺性，使用时的力学性能及可靠性。

（13）设计图纸的校对

模具结构图设计完成后，校对人员应针对客户所提供的有关设计依据及客户所提要求，对模具的总体结构、工作原理、操作的可行性等进行系统的校对。

应特别注意以下几点：

① 模架是否适合注塑机（包括模架平面大小及厚度）；

② 根据模架、镶件的大小、形状等实际情况验算 A、B 板的厚度是否合适；

③ 根据模架、镶件大小、形状等实际情况验算支撑柱的数量和位置是否合适；

④ 模具的锁模片、吊模孔（或吊模梁）是否合适，包括形状、大小和位置，应适用于所选注塑机规格，并满足客户的要求；

⑤ 码模槽应适用于所选注塑机规格，并满足客户的要求；

⑥ 模具的浇口套参数是否与客户注塑机炮嘴相符合；

⑦ 模具的顶出机构是否与客户注塑机相符合。

（14）设计图纸的会签及修改

模具图纸设计完成后，必须交客户确认。只有客户同意后，模具才可开始制造。当客户有较大意见需做重大修改时，则必须在重新设计后再交客户确认，直至客户满意为止。

综合以上的模具设计程序，其中有些内容可以合并考虑，有些内容则要反复考虑，因为其中有些因素常常相互矛盾，必须在设计中不断论证、互相协调才能得到较好地处理。特别是涉及模具结构方面的内容，一定要认真对待，往往要做几个方案同时考虑，对每一种结构尽可能列出其各方面的优缺点，再逐一分析，进行优化。因为结构上会直接影响模具的制造和使用，甚至使整套模具的报废，所以模具设计是保证模具质量关键性的一步，其设计过程就是一项系统工程。

1.2.3 商品模设计程序

1.2.3.1 商品模具与生产模具的区别

① 设计标准和设计理念不同。

② 模具设计依据不同。

商品模具较少使用样板做逆向工程，一般按照客户的 3D 图档和 2D 图纸作为模具设计依据。

③ 设计流程不同。

④ 验收标准不同。

模具设计理念完全遵守客户的模具标准，模具质量、模具规格和模具寿命完全符合客户的模具设计式样书，模具设计和制造完全按照客户确认的模具图纸，模具包装、运输和交货日期完全按照模具合同，并为客户提供完整的解决方案，这样的模具就是商品模具。

模具制造厂家在接到商品模订单前须做风险评估，评估本公司的技术状况、制造设备和工艺能否达到客户的要求，评估本公司是否有类似模具的设计制作经验，对于商品模具项目，应指定专门的项目工程师作为和客户沟通的窗口，项目工程师必须经过专业培训，明确客户的需求，也明白什么问题必须问客户，什么问题不应该问客户。大型的模具制造厂家应该成立模具项目部，并制定一系列的模具流程。项目工程师对每套模具应制定一个纸质档案夹，做到一模一档，模档相符。客户的设计资料，包括模具设计标准、产品图纸、模具设计式样书、注塑机资料、产品设变通知单、塑料物性表、沟通的电子邮件等，都应该装订在档案夹里，便于组织模具评审会，也便于核查。

商品模具比生产模具有更高的要求，显然，出口模具属于商品模具。前述的关于生产模具的设计流程和注意事项，也完全适用于商品模具。除此之外，商品模具还涉及以下流程。

1.2.3.2 DFM

DFM 是 design for manufacturability（可制造性设计）的简称，主要研究产品本身的物理设计与制造系统各部分之间的相互关系，并把它用于产品设计中以便将整个制造系统融合在一起进行总体优化。DFM 可以降低产品的开发周期和成本，使之能更顺利地投入生产。欧美客户在下单前，总是会提出需要 DFM 文件，模具供应商对自己做出的 DFM 评估负有重要的责任，其直接影响模具设计的合理性和量产时的稳定性，所以在评估时务必注意细节，按照要求逐条评估。

面向制造的产品设计是指产品设计需要满足产品制造的要求，具有良好的可制造性，使得产品以最低的成本、最短的时间、最高的质量制造出来。激烈的市场竞争使传统产品开发模式的弊端逐渐显现出来：由于产品设计与制造的脱节，在产品设计阶段难以考虑来自制造等方面的要求，产品设计师设计的产品可制造性、可装配性差，使产品开发过程变成了设计、制造、修改设计、再制造的反复循环，从而造成产品设计修改多、产品开发周期长、产品开发成本高、质量低等问题。"反反复复修改直到把事情做对"，这句话完整概括了传统产品开发过程。而且，有些时候"甚至反反复复修改也不一定能把事情做对"，结果造成产品开发失败。

并行工程是指集成地、并行地设计产品及其相关过程（包括制造过程和支持过程）的系统方法，是面向制造的设计过程的实施手段。这种方法要求产品研发设计人员在一开始就考虑产品整个生命周期中从概念形成到产品报废的所有因素，包括质量、成本、进度计划和用户要求。只有从产品开发入手，产品研发设计人员与模具设计人员协同配合，才能够达到并行工程提高质量、降低成本、缩短开发周期的目的。例如日本品牌打印机佳能公司在打印机产品研制中，始终进行并行工程，产品图经过三次 DFM 评审后才投入模具开发，这三次DFM 评审都是与模具制造商共同来完成的。

众所周知，设计阶段决定了一个产品 80% 的制造成本，同样，许多质量特性也是在设计时就固定下来，因此在设计过程中考虑制造因素是很重要的，而且这些都应该让设计人员知道。若想提高效率，各公司应有自己的一套 DFM，并对其进行分类和维护。DFM 文件应该是随环境条件变化而改变的动态性文件，它由一个核心委员会进行管理，委员会成员至少要包括设计、制造、市场、项目和质量控制（QC）等部门的人员。

通过 DFM 活动的开展，一方面，模具厂家在客户产品设计阶段进行介入，巩固同客户的关系，在协助客户提升产品设计能力，提供专业知识，优化并提升产品品质，减少问题隐患，为客户提供全方位的解决方案的同时，更加深入地了解客户产品的设计意图，能够更好地控制后期成本。另一方面，对于模具厂家而言，由于能够在 DFM 活动中同客户就各种技术问题在项目启动的前期进行充分沟通，为开好模具评审会议打好基础，有利于产品和模具设计工作的并行开展，从而缩短产品和模具的开发周期。

制作 DFM 文件，对于塑件和模具存在的任何问题，需要做出预见性的评判，提出有见解的方案，对于存在几种可能的设计方案难以判断的，需要明确表达出来，与客户共同商讨决定。制作 DFM 文件切忌总是提出问题而没有解决对策，让客户来回答问题并提出模具设计方案。制作 DFM 文件需要制定一个统一的模板，排版要美观大方、清晰醒目，因为这个文件代表了公司的形象。

模具 DFM 文件内容见表 1-3，模具 DFM 与评估参照表 1-4，必须每套模具一个模具DFM 文件，文件样板见图 1-23。

表 1-3　模具 DFM 文件内容

序号	报告内容	备注
1	塑件基本视图及资料,包含客户名称、塑件名称、基本尺寸、材料、收缩率、塑件重量、模穴(型腔)数、模具钢材、模具厂商,一般用 PPT 文件格式	国外客户要用英语或其他指定语言,也可英汉对照
2	开模方向分析及分型面分析,统一用红色粗实线表示,并加分型线符号,明确定模与动模侧	复杂塑件可以多增加几页幅面,见图 1-23

序号	报告内容	备注
3	出模角分析及塑件出模问题,对于脱模斜度过小的部位,指出来建议客户修改	复杂塑件可以多增加几页幅面,见图 1-23
4	镶件位置,镶件夹线可能会影响塑件外观面,要取得客户确认	
5	模具浇口分析及建议,可以提出几种可行的方案供客户选择	
6	塑件顶出	
7	模具排位布局	
8	塑件外观评估、公差评估以及产品修改建议	
9	致谢语、文件制作者名称、日期	

1.塑件基本资料

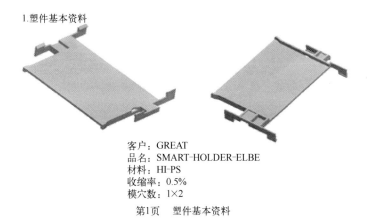

客户：GREAT
品名：SMART-HOLDER-ELBE
材料：HI-PS
收缩率：0.5%
模穴数：1×2

第1页　塑件基本资料

2.分型面与脱模斜度

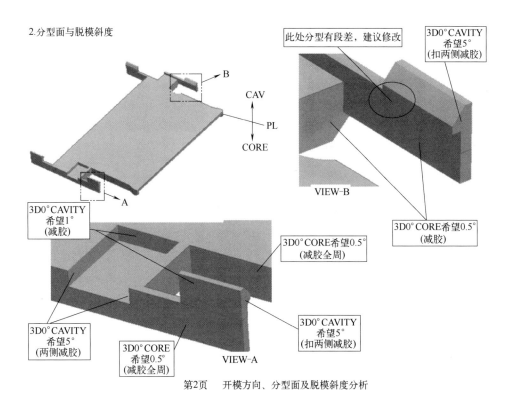

第2页　开模方向、分型面及脱模斜度分析

图 1-23

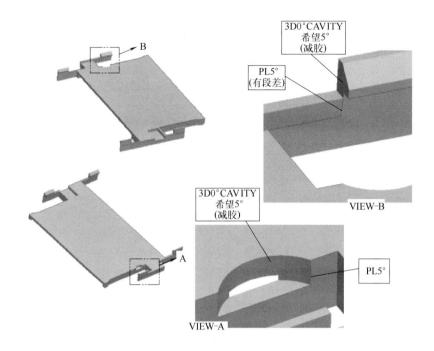

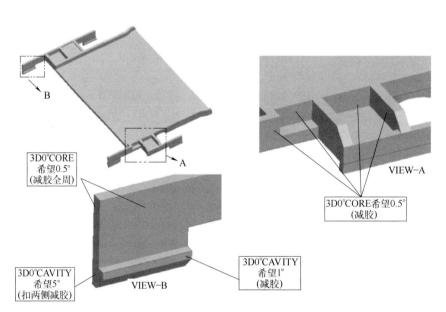

第2页　开模方向、分型面及脱模斜度分析(续)

3.镶件

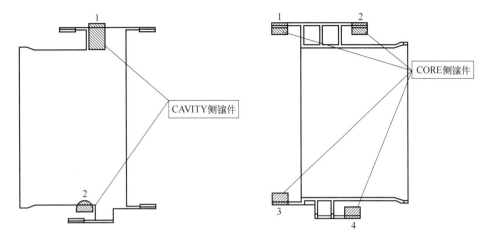

第4页　镶件位置

4.浇口位置

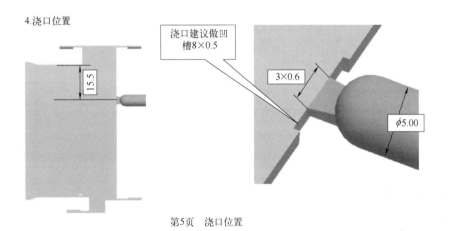

第5页　浇口位置

5.顶出系统设计

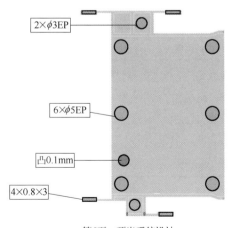

第6页　顶出系统设计

图 1-23　DFM 文件

表 1-4　模具可制造性设计（DFM）与评估参照表

确定模具基本信息	1. 产品图是不是最新版本
	2. 如果 2D 和 3D 图同时存在,务必核对一下两者的尺寸是否一致。如果不一致,要提出来,原则上模具设计是以 3D 图为准,公差、外观和技术要求等以 2D 图为准
	3. 模具的穴数、寿命是否已经确认
	4. 模具基本结构是否已经确定,如是不是热流道,两板模还是三板模,或其他
	5. 模具材料是否已经确定,产品原材料是否清楚
仔细查看图纸,对产品结构设计不合理,后续生产中可能出现质量问题的地方,如缩水严重,产品翘曲变形严重,脱模困难,缺料（厚度太薄）,甚至无法成型等,需要在 DFM 提出来,并给出建议	1. 有无无法成型的特征
	2. 有无壁厚薄程度差异比较大的地方,可能导致缩水严重
	3. 有无壁厚太薄的地方,可能导致成型不足
	4. 有无形状特别深或比较复杂的特征,可能导致脱模困难
	5. 有无因为容易变形而导致其尺寸精度（包括滑块尺寸）无法保证的特征
	6. 有无特别脆弱的地方,导致产品强度不足
对图纸上所有尺寸进行评估,看是否能达到其尺寸和公差的要求。把无法达到要求的尺寸提出来。对图纸上的滑块尺寸（如平面度、位置度、公差等）要多加关注,关键尺寸一定要仔细评估	1. 有无精度要求过高而无法达到要求的尺寸（包括滑块尺寸,如平面度、位置度等）
	2. 有无漏标的尺寸
	3. 有无标注明显错误,或难以理解的尺寸
阅读图纸中任何有文字（英文）描述的地方（包括标题栏）,了解产品的其他要求,如原材料、后续加工、表面处理、未注公差尺寸的公差范围、毛刺要求、适用标准等信息。评估其可制造性,如有问题请提出来	1. 文字中有无不理解的地方
	2. 表面处理要求可以达到吗（电镀、喷涂、印刷等）
	3. 毛刺要求可以达到吗
	4. 未注公差尺寸的公差可以达到要求吗
	5. 有没有无法满足的其他要求?（如产品颜色、粗糙度、色泽等）
对模具设计进行评估,如模具大致结构、浇口位置、拔模斜度（脱模斜度）、推杆位置、滑块位置和结构（如有）、特殊机构结构（如脱螺纹、内抽芯、先退机构等）、模具大小、设备规格、加工精度等,如有问题请提出,最好能图示	1. 模具大致布局
	2. 浇口位置是否合理
	3. 推杆位置是否合理
	4. 其他机构位置与结构
	5. 现有加工设备是否能满足图纸要求
	6. 模具是否适用于现有的成型设备
其他问题,供应商可以补充说明,并给出建议。如成型、包装、运输方面的风险评估	1. 原材料购买渠道有无问题? 对此种材料的物性熟悉吗（如流动性如何,要设计多大的流道和浇口,等等）
	2. 是否会有熔接线的出现? 具体位置? 如何避免或移位
	3. 用什么包装? 有没有风险
	4. 其他
备注	模具厂家对自己做出的 DFM 评估负有重要的责任,其直接影响模具设计的合理性和量产时的稳定性,所以请在评估时务必注意细节,参考以上要求逐条评估

1.2.3.3　模具设计式样书

　　模具设计式样书是关于模具设计规格的文件。模具设计工程师应逐项检查和理解模具设计式样书的内容,模具设计图应完全符合模具设计式样书的要求。典型的模具设计式样书见表 1-5,设计出口模具时,需提供英文版模具设计式样书,其格式可参考表 1-6。

表 1-5　注塑模具设计式样书

注塑模具式样书
Injection Mould Specification Sheet

客户 Customer ＿＿＿＿＿　　　　　　　　　　　　日期 Date ＿＿＿＿＿

塑件名称 Part Name ＿＿＿＿＿　　　　　　　　塑件图号 Part Number ＿＿＿＿＿

塑料材料 Material Type/Grac ＿＿＿＿＿　　　　收缩率 Shrinkage ＿＿＿＿＿

模腔数 Cavities ＿＿＿＿＿　　　　　　　　　　模具寿命 Tooling Expected Life ＿＿＿＿＿

模具类别 Mould Type	模架 Mould Base	模具材料及热处理 Material & Heat Treat
□ 二板模 2-Plate	□ 龙记模架　LKM	Cavities ＿＿＿＿＿
□ 三板模 3-Plate	□ HASCO	Cores ＿＿＿＿＿
□ 热流道 Hot Runner	□ DME	Heat Treat：HRC ＿＿＿＿
□ 倒装模 Reverse Ejection		
□ 其他 Other ＿＿＿＿	模具结构 Mould Features	顶出方法 Ejection Method
	□ 滑块 Slide Action	□ 顶针　Ejector Pins
流道及浇口　Gate & Runner Type	□ 顶针板限位 Ejector Stroke Limiters	□ 扁顶针 Ejector Blades
□ 直接流道 Direct Sprue	□ 流道切换 Runner Shut-Off＜s＞	□ 推管 Ejector Sleeves
□香蕉入水 Banana Gate	□ 撬模槽 Pry Slots On Doweled Plates	□ 推板 Stripper Plate
□ 侧浇口 Edge	□ 钢材标记 Steel&Rc Hardness Stamped	□ 斜顶 Lifters
□ 潜伏浇口 Tunnel(Sub)Gate	□ 顶针板导向 Guide Ejection	□ 其他 Other
□点入水 Pin Point	□ 边锁 Straight or □ 圆锁 Conical Interlocks	
	□先复位 Early Ejector Return	蚀纹抛光等要求 Finish
注塑机 Machine Type	□ 二次顶出　　Double　Ej.	□ Cavity ＿＿＿＿＿
□ 型号 Make/Model ＿＿＿＿		□ Core ＿＿＿＿＿
□ 吨位 Clamp Tonnage ＿＿＿	冷却系统 Cooling Location	□蚀纹 Texture ＿＿＿＿
	□ Cavities　　　□Cores	□ 模穴号 Cavity ID ＿＿
定位环及浇口套 Location Ring & Nozzle	□ Mould Plate　　□ PT or NPT	□ 日期章 Date Insert ＿
□ 定位环 Location Ring φ ＿＿		□ 其他 ＿＿＿＿＿
□ 浇口套 R　Nozzle　　R ＿＿	纳期 Lead Time	
□ 浇口套孔径 Nozzle Dia.　φ ＿	纳期 Lead Time ＿＿＿＿ Work Days	

表 1-6 注塑模具设计式样书（英文版）

INJECTION MOLD SPECIFICATION SHEET

RFQ # ☐

Customer _____ Delivery: ☐ Normal ☐ Urgent <u>QUOTE REQUIRED BY</u>: _____
  Part Name: _____ Drawing # : _____ Rev: _____ # Of Cavities: _____

<u>MACHINE TYPE:</u>
Make/Model: _____
Clamp Tonnage: _____

<u>MOLD TYPE:</u>
☐ 2 - Plate   ☐ M.U.D. Insert
☐ 3 - Plate   ☐ Include M.U.D. Frame
☐ Stripper Plate   ☐ Family
☐ Hot Bushing   ☐ Floating Plate
☐ Hot Runner   ☐ Gas - Assist
☐ Over Molding (Metal or Plastic Inserts)
☐ Other: _____

<u>CAM ACTUATION:</u>
☐ Mechanical   ☐ Hyd. Cyl.
☐ Lifter
☐ Floating Plate   ☐ Collapsible Core
☐ Other: _____

<u>CAM RETENTION:</u>
☐ Spring ☐ Slide Lock ☐ Ball Detent
☐ Other: _____

<u>GATE & RUNNER TYPE:</u>
☐ Direct Sprue   ☐ Recessed
☐ Horn   ☐ Full Round
☐ Edge   ☐ Trapezoid
☐ Tunnel (Sub)   ☐ Runner Bar
☐ Pin Point
☐ Other: <u>Gas Pin approx .75" above g:</u>
Heater Mfg.: _____
  <u>Mold Dimensional Standards</u>
☐ English Moldbase, English Components
☐ Metric Moldbase, English Components
☐ Metric Moldbase, Metric Components
Material Type/Grade: <u>PP</u>
Shrinkage ("/"): _____
Approx. Mold Size: _____

<u>MOLD BASE STEEL TYPE:</u>
☐ #1   ☐ #2   ☐ #3
☐ Other: _____

<u>MOLD FEATURES:</u>
☐ Flush Style K.O. Extensions
☐ Spring Returned K.O.
☐ Ejector Stroke Limiters
☐ Runner Shut-Off(s)
☐ Locking Locating Ring (DME#6504)
☐ Grease Grooved Bushings
☐ Pry Slots On Doweled Plates & P.L.
☐ Steel Type & Rc Hardness Stamped
☐ Jig Ground Ejector Pin Holes
☐ Guided Ejection
☐ Burger "Thin Switch"
☐ Straight or, ☐ Conical Interlocks
☐ Vent Pins &/or Vacuum Lines
☐ Mechanically Timed Plates
☐ Early Ejector Return
☐ Tapped Thermocouple Well
☐ Pressure Sensor Slot & Plug
☐ Other: <u>Bauer Gas Pins #INJ-0001</u>
  1 pin for each cavity

<u>COOLING LOCATION:</u>
☐ Cavities   ☐ Mold Plates
☐ Cores   ☐ Stripper Plate
☐ Cams   ☐ Floating Plate
☐ Other: _____

<u>COOLING METHOD:</u>
☐ Direct   ☐ Bubblers
☐ Baffles   ☐ Heat Pipes
☐ Other: _____

<u>MATERIAL TYPE & HARDNESS:</u>
☐ Cavities: <u>NAK 55</u>
☐ Cores: <u>NAK 55</u>
☐ Cam Cavities: <u>NAK 55</u>
☐ Cam Block: <u>S-7 Hardened Steel</u>
☐ Heels: <u>O6 Hardened Steel</u>
☐ Wear Plates:<u>Laminar Bronze</u>
☐ Gibs: <u>O6 Hardened Steel</u>
☐ Stripper Rings: _____
☐ Gate Inserts:<u>420 Hardened Stainless</u>
☐ Shut-Off's: _____
☐ Heat Treat _____

<u>EJECTION METHOD:</u>
☐ Ejector Pins   ☐ Lifters
☐ Ejector Blades   ☐ Unscrewing
☐ Ejector Sleeves   ☐ Hand Inserts
☐ Stripper Plate   ☐ Air / Poppet
☐ Other: _____

<u>FINISH & COATINGS:</u>
☐ SPI/SPE # - Cavity: _____
☐ SPI/SPE # - Core: _____
☐ SPI/SPE # - Other: _____
☐ Electroless Nickel - _____
☐ Release Plate - _____
☐ Flash Chrome - _____
☐ Texture - <u>MT-11130</u>
☐ Cavity ID - _____
☐ Other Engraving - _____
☐ Date Clock - _____
☐ Tin Plate - _____
☐ Other - _____
<u>SPARE PARTS:</u>
☐ _____

All Heater Connections To Be DME Compatible, unless otherwise specified.
Moldbase to be DME equivalent unless otherwise specified.

<u>NOTES:</u> [   ]

By: _____   Title: _____   Date: _____

Revision: 5/00

1.2.3.4 模具评审会

模具评审会有两种类型。第一种是模具厂家和客户之间的模具评审会，这种评审会在日资企业也叫模具打合会议。评审产品和模具结构问题点及改善对策，确定模具的分型面、顶出方式和浇口，所有评审的内容要用铅笔标记在产品图中并写进模具设计式样书里。评审完成之后，填写相关评审记录，并在图纸上盖章，双方签字确认。第二种是模具厂家内部的评审会，模具生产厂家在接到模具订单后，应立即组织模具评审会。模具评审会应由项目工程师组织，召集模具设计和制造人员、跟模人员、检测人员、试模人员，通过评审会，使客户的产品信息及时传递到每位员工，及时发现问题和解决问题。

模具评审的三要素是分型面、顶出方式和浇口设计，这三要素也是决定模具结构的三要素。三要素确定后，一套模具的基本结构就基本确定下来了。模具评审会最终的文件记录必须包含模具三要素。

模具评审会的要点是：

① 讨论模具要求、结构和加工方法等；

② 参考以往类似模具曾出现的问题和预计可能出现的风险较高的问题，充分讨论并采取预防措施。

无论是哪种评审会，其重点都是围绕产品图、模具设计难点和重点以及客户模具标准和注塑机的参数等进行的。模具评审时还应该注意以下要点。

（1）部件脱模分析、重要尺寸及公差评审

① 先进行部件脱模分析（判断部件结构设计是否合理，是否存在不该有的倒扣）。每个注塑产品在开始设计时首先要确定其开模方向和分型线，尽可能减少抽芯机构和消除分型线对外观的影响。开模方向确定后，产品的加强筋、卡扣、凸起等结构尽可能设计成与开模方向一致，以避免抽芯，减少拼缝线，延长模具寿命。开模方向确定后，可选择适当的分型线，以改善外观及性能。

② 了解产品的装配关系，确认重要尺寸，并预留调整量（加胶余量）。评审产品设计的装配公差值是否合理，公差特别严格的部位，模具应做镶件。对于常规手段难以保证的公差，应向客户提出修改建议。

③ 那些可能会进行调整尺寸的部位，考虑采用独立镶件设计，要提前提出来，以便后续设计模具时改善。

④ 部件如有共模需要，需考虑替换镶件的设计。

⑤ 是否带有强制脱模结构。内外侧凹陷较浅时才能强制脱模。同时，带有足够弹性的塑料强脱成功的可能性较大。强脱成功的决定性因素为塑件是否具有变形的空间。

（2）拔模斜度

① 根据制品分模状况，提出拔模斜度。型腔深度很深的部件，需选择合适的拔模斜度，适当的拔模斜度可避免产品拉毛；光滑表面的拔模斜度应大于 0.5°，细皮纹表面大于 1°，粗皮纹表面大于 1.5°。

② 询问确认拔模斜度的基准点。

③ 明确部件结构设计没有拔模面的部位是否由模具厂进行处理（如产品的柱子、筋条等）。

（3）胶位厚度及缩水、变形、困气等注塑问题点分析

① 胶位厚度是否合理、平均、易于成型，胶位厚度小于 0.5mm 者，难以成型。

② 胶位较厚处或者柱子根部，是否做减胶以防缩水，确认减胶的方式及尺寸。

③ 产品容易变形部位需预先评审、预判、分析后提出对策。

④ 评审模具有没有尖角、薄片、骨位太深、滑块行程不够等问题。

⑤ 是否在困气位设顶针排气或镶排气钢以及在困气位模芯处采用镶块拼合进行排气。

⑥ 明确柱子根部的"火山口"掏胶是否由模具厂进行处理及确认"火山口"参数。

（4）塑胶材料及缩水率

① 评审者要熟悉常用塑胶的成型特性。

② 评审确认塑胶等级及原料供应商，确认缩水率的大小。

③ 对于含 GF（玻璃纤维）的塑胶，其缩水率会明显减小，并且各个方向收缩率不一致。

（5）蚀纹面（产品表面处理信息确认）

① 确认蚀纹面的范围及蚀纹等级。

② 0°蚀纹面考虑设计滑块抽芯机构。

（6）分模线（PL）

① 分模线应充分考虑产品的外观，开模方向及加工难易度，定义好分型面位置。

② 对难以加工的 R 角，建议客户取消或改变。

③ 插穿面斜度希望为 3°～5°（不得小于 2°）。

④ 考虑模仁及插穿、碰穿面的强度。

（7）圆角

① 圆角太小可能引起产品应力集中，导致产品开裂。

② 圆角太小可能引起模具型腔应力集中，导致型腔开裂。

③ 设计合理的圆角，还可以改善模具的加工工艺，如型腔可直接用 R 刀铣加工，而避免低效率的电加工。

④ 不同的圆角可能会引起分型线的移动，应结合实际情况选择不同的圆角或倒角。

⑤ 必要的产品内部 R 角可以改善塑料流动性能，便于注塑工艺调节，容易解决缩水问题。

（8）镶件状况及顶针排位确认

① 根据模具加工难易程度和排气状况，确认镶件是否有必要。

② 确认与通纸面、蚀纹面相关的镶件形式及大小。

③ 初步分析顶针的排布是否能够避免顶出变形，分析有没有合适空间设计顶针位。

④ 模具厂需提供顶针的最终排位图，让客户确认。

（9）嵌件

① 在注塑产品中镶入嵌件可增加局部强度、硬度，但同时会增加产品成本。

② 嵌件一般为铜，也可以是其他金属或塑料件。

③ 嵌件嵌入塑料中的部分应设计止转和防拔出结构。如滚花、孔、折弯、压扁、轴肩等。

④ 嵌件周围塑料应适当加厚，以防止塑件应力开裂。

⑤ 设计嵌件时，应充分考虑其在模具中的定位方式（孔、销、磁性）。

（10）滑块机构

① 确认滑块机构的大小、行程及驱动方式，行程大者，要采用油缸。

② 评审滑块之间是否相互干涉，运动是否顺畅。

③ 定模滑块。

（11）斜顶机构

确认斜顶行程及斜度，评审与制品有无干涉。

（12）浇口

① 确认进胶点方式（采用两板模还是三板模、热流道还是冷流道）、大小、位置及数量。

② 评审制品的变形及熔合线，分析缩水及缺胶（射不饱）状况。

③ 评审浇口的去除是否简便。

④ 评审浇口参数对制品成型工艺的影响，预判是否会有缩水、变形等问题点。分析同方向进胶的位置壁厚是否接近，厚度差别太大容易变形。

⑤ 流道和浇口的设计方式，需要考虑塑件和流道凝料是自动跌落还是机械手抓取。

（13）模架规格及牌号、模具材料及热处理

① 根据制品状况和客户要求，确认模架规格及牌号、模具材料，对于外观面要求高镜面的，模仁材料需选择高镜面抛光性能的高档进口钢材，如 NAK80、S136H 等。

② 对于成型时会释放腐蚀性气体的材料，如 POM、PVC 等，模仁需要采用不锈钢制作，如 420SS 等。

③ 含 GF 材料的模具，模具需进行淬火等热处理。

④ 模具寿命要求在 100 万模次以上者，应选用相应材料，并进行热处理。

⑤ 是否要求刻模具编号及使用注意事项提醒（特别是带侧抽滑块的）。

（14）成型机台

① 询问确认生产（试模）厂商的注塑机规格及大小，从而确定进胶口的定位圈规格。

② 成型加工生产方式（自动或半自动）考量。

（15）模穴数量

① 评审确认模穴数量是否经济合理、可行。

② 高精度部件（如齿轮、齿条）不宜超过两穴。

③ 形状、大小相差悬殊的，以及材质不同的部件不宜共模。

1.2.3.5 模具图确认

模具结构图设计完毕后，需要进行内部评审，经过有经验的工程师审核，确认完全达到了客户的要求，内部评审依据客户的模具标准和模具设计式样书进行。此外，表 1-7 列出了需要重点评审的内容，需要按照每条要求，将评审结果记录在相应的表格内，对于 NG 的项目，立即改正，经过内部评审，确认无误后，转换成 DXF 格式提交客户确认。商品模具必须在客户确认后才可以订购钢材和模架。模具组装图设计完成后，用模具设计式样书确认有无遗漏，并提出确认表（表格可代用本式样书）。

表 1-7　模具式样确认表

序号	需要确认的事项	详细描述	判断 OK	判断 NG
1	模具钢材	前模镶件：		
		后模镶件：		
		不易散热的镶件需使用铍铜：		
2	热流道	浇口方式是否遵照工程会议的决定：		
		热流道品牌是否遵照模具设计式样书规定。试模时，使用气压或油压控制		
		浇口套球面要淬火：		
		热嘴是否可换色：		
3	HR 温控箱	安装 MoldMasters 8 组接头的型号：		

序号	需要确认的事项	详细描述	判断 OK	NG
4	HR 排插接线盒	需要配置并安装在前模模板的天侧;		
5	模具安装方式	压板码模方式或螺钉固定方式;		
6	冷却、快速接头及配管	模厂任意(不过水嘴接头及所配管路与模具一同出货);		
7	冷却水管	含滑块镶件的部件,基本上直接冷却,(间接冷却热交换效率低);		
		热流道的周围以及滑块镶件要独立冷却;		
		基本上冷却管到产品的距离为 25mm,冷却管间距 40mm 以下,水管直径 10mm;		
8	浇口套规格	与客户的注塑机规格相适应;		
9	定位圈	与客户的注塑机规格相适应;		
10	顶针板	装导柱导套并装复位弹簧(也称回位弹簧)(不可强制复位);		
		需要配置行程开关,以便顶针板复位确认。安装在顶针板对角两处;		
11	安全部品	要配吊环(装在模具重心位置)、锁模块(两处),考虑海外运输;		
12	斜度定位块	要配置斜度定位块。上下左右 4 处安装斜度定位块		
13	排气、顶针排气	槽宽 2mm 避空深度 0.5mm,最终填充部位的动模分型面,其他部分根据需要加工。顶针 φ6.0mm 以上的须做 D 形加工(从顶针前端到 3mm 以下,做弦高 0.3mm 的铣扁)		
14	PL/镶件夹线	根据工程会议时决定的内容		
15	脱模斜度	3D 产品图的脱模斜度,提交脱模后 3D 产品图给客户确认		
16	倒扣处理方式	斜导柱方式,斜顶方式(工程会议时确定细节)		
		模具天侧的滑块装入 OUT SIDE 弹簧		
		原则上斜顶做成一体(避免做两节)		
		使用油缸驱动滑块时,必须提前得到客户确认		
		使用油缸驱动滑块时,必须加上复位确认用的行程开关		
17	滑块斜顶油槽	油槽参数参见模具标准		
18	滑块以及导轨	装入自润滑导轨(MISUMI 标准部品也可以)		
19	取出方式	可以用机械手顺利取出		
20	顶出方式和位置	工程会议时决定,有禁止下顶针的位置,客户会另行指示		
21	模具维修性	合模调整时,不许使用金属调整片和滑动调整片		
		各镶件刻与模图所对应的号码,气缸和冷却接头旁边刻 IN、OUT 字码		
		顶针板、顶针上刻相应的字码		
		需要防止旋转的顶针,做防逆装结构		
		安装模具装拆时使用的作业用的模脚(要比快速定位块的长度长)		
		为了考虑维修,改模容易,尽量使用 MISUMI 的标准件		

表 1-7 所列评审项目侧重强调模具的钢材、热流道、温控箱、热流道的插座和接线方式、倒扣的解决方式、分型面和脱模斜度、模具冷却水接头规格、注塑机喷嘴参数、注塑机码模方式等与注塑成型最密切的各个方面。对于特定的模具,可能还有一些特殊内容,需要具体问题具体分析。

模具厂家所提交客户确认的模具图,必须是经过反复核对的、确认无误的设计图纸。设计图纸代表了模具厂家的形象,因而,图纸不能有任何失误、差错或表达不清,模具图纸所表达的设计思路和设计理念是唯一的、准确的、符合客户的机械制图标准的。选择第一象限投影或第三象限投影,一定要符合客户的习惯。

模具图确认是商品模具设计的重要环节,也是出口模具的基本设计理念。模具图得到客户的确认,代表了模具的规格符合客户的设计理念,模具的安装与注塑机相匹配,不代表模具结构的正确性。因而,模具厂家必须对模具结构的正确性负责。模具图审核清单见表 1-8。

表1-8 模具图审核清单

模 具 图 审 核 清 单

客户：_____　项目：_____　模号：_____　产品名称：_____

审核人员：

一、产品优化
- □ 是否有难以出模的产品结构
- □ 是否有胶厚不均
- □ 是否有厚胶位,估计会缩水
- □ 是否有产品结构会导致薄钢位
- □ 是否有产品结构会导致插穿角小于3°
- □ 是否有晒纹面的出模角不足

若有以上问题,则需提供现状图片及改善建议图片发给客人

二、浇注系统
- □ 定位圈直径 ϕ _____
- □ 浇口套球半径 SR _____
- □ 浇口套入口直径 ϕ _____
- □ 主流道长度是否可缩短
- □ 浇注系统是否合理
- □ 浇口位置是否合理
- □ 流道直径是否合理
- □ 流道末端是否有排气
- □ 流道拐角处是否有冷料井
- □ 潜入水的水口钩针料把是否够长
- □ 流道设计是否符合平衡原则

三、模　架
- □ 模架大小是否符合客户注塑机
- □ 模架类型"I"或"H"是否符合客户要求
- □ 模架A、B板钢材是否符合客户要求
- □ 模架零件是否符合客户要求
- □ 码模方式是否符合客户要求
- □ 每块模板的厚度是否合理
- □ 模具导柱的长度及直径是否合理
- □ 模具下方是否需要模脚
- □ 模架的吊环孔是否足够大
- □ 是否需要吊模梁/锁模片
- □ 模架的操作侧方向是否正确
- □ 模架的"TOP"方向是否合理
- □ 分型面是否有虎口
- □ 分型面的开模行程是否足够顶出及取件

四、定　模
- □ 是否有粘定模的可能
- □ 是否需要增加帮助出模的结构
- □ 是否有深筋位需要做镶件
- □ 是否有易困气处需要做镶件
- □ 型腔周围排气
- □ 型腔厚度是否合理
- □ 热嘴冷却是否足够
- □ 型芯凸起部位冷却是否足够
- □ 型腔的冷却水路线及孔径是否合理
- □ 冷却水间距是否足够,以保证装水嘴接头
- □ 三板模的推料板行程是否足够,保证流道凝料自由跌落
- □ 运动件是否有大于3°的插穿角
  运动件是否有淬火,且保证与相接触件的硬度差在4～7HRC

五、动　模
- □ 是否有深筋位需要做镶件以方便加工
- □ 是否有深筋位或柱位需要加强顶出
- □ 是否有深筋位或柱位需要做排气镶件
- □ 是否有粘动模的可能
- □ 顶出是否符合平衡原理/对称分布
- □ 顶出件是否已无法加大,以保证顶出顺利
- □ 顶出件的导向是否足够长,以保证定位15～30mm
- □ 直顶或斜顶的方向是否一致,以保证产品收缩后不至于卡在直顶或斜顶上
- □ 顶出件是否可以避免在滑块正下面
- □ 是否有必要增加先复位机构
- □ 顶针板行程是否足够
- □ 顶针板复位是否合理
- □ 顶棍孔是否符合平衡顶出
- □ 顶出是否需要限位块
- □ 滑块的行程是否足够
- □ 斜导柱的直径是否足够
- □ 滑块是否有必要的限位装置
- □ 斜楔的高度是否足够,以保证行位受压大于2/3的高度
- □ 斜楔是否已经插入到了"B"板中,以保证强度
- □ 滑块上是否有加耐磨块
- □ 滑块运水是否足够
- □ 滑块上是否应增加顶出装置以保证产品不粘滑块
- □ 大滑块是否埋入模架足够深,以保证滑块的稳固
- □ 滑块压块的宽度是否大于8mm
- □ 滑块压块埋入模胚的深度是否足够
- □ HALF模的滑块间的相互定位是否合理
- □ 长型芯的定位,埋入的深度是否足够,以保证型芯不会摆动
- □ 塑件正对的型芯底部是否有足够的撑头,以保证生产时模具不变形
- □ 型芯的厚度是否合理
- □ 型芯的凸起部分的冷却是否足够
- □ 型芯的整体冷却水路线及孔径是否合理
- □ 冷却水间距是否足够,以保证可方便装拆水嘴接头
- □ 运动件是否有大于3°的插穿角
- □ 运动件是否有淬火,且保证与配合件有4～7HRC的硬度差

六、其　他
- □ 缩水率是否明确
- □ 是否需要备件
- □ BOM清单是否完整
- □ 是否有的地方需要镶BeCu
- □ POM、PC或高抛光性要求的产品,以及需防锈的塑料,必须使用420SS类的不锈钢
- □ 客户需要图纸格式:_____
- □ 图纸传客户时间:_____

注:"√"表示已审查,"×"表示没有此项,"NG"表示此项不合格。

模具结构图递交客户确认后，如果客户认为完全没有问题，则客户会书面回复。如果有一些内容需要修改，则需要修改设计内容，直到客户完全确认为止。由于我国和欧美国家距离遥远，工作日的时间不同，也会遇到节假日，模具图的确认有时会显得漫长，因此，模具设计图在递交客户前，必须经过评审流程反复核对，第一次就把该做的事情做好十分必要。

1.2.3.6 商品模的文件

移模时，需要向客户提供组装图、零件图、模具备品清单、冷却回路图、采购清单和成型条件表各 1 份以及最终样板/切换保压压力为零的样板各 1 模，同模具一同包装出货。

模具组装图设计完成之后，立即向客户提供组装图，运水回路图，IN、OUT 配管规格。如是热流道模具，还要提出传感器和加热器的回路图。随模具装箱的模具图必须是最终模具尺寸的图纸（因设变产生的尺寸变更须反映到模具图内）。移模时，确认模具式样有无做漏，并提出模具式样确认证明书。部品编号、型腔号、模具重量和原产地等内容在方铁上用 CNC 雕刻清晰。

1.2.3.7 样板评审

试模后的样板评审包含三个方面内容：样板的外观评审、样板的尺寸评审、模具成型稳定性评审和量产性确认。样板评审一般用有色笔标记在塑件样板上，文字内容记载在塑件 3D 图上，文字内容主要记载样板缺陷和发生的部位，尺寸和公差是否超差，模具试模过程的问题，等等。将以上内容整理成文件存档，并分发给相关制模人员改进。

连续成型 100 模以上，最初和最终批的样板的外观，重要管理尺寸必须满足图纸要求（可以代用 MT 板）；

滑块、回针、顶针、镶件面不可以有拖花以及动作（顶出不稳等）异常；生产保证数量必须在 50 万批以上；必须满足模具设计式样书的周期；试模时必须使用调温机（水）（可调 25～65℃的调温机）。

注塑模具试模件评审：

① 外观。表面纹理是否正确，材料是否有杂质，产品表面是否有碰伤或划伤。

② 分模线。分模位置是否有毛边，是否拉模（注意孔位处也容易产生拉模而导致孔变形）。

③ 浇口。根据浇口分布推断熔接线位置，查看熔接线；浇口处多余料如何修掉，远离浇口的局部位置是否能够打饱，若原料添加玻璃纤维，浇口处易产生冲花，另外，产品表面易产生浮纤。

④ 变形。塑料产品通常会产生内收缩变形，无法从根本上避免，因此，设计时应考虑加必要的筋位或合理的结构来避免变形。

⑤ 缩影。缩影通常会发生在厚胶和筋位的背面。

⑥ 应力痕。应力痕通常发生在薄胶位置和顶针或司筒的背面。

⑦ 顶针。顶针的分布是否均匀合理。为避免装配干涉，顶针通常会凹进产品 0.05～0.1mm。产品顶出时，顶针的背面是否顶白，顶针的夹线毛刺是否超出设计要求。为避免粘前模，顶针的顶部需要增加倒扣结构时，脱模后会在产品上相应体现出来，需要客户确认，并在后续工序修理掉。

⑧ 滑块镶块斜顶。滑块、镶块以及斜顶周围都会产生痕迹线，是否在设计允许范围内；脱模时，斜顶位置容易产生铲胶现象。

⑨ 镶嵌件。嵌件注塑（如钣金件，螺母等），注塑出产品后热熔螺母，此时需判定转

矩、拉拔力以及是否溢胶。

⑩ 标识。材料/日期/模穴号/产品号/版本号/回收标志。

⑪ 印刷。丝印/移印/喷涂/镭雕……（通常需要制作相应的工装/治具）

⑫ 关键尺寸测量。对关键的尺寸做测量和校验。对不合格尺寸有三种处理方式，模具制造商改善、接受（给出允许的范围值）、改图纸公差。

试模过程中，发现样板缺陷时，应重点分析以下各方面。

① 产生何种缺陷？发生在制品的何处？程度怎样？

② 缺陷发生的频率是多少（是每一次，还是偶然发生）？

③ 型腔数是多少？注塑缺陷是否总是发生在相同的型腔？

④ 该缺陷在是否总是发生于相同的位置？

⑤ 该缺陷在模具设计和制造时是否已经预估到？

⑥ 该缺陷在浇口处是否已经明显发生？还是在远离浇口的部位？

⑦ 试模过程是否按要求接了冷却运水（电加热或气体）？

样板评审时，应搞清楚问题的本质，是模具问题还是注塑工艺问题，或者是其他问题。常见注塑缺陷的种类见表 1-9。

表 1-9　注塑缺陷的种类

序号	缺陷名称	缺陷的定义
1	点（含杂质）	具有点的形状,测量时以其最大直径为其尺寸
2	毛边	在塑料零件的边缘或结合线处线性凸起(通常为动定模配合不佳或成型不良所致)
3	亮痕（银丝）	在成型中形成的气体使塑件表面褪色(通常为白色)
4	气泡	塑料内部的隔离区使其表面产生圆形的突起
5	变形	制造中内应力差异或冷却不良引起的塑料零件变形
6	顶白	成品被顶出模具所造成的泛白及变形，通常发生在推杆的另一端(塑件定模侧)
7	缺料	由于模具的损坏或其他原因，造成成品射不饱和缺料
8	色差	指实际部品颜色与承认样品颜色或色号比对超出允收值
9	水纹	由于成型的原因，在浇口处留下的热溶塑料流动的条纹
10	熔接痕	由于两条或更多的熔融的塑料流汇集,而在零件表面形成的线性痕迹
11	段差	动定模在分型面的两侧合模误差造成的不平整,镶件的边缘脱模斜度也可造成段差
12	凹痕缩水	零件表面出现凹陷的痕迹(通常为成型不良所致)
13	油斑	附着在对象表面的油性液体
14	修边不良	产品边缘处因人工修边而产生缺口等不规则形状
15	毛屑	分布在注塑件、喷漆表面的线型杂质
16	刮痕	硬物或锐器造成零件表面的深度线性伤痕,用手指甲感觉有感、有层次感
17	刮伤	无深度的表面划痕,用手指甲感觉无感、无层次感
18	碰伤	产品表面或边缘遭硬物撞击而产生的痕迹
19	橘皮	涂装表面呈现橘子皮似的凹凸,也称橘子皮
20	黑条及烧痕	零件表面发生变色、弯曲或破裂,显示出热分解后的现象
21	拉白（拖花）	分型面打开时,平行于开模方向的条纹状伤痕(大多出现于塑件侧面)

在样板的评审中，可以采用 DAMIC 流程，DMAIC 是 6σ 管理中流程改善的重要工具。6σ 管理不仅是理念，同时也是一套业绩突破的方法。它将理念变为行动，将目标变为现实。DMAIC 是指由定义（define）、分析（analyze）、测量（measure）、改进（improve）、控制（control）五个阶段构成的过程改进方法，一般用于对现有流程的改进，包括制造过程、服务过程以及工作过程等。

DFSS 是 design for six sigma 的缩写，是指对新流程、新产品的设计方法。

定义：出现何种缺陷，它发生于什么时候、什么位置、频率如何、不良率是多少？

分析：产生该缺陷的相关因素是什么？主要因素是什么？根本原因是什么？

测量：MAS（Measurement System Analysis）分析，外观质量目测、内在质量分析、量测尺寸、颜色目视或色差仪。

改进：制定改善注塑缺陷的有效方案、计划（该用什么方法），并组织实施与跟进。

控制：巩固改善成果（记录完整的注塑工艺条件），对这一类结构所产生的该缺陷进行总结和规范，将此种改善方法应用到其他类似的产品上，做到举一反三，触类旁通。

① 必须思考可能的原因有哪些。

② 必须确认材料是否有问题，如：

a. 材料干燥吗？

b. 原材料质量好吗？

c. 回收料质量好吗（是否无长杆料、无其他杂料、无污物、无太多粉尘等）？

d. 回收料比例添加合理吗，过程控制准确吗？

③ 必须确认模具是否有问题，如：

a. 水路气路连接正确吗？

b. 型腔内部清洁吗？

c. 模具型腔有损坏吗？

④ 必须确认注塑机是否有问题，如：

a. 机床止回阀坏了吗？

b. 料筒磨损了吗？

c. 注射时实际压力能达到吗？

值得注意的是，一般情况下，注塑过程稳定生产24h以上而没有任何问题出现的话，该生产工艺参数被认为是稳定并合理的。因此，在稳定生产过程中出现的问题不应是工艺参数问题，应注意查找其他问题。

注塑成型过程中发现制品出现缺陷，可能的原因有多个，确定的方法一是凭经验，二是通过系统性验证的方法。在开始验证前，必须先熟悉该注塑成型的塑料物性、注塑机、注塑模具、塑料制品等详细资料，并明确验证的目的。

① 注塑成型的时间窗口。注塑件的质量只在"一定"的参数设定范围内获得保证。而这"一定范围"常被称为注塑成型的时间窗口。只有在时间窗口中的参数设定才可生产废品率较低的注塑件。

② 假设在生产的过程中，注塑件的品质出现问题，首先做的是检查注塑机及模具的各部分，以确保加工温度、检查物料的烘干情况并比较各参数的设定值和实际数据。

③ 转换参数的步骤。通过改变工艺参数的方法来查找问题原因的时候，每一次只可以改变一个参数并立刻记录下来。特别是当改变熔体温度和模壁温度时，如果要对注塑件做出评价，必须先确定在生产的过程中，温度已达要求的设定值。

1.2.3.8　走模流程

通常的走模方式为：陆运、海运和空运。海运时需要用铝膜真空包装，以免生锈。包装箱尽可能采用人造木板，避免熏蒸等烦琐事宜。若使用实木原材制作木箱，需要熏蒸杀虫，而且其有效期为21天，超过期限，必须重新进行熏蒸。

（1）走模资料准备及走模安排

① 项目工程师在收到客户走模通知一个工作日内，与制造部门确认需要与模具一起运输的模具配件（包括电极）以及相关的工程技术资料，并通知制造部门清洁模具，拆散模具，抽干水管内的水，准备模具包装材料，并用铝膜真空包装。

② 项目工程师在收到客户走模通知一个工作日内，准备模具所有的相关技术资料，并通知品质工程师进行运输前的模具检查。品质工程师在接到通知一个工作日内，对模具进行最后的检查，并填写《走模前检查表》，见表1-10，确认《走模前检查表》标明的所有模具问题是否得到解决，模具是否能够放行。

表 1-10　走模前检查表

序号	内容	结果	检查人	日期
1	操作侧的方铁上是否已经刻写客户模号和产品名称,模具重量和模具尺寸,并涂上白色			
2	每块板的四个角的正反两面是否已加工好吊模孔			
3	模具天侧(TOP)上是否做客户指定的吊模梁			
4	撬模坑是否合理(有销钉处必加撬模坑)			
5	码模板的厚度是否符合客人要求,厚度____ mm			
6	码模螺纹孔是否符合客户注塑机要求,孔径____ mm			
7	快速码模系统的板厚及四个码模导柱是否符合客户要求			
8	法兰直径是否符合客户注塑机要求,ϕ ____ mm			
9	浇口套球半径是否符合客户注塑机要求,SR ____ mm			
10	顶棍孔位置和大小是否符合客户注塑机要求,ϕ ____ mm,共____个,并做标记			
11	模具最大外形尺寸是否符合客户注塑机要求,L ____ mm　W ____ mm　H ____ mm			
12	模具操作侧是否装有热嘴接线铭牌			
13	模具操作侧是否装有冷却运水路图			
14	走模资料中是否有完整的模图包括零件图			
15	走模资料中是否有模具图的CD光碟,2D　DXF、3D　STEP格式			
16	走模资料中是否有《模具使用手册》,包含试模报告在内			
17	模具开排气是否合理			
18	热流道模具是否带有隔热板			
19	试模时模具是否有漏水现象			
20	试模时顶出系统是否工作正常,顶出和回位是否正常			
21	运水孔是否已经打字码,运水接头是否在非操作侧			
22	热嘴插座位于TOP面对操作侧,线槽已做R角,有模脚保护			
23	运水沉头孔是否足够大,ϕ ____ mm			
24	直顶、滑块、斜楔、斜顶、镶件、浇口套是否已经热处理			
25	模具非胶位的尖角处是否已经倒了 $2\times45°$ 斜角			
26	模具非胶位是否涂上均匀的黄油,0.5mm厚			
27	模具胶位处是否已打上特别的防锈油			
28	模具顶针上是否已喷上防锈油			
29	是否有钢材的证明书,放入模具使用手册内			
30	热流道模具是否标识清楚使用电压和频率			
31	模具顶针板是否已被喷上红色油漆的螺钉从下码模板收住			

③ 项目工程师在收到客户走模通知当日内与客户确认地址和联系方式、走模方式并提供模具尺寸和重量，以及包装尺寸和重量给。同时需要告知客户预计走模时间。

④ 项目工程师在收到客户详细的走模资料2小时内，将相关资料转交给营业部门。营

业部门在收到所有运输资料两个工作日内，与项目工程师、品质工程师和财务部门以及相关的运输公司确认具体的走模时间和模具到达时间，并告知客户和项目工程师。

⑤ 项目工程师在确认走模具体时间后一个工作日内，填写《走模通知》，交与品质部和财务部确认，并提供《项目管理流程》中使用的所有资料和表格以及客户通知走模邮件和最终样板给上级主管，最后检查确认。货运部门在收到完整确认的《走模通知》后，才能安排走模。注意，工程师走模前必须提供以下信息：《模具设计评审表》《模具生产通知》《模具注塑成型条件表》《尺寸检验报告》《模具检查报告》《QA走模检验报告》（见表1-11）和《走模资料检查清单》（见表1-12）。

表1-11　QA走模检验报告

模号：		跟模工程师：	项目工程师：	走模地区：□国内　□国外		走模日期：
序号		检查内容		检查结果		备注
1		是否核对热处理工件		□是　□否		
2	型腔检查	抛光/省模		□是　□否		省模至［　　］#砂纸
		胶位型腔部分是否喷防锈漆		□是　□否		
3	烧焊检查	工件是否有烧焊		□是　□否		烧焊工件：
		烧焊痕迹是否已经清除		□是　□否		
4	顶出系统检查	非平面顶针是否有定位销		□是　□否		
		平面顶针是否已测可转动		□是　□否		
5	分型面	模具分型面是否涂黄油		□是　□否		
		模具分型面是否有油漆喷入		□是　□否		
6	运水检查	模具是否测运水		□是　□否		
		测量人员/时间/压力/结果				
7	喉嘴检查	模具是否接喉嘴		□是　□否		
		喉嘴规格（DME/HASCO/SMC/大同/其他）				
8	浇口套检查	模具的浇口套是否热处理		□是　□否		
		球径规格				SR：［　　］mm
9	定位圈检查	上定位圈的直径				φ：［　　］mm
		下定位圈的直径				φ：［　　］mm
10	热嘴检查	模具是否有热嘴		□是　□否		
		热嘴规格 （DME/HASCO/YUDAO/MOLD-MASTERS/INCOE……）				
		模具热嘴是否配插座		□是　□否		
		插座规格				［　　］针插座
11	热流道	模具是否有热流道板		□是　□否		
		热流道板品牌				
12	温控箱	模具是否配温控箱		□是　□否		
		温控箱品牌				
		温控箱规格				
13	模具所接电线的转角是否全倒角			□是　□否		
14	油缸检查	模具是否接有油缸		□是　□否		
		油缸品牌（华信/太阳/派克/SMC/其他）				
		油缸数量				
		油缸内的机油是否清理干净		□是　□否		
		油缸是否已配接头		□是　□否		
		接头规格				
		油缸是否已接感应器		□是　□否		

模号：	跟模工程师：	项目工程师：	走模地区：□国内 □国外		走模日期：
序号	检查内容		检查结果		备注
15	字码检查	模号/吊环规格/运水组号/气嘴号是否清晰	□是 □否		
		模具是否出口	□是 □否		
		出口模具表面是否有中文	□是 □否		
		模具表面除上述必须具备的字码是否还有其他字码	□是 □否		
		其他字码是否已做铭牌	□是 □否		
16	铭牌检查	模具是否有本厂铭牌	□是 □否		
		模具是否有客户铭牌	□是 □否		
17	表面防护	模具表面是否喷油漆	□是 □否		
		油漆颜色			颜色：[ ]
		模具表面是否涂黄油	□是 □否		
		模具表面是否包胶纸	□是 □否		
18	配件检查	模具是否有配件、备品	□是 □否		
		配件名称			
		配件数量			
		模具是否配《模具使用手册》	□是 □否		
		模具是否配《模具结构图》	□是 □否		共[ ]张
		模具是否配零件图	□是 □否		共[ ]张
		模具是否配光碟	□是 □否		共[ ]张
		模具是否配其他资料	□是 □否		
19	装箱检查	模具入箱方向是否与"UP"箭头方向一致	□是 □否		
		非常规入箱摆放方式			
		木箱内是否放防潮剂	□是 □否		
		木箱内层是否衬有防水层	□是 □否		
		木箱内层未衬防水层原因			
		木箱内是否已放出厂合格证	□是 □否		
		模具是否已经固定	□是 □否		
		木箱字码是否已贴好			

检验结果：□合格　□不合格

检验员：　　　　日期：　　　　审核：　　　　日期：

表1-12 走模资料检查清单

序号	文件名称	检查内容
1	产品CAD数据（所有更改数据及记录）光盘	标识光盘封面贴上模具号、名称及文件名称
2	供应商数据格式的2D和3D的模具设计光盘	标识光盘封面贴上模具号、名称及文件名称
3	STEO或IGES格式的3D模具设计光盘	标识光盘封面贴上模具号、名称及文件名称
4	DXF或DWG格式的模具设计及热流道设计光盘	标识光盘封面贴上模具号、名称及文件名称
5	n套模具图纸	n套装配图及所有零件图,必须以1:1的格式打印
6	注塑系统（热流道图等）	3套装配图及所有零件图必须以1:1的格式打印
7	模具零件清单	EXCEL格式的零件清单及光盘文件
8	模具收缩率、模具号、模具重量、尺寸、客户信息	
9	用于模具制造的X,Y,Z坐标和角度数据与客户的产品图的相应数据	提供纸制版数据并刻录光盘
10	在模具设计上标明X,Y,Z基准坐标	
11	钢材质保书	供应商的官方证书和可追溯性
12	热处理质保书	供应商的官方证书
13	冷却水路图	

序号	文件名称	检查内容
14	流量控制	
15	冷却水管连接图	
16	液压油路图	
17	液压接线图	
18	电子阀接线图	
19	注塑系统接线图（热流道接线等）	
20	加热区的功率表	
21	限位开关接线图及零件供应商清单	
22	在专门的图纸上标明焊接区域	如没有焊接，必须书面声明
23	DME冷却系统的尺寸检验	
24	带公差的模具尺寸检验报告	
25	带公差的产品尺寸检验报告	
26	产品厚度报告	
27	模具拆装指导书	
28	模具保养书	
29	备件清单及备件的价格	
30	电极清单及它们的放电间隙，X、Y、Z的位置，基准面及电极加工位置的图纸	
31	模具修改报告	

⑥ 模具运出前，项目工程师需要按要求将模具标准照片给客户，注意需要展示清洁后的模具照片。走模时模具照片需要存档。

（2）走模后的模具运行状况跟进及异常处理

① 项目工程师预计模具到达客户所在地1周内，确认以下事项：

a. 客户是否收到模具和相关配件及相关的技术资料；

b. 模具在运输途中是否完好；

c. 客户试模或生产是否顺利，若试模和生产时出现异常情况，需要积极、主动帮助客户解决问题，提出解决办法和方案；

d. 跟进处理结果，和客户沟通要求开始新的项目。

② 部门经理在客户收到模具1个月内发邮件调查客户满意度。

第2章 注塑模设计规范

现实世界的物体具有三维形状和质量，三维实体造型可以更加真实地、完整地、清楚地描述物体。以几何学为基础的三维几何建模，只较详细地描述了物体的几何信息和相互之间的拓扑关系，而这些信息缺乏明显的工程含义，即从中提取和识别工程信息相当困难。工程技术人员在产品设计、制造过程中，不仅关心产品的结构形状、公称尺寸，而且还关心其尺寸公差、几何公差、表面粗糙度、材料性能和技术要求等一系列对实现产品功能极为重要的非几何信息，这些非几何信息也是加工该零件所需信息的有机组成部分。然而在实体建模的3D数据结构中难以像几何信息、拓扑信息一样，有效而充分地描述非几何信息。

无论塑料产品零件，还是模具零件，都具有以下四个特征：形状特征、精度特征、材料特征和装配特征。3D图档只能表达产品的形状特征和装配特征，精度特征和材料特征必须依靠2D图档作为补充，因而2D和3D结合才是完整表达零件的最佳方式。模具2D图样的作用是表达模具设计理念、审核模具设计方案、检验模具与注塑机的匹配性和传递模具零件加工信息。

传统的注塑模具设计，主要依靠经验设计二维图纸，对于复杂的产品造型，仅使用二维工程图纸已很难准确和详尽地表达产品的形状和结构，且二维图纸无法直接应用于数控加工，设计过程中分析、计算周期长，准确性差。随着CAD/CAE/CAM技术的发展，现代注塑模具设计方法是设计者在电脑上直接使用来自产品工程师所建立的产品三维模型，根据产品三维模型进行模具结构设计及优化设计，再根据模具结构设计三维模型进行CNC编程。这种方法使产品模型设计、模具结构设计、加工编程及工艺设计都以三维数据为基础，实现数据共享，不仅能快速提高设计效率，而且能保证质量，降低成本。注塑模具的设计是一项实践性很强的工作，由于塑料产品造型设计的复杂性和多样性，模具设计必须建立和遵从一定的设计流程和设计标准。

由于计算机技术快速发展，模具设计已从传统的经验设计转变为计算机辅助设计、辅助编程与加工。其中最重要的是建立在聚合物流变学基础上的对塑料熔体在流道和型腔内的充模和流动的模拟；建立在传热学和聚合物相变热力学基础上的冷却凝固过程的计算；建立在成型收缩分子取向基础上的内应力及翘曲变形计算；建立在材料力学、弹塑性力学和有限元分析等基础上的模具受力、变形、破坏的计算；建立在计算机编程基础上的高精度曲面加工，且其已完全取代仿形加工。计算机辅助设计软件为模具设计奠定了基础，在模具设计实践中得到广泛的应用。

计算机辅助模具设计方便模具开模、合模运动仿真。注塑模具结构复杂，要求各部件运行自如、互不干涉且对模具零件的动作顺序、运动行程有严格的控制。运用CAD技术可以对模具开模、合模，以及制品顶出的全过程进行模拟和仿真，从而检查出模具结构设计不合理之处，并及时更正，以方便模具结构评审。

注塑模具设计进程的各阶段是相互联系的。设计时，模具零部件的结构尺寸不是完全由计算确定的，还要考虑结构、工艺性、经济性以及标准化等要求。由于影响零部件结构尺寸的因素很多（如加热或冷却系统的设计和布置），随着设计的发展，考虑的问题会更全面、合理，故后阶段设计要对前阶段设计中的不合理结构尺寸进行必要的修改。所以设计要边思考、边绘图，反复修改，计算、设计和绘图交替进行。

在模具设计中贯彻标准化、系列化与通用化，可以保证互换性、降低成本、缩短设计周期、提高模具品质，是模具设计中应遵循的原则之一，也是模具设计质量的一项评价指标。在设计中应熟悉和正确采用各种有关技术标准与规范，尽量采用标准件，并应注意一些尺寸需圆整为标准尺寸和优先数列。同时，设计中应减少材料的品种和标准件种类，能够合并的尽量合并。

注塑模具标准的三大体系为：欧洲的 HASCO 标准、美国的 DME 标准和日本的 MISU-MI 标准。这三项模具标准是世界范围内应用最广泛的模具标准，也是模具配件标准。设计出口模具必须依照客户要求的模具标准，遵循客户的模具设计理念。对于国内客户，也可以应用优秀的本地标准件品牌，采用我国台湾的正钢模具标准件也是不错的选择。

在模具结构图得到客户确认后，进行 3D 分模，构造出模具零件的三维实体模型，再利用 CAD 系统的功能生成二维图。但是必须用交互的方式对二维工程图进行局部修改，补充尺寸、公差与几何公差、剖面线、视图标注、钢材及热处理状态、技术要求以及标题栏等，才能得到符合要求的模具零件图。

随着软件技术的发展，三维设计（3D）的诞生使模具实现了可视化、面向装配的设计。模具由二维设计（2D）到三维设计（3D）实现了模具设计技术的重大突破。需要强调的是，3D 分模的主要目的并不仅仅是为了转化为二维图，而是为了满足 CNC 加工、电极加工、有限元分析、模流分析和运动仿真等需求。所以，各种绘图方式并无高级与低级之分，选择什么绘图方法，完全取决于实际需求。目前来说，模具的二维设计（2D）与三维设计（3D）配合使用，才能完整准确地表达模具设计理念，不存在 3D 取代 2D 的说法。

2.1 客户资料解读

2.1.1 资料核查

模具设计部门在接到客户的设计资料后，将客户原始设计资料进行存档，并分发相关工程师进行资料审核和解读。这些资料包括产品设计图（2D、3D）、塑件样板、模具设计标准资料、注塑工艺标准、注塑机资料、模具设计式样书等。如果资料不齐全，项目人员需要立即与客户沟通，取得明晰的设计资料。模具资料档案分为电子档案和纸质档案，对每套模具，除了开立电子档案文件夹，还应设立纸质文件夹，保存一些与客户来往的图纸、邮件、传真等纸质文件。在开始模具设计前，还需要清楚知道以下信息。

① 产品 2D 图面上，客户对一些尺寸会标注公差，审核塑料的模塑特性对公差的影响，能否稳定保证公差尺寸。

② 要求的模具寿命，是指在模具寿命周期内的注射次数，对多腔模来说模具寿命不

是指生产数量。

③ 类比之前生产的类似产品，确定预期的注塑周期。

④ 制品的使用功能要求，是否需要与其他零件配合，配合处的公差。

⑤ 塑料的收缩率是否稳定。

⑥ 塑件的脱模斜度是否足够。

⑦ 模具的浇注系统是冷流道（两板模、三板模）还是热流道。

⑧ 表面精整要求、雕刻位置、外观有特殊要求的区域在 2D 图面上的表示等。

⑨ 浇口痕迹、塑料熔合线、顶出痕迹对外观的影响。

⑩ 注塑机的吨位是否合适，锁模力、注射量和塑化能力三个指标是否适当。

⑪ 制品的生产方式，是全自动还是半自动，自动跌落还是机械手移出。

⑫ 模具预计的薄弱部位，是否需要备品。

⑬ 模具标准件的品牌，模具的标准体系。

2.1.2 询问客户

以下资料如果不齐全，模图设计前项目工程人员需要询问客户，不得自行做主，望文生义。

① 有否 3D 或 2D 塑件电子图档。

② 如客户提供 3D 及 2D 电子图档，问客户应按照哪个图档设计，建议客户尽可能提供准确的 3D 图档。

③ 所有塑件一定要有出模角，如 3D 或 2D 没有，要问客户。

④ 设计塑件分模线、镶件线、插穿位线、顶针位置、浇口位置、出模角等，给客户确认后再开始画初图。

⑤ 是否会粘定模，如有此可能性，必须提出并寻找适当之解决方法。例如问客户可否在动模加倒扣线。

⑥ 提供塑料收缩率给客户确认，如不知道，要询问客户。

⑦ 客户要提供标准尺寸（critical dimension），如客户不能提供，则需要模具设计人员（或项目人员）分析并提供给制造部门哪些是标准尺寸。

⑧ 模穴号（cavity number）、产品编号（part number）、商标（logo）的位置、装饰图案（artwork）及其位置等要问客户。

⑨ 在塑件图上确定蚀纹位置，检查此种纹是否有纹板，蚀纹供应商可否做到，纹面是否会产生拖花及出模角是否足够，是否要做镶件以方便蚀纹。

⑩ 特别要留意透明塑件，顶针的分布要征得客户的同意。

⑪ 每件塑件要从下列因素考虑是否要加镶件：

a. 深加强筋；

b. 塑件排气；

c. 加工及抛光方便；

d. 容易维修；

e. 加强冷却效果（BeCu）。

⑫ 塑件螺柱等尽量用标准推管及推管内针。如塑件尺寸不符合标准推管规格，可建议客户改图。

⑬ 当塑料含有玻璃纤维时，要通知客户考虑做浇口镶件（gate insert）并要做备品方便日后更换。通常每件镶件寿命大约 20 万模次。一般第一件镶件是免费的，备品镶件需要报价。

⑭ 要求客户提供塑料的物性表作参考，并问客户是否提供塑料原料供试模用。

2.2 塑件工艺性审核

塑件的工艺性是指塑件对注塑成型加工的适应性。塑件的材料、形状、结构和尺寸等都直接决定着塑料成型模具的具体结构和复杂程度。作为模具设计人员，在了解并掌握塑件使用性能的基础上，合理地对其进行正确的工艺性分析，是设计出先进合理的成型模具的前提。模具设计前需要按照表 2-1 的内容进行评审。

表 2-1 模具设计评审表

客户:	模号:		材料:	收缩率:	评审日期:	
走模日期:		TI 日期:				

项目	检核项目	参考项目	备注
1	模架规格(模具长、宽、高)	□上下固定板；　□定位圈尺寸；　□球面 R；□K.O 距离	DME 或 HASCO
2	强迫回位机构规格	结构、品牌、设置位置(避免干涉机械手)	欧洲模具常用
3	塑件投影面积,塑件壁厚	□塑件壁厚　　mm；　□投影面积　　mm²	
4	适用机台,周边设备	□锁模力　　吨；　　□周边需求	
5	哪里会缩水	□螺柱、筋、胶位厚度比例不均,离浇口太远	是否模流分析
6	哪里会填充不足	□胶位厚度比例不均；　□流动长度	是否模流分析
7	哪里会困气	□胶位厚度比例不均；□狭桥；□浇口气流；□肋太深	是否模流分析
8	哪里会有合胶线	□浇口汇流；□有小凹洞；□碰穿孔；□装饰孔过深	是否模流分析
9	哪里会有阴影	□胶位厚度不均；□浇口流痕；□应力因素	是否模流分析
10	哪里会造成变形	□浇口不平衡；□成品结构因素；□冷却不良	是否模流分析
11	哪里会撕裂	□结构弱；□排气差；□胶位厚度薄；□塑胶材质因素	
12	使用何种塑料,成型收缩率	□品牌型号；□胶位厚度；□浇口布置；□模具温度	
13	塑料是否有腐蚀性	□使用不锈钢；□电镀	
14	使用何种钢材,模具寿命	□一般抛光；□透明；□镜面；□热处理；□防腐蚀	
15	哪里会顶白,推杆布置事项	□直径小；□布置不平衡；□肋太深；□螺柱肉厚太薄	
16	PL 的布置	□影响外观；　□影响脱模；　□结构弱	
17	哪里有倒扣	□使用滑块；□斜顶；□二次顶出；□螺纹；□强脱	
18	活动件的结构	□使用滑块；　□使用斜顶；　□二次顶出	
19	有无影响量产的因素	□机构脆弱；□机械手拿取；□粘模	
20	浇口的布置	□形式；　　□尺寸；　　□平衡	
21	模架以及结构强度	□闭合高度；　□顶棍结构及布置；　□支撑柱布置	
22	冷却水路	□水嘴规格；　□水孔直径；　　□布置平衡	
23	塑件顶出会夹在斜顶或滑块	□使用直顶或顶块；□脱模斜度加大；□T 形肋	
24	穴号刻字位置	□作 1,2,3,4 的记号	
25	热流道品牌	□作 1,2,3,4 的记号	
26	脱模斜度是否足够	□不蚀纹；　□蚀纹规格(粗、细、牌号)；□镜面	
27	配合件的脱模斜度	□同方向；　□不同方向	
28	牛角进胶的顶出针与浇口距离是否适当	□顶出不平衡；□弹跳	
29	冷料井胶位厚度是否太厚	□成型时间过长；□料头易拉断	
30	加工性及其效率		

项目工程师:	模具设计工程师:	现场制造工程师:	CNC 编程部:

为全面了解客户制品的模具工艺性能和成型要求，进行产品图的工艺审核时，必须了解影响制品外观方面的问题，这些问题也直接影响模具结构方案，因此在模具排位时必须与客户沟通，了解客户要求并经客户批准。必须了解的问题如下。

　　① 分模线 PL 形状及位置和通孔碰穿位置，见图 2-1。

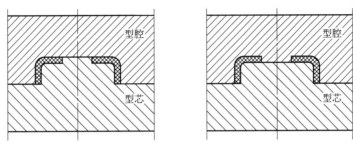

图 2-1　通孔的碰穿位置

　　② 制品允许的浇口位置、浇口数量、浇口尺寸及制品允许的熔接线（纹）位置、数量。

　　③ 前、后模镶拼线痕迹及滑块痕迹。

　　④ 前、后模插穿线痕迹及阶梯差。

　　⑤ 壁厚、筋厚、柱位厚度等是否合理，所有筋位、柱位等根部壁厚是否为顶部厚度的 0.6 倍，可做何修改。

　　⑥ 前、后模脱模斜度，蚀纹号码及刻字内容，高度，位置等尺寸。

　　⑦ 未注脱模斜度处基本脱模斜度大小及方向。

　　⑧ 制品注塑材料及颜色（深色或透明、茶色），是否允许留有推杆、推块、滑块、斜顶等痕迹线。

　　⑨ 滑块、斜顶在运动方向是否有胶位干涉，做何修改。

　　⑩ 制品上凹凸文字、符号和日期、材料名等标志内容及位置。

　　⑪ 一模多腔时，打型腔编号（1、2、3…）位置要按顺序排列。

　　⑫ 当模具有很多镶件时，需在镶件底部与内模该镶件孔处打上相同编号，以保证一一对应。

　　⑬ 圆角处理（工艺圆角、绝对尖角、镶拼、原身留出加工圆角，以及是否需要取消圆角）。

　　⑭ 细长模芯强度和刚度。

　　⑮ 金属嵌件装入方法（注塑前预埋或注塑后热压等）。

　　⑯ 尺寸公差、几何公差等精度要求，表面处理（雕刻、蚀纹、镜面……）。

　　⑰ 制品注塑后表面处理方式（喷油、电镀……），电镀件必须有流道连接。

　　⑱ 制品变形解决方法。

　　⑲ 制品注塑后是否要机加工，如去除浇口、钻孔等。

　　⑳ 该项目中各塑件装配结构。配合件之间是否有间隙，外观件的配合之间是否有美观线（防错位而遮丑）。

2.3　模具方案的确定

　　对于一个特定的塑料制品，可能存在着成百上千种模具设计方案，这些不同的设计方案，都有可能生产出合格的塑料产品，在一定的条件下，都可以成为合理的模具设计方案。不同的模具制造厂家以及不同的模具设计工程师对于同一塑料产品，可能存在完全不同的模具设计方案。对于客户特定的塑料产品，结合产品的生命周期和生产批量、注塑机、塑料品种和产品的使用功能，合理的注塑模具设计方案只有一种，模具设计师应该评审最佳的模具设计方案，满足客户对产品完美性的追求。

合理的模具设计主要体现在所成型的塑料制品的质量（外观质量及尺寸准确性和稳定性），使用时安全可靠和便于维护，在注塑成型时能达到模具设计式样书确定的成型周期和使用寿命，对于模具薄弱环节有所预见并提出改进对策，制定模具易损零件备品明细，具有符合要求的模具制造工艺性等方面。

模具设计前应确定的事项包括：所用塑料的种类及成型收缩率；制品允许的公差范围和合适的脱模斜度；注塑成型机参数；注塑生产方式是否为全自动成型；有无配备机械手；模具型腔数；模具寿命；模具标准件品牌；客户的模具标准，等等。有了与客户技术协商达成的技术协议、模具设计式样书和经过客户同意的 DFM 文件，就可以按照流程开始模具结构图的设计。这些流程虽然显得烦琐，但是它是生产优质模具的必由之路。

标准化对模具设计方案具有很大影响。不同的模具标准体系会使模具结构方案完全不同。例如欧洲模具、北美模具和亚洲模具，所遵循的模具体系不同，其模具设计方案有较大差异。在确定客户的模具标准类型后，再选择其标准零件，包括标准模架，标准的导柱、导套、浇口套、推杆、定位元件及冷却元件等。采用标准件可以提高模具的制造精度，缩短模具生产周期，提升模具品质。

不同国家和地区的客户对于模具有不同的要求，采用的模具标准体系不同，模具也具有不同的风格。因此，确定模具设计方案时一定要入乡随俗，不要将自己的固有习惯强加于客户头上。我们的模具设计思路一定要从客户的需求出发，站在客户的立场上去分析问题和解决问题，只有这样，为客户产品量身定做最适宜的模具设计方案才能获得客户的认可。

决定模具结构的三要素是分型面设计、流道与浇口设计、塑件顶出方式，任何一套模具，在三要素确定后，模具结构也就基本确定了，三要素的表达见图 2-2。在确定模具设计方案时，可以采用类比的方法，学习、总结和搜集前人所积累的历史资料，即将以前制造过的类似制品的模具结构，作为新模具设计的参考，避免不必要的重复劳动，这样可以总结经验，提升模具设计水平。任何一套模具，均可能有很多的设计方案，首先需要从具体情况出发，认真分析，要合理地吸取，不可盲目地照搬、照抄。

与模具设计相关的注塑机参数有：理论注射容积（最大注射量）、注射压力、锁模力、拉杆内间距、开模行程、最大模具厚度、最小模具厚度、推出力、推出行程、模具定位圈直径、喷嘴球半径、喷嘴口直径、码模方式、顶棍排布方式和顶出方式等。

模具的每模型腔数、浇注系统的类型、塑件脱模方式等直接影响模具设计方案的制定。

塑件全自动生产时，小塑件及其流道凝料需要自动跌落，大型塑件需要机械手抓取，因此，不同的生产方式，需要设计不同的浇注系统和顶出方式。

为了不产生残余应力，使塑件均匀冷却，缩短成型周期，模具温度的调整非常重要。模具设计时，必须设计冷却回路。冷却回路的数量、管路直径可通过参考历史资料或者试验确定。关键在于要在确定推杆位置之前决定冷却系统。很多情形下，追求理想的顶出位置和理想的冷却回路存在一些矛盾。对于复杂的骨位深的塑件，顶出力较大，推杆

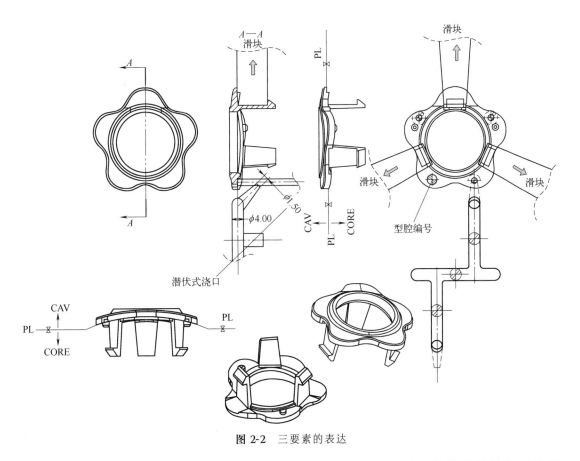

图 2-2　三要素的表达

必须设在最佳的位置上，推杆往往会与冷却系统发生干涉，这就要求模具设计者要统筹兼顾，合理设计。

2.3.1　确定分型面、型腔数量及排列方式

确定模具设计方案，也就是确定模具结构。确定模具设计方案的首要问题就是确定开模方向和模具的分型面。模具分型面和浇口类型确定后，再确定浇口位置。当这两项确定之后，根据制品的尺寸，流道的尺寸也自然被确定了。当分型面、流道及浇口、顶出方式确定后，选择模胚规格型号，模具的基本结构也就随之确定了。

一般来说，制品生产批量不大、外形尺寸大、要求精度高的时候，宜采用单型腔模具；生产批量大、需降低生产成本时，采用多型腔模具。当采用多型腔模具时，需要做到平衡排列。若做不到型腔平衡，那么即使型腔尺寸相同，也常常会出现尺寸相异的制品，并造成填充不满或过量填充出现毛边、成型效率降低等不正常现象，因此在采用多型腔模具时要进行充分的考虑。

2.3.2　侧向抽芯机构与塑件顶出方式

当制品上有侧向凸凹时，则必须考虑采用哪种方式成型和脱模，在模具结构上有必要考虑瓣合模、侧抽芯、斜顶或者旋转螺纹型芯等方式。在制品的顶出方式上，大多采用推杆顶出，但是需要避免在塑件上留有推杆痕迹时可以采用推件板方式。此外还有推管、推块和气压顶出等各种顶出方式，要确定其中最合适成型制品的顶出方式。在主流道冷料脱模方式

上，三板模采用主流道拉料杆，两板模采用主流道推杆。

滑块与斜顶都是常见的脱侧凹的结构，有些扣位采用滑块与斜顶都可以使塑件脱模，不同的是斜顶和滑块相比，多了顶出的作用。斜顶有多种设计方式，每种的结构和使用寿命有很大差异，应该具体问题具体分析，选择适当的斜顶结构。通常认为斜顶的稳定性不如滑块，磨损和故障率高于滑块，但是斜顶占用空间较小，模具结构紧凑。

2.3.3　确定模具的加工方式

在详细的模具结构确定之后，就必须确定如何进行加工。在实际加工过程中，可采纳CNC编程人员和现场制作人员的建议进行加工。这些建议是粗加工、半精加工之后，为了取得正确的加工形状的加工方法。在此所要介绍的确定加工方式是在设计时事先确定采用哪种加工方法能够取得设计所要求的形状，而且是最经济的方法。从而，必须用图表示所采用的特种加工的方法、进行热处理的方法及按现有的机加工设备必须分解成两个或者两个以上零件进行镶拼加工的方法等。当成型零件加工时，对于复杂、曲面多的形状可采用特种加工，而其他的尽量采用普通机床加工。在确定加工方式的同时，还要确定成型零件表面的抛光程度。除此之外，可能磨损的滑动部位及可能产生飞边的部位必须确定其硬度要求。

2.3.4　镶件拆分对模具结构的影响

镶件拆分直接影响模具结构。镶件拆分大的分类有两种：局部镶拼和全镶拼。全镶拼一般适合中等尺寸以上的塑件。镶件拆分与模具的成本有极大的关系，其对模具成本的影响是复杂的。镶件拆分直接影响模具钢材的订购规格、模具零件的加工工艺和工序安排、模具车间生产的组织。因此，从技术经济的角度来看，合理的镶件拆分，可以提升制模车间设备的加工效率，相反，不合理的镶件拆分会浪费加工工时，给模具组装带来困难。

镶件的拆分位置对冷却回路的设计有很大的影响，因此镶件拆分影响注塑周期。拆分模仁中的镶件时，应在尽可能满足客户外观要求和保证良好的成型质量的前提下，力求便捷、加工方便、节约材料、降低成本。镶件拆分需要考虑以下原则。

① 对于一个制品来说，具体什么部位需要拆分出镶件，这主要根据加工现场的实际加工能力及产品的具体结构情况而定。一般来说，形状复杂、加工困难、不易成型、有多处配合需多次修配的地方要考虑拆成镶件。

② 产品的外观面尽量不要拆镶件，如果必须出镶件结构，必须与客户确认镶件的拆法，然后方可进行。

③ 对于大型的拼接模具，镶件结构应尽可能规则，且长、宽尺寸尽可能取整，以减少因机械精度等原因造成的加工误差，可有效防止组装偏位造成的合模困难。

④ 当产品的结构中存在通孔和盲孔时，对应成型位置一般要用镶件来处理。

⑤ 镶件的拆分需要考虑每个镶件的加工基准，确保加工和组装精度。

⑥ 组织有经验的技术人员评审镶件拆分的可行性。

镶件的拆分数量和位置很重要，需要密切结合本公司的模具制造工艺，结合现有机床的行程、参数和加工范围，综合考虑注塑成型的排气，模具的抛光。不合理的镶件拆分，可能难以发挥镶件的功能和优势，浪费加工工时，弱化模具冷却，也可能影响模具的强度和刚度，给模具带来不可挽回的损失。不良的镶件分割，也使得模具组装难以进行，缺少组装的基准。

在一些一出二或一出四的多腔模具中，模仁按不同型腔分割或者合并，虽然不会影响塑件的外观，但会影响模具零件的互换性、加工效率和生产组织。分割成单个型腔的模仁，可以占用多台机器同时加工，也有利于模具零件的互换性。

2.3.5 确定模具方案实例

图 2-3 所示的圆形塑件，正反两面都存在较大的包紧力，由于两侧需要设计哈夫滑块，因此选择开模方向时，如果设计动模滑块，则需要考虑将塑件直径较小的一面留在动模，以减小哈夫滑块行程。对此塑件，当选择设计定模滑块时，则需要将直径较小的一面留在定模，以减小哈夫滑块行程。图 2-3 所示结构为动模滑块，动模侧塑件直径较小。

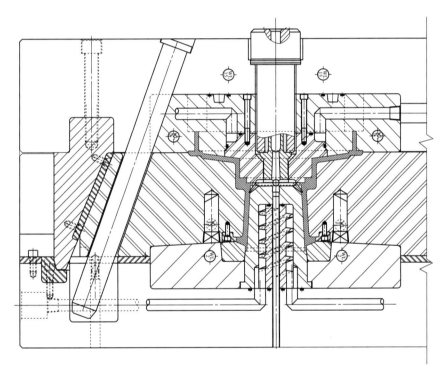

图 2-3 滑块行程决定开模方向

图 2-4 所示的是接地保护套外壳模具，展示了定模顶出防止粘模的结构。塑件材料为PA66，长度方向脱模斜度为零，为了塑件顺利出模，设计了动定模顶出的方式。首先定模顶出，防止塑件粘定模，最后动模侧顶出脱模。开模时，弹簧 8 推动定模推板 5 并带动推件板 14 随动模移动，将塑件从定模芯 15 上剥离。推板 5 依靠定模回针 10 碰动模回针复位。

图 2-5 所示的是成型大型塑件外壳的热流道模具，给出了局部粘型腔的解决方案。塑件右侧的直立的壁对定模型腔具有大的包紧力，为了避免其粘住定模型腔，设计了定模推出机构。开模时，型腔弹块 6 在弹簧 3 的作用下向动模方向弹出，推动塑件随动模移动。

图 2-6 所示为洗发水翻盖模具设计方案，这是一套典型的模具结构。翻盖部位容易粘定模，因此设计了定模顶出机构。动模部分设计了二次顶出结构。

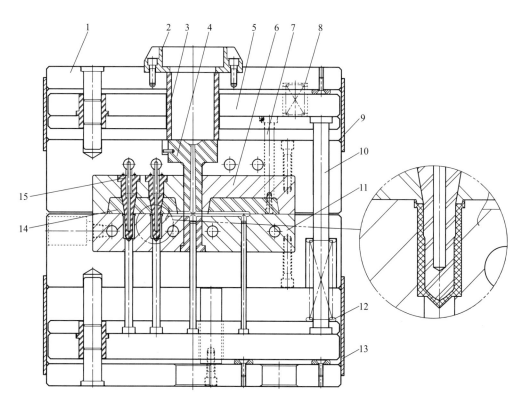

图 2-4　定模顶出防止粘模的结构

1—定模座板；2—定位圈；3—支撑套；4—浇口套；5—定模推板；6—型腔；7—顶出杆；8—弹簧；
9—防尘板；10—定模回针；11—型芯；12—回位弹簧；13—防尘板；14—推件板；15—定模芯

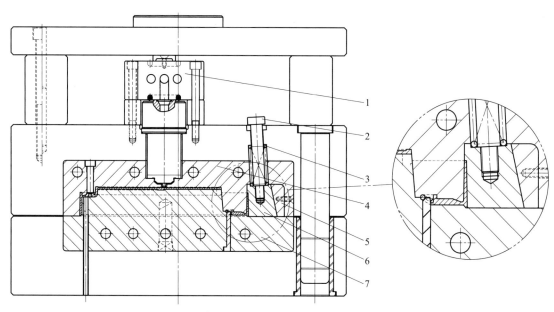

图 2-5　局部粘型腔的解决方案

1—热流道分流板；2—内六角螺栓；3—弹簧；4—型腔；5—定模镶件；6—型腔弹块；7—型芯

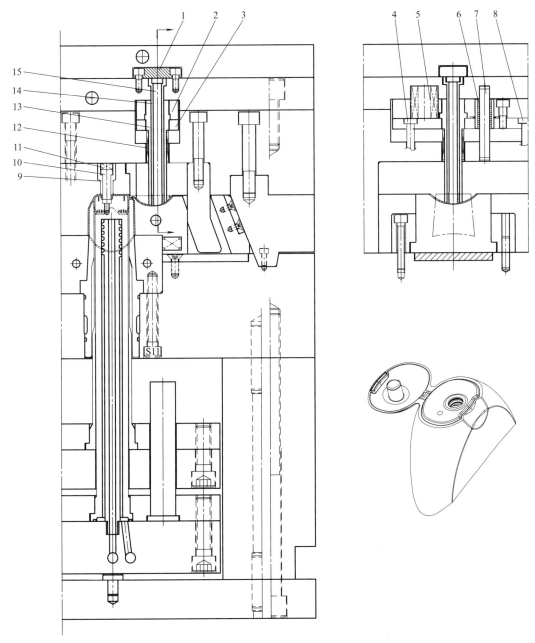

图 2-6 预防粘定模的结构

1—定模镶针压板；2—定模顶针底板；3—定模顶针面板；4,8—复位杆；5,11,12—弹簧；6—滚珠导套；
7—导柱；9,15—镶针；10—浮动镶针；13,14—镶件

　　图 2-7 为洗发水翻盖预防粘滑块的结构，这种产品的翻盖部分处于垂直位置，在滑块移动时，翻盖部分会粘在滑块上，使塑件拉坏变形。定模镶件 3 挡住翻盖顶部的边缘，防止塑件粘滑块。

　　图 2-8 所示为塑件粘滑块的解决方案。这是滑块上设计顶针的典型结构。塑件右侧直立的片状结构和镶针 3 周围的柱子对滑块具有大的包紧力，如果没有滑块顶针，滑块移动时会将塑件拉变形，这时需要在滑块上设计顶针，开模后滑块移动的瞬间，滑块顶针顶住塑件直

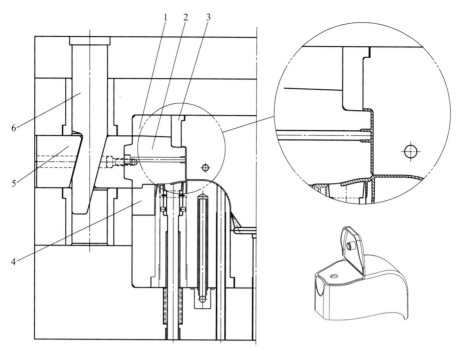

图 2-7 预防粘滑块的结构

1—型腔；2—滑块镶件；3—定模镶件；4—型芯；5—滑块座；6—斜导柱

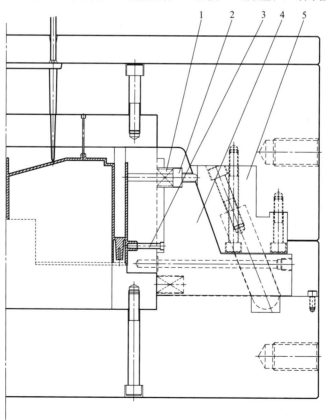

图 2-8 塑件粘滑块的解决方案

1—弹簧；2—滑块顶针；3—滑块镶针；4—滑块座；5—斜楔

至整个滑块脱开塑件。滑块顶针结构往往用在滑块上塑件结构复杂，比如存在多个孔位、柱子等场合中。

图 2-9 所示塑件侧面存在很多筋位，开模时容易粘滑块。如果一个滑块上多个部位需要设计顶针，则需要将多个顶针合并设计在一个顶针板上，顶针板底部设计弹簧提供顶出驱动力，另外在碰穿孔或塑件之外需设计回针作顶针板回位和导向之用。回针 6 和弹簧 13 需要对称设计，使顶出力平衡。

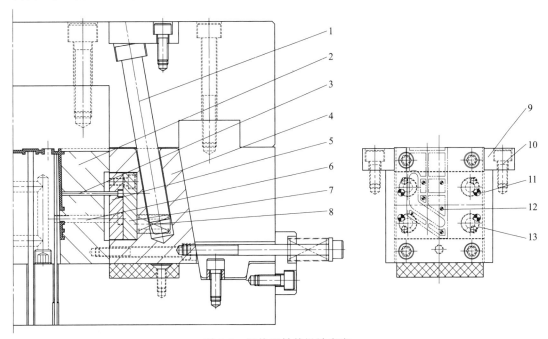

图 2-9　滑块顶针的设计方案

1—斜导柱；2—滑块镶件；3,12—滑块顶针；4—滑块座；5—顶针面板；6,11—回针；7—顶针底板；
8,13—弹簧；9—滑块压条；10—内六角螺钉

图 2-10 所示的老式 34 寸显像管彩电前壳，塑件尺寸较大，底部有密布的加强筋，在注塑成型时，底部的加强筋处于滑块上，开模后滑块移开时，加强筋容易粘滑块使塑件拖花或变形。欲解决此问题首先需要加大加强筋的脱模斜度，然后在滑块上设计顶针。对于此种大

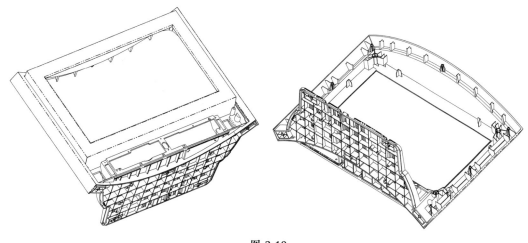

图 2-10

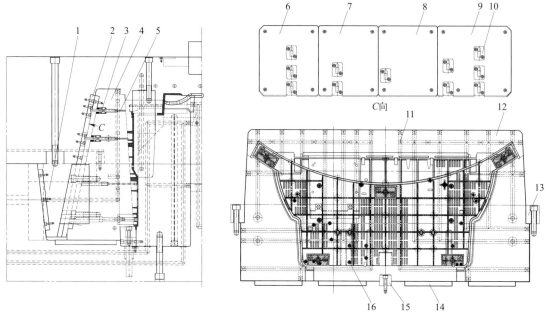

图 2-10　大型塑件粘滑块的解决方案

1—斜楔；2,6~9—定模侧耐磨板；3—弹簧；4,12—滑块；5,16—滑块顶针；10—定模侧耐磨板镶件；
11—运水回路；13—压条；14—耐磨板；15—中间导向条

型塑件的大型滑块，加强筋粘滑块的部位较多，滑块顶针的布置需要精心设计，确保滑块顶针顶出平衡。

图 2-11 是化妆品盖产品图，图 2-12 是其模具结构图，由于化妆品包材要求外观美观，不能存在浇口，因此，在盖的内侧设计了点浇口，由于浇口与脱螺纹都在定模，模具属于倒装模具，结构非常复杂。脱螺纹机构采用液压马达驱动，模具采用 4 次分型。

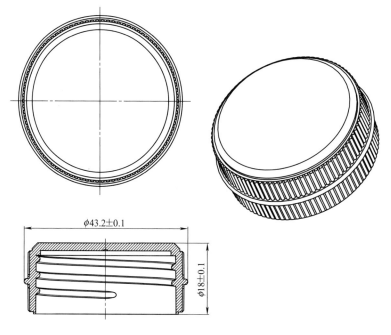

图 2-11　化妆品盖产品图

图 2-13 所示为汽车电子控制外壳，塑件外形顶部有 4 处狭小位置，骨位较多，需要设计斜顶和镶件，外壳两个侧面存在矩形小孔，需要设计侧向分型与抽芯机构。为了避免定模设计复杂的小斜顶，将塑件倒装设计，滑块利用斜导柱驱动，斜导柱与孔间隙加大，滑块延迟分开，避免塑件粘定模。

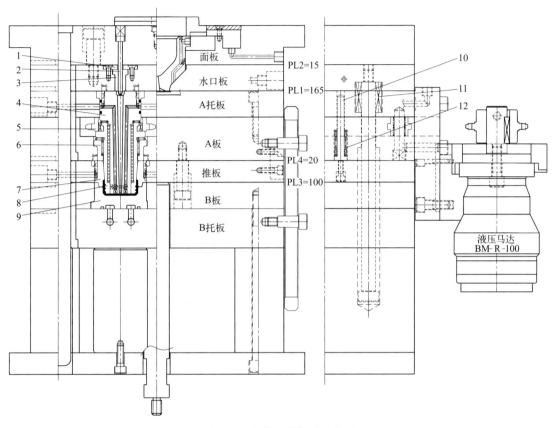

图 2-12 化妆品盖模具结构图

1—衬套压板；2—水口针；3—水口针衬套；4—定模型芯；5—链轮；6—衬套；
7—推板镶件；8—螺纹套；9—型腔；10—限位螺栓；11,12—弹簧

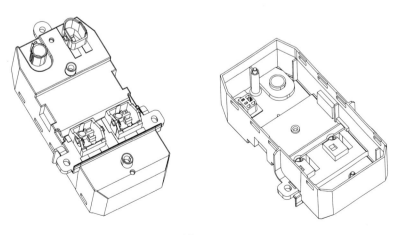

图 2-13

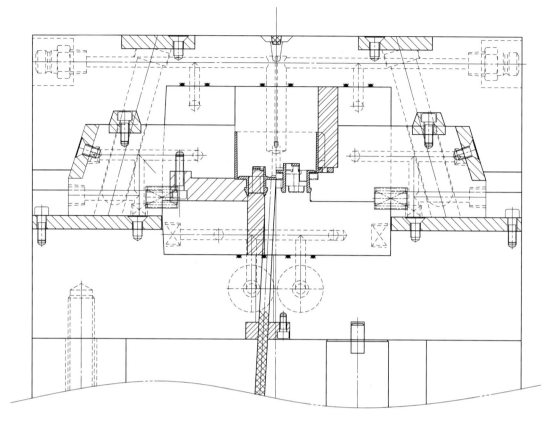

图 2-13 开模方向选取要点

图 2-14 为典型的倒装模具，用于产品外表面不允许有浇口痕迹时。由于注塑机定模没有顶出机构，需要设计油缸顶出。对于小型模具，也可以利用链条、拉板等代替油缸。最简单的倒装模具通常采用单个热嘴成型，由于省去流道凝料取出环节，模具结构比较简单。

如果塑件较大，需要两个及以上的热嘴，热流道系统需要配置分流板，这时需要考虑分流板与顶出系统的干涉问题，往往需要将分流板与顶出系统分别设计在不同的模板中。顶出系统要靠近分型面，避开热流道的分流板，热嘴往往需要加长，模具结构显得比较复杂。

最复杂的情形是多个点浇口进胶的三板模的倒装模具，由于点浇口需要取出流道凝料，模板需要定距分开，定模侧还需要设计顶出系统，这样就使得模具结构非常复杂。

倒装模具需要注意的另一个问题就是定模的强度和刚度。尽可能在薄弱部位加上支撑柱，确保模板的刚度。油缸顶出的倒装模具，还需要设计集油块，使所有油缸的进出油接头集中在一起，保证顶出平衡。

图 2-15 为典型的无顶针板模具结构，当塑件高度较高时，顶出行程会很大，方铁高度很高，模具的封闭高度过大，往往需要选择较大规格的注塑机，无顶针板结构则避免了模具封闭高度过高。

图 2-16 为某电子插接器外壳滑块弹起的模具结构，塑件外形为方筒形，四面均有多条凸起的筋位。如果开模方向选择塑件方孔轴线方向，则塑件四周均需要设计滑块，会使模具

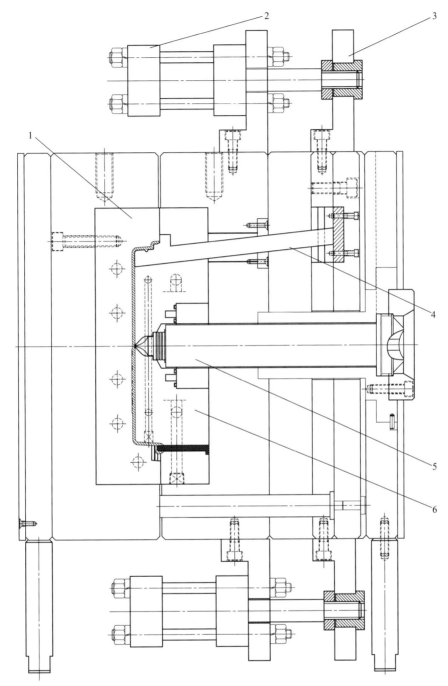

图 2-14 单个热嘴的倒装模具

1—型腔；2—油缸；3—油缸支架；4—斜顶；5—热嘴；6—型芯

体积庞大，注塑成型效率低下，塑件顶出包紧力较大，顶出困难。

实际的模具设计将塑件放置于水平方向开模，开模后，滑块 3、滑块压条 1 和滑块耐磨板 2 及其他滑块元件全部从动模板中弹起 8mm，由限位螺栓 4 限位，塑件包在滑块镶件 9 上脱离动模型芯 12。滑块 3 移动，滑块推板 10 在弹簧 8 的作用下与滑块 3 分离，塑件从滑块镶件 9 上剥离。塑件上不需要设计顶针，避免了外观的顶针印。

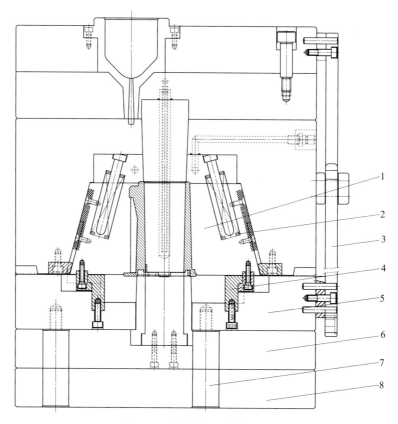

图 2-15　典型的无顶针板结构

1—定模滑块；2—弹簧；3—双层拉板；4—拉钩；5—推件板；6—型芯固定板；7—顶杆；8—底板

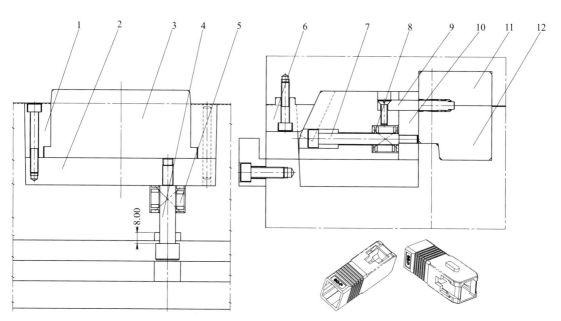

图 2-16　典型的滑块弹起模具结构

1—滑块压条；2—滑块耐磨板；3—滑块；4,7—限位螺栓；5,8—弹簧；6—斜楔；
9—滑块镶件；10—滑块推板；11—定模型腔；12—动模型芯

图 2-17 为电子血压计袖带存放盒产品图及滑块延迟驱动的模具结构。塑件大体形状近似 U 形，造型为曲面，沿滑块移动方向有曲面倒扣，因此，滑块的运动有强脱倾向。为此，开模时，首先需要分型面打开一段距离，然后再驱动滑块，滑块上的斜导柱孔避空一段距离。开模时，A、B 板打开，滑块弹块 6 依靠弹簧 8 弹力压住滑块座 5，A、B 板分离到不阻碍滑块强脱时，斜导柱才接触滑块座 5 并驱动其移动。

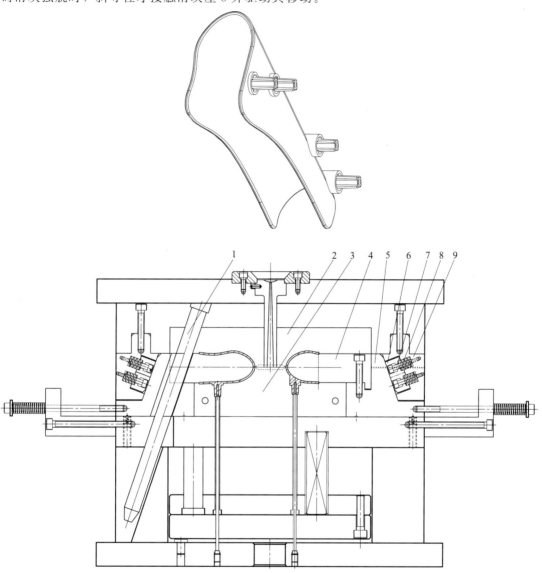

图 2-17 电子血压计袖带存放盒产品图滑块延迟模具结构

1—斜导柱；2—定模型腔；3—型芯；4—滑块镶件；5—滑块座；6—滑块弹块；7—限位螺栓；8—弹簧；9—斜楔

综合以上的模具设计要点，其中有些内容可以合并考虑，有些内容则要反复考虑，统筹兼顾，因为其中有些因素常常互相矛盾，必须在设计过程中不断论证、互相协调才能较好地加以处理。特别是涉及模具结构方面的内容，一定要认真对待，往往要做几个方案同时考虑，对每一种结构尽可能列出其各方面的优缺点，再逐一分析，进行优化。模具设计过程就是一项系统工程。一副模具的质量，85％取决于模具设计的质量，其余就得依靠设备和模具制造技工的熟练程度，所以要得到一副优良的模具，模具设计是一个极为重要的决定性环节。

2.4 模具设计计算

2.4.1 锁模力的计算

注塑机锁模力的大小可以决定模具的型腔数,反之当型腔数确定后也应校核锁模力是否足够。

当高压的塑料熔体充满模具型腔时,会在型腔内产生一个很大的压力,该力具有使模具沿分型面张开的趋势,其值等于塑件和流道系统在分型面上的总投影面积(如图 2-18 中阴影面积所示)乘以型腔内塑料压力。对于三板式模具或热流道模具,由于流道系统与型腔不在同一个分模面上,则不应计入流道面积。作用在这个面积上的总力,应小于注塑机的额定锁模力,否则在注射时会因锁模不紧而产生溢边的现象。型腔内塑料熔体的压力可按式(2-1)计算:

$$p = k p_0 \tag{2-1}$$

式中 p ——模具型腔及流道内塑料熔体平均压力,MPa;

p_0 ——注塑机料筒内螺杆或柱塞施于塑料熔体的压力,MPa;

k ——损耗系数,随塑料品种、注塑机形式、喷嘴压力、模具流道阻力而不同,其值在 $1/3 \sim 2/3$ 范围内选取。

当高压的塑料熔体充满模具型腔时,产生的很大压力同样会作用在滑块上,因此,侧向抽芯机构的滑块需要可靠锁紧,通常使用斜楔(也叫锁紧块)锁紧。图 2-19 所示为塑件在滑块上的投影面积,当此投影面积较大时,斜楔的斜面同样需要较大面积才能锁紧滑块,避免塑件出现毛边。

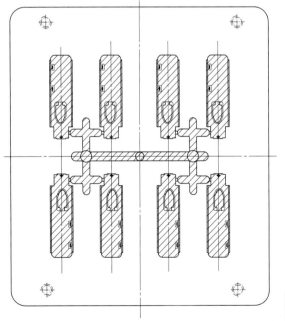

图 2-18 塑件与浇注系统在分型面的投影面积

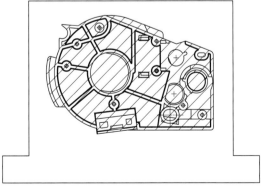

图 2-19 塑件在滑块上的投影面积

由于影响型腔压力 p 与损耗系数 k 的因素较复杂，因此在采用通用塑料生产中小型制品的时候，型腔内塑料压力常取 20～40MPa。在做较详细计算时，应通过充模流动 CAE 软件分析求得型腔内的平均压力 p。流程越长、壁越薄的塑件越需要较大的注射压力，即需要更大的单位面积锁模力。采用螺杆式注塑机成型聚烯烃及聚苯乙烯制品时，单位型腔投影面积所需锁模力 p 如表 2-2 所示。

表 2-2　螺杆式注塑机成型聚烯烃及聚苯乙烯制品时单位型腔投影面积所需锁模力

0.1MPa

制品平均壁厚/mm	流程长度与壁厚之比				
	200:1	150:1	125:1	100:1	50:1
1.02	—	706	633	506	316
1.52	844	598	422	316	211
2.03	633	422	316	267	176
2.54	492	316	246	211	176
3.05	352	281	218	211	176
3.6	316	246	218	211	176

p 确定后，按式（2-2）校核注塑机额定锁模力。

$$F = 0.1pA \tag{2-2}$$

式中　F——注塑机的额定锁模力，kN；

A——塑件加上浇注系统在分型面上的总投影面积，cm^2。

对薄壁制品来说，型腔内的压力是不均匀的，离浇口近端的压力高于流动末端的压力，因此本校核是比较粗略的。同时还应校核注塑机与模具间施加的锁模力是否过大，如果模具和机器模板接触面积过小，例如把一副小模具安装在一台大机器上，在高压下合模时则可能使模具陷入模板，使模板遭到破坏，严重时会影响注塑机模板四角导柱的精度或使模具屈服变形，或在循环压力下疲劳破裂。应对模板和模具的接触应力进行强度校核。对于铸铁模板，安全许用压应力 $[\delta]_1$ 取 55MPa，在通常情况下，模具的最小尺寸不宜小于 150mm×150mm。

对于形状不规则的大型复杂塑件，利用 3D 软件的投影面积（project area）检测可以快速计算出塑件在指定方向的投影面积。投影面积乘以型腔内压力就是锁模力，分型面的锁模力是选择注塑机的一项重要参数。对于需要侧向分型与抽芯机构的模具，侧向的锁模力是设计滑块和斜楔的依据。在实际模具设计中，对于中小型模具，锁模力一般凭经验估计。大型模具应根据型腔内的压力乘以水平投影面积计算出锁模力，计算出的锁模力应远远小于注塑机的额定锁模力。遇到投影面积较大或塑件较特殊时，需要计算确定锁模力。

2.4.2　注射量的计算

注射量是注塑机的最主要参数之一，它是注塑机在生产时一次能射出胶料的最大质量（或容积），代表了这种型号注塑机的最大注射能力。塑料模具一模所用胶料的质量必须小于注塑机的注射量，也就是说，注塑机在进行注塑生产时必须确保一次射出能完全让塑料模具填满，否则无法进行生产。这也是塑料模具设计师必须计算的。

规定最大注射量为一次注射聚苯乙烯塑料的最大质量或者体积。注塑机额定注射量的表示方法有两种：一是以体积（cm^3）表示，一是用质量（g）表示。国产的标准注塑机其注射量均以体积表示。模具设计时，必须保证在一个注塑成型周期内所需注射的塑料熔体的体积或质量在注塑机额定注射量的 80% 以内，表示为：

$$V = NV_n + V_j \tag{2-3}$$

$$M = NM_n + M_j \tag{2-4}$$

式中　V——一个成型周期内所需注射的塑料体积，cm^3；

　　　M——一个成型周期内所需注射的塑料质量，g；

　　　N——型腔数目；

　　　V_n——单个塑件的体积，cm^3；

　　　V_j——浇注系统凝料的体积，cm^3；

　　　M_n——单个塑件的质量，g；

　　　M_j——浇注系统凝料的质量，g。

　　塑化能力是指在一个成型周期内，注塑机对给定塑料的最大注射体积或质量。柱塞式注塑机的注射能力是以一次性注射聚苯乙烯塑料的最大质量为准的。根据我国标准，公称注射量为 $1000cm^3$ 的注塑机，其注射能力为 $125kg/h$。但从保证塑件内在质量方面考虑，在注射聚苯乙烯时，塑件的总质量与浇注系统的塑料质量之和一般不超过注塑机注射能力的 80%。当注射其他塑料时，注塑机的最大注射质量应按式（2-5）计算：

$$m_{max} = m_b \frac{\rho}{\rho_b} \tag{2-5}$$

式中　m_{max}——注塑机注射其他塑料的最大质量，g；

　　　m_b——注塑机规定的最大注射质量，g；

　　　ρ——注射塑料在常温下的密度，g/cm^3；

　　　ρ_b——聚苯乙烯在常温下的密度（表 2-3），g/cm^3。

表 2-3　常用塑料的密度

塑料种类	密度/(g/cm³)	塑料种类	密度/(g/cm³)
聚苯乙烯	1.04～1.06	有机玻璃	1.17～1.20
高抗冲聚苯乙烯	0.98～1.04	低密度聚乙烯	0.92～0.93
ABS	1.04～1.07	高密度聚乙烯	0.94～0.97
AS	1.04～1.08	聚丙烯	0.90～0.91
耐热聚苯乙烯	1.05～1.11	尼龙	1.10～1.14
硬聚氯乙烯	1.35～1.55	尼龙 1010	1.04～1.06
氯乙烯-乙酸乙烯酯共聚物	1.35～1.55	聚碳酸酯	1.2
软聚氯乙烯	1.16～1.35	共聚甲醛	1.42
丙烯酸树脂	1.17～1.20	聚三氟氯乙烯	2.1

　　螺杆式注塑机的注射能力是用螺杆在机筒内最大推进体积表示的，就是该体积的熔融塑料在机筒内的温度和压力下的质量，故最大注塑质量为：

$$m_{max} = \rho V_b \tag{2-6}$$

式中　V_b——注塑机规定的注射体积，cm^3；

　　　ρ——在机筒温度和压力下熔融塑料的密度，g/cm^3。

　　对于热敏性塑料，还应注意它的最小注射质量，一般不应少于注塑机规定注射能力的 20%。因为注射量太小，塑料长时间处于高温下会分解，故塑件的表面质量和性能下降。

2.4.3　型腔尺寸计算

　　塑件的尺寸和精度主要取决于成型零件的尺寸和精度，因而型腔尺寸计算和精度要求就变得非常重要。塑料被熔化后注入型腔，冷却后脱模，其尺寸会缩小，因此在模具设计时会考虑收缩因素，加大型腔尺寸，从而使塑料制品冷却后能获得我们所需要的尺寸。

在有些书的介绍中，模具型腔尺寸的计算比较烦琐，还考虑型腔、型芯的磨损问题，但随着模具材料的不断改进和产品更新换代步伐的加快，磨损对成型尺寸计算的影响可以忽略不计，成型尺寸的计算可如式（2-7）所示。

$$D = (1+S)D_0 \tag{2-7}$$

式中　D——模具成型尺寸；

　　　D_0——塑件尺寸；

　　　S——成型收缩率。

在具体设计时，只要将塑件图样上的尺寸（角度尺寸除外）按上述公式进行换算即可得到模具型腔、型芯的成型尺寸。有公差要求的塑件尺寸，一般按公差来进行计算。如塑件尺寸为 $76^{+0.1}_{0}$ mm，则计算时基本尺寸取为 76.05mm，这样即便收缩率有些小的波动，也不至于造成塑件超差。

2.4.3.1　型腔尺寸计算的方法

利用传统的公式计算型腔尺寸的方法已经很难适应模具设计工作了。在欧洲、美国和日本等工业发达国家和地区，以及我国香港和台湾地区，都是采用式（2-8）所示的简化计算方法，经过多年的实践表明，采用此计算方法可以满足实际需要。

塑件没有尺寸公差要求（自由公差）时：

$$模具尺寸 = 成品尺寸 \times (1+收缩率) \tag{2-8}$$

成型零件尺寸公差仍取塑件尺寸公差的 $1/2 \sim 1/3$。

2.4.3.2　型腔尺寸的精密计算

型腔尺寸的精密计算可以采用以下公式：

$$模具尺寸 = \frac{成品尺寸}{1-收缩率}$$

以上计算方法在大尺寸成品或收缩率大的时候，与其他的计算方法相比就会有明显的差异，这种计算方法的精度较高。

2.4.3.3　加纤维塑件的型腔尺寸计算

塑料中加入玻璃纤维后，其成型收缩率会明显减小，且加纤维塑件的各个方向收缩不一致，而且数值相差较大，通常在塑胶流动方向收缩率较小，垂直于塑胶流动方向收缩率较大，目前流行的 3D 设计软件 Pro/E 和 UG 等软件，可以在 X、Y、Z 三个方向设置不同的收缩率，较好地解决了这个问题。

2.4.3.4　高精度尺寸的调整

高精度的尺寸，先将尺寸公差转化成上下偏差值相等的公差，再按照上述计算方法，对高精度的部位按照后期可以减钢的方法预留 0.05mm 的钢料，方便试模后的修整。

2.4.4　热膨胀的计算

熔融树脂流入流道、浇口、模具型腔，模具受到 180～300℃ 左右高温树脂所传来的热量，通常温度上升时金属发生热膨胀，因此，注塑成型模具的零部件也发生热膨胀。热膨胀对于热流道系统模具、大型模具、存在大型滑块和多斜顶的模具以及高温成型的模具影响较大，高温情形下，正常的模具运动间隙会缩小，因此热膨胀会影响导柱导套的配合、插穿位的配合，使侧抽芯滑块滑动不顺畅、斜顶和滑块容易卡滞、型芯尺寸胀大。

对于三维的具有各向异性的物质，有线胀系数和体胀系数之分。对于可近似看作一维的物体，长度就是衡量其体积的决定因素，这时的热胀系数可简化定义为单位温度改变下长度的增加量与原长度的比值，这就是线胀系数。在模具设计中，通常采用线胀系数来计算热膨胀的影响。模具材料从室温升至290℃时的线胀系数 k 见表2-4。

膨胀量与温升的关系如下：

$$e = Lk\Delta T$$

式中　e——膨胀量；

　　　L——长度；

　　　k——线胀系数；

　　　ΔT——温差。

表 2-4　模具材料从室温升到 290℃时的线胀系数 k

材料	线胀系数 k	
	$Cm/\mathrm{cm} \cdot ℃$	$In/\mathrm{in} \cdot ℉$
H13	0.00001224	0.0000068
P20,4140	0.00001139	0.00000633
420SS,A2	0.00001152	0.0000064
铸铁	0.00001179	0.00000655
铝	0.0000224	0.00001244
黄铜	0.000018	0.00001
铜	0.0000162	0.000009
铍铜25&3	0.0000176	0.0000098

热膨胀对注塑模具的影响，通常采用以下措施来克服：

① 设计足够的冷却系统回路，使其靠近运动元件，尽可能避免运动零件发热；

② 适当加大运动零件的间隙，避免运动零件卡滞。

2.4.5　流长比的计算

塑料的流长比是指塑料熔体流动的长度与壁厚的比值。塑料的流长比直接决定塑料制品的进胶点数量和分布情况，同时在塑料制品设计时也会影响塑件的壁厚选择。

不同的塑料的流长比都会不同，往往流长比越小的塑料，其流动性也会越差。设计中小型模具时，一般不需要计算流长比，但是对于大型模具则不可忽视流长比的计算。常见塑料熔体的最大流长比见表2-5。

表 2-5　一些塑料熔体的最大流长比

塑料	熔融温度/℃	模具温度/℃	$FLR_{\max}$
ABS	218~260	38~77	160~175
聚甲醛(POM)	182~200	77~93	140~250
丙烯酸类	190~243	49~88	130~150
聚酰胺 6(PA6)	232~288	77~93	150~300
聚酰胺 11(PA11)	191~194	77~93	150~300
聚对苯二甲酸丁二醇酯	221~260	66~93	300
聚碳酸酯(PC)	277~321	77~99	100~110
液晶＋30％GF	310~340	66~93	300
低密度聚乙烯(PE)	98~115	15~60	275~300
高密度聚乙烯(PE)	125~140	20~60	225~250

塑料	熔融温度/℃	模具温度/℃	FLR_{max}
聚丙烯	168~175	15~60	350
改性聚苯醚	203~310	93~121	200~250
聚苯乙烯	232~274	27~60	200~250
聚氨酯	170~204	27~66	200
聚氯乙烯	196~204	21~38	100
聚酯酰亚胺	350~415	65~175	200

注：注射压力为80~90MPa，当流程厚度小于2.5mm时，取表下限的70%~80%。

流长比FLR（flow length ratio）校核式为：

$$FLR = \sum_{i=1}^{n} \frac{L_i}{s_i} \leqslant FLR_{max}$$

式中　L_i——各段流程长度，mm；

　　　s_i——各段流程厚度，mm；

FLR_{max}——最大流长比，由表2-5查得。

如图2-20所示的流长比应包括浇注系统的流程，该示例的流长比为：

$$FLR = \frac{L_1}{s_1} + \frac{L_2}{s_2} + \frac{L_3}{s_3} + \frac{2L_4}{s_4} + \frac{L_5}{s_5}$$

显然，流长比与浇口数目和位置有关。流长比最大值是用阿基米德螺旋线型腔试射的结果。试射压力为80~90MPa，螺旋槽的间隙为2.5mm。由表2-5可知，高黏度物料（如PC等）的FLR_{max}为100~130，中等黏度物料（如ABS和POM等）的FLR_{max}为160~250，而低黏度物料（如PE和PA等）的FLR_{max}为300左右。

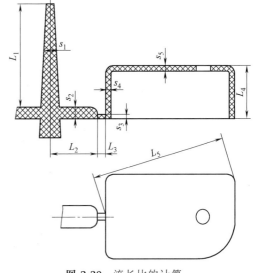

图2-20　流长比的计算

壁厚与流程有密切关系。所谓流程是指熔融塑料从浇口套起流向型腔各处的距离。经试验证明，各种塑料在其常规工艺参数下，流程大小与塑件壁厚成正比例关系。塑件壁厚越大，则最大流程越长，可利用表2-6核对塑件成型的可能性。不能满足关系式者，则需要增大壁厚或增设浇口数量及改变浇口位置，以缩短流程来满足成型要求。

本节是从注塑成型角度考虑注塑件的壁厚。众所周知，壁厚是注塑件的主要参量，理应以静态与动态、短期与长期，以及连接等各个方面的力学分析来设计计算，力学或电工设计与注塑工艺校核壁厚的工作必须同时进行。对于中小型模具，依据经验就可以判断出型腔的充填问题，而不需要计算，对于大型模具或复杂模具，可以使用模流分析软件进行辅助分析。

表2-6　壁厚t与流程L关系式　　　　　　　　　　　　　　　　　　　　　mm

塑料品种	关系式
流动性好(如聚乙烯、尼龙等)	$t = (L/100 + 0.5) \times 0.6$
流动性中等(如有机玻璃、聚甲醛等)	$t = (L/100 + 0.8) \times 0.7$
流动性差(如聚碳酸酯、聚砜等)	$t = (L/100 + 1.2) \times 0.9$

2.4.6　型腔的强度计算

型腔在成型过程中受到塑料熔体的高压作用，应具有足够的强度和刚度。实践表明，对于大型模具，特别是大深度型腔模具，刚度不足是主要矛盾，型腔尺寸应以满足刚度条件为准。对于中小型模具，特别是小深度的型腔，强度不足是主要矛盾，但是小尺寸型腔的强度计算环节一般省略，模具设计者往往利用现有的经验来进行设计，在实际中并不会出现任何问题。强度不足时，会使模具型腔破裂，因此，强度计算的条件是满足受力状态下的许用应力。而刚度不足，会导致型腔在受力状态下尺寸扩大，其结果会使制品出现毛边，尺寸超差甚至难以脱模。关于注塑模具的型腔强度和刚度的计算，可参考徐佩弦主编的《塑料注射成型与模具设计指南》。

2.4.7　斜顶和滑块的计算

2.4.7.1　抽拔力的计算

斜顶和滑块在脱模时会遇到塑件的包紧力，这个阻力与开模方向成一定角度，力的大小与制品结构、几何尺寸、塑料原料的物理性能、注射压力、模具结构及模具表面的粗糙度相关。理论上来讲，计算抽拔力的方法与计算脱模力的方法类似，由于型腔内受力状况的复杂性，对于复杂模具，抽拔力的计算相当复杂，没有现成的公式可以解决此问题，而对于简单模具，通常是采用经验的积累解决问题。未来随着计算机技术的发展，抽拔力的计算能够得到精密的计算结果。

2.4.7.2　抽芯距的计算

斜顶的行程，对于简单模具，一般通过正切三角函数就可以计算出来；对于复杂模具，斜顶的行程利用三角函数计算后，还需要在3D分模后模拟验证。

简单模具的滑块行程，多数情形下可能不需要计算，一目了然，根据倒扣位的尺寸再加上安全余量就可以确定。单一滑块行程的计算，很多教科书都列出了公式，并以圆形线圈骨架产品为例，列出了其滑块行程的计算公式，这个公式只适用于形状比较简单的哈夫抽芯。然而在实际中，很多复杂结构产品其滑块的抽芯距离是很难列出公式计算的，而通过3D软件分模后，运动模拟就可以很方便地确定和验证抽芯距。因此过多强调使用计算公式可能会误导初学者到处查阅资料找计算公式。

复合滑块的抽芯，涉及滑块在空间的平面运动，其运动关系必须通过三角函数精确计算。

2.4.8　开模距离和行程的计算

各种型号的注塑机其推出装置和容模尺寸不尽相同，选用注塑机时，应参考注塑机厂家提供的机器参数。

两板模的开模行程见图 2-21，三板模开模行程见图 2-22。

两板模最小开模行程 $= H_1 + H_2 + (5 \sim 10\text{mm})$

三板模最小开模行程 $= H_1 + H_2 + A + C + (5 \sim 10\text{mm})$

式中　H_1——塑件需要推出的最小距离；

　　　H_2——塑件及浇注系统凝料的总高度；

　　　A——三板模浇注系统凝料高度 $B + X$，mm；

　　　C——安全距离，取 $8 \sim 10\text{mm}$，$5 \sim 10\text{mm}$。

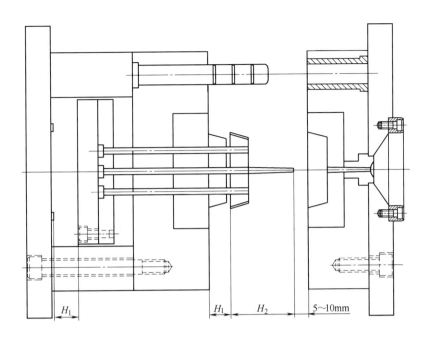

图 2-21 两板模的开模行程

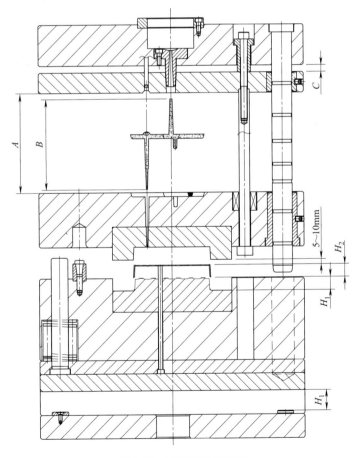

图 2-22 三板模开模行程

A 的距离需大于 100mm，以方便取出浇注系统凝料。X 是注塑生产自动化程度的变量，当手工取出浇注系统凝料时，X 值取大值，通常为 20～30mm，当采用机械手取出浇注系统凝料时，X 值取小值，通常为 10mm。

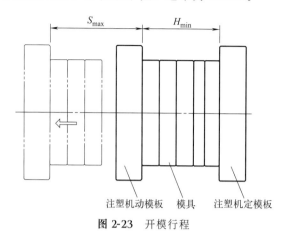

图 2-23 开模行程

所选注塑机的动模板最大行程 S_{max} 必须大于模具的最小开模行程，所选注塑机的动模板和定模板的最小间距 H_{min} 必须小于模具的最小厚度，见图 2-23。

2.4.9 脱螺纹模具的计算

对于脱螺纹模具的计算，计算传动比、螺纹型芯或螺纹型环转动圈数等都是必要的。

注射有螺纹塑件的模具，有时是通过专用机构将脱模的往复运动转变为旋转运动，旋出螺纹型芯或螺纹型环。校核脱模距时，应考虑旋出螺纹型芯或螺纹型环需要多大的距离，再综合考虑塑件的厚度、脱模时塑件移动的距离等。以螺纹型芯或螺纹型环全部旋出并能取出塑件所需的脱模距离为注塑机的脱模距。

2.4.10 抽芯力、脱模力和顶出力的计算

抽芯力、脱模力和顶出力的计算相当复杂，现有的公式也很难准确地计算，只能通过经验的积累来估计脱模力，并采取相应的对策。

2.4.11 冷却系统的计算

一般来说，冷却通道的直径在 8～15mm 范围内变化。仅仅在空间受到限制的特殊情况下，才使用较小尺寸的冷却通道。细小的冷却通道，其冷却效果是很小的，并且很容易堵塞。如果设计要求型腔和冷却通道之间的距离较大或者是在一块模板和另一块模板之间进行传热，则在模具中应设置尺寸较大的冷却通道。

批量生产塑件的模具和生产精密塑件的模具，它们之间的冷却有着本质的区别。对于大批量生产塑件的模具，为了缩短注塑周期，最好使用"急"冷，这在塑件中可能引起较大的尺寸波动、粗糙和不匀的结构以及较大的内应力。"急"冷意味着冷却通道至型腔的间距很小，并且模温很低。

就生产精密塑件来说，要求其公差带窄和力学性能良好。这就需要"缓"冷。考虑到模具的充模和塑件的力学性能，在注射的瞬间，模温最好接近熔点温度，然后慢慢地冷却到脱模温度的状况是理想的。然而，这是不现实的，因为考虑到模具的热惯性，就注塑成型有一个短的周期性的强度变化和需要一个合理的注塑周期而论，"缓"冷只能提供一个一般性的准则。

对于冷却系统的计算，现在已经有很多的计算公式，但是在现实中，应用计算比较少，一般的简单模具，制造周期都很短，模具设计的时间更短，所以冷却系统的计算大都省略了，通过经验类比解决。虽然不需要计算，但是雷诺数的计算、层流紊流等理论会给模具设

计者提供思路。近几年发展起来的 ANSYS 系统可以方便地进行冷却系统的计算。

2.4.12 大型模具的计算

对于大型模具划分，目前尚无规定的标准，业界较为一致的看法是，当前还只能根据其所必须使用的注塑机级别来区分。按习惯可把国产注塑机系列划分为表 2-7 所列的五个等级。

表 2-7 国产注塑机级别的初步划分

序号	级别	额定容量/cm³	锁模力/kN
1	微型注塑机	＜10	＜300
2	小型注塑机	15、30、60、80、125、250	≤1500
3	中型注塑机	350、500、1000、2000、3000	≤6300
4	大型注塑机	4000、6000、8000、16000、24000	≥7500
5	特大型注塑机	32000、48000、64000、80000、96000	≥30000

由表 2-7 可知，锁模力在 6300kN、额定注射量在 3000cm³ 以上的注塑机，所使用的模具属于大型注塑模之列。但在实际应用中，也有以模具质量来划分的，见表 2-8，常把模具质量在 2t 以上的注塑模称为大型注塑模具。在珠三角模具行业，通常将超过龙记 6060 模胚的模具称为大型模具。

表 2-8 按质量划分模具类型

模具类型	微型	小型	中型	大型	特大型
公称质量	＜5kg	＞5～100kg	＞100～2000kg	＞2～30t	30t

与中小型模具相比，大型注塑模具设计有其特殊性。系统地归纳可以得出需要计算的主要环节，如下所示。

① 浇注系统设计。大型注塑模具浇注系统采用高聚物熔体流变学设计方法，可恰当选择浇口位置与数量、确定最佳浇注系统尺寸、估算型腔压力。采用传热学设计方法，可根据塑件质量、塑料品种及其所需注塑周期进行冷却系统设计，以确保制品质量和获得最佳经济效益。

② 力学设计。大型注塑模具采用力学设计方法，可获得其整体结构的坚固性，从而可确保注塑件几何形状及其脱模的可靠性，是大型注塑模具获得成功的关键所在。因此，模具力学设计的实质是模具强度和刚度设计，对于大型模具，主要是指刚度设计。

在设计中小型注塑模时，其受力结构件多以校核强度为准，这无疑是正确的。但对于大型模具来说，这一要求就不够了，因为强度合理的模具，在受到熔融塑料流体的高压作用时，仍有可能产生较大的弹性变形，模具型腔尺寸越大，其弹性变形量也越大。当注射完毕开模时，型腔内压力趋于零，型腔变形量消失，将塑件夹持于凹模内，致使脱模极其困难。即使能勉强脱模，但由于型腔的弹性变形致使塑件尺寸超差，而导致产品不合格。严重时还会溢料，甚至发生喷射伤人事故。这些模具设计的失误，究其原因，是未能按所允许的变形量计算凹模侧壁厚度，故大型注塑模型腔的刚性要求尤为重要。

注塑模具的计算，对于大型模具和中小型模具来说，二者有着本质的区别。中小型模具通过经验很容易解决，而大型模具一旦设计失误就会造成巨大损失，模具设计的计算必须建立在实践的基础上。模具是一门实践远远大于理论的技术，模具技术来源于实践。

2.5 模具结构图

2.5.1 模具草图绘制

绘制模具草图是绘制模具结构图的前奏。绘制模具结构草图往往是专门用来讨论或思考模具的某个特殊的难点或关键部位。草图的绘制有几种，一种是塑件形状较简单但模具结构复杂，例如拉环式酱油瓶盖多次分型模具。这种情况下，最好是先将塑件的 2D 图纸打印在适当的图纸上，边做讨论和思考，边用铅笔将模具构思绘制在图纸上，等思路清晰后再画到电脑里，这个过程可以在模具评审会上进行，也可以在会前做出准备。草图不是正式图纸，不需要标题栏和明细表。

草图的绘制也可以在计算机的屏幕上先将选好的模架插入，在相应的位置插入塑件的主、俯视图（绘制时要按增加收缩率后的塑件尺寸绘制，这样使装配图和模具型腔尺寸完全一致，便于后续的 3D 分模工作）及型腔的投影，多型腔按实际排布情况绘出。在平面图上从内向外绘制浇口套、流道、侧抽滑块、冷却水孔、推杆，检查各零件位置间是否有干涉现象。在这个过程中，可能会根据实际情况调整原先选定的模架大小。

其次，根据标准模架各模板及所选动、定模板的厚度绘制模具的剖视图。将各结构元件的位置由平面图引入剖视图，同时将型芯和型腔镶块绘出，这时模具的基本结构就完全出现，可以对模板厚度和型腔的侧壁厚度进行简单的校核。然后将基本确定的结构零件，如浇口套、定位圈、水道、侧抽滑块、导向装置、紧固螺钉、推杆、复位杆、拉料杆及浇注系统等一一绘出或细化，剖切不到的重要零件可另加局部剖视图。在这个过程中，可能又会发现一些问题，从而调整模架，这都是很正常的。模具草图的绘制也可与模具评审同时进行，同事之间的相互讨论也很有必要。以下为绘制模具草图需要注意的基本事项。

（1）了解塑料产品的结构形状

塑件的主体结构，分型面是平的、斜的、弯的、曲面的还是高低不平的，有没有滑块或斜顶，有没有深的骨位或深的柱位。

（2）决定分型面的位置

① 先考虑能否做平的分型面，部分位置可能有夹线，要问客户是否能接受。

② 如不能做平，再考虑做斜的、曲线的或阶梯形的。

③ 塑件是否会粘前模。

（3）决定在哪些位置做镶件

① 深骨位或薄片位，因抛光或排气困难，所以要镶拼。

② 有些位置加工困难或薄钢位易断的，如做镶件，会使加工方便或维修容易。

③ 对大中型塑件，确定采用局部镶拼或者全镶拼。

（4）决定推杆位置

① 是否受力平均。

② 是否数量足够。

③ 因为运水问题，部分推杆可能要移位。

（5）决定刻印位置

① 材料刻印。

② 日期章位置。

③ 模穴号位置。

④ 特殊字体、logo 等的位置和加工方式。

（6）决定运水位置

① 尽量放在筋位底部或在其旁边。

② 优先使用直通运水，如难以设计直通运水，可以考虑做水塘，或铍铜镶件，或加散热针。

③ 必要时，推杆可以移位。

④ 布置在热量最多的地方。

（7）决定内模件的大小

当（1）～（6）都有基本的概念时，就可以决定内模的大小了。

① 塑件以基准定位，尽可能四面分中，不要偏心，以免出错。

② 对于多型腔模具，型腔之间距离应取整数。

（8）决定模架的大小

模仁大小决定后，再按实际的情况检查有没有滑块、油缸、热流道等，这样便可以决定模架的大小。

以上 8 个步骤，不需要细化，只需要表达清楚，甚至可以用徒手画的形式。在模具评审会之前，打印 1∶1 的成品图，带上铅笔和橡皮，目的是假若在中间发现什么问题或不清楚的地方，可第一时间咨询客户，以减少在设计时来回修改的时间。

2.5.2　模具装配图绘制

2.5.2.1　模具装配图要求

目前三维软件应用已经日益普遍。但是，2D 模具装配图仍然是必不可少的。良好的模具构思、先进的模具设计理念必须借助模具图样这种工程技术的语言来表达。2D 模具装配图是用来表达模具的设计理念、整体结构、外形尺寸、与注塑机的关系、各零件的结构及相互位置关系的，也用来指导装配、检验、安装、注塑生产及模具维护的技术文件。2D 模具装配图也是模具确认的依据。

设计模具装配图的目的就是表达模具零件的装配关系和设计理念。模具装配图所必须达到的最基本要求为：首先，模具装配图中各个零件（或部件）不能遗漏，2D 装配图中均应有所表达；其次，模具装配图中各个零件位置及与其他零件间的装配关系、紧固、定位和运动零件的导向等均应表达清楚。在模具装配图中，除了要有足够的说明模具结构的图、必要的剖视图、剖面图、技术要求、标题栏和填写各个零件的明细栏外，还应有其他特殊的表达要求，汇总如下。

① 总装图的布图及比例应遵守国家标准机械制图中图纸幅面和格式的有关规定（GB/T 14689—2008）。与机械制图相关的其他要素，例如投影法、线型、图样绘制、视图种类、标准件绘制方法、尺寸公差与几何公差标注等均采用国家标准的相关规定。限于篇幅，本书对这些标准只列出了标准代号，其内容可查阅相应的国家标准，这些标准代号列于 2.11 模具设计标准中。

② 装配图必须采用 1∶1 的比例绘制。正确选择足够的视图，以表达模具整体结构、各零件之间的装配关系及紧固、定位方法。

③ 可按各国注塑模具的习惯表示方法绘制装配图，但必须依据机械制图国家标准。成型技术条件按照国家标准和行业标准，名词术语采用国家标准术语，正确地拟定所设计模具的技术要求和必要的使用说明。我国标准提倡采用第一象限投影，俄罗斯、乌克兰、德国、罗马尼亚、捷克、斯洛伐克以及东欧等国也主要用第一象限投影，而美国、日本、法国、英国、加拿大、瑞士、澳大利亚、荷兰和墨西哥等国主要用第三象限投影。ISO 国际标准分别规定了第一象限和第三象限的投影标记。在标题栏中，画有标记符号，根据这些符号可识别图样画法，绘图与读图时一定要注意投影规则。

④ 在引进的国外机械图样和科技书刊中经常会遇到第三象限投影，因为第三象限投影绘制模具图具有以下优点。

a. 视图配置较好，便于识图。视图之间直接反映了视向，便于看图，便于作图。左视图在左边，右视图在右边。而第一象限投影有时要采用"向视图"来弥补表达不清楚的部位。

b. 易于想象物体的空间形状。左视图和右视图向里，俯视图向下，这样易于想象物体的形状。

c. 便于绘制轴测图。易于想象物体的空间形状，对绘制轴测图时想象物体形状有直接帮助。

d. 有利于表达零件细节。相邻图就近配置，一般不需另加标注。能减少虚线的使用，使图面清晰。

e. 尺寸及其他标注相对集中。

⑤ 应标注必要的尺寸，如轮廓尺寸、定位基准、模具天地侧、操作与非操作侧、与注塑机导柱的位置尺寸、模具功能尺寸等。

⑥ 拟定技术要求、模具标题栏和零件明细表。

国家标准对投影方法、图样画法、尺寸标注、图纸幅面及格式、比例、字体、图线等很多方面都做了规定。每个模具设计工程师必须树立标准化意识，认真学习并坚决贯彻国家标准的各项规定，保证自己所绘的图样规范、清晰、整洁、美观。这在很大程度上取决于模具设计工程师认真负责的工作态度、严谨的工作作风以及对正确的绘图方法、步骤和技能的掌握。每个模具制造企业，都应该在贯彻国家标准的前提下，组织人员编写符合自己企业实际的企业标准，统一模具设计风格，不要每个工程师我行我素，各自为政。

2.5.2.2 模具装配图流程

装配图设计所涉及的内容比较多，设计过程比较复杂，往往要边思考、边画图、边修改，直至最后完成模具装配图。模具装配图的设计过程一般有以下几个阶段。

① 装配图设计的准备，画出或依据制品 3D 图转出塑件的产品图（最能反映塑件内外结构特征的视图），按照收缩率对塑件整体放大。

② 根据确定的分型面、型腔数量、流道系统的类型，初步绘制装配图的核心部分。多数在之前所画的模具草图的基础上开始绘制。

③ 根据型腔数量和流道系统，选取的标准模架结构，确定各模板的厚度。

④ 根据已确定的抽芯和脱模方式，绘制出抽芯机构和脱模机构以及动定模部分的连接和导向关系。

⑤ 绘制出冷却水道或加热的孔道，以及模具的相关附件，并协调好和各零件的关系。

⑥ 完成装配图，并标注模具的外形尺寸和注塑机的安装配合尺寸。

装配图设计的各个阶段不是绝对分开的，需要交叉和反复。在进行模具零件图的设计时，有可能对模具结构图做少量必要的修改。3D分模后，由于脱模斜度的影响，3D图上滑块、斜顶和镶件的位置与模具结构图可能会有细微差异，对模具结构图需要做一些调整，并进行核对。

2.5.2.3 模具装配图内容

实际中一般将模具装配图分成定模平面图、动模平面图、横向剖视图和纵向剖视图等四个主要部分。标准的布局：定模平面图和动模平面图通常放置在装配图的正上方，动模平面图在左，定模平面图在右，水平位置对齐并分别标注基准角，横向剖视图在动模平面图的正下方，纵向剖视图放置在横向剖视图旁边，两者的每块模板厚度水平对齐。注意视图的对应关系，不要移动与旋转。定模平面图从分型面开始向定模座板方向投影，动模平面图从分型面开始向动模座板方向投影绘制。对于复杂模具，为了表达清楚模具结构，横向剖视图和纵向剖视图可以从多个位置剖切产生多个视图。大型模具，例如汽车模具和打印机外壳模具，油路、气路、冷却水路、电气控制元件、起吊和码模机构等往往很复杂，需要用投影图或向视图详细反映模具的外形。复杂模具以及多次分模的模具，模板之间的动作先后次序需要控制和限位，限位螺栓、弹簧和控制元件较多，往往需要增加一个剖视图，以便表达这些元件，如图 2-24 所示。

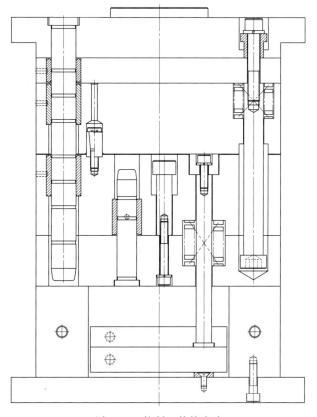

图 2-24 控制元件的表达

完整的模具装配图应包括：

① 模具的全部结构、零件间的装配和连接关系、与注塑机的码模尺寸关系、模具的工作原理以及模具技术要求、检验要求和注塑生产的注意事项等；

② 基本外形尺寸、模板厚度、塑料件基准定位尺寸、冷却水路位置、大小尺寸和运水接头规格等；

③ 紧固型芯和型腔的螺钉位置图；

④ 推杆、推管等标准件列表；

⑤ 浇口放大图，标注浇口参数；

⑥ 排气槽及其参数图；

⑦ 冷却水路 3D 图；

⑧ 塑件 3D 轴测图；

⑨ 热流道模具的接线原理图；

⑩ 模具铭牌图；

⑪ 零件编号、标题栏、版本号、图样大小编号等；

⑫ 明细表。

模具装配图平面图主要反映塑件在模具中的排位布置，流道及浇口设置，塑件的顶出方式和推杆排布，导向和定位元件的位置和数量，主要镶件的分割位置，滑块和斜顶的位置，冷却系统回路的设计，等等。

剖视图是模具装配图的主要视图，剖视图按照模具的上下位置绘制，工作状态为模具闭合状态，或接近闭合状态，也可以一半处于闭合状态，另一半处于非闭合状态。剖视图采用全剖，重点表达模架类型、模具型腔和型芯的主要装配关系、各模板的装配关系、推出机构的装配关系、滑块和斜顶的机构设计、模具定位和导向机构、浇口套与定模座板的装配关系、模具控制元件的装配关系以及冷却系统回路。对于多分模面的模具，需要标注分模面打开的先后次序，并标出分开距离。模具控制元件和模板之间的固定与分离等全部反映在模具剖视图中。

剖视图上应尽可能将模具的所有零件画出，若有局部无法表达清楚的，可以增加其他视图。

在剖视图中剖切到圆形镶件、导柱、顶件块、螺栓（螺钉）、推杆和销钉等实心旋转体零件时，其剖面不画剖面线，有时为了图面结构清晰，非旋转体的型芯或型腔也可不画剖面线。日本等发达国家，在表达清楚的情况下，出于节约油墨等环保的原因，往往省略模具结构图的剖面线。

两相邻零件的接触面或配合面，只画一条轮廓线；相邻两个零件的非接触面或非配合面（基本尺寸不同），不论间隙大小，都应画两条轮廓线，以表示存在间隙。相邻零件被剖切时，剖面线倾斜方向应相反；几个相邻零件被剖切时，可用剖面线的不同间隔（密度）、倾斜方向或错开等方法加以区别。但在同一张图样上，同一个零件在不同的视图中的剖面线方向、间隔应相同。

模具装配图上零件断面厚度小于 2mm 时，允许用涂黑代替剖面线，如模具中的垫圈、碟形弹簧的剖面等。

装配图上弹簧的画法。被弹簧挡住的结构不必画出，可见部分轮廓只需画出弹簧丝断面中心或弹簧外径轮廓线。弹簧直径在图形上小于或等于 2mm 的断面可以涂黑，也可用示意图画出。

弹簧也可以用简化画法，即用双点画线表示外形轮廓，中间用交叉的双点画线表示。

螺钉、销钉的画法。画螺钉、销钉时应注意以下几点。

① 螺钉各部分尺寸必须画正确。螺钉的近似画法是：如部分直径为 D，则螺钉头部直径画成 $1.5D$，内六角螺钉的头部沉头深度应为 $D+1\sim3mm$；销钉与螺钉都使用时，销钉直径应与螺钉直径相同或小一号（即如选用 M8 的螺钉，销钉则应选 $\phi8mm$ 或 $\phi6mm$）。

② 画螺钉连接和销钉连接时应注意不要漏线条。

③ 对于相同零部件组，如螺栓、螺钉、销的连接，允许只画出一处或几处，其余则以点画线表示中心位置。

序号引出线的画法，在画序号引出线前应先数出模具中零件的个数，然后再做统筹安排。序号一般应以剖视图为中心，以顺时针方向依次编定，一般左边不标注序号，空出标注闭合高度及公差的位置。根据上述布置，用相等间距画出短横线，最后从模具内引画零件到短横线之间的序号引出线上。

按照"数出零件数目→布置序号位置→画短横线→画序号引出线"的作图步骤，可使所有序号引出线布置整齐、间距相等，避免了初学者画序号引出线常出现的"重叠交叉"现象。如果在动定模平面图上也要引出序号时，也可以按顺时针画出引出线并进行序号标注。序号编写规定如下：

① 序号的字号应比图上尺寸数字大一号或两号，一般从被注零件的轮廓内用细实线画出指引线，在零件一端画圆点，另一端画水平细实线；

② 直接将序号写在水平细实线上；

③ 画指引线不要相互交叉，不要与剖面线平行。

塑件 3D 轴测图是经模塑成型后得到的塑料件图形，一般画在总装图的右上角，并标注绘图比例，一般用两个图分别表示塑件的正反两面，反映塑件的主体结构。特别注意：塑件 3D 轴测图是特定视角方向的轴测图，不可旋转。

运水路线 3D 示意图，简单明了地表达了整套模具的冷却运水布置，一般动模、定模、滑块分开表示，并用字母表示运水的进出。

排气间隙图、浇口尺寸放大图以及其他细小的插穿或碰穿位置的局部放大图，都应该详细画出并放在图纸的空白位置。

在总装图中，要简要注明该模具注意事项和技术要求。技术要求包括所用注塑机型号、模具闭合高度以及模具打印标记、装配要求等。

标题栏和明细栏填写注意事项如下。

① 标题栏和明细栏在总装图右下角，若图纸幅面不够，可以另起一页。

② 明细栏至少应有序号、图号、零件名称、标准代号、数量、材料和备注等。

③ 在填写零件名称一栏时，应使名称的首尾两字对齐，中间的字则均匀插入，也可以左对齐。

④ 在填写图号一栏时，应给出所有零件图的图号。数字序号一般应与序号一样，以横向剖视图为中心，以顺时针方向为序依次编定。由于模具装配图一般算作图号 00，因此明细栏中的零件图号应从 01 开始计数。没有零件图的零件则没有图号。

⑤ 备注一栏主要为标准件的品牌（厂家）、规格、热处理、外购或外加工等说明。

⑥ 标题栏主要填写的内容有模具名称、作图比例及签名等，其余内容可不填。标题栏内应注明第一象限或第三象限投影的标记。

2.5.2.4　模具装配图尺寸标注

模具装配图上应标注的尺寸有模具闭合高度、外形尺寸、特征尺寸（与成型设备配合的定位尺寸）、装配尺寸（安装在成型设备上的螺钉孔中心距）、极限尺寸（活动零件的起始位置之间的距离）。

先选定尺寸标注的基准，然后逐个标注。按照结构要素逐个检查它们的定位、定形尺寸以及模具的总体尺寸，补上遗漏，除去重复，并对标注和布置不恰当的尺寸进行修改和调整。

最后必须强调指出，尺寸要标注得完整，一定要先对模具的结构要素进行功能分析，然后逐个要素标注其定形、定位尺寸。标注完一个结构要素尺寸再标注另一个结构要素的尺寸，切忌一个结构要素的尺寸还没有标注完，就进行另一个结构要素尺寸的标注。另外，对每一个结构要素，一定要考虑 X、Y、Z 三个方向的定位，不要遗漏。

装配图的尺寸标注：标注以简单清晰为原则，动定模平面图主要标注模仁大小、产品基准、运水位置、滑块宽度、模架大小等；横向剖视图主要标注模板厚度、模仁厚度、滑块结构的高度方向的尺寸、行程、斜度、顶出行程，推板导柱和导套（中托司）、双节推杆及推管的尺寸，弹簧规格及沉孔深度。

模具装配图现在更多用于评审结构的可行性，而非加工取数，故尺寸标注方面较以前有所简化，将关键位置的尺寸表达清楚即可，具体的加工参数一般在零件图中给予标注。

模具装配图标注规范详列如下。

（1）在动定模平面图上，以模具中心为原点，标注各零件尺寸

① 模架上各模板的大小。

② 模仁的长、宽。

③ 导柱、导套的位置。

④ 内、外拉杆的位置（三板模用）。

⑤ 顶针板导柱、导套的位置。

⑥ K.O孔的位置。

⑦ 支撑柱（SP）的位置。

⑧ 限位销（垃圾钉）的位置。

⑨ 回位销（RP）的位置。

⑩ 尼龙开闭器的位置（三板模用）。

⑪ 定位器的位置。

⑫ 滑块座的位置和大小。

⑬ 模架上各螺钉的位置（注明代号）。

⑭ 水孔的位置，规格及编号（如 IN1、OUT1、IN2、OUT2）。

⑮ 流道和浇口的尺寸。

⑯ 推杆的编号、大小。

（2）装配图中主要螺钉应标上编号、长度

标注形式如平面图动模侧 S1、S3⋯，定模侧 S2、S4⋯，断面图 M6×25L，其编号在平面图和剖面图上要对应一致。注意相同规格和长度的螺钉，如果用在不同的结构要素上，应区别标注，这样做的目的是便于读图和分析模具结构。

（3）各标准件在平面图上应标上代号（如 SP、GB、STP、RP、EGP 等）

（4）在剖面图上主要标注的尺寸

① 各模板的厚度以及模具的总长 L、总宽 W、总高 H 及各模板的高度。

② 定位圈的大小、高度及螺纹孔的位置。

③ 浇口套的细部加工尺寸如入口直径、角度、球径等。

④ 模仁的厚度。

⑤ 模板、模仁的水孔高度、直径。

⑥ 定位导柱、导套的长度及其大小。

⑦ 内、外拉杆的行程及大小，内拉杆弹簧的规格。（三板模用）

⑧ 顶板导柱及其导套的长度和大小。

⑨ K.O孔的直径。

⑩ 支撑柱（SP）的长度和直径。

⑪ 回位销的大小和长度以及弹簧的规格。

⑫ 限位销的直径和高度或限位螺钉的大小。

⑬ 开闭器的直径和长度（三板模用）。

⑭ 定位块的高度。

⑮ 各吊模螺钉的规格及高度。

⑯ 滑块的行程及其高度和滑块弹簧的规格。斜导柱的直径、斜度、长度。

⑰ 斜顶的角度、顶出行程和宽度以及其相关配件的参数。

⑱ 浇口的形式（放大视图）。

⑲ 双节推杆或推管的下段 N 值。

⑳ 密封圈的规格及个数。

（5）图面技术要求和铭牌

① 模图上要注明模板、内模料、滑块的材质和热处理。

② 标准件要标上型号，如油缸、斜导柱、热嘴等。

③ 图面上要标注零件序号和明细表。

④ 尺寸标注尽量详细，模胚大小、内模料大小、滑块行程一定要标出。

⑤ 晒字和日期码参照产品图要求。

⑥ 铭牌：运水铭牌、开模顺序铭牌、客户公司提供的铭牌、模具重量铭牌、热流道系统铭牌（如热流道公司没有提供，则要自己制作）。

⑦ 表格：运水表格、开模顺序表格、油路分布表格。

2.5.2.5 阅读模具装配图

在技术交流中，经常会阅读模具装配图。阅读一套模具装配图的要点如下。

① 了解塑件的名称、材料、用途、与其他塑件的装配关系。

② 了解模具采用的标准体系，例如 DME、HASCO 或者 MISUMI，模具的设计风格。根据标题栏里投影符号，确定是第一象限投影，还是第三象限投影。

③ 了解模具的型腔数量。

④ 了解热流道的供应商。

⑤ 依据模具结构三要素顶出、浇口、分型面分析模具结构。

⑥ 对于有倒扣的模具，分析其脱模方式，是否强制脱模，滑块与斜顶的结构形式、行程等。

⑦ 对于模板多次分型的复杂模具，从模板移动的次序、行程、控制元件、导向机构等入手，分析模具的动作要点。

⑧ 对于二次顶出的模具，分析其顶出机构的移动次序、行程、限位和控制元件等。

⑨ 分析模具的镶拼方式，镶件的固定方式。

⑩ 分析模具的生产方式是手动、半自动还是全自动，塑件的取出方式是流道凝料自动跌落还是机械手取出。

⑪ 分析模具的冷却系统水路，分析其冷却效果和注塑周期。

分析模具视图的表达重点后，继续对照明细栏和视图中的序号，在各视图中分离对应序号的零件。分离过程中以剖视图为中心，分清标准件与非标准件，把那些简单的标准件（如螺栓、导柱、导套等）从图中逐一分离出去，然后针对非标准件（如型腔、型芯、定模镶件、动模镶件等）进行仔细分析，先简单后复杂，逐一分析。

2.5.2.6　重开模具设计

塑件批量很大，模具连续生产到达寿命期后，如果产品依然有巨大市场，那么往往会重开一套新模具。重开模具的设计，不是简单地利用原来的图纸重复制造，而是一个改善和技术升华的过程。如果原来的模具就是本厂设计制作的，重开模具时需要对原来模具进行改善。改善需要从模具设计入手，调查模具使用的状况，改进模具设计或者改善模具制作工艺。

如果原来的模具不是本厂设计制造的，那么就需要根据样板重新设计模具。必要时需要做塑件样板的测绘，属于逆向工程，通过抄数，再转化出塑件 3D 图。抄数的外形精度一般控制在 0.05mm 以内，骨位的精度在 0.1mm 以内。抄数前，需要仔细评审塑件样板，分清塑件原来模具在制作过程中的失误点，并加以改进。

模具结构在塑件成型加工过程中所形成的痕迹，如镶件和顶出机构的印迹、浇口的痕迹，对这些痕迹进行仔细分析，就可以弄清楚注塑模具的结构方案。采纳其设计精华，抛弃其糟粕，可以使我们少走弯路，避免失误，促使我们顺利地仿制或复制出模具和塑件。

注塑件在成型加工的过程中，会产生模具结构引起的成型加工痕迹，比如镶件痕迹。镶件痕迹有两种情况，一种是根据模具设计方案确定的镶件，另一种是制作失误造成的镶件痕迹或模具维修造成的痕迹。在制作失误时，在塑件非外观面（往往是动模）为了避免烧焊而切割镶件。烧焊会使钢材性能严重下降，国外客户一般不会接受烧焊的方案。因此，在新模具重开时，原来制作失误造成的镶件应该避免，在塑件样板分析时一定要仔细辨别。

塑件上的加工痕迹，比如气纹、缩水、排气不良、披锋等，在塑件上会有所反映。分析样板时，需要借助高倍放大镜仔细观察，根据痕迹找出塑件及其模具设计和制造的不足之处、设备选择和成型加工安排的不合理之处、材料和加工参数不正确之处，通过经验积累，不断提高模具设计水平。

改善模具设计思路，改进模具设计方案，是重开模具设计中的重点。重开模具设计的一个有利条件是，塑件已经经过一轮模具设计与生产，浇注系统、冷却系统、侧向分型与抽芯系统、脱模系统和注塑周期等方面，已经积累了第一手资料。这一切都为模具设计方案的改善提供了条件。

2.6　3D 分模设计

2.6.1　3D 分模的概念

模具设计的流程很多，其中 3D 分模就是其中关键的一步。模具三维设计直观再现了未来加工出的模具本体，设计资料可以直接用于加工，真正实现了 CAD/CAM 一体化和无纸化生产；模具三维设计解决了二维设计难以解决的一系列问题，如干涉检查、模拟装配、CAE 等；模具三维设计具有可视化的特点，加大了对模具的可制造性评价的准确性，大大减少了设计失误。

3D 分模又称 3D 拆模，是利用塑件的 3D 模型，借助 3D 软件拆分出型腔、型芯、镶件以及滑块和斜顶等模具零件，并以 3D 格式表达的一项工作。3D 分模通常依据 2D 模具结构图进行，是 2D 模具结构图的 3D 表达形式，3D 软件拆分的型腔、型芯、镶件、滑块和斜顶等模具零件与 2D 模具结构图是完全一致的。也有一些模具制造企业，省略 2D 模具结构图，直接用 3D 软件进行模具设计，称为全 3D 模具设计。

　　3D 分模耗费时间较长，修改和编辑过程较为烦琐，尤其对于复杂的模具，直接进行 3D 分模不利于评审和修改，因而先进行 2D 模具结构图设计，待评审和客户确认后再进行 3D 分模较为稳妥。

　　3D 分模后模具零件非常直观，也清晰准确地表达了模具的结构。更大的优点是 3D 零件可以进行 CNC 编程和加工，无须 2D 图纸，利用三次元也可以对模具零件的复杂曲面进行检测并打印出检测报告。

　　全 3D 模具设计的缺点是难以直观表达模具的设计理念，模具在注塑机上的相对位置、型腔和型芯表面处理要求、模具零件尺寸标注和公差、模具材料、标准件品牌和规格、模具技术要求、冷却水嘴的螺纹规格（美制 NPT，英制 PT，公制 M）和开合模动作分析等，所有这些内容在 3D 图上很难直观表达出来。

　　因此，只有 2D 模具结构图再加上 3D 分模图，才能完整地表达一套模具的设计要求。

　　现今的塑料产品机构复杂，外观造型千变万化，仅仅依靠 2D 图纸已经很难完整地表达模具零件。只有一些极个别简单塑件，如塑料垫圈、塑料堵头、瓶盖类旋转体塑件，模具零件的加工主要依靠数控车床和外圆磨床，这类简单模具可以不用 3D 分模。图 2-25 所示为遥控器底壳的 3D 分模图，其中，图（a）为遥控器底壳产品图，图（b）为动模和滑块图，图（c）为型腔，要在型腔和型芯的基准角做出标记。

2.6.2　常用的 3D 分模软件

2.6.2.1　Unigraphics NX

　　Unigraphics NX 简称 UG，因为其模具设计功能强大，是目前最为流行的一种模具设计软件。

　　MoldWizard（注塑模向导）是基于 NX 软件开发的，针对注塑模具设计的专业模块，模块中配有常用的模架库和标准件，用户可以根据自己的需要方便地进行调用，还可以进行标准件的二次开发，很大程度上提高了模具设计效率。MoldWizard（注塑模向导）模块提供了整个模具设计流程，包括产品调入、排位布局、分型、模架加载、浇注系统、冷却系统以及工程制图等。整个设计过程非常直观、快捷，利用 UG 能完成一些中高难度的模具设计。

　　在实际的模具设计中，塑件造型千变万化，复杂程度很高，自动分模往往很难有用武之地。更多的塑件需要采用手动分模。手动分模需要工程师根据塑件的实际情况随机应变，以解决实际问题为目的，其流程如下：

　　① 分析产品，做好脱模斜度，设置收缩率、定位坐标，使 Z 轴方向和脱模方向一致；

　　② 塑模部件验证，设置颜色面；

　　③ 补碰穿孔；

　　④ 拉出分型面；

　　⑤ 抽取颜色面，将其与分型面和补孔的片体缝合，使之成为一个片体；

　　⑥ 做模仁材料包裹整个塑件，用分型面分割；

　　⑦ 分出型腔和型芯后，看哪个与产品重合，对与产品重合的那个用产品求差；

　　⑧ 依次做出斜顶、滑块和镶件等。

2.6.2.2　Pro/Engineer

　　Pro/Engineer（简称 Pro/E）软件是美国参数技术公司（PTC）旗下的 CAD/CAM/

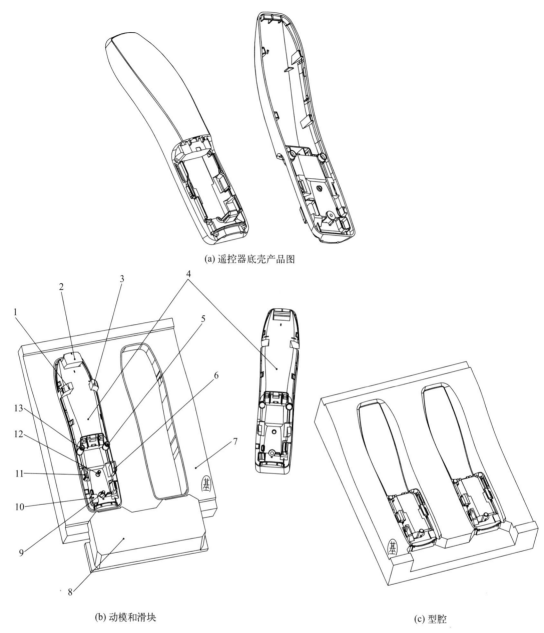

(a) 遥控器底壳产品图

(b) 动模和滑块

(c) 型腔

图 2-25 遥控器底壳 3D 分模图

1~3—斜顶；4—动模镶件；5,9,12,13—镶针；6,10,11—镶件；7—型芯；8—滑块

CAE 一体化的三维软件。Pro/Engineer 软件以参数化著称，是参数化技术的最早应用者，在国内产品设计领域占据重要位置。

Pro/E 第一个提出了参数化设计的概念，并且采用了单一数据库来解决特征的相关性问题。另外，它采用模块化方式，用户可以根据自身的需要进行选择，分别进行草图绘制、零件制作、装配设计、钣金设计、加工处理等，而不必安装所有模块。Pro/E 的基于特征方式，能够将设计至生产全过程集成到一起，实现并行工程设计。

目前 Pro/E 已经有了多个版本 4.0，但在市场应用中，不同的公司还在使用着从 Pro/E 2001 到 WildFire5.0 的各种版本，WildFire3.0 和 WildFire5.0 是主流应用版本。Pro/E 软件系列都支持向下兼容但不支持向上兼容，也就是新的版本可以打开旧版本的文件，但旧版本软件无法直接打开新版本文件。

2.6.2.3 3D 软件的数据交换

从 3D 分模来看，各种软件没有明显的高低之分，关键在于使用者的使用经验和熟练程度。3D 分模的基础仍然是模具设计的综合能力，不仅仅是软件应用能力。3D 分模需要熟练掌握模具设计基础知识、模具零件加工工艺性、加工机床性能和刀具的参数、各种钢材的切削性能和钢材热处理知识。

不同国家、不同地区的不同企业采用不同的软件设计产品或模具，例如，一个电子厂设计的一款产品，产品图是用 Pro/E 软件设计的，现在它需要到模具厂开发模具，模具厂是用 UG 来设计模具的，这就需要软件之间的数据交换。

不同 3D 软件之间的数据交换，因软件兼容性不好，转档会产生烂面，软件之间的精度问题是其中一种原因，UG 默认缝合公差为 0.0254mm，缝合后的实体精度为 0.0254mm。抽取出实体所有面，缝合公差设为 0.01mm，缝合全部面，则实体的精度变为 0.01mm。Pro/E 的默认精度很小，所以 UG 转档到 Pro/E 易产生烂面。Pro/E 采用英制设计，绝对精度为 0.01mm，导入 UG 后尺寸放大 25.4 倍，边界公差同时放大 25.4 倍，实体精度为 0.254mm，这样的实体在 UG 中既不能分割也不能合并，无法操作。解决的方法是应先将 Pro/E 转为公制单位，再调精度，然后转档。

Pro/E 和 UG 转档：Pro/E 转出 STP 档，UG 导入 STP 档，UG 直接打开 Pro/E 易产生烂面；Solidwork 直接读取 Pro/E，再导出 X_T 格式转档到 UG，Solidwork 兼容性较好不易产生烂面。UG、Solidwork、MasterCAM 都是 Parasolid 核心，通过 X_T 格式转档不会产生烂面。UG 通过 X_T 转档到 MasterCAM，因 MasterCAM 主要是曲面操作，所以只能通过 IGS 转档到 UG。

相对而言，IGES 在几何数据的处理方面取得了很大的成就。STEP 文件比 IGES 文件稍微小一点，而且还解决了 IGES 在图形和几何以外许多方面所欠缺的东西。在德国进行的测试表明，对于曲面模型的转换，STEP 将是首选。

X_T 是 Parasolid 内核格式。Parasolid 是一个严格的边界表示的实体建模模块，它支持实体建模，通用的单元建模和集成的自由形状曲面/片体建模。X_T 格式的 3D 文件，图形容量小，数据传递准确，在欧洲各国得到广泛的应用。

DXF 文件是 AutoCAD（drawing exchange format）绘图交换文件，DXF 是由 Autodesk 公司开发的用于 AutoCAD 与其他软件之间进行 CAD 数据交换的文件格式，是一种基于矢量的 ASCII 文本格式，绝大多数的 CAD 系统都能读入或输出 DXF 文件。DXF 文件包含对应的 DWG 文件的全部信息，但它形成图形速度快，用户可方便地对它进行修改、编程，达到从外部图形进行编辑、修改的目的。

在进行数据格式转换时，可以遵循以下一些基本原则：

① 尽量使用 STEP 格式转换实体和曲面，这样可以避免出现烂面的情况；

② 点和各类曲线尽量使用 IGS 格式转换；

③ 在与 MasterCAM 这类以 Parasolid 为内核的软件之间转换实体文件格式时，最好使用 Parasolid 格式，即 X_T 格式，这样转换的效果最好；

④ 如果有 IGES 格式的文件直接转入 UG 时出现烂面的情况、不能缝合曲面时，可以尝试大缝合公差，如果大缝合公差还是不行，则要先弄清楚文件是从哪个软件输出的，比如

说 Pro/E，则在 Pro/E 中导入该文件就能生成实体，否则自动修复一下，生成实体后转换成 STEP 格式文件；

⑤ 使用第三方软件帮助转换格式，如 transmagic 专业转换软件。

2.6.3　烂面修补

由于实际使用软件版本的不同，烂面修补的流程可能会有不同。以 Pro/E WildFire4.0 为例，常用以下方法修补烂面。

① 过滤（使图面只有曲面或实体，即先转 IGES 格式，再转回 Pro/E）：文件→保存副本→新建名称→IGES→确定→曲面（实体也可）→关闭→打开→类型选 IGES→选中刚才的 IGES 文件打开→勾选"零件"→名称（可不必更改）→确定→保存→确定。

② 目视检查（黄色线为有问题的地方）：视图→显示设置→系统颜色→布置，使用 Pro/E Wildfire 方案，勾选"混合背景"，确定→选取"线框"显示。

③ 正式检查：信息→几何检查→点选"项目×"会出现问题点及解决办法（特别注意：一般都不按这些问题点及解决办去做，仅作参考）。

④ 进入修模模式并归组：导入特征→右键→编辑定义→药箱→观察目录树，有单独曲面（粉红色）要归到元件组里，展开"＋"号，拖动单独面到组里即可（否则，下面自动间隙修复将无法进行）。

⑤ 自动整体修复：在修复模式下→修复模式→修复→"√"→可再选修复一次或多次（注意，修复后须目视图面是否有变形，有变形则退回未修复前重来，要先"冻结"刚才查出的变形曲面：选曲面→冻结）。

⑥ 手动修复（针对一些有顶点偏离的黄色曲面）：在修复模式下→修改模式→选黄色面→移动顶点（此顶点可以是另一个相邻的黄色曲面的顶点）→画面放至最大拖动顶点至最近的正确位置→确定→继续选黄色面……（部分黄色会消失，未消失部分后面继续处理）。

注：方法⑤、⑥可根据需要调换。

⑦ 自动间隙修复：在修复模式下→修复模式→查找（望远镜）→查找栏选"间隙"→值输入如 0.2→立即查找→找到的项目全部转到选定项→关闭→添加到线框图标→修复→"√"→"√"。

⑧ 删除曲面并重构和归组（针对一些难解决的问题，如几何重叠等，曲面可删除重构）：进入修模模式即进到药箱图标后直接选一个或多个曲面按 Delete→重建边界混合曲面（在修模模式界面下）（注：三角形面也可边界混合），"√"→展开目录树所有"＋"号，将少数组里的面拖到多数组里即可→"√"（退出到有药箱的界面）。

⑨ 收缩几何（针对删除曲面后退出了修模模式，在 Pro/E 模式下重构的曲面特征须合并到输入特征中，但通常如方法⑧那样重建边界混合曲面即可）：导入特征，右键，编辑定义→收缩几何图标→选取输入特性树下面的所有曲面特征→完成→"√"（退出修模模式）。

⑩ 实体化：在有药箱的界面下→编辑→特征属性→勾选"创建实体"→确定（轮廓线变白色才算成功）→"√"（退出修模模式）。

在 UG 里，常用的修补烂面的方法：用 Analysis/Examine Geometry 里的 Face_Face Intersections 和 Sheet _Boundaries 选项，确定边界的数量，以及破孔的具体位置，或自交面的位置，再分别用线框显示，分析边界线。采取的措施如下。

① 面减面。抽取破孔周边面，将其去除参数，然后用布尔运算、面减面的方式，将破孔周边面去掉，再将抽取的面缝合上去（必要时，可将缝合公差稍作调整），也可将抽取的面扩大，或修剪，再缝合。如果布尔运算失败，可将破孔周围的面都做抽取，再进行布尔运算。然后复制已经抽取的面，处理烂面再缝合。

② 裁剪片体。抽取烂面或周边的面作备份，用 Trimmed Sheet（修剪的片体）选项，剪掉原几何体中的烂面或周边的面。再用备份的面，经编辑处理，再恢复上去逐个缝合。如果烂面为小孔，可用"自由曲面特征"里的选项，手动做 i 片体，补上去。如果缝合后仍有破孔，可将缝合公差稍微调大，待做成实体后，用"替换"或者"约束面"等功能来修整。（实体的修整有时比片体方便很多）

③ 将破掉的面修改成另一种颜色，其余的面颜色做成一致。再用 MW/mold tool/Extract Face Region 选项抽取同颜色的面，打开 29 层，可看到没有了欲删除的面，这样就很容易修补。

④ 有时，由其他软件转过来的 IGS 图，曲面已经严重变形，可用轮廓线，手动作面。如有轮廓线断开，可将这些剪掉，再处理。

⑤ 如果烂面很多，可全部抽取成一个个的散面，再逐个缝合，即可发现问题所在。

⑥ 有很多从其他 3D 软件转过来的 STP 图，分析它为实体，但是仔细观察，却有破洞，这属于几何问题。这时可抽取一个个的单片体，再逐个缝合来解决。也可根据轮廓线，自己手工作面后，再做 Patch（补片体）。

⑦ UG 打开其他软件输出的 IGS 图档，效果都不太好，很多情况下都有片体的变形，可以先用 Solidworks 软件打开，再另存为 X_T 格式，输入 UG，这时可发现，图形的质量大为改观。

⑧ 有时，可适当加大缝合的公差，人为地将片体缝合成实体，然后在实体中修改，这样会容易很多。片体如果不易修改，可先做成实体，实体若不易修改，可先做成片体。

⑨ 实体修补的工具主要是：补片体（Patch）、简化、替换、约束面（Constrain_face）、删除面。

以上这些方法可灵活运用。同时，通过观察产品的特征，应用镜像或复制关系来修补烂面，效果更好。

修补烂面本来就是件很麻烦的事情，没有规律可循，也没有一招是万能的，要具体情况具体处理。一招不行，再用另一招，多学几种办法，有助于打开思路。多实践，可以增加经验。

2.6.4　3D 分模流程

2.6.4.1　产品 3D 图档评审

产品评审是指为了使产品能够顺利开模，模具开发人员对客户（产品开发人员）的产品进行开模前的合理性分析，用文字和图片的形式对产品可能出现的问题和产品改善的方案进行汇总并反映给客户，以便沟通和确定。每一个环节都需要用纸质或电子文档做产品评审报告。3D 模具设计之前，需要确认产品图必须为最新版本。

主要是分析产品的结构、脱模斜度、胶位厚度、倒扣、最佳浇口位置、填充分析、冷却分析等，若发现产品有不利于模具设计的，在与产品结构设计师商量后必须进行修改。利用 3D 软件对产品进行脱模性分析包含以下内容。

① 在做分型面之前，确定产品有无外观面要求，以及 PL 面的走向是否符合要求。外观面的确认以及外观面处理方式的确认（蚀纹、火花纹、抛光还是镜面等）。

分型面检测（part surface check）工具用于检查分型面是否有相交的现象，也可用于确认分型面是否有破孔以及检测分型面的完整性。

② 检查产品是否存在倒扣，一类是客户有意做的倒扣，需要用斜顶、滑块等机构来成型。另一种是客户建模时无意形成的倒扣。常见的有斜顶头部成型的倒扣，我们可以改变斜顶的运动方向或更改产品，将头部倒扣以减胶方式做平。此外，对于其他形式的倒扣可建议客户更改产品。

③ 产品的脱模斜度是否足够，特别是蚀纹面及插穿面（蚀纹面需要 1.5°以上斜度，咨询蚀纹供应商，及时反馈给客户修改产品图）。

④ 壁厚检查（检查壁厚是否均匀，当壁厚从厚到薄急剧变化时，会在成品表面形成缩水）。可用做剖面的方法检查有无过厚的胶位。产品的加强筋及螺柱与顶面的连接是否会造成缩水（加强筋厚度建议为顶面的 0.6 倍，螺柱根部须改火山口）。

厚度检测（thickness check）用于检测参考模型的厚度是否有过大或过小的现象。厚度检测也是拆模前必须做的准备工作之一，其方式有两种：平面（planes）和切片（slices）。"平面"检测法是以已存在的平面为基准，检测该基准平面与模型相交处的厚度，这是较为简单的检测方法，但一次仅能检测一个截面的厚度。"切片"检测法是通过切片的产生来检查零件在切片处的厚度，切片法的设定较为复杂，但可以一次检验较多的剖面。

⑤ 产品是否存在胶位薄弱处而造成注塑时充填不满（最薄弱处胶位小于 0.6mm，需向客户提出修改建议）。

⑥ 在模具加工过程中是否存在薄弱或难以加工位置。如存在的话，需建议客户改正。

⑦ 产品图上是否具有详细的刻字的信息（要特别注意产品表面凹字，需由分模时模具上原身留出）。是否存在影响产品外观面的接合线（解决倒扣的模具结构如滑块、斜顶的接合线客户是否已接受）。

⑧ 产品 2D 开模图面的公差是否合理。检查产品图面是否有重点尺寸。

⑨ 3D 图上成品与成品间的装配公差是否符合模具加工工艺要求（否则建议客户改正）。

⑩ 产品是否存在无法成型之处。

2.6.4.2　产品 3D 图面的模具工艺化修整

① 产品的脱模斜度的修正（原则上脱模角的更改只允许减胶，如需做加胶脱模，要报上级主管确认），需注意斜销及滑块运动方向的脱模。定模型腔很多时候都是对应产品外观面，脱模斜度的大小需要客户确认。有蚀纹的表面，脱模斜度的选择需要参考纹板去做。

a. 对高度 10mm（含）以下的筋位，大小端宜相差 0.1mm/单边；对高度 10mm 以上的筋位，大小端宜相差 0.15mm/单边。

b. 对于需做插穿的部位，顶部与根部的最小落差不少于 0.15~0.2mm（5mm 以下的，需要有 2°以上斜度）。

② 产品 2D 图面上的公差需要在 3D 图上修正。

a. 产品 2D 图上的公差，需要在 3D 图上修正，一般都将公差更改成中性公差，并预留出加工量。

b. 成品与成品间的装配要求：松配的话 0.1mm/单边，紧配的话 0.05mm/单边，待模具试模后调整。这项主要针对生产模具，商品模具（出口模具）一般按照产品图档设计模具，不能进行配合修改。

③ 产品的前后模分模线在包 R 情况时的修正。在 PL 面的分界线上，将产品后模处的胶位改至小于产品前模处胶位 0.05mm/单边。

④ 圆孔和转轴。有些圆孔，转轴位需要分析清楚其具体功能，涉及装配的部位，分模时需要特别留意，避免因为断差、错位等影响装配。

⑤ 碰穿位的取向。牵涉到碰穿时，要判断到底是定模碰动模，还是动模碰定模。如果走毛边，那么毛边会在哪一侧，好不好修，会不会影响外观。毛边的位置直接影响到产品的品质。

⑥ 当产品有插穿和碰穿时，需要先将产品上的插穿角度做出来，应该在做产品脱模斜度时一起做，然后才能做分型面，这样可以避免动定模具插穿角度不一致或漏做脱模斜度的现象发生。

2.6.4.3　3D 分模次序

① 乘以收缩率（放缩水）。塑料件从模具中取出冷却至室温后尺寸发生缩小变化的特性称为收缩性，收缩性的大小以单位长度塑料件收缩量的百分数表示，称为收缩率。一般用 by scaling（按比例），可设定三个方向不同的收缩率。

a. 按尺寸收缩。按尺寸来设定收缩率，根据选择的公式，系统用公式 $1+S$ 或 $1/(1-S)$ 计算比例因子，S 为收缩率。选择 "按尺寸" 收缩时，收缩率不仅会应用到参考模型，也可以应用到设计模型，从而使设计模型的尺寸受到影响。

b. 按比例收缩。按比例来设定收缩率。注意，如果选择 "按比例" 收缩，应先选择某个坐标系作为收缩基准，并且分别对 X、Y、Z 轴方向设定收缩率。采用 "按比例" 收缩，收缩率只会应用到参考模型，不会应用到设计模型。

② 沿分型面分开型腔和型芯，即定模与动模，并按以下流程检查其正确性。

a. 创建浇注件后立即检验分型面的正确性。如果分型面上有破孔，分型面没有与模仁料完全相交，分型面自交，那么浇注件创建失败。

b. 开模干涉检查。对于建立好的浇注件，可以在模具开启操作时进行干涉检查，以便确认浇注件可以顺利脱模。

c. 在 Creo2.0 的塑料顾问模块（Plastic Advisor）中，用户可以对建立好的浇注件进行塑料流动分析、填充时间分析等。

③ 分割镶针。镶针的直径尽可能选择标准件尺寸，直径无法成整数时，也可以选择相接近的英制标准件尺寸。分别在型腔和型芯的背面做出镶针的头部及避空位，做出镶件的挂台，挂台沉孔的四角 R 尽可能加大，以利于 CNC 加工（或铣床加工）。

④ 确定斜顶和滑块的位置，分割出斜顶和滑块。

⑤ 流道系统的构建。

⑥ 顶出系统的构建。参考输入 3D 软件中模具结构图的顶针和推管位置来构建。特别针对在曲面上的顶针，分模做出顶针后，便于确定顶针的长度，顶针的头部需要做止转机构，平面部位的顶针则无须做止转。

⑦ 冷却系统的构建。在需要构建冷却系统的零件模块中，将 "应用程序" 中的选项点选到 "模具/铸造"；使用 "插入" 选项中的 "水道" 功能构建。

⑧ 补全模具其他特征。基准角、倒角（C 角和 R 角）、避空位、排气、镶件挂台、模仁上的避空孔、火山口、流道和水路等。

⑨ 依照输入的模具 2D 结构图，检查前后模仁的胶位是否与 2D 重合，基准是否重合，其他零件的位置与数据是否正确。

⑩ 运水检查，按照 2D 结构图做出冷却运水通道，检查运水与镶件、螺钉等有无干涉。检查运水在曲面的部位，是否有合适的高度且不会破孔。

⑪ 定义开模动作，检查滑块和斜顶的行程是否足够，相互之间有无干涉等现象。

⑫ 按照实际需要，套入 3D 模架，并增加相应的标准件。

⑬ 将 3D 模具图整体转为 2D 工程图，插入 2D 模具图，检查模具型腔、型芯、镶件、滑块和斜顶是否与 2D 模具结构图重合。因为塑件的脱模斜度的原因，3D 图做出的滑块位置、斜顶和镶件位置与 2D 图可能有差异，需要经过核对后以 3D 图为准修正 2D 模具图。

2.6.5 实体分模与曲面分模

3D 分模的软件很多，同样分模的方法也有很多。对于同一套模具，依照相应的 2D 模具结构图，不论使用哪种分模软件，或者哪种分模的方法，分模的结果是相同的。

不论使用何种软件分模，基本的分模方法有两种，即实体分模和曲面分模。实体分模就是利用软件的实体计算功能分出型腔和型芯。曲面分模就是通过人为判断，利用分型面将型腔和型芯分开。

在实际分模中，也有实体和曲面两种方法交错使用的情形。实体分模与曲面分模的相同点是都需要一个完整的分型面，也就是要把碰穿面、插穿面全部补起来。二者的不同点是，实体分模是用布尔运算的方式来完成分模，而曲面分模是利用塑件的曲面，手工做出其余的面，再做出模具实体。

实体分模的优点是所分出的 3D 图档，模具型腔和型芯及镶件等零件不会有烂面，减少 CAM 程序编程前检查 MODEL 烂面的时间，也可以减少合并实体的时间。缺点是有时因转档的问题，造成 3D 图某些几何上的错误，使之不能够用布尔运算将型腔做出，从而分模失败，用 Pro/E 分模时常会遇到此种情形。当分拆一些比较复杂的斜顶与滑块时，斜顶长度超出模仁，需要利用曲面辅助分模。

曲面分模的优点是不用布尔运算，不必担心出现几何上的某些错误，对于一些比较复杂的斜顶或滑块，可以直接拷贝面把斜顶或滑块直接做出来。缺点是有时因为转档，当实体被炸开后，再合成实体便不是封闭的实体，这就可能要用大量的时间来修补破损的曲面，这样便浪费了时间。

2.6.6 3D 分模注意事项

3D 分模时的注意点如下，这些都是以往的设计中发现的错误点。

① 3D 图在做完拔模时，切记要把 R 角做上。

② 在 3D 分模时，先把 PL 面做好，再分模。可保证插穿、碰穿封胶，不易出错。

③ 当 PL 面为曲面时，PL 面要以曲面的相同曲率延伸出最少 5mm，最好是 10mm。然后再直接拉伸 PL 面。

④ 割镶件时，因为线切割时不可能割出直角，都有一定的 R 角存在，故镶件的直角处要倒角。所以割镶件时要注意倒角处不可参与成型。

⑤ 收缩率放好后，请立即在 3D 图上确认，如收缩率是三个方向的，则三个方向都需确认。

模具设计工程师一定要精通模具的加工工艺，通过拆分镶件，解决加工难题，提高加工效率，尽可能避免电火花加工。拆分镶件可以有效降低模具数控加工的成本，拆出来的镶件用普通磨床、线切割机床就可以加工。如果不做镶件，就有可能需要利用电火花加工方式，电火花加工的成本是很高的，同时精度低、效率低。此外，拆镶件还有利于排气、模具装配和维修。

在模具型腔和型芯 CNC 加工中，刀具的选择直接影响模具零件的加工质量、加工效率和加工成本。因此，正确选择刀具具有十分重要的意义。在模具铣削加工中，常用的刀具有平端立铣刀、圆角立铣刀、球头刀和锥度铣刀等。刀具规格、直径及其加工工艺直接影响模具镶件的分割，因而对于 CNC 加工务必重视。

在模具型腔加工时，刀具的选择应遵循以下原则。

（1）根据被加工型面形状选择刀具类型

对于凹形曲面，在半精加工和精加工时，应选择球头刀，以得到好的表面质量，但在粗加工时应选择平端立铣刀或圆角立铣刀，这是因为球头刀切削条件较差。对凸形表面，粗加工时一般选择平端立铣刀或圆角立铣刀，在精加工时宜选择圆角立铣刀，这是因为圆角铣刀能够得到光滑的表面。对带脱模斜度的侧面，宜选用锥度铣刀。虽然采用平端立铣刀通过插值也可以加工斜面，但会使加工路径变长而影响加工效率，同时会加大刀具磨损，表面粗糙度不佳，从而影响加工精度。

（2）根据从大到小的原则选择刀具

模具型腔一般包含多个类型的曲面，因此在加工时需要多次更换刀具完成整个零件的加工。无论是粗加工还是精加工，应尽可能选择大直径的刀具，因为刀具直径越小，进给量小，加工时间越长，使加工效率降低，同时刀具的磨损会造成加工面不平整。

（3）根据型面曲率的大小选择刀具

在精加工时，所用最小刀具的半径应小于或等于被加工零件上的内轮廓圆角半径，尤其是在拐角加工时，应选用半径小于拐角处圆角半径的刀具并以圆弧插补的方式进行加工，这样可以避免采用直线插补而出现过切现象。

在粗加工时，考虑到尽可能采用大直径刀具的原则，一般选择的刀具半径较大，这时需要考虑的是粗加工后所留余量是否会给半精加工或精加工刀具造成过大的切削负荷。因为较大直径的刀具在零件轮廓拐角处会留下更多的余量，这往往是精加工过程中出现切削力的急剧变化而使刀具损坏或栽刀的直接原因。3D 分模时，尽可能使圆角半径等结构要素能够采用大直径刀具加工以提升加工效率。图 2-26（a）为纸张调节器产品图，图 2-26（b）为 3D 分模图，在滑块槽的拐角处设计较大圆角，以便 CNC 加工。

当分型面是复杂的曲面时，如果在曲面上建立流道，极易造成填充不平衡的制件缺陷。有时也要分情况，如果是一模两腔的非平衡布局，可以在曲面上直接设计流道，平衡布局的流道必须优化分型面。构建分型面时，如果浇口衬套附近的分型面有高度差异，必须用较平坦的面进行连接，平坦面的范围要大于浇口衬套的直径（不小于 $\phi18\text{mm}$）。

2.6.7　3D 分模范例

3D 分模需要娴熟的 3D 软件操作技能，这一切都需要长年累月不断地进行模具设计实践获得。图 2-27 为现金抽屉模具 3D 图，其中图（a）为现金抽屉产品图。

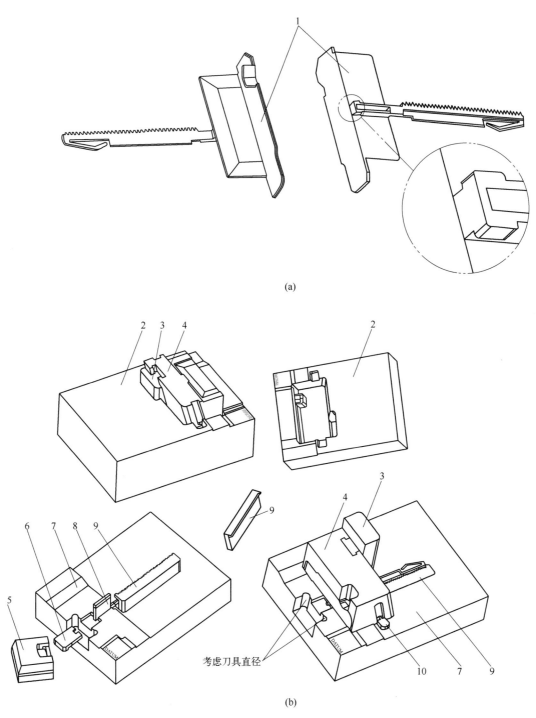

(a)

(b)

图 2-26 纸张调节器 3D 分模图

1—纸张调节器；2—型腔；3—斜楔；4—定模滑块；5—小滑块座；
6—滑块镶件；7—型芯；8—小镶件；9—齿条镶件；10—限位块

表 2-9 为 3D 分模自检表，3D 分模结束后，对照自检表，可以逐项进行检查，有问题的地方可以提出后加以讨论解决。

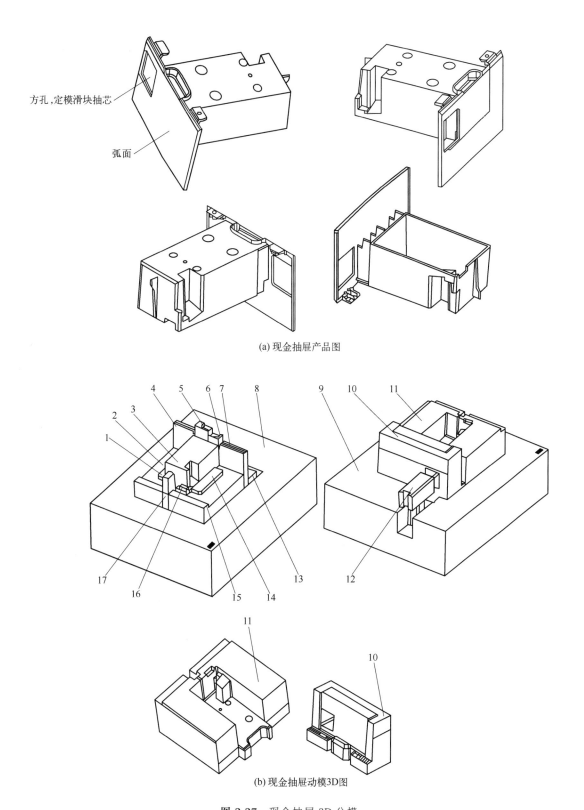

方孔,定模滑块抽芯

弧面

(a) 现金抽屉产品图

(b) 现金抽屉动模3D图

图 2-27 现金抽屉 3D 分模

1,14—推块；2~7,13,15~17—动模镶件；8—B板；9—A板；10,11—定模镶件；12—定模滑块

表 2-9　3D 分模自检表

模具编号：	成型机：		模具系统：		浇口方式：		
穴数：	塑胶材料：	钢材：		收缩率：	日期：		

序号	检查内容	检查结果		
1	收缩率:收缩率是否正确	□OK	□NG	□不需要
2	模仁材料尺寸是否与订购尺寸一致	□OK	□NG	□不需要
3	所有插穿位都在 2°以上	□OK	□NG	□不需要
4	产品共有几处公差需要修改	□OK	□NG	□不需要
5	公差面、晒纹面用颜色区分	□OK	□NG	□不需要
6	材料为铜,铜用紫色表示	□OK	□NG	□不需要
7	推杆、推管的有效配合高度为 10～15mm	□OK	□NG	□不需要
8	运水与推杆、镶件有 5mm 以上间隙,与胶位最小间隙 8mm	□OK	□NG	□不需要
9	钢料不可存在尖角或薄钢料	□OK	□NG	□不需要
10	胶位厚度在 0.8mm 以上,骨位小端尺寸不得小于 0.7mm	□OK	□NG	□不需要
11	模仁、滑块及镶件是否做排气,排气是否符合标准	□OK	□NG	□不需要
12	盲镶的直角处 8～10mm 以下 R 角过渡,无须清角	□OK	□NG	□不需要
13	避空 R 角的大小,必须符合刀具的加工深度	□OK	□NG	□不需要
14	产品的刻印位置、日期章、模穴号	□OK	□NG	□不需要
15	模仁及 15kg 以上的零件追加吊模孔	□OK	□NG	□不需要
16	流道的转角处追加 $R0.5$ 或 $R1.0$	□OK	□NG	□不需要
17	流道的末端必须加排气	□OK	□NG	□不需要
18	分型面上除插穿位 8～10mm 封胶外,避空 0.2mm	□OK	□NG	□不需要
19	模仁外围对插部分必须有 0.3～0.5mm 的避空	□OK	□NG	□不需要
20	段差大于 0.3mm 时做 R 过渡	□OK	□NG	□不需要
21	推杆是否要加管位	□OK	□NG	□不需要
22	模仁与模胚的基准角是否正确	□OK	□NG	□不需要
23	将评审资料逐项检查一次,并做上标示	□OK	□NG	□不需要
24	确认上传的版本是否正确	□OK	□NG	□不需要

2.7　模具零件图设计

　　模具零件的胶位部分完全取决于塑件的形状要素。模具零件可以起到构成型腔和型芯、支撑、容纳、传动、配合、连接、安装、定位、导向、密封和防松等一项或几项功能,这是决定零件功能结构的依据。

　　表达模具零件结构、大小及技术要求的图样为零件图。模具零件结构是指模具零件的各组成部分及其相互关系,而技术要求是指为保证模具零件功能在制造过程中应达到的质量要求和注意事项。模具零件图是表达设计信息的主要媒介,是制造和检验零件的依据。

　　设计模具零件时要考虑零件的加工方法和加工过程,以使所设计的零件工艺合理,便于加工。在绘制零件图时,只有了解零件的加工方法和加工过程,才能合理选择视图、标注尺寸和技术要求,使所绘图样便于加工人员理解。在阅读零件图时,若同时从加工角度对零件进行分析,可有助于加工人员对图样的理解和零件的想象。

　　模具零件是组成模具的不可拆分的最小单元。模具是由自制零件和标准元件装配而成。模具装配图上的零件除了外购的标准件外,都需要拆分零件图。绘制时,注意零件的摆放方位应尽量和装配图保持一致,如将模板的零件图中的主视图和装配图中的动定模平面图相对应,基准角处加汉字"基准"或其他基准标记。这样将各模板图叠放在一起,就相当于将模具组装起来,便于识图和审图。

　　在设计新模具时,先要画出模具的装配图,确定模具的主要结构,再根据装配图画出各零件的零件图，这叫作拆零件图。拆零件图往往需要从 3D 分模开始。3D 分模完成并经过审核后，进入拆零件图阶段，将 3D 零件转化成 2D 零件图纸。

模具零件图的一组视图有以下三个特点。

① 既使用基本视图，又使用辅助视图（如局部视图、斜视图等）。视图数目根据零件的复杂程度不同可多可少，不再是单调的主、俯、左三视图，每个视图都有明确的功能。

② 充分利用剖视、断面等各种图样画法，而不是简单的"可见画实线，不可见画虚线"的处理方法。

③ 视图方案是经过认真分析、对比和选择的，选择时既考虑零件的结构、形状，又考虑其工作状态和加工状态。

对视图的要求：

① 正确。投影关系正确，图样画法和各种标注方法符合国家标准规定。

② 完全、正确。在尺寸的配合下，把零件整体和各部分的形体结构、形状、位置和相对关系表达得完全且唯一确定，无不同理解。

③ 清晰、合理。图形清晰，便于阅读者迅速地读懂、理解和进行空间想象。

④ 利于绘图和尺寸标注。所注尺寸既能保证设计要求，又使加工、装配和测量方便。

选择视图的原则：

① 表示零件信息量最多的那个视图应作为主视图。

② 在满足要求的前提下，使视图（包括剖视图和剖面图）的数量为最少，力求制图简便。

③ 尽量避免使用虚线表达零件的结构。

④ 避免不必要的细节重复。

模具零件的尺寸标注既要简洁，又要充分表达工艺要求，应注意以下几个方面：

① 位置尺寸（如孔间距）尽量标注在主视图上，形状尺寸（如孔直径）标注在侧视图（剖视图）上，使各视图所要表达的内容更为突出和明确；

② 同一套模具的零件图尺寸基准应取得一致，不能有的按基准角标注，有的按中心对称线标注，造成混乱；

③ 不同零件的同一尺寸（如各模板的孔系）或对应尺寸（如型腔镶块的外形尺寸与模板上孔的尺寸）标注方法应该一致，以便于对照、检查；

④ 尺寸标注直接、明确，原则上不需要操作者进行计算。

技术要求：用一些规定的符号、数字、字母和汉字注解，简明、准确地给出模具零件在使用、制造和检验时应达到的一些技术要求，包括表面结构要求、尺寸公差、几何公差、表面处理和材料热处理的要求等，表面要求抛光、蚀纹的区域。

标题栏：在标题栏内明确地填写出零件的名称、材料、图样的编号、比例、日期、制图人与审核人的姓名等。

尺寸标注的合理性，与模具零件的功能及加工、测量和装配紧密结合，因此，模具零件的尺寸标注需要与加工工艺相结合。在应用 CAD 软件进行图纸尺寸标注时，需要注意如果修改了尺寸，则一定要修改相应的线条，严禁只改数字不改线条的图形编辑方式。

模具零件种类通常包括型芯、型腔、镶件、滑块、滑块压板、滑块耐磨板、斜顶、斜顶座、斜顶导向块、推件板、定位圈、拉杆、液压缸接头和支架等。模具零件的图纸除了正常的零件图外，也有根据零件加工工序的不同而设计的工序图纸，包括线切割图、放电加工图、运水和螺钉加工图、顶针坐标图、磨床加工图等，这些图纸的设计要结合本单位的机床和工艺能力而定。

零件图的设计次序需要根据物料采购的进度、模具加工进度适当调整。一般的要求是，在加工过程中，每道工序不要因为图纸而出现停工待料的现象，充分满足生产加工的需要。若模具设计制造周期较长，那么以上工作可灵活安排。

2.7.1　型腔和型芯（模仁）零件的标注

型腔和型芯俗称模仁，是直接决定塑件形状和尺寸的零件，也是模具中最重要的核心零件。型腔和型芯（模仁）零件的设计遵循先三维设计，后转化为二维图纸的基本原则。模具结构图（组立图）经过客户确认后，再进行 3D 软件拆模（分模），形成 3D 零件，可以直接用来 CNC 加工。将 3D 图纸转为 2D 工程图前，需要设定投影方式，即第一象限投影或第三象限投影。

对于复杂模具，型腔和型芯（模仁）需要分解成多个镶件加工，每个镶件都需要单独的零件图。

塑件造型千变万化，模具型腔和型芯的形状也是造型各异，各种复杂曲面交相呼应，其胶位部分曲面加工工艺主要依赖于 CNC 加工。在 CNC 加工前，螺纹孔、起吊工艺孔、冷却运水孔等需要先行加工。这些基本的加工工艺需要清晰的图纸来做加工指引。

模仁零件图的主视图摆放，基准角与模具结构图一致，前模仁的基准角放在图纸主视图的左下角，后模仁的基准角摆放在主视图的右下角。

型腔和型芯（模仁）零件的图纸内容主要包括视图、尺寸标注、公差标注、技术要求和标题栏填写等内容。

图样中的视图只能表示模仁的形状，模仁各部分的真实大小及准确相对位置则要靠标注尺寸来确定。尺寸也可以配合图形来说明模仁的形状。图 2-28 所示为不规则镶件的尺寸标注范例，该零件为泳镜外框模具的动模型芯。由于外形不规则，需要将尺寸标注在该零件的钢料上，先加工背面的方形凹坑和螺纹孔，再加工顶针孔的穿线孔，线切割顶针孔，线切割外形，最后 CNC 加工 S 形流道和外形。注意线切割工序需要装夹位置，因此钢材的尺寸比零件实际尺寸单边需要加大 15～20mm。

模仁的绘制和尺寸标注要点如下。

① 以开模方向的面作主视图，侧视图要紧挨着主视图，然后才是剖视图。模仁外形为曲面或复杂形状时，要用侧视图反映其形状，而不用剖视图来反映其形状。

② 放大图尽量在原图附近，不要太远。

③ 标注完毕时，要注明插穿、碰穿、$Z=$＿＿＿等字样。

④ 立体图由 3D 提供，导入 2D 后不能旋转，以免视角失真。

⑤ 立体图上要刻基准符号，深 0.5mm 即可。

⑥ 立体图摆放要与主视图一致，如图形不能反映清楚，可增加立体图。

⑦ 立体图上同样要注明碰穿、插穿、$Z=$＿＿＿字样。

⑧ 模仁一般均采用坐标方式标注，且采用两位小数标注，除圆孔直径、肋宽、靠肩深度和宽度外。

⑨ 模仁标注时，必须采用 1∶1 标注。核对模仁尺寸、坐标、基准是否与组立图一致。

⑩ 以模具中心及 PL 确定 0,0 点，如模具中心及 PL 在模仁外时，可选用一直边或模仁底面确定 0,0 点，但要注明 TO MCL 口或 TO　PL 口。

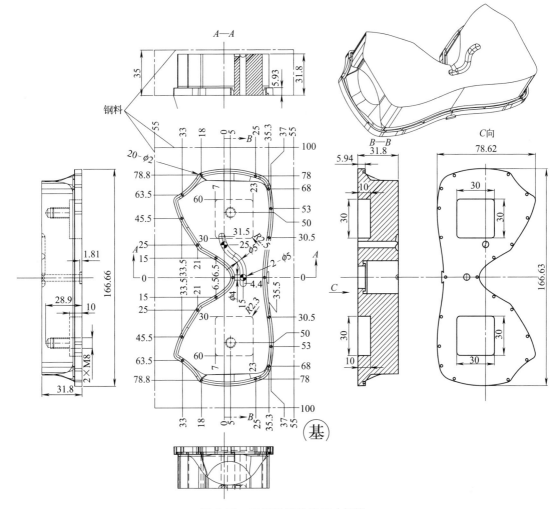

图 2-28 不规则镶件的尺寸标注

⑪ 由于在线切割图上已标注了水孔，螺钉的规格及型号，以及顶针、扁顶针、斜顶及其他线割孔工位的尺寸，因此加工图上可以不标注。

⑫ 标注模仁最大外形实际尺寸。

⑬ 标注完毕后，再核对模仁点检表进行检查。

对于锥台的尺寸，需要注意的是将尺寸标注在大端，可以避免加工人员看错图纸而产生失误。同理，锥槽尺寸应标注在小端，如图 2-29 所示。

2.7.2 滑块零件的标注

滑块在设计时，需要注意高度和宽度与运动方向长度的比例，以使运动平稳。图 2-30 所示为滑块的尺寸标注。尺寸标注应以滑块运动的前端平面作为基准面。

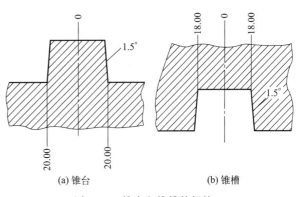

(a) 锥台　　　(b) 锥槽

图 2-29 锥台和锥槽的标注

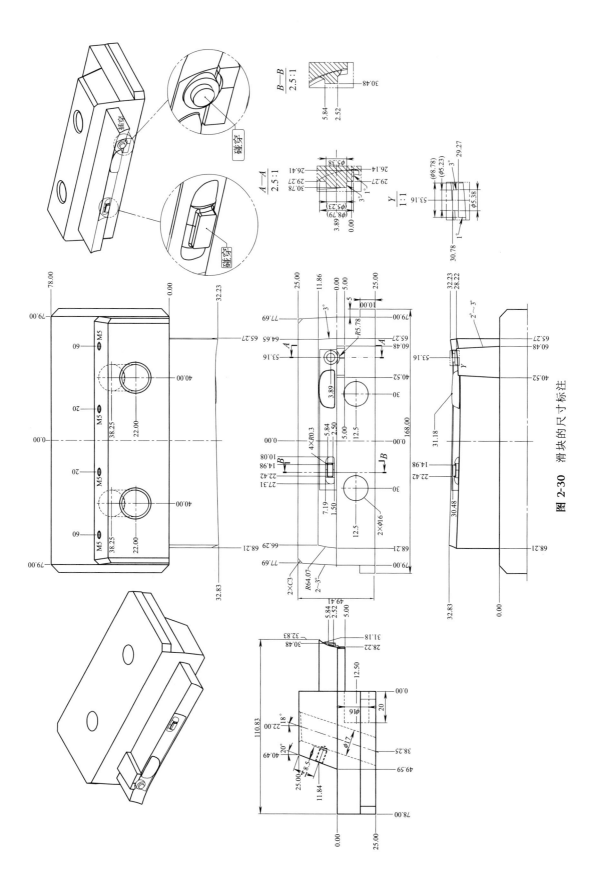

图 2-30 滑块的尺寸标注

2.7.3 小镶件的尺寸标注

小镶件在机壳模具设计中占有很大比例，其固定方式主要为挂台固定，尺寸标注不要以挂台为尺寸基准。图 2-31 所示为小镶件的尺寸标注。挂台的斜面经常会用磨床加工，标注时斜度尺寸需要标注齐全。

2.7.4 镶针的尺寸标注

图 2-32 所示为镶针的尺寸标注。其标注需要注意重点为锥度和直径，根部的 *R* 也需注意。

2.7.5 斜顶的标注

斜顶的尺寸标注，需要注意标注其倾斜角度，对于细小的部位，需要放大标注。斜顶的标注，需要标出 PL 位置作为基准，也可以模板的框底线作为基准。图 2-33 所示为斜顶的尺寸标注。

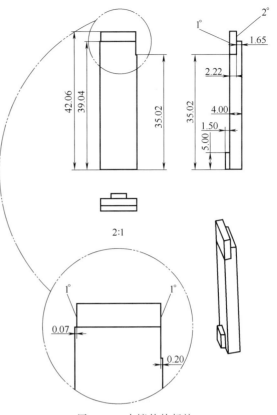

图 2-31 小镶件的标注

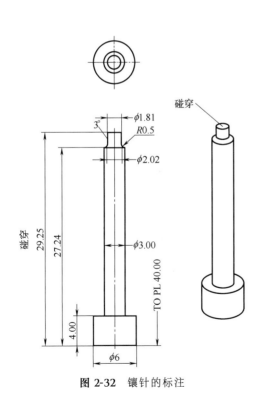

图 2-32 镶针的标注

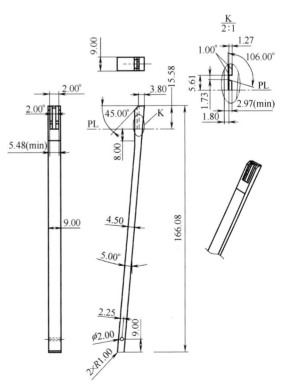

图 2-33 斜顶的尺寸标注

2.7.6　模仁线切割图绘制和标注

考虑到加工工艺及先后顺序，以及使图面简洁清楚，提高工作效率，特将模仁分成两部分标注：一是模仁水路及线切割图；二是模仁细部加工图。

2.7.6.1　线切割图标注范围

① 模仁外轮廓线。

② 所有顶针、直顶、螺柱位置度及大小尺寸。

③ 镶件孔、斜顶孔、浇口套孔等线切割工位。

④ 所有水路。

⑤ 所有螺钉（包括工艺螺钉）。

后模仁线切割图见图 2-34。

2.7.6.2　标注具体步骤

① 将 3D 模仁与组立图进行核对，检查 3D 所作模仁尺寸，模具中心及斜顶孔、镶件孔是否正确，以及基准是否正确。

② 核对完毕后，选择适当的视图进行图面布置，并选择图框大小。

③ 主视图基准摆放要与装配图一致。

④ 将主视图中的成品线（除外轮廓线、线切割孔槽外）改到假想线层。

⑤ 复制组立图中的顶针、直顶、螺柱、水孔、螺钉等工位。

⑥ 以模具中心定（0,0）点，进行标注。

2.7.6.3　需要标注的线切割图尺寸范围

① 标注螺钉的大小、位置及深度，且均采用整数标注。

② 标注顶针、直顶、螺柱的位置及大小、推杆位置可采用整数标注，其他均采用两位小数标注。

③ 标注斜顶孔的尺寸，并要加 +0.04mm 的上偏差和 +0.02mm 的下偏差。

④ 标注镶件孔及沉头尺寸，除沉头直径外其余均采用两位小数标注。

⑤ 标注水孔位置度、深度、规格等尺寸。

⑥ 标注模仁外形尺寸、均采用两位小数标注。

⑦ 加吊模螺纹孔，且标注其尺寸。

⑧ 加各种编号，如镶件孔、螺柱孔、斜顶孔等。

⑨ 加水孔深度 $H=\underline{\quad}$，螺钉深度 $H=\underline{\quad}$。

⑩ 加备注栏，注明各螺钉、螺柱、顶针、直顶类型与数量等。

⑪ 填写标题栏及模仁备料尺寸。

2.7.6.4　标注注意事项

① 线切割图必须用 1∶1 的标注方式标注。

② 前模仁不要漏复制浇口套孔。

③ 一定要有侧视图来反映模仁最深点，以便检查水路有无破孔。

④ 对于形状复杂模具，需 3D 辅助作出水路，检查有无破孔。

⑤ 水路与镶件孔、推杆孔、直顶孔、螺纹孔的距离尽量保持在 4mm 以上。

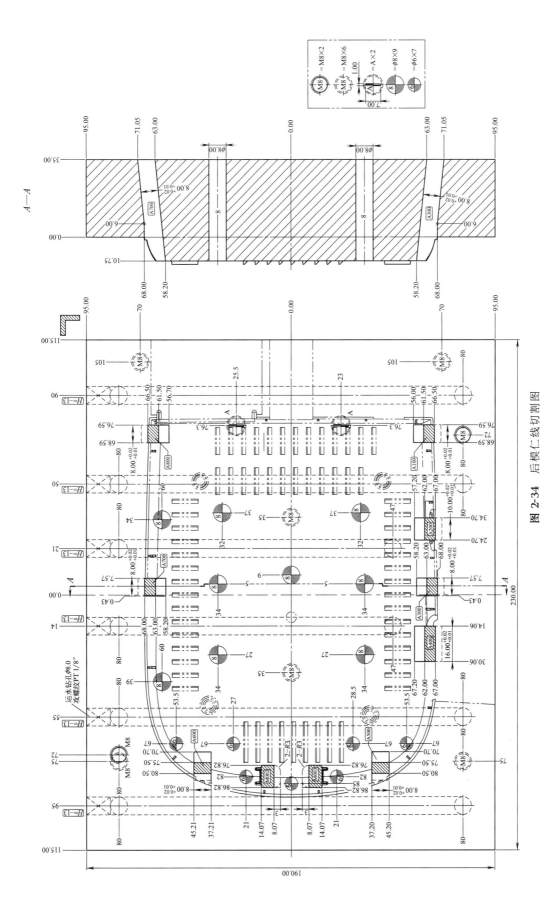

图 2-34 后模仁线切割图

2.8 模具图纸审核

2.8.1 模具图纸点检表

2.8.1.1 装配图点检表

模具装配图点检表见表 2-10。

表 2-10 装配图点检表

序号	点检项目	备注
1	成品有无放收缩率及镜射	
2	成品壁厚、倒扣、脱模斜度有无检查	
3	基准角摆放是否正确	
4	动定模侧能否重叠	
5	推杆排布是否合理,有无干涉,每种型号侧视图有无表示(如推杆与冷却水路、推杆与镶件、推杆与支撑柱等有无干涉)	
6	冷却水路排布是否合理,有无干涉(如水路与推杆,水路与镶件,水嘴接头与码模位置,水路与斜顶、螺钉等有无干涉)	
7	O 形圈型号是否合理,有无干涉(如螺钉、镶件、推杆、螺柱等)	
8	支撑柱(SP)排布是否合理,有无干涉,如支撑柱与推杆、支撑柱与垃圾钉(STP)、支撑柱与推管、支撑柱与 K.O 孔、支撑柱与斜顶、支撑柱与推板导柱导套等	
9	垃圾钉(STP)及上下顶针板螺钉是否足够,排布是否合理	
10	吊模螺钉大小是否合理,侧视图有无反映高度,且有无干涉,如与滑块、水嘴接头、定位块、计数器等有无干涉	
11	定位块、K.O 孔有无偏心	
12	大拉杆、小拉杆直径、行程选取是否合理	
13	复位杆(RP)直径及其上弹簧选取是否合理	
14	滑块设计是否合理(包括行程、强度),有无可靠限位	
15	码模位置、尺寸是否合理	
16	斜顶设计是否合理(包括行程、强度及有无干涉等)	
17	模架大小、强度是否合理,规格表达是否正确	
18	浇口及流道系统设计是否合理	
19	是否需装先复位机构	
20	尺寸标注是否完整(如 K.O 孔、STP、SP 等)	
21	标题栏填写是否完整	
22	动定模侧立体图有无摆放	

2.8.1.2 动模板点检表

动模板点检表见表 2-11。

表 2-11 动模板点检表

序号	点检项目	备注
1	图框填写是否完整	
2	基准摆放是否合理	
3	尺寸有无漏标(如顶针、螺柱位置等)	
4	O 形圈规格,水孔尺寸规格有无标注	
5	剖面线与剖视图是否一致	
6	$H = \_\_\_\_$,$Z = \_\_\_\_$,有无标注	
7	有无加注解(如顶针、螺柱、避空孔尺寸个数、螺钉型号个数等)	
8	工位是否反映清楚	

序号	点检项目	备注
9	水路有无干涉、破孔现象	
10	有无其他干涉现象（如顶针与水路、螺钉等）	
11	有无核对组立图	
12	滑块槽视图尺寸是否正确	
13	O形圈是否为实线	
14	字高是否统一	

2.8.1.3 定模板点检表

定模板点检表见表 2-12。

表 2-12　定模板点检表

序号	点检项目	备注
1	图框填写是否完整	
2	基准角摆放是否合理	
3	尺寸标注是否合理	
4	O形圈规格，水孔尺寸规格有无标注	
5	$H=$ ___，$Z=$ ___，有无标注	
6	有无加注解（如螺钉数量等）	
7	剖面线与剖视图是否一致	
8	工位是否反映清楚	
9	水路有无干涉、破孔现象	
10	有无其他干涉现象（如水路、镶件、螺钉等）	
11	有无核对组立图	
12	滑块槽视图在侧视图有无反映，尺寸是否正确	
13	O形圈是否为实线	
14	字高是否统一	

2.8.1.4 定模座板点检表

定模座板点检表见表 2-13。

表 2-13　定模座板点检表

序号	点检项目	备注
1	标题栏填写是否完整	
2	图框大小选取是否合理，一般选取 A2 图纸	
3	定位圈尺寸是否正确，一般为 $\phi100mm$	
4	拉料销有无漏拆（针对三板模）	
5	尺寸标注是否完整	
6	吊模螺纹孔有无加工	
7	有无核对组立图	
8	有无加注解	
9	视图、剖面图摆放是否合理	
10	基准角摆放是否合理	
11	字高是否统一	
12	定位圈有无偏心	

2.8.1.5 动模座板点检表

动模座板点检表见表 2-14。

2.8.1.6 顶针面板及顶针底板点检表

顶针面板及顶针底板点检表见表 2-15。

表 2-14 动模座板点检表

序号	点检项目	备注
1	标题栏填写是否完整	
2	图框大小选取是否合理，一般选取 A2 以下图纸	
3	有无漏拆工位（如 K. O 孔、螺柱孔等）	
4	尺寸是否标注完整且合理（注意 Boss（螺柱）的标注）	
5	尺寸标注是否完整	
6	吊模螺纹孔有无加工	
7	有无核对组立图	
8	有无加注解	
9	视图、剖面图摆放是否合理	
10	基准角摆放是否合理	
11	字高是否统一	
12	顶棍孔位置是否正确	
13	支撑柱螺钉过孔位置是否正确	

表 2-15 顶针面板及顶针底板点检表

序号	点检项目	备注
1	标题栏填写是否完整	
2	基准角摆放是否合理	
3	尺寸是否标注完整，有无漏标（如顶针、螺柱位置）	
4	顶针、螺柱规格型号有无漏标，沉头高度是否正确	
5	有无加注解（如 Boss、顶针、螺钉型号个数等）	
6	有无核对组立图	
7	斜顶槽位置是否正确	
8	字高是否统一	
9	顶针沉头是否与其他工位干涉	
10	顶棍孔位置是否正确	
11	支撑柱孔位是否正确	
12	面针板顶针杯头有无加防转槽	
13	顶针面板及顶针底板之间连接螺钉是否足够	
14	垃圾钉位置和数量是否正确	

2.8.1.7 型腔线切割图点检表

型腔线切割图点检表见表 2-16。

表 2-16 型腔线切割图点检表

序号	点检项目	备注
1	标题栏填写是否完整	
2	基准角摆放是否合理	
3	冷却回路与螺钉等有无干涉	
4	3D 图有无作出冷却回路	
5	冷却回路长度、深度及型号有无标注	
6	有无加吊模螺钉	
7	模仁螺钉排布是否合理，有无干涉现象	
8	镶件孔标注是否完整，有无加编号、剖面线	
9	浇口套孔有无表示	
10	备料尺寸是否正确	
11	有无核对组立图	
12	是否有一侧视图用最深轮廓线表示	
13	字高是否统一	

2.8.1.8　型芯线切割图点检表

型芯线切割图点检表见表 2-17。

表 2-17　型芯线切割图点检表

序号	点检项目	备注
1	标题栏填写是否完整	
2	基准角摆放是否合理	
3	冷却回路与螺钉等有无干涉	
4	3D图有无做出冷却回路	
5	冷却回路钻孔深度、高度及型号有无标注	
6	有无加吊模螺钉	
7	模仁螺钉排布是否合理，有无干涉现象	
8	镶件孔标注是否完整，有无加编号、剖面线	
9	斜顶孔与组立图是否一致，有无加编号	
10	备料尺寸是否正确	
11	顶针有无漏复制、有无漏标、有无干涉现象	
12	是否有一侧视图用最深轮廓线表示	
13	有无加备注栏	
14	是否核对组立图	
15	字高是否统一	

2.8.1.9　型腔型芯标注点检表

型腔型芯标注点检表见表 2-18。

表 2-18　型腔型芯标注点检表

序号	点检项目	备注
1	视图摆放是否合理	
2	基准角是否正确	
3	立体图摆放是否合理	
4	有无加 Z＝＿＿字样(立体图、视图均要求)	
5	插穿、碰穿有无注明(立体图、视图均要求)	
6	流道、浇口有无漏拆、漏标	
7	流道复杂或为曲面时，3D图有无作出	
8	定模侧浇口套有无漏拆、漏标	
9	模仁有无倒扣产生	
10	模仁有无尖角产生	
11	模仁有无大平面碰穿(即基准面)	
12	工位有无标全，放电工作有无最深点	
13	是否核对组立图	
14	标题栏、备料尺寸是否完整	
15	放大图的尺寸比例是否正确	
16	字高是否统一	

2.8.1.10　滑块标注点检表

滑块标注点检表见表 2-19。

表 2-19　滑块标注点检表

序号	点检项目	备注
1	滑块视图及立体图摆放是否合理	
2	滑块靠肩大小、高度、标注是否合理	
3	滑块水路排布是否合理，与螺钉等有无干涉	

序号	点检项目	备注
4	尺寸标注是否完整	
5	有无漏拆工位,如耐磨块螺纹孔、弹簧孔、限位波珠孔等	
6	是否核对组立图	
7	标题栏及备料尺寸是否正确	
8	立体图摆放是否合理,有无加插穿、碰穿字样	
9	检查滑块的行程是否足够	
10	滑块有无倒扣产生	
11	字高是否统一	
12	滑块有无加油槽,技术要求有无加氮化等	

2.8.1.11 斜顶标注点检表

斜顶标注点检表见表2-20。

表 2-20 斜顶标注点检表

序号	点检项目	备注
1	斜顶视图及立体图摆放是否合理	
2	斜顶长度是否与组立图一致	
3	尺寸标注是否完整(尤其是外形尺寸)	
4	是否画出框底线作为尺寸标注基准	
5	斜顶备料是否合理	
6	斜顶有无倒扣产生	
7	检查斜顶的行程是否足够	
8	标题栏填写是否正确	
9	是否核对组立图	
10	斜顶是否有水路	
11	沟槽方向是否正确	
12	斜顶顶出后,与成品、顶针、其他斜顶等有无干涉	
13	斜顶有无加油槽,技术要求有无加氮化等	

2.8.2 模具图纸审核要点

模具图纸审核要点见表2-21。

表 2-21 模具图纸审核要点

审查项目		审查内容
质量		模具材料、硬度、精度、结构等是否符合技术要求
成型件		成型材料的收缩率是否正确。对缩孔、流痕、脱模斜度、熔接线及裂纹等与成型外观有影响的各有关事项进行研究,在不妨碍成型件功能及图案造型设计前提下,简化模具的加工方法
成型机械		成型机械的注射量、注射压力及锁模力是否充分。确定模具在选定的注塑机上的正确安装方法,即紧固螺钉位置、定位圈直径、喷嘴半径、浇口衬套孔径、推杆孔位置及大小。模具尺寸和厚度等是否适当
基本结构	分型面	分型面的位置是否适当,对模具加工、成型件外观、成型件去除毛边、成型件黏附在模具哪一侧等的影响
	顶出方式	所选择的顶出方式是否适当,是采用顶针、推管、推板还是其他顶出方式。顶针、推管、推板的位置、数量是否适当
	温度控制	加热器的使用方法及容量是否合适。对冷却油、冷却水或其他冷却液采用何种结构的循环系统。冷却液孔的大小、数量、位置是否适当
	侧向抽芯机构	侧面形状的抽芯机构是否合适,是采用滑块、斜顶、拼镶结构还是采用其他抽芯方式。所选用的机构需无卡滞现象,动作灵活,不发生事故
	浇口和流道	所选择的浇口形式是否适当,浇口和流道的大小和位置是否合适

审查项目		审查内容
加工问题		是否已充分考虑使模具具有适当的质量及方便快速加工等问题
		各种零件是否有可能加工,且加工方法简便
		是否已将那些加工极为困难的零件设计成加工简便的零件
		是否可将整体式结构改为拼镶式结构
		是否已对加工方法进行研究,并具有与加工方法相适应的模具结构
		是否考虑过加工和装配的基准角
		是否考虑过对于某些特殊加工作出适当的加工提示
		是否已标明实物的配合部位
		是否有配合及调整余量的指示
		是否写明有关的装配注意事项
		是否已在装配、搬运和便于进行一般作业的位置处开设尺寸适宜的起重孔
		是否设置了便于装配和拆卸的过孔或备用螺钉等
		是否考虑过使热处理和其他加工均只出现微小的变形
设计制图	组立图	是否充分利用了模具的可用面积,是否有适当的使用寿命
		各个零件的配置是否适当
		是否用适当的配置绘制组立图
		是否明确表示出零件的装配位置
		必需的零件是否都无遗漏地全部加入
		是否已列出标题和其他必需的说明栏
	零件图	是否已明确地标出零件编号
		零件的名称是否适当
		是否已标明零件数量
		是否已标明零件是由本厂制造、本厂库存物品或是外购件
		是否已无条件地使用各种标准零件
		是否已充分地选用市场上供应的零件
		是否已标明必要部分的精度及作出配合标记
		当需进行电镀时,是否已留出电镀层余量
		在成型件精度要求特别高的部位是否留足钢料以进行加胶修正
		不宜标注高于实际需要的精度
		是否标明需进行热处理和表面处理的部位
		是否标出多腔模具的各个型腔的编号
	绘图	是否已绘出现场生产工人易懂的生产图纸
		图面是否紧凑,示意是否明确

2.9 模具零件公差

一套模具由众多的零件装配而成,零件精度直接影响模具质量和塑件精度。模具上的各个零件,无论是标准件还是自制件,它们之间总是存在着相互配合或运动的关系。有配合要求就要标注公差,为了使模具的各个零部件有更好的配合,有互换性,在模具设计时,必须对模具零部件的公差进行设定,一般情况下,按照基孔制公差设计,即孔类零件设置正公差,轴类零件设置负公差。同时,还应根据各个零件在模具中配合所发挥的作用,选用适当的装配公差,这样才能使配合效果达到最佳。在注塑模具中,常用的是间隙配合和过渡配合,过盈配合往往因难以拆卸而较少使用。

注塑模具上的所有零件,设计和测量的数值均是指满足 ISO 554—1976《调节和/或试验用标准大气、规范》标准中关于基准温度第一类的规定,即基准温度在 20℃±5℃时的数值。

2.9.1 模具尺寸分类

模具的尺寸按照模具构造的实际情况分为成型尺寸、组成尺寸、结构尺寸三种。其中，与成型塑胶件或浇注系统成型表面有关的尺寸称为成型尺寸；与塑胶件或浇注系统表面的夹线有关的尺寸称为组成尺寸；其他与成型塑胶件或浇注系统无直接关系的各类尺寸统称为结构尺寸。

2.9.1.1 结构尺寸

（1）结构尺寸的一般公差

对于模具技术文件中结构尺寸的一般公差，包括线性尺寸和角度尺寸，按国标 GB/T 1804《一般公差 未注公差的线性和角度尺寸的公差》中公差等级为精密等级执行（见表 2-22 和表 2-23）。

表 2-22　一般公差的线性尺寸的极限偏差数值　　　　　　　　　　　mm

公差等级	基本尺寸分段							
	0.5～3	>3～6	>6～30	>30～120	>120～400	>400～1000	>1000～2000	>2000～4000
精密 f	±0.05	±0.05	±0.1	±0.15	±0.2	±0.3	±0.5	—
中等 m	±0.1	±0.1	±0.2	±0.3	±0.5	±0.8	±1.2	±2
粗糙 c	±0.2	±0.3	±0.5	±0.8	±1.2	±2	±3	±4
最粗 v	—	±0.5	±1	±1.5	±2.5	±4	±6	±8

表 2-23　一般公差的倒圆半径和倒角高度尺寸的极限偏差数值　　　　　mm

公差等级	基本尺寸分段			
	0.5～3	>3～6	>6～30	>30
精密 f	±0.2	±0.5	±1	±2
中等 m				
粗糙 c	±0.4	±1	±2	±4
最粗 v				

注：倒圆半径和倒角高度的含义参见 GB/T 6403.4。

（2）结构尺寸的标注偏差

当结构尺寸的配合件为外购件时，其配合关系应在考虑模具要求和供应商提供的外购件的尺寸极限偏差情况下，在符合成本及制造能力的范围内合理制定自制零件的尺寸公差范围（例如，销钉与销钉孔的配合）。

① 结构尺寸为镶件配合，对于普通模具和精密模具：

基本尺寸 $L \leqslant 18mm$ 时，H8/h7；

基本尺寸 $18mm < L \leqslant 80mm$ 时，H7/h6；

基本尺寸 $80mm < L \leqslant 500mm$ 时，H6/h5。

② 结构尺寸为滑动配合（例如，滑块与滑块压条，斜顶滑块与顶针板的配合），对于普通模具和精密模具：

基本尺寸 $L \leqslant 18mm$ 时，H8/g7；

基本尺寸 $18mm < L \leqslant 50mm$ 时，H7/g6；

基本尺寸 $50mm < L \leqslant 250mm$ 时，H6/g5；

基本尺寸 $L > 250mm$ 时，采用配制配合，H6/g5 MF（先加工件为孔）。

2.9.1.2　组成尺寸

组成尺寸的配合件为外购件时，其配合关系应在考虑模具要求和供应商提供的外购件尺寸极限偏差的情况下，在符合成本及制造的范围内合理制定自制零件的尺寸公差范围（例如，顶针与顶针孔的配合）。

（1）组成尺寸为镶件配合（例如，模仁与镶件的配合）

普通模具：基本尺寸 $L \leqslant 50$ mm 时，H7/js7；

　　　　　基本尺寸 50mm$<L \leqslant$250mm 时，H7/k6；

　　　　　基本尺寸 250mm$<L \leqslant$630mm 时，采用配制配合，H6/h5 MF（先加工件为孔）。

精密模具：基本尺寸 $L \leqslant 30$ mm 时，H7/js7；

　　　　　基本尺寸 30mm$<L \leqslant$180mm 时，H6/js6；

　　　　　基本尺寸 180mm$<L \leqslant$400mm 时，采用配制配合，H6/h5 MF（先加工件为孔）。

（2）组成尺寸为滑动配合（例如，斜顶、直顶与模仁的配合）

普通模具：基本尺寸 $L \leqslant 10$ mm 时，H7/g7；

　　　　　基本尺寸 10mm$<L \leqslant$30mm 时，H7/g6；

　　　　　基本尺寸 30mm$<L \leqslant$50mm 时，H6/g5；

　　　　　基本尺寸 50mm$<L \leqslant$120mm 时，采用配制配合，H6/g5 MF（先加工件为孔）。

精密模具：基本尺寸 $L \leqslant 18$ mm 时，H6/g6；

　　　　　基本尺寸 18mm$<L \leqslant$30mm 时，H6/g5；

　　　　　基本尺寸 30mm$<L \leqslant$80mm 时，采用配制配合，H6/g5 MF（先加工件为孔）。

2.9.1.3　成型尺寸

对于普通模具和精密模具的模具型腔成型尺寸，均要求按塑胶件产品上相应尺寸的中间值计算，以便在塑料收缩率向正、负方向波动时塑件不会超差。即成型尺寸的上下偏差值为其公差数值的 1/2。具体成型尺寸的数值参见表 2-24 模具型腔的成型尺寸。

表 2-24　模具型腔的成型尺寸　　　　　　　　　　mm

公差类别	基本尺寸																			
	从		3	6	10	15	22	30	40	53	70	90	120	160	200	250	315	400	500	630	800
	到	3	6	10	15	22	30	40	53	70	90	120	160	200	250	315	400	500	630	800	1000
相应于普通模具"未注偏差"栏和"直接标注偏差的公差"中"一般要求"栏的模具成型尺寸公差	0.1	0.1	0.12	0.12	0.12	0.14	0.14	0.16	0.19	0.22	0.25	0.28	0.34	0.4	0.4	0.4	0.4	0.4	0.4	
相应于普通模具"直接标注偏差的公差"中"配合要求"栏，精密模具"未注偏差"栏和"直接标注偏差的公差"中"一般要求"栏的模具成型尺寸公差	0.05	0.05	0.06	0.07	0.07	0.09	0.1	0.11	0.13	0.15	0.18	0.21	0.25	0.3	0.3	0.3	0.3	0.3	0.3	

公差类别	基本尺寸																			
	从		3	6	10	15	22	30	40	53	70	90	120	160	200	250	315	400	500	630	800
	到	3	6	10	15	22	30	40	53	70	90	120	160	200	250	315	400	500	630	800	1000
相应于精密模具"直接标注偏差的公差"中"配合要求"栏的模具成型尺寸公差	0.03	0.04	0.04	0.05	0.06	0.07	0.07	0.08	0.1	0.12	0.12	0.14	0.16	0.18	0.2	0.2	0.2	0.2	0.2	0.2
采用精密加工技术,并考虑制造工艺所达到的模具成型尺寸公差	0.02	0.02	0.02	0.03	0.03	0.04	0.05	0.06	0.07	0.08	0.09	0.1								

2.9.2 模具型腔圆弧未注公差尺寸的极限偏差

模具型腔圆弧未注公差尺寸的极限偏差如表 2-25 所示。

表 2-25 模具型腔圆弧未注公差尺寸的极限偏差 mm

基本尺寸 R			$R \leqslant 6$	$6 < R \leqslant 18$	$18 < R \leqslant 30$	$30 < R \leqslant 120$	$R > 120$
极限偏差	精密模具	凸圆弧	0 / −0.06	0 / −0.10	0 / −0.15	0 / −0.22	0 / −0.30
		凹圆弧	+0.06 / 0	+0.10 / 0	+0.15 / 0	+0.22 / 0	+0.30 / 0
	普通模具	凸圆弧	0 / −0.12	0 / −0.16	0 / −0.23	0 / −0.32	0 / −0.40
		凹圆弧	+0.12 / 0	+0.16 / 0	+0.23 / 0	+0.32 / 0	+0.40 / 0

2.9.3 模具的几何公差

根据模具的使用和装配要求,确定模具中零件的几何公差。

（1）未注几何公差

关于精密模具和普通模具的未注几何公差,直线度、平面度、平行度、垂直度、倾斜度的未注几何公差按 GB/T 1184—1996 中公差等级 10 级。

（2）模具型腔的标注几何公差

对于客户塑胶产品上有形位公差要求的部位,在其模具相对应的位置上应考虑其形状或位置要求,具体几何公差数值根据产品的塑料物性和结构情况,一般取塑胶产品几何公差要求的 1/3～1/4。

（3）其他部位的标注几何公差

精密模具的标注几何公差,直线度、平面度、平行度、垂直度、倾斜度的未注几何公差按 GB/T 1184—1996 中公差等级 6 级,面轮廓度公差数值 0.02mm。

普通模具的标注几何公差,直线度、平面度、平行度、垂直度、倾斜度的未注几何公差按 GB/T 1184—1996 中公差等级 7 级,面轮廓度公差数值 0.05mm。

2.9.4 与模架相关的公差和技术要求

与模架相关的公差和技术要求见表 2-24、表 2-26～表 2-29。

表 2-26　模板的公差及表面粗糙度要求　　　　　　　　　　　　　　　　　　　mm

参数		动定模座板	热流道框板	A/B,B1 板	推板	B2/托板	水口板	顶针板/顶针底板	方铁
高度/厚度 T		+0.5～0							+0.4～+0.1
宽度 W		+0.5～0	+1.0～0					+0.5～0	−1.5～+0.5
长度 L								+0.5～0	
倒角	15～27 系列	1.5～2.0							
	30 系列以上	2.0～3.0							
垂直度 ⊥		0.05/300		基准角:0.01/100				0.05/300	0.1/300
				其余角:0.03/100					
板的上下表面平面度 □		0.015/100							
表面粗糙度 Ra		上下表面:Ra3.2	基准角:Ra3.2					上下表面:Ra3.2	
			上下表面:Ra3.2						
		其余面:Ra6.3	其余面:Ra6.3					其余面:Ra6.3	

表 2-27　模胚开框的规格及精度要求　　　　　　　　　　　　　　　　　　mm

项目	基本尺寸	长 X	宽 Y	深 D	对框	角位 R
模框规格	模框长、宽在 210mm 或以下					R25
	模框长 X、宽 Y 在 210mm 以上					R32
精加工	模框长、宽在 300mm 或以下	±0.02	±0.02	0 −0.05	±0.02	当深度 D≤50,R13
	模框长、宽在 301～570mm	±0.03	±0.03	0 −0.05	±0.03	当深度 50<D≤100,R16.5

表 2-28　常用导柱长度与允许公差范围　　　　　　　　　　　　　　　　mm

直径	8,10	12,13,16	20,25,28,30	32,35,40,50
公差范围	−0.015～−0.02	−0.02～−0.025	−0.025～−0.03	−0.03～−0.04

表 2-29　模架上的标准件技术要求　　　　　　　　　　　　　　　　　　mm

分类	导柱，大拉杆，带肩导柱类			带肩导套，直导套，顶针板导套类		销钉类
	紧配部分 D_1/d_1	滑配部分（轴公差）		紧配部分	滑配部分（孔公差）	
		直径	公差	无定位的导套的紧配部位	带肩导套，直导套，顶针板导套类	
		导柱类 / 大拉杆类				
公制例:FUTABA,PUNCH,正钢	H6/m5	d<12 / d<12	−0.015 −0.020	H6/m5		H7/m6
		12<d≤16 / 12<d≤16	−0.020 −0.025	有定位的导套的紧配部位 H6/h6	G6	
		16<d≤30 / 16<d≤50	−0.025 −0.030			
		30<d≤35	−0.030 −0.035	导套的定位部位（仅限于有定位的结构）H7	镶石墨的顶针板导套 H7	
		35<d≤50	−0.030 −0.040			
		d>50	−0.030 −0.050			

分类	导柱，大拉杆，带肩导柱类					带肩导套，直导套，顶针板导套类				销钉类
	紧配部分 D_1/d_1			滑配部分(轴公差)		紧配部分		滑配部分(孔公差)		
公制(DIN) 例：HASCO	导柱的紧配部位	Z00/…，Z014/…，Z03/…	H7/k6	Z00/…，Z01/…，Z011/…，Z014/…，Z015/…，Z02/…，Z022/…，Z03/…	g6	导套的紧配部位	H7/k6	其他	H7	H7/m6
		Z011/…	H7/m6							
	导柱的定位部位	Z00/…，Z0142/…，Z0152/…，	H7/e7	Z012/…，Z013/…（配 Z12/… 滚珠衬套）	h4	导套的定位部位(仅限于有定位的结构)	H7/e7	Z10W/…，Z11W/…，Z10W/…	F8	
						导套的紧配部位	$+0.013/0$ $+0.025/+0.013$	带肩导套，直导套类	$+0.025$ $+0.013$	

动模、定模在合模过程中，通常导柱与导套等导向机构最先接触，引导动模、定模正确闭合，避免凸模或型芯先进入型腔损坏成型零件。熔融塑料注入模具型腔过程中会产生单向侧压力，或由于注塑机精度的限制，使导柱在工作中承受一定的侧压力。导柱与导套的公差关系通常与导柱的长度成正比，导柱越长，其公差也就越大。表 2-28 列出了常用的导柱长度与允许的公差范围。

2.9.5　模具零件公差的简化标注

模具零件公差主要分为尺寸公差和几何公差两大类。为节省绘图时间，需要根据各个企业的工艺标准，通过一些规则来简化标注，即不必将所有的公差要求全部在图样上标注出来，而是制定相应的模具制造标准和加工规范，将尺寸公差统一标注在图纸明细表里。

对于尺寸公差，配合尺寸可将相应的公差值标注在图样上，其他具有公差要求的尺寸可以按照以下几种方式标注。

① 标注为××.××的型腔、型芯尺寸，表示该尺寸公差为±0.02mm 标注为××.××的配合尺寸，孔为+0.02mm，轴为-0.02mm；与分型面垂直，有关动、定模嵌合的尺寸，公差为+0.01～+0.02mm；标注为××.××的坐标位置尺寸，表示该尺寸公差为±0.01mm。

② 标注为××.×的型腔、型芯尺寸，表示该尺寸公差为±0.1mm；有关配合尺寸，孔为+0.1mm，轴为-0.1mm。其余未注公差按国标 js12 执行。

对于几何公差，可按下述规定，通过技术要求的形式在图样上集中说明，或作为工艺规范在加工中保证。

① 型腔、型芯类和有关电极：有关各面间平行度、垂直度不大于 0.01/100mm。

② 模板：小于 300mm×300mm 的模板，其平行度、垂直度不大于 0.02；大于 300mm×300mm 的模板，其平行度、垂直度不大于 0.025。

③ 回转体：同轴度不大于 $\phi0.015$。

2.9.6　型腔和型芯零件公差标注实例

前后精框与模仁的配合公差要求较高，前后模仁有整体式、组合式与全镶拼式之分。模具成型部分能否拆成镶件形式，应该从加工难易度、减少加工量、节省加工时间、节省贵重钢材、易拆换、方便修改或模具的排气需要等角度考虑。采用精框与模仁组合的方式，采用分开加工方法，对模框与模仁的配合精度要求较高。通常一般尺寸的模具其模框与模仁之间的配合公差为 0.1～0.025mm，粗糙度 Ra 为 0.8～1.6μm。由于一些模框与模仁的尺寸较大，超出磨床加工范围，在实际加工过程中尺寸不易控制，具体尺寸公差应以实配为主。实配要求不紧不松，公差不能太大。

镶件与模仁之间配合间隙的选择应当考虑在塑料溢边值范围内。通常，熔融塑料的溢边值为 0.02～0.05mm，所以镶件与模仁的配合间隙一般取 0.01～0.02mm。

模框与模仁的公差具体参照模仁大小而定。图 2-35 以打印机支架热流道注塑模的型腔零件为例，列出了其公差要求。尺寸 A、B 分别为型腔的长宽，这两个尺寸需要与模板的精框相配合，如果配合太松，则注射过程中动、定模会发生错位，影响合模精度；如果配合太紧，则模具难以组装和拆卸。尺寸 C 为两个热嘴的中心距，热嘴需要与分流板精密配合，此尺寸需要较高的精度。尺寸 H 和 K 则为热嘴的安装尺寸，若 H 尺寸超差，会使热嘴难以封胶。尺寸 D 和 E 是冷却运水的尺寸，一般精度即可。

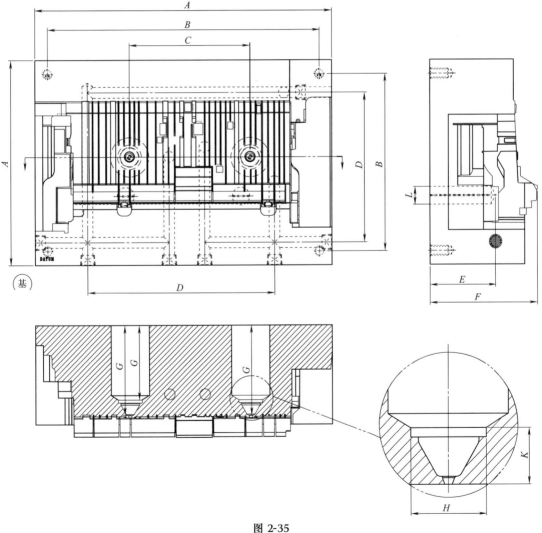

图 2-35

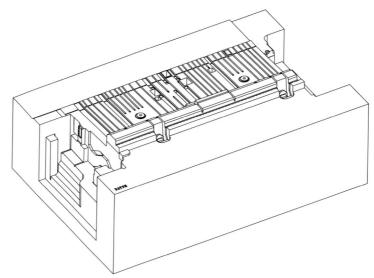

项目	A	B	C	D	E	F	G	H	K
公差	$A \leqslant 150, \pm 0.01$	$A \leqslant 150, \pm 0.01$	± 0.015	± 0.10	± 0.10	± 0.015	± 0.015	$^{+0.015}_{0}$	± 0.015
	$A > 150, \pm 0.015 \sim 0.02$	$A > 150, \pm 0.015 \sim 0.02$							

图 2-35 型腔零件的公差

  型腔和型芯零件,包含模仁、小镶件和镶针等,是模具成型部位的核心零件。与塑料接触部位的加工精度,主要依赖先进的 CNC 机床和刀具以及高精度软件编程技术。动模仁和定模仁零件需要与模架上相应的精框相配合。精框需要高精度机床再配以未经磨损的刀具精密铣削而成。模仁的四周是精密磨削的,其加工精度依赖磨床精度,到目前为止,磨床仍然是模具加工的高精度机床。磨削较大模仁的四周时,需要注意不要超出磨床的加工范围。

  图 2-36 所示为型芯零件的公差,型芯(动模仁)中心镶大镶件,型芯孔一般采用线切

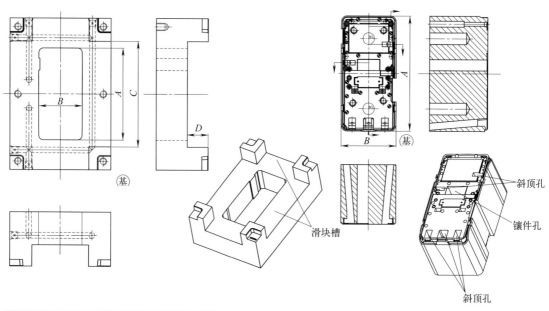

项目	A(孔)	B(孔)	C(滑块槽)	D(滑块槽深)	斜顶孔
公差	$+0.015 \sim 0.02$	$+0.015 \sim 0.02$	$+0.015 \sim 0.02$	$+0.01 \sim 0.02$	长宽均为 $+0.02$

图 2-36 型芯零件的公差

割加工，大镶件则可以采用磨削或线切割加工，斜顶孔则必须采用线切割加工，其长宽两个方向均需要＋0.02mm的公差。公差的选取除了考虑加工机床和工艺外，还需要考虑塑料的溢边值，溢边值小的塑料，需要小的配合间隙，否则容易出现毛边。滑块槽的配合，还需要考虑模具的温度，当塑料需要高的成型温度时，模具温度较高，运动零件的间隙太小，则容易出现卡滞现象。

图 2-37 所示为镶件挂台和扁顶针槽的公差。扁顶针槽的公差设定需要考虑到有排气间隙而不溢料，此槽可以用磨床加工，或者线切割加工。挂台需要在高度方向增加加工余量，在配入模仁后，再一起磨平。

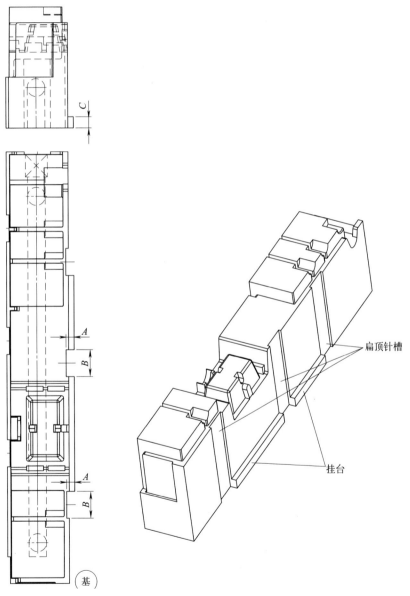

项目	A	B	C
公差	＋0.015～0.02	＋0.015～0.02	＋0.015～0.02

图 2-37 挂台和扁顶针槽的公差

2.9.7　角度公差

通常存在两类角度公差，一类是塑件本身结构要素的角度，与其对应的模具零件的角度公差，此类公差取值为塑件公差的 1/2～1/3。另一类公差是指模具结构或模具运动零件的公差，为了确保模具运动顺畅和塑件尺寸精度，这类模具零件必须具有较高的加工精度。图2-38 所示高精度锥台和图 2-39 所示小滑块零件相互配合，实现内孔整圈倒扣的抽芯，其角度公差为±0.05°，高精度燕尾槽需要用精密慢走丝线切割机床加工。

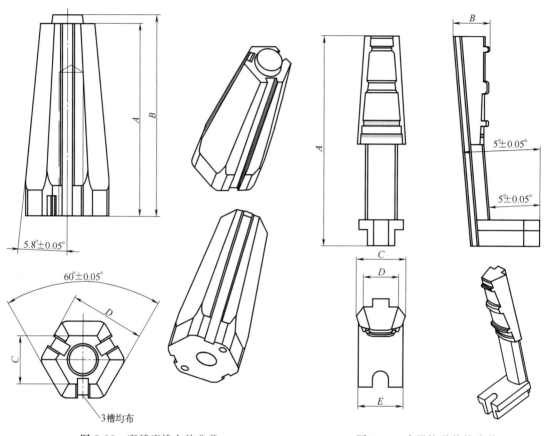

图 2-38　高精度锥台的公差　　　　　　图 2-39　小滑块零件的公差

2.9.8　滑块抽芯系统的公差

2.9.8.1　斜导柱安装孔的公差

斜导柱与滑块及相关零件的配合与公差关系见图 2-40 和图 2-41，由于斜导柱只为滑块提供驱动力，没有定位功能，所以斜导柱与滑块之间采用较为宽松的配合，配合间隙一般为0.5mm。如因塑料件的特殊结构或其他原因，需要滑块在开模过程中延后活动，可适当加大其配合间隙，以达到延后活动的目的。

斜导柱孔和角度的公差见图 2-40，模板上斜导柱固定孔的加工方法是在铣床上将铣刀倾斜放置后加工。

方形斜导柱常用在滑块尺寸较小的情况下，例如小扣位的脱模，在驱动小滑块的同时，可起到斜楔的作用，这种设计能减小空间尺寸。方形斜导柱槽的公差如图 2-42 所示。在承

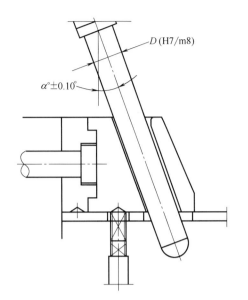

图 2-40　斜导柱孔和角度的公差

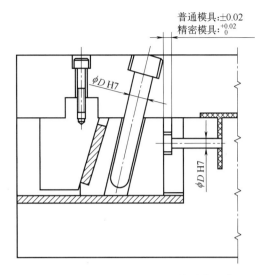

图 2-41　斜导柱孔和滑块镶针孔的公差

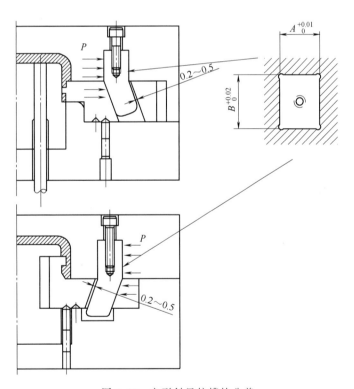

图 2-42　方形斜导柱槽的公差

受型腔侧面压力的方向，配合要紧密一些，公差要取小的值，尺寸为 $A+0.01$，在另外一个方向，公差可以取得大一些，尺寸为 $B+0.02$。

2.9.8.2　斜楔安装孔的公差

当塑料熔体进入型腔后，它以很高的压力作用于型芯或滑块，迫使滑块后退，其作用力等于型腔压力和沿滑动方向塑料作用在型芯或滑块上投影面积的乘积。由于斜导柱的强度很弱，故常用楔紧面来承受这一侧向推力。同时，单靠斜导柱不能保证滑块的准确定位，而精度较高的楔紧面在合模时能确保滑块位置的精确性。

斜楔的功能：合模时压着滑块本体，决定滑块的前后位置，为防止滑块在成型时因树脂压力而后退，斜楔和闭锁块槽穴间须精密配合。A 型斜楔的尺寸及安装孔的公差见图 2-43。B 型斜楔的尺寸及安装孔的公差见图 2-44，这种斜楔具有反铲功能。C 型斜楔的尺寸及安装孔的公差见图 2-45。

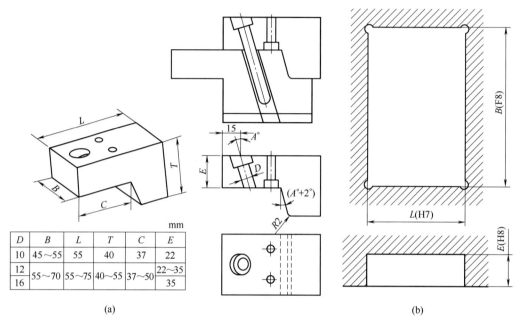

mm

D	B	L	T	C	E
10	45~55	55	40	37	22
12	55~70	55~75	40~55	37~50	22~35
16					35

(a)

(b)

图 2-43 A 型斜楔的尺寸及安装孔的公差

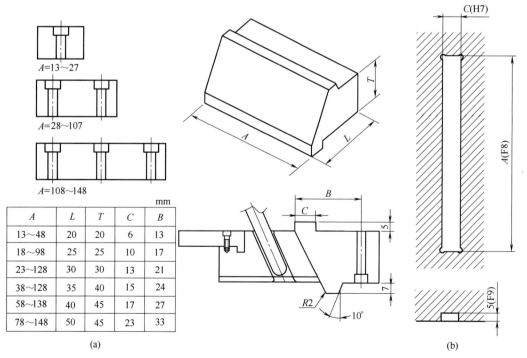

mm

A	L	T	C	B
13~48	20	20	6	13
18~98	25	25	10	17
23~128	30	30	13	21
38~128	35	40	15	24
58~138	40	45	17	27
78~148	50	45	23	33

(a)

(b)

图 2-44 具有反铲功能的斜楔（B 型斜楔）尺寸及安装孔的公差

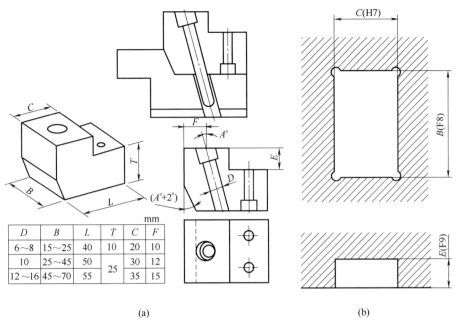

D	B	L	T	C	F
6~8	15~25	40	10	20	10
10	25~45	50	25	30	12
12~16	45~70	55		35	15

（a）

（b）

图 2-45 C 型斜楔的尺寸及安装孔的公差

2.9.8.3　斜滑块与导轨的配合

滑块运动的平稳顺畅性是由导轨与滑块之间的配合精度保证的，因此在水平与竖直方向的两组平面均有配合要求，其配合间隙均为 0.01~0.05mm。同时，为保证滑块的耐磨与滑动过程中的润滑，可在滑块与导轨的配合面开设油沟，添加润滑脂。滑块与导轨的尖角均应倒成 C 角，以使其配合滑动顺畅。应用最广泛的是一字形滑块压条，其滑块槽为无导槽型滑块槽，见图 2-46（a）。采用一字形压条时，压条只起到压紧滑块，防止滑块倾覆的作用，

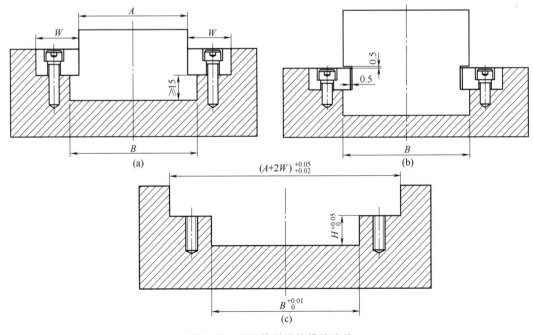

（a）

（b）

（c）

图 2-46 无导槽型滑块槽的公差

不起导向作用。滑块依靠尺寸 B 处台阶的两侧面导向，因此，尺寸 B 处不能留有间隙，同时台阶高度尽可能大于 15mm，这种滑块加工和装配都比较方便。图 2-46（b）所示为滑块高度较高的情形。图 2-46（c）所示为滑块槽的公差，尺寸 H 尽可能大于 15mm。

T 形压板通常采用滑块槽中铣槽固定，压板顶部边缘与滑块侧面配合，为滑块导向，这种形式是模具滑块滑动方式中应用较多的一种。T 形压板选用较好的钢材制作，强度较好，侧面开油槽。其公差关系如图 2-47 所示，图（a）为一般情形，图（b）为滑块较高的情况，图（c）为滑块槽尺寸公差。

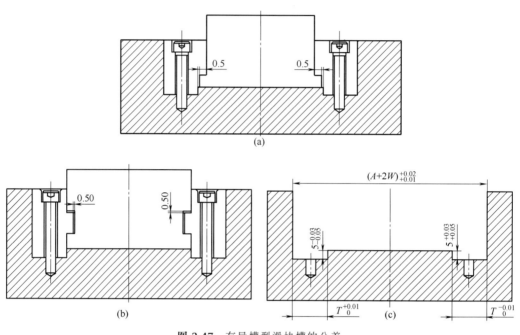

图 2-47 有导槽型滑块槽的公差

对于宽度尺寸较大的滑块，为了增加导向的平稳性，在滑块中心增加一个中心导轨，其公差见图 2-48。

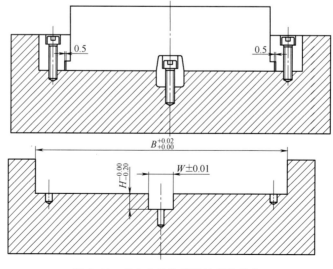

图 2-48 有中心导轨型滑块槽的公差

当两个滑块的距离较近时，中间的压条位置可能不足，可设计一个共用压条，其公差见图 2-49。两边的两条压条由于没有加工定位槽，因此，在压条上需要设计定位销。

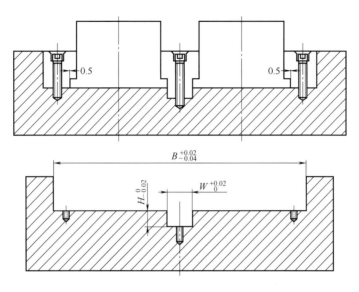

图 2-49 双边导轨型滑块槽的公差

图 2-50 为有导槽滑块的另一种形式，由于压条本身没有定位，所以每个压条都需要加上两个定位销。

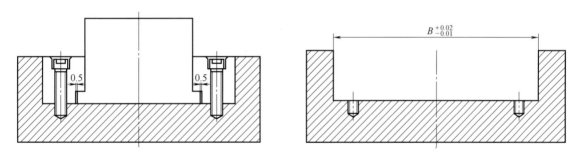

图 2-50 有导槽型滑块槽的公差

对于模具温度超过室温 40℃ 的高温模具，滑块槽尺寸 B 要考虑热膨胀，一个常见的问题是随着模具温度的上升，滑块会出现卡滞问题。

2.9.8.4 T 形槽滑块的公差

T 形槽滑块常用于空间位置较小的场合，也可以用动模滑块取代斜导柱。T 形槽常采用线切割的方法加工，需要高的加工精度，其斜度公差常采用 $\pm 0.05°$，其余尺寸公差见图 2-51。

2.9.8.5 滑块镶针槽的公差

滑块镶针槽的公差见图 2-52。

2.9.8.6 滑块压条的公差

压条是滑块的限位和导向零件，其主要的公差为长度和厚度公差，其标注和公差见图 2-53。其中，螺栓过孔里标注 M6 是为了方便模具组装。

尺寸	A	B	C	D	E	F	G	H	J	L
公差	−0.015~0.02	−0.015~0.02	+0.02~0.03	+0.02~0.03	+0.02~0.03	+0.03~0.05	+0.02~0.03	−0.015~0.02	±0.01	−0.015~0.02

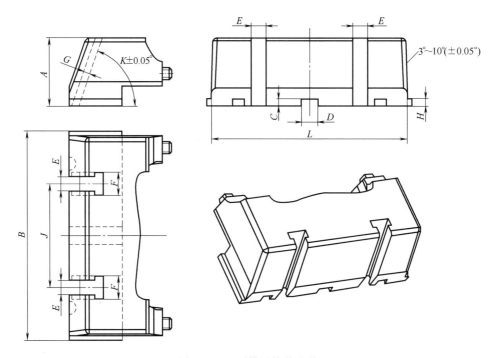

图 2-51 T形槽滑块的公差

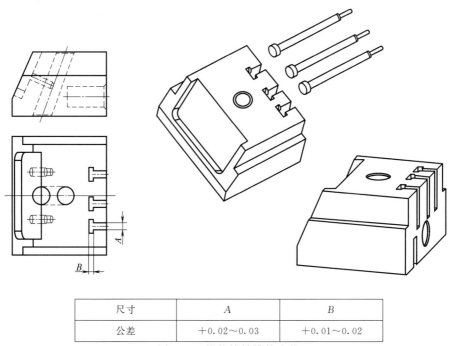

尺寸	A	B
公差	+0.02~0.03	+0.01~0.02

图 2-52 滑块镶针槽的公差

2.9.9　斜顶导向块的公差

斜顶导向块的标注和公差见图 2-54。

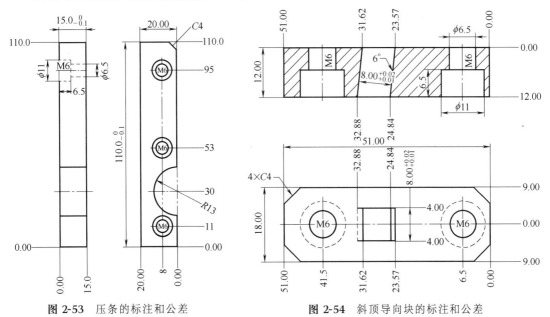

图 2-53　压条的标注和公差　　　　　图 2-54　斜顶导向块的标注和公差

2.9.10　各类孔槽的加工公差

如果注塑机喷嘴与主流道中心稍有偏离，会影响熔融塑料流动，出现不顺畅情况。主流道衬套与定模固定模板的配合间隙一般取 0.05mm，主流道衬套与模仁的配合间隙一般取 0.01mm，以保证模具在注塑过程中不出现溢料。为了便于在注塑机上快速安装模具进行生产，通常可在主流道衬套外加装定位圈并采用螺钉紧固。定位圈直径可比定位圈安装孔的直径小 0.2mm，公差结构如图 2-55 所示。

镶针、小镶件挂台和模仁的配合公差见图 2-56。

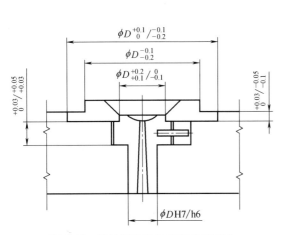

图 2-55　定位圈和浇口套的公差配合

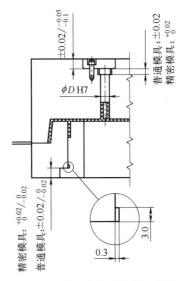

图 2-56　镶针、小镶件和模仁的配合

推杆、推管和模仁的配合公差见图 2-57，推块杆和模仁的配合如图 2-58 所示。

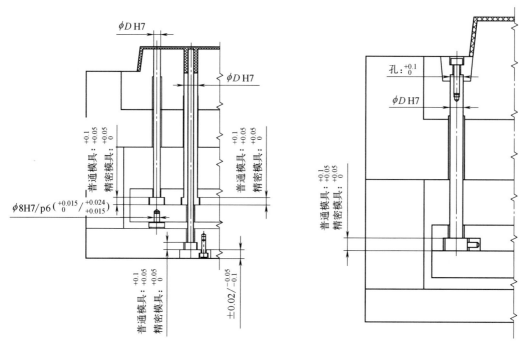

图 2-57 推杆、推管和模仁的配合

图 2-58 推块杆和模仁的配合

推杆在设计时应注意，推杆与模仁上的推杆孔的配合间隙不能超出塑料的溢边值，否则容易使所生产的塑料件出现毛边等溢料的情况。一般推杆与推杆孔的配合间隙为 0.01～0.015mm，推杆孔的封胶位为胶位以下 5～10mm。通常推杆端面应与型腔在同一平面，或者高出型腔 0.1～0.2mm，具体可依塑料件的要求而定。推杆与上顶针板、下顶针板、动模板等非封胶位的配合间隙为 0.5mm 左右。

斜度定位块和模仁的配合见图 2-59，圆锥定位件和模仁的配合见图 2-60。模具在合模过程中，动、定模之间的相对位置必须准确。精定位是一个辅助准确合模定位的约束零件，

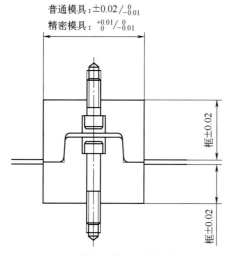

图 2-59 斜度定位块和模仁的配合

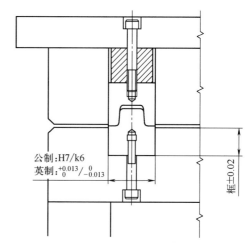

图 2-60 圆锥定位件和模仁的配合

也称为定位件。精定位由凸凹两块组成，分别锁在动模板与定模板上的精定位槽内，并且需严格保证两者的平行度与垂直度。配合面与其他面之间的交角应当倒圆角或倒成 C 角。其公差要求如图 2-61 所示。

耐磨块常用在滑块等运动部件之间，便于模具组装和调整。耐磨块的公差配合见图 2-62。

日期章和环保章的配合见图 2-63，引气阀的公差配合见图 2-64。

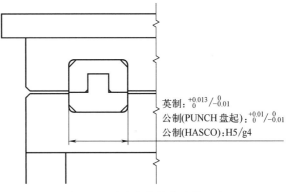

英制：$^{+0.013}_{0}$/$^{0}_{-0.01}$
公制(PUNCH 盘起)：$^{+0.01}_{0}$/$^{0}_{-0.01}$
公制(HASCO)：H5/g4

图 2-61　零度定位块的公差配合

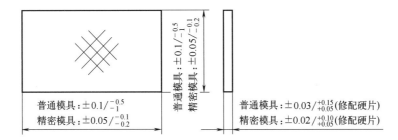

图 2-62　耐磨块的公差配合

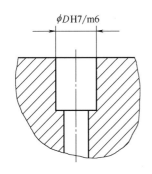

图 2-63　日期章和环保章的配合

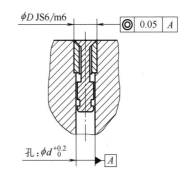

图 2-64　引气阀的公差配合

2.9.11　大型模具的公差

大型模具的型腔一般为原身留的结构，即型腔直接加工在模架上，图 2-65 为大型模具的公差，图（a）为型腔板的公差，图（b）为动模板的公差。

2.9.12　热流道模具的公差

热流道模具的分流板、热嘴和注射嘴等都是标准化元件，这些标准化元件都具有很高的加工精度，因此与其相配合的模板安装尺寸都需要很高的加工精度。对于普通的两板模或者三板模，模板的厚度公差不是很重要，在模架厂，模板通常会加工成＋0.1mm 的公差。对于热流道模具，分流板的厚度和热嘴的长度都是标准件，因此，模板的厚度都需要高的加工精度。热流道模具公差标注见图 2-66 和图 2-67。

尺寸	A_1、A_2	B_1、B_2	C	D	E
公差	$+0.01 \sim 0.02$	$-0.01 \sim 0.02$	$+0.03 \sim 0.05$	$-0.01 \sim 0.02$	$-0.02 \sim 0.05$

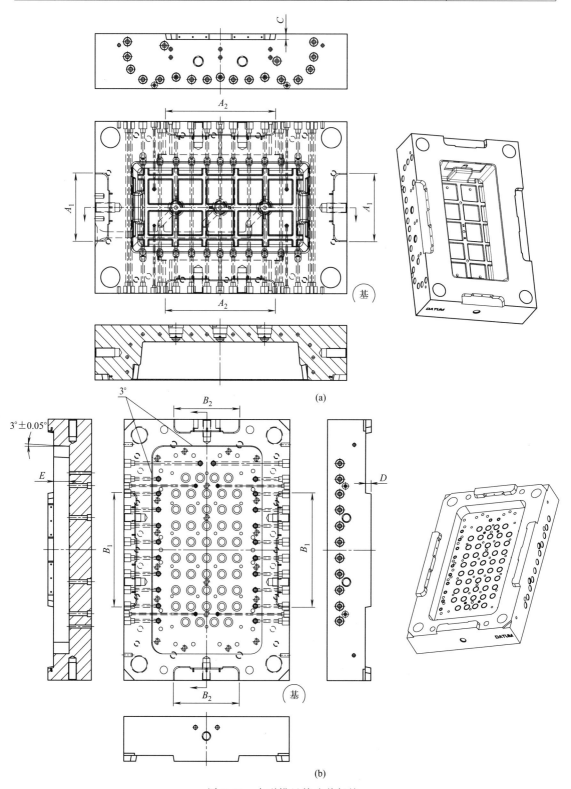

图 2-65　大型模具的公差标注

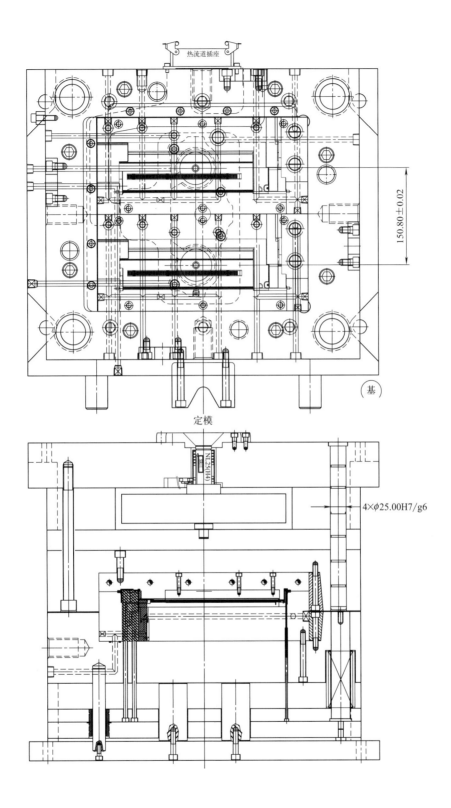

图 2-66 热流道模具公差标注

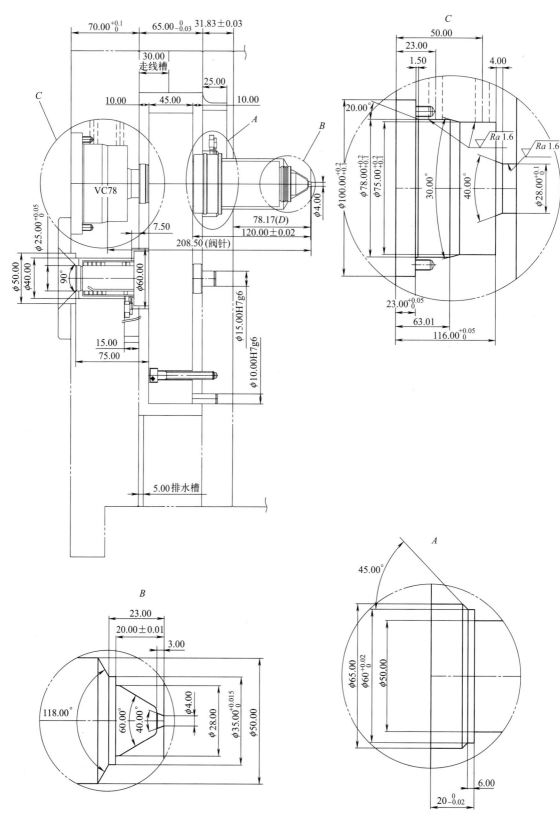

图 2-67 针阀式热流道模具公差标注

2.9.13　圆形多腔模具的公差

饮料瓶盖、酱油瓶盖、各类化妆品盖、医药包装瓶盖等样式和颜色繁多，外形呈圆柱形，内侧有螺纹，外侧有防滑筋。瓶盖类塑件作为包装容器大批量生产，宜采用一模多腔的设计模式，由注塑机的锁模力、注射量及瓶盖的精度和经济性因素确定型腔数量。有些圆形塑件需要脱内螺纹，因此模架多为非标模架。

图 2-68 所示为酱油瓶拉环底盖产品图，图 2-69 所示为其 1 出 12 模具图。其模具公差见图 2-70，模板厚度公差为＋0.025mm，保证所有孔的同心度为 0.015mm，加工四组 PL-50 精定位。模架各模板之间需要设计定位销，确保多次拆装还能够保证装配精度。双头螺纹 1 圈，螺距 3.6mm。模板上的中心孔距公差为±0.015mm，适用于没有齿轮传动的情况。

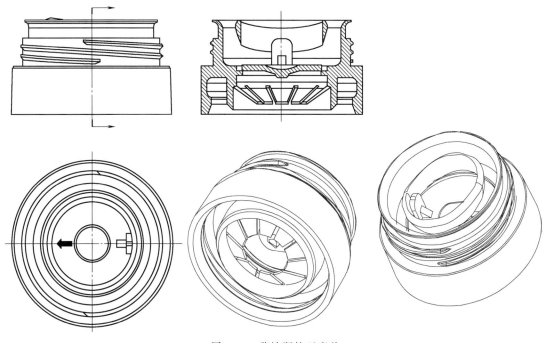

图 2-68　酱油瓶拉环底盖

2.9.14　脱螺纹模具的公差

脱螺纹模具转轴中心距的公差，需要在标准计算的基础上增加一个增量，作为温度升高的热膨胀补偿，一般这个值为 0.05～0.1mm。

滚动轴承由内圈、外圈、滚动体和保持架组成，在自动脱螺纹模具中有着广泛的应用。滚动轴承的内径 d 和外径 D 是配合的公称尺寸。滚动轴承内圈与轴颈采用基孔制配合，外圈与安装孔采用基轴制配合。

滚动轴承按其内外圈基本尺寸的尺寸公差和旋转精度分为五级，其名称和代号由低到高分别为：普通级/P0、高级/P6（6x）、精密级/P5、超精密级/P4 及最精密级/P2（GB/T 307.3—2005），即 0、6、5、4、2 五级。凡属普通级的轴承，一般在轴承型号上不标注公差等级代号。0 级用于旋转精度要求不高的一般机构中，脱螺纹模具的螺纹芯轴转速较低，负荷也不算大，因此 0 级精度的滚动轴承就可以满足要求。

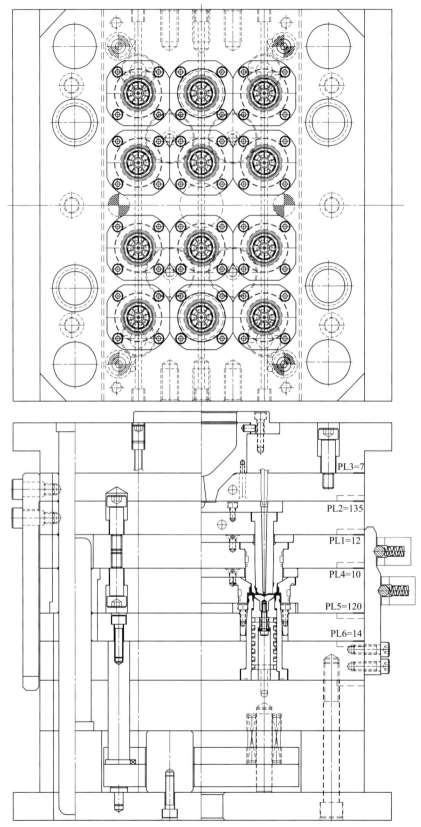

PL3=7

PL2=135

PL1=12

PL4=10

PL5=120

PL6=14

图 2-69 酱油瓶拉环底盖模具

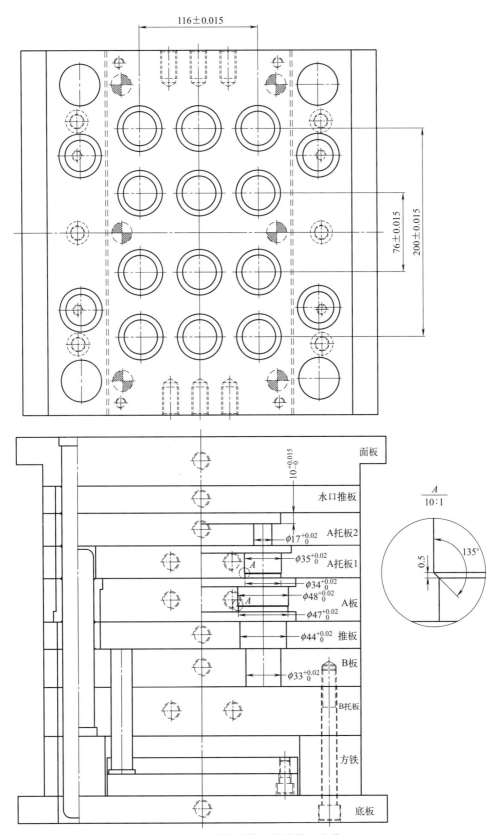

图 2-70 酱油瓶拉环底盖模具公差

滚动轴承外圈与孔座按基轴制进行过盈配合，通常两者之间不要求太紧，故与一般圆柱体基轴制相同，上偏差为 0，下偏差为负。由于轴承精度要求很高，其公差值相对略小一些。

　　滚动轴承内圈与轴同步运转，为承受一点外力矩，并防止两者之间发生相对运动而导致结合面磨损，二者应为过盈配合。但内圈为薄壁件，易弹性变形，过盈量不宜过大（随时装换），如按一般基孔制将内孔公差带分布零线上侧，当采用过盈配合时，所得过盈量过大，改用过渡配合，又可能出现间隙，不能保证具有一定过盈。若采用非标准配合，又因是非标准件而违反标准化与互换原则，为此滚动轴承国标将其公差带分布在零线下侧，此时与一般过渡配合轴相配，不但能保证获得不大的过盈，而且不会出现间隙，从而满足了轴承内孔与轴配合的要求，同时又可按标准偏差加工轴。因此，标准规定：内圈与轴按基孔制进行过盈配合，但其公差带位置与一般圆柱基孔制相反，上偏差为 0，下偏差为负。

　　图 2-71 和图 2-72 所示均为 HASCO 螺旋杆脱螺纹模具。脱螺纹模具中，大量使用圆锥滚子轴承和深沟球轴承，圆锥滚子轴承安装尺寸见表 2-30，表 2-31 所示为与轴承内孔配合轴的公差，表 2-32 所示为与轴承外圈配合孔的公差，图 2-73 所示为键槽的公差配合。

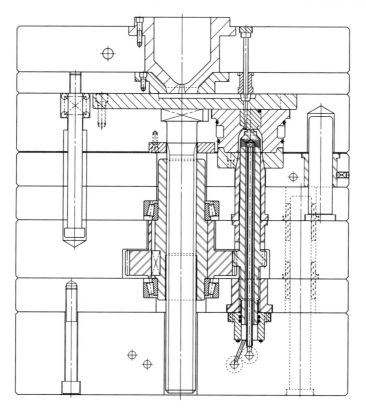

图 2-71 HASCO 螺旋杆脱螺纹模具 1

　　轴承旋转时，套圈温度经常高于相邻零件的温度。轴承的内圈可能因热膨胀而使配合变松，外圈会因热膨胀而使配合变紧。选择配合时应考虑温度的影响。滚动轴承工作温度一般低于 100℃，高温模具的轴承应将所选择的配合进行修正。实践表明，注塑模具中的轴承的安装公差不同于普通机械设计的公差，在注塑模具中，温度较高，载荷较轻，转速较低。

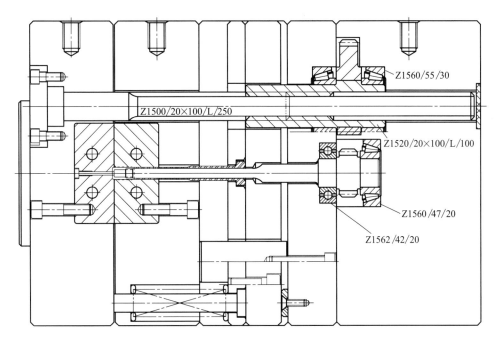

图 2-72 HASCO 螺旋杆脱螺纹模具 2

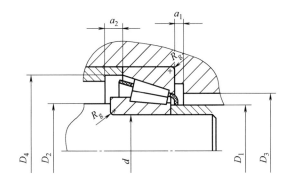

表 2-30 圆锥滚子轴承安装尺寸   mm

d	D_1 max	D_2 min	D_3 min	D_4 min	a_1 min	a_2 min	R_g max
20	27	26	40	43	2	3	
22	27	27	38	41		3.5	0.6
25	30	30	40	44			
28	33	34	45	49	3		
30	35	36	48	52		4	
32	38	38	50	55			
35	40	41	54	59			
40	46	46	60	65			
45	51	51	67	72		4.5	1
50	56	56	72	77	4		
55	63	62	81	86			
60	67	67	85	91		5.5	
65	72	72	90	97			
70	78	77	98	105	5	6	

表 2-31　与轴承内孔配合轴的公差　　　　　　　　　　　　　μm

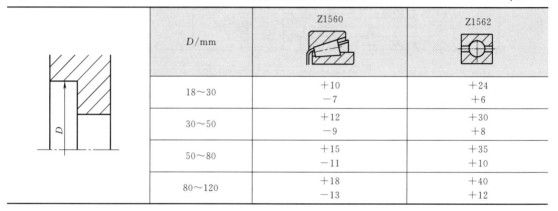

d/mm	Z1560	Z1562
6～10	—	−13 −22
10～18	−6 −20	−16 −30
18～30	−7 −24	−20 −37
30～50	−9 −29	−25 −45
50～80	−10 −35	−30 −54

表 2-32　与轴承外圈配合孔的公差　　　　　　　　　　　　　μm

D/mm	Z1560	Z1562
18～30	+10 −7	+24 +6
30～50	+12 −9	+30 +8
50～80	+15 −11	+35 +10
80～120	+18 −13	+40 +12

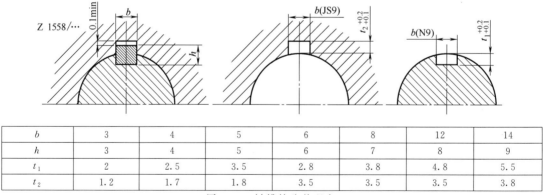

b	3	4	5	6	8	12	14
h	3	4	5	6	7	8	9
t_1	2	2.5	3.5	2.8	3.8	4.8	5.5
t_2	1.2	1.7	1.8	3.5	3.5	3.5	3.8

图 2-73　键槽的公差配合

2.9.15　双色模具公差

由于存在动模与定模的互换配合，双色模具对模具的精度提出了更高的要求。首先体现在模架的精度上，亚洲双色模一般由两套细水口模架组成，需要高的加工精度，确保两套模架的动定模有良好的互换性，要求两套模架的精度和导柱导套位置度等保持在±0.01mm以内。

2.10 模具零件表面粗糙度要求

2.10.1 模具表面粗糙度的分类

模具表面粗糙度要求按照模具构造的实际情况分为组成塑胶件表面或流道系统表面的型腔表面的粗糙度要求和与塑胶件表面或流道系统表面相关的封胶面的粗糙度要求。例如，在塑胶件表面形成表面夹线的模具镶件，它的型腔表面的侧面属于封胶面，其余的属于与塑胶件表面或水口表面无直接关系的结构配合表面。精密模具的表面粗糙度要求可参考表 2-33，普通模具的表面粗糙度要求可参考表 2-34，表面粗糙度各标准及加工方法、脱模斜度对照表见表 2-35。

表 2-33 精密模具各功能部位用不同的加工方法要求达到的表面粗糙度最低值

加工方法	型腔表面		封胶面(插穿、碰穿位除外)	插穿、碰穿位	结构配合表面	其他
	外观面	非外观面				
EDM（火花机）	省模要求低的:Ra 1.6 (CH24 或 E4) 省模要求高的:Ra 0.8 (CH18 或 E3) 要求火花纹的:按客户要求	Ra 1.0 (CH20)	Ra 1.25 (CH27)	Ra 1.6 (CH24 或 E4)	Ra 1.6 (CH24 或 E4)	Ra 3.2~6.3
WC（线切割）	省模要求低的:Ra 1.0(CH20) 省模要求高的:Ra 0.63 (CH16 或 E2)	Ra 0.8 (CH18 或 E3)	Ra 0.8 (CH18 或 E3)	Ra 1.6 (CH24 或 E4)	Ra 1.6 (CH24 或 E4)	
磨床	省模要求低的:Ra 0.8 省模要求高的:Ra 0.4	Ra 0.8	Ra 0.8	Ra 1.6	Ra 1.6	
NC(数控)	Ra 1.6	Ra 1.6	Ra 1.6	Ra 1.6	Ra 1.6	
铣床	Ra 1.6	Ra 1.6	Ra 1.6	Ra 1.6	Ra 1.6	
车床	Ra 0.8	Ra 0.8	Ra 0.8	Ra 1.6	Ra 1.6	
钻床						

注：1. 如客户对塑胶产品或模具有不同的要求时须按客户要求执行。
2. CH 为瑞士 VDI 3400 标准，E 为我国行业标准 GB/T 1031—2016。

表 2-34 普通模具各功能部位用不同的加工方法要求达到的表面粗糙度最低值

加工方法	型腔表面		封胶面(插穿、碰穿位除外)	插穿、碰穿位	结构配合表面	其他
	外观面	非外观面				
EDM（火花机）	省模要求低的:Ra 3.2 (CH30 或 E5) 省模要求高的:Ra 2.2(CH27) 要求火花纹的:按客户要求	Ra 2.2 (CH27)	Ra 2.2 (CH27)	Ra 2.2 (CH27)	Ra 2.2 (CH27)	Ra 3.2~6.3
WC（线切割）	省模要求低的:Ra 3.2 (CH30 或 E5) 省模要求高的:Ra 2.2(CH27)	Ra 2.2 (CH27)	Ra 2.2 (CH27)	Ra 2.2 (CH27)	Ra 2.2 (CH27)	
磨床	省模要求低的:Ra 1.6 省模要求高的:Ra 0.8	Ra 0.8	Ra 0.8	Ra 1.6	Ra 1.6	
NC(数控)	Ra 1.6	Ra 1.6	Ra 1.6	Ra 2.5	Ra 2.5	
铣床	Ra 1.6	Ra 1.6	Ra 1.6	Ra 2.5	Ra 1.6	
车床	Ra 1.6	Ra 1.6	Ra 1.6	Ra 1.6	Ra 1.6	
钻床						

注：1. 如客户对塑胶产品或模具有不同的要求时须按客户要求执行。
2. CH 为瑞士 VDI 3400 标准，E 为我国行业标准 GB/T 1031—2016。

表 2-35　表面粗糙度各标准及加工方法、脱模斜度对照表

国标				国标 香港模协 JB/T 7781 (电火花加工)	法国 ISO标准 NF 05051	瑞士 VDI 3400	Ra CLA(UK) AA(USA)		最小脱模斜度	优先次序
A码	B码	C码	D码	E码	N码	CH	μm	$\mu inch$		
A0(1μm 钻石研磨膏毡抛光)							0.008	0.32		2
A1(3μm 钻石研磨膏毡抛光)							0.016	0.64		2
A2(6μm 钻石研磨膏毡抛光)							0.032	1.28		2
A3(15μm 钻石研磨膏毡抛光)	B0(#800 砂纸抛光)						0.063	2.5		2
	B1(#600 砂纸抛光)				N3	0	0.10	4.0		1
						2	0.125	4.8	1°	2
	B2(#400 砂纸抛光)					4	0.16	6.4	1°	2
					N4	6	0.20	8.0	1°	1
			D0(#5 干喷玻璃珠抛光)			8	0.25	10.0	1°	2
	B3(#320 砂纸抛光)	C0(#800 油石抛光)				10	0.32	12.8	1°	2
		C1(#600 油石抛光)	D1(#8 干喷玻璃珠抛光)		N5	12	0.40	16.0	1°	1
				E1		13	0.45	18.0	1°	3
			D2(#100 干喷碳化硅砂抛光)			14	0.50	20.0	1°	2
			D3(#200 干喷氧化铝砂抛光)	E2		16	0.63	25.2	1°	2
				E3		18	0.80	32.0	1°	1
					N6	19	0.90	36.0	1°	3
		C2(#400 油石抛光)				20	1.00	40.0	1°	2
						22	1,25	50.4	1°	2
		C3(#320 油石抛光)		E4			1.60	64.0		1
					N7	25	1.80	72.0	1.5°	3
						26	2.00	80.0	1.5°	2
						28	2.50	100	1.5°	2
				E5	N8	30	3.20	125	2°	1
				E6		32	4.00	160	2°	2
				E7		34	5.00	200	3°	2
					N9	36	6.30	250	4°	1
				E8		38	8.00	320	5°	2
				E9		40	10.00	400	6°	2

续表

国标				国标香港模协 JB/T 7781（电火花加工）	法国 ISO标准 NF 05051	瑞士 VDI 3400	Ra CLA(UK) AA(USA)		最小脱模斜度	优先次序
A码	B码	C码	D码	E码	N码	CH	μm	μinch		
				E10			12.5	500.4		1
					N10	42	12.60	500		3
				E11		44	16.00	640		2
				E12			20.00	800		2

注：优先次序1为国家标准中的第一优选，优先次序2为第二优选，优先次序3为其他的标准对照值。

根据模具的工作情况和加工工艺，制定合理的零件表面粗糙度，应考虑加工纹路方向，通常其加工纹路方向应尽量与滑动或脱模方向保持一致。

2.10.2 模具型腔表面的粗糙度

模具型腔表面的粗糙度见表 2-36。

表 2-36 模具型腔表面的粗糙度

模具成型面表面 /塑胶产品表面分类	试模时的要求		交模时的要求	
	表面粗糙度	省模要求	表面粗糙度	省模要求
流道系统表面	Ra 0.32 B3	♯320 砂纸省滑	Ra 0.32 B3	♯320 砂纸省滑
注明"镜面"的表面	Ra 0.063 B0	♯800 砂纸省滑	Ra 0.016 A1	3μm 钻石研磨膏毡抛光
注明"抛光"的表面	Ra 0.063 B0	♯800 砂纸省滑	Ra 0.032 A2	6μm 钻石研磨膏毡抛光
透明件的非外露面	Ra 0.063 B0	♯800 砂纸省滑	Ra 0.032 A2	6μm 钻石研磨膏毡抛光
不透明件的非外露面	Ra 0.32 B3	♯320 砂纸省滑	Ra 0.10 B1	♯600 砂纸顺向出模省滑
塑件在装配后非外露表面	Ra 0.32 B3	♯320 砂纸省滑	Ra 0.10 B1	♯600 砂纸顺向出模省滑
要求有装饰纹样的表面	Ra 0.32 B3	♯320 砂纸省滑		按指定装饰纹号
所有骨位、柱位	Ra 0.063 B0	♯800 砂纸顺向出模省滑	Ra 0.063 B0	♯800 砂纸顺向出模省滑
脱模斜度小于 0.5°的直身面	Ra 0.063 B0	♯800 砂纸顺向出模省滑	Ra 0.063 B0	♯800 砂纸顺向出模省滑

2.10.3 不同加工方法可获得的表面粗糙度

不同加工方法可获得的表面粗糙度见表 2-37。

表 2-37 不同的加工方法可获得的表面粗糙度

加工方法	钻孔	铰孔	精车	精细车	精铣	精镗	精磨	线切割	电火花	抛光
表面粗糙度 Ra/μm	6.3	1.6	1.6	0.8	1.6	1.6	0.8～0.4	1.6	3.2～1.6	≤0.025

根据表 2-37，模具设计时对零件的各个表面可给出相应的表面粗糙度要求：

① 有关塑件成型的表面：$Ra0.025$（抛光）；

② 型腔、型芯固定用表面：$Ra0.8$（精磨或精细车）；

③ 导柱、导套孔和型腔、型芯固定用孔表面：$Ra1.6$（精镗或精铣）；

④ 浇口套、导柱、导套和锁紧块配合面：$Ra0.8$（精磨）；

⑤ 拉料杆、推杆、推管、复位杆配合面：$Ra0.8$（精磨）；

⑥ 模板上下表面：$Ra0.8$（精磨）；

⑦ 模板基准角垂直面：$Ra1.6$（精铣）。

2.10.4 其他相关要求

（1）模具顶针的高度要求

顶出塑胶件的顶针端面与所在的相应模具型腔表面应齐平，允许顶针端面高出，高出高度普通模具不大于0.10mm，精密模具不大于0.05mm。

（2）模胚回针的高度要求

模胚回针端面应与模具分型面齐平，允许下沉，普通模具不大于0.05mm，精密模具不大于0.02mm。

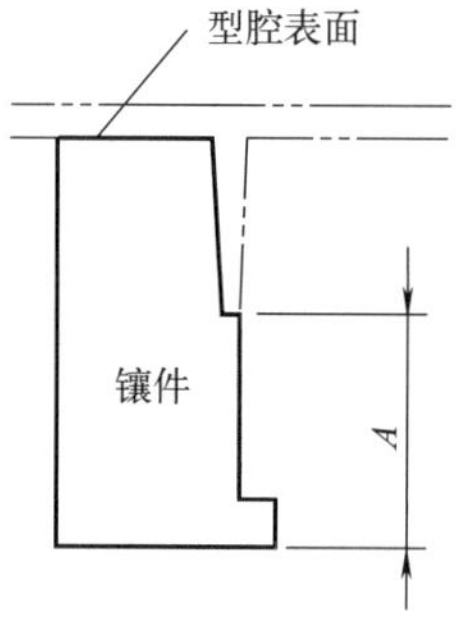

图2-74 镶件高度对
塑件尺寸的影响

（3）模仁镶件表面与模仁的装配要求

前后模仁、镶件等采用尾部挂台装配后，其端面应与装配件端面齐平，允许下沉，普通模具不大于0.05mm，精密模具不大于0.02mm。

（4）模具型腔表面镀铬的技术要求

镀铬的型腔表面应先进行抛光，铬层厚度应为0.05～0.01mm，铬层应均匀一致，不允许有积铬、腐蚀及剥落等缺陷。

（5）型腔面和其他面互相影响的尺寸

对型腔面产生影响的尺寸，其尺寸公差应首先考虑成型面的要求。例如图2-74中尺寸A的公差应在保证塑胶产品尺寸公差要求下制定。

2.11 模具设计标准

2.11.1 机械制图国家标准

从广义来讲，模具设计属于机械设计的一个分支，模具设计的内容需要用图纸来表达，而图纸的制图技法需要遵从机械制图的国家标准。与塑料注塑模具设计相关的机械制图标准如表2-38所示，可供参考。模具设计工程师必须熟练掌握和理解机械制图国家标准的含义，并在实践中加以利用。

表2-38 机械制图国家标准

	通用术语	GB/T 13361—2012《技术制图 通用术语》
术语注语	投影法一族	GB/T 14692—2008《技术制图 投影法》 GB/T 16948—1997《技术产品文件 词汇 投影法术语》 GB/T 13361—2012《技术制图 通用术语》
	图样注语	GB/T 24745—2009《技术产品文件 词汇 图样注语》

基本规定	图幅一族	GB/T 14689—2008《技术制图　图纸幅面和格式》 GB/T 10609.1—2008《技术制图　标题栏》 GB/T 10609.2—2009《技术制图　明细栏》 GB/T 10609.3—2009《技术制图　复制图的折叠方法》 GB/T 10609.4—2009《技术制图　对缩微复制原件的要求》
	比例	GB/T 14690—1993《技术制图　比例》
	字体一族	GB/T14691—1993　《技术制图　字体》 GB/T 14691.4—2005《技术产品文件　第4部分:拉丁字母的区别标识与特殊标识》 GB/T 14691.6—2005《技术产品文件　第6部分:古代斯拉夫字母》
	图线一族	GB/T 17450—1998《技术制图　图线》 GB/T 4457.4—2002《机械制图　图样画法　图线》 GB/T 18686—2002《技术制图　CAD系统用图线的表示》 GB/T 14665—2012《机械工程　CAD制图规则》 GB/T 4457.2—2003《技术制图　图样画法　指引线和基准线的基本规定》
	剖面区域表示法一族	GB/T 4457.5—2013《机械制图　剖面区域的表示法》 GB/T 17453—2005《技术制图　图样画法　剖面区域的表示法》
	文件和产品保护注释	GB/T 19827—2005《技术产品文件　限制使用的文件和产品的保护注释》
图样画法	图样基本画法	①视图一族 GB/T 17451—1998《技术制图　图样画法　视图》 GB/T 4458.1—2002《机械制图　图样画法　视图》 ②剖视图和断面图一族 GB/T 17452—1998《技术制图　图样画法　剖视图和断面图》 GB/T 4458.6—2002《机械制图　图样画法　剖视图和断面图》 ③图样简化画法 GB/T 16675.1—2012《机械制图　简化表示法　第1部分:图样画法》 ④轴测图 GB/T 4458.3—2013《机械制图　轴测图》 ⑤装配图零部件序号 GB/T 4458.2—2003《机械制图　装配图中零、部件序号及其编排方法》
	图样特殊表示法	①螺纹 GB/T 4459.1—1995《机械制图　螺纹及螺纹紧固件表示法》 ②齿轮 GB/T 4459.2—2003《机械制图　齿轮表示法》 ③花键 GB/T 4459.3—2000《机械制图　花键表示法》 ④弹簧 GB/T 4459.4—2003《机械制图　弹簧表示法》 ⑤中心孔 GB/T 4459.5—1999《机械制图　中心孔表示法》 ⑥动密封圈一族 GB/T 4459.8—2009《机械制图　动密封圈　第1部分:通用简化表示法》 GB/T 4459.9—2009《机械制图　动密封圈　第2部分:特征简化表示法》 ⑦滚动轴承 GB/T 4459.7—1998《机械制图　滚动轴承表示法》 ⑧紧固组合简化表示一族 GB/T 24741.1—2009《技术制图　紧固组合的简化表示法　第1部分:一般原则》 GB/T 24741.2—2009《技术制图　紧固组合的简化表示法　第2部分:航空航天设备用铆钉》 ⑨模制件 GB/T 24744—2009《产品几何规范(GPS)　技术产品文件(TPD)中模制件的表示法》

图样标注	尺寸注法一族	GB/T 4458.4—2003《机械制图　尺寸注法》 GB/T 16675.2—2012《技术制图　简化表示法　第2部分:尺寸注法》 GB/T 15754—1995《技术制图　圆锥的尺寸和公差注法》 GB/T 19096—2003《技术制图　图样画法　未定义形状边的术语和注法》
	技术要求标注	①尺寸公差与配合注法 GB/T 4458.5—2003《机械制图　尺寸公差与配合注法》 ②表面结构表示法 GB/T 131—2006《产品几何技术规范(GPS)　技术产品文件中表面结构的表示法》
	几何公差标注	GB/T 1182—2018《产品几何技术规范(GPS)　几何公差　形状、方向、位置和跳动公差标注》
公差与配合		GB/T 1800.1—2020《产品几何技术规范(GPS)线性尺寸公差 ISO 代号体系　第1部分:公差、偏差和配合的基础》

2.11.2　注塑模国家标准

注塑模国家标准见表2-39。

表 2-39　注塑模国家标准

序号	标准	序号	标准
1	GB/T 8845—2017《模具术语》	16	GB/T 4169.12—2006《塑料注射模零件　第12部分:推板导套》
2	GB/T 12554—2006《塑料注射模技术条件》		
3	GB/T 12555—2006《塑料注射模架》	17	GB/T 4169.13—2006《塑料注射模零件　第13部分:复位杆》
4	GB/T 12556—2006《塑料注射模架技术条件》		
5	GB/T 4169.1—2006《塑料注射模零件　第1部分:推杆》	18	GB/T 4169.14—2006《塑料注射模零件　第14部分:推板导柱》
6	GB/T 4169.2—2006《塑料注射模零件　第2部分:直导套》	19	GB/T 4169.15—2006《塑料注射模零件　第15部分:扁推杆》
7	GB/T 4169.3—2006《塑料注射模零件　第3部分:带头导套》	20	GB/T 4169.16—2006《塑料注射模零件　第16部分:带肩推杆》
8	GB/T 4169.4—2006《塑料注射模零件　第4部分:带头导柱》	21	GB/T 4169.17—2006《塑料注射模零件　第17部分:推管》
9	GB/T 4169.5—2006《塑料注射模零件　第5部分:带肩导柱》	22	GB/T 4169.18—2006《塑料注射模零件　第18部分:定位圈》
10	GB/T 4169.6—2006《塑料注射模零件　第6部分:垫块》	23	GB/T 4169.19—2006《塑料注射模零件　第19部分:浇口套》
11	GB/T 4169.7—2006《塑料注射模零件　第7部分:推板》	24	GB/T 4169.20—2006《塑料注射模零件　第20部分:拉杆导柱》
12	GB/T 4169.8—2006《塑料注射模零件　第8部分:模板》	25	GB/T 4169.21—2006《塑料注射模零件　第21部分:矩形定位元件》
13	GB/T 4169.9—2006《塑料注射模零件　第9部分:限位钉》	26	GB/T 4169.22—2006《塑料注射模零件　第22部分:圆形拉模扣》
14	GB/T 4169.10—2006《塑料注射模零件　第10部分:支撑柱》	27	GB/T 4169.23—2006《塑料注射模零件　第23部分:矩形拉模扣》
15	GB/T 4169.11—2006《塑料注射模零件　第11部分:圆形定位元件》	28	GB/T 4170—2006　《塑料注射模零件技术条件》

2.11.3　企业标准

模具标准化体系包括四大类标准,即:模具基础标准、模具工艺质量标准、模具零部件标准及与模具生产相关的技术标准。模具制造企业需要编写符合本企业实际的模具设计标准和模具制造标准。注塑成型企业则需要编写与本企业模具相关的模具验收标准。

2.11.3.1 注塑模具验收标准

注塑模具验收标准制定的目的:确保模具能够生产出合格的产品,注塑过程稳定,满足规定的模具使用寿命,满足产品设计的生产要求;从产品质量、模具结构、注塑成型工艺要求等方面规范验收模具,其验收标准见表2-40。

表 2-40 注塑模具验收标准

产品外观、尺寸和配合	①产品表面不允许缺陷:缺料、烧焦、顶白、白线、批锋、起泡、拉白(拉裂、拉断)、烘印、皱纹
	②变形:一般小型产品平面度小于0.10mm,图纸有要求的按图纸要求
	③熔接痕:一般圆形通孔熔接痕长度小于5mm,熔接痕强度能通过功能安全测试,图纸有要求的按图纸要求
	④收缩:外观面不允许有收缩
	⑤外观不能有气纹、料花,产品不能有气泡
	⑥产品几何形状、尺寸和公差应符合图纸(或3D文件)要求,未注公差需根据公差原则,轴类尺寸公差为负公差,孔类尺寸公差为正公差
	⑦产品配合:有装配要求的塑件,需满足其装配要求
模具外观	①模具铭牌内容完整正确,字符清晰,排列整齐
	②铭牌应固定在方铁上靠近模板和基准角的地方。铭牌固定可靠,不易剥落
	③冷却水嘴应选用快速接头,客户另有要求的按客户要求
	④冷却水嘴不应伸出模架表面
	⑤冷却水嘴附近应有IN、OUT标记。同时应有冷却回路铭牌
	⑥热流道模具应有电气接线铭牌
	⑦模具配件应不影响模具的吊装和存放。安装时下方有外露的油缸、水嘴、滑块机构弹簧等,应有支撑腿保护
	⑧模具顶出孔尺寸和位置排布应符合指定的注塑机要求
	⑨定位圈应固定可靠
	⑩模具外形尺寸应符合指定注塑机的要求
	⑪安装有方向要求的模具应在定模板或动模板上用箭头标明安装方向,箭头旁应有"UP"字样
	⑫模架表面不应有凹坑、锈迹、多余的吊环孔、多余的水汽和油迹以及影响外观的缺陷
	⑬模具应便于吊装、运输,吊装时不需要拆卸模具零部件,吊环不得与水嘴、油缸和先复位机构等干涉
模具材料和硬度	①模具模架应选用符合标准的标准模架
	②模具成型零件材料和硬度符合模具设计式样书的要求
顶出、复位、抽插芯、取件	①顶出时应顺畅、无卡滞、无异常声响
	②斜顶表面应抛光,斜顶面低于型芯面
	③滑动部件应开设油槽,表面需进行氮化处理,处理后表面硬度在700HV以上
	④所有推杆应有止转定位,每个推杆都应进行编号
	⑤顶出距离应用限位块限位
	⑥复位弹簧应选用标准件,弹簧两端不得打磨、切断
	⑦滑块、抽芯应有行程限位,油缸抽芯必须有行程开关,油缸抽芯应用自锁机构
	⑧滑块抽芯一般采用斜导柱,滑块行程超过60mm时应采用油缸抽芯
	⑨滑块下面应有耐磨板,耐磨板比大面高出0.05~0.1mm,并开设油槽
	⑩推杆不应上下窜动
	⑪推杆上加倒钩,倒钩的方向应保持一致,制品易于从倒钩上去除
	⑫推杆孔与推杆的配合间隙、封胶段长度、推杆孔的表面粗糙度应按相关企业标准要求
	⑬制品应有利于操作工或机械手取下
	⑭固定在推杆上的顶块,应牢固可靠,四周非成型部分应加工3°~5°的斜度,下部周边应倒角
	⑮模架上的油路孔内应无铁屑杂物
	⑯模具内不得存在调整间隙或弥补加工失误的各种金属或非金属的垫片
	⑰复位杆端面平整,无点焊。底部无垫片、点焊
	⑱三板模水口推板导向滑动顺利,水口推板易拉开

顶出、复位、抽插芯、取件	⑲三板模限位拉杆应布置在模具安装方向的两侧,或在模架外加拉板,防止限位拉杆与操作工干涉,防止限位拉杆与机械手干涉。模架外加拉板不得与运水接头、码模螺栓干涉
	⑳先复位机构不得干涉机械手运作
	㉑油路气道应顺畅,液压顶出复位应到位
	㉒导套底部应开设排气口
	㉓定位销安装不得有间隙或松动
温度调节系统	①冷却或加热系统应充分畅通
	②密封应可靠,系统在 0.5MPa 压力下不得有渗漏现象,应易于检修
	③开设在模架上的密封槽的尺寸和形状应符合相关标准要求
	④密封圈安放时应涂抹黄油,安放后高出模架面
	⑤水、油流道隔片应采用不易受腐蚀的材料
	⑥动定模应采用集中供水方式
浇注系统	①浇口设置应不影响产品外观,满足产品装配
	②流道截面、长度应设计合理,在保证成型质量的前提下尽量缩短流程,减少截面积以缩短填充及冷却时间,同时浇注系统损耗的塑料应最少
	③三板模分流道在前模板背面的部分截面应为梯形或半圆形
	④三板模在浇口板上有断料把,流道入口直径应小于 3mm,球头处有凹进胶口板的一个深 3mm 的台阶
	⑤球头拉料杆应可靠固定,可压在定位圈下面,可用无头螺钉固定,也可以用压板压住
	⑥浇口、流道应按图纸尺寸要求用机加工,不允许手工打磨机加工
	⑦点浇口浇口处应符合规范要求
	⑧分流道前端应有一段延长部分作为冷料穴
	⑨拉料杆 Z 形倒扣应有圆滑过渡
	⑩分型面上的分流道应为圆形,前后模不能错位
	⑪在顶料杆上的潜伏式浇口应无表面收缩
	⑫透明制品冷料穴直径、深度应符合设计标准
	⑬料把易于去除,制品外观无浇口痕迹,制品装配处无残余料把
	⑭弯钩潜伏式浇口,两部分镶块应氮化处理,表面硬度达到 700HV
热流道系统	①热流道接线布局应合理,便于检修,接线号应一一对应
	②热流道应进行安全测试,对地绝缘电阻大于 2MΩ
	③温控柜及热嘴、热流道应采用标准件
	④主射嘴用螺纹与分流板连接,底面平面接触密封
	⑤热流道与加热板或加热棒接触良好,加热板用螺钉或螺柱固定,表面贴合良好
	⑥应采用 J 型热电偶,并且与温控表匹配
	⑦每一组加热元件应有热电偶控制,热电偶位置布置合理
	⑧热嘴应符合设计要求
	⑨分流板应有可靠定位,至少要有两个定位销,或加螺钉固定
	⑩分流板与模板之间应有隔热垫
	⑪温控表设定温度与实际显示温度误差应小于±5℃,并且控温灵敏
	⑫型腔与热嘴安装孔应穿通
	⑬热流道接线应捆扎,并且用压板盖住
	⑭有两个同样规格的插座,应有明确标记
	⑮控制线应有护套,无损坏
	⑯温控柜结构可靠,螺钉无松动
	⑰插座安装在电木板上,不能超出模板最大尺寸
	⑱电线不许露在模具外面
	⑲热流道或模板所有与电线接触的地方应有圆角过渡
	⑳在模板装配之前,所有线路均无断路短路现象
	㉑所有接线应正确连接,绝缘性能良好
	㉒在模板装上夹紧后,所有线路应用万用表再次检查

成型部分、分型面、排气槽	①前后模表面不应有不平整、凹坑、锈迹等其他影响外观的缺陷
	②镶块与模框配合,四周圆角应有小于1mm的间隙
	③分型面保持干净、整洁,无手提砂轮打磨避空,封胶部分无凹陷
	④排气槽深度应小于塑料的溢边值
	⑤嵌件研配应到位,安放顺利、定位可靠
	⑥镶块、镶芯等应可靠定位固定,圆形件有止转,镶块下面不垫铜片、铁片
	⑦推杆端面与型芯一致
	⑧前后模成型部分无倒扣、倒角等缺陷
	⑨筋位顶出应顺利
	⑩多腔模具的制品,左右件对称,应注明L或R,客户对位置和尺寸有要求的,应符合客户要求,一般在不影响外观及装配的地方加上,字号为1/8
	⑪模架锁紧面研配应到位,75%以上面积碰到
	⑫推杆应布置在离侧壁较近处及筋、凸台的旁边,并使用较大推杆
	⑬相同的件应注明编号1、2、3等
	⑭各碰穿面、插穿面、分型面应研配到位
	⑮分型面封胶部分应符合设计标准。中型以下模具10~20mm,大型模具30~50mm,其余部分机加工避空
	⑯皮纹及喷砂应均匀,达到客户要求
	⑰外观有要求的制品,制品上的螺柱应有防缩措施
	⑱深度超过20mm的螺钉柱应选用推管顶出
	⑲制品壁厚应均匀,偏差控制在±0.15mm以下
	⑳筋的宽度应小于外观面壁厚的0.65倍
	㉑斜顶、滑块上的镶芯应有可靠的固定方式
	㉒前模插入后模或后模插入前模,四周应有斜面锁紧并机加工避空
注塑生产工艺	①模具在正常注塑工艺条件范围内,应具有注塑生产的稳定性和工艺参数调校的可重复性
	②模具注塑生产时,注射压力一般应小于注塑机额定最大注射压力的85%
	③模具注塑生产时的注射速度,其四分之三行程的注射速度不低于额定最大注射速度的10%或超过额定最大注射速度的90%
	④模具注塑生产时的保压压力一般应小于实际最大注射压力的85%
	⑤模具注塑生产时的锁模力,应小于适用机型额定锁模力的90%
	⑥注塑生产过程中,产品及水口料的取出要容易、安全(时间一般各不超过2s)
	⑦带镶件产品的模具,在生产时镶件安装要方便、镶件固定要可靠
包装、运输	①模具型腔应清理干净喷防锈油
	②滑动部件应涂润滑油
	③浇口套进料口应用润滑脂封堵
	④模具应安装锁模片,规格符合设计要求
	⑤备品备件易损件应齐全,并附有明细表及供应商名称
	⑥模具水、液、气、电进出口应采取封口措施封口,防止异物进入
	⑦模具外表面喷制油漆,顾客有要求的按要求
	⑧模具应采用防潮、防水、防止磕碰包装,顾客有要求的按要求
	⑨模具产品图纸、结构图纸、冷却加热系统图纸、热流道图纸、零配件及模具材料供应商明细、使用说明书,试模情况报告,出厂检测合格证,电子文档均应齐全

2.11.3.2　日本某注塑成型企业模具标准(表2-41)

表2-41　日本某注塑成型企业模具标准

装配、维修性	①出于维修性的考虑,推杆、镶件、司筒针等全部做对应编号刻印
	②如果出现形状相同的模仁,做防止互错的结构
	③在操作侧方铁上刻写部品料号标示
	④模仁需制作吊环孔
	⑤模具外形不可有凸出,如有凸出的情况,安装距离保护装置

模具强度	①动模板的挠度的计算方法一0.25mm以下,计算方法二0.5mm以下。强度不足时,要对动模板、脚柱的尺寸进行评审,或增加支撑柱
	②支撑柱的挠度0.2mm以下
	③定模板侧壁的挠度0.02mm以下
回位销弹簧的曲率%	曲率:设定为40%程度(容许曲率长度×40%)
推杆、止动销的配置	①推杆要确保有足够长度,保证产品充分顶出
	②为保证顶出平衡和防止撞模,回位销、推杆、斜导柱、斜顶的周边设置止动销
斜顶	①必须添加定位装置
	②添加导向块
	③设置十字形油槽(针对化学保护)
斜楔的角度和缝隙	①必须4方安装(有滑块的方向除外)
	②角度10°以下(推荐值5°以下)
	③缝隙0.03mm以下
支撑柱的布局与冲撞	在承受高压的地方设置支撑柱,过盈量:0.05mm以下(推荐值0.03mm以下)
滑块	①滑块要添加耐磨板,耐磨板需淬火
	②设置十字形油槽(针对化学保护)
	③滑块的斜楔部分要使用其他材料
排气	①排气出口全部在地下侧,目标深度2~3mm,宽5mm
	②格子部要充分排气
冷却	①150t以上:水孔直径ϕ10mm以上
	②150t以下:水孔直径ϕ8mm以上
	③冷却水路为40~60mm,多回路设定
	④距产品距离(高度)25mm左右
	⑤冷却水在动、定模及各模仁间迂回
	⑥流道前部必须设置冷却水道(两板模)
	⑦流道间板必须设置冷却水道(三板模)
	⑧水路出入口需做标记刻印,如IN,OUT
	⑨水路出入口尽可能设在反操作侧
	⑩滑块要充分冷却
	⑪尺寸在50mm以上的斜顶需设水管
	⑫在易热的地方使用导热材料
强制返回机构	滑块、斜顶、推杆等顶出对定模有危险时,设置强制返回限位开关
滑块、定模、动模的PL面间隙	尽量避免(理想值:0mm)

2.11.4 模具零件分类、编码、命名

现代模具企业多采用现代化的管理手段,引进ERP管理系统,要求模具设计标准化、规范化,并需针对模具特点建立一套编码系统。以注塑模具为例,一副模具从功能上可分注射、成型、冷却、脱模等部分;从结构上可分模架、成型、控制、导向和脱模等部分。模具的相异性主要在成型部分,而模架、导向、脱模等部分具有很大的相似性。

零件分类编码系统现已成为模具车间管理的重要组成部分,模具企业的首要工作就是制定一个适合本企业使用的零件分类编码系统。基于此项要求,模具企业首先需要制定模具零件的名称术语,统一规定零件的叫法,出口模具则应该建立中英文模具术语标准。其次应该从零件设计图样入手,使图样达到规范设计,并针对模具设计的特点,制定一套合理的零件

分类办法。编码与图号是完全不同的内容，模具零件图号是技术文件的代号，而编码是生产管理 ERP 系统自动生成的一串代码。模具图号以简短为佳，便于图纸识别和 3D 文件管理，更重要的是需要将图号刻在零件上，图号太长则刻写位置不足。而编码较长，便于物料管理。

模具零件的总数达 40 多种、数量近百个，所以零件的合理标识对设计、生产尤为重要。首先，按模具中各零件所起的作用可以将零件分为四类：模板类、型腔类、结构件类和标准件类。其中模板构成模具的基体，型腔是模具的核心，结构件和标准件是模具的辅助。零件的图号编制即以此为基础，采用三位阿拉伯数字表示。图号在装配图上按顺时针或逆时针的顺序排布。

① 模板从定模固定板到动模固定板以 M1、M2、M3…顺序排布；
② 型腔类零件（定模）以 V1、V2、V3…顺序排布；
③ 型芯类零件（动模）以 C1、C2、C3…顺序排布；
④ 滑块类零件以 S1、S2、S3…顺序排布；
⑤ 斜顶类零件以 L1、L2、L3…顺序排布；
⑥ 定模辅助零件以 A1、A2、A3…顺序排布；
⑦ 动模辅助零件以 B1、B2、B3…顺序排布。

零件编号的具体含义是：首位字母表示零件的类别，后面的数字是零件的顺序号。这样的分类图号编写简单，能够达到零件的分类管理、分类加工的目的。在具体模具设计时，需要做到模具 2D 图与 3D 图零件图号一致，并且图纸与模具零件实物一致，并在必要时刻写在模具零件上，便于模具零件将来的维护和更换。

模具在改模时，零件的数量会发生变化。修改过的零件则在图号后面增加 A、B、C、D…，表示不同的版本，新增的零件则按规则编写新的图号。所有新增和修改过的图纸都要更新图纸上的绘图日期，便于生产管理。

第 3 章 塑料零件设计

3.1 塑料性能

塑料是一类以树脂为基本成分，加入一定量的填料、增塑剂、稳定剂、着色剂等，在一定温度、压力和时间下能制成规定形状和尺寸且具有一定功能的高分子材料。塑料是树脂胶或聚合物，可以在中等温度和压力的条件下模塑成型。塑料的性能包括物理性能、热性能、力学性能、电气性能、化学性能和成型工艺性能等。热塑性塑料和热固性塑料是两种主要类型的塑料。热塑性塑料可以加热软化再次利用，而热固性塑料不能回收利用。从总体产量和应用来看，热塑性塑料占有相当大的比例，也是最重要的塑料。

3.1.1 流动性

塑料在一定温度与压力下填充型腔的能力称为流动性。所有塑料都是在熔融塑化状态下加工成型的。流动性是塑料材料加工为制品过程中所具备的基本特性，它标志着塑料在成型条件下充满型腔的能力。流动性好的塑料容易充满复杂的型腔，获得精确的形状。热塑性塑料的流动性是用熔体流动速率指数，简称熔融指数（MFI）来表示的。熔融指数是将塑料在规定温度下熔融并在规定压力下从一个规定直径和长度的仪器口模中挤出，在 10min 内挤出的材料质量（克）。熔融指数越大，材料流动性越好。由于材料的流动性与树脂的分子量有关，分子量越大，流动性越小。因此，熔融指数用于定性地表示分子量的大小，成为热塑性塑料规定品级的重要数据。

流动性是模具设计时必须考虑的一个重要工艺参数。流动性好塑件容易出现毛边，流动性差则填充不足，不易成型，成型压力大。所以塑件的成型工艺及成型条件必须与塑件的流动性相适应。

热塑性塑料的流动性就是它在熔融状态的黏度的倒数。与黏度一样，流动性不仅依赖于成型条件（温度、压力、剪切速率），还依赖于塑料中聚合物和助剂的性质。流动性是比较塑料加工难易的一项指标，流动性数据应以特定的成型条件为准。

热塑性塑料流动性大小，一般可根据分子量、熔融指数、阿基米德螺旋线流动长度、表观黏度及流长比（流程长度/塑件壁厚）等一系列指数进行分析。分子量小、分子量分布宽、分子结构规整性差、熔融指数高、阿基米德螺旋线流动长度长、表观黏度小、流长比大的塑料流动性就好。

熔体流动长度与制品壁厚的比值称为流长比。流长比和型腔压力是两个很重要的参数，从前者出发可以考虑制品最多能做多宽多薄，后者为锁模力的计算提供了参考。在注塑模具设计中，通常以流长比来考虑塑料的流动性。对于小型塑件，流动性的判断通常依据经验进行。但是对于大中型塑件，往往需要计算流长比。例如一个汽车保险杠产品，确定其浇口位置和数量时，需要计算流长比。实践表明，在一定的型腔压力下，最大流动距离是由流动通道的最大流动长度和其厚度之比来决定的。当浇注系统和塑件壁厚尺寸各处发生变化时，流长比应按下式进行计算：

$$流长比 = \sum_{i=1}^{n} \frac{L_i}{S_i}$$

式中　L_i——流道中各段流程的长度，mm；

　　　S_i——流道中各段流程的厚度，mm。

表 3-1 是几种常用塑料的流长比和型腔压力。

表 3-1　常用塑料的流长比和型腔压力

材料代号	流长比（平均）	型腔压力/MPa
PE-LD	270∶1（280∶1）	15
PP	250∶1	20
PE-HD	230∶1	23～39
PS	210∶1（200∶1）	25（54）
ABS	190∶1	40
PA	170∶1（150∶1）	42
POM	150∶1（145∶1）	45
PMMA	130∶1	30
PC	90∶1	50

同一品名的塑料必须检查其塑料物性表判断其流动性是否适用于注塑成型。按模具设计要求大致可将常用塑料的流动性分为三类：

① 流动性好，如 PA、PE、PS、PP、CA、聚-4-甲基戊烯；

② 流动性中等，如聚苯乙烯系列树脂（ABS、AS）、PMMA、POM、聚苯醚；

③ 流动性差，如 PC、PVC、聚苯醚、聚砜、聚芳砜、氟塑料。

3.1.2　结晶性

根据塑料内部分子排列是否有序，热塑性塑料可分为两大主要类型，它们是非结晶性塑料和（半）结晶性塑料。（半）结晶性塑料内部大部分分子排列规则，而非结晶性塑料内部分子排列无规则。常见（半）结晶性塑料和非结晶性塑料见表 3-2。

表 3-2　常见（半）结晶性塑料和非结晶性塑料

（半）结晶性塑料	PE、PP、POM、PA、PET、PPS、LCP、PBT、PP/PMMA、PP/PS、PP/TPO、TPE、TPO、聚四氟乙烯、氯化聚醚等
非结晶性塑料	PS、PVC、PMMA、PC、ABS、PSU、PPE、PPE/PS、PS-HI 等

厚壁塑件的透明性可作为判别这两类塑料的外观标准。一般（半）结晶性塑料不透明或半透明（如聚甲醛等），非结晶性塑料透明（如有机玻璃等）。但也有例外的情况，如聚-4-甲基戊烯为（半）结晶性塑料却有高透明性，ABS 为非结晶性塑料但却并不透明。结晶性聚合物与非结晶性聚合物的典型特点见表 3-3。

表 3-3　结晶性聚合物与非结晶性聚合物的典型特点

结晶性聚合物	非结晶性聚合物
大部分分子排列很规则	分子链随机排列
因其结构规则化,熔融需要的热量较多	熔融需要的热量较少
无明显的玻璃化转变温度(T_g),通常低于室温 有明显的熔融温度(T_m)	明显的玻璃化转变温度(T_g),宽广的软化温度范围 无明显的熔融温度(T_m)
因结构规则化而占较少空间,收缩率大 尺寸精度难保证	收缩率小 尺寸精度高
因易受模塑条件影响,易发生翘曲	发生翘曲小
制件透明度低,化学稳定性及耐热性佳 润滑性良好、吸湿性小	制件透明度高,耐热性中等 耐冲击性好
导热性几乎是非晶体的 2 倍	热导率低

结晶过程的实质是大分子链段重排、由无序变为有序的松弛过程。当聚合物熔体冷却时,熔体中的某些有序区域(链束)开始形成尺寸很小的晶胚,晶胚长大到某临界尺寸时转变为初始晶核,然后大分子链通过热运动在晶核上重排而生成初期晶片,初期晶片沿晶轴方向生长后再以纤维状生长,逐步形成初级球晶,初级球晶进一步长大成球晶。聚合物的结晶过程同金属的结晶过程相类似,也是由晶核生成和晶体生长两步完成。

注塑成型过程中影响结晶的主要因素是塑料中的添加剂成分和注塑工艺。塑料在成型过程中的结晶对成型后的制品性能有直接的影响,具体影响及原因见表 3-4。

结晶性塑料对模具设计及选择注塑机有下列要求。

① 结晶性塑料料温上升到成型温度所需的热量多,需要塑化能力大的设备。

② 结晶性塑料冷凝时放出热量多,要充分冷却。

③ 结晶性塑料熔融态与固态的密度差大,成型收缩率大,易产生缩孔、气孔。

④ 结晶性塑料结晶度与塑件壁厚有关。结晶性塑料冷却快,结晶度低,收缩率小,透明度高;厚壁塑件冷却慢,结晶度高,收缩率大,物理性能好。所以结晶性塑料必须按要求控制模具温度。

⑤ 结晶性塑料各向异性显著,内应力大。脱模后未结晶的分子有继续结晶的倾向,处于能量不平衡状态,易发生变形、翘曲。

⑥ 结晶性塑料熔融温度范围窄,未熔粉料易注入模具或堵塞进料口。

表 3-4　结晶对制品性能的影响及原因

影响	原因
密度、刚度、拉伸强度、硬度、表面光泽度、熔点、耐热性、抗溶性、气密性和耐化学腐蚀性等性能提高	大分子链段排列规整,分子间作用力增强
透明度下降	球晶的存在引起光波散射
弹性、断后伸长率、冲击强度下降	链段活动受限
易翘曲	冷却不均导致结晶度的差异,使收缩率不等

3.1.3　收缩性

塑件自模具中取出冷却到室温后,其体积会收缩变小,这种性质称为收缩性。常用塑料的收缩率见表 3-5。

塑件收缩主要表现在下列几个方面。

① 塑件的线性尺寸收缩。由于热胀冷缩、塑件脱模时的弹性恢复、塑件变形等原因导

致塑件脱模冷却到室温后其尺寸缩小，为此型腔设计时必须考虑予以补偿。收缩率波动与塑胶产品标准公差见表 3-6。

表 3-5　常用塑料的收缩率

性能	材料名称	纯原料的收缩率/‰	30%GF 强化的收缩率/‰
结晶性	ABS	5.0	1.0
	AS	5.0	0.5
	PS	5.0	0.5
	PC	6.0	1.0
	PSF	6.0	2.0
非结晶性	POM	19.0	5.0
	PA6	15.0	3.5
	PA66	15.0	4.0
	PBT	20.0	4.0
	PP	16.0	4.0

表 3-6　收缩率波动与塑胶产品标准公差

塑胶名称	收缩率变动范围/%	基本尺寸/mm	收缩量变动范围/mm	标准公差值/mm 公差等级						
				100B	110B	120B	130B	140B	150B	160B
PS 同类材料包括 ABS、PC、PMMA、PPO 和玻璃纤维增强塑胶	0.3	5	0.015	0.07	0.12	0.16	0.20	0.24	0.34	0.46
		50	0.15	0.18	0.26	0.34	0.48	0.66	0.94	1.36
		100	0.3	0.30	0.40	0.58	0.82	1.20	1.74	2.60
		300	0.9	0.60	0.86	1.30	2.00	2.90	4.20	6.40
PA6 同类材料包括 PA9、PA11、PA12、PA66、PA610、PA1010、PVC(硬) 和 PBT	0.6	5	0.03	0.07	0.12	0.16	0.20	0.24	0.34	0.46
		50	0.15	0.18	0.26	0.34	0.48	0.66	0.94	1.36
		100	0.6	0.30	0.40	0.58	0.82	1.20	1.74	2.60
		300	1.8	0.60	0.86	1.30	2.00	2.90	4.20	6.40
PP 同类材料包括 POM、HDPE	1.0	5	0.05	0.07	0.12	0.16	0.20	0.24	0.34	0.46
		50	0.5	0.18	0.26	0.34	0.48	0.66	0.94	1.36
		100	1.0	0.30	0.40	0.58	0.82	1.20	1.74	2.60
		300	3.0	0.60	0.86	1.30	2.00	2.90	4.20	6.40
LDPE 同类材料包括 PVC(软)	1.5	5	0.075	0.07	0.12	0.16	0.20	0.24	0.34	0.46
		50	0.75	0.18	0.26	0.34	0.48	0.66	0.94	1.36
		100	1.5	0.30	0.40	0.58	0.82	1.20	1.74	2.60
		300	4.5	0.60	0.86	1.30	2.00	2.90	4.20	6.40

② 收缩的方向性。成型时分子按一定方向排列，使塑件呈现各向异性，沿料流方向（即平行方向）收缩大、强度高，与料流垂直方向则收缩小、强度低。另外，成型时塑件各部位密度及填料分布不匀会导致收缩不匀，收缩不匀使塑件易产生翘曲、变形、裂纹，在注射时方向性更加明显。因此，模具设计时应考虑收缩的方向性，按塑件形状、料流方向选取收缩率为宜。

③ 后收缩。塑件成型时，由于受成型压力、剪切应力、各向异性、密度不匀、填料分布不匀、模具温度不匀、塑性变形等因素的影响，引起一系列应力的作用，在黏流态时不能全部消失，故塑件在应力状态下成型时存在残留应力。脱模后由于应力趋向平衡及储存条件的影响，残留应力将发生变化而使塑件发生再收缩，称为后收缩。一般塑件在脱模后 10h 内变化最大，48h 后基本定型，但最终稳定要经 30～60 天。

影响成型收缩率的因素：

① 注射压力增高，收缩率变小；

② 注射速度变大，收缩率变小；

③ 注射保压时间延长，收缩率变小；

④ 模具内保压时间延长，收缩率变小；

⑤ 模具温度上升，收缩率变大；

⑥ 浇口（gate）断面面积增大，收缩率变小。

⑦ 壁厚变厚，收缩率变大；

⑧ 壁厚变厚，则长度方向（纵向）的收缩率变大；

⑨ 材料温度升高，收缩率变小；

⑩ 玻璃纤维等填充后，收缩率随填充量的增加而减小。

3.1.4 常用塑料按使用特性分类

根据不同的使用特性，通常将塑料分为通用塑料、工程塑料和热塑性弹性体三大类。对于同种塑料，由于生产厂家不同，所采用的工艺和添加剂种类和比例不同，其性能也有一定差异。国产常用塑料特性见表 3-7，进口常用塑料性能见表 3-8。

表 3-7 国产常用塑料特性

塑料名称		缩写代号	密度 /(g/cm³)	收缩率 /%	成型温度/℃	
					模具温度	料筒温度
丙烯腈-丁二烯-苯乙烯	高抗冲	ABS	1.01～1.04	0.4～0.7	40～90	210～240
	高耐热		1.05～1.08	0.4～0.7	40～90	220～250
	阻燃		1.16～1.21	0.4～0.8	40～90	210～240
	增强		1.28～1.36	0.1～0.2	40～90	210～240
	透明		1.07	0.6～0.8	40～90	210～240
丙烯腈-丙烯酸酯-苯乙烯		AAS	1.08～1.09	0.4～0.7	50～85	210～240
聚苯乙烯	耐热	PS	1.04～1.10	0.1～0.8	60～80	200 左右
	抗冲击		1.10	0.2～0.6	60～80	200 左右
	阻燃		1.08	0.2～0.6	60～80	200 左右
	增强		1.20～1.33	0.1～0.3	60～80	200 左右
丙烯腈-苯乙烯	无填料	AS	1.075～1.10	0.2～0.7	65～75	180～270
	增强	(SAN)	1.20～1.46	0.1～0.2	65～75	180～270
丁二烯-苯乙烯		BS	1.04～1.05	0.4～0.5	65～75	180～270
聚乙烯	低密度	LDPE	0.91～0.925	1.5～5	50～70	180～250
	中密度	MDPE	0.926～0.94	1.5～5	50～70	180～250
	高密度	HDPE	0.941～0.965	2～5	35～65	180～240
	交联	PE	0.93～0.939	2～5	35～65	180～240
乙烯、丙烯酸乙酯共聚		EEA	0.93	0.15～0.35	低于 60	205～315
乙烯、醋酸乙烯酯		EVA	0.943	0.7～1.2	24～40	120～180
聚丙烯	未改性	PP	0.902～0.91	1～2.5	40～60	240～280
	共聚		0.89～0.905	1～2.5	40～60	240～280
	惰性料		1.0～1.30	0.5～1.5	40～60	240～280
	玻璃纤维		1.05～1.24	0.2～0.8	40～60	240～280
	抗冲击		0.89～0.91	1～2.5	40～60	160～220
聚酰胺(尼龙)		PA66	1.13～1.15	0.8～1.5	21～94	315～371
		PA66G30	1.38	0.5	30～85	260～310
		PA6	1.12～1.14	0.8～1.5	21～94	250～305
		PA6G30	1.35～1.42	0.4～0.6	30～85	260～310
		PA66/PA6	1.08～1.14	0.6～1.5	35～80	250～305
		PA6/PA12	1.06～1.08	1.1	30～80	250～305
		PA6/PA12G30	1.31～1.38	0.3	30～85	260～310

塑料名称		缩写代号	密度/(g/cm³)	收缩率/%	成型温度/℃	
					模具温度	料筒温度
聚酰胺（尼龙）		PA6/PA9	1.08～1.10	1～1.5	30～85	250～305
		PA6/PA10	1.07～1.09	1.2	30～85	250～305
		PA6/PA10G30	1.31～1.38	0.4	30～85	260～310
		PA11	1.03～1.05	1.2	30～85	250～305
		PA11G30	1.26	0.3	30～85	260～310
		PA12	1.01～1.02	0.3～1.5	40	190～260
		PA12G30	1.23	0.3	40～50	200～260
		PA610	1.06～1.08	1.2～1.8	60～90	230～260
		PA610G30	1.25	0.4	60～80	230～280
		PA612	1.06～1.08	1.1	60～80	230～270
		PA613	1.04	1～1.3	60～80	230～270
		PA1313	1.01	1.5～2	20～80	250～300
		PA1010	1.05	1.1～1.5	50～60	190～210
		PA1010G30	1.25	0.4	50～60	200～270
丙烯腈、氯化聚乙烯、苯乙烯		ACS	1.07	0.5～0.6	50～60	低于200
甲基丙烯酸甲酯、丁二烯、苯乙烯		MBS	1.042	0.5～0.6	低于80	200～220
聚4-甲基戊烯-1	透明	TPX	0.83	1.5～3	70	260～300
	不透明		1.09	1.5～3	70	260～300
聚降冰片烯		PM	1.07	0.4～0.5	60～80	250～270
聚氯乙烯	硬质	PVC	1.35～1.45	0.1～0.5	40～50	160～190
	软质		1.16～1.35	1～5	40～50	1600～180
氯化聚氯乙烯		CPVC	1.35～1.5	0.1～0.5	90～100	200左右
聚甲基丙烯酸甲酯		PMMA	0.94	0.3～0.4	30～40	220～270
聚甲醛	均聚	POM	1.42	2～2.5	60～80	204～221
	均聚增强		1.5	1.3～2.8	60～80	210～230
	共聚		1.41	2	60～80	204～221
	共聚增强		1.5	0.2～0.6	60～80	210～230
聚碳酸酯	无填料	PC	1.2	0.5～0.7	80～110	250～340
	增强10%		1.25	0.2～0.5	90～120	250～320
	增强30%		1.24～1.52	0.1～0.2	120左右	240～320
	ABS/PS		1.1～1.2	0.5～0.9	90～120	250～320
聚苯醚	未增强	PPO	1.06～1.1	0.07～0.09	120～150	340左右
	增强30%		1.21～1.36	0.03～0.04	120～150	350左右
聚苯硫醚	未增强	PPS	1.34	0.06～0.08	120～150	340～350
	增强30%		1.64	0.02～0.04	120～150	340～350
聚砜		PSF	1.24	0.7	93～98	329～398
聚芳砜		PASF	1.36	0.8	232～260	316～413
聚醚砜		PES	1.14	0.4～0.7	80～110	230～330
聚对苯二甲酸乙二醇酯		PETG30	1.67	0.2～0.9	85～100	265～300
聚对苯二甲酸丁二醇酯		PBT	1.2～1.3	0.6	60～80	250～270
		PBTG30	1.62	0.3	60～80	232～245
氯化聚醚		CPE	1.4	0.6	80～96	160～240
聚三氟氯乙烯		PCTFE	2.07～2.18	1～1.5	130～150	276～306
聚偏氯乙烯		PVDF	1.75～1.78	—	60～90	220～290
丙酸醋酸纤维		CAP	—	0.3～0.6	40～70	190～225
丙酸丁酸纤维		CAB	—	0.3～0.6	40～70	180～220
乙基纤维素		EC	1.14	—	50～70	210～240
聚苯砜		PPSU	1.3	0.3	80～120	320～380
酸醚酯酮	未增强	PEEX	1.26	0.2	160左右	350～365
	增强25%		1.40	0.2	160～180	370～390

塑料名称		缩写代号	密度/(g/cm³)	收缩率/%	成型温度/℃	
					模具温度	料筒温度
聚芳酯	未增强	PAR	1.20	0.3	120左右	280～350
	增强		1.40	0.3	120左右	280～350
聚酚氧		—	1.18	0.3～0.4	50～60	150～220
全氟(乙烯、丙烯)共聚		PEP	2.14～2.17	3～4	200～230	330～400
热塑性聚氨酯		TPU	1.2～1.25	—	38左右	130～180
聚苯酯			1.4	0.5	100～160	370～380
酚醛注射料	H161Z	PF	1.5	0.6～1.1	165±5	65～95
	H163Z		1.5	0.6～1.1	165±5	65～95
	H1501Z		1.5	1.0～1.3	165±5	65～95
	6403Z		1.85	0.6～1.0	165±5	65～95
增强酚醛注射料	FX801	—	1.7～1.8	1.0	165～180	60～90
	FX802		1.7～1.8	1.0	165～180	60～90
	FBMZ7901		1.6～1.75	1.0	165～180	60～90
聚邻苯二甲酸二丙烯酯		DAP	1.27	0.5～0.8	140～160	90左右
三聚氰胺甲醛增强		MF	1.8	0.3	165～170	70～95
醇酸树脂		ALK	1.8～2	0.6～1	150～185	40～100

表 3-8 进口常用塑料特性

塑料名称		缩写代号	密度/(g/cm³)	收缩率/%	成型温度/℃	
					模具温度	料筒温度
低密度乙烯(日本旭道公司)	M6525	LDPE	0.915	4～6(参考)	60	205～300
	M6545		0.916	4～6(参考)	60	205～300
高密度乙烯	日本1300J	HDPE	0.965	2～5	50～70	160～250
	美国DMD7504		0.94～0.95	2～5	50～70	160～250
中密度乙烯(日本三井公司)	45300	MDPE	0.944	3～5(参考)	工艺参数介于LDPE与HDPE之间	
	45150		0.944	3～5(参考)		
	4060J		0.944	3～5(参考)		
聚丙烯(美国菲利普公司)	HGH-050-01	PP	0.905	1.2～2.5	40～60	200～280
	HGN-120-01		0.909	1.2～2.5	40～60	200～280
	HLN-120-01		0.909	1.2～2.5	40～60	200～280
	HGV-050-01		0.905	1.2～2.5	40～60	200～280
增强聚丙烯(日本三井公司)	K-1700 10%	GFR-PP	0.95	0.6	50～60	180～250
	V-7100 20%		1.03	0.4	50～60	180～250
	E-7000 30%		1.12	0.3	50～60	180～250
阻燃聚丙烯(日本恩乔伊公司)	E-185	PP	1.19	0.8～1.0	50	180～230
	E-187		1.19	0.8～1.0(参考)	50	180～230
聚4-甲基戊烯-1(日本三井公司)	RT-18	TPX	0.835	1.5～3.0	20～80	270～330
	DX-810		0.830	1.5～3.0	20～80	270～330
	DX-836		0.845	1.5～3.0	20～80	270～330
苯乙烯-丙烯腈共聚物(日本制铁公司)	AS-20	S/AN	1.08	0.4	65～75	180～270
	AS-41		1.06	0.4	65～75	180～270
	AS-61		1.06	0.4	65～75	180～270
苯乙烯-丁二烯共聚(美国菲利普公司)	KR-01	BS	1.01	0.4～0.5	38	204～232
	KR-03		1.04	0.5～1.0	38	204～232
丙烯腈-丁二烯-苯乙烯共聚物	美国240	ABS	1.07	0.4～0.6	40～80	100～250
	美国440		1.06	0.4～0.6	40～80	190～250
	美国740		1.04	0.4～0.6	40～80	190～250
	HR850		1.06	0.4～0.6	40～80	190～250
	日本S-10		1.05	0.4～0.6	40～80	190～250
	日本S-40		1.07	0.4～0.6	40～80	190～250

塑料名称		缩写代号	密度/(g/cm³)	收缩率/%	成型温度/℃	
					模具温度	料筒温度
增强 30%~40%	ABSAFILG-1200/20	GFR-ABS	1.23	0.1~0.3	40~80	175~260
	ABSAFILG-1200/40		1.36	0.1~0.2	40~80	175~260
	AF-1004(20%)		1.20	0.15	40~80	175~260
	AF-1006(30%)		1.28	0.1	40~80	175~260
聚酰胺(尼龙)		PA				
尼龙-6	德国巴斯夫公司 B3S		1.13	0.8~1.5	20~90	后部 240~300
	美国联合公司 2314		1.13~1.14	0.8~2.0	20~90	中部 230~290
	法国阿托化学公司 P40CD		1.13		20~90	前部 210~260
	英国帝国公司 B114		1.13		20~90	喷嘴 210~250
尼龙-66	美国杜邦公司 101L		1.14	1.5	20~90	后部 240~310
	美国杜邦公司 BK10A		1.15	1.5	20~90	中部 240~300
	英国帝国公司 A100		1.14	1.6~2.3	20~90	前部 240~300
	英国帝国公司 A150		1.14	1.4~2.2	20~90	喷嘴 230~280
	日本旭化成公司 1300S		1.14	1.3~2.0	20~90	
增强尼龙-6	美国菲伯菲尔公司 G3/30	GFR-PA	1.4	0.3~0.5	成型温度比相应尼龙高 10~30	
	美国菲伯菲尔公司 I-3/30		1.4	0.3~0.5		
	美国菲伯菲尔公司 G-13/40		1.47	0.2~0.4		
增强尼龙-66	美国杜邦公司 70G13L		1.22	0.5		
	美国杜邦公司 70G43L		1.51	0.2		
	美国杜邦公司 71G13L		1.18	0.6		
聚甲醛		POM				
共聚甲醛	美国塞拉尼斯公司 M25A		1.59	0.4~1.8	75~90	155~185
	美国塞拉尼斯公司 M50		1.41	5.0	75~90	155~185
	日本三菱公司 F10-10		1.14		75~90	155~185
	美国 LNP 公司 KFX-1002（10%增强）		1.47	0.8	75~90	155~185
均聚甲醛	美国杜邦公司 D-900		1.42	2.0	80	170~180
	美国杜邦公司 D-500		1.42	2.0	80	170~180
	美国塞摩菲尔公司 FG0100(30%增强)		1.63	0.5	80	170~180
	日本旭化成公司 3010		1.42		80	170~180
聚对苯二甲酸丁二酯	日本 TORAY 公司 1401	PBT GFR·PB	1.31	0.07~0.023	40	240~250
	1101-G30		1.53	0.02~0.08	40	240~250
	1400		1.48	0.017~0.023	40	240~250
	美国塞拉尼斯公司 3300		1.54		30~80	160~230
	美国塞拉尼斯公司 3200		1.41		30~80	160~230
聚对苯二甲酸乙二酯（增强）	美国杜邦公司 530	GFR-PET	1.56	0.2	120~140	250~280
	美国杜邦公司 545		1.69	0.2	120~140	250~280
	RE5069		1.81	0.2	120~140	250~280
	日本帝人公司 B1030		1.63		120~140	250~280
氟塑料		PTFE				
聚三氟氯乙烯	法国吉乐吉内公司 300/302	PCTFE	2.1~2.2	<1	130~150	230~310
	美国 3M 公司 F81		2.1~2.2	0.5~0.8	130~150	230~310
聚偏二氯乙烯	美国索尔特克斯公司 1008	PVDF	1.78	3.0	60~90	料筒 220~290
	法国吉乐吉内公司 1000		1.76~1.78	3.0~3.5	60~90	喷嘴 180~260
	日本吴羽公司 1100		1.76~1.78	2~3	60~90	
	美国庞沃特公司		1.75~1.78	3.0	60~90	

塑料名称		缩写代号	密度 /(g/cm³)	收缩率 /%	成型温度/℃	
					模具温度	料筒温度
全氟(乙烯- 丙烯)共聚物	美国杜邦公司 FEP-100	FEP	2.12～2.17	4～6	205～235	330～400
	美国杜邦公司 FEP-160		2.12～2.17	4～6	205～235	330～400
聚芳砜	美国 3M 公司 360	PAS	1.36	0.8	230～260	315～410
聚醚砜	英国帝国公司 200P/300P	PES	1.37	0.6	110～130	300～360
聚醛醚酮	英国帝国公司	PEEK	1.32	1.1	160	350～365
聚芳酯	日本尤尼奇长公司 U-100	PAR	1.21	0.8	120～140	320～350
	日本尤尼奇长公司 U-1060		1.21	0.8	120～140	320～350
	德国 KL-1-9300		1.44		120	320～350
聚酚氧	美国联合碳化物公司 8060/8030		1.18	0.004	50～60	水冷 150～220
	8100		0.78	0.004	50～60	水冷 150～220
聚苯醚 (增强)	美国 LNP 公司 1006D 30%	GFR-PPO	1.28	0.1	80～100	240～300
	美国 LNP 公司 1008D 40%		1.38	0.1	80～100	240～300
酚醛注射料 (日本) PM8000J 系列	8700J	PF	1.4	1.1～1.3	165～175	水冷 65～95
	8800J		1.41	1.1～1.3	165～175	水冷 65～95
	8750J			1.0～1.2	165～175	水冷 65～95
	8601J		1.4	1.3～1.5	165～175	水冷 65～95
热塑性聚氨酯 (美国 TEXIN)	192A	TPU	1.23	0.9(参考)	室温	160～190
	480A		1.20	0.9(参考)	室温	160～190
	591A		1.22	0.9(参考)	室温	160～190
	355A		1.23	0.9(参考)	室温	160～190
醇酸树脂 (日本东芝公司)	TPX100	AK	2.0～2.05	0.5～0.6	150～185	水冷 40～100
	TPX300		1.9～2.0	0.5～0.6	150～185	水冷 40～100
	MPX100		1.9～2.0	0.6～0.7	150～185	水冷 40～100
	MPX300		1.8～1.9	0.6～0.7	150～185	水冷 40～100
	AP301BE		1.9～2.0	0.4～0.5	150～185	水冷 40～100
聚醚酰亚胺 (美国通用公司)	VILEM1000	PEI	1.27	0.5～0.7	50～120	330～430
	VILEM2100		1.34	0.4	50～120	330～430
	VILEM2200		1.42	0.2～0.3	50～120	330～430
	VILEM2300		1.51	0.2	50～120	330～430
聚苯酯(EKONOL) (美国碳化硅公司)	2000		1.4	0.5	100～160	360～380
	200BL		1.69	0.56	100～160	360～380
聚甲基丙烯酸甲酯 (美国杜邦公司)	130K	PMMA	1.18	0.2～0.6	室温	160～290
	147K		1.19	0.3～0.7	室温	160～290
聚碳酸酯	美国通用公司 191	PC	1.19	0.5～0.7	70～110	240～300
	美国通用公司 940		1.21	0.5～0.7	70～110	240～300
	美国通用公司 101		1.2	0.5～0.7	70～110	240～300
	日本三菱公司 7022R		1.2	0.5～0.7	70～110	240～300
	日本三菱公司 7025R		1.2	0.5～0.7	70～110	240～300
	日本三菱公司 7025NB		1.24	0.5～0.7	70～110	240～300
增强聚碳酸酯 (日本三菱公司)	7025G10	FRPC	1.25	0.2	90～100	260～310
	7025G30		1.43	0.2～0.3	90～100	260～310

通用热塑性塑料包括各种主要塑料，如 PP、PVC、PS 及 PE 等。而从中又可细分为多个品种，例如 PP 包括了均聚物（homopolymer）及共聚物（copolymer）；PVC 包括硬质（rigid）及塑化（plasticised）品种；PS 分为一般用途及增韧（toughened）级，简称 HIPS；PE 包括了 LDPE、MDPE 及 HDPE 等。此类塑料之所以被广泛使用，主要原因是生产所需的原料价格便宜，可轻易转化成有用的塑料制品。通用热塑性塑料名称及成型特性见表 3-9。

表 3-9　通用塑料名称及成型特性

塑料名称		收缩率	常用收缩率	密度	溢边值	料筒温度	模具温度
通用名称	英文缩写	/%	/%	/(g/cm³)	/mm	/℃	/℃
通用级聚苯乙烯	GPPS	0.3～0.6	0.5	1.16	0.03	180～280	40～60
抗冲击性聚苯乙烯	HIPS	0.2～0.8	0.5	1.08	0.03	190～260	40～70
丙烯腈-丁二烯-苯乙烯	ABS	0.4～0.8	0.5	1.05	0.04	180～260	30～80
丙烯腈-苯乙烯	AS(SAN)	0.2～0.7	0.5	1.07	0.03	200～270	40～60
丁二烯-苯乙烯	BS(K 料)	0.4～1.0	0.5	1.01	—	190～230	30～50
低密度聚乙烯	LDPE	1.5～5.0	3	0.92	0.02	160～210	10～40
高密度聚乙烯	HDPE	1.5～4.0	3	0.96	0.02	170～240	10～40
乙烯、醋酸乙烯酯	EVA	0.7～3.5	2	0.95	—	180～220	40～60
聚氯乙烯（软质）	PVC(软)	1.0～5.0	1.5	1.15～1.35	0.04	150～180	20～60
聚氯乙烯（硬质）	PVC(硬)	0.2～0.6	0.4	1.35～1.45	0.04	150～200	20～60
聚丙烯	PP	1.0～2.5	1.6	0.91	0.03	160～240	40～80
聚甲基丙烯酸甲酯	PMMA	0.2～0.8	0.4	1.18	0.03	160～270	50～90

工程热塑性塑料（EP）是一组结合高强度、刚硬、坚韧、耐磨损、抗化学品或耐高温等性质的共聚物。

有关工程塑料的资料一般都注重于描述聚酰胺（PA）、聚甲醛（POM）、聚碳酸酯（PC）、热塑性聚酯及改良聚苯氧（PPO）（或称改良聚苯醚 PPE），因为目前全世界所采用的工程塑料 90% 以上出自这五类，而这五类工程塑料约占全球所用塑料总数的 8%。其他工程塑料如砜类（sulphones）及改良聚酰胺只占总用量中很小比例（约 1%～2%），因为它们大部分是用来代替金属零件，故价格较高。

至于大量使用的 EP，虽然耐热性较低（150℃以下），在高温下的抗蠕动性（creep resistance）也特别差，但用途却十分广泛。工程塑料名称及成型特性见表 3-10。

表 3-10　工程塑料名称及成型特性

塑料名称		收缩率	常用收缩率	密度	溢边值	料筒温度	模具温度
通用名称	英文缩写	/%	/%	/(g/cm³)	/mm	/℃	/℃
尼龙 6	PA6	0.3～1.5	1.0	1.13	0.02	200～320	40～120
尼龙 66	PA66	0.7～1.8	1.0	1.13	0.02	200～320	40～120
尼龙＋玻璃纤维	PA+GF	0.2～0.5	0.3	1.39	0.02	240～270	80～90
聚甲醛（赛钢）	POM	1.5～3.5	2.0	1.42	0.04	190～230	80～105
聚碳酸酯	PC	0.4～0.8	0.5	1.20	0.06	260～340	80～120
聚对苯二甲酸乙二醇酯	PET	1.8～2.5	2.0	1.33	—	265～290	80～120
聚对苯二甲酸乙二醇酯＋玻璃纤维	PET+GF	0.2～0.5	0.2	1.67	—	265～305	95～150
PET 共聚物	PETG	0.2～0.6	0.4	1.27	—	220～290	15～40
PCTG	PCTG	0.2～0.5	0.4	1.23	—	275～295	15～40
聚对苯二甲酸丁二醇酯	PBT	0.9～2.8	1.5	1.40	—	225～275	40～60
聚对苯二甲酸丁二醇酯＋玻璃纤维	PBT+GF	0.4～0.9	0.6	1.61	—	225～275	40～80
PCT＋GF	PCT+GF	0.1～0.4	0.2	1.45	—	295～370	105～135

塑料名称		收缩率	常用收缩率	密度	溢边值	料筒温度	模具温度
通用名称	英文缩写	/%	/%	/(g/cm³)	/mm	/℃	/℃
酸性胶	CA	0.2～0.7	0.5	1.26	—	160～230	40～60
丙酸醋酸纤维	CAP	0.2～0.7	0.5	1.20	—	215～240	40～75
丙酸丁酸纤维	CAB	0.2～0.7	0.5	1.19	—	230～250	40～85
耐高温聚丙烯	PP	0.9～1.1	1.0	1.12	0.03	180～220	60～80
防火级聚丙烯	PP	0.5～1.5	1.4	0.95	0.03	180～220	30～50
聚苯硫醚＋玻璃纤维	PPS+GF	0.2～0.8	0.25	1.67	—	300～340	120～150
聚苯醚	PPO	0.5～0.8	0.6	1.07	—	240～280	60～105
PSU	PSU	0.5～0.7	0.6	1.24	—	290～350	100～140
聚醚砜	PES	0.4～0.8	0.68	1.37	—	340～380	120～160
LCP	LCP	0～0.2	0.02	1.7	—	385～400	35～200
SBS 弹性体	SBS	1.5	1.5	0.96～1.1	—	145～160	25～30
SEBS 弹性体	SEBS	1.5	1.5	0.87～0.9	—	180～220	35～65
热塑性聚氨酯	TPU	1.2	1.2	1.24	—	190～220	10～30
TPV	TPV	1.2～1.5	1.3	0.97	—	180～190	10～80
COP	COP	1.4	1.4	1.2	—	220～250	45

3.1.5 热塑性弹性体

3.1.5.1 性能概述

热塑性弹性体（thermoplastic elastomer）又称热塑性橡胶（thermoplastic rubber），是一种兼具橡胶和热塑性塑料特性，在常温显示橡胶高弹性，高温下又能塑化成型的高分子材料，也是继天然橡胶、合成橡胶之后的所谓第三代橡胶，简称 TPE 或 TPR。热塑性弹性体聚合物链的结构特点是由化学组成不同的树脂段（硬段）和橡胶段（软段）构成。硬段的链段间作用力足以形成物理交联，软段则是具有较大自由旋转能力的高弹性链段，且软硬段又能以适当的次序排列并以适当的方式联结起来。硬段的这种物理交联是可逆的，即在高温下失去约束大分子组成的能力，呈现塑性。降至常温时，这些交联又恢复，起类似硫化橡胶交联点的作用。

正是由于 TPE 具有橡胶和塑料的双重性能，又具有美学外观的优势，它能表现出光滑的丝般感觉，非常适合手感柔软的手柄和表面，例如食品与饮料包装、办公产品、医用设备以及类似软管胶管衬垫、密封件密封条以及电线电缆、日用品及工具等。虽然是较新的塑料品种，但由于新市场不断开拓，同时在某些情况下可以取代其他塑料或传统橡胶，因此，其用量及使用价值不断提高。它们既具备传统或硫化橡胶的一些性质，亦兼备热塑性塑料加工简便快捷的功能，并且可以回收反复使用，有多种颜色可供选择。

实际上，TPE 是这类热塑性橡胶的统称，其品种是多种多样的。根据实际应用的要求，材料设计者可以通过共混、填充、着色、使用助剂等方法来对 TPE 进行改性，改善产品的颜色、手感、使用性能、降低材料成本和加工成本。由此可见 TPE 的应用市场的拓展有赖于混配技术的应用，通过有效的混配才能得到满足特定要求的产品。正因为此，TPE 的新品不断涌现，已成为快速增长并具有广阔前景的材料领域。

TPE 的种类繁多，其配方与生产工艺完全不同，不同厂家的品牌性能相差较大，因此，在注塑生产中应随时与材料供应商沟通，取得注塑生产的第一手资料。

在工业上和普通消费品中经常使 TPE 软材料包覆在刚性制品上，提高美观度和手感，增加产品舒适度。TPE 包胶的硬度随着包胶基材的不同以及使用物理性能的要求不同而不同。如果 TPE 包 PP 材料，TPE 硬度选择为 30～60A 左右，而包 PC、PA 和 ABS 等材料，硬度需要适当高一些。

也可根据用途选择包胶的硬度，比如儿童牙刷包胶就比较软，自行车握把、笔套、高尔夫球杆握把、运动器材握把稍微高一些，而用力比较大的螺丝刀，包胶就比较硬，还有一些包金属的，包不锈钢的，硬度应选择在 80A 左右。

TPE 的收缩率与胶料的牌号和组成有关，大约在 0.5%～2.0% 之间。收缩率在注塑流动方向上比较大。如果塑件由单一的 TPE 材料构成，通常取收缩率为 1.5%；如果设计包胶模，生产包胶产品，则与硬胶结合部位收缩较小，其余部位收缩较大，各部位收缩不一致。例如利用包胶模生产电子体温计外壳，尾端为 ABS 硬胶，头部为 TPE 软胶，则与 ABS 接触部位由于 ABS 的限制，其收缩率较小，但长度方向收缩率较大。模具设计时，按照 1.0% 增加收缩率，试模后在长度部分加长作为补偿。在生产小尺寸按键时，由于 TPE 完全包围在硬胶 ABS 上，其收缩受到限制，收缩率很小，因此，为了便于模具设计，对软胶 TPE 可以不计其收缩率。

由于 TPE 材料流动性很好，模具设计和加工时需要注意避免塑件出现飞边。需要注意提高模具加工精度和合模精度，减小运动部件之间的间隙，设计合理的排气系统。

3.1.5.2　TPE 主要物性测试项目

① 硬度。材料局部抵抗硬物压入其表面的能力称为硬度。按照 ASTM D 2240—97 标准，采用邵尔硬度计进行硬度测量。TPE 材料测试一般只用到 shoreA 和 shoreD 两种硬度计。

② 压缩形变。压缩形变橡胶或弹性体材料在压缩（施加载荷到特定的行为量，例如 25%）和不同温度下的永久变形量。

③ 拉伸永久形变。拉伸永久变形是试样在一定拉力作用下伸长后，在作用力解除的情况下其残余的变形，以原始长的百分数表示。

④ 拉伸强度。拉伸强度就是试样拉伸直到拉断过程中产生的最大拉应力。

⑤ 撕裂强度。橡塑材料某一点在高应力集中的作用下会产生和扩大机械撕裂，它将导致材料的撕裂、缺陷或者局部变形，而撕裂强度就是对这一撕裂过程中所需最大破坏力的定量表现形式。

⑥ 耐油性。耐油性测试主要是测量材料在不同标准参考油中多项性能指标的变化（体积、硬度、拉伸强度等）。

3.1.5.3　TPE、TPO 热可塑性弹性体介绍

TPO 很少单独使用，是由 PP、PE 加入 EPM、EPDM 等橡胶所构成的原料。具有以下特性：

① TPO/PP。PP 具有加工容易、价格低，同时又可增加成品强度、硬度、伸长率亦随着强度而增加，成品表面磨耗、流动性也较佳的特点。加入后密度会降低，弹性大幅降低，透明性增加，物性与 TPE 接近。

② TPO/扩展油。同样为饱和结构，相容性极佳，唯硬度会降低，耐磨性变差。

③ TPO/碳酸钙。无补强作用，主要是降低成本，流动性、弹性、耐磨性均变差。

TPE 具有以下特性：

① TPE 和 PP、PE、PS、ABS、NYLON、AS、PMMA 具有良好的相容性，可直接双色成型。

② TPE 具有优异的耐热老化性（140℃左右）、耐臭氧性及耐 UV 性，不需要添加抗氧化剂等。如添加则可对配料中其他试剂起保护的作用。

③ TPE 配合在工程塑料中可起到改性的作用。优点是可增加耐冲击性，增加断裂伸长率，改善弹性和改善低温特性。

④ TPE 的主要用途：

工业制品：工具握把、工业轮胎、侧饰用；

运动用品：高尔夫握把、运动护膝；

电气用品：电线被覆、鼠标垫、光纤用、IC 塞子。

⑤ 双色成型。TPE 多用于双色成型。一般软胶包覆时会将硬胶浇口盖掉以利外观。TPE 有许多规格，必须选择恰当，能将两者固相聚合，不然软胶用力撕会剥离。

3.1.5.4 高机能热塑性弹性体（TPEs）

TPEs 近年来市场应用增加许多，逐渐取代加硫橡胶或聚氯乙烯塑胶，根据性能可分为以下几个种类，只要常温下有橡胶的特性，又可以高温熔融成型者，即可称为 TPEs。

① 尿烷弹性体（TPU）。是一代弹性体（优能胶），可取代 PVC 为非卤素型难燃型，有白色和透明二种，也可添加玻璃纤维，适合与金属零件组合，用于汽车的侧饰、机器零件的夹芯。

② 高传热弹性体（TPV）。用在电子零件高热化，散热绝缘用。此料柔软且传热性优异，可取代云母、传热性橡胶或润滑脂。

③ 聚酯系弹性物（TPEE）。用在需耐热性、耐油性及耐磨损性等性能的机能零件上，缺点是柔软性不足。

④ PVC 系弹性物（TPE）。主要用在汽车零件上，以玻璃边的气密性及水密性要求很高的风雨衬条为代表。

⑤ 烯烃系弹性体（TPR）。加工方式与 PE、PVC 类似，可取代加硫橡胶及 PVC，以达到环保要求，硬度可达 64D。

以上弹性体综合其特性可得：

a. 耐弯曲性良好，耐冲击性好；

b. 压缩可永久变形；

c. 耐寒性优秀（低温脆化温度 -40～-80℃）；

d. 耐磨损性、弹性率高；

e. 线胀系数低（和金属接近）；

f. 可取代软质 PVC 以达环保要求；

g. 可回收再利用；

h. 加工温度在 180～220℃之间，TPU 需 80℃×2h 干燥；

i. 螺杆压缩比以 2.53.0 比 1，L/D 在 20 以上，如此较能发挥熔融热度；

j. 模温在 80～80℃之间，采用大直径、圆形截面流道会较好成型。

⑥ SBS 为非氢化级材质，较经济，SEBS 为氢化级材质，耐候性与抗氧化较好，用于高附加值的产品。

3.2 塑料零件设计

3.2.1 产品设计阶段

通常，一般产品的开发包括以下几个方面的内容：

① 市场研究与产品流行趋势分析：构想、市场调研和产品价值观；

② 概念设计与产品规划：外形与功能；

③ ID造型设计：外观曲线和曲面、材质和色彩造型确认；

④ 机构设计：组装，零件；

⑤ 模型开发：简易模型、快速模型（RP）；

⑥ 功能验证：按既定要求进行功能验证。

3.2.2 注塑产品设计原则

塑料的种类很多，常用的有几百种。塑料不是单一类型的材料，而是一族材料，每一种都有其独特的优点和宽广的性能范围。这些性能包括耐磨性、抗老化性、抗冲击性、韧性、耐高温性、能量吸收性、整体颜色、透明度、电气性能、绝热性和隔音性。塑料的成型性能对模具设计有巨大的影响。没有一种塑料可以满足以上所有的性能要求，但是可以通过产品设计，使具有不同性能的塑料组合在一起，满足使用要求。例如可以使用多物料共注射技术，使不同的材料组合在一起成型，每种材料仍旧保持其独特的性能。设计塑料产品时，需要专注于塑料的种类、品牌、分子取向等因素，在结构要素和几何形状等方面优化设计。

注塑产品设计时应该遵循以下基本原则。

（1）全面满足使用要求

注塑产品的设计直接影响模具设计、模具制作、成型技术及成型品的质量。依照成型品的要求机能决定其形状、尺寸、外观及所用塑料。各种塑件都有各自不同的使用要求，如手机、电话机外壳，必须能够可靠安装和固定其内部的各种零部件，造型美观，结实耐用；石英表和打印机里的塑料齿轮能够满足承载和准确传动的要求；化工行业使用的阀门、泵体等，应能经得住它所处环境的腐蚀和温度的考验等。

塑件的使用要求各不相同，因此要求产品设计者十分熟悉产品的使用环境。要考虑到在最恶劣环境下可能出现的问题，只有经过充分的考虑，才能使塑件全面满足使用要求。

（2）尽量简化模具结构

塑件是由模具制造出来的，模具的设计、制造和装配技术水平要求很高，生产周期较长，相应的制作成本也很高。因此设计塑件形状和结构时，应尽量考虑如何使它们容易成型，这样才能使模具结构简化。

（3）有利于提高加工工艺性

对于加工塑件的模具来讲，不但要求模具结构简化，还应当使组成模具的各个零件易于加工，同时，塑件的设计需要避免在模具上出现不可避免的薄弱环节，影响模具寿命。

（4）塑件的绿色设计

某些塑件成型后，为了提高装饰效果，在外表喷涂油漆，使塑件的回收料性能劣化，不利于塑料的回收利用，所以应尽可能避免采用此种喷涂工艺。塑料的阻燃性能无法与金属相比，在塑料中增加阻燃剂制成的防火料，因为防火料含有氟、氯、溴等元素，在注射时容易分解出腐蚀性气体，损害环境和操作者健康。因此，尽可能减少使用防火料。如塑料材质因为要更稳定或配色或防火而需使用添加物，则禁止添加物含有镉、铬、汞、砷、铍、锑的成分，同时禁止添加物含有铅、氯和溴化物的成分。每个小塑件最多只能含有 50mg/kg 的 PBB 或 PBBO。

塑料外壳应该含有极少量的小零件，小零件应该使用同样的塑料材质。在塑料零件上必须打上该材质的编号和记号，以便回收。

（5）形状力求简单

在经济日益发展的时代，塑件的造型美得到突出重视。造型美是产品整体体现出来的全部美感的综合，也是人们追求的更高境界。产品在激烈的市场竞争中脱颖而出，需要技术创新，也需要丰富多彩的外观造型。丛林法则（the law of the jungle）是自然界里生物学方面的物竞天择、适者生存、优胜劣汰、弱肉强食的规律法则。产品造型的复杂化和多样化，是丛林法则在产品设计中的作用效应。

在满足塑件使用要求的情况下，塑件结构应尽量简单，尽量不要设计复杂的造型。如无特殊要求，尽量避免抽芯结构。如孔轴向和筋的方向改为开模方向，利用型腔型芯碰穿等方法。

（6）按使用要求选用材料

各种塑件都有不同的使用环境，有些电子元件的外壳，需要抗电子辐射性能优异的塑料；有些室外使用的塑料，需要抗老化能力强的塑料；在高温环境下工作的齿轮等元件，则应选用耐热性优异且力学性能好的塑料；在腐蚀性强的环境中工作，可选用耐蚀性好的塑料，如 CPT、PPS、PEEK 等。

3.2.3 塑料一般选材

设计者绘出零件图后，要列出零件的使用条件和重要选材因素，然后合理地选材。可概括为以下三个步骤。

① 根据应用目的，列出零件的全部功能要求（并不是材料的性能），并尽可能定量化，例如：

　　a. 在额定的连续载荷下允许的最大变形量；

　　b. 使用和运输过程中所受的应力种类和大小，是否长期受力，是动态应力还是静态应力；

　　c. 最高工作温度；

　　d. 在工作温度下允许的尺寸变化；

　　e. 零件允许的尺寸公差；

　　f. 零件的使用性能要求；

　　g. 零件是否要求着色、粘接、电镀等；

　　h. 要求储存期多长，是否在户外使用；

　　i. 有无耐燃性要求。

② 根据部件的功能要求，考虑使用性能数值（工程性能）和设计数据，提出目标材料（部件材料）的性能数值，并通过这些性能要求来选定材料，即使这些性能估计是粗略的，也会大大方便候选材料的筛选，为最终材料的选定提供有益的依据。

选择恰当材料性能是很关键而又复杂的，因为零部件的某一功能常常包含几种性能，例如在尺寸稳定性的要求中除尺寸精度外，还要考虑线胀系数、模塑收缩率、吸水性、蠕变性等。零件的强度和刚度，除了从材料性能上考虑以外，还要从制品结构设计上（如厚度和加强筋等）加以考虑。材料的成型工艺性、耐久性、经济性等也都是选材时应考虑的因素。有时候，某些使用要求不一定能明确对材料性能的定量要求，如电镀性往往要通过实际试验或已有的经验来筛选。又如塑料炮弹弹带，要求材料经受住高速冲击、压缩、扭拧、剪切等复杂的外力作用和高速高温高压气流的影响，很难直接提出材料的定量性能要求，因此，除了通过力学计算外，还可通过模拟试验和探索试验来推算受力情况，提出粗略的性能要求。

③ 最后通过部件工程性能要求与材料性能的比较来确定候选材料。选择塑料时应注意下面几个问题：

a. 必须对选用塑料的性能有较全面的了解，然后根据使用条件去考虑配方、工艺和制品设计等；

b. 塑料一般导热性低，选用和设计时要充分注意；

c. 塑料的线胀系数一般比金属大，有的易吸水，因此尺寸变化较大，选用和设计时要考虑恰当的配合间隙和公差范围；

d. 有的塑料有应力开裂的倾向，选用和设计时要尽量减少应力，制品设计要避免应力集中，或做适当的后处理，并要严格控制加工工艺；

e. 有的塑料有蠕变和后收缩或变形的倾向，选用和设计时应充分注意；

f. 塑料有一定的使用强度范围和允许接触的介质以及能承受的压力和速度极限，选用和设计时应该考虑。

3.2.4 注塑成型制品的工艺性

注塑制品的形状结构、尺寸大小、精度和表面质量要求，与注塑成型工艺和模具结构的适应性，称为制品的注塑工艺性。如果制品在经济、环保的注塑工艺条件下能够稳定地生产，就是具备了良好的注塑工艺性。

制品工艺性的好坏主要取决于制品设计人员，但对注塑成型工艺和模具设计却有很大影响。很显然，对于一个工艺性较差的制品，除必须严格控制注塑工艺条件外，模具设计也要综合考虑其强度问题，避免塑件出现各式各样的成型缺陷。特别是对于一些工艺性很差的制品，往往还需要模具本身具有非常复杂的结构以及很高的制造精度。模具结构越复杂，模具零件的易损零件越多，模具运行的稳定性就下降，模具寿命就会受到严重影响。塑件的斜孔，需要模具斜向滑块抽芯；一些复杂的模具，滑块拖动滑块斜向抽芯；防止塑件粘斜顶的斜顶顶出机构。所有这些机构都使模具结构复杂化。

塑料制品的设计不仅要满足使用要求，而且要符合塑料的成型工艺特点，并且尽可能使模具结构简化。这样可使成型工艺稳定，保证塑料制品的质量，又可降低生产成本。在实际研发和生产中，产品设计师与模具设计师往往不属于同一单位，也不是同一人，他们会按自己的立场去设计完善自己的产品。产品造型越来越复杂，产品设计规范和要求越来越多，产品设计人员需要在产品的设计上花更多的时间，有可能设计出来的产品在模具结构和制造工艺上存在这样和那样的问题。产品设计者与模具设计人员需要召开模具评审会议，产品设计人员首先需要介绍产品的设计过程、设计要求和产品相关规范、塑件几何形状、尺寸精度、表面处理的质量和要求。模具设计者需要书面指出产品在注塑工艺性方面存在的问题，这些问题主要是壁厚不均匀、薄钢料、出模方向倒扣、滑块倒扣、胶位薄壁、脱模斜度不足、精度过高和注塑成型困难等。通过评审，模具设计工程师针对产品存在的问题给予改善的建议，便于产品设计者修改。一般来讲，经过 3 次互动和修改，塑件的开模工艺性就能得到保证。

3.2.5　塑件结构要素

3.2.5.1　脱模斜度

由于塑件冷却后产生收缩，会紧紧地包住模具型芯或型腔中的凸起部分，为了使塑件易于从模具内脱出，在设计时必须保证塑件的内外壁具有足够的脱模斜度。

为保证塑件自由无阻碍地从模具中脱模，在塑件的外表面、内表面、筋、孔、槽上，沿模具成型零件的脱模方向制成脱模斜度，如图 3-1 所示。

在选择脱模斜度时，应遵循以下原则。

① 为了不影响塑件装配，也便于尺寸调整，一般减胶做脱模斜度，确定减胶的基点保持不变。在塑件存在严格的尺寸公差的部位，脱模斜度需要得到客户确认。

② 在满足塑件尺寸公差要求的前提下，脱模斜度尽可能取大一些，这样有利于脱模。

③ 在塑料收缩率大的情况下应选用较大的脱模斜度；当塑件壁厚较厚时，因成型时塑件的收缩量大，故应选取较大的脱模斜度；对于较高、较大的塑件，应选用较小的脱模斜度。

④ 对于高精度塑件，应选用较小的脱模斜度。

⑤ 塑件形状复杂、不易脱模的，应选用较大的脱模斜度。

⑥ 不同品种的塑料所需的脱模斜度不同。硬质塑料比软质塑料所需的脱模斜度大，收缩率大的塑料比收缩率小的塑料脱模斜度要大，玻璃纤维增强塑料宜取大一点的脱模斜度，自润滑塑料的脱模斜度可取小一些。

⑦ 型腔表面粗糙度不同，脱模斜度也不同。塑件表面要求蚀纹或留火花纹时，其脱模斜度须根据纹路粗细相应加大，具体角度需要咨询蚀纹或火花纹的供应商。

⑧ 定模侧脱模斜度可较动模侧大些以利于脱模。

⑨ 脱模斜度的设定需视成型品的形状、成型材料的类别、模具构造、表面精度以及加工方向等有所不同，普通场合，在符合客户要求的情形下，脱模斜度的范围愈大愈佳。

在产品的设计过程中，塑件已预留出脱模斜度并且所有模具型腔和型芯零件在加工过程中都经过高度抛光的话，脱模就会十分顺利，因此，脱模斜度在产品设计过程中是不可缺少的。一般来说，高于 1mm 的高度都需要设计脱模斜度。零脱模斜度只应用在极少数特殊的地方。在某些场合，由于产品设计者经验不足，没有设计脱模斜度，模具设计者需要与产品设计者评审脱模斜度，并增加在塑件的 3D 模型上。

因塑件冷却收缩后多附在动模上，为使产品壁厚平均及防止塑件在开模后附在较热的定模型腔内，脱模斜度对应于动模及定模应该相等。不过，如果在特殊情况下要求塑件在开模后附在定模，可将定模部分的脱模斜度尽量减小，或刻意在定模加上适量的倒扣位（非外观面处）。

脱模斜度的大小没有一定的准则，多数是凭经验和依照产品的深度来决定。此外，壁厚和塑料的选择也在考虑之列。一般来说，高度抛光的外壁，在成型 PP 等自润滑塑料时，脱模斜度可以小到 0.125° 或 0.25°。有蚀纹的产品表面要求加大脱模斜度，习惯上每 0.025mm

深的纹路，便需要额外 1°的脱模斜度。高度大的塑件，按照其大小端的差值来确定脱模斜度，在最极端的情况下，大小端的单边差值在 0.10mm 以上就可以脱模。

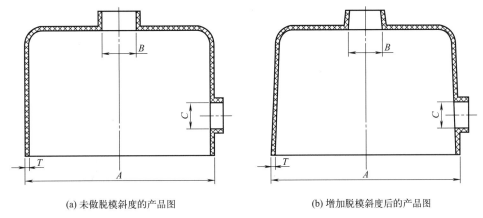

(a) 未做脱模斜度的产品图   (b) 增加脱模斜度后的产品图

图 3-1　脱模斜度

3.2.5.2　塑件壁厚

塑件的壁厚主要取决于塑件需要承受的外力、是否作为其他零件的支撑、承接柱位的数量、伸出部分的多少以及选用的塑料材料。一般热塑性塑料的壁厚设计应以 4mm 为限。从经济角度来看，壁厚过大则浪费原料，增加塑件的成本，而且会延长注塑周期（冷却时间），降低生产率，增加生产成本。从产品设计角度来看，壁厚过大还容易产生气泡、缩孔等缺陷，大大削弱产品的刚度和强度。因此塑件壁厚必须合理选择。壁厚的大小对塑料成型影响很大，壁厚过小则成型时流动阻力大，大型复杂塑件就难以充满型腔，而且不能保证塑件的强度和刚度。如图 3-2 所示塑件，图（a）所示塑件壁厚相差过大，需要改进为图（b）所示，将厚壁挖空。

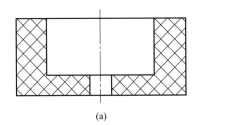　　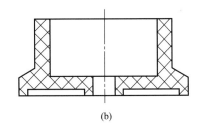

(a)   (b)

图 3-2　厚壁挖空改进

最理想的壁厚分布无疑是截面在任何部位都是均一的厚度，但为满足功能上的需求以致壁厚有所改变总是不可避免的。在这种情形下，由厚胶料过渡到薄胶料的地方应尽可能顺滑。太突然的壁厚过渡转变会导致冷却速度不同和产生涡流而造成尺寸不稳定和塑件变形问题。图 3-3（a）所示塑件，壁厚相差过大，需要改成图 3-3（b）所示，薄厚壁均匀过渡。

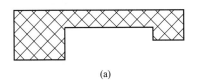　　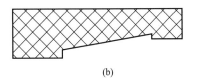

(a)   (b)

图 3-3　薄厚壁均匀过渡

壁厚大小主要与塑料品种、塑件大小以及成型工艺条件等因素有关，热塑性塑料的薄壁塑件主要是食品和医药包装，其壁厚为 0.3～0.5mm，热塑性塑件的最小壁厚和常用壁厚推荐值见表 3-11。确定塑件壁厚时应注意：

① 产品机械强度是否充分；

② 能否均匀分散冲击力和脱模力，不发生破裂；

③ 有嵌件时需防止其周围塑料太薄而破裂，是否会因塑件产生结合线而影响强度；

④ 尽可能壁厚一致以防表面收缩下陷；

⑤ 壁厚太薄是否会引起充填不足或阻碍料流流动；

⑥ 刚度和强度需要加强的部位，增加加强筋，塑件角部增加圆角。

表 3-11 注塑件壁厚推荐值   mm

塑料材料	最小注塑件	小注塑件	中等注塑件	大注塑件
聚酰胺	0.45	0.76	1.5	2.4～3.2
聚乙烯	0.60	1.25	1.6	2.4～3.2
聚苯乙烯	0.75	1.25	1.6	3.2～5.4
高抗冲击聚苯乙烯	0.75	1.25	1.6	3.2～5.4
硬聚氯乙烯	1.20	1.60	1.8	3.2～5.8
聚甲基丙烯酸甲酯	0.80	1.50	2.2	4.0～6.5
聚丙烯	0.85	1.45	1.75	2.4～3.2
氯化聚醚	0.90	1.35	1.8	2.5～3.4
聚碳酸酯	0.95	1.80	2.3	3.0～4.5
聚苯醚	1.20	1.75	2.5	3.5～6.4
醋酸纤维素	0.70	1.25	1.9	3.2～4.8
乙基纤维素	0.90	1.25	1.6	2.4～3.2
丙烯酸类	0.70	0.90	2.4	3.0～6.0
聚甲醛	0.80	1.40	1.6	3.2～5.4
聚砜	0.95	1.80	2.3	3.0～4.5

3.2.5.3 加强筋

加强筋用来增强塑件的抗弯刚度，减小翘曲变形，提高抗蠕变性和抗冲击性。此外，加强筋还可以充当塑件内部流道，有利于提高塑料熔体的快速充模，对于大型和复杂塑件的成型有很大的帮助。

加强筋根部的厚度不宜太厚，太厚会造成加强筋对面的外表面收缩产生凹陷。加强筋的高度（L）也不能过高，太高会造成困气或脱模困难。筋与筋之间的布置应该交错，以避免两筋交汇处材料过多而产生凹陷和缩孔。加强筋的推荐尺寸见图 3-4。

加强筋一般放在塑料产品的非接触面，其伸展方向应跟随产品最大应力和最大偏移量的方向。选择加强筋的位置亦受制于一些生产上的考虑，如型腔填充、收缩及脱模等。加强筋的长度可与塑件的长度一致，两端相接产品的外壁，或只占据产品部分的长度，用以局部增

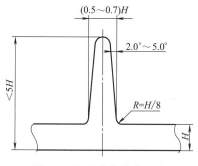

图 3-4 加强筋的推荐尺寸

加产品某部分的刚性。要是加强筋没有接上产品外壁的话，末端部分亦不应突然终止，应该渐次地将高度降低，直至完结，从而减少出现困气、填充不满及烧焦痕等问题，这些问题经常发生在排气不足或封闭的位置上。而且因为担心产品正面缩水，筋的厚度不能过大，通常

加强筋根部厚度＝加强筋顶部壁厚×0.65～0.7，外观要求高时取 0.65 为佳。

3.2.5.4　圆角

塑件的两相交平面之间尽可能以圆弧过渡，其作用有：

① 分散载荷，增强及充分发挥塑件的机械强度；

② 改善塑料熔体的流动性，便于充满与脱模；

③ 便于模具的机械加工和热处理，从而提高模具的使用寿命；

④ 避免锐角处的应力集中，增加模具和塑件的使用寿命。

塑件圆角尺寸参数见图 3-5，圆角与应力集中系数的关系见图 3-6。

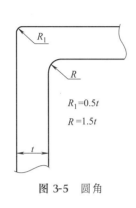

图 3-5　圆角

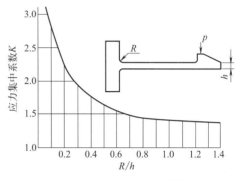

图 3-6　圆角与应力集中系数的关系

3.2.5.5　螺纹

塑件上的螺纹可以采用注塑成型。对于尺寸小而又不经常拆卸的螺纹，可以设计成光孔，用自攻螺钉连接。对经常装卸或受力较大的螺纹采用金属镶嵌件。注意，外螺纹牙型不宜过细，直径不宜小于 4mm，内螺纹牙型不宜小于 2mm。

需要注塑成型的螺纹，从注塑模的结构与模具零件的合理性，以及成型塑件使用的合理性考虑，螺纹的结构应按照如图 3-7 的结构进行设计，螺纹始端和末端须设计过渡长度，以防崩裂变形，过渡尺寸 l 可参照表 3-12 选取。设计时注意如下原则：

① 避免使用螺距小于 0.75mm 的螺纹，最大可使用螺距为 5mm 的螺纹；

② 因塑料收缩原因避免直接成型长螺纹以防螺距失真；

③ 螺纹公差小于塑料收缩量时避免使用；

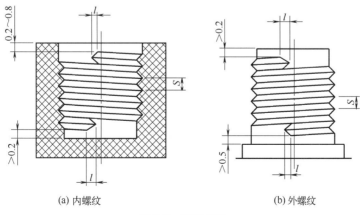

(a) 内螺纹　　　　　　　　(b) 外螺纹

图 3-7　螺纹结构

表 3-12　塑料制品螺纹始末端尺寸　　　　　　　　　　　　　　　mm

螺纹直径	螺距 S		
	<0.5	>0.5	>1
	始末端尺寸 l		
≤10	1	2	3
>10～20	2	2	4
>20～34	2	4	6
>34～52	3	6	8
>52	3	8	10

④ 如内外螺纹配合需留 0.1～0.4mm 的间隙；

⑤ 螺牙不可延长至产品末端，需设 0.8mm 左右的光杆部位以利于模具加工和延长螺纹寿命。

3.2.5.6　螺柱

螺柱一般为产品上凸出的圆柱，它可增强孔的周边强度，满足装配孔及局部增高之用，必须防止因肉厚增加造成缩水和因聚集空气造成充填不满或烧焦现象。设计时的注意点如下。

① 其高度以不超过本身直径的 2 倍为宜，否则需增设加强筋。

② 其位置不宜太接近转角或侧壁，以利于加工。

③ 优先选择圆形，以利于加工和塑料流动，底部可高出底面 0.3～0.5mm，以防止塑件顶部缩水。

螺柱的尺寸见图 3-8，壳体边缘螺柱的设计见图 3-9。

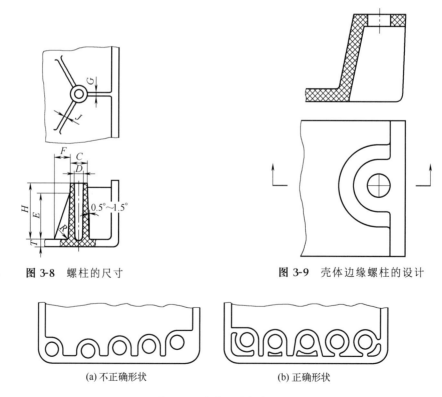

图 3-8　螺柱的尺寸　　　　　　　图 3-9　壳体边缘螺柱的设计

(a) 不正确形状　　　　　　　　　(b) 正确形状

图 3-10　壳体边缘螺柱

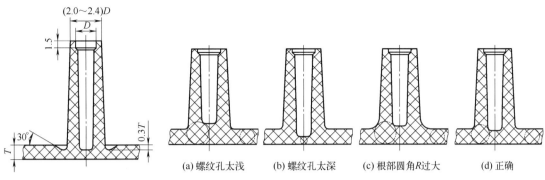

图 3-11　火山口的设计

(a) 螺纹孔太浅　　(b) 螺纹孔太深　　(c) 根部圆角R过大　　(d) 正确

图 3-12　螺柱设计

壳体边缘螺柱如果与塑件边缘的距离太近，容易造成塑件局部壁厚较厚，引起塑件缩水等成型不良。壳体边缘螺柱如图 3-10 所示，图（a）为不正确的设计方式，图（b）为正确形状。

为防止塑件顶部缩水，经常采用设计"火山口"的方式解决顶部缩水问题，"火山口"的设计见图 3-11。

螺柱设计时，需要注意其深度，深度太浅、深度太深和根部圆角 R 过大，都是不正确的，分别见图 3-12（a）、（b）、（c），正确的设计方式如图 3-12（d）所示。

3.2.5.7　自攻螺钉孔

自攻螺纹是采用自攻螺钉装配时形成的螺纹。自攻螺纹的形成有切割形式和旋压形式两种，所以，相应有切割自攻螺钉和旋压自攻螺钉。切割自攻螺钉适用于硬度和刚性较大的塑料，如 PS、ABS 等，用于承受载荷小、振动小、拆卸次数很少的地方。切割自攻螺钉拧入塑料件时，依靠螺钉上面的切割刃将塑料削下来形成螺纹。旋压自攻螺钉适用于韧性和弹性较好的塑料，如尼龙、PE、PP 等，适用于拆卸次数较多的螺纹连接。旋压自攻螺钉是螺钉拧入塑料时将材料挤压开而形成螺纹。

自攻螺纹是先成型一个比螺钉外径小的底孔，然后使用时再用自攻螺钉形成螺纹。自攻螺纹尺寸：切割自攻螺纹底孔，底孔直径等于螺钉中径；旋压自攻螺纹底孔，底孔直径等于螺钉中径的 80%；螺钉旋入连接深度，大于等于 2 倍螺钉外径；自攻螺钉直径，等于 3 倍底孔直径。其他尺寸参照表 3-13 和图 3-13。

表 3-13　自攻螺钉尺寸推荐值　　　　　　　　　　　　　　　mm

尺寸	M2.0	M2.3	M2.6	M3.0	M3.5
d	1.7	2.0	2.2	2.5	3.0
d_1	4	5	5	5.2	5.6
D	2.2	2.5	2.8	3.2	3.7
D_1	4.2	5.2	5.2	5.5	6.0
D_2	7.0	8.0	8.0	8.0	8.5

3.2.5.8　嵌件

在产品中嵌入金属或其他材料形成不可拆卸连接，可提高机械强度及耐磨性，保证电气性能，增加产品形状及尺寸的稳定性，提高精度。嵌件被放置在模具内，塑料围绕着它成型，塑件设计嵌件的优点是非常牢固，嵌件要想拿出来只能采取破坏性的方法。

包裹层不可太薄，必须保证嵌件在模具内固定的牢靠性，注意要点：

① 保证嵌件牢靠性，嵌件周围胶层不能太薄；

② 模具镶件和嵌件孔配合时需松紧合适，不影响取放；

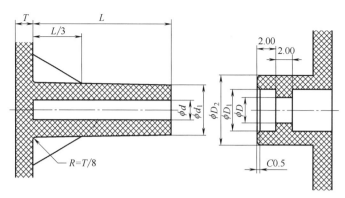

图 3-13　自攻螺钉尺寸

③ 为使嵌入件与塑料密切结合、不松脱，常常将嵌入件与塑料的结合部分，设计成各种粗糙的表面或凹凸的形状，如切槽、压花、钻孔、冲弯等。

嵌件功用：

① 减少成型品的摩擦和破裂，以增加成型品的机械强度；

② 可作为传导电流的媒体；

③ 装饰成型品与增进成型品的组合工作；

④ 可作为螺纹成型的预置型芯。

缺点：

① 由于金属与塑料的收缩率不同，成型后，塑件内应力大，易产生龟裂，导致长期失效；

② 使用嵌件成型时，会使成型周期延长；

③ 塑件成本高，嵌件会污染废物链，要想回收塑料再利用，必须取出嵌件。

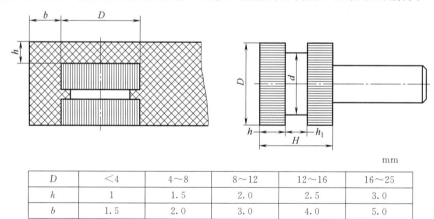

mm

D	<4	4～8	8～12	12～16	16～25
h	1	1.5	2.0	2.5	3.0
b	1.5	2.0	3.0	4.0	5.0

图 3-14　金属嵌件外包塑件厚度

设计注意事项：

① 包裹金属嵌件的外周塑料，因两者的收缩不同，必须保持一定的厚度，如图 3-14 所示；

② 嵌件的截面形状以圆形为宜，以使收缩均匀，如非圆形，其相贯面上不得有锐角，宜用 R 不小于 0.5mm 的圆弧过渡；

③ 圆柱形或套管形截面的金属嵌件，为了防止脱出及旋转，推荐采用如图 3-14 所示的

形状，其中，$H = D$，$h = 0.3H$，$h_1 = 0.3H$，$d = 0.75D$，$H_{max} \leqslant 2D$。

3.2.5.9 孔

注塑件上模塑成型的孔，目的是装入其他零件，有些还有配合精度的要求，有的孔是起修饰作用，或者用于减小壁厚，也有的是便于液体流动或具有散热通风等功能。

成型孔的直径和深度对应到模具上是型芯的直径和高度。孔有盲孔和通孔之分。盲孔对应模具上的型芯是悬臂梁，通孔的型芯可设计成简支梁。在注射压力的作用下，愈细长的、悬臂支撑的型芯更容易弯曲变形，型芯的位置更容易偏移。

现在的塑料产品，孔在模具上直接做出来，以减少成型后再钻孔的工序浪费，提升效率。在成型时，由于材料的流动与模具内结构的关系，经常会造成熔合线，而减弱成型品的强度。孔与孔的间距、孔与边缘的距离、孔深与成型品厚度等也都会影响成型品的强度及成型性。

① 孔与孔的间距为孔径的 2 倍以上。

② 孔的周围肉厚易增加。

③ 孔与成型品边缘的距离宜为孔径的 3 倍以上。

④ 孔与侧壁的距离宜为孔径的 3/4 倍以上。

⑤ 孔的直径在 1.5mm 以下时很容易产生弯曲变形，需注意孔深不宜超过孔径的 2 倍。

⑥ 分模面在中间的通孔为防止偏心，可将不重要一侧的孔径加大。

3.2.6 塑件精度

3.2.6.1 影响塑件尺寸精度的因素

塑件尺寸的大小受材料流动性的制约，塑件尺寸越大，要求的流动性越好。流动性差的材料在模具型腔未充满前就已经固化，或出现熔接不牢现象，导致塑件出现缺陷和强度下降。

塑件的尺寸精度受到塑料、模具结构、模具精度和注塑工艺性等很多因素的影响。塑料产品设计不能简单地套用机械零件的尺寸公差。

不同的塑件，尺寸精度的要求也不同。影响塑件尺寸精度的因素有以下几种。

① 成型材料。塑料本身收缩率范围大，不同国家和不同厂家的同种塑料，由于制作工艺和添加剂种类和成分等不同，收缩率不稳定，同一厂家不同批次的材料，其收缩率也有差异。

② 成型条件。成型时所确定的温度、压力和时间等成型条件，都直接影响成型收缩。

③ 塑件形状。制品的壁厚、几何形状等都影响成型收缩。脱模斜度的大小会直接影响尺寸精度。

④ 模具结构。分型面的确定、浇注系统的设计和模具的镶拼等也会影响塑件尺寸精度。

⑤ 注塑机。不同的注塑机器，其塑化和螺杆等不同，都会影响塑件尺寸精度。

⑥ 制造公差。模具的制造精度完全而且直接地反映在塑件上。

⑦ 测量误差。主要由测量工具、测量方法、测量时的温度及测量时的条件不稳定造成。

⑧ 包装和存放。塑件成型后如果存放不当，可能使塑件出现弯曲、扭曲等变形现象，存放和使用时的温度和湿度对塑件精度也有影响。

3.2.6.2 塑件公差标准

我国原第四机械工业部制定了 SJ 1372—78，成为行业公认的指导性标准，见表 3-14。

在此基础上，1993 年发布了 GB/T 14486—1993《工程塑料模塑塑料件尺寸公差》，2008 年又做了一次修订，并更名为《塑料模塑件尺寸公差表》，见表 3-15。

表 3-14 SJ 1372—78 塑料制件尺寸公差　　　　　　　　　　　　　mm

公称尺寸	精度等级							
	1	2	3	4	5	6	7	8
	公差数值							
～3	0.04	0.06	0.08	0.12	0.16	0.24	0.32	0.48
>3～6	0.05	0.07	0.08	0.14	0.18	0.28	0.36	0.56
>6～10	0.06	0.08	0.10	0.16	0.20	0.32	0.40	0.64
>10～14	0.07	0.09	0.12	0.18	0.22	0.36	0.44	0.72
>14～18	0.08	0.10	0.12	0.20	0.26	0.40	0.48	0.80
>18～24	0.09	0.11	0.14	0.22	0.28	0.44	0.56	0.88
>24～30	0.10	0.12	0.16	0.24	0.32	0.48	0.64	0.96
>30～40	0.11	0.13	0.18	0.26	0.36	0.52	0.72	1.00
>40～50	0.12	0.14	0.20	0.28	0.40	0.56	0.80	1.20
>50～65	0.13	0.16	0.22	0.32	0.46	0.64	0.92	1.40
>65～80	0.14	0.19	0.26	0.38	0.52	0.76	1.00	1.60
>80～100	0.16	0.22	0.30	0.44	0.60	0.88	1.20	1.80
>100～120	0.18	0.25	0.34	0.50	0.68	1.00	1.40	2.00
>120～140		0.28	0.38	0.56	0.76	1.10	1.50	2.20
>140～160		0.31	0.42	0.62	0.84	1.20	1.70	2.40
>160～180		0.34	0.46	0.68	0.92	1.40	1.80	2.70
>180～200		0.37	0.50	0.74	1.00	1.50	2.00	3.00
>200～225		0.41	0.56	0.82	1.10	1.60	2.20	3.30
>225～250		0.45	0.62	0.90	1.20	1.80	2.40	3.60
>250～280		0.50	0.68	1.00	1.30	2.00	2.60	4.00
>280～315		0.55	0.74	1.10	1.40	2.20	2.80	4.40
>315～355		0.60	0.82	1.20	1.60	2.40	3.20	4.80
>355～400		0.65	0.90	1.30	1.80	2.60	3.60	5.20
>400～450		0.70	1.00	1.40	2.00	2.80	4.00	5.60
>450～500		0.80	1.10	1.60	2.20	3.20	4.40	6.40

注：1. 表中公差数值用于基准孔取正（＋）号，用于基准轴取负（－）号。表中公差数值用于非配合孔取正（＋）号，用于非配合轴取负（－）号，用于非配合长度取正负（±）号。

2. 表中规定的数值以塑件成型后或经必要的后处理后，在相对湿度为 65％、温度为 20℃ 的环境中放置 24h 后，塑件和量具温度为 20℃ 时进行测量为准。

　　由于影响塑件尺寸精度因素很多，因此在塑件设计中合理确定尺寸公差是非常重要的。一般来说，在保证使用要求的前提下，精度应设计得低一些，见表 3-16。

　　由于产品的材料和加工方法不同，塑件的尺寸精度与机械产品不同，塑件的尺寸大小受到塑料材料的制约，同时其精度还受到材料的收缩率的影响、模具制造精度、注塑工艺、成型零件的磨损、模具零件装配及使用过程中热胀变化等影响。因此，要控制塑件精度比控制其他机电产品的精度要难得多，合理选择塑件精度等级，把握住并控制好影响塑件精度最大的因素，对提高塑件的精度和控制模具成型尤为重要。

　　塑件尺寸的精度还与塑件的结构有关，如精度在模具结构设计中因是否存在侧向抽芯机构而有所不同，顶出机构的不合理则会造成顶出变形，围框式与敞开式的塑件结构还存在收缩变形差异，塑件本身还存在着安装弹性变形等。

　　根据塑胶产品在整个产品中所起的作用和装配关系，可以将塑胶产品的尺寸划分为功能尺寸、装配尺寸、自由尺寸。

表 3-15　塑料模塑件尺寸公差（GB/T 14486—2008）

mm

标准公差的尺寸公差值

公差等级	公差种类	>0~3	>3~6	>6~10	>10~14	>14~18	>18~24	>24~30	>30~40	>40~50	>50~65	>65~80	>80~100	>100~120	>120~140	>140~160	>160~180	>180~200	>200~225	>225~250	>250~280	>280~315	>315~355	>355~400	>400~450	>450~500	>500~630	>630~800	>800~1000
MT1	a	0.07	0.08	0.09	0.10	0.11	0.12	0.14	0.16	0.18	0.20	0.23	0.26	0.29	0.32	0.36	0.40	0.44	0.48	0.52	0.56	0.60	0.64	0.70	0.78	0.86	0.97	1.16	1.39
MT1	b	0.14	0.16	0.18	0.20	0.21	0.22	0.24	0.26	0.30	0.30	0.33	0.36	0.39	0.42	0.46	0.50	0.54	0.58	0.62	0.66	0.70	0.74	0.80	0.88	0.96	1.07	1.26	1.49
MT2	a	0.10	0.12	0.14	0.16	0.18	0.20	0.22	0.24	0.26	0.30	0.34	0.38	0.42	0.46	0.50	0.54	0.60	0.66	0.72	0.76	0.84	0.92	1.00	1.10	1.20	1.40	1.70	2.10
MT2	b	0.20	0.22	0.24	0.26	0.28	0.30	0.32	0.34	0.36	0.40	0.44	0.48	0.52	0.56	0.60	0.64	0.70	0.76	0.82	0.86	0.94	1.02	1.10	1.20	1.30	1.50	1.80	2.20
MT3	a	0.12	0.14	0.16	0.18	0.20	0.22	0.26	0.32	0.34	0.40	0.46	0.52	0.58	0.64	0.70	0.78	0.86	0.92	1.00	1.10	1.20	1.30	1.44	1.60	1.74	2.00	2.40	3.00
MT3	b	0.32	0.34	0.36	0.38	0.40	0.42	0.46	0.50	0.54	0.60	0.66	0.72	0.78	0.84	0.90	0.98	1.06	1.12	1.20	1.30	1.40	1.50	1.64	1.80	1.94	2.20	2.60	3.20
MT4	a	0.16	0.18	0.20	0.24	0.28	0.32	0.36	0.42	0.48	0.56	0.64	0.72	0.82	0.92	1.02	1.12	1.24	1.36	1.48	1.60	1.80	2.00	2.20	2.40	2.60	3.10	3.80	4.60
MT4	b	0.36	0.38	0.40	0.44	0.48	0.52	0.56	0.62	0.68	0.76	0.84	0.92	1.02	1.12	1.22	1.32	1.44	1.56	1.68	1.82	2.00	2.20	2.40	2.60	2.80	3.30	4.00	4.80
MT5	a	0.20	0.24	0.28	0.32	0.38	0.44	0.50	0.56	0.64	0.74	0.86	1.00	1.14	1.28	1.44	1.60	1.76	1.92	2.10	2.30	2.50	2.80	3.10	3.50	3.90	4.50	5.60	6.90
MT5	b	0.40	0.44	0.48	0.52	0.58	0.64	0.70	0.76	0.84	0.94	1.06	1.20	1.34	1.48	1.64	1.80	1.96	2.12	2.30	2.50	2.70	3.00	3.30	3.70	4.10	4.70	5.80	7.10
MT6	a	0.26	0.32	0.38	0.46	0.52	0.60	0.70	0.80	0.94	1.10	1.28	1.48	1.72	2.00	2.20	2.40	2.60	2.90	3.20	3.50	3.90	4.30	4.80	5.30	5.90	6.90	8.50	10.60
MT6	b	0.46	0.52	0.58	0.66	0.72	0.80	0.90	1.00	1.14	1.30	1.48	1.68	1.92	2.20	2.40	2.60	2.80	3.10	3.40	3.70	4.10	4.50	5.00	5.50	6.10	7.10	8.70	10.80
MT7	a	0.38	0.46	0.56	0.66	0.76	0.86	0.98	1.12	1.32	1.54	1.80	2.10	2.40	2.70	3.00	3.30	3.70	4.10	4.50	4.90	5.40	6.00	6.70	7.40	8.20	9.60	11.90	14.80
MT7	b	0.58	0.66	0.76	0.86	0.96	1.06	1.18	1.32	1.52	1.74	2.00	2.30	2.60	2.90	3.20	3.50	3.90	4.30	4.70	5.10	5.60	6.20	6.90	7.60	8.40	9.80	12.10	15.00

未注公差的尺寸允许偏差

公差等级	公差种类	>0~3	>3~6	>6~10	>10~14	>14~18	>18~24	>24~30	>30~40	>40~50	>50~65	>65~80	>80~100	>100~120	>120~140	>140~160	>160~180	>180~200	>200~225	>225~250	>250~280	>280~315	>315~355	>355~400	>400~450	>450~500	>500~630	>630~800	>800~1000
MT5	a	±0.10	±0.12	±0.14	±0.16	±0.19	±0.22	±0.25	±0.28	±0.32	±0.37	±0.43	±0.50	±0.57	±0.64	±0.72	±0.80	±0.88	±0.96	±1.05	±1.15	±1.25	±1.40	±1.55	±1.75	±1.95	±2.25	±2.80	±3.45
MT5	b	±0.20	±0.22	±0.24	±0.26	±0.29	±0.32	±0.35	±0.38	±0.42	±0.47	±0.53	±0.60	±0.67	±0.74	±0.82	±0.90	±0.98	±1.06	±1.15	±1.25	±1.35	±1.50	±1.65	±1.85	±2.05	±2.35	±2.90	±3.55
MT6	a	±0.13	±0.16	±0.19	±0.23	±0.26	±0.30	±0.35	±0.40	±0.47	±0.55	±0.64	±0.74	±0.86	±1.00	±1.10	±1.20	±1.30	±1.45	±1.60	±1.75	±1.95	±2.15	±2.40	±2.65	±2.95	±3.45	±4.25	±5.30
MT6	b	±0.23	±0.26	±0.29	±0.33	±0.36	±0.40	±0.45	±0.50	±0.57	±0.65	±0.74	±0.84	±0.96	±1.10	±1.20	±1.30	±1.40	±1.55	±1.70	±1.85	±2.05	±2.25	±2.50	±2.75	±3.05	±3.55	±4.35	±5.40
MT7	a	±0.19	±0.23	±0.28	±0.33	±0.38	±0.43	±0.49	±0.56	±0.66	±0.77	±0.90	±1.05	±1.20	±1.35	±1.50	±1.65	±1.85	±2.05	±2.25	±2.45	±2.70	±3.00	±3.35	±3.70	±4.10	±4.80	±5.95	±7.40
MT7	b	±0.29	±0.33	±0.38	±0.43	±0.48	±0.53	±0.59	±0.66	±0.76	±0.87	±1.00	±1.15	±1.30	±1.45	±1.60	±1.75	±1.95	±2.15	±2.35	±2.55	±2.80	±3.10	±3.45	±3.80	±4.20	±4.90	±6.05	±7.50

注：1. a 为不受模具活动部分影响的尺寸公差值；b 为受模具活动部分影响的尺寸公差值。

2. MT1级为精密级，具有采用严密的工艺控制措施和高精度的模具、原材料时才有可能选用。

表 3-16 常用塑料模塑件公差等级和使用（GB/T 14486—2008）

材料代号	模塑材料		公差等级		
			标注公差尺寸		未注公差尺寸
			高精度	一般精度	
ABS	（丙烯腈-丁二烯-苯乙烯）共聚物		MT2	MT3	MT5
CA	乙酸纤维素		MT3	MT4	MT6
EP	环氧树脂		MT2	MT3	MT5
PA	聚酰胺	无填料填充	MT3	MT4	MT6
		30%玻璃纤维填充	MT2	MT3	MT5
PBT	聚对苯二甲酸丁二酯	无填料填充	MT3	MT4	MT6
		30%玻璃纤维填充	MT2	MT3	MT5
PC	聚碳酸酯		MT2	MT3	MT5
PDAP	聚邻苯二甲酸二烯丙酯		MT2	MT3	MT5
PEEK	聚醚醚酮		MT2	MT3	MT5
PE-HD	高密度聚乙烯		MT4	MT5	MT7
PE-LD	低密度聚乙烯		MT5	MT6	MT7
PESU	聚醚砜		MT2	MT3	MT5
PET	聚对苯二甲酸乙二酯	无填料填充	MT3	MT4	MT6
		30%玻璃纤维填充	MT2	MT3	MT5
PF	苯酚-甲醛树脂	无机填料填充	MT2	MT3	MT5
		有机填料填充	MT3	MT4	MT6
PMMA	聚甲基丙烯酸甲酯		MT2	MT3	MT5
POM	聚甲醛	≤150mm	MT3	MT4	MT6
		>150mm	MT4	MT5	MT7
PP	聚丙烯	无填料填充	MT4	MT5	MT7
		30%无机填料填充	MT2	MT3	MT5
PPE	聚苯醚;聚亚苯醚		MT2	MT3	MT5
PPS	聚苯硫醚		MT2	MT3	MT5
PS	聚苯乙烯		MT2	MT3	MT5
PSU	聚砜		MT2	MT3	MT5
PUR-P	热塑性聚氨酯		MT4	MT5	MT7
PVC-P	软质聚氯乙烯		MT5	MT6	MT7
PVC-U	未增塑聚氯乙烯		MT2	MT3	MT5
SAN	（丙烯腈-苯乙烯）共聚物		MT2	MT3	MT5
UF	脲-甲醛树脂	无机填料填充	MT2	MT3	MT5
		有机填料填充	MT3	MT4	MT6
UP	不饱和聚酯	30%玻璃纤维填充	MT2	MT3	MT5

表 3-14 只列出了公差值，具体的上、下极限偏差可根据塑件的配合性质进行分配。对于受模具活动部分影响很大的尺寸，如注塑件的高度尺寸，受水平分型面溢边厚薄的影响，其公差值取表中值再加上附加值。2 级精度的附加值为 0.05mm，3～5 级精度的附加值为 0.1mm，6～8 级精度的附加值为 0.2mm。

此外，对于塑件图上无公差要求的自由尺寸，建议采用标准中的 8 级精度。

由于塑件收缩偏差的存在，提高塑件精度等级，必然使塑件的废品率提高，成本增加。一般较小的尺寸易达到高精度。

对塑件尺寸的精度要求要具体分析，根据装配情况来确定尺寸公差。一般配合部分的尺寸精度高于非配合部分的尺寸精度。产品质量第一，但并不是所有塑件或塑件上所有的尺寸精度越高越好。对于塑件，在材料和工艺条件一定的情况下，其尺寸精度很大程度上取决于模具的制造公差。而精度越高，模具制造的工序就越多，需要高精度的机床加工，从而模具的制造成本就越高。表 3-17 为 SJ 1372—78 标准规定的通常选用公差等级的参考值。

表 3-17 SJ 1372—78 标准规定的通常选用公差等级的参考值

类别	塑料品种	建议采用的公差等级		
		高精度	一般精度	低精度
1	聚苯乙烯 丙烯腈-丁二烯-苯乙烯共聚体（ABS） 聚甲基丙烯酸甲酯 聚碳酸酯 聚砜 聚苯醚 酚醛塑料 氨基塑料 30%玻璃纤维增强塑料	3	4	5
2	聚酰胺 6、66、610、9、1010 氯化聚醚 硬聚氯乙烯	4	5	6
3	聚甲醛 聚丙烯 高密度聚乙烯	5	6	7
4	软聚氯乙烯 低密度聚乙烯	6	7	8

注：1. 其他材料可按加工尺寸稳定性，参照上表选择公差等级。

2. 1、2 级精度为精密技术级，只在特殊条件下采用。

3. 选用公差等级时，应考虑脱模斜度对尺寸公差的影响。

目前，国际上尚无统一的塑料制件尺寸公差标准，但各国有自行制定的公差标准，如德国的标准为 DIN 16901，瑞士的标准为 VSM77012。表 3-18 所示为 DIN ISO 2768 公差表，可供设计出口欧洲模具时参考。

表 3-18 DIN ISO 2768 公差表

参数	公称尺寸允许的偏差	公差等级（描述）			
		f 精密级	m 中等级	c 粗糙级	v 最粗级
线性尺寸	0.5～3	±0.05	±0.1	±0.2	—
	>3～6	±0.05	±0.1	±0.3	±0.5
	>6～30	±0.10	±0.2	±0.5	±1.0
	>30～120	±0.15	±0.3	±0.8	±1.5
	>120～400	±0.20	±0.5	±1.2	±2.5
	>400～1000	±0.30	±0.8	±2.0	±4.0
	>1000～2000	±0.50	±1.2	±3.0	±6.0
	>2000～4000	—	±2.0	±4.0	±8.0
倒圆半径和倒角高度	0.5～3	±0.2	±0.2	±0.4	±0.4
	>3～6	±0.5	±0.5	±1.0	±1.0
	>6	±1.0	±1.0	±2.0	±2.0
参数	角度尺寸的边长范围	公差等级（描述）			
		f 精密级	m 中等级	c 粗糙级	v 最粗级
根据长度（mm）所允许角的短边的角度偏差	≤10	±1°	±1°	±1°30′	±3°
	>10～50	±0°30′	±0°30′	±1°	±2°
	>50～120	±0°20′	±0°20′	±0°30′	±1°
	>120～400	±0°10′	±0°10′	±0°15′	±0°30′
	>400	±0°05′	±0°05′	±0°10′	±0°20′

3.2.6.3 塑件外观标准

表面质量包括微观的几何形状和表面层的物理-力学性质两方面的技术指标，而不是单纯的表面粗糙度问题。塑件表面层的相变、残留应力都属于物理-力学性质范畴的指标。然而，一方面因为我国尚无统一的塑件表面质量的标准，另一方面塑件的表面质量受原材料质量、成型工艺和模具等因素的影响，故有的资料建议用表面粗糙度和表面缺陷两个指标来评定塑件的表面质量。

一般来说，原材料质量、成型工艺（各种参数的设定、控制等人为因素）和模具的表面粗糙度等都会影响塑件的表面粗糙度，而尤其以型腔壁的表面粗糙度的影响最大。因此，模具型腔的表面粗糙度实际上成为塑件表面粗糙度的决定性因素，通常要求其比塑件的表面粗糙度低出一个等级。例如，塑件的表面粗糙度 Ra 为 $0.02\sim1.25\mu m$，则模具腔壁的表面粗糙度 Ra 应为 $0.01\sim0.63\mu m$。对于透明塑件，特别是光学元件，其表面粗糙度的要求与模具型腔壁相一致。不同胶料所能达到的塑胶件表面粗糙度见表 3-19。

表 3-19　不同胶料所能达到的塑胶件表面粗糙度

塑胶材料	Ra 参数值范围 /μm											
	0.012	0.025	0.050	0.100	0.200	0.40	0.80	1.60	3.20	6.30	12.5	25.0
PMMA(亚克力)		●	●	●	●	●	●	●				
ABS		●	●	●	●	●	●	●				
AS		●	●	●	●	●	●	●				
聚碳酸酯			●	●	●	●	●	●				
聚苯乙烯			●	●	●	●	●	●				
聚丙烯				●	●	●	●	●				
尼龙				●	●	●	●	●				
聚乙烯				●	●	●	●	●	●	●		
聚甲醛			●	●	●	●	●	●				
聚砜					●	●	●	●				
聚氯乙烯					●	●	●	●				
聚苯醚					●	●	●	●				
氯化聚醚					●	●	●	●				
PBT					●	●	●	●	●			

注：当材料为增强塑胶料时，其 Ra 数值应相应增大两个档次（即胶件的表面相应地更加粗糙）。

表面缺陷是塑料制件特有的质量指标，包括缺料、溢料与飞边、凹陷与缩瘪、气孔、翘曲、熔接痕、变色、银纹、粘模、脆裂和顶白等。

注塑产品为了达到外观美观，一般多采用蚀纹或抛光来实现。蚀纹的标准很多，不同国家的不同厂商都有不同标准，蚀纹厂家一般会提供其蚀纹样板给客户选择。日本的客户多选择妮红蚀纹标准。美国模具蚀纹选择标准是 MoldTech（模德）标准，该标准广泛应用于北美地区各国家。MoldTech 在中国东莞市设有工厂，专门为中国的出口模具厂家服务，MoldTech 蚀纹深度及所需脱模斜度对照表见表 3-20。除此之外，欧洲客户通常采用夏米尔火花纹来代替蚀纹。塑件的抛光，没有统一的标准，美国塑料工业协会提出了 SPI 抛光标准，如表 3-21 所示。

表 3-20　MoldTech 蚀纹深度及所需脱模斜度对照表

蚀纹深度 /mm	最小脱模斜度	模德蚀纹型号（举例）	蚀纹深度 /mm	最小脱模斜度	模德蚀纹型号（举例）
0.010	1.0°	MT-11000	0.089	5.0°	MT-11275
0.025	1.5°	MT-11010	0.089	5.5°	MT-11090
0.030	2.0°	MT-11530	0.102	6.0°	MT-11160
0.038	2.5°	MT-11020	0.114	6.5°	MT-11050
0.051	3.0°	MT-11030	0.127	7.0°	MT-11265
0.064	3.5°	MT-11300	0.127	7.5°	MT-11465
0.064	4.0°	MT-11130	0.140	8.0°	MT-11280
0.076	4.5°	MT-11040	0.178	10.0°	MT-11430

表 3-21　SPI 模具抛光标准

外观等级（SPI-SPE#）	抛光要求（polishing request）	外观等级（SPI-SPE#）	抛光要求（polishing request）
A0	#1-钻石膏（gesso）	C0	#800-油石（hone）
A1	#3-钻石膏（gesso）	C1	#600-油石（hone）
A2	#6-钻石膏（gesso）	C2	#400-油石（hone）
A3	#15-钻石膏（gesso）	C3	#320-油石（hone）
B0	#800-砂纸（glasspaper）	D1	喷#11-玻璃珠（glass-bead blast）
B1	#600-砂纸（glasspaper）	D2	喷#-240 砂（sandblast）
B2	#400-砂纸（glasspaper）	D3	喷#-24 砂（sandblast）
B3	#320-砂纸（glasspaper）		

3.3　塑料零件连接、涂覆和组装

3.3.1　塑件涂饰

塑件表面经常通过添加涂饰层、镀层、彩色图案或字样来进行表面整饰。表面整饰一般分为装饰性表面整饰和功能性表面整饰。

装饰性表面整饰主要为提高塑料制品的装饰效果，使制品的色彩更加丰富，获得好的制品外观，提高塑件的耐气候性、耐溶剂性、耐磨性和防尘效果。主要整饰方法有涂料、染色、印刷、表面金属化和表面热压印等。

功能性表面整饰主要为提高塑件表面的硬度、抗划伤和擦伤、表面的导电性，改善耐热、耐光及耐化学品侵蚀的能力。主要整饰方法有涂料涂饰和表面金属化等。

手机外壳大都采用 ABS 和 PC/ABS，少量采用 PPO 塑料。要求手机外壳表面有优美的外观，并要有良好的耐磨、抗划伤性，因此手机外壳涂漆由底漆和面漆构成。底漆给予特殊的装饰效果，如闪光或珠光效果，面漆赋予高光泽、高硬度及耐磨性。

双包装聚氨酯面漆的耐磨性只有 200 次，有机硅改性丙烯酸约 800 次，而光固化涂料可达 2500～3600 次，因此手机塑料应采用光固化清漆。

手机塑料外壳的涂漆工艺过程：喷涂金属闪光漆→干燥→喷涂 UV 清漆→光固化。

塑件模塑后存在着内应力，直接影响涂饰效果，所以涂饰前塑件需要表面预处理，消除内应力，以提高塑件表面的附着力。另外塑件表面带静电，容易吸附灰尘，影响涂层效果，所以涂饰前要用除静电剂对整个制品进行清洗。像聚乙烯、聚丙烯和聚甲醛这样一些难以用涂料涂饰的塑料，为使涂层牢固附着在塑件表面，需要进行特殊的表面预处理。

塑料表面进行涂料涂饰、印刷或黏结等，是否需要进行特殊的表面预处理，主要取决于这种塑料的表面自由能。若表面自由能低于（3335）×10^{-7}J/cm^2，这种材料必须经过表面处理。表 3-22 是几种材料的表面自由能。

表 3-22　几种塑料的表面自由能

塑料	表面自由能(20℃)/(10^{-7}J/cm^2)	塑料	表面自由能(20℃)/(10^{-7}J/cm^2)
聚四氟乙烯	18.5	聚氯乙烯	39
聚三氟氯乙烯	31	聚丙烯酸酯	39
聚乙烯	31	聚酯	43
聚苯乙烯	33	纤维素塑料	45

塑件用涂料的选择除了要考虑涂料对被涂物的附着力外，还应考虑被涂塑料的耐溶剂性、应变性、耐热性及溶剂挥发物的毒性。表 3-23 列出可涂饰的塑料及涂料的品种。由表中看出，聚氨酯漆是一种通用涂料，适合多种塑件的表面涂饰。

表 3-23　塑料涂饰用涂料的种类

塑料	塑料涂饰		
	表面预处理	涂饰性	推荐的涂料种类
ABS	溶剂擦拭	好	乙烯基涂料、改性乙烯基涂料、聚氨酯涂料
丙烯酸塑料	溶剂擦拭	好	丙烯酸涂料、改性丙烯酸涂料、醋酸丁酸纤维素涂料、聚氨酯涂料、环氧树脂涂料
尼龙	溶剂擦拭	好	丙烯酸涂料、乙烯基涂料、聚氨酯涂料
酚醛	清洁剂擦拭	不好	醇酸树脂涂料、聚氨酯涂料、环氧树脂涂料
聚碳酸酯	火焰处理，涂底漆	尚好	聚氨酯涂料、丙烯酸涂料
聚酯	溶剂擦拭	好	聚氨酯涂料、环氧树脂涂料
聚酯(热塑性)	涂底漆	好	丙烯酸涂料
聚烯烃	表面特殊处理	不好	聚氨酯涂料、丙烯酸涂料、改性丙烯酸涂料
聚苯乙烯	涂底漆	好	聚氨酯涂料、乙基纤维素涂料、乙烯基涂料
聚苯醚(改性)	涂底漆	尚好	聚氨酯涂料、醇酸树脂涂料、丙烯酸涂料
聚氨酯	涂底漆	好	聚氨酯涂料、醇酸树脂涂料
聚氯乙烯	溶剂擦拭或涂底漆	尚好	聚氨酯涂料

一般塑料会在喷漆配色做同色染色处理后再进行零件成型，防止涂装剥落，影响外观。涂装油漆分类如下。

（1）PU 漆

正常漆膜厚维持在 25μm，为二液型涂液。所谓二液型，即指涂液必须加入一定比例的硬化剂方能使用，一般可维持 8h 工作时间。油漆的黏稠度约为 11s，烘烤 30min，表面涂装层完全干燥需 72h。

（2）橡胶漆

其材料特性为表面有皮质触感，具有较好的防滑力，正常膜厚维持在 40μm，为二液型涂液，其价格比 PU 漆贵。

（3）砂点漆

零件表面未做蚀纹处理，但又要有蚀纹质感。表层 PU 漆干燥后，使用颗粒较粗的原配方油漆做第二道涂装，油漆的黏稠度及喷枪空气压力必须控制适宜，方能达到零件颗粒触感的最佳效果。

（4）PU+ 亮光漆

因产品外观表面常被使用者抚摸操作，如手机、相机、掌上电脑等电子产品，表面涂层易受手汗影响起化学变化致剥落，在 PU 涂层加喷一层透明的硬膜涂装，借以保护内层 PU，其膜厚约为 $40\mu m$，因此产品设计必须考虑组装间隙。

（5）变色漆（俗称变色龙）

变色漆是利用光线折射原理，依肉眼的不同视觉角度，喷涂层会产生许多不同颜色的变化。由于其价格居高不下，目前的使用仍局限于高价格电子产品。

3.3.2 电镀

塑料电镀是随着科学技术的不断发展及塑料制品的广泛应用而发展起来的一种电镀工艺。塑料电镀工艺的应用，替代了部分产品外观金属材料的使用，节省了大量的金属材料。利用塑料电镀工艺所生产出来的零件在重量上有所减轻，同时塑料电镀工艺的应用，使塑件的外观机械强度更高，更加美观耐用。

（1）塑件选材

目前市场上的塑料种类繁多，但能进行电镀的塑料种类却不多，因为每种塑料都有自己的性质，在电镀时需要考虑塑料与金属镀层的结合度及塑料与金属镀层的物理性质的相似度。有些塑料与金属镀层的某些物理性质如膨胀系数相差过大，则在电镀的高温环境下很难保证其发挥正常的使用性能。ABS 塑料是最先开发出来具有工业化电镀加工性能的工程塑料，并且至今仍然是唯一最适合电镀的工程塑料，其次是 PP。另外 PSF、PC 等也有成功电镀的方法，但难度较大。

（2）塑件造型设计

在电镀过程中首先考虑的是外观和使用价值，在满足这两个前提下，还要在设计时尽量满足塑件造型的要求。

① 塑件制品的厚度要均匀，以免因不均匀引起塑件的缩瘪，当电镀完成后，其金属光泽导致缩瘪更明显。同时塑件制品的壁不能太薄，否则在电镀时极易发生变形，镀层的结合力也较差，刚性降低，在使用过程镀层极易脱落。

② 避免盲孔，否则残留在盲孔内的处理液不易清洗干净，会污染下道工序，从而影响电镀质量。

③ 电镀工艺有锐边变厚的现象。电镀时如果塑件是锐边的，则电镀时难度较大，锐边不仅会引起放电，同时还会造成边角镀层隆起，因此在电镀时应尽量选择圆角过渡，圆角半径至少 0.3mm。在对平板的塑件进行电镀时，尽量将平面改为略带圆弧形或是制成亚光面来进行电镀，因为平板形在电镀时镀层会出现中心薄、边缘厚的不均匀状态。同时为了增加电镀的光泽度的均匀性，对电镀表面积较大的塑件尽量设计成略带点抛物面的形状。

④ 塑件上尽量减少凹槽和突出部位。因为在电镀时深凹部位易露塑，而突出部位易镀焦。凹槽深度不宜超过槽宽的 1/3，底部应呈圆弧形。有格栅时，孔宽应等于梁宽，并小于厚度的 1/2。

⑤ 镀件上应设计有足够的装挂位置，与挂具的接触面应比金属件大 2～3 倍。

⑥ 塑件需要在模具内进行电镀，电镀完后需要进行脱模，因此，在设计时要保证塑件易于脱模，以免因在脱模时强行进行而影响镀件的表面，或者影响镀层的结合力。

⑦ 当需要滚花时，滚花方向应与脱模方向一致且呈直线式，滚花条纹与条纹的距离应尽量大一些。

⑧ 对于塑件上需要用镶嵌件的，因为在电镀前进行处理时有一定的腐蚀性，所以镶嵌

件尽量避免使用金属进行镶嵌。

⑨ 塑件表面如果过于光滑，则不利于镀层的形成，因此塑件的表面要具有一定的面粗糙度。

（3）模具设计与制造

① 模具材料不要用铍青铜合金，宜用高质量真空铸钢制造，型腔表面应沿出模方向抛光到镜面光亮，粗糙度小于 $0.2\mu m$，表面最好镀硬铬。

② 塑件表面如实反映型腔表面，因此电镀塑件的型腔应十分光洁，型腔表面粗糙度应比制件表面的表面粗糙度高 1～2 级。

③ 分型面、熔接线和型芯镶嵌线不能设计在电镀面上。

④ 浇口应设计在制件最厚的部位。为防止熔料充填型腔时冷却过快，浇口应尽量大（约比普通注塑模大 10%），最好采用圆形截面的浇口和流道，流道长度宜短一些。

⑤ 应留有排气孔，以免在制件表面产生气丝、气泡等疵病。

⑥ 选择顶出机构时应确保制件顺利脱模。

（4）注塑机选用

在塑料电镀时需要选择合适的注塑机，因为注塑机的压力、喷嘴结构及混料所产生的内应力都会对镀层的结合力产生一定的影响。因此，为了保证镀层结合力的紧固，要选择适合规格和型号的注塑机。

（5）塑件成型工艺

注塑制件由于成型工艺特点不可避免地存在内应力，但工艺条件控制得当就会使塑件内应力降低到最小，能够保证制件的正常使用。工艺条件对内应力的影响主要有以下几种情况。

① 原材料干燥。在注塑成型过程中，如果用于电镀制件的原材料干燥度不够，则在制件的表面极易产生银丝、气泡等，对镀层的外观和结合力都产生影响。

② 模具温度。模具的温度对镀层的结合力具有直接的影响，模具的温度高时，树脂流动性好，制件残余应力小，有利于提高镀层结合力，但模具温度过高时不利于生产。模具温度过低，易形成两夹层，以致电镀时金属沉积不上。

③ 加工温度。加工温度适宜，如果加工温度过高，则会引起收缩不均匀，从而提高体积温度应力，封口压力也会升高，需延长冷却时间才能顺利脱模。因此加工温度既不能太低，也不能过高。喷嘴温度要比料筒的最高温度低一些，以防塑料流延。要防止冷料进入型腔，以免制件产生包块、结石之类疵病而造成镀层结合不牢。

④ 注射速度、注射时间和注射压力。这三者如果掌握不好，则会使残余应力增加，因此在注射时速度宜慢，注射时间也尽量缩短，注射压力也不宜过大，这样能有效地减少残余应力。

⑤ 冷却时间。冷却时间的控制应使启模前型腔内的残余应力降到很低或接近于零。冷却时间过短，强制脱模会使制件产生很大的内应力。但冷却时间也不宜过长，否则不但生产效率低，还会由于冷却收缩使制件内外层之间产生拉应力。这两种极端情况都会使塑件的镀层结合力降低。

⑥ 脱模剂的影响。对于电镀塑件最好不用脱模剂。不允许用油类脱模剂，以免引起塑件表层发生化学变化而改变其化学性能，从而导致镀层结合不良。

（6）塑件后处理对电镀的影响

由于塑件在电镀过程中不同的影响因素会导致塑件存在不同程度的内应力，这样就会导致镀层的结合力下降，需要采取后续措施进行有效的处理来增加镀层的结合力。目前热处理和用整面剂处理的办法对消除塑件的内应力具有非常好的效果。另外，电镀成型后的塑件在包装、检验的时候都需要格外小心，应进行专门的包装，以免破坏镀件的外观。

3.3.3　超声波熔接

超声波焊接的基本原理是将超声频机械振动作用于塑料零件，使其在压力下产生局部加热和熔化而形成焊缝。超声波塑料熔接，是将超声波振动能介入被适当力量所夹紧的重叠塑料连接面中，在连接面处产生 20000 次/s 的高速摩擦，使连接面区域瞬间产生高热而熔合。超声波停止后焊头适当停留，使连接面熔化的塑料凝固。由此，一个不破坏表面、不伤材料、不变色的坚固部件，在几秒的自动过程后即告完成，且可达水密、气密的效果。

超声波焊接过程分为四个阶段：第一阶段焊头与零件接触，施压并开始振动，摩擦发热量熔化导能筋，熔液流入结合面；第二阶段熔化速度增加导致焊接位移量增大及两零件表面相接触；第三阶段焊缝中溶液层厚度保持不变且伴随着恒温分布，出现稳态熔化；在经过设定的时间或达到特定的能量、功率级或距离之后，电源切断，超声振动停止，开始进入第四阶段，压力得以保持，使部分额外溶液挤出结合面，在焊缝冷却和凝固时达到最大位移量，并发生分子间扩散。

塑料的性能影响超声波的成功焊接。塑料的超声波焊接性取决于塑料对超声振动的衰减能力和熔化温度的高低以及物理性能如弹性模量、抗冲击性、摩擦系数及热导率等。

同种材料的焊接，聚苯乙烯、SAN、ABS、聚碳酸酯和丙烯酸塑料通常能获得优良的结果，PVC 和纤维素塑料易于衰减能量，在表面处变形或降解。如果焊头位置靠近接头区域（近场焊接），低模量材料如聚乙烯通常也是可焊的。

在焊接异种材料时，两材料之间的熔点差不应超过 22℃，分子结构应相似。对于熔点差异较大的情况，低熔点材料熔化和流动，阻止足够的热生成量熔化高熔点材料。例如，高温丙烯酸同低温丙烯酸相焊，导能筋铸在高温零件上，低温零件在导能筋之前熔化和流动，连接强度会很差。只有具有相似分子团的化学相容材料才能进行焊接。

相容性仅仅存在于某些非结晶性塑料或含有非结晶性塑料的混合物中。典型的例子如 ABS 与丙烯酸、PC 与丙烯酸、聚苯乙烯与改性聚苯醚。半结晶性聚丙烯与聚乙烯有很多相同的物理性质，但化学不相容，不能进行超声波焊接。表 3-24 列出了部分热塑性塑料的超声波焊接相容性。

接头设计是超声波焊接的最重要方面。接头设计应正确地设计在待焊塑件中，在注塑模具设计制造中通过适当的镶拼工艺，使超声波接头完整地表现出来。有各种各样的接头设计，每一种都有其具体的特点和优点。接头设计的选择由塑料种类、零件几何形状、焊接要求、机加工和模塑能力、表面外观等因素决定。为了获得合格的、可重复的焊接接头，必须遵循以下三条通用设计准则：

① 配合表面之间的初始接触面积应足够小以集中和减少开始和完成熔化所需的总能量及时间。振动焊头与零件接触时间的最小化也降低了划伤的可能性。由于移动材料少，飞边也很少。

② 应提供对齐配合件的方式。应采用销和插座、台阶或榫槽而不是振动焊头或夹具来对齐零件，以确保适当的、可重复的对准并避免产生压痕。

表 3-24 各种塑料的超声波焊接相容性

	ABS	ABS/聚碳酸酯	丙烯酸	丙烯酸类多元聚合物	丁苯	聚苯醚	聚酰胺酰亚胺	聚芳酯	聚碳酸酯	聚醚酰亚胺	聚醚砜	通用聚苯乙烯	橡胶改性聚苯乙烯	聚砜	硬质聚氯乙烯	SAN(NAS)ASA	Xenoy(PBT/聚碳酸酯)	乙缩醛	纤维素塑料	含氟聚合物	离聚物	液晶聚合物	尼龙	聚对苯二甲酸乙二醇酯	聚对苯二甲酸丁二醇酯	聚醚醚酮(PEEK)	聚乙烯	聚甲基戊烯	聚苯硫醚	聚丙烯
非结晶性塑料																														
ABS	●	●	●	○		○									○	○	○													
ABS/聚碳酸酯	●	●	●						●																					
丙烯酸	●	●	●	○					○							○														
丙烯酸类多元聚合物	○		○	●												○														
丁苯					●							●																		
聚苯醚	○					●						●	●			○														
聚酰胺酰亚胺							●																							
聚芳酯								●	●		●																			
聚碳酸酯		●	○					●	●	○							●													
聚醚酰亚胺									○	●																				
聚醚砜								●			●			○																
通用聚苯乙烯					●	●						●				○														
橡胶改性聚苯乙烯						●							●																	
聚砜											○			●																
硬质聚氯乙烯	○														●															
SAN(NAS)ASA	○		○	○		○						○				●														
Xenoy(PBT/聚碳酸酯)									●								●								○					
半结晶性塑料																														
乙缩醛																		●												
纤维素塑料																			●											
含氟聚合物																				●										
离聚物																					●									
液晶聚合物																						●								
尼龙																							●							
聚对苯二甲酸乙二醇酯																								●						
聚对苯二甲酸丁二醇酯																	○								●					
聚醚醚酮(PEEK)																										●				
聚乙烯																											●			
聚甲基戊烯																												●		
聚苯硫醚																													●	
聚丙烯																														●

注：●表示相容；○表示在某些情况下相容（某些等级、成分、混合物中）。

③ 焊头接触位置应布置在接头区域正上方以便传递机械能量至接头区域并降低接触面产生压痕的倾向。导能筋和剪切接头是主要的接头设计形式，还有一种不常见的接头形式——斜接接头，限于篇幅，这里不再赘述。

3.3.4 二次注射

双色注塑成型是使用具有两个或者两个以上注塑系统的注塑机，将不同品种或不同色泽的塑料同时或先后注入同一件产品，形成外观具有不同颜色搭配或者具有不同质感注塑件的成型方法。双色注塑成型具有产品精度高，品质稳定，外表美观，减少喷漆对环境的影响等优点，还能制造如立体穿透、底面包围等复杂制品，使产品的附加值增大。双色注塑机采用"共塑"注塑方式生产双色注塑产品，比传统包胶模具节省 50％ 的生产时间，能够节省 20％以上的塑料消耗，通常被应用于汽车、装饰品、医疗器械、计算机、日用品和手动工具等领域，具有广泛的应用前景。

包胶模具就是二次成型模具，也称假双色。两种塑胶材料不在同一台注塑机上成型，分两次注塑成型。塑件从一套模具中出模后，再作为嵌件放入另外一套模具中进行第二次注塑成型。所以，一般这种模塑工艺通常由两套模具完成，不需要专门的双色注塑机。

无论双色成型还是包胶成型，都需要两种塑胶物料具有良好的融合性。常见的包胶形式就是利用 ABS、PC、PP、PA、PMMA、POM 硬胶做成骨架，再包覆 TPE 类软胶，形成外观和手感良好的注塑产品。TPE 热塑性弹性体的一个重要应用领域就是生产包胶结构件。

TPE 包胶二次注塑加工需注意以下一些技术要点：
① TPE 与硬胶结构件的相容性需匹配，分子溶解度相接近，分子的相容性才比较好；
② 在设计中需尽量避免尖锐的转角，以保证 TPE 与硬胶件接触优良，提升黏结效果；
③ 通过适当的排气避免模具型腔内留有气体；
④ 使 TPE 的厚度与预期的触感达到平衡；
⑤ 保持 TPE 熔体的温度以保证黏结效果；
⑥ TPE 材料包胶成型需烘料再加工，以减少制品表面水纹，使表面色泽均匀；
⑦ 选择的色母粒其载体树脂与 TPE 和结构件材料都相容；
⑧ 对于光滑的表面要特别处理，以增加软胶与硬胶粘合接触面，加强黏结效果；
⑨ TPE 具有较好的流动性，因 TPE 包胶层厚度与尺寸比很小，TPE 通常需要流经较长的路径和薄壁区来充入模具；
⑩ TPE 的流动长度/制品厚度比低于 150∶1；
⑪ 采用好的黏结剂。

表 3-25 为常用塑料的第一次注射和第二次注射性能的关系。表 3-26 为一些常见塑料的熔接性能，供设计包胶或双色注塑件时参考。

表 3-25 常用塑料的结合强度

第一次注射	第二次注射														
	热塑性塑料								硬-软结合						
									TPR			弹性体			
热塑性塑料	PA66	PBT	PC	PMMA	POM	PP	PS	PSU	PVC-W	SEBS	TPU	PP/EPDM	EPDM	NR	SBR	LSR
ABS		G	G	G		P	P		N		G					

续表

第一次注射	热塑性塑料								TPR			弹性体			
	第二次注射								硬-软结合						
PA6					N	P	P		G	G	G	N	N		
PA66	G	G	P		N	P	P		G	G	G	N	N		
PA612												G			
PBT	G	G	G			N					G	G	N	N	P
PC	P	G	G			N	G				G				
PMMA				G		P	N	G							
POM	N				G	P									
PP	P			P	P		P			N	G				
MPPE												G	G	G	
SAN	G	G	G			P	G				G				
TPR:PP/EPDM										G					
热固性:BMC 弹性体															G
EPDM	G										G				
NR													G		
SBR														G	
LSR															G

注：G 结合性好；P 结合性差；N 不能结合。

资料来源：Engel 机械公司。

表 3-26　常见热塑性塑料的熔融黏结性能

塑料	ABS	ASA	CA	EVA	PA6	PA66	PC	HDPE	LDPE	PMMA	POM	PP	PPO改性	PS	HIPS	PBTP	TPU	PVC	AS	TPR	PETP	PVAC	PSU	PC-PBTP合金	PC-ABS合金
ABS	G	G	G				G	P	P	G		P	P	P	P	G	G	G	G			P		G	G
ASA	G	G	G	G			G	P	P	G	P	P	P	P	P	G	G	G	G		P			G	G
CA	G	G	G	P															G						
EVA		G	P	G				G	G			G		G				P							
PA6					G	G	P	P				P				G									
PA66					G	G	P	P	P			P				G									
PC	G	G					P	G								G	G	G	G				G	G	G
HDPE	P	P	P	G	P	P		G	G	P	P														
LDPE	P	P	P	G	P	P		G	G	P	P														
PMMA	G	G						P	P	G		P						G	G						
POM								P	P		G														
PP	P	P		G	P	P		G	P	P		G						P	P	G					
PPO改性	P	P										P	G	G	G										
PS	P	P		G									G	G	G			P	P						
HIPS	P	P											G	G	G			P	P						
PBTP	G	G					G										G	G	G						
TPU	G	G			G	G	G									G	G	G							
PVC	G	G		P						G		P	P	P	P	G	G	G	G						G
AS	G	G	G							G		P	P	P	P	G	G	G	G					G	G
TPR												G						G	P						
PETP																		G							
PVAC	P	P																P				G			
PSU							G																G		
PC-PBTP合金	G	G					G												G					G	
PC-ABS合金	G	G					G											G	G						G

注：G 黏结性好；P 黏结性差；空白为不黏结。

第

4 章　型腔零件设计

4.1　型腔排位设计

4.1.1　决定型腔数量

4.1.1.1　型腔数的确定

决定型腔数必须考虑所用注塑机的规格及最经济的产量，一般情形下，成型品数量少，或精度高，或尺寸大的场合，使用一个型腔或 2～4 个型腔。反之，生产量多的场合，尺寸精度不高，需要较低成本的场合，使用多数型腔及成组型腔的模具。

为了使模具与注塑机的生产能力相匹配，提高生产效率和经济性，并保证塑件精度，设计模具时常用如下四种方法确定型腔数目。

① 根据经济性确定型腔数目。根据总成型加工费用最小的原则，并忽略准备时间和试生产原材料费用，仅考虑模具费和成型加工费。

② 根据注塑机的额定锁模力确定型腔数目。

③ 根据塑件精度确定型腔数目。根据经验，对于精密塑件，最多 1 模 4 穴。

④ 根据注塑机的最大注射量确定型腔数目。

4.1.1.2　型腔的布置

注塑模的排位设计要注意力求平衡、对称，包括浇口平衡、大小制品对称布置和模具力平衡，使各型腔在相同温度下同时充模。尽可能采用平衡布局，非平衡布局可通过调节浇口尺寸达到平衡。流道尽可能短，以降低废料率、缩短成型周期和减少热损失，一般 H 形排位优于环形和对称形排位。对于高精度制品，型腔数目尽可能少些，精密模具型腔数目一般不超过四个。模具整体做到结构紧凑，节约钢材，多个制品时先大后小，以保证良好的注塑工艺性。

模具型腔数确定后，应考虑型腔的布局。注塑机的料筒通常置于定模板中心，由此确定了主流道的位置，各型腔到主流道的相对位置应满足以下基本要求。

① 尽量保证各型腔从总压力中均等分得所需的型腔压力，同时均匀充满并均衡补料，以保证各塑件的性能、尺寸尽可能一致。

② 主流道到各型腔流程短，以降低废料率。

③ 各型腔间距应合理，以便在空间设置冷却水道、推杆等，并具有足够的截面积，以承受注射压力。

④ 型腔和浇注系统投影面积的中心应尽量接近注塑机锁模力的中心，一般与模板中心重合。

4.1.1.3 型腔排位要考虑塑件的方向

排位设计要求产品在内模里以最佳效果的形式进行放置，要考虑进胶的位置、分型面的设计，更重要的一点，是与制品的外形大小、深度成比例。

常见的排位是一模一穴，还有一模多穴。一模多穴又分为同样的产品一模多穴，还是不同的产品一模多穴。在表示方法上不一样：1×4表示同样的产品一模四穴；4×1表示四个不同的产品放在一模中；2×2表示两个不同的产品各出两穴。

（1）产品到模仁边的距离

小件的产品，距离为30mm左右，成品之间的距离15～20mm。如有镶件，则为25mm左右，成品间有流道的至少15mm。成品之间的距离，当不是平面分型时，注意每个单独的产品需要8～10mm的封胶位。

大件的产品，距离为35～50mm，如一个模仁出多个小产品，其模穴距离应12～15mm左右，成品尺寸在200mm×150mm左右时，成品离模仁边不得少于35mm。

确定模仁大小的时候，应特别注意，以上数据只是一个参考值，实际设计中，必须考虑塑件的大小和型腔深度加以修正。

（2）排位时的注意点

同一塑件尺寸较大时，一模二穴，模仁可以分为两件，为了保证平衡流道，采用沿模心旋转的方式，加工同样的两个工件。

同一塑件尺寸较小时，一模多穴，EDM加工时，需要考虑电极的移动方向尽量简单，可以选择平移的方式。

不同的产品一模多穴排位时注意，平面分型，塑件大的，尽可能放在中间位置；斜面弧面分型的，有滑块抽芯或斜顶的，尽可能地朝外侧，这样有利于排位紧凑。

（3）厚度方面的设计

中小型模具，定模型腔在产品的最高点加20～30mm，需要将产品的深度加以考虑，深度越大，就取大值。动模部分在分型面以下加30～40mm。如有斜顶，斜顶的装配面要保证在20mm左右。如有滑块，其底部高于模仁的底部10～15mm，方便滑块定位。

大型模具，定模型腔在产品的最高点加40～60mm，动模部分加50～80mm。以上这些数据，均为参考值，设计时要灵活调整。

4.1.2 选定注塑机

理论上使用注塑机，应依下列各项选定。

① 一次注射的射出塑料质量。

② 塑件的投影面积。

③ 塑件的大小尺寸。

a. 注射时为使模具锁紧，所必需的压力，即成型品投影面积每平方厘米需2500～3500N的锁模力。

b. 锁模力（kN）≥成型品投影面积（cm^2）×（2500～3500N/cm^2）。

④ 塑件的高度。

⑤ 注射质量。

a. 注射质量即为一模成型品的净重与流道凝料质量的和。

注射质量（g）≤理论注射能力（g）×80%

b. 一次注射的能力，以使用 PS（密度 $1.05g/cm^3$）为标准，换算为克（g）表示。注塑机的塑化能力即以此为标准，表示机器的能力大小。

⑥ 锁模力。

4.2 开模方向分析与选择

4.2.1 动定模侧的选择

开模方向分析与选择是决定模具设计方案的最重要环节，模具设计方案的三要素是浇口、顶出和分型面。开模方向分析与塑件顶出、浇口设计密切相关。开模方向选择是分型面设计的基础和前提，正确地选择开模方向后才能正确地选择分型面。而形状相同尺寸不同的零件，尺寸数值会影响分型面的选取。分型面的选择关系到模具结构，定性的分析只能总结一般的规律，定量的分析需要结合塑件尺寸。

有一些塑件，分型面的选取并不复杂，甚至分型面就是产品中间的一个平面，难点在于开模方向的选择，即塑件的哪一侧放在动模，哪一侧放在定模，这种问题有时候很难判断，即使有经验的工程师也有可能出现判断失误的情况。正确的判断会将粘模力大的一侧留在动模，便于塑件的顶出脱模，另一侧则设计浇注系统。我们把这种问题叫作开模方向的选择，有时越是形状简单的塑件，其开模方向越难判断。圆形产品，看起来形状简单，开模方向选择却很复杂。

4.2.1.1 塑件外观面决定开模方向

机壳类塑件包括电子产品外壳以及化妆品包装塑件，外表面要求较高，不能设置浇口，因此采用倒装模具设计，这种情况就是浇注系统设计决定了塑件的开模方向。

图 4-1 所示为牙膏管肩产品的开模方向分析，塑件口部为两圈螺纹，为了不影响外观，选择在塑件内部点浇口进胶。因此，结合模具浇注系统的设计，小端螺纹部分设计在动模侧，塑件开口大端设计在定模，螺纹部分设计动模哈夫滑块镶件 6 成型，开模后塑件由成型推杆 9 顶出。

对于一些复杂塑件，常见的有一些日用和化妆品产品包装塑件、圆形的工程结构件，这类塑件往往包含强脱扣位和螺纹，不同的开模方向会影响模具成本、模具寿命、注塑周期和注塑生产的稳定性，在这种情况下，模具结构决定了开模方向。

图 4-2 所示为霜膏盖开模方向分析，霜膏盖为典型的化妆品包材，材料为 ABS，其美观是首要的，因此不能在塑件的顶面设计点浇口。霜膏盖口部有几圈螺纹需要自动脱螺纹，为此设计了 HASCO 螺旋杆脱螺纹的模具结构，点浇口设计在塑件内部，脱螺纹机构设计在定模，其模具结构图见图 4-2（b）。

4.2.1.2 多次分模决定开模方向

开模方向的选择决定了模具的难易程度。对于瓶盖类圆形塑件，分型面较简单，往往为一个平面，由于塑件有倒扣，需要多次分型才能实现塑件脱模。这时将多次分型设计在定模容易实现模具控制，缩小模具尺寸。

某品牌酱油瓶盖产品图如图 4-3（a）所示。塑件材料为 LDPE，缩水率为 1.02，塑件

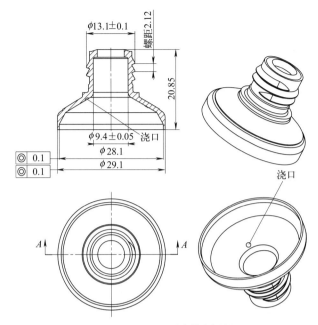

(a) 牙膏管肩产品图

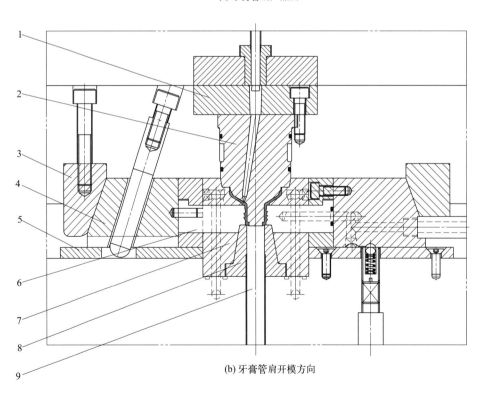

(b) 牙膏管肩开模方向

图 4-1 牙膏管肩开模方向分析

1—定模芯压板；2—定模芯；3—斜楔；4—滑块座；5—耐磨板；6—滑块镶件；

7—动模镶件；8—动模芯；9—推杆

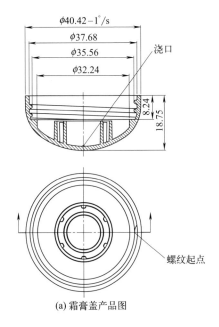

(a) 霜膏盖产品图

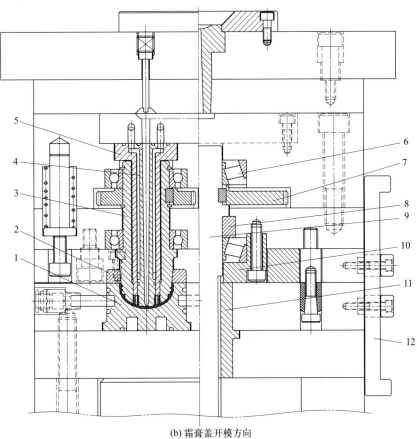

(b) 霜膏盖开模方向

图 4-2　霜膏盖开模方向分析

1—型腔；2—推圈；3—定模转芯；4—型芯；5—止转圈；6—轴承；7—大齿轮；8—垫圈；9—HASCO 螺旋杆；
10—轴承盒；11—HASCO 螺旋套；12—定距拉板

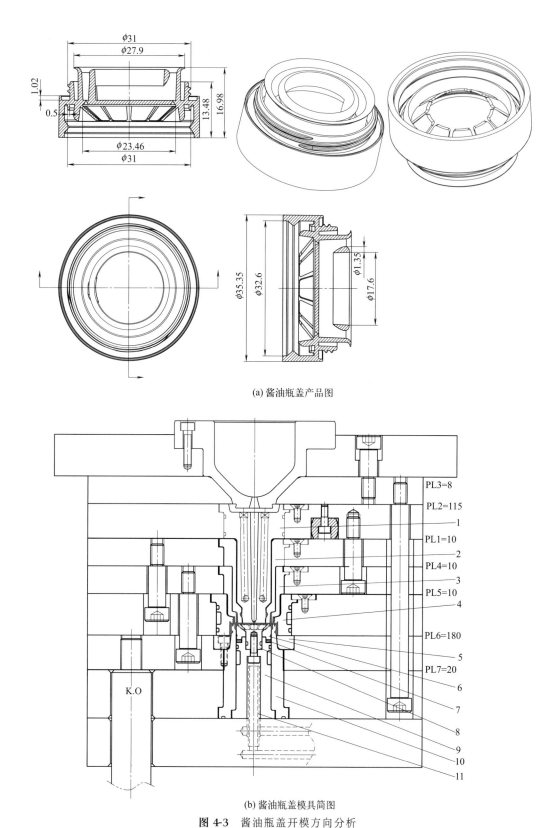

(a) 酱油瓶盖产品图

(b) 酱油瓶盖模具简图

图 4-3 酱油瓶盖开模方向分析

1—定模镶件 A；2—定模镶件 B；3—定模镶件 C；4—定内模；5—推件板镶件；6—动模镶件 A；7—密封圈；
8—顶出镶件；9—动模镶件 B；10—动模镶件 C；11—铜管

平均壁厚为 1.0mm，塑件最大外形尺寸为 $\phi 35.35$mm×16.98mm。从图 4-3（a）可以看出，塑件顶部设计了一次性拉环，外部设计有螺纹，此螺纹与酱油瓶外盖配合。产品螺纹为三角形，起点均布（180°），螺距为 2mm，导程为 4mm。底部内侧有一圈倒扣，用来与酱油瓶口紧密配合而不松脱。外螺纹和一次性拉环设计在定模，分开次序开模，实现强脱。模具设计图见图 4-3（b），内径边缘的倒扣由推件板推出，实现强脱。

塑件的外侧螺纹、一次性拉环和内径的倒扣，均存在脱模问题，结合 LDPE 原料的特性，采用强脱的方法，能够简化模具结构，缩短注塑周期。与热流道模具相比，细水口模具由于需要取出水口料，因而模具需要增加一次分型，模具设计的难度进一步加大。

开模次序分析：

第一次开模，由聚氨酯胶的弹力使 PL1 打开 10mm，定模镶件 A 脱开塑件 10mm，为一次性拉环强脱腾出变形空间。

第二次开模，分模面 PL2 打开 115mm，浇口套的倒扣位将浇注系统凝料从定模镶件 A 中拉出。

第三次开模，水口板将浇注系统凝料从浇口套上剥离。

第四次开模，定模镶件 B（件 2）脱开塑件，一次性拉环完成强脱。

第五次开模，定模镶件 C（件 3）脱开塑件，为外螺纹强脱腾出变形空间。

第六次开模，主分型面打开，完成定模开模动作，外螺纹实现强脱，定内模（件 4）脱离塑件。

第七次开模，推件板推出塑件。最后由顶棍顶出使推件板推下产品，即打开 PL7（20mm），完成全部开模动作。

4.2.1.3 滑块类型决定开模方向

每个注塑产品在开始设计时首先要确定其开模方向和分型线，尽可能减少抽芯滑块机构和消除分型线对外观的影响。开模方向确定后，产品的加强筋、卡扣、凸起等结构尽可能设计成与开模方向一致，以避免抽芯减少拼缝线，避免开模方向存在倒扣，以改善模具外观及性能，延长模具寿命。

当塑件按开模方向不能顺利脱模时，应设计抽芯滑块机构。抽芯滑块机构能成型复杂产品结构，但易引起产品外观夹线等缺陷，并增加模具成本，缩短模具寿命。

侧向分型与抽芯机构的滑块类型有定模滑块和动模滑块两大类。一般来说，动模滑块较简单，成本也较低，模具注塑稳定性也好。

图 4-4 为链轮开模方向分析，图（a）为链轮产品图，链轮小端外形有一处倒扣，需要设计滑块抽芯，图（b）为链轮模具简图，将倒扣位置设计在动模，滑块为隧道式滑块，模具结构相对简洁。如果将塑件在模具中倒过来设计，外形小端处在定模，则滑块需要改为定模滑块，需要另外增加一块模板，热嘴长度也要相应加长，增加模具成本。

4.2.1.4 塑件包紧力决定开模方向

注塑机的顶出机构位于动模侧，为了便于塑件顶出，通常都是将塑件包紧力大的一面设计在动模侧。有些塑件，分型面为平面，上下两面形状接近对称，确定动模与定模需要结合滑块抽芯机构等其他因素。

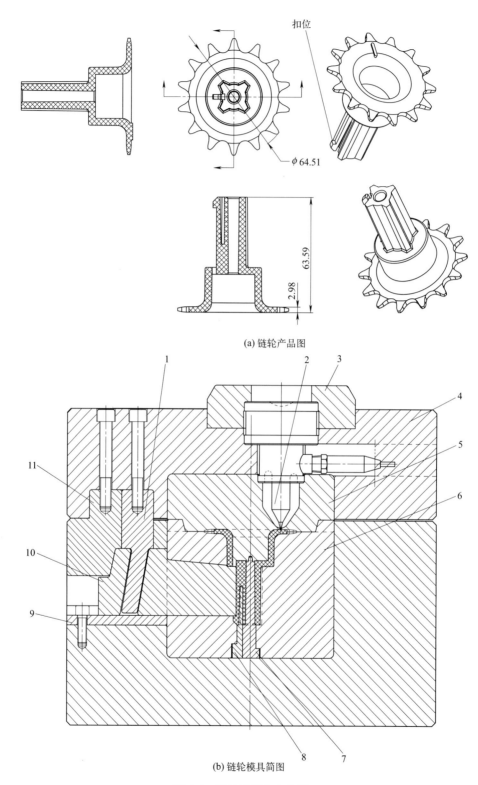

扣位

$\phi 64.51$

63.59

2.98

(a) 链轮产品图

11

10

9

1

2 3

4

5

6

8 7

(b) 链轮模具简图

图 4-4 链轮开模方向分析

1—斜导柱；2—热嘴；3—定位圈；4—定模板；5—型腔；6—型芯；7—动模镶件；
8—动模小镶件；9—滑块耐磨板；10—滑块；11—斜楔

图 4-5 所示为存储盘塑件开模方向分析，图（a）为存储盘产品图，其分型面为一个平面，上下两面都存在胶位，且上下两面形状接近对称，对型腔的包紧力也相差不大，选择开模方向的唯一理由就是塑件一端存在一个弹片，弹片一端底面悬空，需要设计滑块抽芯才能

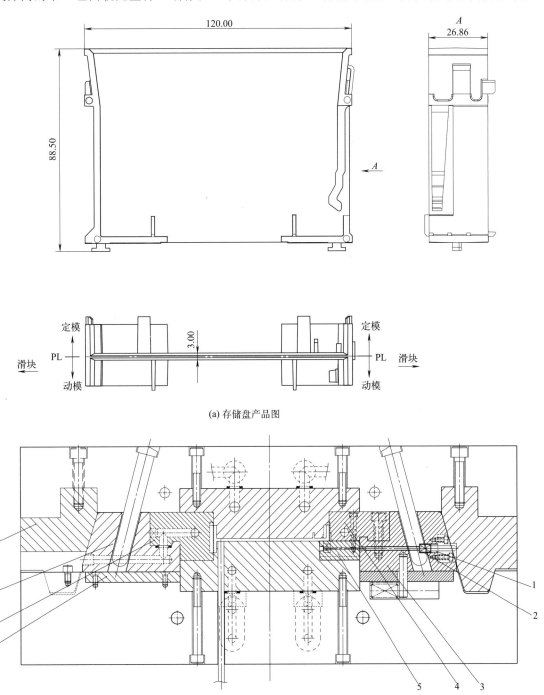

(a) 存储盘产品图

(b) 存储盘模具图

图 4-5 存储盘开模方向分析

1—滑块顶针；2—弹簧；3,8—滑块座；4,7—滑块镶件；5—滑块小镶件；
6—耐磨板；9—斜楔

脱模。图（b）为存储盘模具图，弹片悬空部位会粘滑块，为此，在滑块座 3 上设计了滑块顶针 1，避免滑块抽芯时弹片粘滑块。经过分析，只有把弹片设计在动模，才便于设计滑块顶针，同时动模滑块也会有利于塑件留在动模侧。

图 4-6 所示为风扇支架塑件开模方向分析，图（a）为风扇支架产品图，塑件材料为

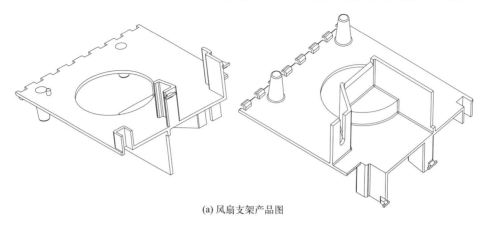

(a) 风扇支架产品图

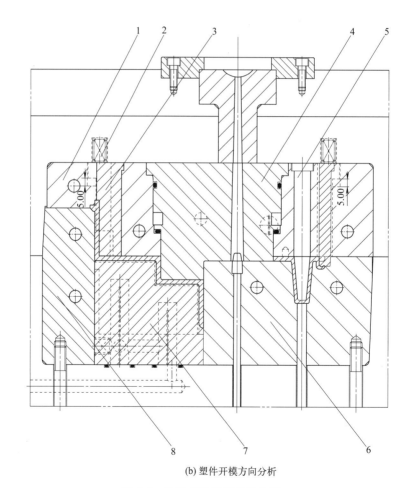

(b) 塑件开模方向分析

图 4-6　风扇支架开模方向分析

1—定模型腔；2—弹簧；3,4—定模镶件；5—定模镶针；6—动模型芯；7,8—动模镶件

PC，缩水率为 1.006，产品最大外形尺寸为 147.25mm×152.00mm×85.7mm，塑件平均胶位厚度为 3.0mm，质量为 104.6g。塑件的分型面为平面。图（b）为开模方向分析，分型面上下两侧均有较高的骨位，动模侧有两个圆锥柱位，定模侧塑件边缘有高的枕位，此处的骨位为 U 形，另一侧有 8 处圆弧枕位，因此塑件极易粘定模。这个塑件的两面对型腔的包紧力相差不大，无论哪一侧留在定模，都有粘定模的可能性，故在定模侧骨位的小镶件底部增加弹簧 2，使得小镶件作为弹块帮助塑件脱离定模。对于这种塑件，解决其粘定模的措施还有在公差范围内增大定模的脱模斜度。

4.2.1.5　塑件顶出决定开模方向

图 4-7 所示是刀锋管塑件开模方向分析，图（a）为塑件产品图，此产品为 POM 成型，最大外圆直径 ϕ57mm，小端顶部有两凸耳，高度接近 22.20mm，产品平均胶位厚度为 2mm，根据产品结构分析，必然需要设计哈夫滑块模具结构，模具侧向抽芯才能脱模。模具设计难度在于开模方向的判断。

塑件内孔存在 4.01°斜度，选择开模方向必须使得塑件容易顶出，塑件的两个凸耳不会变形。图 4-7（b）为刀锋管塑件开模方向分析，将塑件的小端设计在定模，同时在塑件的两个凸耳设计滑块顶针，以免其粘滑块。塑件的大端设计在动模，便于推件板顶出，塑件大端底部有局部圆弧凸台，会粘推件板，在此部位增加了 DME 标准件加速顶出器，模具的排位为 1 出 4，直线形排位，便于哈夫滑块设计。

4.2.1.6　三要素共同决定开模方向

决定模具设计方案的三要素是浇口、顶出和分型面，模具设计是一个系统性设计，对于三要素要综合考虑，全盘分析，才能寻找出合理的模具设计方案。

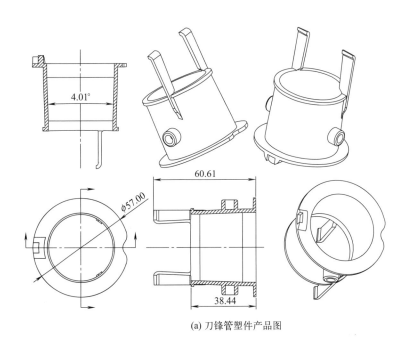

(a) 刀锋管塑件产品图

图 4-7

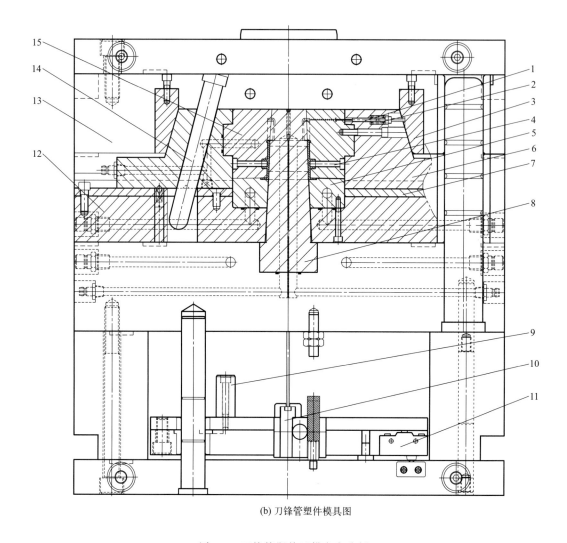

(b) 刀锋管塑件模具图

图 4-7 刀锋管塑件开模方向分析

1—滑块顶针；2—弹簧；3—斜楔；4—滑块镶针；5—动模镶件；6—滑块座；7—耐磨板；8—动模芯；

9—顶出限位块；10—DME 加速顶出器；11—行程开关；12—B 板；13—A 板；

14—斜导柱；15—哈夫滑块

图 4-8 所示为纸张导向器模具开模方向分析，纸张导向器为桌面办公打印机的重要部件。其中，图（a）为塑件产品图，对浇口、顶出、分型面都做出了标记，对滑块也做出了分析。图（b）为塑件技术要求，塑件的外观面为通纸面，打印机模具对通纸面有很高的要求，此面必须平整，不能存在变形、段差和毛边，也不能存在顶针印迹和浇口痕迹，因此，有通纸面的打印机模具，通纸面的开模方向确定非常关键。本例将通纸面设计在动模侧，顶针设计在两条立壁的中间部位，相对隐蔽，不会影响外观。塑件装配后浇口位置也处于隐蔽不可见的位置。图（c）为纸张导向器模具设计方案。

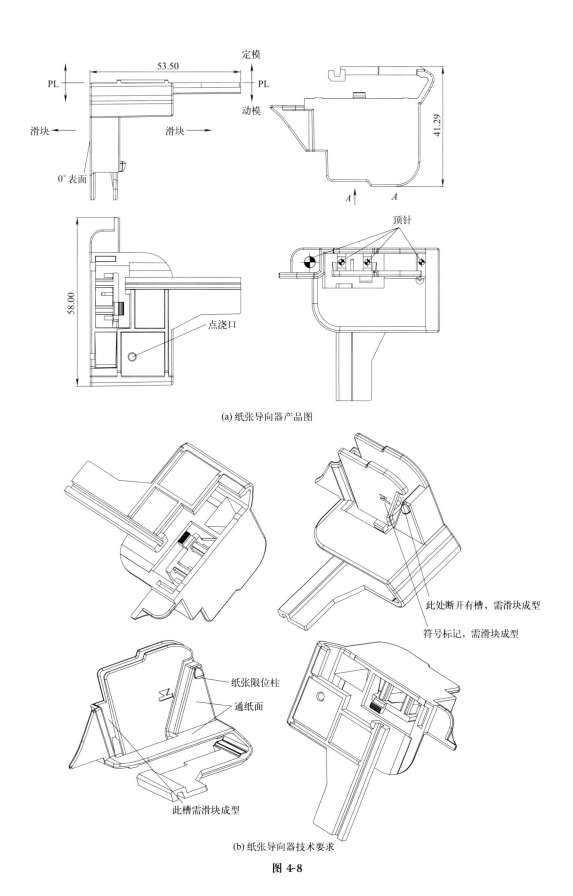

(a) 纸张导向器产品图

此处断开有槽，需滑块成型

符号标记，需滑块成型

纸张限位柱

通纸面

此槽需滑块成型

(b) 纸张导向器技术要求

图 4-8

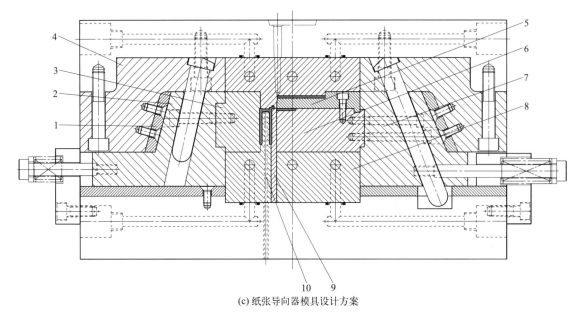

(c) 纸张导向器模具设计方案

图 4-8 纸张导向器模具开模方向分析

1—斜导柱；2,7—滑块座；3,5,6—滑块镶件；4—斜楔；

8—动模型芯；9—动模小镶件；10—顶针

图 4-9 所示为纸张调节器模具开模方向分析，纸张调节器也是桌面办公打印机的重要部件，同样存在通纸面。图（a）为纸张调节器产品图，对浇口、顶出、分型面都做出了标记，对滑块也做出了分析。图（b）为塑件技术要求，图（c）为纸张调节器模具设计方案。塑件左侧的 0°表面与其底部的倒扣需要设计动模滑块，塑件右侧的通纸面倒扣设计了定模斜弹滑块，塑件的浇口设计在齿条的端头。浇口不可设计在齿条的中间，以免齿条弯曲变形。塑件的顶针设计在塑件的底面。

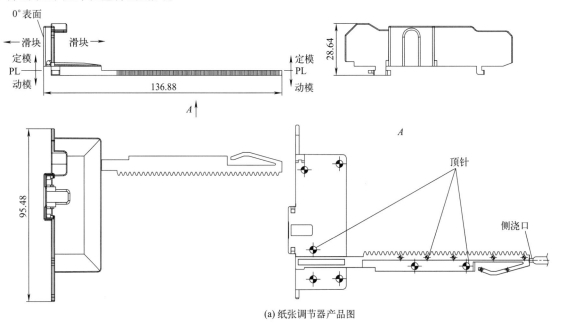

(a) 纸张调节器产品图

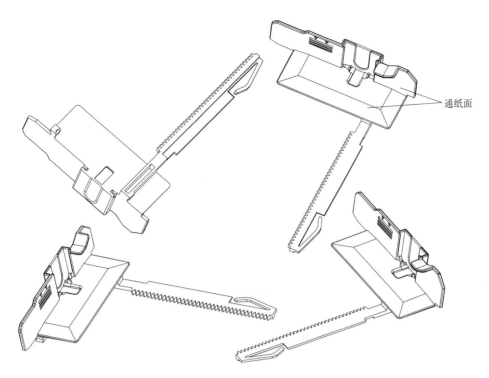

（b）纸张调节器技术要求

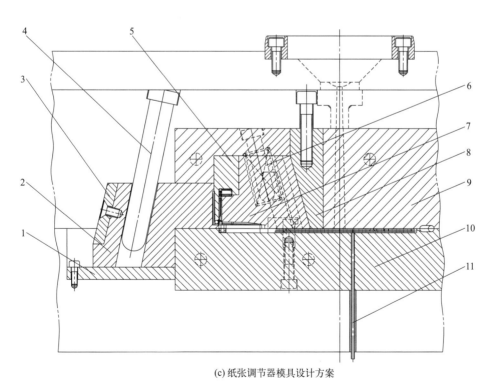

（c）纸张调节器模具设计方案

图 4-9 纸张调节器开模方向

1,3—耐磨板；2—动模滑块；4—斜导柱；5—定模镶件；6—弹簧；7—定模滑块；8—斜楔；9—定模型腔；
10—动模型芯；11—顶针

从模具结构来讲，此处的定模斜弹滑块也可以设计成动模斜顶，开模方向与图 4-9 完全相反，同样也可以保证通纸面的技术要求，但是，仅仅依靠动模斜顶不能可靠顶出塑件，还必须在齿条位置设计顶针，这样一来，顶针就在塑件的正面，组装后就会看到齿条上的顶针印迹，影响产品外观。因此，在确定开模方向时，需要对模具设计三要素综合分析，统筹兼顾。

4.2.1.7 脱螺纹方式决定开模方向

需要脱螺纹的塑件多数为圆形回转体塑件，有些塑件的螺纹适合在定模脱螺纹，有些适合在动模脱螺纹，有些定模和动模脱螺纹都可以，但是模具的制造成本、塑件质量、注塑效率、模具寿命和模具的稳定性有很大的差异，这就需要做出正确的开模方向分析。

图 4-10 所示为齿轮传动罐开模方向分析。图（a）为齿轮传动罐产品图，塑件为圆筒形，两段大径不同但螺距相同的螺纹在圆筒小端的内侧，圆筒内径均布有三条较长的加强筋，圆筒大端外径有一圈外螺纹，此处需要动定模对碰解决脱模问题。图（b）为齿轮传动罐模具结构图，设计方案为动模脱螺纹，脱螺纹机构驱动力为液压马达驱动锥齿轮脱螺纹。如果改为定模脱螺纹，则模具的厚度会很高。

图 4-11 所示为激光发生器盖开模方向分析，激光发生器盖产品图如图 4-11（a）所示。塑件材料为 ABS，缩水率为 1.005，塑件平均壁厚为 6.0mm，塑件最大外形尺寸为 $\phi293.09\text{mm} \times 77.51\text{mm}$，塑件质量为 587.1g。图 4-11（b）为激光发生器盖模具结构图。

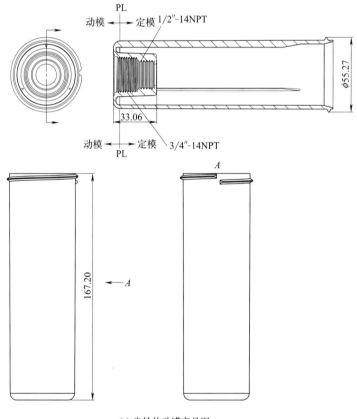

(a) 齿轮传动罐产品图

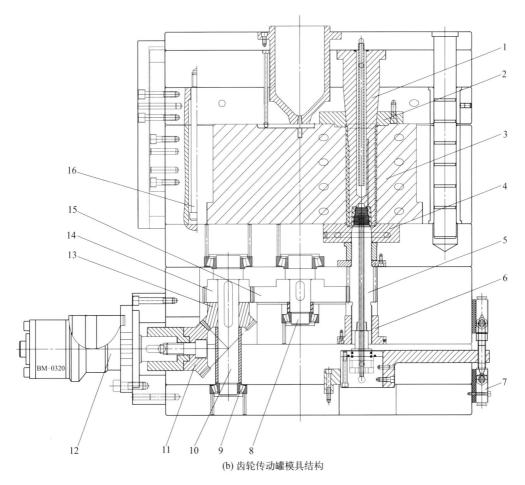

(b) 齿轮传动罐模具结构

图 4-10 齿轮传动罐开模方向分析

1—定模芯；2—定模镶件；3—定模型腔；4—动模镶件；5—螺纹型芯；6—螺纹套；7—行程开关；

8—传动轴；9—圆锥滚子轴承；10—齿轮轴；11,13—锥齿轮；12—液压马达；

14—圆柱齿轮；15—大圆柱齿轮；16—限位螺钉

　　塑件基本形状为圆形，外侧有一圈凹槽，沿凹槽有 4 条骨位，在圆周均匀分布。凹槽需要设计滑块成型。塑件中心有螺纹，需要设计自动脱螺纹机构。激光发生器盖属于精密摄影仪器塑料件，精致的外表是基本要求，外观要求高，4 个滑块的夹线痕迹凸起必须控制在0.05mm 以下，塑件尺寸精度和内部螺纹均有装配要求。因此塑件必须避免各种注塑成型的缺陷，保证塑件质量。开模方向的选择决定了模具的难易程度。对于这个塑件，可以选择在后模脱螺纹，也可以选择在前模脱螺纹。结合塑件的放置位置，可以有 4 种不同的模具结构。激光发生器盖分型面示意图见图 4-11（a），选择在后模脱螺纹，这样的分型面选择使得塑件的顶出较为简单。

　　熔融塑料自短小主流道进入分型面后，分 4 点通过潜定模潜伏式浇口在塑件内圆进胶。潜伏式浇口开设在定模镶件 23 上，采用摆线液压马达驱动锥齿轮机构，实现全自动脱螺纹。

4.2.2　平行和垂直方向的确定

　　开模方向的分析，除了前面所述的塑件动定模侧的选择外，还有一种情形就是塑件垂直

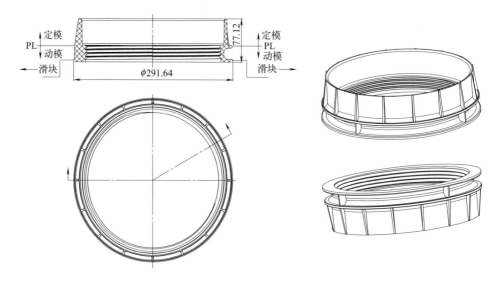

(a) 激光发生器盖产品图

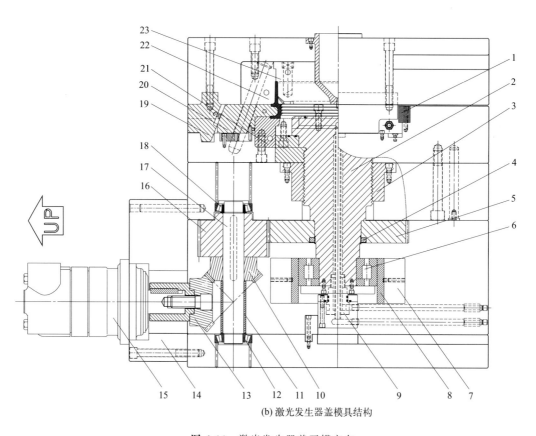

(b) 激光发生器盖模具结构

图 4-11　激光发生器盖开模方向

1—滑块压条；2—螺纹芯；3—螺纹套；4—锁紧螺母；5,16—圆柱齿轮；6—轴承；7—支撑板；

8—导向套；9—冷却镶件；10,13—锥齿轮；11—铜套；12,18—圆锥滚子轴承；

14—液压马达安装座；15—液压马达；17—中间轴；19—斜楔；20—滑块；

21—动模镶件；22—定模型腔；23—定模镶件

开模或者水平开模的问题。如果开模方向选择不合理，则会严重影响模具精度、塑件质量、注塑成型周期、模具寿命和模具制造成本。下面通过典型案例来介绍选择开模方向的问题。

4.2.2.1 减小塑件变形的开模方向选择

摆臂是往复式电动剃须刀中带动刀座摆动的关键零件，其产品图如图 4-12（a）所示。产品最大外形尺寸为 31.4mm×25.5mm×8.0mm，产品质量为 1.56g，材料为 POM，塑件的壁厚最厚处达到 2.15mm，两个侧面为了保持弹性，壁厚仅为 0.35mm，由于壁厚不均匀，给注塑带来一定困难。塑件有四处尺寸公差，精度要求较高，中间柱位的开槽部位，宽度公差仅为 ±0.02mm，因此塑件属于小型精密塑件。

本套模具设计的难点在于开模方向的选择。开模方向的选择有两类，一类是确定塑件的动定模侧，也就是确定塑件哪一侧处在定模，哪一侧处在动模，电动剃须刀摆臂塑件具有对称性，不存在动定模侧的选择问题。另外一种开模方向选择就是将塑件在模具中放倒设计或竖直设计，本例的开模方向选择就属于这种类型。

电动剃须刀摆臂的开模方向选择可以分为两种方案，图 4-12（b）为将塑件竖直放置于模具中，中间的圆形柱子开口部位倒扣采用局部小哈夫滑块解决脱模问题，尺寸（25.00±0.05）mm 可以通过调节图 4-12（d）中定模镶件 4 来保证。图 4-12（c）将塑件放倒设计，塑件两侧需要设计三个滑块才能解决脱模问题，而且由于塑件的分型面完全处于动定模的中心，动定模的合模精度会影响几处尺寸公差，另一个问题就是两侧的方孔抽芯小滑块会使塑件产生变形，影响尺寸精度。

综上所述，本套模具的开模方案选择了图 4-12（a）的方案。由此可见，开模方向选择是分型面设计的基础，决定了模具的难易程度、注塑生产效率和模具成本。

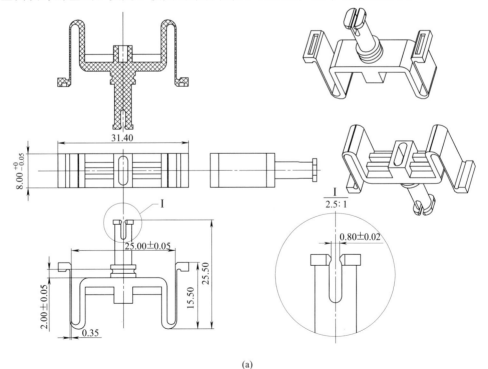

（a）

图 4-12

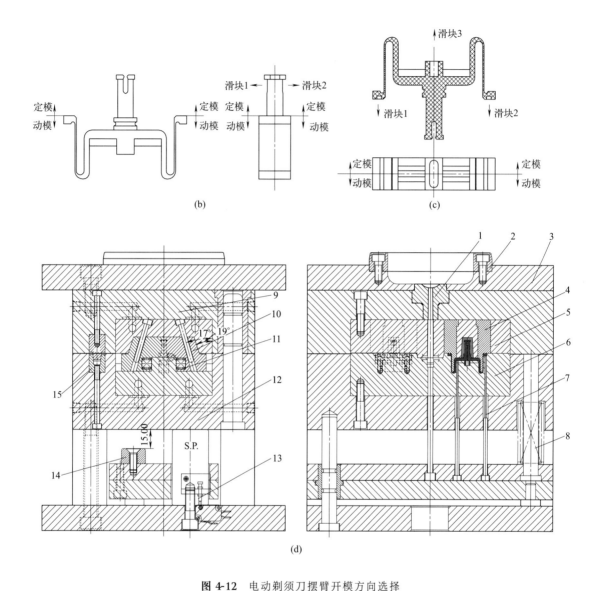

图 4-12 电动剃须刀摆臂开模方向选择

1—浇口套；2—定位圈；3—定模座板；4—定模镶件；5—型腔；6—型芯；7—顶针；8—回位弹簧；
9—定模板；10—滑块；11—小弹簧；12—动模板；13—行程开关；
14—顶出限位块；15—圆锥定位件

4.2.2.2 减小抽芯距离的开模方向选择

图 4-13（a）所示为电子血压计空气接头产品图，塑件主体为较简单的回转体，在圆周上有两个通气柱，塑件采用 POM 材料设计制造，通气孔内不能有毛边，孔形状不能歪斜，3 个通气孔的内孔直径较小，需要模具上的镶针配合可靠。塑件的开模方向如果选择水平方向开模，即两个 $\phi 1.50$ 的孔朝向动模，$\phi 1.43$ 的孔需要侧向抽芯，不仅抽芯距离较长，而且抽芯时，$\phi 1.43$ 的镶针与 $\phi 1.50$ 的镶针会有摩擦从而产生毛边。图 4-13（b）为血压计空气接头三要素分析，选择将塑件竖直在模具中设计，这样能够保证塑件的技术要求。图 4-13（c）为血压计空气接头模具结构图，图 4-14 为血压计空气接头 3D 模具设计。

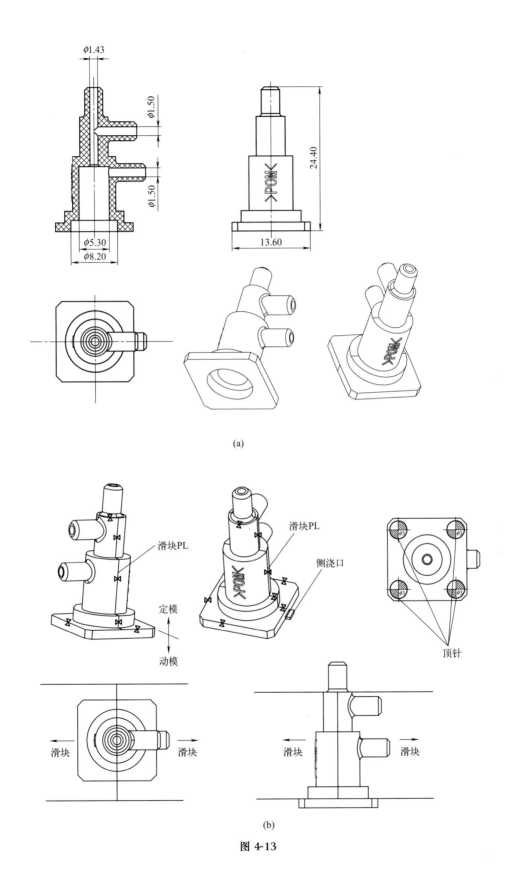

(a)

(b)

图 4-13

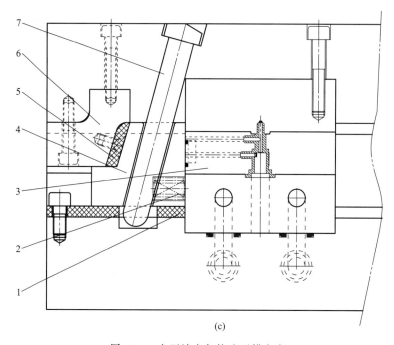

(c)

图 4-13 血压计空气接头开模方案

1,5—耐磨板；2—弹簧；3—滑块镶件；4—滑块座；6—斜楔；7—斜导柱

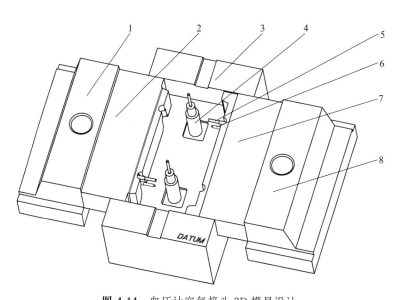

图 4-14 血压计空气接头 3D 模具设计

1,8—滑块座；2,7—滑块镶件；3—后模仁；4—后模镶针；5,6—滑块镶针

4.2.2.3 考虑注塑机行程的开模方向选择

图 4-15 所示的超长管件，其长度为 213.5mm，圆周直径大端存在数圈齿槽，如果将塑件竖直开模，模具高度会超过注塑机的开模行程，导致塑件无法顶出。因此，对于较长的圆管类塑件，将其水平放置作为开模方向。

由于抽芯距离较长，采用油缸驱动滑块进行抽芯，油缸行程为 70mm，开模后分型面打开，顶出杆 9 顶动滑块支撑板 11，滑块机构连同塑件整体脱离动模，然后油缸活塞杆回缩，

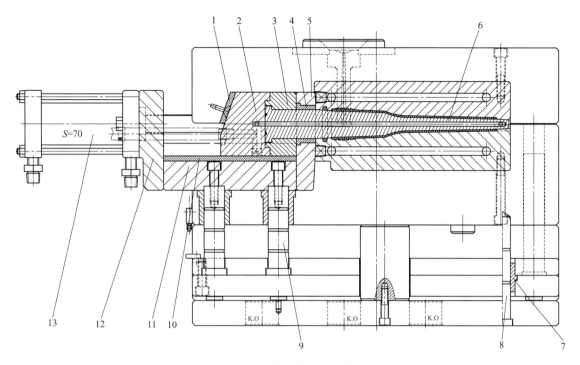

图 4-15 超长管件的开模方向

1,10—耐磨板；2—滑块座；3—滑块芯固定板；4—刮板导套；5—刮板；6—滑块芯；7—导套；8—导柱；9—顶出杆；
11—滑块支撑板；12—油缸固定板；13—油缸

带动滑块芯固定板 3 和滑块芯 6 抽芯，塑件则被刮板 5 剥离滑块芯 6，完成抽芯动作。合模前，油缸 13 的活塞杆伸出，滑块芯固定板 3 与刮板 5 贴合，顶出杆 9 回位，模具分型面闭合。

4.2.2.4 减少滑块数量的开模方向选择

图 4-16 所示为电子血压计袖带接头模具，塑件为二通管。图 4-16（a）中，PL1 为分型面，塑件沿动定模对称分型，其中 S1 和 S2 代表滑块镶针抽芯。图 4-16（b）所示为另一种模具设计方案，将塑件立起来置于模具中进行设计，其分型面为 PL2，S1 和 S2 分别为两个哈夫滑块，S3 为内孔抽芯滑块，两个哈夫滑块包住内孔抽芯滑块 S3，这

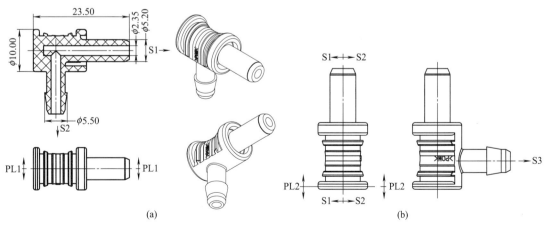

图 4-16 电子血压计袖带接头

个设计方案模具结构较为复杂，因此，实际模具设计选择了图 4-16（a）的设计方案，模具设计图见图 4-17。

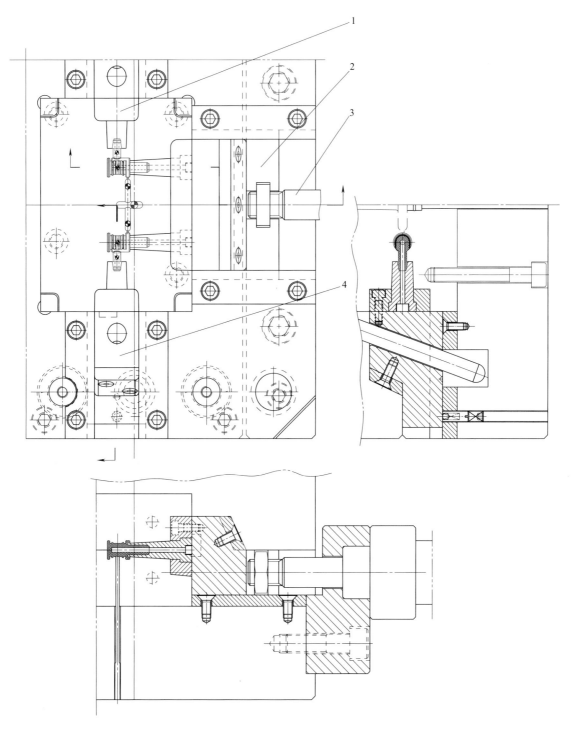

图 4-17　电子血压计袖带接头模具

1，2，4—滑块；3—油缸

4.2.2.5 便于塑件顶出的开模方向选择

图 4-18 为排水管接头产品图,侧面有一处水平管接头,塑件需要设计滑块抽芯。排水管接头开模方向分析见图 4-19,将塑件 φ75 的一端设计在定模侧,主要是塑件另一端形状简单,φ50 处便于设计推件板顶出。模具设计了哈夫滑块,由油缸驱动,开模时,定模镶件 2 和定模芯 3 从塑件中脱出后,油缸驱动哈夫滑块实现侧向分型。最后推件板 11 上的推件板镶件 6 将塑件从动模型芯 7 上推出。注意,此处哈夫滑块 4 与哈夫滑块 14 脱离塑件后,推件板镶件 6 需要上升一小段距离才与塑件接触并将塑件顶出。即使推件板镶件 6 边缘磨损,塑件也不会出现毛边。也就是说塑件的胶位全部处在哈夫滑块上,这种设计思路对于长寿命模具来说十分重要。如果推件板镶件 6 直接处在塑件的底部,则模具生产一段时间后塑件边缘会出现毛边,属于不良的模具设计。

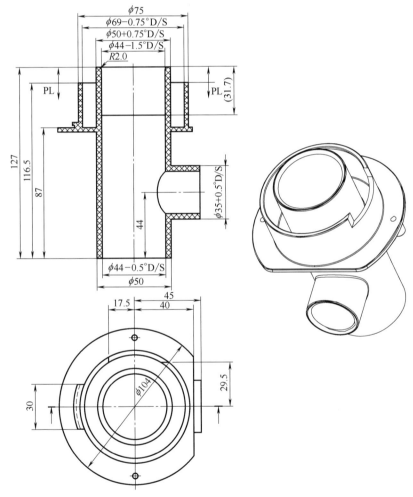

图 4-18 排水管接头

4.2.2.6 特殊塑件的开模方向选择

图 4-20 为电子血压计底壳,产品尺寸为 148mm×105.8mm×152.05mm,塑件质量为 128.04g,平均胶位厚度 3mm,塑件的材料为 ABS,外表面要求镜面。塑件的技术要求为不得存在各种缺陷,塑件成型中不得使用脱模剂。电子血压计底壳模具结构图如图 4-21 所示。

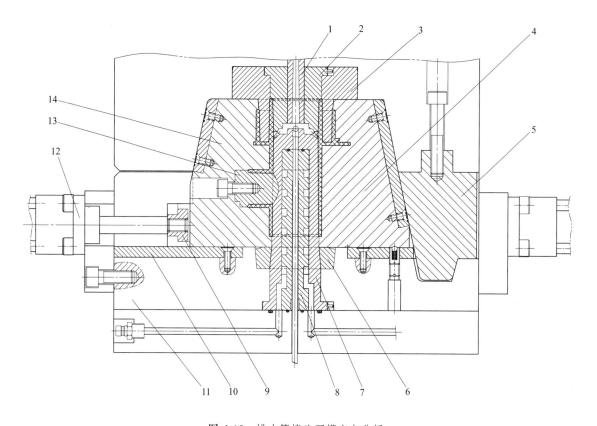

图 4-19 排水管接头开模方向分析

1—浇口套；2—定模镶件；3—定模芯；4,14—哈夫滑块；5—斜楔；6—推件板镶件；

7—动模型芯；8—冷却镶件；9—油缸接头；10—耐磨板；

11—推件板；12—油缸；13—滑块镶件

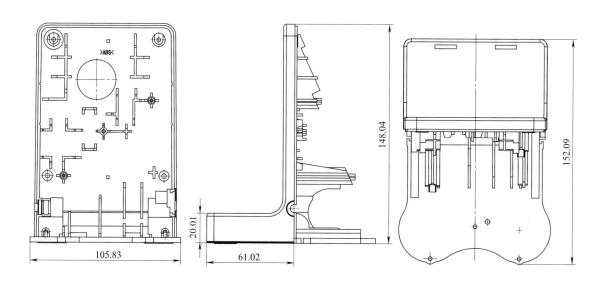

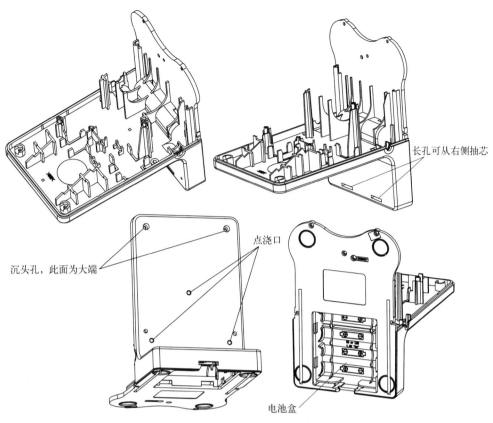

长孔可从右侧抽芯

沉头孔，此面为大端

点浇口

电池盒

图 4-20 电子血压计底壳

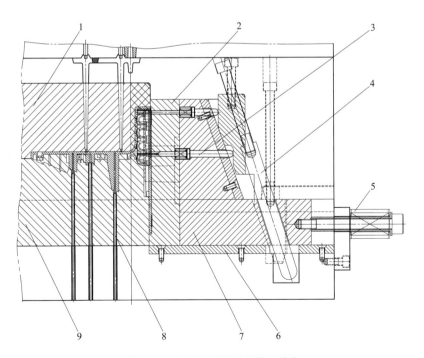

图 4-21 电子血压计底壳模具结构

1—定模型腔；2—滑块镶件；3—滑块顶针；4—斜导柱；5—弹簧；6—耐磨板；7—滑块座；8—推管；9—动模型芯

塑件结构设计特殊，线路板固定侧和电池盒处互相垂直，且两个大平面上都有很多骨位和柱位。在这种情形下，不可能将此两个面都设计在动模侧，必须有一个面处于滑块上，因此，在模具设计时，必须考虑出在滑块上的胶位不能有拖花和变形。

开模方向的选择决定了模具的难易程度、注塑生产效率和模具成本。经过分析，选择线路板固定侧为动模侧，电池盒处在滑块上，这是因为：

① 如果将线路板固定侧设计在滑块位置，则其背面的沉孔也需要滑块抽芯，增加一个大滑块，增加模具成本；

② 线路板固定侧柱位相对较多，对于滑块的包紧力较大，需要设计多个滑块顶针。此外，滑块的行程也需要加大；这样设计滑块上塑件容易变形；

③ 如果将线路板固定侧设计在滑块位置，则其背面的沉孔也需要滑块抽芯，这样两个滑块对接的情形下，模具将变得庞大，浇注系统也难以设计，不利于熔融塑料的填充。

为了防止滑块上塑胶粘滑块引起塑件变形，设计了滑块顶针。在定模与滑块斜面耐磨板相接触的表面铣有一个垂直小平面，滑块顶针的尾部与此平面接触。开模后，滑块顶针在此平面的作用下顶住塑件，避免了塑件的变形。

4.2.2.7 开模方向设计改进

在注塑生产实践中，经常会遇到生产批量很大，而注塑机的生产能力难以适应生产的需要，究其原因，主要是模具结构所限，经过实践经验的总结，重新开模时模具结构往往可以改善。

图 4-22 所示为喷雾枪枪泵本体产品图，材料为 PP，平均胶厚 0.8mm，塑件精度要求高，活塞筒尺寸精度要求 0.02mm，出液孔与活塞筒处的碰穿位加工难度大。客户在开模前提供了样品，并有一套正在生产的模具，其结构如图 4-23 所示，模具特点是滑块多，每个产品需要五个滑块成型。

（1）模具分析

这套模具采用了图 4-21 中的 PL1 分型面，客户提出以下几点问题：

① 模具产能低（1 模 4 腔），要求新开模具做到 1 模 8 腔，并在原来 CJ180（180t）注塑机上生产；

② 流道与产品的重量比大，塑胶料浪费严重；

③ 滑块多，模具维护时工作量大。

仔细分析产品及客户建议后，我们提出将产品竖放的更改方案，如图 4-24 所示。

图 4-24 中的定内模取代了图 4-23 中的滑块 3，动内模取代了滑块 1，滑块 4 与滑块 5 的动作由滑块 C 带动滑块 B 完成。将锁紧楔插入动模板中，形成反铲机构，有效地解决了滑块 A 与滑块 C 受注射压力大的问题。另外将滑块镶针材料更改，增强其强度，防止其变形引起碰穿孔碰不穿。征求客户同意后，在产品不影响装配的地方，做了相应更改。

（2）更改后模具

① 模具 1 模 8 腔，模胚宽度 450mm，长度 550mm，满足 CJ180 注塑机生产要求。

② 8 腔流道与原 4 腔流道重量一样。

③ 原模具 5 个滑块，现在新开模具 2 个大滑块。简化了模具制作，也给日后的模具维护提供方便。

④ 滑块镶针材料及结构更改后，次品率降低，并且流道与产品自动分离，提高了生产效率。

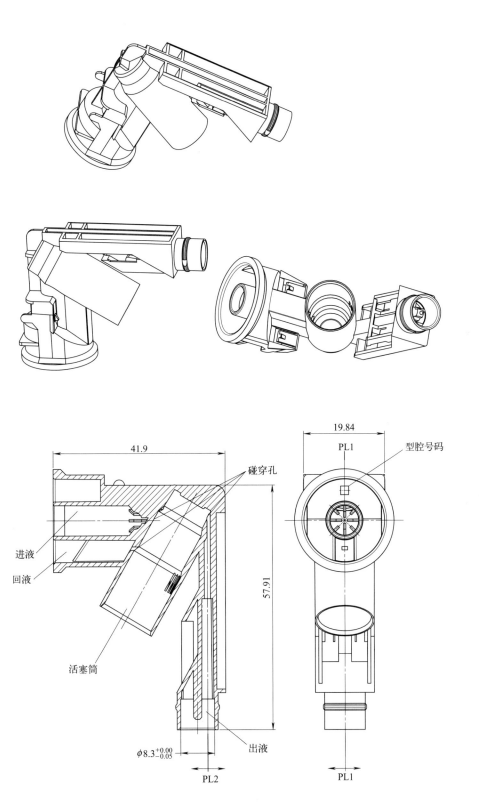

图 4-22 喷雾枪枪泵本体产品图

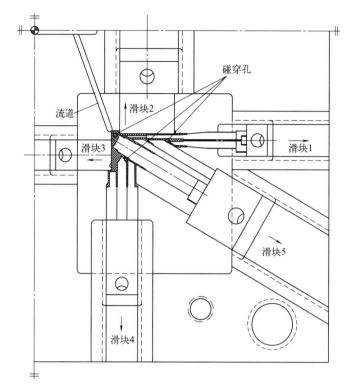

图 4-23　喷雾枪枪泵水平开模

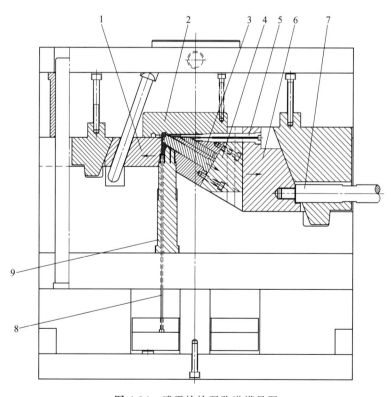

图 4-24　喷雾枪枪泵改进模具图

1,3,6—滑块；2—定模芯；4—滑块座；5—滑块镶件；7—油缸活塞杆；8—顶针；9—动模芯

4.3 分型面设计

4.3.1 插穿、碰穿和枕位的概念

插穿［shut off，S/O］、碰穿（kiss-off）以及枕位是注塑模具里非常重要的三个概念，在模具分型面的设计中，经常会遇到如何确定使用插穿或者碰穿以及枕位的问题。在我国台湾，插穿也叫擦破，碰穿也叫靠破，顾名思义，插穿、碰穿多出现在塑件外形孔、洞、槽或分型面急剧变化处。枕位多出现在塑件边缘有缺口或台阶处，此处分型面高低起伏急剧变化。

由于产品结构的多样性，在塑胶模具设计中，插穿位与枕位是经常涉及的结构，复杂的模具，可能有多处插穿、碰穿和枕位，也有插穿、碰穿和枕位的交错和复合出现，插穿、碰穿和枕位是影响模具寿命的直接因素。插穿也是容易出现毛边的因素之一。

分型面设计最重要原则是：优先选择碰穿，尽量采用枕位，慎用插穿。对于插穿位置，由于摩擦较大，插穿面通常要设计 3°或以上的斜度，插穿面高度较小时取大斜度。插穿面高度大时取小斜度。插穿位深度较大或结构易损坏时，通常做成镶件，便于模具维护更换。在钢材的选择方面，插穿和枕位处，选择硬度较高的钢材，或者模仁热处理做成硬模，能显著提高模具寿命。也有将插穿处，动定模选择不同硬度的钢材，使其硬度差在 8HRC 以上，再做成镶件，定期更换，尽可能加强这些地方结构的强度和刚度。

插穿、碰穿位置，在模具零件图上必须标注清晰，所有的插穿位需要表达出其详细图，让负责装配的钳工能够明确知道这些位置，这是十分重要的。图 4-25 所示分别为动模和定模的插穿和碰穿位置及表达，碰穿位多为平面，插穿位多为钢料的侧面。枕位的两侧为插穿位，顶部为碰穿位置。

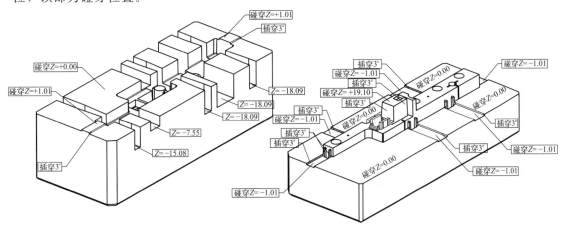

图 4-25 插穿和碰穿位置及表达

4.3.1.1 插穿

插穿就是前后模仁以一定角度侧面接触，其结合面与水平分模面夹角大于 45°，插穿多出现在塑件有孔或者有缺口的情况下。如果产品的侧面有孔，必须由产品结构来决定是否要插穿，如果不做插穿就需要做斜顶或滑块抽芯。如果产品的侧面有缺口，最好是做枕位而不是做插穿。图 4-26 所示的塑件，侧壁有孔。图 4-26（a）为用插穿成型此孔，模具结构简

单，插穿的孔前后模仁由于摩擦的原因，容易拉毛而使塑件产生披锋（毛边），插穿角度越小，越容易起毛边。图 4-26（b）为用滑块成型此孔的脱模，模具成本较高，避免了前后模仁的插穿，在前模做了滑块抽芯，显然，做滑块抽芯能够提高产品质量，常用于产品要求较高的场合，缺点就是模具成本较高。因此生产模具采用哪种方式需要视实际需要确定，商品模具则需要客户来决定。

从垂直开模方向的角度看，插穿就是比较陡峭的分型面相互之间的插破。由于是陡峭的插穿面，动定模结合处的摩擦和模具磨损大，塑件容易出现毛边。插穿不利于模具的长寿命运行。

在模具开模方向前后模具有摩擦叫插穿，插穿一定要有斜度，不然前后模仁会烧死，塑件也会产生毛边，插穿的两个零件尽可能采取不同的热处理硬度。在塑件的尺寸和公差范围内，尽可能加大插穿角度。插穿面高度较小时取大斜度，插穿面高度较大时取小斜度，最重要的原则是无论取怎样的角度，插穿位的斜面插穿量最小必须大于 0.1mm，否则，插穿斜度不起作用，模具极易损坏。插穿量如图 4-27 所示。

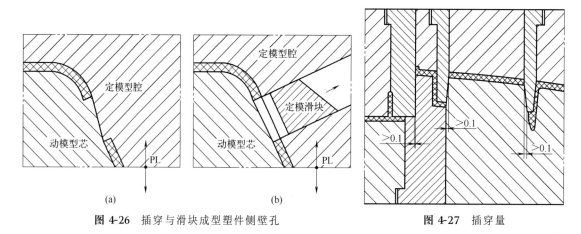

图 4-26　插穿与滑块成型塑件侧壁孔　　　　　图 4-27　插穿量

在精密模具中，或者是较小的插穿位较多的模具中，往往需要设计精密定位装置，例如可以在模架上四边设计零度定位块，也可以在模仁的四角设计虎口定位。锥度定位装置的定位效果较差，因为其锥度通常大于模具的插穿角度，仅仅能够起到防止型腔侧向力不平衡时模仁的滑移作用。

4.3.1.2　碰穿

碰穿就是从垂直于模具打开方向角度看，比较平缓的分型面相互之间的靠破。由于是平缓的碰穿面，所以加工精度容易保证，接触面切向摩擦较少，比较不容易磨损，也不容易出现毛边。

常见的碰穿有两种形式：动、定模分型面碰穿、斜顶及滑块碰穿。

图 4-28（a）为动模型芯碰穿定模型腔，图 4-28（b）为定模型腔碰穿动模型芯，图 4-28（c）为滑块碰穿动模型芯，图 4-28（d）为滑块碰穿斜顶。

跟模具开模方向只有相碰无摩擦叫碰穿。碰穿就是前后模正面接触。碰穿就是产品的正面有孔（该孔可以是圆的、方的，也可以是不规则的，看产品结构如何），当前后模仁合模时，在碰穿孔正好相碰。在碰穿孔处，前后模仁相接触的面称为碰穿面，碰穿面可以是平面，也可以是斜面，插穿和碰穿以 45°为分界线。

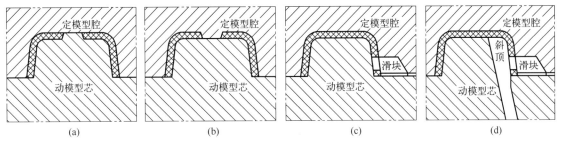

图 4-28 碰穿的几种形式

4.3.1.3 枕位

枕位是将塑件侧面分型线沿着与开模方向垂直的方向正交拉伸所做出的一段立体封胶碰穿面，枕位往往是塑件边缘有缺口或者边缘有高低起伏的台阶的塑件局部的分型面。在可以做枕位的地方，不能单纯地做成插穿。枕位不仅包含插穿，也包含碰穿。枕位的插穿是一种特殊的插穿，插穿位置在塑件的外部，因此，枕位处做枕位是必不可少的，不可采用插穿来代替。图 4-29 所示为塑件边缘有缺口时枕位的设计。

枕位——前后模凸出分模面的封胶部分，一般是塑件在此处有缺口。枕位是 PL 线在缺口处不在同一平面上，为更好地封胶（防走披锋）而横向做出来的碰穿面。做枕位也是为了避免插穿，提高模具寿命。大的枕位在某些模具中也能起到定位作用。模具设计原则是，如果可以做枕位，就不能做插穿。

4.3.1.4 插穿与碰穿的区分

塑件斜面上的孔，有时属于插穿，有时属于碰穿，视定模型腔与动模型芯接触面与模具分模面的夹角而定。当此夹角＜45°时，接触面比较平坦，属于碰穿，如图 4-30（a）所示；当此夹角＞45°时，接触面比较陡峭，属于插穿，如图 4-30（b）所示。这个角度是由塑件产品设计决定的。

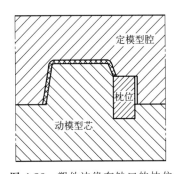

图 4-29 塑件边缘有缺口的枕位

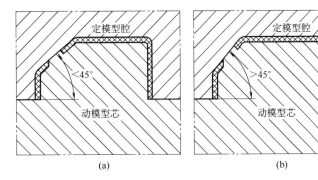

图 4-30 插穿与碰穿的区分

4.3.1.5 孔的插穿和碰穿

图 4-31 为孔插穿和碰穿的几种情形。图（a）为动模镶针碰定模，图（b）为定模镶针碰动模。由于孔的脱模斜度的原因，塑件上孔的大小端不同，塑件作为产品组装时，实际装配效果不同，因此需要根据实际情况选用。图（c）为动模镶针插入定模，图（d）为动模镶针与定模镶针在塑件内部碰穿，图（e）为动模镶针在塑件内插入定模镶针，可以有效防止塑件内孔偏心。

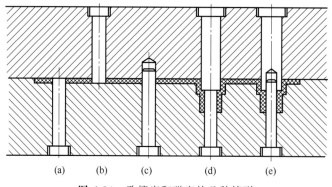

图 4-31 孔擦穿和碰穿的几种情形

4.3.1.6 插穿、碰穿和枕位实例分析

由于产品设计的复杂性，模具的动定模合模情况越来越复杂，插穿、碰穿和枕位往往交织地存在于塑件中，对此，应在模具设计实践中总结经验，设计出符合长寿命要求的模具。图 4-32 以电话机小显示屏产品为例，展示了具有插穿和碰穿的模具。

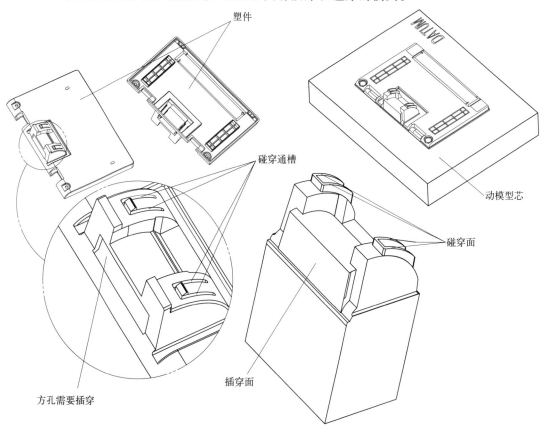

图 4-32 具有插穿和碰穿的模具实例

4.3.2 分型面与分模面的区分

4.3.2.1 分型面

在塑件沿开模方向投影的最大外形处存在一个面，从这里分开模具可以取出塑件，此面

通常称作主分型面，其他参与封胶的面称作分离面或者封胶面，注塑模只有一个主分型面。主分型面通常简称分型面。分型面是决定注塑模具结构的三要素之一，在模具设计中非常重要。

每个注塑产品在开始设计时首先要确定其开模方向和分型面，模具设计充分考虑开模后需要塑件留在定模或动模，以保证尽可能减少滑块抽芯机构和消除分型线对外观的影响。

开模方向确定后，产品的加强筋、卡扣、凸起等结构尽可能设计成与开模方向一致。通过选择适当的分型面，避免开模方向存在倒扣，以避免抽芯减少拼缝线，延长模具寿命以改善塑件外观及模具性能。选择分型面首先必须符合客户要求。

分型线有可能直接在制品的外观上留下痕迹，所以在进行设计之前必须仔细阅读客户的资料，了解客户对产品外表面的要求；其次，分型面的合理设计与否会直接影响产品的成型和排气；再次，分型面将直接关系到模具的加工成本。合理选择分型面，就要求工程人员对塑胶模具的设计工艺有较丰富的经验，一个产品也许有数种设计方案，但真正全面合理的方案只有一种。通常选择模具的分型面时要在满足客户要求的前提下，以分型面有利于制品的质量、简单、易于加工和降低模具成本为原则。

4.3.2.2　分模面

开模时，模具上由于功能的需要，模板之间可以打开的面，叫作分模面。例如对于三板模，水口推板和 A 板之间可以打开，从而取出流道凝料（水口料）。注塑模具根据复杂程度不同，可以有多个分模面，例如图 4-3 酱油瓶盖模具，由于模具结构的需要，有七个分模面。对于叠层模具，至少具有两个分模面。对于多分模面模具，由于结构的复杂性，需要通过控制元件，实现模具的顺序开模，同理，在合模时也要注意先后次序，在模具组装图上，应该用字母和数字醒目地标示分模面，例如 PL1、PL2、PL3、…、PL7。

4.3.2.3　分型面与分模面的区别

分型面是以塑件为主体的研究要素，分模面是以注塑模具为主体的研究要素，二者不可混为一谈。值得注意的是，对于只有一个分模面的简单的两板模来说，其分模面和分型面重合。

分型面的属性：塑件上的分型线延伸可以得出分型面；分型线是不能自我相交的封闭曲线；一个塑件可能存在多条分型线；分型线处于塑件投影方向的最大外形处，或者在塑件的边缘处。

4.3.3　分型面的组成要素

分型面的组成要素因塑件的具体结构而不同，但大体上有平面式、阶梯式、斜面式、曲面式及综合式几种。

① 平面式分型面。这是最简单的一种分型面，它是与开模方向相垂直的平面，如图 4-33（a）所示。

② 斜面式分型面。斜面式分型面的形式如图 4-33（b）所示。

③ 阶梯式分型面。根据塑件的具体结构，把分型面做成阶梯式的，如图 4-33（c）所示。

④ 曲面式分型面。曲面式分型面的形式如图 4-33（d）所示。

⑤ 综合式分型面。这种形式是根据塑件结构的需要，将平面式、阶梯式、斜面式和曲面式结合起来，形成综合式分型面，这是最常见的分型面，在复杂的塑件结构中经常采用。

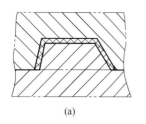 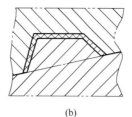 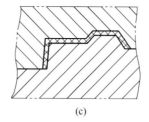 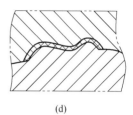

(a)	(b)	(c)	(d)

图 4-33　分型面的类型

当几个分型面不规则的塑件在同一模具中时，模具型腔排位应充分考虑将分型面做成光滑顺畅的连续面。

4.3.4　分型面设计注意事项

分型面的方向尽量与注塑机开模方向垂直，形状要素有平面、斜面、曲面、阶梯面等。选择分型面的位置时，分型面不仅应选择在对塑件外观没有影响的位置，而且必须考虑易于清除或修整分型面处所产生的溢料飞边。选择时要力求避免分型面处产生飞边，有利于塑件的脱模。分型面不应影响塑件的尺寸精度，应尽量减小脱模斜度带来塑件大小端尺寸的差异。分型面应能使注塑模分割成便于加工的零部件，以降低加工的难度。

为使产品从模具中取出模具必须分成动、定模侧两部分，此两部分接触面称为分型面，它有分模和排气的作用，但因模具精度和成型的差异分型面处易产生毛边，有碍产品外观及精度。选择分型面时注意：

① 分型面一般不取在装饰外表面或带圆弧的转角处，不可位于明显位置而影响产品外观；

② 开模时应使产品留在有脱模机构的一侧，一般使塑件留在动模一边，有利于脱模；

③ 分型面的选择应使模具零件具有良好的工艺性；

④ 对于同心度要求高的产品尽可能将型腔设计在同一侧，将同心度要求高的同心部分放于分型面的同一侧，以保证同心度；

⑤ 为避免长距离抽芯考虑将塑件的轴向较长尺寸放在动模开模方向，如一定要有抽芯，应将抽芯机构尽量设在动模侧；

⑥ 一般不在圆弧部分分模，以免影响产品外观；

⑦ 对于高度高脱模斜度小的产品，可在中间分模，型腔分两边以有利于脱模。

在确定分型面时还应考虑如下因素：

① 对产品的形状尺寸壁厚详加研究分析，先找出最佳开模方向；

② 了解塑料性能和成型性以及浇注系统的布局；

③ 注意排气和脱模，简化模具结构，使模具操作方便，零件加工容易。

平面式分型面虽然简单，但是型腔和型芯之间容易发生错位，对于精密模具来说，必须设计精定位（虎口），见图 4-34。

斜面式分型面不能单纯地设计成一个斜面，如图 4-35（a）所示为不良的设计，缺乏加工和检测的基准平面。应该设计成如图 4-35（b）所示的形式。

对于斜面式分型面，由于型腔单侧受力较大，型腔两侧产生注射偏心力，定模与动模间有相对滑移的倾向。如果这种偏心力较小，可由导柱来支撑，但如果偏心力过大，则会引起

若此胶位面与开模方向垂直，则直接
延伸此面作为PL面

精定位防止型腔错位

图 4-34 平面式分型面防错位

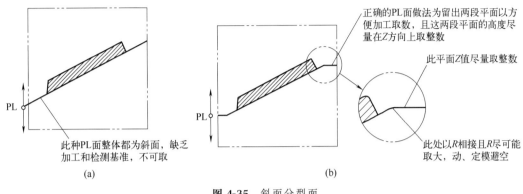

正确的PL面做法为留出两段平面以方
便加工取数，且这两段平面的高度尽
量在Z方向上取整数

此平面Z值尽量取整数

此种PL面整体都为斜面，缺乏
加工和检测基准，不可取

此处以R相接且R尽可能
取大，动、定模避空

(a)

(b)

图 4-35 斜面分型面

导柱和导套的过度磨损，塑件尺寸超差。可以采用以下方法加以解决。

① 在型腔的一侧做止口，如图 4-36（a）所示，这样可以抵消注射偏心力，保持型腔和型芯之间的相对位置；

② 两个型腔对称布局，如图 4-36（b）所示的布局形式，使型腔两侧所受到的注射力平衡，同时使模具结构紧凑。

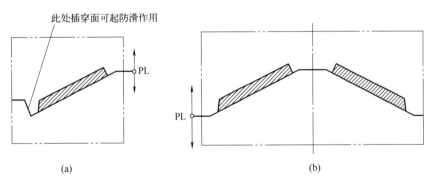

此处插穿面可起防滑作用

(a)

(b)

图 4-36 斜面分型面设计要点

分型面是曲面时应延长曲面，提高曲面合模的接触面积，见图 4-37。曲面分型面的设计方案应便于模具制造人员研配，可在非封胶位上设计倒角，也可采用动、定模在非封胶位处避空处理，即在动定模凸起的一侧做倒角，凹陷的一侧做 R 角，或者在两侧做 R 角，但选择不同的半径，凸起的一侧 R 角比凹陷的一侧做大 1～2mm。模具设计特别是 3D 分模时，需要注意刀具直径，见图 4-38，距离 T 应大于刀具直径。大直径的刀具具有大的进给量，加工效率明显提高。曲面陡峭或者深度过大时，需要选择较大直径的刀具加工，因此分型面交界处的 R 半径不能过小，R 半径大，方便刀具加工，同时也有利于模具钳工做最后的研配。

曲面分型面的模具，必须设计分型面的基准平面。通常在设计分型面时由于受塑料件外观结构等因素影响，设计出的分型面是台阶、曲面等有高度差异的一个或多个分型面组合，此时必须设置一个基准平面，以方便加工中配模和数据检测。

对于圆管类塑件，其分型面必须设置在圆管的最大直径上，这就不可避免出现尖角位。尖角使得塑件在分型面处的脱模斜度为零，塑件容易粘模。由于尖角封胶容易出现毛边，影响塑料轴类零件的圆度及转动性能，这时可对分型面做一些改进，见图4-39。

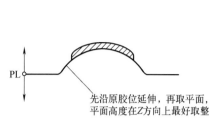

先沿原胶位延伸，再取平面，平面高度在Z方向上最好取整

图 4-37 曲面分型面延长示例

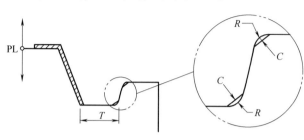

图 4-38 刀具直径对加工的影响

曲面的分型面在 3D 分模时，必须将分型面做顺滑，以便 CNC 加工，也有利于模具的配模。

表 4-1 对各种常见的分型面设计问题进行了汇总，左侧为正确的设计方式，右侧为错误的设计方式。

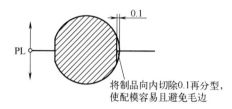

将制品向内切除0.1再分型，使配模容易且避免毛边

图 4-39 圆柱结构要素的分型面

表 4-1   分型面设计图示

正确	错误

4.3.5 分型面的表达

分型面的表达是供应商和客户之间交流的基础资料，在模具设计式样书上，应确定分型面的具体位置，作为模具设计的依据。下面以遥控器外壳产品图为例，说明分型面表达的具体做法。遥控器外壳产品图如图 4-40 所示，其分型面表达图如图 4-41 所示。

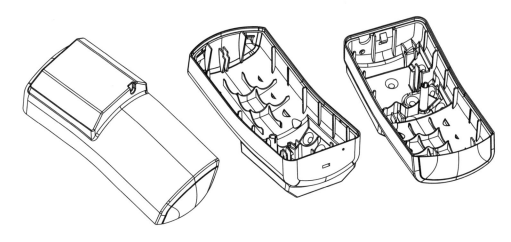

图 4-40 遥控器外壳产品图

如前所述，在分型面确定前，应先确定开模方向。在分型面的两侧，分别用箭头标出定模和动模，常用字母代替，CAV 代表定模，CORE 代表动模，其分界线就是分型面，在分型面两侧分别标出小三角形，使分型面直观、醒目，看上去一目了然。分型面上标出 PL，分型面在产品上是一条完整而封闭的分型线，此线条不能自我相交。无论塑件多么复杂而导致的分型面相当复杂，或高低起伏，或是曲面和有缺口等，分型面的表达也应完整、正确、唯一，不能出现模棱两可或含糊不清的情况。

在分型面表达图上，还应详细画出滑块的分界线，如果滑块不影响分型面，例如塑件的扣位在分型面以下，则用箭头标出滑块，并标出 SLIDE1，SLIDE2，SLIDE3……，在此同时，还要加上顶针和浇口位置，大型镶件如有必要，也要在分型面表达图上画出。

4.3.6 分型面对模具寿命的影响

分型面的选择会影响模具结构，分型面位置的选择也会影响模具寿命。如图 4-42 所示为螺纹密封盖产品图，从图中可以看出，塑件尺寸较小，外侧存在螺纹需要设计哈夫滑块抽芯。滑块的设计经常会影响分型面的选取，也会影响模具寿命。图 4-43 为螺纹密封盖不良的分型面设计，将滑块底面的分型面从塑件口部外径 $R3.17$ 处直接水平做出分型面。这种设计方案，模具经过一段时间后，会在此处出现毛边，需要经常维修，严重影响模具寿命。正确的设计应如图 4-44 所示，将分型面垂直延伸，将塑件整个圆角 $R3.17$ 全部包含在哈夫滑块上，避免塑件在口部边缘出现毛边。

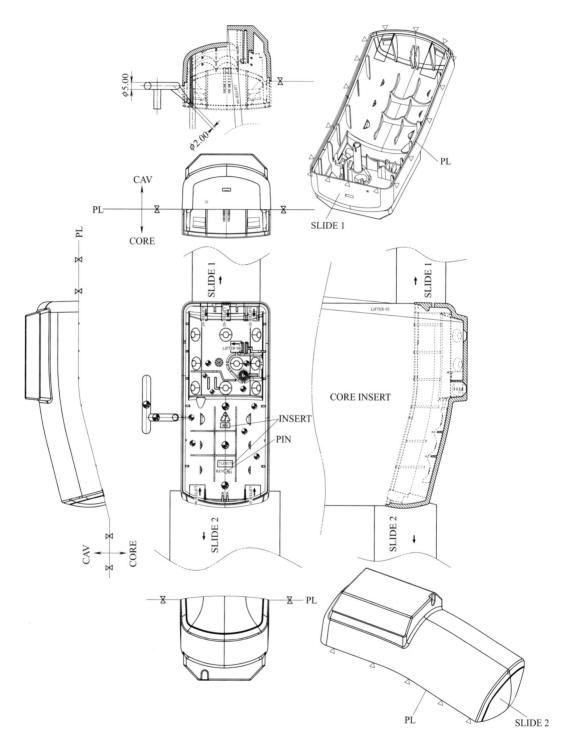

图 4-41　遥控器外壳分型面的表达

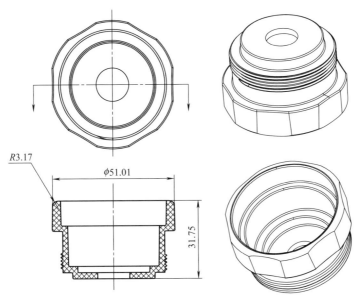

图 4-42　螺纹密封盖塑件图

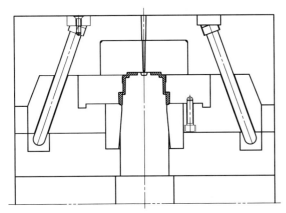

图 4-43　螺纹密封盖不良的分型面设计

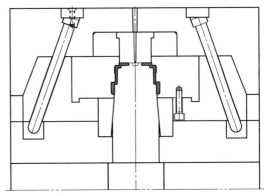

图 4-44　螺纹密封盖模具图

4.4　成型零件设计

4.4.1　概述

4.4.1.1　一般要求

注塑模具的成型零件是指成型制品的型腔、型芯、滑块、斜顶和螺纹型芯等。一般型腔是用来成型制品外轮廓形状的，而型芯则是用来成型制品内部形状的，滑块及斜顶可用来成型制品侧面凸凹形状，螺纹型芯可以用来成型制品的内外螺纹。

成型零件俗称内模，是指除模架和其他功能部件外的部分，内模一般镶嵌在模架板上。为了节省材料，使加工方便简易，并保证模具有足够的寿命，多数模具都有镶拼式内模。大型模具为了减小模具规格，一般定模型腔直接做在定模模板上。必要时可将模板材料改为合金钢。

在模具设计中，必须以注塑成型性为重点选择合理的模具结构。同时，也必须充分考虑模具的加工工艺性。也就是说，从精度要求或者从加工手段考虑，如果是现有机床难以加工的整体结构，则必须改成镶拼方式，利用切削加工或特种加工手段加工，然后再组合起来，达到预期的要求。

型芯的加工可以通过分解镶件增强机械加工工艺性，然后再采用车削、加工中心、磨削等加工方式获得，刀具无法加工的部位，则必须用电火花加工。

型腔按形状大致可分为回转曲面型腔和非回转曲面型腔两种。对于回转曲面的型腔，工艺过程比较简单，一般用车削、内圆磨削或坐标磨削进行加工制造。非回转曲面型腔的加工制造就比较困难、复杂，加工的方法主要是采用 CNC 加工和电火花加工，采用数控加工技术可以加快模具的生产进度，提高模具的质量和寿命，是现代模具加工的必备技术。

模具成型零件根据加工的需要、成型条件及成本等因素，按其结构形式可分为整体式、镶拼式和全镶拼式。型腔主要作用是成型制件的外形表面，其精度和表面质量要求较高，且属于盲孔型内表面加工。型腔的种类、形状、大小有很多种，比较复杂，有的表面还有花纹、图案、文字等。因此，制造工艺过程复杂，制造难度较大。模具各部分零件加工的难易程度，严重地影响模具制造工时、制造成本、加工尺寸精度等。模具是由各个零件组成的，因而也必然会影响它所成型制品的质量与成型效率。

成型零件一般采用塑胶模钢或冷作钢、热作钢、高速钢、铍铜等合金材料制造。模具材料必须参照客户的要求和产品材料的性能，根据制件批量、模具寿命的要求选取。型芯与型腔的材料要求具有良好的抛光性、耐磨性、抗腐蚀性、可加工性。

（1）成型零件设计要求

① 具有足够的强度、刚度，以承受塑料熔体的高压，防止其在生产中开裂或变形。

② 具有足够的硬度和耐磨性，以承受料流的摩擦。通常软模的内模材料采用预硬化模具钢材，其硬度应在 35HRC 以上。硬模需要热处理，其内模硬度在热处理后要达到 50HRC 以上。

③ 材料抛光性能好，表面应光滑美观，表面粗糙度要求在 $Ra0.4mm$ 以下，工作部分各表面都要进行研磨和抛光加工。成型透明制品的模具，型腔表面应达到镜面。

④ 切削加工性能好，工艺性能好，热处理变形小，可淬性良好。重要精密部位尽量能磨床加工或线切割加工，一般部位尽量能 CNC 直接铣削，尽量避免或减少电火花加工。

⑤ 对于成型会产生腐蚀性气体的塑料（如 PVC、POM、PF 等），还应选择耐腐蚀的合金钢或进行镀铬处理。

⑥ 便于维修，易损难加工处要考虑镶件结构。

⑦ 成型部位须有足够的尺寸精度。一般孔类零件配合精度达 H7～H6，轴类零件达 h6～h4。成型零件的公差一般取产品公差的 1/4～1/3。

⑧ 位置精度要求高。凸模和型芯上的工作部分和固定部分在满足位置精度要求的同时，还要考虑同轴度要求，在零件加工工艺上要保证上述要求。

⑨ 有脱模斜度要求。塑料模型芯和型腔的成型部分都要有脱模斜度。

⑩ 质量在 20kg 以上的型腔、型芯和滑块都需起吊螺栓孔。

⑪ 内模加工出现失误或钢材内部有缺陷时，型芯部分尽量切割镶件解决，尽量不要烧焊。

（2）影响成型零件材料选择的因素

① 使用何种模塑材料；

② 塑件的设计；

③ 模具寿命；

④ 模具价格；

⑤ 其他有关塑料材料的物理与化学性能因素（诸如机械强度、耐磨性、导热性等）；

⑥ 加工性能（机加工、热处理、焊接性）；

⑦ 表面处理性能（蚀纹、抛光性等）。

成型零件尺寸应尽量与钢材供货款式相近，以减小加工余量。对于不需淬硬的钢材，如718H、NAK80、NAK55 等，订料单边余量取 0.5mm 以下。需淬火的材料，如 DHA1、2344、8407、S136、SKD61 等订料单边余量取 1.5～2mm，粗加工后再淬火，对于小镶件直接选用淬火板（SKD61，48～52HRC）线切割备料。对线切割零件的订料（大于 50mm×50mm 以上的零件）应考虑使线切割轮廓至胚料边有 15～20mm 余量，对于圆料，需多订20mm 车床加工的装夹位。对于小型的圆形镶件，一般采用镶针加工。

成型零件的固定螺钉需要选用 M8、M10、M12，特别小的模具也可以采用 M6 的螺钉。对于出口北美地区的模具，采用相应的英制螺钉规格。模仁四角的 R 大小参照 LKM 精框 R 值的大小即 $H \leqslant 50$ 时 $R = 13$；$H > 50$ 时 $R = 16.5$；模仁四角的 R，最好采用两种规格，基准角的 R 与其余 3 个角的 R 相差 5mm 以上，避免装模错误，起到防呆的作用。

4.4.1.2 成型零件材料选择

模具镶件材料应具备的性能主要有四个方面：硬度、耐磨性、强度和韧性、耐蚀性。模具镶件材料的选择，主要根据塑料制品的批量、塑料类别来确定。

制品为一般塑料，例如 ABS、PP、AS 等塑料，通常选用 P20 等类型的预硬调质钢。若制品批量较大，则应选用淬火回火钢材，如 H13 等。

高光洁度或透明的塑料制品，例如 PMMA、PS、AS 等塑料，主要选用 420 等类型的耐蚀不锈钢。含有玻璃纤维增强的塑料制品，主要选用 H13 等类型的具有高耐磨性的淬火钢。当制品的材料为 PVC、POM 或含有阻燃剂时，主要选用耐蚀不锈钢，如 420 等。

没有插穿位的镶件，选择与模仁相同的钢材。对于有插穿位的镶件，其钢材与模仁钢材不能采用相同硬度。否则，在注塑过程中会因摩擦发热而烧坏工件，使镶件与模仁两败俱伤。在实践中，可以采用以下两种方法解决，见表 4-2 镶件钢材选择。

表 4-2 镶件钢材选择

模仁钢材及硬度	方法一 （镶件硬度提高 2 HRC）	方法二 （不同钢材）
	镶件钢材及硬度	镶件钢材及硬度
P20 　28～32 HRC	P20 　35～38 HRC	H13 　48～52 HRC
P20H 　35～38 HRC	P20 　30～36 HRC	H13 　48～52 HRC
H13 　48～52 HRC	H13 　52～54 HRC	S7 　54～56 HRC
S7 　52～54 HRC 54～56 HRC	S7 　54～56 HRC	H13 　48～52 HRC
420SS 　30～33 HRC 48～52 HRC 52～54 HRC	420SS 　52～54 HRC	H13 　48～52 HRC

需要注意，尽量不要采用 420SS 钢材制作插穿位镶件，因为 420SS 不锈钢容易发生擦烧。另外，对于出口模具，应该按照模具设计式样书的规定，使用客户指定的钢材。

4.4.1.3　软模与硬模

（1）软模（pre-hardened）

所谓软模是指硬度在 44 HRC 以下，成型零件所采用的钢材买回来后不用进行热处理就能达到使用要求的注塑模，如成型零件采用 P20、S136H、718H 和 NAK80 等。

（2）硬模（throughly harden）

所谓硬模是指硬度在 44 HRC 以上，成型零件所采用的钢材买回来后要进行热处理，如淬火，才能达到使用要求的注塑模。如成型零件采用 H13、S136、S7、2344、8407 等钢。模仁硬度根据分型面的合模应力确定。当分型面的合模应力在 $542kgf/cm^2$ 以下时，可以选择硬度在 45HRC 以下的预硬化模具钢材；当分型面的合模应力在 $775kgf/cm^2$ 以上时，选择的钢材硬度必须在 45HRC 以上。对于商品模具，是否选择硬模需要根据客户的要求来定。

软、硬模除了模具的寿命区别较大外，对产品一般没有区别。软模的制造成本较低，硬模的制造成本较高。软模在亚洲国家应用较多，硬模在欧洲和北美地区应用最广。对于某些模具，必须做成硬模才有较长的寿命，例如注塑含玻璃纤维原料的模具。

4.4.2　整体结构设计要点

对外观要求较为严格（如有高度抛光或电镀要求的外观面）或制品形状较为简单的模具，由于整体结构型腔内部没有装配缝隙，表面光滑，可以满足高质量的外观要求，同时强度及刚度很高。对于大型制品，整体型腔可以减小模具尺寸，因此这些模具的型腔一般采用整体结构。

（1）整体结构的优点

① 成型零件的刚性好。

② 模具零件数量少。

③ 模具装配及拆卸方便。

④ 制品表面无分型痕迹。

⑤ 模具外形尺寸可以缩小。

⑥ 容易设置冷却通道。

（2）整体结构的缺点

① 排气困难。

② 加工和抛光困难，尤其是窄而深的成型部位。

③ 维修困难，一旦磨损或损坏，不方便更换。

（3）整体结构的两种形式

① 模板为成型零件的整体结构。此类结构最常用于定模型腔，也有用于动模型芯的，也有动、定模均采用整体结构的。整体结构模具强度和刚度很高，当注塑机吨位有限制时可减小模具的大小。一般模板不需要热处理，选择较好的钢材制作，直接在模板上加工型腔，一般用于较大的模具。模板上的原身留见图 4-45。

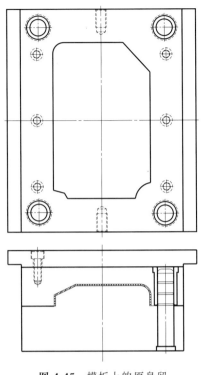

图 4-45 模板上的原身留

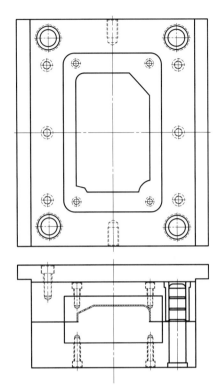

图 4-46 模仁上的原身留

② 镶件为成型零件的整体结构。整体结构的内模俗称原身留，镶件是与原身留相对应的，当一个模仁是由一整块钢料组成之时，便是原身留，当由多个工件组成之时，除了主体的钢料外，其余都称为镶件。拆镶件最大的缺点是降低了模具的强度。

型腔或型芯在一块镶件上加工成型，镶件装入模板内固定，也有较高的强度和刚度，制品成型后表面无镶拼痕迹。加工工艺一般以 CNC 加工和电火花加工为主，后续进行抛光作业。多用于中小型模具，并且塑件的结构较为单纯，骨位较少。模仁上的原身留见图 4-46。

4.4.3 镶拼结构设计要点

4.4.3.1 拆镶件的目的

① 方便加工与维修。模具是相当复杂的零件，在加工过程中，往往会遇到一些结构复杂、特殊的形状，这些形状加工困难，并且不易维修。对于这些形状，可以以拆镶件的方法来降低其加工与维修难度。

② 利于成型和脱模。当塑件中有较深的筋或其他不易成型的结构，这些结构在成型时易造成射不饱、烧焦和接痕等缺陷。拆镶件可以相当有效地解决这一问题。镶件周边的间隙不仅有利于塑件在成型时排气，而且还可以防止塑件在脱模时可能出现的真空粘模情况。

③ 在塑件公差非常严格的局部以及重要尺寸处，为了便于调整，通常需要做镶件来满足要求。

④ 替换镶件，增加模具强度。在内模或滑块等成型零件上有小面积插穿（或碰穿）时，为了增强模具强度，提高模具寿命，可以把插穿（或碰穿）部分拆镶件后，用较好的材料替代。有时客户要求同一个产品更换标签，这时需要做互换镶件。

⑤ 节省材料，降低成本。在内模或滑块等成型零件上，当部分形状高出其他面很多，或者不利于加工时，可以拆镶件来节省材料，降低加工成本。

⑥ 方便省模。有些深的位置，省模相当不方便，于是做成镶件。

⑦ 改模方便。有的位置易磨损或是精度要求太高，出于改模的考虑，做成镶件。

⑧ 散热考虑。这个主要是指铍铜镶件。

⑨ 加工效率方面。有些大模镶成几个小件，分开加工，可以节省时间。

模具上之所以要设计镶件（针）的主要原因是有利于加工和熔胶填充型腔以及易损零件更换，减少加工成本，等等。但镶件（针）的设计往往会降低模具的强度和刚度，并会造成局部应力集中。所以于模具上设计镶件时要遵从以下几点：首先，满足客户对外观的要求；其次，考虑模具的整体使用寿命，尽可能避免局部应力集中，可镶可不镶的地方尽量不镶。图 4-47 所示为路由器底壳及模具镶件，其顶面和侧面有几百个直径为 $\phi 3.5\mathrm{mm}$ 的孔，此孔有一部分是散热孔，属于通孔，另有一些是盲孔。孔中心距为 $6.5\mathrm{mm}$，这些孔在模具定模和滑块上不能镶出，只能原身留。如果做镶针，则会降低模具强度，加大模具成本，削弱模具冷却效果。定模型腔原身留设计，需要注意这些孔对应的小凸台需要使用高速 CNC 一次加工到位，注意加工表面的粗糙度，避免手工抛光。

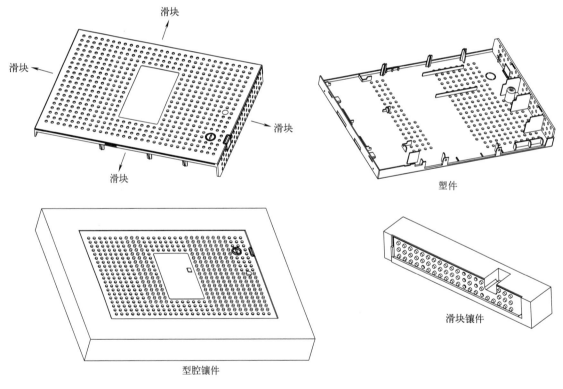

图 4-47　路由器底壳及模具镶件

4.4.3.2　拆镶件技巧分析

在模具加工设备中，速度最慢，精度最差的是 EDM（电火花加工），所以有时为了避免 EDM 加工，会选择做镶件。

图 4-48 所示为游戏机灯罩模具的镶件设计，塑件为暗红色透明塑件，材料为 PC。塑件

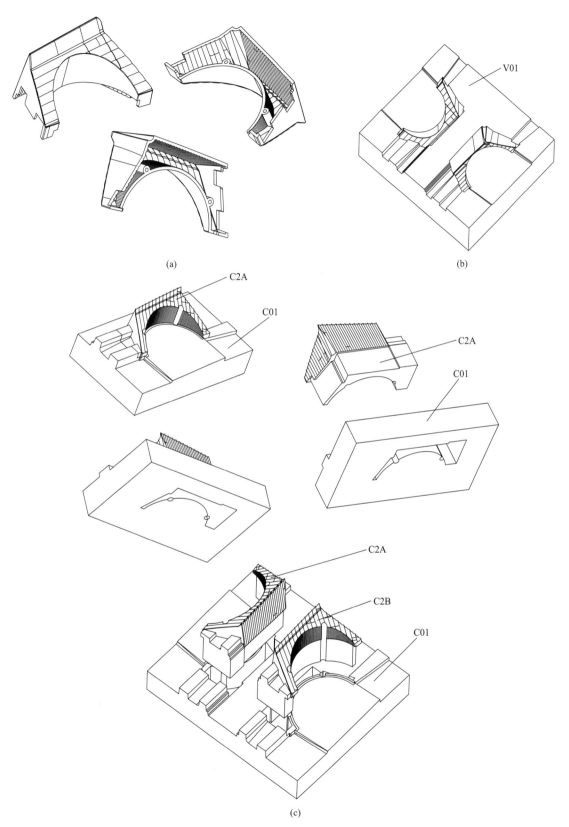

(a)

V01

(b)

C2A

C01

C2A

C01

C2A

C2B

C01

(c)

图 4-48 游戏机灯罩模具的镶件设计

外形顶面为斜面，上面有七条圆弧形凸起，内部顶面和四个侧面均有间距不等的圆弧波浪形凸起，这些波浪形凸起一直延伸到塑件底边。塑件最大外形尺寸 106.95mm×57.39mm×47.28mm，塑件平均胶位厚度 2.32mm，型芯四面的波浪形小凸起只能提前在镶件 C2A 上加工出来，加工机床为高速 CNC 机床，再镶入型芯 C01 中，镶入部分尺寸较小，胶位部分尺寸较大，因此这类镶件叫冬菇型镶件。如果 C2A 和 C01 整体制作，则根部无法 CNC 加工到位，选择电火花加工则表面粗糙，抛光会使波浪形凸起变形，影响透明塑件的导光性和外观。

图 4-49 所示为打印机上盖塑件的镶件设计方案。上盖的背面设计了 18 条较深的骨位。

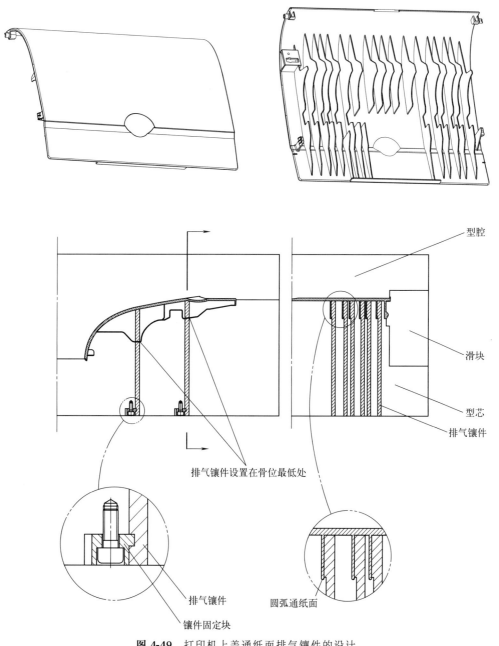

图 4-49 打印机上盖通纸面排气镶件的设计

这些骨位的深度达到 36.9mm，其主要功能是引导纸张通过。其端面为圆弧面，骨位最深处在中间位置，显然，这些骨位在注塑时容易困气，必须设计镶件加以排气。为了解决排气问题，将镶件沿着骨位的切线水平做出，这样镶件痕迹不会影响纸张通过。这些排气镶件由于在分型面的一端较大，底部固定部位较小，组装时需要从分型面处组装，利用镶件固定块固定。

图 4-50 所示为滑块镶件，滑块上伸出细小的部分，加工工作量很大，为简化加工，同时也便于更换，拆成镶件。

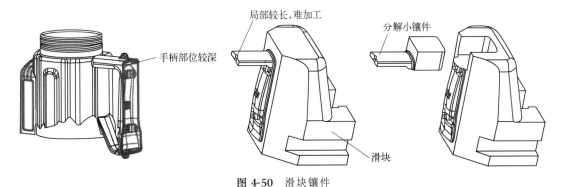

图 4-50 滑块镶件

拆镶件必须分析模具零件的加工工艺性，方便模具组装，有利于提高组装精度。一般来说，镶件之间以平面接触具有较高的精度，曲面接触则精度较低，模具研配组装难度大，容易出毛边等不良现象。图 4-51 所示为打印机纸张末端导条塑件镶件分析，图（a）为塑件

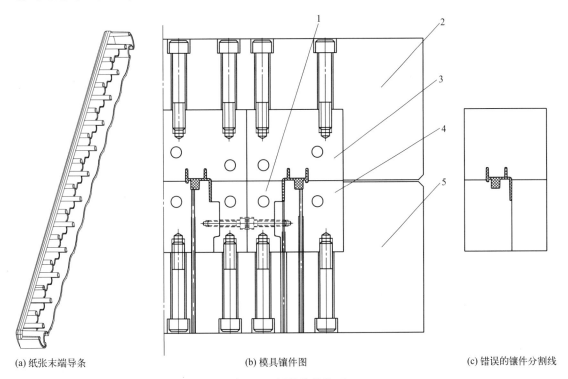

(a) 纸张末端导条　　　　　　(b) 模具镶件图　　　　　　(c) 错误的镶件分割线

图 4-51 拆镶件的技巧

1—动模镶件左；2—A 板；3—定模镶件；4—动模镶件右；5—B 板

图，材料为 ABS，长度为 390mm，塑件一侧有长条曲面骨位，深度为 21mm，此骨位在注塑时难以充填，必须分解镶件。图（b）为模具镶件图，长条骨位在动模成型，动模镶件分为左右两部分，中间以凸台定位，螺栓相连。动模镶件左右以平面接触，便于提高加工精度。动模镶件左的胶位曲面部分可以线切割加工，动模镶件右的胶位曲面部分可以采用 CNC 机床加工。图（c）为错误的镶件分割线，动模镶件左右两部分的分型线垂直向下延伸，以曲面接触，对曲面加工的精度要求非常高，给模具研配带来困难，是不良的模具设计思路。

4.4.3.3 拆镶件的优点

拆镶件就是在模具设计过程中确定开模方向和分型面后，应用 3D 软件设计模具成型零件的设计方式。其最终目的是在确保塑件尺寸和外观品质的情况下，便于模具的加工制作，达到模具设计式样书的要求。镶件必须具有足够的固定强度和稳定性，并且要便于加工和拆卸，同时要能够承受注射压力冲击，以及包紧力消除时，不发生位移、弹性变形和弯曲断裂等现象。

拆镶件的优点很多，从模具机械加工精度控制与模具材料等方面分析，其优点主要表现在以下几个方面。

① 拆镶件可以方便零部件的各种加工工艺要求，使零件的制造效率、精度控制和加工工艺性等方面有很大的提升。特别是一些外形复杂、尺寸较大的模具，在允许的情况下采用全镶拼结构，可以减少很多模具的制造与加工时间及成本。

② 拆镶件可以选择不同特性的模具材料，从而满足模具上不同结构零件的硬度、表面粗糙度、耐磨性及耐腐蚀性要求，在满足模具要求的前提下节约优质模具材料。另外，在模具的局部增加铍铜镶件可以解决模具的冷却问题。

③ 拆镶件方式可以满足模具成型工艺要求。由于模具在注塑过程中容易因型腔内气体而生产出不良的塑料件，为了使型腔内的气体顺利排出模具，通常可采用镶件的配合间隙排气。

④ 拆镶件方式可以方便模具的修配更换。由于模具在生产过程中的摩擦容易使模具磨损或损坏，在模具较容易损坏的部位，在允许的情况下设置镶件，使模具在修理过程中方便修配并可缩短修配时间。

4.4.3.4 拆镶件的缺点

① 镶件的装配问题。镶件越多，模具在装配、配模时就越困难、费时。另外，过多的镶件有时会影响模具的强度。

② 机械加工的误差与配模误差问题。注塑过程中，塑料件很容易在镶件与模仁配合处产生分型线，影响塑料件的质量。

③ 拆镶件位置容易影响模具冷却系统的设置。由于拆镶件的位置不容易布置冷却水路，容易影响塑料件成型周期。

4.4.4 型腔和型芯固定方法

对于中小型模具，型腔和型芯的固定形式通常有埋入式（盲镶）和通框镶嵌两种。盲镶的模板结构简单，强度较高，型腔和型芯用螺钉和模板直接连接紧固；通框则用台阶和螺钉将型腔和型芯紧固在模板上。

盲镶如图 4-52 所示，型腔（前模仁）和型芯（后模仁）分别用内六角螺钉固定在 A 板和 B 板的精框中。为了确保模具的强度和刚性，精框底部需要用 R 刀铣成 R6 圆角，可以有效地提高模具抗应力的能力。盲镶的精框受加工刀具长度的限制，越深的精框其加工精度越低。盲镶的优点是模具整体强度和刚度较好。

图 4-53 所示为型腔和型芯通框镶嵌，通框镶嵌时，型腔（前模仁）和型芯（后模仁）同样分别用内六角螺钉固定在 A 板和 B 板的精框中。这种通框通常用线切割的方式加工，由于其强度和刚性不如盲镶的模具，故多用于成型一模多腔的小型塑件。对于具有多个小镶件的精密模具，通框镶嵌有利于动定模型腔和型芯的调整，故其模具精度明显高于盲镶。

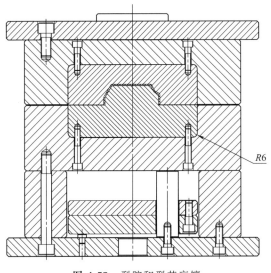

图 4-52　型腔和型芯盲镶

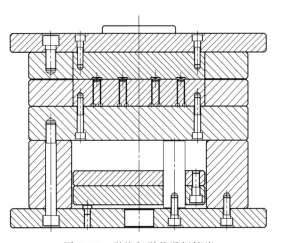

图 4-53　型腔和型芯通框镶嵌

图 4-54 所示为盲镶和通框结合的固定方法，塑件高度较高，型腔（前模仁）厚度较大，如果型腔采用盲镶，则 A 板厚度会过大，过深的精框也难以加工。另一方面，对于三板模来说，A 板重量过大，则大拉杆（导柱）负荷较大，超出标准模架的强度极限，需要增加大拉杆（导柱）直径，模具成本明显增加。因此型腔采用通框的固定方式。这时，由于塑件较大，型腔压力大，B 板不能采用通框镶嵌，而要盲镶。

图 4-55 所示为圆盘形塑件两板模的型腔和型芯固定方法，型腔和型芯均为圆形，主流道设计在圆镶件的中心，冷却运水通道开设在圆镶件的外圆周上。圆形镶件的挂台需要铣扁做定位，防止转动。

图 4-56 为多腔圆形型腔和型芯固定方法，模具为两板模，型腔和型芯均为圆形，冷却运水通道开设在圆镶件的外圆周上。圆形镶件的挂台需要铣扁做定位，防止转动。

图 4-57 所示为多腔圆形塑件三板模型腔和型芯固定方法，定模需要开设流道，故型腔需要设计一块压板固定圆形镶件。其压板与型腔槽的公差配合见图 4-58，型腔的外径应该设计成台阶形，并加 45°倒角，以免在组装时挤坏橡胶密封圈。圆形型腔与模板的配合公差为 H7/m6，模板上的孔用 CNC 机床或线切割机床加工，也可以用精密坐标镗床加工，圆形型腔则用外圆磨床加工，以保证多腔模具的镶件具有互换性。

图 4-59 为哈夫模的型腔固定方法，塑件需要哈夫滑块抽芯，主要的胶位都处在滑块中，型腔镶件只在塑件的顶部镶嵌。

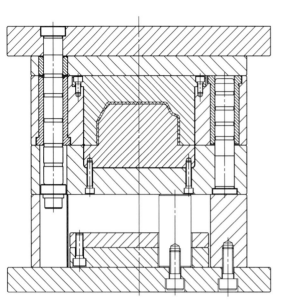

图 4-54 盲镶和通框结合

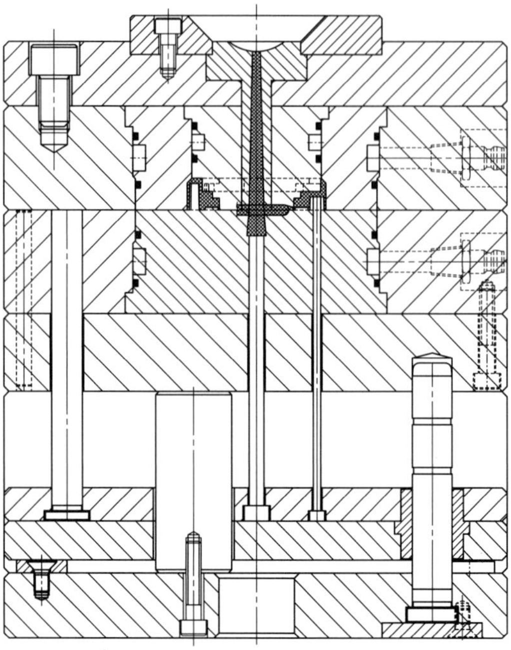

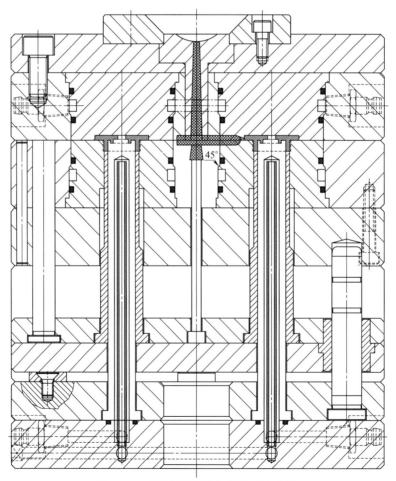

图 4-55 圆形型腔和型芯固定方法

图 4-56 多腔圆形型腔和型芯固定方法

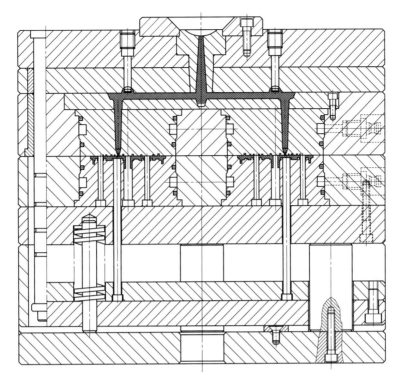

图 4-57 多腔圆形塑件三板模型腔和型芯固定方法

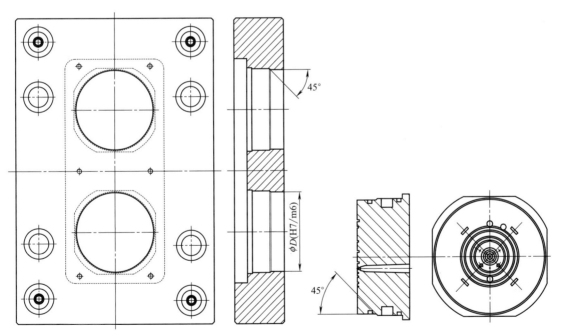

图 4-58 压板与型腔槽的公差配合

图 4-60 为大型圆形塑件的型芯固定方法,由于塑件尺寸较大,型腔数量为一出一,型芯在模板上的固定方法为铣扁加螺钉固定,铣扁后可以防止转动,螺钉的数量为 2～4 个,位置以不影响冷却运水回路为宜。

模架开框尺寸越大，模仁精度越难保证，钳工配框也变得非常困难，利用楔紧块可以解决这个问题。模具设计中，当模仁一边超过200mm时需考虑使用模仁楔紧块，如图4-61所示。楔紧块的设计要点如下。

① 楔紧块设计在非基准角边，开框时非基准角边加大1.0mm。

② 装配后模仁中心与模架中心是重合的。

③ 如果开框深度小于40mm，楔紧块可以直接做到框底，并与框底保持1mm的间隙；如果开框深度大于40mm，楔紧块高度为开框深度的2/3左右。

④ 设计拉拔螺纹孔，方便楔紧块取出。在楔紧块的螺钉过孔里加工大一规格的螺纹孔，方便拆模，见图4-62。

⑤ 大型模具需要多个楔紧块。楔紧块与楔紧块之间的距离一般为20～30mm，当一套模里面有几块模仁时，一个楔紧块不能同时压住两块模仁。两块楔紧块也可以紧贴设计。

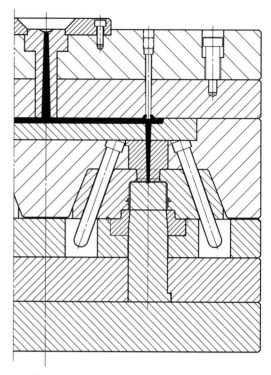

图4-59 哈夫模的型腔固定方法

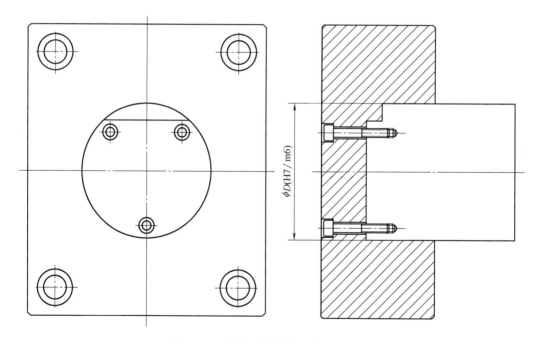

图4-60 大型圆形塑件的型芯固定方法

⑥ 对于大型模具，楔紧块尺寸也可以在表4-3楔紧块尺寸规格的基础上加大设计。

⑦ 楔紧块的角度，国内多用5°，欧洲公司也有采用8°设计的，需要考虑模架的钢材与

强度。

⑧ 当模具设计楔紧块结构时，注意楔紧块侧模架强度，楔紧块宽度尺寸 A 不可以过大，影响模架强度。

⑨ 当模具设计楔紧块结构时，注意楔紧块的方向。图 4-63（a）的设计是错误的，当模仁只有一边有很高敞开式凸起时，模仁楔紧块不可压在高的那边，否则会引起模仁变形，楔紧块应放在另一边，即图 4-63（b）的设计是正确的。设计时可把模仁旋转，让模仁低的一边不在基准面上。

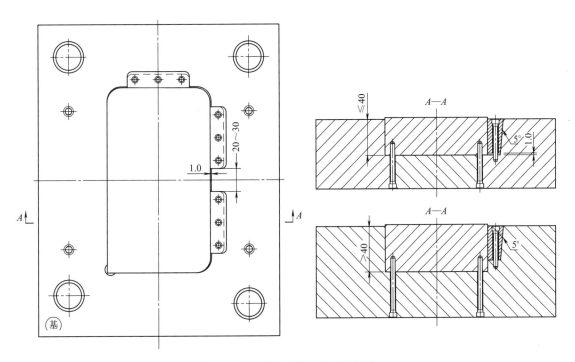

图 4-61 型腔采用楔紧块固定方法

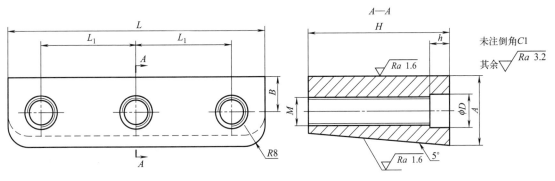

图 4-62 楔紧块尺寸

⑩ 国内模具常采用 45 钢或 50 钢材，热处理 42～46HRC，出口模具一般参考使用以下钢材：德国 DIN 标准材料编号 1.2842、美国 ASTM 标准牌号 02、瑞典一胜百（ASSAB）标准牌号 DF-2。

表 4-3　楔紧块尺寸规格　　　　　　　　　　　　　　　　　　mm

B	L_1	M	ϕD	h	A	L	H	固定螺钉
7.5	18	M8	11	6.8	17	59	20	M6
							24	
							30	
	25					83	20	
							24	
							30	
9	23				20	77	24	
							30	
							38	
	33					107	24	
							30	
							38	
10.5	31	M10	15	9	25	101	30	M8
							38	
							45	
	40					131	30	
							38	
							45	

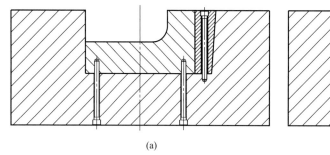
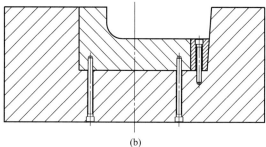

　　　　(a)　　　　　　　　　　　　　　　　　　(b)

图 4-63　楔紧块位置

4.4.5　镶件固定方法

　　镶件固定时必须保证与模板有足够的强度、稳定性和精度的重复性，保证反复装拆精度不会降低，方便加工和装拆。绝大部分镶件安装在动定模的模板内或型腔和型芯中，镶件的固定方法很多，最常见的方法如下。

　　（1）挂台固定

　　中小尺寸的镶件在通框镶嵌时应优先使用单边挂台固定，不用螺钉固定。使用挂台有三个好处：一是减少模胚和镶件的钻孔和攻螺纹加工；二是简化模具组装工作量；三是能够避免漏装螺钉。挂台固定镶件如图 4-64 所示。图 4-64（a）所示镶件孔利用线切割成型，镶件与挂台连接处磨削 3×0.2 浅槽，便于镶件组装。图 4-64（b）为安装挂台的模仁底部需要铣槽，并在槽的周边避空。图 4-64（c）为挂台较小时，在安装挂台的模仁底部铣圆形凹台，将挂台周边避空。

　　① 镶件的挂台应选在镶件的长边上，同时要避开曲线部位。图 4-65（a）将挂台设计在镶件的短边，是不正确的设计方法。正确的设计方法如图 4-65（b）所示。在镶件的长边存在扁顶针与挂台干涉时，可将挂台设计在镶件短边，但必须两边均设计挂台，如图 4-65（c）所示。

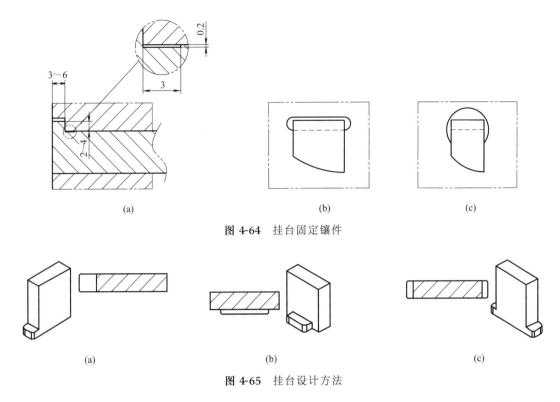

图 4-64　挂台固定镶件

图 4-65　挂台设计方法

② 必须保证挂台及所在部位可以磨削或者线切割加工。图 4-66（a）所示的镶件长边为曲线形，这时将挂台设计在长边，则曲线部位无法线切割，是不正确的设计。图 4-66（b）为正确的设计方式。

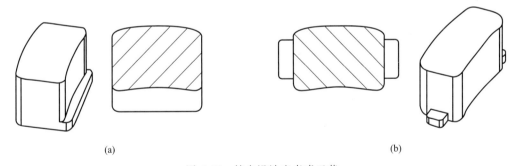

图 4-66　挂台设计应考虑工艺

图 4-67（a）中，镶件四角有圆角 R，将挂台长度设计成与镶件长边等长，镶件圆角 R 无法线切割，是错误的设计方式。正确的设计方式应该是挂台长度避开镶件圆角，如图 4-67（b）所示。

③ 短的挂台要避开扁顶针，以免干涉。

④ 外形相同或对称的小镶件，设计挂台时，需要考虑防呆设计，以免装模失误。

⑤ 镶件的底部有运水胶圈时，不要用挂台，应该用螺钉固定，防止漏水。

⑥ 通常圆形镶针采用顶针改制，其头部周边均带有凸台，有方向要求时，需要设置防转措施，与顶针顶出时防转方法相同。

⑦ 非圆形镶件周边只需要设置部分挂台，大的镶件两面带挂台，小的镶件单面带挂台即可。

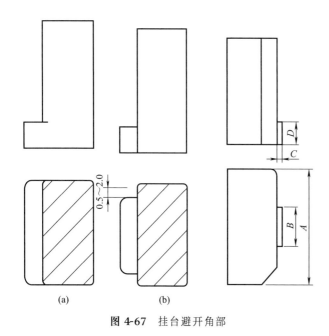

图 4-67 挂台避开角部

A	B	C	D
≤8	A	1.5	5
>8～30	8～12	1.5	5
>30～50	1/2A	2.0	5
>50	1/2A	2.5	8

mm

图 4-68 挂台的尺寸参数

⑧ 总之，挂台的设计一定要考虑加工工艺，不可随意设计。挂台的尺寸参数如图 4-68 所示。

镶件的挂台这种固定方式是日本模具惯常采用的方式，只有挂台不适合使用时，才使用螺钉紧固镶件。

（2）楔形固定

四周为曲线形镶件或三角形镶件，当镶件不便于做挂台时，可在镶件四周做 1°～2° 斜度，模仁上镶件固定孔亦采用相同斜度，利用线切割加工相配。如果镶件四周的斜度要与塑件的脱模斜度相同，最小的斜度为 0.25°，或者限定公差范围做斜度。三角形镶件的配合如图 4-69 所示。

楔形镶件通过锥度与相连的模仁形成预应力，能减小注射时因为胀形产生的缝隙，亦能缩小加工的配合间隙，外观质量较高。这种结构还便于易损镶件

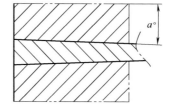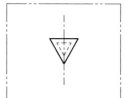

图 4-69 三角形镶件的配合

的拆装、更换和维修。楔形锥孔一般通过线切割加工，镶件则用磨床加工或者线切割加工。

（3）薄片镶件固定方法

当小镶件与相连构件的配合面都是曲面，且镶件窄小，不便用台肩及螺钉固定时，一般采用圆柱销固定，如图 4-70 所示为薄片镶件固定方法。这种方式同样适合于镶件单薄且数量较多、贴合式配合在一起、加工凸台难度大的情况，此时只要将两外侧镶件加工成凸台，用圆柱销将所有小镶件串联起来，再将所有镶件一同压

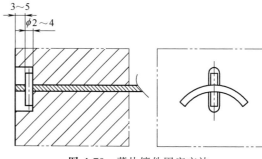

图 4-70 薄片镶件固定方法

入模板内即可。

（4）螺钉固定

固定镶件的螺钉大小和数量主要取决于开模力的大小，包括塑件的包紧力、热膨胀造成的变形力和瞬间真空阻力。这些力的计算相当复杂，实际模具设计工作中是按镶件的大小来确定螺钉的大小和数量。

4.4.6　全镶拼结构设计

4.4.6.1　全镶拼结构的概念

镶件也叫"入子"，镶件在注塑模具中具有重要的作用，做镶件可以方便修改模具。模具经常需要设变修改，可以将需要修改的地方预先加上镶件即可，将来改模时只要更换镶件即可，甚至可在开模时做多几个镶件的备件以供替换，这样方便维护模具。同时可以在模具需要排气的地方加上镶件，利用镶件的配合间隙排气。做镶件的好处还有方便模具的加工，在模具中一些深骨位、孔位的加工、抛光和塑料的填充及出模是非常困难的，在这些地方开设镶件，就可以降低其加工难度。做镶件还可以增加模具的使用寿命。一般情况下，模具需要设计镶件的地方，往往是容易损坏的地方，一旦镶件损坏就可以更换，从而延长模具的使用寿命。

对于大中型模具来说，做镶件的目的不仅仅限于上述的几点，大中型模具采用局部镶拼的设计很难真正达到改善加工工艺性的作用。全镶拼结构就是以考虑模仁制造工艺为切入点，以缩短模具制造周期，提高制造精度，改善注塑工艺性为目的的模具设计方法。对于中等以上、大型或者特大型注塑模，为了缩短其加工周期，也为了方便加工，采用全镶拼结构设计，俗称打散镶件设计。其思路是将整个模仁（通常主要是指后模仁）分割成多个镶块，同步加工，既简化了镶件加工时间，又节约了大量的模具钢材。因而全镶拼结构在日本模具设计中得到广泛的应用。

当塑胶产品尺寸在 150mm×150mm 以上，同时在动模侧存在很多深的骨位的情况下，动模全镶拼结构是最惯常的做法。全镶拼结构的原则是镶件分割位置要有利于减少 CNC 加工量，避免或减少电火花清角工序，使模具零件尽可能用线切割或者磨床加工，线切割或者磨床加工尺寸精度高，加工时间较短。

图 4-71 所示为电话机底壳模具的全镶拼设计，电话机底壳产品尺寸为（239.7±0.1）mm×（181.4±0.1）mm×52.1mm，塑件平均胶位厚度为 2.0mm，材料为 ABS。塑件尺寸较大，为便于注塑成型，减少电火花清角工作量，动模设计了全镶拼的模具结构。图 4-71中，图（a）为塑件产品图，图（b）为动模全镶拼设计 3D 图，其中 S01 为侧向抽芯滑块，E01 为直顶，C01～C28 为型芯镶件。图（c）为定模型腔及其小镶件 3D 图，本套模具型腔成型塑件的外观，不宜采用全镶拼设计，V01～V15 分别为型腔和小镶件。图（d）为动模（型芯）爆炸图。中心大镶件 C01 与边缘镶件 C02～C05 分开后，减少了 C01 与 C02～C05之间交界处的清角工作量，C02～C05 的厚度方向全部可以磨削到尺寸。这是一套典型的全镶拼结构设计，型芯分为中心部分 C01 和边缘四个镶件 C02～C05，C02～C05 材料订购可以减小高度，也减少了机械加工量。

图 4-72 所示为打印机通纸支架模具全镶拼设计，打印机通纸支架产品尺寸为 235mm×65.05mm×52.5mm，塑件平均胶位厚度为 2.0mm，材料为 HIPS。塑件尺寸较长，为便于排气和模具加工，动定模均设计了全镶拼的模具结构，模具型腔数量为 1 出 2。图 4-72（a）

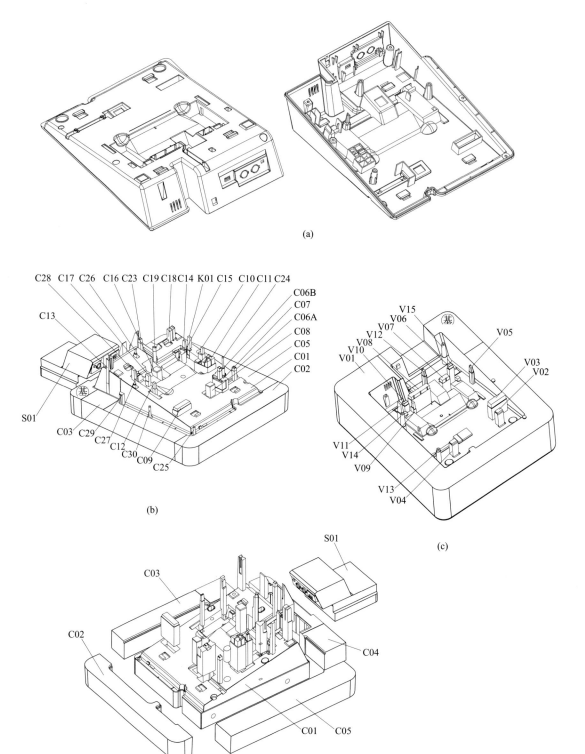

(a)

(b)

(c)

(d)

图 4-71 电话机底壳模具全镶拼设计

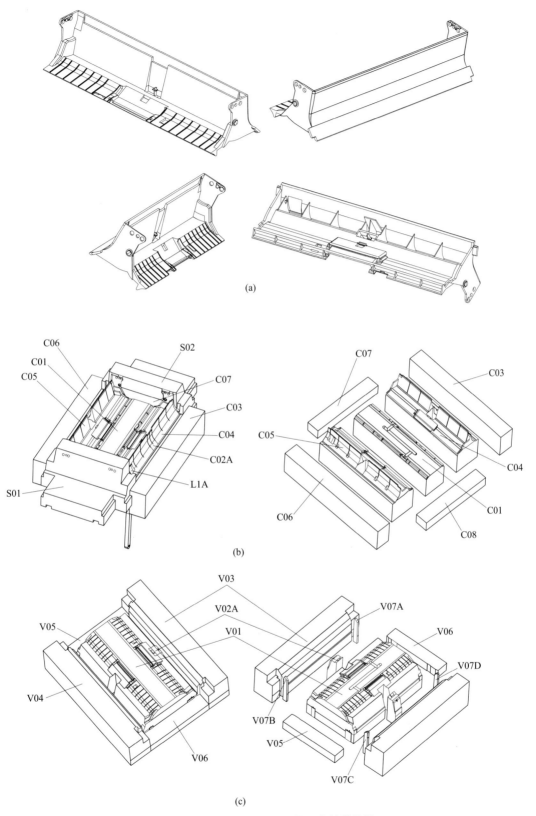

(a)

(b)

(c)

图 4-72 打印机通纸支架模具全镶拼设计

为塑件产品图，塑件造型近似为三角形支架，一侧的上表面有 16 条圆弧骨位，为 A4 纸张的通纸面，此面需要平整，骨位需要高度抛光，同时此面不得设计浇口或顶出系统，不得存在任何镶拼痕迹，以免影响纸张通过。图 4-72（b）为动模全镶拼设计 3D 图，模具型芯部分 C01～C08 均为型芯镶件，C02A 为小镶件，镶在大镶件 C04 中。图 4-72（c）为定模全镶拼设计 3D 图。

4.4.6.2 全镶拼结构设计的要点

全镶拼结构的出发点就是基于模具加工工艺性，将模仁分割为多个镶块。在大中型复杂模具，比如汽车模具，打印机、空调和大型家电外壳模具的模仁中，存在大量的镶件。塑件外观造型的曲面复杂性和脱模斜度造成镶件的不规则性。镶件有规则的，也有异形的，有大，有小，有时大镶件里面还有小镶件。全镶拼结构的镶件分割必须充分考虑加工工艺性，其分割要点如下。

① 全镶拼结构镶件分割前，需要确定镶件的加工基准和所有镶件组装的基准。模仁的基准和模胚上精框的基准相互重合。模胚上开精框的基准有两种，一种是四边分中以中心为基准加工，另一种为以基准角为基准加工。对于全镶拼结构的模具设计，采用后一种方式加工具有精度较高的优点。分割镶件以及确定基准时，要注意避免出现薄弱部位，不得损害模仁的强度。

② 镶件分割尽量考虑便于 CNC 加工中心加工到位，尽可能避免需要 EDM 电火花清角，镶件的沟槽和异形孔尽可能分解成能够线切割加工到位，平面和台阶面尽可能使用磨床加工到尺寸。

③ 圆形的结构要素尽可能分解成圆形的镶件，便于数控车床加工或者后续的内外圆磨床加工。

④ 对于细小的深的骨位或者其他细小的部位，无法进行线切割或切削加工的，拆分镶件，减少 EDM 电火花的加工量。

⑤ 面积较大且高度相差悬殊的部位，拆分镶件可以极大地减少加工量，也可以解决刀具不够长或刀具刚性不足的问题，同时也可以节约大量的钢材。

⑥ 热量不易扩散从而导致冷却不足的部位，需要增加铍铜镶件，以便散热。

⑦ 全镶拼结构镶件分割，一定要考虑镶件易于组装，方便模具拆卸，具有高的精度，反复拆卸不会降低其精度等因素。

⑧ 所选镶拼位置应该在不损害塑件外观和功能处，在定模型腔做镶件，如果型腔产生镶件夹线，需要得到客户的确认。

⑨ 确定起吊和组装工艺孔的位置。

确定镶件的拆分数量和位置是一项很重要的工作，需要密切结合本公司的模具制造工艺，结合现有机床的行程、参数和加工范围，考虑刀具参数选择，综合考虑注塑成型的排气，模具的抛光等因素。不合理的镶件拆分，可能难以发挥镶件的功能和优势，浪费加工工时，弱化模具冷却，也可能影响模具的强度和刚度，给模具带来不可挽回的损失。不良的镶件分割会使模具组装难以进行，缺少组装的基准。

图 4-73 所示为彩色双面打印机上盖板产品图，产品尺寸为 282.0mm×211.50mm×84.50mm，塑件平均胶位厚度为 2.20mm，材料为 PC＋ABS，塑件尺寸较大，质量为235g。模具设计图见图 4-74，定模型腔为整体设计，镶针为 V02 和 V03，为便于注塑成型，减少电火花清角工作量，动模设计了全镶拼的模具结构，在考虑制造工艺的基础上，拆分动模镶件 C01～C10，有效简化了模具的加工。

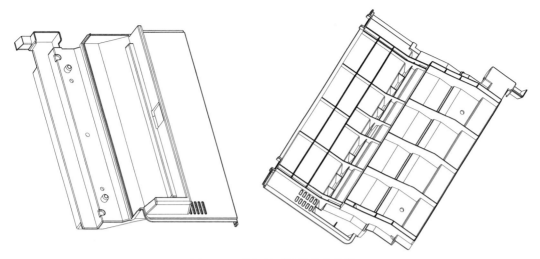

图 4-73 彩色双面打印机上盖板

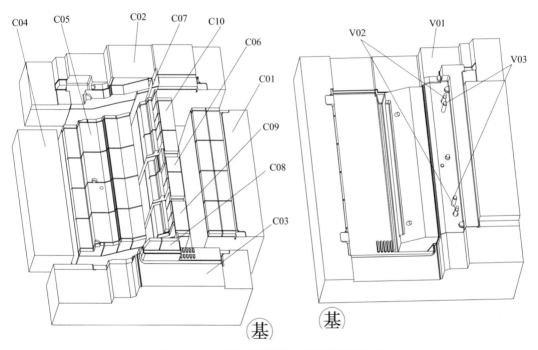

图 4-74 彩色双面打印机上盖板模具 3D 图

图 4-73 所示的产品，塑件背面存在多条互相垂直的骨位，这种骨位如果不做镶件，注塑时容易产生困气，而且模具加工不方便，因此需要拆分镶件，尽可能将骨位部分拆解为可以线切割或磨床加工的简单几何要素。拆解镶件后，镶件 C01 高低起伏较小，可以用 CNC 加工，线切割顶针孔，仅需局部 EDM 加工。由于塑件的造型像台阶一样，可以预见动模镶件 C02 和 C03 的高度方向也类似于台阶形，这种形状正好利用线切割加工。

动模镶件 C02 零件图见图 4-75，此零件钢材备料完成后，先按图纸确定基准角位置，在钢材上做出标记"基"，紧接着先加工冷却水路、螺纹孔和顶针孔的穿线孔，然后线切割加工和 CNC 加工。至于首先进行线切割加工还是 CNC 加工，则要进行具体分析。对于 C02 镶件，先线切割再进行 CNC 加工，会节省 CNC 加工时间。最后再进行 EDM 加工。

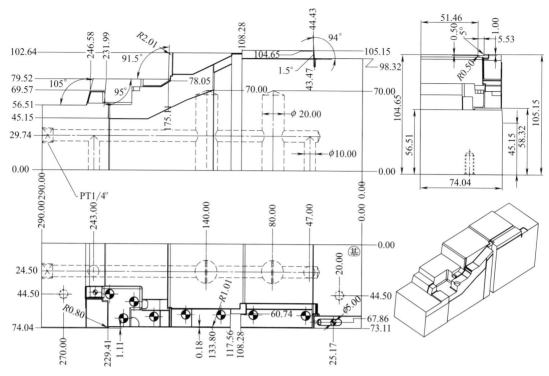

图 4-75 动模镶件 C02 零件图

C02 镶件的线切割工序分为两个工步，首先线切割顶针孔，按图 4-75 俯视图进行。然后线切割零件分型面的台阶，按图 4-76 进行，宽度尺寸 74.04 和 73.11 表示零件存在台阶，台阶根部 R0.8，这个台阶可以用手摇磨床加工。坐标尺寸 117.56 和 108.28 表示此处为一槽，此槽可以用手摇磨床加工，也可以线切割加工。

动模镶件 C03 的加工工艺与 C02 类似，这里不再赘述。动模镶件 C06、动模镶件 C09、动模镶件 C10 三个镶件与动模镶件 C05 高度相差较大，为减少加工量，分解为多个镶件加工。

从以上的分析可以看出，所谓全镶拼加工，就是从模具制造工艺出发，提高模具加工效率的加工方法。在塑件尺寸较大、骨位较多时，能有效提高模具加工精度，简化模具加工工艺，提升注塑工艺性。

4.4.6.3 全镶拼结构设计和加工方法

（1）模具设计步骤

① 仔细研读模具设计式样书，按其要求的分型面进行 3D 拆模，将型腔和型芯分模。

② 对照塑件图及技术要求，理解和分析需要重点冷却的部位、顶出的部位和排气的部位。运水胶圈不可处在两个镶件的交界处，底部有运水胶圈的镶件一定要有螺钉固定，不可使用挂台。

③ 打散镶件设计时，采取先大后小的原则，一般先确定大的镶件位置，考虑冷却运水的回路设计，排好固定螺钉的位置。以模胚基准角为基准，临近基准角的两个镶件的长度方向侧面与框底垂直，远离基准角的两个镶件的长度方向侧面与框底均为 3°~5°。初步分割镶件，尽可能使每个镶件都具有两个互相垂直的边作为加工基准。模板开框如图 4-77 所示。

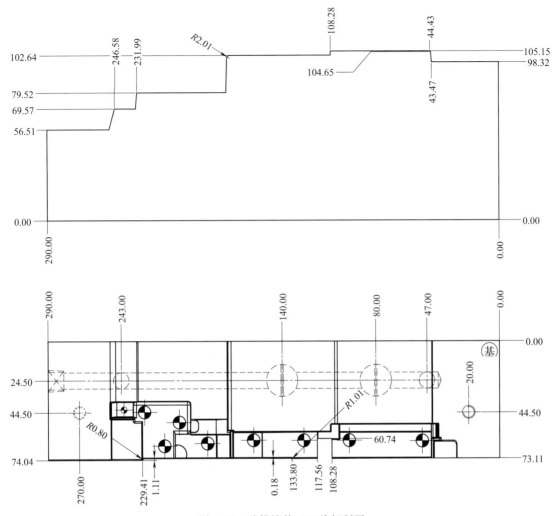

图 4-76 动模镶件 C02 线切割图

④ 对于形状不规则的异形镶件，预先做出加工工艺基准。

⑤ 组织有经验的技术人员评审镶件分割的可行性。

图 4-78 所示为电话机面壳产品图，产品尺寸为 238.4mm×185.0mm×31.50mm，塑件平均胶位厚度为 2.52mm，材料为 HIPS，塑件尺寸较大，质量为 135.84g。模具设计 3D 图见图 4-79 和图 4-80，3D 爆炸图见图 4-81，定模型腔为整体设计局部镶拼，动模为全镶拼设计。日本塑料模具的一个最主要特色就是镶件的做法。当塑胶产品尺寸在 150mm×150mm 以上，同时在动模侧存在很多深的骨位的情况下，动模打散做镶件是最惯常的做法。打散做镶件的原则是镶件分割位置要有利于减少电火花加工，使零件尽可能用线切割或者磨床加工，线切割或者磨床加工尺寸精度高，加工时间较短。

打散镶件设计时，一般先确定大的镶件位置，考虑冷却运水的回路设计，排好固定螺钉的位置。以模胚基准角为基准，邻近基准角的两个镶件的边均互相垂直，远离基准角的两个镶件的边夹角均为 3°～5°，如图 4-82 的 A、B 两个边。模具组装方式类似于儿童玩具的拼图，图 4-82 为电话机面壳动模平面图，图上标注各镶件的图号，其右下角标注基准符号"基"，组装时以此平面图为依据，从基准角开始组装，最后组装侧面带斜度的两个镶件。

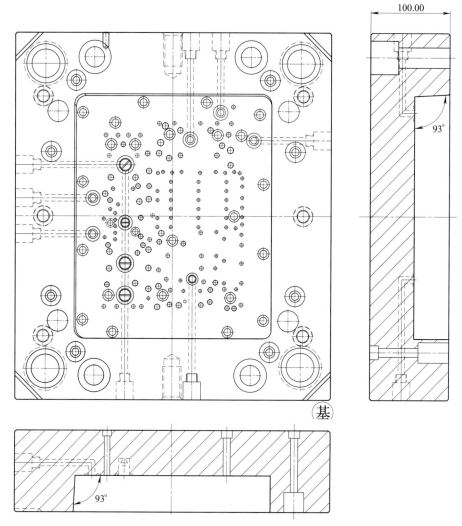

100.00

93°

93°

（基）

图 4-77 电话机面壳动模板开精框图

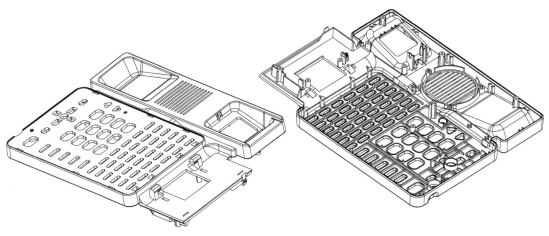

图 4-78 电话机面壳产品图

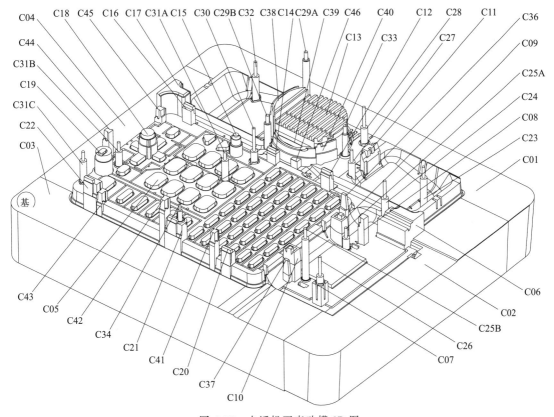

图 4-79 电话机面壳动模 3D 图

从以上分析可以看出打散做镶件的优点：简化加工工艺，节约模具钢材。模具具有良好的注塑工艺性，排气良好。将来改模或者维修都十分方便。

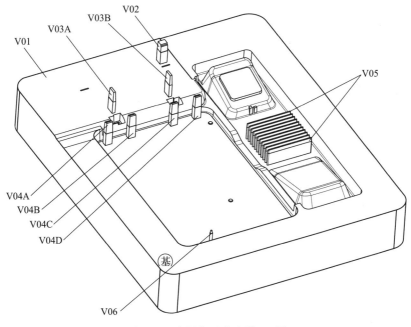

图 4-80 电话机面壳定模 3D 图

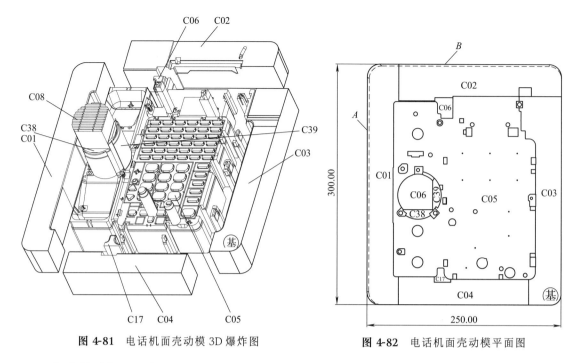

图 4-81　电话机面壳动模 3D 爆炸图　　　图 4-82　电话机面壳动模平面图

（2）镶件加工要点

① 选择工件的加工基准，并用色笔标识。加工起吊和组装工艺孔。工件外形尺寸做到＋0.01mm，等组装时磨削调整，消除累积误差。

② 安排先后次序，对于大型镶件，需要提前钻好运水孔，避免后期因形状不规则而难以钻孔。大型模具中深孔的加工必须考虑孔到工件表面的距离。因为深孔加工钻头很长，加工过程中钻头会偏心，孔的深度越大，偏心就越严重。如果设计不当，往往容易钻通型腔。

③ 依照基准定位，加工各孔位，对于上工段有余量的工件，一定要确认其预留的方式。

④ 根据本单位的加工工艺和加工设备情况，各镶块同时进行加工，按图档制作到位，尽可能避免配作。

⑤ 工序完毕后做好检测，曲面部位采用三次元检测，直到符合图纸及公差。

⑥ Fit 模组装前，检查所有零件是否符合图纸要求，对于加工不到位的地方，重新上机返工，不得手工修正，对于因加工失误尺寸过小而松动的部件，需要更换或者补充做镶件，不可垫钢片纸片或者其他材料。

（3）全镶拼设计注意事项

镶拼结构的型腔和型芯的分割方法直接影响模的质量和加工的难易程度。考虑采用镶拼结构时，首先应考虑塑件的形状、尺寸、公差及功能，然后考虑型腔和型芯的强度和刚性，同时考虑加工方法和装配措施。

① 根据装配的形状和功能进行镶拼，镶拼的结合部位将在制品的表面留下痕迹，所以应在不影响塑料制品外观之处设置镶拼位置。另外，镶拼零件的表面之间会产生几微米的差异并容易产生毛刺，所以镶拼部位应避开有特殊功能要求的塑件表面。

② 根据加工工艺进行镶拼，复杂的型腔和型芯，如果进行细分，基本上都可以转变成圆和直线结构。如果这些形状容易进行磨削和抛光作业，那么就能方便地取得尺寸均一的零件。镶件分解到其基本形状单一或者工序单一即可，相同的形状不要继续分解，以免增加零

件数量，降低加工效率。

③ 加工工艺方面，在考虑加工工艺的同时，还需结合本单位的机械设备。

④ 分割成难以变形的镶拼件，为了提高镶拼件的性能，有时要对镶拼件进行热处理，由于热处理容易引起零件变形，所以尽量考虑分割成变形小或不变形的形状。

⑤ 考虑排气效果的镶拼，精密镶件往往具有窄而深的槽，塑料在这些部位的流动有很大阻力，若采用整体结构，则难以排气，影响制品的成型质量。如果采用镶拼结构，将这些部位分割成镶拼结构，就容易解决排气问题。

⑥ 充分考虑镶拼件的分解和组合，由于采用镶拼结构后零件增多，如果不事先考虑分解和组装工艺，那么就会造成分解和组装困难，还会发生无法恢复尺寸精度的情况，因此，经常采用在镶拼件上设置镶嵌部位，通过相互配合后在整体上做到正确复位的方法。

4.5　模具的强度

4.5.1　概述

模具必须有足够的强度承受注射过程中很高的内部压力。主要是指对于型腔深度较大的塑件，与开模方向垂直的侧壁有较大的承压面积。这一情况类似于压力容器承受的内部压力。当型腔壁的厚度不足时，由内压力产生的应力会引发各种问题。

（1）破裂

如果型腔壁太薄，型腔将产生永久性的形变（弹性失效），甚至破裂。这种破裂往往延伸至冷却水路而使破裂加剧，引起模具漏水从而被发现。

（2）延展（向外）

无论型腔壁多厚，它总有弹性。只要应力远在钢材屈服点以下，注射压力释放后，型腔就会恢复到原来的形状。如果型腔壁太薄、侧壁脱模斜度太小、制品壁厚太小，延展现象可能会对模具运行产生严重的影响。

注射过程中，在充模结束的终点，型腔空间全部被塑料充满，型腔内的压力通过塑料作用到型腔内壁上导致其延展。当注射压力下降时，型腔将还原（弹性恢复）到它原来的大小，作用在型腔和模芯中间的塑料件上的夹紧力也将下降。情况严重时会使模具胀死而无法打开，这种情况需要拆开模具去处理，有可能损坏模具。

（3）疲劳

任何一套模具在其每一个注射循环阶段都要承受稳定变化的载荷作用。这一载荷循环总是从零到满负荷再到零。这对于金属来说，上百万次的使用极易引起其疲劳。

模具的强度取决于许多因素：

① 选择合理的模具材料；

② 所有的模具零件设计强度足够；

③ 充分估计疲劳强度问题；

④ 注意避免应力集中；

⑤ 适当的热处理技术要求；

⑥ 应用适宜的钢材晶粒取向；

⑦ 模具零件磨削方向适当。

4.5.2 型腔和型芯强度

中小型模具的型腔和型芯主要依据塑件确定外形尺寸，如图 4-83 所示。按照以下步骤进行：

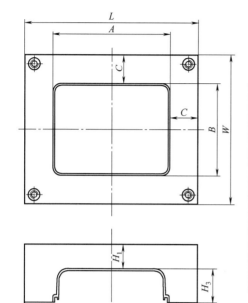

mm

A	H_3	C	H_1	H_2
1~150		25~30		
150~250	0~30	25~35	25~30	30~35
100~350		25~40		
0~200		30~35		
200~250	30~50	30~40	30~40	30~40
250~350		35~40		
0~300		35~40		
300~450	40~60	45~60	35~40	35~50
400~450		50~60		
0~500		45~50		
500~550	60~80	55~70	45~60	50~70
550~600		60~80		

图 4-83　型腔和型芯尺寸

① 设定产品的长度 A。

② 当产品的高度 H_3 大于或等于产品的长度 A 时，产品最大外形到模具型腔外边缘的 C 值就应该适当加大，$C=(0.5~1)H_3$。

③ 多腔产品的模具型腔长度 L 大于其宽度 W 时，可以将模具型腔分开成两件或更多件。

④ 模具型腔的边缘有较深缺口或单边敞开时，如图 4-84 所示，H_1 和 C 值都需要适当加大，以满足模具应有的强度。

⑤ 模具型腔中，产品需要局部割镶件时，H_1 的值需要适当加大，以便镶件固定。

⑥ 模具型腔宽度 W 最大不得超过模架的推杆固定板宽度。

⑦ 以上尺寸参数是假定塑件没有侧向分型和抽芯机构的情况，如有设计滑块，则尺寸应该适当加大。

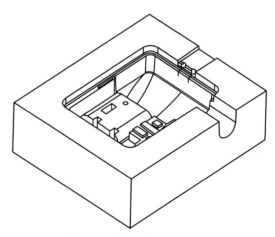

图 4-84　侧面有缺口的型腔

⑧ 大型塑件的模具型腔直接加工在模架上时，模架的尺寸见图 4-85。图 4-85（a）所示为大型塑件直接在模架 A 板上加工型腔，型芯则采用镶件镶在 B 板上；图 4-85（b）为大型塑件直接在模架 A 板上加工型腔，型芯原身留在 B 板上加工。其尺寸参数也可参考图 4-83 确定。

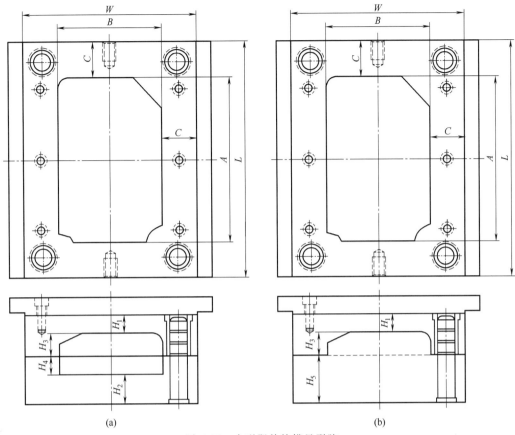

图 4-85　大型塑件的模具型腔

4.5.3　模架强度

在模具设计中，通常根据塑件投影面积计算决定模具型腔和模架尺寸参数，图 4-86 为塑件投影面积与模具强度的关系。

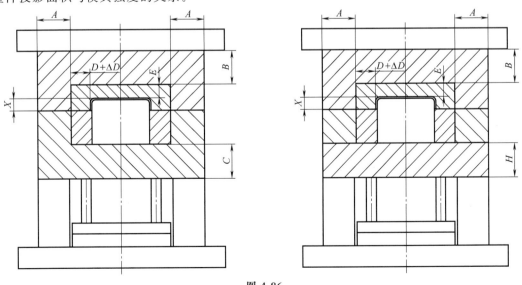

图 4-86

塑件投影面积 S /mm²	A	B	C	H	D	E
100～900	40	20	30	30	20	20
900～2500	40～45	20～24	30～40	30～40	20～24	20～24
2500～6400	45～50	24～30	40～50	40～50	24～28	24～30
6400～14400	50～55	30～36	50～65	50～65	28～32	30～36
14400～25600	55～65	36～42	65～80	65～80	32～36	36～42
25600～40000	65～75	42～48	80～95	80～95	36～40	34～48
40000～62500	75～85	48～56	95～115	95～115	40～44	48～54
62500～90000	85～95	56～64	115～135	115～135	44～48	54～60
90000～122500	95～105	64～72	135～155	135～155	48～52	60～66
122500～160000	105～115	72～80	155～175	155～175	52～56	66～72
160000～202500	115～120	80～88	175～195	175～195	56～60	72～78
202500～250000	120～130	88～96	195～205	195～205	60～64	78～84

图 4-86 塑件投影面积与模具强度的关系

A—模具镶件侧边到模板侧边的距离；B—定模镶件底部到定模板底面的距离；C—动模镶件底部到
动模板底面的距离；D—产品到镶件侧边的距离；E—产品最高点到镶件底部的距离；
H—动模垫板的厚度（动模开通框）；X—产品高度

以上数据仅作为一般性结构塑料制品的模架参考，对于特殊的塑料制品，应注意以下几点：

① 当产品高度过高时，应适当加大 D；

② 有时为了冷却水路的需要，也要对模具型腔的尺寸做调整，以达到较好的冷却效果；

③ 结构复杂需做特殊分型或顶出机构，或有侧向分型结构需做滑块时，应根据不同情况适当调整模具型腔和模架的大小以及各模板的厚度，以保证模架的强度。

当型腔偏置时，为了使分型面上的合模力平衡，往往需要在模架的边缘设计平衡块，如图 4-87 所示。

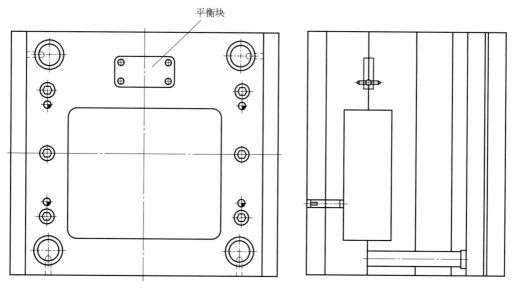

图 4-87 平衡块设计

4.6 型腔表面处理

4.6.1 型腔表面处理的分类

模具的型腔表面处理通常分为镜面抛光、一般抛光、蚀纹、消光、镀铬和电铸等几类，见表 4-4。

表 4-4 常用的模具外观处理

序号	常用模具外观处理类型	用途
1	镜面抛光。抛光等级在 3000♯ 或美国标准 SPI 之上(含此标准)	用于高光泽度和透明件
2	蚀纹。采用化学腐蚀工艺的皮纹处理	外观为各种不同的皮纹面
3	消光。金属材料表面雾化处理(常用喷砂处理及化学雾化)	哑光效果的外表面
4	镀铬。抛光等级在 8000♯ 或美国标准 SP0 之上(含此标准)	光学镜面或耐腐蚀的模具
5	电铸模。利用电铸制成特殊效果的电铸母模	特殊外观效果的零件,主要用于表面需求光学镜面或特殊纹路
6	一般抛光。抛光等级在 800♯~3000♯ 或美国标准 SP4~SP1	一般涂装的零件

4.6.2 美国 SPI 标准简介

美国塑料工程学会（Society of Plastics Industry）制定的 SPI 标准，科学简明地规定了塑料模具型腔抛光的基本要求和方法，该标准逐渐在塑料模具行业得到广泛应用。表 4-5 为 SPI 抛光等级与国标粗糙度对照表，表 4-6 所示为美国 SPI 标准与香港模具协会（Hong Kong Mould and Die Council，MDC）标准的对照表。

表 4-5 SPI 抛光等级与国标粗糙度对照表

抛光等级(SPI)	对应表面粗糙度值/μm	抛光介质	光度描述	国标粗糙度等级	粗糙度 $Ra/\mu m$	光洁度 Rz
A-1	0~0.025	♯3 钻石膏	光洁度非常高,镜面效果	14	0.012	0.05
				13	0.025	0.1
A-2	0.025~0.05	♯6 钻石膏	光洁度较低,没有砂纸纹	12	0.05	0.2
A-3	0.05~0.08	♯15 钻石膏	光洁度低,没有砂纸纹	11	0.1	0.4
B-1	0.05~0.08	♯600 砂纸	没有光亮度,有轻微♯600 砂纸纹			
B-2	0.1~0.125	♯400 砂纸	没有光亮度,有轻微♯400 砂纸纹	10	0.2	0.8
B-3	0.225~0.25	♯320 砂纸	没有光亮度,有轻微♯320 砂纸纹	9	0.4	1.6
C-1	0.25~0.3	♯600 油石	没有加工痕迹,有轻微油石纹			
C-2	0.63~0.71	♯400 油石	没有加工痕迹,有较细油石纹	8	0.8	3.2
C-3	0.965~1.05	♯320 油石	没有加工痕迹,有细油石纹	7	1.6	6.3
有火花纹的表面抛光至 A-1 镜面的抛光过程为:先用♯320 油石去除火花纹,再使用♯320 砂纸去除油石纹,再采用♯600 砂纸交叉去除上一道砂纸纹,完成后再采用♯1000 砂纸进行交叉抛光去除上一道砂纸纹,然后采用♯1200 砂纸交叉抛光去除上一道砂纸纹,再采用♯1500 砂纸抛光去除上一道砂纸纹,最好再采用♯2000 砂纸抛光去除上一道砂纸纹,最后采用♯15 钻石膏用羊毛头第一次上光,再采用♯6 钻石膏用羊毛头第二次上光,最后采用♯1 钻石膏用羊毛头第三次上光从而达到抛光要求				6	3.2	12.5
				5	6.3	25
				4	12.5	50
				3	25	100
				2	50	200
				1	100	400

表 4-6 美国 SPI 标准与香港模具协会标准对照表

标准	SPI(DME)		MDC	
等级	$Ra/\mu m$	加工方法	$Ra/\mu m$	加工方法
A0			0.008	1μm 钻石膏
A1	0~1	♯3 钻石膏	0.016	3μm 钻石膏
A2	1~2	♯6 钻石膏	0.032	5μm 钻石膏
A3	2~3	♯15 钻石膏	0.064	15μm 钻石膏
B0			0.063	♯800 砂纸
B1	2~3	♯600 砂纸	0.064	♯600 砂纸
B2	3~5	♯400 砂纸	0.11	♯400 砂纸
B3	9~10	♯320 砂纸	0.24	♯320 砂纸
C0			0.24	♯800 油石
C1	10~12	♯600 油石	0.28	♯600 油石
C2	25~28	♯400 油石	0.67	♯400 油石
C3	38~42	♯320 油石	1.00	♯320 油石
D0			0.25	湿喷♯12 玻璃珠
D1	10~12	干喷♯11 玻璃珠	0.40	湿喷♯8 玻璃珠
D2	26~32	干喷♯240 氧化珠	0.50	干喷♯8 玻璃珠
D3	190~230	干喷♯24 氧化珠	2.0	湿喷♯5 玻璃珠

SPI(DME)-D 级粗糙度的加工方法:

D1——干喷♯11 玻璃珠,距离 203mm,用 100psi[①],时间 5s

D2——干喷♯240 氧化珠,距离 127mm,用 100psi,时间 6s

D3——干喷♯24 氧化珠,距离 152mm,用 100psi,时间 5s

① 1psi ≈ 6.895kPa。

4.6.3 各种型腔表面处理的方法

4.6.3.1 蚀纹

对于模具制造者来说,有许多不同的蚀纹方法可供选择。由于光洁如镜的产品表面极易划伤,易沾上灰尘和指纹,而且在形成过程中产生的疵点、丝痕和波纹会在产品的光洁表面上暴露无遗。而一些皮革纹、橘皮纹、木纹、雨花纹、亚光面等装饰花纹,可以隐蔽产品表面在成型过程中产生的缺点,使产品外观美观,迎合视觉的需要。制成麻面或亚光面,可以防止光线反射、消除眼部疲劳等。

标准的蚀纹都需要制定一套样板,简称纹板。蚀纹一般需要按照客户指定的纹板进行。一般日本客户的模具需要按照妮红蚀纹样板进行。美国客户需要按照模德(MoldTech)蚀纹样板进行。欧洲客户则喜欢用夏米尔火花纹。

4.6.3.2 火花纹

火花纹是电火花加工时电极在模具表面留下的烧蚀痕迹。火花纹其纹面是麻点,麻点粗细程度可以通过火花机的电流调整,国外客户经常需要的夏米尔火花纹就是用这种方法获得的。表 4-7 为我国香港模具协会(Hong Kong Mould and Die Council,MDC)与欧洲标准VDI 3400 的对照表。

4.6.3.3 喷砂处理

喷砂是以压缩空气为动力,形成高速喷射束将喷料(铜矿砂、石英砂、金刚砂、铁砂、海砂)高速喷射到需处理的工件表面,使工件表面或形状发生变化。由于磨料对工件表面的冲击和切削作用,使工件的表面获得一定的清洁度和不同的粗糙度,使工件表面的力学性能得到改善,因此提高了工件的抗疲劳性,增加了它和涂层之间的附着力,延长了涂膜的耐久性，也有利于涂料的流平和装饰。处理时常需要用一些面罩防护必须保留抛光面的地方。模塑 PE 制品的模具，抛光后的模具表面经精细喷砂（气流浊蚀）后特别便于塑件顶出。例如玩具水桶，其高度抛光的型芯会使塑料粘在钢材上。模具使用一段时间后，必须用气流浊蚀对型芯表面做轻微粗糙化处理，以利于制品的顶出作业。

表 4-7　火花蚀纹粗糙度对照表

MDC		VDI3400（HASCO）	
等级	$Ra/\mu m$	等级	$Ra/\mu m$
B1		0	0.10
B2		3	0.15
		6	0.20
B3		9	0.30
E1	0.45	12	0.40
E2	0.60	15	0.55
E3	0.80	18	0.80
		21	1.10
E4	1.50	24	1.60
		27	2.20
E5	3.00	30	3.20
E6	4.00	33	4.50
E7	5.50	36	6.30
E8	8.00		
E9	9.50	39	9.00
E10	12.00	42	12.50
E11	15.00		
E12	18.00	45	18.00

第5章 浇注系统设计

5.1 浇注系统概述

5.1.1 浇注系统定义

注塑模具的浇注系统是指从注塑机喷嘴开始到型腔入口为止的熔融塑料流动的通道。浇注系统通常分为普通浇注系统和热流道系统两种。普通浇注系统一般由主流道、分流道、浇口和冷料井（穴）等几个部分组成。两板模的浇注系统如图5-1所示。

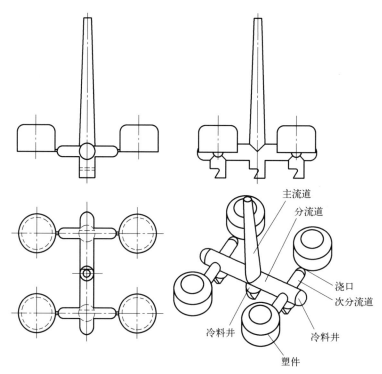

图 5-1　两板模的浇注系统

浇注系统设计是模具设计的一个重要环节。浇注系统设计包括主流道选择、分流道截面形状及尺寸的确定、浇口位置选择、浇口形式及浇口截面尺寸的确定、冷料井设计。设计前应首先对塑件材料、尺寸、几何形状和可能产生的缺陷，塑件外观要求、生产批量以及是否采用全自动注塑生产等做全面的分析。

在注塑过程中，塑料熔体经过浇注系统进入模具型腔，浇注系统类型选择在一定程度上决定了模具结构，例如两板模和三板模都分别对应不同的浇注系统。浇注系统设计对注塑模的质量和生产效益有非常重要的影响。流道截面太大，则塑料消耗多，并且冷却时间长；流道截面太小，则会引起过多的压力下降，造成充填型腔时压力不足。此外，流道截面小，还会因黏性热过大而使聚合物降解。因此要合理选择流道截面形状和大小以及流道的长度。对多腔注塑情况，要合理安排主流道和分流道的布置形式与各截面尺寸以及浇口尺寸的大小，保证每个型腔都在同一瞬间以相同的压力充满。对多浇口的单型腔模具来说，不同的浇口尺寸和浇口位置以及不同的流道系统都会改变熔接线位置，从而影响塑件的力学性能。不论是单浇口单型腔、单浇口多型腔、多浇口多型腔还是多浇口单型腔布局，正确合理的浇注系统设计都十分重要。

5.1.2 浇注系统设计应遵循的原则

① 结合型腔的排位，应注意以下几点：

a. 尽可能采用平衡式布置，以便熔融塑料能平衡地充填各型腔，考虑模具穴数，使模具型腔布局设计尽量与模具中心线对称。

b. 型腔的布置和浇口的开设部位尽可能使模具在注塑过程中受力均匀。

c. 型腔的排列尽可能紧凑，应选择最短流程以缩短填充时间，减小模具外形尺寸。

② 热量损失和压力损失要小：

a. 选择恰当的流道截面。

b. 确定合理的流道尺寸。在一定范围内，适当采用较大尺寸的流道系统，有助于降低流动阻力。但流道系统上的压降较小的情况下，优先采用较小的尺寸，可减少流道系统的用料，另一方面也可以缩短冷却时间。

c. 流道尽量减少弯折，表面粗糙度 Ra 在 $1.6 \sim 0.8 \mu m$ 之间。

③ 浇注系统应能聚集温度较低的冷料，防止其进入型腔，影响塑件质量。

④ 浇注系统应能顺利地引导熔融塑料充满型腔各个角落，使型腔内气体顺利排出。

⑤ 防止制品出现缺陷，避免出现充填不足、缩痕、飞边、熔接痕位置不理想、残余应力、翘曲变形、收缩不匀等缺陷。

⑥ 浇口的设置力求获得最好的制品外观质量，浇口的设置应避免在制品外观形成烘印、蛇纹、缩孔等缺陷。

⑦ 浇口应设置在较隐蔽的位置，且方便去除，在产品上不留明显痕迹，确保浇口位置不影响外观及与周围零件发生干涉，尽量避免直接撞击型芯嵌件或小镶件，以免产生弯曲或折断。

⑧ 考虑在注塑时是否能全自动操作。

⑨ 考虑制品的后续工序，如在加工、装配及管理上的需求，例如丝印、电镀和喷涂等需将多个制品通过流道连成一体。

5.1.3 浇注系统设计优化

浇注系统设计的理论基础是高分子聚合物流变学。浇注系统优化就是利用模流分析软件对塑料的流动做全面分析。

一个型腔带有多于一个的浇口，称之为多浇口。理想的浇口设计可以使塑料快速均匀地流动，并且有适当的浇口凝固时间。一般在型腔能如期填充时，浇口数目越少越好，每一个浇口应在塑流力所能及的流动比之内涵盖最大塑件面积。在一些大型产品中，多个浇口填充是最好的选择。浇口的数量一般由流程和产品体积决定。对于任意一个塑件，其可能存在无数个浇注系统的设计方案。优化的目的是在注射压力允许范围内，在浇口数目尽可能少的条件下使型腔内熔体同时到达充填边界。浇口位置及数量的设计需要考虑熔体流动到腔体末端所需要的时间，通过分析寻找最优流动状态，以达到熔体流动平衡的效果，进而得到高质量的塑件。在流动平衡的状况下确定浇口位置，选择浇口位置时，必须考虑充填过程的流动方式。为确保产品质量，应尽量减少浇口数目从而相应地减少熔接线数量，熔接线的位置必须控制在最不影响塑件品质的区域内。

浇注系统对塑件的外观、精度、生产效率和原材料的消耗具有极为重要的影响。为此，应用模流分析技术对浇口和流道进行分析十分有必要，现在已经有了许多应用效果良好的软件。但这种技术只能对已设计好的浇口和流道进行熔体流动模拟。根据模拟结果再对浇口和流道进行改进，这样可以避免在模具制造完成后试模时发现问题再加以修改。但必须使浇口和流道具有良好的基本设计，才能减少模拟工作量。所以，注塑模设计人员仍然需要掌握浇口和流道设计基本原则，模拟前的几种方案本身需要具有较高水平，否则只能是矮子里面拔将军，难以发挥模流分析软件的作用。

注塑制品质量在很大程度上取决于模具设计。浇口位置和数目是重要的模具结构参数。不合理的浇口位置常常造成熔体充填不均，从而引起过保压、高剪切应力和严重的翘曲变形。浇口数目则对注射压力和熔接线有很大的影响，浇口数目较多，熔体在型腔中流动的流程较短，所需注射压力较低，但可能会使熔接线的数目增多。相反，如果浇口数目较少，尽管熔接线的数目可能会减少，但由于流程较长，所需的注射压力较高，制品内残余应力也相应增高，并可能会导致塑件产生翘曲变形。因此，对浇口数目及位置进行优化设计，具有重要意义。

5.1.3.1 浇口位置及数目确定

注塑模浇注系统优化设计中最重要的环节是浇口位置及数量的确定。基于 Moldflow 技术的浇口位置及数量的确定包括选择最佳浇口位置、浇口设计方案制定、流动模拟分析、翘曲变形分析、综合模拟结果比较等一系列步骤。

① 确定浇口位置。通过 Moldflow 最佳浇口位置分析模块，模拟合理浇口位置区域，以此为最佳浇口位置对研究对象进行综合分析。

② 制定浇口优化设计方案。根据塑件使用环境及质量要求，并结合实际经验，制定 3～5 个浇口设计方案，然后通过综合分析，选择模拟结果最好、最有代表性的设计方案。

③ 流动模拟和翘曲变形分析。流动模拟即利用 Moldflow 对熔体在模具中的流动情况进行模拟分析，通过对填充时间、注射压力、温度和锁模力等的分析，确定最优设计方案，避免气穴、熔接痕等问题出现。此外，还需分析翘曲变形对塑件的影响，保障塑件的质量。

④ 对各设计方案进行综合比较，确定最佳设计方案。

5.1.3.2 浇注系统整体优化

在确定浇口位置及数量后，根据熔体在不同位置的剪切速率，设置主流道、分流道、点浇口等的尺寸，并实现浇注系统流动平衡，最终达到良好的熔体充填效果。根据塑件的具体结构，分流道尽可能采用平衡设计。

浇口设计是决定制品质量的一个重要环节，包括浇口数目、位置、类型和尺寸的设计，其中浇口位置决定了流动是否平衡，对制品质量有重要影响。随着 Moldflow 技术的进步，模具设计在经验性数据的积累中获得巨大的进步。

5.1.4 浇注系统凝料评审

浇注系统凝料的评审是指试模后的样板评审，不是模具设计前的评审。样板评审一般包含塑件尺寸评审、外观评审、浇注系统凝料的评审和模具动作稳定性评审四个部分。浇注系统设计也是直接影响注塑周期的主要原因之一，浇注系统凝料评审的目的就是通过观察和分析浇注系统凝料，发现和总结模具注塑的问题。第一次试模后，样板或多或少都会存在一些问题亟待改善，样板的问题除了从样板本身查找原因外，很多问题还与浇注系统有关。排气、冷料、模具充填和注塑周期等问题都可以通过浇注系统的评审来解决这些问题。

模具浇注系统通常存在的问题是：分流道形状和尺寸太小，浇注系统加工粗糙度不够，主流道粘定模，冷料井太小，流道排气没有开设或者太小，浇注系统顶出不良，困气，等等。样板外观缺陷等问题的产生都和浇注系统有关。通过评审浇注系统凝料，可以看出整个模具运行的状况，在注塑模具实践中具有很重要的意义。同时，样板评审需要不断积累经验，做好数据记录。

5.1.5 浇注系统凝料回收

注塑时，注塑机通过浇口套向模具内填充熔融的塑料，形成产品。等产品冷却后，在浇注系统内会产生浇注系统凝料，俗称水口料。这些废料经过粉碎后可加入下一批产品的原料中。原则上从哪个产品下来的水口料，掺进原料里继续做这个产品，或者增加一些色粉，做更深颜色的其他产品。水口料加的太多会降低成本，但是产品性能也会劣化，所以在生产中水口料掺入量一般不超过 25%，要求高的产品和透明产品不允许加水口料。现在客户会提出成品中水口料的掺杂比例，以便控制品质。

水口料伴随着产品产出，现在的工厂都在进行 ERP 信息化管理，对水口料进行编码管理。水口料的编码可以根据胶料和色粉的编码由系统定义规则自动产生，因而为了便于水口料的分类整理和回收，模具设计中需要对水口料打上材料标记，便于回收。两板模流道的材料标识见图 5-2，三板模流道的材料标识见图 5-3。

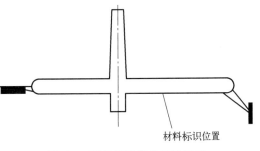

材料标识位置

图 5-2 两板模流道的材料标识

5.1.6 型腔标记

为了在注塑后容易分辨出成品是从哪个型腔注塑出来的，需要在型腔打上编号。同时，有一些模具的型腔号是打在推杆上的，一旦模具拆开后，不易分辨型腔号，需要在模仁的旁边打上型腔标记，利于样板评审和模具维护。

型腔编号的编排方式，见图 5-4。其规则如下：

① 以整套模为基准；

② 以动模为准，从左至右从上而下。

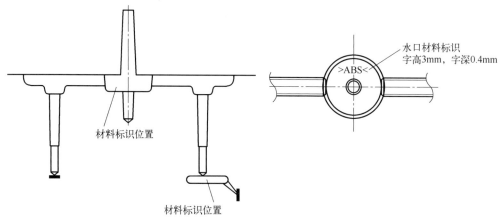

图 5-3 三板模流道的材料标识

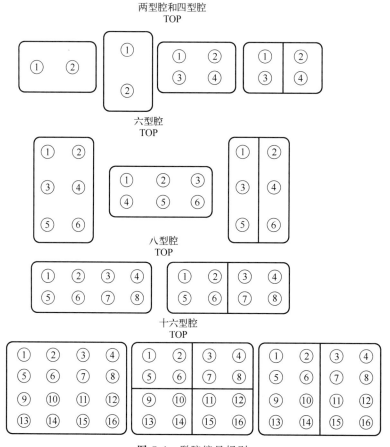

图 5-4 型腔编号规则

5.2 主流道设计

主流道是连接注塑机喷嘴至分流道入口的一段通道，是熔融塑料进入模具型腔时最先经过的地方。其尺寸大小与塑料流速和充模时间有密切关系。太大则回收冷料过多，冷却时间增长，包藏空气增多，易造成气泡和组织松散，极易产生涡流和冷却不足；如尺寸太小则热量损失增大，流动性降低，注射压力增大，成型困难。一般情况下，主流道在模具的浇口套里面成型，它的形状大小由浇口套决定，而浇口套属于标准件，一般选用优质钢材加工并热处理，选择时需要与所用的注塑机相匹配。浇口套形式有多种，可视不同模具结构来选择，一般会将其固定在模板上，以防生产中浇口套转动或被带出。

5.2.1 主流道设计原则

（1）主流道锥角

为了便于取出主流道凝料，主流道应呈圆锥形。浇口套内孔圆锥角 $\alpha = 2° \sim 4°$，锥角须适当，太大造成压力减小，产生涡流，易混进空气产生气孔，同时还会造成原材料浪费，冷却时间延长，影响注塑周期，加大塑件制造成本。锥度过小，会使流速增大，造成注射困难。

（2）主流道直径

主流道入口直径的大小影响塑料熔体的流速和充模时间。如果入口直径过小，热量损失增大，压力损失增大，流动性降低，成型困难。如果入口直径过大，则流道容积增大，塑料消耗增加，导致冷却固化时间延长，生产效率下降。另外，如果主流道过于粗大，还容易使塑料熔体的流动产生涡流和紊流，导致制品内部产生气泡。因此，必须合理地设计主流道入口直径。通常，主流道入口孔径为 $3 \sim 8\text{mm}$，若熔体流动性好且制品较小时，直径可设计得小一些；反之则要设计得大一些。

（3）主流道的表面粗糙度

主流道的锥孔内壁表面粗糙度 Ra 为 $0.4 \sim 0.63\mu\text{m}$，圆锥孔大端边缘处应有 $r = 1 \sim 3\text{mm}$ 的圆角过渡，以减小熔融料转向时的流动阻力。

（4）主流道的球面半径

主流道入口端与注塑机喷嘴头部接触部分一般做成下凹的球面，以便与注塑机喷嘴头部的球面半径匹配。日韩、我国大陆以及台湾地区、北美各国的注塑机的喷嘴头部都是球面的，因而其浇口套的入口端也相应为下凹的球面。欧洲通用的各种注塑机，喷嘴头部是平面的，相应的浇口套的头部也是平面，法国很多公司的注塑机喷嘴头部是锥面的，相应地模具的浇口套的入口也是锥面。

对于球面的注塑机喷嘴头部，各个国家或不同的公司都有不同的球面半径。由于注塑机喷嘴头部的球面半径 SR 是固定的，为使熔融塑料从喷嘴完全进入主流道而不溢出，应使浇口套端面的凹球面与注塑机喷嘴球面良好接触。一般浇口套凹球面半径取 $SR_2 = SR_1 + (1 \sim 2)\text{mm}$，凹球面深度 $L_1 = 3 \sim 5\text{mm}$，浇口套圆锥孔的小端直径 d_1 应大于喷嘴的内孔直径 d，一般取 $d_1 = d + (0.5 \sim 1)\text{mm}$，见图5-5。

（5）主流道的长度

在保证制品成型的基础上，主流道的长度应尽可能短，以减少压力损失、热量损失和废料量。如果主流道太长，会使塑料熔体的温度下降而影响充模。主流道的长度 L 应尽可能不大于 60mm。

（6）主流道的分级形式

主流道尽量不采用分级对接的方式，由于模具结构原因必须采用对接的形式时，应采用如图5-6所示的方法，即设计小浇口套。此种小浇口套不伸入模仁内部，模仁内锥孔的小直径 D 应大于浇口套内锥孔的大直径 d，一般取 $D = d + (0.4 \sim 0.5)\text{mm}$，以防止由于两锥

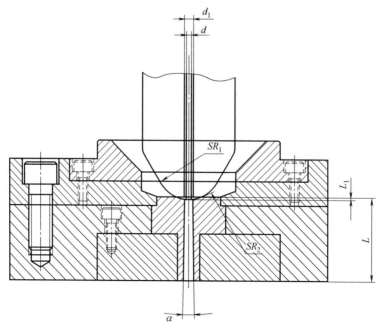

图 5-5　球面浇口套与注塑机喷嘴的关系

孔对位不准而使主流道凝料难以取出。

5.2.2　主流道创新设计

5.2.2.1　高效型浇口套设计

主流道是在浇口套里成型的，节省原材料的举措在倡导绿色制造的今天得到广泛重视，因此浇口套的创新设计显得十分重要。日本 MISUMI 公司设计了高效型浇口套，这种浇口套就是在普通浇口套的基础上，在口部追加下沉式凹槽储存熔融塑料。浇口套的入口不再取决于注塑机，而

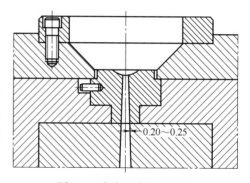

图 5-6　小浇口套与主流道

是由所注塑的塑胶制品的尺寸与规格决定的。因而，浇口套的入口可以设计最小的尺寸，以达到节约的目的。高效型浇口套如图 5-7 所示。

5.2.2.2　高效型浇口套的效果

这种高效型浇口套，对于降低成本和提高生产率，减少成型材料和缩短成型周期，具有明显的效果，具体效果如下。

① 减少浇口、流道部的塑料材料。在缩小浇口套直径的同时，也将流道直径设计成塑件成型所需的最小尺寸，这样就可减少一次成型所用的塑料材料。实践表明，最多可以减少 70% 的流道系统消耗。

② 缩短成型周期。由于减小了浇口套和流道的直径，提高了冷却效率，因此可缩短成型周期。冷却时间得到明显的缩短。

③ 减少拉丝现象。由于减小了浇口套入口直径，冷却固化时间得以减少，于是减少了拉丝的现象。

沉孔加工
(树脂槽)

高效型浇口套

图 5-7　高效型浇口套

④ 熔料槽内的熔融塑料可以起到隔离喷嘴的衬垫作用，可抑制塑料泄漏。

⑤ 熔融塑料的中心部分始终为半熔融状态，不会发生主流道脱模不良。

⑥ 在成型周期中不必清除熔料槽内的塑料即可成型。

5.2.2.3 高效型浇口套与普通浇口套的对比

高效型浇口套与普通浇口套的对比见表 5-1。

表 5-1　高效型浇口套与普通浇口套的对比

传统浇口套	高效浇口套
• 传统的浇口套一般为 $P=d+(0.5\sim1.0)$； • P 尺寸比注塑机喷嘴大，可避免接触部位塑料漏出而导致主流道难以脱出； • 由于主流道入口直径 P 取决于注塑机喷嘴直径 d 的大小，小型塑件也需使用直径较粗的主流道	• 喷嘴接触部经过特殊的沉孔加工(熔料槽)； • 可使 $P<d$，($P_{\min}=2.0$)； • 主流道的粗细不再由注塑机喷嘴直径决定，而是由塑件的尺寸和规格来决定

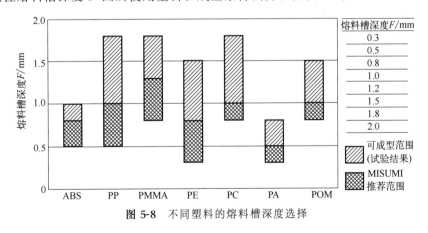

5.2.2.4 高效型浇口套使用注意事项

① 高效型浇口套仅适用于喷嘴前端直径为 3mm 左右的注塑机。

② 最佳熔料槽深度 F 因所使用塑料和成型条件而异，见图 5-8。

图 5-8　不同塑料的熔料槽深度选择

③ 由于使用高效型浇口套，浇口套入口直径和流道可以设定得更细些，但务必确保稳定成型所需的浇口套入口直径和流道直径。

④ 由于浇口套的入口直径和流道的直径变细，熔融塑料的流道变窄，因此，过去依据传统浇口套所设定的成型条件不再适合高效浇口套，注射压力和成型温度必须根据所用的塑

料种类进行相应的变更。

⑤ 成型开始前，让注塑机的喷嘴接触浇口套，在预热约 1min 后即可使用。如果不预热就成型，熔料槽内积存的塑料会提前冷却固化，导致主流道从浇口套内难以脱出。

⑥ 如果注塑成型机的喷嘴前端温度较低，在塑料充填型腔之前，喷嘴口部和熔料槽的塑料可能会固化。

⑦ 成型中勿让喷嘴后退，否则，注塑机的喷嘴脱离浇口套接触部，熔料槽内的塑料会凝固，就不能进行正常注塑。

⑧ 如在未进行正常注塑的状态下，持续保持喷嘴与浇口套相接触的状态，会因喷嘴的热量导致熔料槽内的塑料炭化分解，此时，需要清除熔料槽内的塑料后再进行成型加工。

⑨ 成型停止或结束、塑料原料的变更等，需要及时清除熔料槽内的塑料。

⑩ 在塑料完全固化之前很容易清除。塑料凝固后，应重新加热后再清除。在用工具等清除塑料凝料时，注意不要损伤浇口套，同时谨防被熔融塑料烫伤。

5.2.2.5 高效型浇口套关键参数设计

高效型浇口套的关键参数就是熔料槽的深度，成型的优劣最终取决于熔料槽的深度。熔料槽深度过浅时，流道前端未在熔料槽内断开，而从喷嘴前端拉出塑料，将发生拉丝现象，如图 5-9 所示。熔料槽深度 F 过深时，熔料槽内的塑料与主流道凝料一起固化形成一体，导致主流道凝料脱模不良，粘在浇口套内，影响注塑成型的继续进行，如图 5-10 所示。因此，推荐使用较浅的熔料槽。

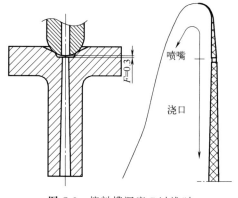

图 5-9 熔料槽深度 F 过浅时

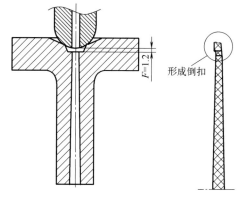

图 5-10 熔料槽深度 F 过深时

图 5-8 所示的熔料槽深度数据来自试验，在模具设计选择熔料槽深度时作为参考。不同厂家不同批次的塑料原料可能存在性能差异，不同的注塑机的性能也有不同，因此，选择熔料槽深度时应该从本厂的实际出发，不断积累经验，形成大数据，用来指导生产。

5.2.3 浇口套设计

由于主流道被高温的塑料熔体及硬化后的塑料反复摩擦，所以注塑模具必须设置拆卸方便的主流道衬套。如果浇口套的喷嘴接触部位没有高精度加工成与注塑机喷嘴前端相吻合的形状，则会在注塑时漏出塑料原料。此外，如果浇口套达不到足够的硬度，喷嘴接触部位就会在注塑时的反复接触中磨损。因此浇口套要选用优质钢材，单独进行加工和热处理。当主流道贯穿几块模板时，若无浇口套，由于模板间拼合间隙溢料将导致主流道凝料无法取出。浇口套常受到型腔或分流道熔料反压作用而退脱出来。因此，它在模具面板上应可靠连接，并起到止退作用。

为了将已经冷却凝固的流道凝料从浇口套中顺利脱模，在浇口套中设置锥孔。如果锥度过大，流道直径就会变大，冷却时间就会相应延长。因此，必须根据塑料原料的种类和预计的成型条件来选择适当的锥度。此外，锥孔表面具有良好的表面粗糙度，避免倒扣形状，以免流道凝料难以脱出。

目前，浇口套按标准选用即可，无须自制。下面列举具有代表性的几种浇口套的标准件，供设计参考。

5.2.3.1　JIS 标准浇口套

浇口套通常与定位圈配合使用，JIS 标准中，通用螺栓固定型浇口套（单托）与定位圈的配合见表 5-2，通用带肩型浇口套（双托）与定位圈配合范例见表 5-3（资料选自 MISU-MI 塑胶模具标准件样本）。

表 5-2　通用螺栓固定型浇口套与定位圈配合范例

两板模用	三板模用

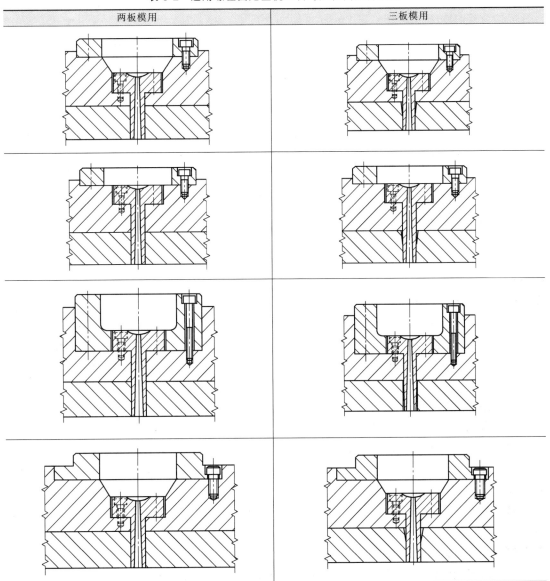

两板模用	三板模用

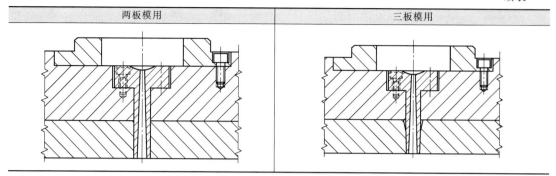

表 5-3 通用带肩型浇口套与定位圈配合范例

两板模用	三板模用

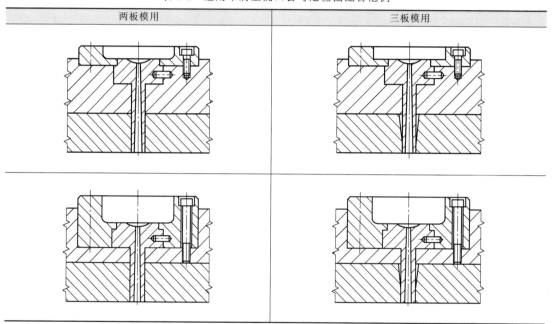

5.2.3.2 HASCO 标准浇口套

欧洲模具浇口套顶端的形状有平面、锥面和球面三种，需要按照客户的机器型号对应设计。锥面的结构在法国使用比较多，平面的浇口套更适合于高温模具，其封胶性能要优于球面的，特别广泛地应用在热流道系统中。平面浇口套多用于德国模具中，在欧洲其他国家也有应用。近年来，HASCO 也开发了球面的浇口套，主要用来满足亚洲市场，在欧洲没有得到广泛应用。HASCO 浇口套类型见图 5-11。每一种的内孔锥度不同，顶端形状主要以平面为主，也有球面的。一些浇口套设计了冷却水回路。

国内模具厂在生产平面浇口套的模具时，先按 HASCO 浇口套规格设计，再延长浇口套尺寸，做成球面的浇口套，等模具在厂内试模等工作完成后，模具出厂前再将球面多余的部分用线切割去掉，并磨光。

HASCO 浇口套的材料全部为 1.2826，热处理（55±2）HRC。HASCO 浇口套 Z51 系列参数见图 5-12 所示。

5.2.3.3 DME 标准浇口套

DME 浇口套常用的规格是 B 系列和 U 系列，其尺寸规格见图 5-13。

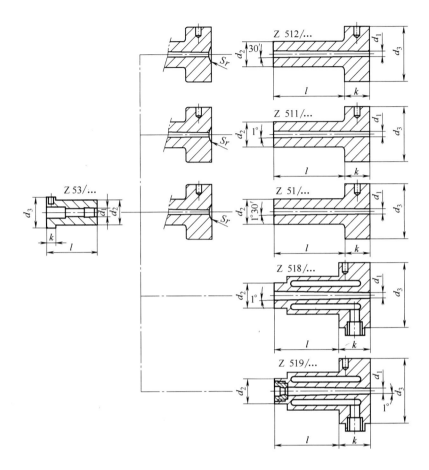

mm

型号	d_2	l										d_1	Sr				d_3	k
													mm		in			
		22	27	36	46	56	66	76	86	96	116		15.5	40	1/2	3/4		
Z51/...	18		▨	▨	▨	▨		▨		▨		3.5	▨	▨			38	18
			▨	▨	▨	▨		▨		▨		4.5	▨	▨				
		▨	▨	▨	▨							3.5			▨	▨		
			▨	▨	▨	▨		▨				4.5			▨	▨		
	24				▨			▨				4.5	▨	▨			48	23
						▨		▨				6.5	▨	▨				
					▨							4.5			▨	▨		
					▨			▨				6.5			▨	▨		
Z511/...	12	▨	▨	▨	▨							2.5	▨	▨			28	13
		▨	▨									3.5	▨	▨				
	18	▨	▨	▨	▨	▨	▨	▨	▨	▨	▨	3	▨	▨			38	18
		▨										4	▨	▨				
Z512/...	12		▨	▨	▨	▨	▨	▨				2.5,3.5	▨	▨			28	13
	18			▨	▨	▨		▨	▨	▨		3,4	▨	▨			38	18
Z518/...	18				▨	▨		▨		▨		4					45	23
	24				▨	▨		▨		▨	▨	5.5					56	32
Z519/...	24					▨		▨		▨	▨	5.5					56	32
Z53/...	12	▨	▨	▨	▨							4					16	6
	18	▨	▨	▨	▨	▨						6					22	
	24			▨	▨	▨		▨				8					28	

图 5-11 HASCO 浇口套类型

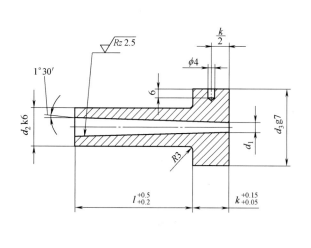

d_3	k	d_2	l	d_1	型号
38	18	18	27	3.5	Z51/18×27/3.5
			36		36/3.5
			46		46/3.5
			56		56/3.5
			76		76/3.5
			96		96/3.5
			27	4.5	27/4.5
			36		36/4.5
			46		46/4.5
			56		Z51/18×56/4.5
			76		76/4.5
			96		96/4.5
48	23	24	46	4.5	Z51/24×46/4.5
			56		56/4.5
			76		76/4.5
			56	6.5	56/6.5
			76		76/6.5

图 5-12 HASCO 浇口套 Z51 系列参数

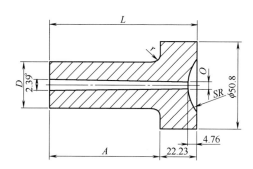

系列	订货规格	D 直径	A	L	r 倒角	SR 球部半径	O 入口直径
U 系列	U-6600	19.05	23.02	45.24	3.18		5/32″(3.97) 7/32″(5.56) 9/32″(7.14)
	U-6601		35.72	57.94			
	U-6602		48.42	70.64			
	U-6603		61.12	83.34			
	U-6604		73.82	96.04			
B 系列	B-6600	25.4	23.02	45.24	5.56	1/2″或3/4″	5/32″(3.97) 7/32″(5.56) 9/32″(7.14) 11/32″(8.73)
	B-6601		35.72	57.94			
	B-6602		48.42	70.64			
	B-6603		61.12	83.34			
	B-6604		73.82	96.04			
	B-6605		86.52	108.74			
	B-6606		99.22	121.44			
	B-6607		111.92	134.14			
	B-6608		124.62	146.84			
	B-6610		150.02	172.24		3/4″	5/32″(3.97)
	B-6612		175.42	197.64		1/2″或3/4″	

图 5-13 DME 浇口套

5.3 分流道设计

分流道是连接主流道和浇口的进料通道。在多型腔的模具中，分流道必不可少，而在单型腔的模具中，有时则可省去分流道。在一模成型多件制品的多腔模和生产大型制品的多点进胶单腔模中，为把来自主流道的物料分配到各个浇口，必须设置分流道。分流道是多浇口模具浇注系统的重要组成部分，对充模保压过程影响极大。普通两板模浇注系统的分流道一般都开设在分型面上，普通三板模的浇注系统的分流道一般都开设在分模面上，即型腔板和流道推板之间，以便开模时脱出流道凝料。

5.3.1 分流道设计要点

由于分流道要将高温高压的塑料熔体从主流道引到浇口中并进入型腔，所以，设计时不仅要求熔体通过分流道时的温度下降和压力损失尽可能小，而且还要求分流道能够平稳均衡地将熔体分配到各个型腔。因此，恰当合理的分流道形状和尺寸应根据制品的体积、壁厚、形状复杂程度、型腔的数量以及所用塑料的性能等因素综合考虑。

分流道有时只开设在定模或动模上，有时则动、定模都开设分流道（合模后形成各种形状的截面），这取决于模具结构和塑料特性。动、定模都开设分流道时，对料流流动有利，多用于流动性较差的塑料。CNC加工中心的广泛使用，使得分流道的加工十分容易，即使是曲线形和圆弧形的分流道加工都不存在困难。三板模的分流道都开设在型腔板一侧。需要切换流道时，分流道也需要开设在模板一边，有时要加设分流道拉料杆或顶出杆，以便流道凝料脱模。

（1）塑料的流动性及制品的形状

对于流动性差的塑料，如PC、PSU、PMMA、PEEK等，分流道应尽量短，分流道拐弯时尽量采用圆弧过渡，横截面积易取较大值，横截面形状应采用圆形或者U形。

分流道的走向和横截面形状取决于浇口的位置和数量，浇口的位置和数量又取决于制品形状。如分流道较多时应考虑加设冷料井，可避免熔融塑料直接冲击型腔，也可避免塑料急转弯，使塑料平稳过渡。分流道一般采用平衡方式分布，特殊情况可采用非平衡方式。要求各型腔同时均衡进胶排列紧凑流程短，以减少模具尺寸。出口模具的分流道设计应该遵从模具设计式样书的规定。

（2）型腔数量

型腔数量决定了分流道的走向、长度和大小，分流道分布要排列紧凑、间距合理，一般采用轴对称或中心对称，使其平衡，尽量缩小成型区域的总面积。最好使型腔和分流道在分型面上总投影的几何中心和锁模力的中心重合。

（3）壁厚及外观要求

壁厚及外观要求、内在质量要求决定了浇口的位置和形式，最终决定了分流道的走向和截面参数。

（4）注塑机的压力及注射速度

在满足注塑工艺的前提下，分流道的截面积应尽可能小。但分流道的截面积过小会降低注射速度，使填充时间延长，同时可能出现缺料、烧焦、缩孔等制品缺陷。而分流道过大则会增大流道凝料数量，浪费材料，并延长流道的冷却时间。一般来说，注塑完成后，最后冷却的部位是流道系统，分流道的冷却时间不要超过型腔中制品的冷却时间，才不会影响注塑时的效率。因此，在模具设计时，应结合过去同类塑件的经验，采用较小的截面面积，结合模流分析验证其可行性。

在可能的情况下，分流道的长度应尽可能短，以减少压力损失。在多型腔模具中各型腔的分流道长度应尽可能相等，以达到注塑时压力传递的平衡，保证塑料尽可能同时均衡地充满各个型腔。在有些情况下，分流道长度不能相等时，则应在浇口处采取必要的补偿措施。在分流道的末端设置冷料穴，防止冷料和空气进入型腔。

分流道上的转向次数应尽量少。在转向处要有圆角过渡，如图 5-14 所示，不能有尖角，这样有利于塑料流动和减少压力损失。同时在每个分流道转弯处都要设置冷料穴。必须在冷料穴设置倒角，并且缩短冷料穴下面的顶针长度。主流道必须抛光且有足够的粗糙度。在最后的填充点和任何方向变化点上使流道和型腔排气降压。

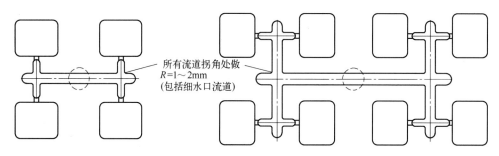

图 5-14 分流道转向处加圆角及冷料穴

（5）主流道及分流道的拉料和脱料方式

当分流道设在定模一侧或分流道延伸较长时，应在浇口附近或分流道的交叉处设置拉料杆。

（6）流道固化

流道的固化应稍晚于制品的固化，以便于压力的传递及保压。

（7）表面粗糙度

分流道的内表面粗糙度 Ra 取 $1.6\mu m$，这样可以在分流道摩擦阻力的作用下使料流外层的流动小些，使分流道的冷却皮层固定，有利于对熔融塑料的保温。实际中普通分流道用♯320 砂纸抛光，镜面成品的流道系统必须用♯600 砂纸抛光。

5.3.2 分流道的形式

5.3.2.1 两板模的分流道

典型两板模的分流道设计尺寸参数见图 5-15。从图中可以看出，左侧为注塑机的大小，以锁模力的吨位来表示，不同的注塑机，对应的模具大小也不同。在相同的机器吨位栏目，H、I、J 和 K 四个参数分别有两列参数，左侧参数较小，适合于 ABS、PS、AS、PP、PE、PA、PC＋ABS、PC＋PS 材料；右侧参数较大，适合于流动性较差的材料，常见的有 PM-MA、PVC、POM、PBT、PET、PC、PPS、PSU 等。

对于塑件体积在 $2cm^3$ 以下的小产品，为了使浇注系统凝料尽可能小，提升材料的利用率，需要缩短冷料穴的尺寸，其分流道系统设计如图 5-16 所示。

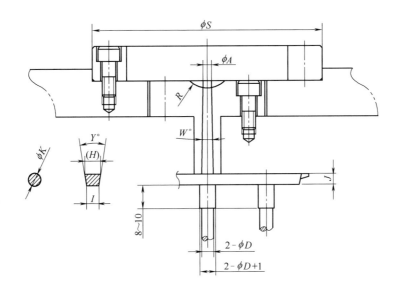

mm

(M/C)/t	A	(H)		I		J		Y	K		R	S	D	W
30	3	2.937	3.525	2.5	3	2.5	3	10°	2.8	3.2	10	60	5	1.5°
40	3	2.937	3.525	2.5	3	2.5	3	10°	2.8	3.2	10	100	5	1.5°
50～110	4	3.79	4.422	3	3.5	3	3.5	15°	3.5	4	10	100	6	1.5°
160～280	5	4.7	5.875	4	5	4	5	10°	4.5	5.5	10	100	6	2°
350～450	6	6.763	8.116	5	6	5	6	20°	6	7	20	150	7	2°
550～650	6.5	7.025	8.225	6	7	6	7	10°	6.5	7.5	20	150	8	2°
850～	7	8.843		7		7		15°	8		20	150	8	2°

图 5-15 两板模的分流道设计参数

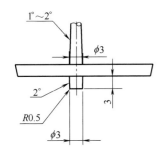

参数	流道上宽 H/mm	流道下宽 I/mm	高度 J/mm	角度 Y	圆形流道 K/mm
体积 2cm³ 以下	2.527	2	2	15°	2.2

图 5-16 两板模小塑件的分流道设计

5.3.2.2　三板模的分流道

典型的三板模的分流道形状见图 5-17。对于细水口流道,当从一条流道分叉为三条及以上的流道时,在分叉处做一个圆盘以利于塑料流动,圆盘直径为 15～25mm,圆盘深度与流道底面平齐。主流道与下沉式分流道均为圆锥形,尺寸可以比照两板模的主流道尺寸参数设计,分流道在水平面内需要将截面设计成 U 形或梯形。水平面内的冷料穴长度不能小于截面最大尺寸的 3 倍。

图 5-18 为细水口的流道尺寸参数,图(a)为模胚宽度小于等于 350mm,图(b)为模胚宽度大于 350mm 小于 600mm,图(c)为模胚宽度大于等于 600mm。

图 5-19 为细水口转大水口时的流道尺寸参数,图(a)为模胚宽度小于等于 350mm,图(b)为模胚宽度大于 350mm 小于 600mm,图(c)为模胚宽度大于等于 600mm。细水口转大水口、转潜水进胶的所有尺寸参数可以参照大水口进胶、潜入水进胶,所有的尺寸都

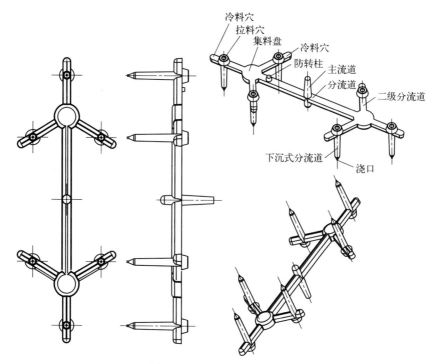

图 5-17 三板模的流道系统

会因为塑料和制品的大小不同而改变。由于流道转换时，需要快速进胶，转换连接处的浇口大于普通点浇口，其最小直径为 2mm，对于大型塑件浇口可以适当加大。但是不宜过大，否则难以拉断。

细水口转大水口多在塑件高度很大，A 板较厚时，用来缩短细水口流道凝料，缩短水口推板的行程。也有大型塑件，存在多个浇口时，某些位置可以设计点浇口，而另一些位置只能设计边缘侧浇口或潜伏式浇口。开模后，拉断后留在动模的凝料头可以用作机械手的抓手。

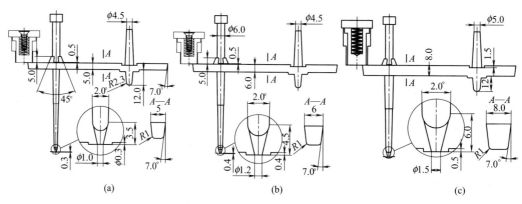

图 5-18 细水口的流道尺寸参数

5.3.2.3 滑块上分流道设计

哈夫滑块分流道的排列形式见图 5-20，适用于产品全部在滑块上成型的情形，将所有分流道都加工在两个滑块上，主流道下面需做冷料井。

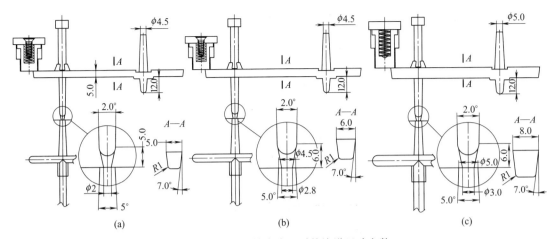

图 5-19　细水口转大水口时的流道尺寸参数

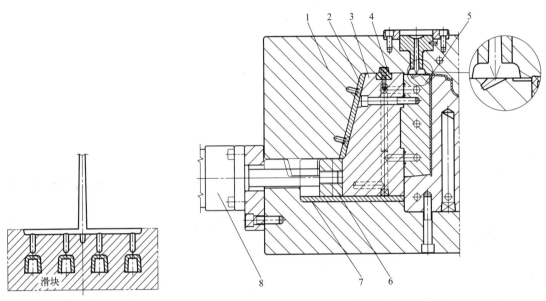

图 5-20　哈夫滑块上的分流道

图 5-21　滑块上的分流道

1—型腔；2，7—耐磨板；3—滑块座；4—定位块；5—滑块镶件；

6—油缸连接块；8—油缸

对于某些注塑产品，浇口设计的位置有限，为了便于设计浇口，将浇口设计在滑块上。图 5-21 所示为两板模的分流道设计在滑块顶部的情形。在滑块镶件 5 顶部设计倒扣，开模时流道在倒扣作用下从浇口套内拉出，滑块移动时，倒扣部位被拉出留在塑件上。图 5-22 所示为三板模的分流道设计在滑块顶部的情形。开模时，流道从滑块中被拉出，类似于两板模。

5.3.2.4　辅助流道

激光、电镀、流道冲切等二次加工时，均需要塑件的准确定位，因此必须设计辅助流道。辅助流道的设计实际上是一个矩形分流道组成的方框，将塑件包围在矩形里，矩形的四角设计有 4 个定位柱，便于塑件的叠放，如图 5-23 所示，尺寸 L 的大小取决于塑件的高度。辅助流道一般用在中小型塑件中，最常见的就是手机按键等小塑件。如图 5-24 所示为家族模具电镀时的辅助流道。

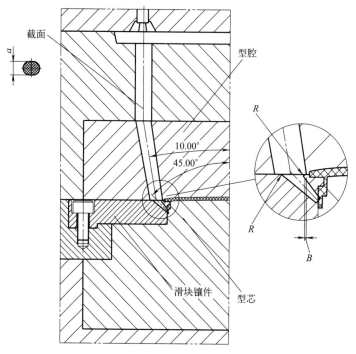

截面

型腔

10.00°

45.00°

滑块镶件

型芯

R

R

B

a

图 5-22 三板模滑块上的分流道

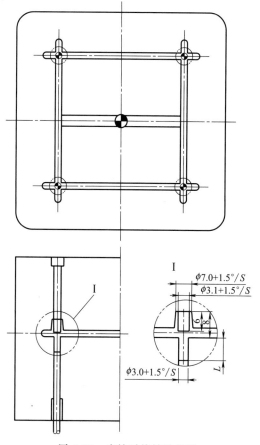

I

I

$\phi 7.0 + 1.5° / S$

$\phi 3.1 + 1.5° / S$

$\phi 3.0 + 1.5° / S$

6

L

图 5-23 电镀时的辅助流道

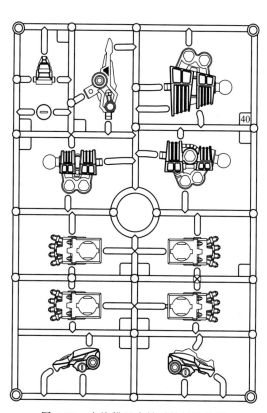

40

图 5-24 家族模具电镀时的辅助流道

5.3.3　分流道的截面

5.3.3.1　分流道截面形状

分流道的截面形状常用的有圆形、U形、梯形、半圆形、正六边形和矩形等。

为减少分流道内的压力损失和热量损失，希望分流道的截面积最大，而内表面积最小。对于相同流量的熔融塑料，应该使流动阻力和热损失达到最小值，即分流道的效率用分流道的截面积 S 与其截面周长 L 的比值来表示。

$$\eta = \frac{S}{L}$$

式中　η——分流道的效率；

　　　S——分流道的截面积，mm^2；

　　　L——分流道的截面周长，mm。

因此，在选择分流道的截面形状时，应考虑分流道的效率和模具结构。不同截面形状分流道流动效率及其热量损失见表5-4。

表 5-4　不同截面形状分流道流动效率及其热量损失

流道截面形状							
效率 $\eta=\dfrac{S}{L}$	$0.25D$	$0.217B$	$0.217B$	$0.195B$	$0.153D$	$H=\begin{matrix}B/4\\B/2\\B/6\end{matrix}$	$\begin{matrix}0.166D\\0.100D\\0.071D\end{matrix}$
与圆形截面的效率比	1	0.952	0.92	0.887	0.864	$H=\begin{matrix}B/4\\B/2\\B/6\end{matrix}$	$\begin{matrix}0.836\\0.709\\0.62\end{matrix}$
热量损失	最小	小	较小	较大	大	最大	

实践证明，在截面积相等的情况下，正方形的周长最长，圆形最短。周长越短，则阻力越小，热量损失越少，因此效率越高。分流道效率从高到低的排列次序依次是：圆形、U形、正六边形、梯形、矩形和半圆形。

综合考虑各种截面形状分流道的流动效率及热量损失，通常采用圆形、梯形、U形三种分流道截面形状。

① 圆形分流道。优点：比面积最小，体积最大且与模具的接触面积最小，阻力也小，有助于熔融材料的流动和减少其热量传到模具中。

正六角形截面的分流道，特点与圆形截面类似，效率比圆形截面分流道稍低，只在特殊情况下采用。

② 梯形分流道。优点：在模具单侧即可加工，较省时。应用场合主要为：

a. 普通两板模具，代替圆形分流道，将梯形分流道只开设在动模一侧。

b. 三板式模具的分流道，加工在定模板背面，此面靠近流道推板。

c. 带推板的模具，流道只能做在定模侧。

d. 哈夫模具，流道需要做在定模侧，位于滑块的上表面。

以上情况多采用梯形或者 U 形分流道，避免采用半圆形分流道。

梯形截面的宽度 B 一般取 $4 \sim 8mm$，高度 $H = (0.66 \sim 0.85) B$，单边斜度取 $5° \sim 10°$，底部加工 $1 \sim 2mm$ 圆角，以利于塑料流动，方便凝料脱模。

③ U 形分流道。U 形截面的分流道效率较高，可以只在一边模板上加工，容易制造，流道凝料脱模方便，所以在模具中最为常用，适合在分型面比较复杂的斜面上设计，汽车模具优先选用。U 形分流道熔融料与分流道的摩擦力及温度损失较梯形截面的分流道要小，是梯形截面的改良。

④ 半圆形分流道及矩形分流道。半圆形分流道及矩形分流道的效率比较低，只在特殊情况下使用。

5.3.3.2 分流道截面尺寸

分流道的截面尺寸主要根据塑料的流动性、工艺性能、注射速率、塑件质量、塑件壁厚、塑件质量、分流道长度及模具结构来确定。各种塑料的分流道直径范围见表 5-5，如果采用梯形或其他形状，可按面积相等来推算相应参数。

要比较准确地确定分流道的直径，通常有以下三种方法。

第一种方法：根据塑件质量确定，见表 5-6。

第二种方法：根据塑件在分型面上的投影面积确定，见表 5-7。

第三种方法：根据塑件质量、壁厚和流道长度确定，见图 5-25 和图 5-26，具体过程如下：

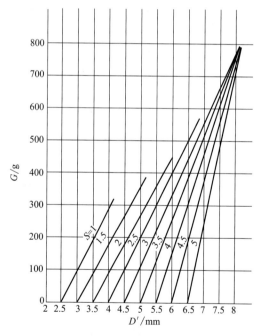
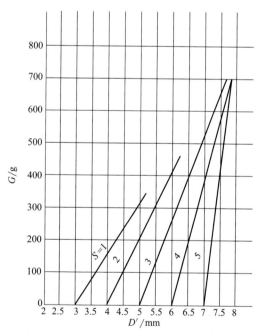

图 5-25 分流道直径尺寸曲线 1
D'—分流道直径；G—制品重量；S—制品壁厚

图 5-26 分流道直径尺寸曲线 2
D'—分流道直径；G—制品重量；S—制品壁厚

a. 对于 PS、ABS、SAN 等塑料制品，其分流道直径根据制品的质量及壁厚由图 5-25 查得；

b. 对于 PE、PP、PA、PC、POM 等塑料制品，其分流道直径根据制品的质量及壁厚由图 5-26 查得；

c. 从图 5-25 和图 5-26 中查出分流道截面直径后，再根据分流道长度 L，从图 5-27 中查出修正系数 f，最终的分流道直径 $D = f \times D'$。

第四种方法：计算法，对于壁厚小于 3mm，质量在 200g 以下的塑件，可用下述经验公式确定分流道的直径。

$$D = 0.2654 W^{\frac{1}{2}} L^{\frac{1}{4}}$$

式中　D——分流道的直径，mm；

　　　W——塑件的质量，g；

　　　L——分流道的长度，mm。

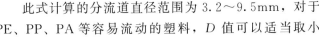

图 5-27　分流道直径尺寸修正系数

此式计算的分流道直径范围为 $3.2 \sim 9.5$mm，对于 PE、PP、PA 等容易流动的塑料，D 值可以适当取小值，对于 PC、PVC、PMMA 等难以流动的塑料，D 值的计算结果需要加大 25%（在 $3.2 \sim 9.5$mm 范围内）。

模具设计中，实际常用的分流道截面有三种：圆形、梯形和 U 形。U 形的截面，也有叫作抛物线形截面的，其斜度在不同国家和地区、不同的公司都有差异。计算所得的分流道直径需要根据加工刀具圆整，常见的尺寸圆整结果见图 5-28，梯形流道的斜度 5° 也可以在 $5° \sim 10°$ 范围内调整。

					mm
代表尺寸	4	6	8	10	12
D	4	6	8	10	12

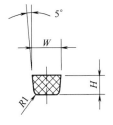

					mm
代表尺寸	4	6	8	10	12
W	4	6	8	10	12
H	3	4	5.5	7	8

图 5-28　分流道尺寸圆整值

表 5-5　不同塑料的分流道直径

塑料名称	流道尺寸/mm	收缩率
A B S	$4.75 \sim 9.53$	$0.005 \sim 0.007$
ACETAL(CELCON)	$4.76 \sim 9.53$	$0.020 \sim 0.035$
ACETATE C. A.	$4.76 \sim 7.92$	$0.002 \sim 0.005$
ACRYLIC	$7.92 \sim 9.53$	$0.005 \sim 0.009$
E V A	$6.35 \sim 12.70$	$0.010 \sim 0.030$
NYLON 6	$4.76 \sim 12.70$	$0.007 \sim 0.015$
NYLON 6.6	$1.57 \sim 9.53$	$0.010 \sim 0.025$
K. RESIN	$4.76 \sim 9.53$	$0.005 \sim 0.007$
PC	$4.76 \sim 9.53$	$0.005 \sim 0.007$
PE L. D.	$1.57 \sim 9.53$	$0.015 \sim 0.035$
PE H. D.	$4.76 \sim 9.53$	$0.015 \sim 0.035$

塑料名称	流道尺寸/mm	收缩率
POLYPHENYLENE OXIDE	6.35~9.53	0.007~0.008
PP	4.76~9.53	0.010~0.030
PS G. P.	3.18~9.53	0.002~0.008
POLYSULFONE	6.35~9.53	0.002~0.008
软 PVC	3.18~9.53	0.015~0.030
硬 PVC	6.35~12.70	0.002~0.004
SAN	4.76~9.53	0.005~0.015
PMMA	6.00~9.50	0.002~0.008
POM	3.20~9.50	0.015~0.035
PPO	6.40~9.50	0.005~0.008

表 5-6　根据塑件质量确定分流道

分流道尺寸/mm	产品重量/g
4	85
6	340
8	340 以上
1	
12	大型塑件

表 5-7　根据塑件投影面积确定分流道

分流道尺寸/mm	产品投影面积/mm²
4	700
6	1000
8	50000
10	120000
12	120000 以上

　　表 5-6 和表 5-7 为苯乙烯一般情况下分流道参考尺寸，但根据塑料的特性以及产品形状等有必要增减其尺寸。

　　经过计算得出的分流道尺寸，还需根据同类模具设计积累的实际经验加以修正，借助电子计算机软件进行模拟分析，得出最佳的设计方案。

5.3.4　分流道切换

5.3.4.1　DME 的流道切换装置

　　DME 的流道切换装置见图 5-29，用于一模两穴或多穴模具，控制流道流向以达到可生产其中任意塑件的目的。材料 H13，48~52HRC。

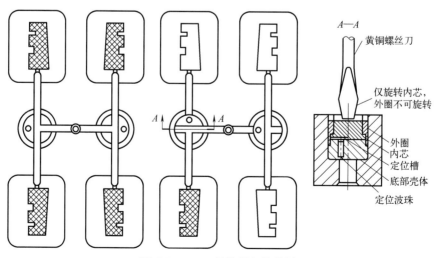

图 5-29　DME 的流道切换装置

5.3.4.2　MISUMI 的流道切换装置

对于多腔模和多种异型塑件的家族模具，依流道平衡程度的不同，各型腔的塑料充填时间容易产生偏差。当充填时间产生偏差时，通常的调整方法是调整流道直径，均衡充填时间。为了调整流道直径，需要对流道进行扩孔加工，或者将型腔分割成若干镶块，但这样比较费时费力。日本 MISUMI 开发的流道流量调整销是一种在实现流道切换的基础上进行流量切换的标准元件。这种流道流量切换标准件可以在不拆卸模具的情况下，在注塑机上从分型面轻松实现流道的切换或者流量调整，通向特定型腔的塑料在切断后也可以很方便地重新接通。图 5-30 所示为 MISUMI 的流道切换装置安装示意图，图 5-31 为 MISUMI 的流道切换装置流量调整方法，图 5-32 为不同塑件共模的流量调整方法，图 5-33 为多腔模具的流量调整方法，在各型腔的浇口附近设置流道流量调整销，进行流量调整，并切断流向特定型腔的塑料流。

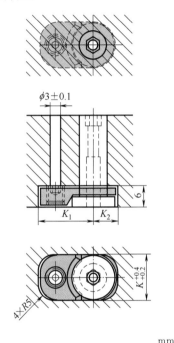

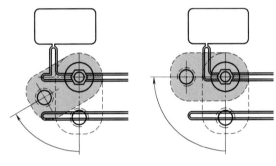

若安装位置有流道等部件且挡块的扳手孔造成干涉时，可移动挡块的安装位置后再使用

mm

D	K	K_1	K_2
8	13	16	7
10	15	17	8
13	18	19	10（9.5）
16	21	20	11

图 5-30　MISUMI 的流道切换装置安装示意

5.3.4.3　流道切换装置的参数设计

为了便于流道切换，流道切换装置只能使用在单边分流道的模具中，即梯形流道、U 形流道和半圆形流道。模具从分型面打开后，就可以采用内六角扳手实现流道切换。常用流道切换装置的参数设计见图 5-34。在该装置底部的模板上安装定位波珠，对应流道切换装置底部的四个 V 形槽来定位。

分型面的分流道切换一般用于两板模，对于细水口的三板模，需要从型腔板底部的分流道进行切换，具体设计可以参考两板模的做法。六角匙 M 为 12，$H_1 = H_2 + 10$，d 为模具流道大小，H 根据模具后模仁高度来确定。材料为 SKD61，热处理 48～52HRC。

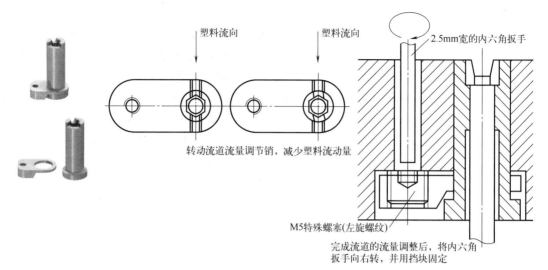

图 5-31 MISUMI 的流道切换装置流量调整方法

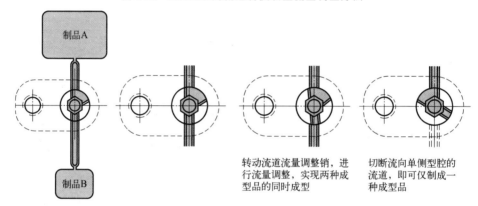

图 5-32 不同塑件共模的流量调整方法

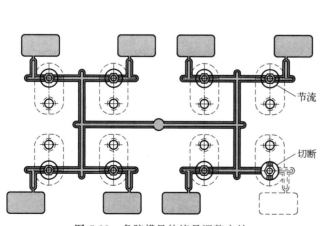

图 5-33 多腔模具的流量调整方法

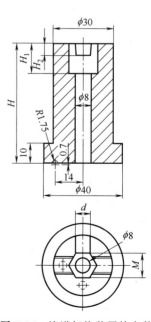

图 5-34 流道切换装置的参数

5.3.5 分流道与浇口的连接方式

分流道与浇口的连接处应加工成斜面，并用圆弧过渡，有利于塑料熔体的流动及填充，如图 5-35 所示。

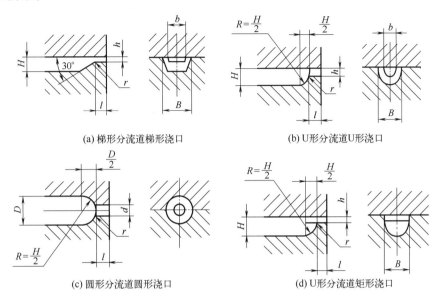

(a) 梯形分流道梯形浇口   (b) U形分流道U形浇口

(c) 圆形分流道圆形浇口   (d) U形分流道矩形浇口

图 5-35 分流道与浇口的连接方式

5.3.6 分流道平衡

流动平衡是注塑模具一个非常重要的问题。如果熔融塑料在型腔内流动出现不平衡状态，通常会导致过压、翘曲及锁模力过大等一系列问题。流动平衡性问题通常针对型腔对称排列的注塑模。但是在实际应用中，为了节省生产成本，经常会将不同尺寸塑件设计在同一模具中。因此非对称多型腔注塑模也必须考虑流动平衡性，即确保不同尺寸产品的远端部分也必须在同一时间以同样的压力充满熔体。流动平衡是产品质量的保证。

多型腔模具中流道的主要目的之一是输送均匀一致的熔体到模具各型腔中。几何形平衡流道（所有流道分支的长度相等，截面形状对称）一直被认为能提供最合适的"自然平衡"。实际上分流道绝对平衡是无法做到的，通常将分流道设计成几何对称的形式只能做到相对平衡。图 5-36 为成型单个制品多腔模具，尽管在各流道分支上几何形状对称，然而在靠近模具中心的型腔（阴影部分的型腔或区域）与远离中心的型腔间总有一些变化。绝大多数情况下，模具型腔数超过四腔这种不平衡就越明显。然而，这种不平衡实际上依赖于流道的分支数目。型腔数目少的模具（如单型腔模具）也会产生不平衡问题，这主要依赖于流道系统的分布状态。

在很常用的 H 形流道布置中，比如像在图 5-36（a）中所看到的 8 腔模具中（图中只画了一半），更靠近内部（靠近主流道）的型腔成型的制品通常更大和更重些。可以预料在模具不同区域成型的制品其力学性能也不一致。这在使用纤维增强材料时尤为突出，其纤维长度变化达到 2∶1，并且流道剪切应力变化的直接结果是冲击强度明显改变。另外，为了使模具外沿部分的型腔充分保压，常使得中间部分的型腔因熔料过多而溢料。多少年来，人们把这种模具的不平衡误判为是由模具温度变化、型腔尺寸变化、模具方向引起的重力（或模

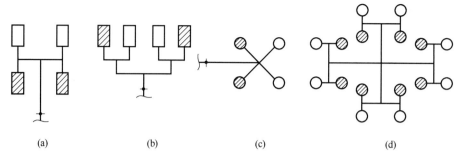

|(a)|(b)|(c)|(d)|

图 5-36 流道布局的样式（阴影部分的材料将受高剪切力作用）

板变形）而引起的。

由于剪切速率、温度以及材料黏性在流道长度和截面上的变化，使流道中塑料的流动相当复杂。所有流动速率下，流道内接近最外区域上的剪切速率最大，中间区域为零（见图5-37）。可以预料模具内流道和浇口处的剪切速率最大，同样，熔体速度也最大。

靠近外壁的高剪切速度区域对黏性有多重影响。这个区域的黏性是下降的，因为：材料的非牛顿特性；由非牛顿特性引起的摩擦热。摩擦热使流道外层熔体的温度比内层高。尽管一些热量可通过导热散发到较冷的模具壁上，但外层的高温度将一直存在。在热流道中，特别是热固性材料注射或传递模塑中，外层摩擦热将叠加在由模具外壁加热所得到的热量上。

流道系统中，当有两个以上的分支流道时，流道截面上不均匀的剪切分布会使流动和材料不平衡。型腔之间的不平衡是公认的。当高分子熔体沿主流道向下流动时，在流道外周边形成较高的剪切区域，见图5-37中$C—C$剖面，为简化起见，在流道壁上形成的冻结层没有显示，图形只表示了材料的流动情形。当料流沿分支流道分流后，主流道一侧（见图5-37中的A区）的高剪切（较热）外层将会沿第二左分流道的左边流动。主流道的低剪切（较冷）的中心层流（见图5-37中的B区）将会流到该流道中的相反一侧。第二右分流道的情形与此相似。结果在第二分流道中一侧料流的特性与另一侧料流不同（$D—D$剖面）。假如经过第二分流道的熔料再进入第三分流道，由这些流道进行填充的各型腔间就产生了不平衡。

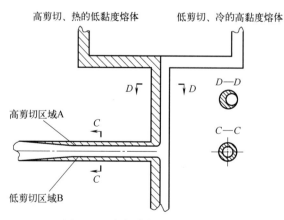

图 5-37 高低剪切区域的剖面图

通过以上分析，精密塑件的型腔数量越少越好，一般都不超过四腔。

5.3.6.1 型腔配置

单型腔不存在型腔配置问题。多型腔需要考虑型腔排列问题，包含型腔数目确定和型腔排列。型腔数目的确定有许多方法，如从生产批量、成本角度、经验曲线（型腔数和塑件生产量的关系）、注塑机类型的选择和额定参数（注射量、锁模力、注射压力等）等方面来确定型腔数目。首先根据塑件批量确定型腔数，再通过注塑机额定参数校核型腔，并加以比较，获得经济型腔数。通常型腔数主要根据塑件的生产量以及质量要求来确定。

型腔排列方式影响模具结构、浇口及流道的设计。型腔排列的方式有很多种，按照分流道的布置形状来分，可分为 O 形排列（也叫圆周排列或轮辐排列）、I 形排列（也叫直线排列）、H 形排列、X 形排列、Y 形排列和混合排列等多种形式。通过区分塑件是否精密成型、模具结构是否抽芯、塑件的类型、流道长度、加工难度、型腔数目、流动的平衡性等来确定型腔排列的方式。在多型腔中，分流道的布置有平衡和非平衡两类，而以平衡布置为佳。所谓平衡布置就是从主流道末端到单个型腔的分流道，其长度、断面形状和尺寸都是对应相等的，这种设计可使塑料均衡地充满各个型腔。

非平衡布置的优点是型腔较多时可缩短流道总长度。当分流道的长度较长时，可将分流道延长作为冷料井，使冷料不致进入型腔。

分流道的 I 形和 H 形排列平衡性好，但是在多型腔模具中，因分流道转弯较多，流程较长，热损失及压力损失大，因此比较适用于 PE、PP、PA 等流动性较好的塑料。H 形排列见图 5-38。

分流道的 X 形排列，其优点是转弯较少，可以减少能量损失，缺点是在多腔模具中对模具的有效利用面积不如 H 形排列。X 形排列见图 5-39（a）。在实际中，多腔模具常用多个 H 形和 X 形的复杂排列，这些排列都是平衡式流道布置，如图 5-39（b）和（c）。

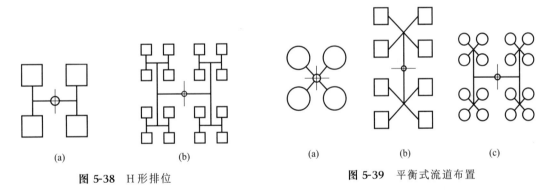

图 5-38　H 形排位　　　　　　　　　图 5-39　平衡式流道布置

关于分流道排列的详细知识，可参考《塑料注射模具设计实用手册》（宋玉恒主编，航空工业出版社出版）。关于型腔数量和流道平衡的详细分析，读者可参考《模具工程》（H. 瑞斯 著，朱元吉 等译，化学工业出版社出版）。

常见 O 形流道布置见图 5-40。O 形排列对于某些形状简单的长条形产品，例如长的汤勺等产品，可以在模具上获得较多的型腔排位从而降低注塑成本。但是对于胶位复杂的模具，如果型腔无法用 CNC 完全加工到成品，需要电火花加工时，会使模具制造成本大幅上升。因为不同的位置需要加工不同的电极，电极无法多腔使用。额外增加的模具成本包含电极材料费、电极加工费、电火花费用等。

非平衡式排列见图 5-41。这种排列流道较短，方便型腔布局，在小塑件或者精度一般的塑件中经常采用，可以降低成本。

5.3.6.2　广义的流道平衡

就单型腔而言，熔体前锋面同时到达型腔各末端，称作流动平衡。对于多型腔模具，熔

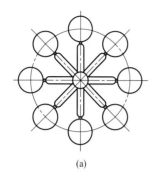 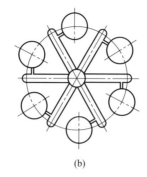 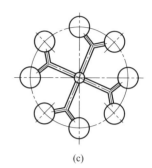

(a)   (b)   (c)

图 5-40 常见 O 形流道布置

体前锋面于同一时间抵达各型腔末端，就叫作流动平衡。流动平衡的设计使得熔体的压力、温度及体积收缩的分布较均匀，塑件的品质较好。

流道系统一般分为自然平衡流道系统和非自然平衡流道系统。在自然平衡流道系统中，所有流动路径的形状、尺寸和长度都相同，因而每条流道路径中熔体的流动特征也相同。在非自然平衡流道系统中，各流道路径的几何形状和长度各不相同，因而熔体在每条流道路径中的流动阻力也不相同。

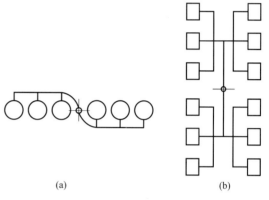

(a)   (b)

图 5-41 非平衡式排列

在注塑充填阶段，熔体流动不平衡是造成塑件翘曲变形的一个重要原因。理想的充填模式是熔体在充填过程中保持恒定的前锋面速率，同时到达型腔各个部位。描述充填过程是否平衡的方法有很多，在注塑参数和型腔结构相同情况下，往往成型时能量消耗最小的浇口设计能够实现熔体的平衡充填，而能量消耗最小等同于完成充填过程所需的注射压力最小。广义的流道平衡可以理解为以下三点。

① 流动平衡的原则。模具内的流道设计充填时应全部同时具有相等的压力降。

② 压力梯度一定的原则。理想的充填方式是压力梯度方式，即每单位长度的压力降在流道全域都保持恒定。

③ 除了传统的流道和浇口平衡之外，冷却系统也必须平衡。

广义的浇注系统平衡的概念除了传统的流道和浇口平衡之外，冷却系统也必须平衡。冷却系统平衡（balanced cooling）有两种情况，一是对于多腔模具，要求环绕每一穴的冷却水路具有相同的位置和长度，二是对于单型腔的大型模具，制品的每个部位都具有相同或等效的冷却回路，这种冷却系统平衡，对于大型的精密注塑制品显得尤为重要。

单个塑件的流道平衡问题，如果塑件存在多个类似的组成单元，每个单元都需要设置进胶点，则这些浇口也需要平衡，例如图 5-42 所示的按键模具。图 5-42 中，图（a）为按键产品图，此按键有 12 个按钮帽，每个按钮帽用很细的胶位与按键主体框架连接，因此，每个按键帽的根部都需要设计一个点浇口。图（b）为 A 板图，可以看出其流道排布，图（c）为 1 出 2 型腔排位图。两穴型腔做到流道平衡，每个型腔的浇口之间做到流动基本平衡。

图 5-43 所示的传真机上壳，有三排共 18 个按键，按键通过细小的胶位与壳体相连，保

证连接牢固，有弹性。塑件采用 ABS 原料制造，塑件的外形尺寸为 221.9mm×83mm×12.63mm，塑件质量为 47.7g，塑件平均胶位厚度 2.0mm。为了保证注射时的流道平衡，使得按键和壳体同时充满型腔，每个按键部位均设计了一个进胶点，由于存在多个浇口，模具设计成细水口模胚的三板模。实践证明，这样的设计是有效的。流道和浇口的排列见图 5-44。

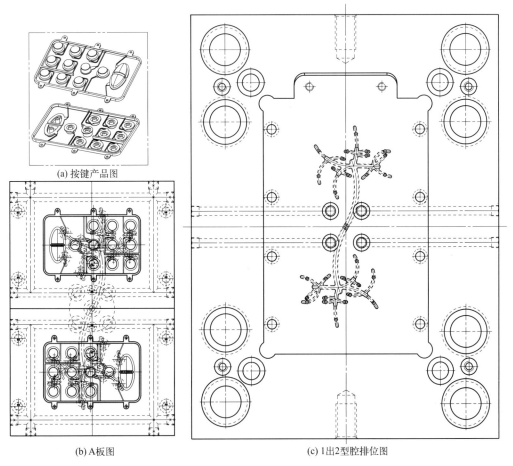

(a) 按键产品图

(b) A板图

(c) 1出2型腔排位图

图 5-42　按键塑件和模具图

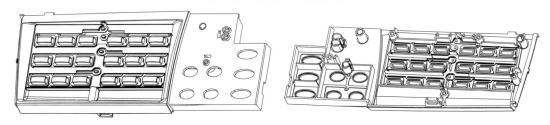

图 5-43　传真机上壳

图 5-45 所示为打印机托纸盘，该产品是打印机的一个重要零件，纸张从其表面通过，因此要求其表面光洁、无任何阻碍纸张通过的缺陷。产品长度为 371.5mm，材质为 POM，平均胶位厚度为 1.5mm，质量为 72.86g。产品由 7 片组成，中间连接部位很窄，因此，设计 7 个点浇口，每个方块各有一个浇口，选择浇口位置后，设计流道曲线，使流动基本平衡，浇口设计见图 5-46。

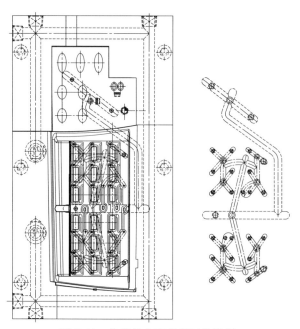

图 5-44　传真机上壳点浇口位置图

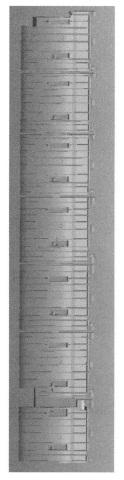

图 5-45　打印机托纸盘

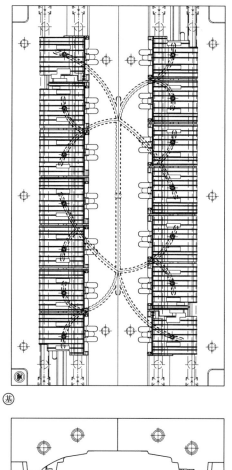

图 5-46　打印机托纸盘点浇口示意图

5.4 浇口设计

5.4.1 浇口位置选择原则

5.4.1.1 浇口的定义

浇口是流道和型腔之间的连接部分。浇口的主要作用为：保证熔体充模时具有较快的流动速度和较好的流动性；控制流入型腔的熔融塑料的体积和流动方向；固化前，在型腔内封闭熔料并阻止其回流到流道；便于制品脱模；控制浇口封闭时间以及熔体充模时的流动性能。对浇口的要求为易于从塑件分离，对塑件外观影响小。

模具设计必须小心地控制熔体的黏度，以获得尽可能好的熔体质量。浇口尽可能设计较小的尺寸。尽管浇口残迹使某些产品表面出现问题，但在美国取 0.04in[1] 浇口是相当普遍的，而在欧洲通常取 1mm。

尽可能使用低的注射压力。尽可能开大浇口尺寸以减小所需压力。在螺杆停止运动后，不要保持升压压力以节约能源。浇口尺寸很小的改变，即使千分之一英寸，在浇口的横截面上也会引起显著的变化。例如，浇口尺寸由 0.04in 改为 0.05in，则面积增加 56%。这对充模所需的压力有决定性的影响。这意味着能够降低熔体的温度，需要从模具上散失的热量减少，能够明显缩短注塑周期。

因此，浇口在能耗方面具有重要作用。目前模流分析软件所采用的现代技术，能够分析浇口对塑件质量、循环周期和能量消耗的影响。如果浇口尺寸允许，就降低熔体的温度。节约用于熔体准备和从模内散发的能量，同时也改善了循环周期。

5.4.1.2 浇口设计要点

在设计浇注系统时，浇口位置的选择，将直接关系到制品的成型质量及注射过程是否能顺利进行。可参照模流分析判断是否能充满，熔接线在哪里，哪里需要排气等，分析型腔各位置充填是否在同一时间结束。每增加一个浇口，至少增加一条熔接线，同时增加一个浇口痕迹、增加流道的体积及增加型腔内气体的汇集。因此在型腔能够满足充填的前提下，浇口数目愈少愈好。浇口可以设置在制件的一处或多处，而且可有多种类型，一般根据各自特性使用在不同场合。浇口设计要点如下。

① 浇口应开设在塑件断面较厚的部位，使熔体由厚壁处流向薄壁区域，保证熔体充分充填，如图 5-47 所示。浇口开设在塑件断面较厚的部位，以确保补缩的料流能够维持得最久，厚壁处才不会因为较大的收缩，而产生缩痕和缩孔。

正确　　　　　　　　　　　　错误

图 5-47 浇口选择正误对比

② 浇口位置的选择，应使塑料充模流程最短，以减少压力损失。在确定浇口数量和位置时，须校核流动比，以保证熔体能充满型腔。若计算出的流动比值大于允许值，则需要增加制品厚度或改变浇口位置，或采用多浇口方式来减小流动比。为了减少浇口数目，每一浇

---

[1] 1in≈25.4mm。

口应在塑流力所能及的流长/壁厚比之内，找出可以涵盖最大产品面积的浇口位置。

③ 浇口的设置应不宜使熔融料直接冲入型腔，防止发生喷射。若熔融料直接冲入型腔会产生蛇形纹，使塑件外观出现缺陷。当小浇口正对着宽度和厚度很大的型腔时，高速料流通过浇口会受到很高的剪切应力，从而产生喷射和蠕动等熔体断裂现象。因喷射的熔体易造成折叠，使制品上产生波纹状痕迹。如果产生漩纹，制品表观质量非常差，更重要的是制件的力学性能和化学性能也会降低。浇口若能布置成冲击型浇口，也就是使得进入浇口后的塑料熔体能冲击到阻挡物（如型腔壁等），让塑料熔体稳定下来，就可以减少漩纹概率。

④ 浇口位置的选择，应有利于排除型腔中的空气。浇口位置应保证熔体流动可以将模具中的气体推到分型面有效地排气，以避免产生塑件烧焦、注不满等现象。气穴的存在重则导致短射或焦痕，轻亦影响制件外观和强度。

⑤ 浇口位置的选择，应防止在塑件表面产生熔接线，特别是在圆环形开孔的塑件中，在浇口对面的熔料结合处加开冷料井或加强排气，以避免影响材料的使用性能和制品表面质量等。更改浇口位置尽量避免制品产生熔接痕和夹纹，或使熔接痕和夹纹产生于制品不重要的部位。如果实在无法移除熔接线，那么可以靠增加前锋面熔体温度、减小相遇前两股熔体的温差、增加两股熔体相遇后的熔体压力或增加两股熔体相遇前的交汇角来改善熔接的品质。

⑥ 带有细长型芯的注塑模的浇口位置，应当尽量远离型芯，避免塑料直接冲击小直径型芯及镶件使其产生弯曲或折断。如图 5-48 所示，浇口应选择在型芯强度最大处，不易弯曲。

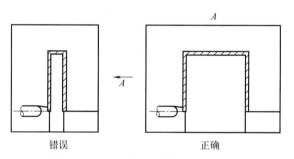

图 5-48　浇口选择在型芯强度最大处

⑦ 大型或扁平薄壁件成型时，为了防止翘曲、变形和缺料，可采用多浇口成型。浇口位置与塑件平面度有巨大关系。浇口的布置若能形成单一方向流，熔体进入型腔后，其前锋面能以一平直的形式推进，那么塑料熔体在流动方向和垂直流动方向的收缩就不会相互牵制，可以产生平面度高的塑件。

⑧ 浇口应尽量开设在不影响塑件外观和装配的部位，如边缘和底部，并应尽量易于修整。尽可能避免将浇口设计在圆弧面或其他不平整的面上。模具设计时，浇口不能在产品的外观面上，如无法避免则必须征得客户的同意。

⑨ 设计多型腔注塑模，应结合流道平衡考虑浇口平衡，尽量做到熔融料同时均匀充满各型腔。相同或对称的塑件，浇口位置应保证各个方向的流动长度相等，浇口设置在对称点以避免非对称充填所引起的收缩、翘曲和塑料部分区域过压。浇口设置于制品最易清除的部位，同时尽可能不影响制品的外观。

⑩ 设计时，流道尽量减小弯折，表面粗糙度 Ra 为 $1.6 \sim 0.8\mu m$，只要可能，浇口区域尽量通过磨削完成，如可避免，则不使用电火花加工。

⑪ 最重要的是，模具设计尽可能自动断浇口，如选择潜伏式浇口、牛角进胶或热嘴等。

⑫ 浇口位置与型芯偏移。正确的浇口位置应使得进入浇口后的熔体对型芯施加相互抵消的压力，避免型芯因单边受力太大而偏移，以致成型的塑件在压力大的一侧厚，而在压力小的一边薄，这也会造成脱模困难以及塑料损坏。对于带有细长型芯的浇口，会使型芯因受

到熔体的冲击而产生变形，此时应尽量避免塑料正面冲击型芯来确定浇口的位置，如图 5-49 所示。

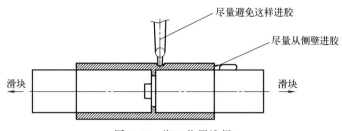

图 5-49 浇口位置选择

⑬ 浇口位置与制件力学性能。浇口位置不应处于承受强载荷区域，因为浇口区域有可能是强度最弱的部位。

⑭ 对于 PC 和 PMMA 等透明件，流道一定不能直冲，容易产生流痕，可按图 5-50 采用 S 流道，避免产生流痕和气泡。

⑮ 对于长条形产品，进胶尽量从长度方向进，以减少产品变形。对于很长的产品可从其 1/3 处进。进胶位可选在图 5-51 所示的位置 1 或 2。

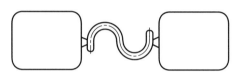

图 5-50 采用 S 流道

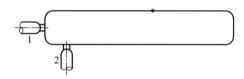

图 5-51 长条形产品进胶方式

⑯ 同一产品的多腔模具，其浇口必须设计在同一个位置，以便后期模具评审和塑件组装。如图 5-52 所示，图（a）在成型、模具开模、产品顶出的原理上都没有问题，但不利于模具评审，是不正确的设计，图（b）为正确的设计。

5.4.1.3　无穷浇口理论

根据以上的分析，我们看到在注塑模设计中，浇口位置是一个关键设计变量。不正确的浇口位置将会导致过压、高剪切率、很差的熔接线性质和翘曲等一系列缺陷。

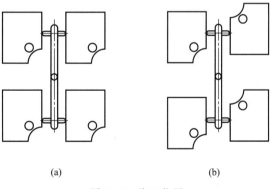

(a)　　　　　　(b)

图 5-52 浇口位置

如果将浇注系统设计方案数量作为函数，影响浇注系统设计方案数量的主要因素则为浇口数量和浇口位置。一个塑件的浇口数量有限，小的塑件可能只需要一个浇口，大的塑件需要一个到数个浇口，在不考虑塑件外观的情况下，浇口的位置则是千变万化的。不同的浇口数量和不同浇口位置的组合，使得浇注系统设计方案的数量是无穷大的，因此，可以认为浇注系统设计是浇口从 1 到 n 个不同方案的选择。

注塑成型 CAE 技术是根据连续介质力学、塑料加工流变学和传热学基本理论建立型腔内熔体流动和传热的数学模型，根据成型过程中压力场、温度场和速度场等的分布，运用数值计算理论建立定量求解方法，再根据上述模型与计算方法，采用计算机图形学，在计算机上形象和直观地显示出实际成型中熔体的动态充填冷却过程。

由于熔融塑料在型腔中流动过程的复杂性，模流分析软件可以通过模拟塑料的流动，分析浇注系统设计方案的优劣。分析之前，需要首先确定几套设计方案，然后对填充时间、注射压力、气穴分布、熔接痕分布和翘曲变形进行模拟分析对比，再运用软件模拟选取最优方案。

无穷浇口理论所要阐述的是，针对浇注系统设计方案，精确确定其浇口位置和数量，是现阶段模流分析软件所不能解决的问题。期待随着科学技术的发展，模流分析软件可以解决此问题。

5.4.2 浇口形状

5.4.2.1 直接浇口

熔融塑料经直接浇口进入型腔，所以压力损失很小，注塑成型比较容易，注塑后去除浇口困难，也会在制品上留下较大痕迹。直接大水口进胶适用于一模一穴，见图 5-53，浇口不影响产品外观，宜成型深腔的大型塑胶制品，不宜成型平薄形塑件和容易变形的塑件。D 值取 $8 \sim 12$ 之间，对于平薄形塑件和容易变形的塑件 D 值最大取 $2S$，L 值一般不超过 150，遇到特殊结构再加长。主流道底下需做凸台，$D_1 = 2D$，$S_1 = S/2$，$S_2 = S/2 \sim 2\text{mm}$，$C = 2°$、$3°$ 和 $4°$。S 为产品平均胶厚，且 $d_2 \geqslant d_1 + 0.4$。

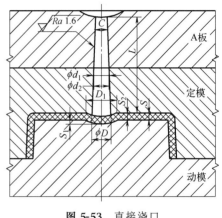

图 5-53 直接浇口

5.4.2.2 侧浇口

侧浇口的主要特点：形状比较简单、加工方便，浇口修剪比较容易，适用于各种形状的塑件，但对于细而长的筒形制品，当筒轴线垂直于分型面时，侧浇口不适用。同时 L 的尺寸与硬模和软模有关，通常硬模取值较小，软模取值较大。在北美各国，一般使用硬模较多，L 的取值在 $0.75 \sim 0.8\text{mm}$ 左右。侧浇口见图 5-54。

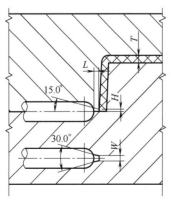

$L=0.6 \sim 1.0\text{mm}$(中小制品)
$L=1 \sim 1.5\text{mm}$(大型制品)
$L=0.3 \sim 0.5\text{mm}$(特殊情形)
$H=1/3 \sim 1/2$ 的壁厚或 $0.5 \sim 1.5\text{mm}$
$W=1.0 \sim 2.0\text{mm}$(中小制品)
$W \geqslant 3\text{mm}$(大型制品)

图 5-54 侧浇口

5.4.2.3 搭接式侧浇口

搭接式侧浇口主要特点：制品外部不留浇口痕迹，同时此种浇口可以避免蛇形流的产生，需用剪钳或专用工具去除浇口。PVC、PU 塑料不宜采用此类浇口，见图 5-55。

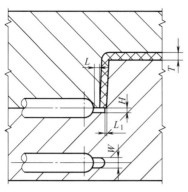

$L=0.6\sim1.0mm$(中小制品)
$L=1\sim1.5mm$(大型制品)
$L=0.3\sim0.5mm$(特殊情形)
$H=1/3\sim1/2$的壁厚或$0.5\sim1.5mm$
$W=1.0\sim2.0mm$(中小制品)
$W\geqslant3mm$ (大型制品)

图 5-55 搭接式侧浇口

5.4.2.4 扇形浇口

扇形浇口，适合分流道逐渐向型腔呈扇形展开的浇口形式。注射时可降低制品的内应力，主要适用于平板形制品及浅的壳形或盒形制品，扇形浇口形状如图 5-56 所示。

5.4.2.5 薄片浇口

薄片浇口主要适用于大型的平板产品，使产品不易产生变形、流痕和气泡等现象，其缺点是浇口不易剪除，如图 5-57 所示。

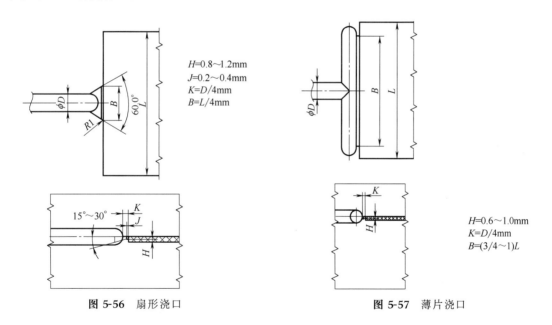

$H=0.8\sim1.2mm$
$J=0.2\sim0.4mm$
$K=D/4mm$
$B=L/4mm$

$H=0.6\sim1.0mm$
$K=D/4mm$
$B=(3/4\sim1)L$

图 5-56 扇形浇口　　　　**图 5-57 薄片浇口**

5.4.2.6 护耳浇口

护耳浇口又称调整片浇口，主要用于高透明度平板形制品，以及要求变形很小的制品。护耳浇口的作用是使熔融塑料从浇口进入护耳时，由于摩擦热而改善其流动性，同时降低流速并改变流向，使塑料平稳流入。护耳浇口如图 5-58 所示。

5.4.2.7 爪形浇口

爪形浇口一般用于中间有孔的塑件，主要特点：一模一腔时浇口与主流道相连，一模多腔时浇口与垂直分流道相连。如图 5-59 所示。

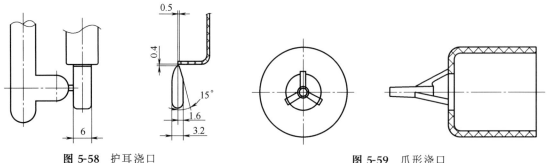

图 5-58　护耳浇口　　　　　　　　　　　图 5-59　爪形浇口

5.4.2.8　环形浇口

环形浇口主要用于较长的管形制品、圆筒形和圆球形制品，型芯两端均可定位，制品一般为旋转体，如图 5-60 所示。

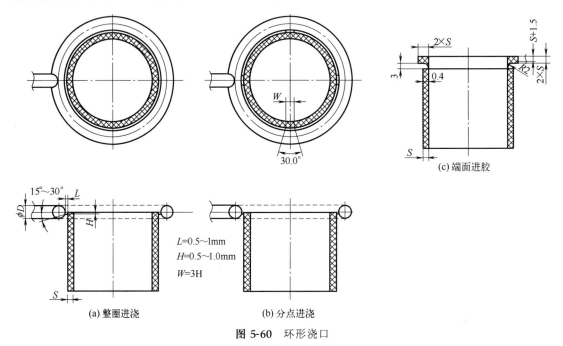

(c) 端面进胶

L=0.5～1mm
H=0.5～1.0mm
W=3H

(a) 整圈进浇　　　　　　　(b) 分点进浇

图 5-60　环形浇口

5.4.2.9　盘形浇口

盘形浇口又称圆片浇口，具有进料均匀、无熔接痕产生、排气性好等优点，常用于对塑件的圆度有较高要求的模具中，但流道的去除需要采取气动夹具冲切或者切削加工。盘形浇口如图 5-61 所示。

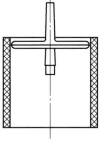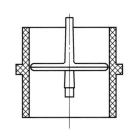

5.4.2.10　潜伏式浇口

潜伏式浇口是流道倾斜成一定角度与型腔连接的浇口形式，在实际中的应用越

图 5-61　盘形浇口

来越广泛，主要是因为其在顶出时能自动地与塑件断开，无塑件表面痕迹或痕迹较小，适合全自动生产。潜伏式浇口适用于要求自动去除浇注系统凝料的注塑模以及外观不允许有浇口

痕迹的产品。

根据所处的位置潜伏式浇口可分为潜定模（塑件表面）、潜动模（塑件表面）、潜推杆三种形式。潜伏式浇口具有以下特点：

① 无浇口残留，易于实现自动化生产；

② 对 PS 等材料，易产生浇口波纹痕迹；

③ 对 PMMA 等透明塑胶材料不宜使用潜伏式浇口，以免顶出胶粉和残渣冲入型腔，在制品上留下尘点，影响外观；

④ 可在制品中不影响装配处加设扁平筋以延伸浇口，但需后加工切除延伸部分；

⑤ 可作偏心进料。

潜伏式浇口根据顶出形式有推切式与拉切式两种，潜动模（塑件表面）、潜推杆两种浇口形式都属于推切式顶出方式，潜定模（塑件表面）属于拉切式顶出方式。无论哪种顶出方式，设计时都需要仔细分析流道的参数和浇口位置，保证浇注系统凝料能有效顶出。

（1）推切式潜直顶进胶

① 推切式潜推杆浇口在位置足够的情况下，优先使用直顶；

② 推切式潜推杆浇口外观无痕迹，但需后加工剪浇口料头；

③ 流道冷料井要低于进胶口位置，冷料井侧壁不用做脱模斜度；

④ 加工要求直顶与直顶孔配合间隙要求单边 $0.01\sim0.02$mm，进胶口不可打通，如图 5-62 所示，这样顶出时浇口切断不易拉模。

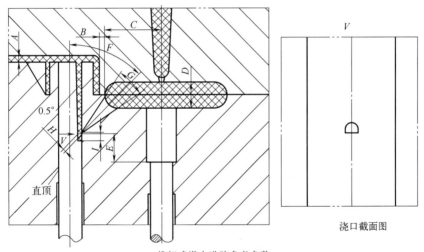

推切式潜水进胶参考参数

mm

机台	A	B	C	D	E	F	G	H	I
30、40T		$3\sim5$	$12\sim15$	$\phi2.8\sim\phi3.2$				$\phi1.2\sim\phi2.0$	
$50\sim100$T		$4\sim5$	$15\sim20$	$\phi3.5\sim\phi4$				$\phi1.5\sim\phi2.0$	
$160\sim280$T	$0.8\sim3.0$	$5\sim6$	$15\sim20$	$\phi4.5\sim\phi5.5$	5	$30°\sim45°$	$12°\sim25°$	$\phi2.0\sim\phi2.5$	$2\sim3$
$350\sim450$T		$5\sim6$	$18\sim25$	$\phi6\sim\phi7$				$\phi2.0\sim\phi2.5$	
$550\sim650$T		$5\sim6$	$18\sim25$	$\phi6.5\sim\phi7.5$				$\phi2.0\sim\phi2.5$	
850T		$5\sim6$	$18\sim25$	$\phi8$				$\phi2.0\sim\phi2.5$	

图 5-62 推切式潜直顶浇口

（2）推切式潜推杆浇口

① 推切式潜推杆浇口在位置紧张的情况下使用推杆，见图 5-63。

② 浇口推杆小于 $\phi3$ 的情况下使用带托推杆。

③ 浇口料头直径要大于浇口推杆 0.2～0.5mm，且侧壁做 0.5°～1.0°脱模斜度。

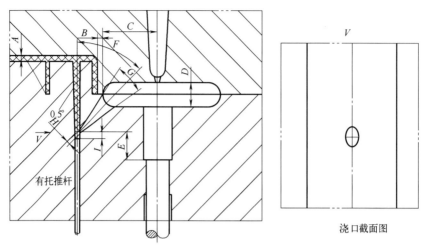

推切式潜水进胶参考参数

mm

机台	A	B	C	D	E	F	G	H	I
30、40T		3～5	12～15	$\phi2.8～\phi3.2$				$\phi1.2～\phi2.0$	
50～100T		4～5	15～20	$\phi3.5～\phi4$				$\phi1.5～\phi2.0$	
160～280T	0.8～3.0	5～6	15～20	$\phi4.5～\phi5.5$	5	30°～45°	12°～25°	$\phi2.0～\phi2.5$	2～3
350～450T		5～6	18～25	$\phi6～\phi7$				$\phi2.0～\phi2.5$	
550～650T		5～6	18～25	$\phi6.5～\phi7.5$				$\phi2.0～\phi2.5$	
850T		5～6	18～25	$\phi8$				$\phi2.0～\phi2.5$	

图 5-63 推切式潜推杆浇口

（3）拉切式潜产品侧壁浇口

① 拉切式潜产品外观侧壁浇口不需后加工，但浇口部位有痕迹，在客户允许时可以采用，见图 5-64。

② 因此类浇口需要拉切力拉断水口，故冷料井不可做脱模斜度。

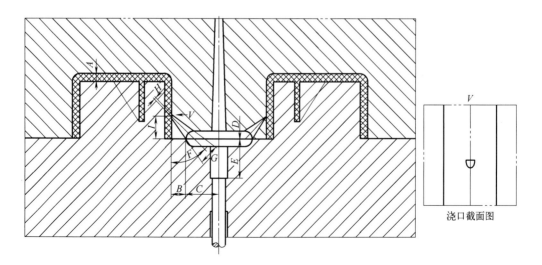

浇口截面图

机台	A	B	C	D	E	F	G	H	I
30,40T		3~5	12~15	$\phi2.8~\phi3.2$				$\phi1.2~\phi2.0$	
50~100T		4~5	15~20	$\phi3.5~\phi4$				$\phi1.5~\phi2.0$	
160~280T	0.8~3.0	5~6	15~20	$\phi4.5~\phi5.5$	5	30°~45°	12°~25°	$\phi2.0~\phi2.5$	2~3
350~450T		5~6	18~25	$\phi6~\phi7$				$\phi2.0~\phi2.5$	
550~650T		5~6	18~25	$\phi6.5~\phi7.5$				$\phi2.0~\phi2.5$	
850T		5~6	18~25	$\phi8$				$\phi2.0~\phi2.5$	

图 5-64 拉切式潜产品侧壁浇口

（4）流道尺寸 D

对于制品体积在 $2cm^3$ 以下的小产品为了使流道凝料重量尽可能小，流道尺寸 D 按表 5-8 加工。

表 5-8 流道尺寸 D

参数	流道上宽/mm	流道下宽/mm	高度/mm	角度/(°)	圆形流道 D/mm
体积 $2cm^3$ 以下	(2.527)	2	2	15°	2.2

（5）防止刮胶粒措施

根据生产实践，PC＋ABS、PC＋PS 等合金材料和 PET＋GF、PBT＋GF，因为材料较脆，浇口强行顶出时，容易刮出胶粒，胶粒容易残留在模具中，对成型下一个塑件造成不良。为防止胶粒残留在模具中，相应措施如图 5-65 所示。

（6）潜伏式浇口的改进型结构参数

图 5-66 为意大利某公司的潜伏式浇口改进型参数图，分流道截面为抛物线形，截面开口大于普通的 U 形分流道，开口斜度大于单边 10°，便于塑料流动，其所有设计参数均以塑件壁厚 T 为设计基准，浇口形状有半圆形（图 5-66 左上角）和扁长形（图 5-66 右上角）两种。

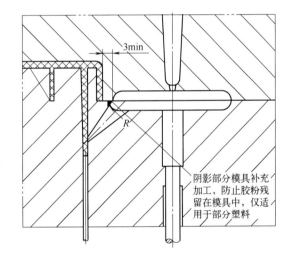

图中标注：3min、R、阴影部分模具补充加工，防止胶粉残留在模具中，仅适用于部分塑料

图 5-65 防止刮胶粒措施

（7）塑件尺寸和形状决定的潜伏浇口参数

图 5-67 所示为欧洲某公司的潜伏浇口设计标准，潜伏浇口的两个最重要角度是浇口锥角和倾斜角，浇口位置距离分型面的垂直距离越大，其倾斜角越小。一般地，较小的倾斜角容易出模。浇口的锥角一般不宜大于 20°，圆锥部位短粗，潜伏浇口设计各部位圆滑，进胶阻力较小，流道凝料不易滞留在流道里，适合全自动注塑生产。该标准根据塑件的材料、尺寸、形状和结构特点，将潜伏式浇口分为五种。第一种为正常高度的塑件，浇口截面为圆形；第二种为塑件高度很高的情形，浇口截面为小圆形；第三种为塑件高度很薄的情形，浇口截面为月牙形；第四种为分流道为圆形和 U 形的两种情形，适合难流动的材料，锥角为 30°，潜伏浇口的形状为倒立的椭圆形，椭圆的控制尺寸（短轴）为 ϕP，其数值范围为

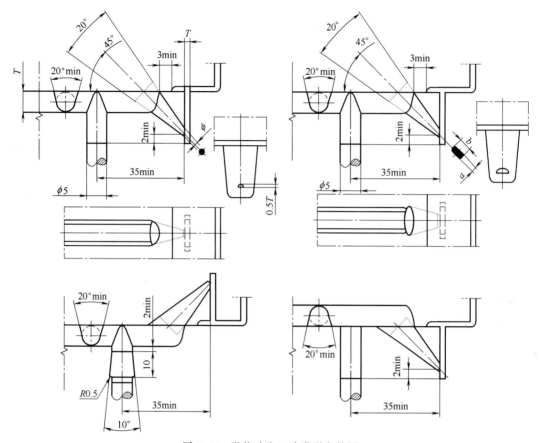

图 5-66　潜伏式浇口改进型参数图

0.8~1.4mm，见图 5-67，潜伏浇口控制尺寸 ϕP，使用针规检测；第五种适合高度较低的小型塑件，浇口形状为半个倒立的椭圆形。

（8）能够自动切断的侧浇口

能够自动切断的侧浇口是潜伏浇口与侧浇口的组合，既有潜伏浇口塑件与浇口模具内分离的优点，又类似于侧浇口，其浇口参数见图 5-68 与图 5-69。适合全自动注塑成型，浇口断面痕迹较小，第一次试模前，需要选择较小的浇口尺寸，待试模后根据试模情况改善。这

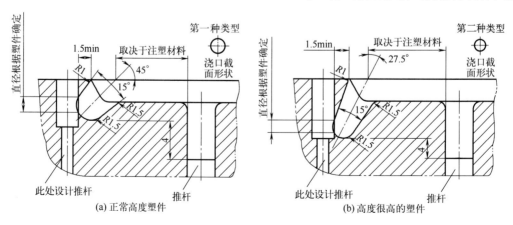

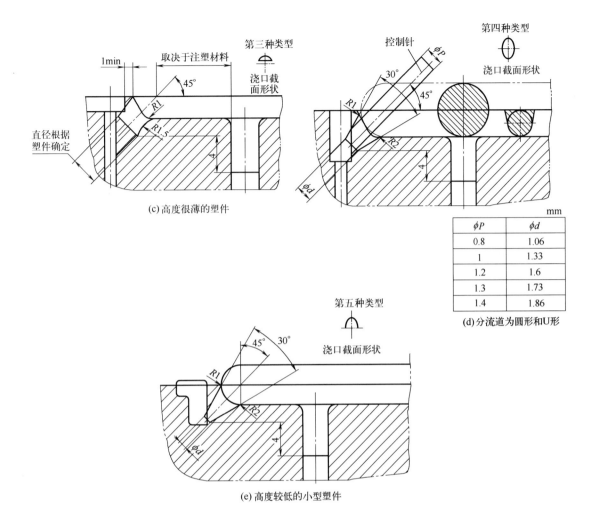

ϕP	ϕd
0.8	1.06
1	1.33
1.2	1.6
1.3	1.73
1.4	1.86

(c) 高度很薄的塑件

(d) 分流道为圆形和U形

(e) 高度较低的小型塑件

图 5-67　塑件决定的潜伏式浇口参数

种浇口在开模的瞬间，由设置于定模的分流道倒扣拉断浇口，见图 5-70。也可以在顶针板设计延迟顶出的推杆，利用延迟顶出分离塑件和浇口，一般差动顶出距离 $T=3\sim5\mathrm{mm}$，延迟顶出见图 5-71。

（9）潜伏浇口设计注意事项

潜伏式浇口的应用日益广泛，但设计时需要遵守一些注意事项，见图 5-72。图（a）、图（c）和图（e）所示为潜伏浇口的锥面尾部超过流道宽度，为错误的设计，正确的设计见图（b）和图（d）。

图 5-73 所示为脆性材料潜伏式浇口设计注意事项，需要加大流道尾部的斜度。

5.4.2.11　牛角浇口

（1）牛角浇口设计

牛角浇口是潜伏式浇口的一种变形，以弯钩流道的形式与产品内表面连接的浇口，可在PL面的同一高度上进胶。主要应用在塑件外观面和侧面均不允许浇口存在的情形，通常设计在塑件侧边的底部或靠近边缘的内侧。适用于要求自动去除流道凝料并且外观不允许浇口痕迹的产品。对一些特殊需要的制品采用此种形式的浇口，如制品内表面没有位置加骨位或骨位不够深。

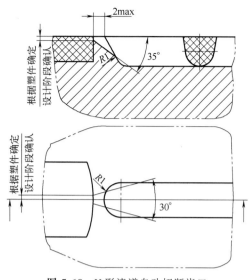

图 5-68 U形流道自动切断浇口

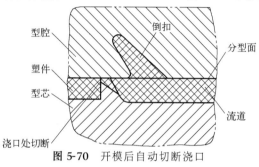

mm

D	d	T(制品壁厚)	备注
$3<D<3.5$	0.8	3	推荐尺寸
$3.5<D<4$	1	3	
$D=4$	1.2	4	推荐尺寸

图 5-69 O形流道自动切断浇口

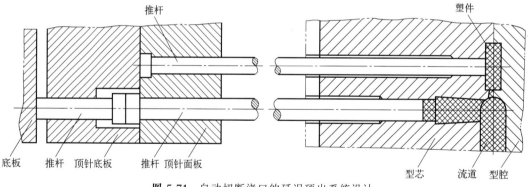

图 5-70 开模后自动切断浇口

图 5-71 自动切断浇口的延迟顶出系统设计

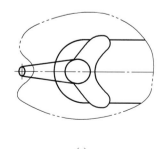

(a)

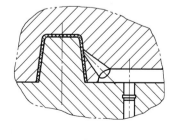

(b)

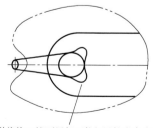

(c)

潜伏浇口锥面尾部不能超过流道宽度

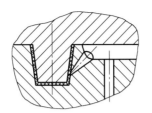
(d)

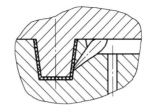
(e)

图 5-72 潜伏式浇口设计注意事项

牛角浇口主要特点是外观无浇口痕迹，易于实现自动化生产，不用修剪浇口。

① 对 PS 等材料，易产生浇口波纹痕迹。

② 对 PMMA 等较硬透明材料不可使用牛角浇口。

③ 注塑时产生的喷射有可能会使制品的外表面出现斑痕。

④ 牛角浇口是由两个镶件分开加工后嵌拼在一起形成的浇口，现在随着 3D 打印技术的出现，已经可以实现整体制作。

⑤ 双色产品浇口重叠时亦可使用牛角浇口。

⑥ 对于大型塑件，可以设计多个牛角浇口。大型塑件的牛角浇口截面为扁平形。牛角浇口同样适合于小型塑件，小型塑件的牛角浇口截面为椭圆形。

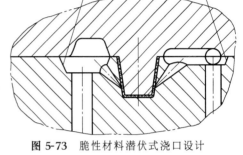

图 5-73 脆性材料潜伏式浇口设计

（2）牛角浇口尺寸参数

牛角浇口在欧洲和美国等发达国家得到广泛应用，图 5-74 所示为一家美国公司所制定的牛角浇口典型尺寸参数，注意尺寸单位为英制。

尺寸	硬塑料（ABS、PC、PS 等）	软塑料（PE、PP、PVC、TPE 等）
X	>0.045	>0.045
Y^*	$3D$ 或 $2X$	$2D$ 或 $1X$
Z	>45°	>30°

注：Y^* 采用 $3D$ 和 $2X$ 之间的最大值，或者 $2D$ 和 $1X$ 之间的最大值。

（3）加工要求

① 拉料杆端部要做一锥形凸台插入流道冷料定位。

② 冷料井直径要大于拉料针 0.5～1.0mm，且冷料井侧壁不可做脱模斜度。

③ 牛角浇口的两个镶件挂台要长，且不可悬空，避免松动。

④ 流道表面要光滑，抛光到至少 800♯砂纸。

⑤ 牛角浇口宽度必须小于所潜的骨位宽度，这样有利于在骨位与浇口连接处产生应力集中，容易拉断浇口。

⑥ 牛角浇口弯钩较长，冷料井深度至少要超过弯钩弧长 5～8mm。

（4）牛角入水设计注意事项

牛角入水的顶出部分需设置"弹折"结构见图 5-75，以使牛角流道受力优良，顶出顺畅。牛角入水以其独特的优点得到越来越多的应用，但在试模中也经常能看到因结构参数不合理而出现诸多不良问题。

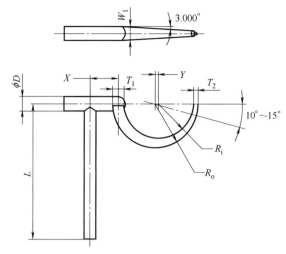

D	$W_1=D$	$T_1=0.8D$	$R_i=2.425D$	$R_o=3D$	$X=2D$	$L=R_o \times \pi$	$Y=0.225D$	T_2（计算值）
0.125	0.125	0.100	0.303	0.375	0.250	1.18	0.028	0.044
0.188	0.188	0.150	0.456	0.564	0.376	1.77	0.042	0.066
0.201	0.201	0.161	0.487	0.603	0.402	1.89	0.045	0.070
0.250	0.250	0.200	0.606	0.750	0.500	2.36	0.056	0.088

图 5-74　牛角浇口尺寸参数（单位：in）

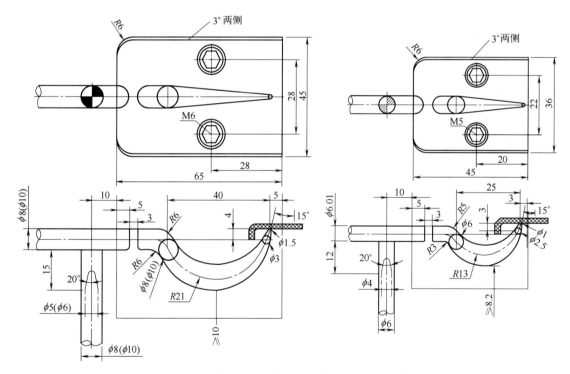

图 5-75　牛角浇口弹折结构

（5）牛角入水常见不良现象总结

① 流道顶不断或者断在流道里无法顶出。

② 断口不美观，断口残留高度过高，需要人工清理。

③ 浇口对应的外观面有冲纹。

④ 流道凝料顶出后反弹撞击塑件。为了改良浇口的断口形状及降低牛角流道顶出时弹打塑件的可能性，减小浇口残留，可在牛角入水的顶针底部设置 3～5mm 的延时结构。此延时顶出机构类似于图 5-71 自动切断浇口的延迟顶出系统设计。

（6）牛角浇口的扩大应用

牛角浇口为潜伏式浇口的一种特例，与普通潜伏式浇口相比，其优点在于进胶点位置与流道的距离可以更远，进胶点的位置选择更加灵活，压力降也相对较小，如图 5-76（a）所示。侧壁胶位厚度较大，需选择从侧壁进胶以减少压力损失，保证整体尺寸，普通的潜伏式浇口则难以做到从此位置进胶。图 5-76（b）中各尺寸关系如下：

$L=2.5d>15$，该值保证横流道在顶出时有足够的弹性变形量；

$L_1+L_2<$顶出行程$+1～2mm$，该值保证浇口能够完全顶出；

$H>L_1+L_2$，该值保证拉料针在浇口后顶出，而不致使流道从拉料针上脱落。

平衡料头的尺寸参数设计尽量与浇口对称；拉料针的上端设计成球形或倒圆角，以利脱模。

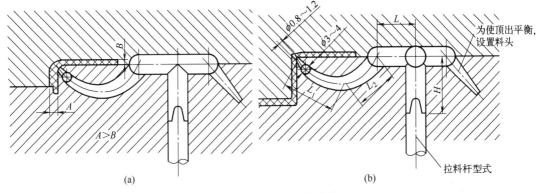

图 5-76　牛角浇口的扩大应用

（7）牛角浇口标准化进展

由于牛角浇口具有很多优点，在全自动注塑中的重要性日益凸显。欧洲国家对于牛角浇口的应用进行了技术创新，主要成果是众多的模具标准件供应商设计开发了多种类的牛角浇口标准件。这些标准件均为整体结构，采用 3D 打印制作，螺钉连接方便使用。这些标准件按照模具结构和塑料材料不同，分为多个规格。下面几个例子均来自英国模具标准件供应商 DMS 品牌。图 5-77 所示为在定模进胶的牛角镶件，开模后，分型面打开时，牛角浇口被自

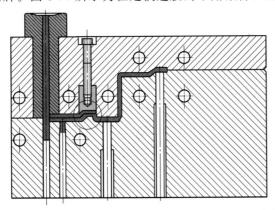
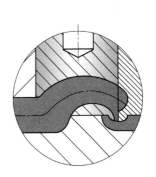

图 5-77　定模进胶的牛角浇口

动切断，具有取代点浇口的作用。

图 5-78 所示为在塑件内壁进胶的牛角浇口。牛角浇口的曲率较大，适用于弹性较好的塑料。购买牛角浇口标准件时，一定要根据塑件的结构和尺寸来确定，浇口大小各有不同，额定注射量也不同。表 5-9 为底部进胶 DMS 牛角镶件规格参数，浇口可以与分流道位于同一平面上，也可低于分流道所在平面。

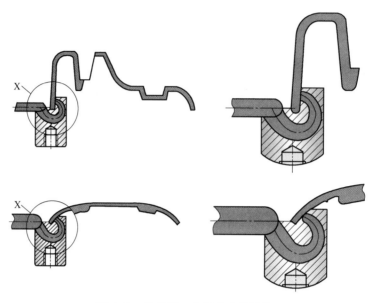

图 5-78　牛角浇口在塑件内壁进胶

表 5-9　底部进胶 DMS 牛角镶件规格参数

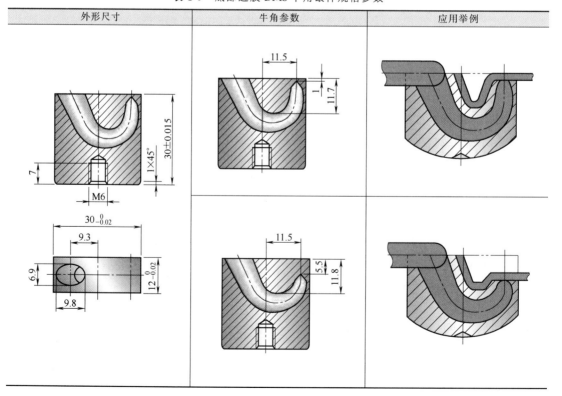

外形尺寸	牛角参数	应用举例

外形尺寸	牛角参数	应用举例
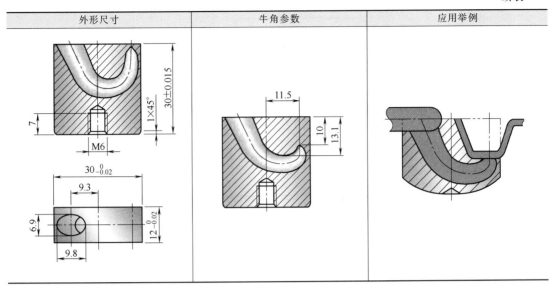		

5.4.2.12 点浇口设计

点浇口是一种截面尺寸很小的浇口。它可使塑料熔体产生较大的切变速率，能够降低非牛顿型塑料熔体的表观黏度以及通过剪切热提高料温。因为截面尺寸小，能够在开模时被自动拉断，浇口斑痕很小，不需修整，且容易实现生产自动化等多种原因，而被广泛应用在多种塑料的单腔、多腔或单腔多浇口注塑模中。

① 点浇口的优点：

a. 对设置浇口的位置限制较小；

b. 浇口附近的残余应力小；

c. 自动切除水口，易于实现机械手取件或自动化生产。

② 点浇口的缺点：点浇口的主要缺点是需用较大的注射压力，浇口封闭快，不利于补缩，对厚壁制品不大适宜。此外，在采用多点浇口时模具还必须增加一个分模面，以便取出浇注系统凝料，塑料材料消耗大。因此，在欧美等发达国家较少采用三板模，多采用热嘴或热流道系统来代替。

如图 5-79 所示为典型的点浇口模具的结构，包括浇口套、主流道、分流道、浇口、冷料井和拉料杆等。

模具在确定选用点浇口后，为保证进料表面不会因为浇口的痕迹而影响产品装配，一般在塑件表面浇口处设计一凹坑，为保证其填充质量，在后模相应部位也应有一加胶凸台，沉槽形状既可为球形，也可为圆柱形，但设计时应征得客户同意。具体形状如图 5-79（a）所示。

拉料杆的作用是在开模时首先保证流道凝料从 A 板脱离，然后通过流道推板将流道凝料剥离脱落，具体的参数如图 5-79（b）所示。

冷料井的作用是注塑时储藏冷料，防止冷料冲入模具型腔影响产品外观，并且便于机械手夹持料嘴取出流道凝料，具体参数如图 5-79（c）所示。

细水口模具流道不平衡时会导致流道推板推出凝料后凝料因重力转动，机械手取出困难，在这种情况下必须做止转销，保证流道凝料顶出后的位置不变，方便机械手取出，实现自动化生产，多用于大型模具及较长流道凝料，见图 5-79（d）。

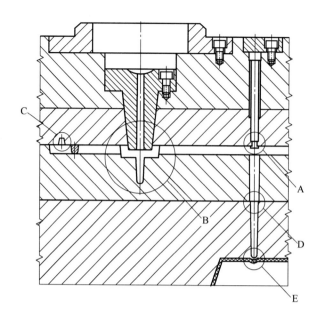

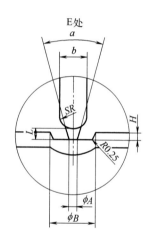

E处

点浇口参数推荐值

(M/C)/t	A/mm	B/mm	a/(°)	b/(°)	H/mm	L/mm	SR/mm
30~60	0.8	3.5	60°~90°	2°~4°	0.4	1.2	1.25
75~220	1.0	4	60°~90°	2°~4°	0.5	1.5	1.50
230~280	1.2	4.5	60°~90°	2°~4°	0.6	1.8	1.75
350 以上	1.5	5	60°~90°	2°~4°	0.7	2.0	2.00

（a）

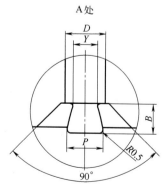

A处

拉料杆参数推荐值

D/mm	Y/mm	P/mm	B/mm
4	2.3	2.8	2.5
5	2.7	3.3	3
6	3	3.8	3
8	4	4.8	4

（b）

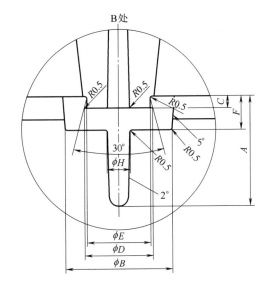

冷料井参数推荐值

(M/C)/t	A/mm	B/mm	C/mm	D/mm	E/mm	F/mm	H/mm
30~40	15	16	2	12	11.5	4	4
50~150	15	18	2.5	14	13.5	5	4
160~280	20	20	3	14	13.5	6	5
350~450	20	22	4	16	15.5	8	5
550~650	25	22	4	16	15.5	8	6
850~	25	25	6	18	17.5	10	6

(c)

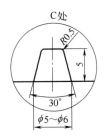

(d)

流道上宽/mm	4	5	6	8	9	10
流道下宽/mm	3.5	4	5	6	7	8
高度/mm	3.5	4	5	6	7	8
钩针直径/mm	4	5	6	8	8	8
成型机大小/t	30~40	50~150	160~280	350~450	550~650	850~

(e)

图 5-79　点浇口模具的结构

　　锥形流道加工时的注意事项为：对于锥形流道在加工过程中内模锥形流道要比 A 板上的锥形流道单边小 0.2mm，便于凝料分离，防止因产生倒扣而发生粘模现象。

　　梯形流道的设计标准为：通常三板模的分流道设计在 A 板上，采用梯形流道，其流道宽度根据产品大小和成型机确定，不同的流道大小对于拉料杆的规格选用也不同，拉料杆如果在定位圈下方则可以通过定位圈来固定，否则应由压板螺钉来固定。其各部分的参数如图 5-79（e）所示。

　　对于制品体积在 $2cm^3$ 以下的小产品为了使流道凝料重量尽可能小，则取消倒钩位并缩短冷料井长度，具体形状参照图 5-80。

5.4.3　浇口封闭

5.4.3.1　浇口封闭时间

　　注塑成型过程通常分为两个阶段：第一阶段，大部分塑料充入模具中，一般为整个制

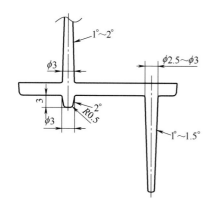

参数	流道上宽/mm	流道下宽/mm	高度/mm
体积 2cm³ 以下	3	2.5	2.5
体积 0.5cm³ 以下	2.5	2	2

图 5-80　小产品的三板模流道参数

品体积的 $90\%\sim99.9\%$；第二阶段，压实制品，得到与模具结构和外形相同的制品。注塑成型作业时，熔融塑料沿着主流道、分流道，经过浇口流入型腔。再经过充分冷却固化，从浇口部位切断。塑料固化完毕所需要的时间依赖于该部分塑料的厚度（塑料厚度越薄，固化就越快）。浇口完全固化叫作浇口封闭，从充填完成到浇口封闭的时间叫作浇口封闭时间。

第一阶段向第二阶段转换的控制是成型过程最关键的部分。转换时间决定了能否稳定加工出高质量的制品，而且也常常是从一台设备更换到另一台设备不能生产出相同制品的原因。应尽可能让转换过程短，即不论第一阶段最后是什么压力，都希望能够快速变化到第二阶段压实和保压所需要的压力。对大多数制品，正确的工艺控制，第一阶段结束到第二阶段压力设定点的时间应小于 0.1s。

固化是塑料发生相变并硬化的过程。相变的发生或者是塑料温度降低的结果，或者是化学交联反应的结果。在成型过程中，浇口封闭时间对制品品质有很大影响。对于热塑性塑料，当熔融塑料温度降到低于半结晶聚合物的熔点或无定型热塑性塑料的玻璃化转变温度时，浇口封闭。

5.4.3.2　浇口封闭时间对制品的影响

通过确定浇口封闭时间，确定合理的注塑工艺参数，为高效全自动注塑创造条件。浇口封闭时间对制品品质会产生以下影响：假设在浇口完全固化之前即浇口封闭时间到达之前解除保压，此时，树脂有可能从浇口倒流，保压充填进行得不充分，从而产生以下各种问题：

　　a. 成型收缩率增大；

　　b. 尺寸波动增大；

　　c. 重量波动增大；

　　d. 变形增大；

　　e. 空洞、凹痕恶化；

　　f. 制品强度下降。

为了防止上述问题，必须等待浇口封闭之后再解除保压。

5.4.3.3　浇口封闭时间的测定方法

所有的制品在浇口密封状态下加工是不可能的事。对于一件具体的制品，须进行浇口密封试验并检测浇口密封加工的制品和浇口不密封加工的制品的质量，确定哪种方式最好。

① 为了对成型品尺寸进行细微调整，有时需要改变保压压力和保压时间（实行多步保

压）。但是，浇口一经固化，这种调整就不能再继续进行了。换言之，这种调整只能在浇口封闭时间内进行。

② 对于厚度厚的塑件，为抑制空洞和凹痕需要偏高设定保压压力。同样道理，掌握好浇口封闭时间很重要。

③ 浇口封闭时间与浇口尺寸有关。浇口尺寸越大，浇口封闭时间就越长。加大浇口尺寸就等于延长浇口封闭时间。

④ 浇口封闭时间还受模具温度的影响。模具温度越高，浇口封闭时间就越长。

浇口封闭时间可用下面方法进行简易测定。

设定连续成型的条件，边改变保压时间，边成型。用适合制品尺寸的秤进行重量测定，画出保压时间与制品重量关系的图像。当制品重量稳定后，读取浇口封闭时间。具体测定步骤如下：

① 调整好模具温度和熔胶的参数（如背压、温度、转数等），使其达到预期值；

② 做有效黏度试验，从曲线上选定有效黏度相对于注射速度变化比较平缓的区域；

③ 用速度控制，设定合理的填充速度，解决填充阶段的问题。设置切换点为 90% ～ 95% 满；

④ 先预估较长的浇口封闭时间，调整保压压力和速度，使产品品质满足要求；

⑤ 产品品质达到要求后，再将保压时间从 1s 始，每次增加 1s；

⑥ 用精确到 0.01g 的电子秤，称不同保压时间的制品重量（不含流道），并记录重量和时间；

⑦ 找到重量不再增加的时间，为冻结时间，设定保压时间比此时间大 2～3s。

第二阶段正确的压力应该位于获得良好 Cpk（制程能力指数）制品所要求的产品参数范围内，并位于它的中心。由于保压是在浇口密封试验条件下设定的，因此应该通过试验找到正确的第二阶段保压值，从而确定制品加工参数范围的中心值。

5.5 冷料井（冷料穴）设计

注塑成型时，熔融塑料首先进入主流道，再依次进入分流道并通过浇口进入型腔。在流动过程中，温度有所降低，如果料流前锋的低温塑料进入型腔，会造成成型不良。因此，在主流道的底部需要设计一个冷料井，又称冷料穴，用来储存注射间隔期间产生的冷料，以防止冷料进入型腔造成制品熔接不良或者形成外观缺陷，甚至使冷料堵塞浇口，影响型腔充填。

冷料井是为防止冷料进入型腔影响塑件质量，并使熔料能顺利地充满型腔的一个结构。冷料井通常设置在主流道末端，在分流道的末端和分流道拐弯处也应开设冷料井。两板模的冷料井见图 5-81，分流道末端的冷料井见图 5-82。

冷料井的设计对注塑成型质量和效率具有很大影响，但在实际中往往会被忽视，因为冷料井出来的都是流道凝料，不是产品而是"废料"，不能得到重视。在现代注塑成型中，尽量采用热流道避免产生流道凝料。在注塑模具和样品评审时，必须重视流道凝料的评审。当注塑正常进行时，其流道凝料具有正常完整的形状，并具有一致性。当流道凝料崩裂、极度扭曲变形、断裂或难以出模时，往往注塑生产发生异常。

模具设计中经常会发生实际设计的冷料井直径不够大，分流道末端的冷料井不够长的情

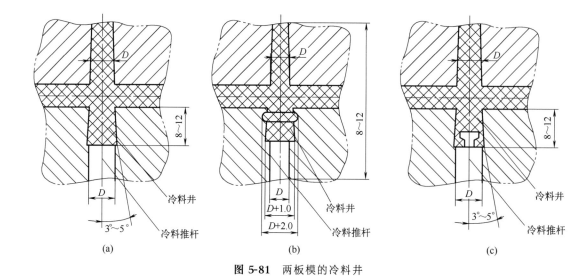

图 5-81　两板模的冷料井

形，使冷料井的作用不明显。主流道冷料井的直径应大于等于主流道根部的直径，分流道末端的冷料井长度应不小于 2.5D，如果冷料井直径过大，则会增加注塑原材料消耗，影响注塑周期。

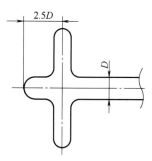

图 5-82　分流道末端的冷料井

　　冷料井下方的推杆，在顶出流道凝料的同时，可以起到排气的作用。两板模具的冷料井配合冷料推杆，可以拉住流道凝料。图 5-81（a）和（b）所示的冷料井，设计有倒扣，用来拉住流道凝料，这种设计方式可以用于全自动注塑需要塑件和流道凝料自动跌落的情形，也可用于半自动或手动生产。当生产要求高的透明制品时慎用，因为倒扣部位有刮下胶粉的可能，特别是注塑脆性材料时。当注塑生产 TPE 或其他热塑性弹性体材料时，流道凝料容易粘在浇口套中，需要加大冷料推杆的抓力，应采用图 5-81（c）所示的冷料井结构。

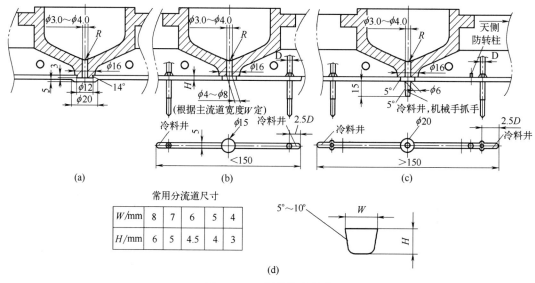

常用分流道尺寸

W/mm	8	7	6	5	4
H/mm	6	5	4.5	4	3

图 5-83　三板模的冷料井

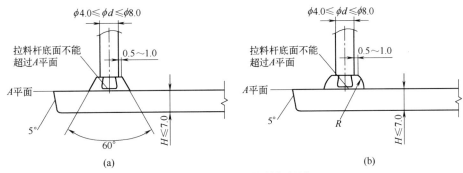

图 5-84　三板模的拉料杆设计

　　三板模的冷料井见图 5-83，在主流道的对面，设计一个圆盘用来存储冷料。图 5-83（a）所示为点浇口位于浇口套中心或者距离浇口套中心很近，无法设计流道拉料针，利用浇口套端面的倒锥拉料的情形。图 5-83（b）为流道凝料长度小于 150mm 的中小型模具的情形。图 5-83（c）为流道凝料长度大于 150mm 时，采用机械手抓取流道系统凝料的情形，在冷料圆盘的底部增加带锥度直柄，同时在模具天侧，设计防转柱对流道凝料定位，便于机械手抓取。图 5-83（d）为三板模分流道尺寸参数。

　　图 5-84 所示为三板模的拉料杆设计，适合全自动注塑并采用机械手成型的拉料杆，有两种设计方式。图 5-84（a）在拉料杆底部设计 60°锥台，锥台可以使拉料杆拉住塑料，也可储存冷料。5-84（b）在拉料杆底部设计球面，球面可以使拉料杆拉住塑料，也可储存冷料。球面的拉料杆可以储存更多塑料，凝料不易破碎，但是会延长冷却时间 1～2s，适合较脆的材料。这两种拉料杆设计时需要注意其底面不宜超过 A 平面，以免影响塑料流动。

　　当注塑含玻璃纤维等硬性塑料时，对拉料杆结构进行改进，增加导入部，可有效防止在拉料杆倒扣口部发生破碎掉渣现象，影响注塑品质。图 5-85（a）为改进前拉料杆，图 5-85（b）为改进后的拉料杆。

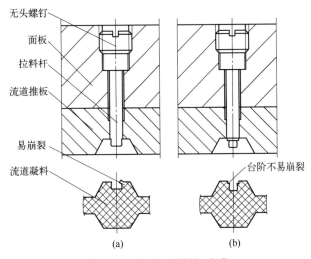

图 5-85　细水口拉料杆改进

　　当采用三板模注射软胶时，流道凝料脱出会有很大困难，全自动注塑往往很难进行。软胶的弹性很好，容易拉长，不易拉断，点浇口拉断时，拉料杆对流道凝料的抓取力往往不足，这时要对拉料杆增加多个台阶倒扣，增加拉出力。流道推板的打开行程为 $H'' = H + 2～5mm$，软胶拉料杆见图 5-86。

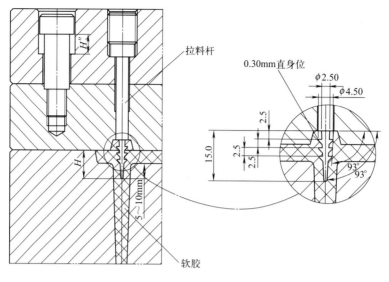

图 5-86 软胶三板模的拉料杆

5.6 注塑方式决定的浇注系统设计

5.6.1 全自动注塑的浇注系统凝料定位

全自动注塑时，注塑机在完成一个注塑周期的动作后，可自动进入到下一个注塑周期。在正常的连续工作过程中无须停机进行控制和调整。全自动注塑具有高效和品质稳定的特点，减少了人工需求，为企业带来更多的效益。

全自动注塑时，制品和浇注系统凝料可以自动坠落，也可以在脱离型腔后采用机械手移出。小的制品和要求不高的制品，可以选择自动坠落。开模时要避免塑件粘定模型腔，避免浇注系统凝料因拉丝而挂在半空不下落，影响下次注塑。采用机械手抓取时，塑件和浇注系统凝料均需要停留在可靠位置。两板模的冷料推杆锥形定位见图 5-87；细水口转潜伏式浇口的冷料推杆同样设计锥形定位，流道凝料从顶部断裂，留下废料柄部供机械手抓取，见图 5-88。

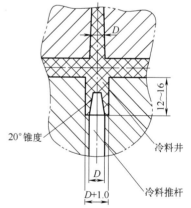

图 5-87 冷料推杆锥形定位

某些塑件的结构形状可能会影响机械手抓取，在模具设计时，注意选择正确的排位方式和塑件方向，塑件出模后便于机械手抓取。

注塑透明料时，冷料井内的拉料杆不能设计倒扣，以免刮下胶粉飘入型腔影响注塑品质。此时需要设计 Z 形拉料杆。采用 Z 形拉料杆会影响机械手抓取流道凝料，此时应注意 Z 形的开口方向应朝向模具天侧，并防止其转动，见图 5-89。从注塑机方面来说，注塑高精密的零件和光学镜片，最好选择电动注塑机。

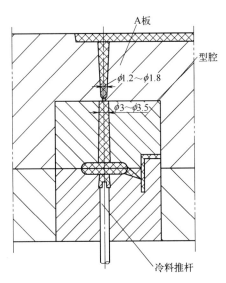

图 5-88　细水口转潜伏式浇口的冷料推杆

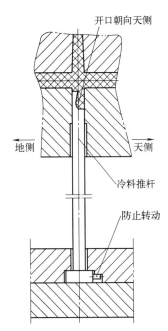

图 5-89　透明塑件 Z 形拉料杆的方向

　　浇注系统凝料是浇注系统设计方案优劣的直接体现，不良的模具设计方案会忽略浇注系统凝料，使其在出模后断裂或变形，影响机械手抓取。两板模在机械手取出流道凝料时，可以在主流道和垂直流道交界处设计火箭骨，有效缩短注塑周期。

5.6.2　防拉丝型浇口套设计

　　不同的注塑生产方式，具有不同的模具成本，同时模具设计需要注意的细节略有不同。对于全自动注塑成型来说，任何可能的小弊端都会影响生产的连续进行，例如浇口套口部的拉丝现象，会影响浇注系统凝料的跌落，如图 5-90 所示，严重时合模会压坏模具。拉丝现象和塑料材料有关，也和注塑温度等参数有关，例如尼龙料，经常会出现拉丝现象，浇注系统凝料难以跌落。如图 5-91 所示为防拉丝浇口套的浇注系统凝料，图 5-92 为防拉丝浇口套的设计，在浇口套的入口端部压入防拉丝隔片，并在主流道末端的中央形成凹槽，这样就能加速浇口末端的塑料冷却凝固，从而有效防止拉丝现象。如图 5-93 所示为喷嘴部塑料温度对拉丝的影响，温度越高越容易发生拉丝现象。注塑玻璃纤维填充的材料时，防拉丝隔片磨损严重，如图 5-94 所示，需要注意维护更换，否则会引起故障。

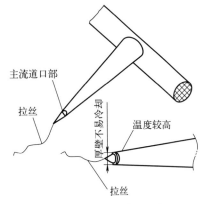

图 5-90　浇口套拉丝现象

　　防拉丝槽加工位置如图 5-95 所示，一个浇口套加工一条防拉丝槽，其位置要避开螺纹孔。防拉丝隔片的应用，起源于日本注塑企业，目前，已经有标准件，MISUMI 标准的防拉丝隔片采用 SK3 设计制造，并淬火提高硬度和力学性能。多数企业采用以下方法加工防拉丝浇口套：在标准浇口套的基础上，线切割加工一个 0.5mm 宽的槽，压入 0.5mm 厚的废旧锯条，再加工电极，用电火花放电加工浇口套口部的球面。

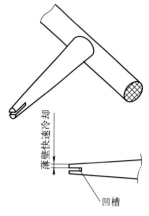

图 5-91　防拉丝浇口套的浇注系统凝料

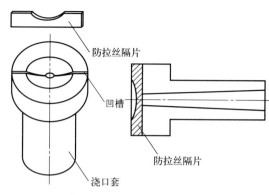

图 5-92　防拉丝浇口套的设计

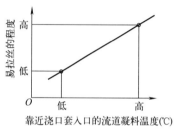

图 5-93　塑料温度对拉丝的影响

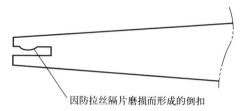

图 5-94　防拉丝浇口套的磨损

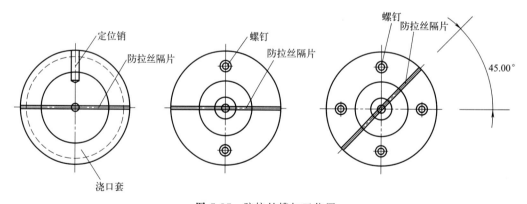

图 5-95　防拉丝槽加工位置

5.6.3　适应全自动注塑的三板模设计

　　三板模在半自动注塑时，需要加大流道推板行程，使流道凝料自动跌落，人工专注于拿取产品。在全自动注塑适合产品跌落时，也需要流道凝料自动跌落。流道系统自动跌落的三板模分流道设计见图 5-96。这时将拉料杆头部伸进分流道以及垂直流道，并在流道推板上设计弹块，确保流道凝料跌落。拉料杆头部伸进分流道以及垂直流道会影响塑料流动，设计时需要适当加大分流道尺寸和垂直流道尺寸。

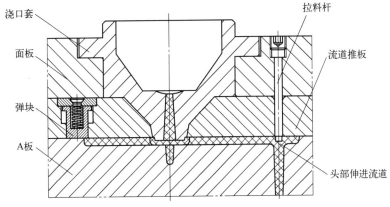

图 5-96 流道系统自动跌落的三板模设计

面板 / 浇口套 / 弹块 / A板 / 拉料杆 / 流道推板 / 头部伸进流道

5.6.4　自动切断浇口的浇注系统设计

5.6.4.1　一般要求

北美和欧洲客户包括俄罗斯客户对浇注系统的要求是模内自动切断浇口，全自动注塑生产不得使用脱模剂，制品和流道系统凝料能够自由坠落或者用机械手抓取。迫于欧洲昂贵的人工，一般不允许设计需要人工修剪浇口的模具结构。潜伏式浇口和牛角浇口可以做到顶出时自动切断浇口，应用非常广泛。在全自动注塑生产中，尽可能不用 Z 形拉料针，如果采用机械手生产，最好使用锥形拉料杆，有利于水口料定位，便于机械手抓取。

三板模的点浇口进胶在欧洲和北美很少使用，根据统计，三板模在欧美发达国家使用不到 2%，出口模具需要设计三板模时需要征得客户同意。某些塑件不可避免需要在塑件顶部进胶，如果是单型腔模具，单个浇口则采用一个热嘴进胶，如果多腔模具或单腔多浇口模具，则采用热流道系统。

对于欧美客户，尽可能在模具中使用自动切断浇口。除了潜伏式浇口和牛角浇口外为了避免人工修剪浇口，需要在模具内增加辅助机构来实现自动剪切浇口。早期的辅助剪切浇口为模内冷切浇口，后来开发出了模内热切浇口系统。

5.6.4.2　自动切断浇口

通常塑料件在注塑成型后，流道凝料和产品通过浇口相连，工人需要对浇口进行修剪处理，劳动强度大，浇口修剪不美观。人工修剪浇口，费时费力，注塑成本高昂，迫切需要能够在模具内实现自动分离浇口的技术。

所谓模内冷切浇口就是模具分型面打开时，利用注塑机的开模力实现浇口自动剪切分离。模内冷切浇口技术在欧洲已经应用多年，技术已经相当成熟。最常见的模内冷切浇口有两种：移动浇口套自动切浇口和移动模板自动切浇口。

移动浇口套自动切浇口见图 5-97，定模切刀 4 用螺纹连接在浇口套 2 上，在连接前，需要先装上限位环 3。浇口推杆 14 从移动衬套 9 的中心穿过，动模切刀 8 的底部装有限位块 11，用螺钉 12 固定，移动衬套 9 的底部压住碟形弹簧 13。注塑成型时，注塑机喷嘴接触浇口套 2，将浇口套下压 2mm，定模切刀 4 和动模切刀 8 之间的浇口对准型腔进行注射。由于塑件为小尺寸垫圈，注塑成型周期较短，注射完成后，注塑机喷嘴后退，在碟形弹簧 13 的作用下，移动衬套 9 弹起，带动动模切刀 8 和定模切刀 4 整体弹起，浇口切断。分型面打开后，浇口推杆 14 将流道系统凝料推出模外。动模切刀 8 和定模切刀 4 与型腔及型芯反复移动容易引起磨损，需要采用高硬度模具钢材制造，并热处理 50HRC 以上。模具结构设计时，需要考虑经常更换，需要做成可拆卸的镶件结构。

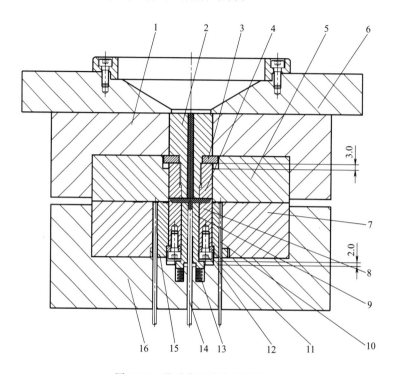

图 5-97 移动浇口套自动切浇口

1—A 板；2—浇口套；3—限位环；4—定模切刀；5—型腔；6—定模座板；7—型芯；
8—动模切刀；9—移动衬套；10—推杆；11—限位块；12—螺钉；13—碟形弹簧；
14—浇口推杆；15—动模镶件；16—B 板

移动模板自动切浇口见图 5-98，定模座板 1 和 A 板 3 之间装有弹簧 2 和限位螺钉 4，浇口套 11 与定模镶件 10 之间以 3°斜度配合，动模活动镶件 7 底部装有 HASCO 碟形弹簧 6，在分型面打开的瞬间，A 板 3 在弹簧 2 作用下随动模移动 2.7mm，在碟形弹簧 6 作用下，动模活动镶件 7 与浇口套 11 弹起 2.7mm，浇口被切断。合模时浇口套 11 与动模活动镶件 7 碰穿复位，浇口套 11 上的分流道和浇口与型腔对准，以便注塑。

另一种模内冷切的方法是在模具推板上设计切刀，开模时从推板上顶出切刀将浇口切断。这种冷切方法需要注塑机具备预顶出的功能，切刀容易损伤定模，对注塑操作的要求高，顶出行程较难控制，因此较少采用，这里不再详细介绍。

以上的模内冷切方法都是在开模后进行剪切，由于此时塑料已经冷却，剪切后的浇口断面不美观，剪切效果较差。而且这种剪切对于脆性材料容易形成微裂口，在后续喷涂和丝印等工序中，易产生应力集中造成塑件破裂。当塑料材料的熔融温度范围窄，浇口固化时间短时，采用冷切比热切节约模具成本。冷切时，塑料较硬，因此切刀磨损较大，需要经常更换或修磨。

模内自动切浇口是出口模具的基本设计理念。模具设计时需要分析具体的塑件，确定最佳的剪切方案，为注塑生产实现自动化创造条件。

5.6.4.3 模内热切浇口

模内热切技术作为一项先进的注塑加工技术，在欧美国家得到了广泛应用。近年来模内热切技术在中国逐渐推广，这很大程度上是因为我国人力成本的增长与对注塑效率提升的需求。

模内热切就是在模具分型面未打开前，剪切或挤断浇口，从而在模具开模后，实现件料分离的自动化注塑工艺。模内热切工作流程：合模→注射→保压→切浇口→冷却→开模→顶出。其中实现流道浇口和产品塑件分离的切浇口动作和冷却过程是同步进行的。模内热切可以有效地缩短冷却时间，缩短注塑成型周期，从而提高生产效率。

模内热切按照动作原理可以分为两大类：一类是直线移动的切刀，另一类是旋转运动切刀系统。目前已经有许多模内热切系统生产厂商和多种模内热切系统产品了。大通精密开模师品牌典型的直线移动模内热切系统由微型超高压油缸、高速高压切刀、超高压时序控制系统、辅助零件等组成，见图5-99。

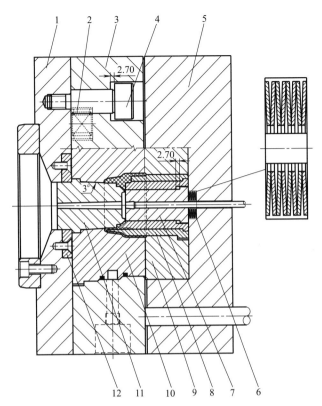

图 5-98 移动模板自动切浇口

1—定模座板；2—弹簧；3—A板；4—限位螺钉；5—B板；6—碟形弹簧；7—动模活动镶件；8—动模镶件；9—动模大镶件；10—定模镶件；11—浇口套；12—耐磨板

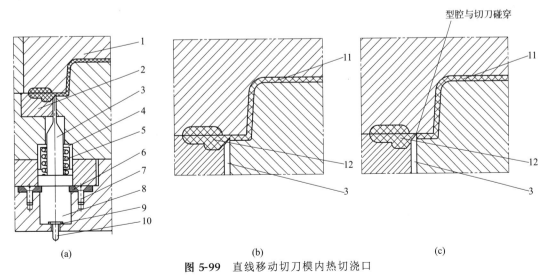

图 5-99 直线移动切刀模内热切浇口

1—型腔；2—导向块；3—切刀；4—导套；5—弹簧；6—油缸压板；7—锁紧螺钉；8—微型油缸；9—高压密封圈；10—油路接头；11—塑件；12—流道凝料

图 5-99 中，图（a）为模具装配图，图（b）为浇口部位尚未剪切，图（c）为浇口剪切完成。模内热切系统工作原理：当模具开始生产，模具闭合时触碰到触点开关，触点开关传递信号给时间控制器，时间控制器计算好时间（计算好切刀何时顶出，顶出时长，何时退出）输出高压油给油缸，油缸推动切刀与型腔碰穿完成浇口剪切，顶出状态完成，时间控制器控制油缸退回，切刀在弹簧作用下退回，一个周期动作完成。

图 5-100 为直线移动模内热切系统公差与组装要点，H 为切刀行程，通过调整切刀座控制 S 尺寸，调整切刀高度达到控制行程 H，$H = S + 0.005$，此时热切效果最佳；A 为切刀滑配面尺寸，与型芯在长度和宽度方向配合间隙为单边 0.005mm，切刀与型芯的移动方向配合长度为 8～10mm；B 为刀杆尺寸，与型芯配合间隙为单边 0.1mm；d 为切刀座尺寸，其与模板配合单边间隙 0.05mm；D 为微型油缸尺寸，其与模板配合单边间隙 0.05mm；L 为切刀座深度，其与型芯配合深度公差 ±0.01mm；F 为微型油缸深度，其与模板配合深度公差 ±0.01mm。

（1）模内热切模具的优点

① 模内浇口分离自动化，降低对人的依赖度。传统的塑胶模具开模后产品与浇口相连，需两道工序进行人工剪切分离，模内热切模具将浇口分离提前至开模前，消除后续工序，有利于生产自动化，降低对人的依赖。

② 降低产品人为品质影响。在模内热切模具成型过程中，浇口自动化分离可以保证浇口处外观一致性，确保产品品质稳定。

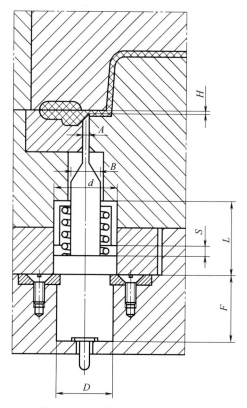

图 5-100 直线移动切刀公差配合

③ 缩短成型周期，提高生产稳定性。模内热切成型避免了生产过程中无用的人为动作，而产品的全自动剪切保证品质一致性，在产品大批量生产时具有很大优势。

（2）模内热切模具的缺点

① 模具成本上升。模内热切元件价格昂贵，模具成本会大幅度增加。如产品附加值较低，产品产量不高，会使注塑成本上升。

② 模内热切模具制作工艺设备要求高。模内热切模具需要精密加工作保证。模内热切系统与模具的集成与配合要求极为严格，否则模具在生产过程中会出现很多严重问题。如模具油缸安装孔平面加工粗糙，密封件无法封油，导致油缸无法运动，切刀与模仁的配合不好导致切刀卡死无法生产，等等。

③ 操作维修复杂。模内热切模具操作维修复杂。如使用操作不当，极易损坏模内热切零件，造成巨大经济损失。对于模内热切模具的新用户，需要较长时间来积累使用经验。

（3）模内热切模具设计注意事项

① 根据塑件的形状、结构特点、外观要求和尺寸，确定模内热切的设计方案，即决定切刀的移动方式，旋转切刀或者直线移动切刀。采用旋转切刀时型腔的排布方式要便于切刀

旋转，多采用油缸拉动齿条，再驱动齿轮带动切刀旋转。

② 型腔数选为偶数，并且对称排布，使得微型超高压油缸的油路系统平衡。

③ 合理确定型芯和模板的厚度，便于安装微型超高压油缸和切刀组件。

④ 合理确定型腔距离。由于模内热切零部件需要占据一定的空间，在模具设计时，要注意检查切刀组件距离以免各部位干涉。

⑤ 避免模内热切零部件与模具上的顶针、镶件和水路的干涉。

⑥ 理想的模内热切系统应该选择一缸一切刀单独控制来保证浇口的热切效果。

⑦ 合理确定模内热切零部件与模具之间的间隙。在模具正常生产中，切刀需来回反复进行动作，因此不同塑料采取不同的装配间隙，溢边值较小的塑料应采用较小间隙。注塑温度较高时，考虑热膨胀，取较大间隙。否则就会出现切刀卡死，切刀不能回位，塑料流入切刀与模具装配间隙，甚至切刀崩断现象。

⑧ 在模内热切应用中切刀精度的控制显得极为重要。许多生产过程中出现的产品质量问题直接源于模内热切系统切刀加工精度和控制精度。如开模后产品与料不分离问题，切完产品毛边严重问题，产品浇口切不干净问题，等等。

第6章 脱模系统设计

6.1 脱模系统的概念和设计原则

6.1.1 基本概念

脱模系统形式多种多样，它与产品的形状结构和塑料性能有关。一般有推杆、推管、推板、推块、气压推出和复合式顶出等几种。在注射动作结束后，塑件在模具型腔内冷却定型，由于体积收缩，塑件对模具型芯产生包紧力，达到预计的冷却时间后，塑件从型腔内顶出，这时就必须克服因包紧力而产生的摩擦力。对于不带通孔的壳体或者容器类塑件，还需要克服因为真空而产生的大气压力。完成这个顶出过程的系统叫作脱模系统，也叫顶出系统或者推出系统。脱模时塑件并没有完全冷却，只是凝固到可以不变形地从型腔中顶出。在顶出塑件的同时，浇注系统凝料（俗称水口料）也要从模具中完整地顶出。

完成一个注塑成型周期后，开模时制品会包裹在模具的一边，必须将其从模具上取下来，此工作必须由脱模系统来完成。脱模系统是整套模具结构中重要组成部分，一般由顶出、复位和顶出导向等三部分组成。

6.1.2 脱模系统设计原则

（1）塑件和浇注系统凝料要有准确位置

选择分模面时尽量使产品留在有脱模机构的一边。注塑机本身的顶出装置设在动模一侧，模具上的顶出系统也是设在动模一侧，因此制品一般需要留在动模一侧。注塑机的顶棍推动模具动模侧的推板，通过推杆等顶出元件，顶出塑件。所以开模时，塑件要可靠地留在动模上，以便于顶出。模具设计时，需要仔细分析产品，不要在开模的瞬间，塑件整体或者局部被粘在定模上，难以取出。浇注系统也要可靠地留在动模，最佳的情形是能够自动脱落。顶出力和位置平衡确保产品不变形、不顶破。

塑件在动模、定模两边的形状和接触面积基本相等而留模不定时，需要设计双向顶出方式。预计塑件会粘定模或需要设计倒装模具时，可以设计定模顶出的模具结构。总之，要使塑件和浇注系统凝料在预先确定的一侧等待顶出。

（2）保证制品安全可靠平稳顶出

为了保证塑件在顶出脱模过程中不发生变形或者损坏，必须正确分析塑件对模具附着力的大小和作用位置，以便选择合适的脱模方式和准确的顶出位置，使顶出脱模力能够得到均匀合理的分布。塑件被安全平稳地顶出，顶出时不变形、不粘模、不损坏、不拖花、无顶白、顶针位置不影响塑件外观。合模时能够与模具其他零件特别是滑块无干涉、顺畅地复位。特别是对于大型注塑产品，顶出时必须平稳无异响。

（3）机构可靠，便于加工

对于生产批量很大的塑件，为了提高生产率，必须采用自动化程度较高的顶出机构。必须保证顶出动作灵活顺畅，顶出导向精确，复位准确可靠。设计顶出脱模系统时，需要计算出塑件的顶出行程。

（4）顶出元件标准化

目前，脱膜系统的元件基本上都实现了标准化。模具设计尽可能选用标准件，便于模具使用和维护。

6.1.3 顶出方式

（1）全自动顶出方式

制品和浇注系统废料实现全自动顶出，不需要人工操作，安全门也是闭合的，不需要人工打开和关闭，这种注塑生产方式叫全自动注塑。毫无疑问，全自动注塑具有最高的生产率。自动顶出有两种方式：自由坠落和机械手抓取。自由坠落中，制品自由落到注塑机下方的箱子里，通常用来生产中小型产品。机械手抓取是指制品和浇注系统废料被机械手抓取并且移动到机器外的传送带上。

（2）半自动顶出方式

机械顶出机构移动制品后，操作者必须打开安全门，并且在下一个循环开始前，重新关闭安全门。

6.2 脱模系统元件

6.2.1 推杆

6.2.1.1 一般应用

推杆（俗称顶针）是顶出机构中最简单最常见的一种形式。

为了顶出紧贴在型芯上的产品，需要均衡地设置粗细合适的推杆。在塑件尺寸较大时，或者有充足的位置时，尽可能设计较大的推杆。推杆的直径不宜过小，一般常用的推杆直径为 3～15mm，直径较小的推杆在顶出时较易弯曲和折断。为了防止这种现象发生，通常把直径在 3mm 以下的推杆设计成台阶形，即推杆固定端比工作端直径粗，以增加推杆的强度，这种推杆叫作台阶推杆（或有托顶针）。

推杆设计要点：

① 顶出位置应设置在阻力大处，不可离镶件或型芯太近。推杆必须设计在塑件侧壁投影的下方，图 6-1（a）左侧推杆推力不足，塑件容易顶白，正确设计方式如图 6-1（b）所示。

② 在脱模斜度小阻力大等管形箱形产品中尽量避免使用推杆。

③ 当推杆较细长时，一般设置成台阶形的推杆，以加强刚度，避免弯曲和折断。

④ 当有细而深的加强筋时，一般在其底部设置推杆。

⑤ 推杆离运水至少 4mm 距离。

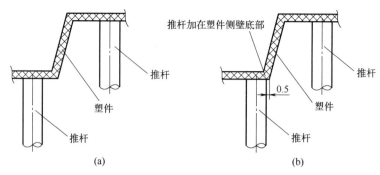

图 6-1 推杆布置在塑件底部

因为制品结构形状不同，推杆在制品上分布的位置各不相同。推杆需设在不影响产品外观和功能处，斜面上的推杆，需磨出防滑槽，见图 6-2。

尽量避免设计推杆一半在产品处，一半在分型面处。如图 6-3 所示，如一定要这样做，复位杆下要加弹弓胶（弹簧），迫使推板在分型面合上前先回位。推杆要比分型面低 0.02mm，见图 6-4。

⑥ 为防止推杆在生产时转动需将其固定在推板上，固定形式多种多样，需根据实际加工能力来具体确定，如图 6-5 所示。

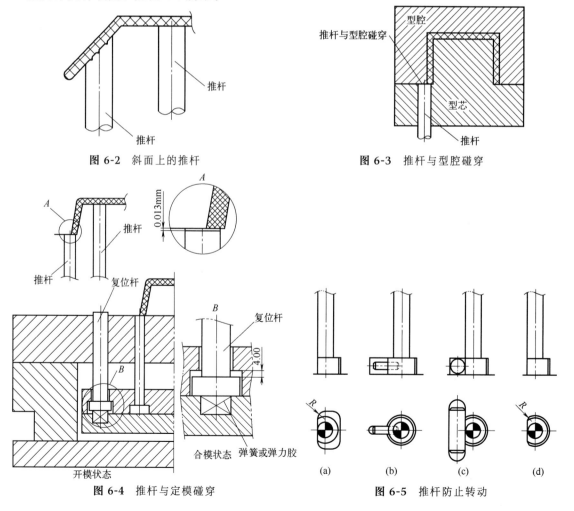

图 6-2 斜面上的推杆

图 6-3 推杆与型腔碰穿

图 6-4 推杆与定模碰穿

图 6-5 推杆防止转动

⑦ 为利于加工和装配，减少摩擦面，推杆孔在模仁上预留 10～15mm 的配合长度，其余部分扩孔 0.5～1.0mm 避开推杆。

⑧ 注意顶出平衡。如图 6-6 所示长条形塑件，全部推杆排在同一直线上，顶出时型芯对塑件两侧的拉力不平衡，导致塑件倾斜，A 处拉坏，B 处顶白。解决方案为在两侧各追加一个推杆（图左上所示位置），防止产品在顶出时倾斜，问题解决。

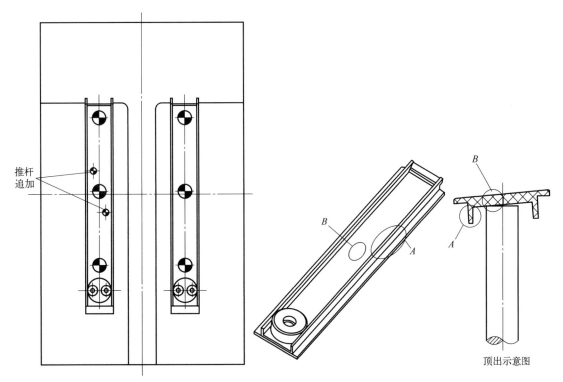

图 6-6　顶出平衡

⑨ 流道拉料杆设计在两块动模型芯的分界处时，需要设计衬套。

⑩ 推杆与镶针碰穿时，镶针头部插入推杆可以为镶针提供定位，避免柱位偏心，见图 6-7。

推杆孔的加工，过去常采用钻孔、铰孔的加工方式。现在多数厂家采用线切割的方式加工，要求较高的出口模具采用慢走丝线切割。推杆与推杆孔配合一般为间隙配合，如配合太松易产生毛边，太紧易造成卡死。推杆与推杆孔的间隙，可以起排气的作用。由于顶出动作是循环进行的，因此，推杆排气不易堵塞，具有自我清洁作用。

对于要求较高的模具，注塑 PE、PP 和 PA 材料时，需要逐根检测推杆直径，使推杆与推杆孔的间隙不大于 0.01mm；注塑 HIPS 和 ABS 时，间隙不大于 0.02mm；组装全部推杆后，推板必须可以自行滑下。

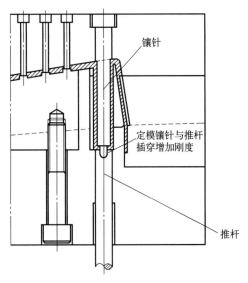

图 6-7　推杆与镶针碰穿

6.2.1.2 推杆强度分析

推杆在顶出时，由于受到压缩应力，有可能会折断或弯曲，为防止此类现象发生，推杆需要有足够的抗压强度和抗弯强度。

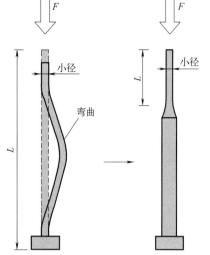

图 6-8 台阶推杆

由材料力学的欧拉公式可知，易发生弯曲的程度与小径部分长度的平方成正比，把台阶推杆小径部分长度缩短，可以保证其不易弯曲。在台阶的连接部分设计有过渡圆弧，在其受到压缩负载或弯曲负载时可以起到缓和应力集中的效果，使用时不易折损，见图 6-8。

小直径推杆容易折断时，可以采用如下措施。

① 采用高速钢推杆，例如 MISUMI 的 SKH51 材料制造的推杆。对于高温模具，采用耐高温推杆。

② 采用锥形头部的推杆，由于圆锥形具有良好的对中性，可以有效延长推杆寿命。例如 HASCO 推杆 Z42 和 Z43，顶出时不易烧死。

③ 避空孔的设计。小直径推杆在模仁、模板和推杆固定板等部位的安装孔，避空不宜过大，否则会因为产生过大弯曲挠度而断裂。这一点往往被忽视。尤其是在动模板（B 板）中的避空孔。合理的避空孔直径为推杆直径＋0.5mm。

6.2.2 矩形推杆

6.2.2.1 一般应用

矩形推杆（又叫扁顶针）多用在窄的骨位下方或塑件边缘，这些地方的推杆由于直径较小，不能提供足够的顶出力。矩形推杆顶出见图 6-9。$Y \geqslant X$，注意矩形推杆不要与型芯边缘摩擦。设计矩形推杆时，推板必须设计导柱与导套。

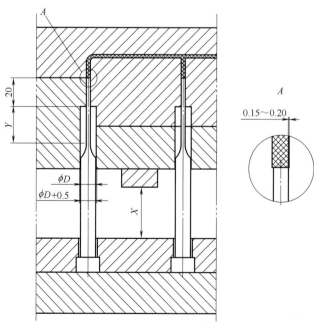

图 6-9 矩形推杆顶出

6.2.2.2　设计注意事项

矩形推杆安装孔的尺寸如图 6-10 所示，其公差为＋0.01～＋0.02，对于小尺寸的矩形推杆，此孔线切割加工有很大难度，因此，通常将矩形推杆处设计成镶件，简化加工，提升模具品质。简化后的加工方法如图 6-11（a）和（b）所示。图 6-11（c）为原身留的方法，加工难度大，适合宽度尺寸 W 较大的矩形推杆。图 6-11（d）和（e）将矩形推杆尺寸设计在多个镶件上，顶出容易发生故障，是错误的设计方法。

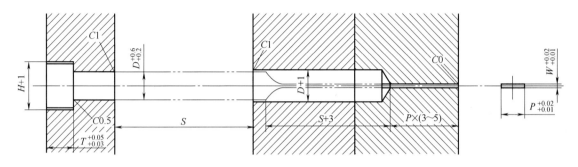

图 6-10　矩形推杆安装尺寸

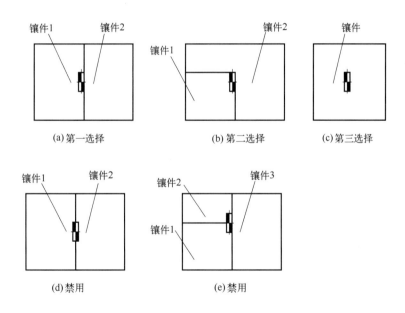

图 6-11　矩形推杆设计注意事项

在设计矩形推杆、斜顶和直顶时都要考虑在顶出后，产品是否会被夹住而取不出产品。图 6-12 为矩形推杆的方向分析，图（a）和图（b）均为错误的设计，顶出后塑件仍然会夹在矩形推杆上，正确的设计为图（c）。

6.2.3　推件板

推件板顶出适用于各种容器、小型箱体、筒形和细长带中心孔的圆形塑件，顶出平稳均匀，顶出力大不留顶出痕，需要设计限位螺钉以免顶出时推板推落。

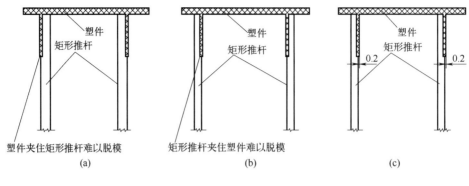

图 6-12　矩形推杆的方向

推件板顶出见图 6-13，推件板与型芯以 3°～5° 的斜面配合，推件板的斜度孔通常采用线切割加工。型芯的斜面可以 CNC 加工，也可以线切割加工，线切割加工时需注意避免钼丝与型芯顶部干涉。

6.2.4　推管

6.2.4.1　一般应用

推管又叫司筒，适用于环形、筒形或产品柱位的顶出。由于它是全周接触，受力均匀，所以不会使产品变形，也不易留下明显顶出痕迹。当塑件上的自攻螺钉胶柱高度大于或等于 20mm 时，常采用推管推出。推管型芯（俗称司筒针）的安装方式有两种，图 6-14 左侧为压板固定，在压板的两侧分别用螺钉固定，定位精度高。需要注意的是安装推管型芯时，动模座板需要有足够的厚度，推管型芯压板也足够厚，以免在注射压力下，推管型芯后退而导致塑件不良。位置有限时，也可以单侧螺钉固定压板，或数个推管型芯共用一个压板。对于要求不高的模具，也可采用图 6-14 右侧的无头螺钉固定的方式，无头螺钉容易松动。无头螺钉规格见表 6-1，当推管型芯 $d \geqslant 10$ 时，一般不采用无头螺钉固定。推管型芯必须防转时，应采用压板方式固定。

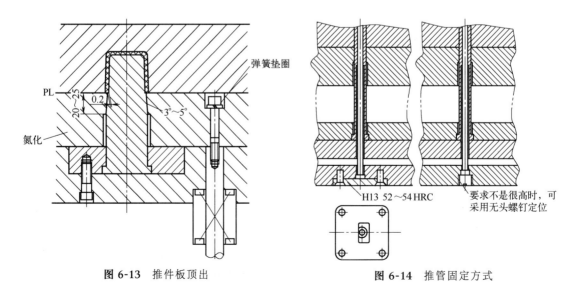

图 6-13　推件板顶出　　　　图 6-14　推管固定方式

表 6-1 无头螺钉规格

无头螺钉规格	M8	M10	M12	M16
适用的推管型芯直径 d/mm	$d<3$	$3\leqslant d<5$	$5\leqslant d<7$	$7\leqslant d<10$
无头螺钉旋入深度/mm	10	12	15	20

推管设计的注意事项如下。

① 推管的订购尺寸不宜过长，见图 6-15（a），公制为 $L+(2\sim5\text{mm})$，英制为 $L+(3/16\sim1/2\text{in})$，L 为有效长度。推管与推管型芯按公差 H7/h7 配合，推管只可切短不超过 5.0mm，否则容易失去导向作用。

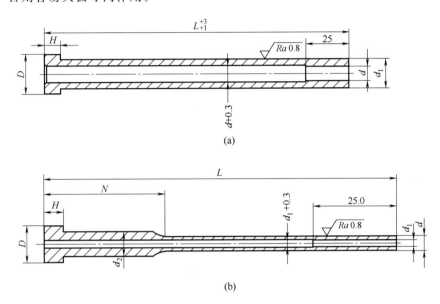

图 6-15 推管

② 选用推管时应优先采用标准规格，推管外径必须小于所推圆柱的外径。

③ 推管型芯与推管要有足够的导向配合长度，通常为 20~25mm。

④ 一般所配推管型芯的长度比推管长度长 50mm，如不能满足要求，需特别注明推管型芯的长度。

⑤ 推管材料、热处理和表面粗糙度要求与推杆相同。国产推管材料 65Mn、60Si2Mn 或 H13，硬度为 48~52HRC。

⑥ 推管的壁厚必须大于等于 0.75mm，极限情况下不得小于 0.50mm。

⑦ 布置推管时，推管型芯固定位置尽可能避免与注塑机顶棍孔发生干涉。如有干涉，用图 6-16 所示的解决方案。

⑧ 当推管直径≤3mm，且长度＞100mm 时，需采用阶梯推管（有托推管），见图 6-15（b）。阶梯推管能够增加推管强度，托位直径根据实际情况确定。图 6-15（b）所示的推管型芯为普通推杆型芯，也可参照标准阶梯推杆定做推杆型芯。

6.2.4.2 几种特例

在大型模具中，标准推管长度不够，需要设计推管接长杆，尽可能不要定做非标推管，并在动模板增设铜衬套导向。推管接长杆有两种设计方式，分别见图 6-17 和图 6-18。

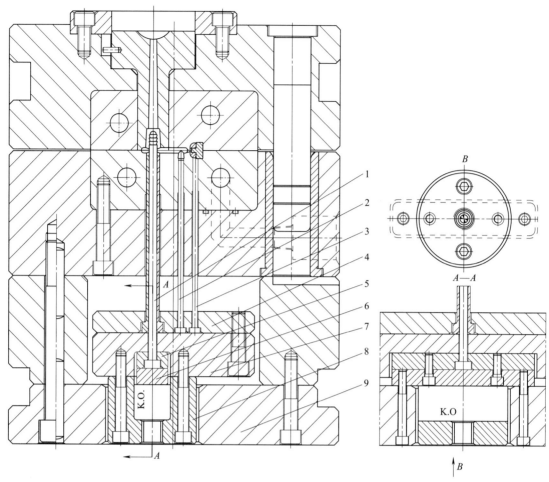

图 6-16　推管与顶棍孔干涉的解决方案

1—推管；2，3—推杆；4—推杆固定板；5—内针固定板；6—内针推板；7—推板；8—顶棍镶件；9—动模底板

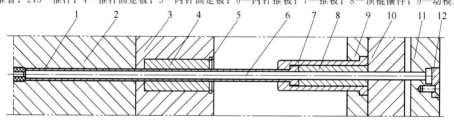

图 6-17　大行程推管设计方式（一）

1—推管；2—型芯；3—动模板；4—铜衬套；5—孔用弹性挡圈；6—推管型芯；7—推管接长杆；
8—支撑垫；9—推杆固定板；10—推板；11—动模座板；12—推管型芯压板

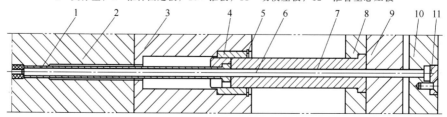

图 6-18　大行程推管设计方式（二）

1—推管；2—型芯；3—动模板；4—铜衬套；5—孔用弹性挡圈；6—推管型芯；7—推管接长杆；
8—推杆固定板；9—推板；10—动模座板；11—推管型芯压板

模具设计时，经常会遇到模具的顶棍孔与推管位置发生干涉的问题，二者的位置都是固定的，不可移动。往往采用放弃设计推管而在柱位两侧增加推杆的方式解决。如果此柱位较深，出模阻力较大，不设计推管则会导致塑件不良，则采用图 6-16 所示的推管与顶棍孔干涉的解决方案。塑料为软胶，容易粘在浇口套内，推管内针头部设计倒扣，将流道凝料拉在内针上，用推管推出。设计内针固定板 5 和内针推板 6 固定推管内针，内针固定板 5 和内针推板 6 固定在动模底板 9 上，顶棍镶件 8 铣槽避开内针固定板 5 和内针推板 6。

大直径推管顶出力较大，防止推板变形的解决方案见图 6-19。

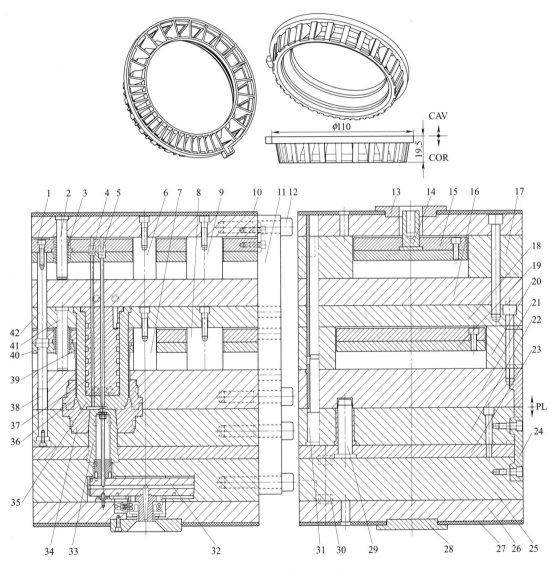

图 6-19 大直径推管设计技巧

1—垃圾钉；2,41—推板导柱；3—滚珠导套；4—差动顶针；5—流道差动顶针；6~9—支撑柱；10,27—隔热板；
11—吊模梁；12—螺栓；13—动模定位圈；14—顶棍；15—小推板组合；16,23—垫板；17,20—方铁；18—型芯固定板；
19—大推板组合；21—B 板；22—A 板；24—锁紧扣；25—分流板固定板；26—定模座板；28—定模定位圈；29—热嘴
导向销；30—定位销；31—导柱；32—分流板；33—热嘴衬套；34—定模镶件；35—动模中心镶件；
36—动模大镶件；37—运水镶件；38—定模复位杆；39—大推管；40,42—动模复位杆

挡圈是某激光设备的零件，要求模具具备高效和长寿命运作的特性。制品材料为 PA6。产品最大直径为 ϕ110mm，高度为 19.5mm，单个制品质量为 26g，壁厚 1.5mm。塑件的主体结构为圆环形，沿圆周方向存在 30 多条筋，其中半个圆周的筋分布稀疏，另外半个圆周的筋分布相对紧密，每条筋的两侧均存在插穿。制品在圆周方向存在的多条筋会加大制品在型芯上的包紧力，加之尼龙材料的包紧力较大，而制品的壁厚较小，无法布置较大的顶针，因而如何稳定而有效地顶出制品，避免制品在顶出时变形，是模具设计的难点。模具排位采取平衡式流道布局，热流道转冷流道。采用潜伏式浇口，制品和水口料能够自由坠落，实现全自动生产。

通过分析动定模的包紧力，确定了使用大推管顶出，将塑件胶位全部放置在动模。热流道系统组装时利用热嘴导向销 29 为热嘴衬套 33 导向。顶出系统设计了双层顶针板，在冷流道和冷料穴底部设计了差动顶针 4 和 5，安装在小推板组合 15 上。动模侧设计了两组复位杆，动模复位杆 40 和 42 分别组装在两组推板上，使两组推板能够联动。定模在相应位置也设计了定模复位杆 38，用来顶出制品的大直径推管 39 则安装在大推板组合 19 上，两套推板均采用带滚珠的导套和导柱导向，确保顶出和复位准确灵活。为了加强动模的刚度，上下两组支撑柱采用了同心设计，见件 6、件 7、件 8 和件 9。

开模时，动模在注塑机开模力的驱动下后退，动、定模沿分型面打开，产品随动模移动，并保留在动模上等待顶出。注塑机顶杆顶动顶棍 14，推动小推板组合 15 向前顶出，在动模复位杆 42 的带动下，大推板组合 19 同步向前顶出，带动大推管 39 推出制品。差动推杆 4 和差动推杆 5 随后顶出流道凝料，使制品和流道凝料在模具内分离。差动推杆的另一个功能是避免潜伏式流道凝料对制品的撞击，有利于提升制品品质。合模时，注塑机顶杆通过螺纹连接拉动顶棍 14 复位，同时采用定模复位杆 38 碰动模复位杆 40 的方法复位。

采用双顶针板的顶出系统，相比传统的模具设计，由于取消了套在复位杆上的 4 个回位弹簧，减小了大推板组合 19 顶出时的阻力，同时顶出力均布在 4 个复位杆上，使得推出平衡，有效减小了推板的弯曲变形，保护了大推管，因而具有长寿命的优点。通过合理地设计双层顶针板顶出结构，解决了大直径推管顶出容易磨损寿命短的难题。

6.2.5 推块

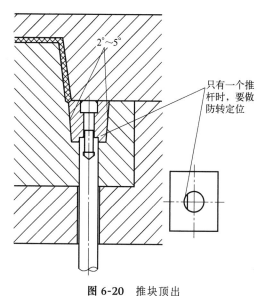

图 6-20 推块顶出

对于塑件表面不允许有推杆痕迹的塑件，例如大型透明塑件，正反面均为外观件的塑件如打印机盖板等塑件，可以利用推块在塑件边缘推出。另一类为箱体类塑件，尺寸较大，型腔较深，顶出力大，如果仅仅设计推杆和推管顶出，则顶出力不足以使塑件脱模，也无法设计推件板推出，这时也采用推块推出。推块多用于大型和中型模具中。

推块与型芯贴合的封胶面可以采用直身平面配合，其他三个与动模镶件配合的侧面应设计成斜面，不宜采用直身面配合，斜度为 3°～5°，见图 6-20。图 6-21 所示电池槽体为大型封闭型壳体，顶出力大，在其内部柱位设计推管顶出，边缘设计推块顶出。推块与镶件以及型芯的间隙要求为滑动配合，以不溢料为准。较长的推块，需设计两个以上的推杆；当推块较小只能配一个推杆时，需特别注意推杆和推块的防转问题，以免推块复位时撞模。设计时注意使推块底部的推杆伸进推块 3～5mm，固定螺钉要加弹簧垫圈，防止松动。

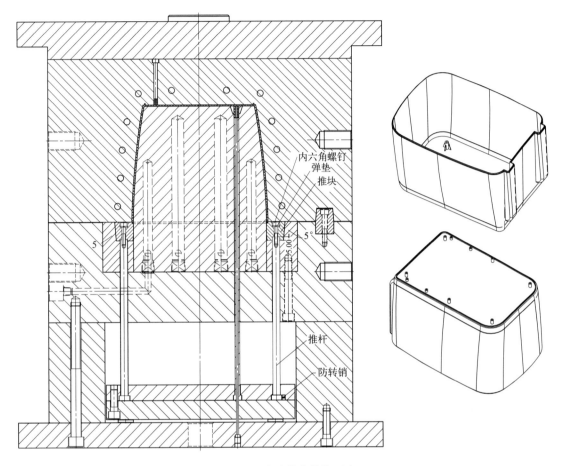

图 6-21 电池槽体推块顶出

仪表盒盖推块顶出见图 6-22，仪表盒盖材料为 PP，塑件最大外形尺寸为 414mm×150.8mm×30.69mm，骨位深度 30.5mm，由于中间骨位很长，采用推块顶出。这种在塑件内部的推块，顶面不能采用螺钉连接，改用 T 形槽连接。将大直径推杆头部卡入推块侧面，另一端攻螺纹固定在推板上。在骨位的另一侧设计推杆，使骨位保持平衡。

6.2.6 直顶

6.2.6.1 一般应用

直顶设计见图 6-23。图（a）为矩形推杆，根部为圆形，组装时必须从动模侧装入。图（b）为矩形截面直顶，根部为矩形，在推板固定板上用螺钉固定。直顶多用于顶出行程较大，或者是在塑件内部顶出的情况，也可以将直顶理解为大截面的矩形推杆，一般不担忧其强度问题。

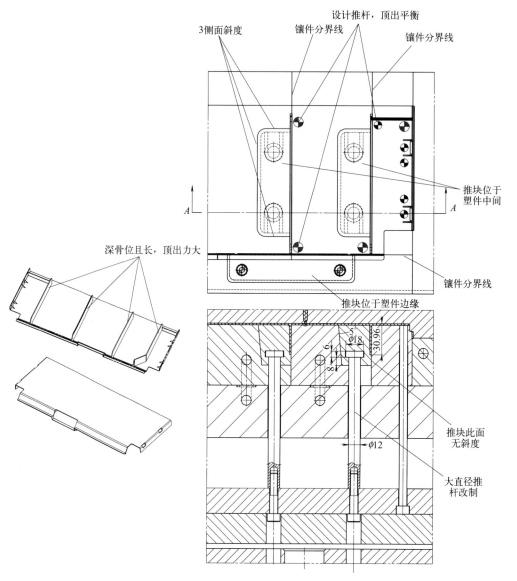

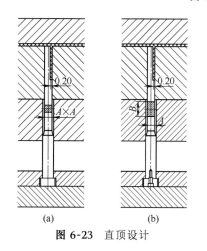

图 6-22　仪表盒盖推块顶出

3侧面斜度

设计推杆，顶出平衡

镶件分界线

镶件分界线

深骨位且长，顶出力大

推块位于塑件中间

推块位于塑件边缘

镶件分界线

推块此面无斜度

大直径推杆改制

图 6-23　直顶设计

(a)　　　(b)

打印机导纸板正面和反面都为外观面，要求美观。反面中间有 4 条高度变化的骨位，骨位截面边缘为圆弧形，用来为纸张导向，通常称为通纸面。因此，这些骨位底部不能设计推杆。骨位在注塑时有两个问题，一是难以排气，难以充填；二是开模后，塑件难以顶出。塑件最大外形尺寸为 242mm × 148.8mm×27.60mm，见图 6-24。根据塑件对外观的要求，用直顶代替推杆满足美观要求。在骨位最深处设计 12 处直顶顶出，6 处排气镶件。排气镶件从分型面装入，用固定块 3 固定。

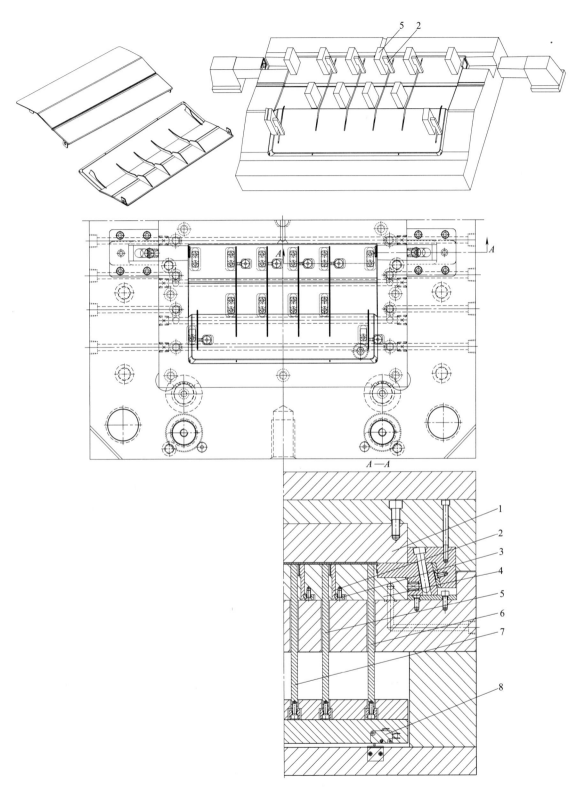

图 6-24 打印机导纸板直顶顶出

1—型腔；2—排气镶件；3—固定块；4—型芯；5~7—直顶；8—行程开关

6.2.6.2 设计注意事项

直顶设计时，需要注意塑件的结构，多个平行骨位的直顶，注意不要在顶出时夹住塑件，这点和矩形推杆相同，需要注意方位。

另外一个要点是需要设计油槽，油槽加工在离胶位 5mm 以下，其开设方法与斜顶开油槽类似，这里不再重复。

6.2.6.3 摆动直顶抽芯机构

摆动直顶通常多用于空间位置狭小的倒扣脱模，由于位置所限无法设计斜顶。摆动直顶顶出如图 6-25 所示。摆动直顶的作用角度为 45°，图（a）为合模状态，图（b）和图（c）为顶出过程。

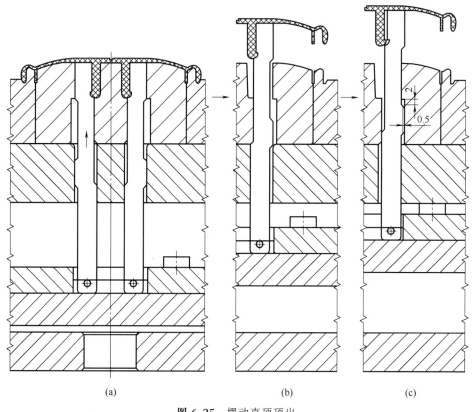

(a)   (b)   (c)

图 6-25 摆动直顶顶出

6.2.7 液压与气动顶出

任何一个在开模时有真空现象产生的型腔和型芯都应设计引气装置。气动顶出时利用压缩空气，通过模具上设置的气道和细小的顶出气孔直接将产品吹出，产品上不留顶出痕迹，适用于薄件或长筒形产品。

压缩空气顶出适用于任何杯形塑件。当压缩空气进入型芯与塑件之间时，有足够的压力将塑件推出型芯。对于薄壁杯型件，塑件由于受力可能会从型芯吹出后飞向型腔，影响注塑周期。使用空气顶出时，必须考虑伯努利效应。侧壁在一定的角度范围内，如果空气进入型芯的位置设计不正确，将会发生这种效应。空气从型芯与塑件之间流出，在塑件的开口端，塑件内侧将会形成低压状态，这将抵消压缩空气施加在塑件上的力。

这种效应带来的后果是塑件顶出一段距离后停止，然后飘浮在空气中，不从模芯上落下。吹气口可防止伯努利效应的发生。气压和气流引发的空气流动可以有效解决这个问题。从定模型腔侧和型芯侧吹气是常见的做法。另一种做法是除了在定模型腔侧和型芯侧吹气外，在分型面处增加吹气，复合气流可将塑件有效吹落脱模。

图 6-26 所示为一次性航空杯模具，模具为 1 出 16 多腔模具，注塑周期为 6s，采用热流道成型。型腔 13 底部设计定模镶件 3，利于排气便于加工。在热嘴衬套与定模镶件 3 之间

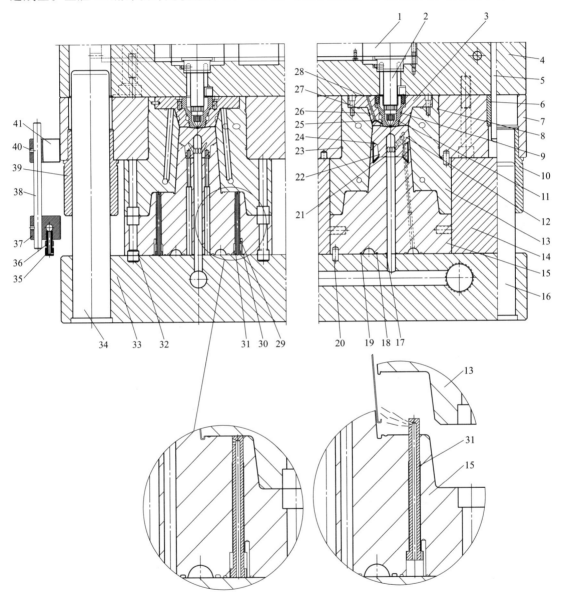

图 6-26 航空杯气动顶出模具

1—分流道；2—热嘴；3—定模镶件；4—热流道板；5,20—定位销；6—衬套；7—定模板；
8,9,11,17~19,21~28,30—密封圈；10,39—导套；12—铍铜镶件；13—型腔；14—动模板；15—型芯；
16—导柱；29—通气孔；31—通气杆；32—螺栓；33—动模座板；34—导柱；35—通气栓；
36—调节螺母；37,41—进气座；38—阀杆；40—进气孔

设计冷却水路和气路。密封圈 9 和 11 密封冷却水路以免泄漏。定模侧的空气从定模镶件 3 和热流道板 4 之间的气路通入，然后在定模镶件 3 内分成两路，一路沿着热嘴衬套与定模镶件 3 之间的缝隙进入型腔，密封圈 25、26 和 27 对定模镶件 3 和型腔 13 进行密封；另外一路沿定模镶件 3 和型腔 13 之间的缝隙进入型腔，密封圈 28 对定模镶件 3 和热流道板 4 进行密封，防止压缩空气泄漏到模外，确保型腔内气压。

型芯部分分为两部分，铍铜镶件 12 位于型芯 15 的顶端，这是最典型的设计方式。冷却水路从型芯的中心进入后，沿着圆周呈轮辐状 8 条运水回路冷却型芯。密封圈 21、22 和 23 对运水回路进行密封。铍铜镶件 12 与型芯 15 之间的缝隙也设计了压缩空气内侧回路，气路同样沿圆周方向呈轮辐状设计 8 条，与运水回路错开角度，避开运水回路。

分型面的吹气由通气杆 31 承担。分型面打开后压缩空气由通气孔 29 进入，高压气体将通气杆 31 吹起，空气从其顶部吹气口喷出，沿圆周方向呈轮辐状 8 条气流将塑件托举，定模的气流从航空杯底部和靠近底部的侧面吹出，杯内的气流与外部气流形成合力，实现脱模。

进气座 37 和进气座 41 固定在定模，阀杆 38 固定在动模。压缩空气通过进气座 37 和进气座 41 连接软管进入模具。阀杆 38 沿开模方向移动，控制进气口 40 启闭。

压缩空气顶出的设计要点如下：
① 进入型腔和型芯的空气压力可以调节，通气孔尺寸可调；
② 依据开模行程计算阀杆的移动距离，自动控制进气口启闭；
③ 根据注塑周期的要求，控制通气时间，一般在 1s 以下；
④ 型腔和型芯的吹气时序要设计合理，同时能够调节；
⑤ 吹气孔的位置设计要合理，便于形成托举合力。

此外，压缩空气顶出的模具型腔需要提高加工精度，避免塑料溢入型腔之间的间隙。压缩空气必须经过净化，无水分、油污和杂质进入空气通道。生产高级食品包材和医疗用品的容器，压缩空气直接接触塑件表面时，在接入前应对空气进行消毒。

气动脱模常用于大型、深腔、薄壁或软质塑件的推出，这种模具必须在模具中设置气路和气阀等结构。开模后，压缩空气（通常为 0.5～0.6MPa）通过气路和气阀进入型腔，使塑件脱离模具。

大型塑件对定模镶件的黏附力以及对动模的包紧力都很大，由于真空吸附，这种塑件开模时很容易留在定模一侧，或者留在哪一侧不确定。为了保证塑件开模时留在动模，必须在定模侧设置进气阀结构，开模时打开定模进气阀，将塑件推出定模。对于大型深腔类塑件用推杆推出很困难，设计引气装置克服真空，采用气压和推块联合推出的办法，效果明显。图 6-27 所示为大型周转箱联合推出模具结构。开模时，在气阀 14 作用下，塑件留在定模，推杆 10 和推块 16 将塑件脱模。引气针 19 和 20 均为普通推杆，在接近塑件部位留出排气间隙，其余部位磨细，底部通入压缩空气。

液压顶出时在模具上安装专用油缸，由注塑机控制油缸动作，其顶出力、速度和时间都可通过液压系统来调节，可在合模之前使顶出系统先回位。

6.2.8 模内气缸顶出

6.2.8.1 应用范围

模内气缸是常用的推板回位动力来源，具有体积小、占用模板空间很小、回位可靠和无

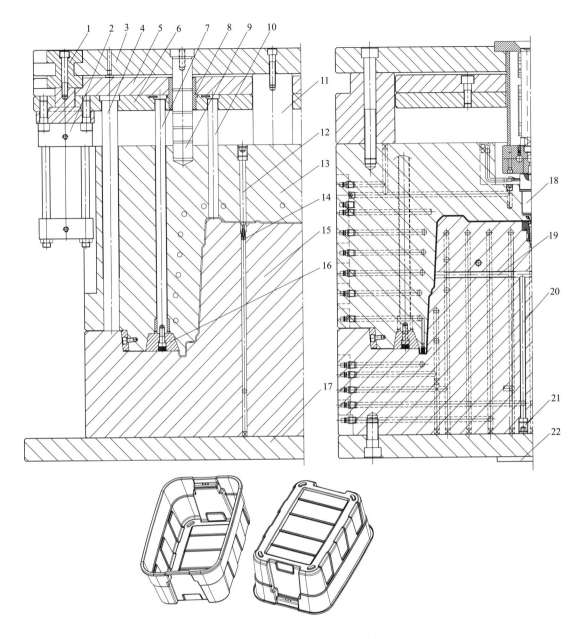

图 6-27 大型周转箱模具气顶结构

1—油缸接头；2—油缸；3—定模座板；4—复位杆；5—推板；6—推杆固定板；7—顶出杆；8—推板导套；
9—推板导柱；10—推杆；11—支撑柱；12,19,20—引气针；13—型腔；14—气阀；15—型芯；16—推块；
17—动模座板；18—热嘴；21—无头螺钉；22—动模定位圈

环境污染等优点，在二次顶出系统和双色模具中广泛应用。在定模座板上加工气缸体和压缩空气的通道，活塞用 DIN 1.2842 钢材加工并热处理，并用密封圈密封，密封圈的槽加工在活塞上。

轿车空调管路保持架产品如图 6-28 所示。塑件外形尺寸为 70.0mm×38.0mm×23.2mm，平均壁厚为 2.0mm，质量为 12.28g。材料为 PA66＋13％GF（玻璃纤维）。塑件上下左右完

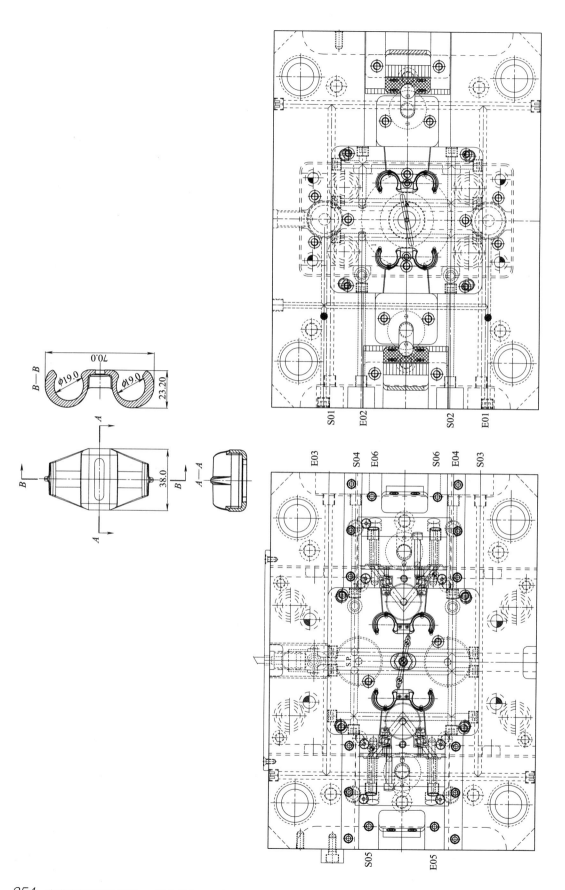

B—B

70.0

$\phi 19.0$

$\phi 19.0$

23.20

A

B

B

A

38.0

A—A

S01　E02　　　　S02　E01

E03　S04　E06　　S06　E04　S03

S.P.

S05

E05

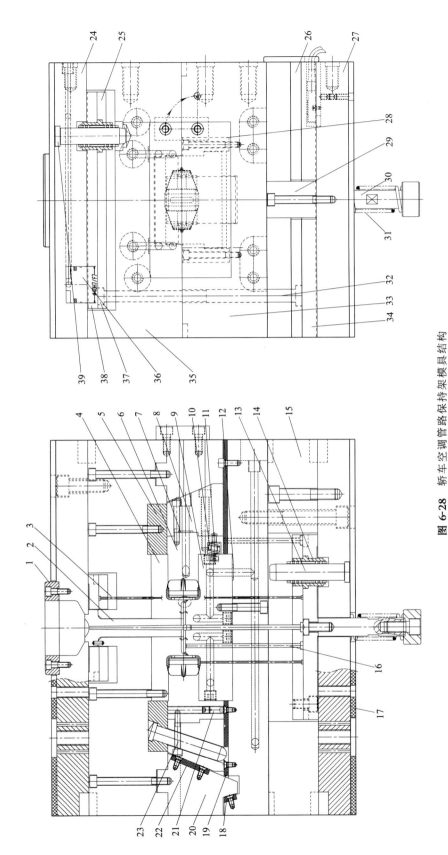

图 6-28 轿车空调管路保持架模具结构

1—定位圈；2—浇口套；3—定模顶针；4—型腔；5—斜导柱固定板；6—滑块镶件；7,12—橡胶圈；8—滑块座；9—型芯；10,31—弹簧；11—弹簧限位钉；13,39—导柱；14—滚珠导套；15—垫块；16—流道推杆；17—隔热板；18,19—耐磨板；20—斜楔；21—定位珠；22—耐磨板；23—斜导柱；24—定模座板；25—定模推杆固定板；26—动模推杆固定板；27—动模座板；28—滑块压条；29—支撑柱；30—顶出杆；32—动模复位杆；33—型芯板；34—动模推板；35—型腔板；36—型腔板；37—定模复位杆；38—定模推板；

全对称，形状结构较为简单。

塑件以 $B-B$ 剖面作为分型面，其模具结构简单。但由于塑件的对称性，$\phi19.0mm$ 圆弧的末端容易困气，对于 PA66+13%GF 材料，型腔必须设计良好的排气结构，才能注塑出优良产品。在困气发生的部位，设计排气顶针，排气效果良好。

由于塑件形状的对称性，模具的分型面为一个平面，型腔和型芯内的形状完全对称，因此除了要考虑型腔的排气外，还需要考虑避免塑件粘定模。为此设计了定模顶出机构，其具有排气和防止粘定模的功能。定模顶出机构依靠滚珠导套和导柱 39 导向，模内气缸顶出，顶出动作平稳，复位可靠。

伴随着模具的开模动作，压缩空气自定模座板 24 的气路通入气缸 36 的底部，推动定模推板 38 将塑件从定模推出，塑件随动模移动，模具完全打开。抽芯动作完成后，注塑机推动顶出杆 30 带动动模推板 34，推板将塑件顶出。流道凝料则由流道推杆 16 顶出。

在定模的相应位置设置 4 个定模复位杆 37，与动模复位杆 32 对碰。动、定模的复位杆直径相差 2mm，定模复位杆 37 的长度加长，高出分型面插进动模，对碰使动、定模推板精确复位。

6.2.8.2　自动气阀设计

模内气缸应用广泛，通常使用两种方式控制进气。第一种为电磁阀控制，第二种为模具内自动气阀控制。下面的例子介绍的是模具内自动气阀控制。

打印机磁带盒盖产品图和模内气缸复位模具图如图 6-29 所示。塑件外形最大尺寸为 244.00mm×230.99mm×19.30mm，平均壁厚为 2.0mm，材料为 HIPS。

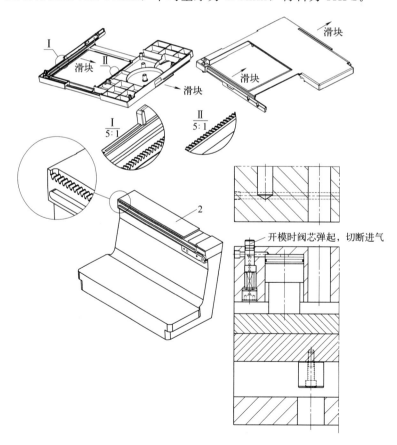

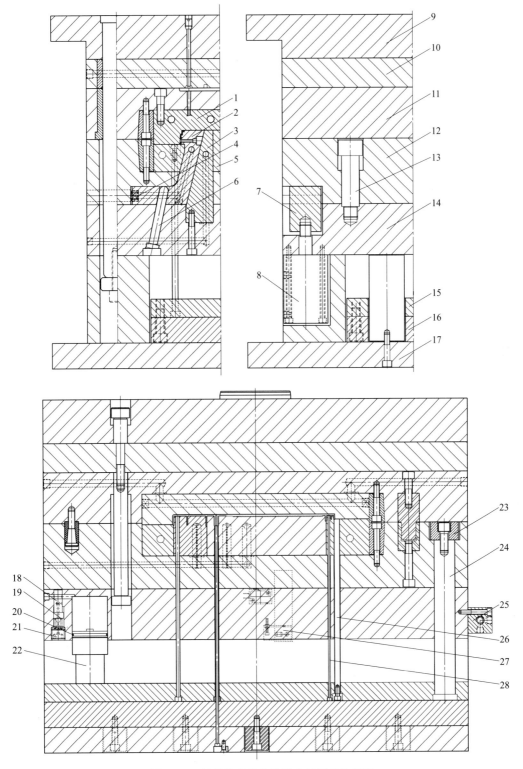

图 6-29　打印机磁带盒盖模内气缸复位模具

1—型腔；2—滑块；3—斜楔；4,19—弹簧；5—型芯；6—斜导柱；7—油缸接头；8—油缸；9—定模座板；10—流道推板；
11—定模板；12—动模板；13—限位螺钉；14—动模垫板；15—推杆固定板；16—推板；17—动模座板；18—阀芯；
20—密封圈；21—无头螺钉；22—模内气缸；23—挡块；24—复位杆；25—集油块；26—直顶；27—行程开关；28—推杆

塑件结构为平板形，一边为大面积平面，背面为加强筋，另外三边为长条形，形状较为单薄。在塑件的两条平行的对边分别有一组模数为 0.6 的齿条。塑件有 2 处倒扣需要侧向抽芯。中间的倒扣处于齿条的正下方，由于塑件的中间为矩形空心，成型中间倒扣的滑块必然会与定模型腔碰穿，长期生产型腔表面容易产生磨损，进而塑件出现毛边。因此，设计油缸和气缸先复位再合模的模具结构。

塑件在打印机中起到机构支撑作用，同时两侧的齿条又起到传动导轨的作用，其齿形必须完全对称，塑件两个方向的翘曲变形都不得超过 ±0.5mm，塑件不得存在缩水、顶白、熔接痕和毛边等缺陷。

综上所述，模具设计的难点为侧向抽芯机构的设计。

模具设计成细水口三板模具，采用点浇口 3 点进胶。模具需要设计 2 个滑块，其中外侧滑块成型塑件外部的倒扣。内侧滑块 2 安装在动模板 12 的底部，滑块 2 的顶部为齿条，依靠斜导柱驱动。

开模后，定模所有模板的分开次序与普通三板模完全相同。分型面打开后，外滑块完成侧向抽芯。在油缸 8 的作用下，动模板 12 与动模垫板 14 分离，与此同时斜导柱带动滑块完成侧向抽芯。动模板 12 的弹起行程为 20mm，依靠限位螺钉 13 限位。动模板 12 弹起时，会带动塑件、整个动模以及推板和所有推杆等全部弹起，在复位杆 24 的头部装有挡块 23，不能套复位弹簧。

塑件的顶出元件为推杆 28、推管、直顶 26 和推块，滑块抽芯完毕后，在注塑机顶棍的作用下，塑件被顺利顶出。动模板 12 的复位和推板复位均有 2 处行程开关检测，以确保安全。合模时，首先油缸工作，使动模板 12 复位与动模垫板 14 贴合，带动滑块复位。紧接着动模垫板 14 上的气缸活塞冲出，顶动推板复位。推板复位后再进行模具 A、B 板合模，确保模具的性能和品质。注塑成型状态下，气缸始终处于充气状态，气缸活塞的长度设计要大于动模垫板与推板的间隙，以免掉出。推板顶出时，气缸内的气体通过阀芯 18 内孔排出。

气缸的进气接头接在动模垫板 14 上，当动模板 12 弹起时，弹簧 19 将阀芯 18 弹起，气阀自动切断空气；当动模板 12 复位与动模垫板 14 贴合时，气缸接通。为了保证 4 个油缸同时动作，油管接头统一安装在集油块 25 上。

自动气阀的设计，通过模具的开模动作自动控制气阀的开启，无须通过电气控制，使用方便，制作简便。

图 6-30 为奶粉罐盖自动气阀控制模具设计，图 6-31 为其自动气阀结构。

模具设计采用了龙记 FCI3045 简化细水口模胚，对其顶针板进行了改制，其余仍按标准模胚的规格，模具结构见图 6-30。开模时，后模在注塑机的驱动下向后移动，模具 A 板 6 在树脂开闭器 19 的作用下，随着 B 板一起移动，A 板 6 与流道推板 1 分离，水口料在水口拉料针 20 的作用下从流道拉出，两组顶针板系统都随 A 板 6 移动；继续开模，在小拉杆（图中未示出）的限位下，A 板 6 停止移动，流道推板在限位钉 16 的作用下也停止移动，水口料被推出，模具 A、B 板沿主分型面打开；继续开模，拉板 4 的槽接触到二次顶出板组合 3 的凸块并使其移动，二次顶出板组合 3 又通过树脂开闭器 22 拉动一次顶出板 2，同时向前移动，产品被顶出型腔；继续开模，一次顶出板 2 被 A 板 6 限位，顶出套 18 固定在一次顶出板 2 上也停止移动，完成第一次顶出。继续开模，树脂开闭器 22 脱开，二次顶出板组合 3 与一次顶出板分离，模具气阀打开，一次顶出板带动中心顶块 17 顶出产品。合模时，在回针 5 的作用下，两组顶针板复位。

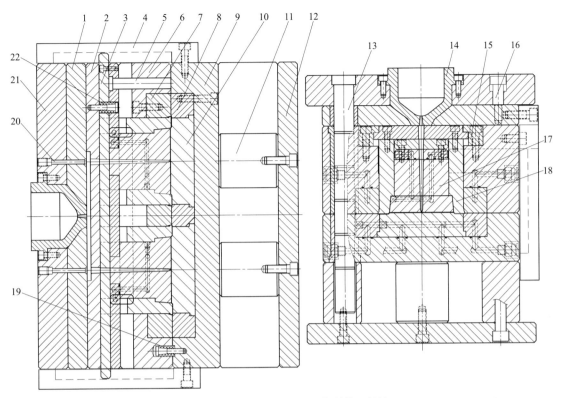

图 6-30 奶粉罐盖自动气阀控制模具设计

1—流道推板；2——次顶出板；3—二次顶出板组合；4—拉板；5—回针；6—A 板；7—前模仁；8—后模仁；9—B 板；
10—后模镶件；11—撑头；12—底板；13—导柱；14—浇口套；15—挡块；16—限位钉；17—中心顶块；18—顶出套；
19,22—树脂开闭器；20—水口拉料针；21—面板

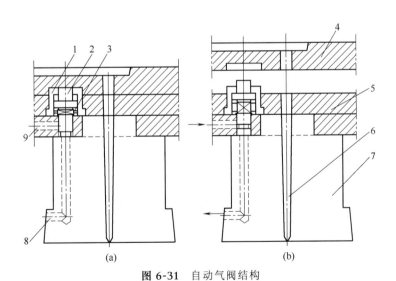

图 6-31 自动气阀结构

1—气阀壳体；2—阀芯；3—弹簧；4—顶针板；5—顶针板组合；6—流道；7—中心顶块；8—出气口；9—进气口

自动气阀结构如图 6-31 所示，图（a）是模具闭合的情形，两组推板件 4 和件 5 尚未分离，气阀处于关闭状态，顶出套固定在顶针板 4 上，而中心顶块 7 固定在顶针板组合 5 上，件 4 和件 5 共同完成第一次顶出时，气阀处于关闭状态。第二次顶出时，顶针板 4 及固定在

其上的顶出套停止动作，顶针板组合 5 与其分离，如图（b）所示，阀芯 2 在弹簧 3 的作用下弹起，气阀开启，空气从顶出套和中心顶块之间的空隙吹出。注塑成型时，气路处于常通状态，通过此气阀实现机械式关闭。

6.2.8.3 气缸设计参数

图 6-32 所示为模内气缸参数及维修方案。通常将气缸壳体直接加工在模板上。模具设计时，只需要加工气缸活塞零件。气缸活塞分为有轴环还是无轴环两种。有轴环还是无轴环需要根据所连接的推板确定。维修方案为模板的气缸孔磨损后需要增加缸套。模内气缸采用 1.2842 钢材制作，氮化层深度（0.3±0.1）mm。

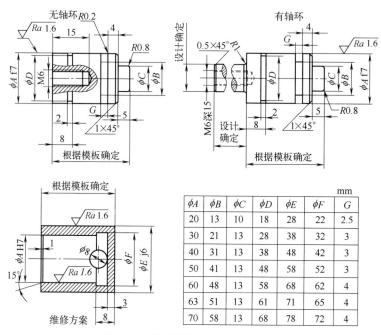

ϕA	ϕB	ϕC	ϕD	ϕE	ϕF	G
20	13	10	18	28	22	2.5
30	21	13	28	38	32	3
40	31	13	38	48	42	3
50	41	13	48	58	52	3
60	48	13	58	68	62	4
63	51	13	61	71	65	4
70	58	13	68	78	72	4

图 6-32 模内气缸参数及维修方案

图 6-33 所示为二次顶出用模内气缸的结构和参数。S_1 和 S_2 分别为二次顶出的行程。

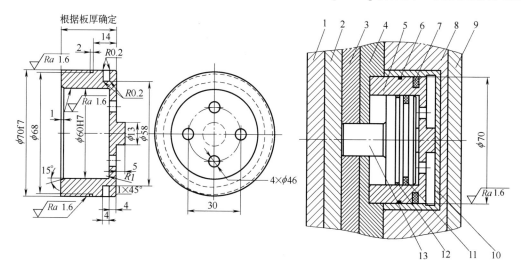

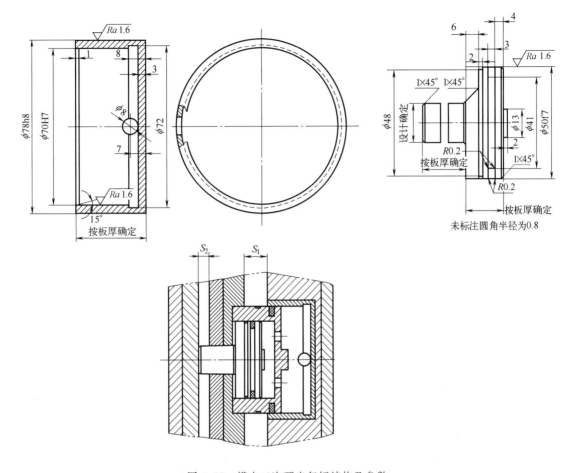

图 6-33 模内二次顶出气缸结构及参数

1—第一推杆固定板；2—第一推板；3—第二推杆固定板；4—第二推板；5—推出缸体；
6,7,11,12—密封圈；8—垫板；9—定模座板；10—缸体衬套；13—阀芯推杆

6.2.8.4 模内气缸的标准化

模内气缸的应用日益广泛，加速了标准化的进程。图 6-34 为 HASCO 的双作用气缸 Z2350/…

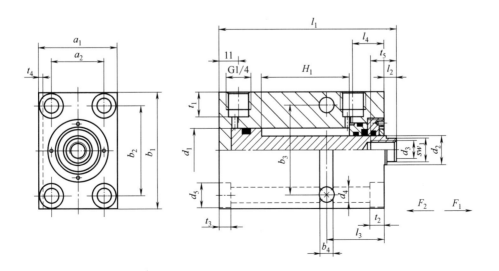

mm

F_1 /kN	F_2 /kN	sw_1	t_5	t_4	t_3	t_2	t_1	d_5	d_4	d_3	l_4	l_3	l_2	l_1	b_4	b_3	b_2	b_1	a_2	a_1	d_1	d_2	H_1	型号
2	1.2	8	15	2	4.4	6.4	14	11	6.5	M6	16.5	30	6	62	6	30	40	60	22	35	16	10	16	Z2350/16×10×16
														79									32	32
														97									50	50
4.9	2.9	13	17	2	6.4	8.6	14	14	8.5	M10	18	33	7	71	8	50	50	65	30	45	25	16	20	Z2350/25×16×20
														101									50	50
														151									100	100
12.5	7.7	22	27	3	10.6	10.6	16	18	10.5	M16	24	40	10	89	10	63	63	85	40	63	40	25	25	Z2350/40×25×25
														114									50	50
														164									100	100

图 6-34 HASCO 双作用气缸 Z2350/···尺寸规格

尺寸参数，图中 F_1 和 F_2 均为缸内压力为 10MPa 时的推力图 6-35 为 HASCO 双作用气缸 Z2350/···应用示例，气缸通过接头 Z2351/···固定在推板上，推动推板使塑件脱模。气缸外形为矩形，顶出行程较大，适合模具侧面安装。使用最高温度，150℃；最大压力，50MPa。

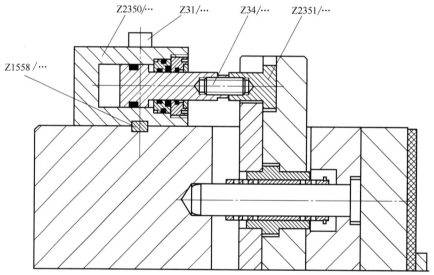

图 6-35 HASCO 双作用气缸 Z2350/···应用示例

图 6-36 为 HASCO 小行程气缸 Z2360/···尺寸参数，图 6-37 为 HASCO 小行程气缸 Z2360/···推动推件环使塑件脱模的实例。F_1 为推出力，F_2 为复位力，表中 F_1 和 F_2 均为缸内压力为 20MPa 时的推力。使用最高温度，150℃；最大压力，50MPa。

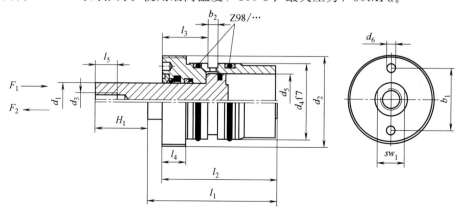

mm

F_2/kN	F_1/kN	sw_1	b_1	b_2	l_5	l_4	l_3	l_2	l_1	d_6	d_5	d_4	d_3	d_2	d_1	H_1	型号
4	2.4	8	23	4.1	15		21.5	44	50	3.5	16	22	M6	M30×1.5	10	10	Z236/10×10
						12		50	56							16	16
								66	72							32	32
6.4	4	10	28		16		22.5	45	51	4.2	20	28	M8	M36×1.5	12	10	Z236/12×10
								51	57							16	16
								67	73							32	32
10	5.8	13	30	5	17			52	59		25	35	M10	M42×1.5	16	16	Z236/16×16
								56	63	5.2						20	20
								86	93							50	50
16	9.8	17	40		18	14.5	25.5	59	69		32	45	M12	M56×2	20	20	Z236/20×20
								64	74							25	25
								89	99							50	50

图 6-36　HASCO 小行程气缸 Z2360/…尺寸参数

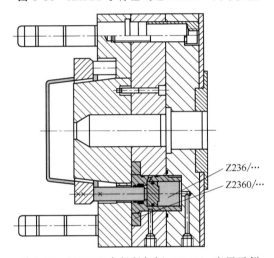

Z236/…
Z2360/…

图 6-37　HASCO 小行程气缸 Z2360/…应用示例

6.3　二次顶出

　　一般情况下，从模具中顶出塑件，无论是采用单一的还是多元件顶出机构，其顶出动作都是一次完成的。但是由于塑件的形状特殊或生产自动化的需要，若采用一次顶出动作，塑件难以从模具型腔中取出或不能自动脱落时，就需要再增加一次顶出动作才能将塑件顶出模外。对于薄壁深腔或形状复杂的塑件，有时为了避免一次顶出塑件受力过大，也采用二次顶出，以分散顶出力，保证塑件质量。这类顶出机构称为二次顶出机构。二次顶出机构通常是部分或全部脱模元件先共同初始脱出塑件，然后一部分脱出元件停住，而另一部分脱出元件继续脱出塑件；或者一部分脱出元件继续脱出塑件，而另外一部分脱出元件则以更快的速度超前脱出塑件，这属于加速顶出。

　　采用二次顶出通常有两种情形：

　　① 塑件对模具包紧力大，一次顶出会使塑件变形或破裂；

　　② 塑件存在倒扣，又无法采用侧向抽芯，只能利用塑件的弹性变形强制脱模。

第二种情形的脱模动作分为两步：第一步，利用推出元件将成型倒扣的型芯和塑件一起顶出，将倒扣所在部位的另一侧脱离模具，为塑件形成弹性变形的空间；第二步，成型倒扣的型芯停止运动，推出元件将塑件强行推离成型倒扣的型芯，实现强制脱模。

二次顶出脱模机构种类很多，它们的运动形式有时也很巧妙，但是都有一个共同点可以遵循，即这类机构必须具有两个或两组顶出行程具有一定差值的顶出零件。因此，二次顶出装置必须设有控制顶出行程的装置。

6.3.1　二次顶出设计实例

图 6-38 所示为推板与推杆二次顶出实例。塑件为圆形，最大外形直径为 61.8mm，动模侧有一圈深骨位，深度 67mm，塑件外形有两圈凸起筋位，设计了哈夫滑块抽芯。塑件必须采用推件板与推杆联合推出才能脱模。开模后，哈夫滑块打开。推出过程：推板 17 带动推杆 19 和推出杆 10 推出，推出杆 10 推动滑块 14，进而带动推件板 20 顶出，塑件仍然包在推件板镶件 4 上，但是已经脱离了动模芯 5；继续推出，滑动块 14 的斜面碰到拉钩本体 13 的斜面后，滑动块 14 滑动到推件板 20 内，推出杆 10 不再推动推件板 20，推杆 19 将塑件从推件板镶件 4 上推出脱模。

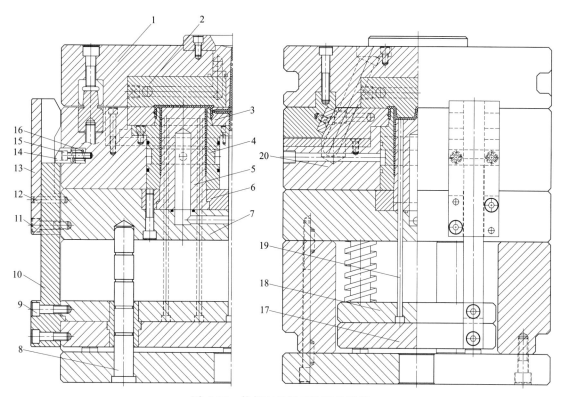

图 6-38　推板与推杆二次顶出实例

1—定模座板；2—型腔；3—哈夫滑块；4—推件板镶件；5—动模芯；6—型芯压板；7—动模板；8—导柱；9,11,15—螺钉；10—推出杆；12—定位销；13—拉钩本体；14—滑动块；16—弹簧；17—推板；18—推杆固定板；19—推杆；20—推件板

图 6-39 所示为深筒形塑件推管二次顶出的例子。塑件胶位较薄，全部处在动模，推出元件仅有一个推管，推出时会使塑件变形，影响尺寸稳定性。为此设计了双层推板的二次顶出机构。双层推板设计要点为必须设计导柱为其导向；将不同阶段的顶出元件设计在相应的

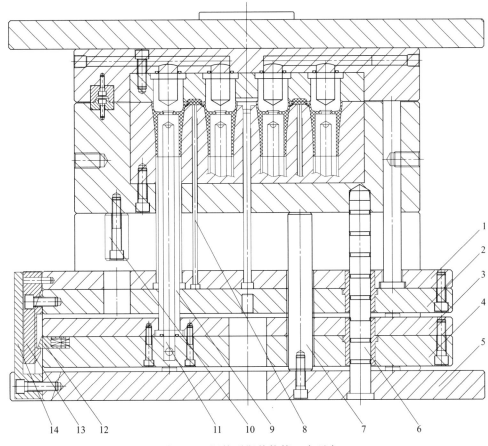

图 6-39 深筒形塑件推管二次顶出

1—上层推杆固定板；2—上层推板；3—下层推杆固定板；4—下层推板；5—动模座板；6—导柱；
7—支撑柱；8—推杆；9—推管；10—限位柱；11—冷却水管；12—滑块；13—拉钩；14—拉钩本体

推板上；注塑机顶棍顶动上层推板或者下层推板需要明确。

顶出时，注塑机顶棍首先顶动上层推板 2，拉钩 13 拉住滑动块 12 带动下层推板 4 同时推出，推管 9 将塑件推出型芯；继续推出，滑块 12 的斜面碰到拉钩本体 14 的斜面后，滑块 12 滑进下层推板 4 内。在此瞬间，下层推板 4 碰到限位柱 10 后停止推出，上层推板 2 带动推管将塑件从推管内芯上推出。

图 6-40 所示为拉钩控制二次顶出。塑件为圆形塑件，一周深的骨位处在动模的推件板镶件 4 上，开模后，注塑机顶棍顶推出镶块 13，在上拉钩 17 作用下，上下两层推板一起顶出，推件板镶件 4 和推杆 12 一起将塑件从型芯 7 上脱离，滑动块 18 碰到下拉钩 16 的斜面后，滑动块 18 移动，上拉钩 17 脱离滑动块 18，上下两层推板分离，上层推板 9 带动推杆 12 将塑件从推件板镶件 4 上脱离。

图 6-41 所示为弹簧驱动二次顶出。弹簧驱动的二次顶出，应用在顶出力较小，以及顶出行程较小的情形下，例如强制脱倒扣时。塑件的倒扣推杆 7 固定在下层推板上。注塑机顶棍首先顶动上推板 9，在弹簧 10 的作用下，下推板 11 随着上推板 9 一起推出。推杆 5 与倒扣推杆 7 一起将塑件从型芯 4 上脱离。继续推出，推杆 5 将塑件从倒扣推杆 7 上推出实现强制脱模。

图 6-42 所示的按键产品尺寸较小，最大外径为 4.8mm，柱位两处 0.25mm 的扣位需要

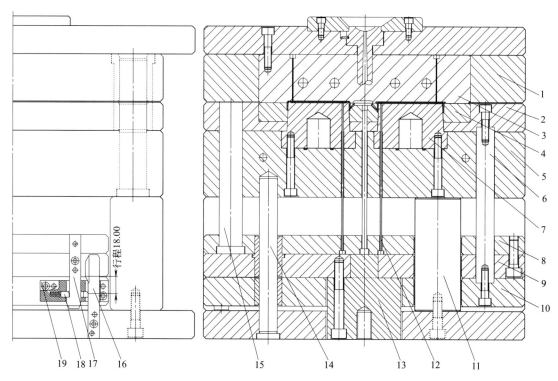

图 6-40　拉钩控制二次顶出

1—A 板；2—型腔；3—推件板；4—推件板镶件；5—B 板；6—推出杆；7—型芯；8—上层推杆固定板；

9—上层推板；10—下层推板；11—支撑柱；12—推杆；13—推出镶块；

14—导柱；15—复位杆；16—下拉钩；17—上拉钩；18—滑动块；19—拉钩本体

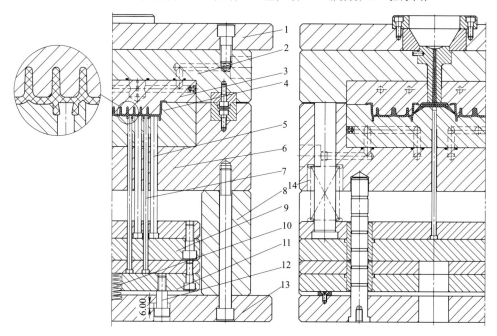

图 6-41　弹簧驱动二次顶出

1—定模座板；2—A 板；3—型腔；4—型芯；5—推杆；6—B 板；7—倒扣推杆；8—方铁；

9—上推板；10—弹簧；11—下推板；12—限位钉；13—动模座板；14—回位弹簧

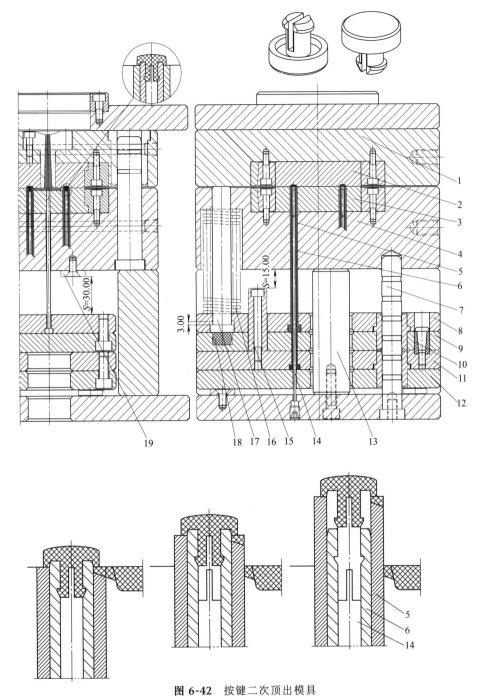

图 6-42 按键二次顶出模具

1—A 板；2—型腔；3—型芯；4—B 板；5—外推管；6—内推管；7—导柱；8—上层推杆固定板；
9—上层推板；10—树脂开闭器；11—下层推杆固定板；12—下层推板；13—支撑柱；14—推管内针；
15—限位柱；16—复位弹簧；17—复位杆；18—聚氨酯橡胶；19—推出限位块

强脱，由于产品较小，无法使用推杆顶出，也无法使用推板等推出机构。结合塑件形状是圆形的特点，设计内外推管的二次顶出为强脱提供变形的空间。按键二次顶出的过程如图 6-51 所示，外推管 5 套在内推管 6 外面，塑件的扣位由内推管 6 成型，塑件中间的槽由推管内针 14 成型。外推管固定在上层推板 9 上，内推管固定在下层推板 12 上。第一次顶出时，注塑机顶棍顶动上层推板，通过树脂开闭器（尼龙扣）带动下层推板，使得上下推板一起顶出，顶出行程到达 15mm 后，下层推板被限位柱 15 限制停止移动，第一次顶出结束，这时塑件脱离推管内针，扣位具有向内变形的空间。继续顶出，上下推板分离，外推管顶动塑件从内推管的扣位处强制脱模。顶出机构复位时，由于上下两层顶针板之间存在尼龙扣，复位阻力很大，为此，在 4 个复位杆下方设置了聚氨酯橡胶，增大复位力。

图 6-43 所示的端罩塑件呈椭圆形，内部柱位存在两个倒扣，塑件内部空间很小，难以设计推杆，在塑件的边缘设计了 4 个推杆，内部扣位出在中心镶针上，模具设计了两层推板，见图 6-44，上层推板设置在支撑柱 4 上，这种推板设置只能使用在塑件与型腔的投影面积很小的情况。注塑机首先推动下层推板顶出，在推杆 1 的作用下，塑件开始脱离动模型芯，在弹簧 6 的作用下，上层推板带动中心镶针 8 浮动顶出，中心的柱位脱离动模型芯，完成第一次顶出。两层推板继续顶出，产品脱离

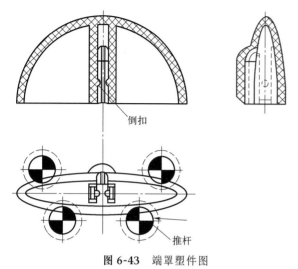

图 6-43　端罩塑件图

中心镶针，完成第二次顶出。合模时，限位螺栓 7 辅助上层推板回位。

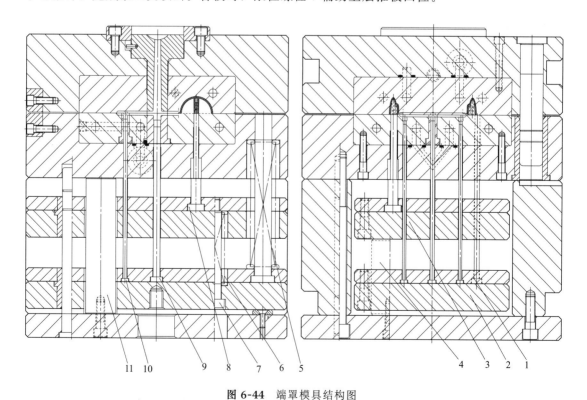

图 6-44　端罩模具结构图

1—推杆；2—下层推板；3—上层推板；4，11—支撑柱；5—回位弹簧；6—弹簧；

7—限位螺栓；8—中心镶针；9—主流道推杆；10—流道推杆

如图 6-45 所示的是电话机面板模具图,该塑件采用透明材料 MBS 生产,表面不得存在进胶点、顶针印迹以及各种缺陷。产品胶位厚度 2.5mm,表面有近 50 个方孔,成型后对后模仁产生一定的包紧力,因而只能设计推板顶出。塑件边缘有 6 个扣位,顶出后粘在推板上,必须设计二次顶出才能使其脱离推板。分型面打开后,在弹簧 9 的作用下,推件板 8 弹起 4mm,在回针压块 1 的带动下,推板 16、推杆 15、扁顶针 12、回针 3 和回位弹簧 2 也随推件板弹起,塑件从后模镶件 4、后模镶件 11 等镶件上脱离,第一次顶出结束。注塑机顶出机构推动顶棍 6,扁顶针 12 将塑件从推件板镶件上推出,完成了第二次顶出。扁顶针设置在塑件 6 个扣位的底部。

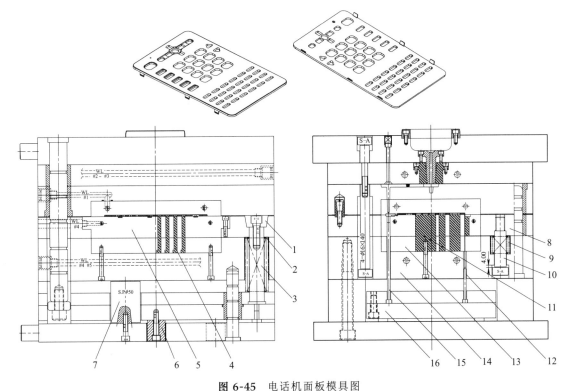

图 6-45 电话机面板模具图

1—回针压块;2—回位弹簧;3—回针;4,11—后模镶件;5—推件板镶件;6—顶棍;7—撑头;8—推件板;
9—弹簧;10—限位螺栓;12—扁顶针;13—镶件固定板;14—B 板;15—流道推杆;16—推板

某些塑件,由于注塑成型方式决定了需要采用二次顶出,例如一些电子产品的外壳,其扣位通过斜顶成型并顶出后,在全自动成型的情况下,需要采取二次顶出,才能彻底脱模。

图 6-46 所示是一款手机面壳的模具图,采用针阀式热嘴成型,外壳内侧周边有 6 处扣位,需要斜顶顶出。此外,塑件其他部位和流道同时设计了推杆顶出。顶出时,注塑机首先顶动顶棍 3,推动上层推板移动,在限位螺栓 17 和弹簧 18 的作用下,下层推板也随上层推板一起顶出,斜顶脱出扣位,当限位柱 1 碰到 B 板底部时,下层推板停止移动,第一次顶出结束。继续顶出,弹簧 18 被压缩,上层推板带动推杆顶出塑件,实现塑件的全自动顶出。为了两层推板准确复位,特在回针 9 下面设置小弹簧。这种结构的二次顶出具有运行稳定、不易出故障的特点。

图 6-46 所示的二次顶出限位方式改进后,如图 6-47 所示,支撑柱 5 兼作限位柱,下层推板 6 随上层推板 4 顶出 S_1 距离后,碰到支撑柱 5 停止移动,第一次顶出结束。

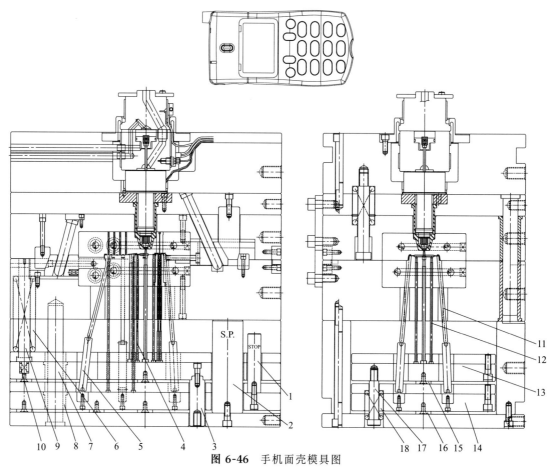

图 6-46 手机面壳模具图

1—限位柱；2—支撑柱；3—顶棍；4—推杆；5—斜顶；6—回位弹簧；7—推板导柱；8—推板导套；9—回针；
10—小弹簧；11—斜顶；12—推杆；13—上层推板；14—下层推板；15,16—垃圾钉；17—限位螺栓；18—弹簧

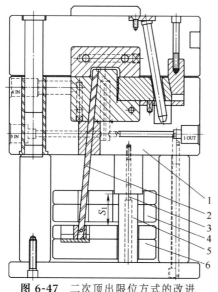

图 6-47 二次顶出限位方式的改进
1—B板；2—斜顶；3—螺钉；4—上层推板；
5—支撑柱；6—下层推板

通过以上实例可以看出，需要二次顶出的塑件，很多都存在小的倒扣，需要强行脱模，倒扣强行脱模成功的前提是塑件需要有变形的空间。二次顶出就是通过第一次顶出，使得塑件倒扣的内侧或者外侧脱离模具零件从而获得变形空间，第二次顶出才使模具彻底脱模。因此，对于二次顶出的分析，第一是分析怎样使扣位获得变形空间；第二是分析顶出元件的配置，需要哪种形式的顶出元件，顶出元件在推板上的配置，两层推板的组合形式；第三是两层推板动作的控制元件，即扣机的选择；第四是考虑顶出机构的回位问题，两层推板的回位问题；第五是两层推板的导向问题。

6.3.2 HASCO二次顶出装置应用实例

6.3.2.1 Z169

HASCO二次顶出机构实现了二次顶出元件标

准化。HASCO 二次顶出机构需要设计上下两层推板，可按先后次序顶出或者同时顶出。HASCO 二次顶出机构最常用的是 Z169，无论模具大小，只能安装一个 Z169 或 Z1691 顶出装置，使用时将其安装在模具中心位置。

当要求两块推板同时顶出一定距离后，再顶前面的推板时可以参考 Z169 或者 Z1691，行程可调整安装，顶出行程精确，可根据不同的安装方式选择。Z169 与 Z1691 工作原理完全相同，所不同的是 Z169 的中间芯杆，在与推板相连接的部位没有加工螺孔，头部有加工余量，需要根据模具安装尺寸自行补充加工。Z1691 则加工了螺孔，并配有专用螺钉，此外，其尺寸规格与 Z169 也有所不同。模具设计时根据需要自由选择。图 6-48 所示为 Z169 的工作过程。图 6-49 为 Z169 的尺寸参数。图 6-50 为 HASCO 二次顶出装置 Z1691 的尺寸参数。

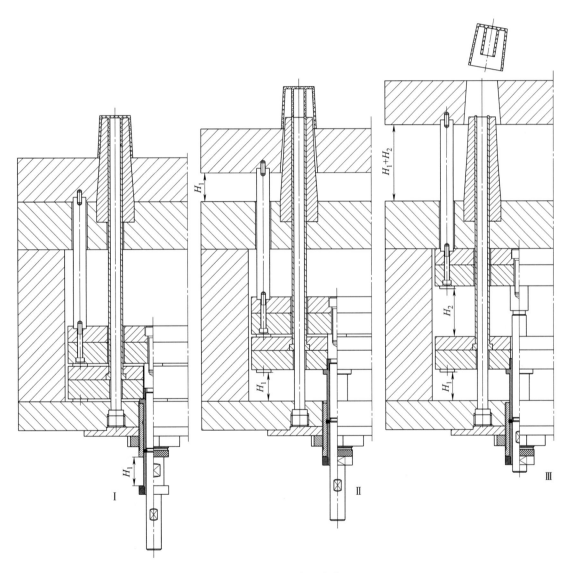

图 6-48 HASCO 二次顶出装置 Z169

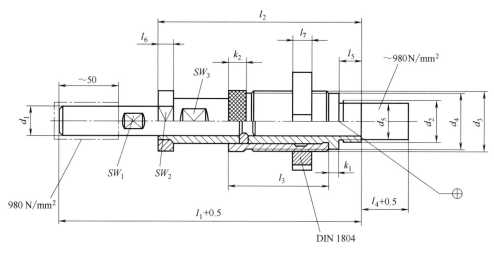

SW_3	SW_2	SW_1	k_2	k_1	d_4	d_5	l_7	l_6	l_5	l_4	l_3	l_2	l_1	d_2	d_3	H_1		H_2		d_1	型号
																min	max	min	max		
20	28	13	8	5	30	20	11	9	11	26	56	112	164	M22×1	M32×1.5	5	30	3	50	16	Z169/16
27	38	17	10	6	40	28	12		16	36	75	148	220	M30×1.5	M42×1.5	6	40	4	70	22	22
38	55	24		7	50	38	13	11	21	45	80	170	255	M40×1.5	M60×1.5	7	50			30	30
46	65	32	14	8	65	50	14	12	22		98	200	270	M52×1.5	M70×1.5	7.5	60	5	80	40	40

图 6-49 HASCO 二次顶出装置 Z169 尺寸参数

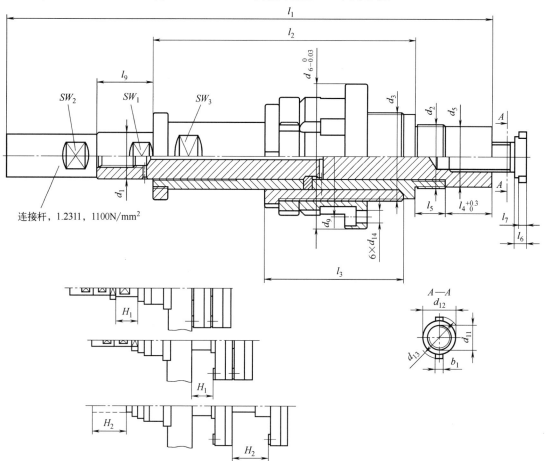

mm

SW_3	SW_2	SW_1	d_2	d_3	d_5	d_6	d_9	d_{11}	d_{12}	d_{13}	d_{14}	b_1	l_1	l_2	l_3	l_4	l_5	l_6	l_7	l_9	H_1	H_2 max	d_1	型号
10	10	17	M20×1	M28.5×1.5	18.5	50	41.6	M8×0.75	13.4	17.6	4.3	3.2	164	72	38.8	21	9	4	2.6	22	3~20	44	13	Z1691/13
13	12	21	M24×1.5	M35×1.25	22	60	48	M11×1	17.4	22	5.4	4	228	110	63		12	5	3.5	25	4~30	65	17	17
17	17	27	M30×1.5	M45×1.5	28	75	61	M14×1	21	27	6.5	5	270	131	74	17	17	6	4	30	6~42	80	22	22
24	22	36	M40×1.5	M60×1.5	38	100	82	M18×1	26	33	8.8	6	340	166	89	27	17	7	5	38	10~60	95	30	30
32	32	46	M55×1.5	M75×1.5	52	125	104	M25×1.5	35	43	11	8	470	232	122	41	27	10	7	50	14~86	130	40	40
41	41	65	M72×1.5	M98×2	69	150	128	M34×1.5	48	58	11	9	583	295	155	51	27	15	11	60	18~110	180	52	52

图 6-50 HASCO 二次顶出装置 Z1691 尺寸参数

6.3.2.2　Z1692

当要求先顶出第一块推板到所需距离后，再顶出后面的推板时可选用 Z1692，其尺寸参数见图 6-51。无论模具大小，只能安装一个 Z1692 顶出装置，使用时将其安装在模具中心位置。

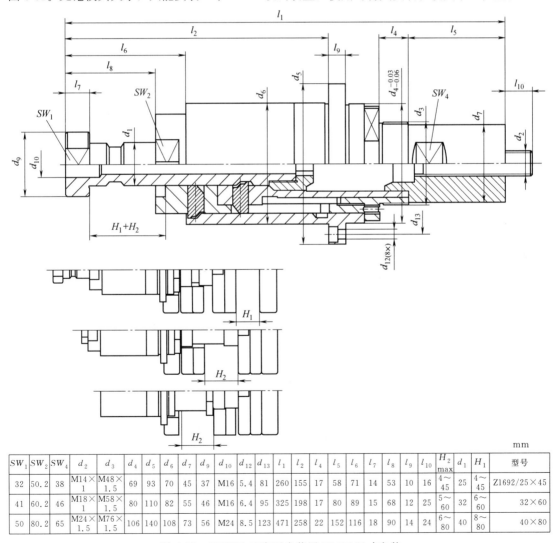

mm

SW_1	SW_2	SW_4	d_2	d_3	d_4	d_5	d_6	d_7	d_9	d_{10}	d_{12}	d_{13}	l_1	l_2	l_4	l_5	l_6	l_7	l_8	l_9	l_{10}	H_2 max	d_1	H_1	型号
32	50.2	38	M14×1	M48×1.5	69	93	70	45	37	M16	5.4	81	260	155	17	58	71	14	53	10	16	4~45	25	4~45	Z1692/25×45
41	60.2	46	M18×1	M58×1.5	80	110	82	55	46	M16	6.4	95	325	198	17	80	89	15	68	12	25	5~60	32	6~60	32×60
50	80.2	65	M24×1.5	M76×1.5	106	140	108	73	56	M24	8.5	123	471	258	22	152	116	18	90	14	24	6~80	40	8~80	40×80

图 6-51 HASCO 二次顶出装置 Z1692 尺寸参数

6.3.2.3 Z1695

当要求两块推板同时顶出一定距离后再顶后面一块推板时，可以选择 Z1695，其顶出过程见图 6-52。斜顶等强度弱的顶出元件尽可能安装在顶层推板上。在合模阶段，两层推板保持距离 H_2。Z1695 的尺寸参数见图 6-53。无论模具大小，只能安装一个 Z1695 顶出装置，使用时将其安装在模具中心位置。如果模具尺寸较大，可以相应选择较大尺寸规格的顶出装置。

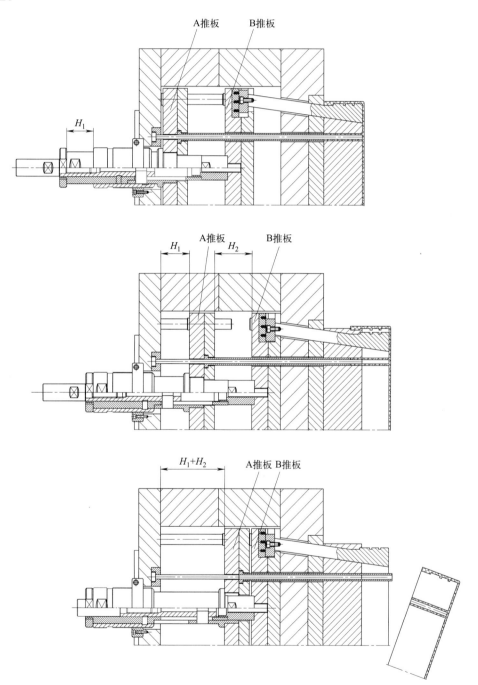

图 6-52 HASCO 二次顶出装置 Z1695

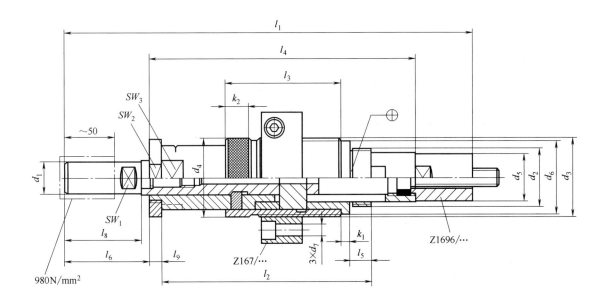

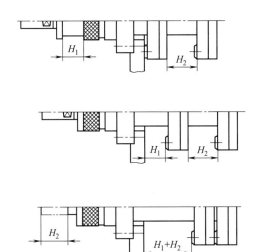

k_2	k_1	SW_3	SW_2	SW_1	l_9	l_8	l_6	l_5	l_4	l_3	l_2	l_1	H_1		H_2		d_7	d_6	d_5	d_4	d_3	d_2	d_1	型号
													min	max	min	max								
18	6	36	46	17	10	52	58	17	175	82	141	278	6	48	4	36	9	50	31.5	52	M52×1.5	M40×1.5	22	Z1695/22
	7	41	55	19		60	66		207	89	163	329	8	60	5	50		56	36	60	M60×1.5	M45×1.5	25	25
16	8	50	65	27	12	82	102	22	257	106	196	430	10	86	6	60	11	70	44	72	M72×1.5	M55×1.5	32	32

图 6-53 HASCO 二次顶出装置 Z1695 尺寸参数

6.3.2.4 Z1697

当后模中心有镶件而不能在后模中心安装二级顶出结构时，可以选用 Z1697，它需要设计安装在后模的 2 个对角上，实现 2 块推板同时顶出后，再顶出前面的推板。具体安装位置需要参考注塑机的顶棍位置。Z1697 尺寸参数见图 6-54，其顶出过程类似于 Z169。

6.3.2.5 Z1698

Z1698 二次顶出机构为 HASCO 二次顶出机构的新产品。当根据设计要求不能在推板中

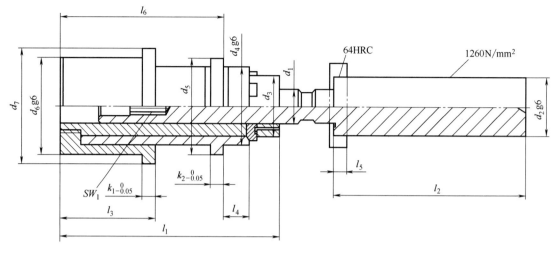

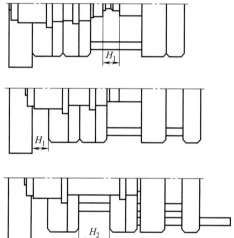

mm

SW_1	k_2	k_1	l_6	l_5	l_4	l_3	l_2	l_1	d_7	d_6	d_5	d_4	d_3	d_2	H_1		H_2		d_1	型号
															min	max	min	max		
8	6	6	77	5	12	45	90	103	52	44	44	36	28	27	6	76	3	76	16	Z1697/16
10	7	7	101	6	17	59	100	134	59	51	51	43	34	32	8	96	4	96	20	20
14	8	8	126	7	22	74	150	168	73	64	63	54	43	42	10	130	5	130	26	26

图 6-54 Z1697 尺寸参数

央应用通用二次顶出机构且大型模具需二次顶出功能时，可以应用此款偏心式二次顶出机构。Z1698 工作原理与 Z1695 二次顶出机构相同。整个顶出过程由两个独立行程组成。同时 HASCO 根据客户要求对 H_2 行程进行加工。

在第一个行程 H_1 动作中，推板单元 A、B 共同运动直至锁块解除锁定状态。之后进入行程 H_2 的动作，推板单元 B 继续移动直至行程 H_2 结束。Z1698 二次顶出机构可以在顶出的同时为推板提供导向功能。Z1698 系列有三款不同规格可供选择。Z1698 如图 6-55 所示。

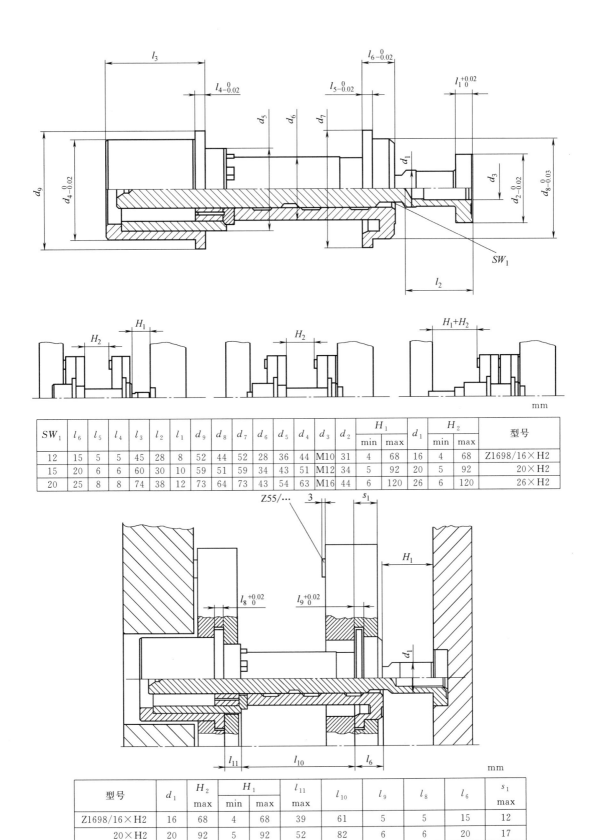

mm

SW_1	l_6	l_5	l_4	l_3	l_2	l_1	d_9	d_8	d_7	d_6	d_5	d_4	d_3	d_2	H_1		d_1	H_2		型号
															min	max		min	max	
12	15	5	5	45	28	8	52	44	52	28	36	44	M10	31	4	68	16	4	68	Z1698/16×H2
15	20	6	6	60	30	10	59	51	59	34	43	51	M12	34	5	92	20	5	92	20×H2
20	25	8	8	74	38	12	73	64	73	43	54	63	M16	44	6	120	26	6	120	26×H2

型号	d_1	H_2	H_1		l_{11}	l_{10}	l_9	l_8	l_6	s_1
		max	min	max	max					max
Z1698/16×H2	16	68	4	68	39	61	5	5	15	12
20×H2	20	92	5	92	52	82	6	6	20	17
26×H2	26	120	6	120	66	106	8	8	25	22

图 6-55 Z1698 尺寸参数

6.4 加速顶出

6.4.1 加速顶出设计实例

图 6-56 所示是一个内侧有倒扣的按钮产品加速顶出的模具结构。开模后，先是下顶针板 6 和上顶针板 7 一起运动，带动中心顶针 5 和顶针 8（2 个）一起将制品顶出后模仁，这时塑件仍然包紧在中心顶针 5 上，继续顶出，摆杆 4 接触挡块 1，摆杆停止移动而进行顺时针转动，将通过顶块 3 将上顶针板 7 顶起，实现顶针 8 的加速顶出，将塑件从中心顶针上强脱，到此完成了整个顶出过程。

6.4.2 加速顶出与二次顶出的对比

针对部分异型塑件，在开模时如果使用一次固定行程顶出难以保证完成制品的同步脱模，制品容易变形或者难以顶出，这时需要在制品的特定部位（边缘或者圆角）增加一个额外的顶出行程来保证产品配合异型顶针的同步顶出，而这个额外顶出行程就需要一组或多组的（推杆、推板）加速顶出器增加一个顶出行程来一起完成产品的同步脱模。加速顶出（accelerated ejectors）是一种不同于二次顶出的特殊顶出方式，主要区别在于其克服了二次

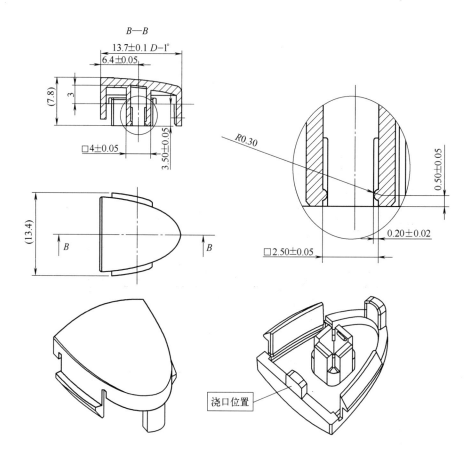

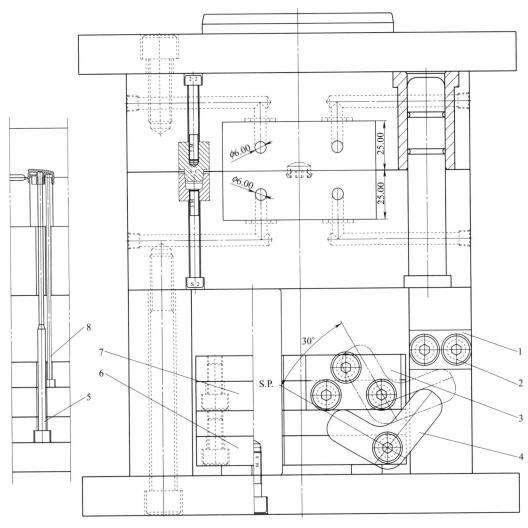

图 6-56 按钮模具图

1—挡块；2—六角螺钉；3—顶块；4—摆杆；5—中心顶针；6—下顶针板；7—上顶针板；8—顶针

顶出的顶出停顿，实现了同步加速顶出，因而加速顶出能有效缩短顶出时间，保证制品不变形。图 6-57 所示为单个顶针的杠杆式加速顶出，注意这种设计中，加速顶针的直径不得小于 5mm。

当模具存在较深骨位或所需脱模力较大时，由于一次顶出，塑件还不能够完全脱离模具，这时需要手工脱模，或者需要增加顶出机构来顶出塑件，这就使模具不能实现自动化注塑。使用加速顶出机构，可以轻松解决上述问题，而不需要增加复杂的模具结构，例如不需要增加二次顶出的顶针板机构。

6.4.3 加速顶出机构

6.4.3.1 杠杆式加速顶出

杠杆式加速顶出原理见图 6-57。图 6-57（a）所示的加速推杆上套有弹簧，辅助回位，顶出时侧向力较小，图（b）所示的加速推杆依靠旋转块回位，顶出时受侧向力较

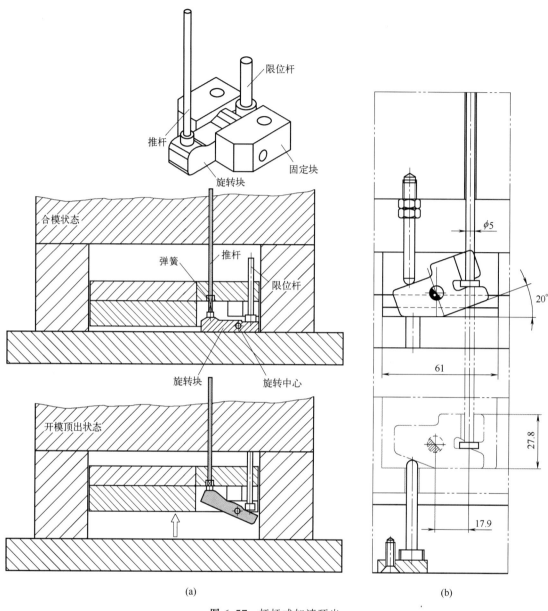

图 6-57 杠杆式加速顶出

大。在顶出过程中，限位针碰到 B 板，促使旋转块转动，从而使其头上的加速推杆加速向前，完成二次顶出。合模后由弹簧控制推杆及旋转块恢复原位。由于杠杆式加速顶出的推杆在加速过程中承受侧向力，因此其直径不能过小，极限最小直径为 5mm，多数采用 6mm 以上推杆。

杠杆式加速顶出实例见图 6-58 所示，塑件为电容器外壳，造型为矩形壳体，有装饰图案需要设计定模滑块抽芯，内部边缘有凸起骨位需要设计斜顶脱模。模具排位为 1 出 2，要求全自动成型，塑件能自动跌落。塑件的顶出元件为斜顶和推杆，顶出后电容器外壳会套在斜顶上难以脱落，即使增加顶出行程也难以解决。此套模具，斜顶的行程有限，需要避免两侧斜顶相碰。为此，设计加速推杆 3 解决全自动顶出问题。

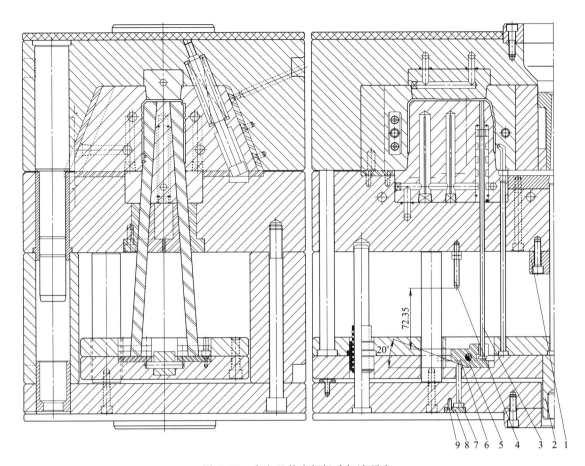

72.35

20°

9 8 7 6 5 4 3 2 1

图 6-58 电容器外壳杠杆式加速顶出
1—顶出限位块；2—顶棍镶件；3—加速推杆；4—加速限位杆；5—销轴；6—旋转块；7—支撑杆；8—压块；9—螺钉

开模后，定模斜弹滑块完成抽芯，塑件附在动模上，斜顶和加速推杆 3 将塑件推出型芯，斜顶同时完成倒扣脱模。顶出行程达到 72.35mm 后，旋转块 6 的上平面碰到加速限位杆 4 的端面，旋转块 6 逆时针旋转，带动加速推杆 3 加速推出，将塑件从斜顶上脱模。合模前，顶棍镶件 2 拉动整个顶出系统回位。支撑杆 7 碰到旋转块 6 的斜面，使旋转块旋转复位。

6.4.3.2 齿轮齿条式加速顶出

单个推杆加速顶出机构采用齿轮和齿条转动机构，能提供 15.8mm 以上的附加顶出行程。利用简单的直线运动能够增加推杆、推杆型芯和整个顶出装置的行程和推出速度，在推出及回程过程中，能够运动平稳，不会产生太大冲击力。

图 6-59 （a）所示是齿轮齿条式单个推杆加速顶出，由顶出器外壳、驱动齿条、推出齿条、推杆固定螺帽、加速限位杆、复位螺钉、齿轮、扭簧和孔用弹性挡圈等零件组成。顶出过程见图 6-60，图 （a）为合模状态；图 （b）为顶出开始，加速顶出尚未开始的状态；图（c）为加速顶出结束的状态。这种顶出是利用扭簧的弹力实现加速顶出，扭簧安装在推板上，每个加速顶出器推动一支加速推杆。合模时，随着内部弹簧力复位。单个推杆加速顶出器仅设计在需要加速顶出的推杆上，对于其余推杆无影响，占用模具空间较小，使用方便，顶出动作平稳。单个推杆加速顶出器可以根据需要加速的推杆数量确定，也可以只设计一个单独使用。设计安装扭簧时需要注意，扭簧需要预压 90°转角。

(a)   (b)

图 6-59 齿轮齿条式加速顶出

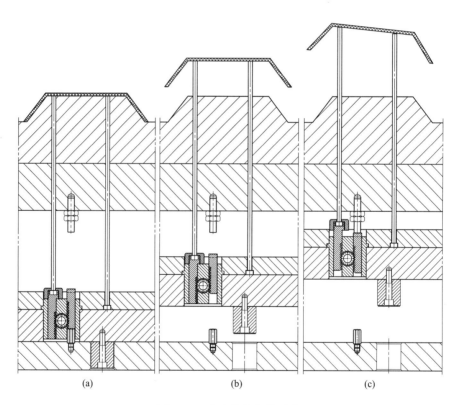

(a)   (b)   (c)

图 6-60 单个推杆加速顶出

6.4.3.3 推板加速顶出

还有一种齿轮齿条式加速顶出可以用来对顶针板进行加速顶出，用于多个顶针的加速顶出。如图 6-59（b）所示，由顶出器外壳、驱动齿条、推出齿条、加速限位杆、复位螺钉、齿轮、扭簧和孔用弹性挡圈等零件组成。推板加速顶出器除了无推杆固定螺母，推出齿条和单个推杆加速顶出器不同外，其余结构与单个推杆加速顶出器完全相同。由于需要使整个推板顶出，为了保持平衡，推板加速顶出器必须使用 4 个，对称布置在推板四角。推板加速顶出见图 6-61。

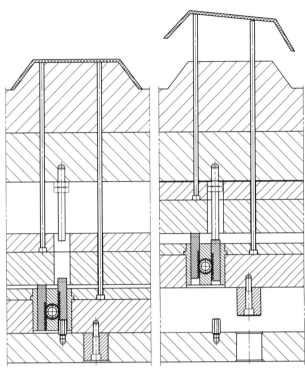

图 6-61 推板加速顶出

6.5 定模脱模

有些塑件外表面不允许有任何浇口痕迹和顶出痕迹，必须将浇口设计在塑件内表面。脱模系统必须和浇注系统同时设计在定模一侧。这种模具结构叫倒装模具，开模后塑件从定模脱模。定模脱模的推出系统和动模脱模的顶出元件一样，也是由推杆、推板、推块和推管等标准元件组成，推出元件安装在推杆固定板和推杆底板上。推出系统还包括导柱和导套等导向元件以及复位元件等。定模脱模的动力来源主要有开模力带动、弹簧驱动和液压油缸、气缸驱动等。

定模脱模的模具结构复杂程度和浇注系统密切相关。定模脱模的模具主流道很长，为了减少塑料消耗，以及注塑成型中的压力和热量损失，经常采用加长的热嘴。单个型腔并且单个浇口成型时，采用单个热嘴会使模具结构简单。这是因为热嘴成型避免了浇注系统凝料脱模。采用热流道系统多点进胶时，模具结构会相对复杂，定模既要设计分流板，又要设计推出板和推杆固定板，需要注意定模的强度，在中间部位设计支撑柱，防止模板变形。

定模脱模在多个点浇口的情形下，不论是多腔模具还是单腔多浇口模具，模具结构往往会很复杂。因为浇注系统凝料和推杆、斜顶等都在定模，位置会有干涉。注塑需要人工取出浇注系统凝料，难以实现全自动注塑。

定模脱模来源采用开模力带动时，主要应用于中小模具。驱动元件有拉钩（俗称扣机）、拉杆和拉板等。行程较小时也可以采用弹簧和模内气缸等。对于大中型模具，多采用油缸或链条驱动。定模脱模无论采用哪种开模力来源，驱动元件必须对称设计，使推板推出平稳。

图 6-62 所示为拉杆推出倒装模具。塑件为半球形灯罩，外表及周边均不能设计浇口，采用倒装模具设计。开模时，动模板 17 拉动拉杆 7，带动推板 8，推杆 9 将塑件实现脱模。拉杆 7 用螺纹与推板 8 连接。

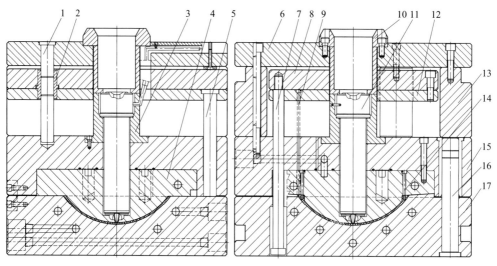

图 6-62　拉杆推出倒装模具

1—推板导柱；2—推板导套；3—热嘴套筒；4—型芯；5—回针；6—定模座板；7—拉杆；8—推板；9—推杆；

10—定位圈；11—热嘴；12—推杆固定板；13—方铁；14—镶针；15—定模板；16—导柱；17—动模板

图 6-63 所示为直接浇口倒装模具设计实例。开模时，由动模板 11 通过拉杆 6 带动推件板 9 实现塑件脱模。设计时必须准确分析计算每个分模面的打开先后次序和开模行程。

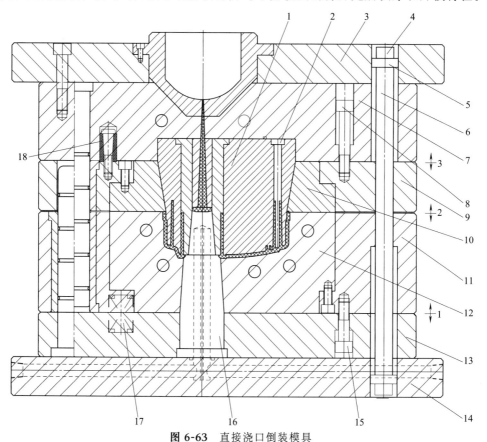

图 6-63　直接浇口倒装模具

1—定模镶件；2—镶针；3—定模板；4—螺钉；5—挡圈；6—拉杆；7—定模板；8—限位螺栓；9—推件板；10—推件板镶件；

11—动模板；12—动模镶件；13—动模垫板；14—动模座板；15—限位螺钉；16—动模芯；17—弹簧；18—树脂开闭器

开模时，在弹簧 17 和树脂开闭器 18 作用下，模具先从分模面 1 处打开，行程为 10mm，动模芯 16 脱离塑件，减小塑件对于动模的包紧力。之后模具从分模面 2 处打开，打开距离 200mm，塑件随定模镶件 1 脱离动模。最后模具从分模面 3 处打开，行程为 30mm，推件板 9 及推件板镶件 10 将塑件脱离定模镶件 1。

图 6-64 所示为拉钩带动倒装模具。此模具属于小型模具，顶出元件有斜顶和推管等。开模后，分型面打开时，塑件留在定模上。继续开模，拉钩拉动推板 5 和推杆固定板 6，推管 10 和斜顶 17 将塑件从定模脱离，紧接着拉钩 18 与动模板 15 脱离，开模行程结束。

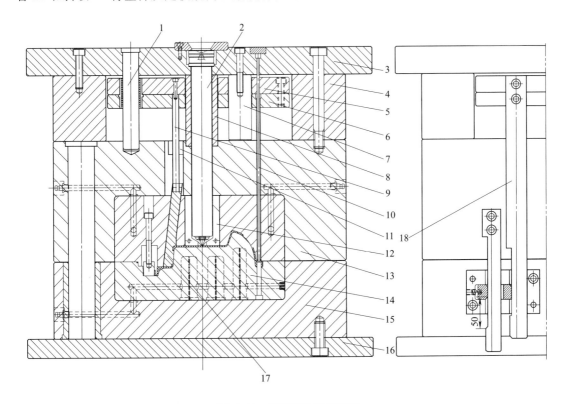

图 6-64 拉钩带动倒装模具

1—导柱；2—热嘴；3—定模座板；4—方铁；5—推板；6—推杆固定板；7—支撑柱；8—中心套筒；9—斜顶推杆；10—推管；11—导套；12—热嘴镶件；13—定模板；14—型芯；15—动模板；16—动模座板；17—斜顶；18—拉钩

图 6-65 所示为油缸驱动倒装模具。塑件为扁平矩形壳体，外形尺寸为 446.5mm×284.5mm，边缘有三处卡钩需要设计斜顶脱模。塑件外表面不能有浇口痕迹，因此采用倒装模具设计。在模具两端分别设计一个油缸带动推板顶出塑件。油缸用四个螺钉安装在推杆固定板 14 上。油缸活塞杆不能直接拧入定模座板，需要设计一个安装接头 2 卡入定模座板 8 中。为了两个油缸同时进油，在模胚的长边中间位置安装一个集油块，两个油缸的油管同时接入集油块，保证两个油缸进油平衡。

化妆品瓶盖由内外盖两部分组成，内外盖超声波焊接后，构成完整的瓶盖。如图 6-66 所示为化妆品外盖，尺寸为 $\phi79.00$mm×19.20mm，平均胶位厚度 2.80mm，塑件材料为 PP，质量为 25.32g。塑件既要外观无瑕，又要保持质感。浇口为点浇口，位于塑件的内顶面。塑件口部有一圈窄槽，内侧槽唇边低于外边缘。

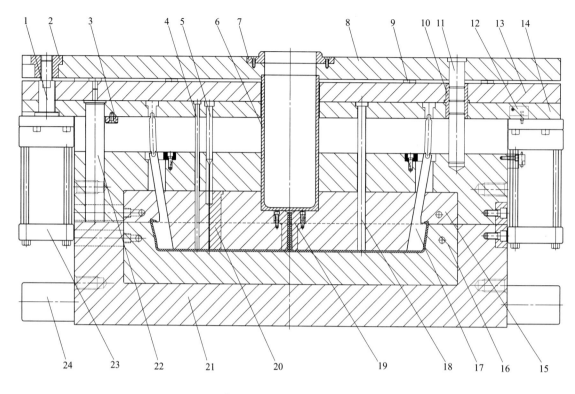

图 6-65 油缸驱动倒装模具

1—油缸活塞杆；2—安装接头；3—顶出限位块；4—推杆；5—方推杆；6—中心衬套；7—定位圈；8—定模座板；
9—垃圾钉；10—导套；11—导柱；12—行程开关；13—推板；14—推杆固定板；15—型芯；16—型腔；17—斜顶；
18—顶针；19—浇口套；20—镶件；21—定模座板；22—复位杆；23—油缸；24—支撑腿

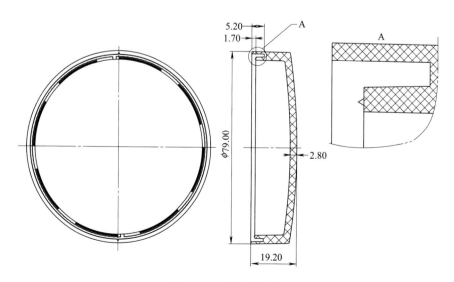

图 6-66 化妆品外盖

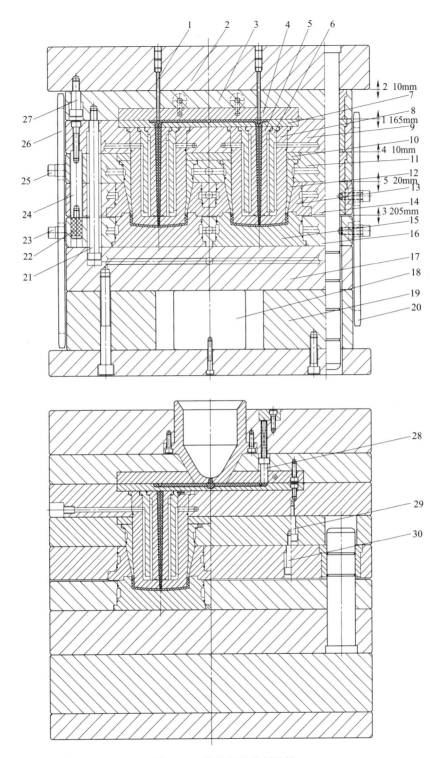

图 6-67 化妆品外盖倒装模

1—流道拉料杆；2—定模座板；3—流道推板；4—流道推板镶件；5—中心冷却镶件；6—冷却镶件；7—流道
镶件；8—定模镶件；9,11—定模板；10—压板；12—定模窄槽镶件；13—推件板镶件；14—推件板；15—动模镶件；
16—动模板；17—垫板；18—支撑柱；19—方铁；20,26—拉板；21—小拉杆；22—树脂开闭器；
23,25—拉板螺钉；24—加长杆；27,29,30—限位螺钉；28—流道弹块

化妆品外盖模具型腔数为 1 出 4，模具结构为倒装模具，见图 6-67。多型腔倒装模具多采用热流道成型。细水口三板模设计多型腔倒装模具的难度在于流道系统凝料的取出。考虑到塑件的具体形状，塑件口部的窄槽容易粘模，直接用推板推出塑件可能会使塑件变形。因此，模具的开模动作需要多次分型。

第一次开模：流道推板 3 与定模板 9 分离，分开 165mm，从定模板背面拉出流道凝料。

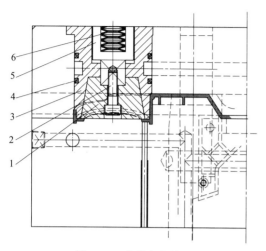

图 6-68　防粘定模的结构
1—顶块；2—螺栓；3—前模镶件；
4—胶圈；5—套筒；6—碟形弹簧

第二次开模：流道推板 3 与定模座板 2 分离，分开 10mm，流道凝料从浇口套跌落。为了确保流道凝料脱离流道推板，定模座板上装有流道弹块 28，在弹簧作用下，可以确保弹出流道凝料（以上两次开模原理类似于普通三板模，利用树脂开闭器 22 驱动）。

第三次开模：分型面打开，分开 205mm，塑件留在定模镶件 8 上，动模移开（小拉杆 21 将推件板 14 限位，树脂开闭器 22 脱开）。

第四次开模：塑件脱离定模镶件 8 顶部 10mm，塑件仍然卡在边缘的定模窄槽镶件 12 上。开模驱动力为左侧的拉板 26。

第五次开模：推板将塑件从边缘的窄槽镶件上推出 20mm，实现塑件彻底脱模。开模驱动力为右侧的拉板 20。

对于形状简单，仅局部会粘定模的模具，通常设计图 6-68 所示的防粘定模结构，可以有效解决粘定模的问题。

6.6　双向顶出

由于塑件的动定模的包紧力大致相同，成型后无法确定塑件会留在型腔还是型芯，需要设计动定模双向顶出结构。设计注意事项有：定模顶出行程，可大于或等于塑件在定模型腔的深度；定模顶出动力来源要根据塑件大小或结构确定。大中型模具可用链条或拉板，小型模具可选用弹簧、模内气缸、树脂开闭器、拉板或拉杆等。动定模双向顶出也有利于排气。定模顶出机构同样需要设计导向机构和复位机构。

图 6-69 所示为管卡产品图，沿轴向有 9 圈锥形薄片，开模时形成倒扣，需要强制脱模。管卡部分中间用铰链连接，闭合后可以用头部的卡钩互锁。塑件沿 A—A 剖面大体对称，分型面为通过 A—A 剖面的平面。塑件对动定模的包紧力大致相同，因此需要设计动定模顶出机构实现双向顶出，模具设计图见图 6-70。

图 6-71 所示的轿车电线卡是某轿车上一个典型的紧固件。该零件生产批量巨大，要求模具能够全自动生产，产品材料为 POM，产品最大外形尺寸为 45mm，产品质量为 2.65g。模具设计有三个难点：第一是塑件的主体结构沿动定模分型面大体上对称，在开模时，制品容易粘在定模上；第二个难点是制品有一段轴线平行于分型面的圆锥表面，沿分型面无法正常出模；第三是制品在动定模内均存在深的封闭性骨位，注塑时容易产生困气现象。

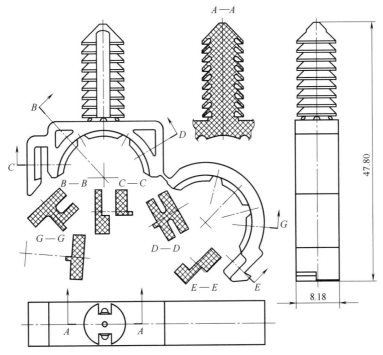

图 6-69 管卡产品图

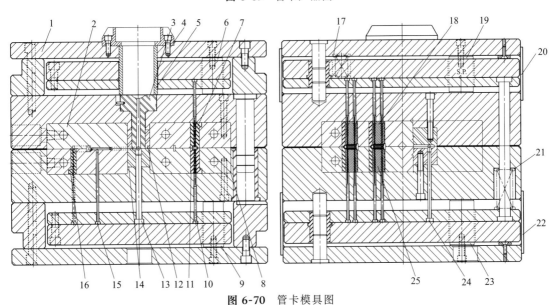

图 6-70 管卡模具图

1—定模座板；2—型腔；3—浇口套；4—定位圈；5—中心套筒；6,19—定模支撑柱；7—定模推杆；8—型芯；
9,23—动模支撑柱；10,15—推杆；11,16,18,25—镶件；12,14—流道镶件；13,24—流道推杆；
17—弹簧；20,22—防尘板；21—回位弹簧

制品的尺寸较小，因而确定型腔数量为 1 出 8，采用潜伏式浇口，在顶出时自动切断水口。塑件的主体结构沿动定模分型面大体上对称，考虑到制品特殊的形状，分型面设计在产品的正中间，锥面部分采取强脱出模。制品在动定模内均存在深的封闭性骨位，注塑时容易产生困气现象，由于顶出的需要，动定模均设计有相同的推杆和顶出镶件，使模具有良好的排气。

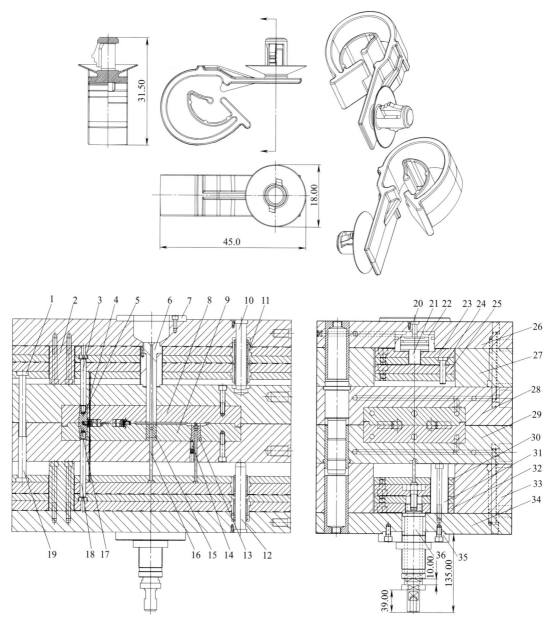

图 6-71　轿车电线卡动定模二次顶出

1—定模复位杆；2—定模支撑柱；3—顶出螺杆；4—有托推杆；5—定模活动镶件；6—浇口套；7—定位圈；8—型腔；
9—型芯；10—推板导柱；11—推板导套；12—动模推板导柱；13—流道切换镶件；14—定位波珠；15—流道衬套；
16—流道推板；17—动模活动镶件；18—顶出螺杆；19—动模复位杆；20—气门堵头；21—活塞杆；22—气缸活塞；
23—定模第一推板；24—限位柱；25—定模第二推板；26—定模座板；27—定模方铁；28—定模板；29—动模板；
30—动模第二推板；31—动模支撑柱；32—动模第一推板；33—动模方铁；34—动模座板；
35—动模定位圈；36—HASCO 二次顶出器 Z169/22

　　模胚采用 HASCO 标准导柱导套，动模侧设计了动模定位圈 35，可以配合 ENGEL 注塑机生产。动定模推板均采用滚珠导套导柱导向，动模定位圈 35 对 HASCO 的二次顶出标准件 Z169/22 起到增加刚性的作用。

　　开模时，动模在注塑机开模力的驱动下后退，动定模沿分型面打开，与此同时，定模的气路打开，空气进入气缸活塞 22 的底部推动其向前顶出，定模第一推板 23 和定模第二推板 25 同时顶出行程为 5mm。定模第一推板 23 上装有顶出螺杆 3，顶出螺杆 3 连接在活动镶件 5 的底部。定模第二推板 25 上装有有托推杆 4，在第一次顶出中，制品在活动镶件 5 和有托推杆 4 的共同作用下离开型腔 5mm，为强制脱模提供制品的变形空间。压缩空气继续顶出，气缸活塞 22 的底部中心孔与气门堵头 20 脱离，空气从此孔中进入，推动活塞杆 21 动作，从而推动定模第二推板 25 向前顶出，在有托推杆 4 的作用下，产品从活动镶件上强行脱出，产品随动模移动，并保留在动模上等待顶出。

动模的二次顶出虽然采用了不同的顶出元件，但顶出原理和定模是一样的，即先是两层推板一起移动，使制品脱离型腔，然后是顶针顶出，使制品强行脱离活动镶件。动模所采用的二次顶出标准件 36 固定在动模第二推板 30 上，在注塑机的驱动下可以带动动模第一推板 32 自行复位。

合模时，动模的顶出机构已经自行复位，定模顶出机构采用定模复位杆 1 碰动模复位杆 19 的方法复位。定模复位杆 1 伸进动模板内，避免塑件跌落时碰到动模复位杆 19 沾上油污。

6.7 强制脱模

6.7.1 强制脱模实例分析

强制脱模时，一般为防止塑件拉坏，都需要要变形空间。在无法提供变形空间时，此类强制脱模一般只限于 PP 材料，而且倒扣高度不得大于 0.3mm。

图 6-72 所示的端盖，沿圆周有 4 处锁紧柱，用于端盖安装。在每个锁紧柱的外侧有一

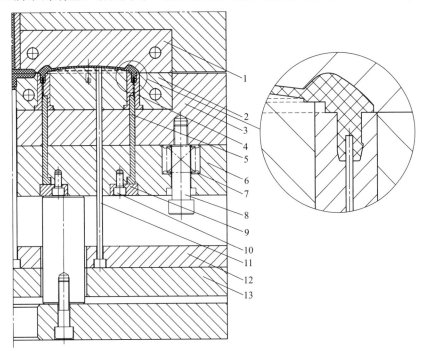

图 6-72 浮动模板扣位强脱模具

1—型腔；2—型芯；3—动模板；4—倒扣镶件；5—中心镶件；6—垫板；7—弹簧；
8—限位螺栓；9—压板；10—螺钉；11—推杆；12—推杆固定板；13—推板

处倒扣，倒扣高度 0.25mm，锁紧柱中心开槽宽度为 1mm。分型面打开后，在弹簧 7 的作用下，动模板 3 与垫板 6 分开，中心镶件 5 从锁紧柱中心槽中脱离，为强脱扣位提供变形空间。在推杆 11 作用下，锁紧柱的倒扣从镶件 4 中强制脱模，塑件从型芯 2 脱模。

图 6-73 为输液外盖产品图。输液外盖产品最大外径为 31.8mm，高度 19.2mm，材料为医疗级 PP，质量为 3.58g。输液外盖属于医疗产品，对产品本身提出了很高的要求。塑件不得存在各种缺陷，不得存在轻微的披锋。拉环撕裂力度要均匀适中，不得存在拉环断裂或无法撕裂的情形，撕裂端面要清晰，不得产生毛边等。输液外盖产量巨大，模具为 1 出 16，由于塑件需要强制脱模，需要设计非标模胚。

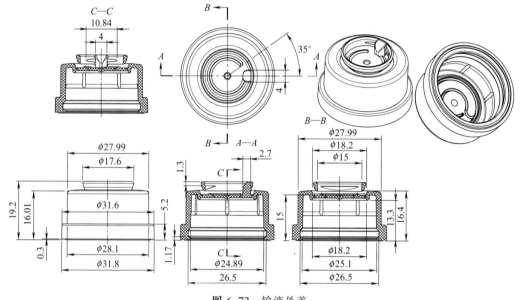

图 6-73 输液外盖

进胶方式为点浇口在塑件顶部一点进胶，由于模具排位多达 16 腔，为了缩短塑胶流动距离，模具采用热流道进胶。输液外盖模具图见图 6-74。

拉环在定模，需要强制脱模。注塑和冷却阶段完成后，模具首先从浮动板 3 和 A 板 6 处打开，热嘴镶件 19 与定模镶件 18 分离，为塑件拉环强脱提供变形的空间。然后分型面打开，拉环向内变形脱离定模镶件 18，塑件随动模移动与定模分开，最终塑件通过推件板 7 上的推件板镶件 16 顶出。

奶粉罐盖产品图见图 6-75，包边盖产品壁厚只有 0.8mm，根据产品的要求，不能设计顶针或者推板顶出机构。制品的胶位基本处在前模，由于内侧倒扣的关系，在包紧力的作用下，制品会包紧在顶出套 5 上。开模时，分型面打开，后模仁 3 和后模镶件 1 后退，制品包在前模的顶出套 5 和中心顶块 4 上，合模状态为图 6-76（a）。第一次顶出为顶出套 5 和中心顶块 4 共同作用，将制品从前模仁 6 中顶出，见图 6-76（b）。这时制品内侧的倒扣依然包紧在顶出套 5 上，当顶出套在限位块的阻止下停止移动时，第一次顶出行程结束。第二次顶出为中心顶块 4 继续顶出，制品被强行从顶出套 5 上顶出，见图 6-76（c）。在二次顶出的过程中，压缩空气开关打开，空气从件 4 和件 5 之间的空隙吹出，避免了二次顶出开始的瞬间存在的真空，使得强制脱模顺利完成。压缩空气的另一个作用是有效地保证了产品的快速跌落和模具相关零件的冷却，缩短注塑周期。

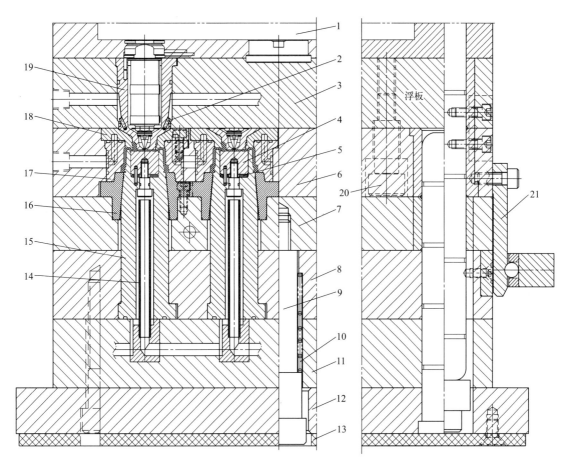

图 6-74 输液外盖模具图

1—分流板；2—铍铜棒；3—浮动板；4—动内模镶件；5—调整垫；6—A板；7—推件板；8—B板；9—限位螺栓；
10—弹簧；11—动模垫板；12—动模座板；13—隔热板；14—冷却水管；15—动模芯；16—推件板镶件；17—型腔；
18—定模镶件；19—热嘴镶件；20—限位螺栓；21—扣机

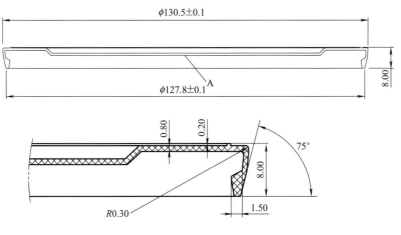

图 6-75 奶粉罐盖产品图

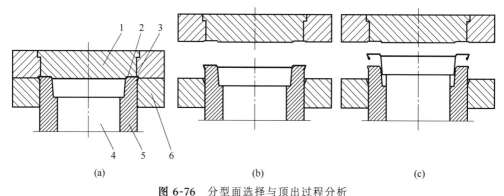

图 6-76 分型面选择与顶出过程分析

1—后模镶件；2—塑胶产品；3—后模仁；4—中心顶块；5—顶出套；6—前模仁

6.7.2 螺纹强制脱模分析

强制脱模结构相对简单，常用于塑件精度不高的情况，其脱模方式是模具开模后，塑件完全脱离型腔，在推件板的作用下，利用塑料的弹性强制脱模。需要注意的是在设计前需了解塑件材料特性是否适合强制脱模方式，通常适合强制脱螺纹的材料应具有一定的弹性，可变性。常见的适用于强制脱螺纹的塑料材料有 PVC、PE 和 PP 等。

对于较硬的塑料，例如 PBT、PPS 和 PEI 等塑料的螺纹，通常都是需要受力的工程部件，其螺纹一般都需要自动脱螺纹，不宜采用强制脱螺纹。在塑件要求较高时，全自动脱螺纹是最安全的模具设计方式。

内螺纹是否需要强制脱模，要根据螺纹牙型、螺距和深度来决定。如果螺纹螺距较小，则两个螺牙之间空间距离较小，且牙型细而尖锐，这种塑件即使使用 PP 材料，也不能使用强制脱模机构，必须采用自动脱螺纹机构。当然，不能千篇一律，需要具体问题具体分析，满足客户对产品质量的要求。

内螺纹强制脱模需满足下列条件，才可以采用推板强行推出机构：

① 满足伸长率＝（螺纹大径－螺纹小径）/螺纹小径≤A。其中，A 的值取决于塑料品种，ABS 为 8%，PC 为 6%，POM 为 5%，PA 为 9%，LDPE 为 21%，HDPE 为 6%，PP 为 5%。

② 如果螺纹螺距较大，则两个螺牙之间有一段空间距离，且牙型的尖角处有较大的圆弧过渡，牙深达 1.5mm，即使使用较硬塑料，也可以强制脱螺纹。

6.8 复位机构

6.8.1 弹簧复位机构

弹簧复位，多将弹簧套在四个复位杆上，大型模具可以在推板中间再补充 2～4 个弹簧。弹簧复位具有模具结构简单、成本低的特点。多用于亚洲地区，如日本、韩国、中国，美国模具也有部分采用，欧洲模具一般不采用弹簧复位。弹簧复位如图 6-77 所示，图（a）为一般复位设计，图（b）为增加复位力的设计，带有多个斜顶的模具，容易回位不佳，可以用回针下的弹力胶或弹簧辅助回位。特别是在双节斜顶的模具中。回针下可用弹簧、碟形弹簧（一般用 2 片，对向安装）或弹力胶三种加力的方式。图（c）为弹簧较长的安装方式。

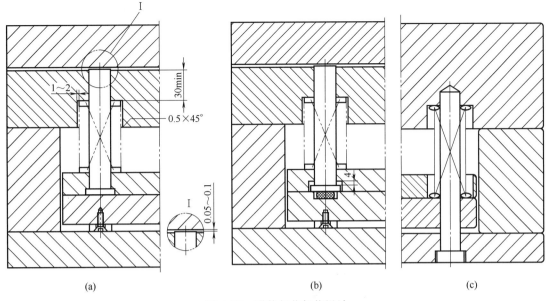

(a)   (b)   (c)

图 6-77 弹簧复位机构设计

6.8.2　回针复位机构

  动定模具复位杆碰复位杆回位，在欧洲应用较多。定模的复位杆加长，加长的长度大于顶出行程。为了避免影响机械手，加长必须为定模侧，不可相反。复位杆对碰复位机构见图 6-78。

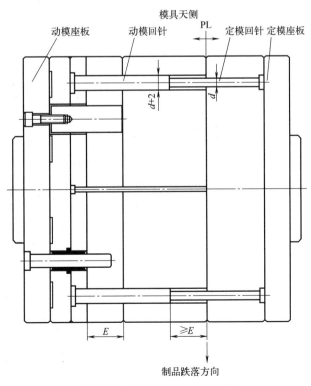

图 6-78 复位杆对碰复位机构

6.8.3　强制拉回复位机构

　　顶出系统在塑件脱模以后，在进行下一周期生产前必须退回原处。使用强制回位拉杆可以使回位可靠，有效缩短注塑周期。强制回位拉杆见图 6-79，图（a）为推板较厚时直接在推板底部加工螺纹孔，图（b）为增加回位拉杆，图（c）为回位拉杆的连接方式。

　　图 6-80 所示为回位拉杆的尺寸参数。公制回位拉杆螺纹一般为 M12、M16 和 M20，模具设计时需明确所用注塑机的顶出部分结构。

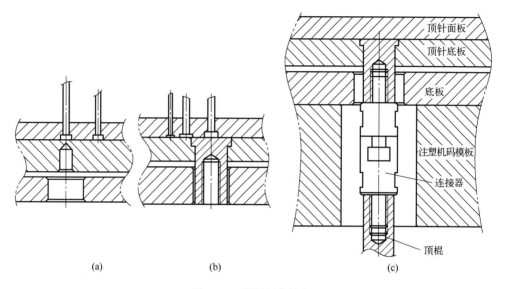

图 6-79　强制回位拉杆

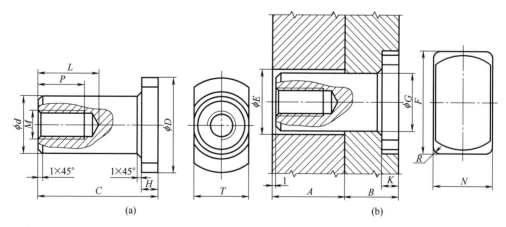

mm

序号	ϕd	ϕD	C	ϕE	F	ϕG	H	K	L	M	N	P	R	T
1	$24^{-0.1}_{-0.2}$	30	$A+B-1$	25	32	$24^{+0.2}_{+0.1}$	32	$6^{+0.2}_{+0.1}$	25	M12	24.4 ± 0.1	20	5	24 ± 0.1
2	$30^{-0.1}_{-0.2}$	36	$A+B-1$	32		$30^{+0.2}_{+0.1}$	37	$6^{+0.2}_{+0.1}$	32	M16	30.4 ± 0.1	25	5	30 ± 0.1
3	$50^{-0.1}_{-0.2}$	60	$A+B-1$	52		$50^{+0.2}_{+0.1}$	62	$10^{+0.2}_{+0.1}$	40	M20	50.4 ± 0.1	30	10	50 ± 0.1

图 6-80　强制回位拉杆

6.9 先复位机构

6.9.1 先复位机构简介

在一些模具结构中，需要设计先复位机构，在合模前使顶出系统首先复位。先复位机构有多种设计方式，图 6-81 所示是早期设计使用的最简单的先复位机构，这种机构容易与机械手发生干涉，影响注塑正常进行。图 6-82 是双摆杆先复位机构，通常成对使用。

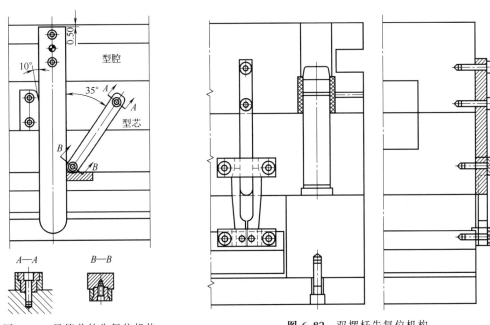

图 6-81 最简单的先复位机构

图 6-82 双摆杆先复位机构

6.9.2 先复位机构标准件

6.9.2.1 HASCO 先复位元件

HASCO 先复位元件 Z163 与 Z164 需要配合使用，每套模具要求使用 2 套或 2 套以上。最常见的情形是设计 4 套，分别安装在模具的 4 角。安装时需要注意对称设计，否则可能因受力不平衡而使单套 Z163/Z164 组件断裂。使用时需要另外增加一个复位推杆。Z163/Z164的功能有两种，作为先复位元件或者作为二次顶出元件。不同的功能复位推杆的安装位置不同。由于 Z163/Z164 安装在模具内部，避免了与模具外部的其他零件产生干涉。

图 6-83 为 HASCO 先复位机构的应用，图（a）为模具打开状态，图（b）为合模状态。

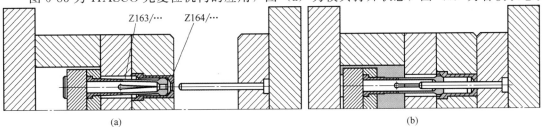

(a)   (b)

图 6-83 HASCO 先复位机构

Z163 的尺寸参数见图 6-84，Z164 的尺寸参数见图 6-85。

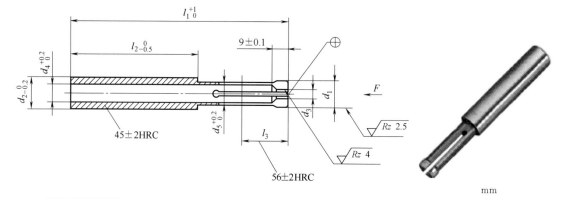

max F/N	l_3	l_2	d_1	d_2	d_4	d_5	d_3	l_1	型号
12000	20	73	16	18	10	13	6	125	Z163/6×125
20000	25	100	20	24	12.5	17	10	160	10×160

图 6-84 HASCO 先复位机构 Z163

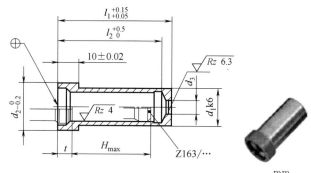

Hmax	t	l_2	d_2	d_1	d_3	l_1	型号
24		31				36	Z164/6×36
34		41	22	18	6	46	46
44		51				56	56
23	6.7	30				36	Z164/10×36
33		40				46	46
43		50	29	24	10	56	56
63		70				76	76

图 6-85 HASCO 先复位机构 Z164

Z163/Z164 作为二次顶出使用见图 6-86，图（a）为合模状态，图（b）为二次顶出结束状态。

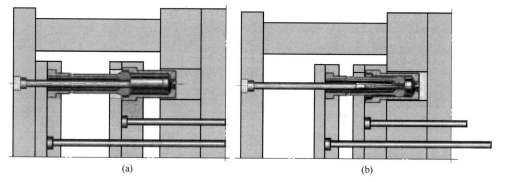

(a)　　　　　　　　　　　　(b)

图 6-86 先复位机构 Z163/Z164 作为二次顶出使用

6.9.2.2 DME 先复位元件

图 6-87 所示为 DME 的铰链式先复位机构，必须设计 2 组或 4 组成对使用，对称布置。图 (a) 和图 (b) 应用于中小型模具，图 (c) 为大型模具应用案例。

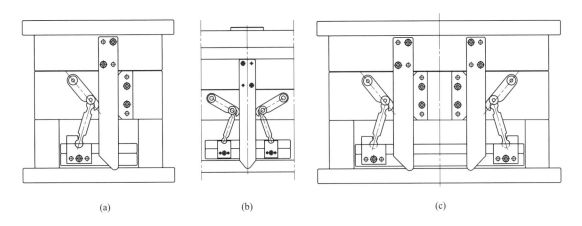

(a)　　　　　　　　(b)　　　　　　　　(c)

图 6-87　铰链式先复位机构

图 6-88 为 DME 模具内使用先复位机构，图 (a) 为合模状态，图 (b) 为开模状态，图 (c) 为复位推杆刚与先复位机构接触时的状态，图 (d) 为推板复位完成。

图 6-89 为 DME 先复位机构作为二次顶出使用。将先复位机构倒装，先复位推杆安装在推板上，复位推杆碰到本体后，首先将安装在本体上的推件板顶起，进而先复位推杆进入本体之内，推件板被限位螺钉限位，推板继续顶出，实现二次顶出。

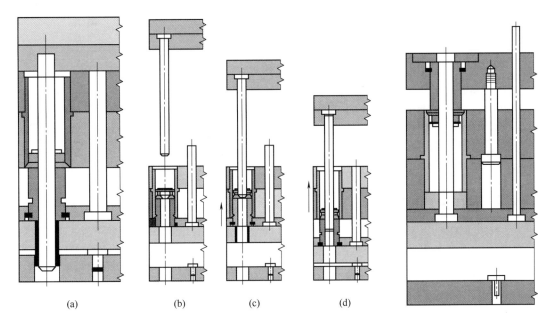

(a)　　　　　　(b)　　　(c)　　　　　(d)

图 6-88　DME 的先复位机构

图 6-89　DME 先复位
机构二次顶出

6.10 差动顶出

在某些模具中，推杆需要延迟顶出，也叫差动顶出，以达到较理想的顶出效果。如图 6-90 所示，图（a）为牛角浇口，图（b）为潜伏式浇口，由于这两种情形浇口离塑件边均很近，若采用同步顶出，牛角浇口和潜伏式浇口弹出时可能弹伤塑件，因此，推杆 3 采用延迟顶出。在顶出初始阶段，推杆 3 并不动，当顶出行程达到 S 时，推板 7 才推动推杆 6，再推动推杆 3 开始顶出流道，从而避免了浇口弹伤塑件的现象。

图中 H 为完整的顶出行程，推杆 3 的顶出行程为 $H-S$，其中 S 的大小取决于潜伏浇口的形状及其与塑件的远近程度等因素。

差动顶出有两种方式，第一种为首先顶出塑件，然后再顶出流道凝料，例如图 6-90 和图 6-91（b）；第二种为首先顶出流道凝料，然后再顶出塑件，如图 6-91（a）所示。采用哪种顶出方式要看具体的模具结构。

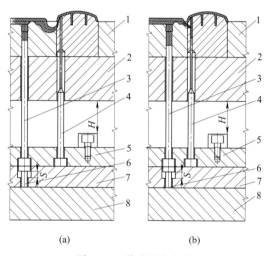

图 6-90 差动顶出实例

1—动模镶件；2—动模板；3,4,6—推杆；5—推杆固定板；7—推板；8—动模底板

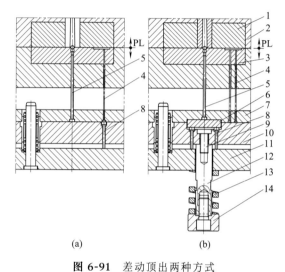

图 6-91 差动顶出两种方式

1—型腔；2—定模板；3—型芯；4,8—推杆；5—流道推杆；6—小推板；7—推杆固定板；9—连接螺钉；10—推板；11—动模底板；12—顶杆；13—弹簧；14—压块

6.11 复合顶出

大型诊断仪面壳塑件为大型机壳，609.1mm×271.85mm×394.26mm，模具属于大型模具。内外侧均需要设计滑块抽芯。塑件在顶出过程中，实现内侧倒扣抽芯。上层推杆 20 固定在上层推板 21 上，推块 2 固定在上层推杆 20 顶部。顶出过程中，首先上下两侧推板共同推动动模板 9 与动模垫板 10 分离，内滑块 25 实现抽芯。当斜楔 11 碰到滑动块 12 后，滑动块 12 向左移动脱离拉钩 17，下层推板 19 停止移动，上层推板 21 推动推块 2 将塑件实现脱模。模具图如图 6-92 所示。

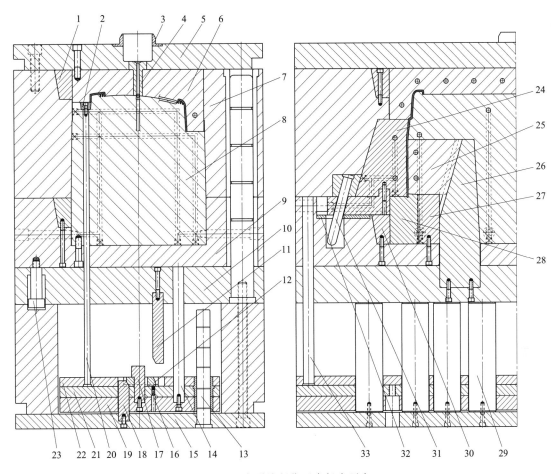

图 6-92 大型诊断仪面壳复合顶出

1,30—挤紧块；2—推块；3—定位圈；4—浇口套；5—定模座板；6—型腔；7—定模板；8—型芯；9—动模板；
10—动模垫板；11—斜楔；12—滑动块；13—推板立柱；14—下复位杆；15—动模座板；16—定位波珠；17—拉钩；
18—下斜面；19—下层推板；20—上层推杆；21—上层推板；22—上层推杆固定板；23—限位螺钉；24—滑块镶件；
25—内滑块；26—内斜楔；27—动模镶件；28—动模镶件（二）；29—支撑柱；31—斜导柱；32—耐磨板；33—上复位杆

6.12   自动脱螺纹模具

6.12.1   自动脱螺纹机构简介

6.12.1.1   脱螺纹模具种类

带有螺纹的产品分为机壳类和圆形瓶盖类两种，机壳类产品的形状千变万化，非旋转体，局部带有螺纹，也有可能塑件多处存在螺纹，螺纹轴线有平行于开模方向的，也有垂直于开模方向的，也有与开模方向倾斜一定角度的，这种产品需要先脱螺纹然后再将塑件顶出脱模，由于塑件结构本身非旋转体，不需要塑件止转。瓶盖类产品一般属于旋转体，模具上的螺纹芯为圆形，芯子旋转时，塑件会随螺纹芯旋转，使螺纹难以脱出，因而瓶盖类产品脱螺纹时必须止转。

对于精度要求不高的外螺纹产品，一般采用哈夫成型。精度要求较高或者螺纹外表面不得存在夹线时，采用旋转脱螺纹的方式。

内螺纹可分为非旋转脱模和旋转脱模两种。

① 非旋转脱模。非旋转脱模主要指强制脱模、手工脱螺纹和拼镶螺纹芯（斜顶）脱模。

a. 强制脱模。这种脱螺纹产品的模具结构简单，通常用于精度要求不高的产品。它的主要原理是通过塑料的弹性脱螺纹，适用于有韧性的塑料（聚乙烯、聚丙烯等），带有半圆形较浅的粗牙。

b. 手工脱螺纹是将螺纹型芯随产品一起脱模，在机床外手工或用简单工具将产品与螺纹型芯分离。这种模具结构简单，但需要很多个螺纹芯子，并且要预热，易于制造，但劳动强度大，生产效率低，适合批量较小或者新产品试制阶段。

c. 拼镶螺纹芯（斜顶）脱螺纹，适用于精度要求不高的或者间断内螺纹产品。一般来说，间断内螺纹产品都是用拼镶螺纹芯或者斜顶脱模，这种脱模方式制造简单，但在拼合处会有分型线，螺纹精度不高。整圈螺纹产品则使用瓣合型芯或瓣合型环来脱模，这种脱模方式制造复杂，费工费时，螺纹精度不高。DME 等标准件厂商对整圈螺纹产品使用的瓣合型芯已有标准元件，可以选用。

② 旋转脱模。螺纹产品成型后，在模内让它与螺纹芯产生相对旋转的运动来实现脱模。这类螺纹产品的外形或者端面上需要带有止转的花纹或图案，来实现旋转脱模，否则难以脱模。而对于模具来讲，产品不能转动，模具应有相应的防转措施给予保证。这类模具结构比较复杂，但省力，效率高，产品质量好。

自动脱螺纹机构在塑胶模具中是一种很常见而又非常重要的结构类型。这类产品多为圆形，且产品形状不会太大，在医疗、包装和化妆品包材行业应用最为广泛。

6.12.1.2 机构设计基础

（1）齿轮

脱螺纹机构中大多应用的是渐开线直齿圆柱齿轮，圆锥齿轮机构应用相对较少。齿轮主要参数如下。

① 模数。国家标准模数有 2 个系列，优先采用第一系列。模数第一系列：1、1.25、1.5、2、2.5、3、4、5、6、8、10…，脱螺纹模具常用模数为 1.5、2、2.5、3。

② 压力角。分度圆处的压力角为标准压力角，其值 20°。

③ 传动比。当模数一定时，传动比就等于齿数比，即 $i = z_1/z_2$。

④ 中心距。当齿数确定时，中心距 $I = (z_1 + z_2) \times m/2$。

⑤ 齿轮啮合条件。模数和压力角相同的齿轮可以正确啮合。

模具设计时，需要确定齿轮模数、齿数和传动比。模数决定齿轮的齿厚，齿数决定齿轮的外径，传动比决定啮合齿轮的转速。按以下原则选取。

① 齿数。需要根据传动比分配齿轮齿数，分度圆直径等于模数乘以齿数。

② 模数。中小型模具，齿轮模数一般取 $m=2$。大型模具，模数取 $m=2.5$ 或 $m=3$。英制齿轮采用径节制，径节齿轮把齿数 z 与分度圆直径 d 之比定为径节，以 P 表示，即 $p = z/d$，单位为 1/in；

径节与模数的换算公式为：$m = 25.4/p$，单位为 mm。

③ 传动比。传动比在高速重载或开式传动情况下选择质数，目的为避免失效集中在几个齿上，例如有色金属压铸模具。传动比与螺纹圈数有关，也与脱螺纹机构驱动方式有关，与模具设计的空间位置有关。当传动中心距一定时，齿数越多，传动越平稳，噪声越低。但

齿数多，模数就小，齿厚也小，致使其弯曲强度降低，因此在满足齿轮弯曲强度条件下，尽量取较多的齿数和较小的模数。为避免干涉，齿数一般取 $z \geqslant 17$，螺纹型芯的齿数尽可能少，但最少不少于 14 齿，且最好取偶数。

（2）轴承

脱螺纹模具轴承选择，遵循一般机械设计的原理，但有所不同。在模具中，轴承的转速较低，但旋转精度要求高，以免引起脱螺纹零件的磨损，其次要考虑温升对轴承的影响。模具空间有限，轴承要便于拆卸。出口欧美的模具，多采用 SKF 品牌的轴承。脱螺纹模具常用轴承如下：

① 深沟球轴承——主要承受径向负荷，也可承受一定轴向负荷；

② 圆锥滚子轴承——可以同时承受径向和轴向负荷；

③ 推力球平面轴承——只承受轴向负荷，常用在螺纹芯轴上，便于组装和拆卸；

④ 滚针轴承——精度高，占用空间小。

（3）链轮选择

链轮参数有：节距 p、分度圆直径 d、链轮齿数 z。

链轮分度圆计算公式：$d = p / \sin(180° / z)$

节距为标准值，数值为：8、9.525、12.7、15.875、19.05、25.4、31.75、38.1、44.45、50.8…

6.12.2　自动脱螺纹模具参数分析

6.12.2.1　螺纹规格参数

（1）螺纹种类

螺纹包括公制、英制螺纹等，掌握螺纹标准，便于后期确定螺纹芯的制造方式，螺纹的验收标准。

（2）掌握塑件螺纹的数据

① D——螺纹外径；

② P——螺纹螺距；

③ L——螺纹长度；

④ 螺纹规格/旋向/头数；

⑤ 型腔数量。

（3）确定螺纹型芯转动圈数

$$U = L / P + U_s$$

式中　U——螺纹型芯转动圈数；

　　　U_s——安全系数，一般取 1～3。

计算所得的圈数为小数时，为保证完全旋出螺纹加以余量，并加以圆整。

6.12.2.2　止转

止转特性的分析，需要分析塑件内、外表面特性，综合考虑塑件开模方向以及分型面的选择，进胶方式和脱模方式的选取。对于机壳类塑件，多数情况下塑件本身具有止转的结构要素。对于瓶盖类回转体塑件，螺纹芯（环）在转动时，要确保制品不随着螺纹芯（环）旋转，在塑件的外形上一定要有止转的要素。止转要素有四种，第一种是塑件的外径上或者顶部有图案、花纹以及多边形，这些要素一般需要在定模成型。第二种是在塑件的外径存在孔或者沟槽，这些结构要素需要利用滑块成型。第三种止转要素是在塑件的口部有一圈齿形止转槽，一般在动模设计圆形镶件成型。第四种是在塑件内部存在止转要素，一般在动模设计圆形镶件成型，这些镶件受热后会膨胀，因此圆形镶件之间需要设计间隙。第一种止转方式在模具主分型面打开后就失去作用，第二、第三和第四种止转要素的设计，在模具主分型面打开后仍然可以起到止转作用。因此，设计脱螺纹模具时，止转要素的不同，会影响模具开模次序。

对于内螺纹脱模机构，塑件外表面或端面必须设计止转结构。使用旋转方式脱螺纹，塑件与螺纹型芯或型环之间除了要有相对转动以外，还必须有轴向的移动。如果螺纹型芯或型环在转动时，塑件也随着一起转动，则塑件就无法从螺纹型芯或型环上脱出。为此，在塑件设计时应特别注意，塑件上必须带有止转的结构。

6.12.2.3　型腔排位

机壳类产品脱螺纹时，其排位一般要根据制品的大小和形状，单腔模具，需要将螺纹的部位排在容易布置脱螺纹机构的位置。多腔模具，需要将塑件的螺纹部位按照一定的规律性来排位。多腔模具采用齿条脱螺纹时，螺纹部位一般采用直线排列，齿条的上下面和无齿的一个侧面均需要设计导向块。多腔模具采用螺旋杆螺纹时，塑件的排位一般采用圆周排列。电机和液压马达脱螺纹也多采用塑件圆周排列。

6.12.2.4　速比

脱螺纹模具的齿轮齿条传动，有增速传动和降速传动两种。利用开模力驱动齿条，再驱动齿轮脱螺纹时，如果螺纹的圈数较多，而齿条的长度不能超过模具厚度，在有限的开模行程内，要使螺纹芯全部脱出，就必须使用增速传动。在利用电机和液压马达脱螺纹时，电机和液压马达的转速较高，为了不使塑件螺纹被损坏，一般都要通过减速机构降低螺纹芯的转速。不论增速或者减速机构，其传动尽量不要超过二级传动。

传动比决定啮合齿轮的转速。传动比还与选择哪种驱动方式有关系，比如用齿条+锥度齿或来福线螺母这两种驱动时，因传动受行程限制，传动比需大一点，一般取 $1 \leqslant i \leqslant 4$；当选择用油缸或电机时，因传动无限制，既可以结构紧凑点节省空间，又有利于降低马达瞬间启动力，还可以减慢螺纹型芯旋转速度，一般取 $0.25 \leqslant i \leqslant 1$。

6.12.2.5　转速

这里所指的是螺纹芯的转速。螺纹芯的转速过慢会影响注塑生产的效率，在过去的实际生产现场，由于脱螺纹模具的复杂性，只重视塑件的品质而忽视注塑生产周期。螺纹芯的转速过快则会影响塑件的螺纹质量，也有可能会影响齿轮和轴承等传动系统。对于一套脱螺纹模具来说，螺纹芯的转速、螺纹芯所受的转矩和脱螺纹系统的功率等受到多种因素的影响。

无论何种脱螺纹机构，最终都要落实到依靠齿轮把旋转运动传递到螺纹型芯上。如果脱螺纹的圈数很多时，不能随意加大螺纹型芯的转速以免损伤螺纹表面。内螺纹表面所允许的圆周速度受一系列因素的影响。从模具来讲，有钢材硬度及表面处理方式的影响，合金含量对摩擦系数的影响，螺纹芯锥度、圆度和表面粗糙度的影响，等等；从注塑工艺来讲，有成型工艺和成型条件的影响，压力大则旋转脱模阻力大；冷却条件对脱模力的影响，塑料内部添加剂对摩擦系数的影响，等等。塑件脱螺纹时，真空产生的附着力会加大旋转阻力，因此，并非螺纹芯粗糙度越小越好。另外一点就是，塑件结构对螺纹芯转速的影响，封闭型塑件，要通过设计镶件引气，减小旋转阻力。

根据以上分析，螺纹芯的旋转转速，通过试验确定其圆周速度在 $120 \sim 180\text{mm/s}$ 能够满足一般脱螺纹的需求。

6.12.2.6 转矩

这里所指的是螺纹芯所受的转矩。螺纹脱模力和转矩的计算，可参考申开智主编的《塑料模具设计与制造》（化学工业出版社，2006 年）；关于螺纹芯转矩的计算，也可参考徐佩弦主编的《塑料注射成型与模具设计指南》（机械工业出版社，2014 年）。

6.12.2.7 功率

和影响螺纹芯转速的因素一样，脱螺纹模具所需的转矩的影响因素也很多，因此，脱螺纹模具所需功率的计算很难得到精确数据。除了以上所列举的影响螺纹芯转速的因素之外，还必须考虑模具的温度、注射压力与保压时间。研究表明，静摩擦系数是以上影响因素的函数。脱螺纹模具所需的总功率为单个型腔功率与型腔数的乘积，冷却时间长、模具温度低以及注塑压力大，所需的功率则越大。螺纹型芯直径大，圈数多则所需功率越大。

这里所指的是脱全部螺纹的总功率。借助开模力利用齿轮齿条或者螺旋杆脱螺纹时，一般不需要计算功率，用类比法参考同类型模具，使齿条或者螺旋杆具有足够的强度。功率是选择电机和液压马达规格的最基本参数。实践表明，1 套 16 穴的瓶盖模具，选择电机的功率为 2kW，可以满足实际需求。

6.12.3 脱螺纹模具分析

6.12.3.1 脱螺纹方案选择

自动脱螺纹机构有利用开模力脱螺纹的，包含开模力驱动齿轮齿条脱螺纹和螺旋杆脱螺纹两种；依靠液压油缸带动齿条往复运动，通过齿轮使螺纹型芯旋转，实现内螺纹脱模；摆线液压马达脱螺纹用变速马达带动齿轮，齿轮再带动螺纹型芯，实现内螺纹脱模；也可以利用摆线液压马达通过链条带动链轮，最终驱动螺纹芯脱螺纹；一般电动机驱动多用于螺纹圈数多的情况。

受各种因素制约，比如齿条长度，油缸行程和容模空间等，螺纹型芯的转数是受限制的，因此脱螺纹的转数也只有有限的几圈。当螺纹圈数多于 6～7 圈时，对螺纹型芯就无法采用直接机械传动。齿条就设计得很长，在模具中不可能有足够大的空间来容纳这样长的齿条。在螺纹圈数多于 6～7 圈时，利用螺旋杆脱螺纹存在同样的问题，螺旋杆是标准元件，其长度有限，最多只能旋转 2～3 圈，从螺旋杆到螺纹型芯的速比不能过大。因而，选择脱螺纹机构时，需要综合计算需要几级传动，才能实现螺纹脱模。

利用摆线液压马达或电机脱螺纹，不受螺纹圈数限制。需要注意的是必须设计行程开关有效控制开模或合模后螺纹型芯的两个极限位置。螺纹型芯的最终位置必须接通电触点，来启动闭模或注射过程。通过这种电气控制的技术，仅能确定螺纹型芯脱螺纹的时间，而与模具启闭无关。

动力来源采取油缸脱螺纹时，欧美客户的模具，客户也会要求带行程开关的油缸，可以精确设置螺纹型芯退出距离。

油缸加齿轮齿条脱螺纹性能稳定，回位准确，但是油缸的运行效率低，注塑周期会加长。通常用油缸的抽力脱螺纹，需要计算油缸拉力。借助开模力利用齿轮齿条或者螺旋杆脱螺纹方便简洁，可以缩小模具尺寸。借助开模力脱螺纹的模具，开模瞬间开模力巨大，主要是克服静摩擦力，需要注意模架刚性，模架的各个模板之间做好定位，运动模板做好导向机构。齿条要设计 3 面导向机构，并且具有足够强度。

6.12.3.2 脱螺纹模具设计要点

脱螺纹模具一般设计注意事项见图 6-93。

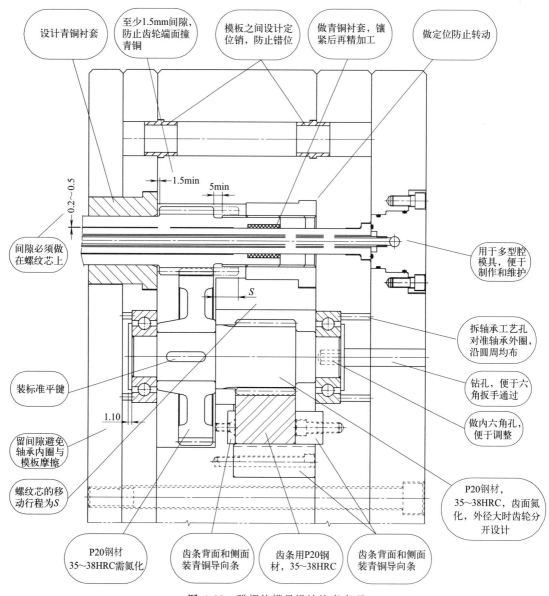

图 6-93 脱螺纹模具设计注意事项

① 所有齿轮和齿条都安装在同一件模板内，方便装拆。

② 所有安装轴承或齿轮的模板必须用直径为 0.5mm 的定位销定位或用导套代替，确保齿轮与轴承的同心度。为方便客户自行更换齿轮或齿条，在设计齿轮组合时，必须使用标准零件，对于自制的齿轮或齿条，其尺寸参数必须依照标准齿轮加工。

③ 齿轮及齿条材料为 P20 钢材，35～38HRC。齿轮模数 m 一般选用 2（英制齿轮的径节 P 一般用 12/in，压力角不用 14.5°），压力角用 20°，齿数一般为偶数。

④ 螺纹芯上的齿尽可能少，但不少于 14 齿（特殊情况可取 12 齿，仅限于螺纹直径很小时）。

⑤ 齿条长度尽量短，一般不超过 400mm，每一级传动的传动比在 2.5～3 之间，最多两级传动。

⑥ 为了使相互啮合的两齿轮转动顺畅及防止夹齿，两齿轮中心距必须加入虚位 0.15～0.2mm。

⑦ 通常油缸设在模具天侧。用油缸的抽力转动螺纹芯，必要时使用重型（H）油缸。

⑧ 查清塑件螺纹规格，螺距、旋向、头数。

⑨ 所有齿轮传动关系必须在模具组装图上显示，并加上齿条与齿轮的计算方法。

⑩ 齿轮轴及螺纹齿芯衬套需加热膨胀虚位及 0.02mm 间隙。

⑪ 标准齿轮尺寸可参考美国 AISI-BOSTON，欧洲 DIN-HASCO。

⑫ 塑件的外形或者端面上必须设计防止塑件跟螺纹芯转动的止口。

⑬ 在保证齿轮轴强度的情况下，齿轮和齿轮轴尽可能分开设计，便于制作与维修。

⑭ 转动螺纹芯的设计注意事项——热膨胀。

a. 转动司及内针需要有 0.02mm 虚位并要加热膨胀数。

b. 热膨胀数可能很大，所以需要在内模或轴芯中段加枇士铜衬套导向。铜铅合金与钢的摩擦系数很小，所以衬套的孔直径只需加大 0.02mm。

c. 在室温注塑时，转动内芯之间的虚位可能很大，轴芯会有偏心的情况，但当模温稳定后及轴芯转动再产生热膨胀（1000～2000 次注塑后），虚位便会收窄。

6.12.4 液压马达脱螺纹

6.12.4.1 液压马达选择

脱螺纹模具多采用摆线液压马达，国内常用的摆线液压马达规格见表 6-2。

表 6-2 摆线液压马达规格表

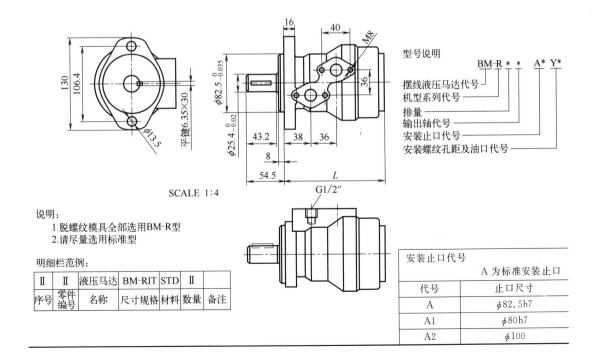

技术参数型		BM-R 80	BM-R 100	BM-R 125	BM-R 160	BM-R 200	BM-R 250	BM-R 315	BM-R 400
质量	kg	6.9	7.0	7.3	7.5	8.0	8.5	9.0	9.5
排量	mL/r	80.5	100	125.7	159.7	200	250	314.9	397
额定转矩	Nm	115	140	178	238	238	298	298	380
额定压差	MPa	12	12	12	12	10	10	8	8
额定转速	r/min	620	500	400	310	250	200	160	125
额定流量	L/min	50	50	50	50	50	50	50	50
额定功率	kW	7.5	7.5	7.5	7.5	6.5	6.5	5	5
总效率	%	65	65	65	65	65	65	65	65
长度 L	mm	144	147.5	152	158	165	174	186	200

输出轴代号					安装螺纹孔距及油口代号		
			P 为标准输出轴,P 可省略			Y 为标准油口,可省略	
代号	名称	轴外径	键参数	代号	进出油口尺寸	螺纹孔距
P	平键	$\phi 25.4\text{g}6$	6.35×30	Y	G1/2″	106.4
P1		$\phi 25\text{g}6$	8×30	Y1	G1/2″	70×70
H2	矩形花键	$\phi 25.4$	$6\text{-}25.5 \times 21.54 \times 6.25$	Y1b	G3/8″	70×70
H3		$\phi 25.4$	$6\text{-}25.4 \times 21.54 \times 6$	Y1c	M18×1.5	70×70 反向
H4		$\phi 25$	$6\text{-}25 \times 20.5 \times 5$	Y2	M22×1.5	$90 + 90$

6.12.4.2 实例分析

图 6-94 所示为空心螺母液压马达齿轮脱螺纹,8 个型腔沿圆周对称非均布排列。分型面打开后,液压马达 12 通过小齿轮 13(G5)驱动齿轮 18(G4)旋转。齿轮 18(G4)带动齿轮轴 11(G3)旋转,进而驱动中心大齿轮 9(G2)旋转;中心大齿轮 9(G2)驱动 8 个螺纹芯 24(G1)旋转,同时也驱动行程开关齿轮 30(G6)旋转。螺纹芯 24 旋转时在螺纹套 27 内后退,实现与塑件螺纹脱离。行程开关齿轮 30 旋转时退回行程开关导向套 29 内,其上安装的触点 31 与行程开关 32 相碰,液压马达停止旋转。脱螺纹动作完毕,推杆 34 推动推件板 8 将塑件从动模芯 25 上推出。

图 6-95 所示为机油枪旋盖液压马达链条脱螺纹,塑件外型有手柄(图中未示出)在动

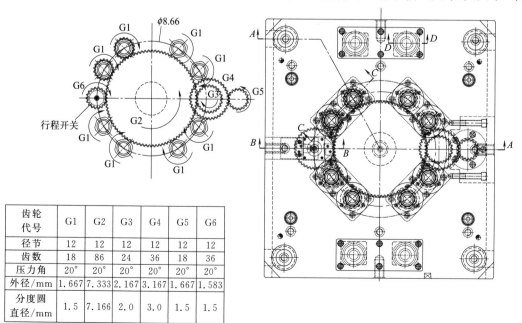

齿轮代号	G1	G2	G3	G4	G5	G6
径节	12	12	12	12	12	12
齿数	18	86	24	36	18	36
压力角	20°	20°	20°	20°	20°	20°
外径/mm	1.667	7.333	2.167	3.167	1.667	1.583
分度圆直径/mm	1.5	7.166	2.0	3.0	1.5	1.5

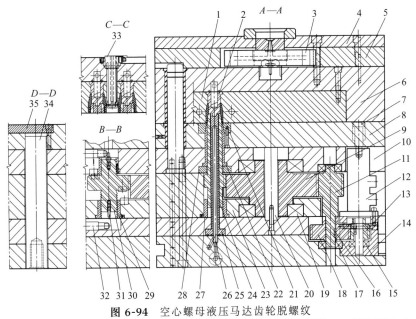

图 6-94　空心螺母液压马达齿轮脱螺纹

1—型腔；2—定模镶件；3—分流板；4—定模座板；5—热流道垫板；6—定模板；7—限位螺钉；8—推件板；
9—中心大齿轮 G2；10—动模板；11—齿轮轴 G3；12—液压马达；13—小齿轮 G5；14—马达安装座；
15,17,19—轴承；16—平键；18—齿轮 G4；20—支撑柱；21—推件板镶件；22—止转镶件；23—垫板；24—螺纹芯；
25—动模芯；26—冷却喷管；27—螺纹套；28—压块；29—行程开关导向套；
30—行程开关齿轮；31—触点；32—行程开关；33—热嘴；34—推杆；35—推杆压板

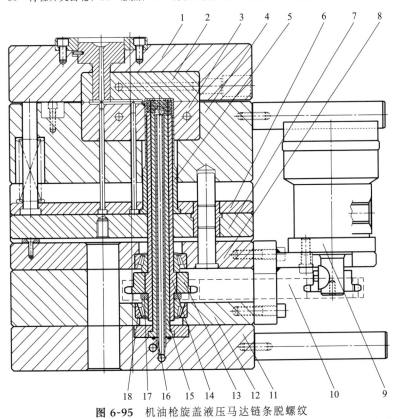

图 6-95　机油枪旋盖液压马达链条脱螺纹

1—定模板；2—型腔；3—型芯；4—动模板；5—推管；6—推杆固定板；7—推板；8—底板；9—液压马达；10—链条；
11—动模座板；12—垫板；13—链轮；14—螺纹芯；15—动模芯；16—冷却喷管；17—垫圈；18—圆锥滚子轴承

模芯内可以止转。模具为单型腔模具，液压马达 9 安装在底板 8 侧面。分型面打开后，液压马达 9 通过链轮和链条 10 驱动与螺纹芯 14 同轴的链轮 13，带动螺纹芯 14 旋转。螺纹芯 14 只旋转不做轴向移动，使塑件在型芯内向出模方向移动，此时，注塑机顶动推板 7 带动推管 5 将塑件脱模。

图 6-96 所示为洗衣液瓶盖液压马达链条脱螺纹，塑件内侧有一圈变高度刻度片，便于

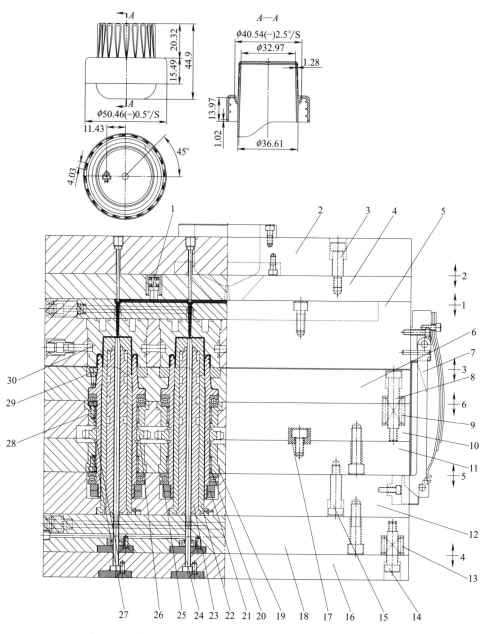

图 6-96 洗衣液瓶盖液压马达链条脱螺纹

1—分流道弹块；2—定模座板；3,8,14—限位螺钉；4—流道推板；5—定模板；6—推件板；7—扣机；9,13—弹簧；
10,11—动模板；12—动模芯固定板；15—限位螺栓；16—动模座板；17—定位销；18—动模垫板；
19—滚针衬套；20—滚针轴承；21—紧固螺母；22—动模芯；23—冷却镶件；24—引气针；25—平面轴承；26—链轮；
27—轴用弹性挡圈；28—滚针衬套；29—推件板镶件；30—定模镶件

计量倒出的液体。开模过程为：第一步，定模板 5 与流道推板 4 分离，拉出流道凝料；第二步，流道推板 4 将流道凝料从拉料杆剥离；第三步，分型面打开，塑件随动模离开型腔；第四步，在弹簧 13 作用下，动模座板 16 与动模垫板 18 分离，引气针 24 从冷却镶件 23 中抽出；第五步，动模芯固定板 12 与动模板 11 分离，液压马达通过链条驱动链轮 26 旋转，从而带动螺纹芯旋转，螺纹芯只旋转不后退，推件板 6 推动塑件脱模。

图 6-97 所示为聚光接头液压马达链条脱螺纹。液压马达 11 通过链轮 9 驱动链条 10，进

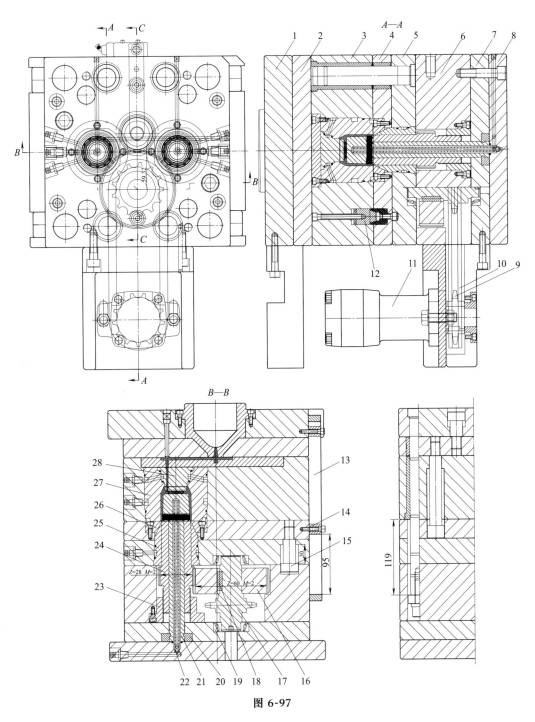

图 6-97

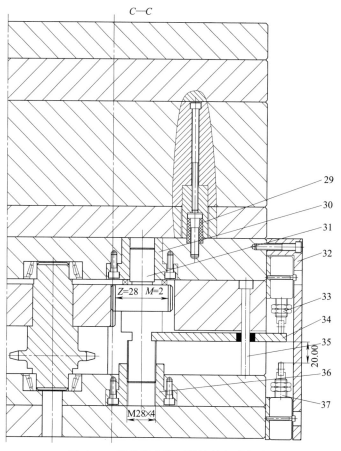

图 6-97　聚光接头液压马达链条脱螺纹

1—定模座板；2—铍铜棒；3—定模板；4—推件板；5—动模板；6—支撑板；7—动模垫板；8—动模座板；9—链轮；
10—链条；11—液压马达；12—圆锥定位件；13—拉板；14—拉销；15—限位螺栓；16—大齿轮；17—链轮轴；
18—平键；19—圆锥滚子轴承；20—压板；21—动模芯；22—冷却管；23—螺纹套；24—螺纹芯；
25—止转镶件；26—推件板镶件；27—型腔；28—定模镶件；29—尼龙扣；30—铜套；
31—转轴；32—行程开关盖；33,37—行程开关；34—触板；35—导杆；36—螺纹衬套

而驱动链轮轴 17 旋转，链轮轴 17 带动齿轮 16 旋转，从而驱动螺纹芯 24 旋转。螺纹芯 24 边旋转边后退到螺纹套 23 内，实现塑件螺纹脱模。齿轮 16 旋转时同时驱动转轴 31 旋转并退入螺纹衬套 36 内，转轴 31 轴向移动带动触板 34 碰到行程开关 33 和行程开关 37 以控制液压马达启闭。

图 6-98 所示为粉霜瓶盖液压马达齿轮定模脱螺纹，产品螺距为 1.5mm，粉霜瓶盖属于高端化妆品瓶盖，外表面不允许设计浇口，因而模具倒装，浇口和脱螺纹机构都设计在定模。模具型腔排位为 1 出 8，模具动模部分的结构较为简单，动模板 29、动模垫板 35、动模座板 36 和动模固定板 37 用螺栓固定在一起，便于安装液压马达，也有充足的空间容纳花键轴 28。开模时，定模垫板 22 首先与流道推板 20 分离，拉出流道凝料，接着流道推板 20 将流道凝料从拉料杆剥离。第三次开模，模具从分型面打开，液压马达驱动链轮 30 带动花键轴 28 旋转，大齿轮 24 驱动齿轮 10 旋转，再带动中间齿轮 14，依次驱动每个齿轮旋转。螺纹芯 8 旋转时不做轴向移动，在弹簧 2 作用下，推件板 26 将塑件从定模镶件上脱模。

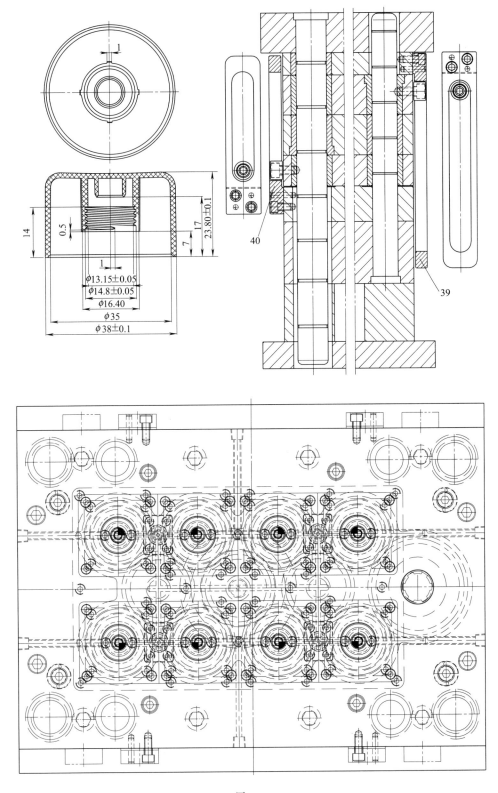

图 6-98

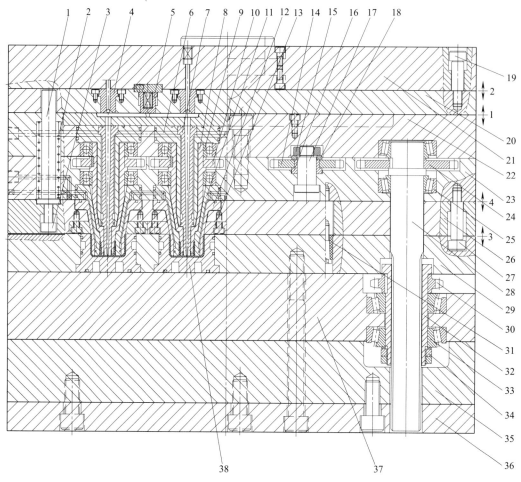

图 6-98 粉霜瓶盖液压马达齿轮定模脱螺纹

1—弹簧导杆；2—弹簧；3—螺钉；4—拉料杆衬套；5—流道弹块；6,11,12—定模镶件；7—冷却镶件；8—螺纹芯；

9,25,33—轴承；10—齿轮；13—推件板镶件；14—中间齿轮；15,34—锁紧螺母；16—衬套；

17—转轴；18—垫圈；19,27—限位螺钉；20—流道推板；21—定模座板；22—定模垫板；23—定模板；

24—大齿轮；26—推件板；28—花键轴；29—动模板；30—链轮；31—尼龙扣；

32—花键套；35—动模垫板；36—动模座板；37—动模固定板；38—型腔；39,40—拉板

6.12.5 螺旋杆脱螺纹

6.12.5.1 设计准则

（1）HASCO 标准螺旋杆的参数介绍

① 头数。用在模具上的螺旋杆头数越多越好，头数越多，驱动力越大，开模时，螺旋套旋转得才更轻松顺畅。HASCO 的标准螺旋杆头数从 5 到 11，随着直径的增大而增多。比如直径为 16mm 的，头数为 5；直径为 20mm 的，头数有 6 和 7 两种；直径为 25mm 的，头数有 8、9、10 三种；直径为 32mm 的，头数有 9、10、11 三种。

② 螺旋杆直径。HASCO 的标准螺旋杆直径有 16mm、20mm、25mm 和 32mm 四种规格。用在模具上的通常为直径 25mm 和直径 32mm 的两种规格。这两种规格所对应的螺纹最常用的为 8 头和 9 头螺纹。

③ 旋转方向。旋转方向有右旋和左旋两种规格。塑胶产品的螺纹旋向通常是右旋，如果齿轮的传动方式只有一级，则选用的螺旋杆为左旋螺纹；如果为两级传动，则选择右旋，依此类推。

④ 螺旋杆的长度。HASCO 的标准螺旋杆长度有 160mm、250mm、315mm、355mm、400mm 和 450mm 几种规格，模具上最常用的是直径 25mm 和直径 32mm 的两种规格，直径 25mm 所对应的长度是 315mm 和 400mm；直径 32mm 所对应的长度是 355mm 和 450mm。

⑤ 螺距。螺距关系着螺旋杆的有效行程距离，关系着齿轮和螺纹型芯的转数，在规定的范围内，螺距越小越好。螺距越小，所需的螺旋杆长度就越短，最常用的螺距为 100mm。

以上是 HASCO 标准螺旋杆的几个重要技术参数，也是模具设计中最需要关注的参数。

（2）螺旋杆脱螺纹模具设计注意事项

① 使用 HASCO 标准螺旋杆时，螺旋杆不要伸出模具中心过长，避免开模时后模板承受过大的转矩。

② 在不影响强度的情况下，螺纹型芯上的齿轮应尽量做小，齿数应尽量少。主动齿轮在模具空间允许的情况下尽量做大，齿数尽量做多。这样可以扩大传动比，缩短螺旋杆的长度。

③ 对同一个塑件来说，扩大传动比的优点是可以只使用一级传动就可以脱出螺纹，简化模具设计。

④ 齿轮的齿数尽可能做成偶数，方便计算。齿轮的常用模数为 2，压力角为 20°。

⑤ 无论是主动齿轮还是被动齿轮，必须使用标准渐开线齿轮，便于齿轮的加工。

⑥ 由于在开模的过程中，螺旋杆承受巨大的转矩，为防止螺旋杆转动，螺旋杆的头部应开设牢固的定位止转机构，最常用的就是平键定位。

⑦ 模具分型面必须设计安全限位机构，通常采用拉板限位。模具开模在最大行程时，螺旋杆不得脱离螺旋套。否则，螺旋杆的螺牙有可能与螺旋套的螺牙发生错位，再次合模时，两者之间有可能会因发生干涉而损坏。

⑧ 两个相互啮合的齿轮，其中心距要在标准齿轮中心距的基础上加大 0.2～0.3mm，脱螺纹机构的运作才会顺畅。否则，在热膨胀的作用下，模具会发生运动卡滞。

⑨ 螺旋杆与型腔数量以及齿轮模数之间的关系见表 6-3。

表 6-3 螺旋杆与齿轮模数的选择

参数		Z1500/…		Z1550/… Z1553/… Z1555/…
型腔数量	产品螺纹直径	螺旋杆直径	螺旋杆导程	齿轮模数
3～6	4	16	50～63	1～1.25
3～6	8	16	63	1～1.25
1～2	16	16	63	1～1.25
6～12	4	20	63～100	1.25～1.5
3～6	16	20	63～100	1.25～1.5
1～2	30	20	80～100	1.25～1.5
6～12	10	25	125～160	1.5～2
3～6	20	25	80～160	1.25～1.5
2～4	30	25	100～160	1.25～1.5
1～2	50	25	125～160	2
6～12	30	32	100～160	2～2.5

参数				Z1500/…	Z1550/… Z1553/… Z1555/…
型腔数量	产品螺纹直径	螺旋杆直径	螺旋杆导程		齿轮模数
3~6	50	32	100~200		2~2.5
1~2	70	32	160~200		2~2.5

$$传动比 = \frac{螺纹芯齿轮齿数}{螺旋杆}（不可超过 1/4） \qquad 螺纹芯转动圈数 = \frac{产品螺纹长度}{螺距} + (0.25 \sim 1)$$

6.12.5.2 HASCO 螺旋杆脱螺纹

典型 HASCO 脱螺纹机构的模具结构见图 6-99～图 6-101。

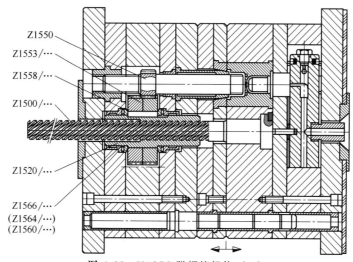

Z1550
Z1553/…
Z1558/…
Z1500/…
Z1520/…
Z1566/…
（Z1564/…）
（Z1560/…）

图 6-99 HASCO 脱螺纹机构 （一）

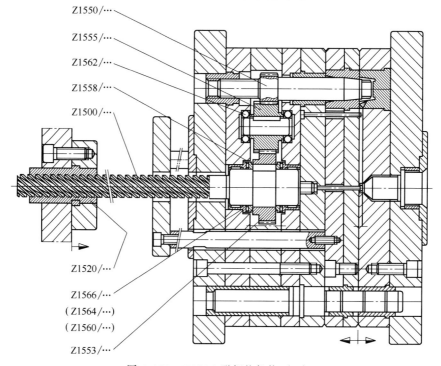

Z1550/…
Z1555/…
Z1562/…
Z1558/…
Z1500/…
Z1520/…
Z1566/…
（Z1564/…）
（Z1560/…）
Z1553/…

图 6-100 HASCO 脱螺纹机构 （二）

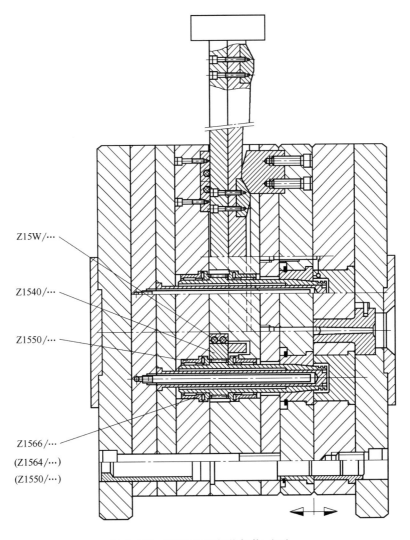

Z15W/···

Z1540/···

Z1550/···

Z1566/···

(Z1564/···)

(Z1550/···)

图 6-101 HASCO 脱螺纹机构（三）

6.12.5.3　太阳轮系设计

螺旋杆脱螺纹时，需将型腔排位设计成沿着螺旋杆圆周均匀排布，如图 6-102（a）所示。对于多型腔模具，则围绕螺旋杆分成多组，中间加介轮驱动，如图 6-102（b）所示。注意回转方向不同，回转方向可以采用左旋或右旋的螺旋杆加以调整，设计依据为塑件螺纹的左右旋向。

6.12.5.4　螺旋杆脱螺纹实例

图 6-103 所示为螺旋杆脱螺纹单型腔模具。螺旋杆 3 用压板 4 固定在 A 板 9 上，并且头部要加平键定位，防止其转动。主动齿轮 20（G1）用平键 17 连接在螺旋套 18 上。开模时，开模力使螺旋杆 3 驱动螺旋套 18 转动，从而带动主动齿轮 20（G1）旋转。主动齿轮 20 驱动螺纹芯 12 转动，螺纹芯 12 在转动时，退入螺纹套 16 中，塑件的螺纹实现脱模。脱螺纹动作完成后，顶棍 10 推动推件板将塑件推出。

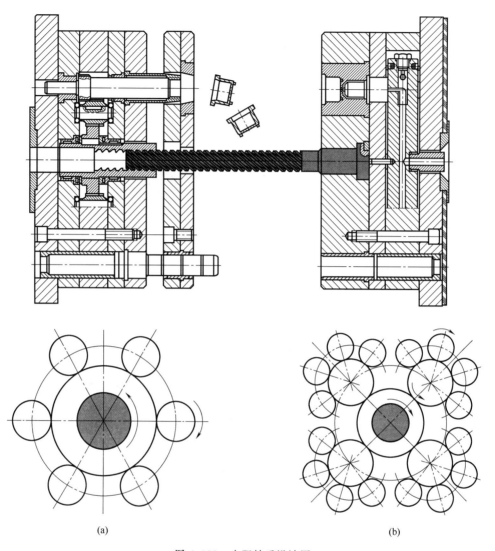

(a)   (b)

图 6-102　太阳轮系设计图

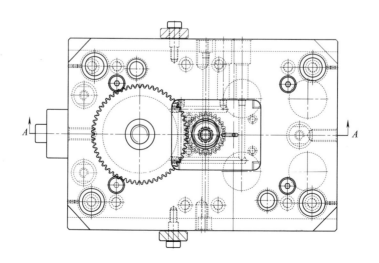

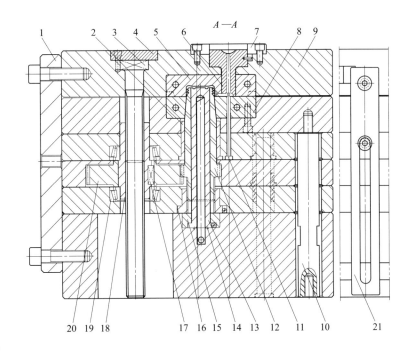

齿轮参数

齿轮	模数	齿数	分度圆直径/mm	压力角
G1	2	60	120	20°
G2	2	24	48	20°

转动圈数：3.5
传动比：60/24＝2.5
螺旋杆选择：HASCO Z1500/25X125/L/315

图 6-103 螺旋杆脱螺纹单型腔模具

1—锁模块；2—青铜衬套；3—螺旋杆；4—压板；5—前模仁；6—浇口套；7—定位环；8—后模仁；9—A 板；
10—顶棍；11—水口针；12—螺纹芯；13—冷却镶件；14—胶圈；15—固定块；16—螺纹套；17—平键；
18—螺旋套；19—圆锥滚子轴承；20—主动齿轮；21—限位拉板

图 6-104 所示为螺旋杆脱螺纹四型腔模具（英制尺寸）。螺旋杆 15 驱动主动齿轮 12，主动齿轮 12 带动螺纹芯 20 边旋转边后退在螺纹套 19 中。螺纹芯 20 在旋转中实现与塑件螺纹分离。上下两层顶针板用连接杆刚性连接，同时动作。设计两层顶针板主要是为了增加模具闭合高度，便于将螺旋杆藏在模板之内。脱螺纹动作完成后，上层顶针板上的顶针将塑件顶出，下层顶针板上的流道顶针将流道凝料顶出。

6.12.6 液压缸齿条脱螺纹实例

图 6-105 所示为初级喷头液压油缸脱螺纹，模具型腔排位为 1 出 4，液压油缸 28 推动齿条 14 驱动小齿轮 16 旋转，带动同轴的大齿轮 12 旋转，驱动齿轮 22 旋转，使螺纹芯 23 边旋转边后退到螺纹套 21 内。与此同时，油缸推杆 27 通过斜面推动推块 8 使推件板 5 推出塑件，实现螺纹脱模。

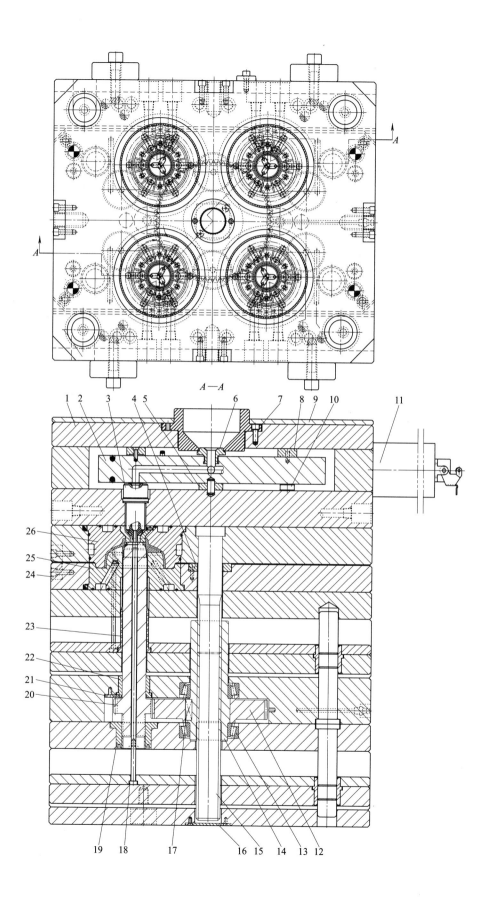

$A—A$

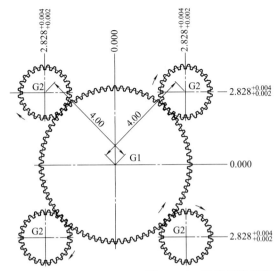

1 齿轮参数

齿轮	径节(DP)	齿数	分度圆直径	压力角
G1	12	72	6″	20°
G2	12	24	2″	20°

2 旋转圈数：6.5

3 齿数比：6/2=3

4 螺旋杆规格：
　HASCO Z1500/32×100R/355

5 HASCO螺旋杆最小行程：
$$=\frac{100mm}{25.4}\times\frac{6.5}{3}$$
$$=8.531″$$
　行程=8.531″

6 螺纹芯移动距离：
$$=\frac{8.531\times25.4}{100mm}\times3\times\frac{1″}{16}$$
$$=0.406″$$

7 模具厚度=20.914″

图 6-104　螺旋杆脱螺纹四型腔模具

1—面板；2—热流道分流板；3—热嘴；4,22—青铜衬套；5—中心垫块；6—主射嘴；7—定位环；8,10—隔热垫；
9—隔热板；10—插座盒；12—主动齿轮；13—圆锥滚子轴承；14—螺旋套；15—螺旋杆；16—防尘盖；
17—平键；18—流道推杆；19—螺纹套；20—螺纹芯；21—挡块；23—司筒；24—定位块；25—后模仁；26—前模仁

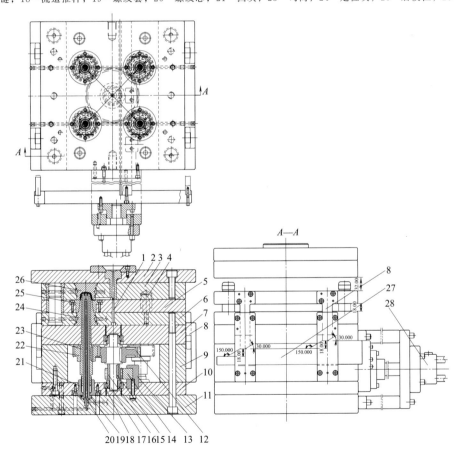

图 6-105　初级喷头液压油缸脱螺纹

1—拉料杆；2—定模座板；3—定模板；4—限位螺钉；5—推件板；6—动模板；7—动模垫板；8—推块；9—方铁；
10—垫板；11—动模座板；12—大齿轮；13—齿条导轨；14—齿条；15—平键；16—小齿轮；17—齿轮轴；18—圆锥
滚子轴承；19—动模芯；20—冷却喷管；21—螺纹套；22—齿轮；23—螺纹芯；24—止转镶件；
25—推件板镶件；26—定模镶件；27—油缸推杆；28—油缸

6.12.7 齿条齿轮脱螺纹实例

水流计壳体由上壳、中壳和底壳三部分组成，上壳、中壳和底壳设计在同一套模具上，构成家族式模具，上壳复杂，中壳和底壳形状较为简单。上壳产品图如图 6-106 所示，塑件外形最大尺寸为 58.0mm×46.0mm×26.5mm，平均壁厚为 2.50mm，塑件质量为 15.50g，

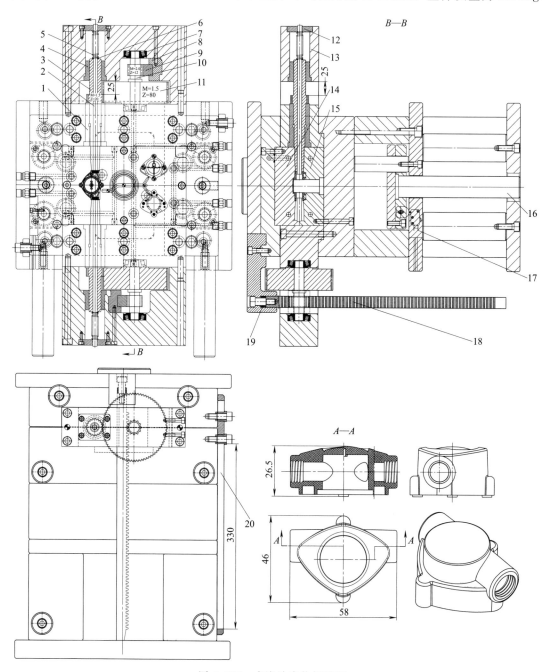

图 6-106　水流计壳体模具图

1—螺纹套；2—芯杆；3—螺纹芯；4—螺纹芯轴套；5—圆线弹簧；6—轴用弹性挡圈；7—轴承；
8—齿条导轨；9,18—齿条；10—主轴；11—传动轮；12—盖板；13—齿轮箱体；14—型腔；15—型芯；
16—推杆；17—行程开关；19—聚氨酯垫；20—限位拉板

材料为透明 PC，模具的难点是上壳两端全自动脱螺纹机构设计。上壳两端的两个螺孔一个为冷却水进入孔，另外一个是冷却水流出孔，孔的口部局部存在螺纹，由于螺纹芯需要与后模芯相互碰穿封胶，因此螺纹芯旋转脱模存在很大难度。

上壳两侧的螺纹属于滑块脱螺纹，此时螺纹的轴线垂直于开模方向，在所有的自动脱螺纹模具结构中，滑块脱螺纹机构的设计难度最大，因为所有传动机构在模具侧面难以固定，必须设计合理的传动机构固定方式，使传动元件可靠固定在齿轮箱体 13 中。

滑块脱螺纹最常见的是齿条脱螺纹，利用模具的开模动作借助开模力脱螺纹。

设计参数：

① 塑件螺距为 1.35mm；

② 螺纹芯的倒扣量为 21.5mm，滑块行程定为 25mm；

③ 螺纹芯需转圈数为 25/1.35＝18.5 圈；

④ 螺纹芯原身齿轮与大齿轮的传动比为 $z_1/z_2＝1：4$，大齿轮需转 18.5/4＝4.6 圈；

⑤ 与大齿轮同轴的小齿轮，模数为 $m＝2$，齿数为 $z＝12$，有效圆周长度为 3.14×12×2＝75（mm）；

⑥ 为完成此次抽芯，齿条的有效长度须为 4.6×75＝345（mm）。

脱螺纹模具设计时，必须仔细检查塑件图上螺纹的旋向，分清左旋还是右旋。齿条放在主轴 10 的左边还是右边，主轴的旋转方向是不同的，最终螺纹芯的旋转方向也不同。由于上壳两端螺纹均为右旋，两端螺纹的齿条一个放在左边，另一个放在右边。齿轮齿条脱螺纹的另外一个注意点就是齿条不能与齿轮脱离，因此，开模行程需要限位拉板 20 限位。齿轮齿条脱螺纹属于增速机构，通过增速缩短行程和齿条长度。

齿条导轨 8 利用三边为齿条 9 导向，齿条 18 底部设计了聚氨酯垫 19，减少运行冲击力，增加开模稳定性。

由于螺纹芯需要与后模芯碰穿封胶，所以螺纹芯需要设计成组合式，即螺纹部分能够旋转，螺纹芯 3 旋转，芯杆 2 不旋转，只能轴向移动，螺纹芯 3 套在芯杆 2 外面，轴用弹性挡圈 6 固定在芯杆 2 上，螺纹芯 3 边旋转边后退通过轴用弹性挡圈 6 带动芯杆 2 后退，完成螺纹部分抽芯。

开模时，齿条 18 通过主轴 10 上的原身齿轮带动其旋转，进而带动主轴 10 上的传动轮 11 旋转，传动轮 11 与螺纹芯 3 啮合，带动螺纹芯 3 旋转。上壳壳体较深，塑件对动模包紧力较大，在塑件边缘设计 4 个司筒顶出，在塑件中心的顶面设计 2 个顶针辅助顶出，在司筒和顶针的作用下实现塑件的脱模。

6.12.8　锥齿轮机构脱螺纹实例

锥齿轮脱螺纹，通常将锥齿轮安装在液压马达上，利用一对锥齿轮，实现正交方向的运动转化。锥齿轮传递的转矩大，可以代替链条传动脱螺纹。因此，锥齿轮脱螺纹只是用锥齿轮代替了链条，脱螺纹原理与液压马达脱螺纹类似。最终都需要通过齿轮的旋转实现全自动脱螺纹。由于锥齿轮本身加工复杂，多用于可以方便购买锥齿轮标准件的场合。锥齿轮脱螺纹的例子可以参见本书第 4 章。

6.12.9　蜗轮蜗杆脱螺纹实例

蜗杆传动常用于垂直交错的两轴间传递动力。蜗轮蜗杆传动脱螺纹的特点如下。

① 蜗杆驱动蜗轮时，传动平稳，冲击小且噪声低。因此，蜗轮蜗杆适合螺纹精度较高的场合。

② 蜗杆头数较少，蜗杆转动一周，蜗轮才转一个或几个齿，因此蜗杆机构可以在结构十分紧凑的条件下获得很大的传动比。蜗轮蜗杆适合空间位置较小而螺纹圈数较多的场合。

③ 蜗轮蜗杆轴线交错成90°，啮合点的相对速度也交错90°，啮合点间存在很大的相对滑动，这就导致较为严重的摩擦磨损，传动的机械效率由此将大为降低，大量摩擦热的产生和积累还会加速机构失效。因此，尽量不要使用在高温模具中。

④ 如果蜗杆的螺旋升角小于啮合齿间的当量摩擦角时，蜗杆机构具有自锁性，蜗轮只能作为从动件。

⑤ 为了在充分利用蜗杆机构优点的同时，又能最大限度地减小其不利因素的影响，合理选择材料配对将变得特别重要。当所选配对材料既能减摩抗磨，又能快速导热散热，同时还具有其他良好的力学性能时，蜗杆机构的优势就可得到较为充分的发挥。但是整个机构的成本将会有较大程度提高。

图 6-107 所示的饰坠调节器产品，利用蜗轮蜗杆脱螺纹。产品螺纹需要转动 12 圈才能安全脱模。蜗轮蜗杆参数如下：

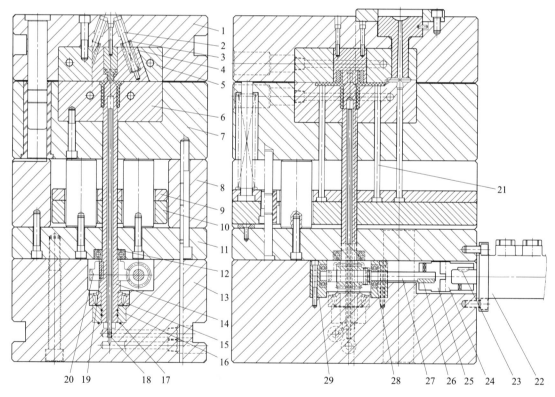

图 6-107　饰坠调节器蜗轮蜗杆脱螺纹

1—定模板；2—弹簧导杆；3—弹簧；4—哈夫滑块；5—型腔；6—型芯；7—动模板；8—方铁；9—推杆固定板；10—推板；11—动模垫板；12,28—轴承；13—动模座板；14—螺纹芯；15—圆锥滚子轴承；16—挡圈；17—密封圈；18—冷却喷管；19,23,26—平键；20—蜗轮；21—推杆；22—液压马达；24—接头；25—联轴器；27—蜗杆；29—轴承座

① 蜗轮：齿数，20；径节，12；分度圆直径 $1.667''$（即 1.667in）。

② 蜗杆：头数，4；径节，12；分度圆直径 $1.000''$；导程 $0.524''$；螺旋升角 $9°28'$。

③ 螺纹芯旋转圈数：12。

④ 螺纹长度：1″。

⑤ 传动比：20/4＝5。

⑥ 液压马达类型；A-100F（LAMINA）。

开模后，哈夫滑块 4 打开，塑件随动模移动脱离型腔和滑块。液压马达 22 通过联轴器 25 驱动蜗杆 27 转动，蜗杆再带动蜗轮 20 旋转，螺纹芯 14 只旋转不后退，塑件从动模芯中向前移动，同时注塑机顶棍推动推板推出，推杆 21 将塑件推出脱模。注意，塑件在动模部分的胶位可以止转。

第7章 结构件设计

7.1 标准模架体系

模架是模具的基础元件，由各种不同厚度和材质的钢板、导向元件和螺钉连接而成。

一般而言，标准模架具有定位机构、导向机构、顶出机构和复位机构等。一般配置为面板（定模座板）、A板（定模板）、B板（动模板）、C板（俗称方铁）、底板（动模座板）、顶针面板（推杆固定板）、顶针底板（推板）以及导柱、导套、复位杆（回针）等。目前业界普遍使用以下三种类型的标准模架，即大水口模架、细水口模架和简化细水口模架三种。

目前，常用的模架有以下三大标准体系。亚洲的 JIS 标准模架体系、以 HASCO 为代表的欧洲模架标准体系和以 DME 为代表的北美模架标准体系。

7.1.1 JIS 标准模架体系

龙记（LKM）标准模架在亚洲占有很大的市场份额。由日本双叶电子工业株式会社下属的富得巴（FUTABA）公司生产的标准模架，其产品偏重小型精密模具，在双色模具中也广泛使用。LKM 标准和 FUTABA 标准都属于日本 JIS 模具标准体系，尺寸均为公制。FUTABA 标准模架的结构类型和 LKM 标准模架十分相似。我国模架标准 GB/T 12555—2006 也参考了龙记（LKM）标准。

7.1.1.1 大水口模架

大水口模架的结构如图 7-1 所示，适合设计制作两板模，标准长宽规格一般由 150mm×

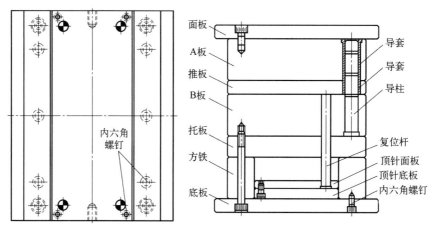

图 7-1 大水口标准模架简图

150mm（简称 1515 系列）至 $600\text{mm}\times 800\text{mm}$（简称 6080 系列）。由于不同的 A 板、B 板、推件板及托板可以得到不同的组合形式，因此共分 A、B、C、D 四个型号。而模架因码模结构不同，而有工字模架（I 型）、直身模（H 型）及直身模加面板（T 型）三类，结合 A、B、C、D 四个型号，标准大水口模架共有 12 种不同型号规格，同时，模具制造者可根据塑件要求而配置不同的板厚组合。大水口工字模架见图 7-2，无面板的直身型模架见图 7-3，有面板的直身型模架见图 7-4。

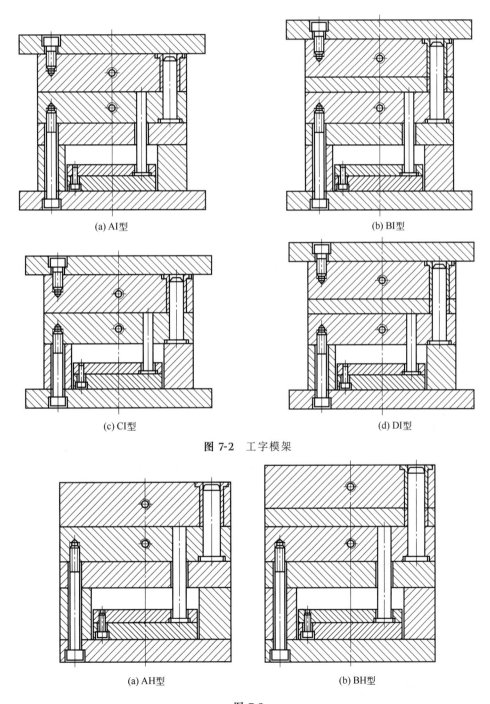

(a) AI型

(b) BI型

(c) CI型

(d) DI型

图 7-2 工字模架

(a) AH型

(b) BH型

图 7-3

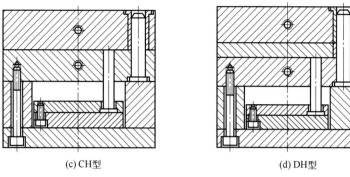

(c) CH型   (d) DH型

图 7-3　无面板的直身型模架

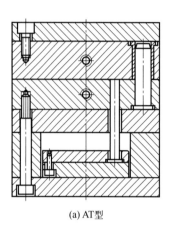

(a) AT型

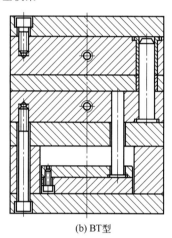

(b) BT型

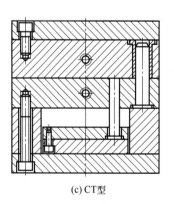

(c) CT型

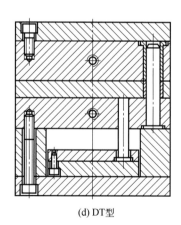

(d) DT型

图 7-4　有面板的直身型模架

大水口模具（又称两板模）的流道及浇口设计在模具的分型面上，与塑件一同脱模，设计较简单，制作成本及时间较少，使用非常广泛。

7.1.1.2　细水口模架

细水口模架（又称小水口模架），标准长宽规格一般由 200mm×250mm（简称 2025 系列）至 500mm×700mm（简称 5070 系列）。细水口模架比大水口模架多了四个控制模板开合行程的拉杆及一块水口板，并分 D 型和 E 型两大类，D 型有水口推板而 E 型没有。与大水口模架一样，因板件配置不同又分为 A、B、C、D 四个型号。但细水口模架只有工字模（I 型）、直身模（H 型）两类，共有 16 种不同型号规格，模具设计者可根据产品要求而配置不同的板厚组合。细水口标准模架如图 7-5 所示。

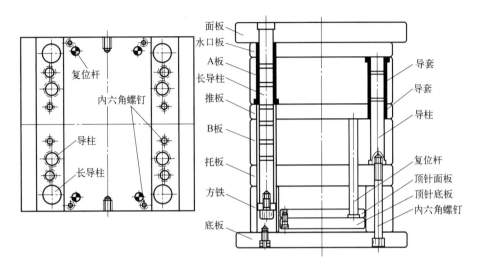

图 7-5 细水口标准模架

　　细水口模具（又称三板模具）的流道与浇口不在同一个分模面，塑件在分型面脱模，而水口料则另外在水口板脱模。由于细水口需要多设计一组水口板及控制模具开合行程装置，设计复杂，制作时间及成本较大水口模具高。由于产品及浇口已经分离，塑件外观较佳，亦无须增加后续水口分离的工作。细水口模具在欧洲和北美比较少用，这是由于模具至少需要在两处打开，不利于机械手操作。

　　有水口板的工字模架见图 7-6，有水口板的直身模架见图 7-7，无水口板的工字模架见图 7-8，无水口板的直身模架见图 7-9。

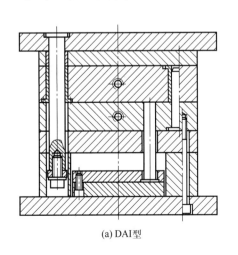

(a) DAI型

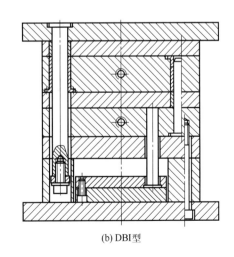

(b) DBI型

图 7-6

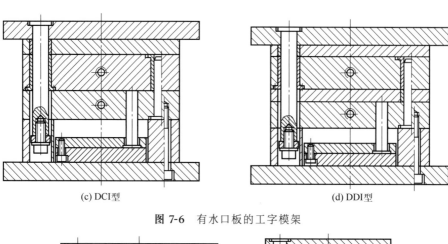

(c) DCI型   (d) DDI型

图 7-6   有水口板的工字模架

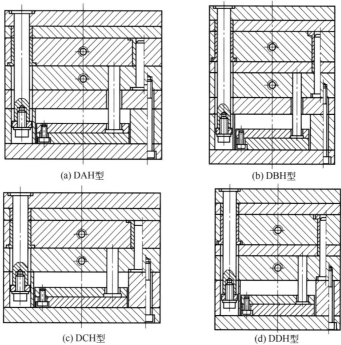

(a) DAH型   (b) DBH型

(c) DCH型   (d) DDH型

图 7-7   有水口板的直身模架

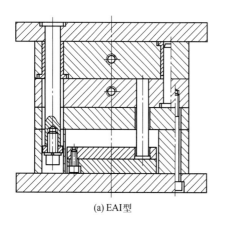

(a) EAI型

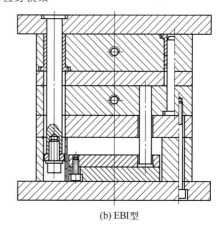

(b) EBI型

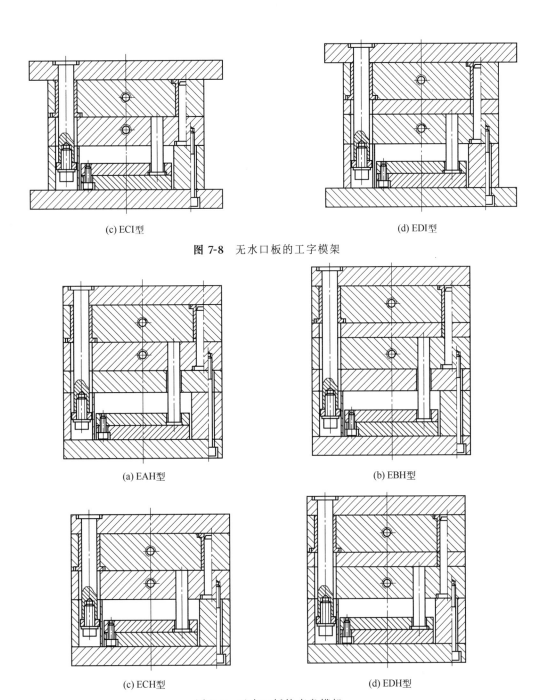

(c) ECI型

(d) EDI型

图 7-8 无水口板的工字模架

(a) EAH型

(b) EBH型

(c) ECH型

(d) EDH型

图 7-9 无水口板的直身模架

7.1.1.3 简化细水口模架

简化细水口模架是细水口模架的简化版本,标准长宽规格一般由 150mm×150mm(简称 1515 系列)至 500mm×700mm(简称 5070 系列)。简化细水口模架比细水口模架少了 4 个导柱。模架分为 F 型及 G 型两大类,F 型有水口推板而 G 型没有。由于 A 板及 B 板之间没有推板,故只有 A 及 C 两个型号,加上只有工字模(I 型)、直身模(H 型)两类,共有 8 种不同型号规格,模具设计者可根据产品要求配置不同的板厚组合。简化细水口标准模架见图 7-10,简化有水口板的工字模架见图 7-11,简化有水口板的直身模架见图 7-12,简化无

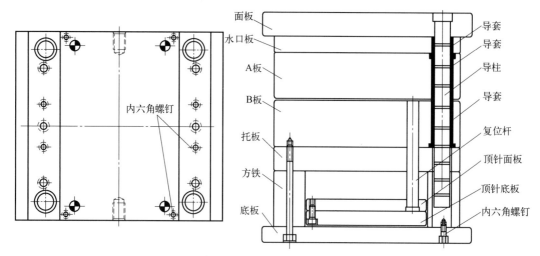

面板
水口板
A板
B板
托板
方铁
底板

导套
导套
导柱
导套
复位杆
顶针面板
顶针底板
内六角螺钉

内六角螺钉

图 7-10　简化细水口标准模架

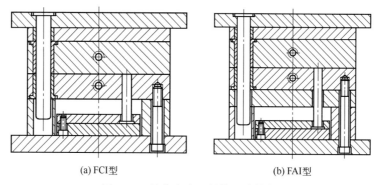

(a) FCI型　　　　　　　　　　(b) FAI型

图 7-11　简化有水口板的工字模架

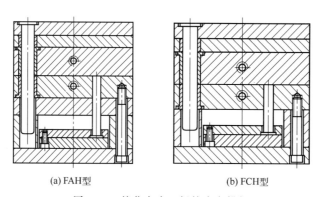

(a) FAH型　　　　　　　　　　(b) FCH型

图 7-12　简化有水口板的直身模架

水口板的工字模架见图 7-13，简化无水口板的直身模架见图 7-14。

　　简化细水口模具（又称三板模具）的功能与细水口模具相似，流道与浇口不在同一个分模面，塑件在分型面脱模，而水口料在水口板脱模。由于简化细水口模具少了四组导柱导套，模架空间较大，特别是在滑块较宽的侧向抽芯模具中具有很大优势。由于产品及浇口已经分离，塑件外观较佳，亦无须增加后续水口分离的工作。简化细水口模具同样在欧洲和北美比较少用，这是由于模具至少需要在两处打开，不利于机械手操作。

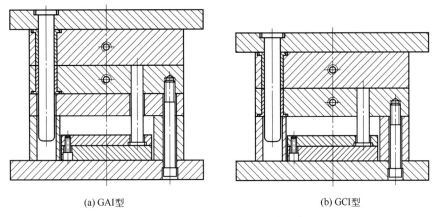

(a) GAI型   (b) GCI型

图 7-13 简化无水口板的工字模架

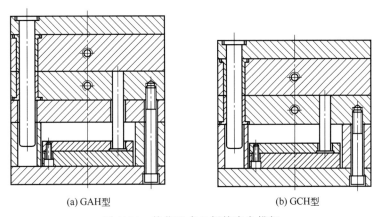

(a) GAH型   (b) GCH型

图 7-14 简化无水口板的直身模架

简化点浇口模架分为 8 种，其中，简化点浇口基本型有 2 种、直身简化点浇口型有 2 种、简化点浇口无推料板型有 2 种、直身简化点浇口无推料板型有 2 种。

7.1.1.4　模架导向件与螺钉安装方式

根据使用要求，模架中的导向件与螺钉可以有不同的安装方式。

① 根据使用要求，模架中的导柱导套有正装和反装两种形式，如图 7-15 所示。图（a）

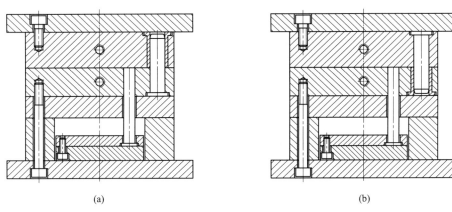

(a)   (b)

图 7-15 导柱导套正装与反装

为导柱导套正装，多用于东亚模具，例如日本、韩国、中国；图（b）为导柱导套反装，多用于欧洲和美国模具，在需要推件板推出时，也可将导柱导套正装。

②根据使用要求，模架中的拉杆导柱有装在外侧和装在内侧两种形式，如图 7-16 所示。龙记模架默认的拉杆导柱位置是外侧，如图 7-16（a）所示；图 7-16（b）为拉杆导柱位置在内侧。

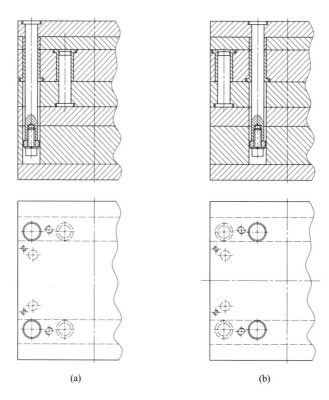

(a)   (b)

图 7-16　拉杆导柱的安装形式

③根据使用要求，模架中的垫块可以增加螺钉单独固定在动模座板上，如图 7-17 所示。图（a）为垫块与动模座板无固定螺钉，图（b）为垫块与动模座板有固定螺钉。龙记模架默认有固定螺钉。

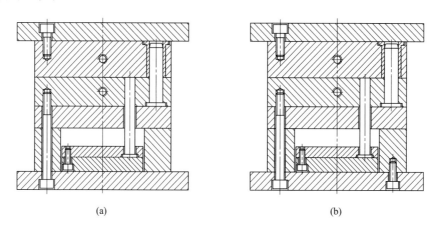

(a)   (b)

图 7-17　垫块与动模板的安装形式

④ 根据使用要求，模架的推板可以装推板导柱，如图 7-18 所示，订购模架时须注明。

⑤ 根据模具使用要求，模架中的定模板厚度较大时，导套可以装配成图 7-19 所示的结构。

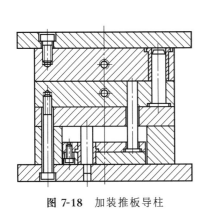

图 7-18 加装推板导柱

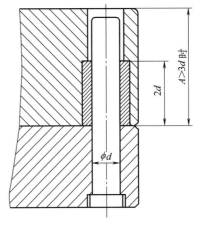

图 7-19 定模板厚度较大时的导套结构

7.1.2 HASCO 标准模架

德国 HASCO 公司是国际著名的模具标准件供应商，HASCO 标准件分为 4 大部分，其中 Z 为模具标准零部件，P 为钢材，K 为模板和模架，H 为热流道元件。HASCO 标准是欧洲通用塑胶模具标准，HASCO 模架以其互配性强，设计简洁，容易安装，互换性好，操作可靠，性能稳定，在全世界得到普遍推广。

7.1.2.1 HASCO 模架的分类

从图 7-20 可以看出，HASCO 标准模架共有 6 种结构形式，图（a）、（d）、（e）、（f）均

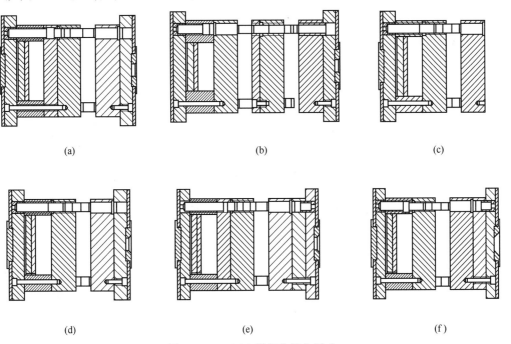

(a)　　　　　　　　　(b)　　　　　　　　　(c)

(d)　　　　　　　　　(e)　　　　　　　　　(f)

图 7-20 HASCO 模架的结构形式

用于普通的两板模具结构，图（c）也用于普通两板模具，但比其他几种结构少了定模座板。图（b）用于动模具有推件板顶出的两板模具。HASCO模架的尺寸系列见表7-1，尺寸规格从 095×095 到 796×996，带 ▨ 标记的是同时具有 K2500 型和 K2501 型哈夫滑块结构的模架，带 ▧ 标记的是同时具有相配套 K3500 型快速码模装置的模架，带 ◆ 的表示同时具有 K3600 小模架系列。

表 7-1 HASCO 模架的尺寸系列

l / b	095	130	156	196	246	296	346	396	446	496	546	596	656	696	796	896	996
095	▨																
100		▨															
156			◆▧	▧	█	█											
190					◆												
196						█	█										
218							█	█									
246					█	◆	█	█									
296								◆▧	█								
346								█	█	█							
396									█	█	█	█					
446										█	█	█					
496											█	█	█	█	█	█	█
546												█	█	█	█	█	█
596													█	█	█	█	█
646														█	█	█	█
696															█	█	█
746																█	█
796																	█

7.1.2.2 HASCO 模架的特点

HASCO 模架近年来加大了技术创新的步伐，HASCO 模架的特点如下。

① HASCO 模架的尺寸为公制，在欧洲的常见形状为工字模架，但近年来也开发了直身模架，主要用于北美客户。

② HASCO 标准模架全部为大水口模架，没有细水口模架，这是因为点浇口模具（三板模）在欧洲很少使用，如果需要在塑件的顶部进胶，则直接使用热嘴或者热流道进胶。三板模的点浇口进胶相比热嘴或者热流道来说，会有塑料原材料浪费，而且会加大采用机械手全自动生产的难度。

③ HASCO 标准模架是一个开放式模架系统，全部零件如模板、导柱和导套尺寸精度高，具有互换性，模架的订购也是菜单式选项订购，动定模两侧都可以分别选装隔热板和定位圈。动定模两侧均选装定位圈可以增加注射时的稳定性和模具定位精度。面板和底板是同一个零件，其厚度需要模具设计者自己选择。定模座板和动模座板的代号也相同，可以选择不同的厚度。在 HASCO 模架的订购系统中，选择相应的规格和钢材，系统会自动生成带有详细规格数量和编码的模架零件明细表。HASCO 标准模架的供货状态是单个零件供货，模架需要模具厂自己组装。

④ HASCO 模胚的尺寸系列见表 7-1，其尺寸规格从 095mm×095mm 到 796mm×

996mm，尾数为 6，比相应规格的龙记模胚小 4mm。HASCO 模架模板厚度尺寸系列见表
7-2，板厚尾数同样为 6。

表 7-2　HASCO 模板厚度尺寸系列

	S 厚度系列/mm																	
	6	9	12	17	22	27	36	46	56	66	76	86	96	116	136	156	176	196

⑤ HASCO 模架的动定模座板选择见图 7-21，传统的 HASCO 模架只有工字模架，即
图 7-21 中的 K10，近来开发了上下码模的模架，即图 7-21 中的 K12 和直身模架 K15，
K11、K13 和 K16 分别是 K10、K12 和 K15 的不带定位圈孔的形式。

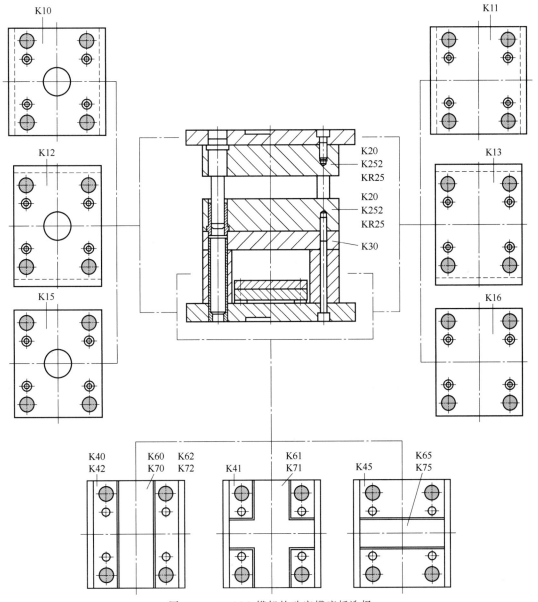

图 7-21　HASCO 模架的动定模座板选择

⑥ HASCO 模板的钢材也需要自己选择，见表 7-3。

表 7-3　HASCO 模板钢材性能

DIN 标准代号 ISO 标准代号	化学成分	布氏硬度 与拉伸强度	特性描述	颜色标记
1.1730 C45	C　Si　Mn 0.45　0.27　0.7	≤190HB (≤650N/mm^2)	碳素结构钢	白色
1.2083 X42Cr13	C　Si　Mn　P 0.40　≤1.00　≤1.00　≤0.030 S　Cr ≤0.020　13.5	≤241HB (≤810N/mm^2)	耐腐蚀硬化钢	黄色/白色
1.2085 X33CrS16	C　Si　Mn　P 0.33　≤1.00　≤1.40　≤0.030 S　Cr　Mo 0.10　16.0　≤1.00	≤280～325HB (≤950～1100N/mm^2)	耐腐蚀预硬化钢	黑色/绿色
1.2162 21MnCr5	C　Si　Mn　Cr 0.21　0.25　1.25　1.15	≤210HB (≤710N/mm^2)	标准淬火钢材	黄色
1.2311 40CrMnMo7	C　Si　Mn　P 0.40　0.30　1.45　≤0.035 S　Cr　Mo ≤0.035　1.95　0.20	≤280～325HB (≤950～1100N/mm^2)	预硬化模具钢材	蓝色/白色
1.2312 40CrMnMoS8-6	C　Si　Mn　P 0.40　0.40　1.50　≤0.030 S　Cr　Mo 0.08　1.90　0.20	≤280～325HB (≤950～1100N/mm^2)	预硬化模具钢材	棕色
1.2343[*] X37CrMoV5-1	C　Si　Mn　Cr 0.37　1.00　0.37　5.15 V　Mo 0.40　1.30	≤229HB (≤770N/mm^2)	热作模具钢材	红色
1.2767 X45NiCrMo16	C　Si　Mn　Cr 0.45　0.25　0.35　1.35 Ni　Mo 4.05　0.25	≤285HB (≤965N/mm^2)	特种淬火钢材	绿色/白色
Toolox33	C　Si　Mn　P 0.23　0.75　0.80　≤0.010 S　Cr　V　Ni ≤0.003　1.2　0.10　≤1.00 Mo 0.30	≤300HB (≤1000N/mm^2)	硬化工具钢	橙色/白色

⑦ HASCO 模胚的模板订购格式如下：

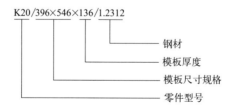

⑧ 垫块的配置。K40、K41 和 K45 三种垫块与其相配合的几种模板尺寸规格如表 7-4 所示。K40、K41 和 K45 三种垫块在模架的左右完全一样。为了增加模架刚度，减小动模板的挠度，HASCO 开发了加宽的垫块尺寸规格系列 K42，与 K42 相配合的推板和推杆固定板组合为 K62 和 K72，见图 7-21。

表 7-4　垫块和模板的配合表

垫块	模板
K40/196×296×…	K40/196×296×…
	K40/218×296×…
	K40/246×296×…
	K40/296×296×…
K40/196×446×…	K40/196×446×…
	K40/246×446×…
	K40/296×446×…
K40/196×496×…	K40/196×496×…
	K40/246×496×…
	K40/296×496×…
K40/246×346×…	K40/246×346×…
	K40/296×346×…
	K40/346×346×…
K40/246×396×…	K40/246×396×…
	K40/296×396×…
K40/246×546×…	K40/246×546×…
	K40/296×546×…
K40/246×596×…	K40/246×596×…
	K40/296×596×…
K40/296×646×…	K40/296×646×…
	K40/346×646×…
	K40/396×646×…
	K40/446×646×…
	K40/496×646×…
	K40/546×646×…
K40/296×696×…	K40/296×696×…
	K40/346×696×…
	K40/396×696×…
	K40/446×696×…
	K40/496×696×…
	K40/546×696×…
K40/346×446×…	K40/346×446×…
	K40/396×446×…
	K40/446×446×…
K40/346×546×…	K40/346×546×…
	K40/446×546×…
	K40/496×546×…
	K40/546×546×…
K40/346×596×…	K40/346×596×…
	K40/396×596×…
	K40/446×596×…
	K40/496×596×…
	K40/546×596×…
	K40/596×596×…
K40/346×796×…	K40/346×796×…
	K40/396×796×…
	K40/446×796×…
K40/396×496×…	K40/396×496×…
	K40/446×496×…
	K40/496×496×…
K40/396×896×…	K40/396×896×…
	K40/446×896×…
K40/496×796×…	K40/496×796×…
	K40/546×796×…
	K40/596×796×…
	K40/646×796×…
	K40/696×796×…
	K40/746×796×…
	K40/796×796×…
K40/496×896×…	K40/496×896×…
	K40/546×896×…
	K40/596×896×…
	K40/646×896×…
	K40/696×896×…
	K40/746×896×…
	K40/796×896×…
K40/496×996×…	K40/496×996×…
	K40/546×996×…
	K40/596×996×…
	K40/646×996×…
	K40/696×996×…
	K40/746×996×…
	K40/796×996×…
K40/596×646×…	K40/596×646×…
	K40/646×696×…
K40/596×696×…	K40/596×696×…
	K40/646×696×…
	K40/696×696×…
K41/156×156×…	K41/156×156×…
	K41/156×246×…
K41/196×196×…	K41/196×196×…
	K41/190×246×…
K41/196×296×…	K41/196×296×…
	K41/196×346×…
	K41/218×296×…
	K41/246×296×…
	K41/296×296×…
K41/246×346×…	K41/246×346×…
	K41/296×346×…
	K41/346×346×…
K41/246×396×…	K41/246×396×…
	K41/296×396×…
K41/346×396×…	K41/346×396×…
	K41/346×496×…
	K41/346×596×…

垫块	模板	垫块	模板	垫块	模板
K45/156×156×…	K45/156×156×…	K45/396×396×…	K45/396×396×…	K45/546×796×…	K45/546×796×…
	K45/156×246×…		K45/396×446×…		K45/546×896×…
	K45/156×296×…		K45/396×496×…		K45/546×996×…
	K45/156×346×…		K45/396×596×…		
K45/196×296×…	K45/196×296×…		K45/396×646×…	K45/596×646×…	K45/596×646×…
	K45/196×346×…		K45/396×696×…		K45/596×696×…
			K45/396×796×…		K45/596×796×…
K45/196×396×…	K45/196×396×…		K45/396×896×…		K45/596×896×…
	K45/196×446×…				K45/596×996×…
	K45/196×496×…	K45/446×446×…	K45/446×446×…		
K45/246×346×…	K45/246×346×…		K45/446×496×…	K45/646×646×…	K45/646×646×…
	K45/246×446×…		K45/446×546×…		K45/646×696×…
	K45/246×496×…		K45/446×596×…		K45/646×796×…
	K45/246×546×…		K45/446×646×…		K45/646×896×…
	K45/246×596×…		K45/446×696×…		K45/646×996×…
K45/296×346×…	K45/296×346×…		K45/446×796×…		
	K45/296×446×…		K45/446×896×…	K45/696×696×…	K45/696×696×…
	K45/296×496×…	K45/496×496×…	K45/496×496×…		K45/696×796×…
	K45/296×546×…		K45/496×546×…		K45/696×896×…
	K45/296×596×…		K45/496×596×…		K45/696×996×…
K45/296×646×…	K45/296×646×…		K45/496×646×…		
	K45/296×696×…		K45/496×696×…	K45/746×796×…	K45/746×796×…
		K45/496×796×…	K45/496×796×…		K45/746×896×…
K45/346×396×…	K45/346×396×…		K45/496×896×…		K45/746×996×…
	K45/346×496×…		K45/496×996×…		
		K45/546×546×…	K45/546×546×…	K45/796×796×…	K45/796×796×…
	K45/346×446×…		K45/546×596×…		K45/796×896×…
	K45/346×546×…		K45/546×646×…		K45/796×996×…
K45/346×446×…	K45/346×596×…		K45/546×696×…	K45/796×796×…	
	K45/346×646×…				
	K45/346×696×…				
	K45/346×796×…				

7.1.2.3　HASCO 模架尺寸参数

HASCO 模架导柱导套安装如图 7-22 所示。导柱与导套的尾部均插进另一块模板定位。垫板、方铁和动模座板之间用空心定位销 Z20 定位。

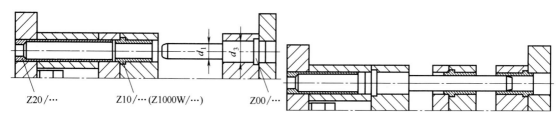

图 7-22　导柱导套安装

HASCO 导柱孔的公差见图 7-23。HASCO 模板的几何公差见图 7-24。HASCO 模板的导向孔的尺寸公差见图 7-25。HASCO 模板的螺纹孔的尺寸公差见图 7-26。模板厚度公差和导向孔的公差见图 7-27，公差"s"取决于模板最大边的长度。注意所有的测量温度均为 20℃。

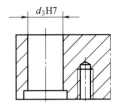

图 7-23 导柱孔的公差

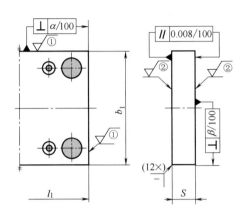

项目	HASCO 模板尺寸范围/mm	K 系列模板标准公差值
b_1 l_1	95～996	+0.15 0
$\alpha/100$	95～996	0.02
$\beta/100$	95～996	0.03
▽①	95～996	$Rz25$
▽②	95～996	$Rz10$
S	6～996	+0.25 +0.1
S(立板) K40/···,K41/···,K45/···	所有规格	+0.02 0

图 7-24 模板的几何公差

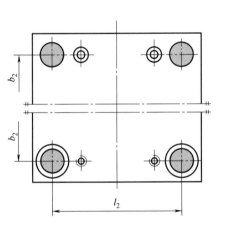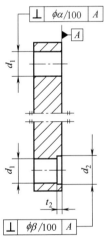

项目	ISO 模板尺寸范围	ISO 公差值	项目	ISO 模板尺寸范围	ISO 公差值
b_2/l_2	63～80	±0.007	d_1	10～80	H7
	80～100	±0.009	d_2	10～80	+0.5 0
	100～125	±0.01			
	125～160	±0.011	t_2	3～18	+0.2 0
	160～200	±0.012			
	200～250	±0.013	$\alpha/100$	标准 所有规格	0.02
	250～315	±0.015			
	315～400	±0.016		K40/···,K41/···, K45/··· 所有规格	0.03
	400～500	±0.017			
	500～630	±0.019			
	630～800	±0.02			
	800～1000	±0.022	$\beta/100$	所有规格	0.02

图 7-25 HASCO 模板的导向孔的尺寸公差

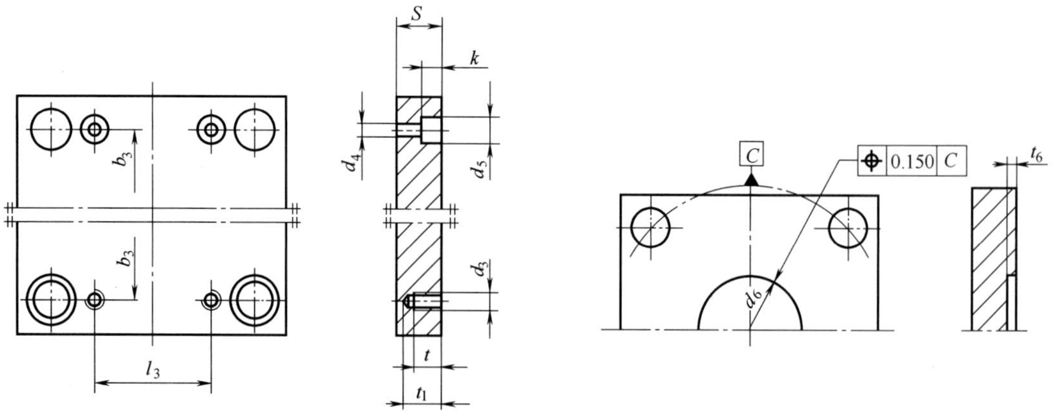

s	d3															
	M4		M5		M6		M8		M10		M12		M16		M20	
	t	t_1	t	t_1	t	t_1	t	t_1	t	t_1	t	t_1	t	t_1	t	t_1
9	7	—														
12					7	11										
17	7	12			9	13	10	15								
22							14	19								
27									15	20	18	25				
36													25	35		
46													26	36		
56															32	45
66																
76																
86																
96																
116																
136																
156																
176																
196																
公差	$^{+0.5}_{0}$															

d_3		M4	M5	M6	M8	M10	M12	M16	M20
d_5	尺寸	8	10	11	15	18	20	26	33
	公差	H13							
k	公差	$^{+0.5}_{0}$							
d_4	尺寸	4.5	5.5	6.6	9	11	14	18	22
	公差	H13							

	ISO 模板尺寸范围	
b_3/l_3	30～120	±0.2
	120～400	±0.25
	400～1000	±0.35

	ISO 模板尺寸范围	ISO 公差
d_6	18～30 80～120	H7
t_6	4	$^{+0.25}_{0}$

图 7-26 HASCO 模板的螺纹孔的尺寸公差

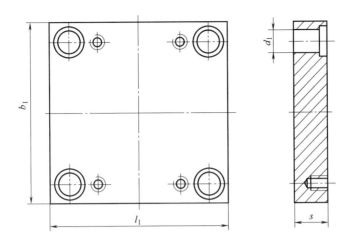

mm

模板尺寸范围		公差			d_1H7					
b_1	l_1	b_1/l_1		s						
≤296	≤296	+0.15	+0.2/+0.4	* +0.10/+0.25	13.75	19.6	25.5	29.4	41.3	53.2
>296	>296		+0.4/+0.6	* +0.10/+0.25						

图 7-27 模板厚度公差和导向孔的公差

7.1.2.4 HASCO 快换模架

HASCO 快换模架 K3500/…主要是为了小型塑件的经济快速生产而开发的。它包含了快换模架系统 K3500/…和配有型腔和型芯镶件的模架系统 K3501/…以及 K3520/…。根据 HASCO 标准制作的这些镶件的规格和尺寸公差是可以互换的。HASCO 快换模架系统见图 7-28，图（a）为快换模架与动定模座板和垫块的组装关系，图（b）为不带动定模座板和垫块的快换模架。垫块厚度、型腔和型芯镶件材料见图 7-29。

(a)   (b)

图 7-28 HASCO 快换模架

1.2767，3.4365

图 7-29 垫块厚度、型腔和型芯镶件材料

第 7 章 结构件设计 **443**

快换模架的特点是：型芯镶件通过插销锁在推板上，型腔镶件的固定螺栓在分型面可以拧下，因而快换模架系统可以实现在注塑机上换模，节省换模时间。模板的材料为 1.2312 和 1.2085，可以实现快换的 K 系列模架有三个规格，156×196、246×296、296×396，型腔镶件和型芯镶件的材料为 1.2767 或 3.4365，冷却运水孔可以直接加工在镶件上。快换镶件系统 K3501 和快换模架系统 K3500 之间是通过锁紧条固定的。

7.1.2.5 HASCO 小模架系列

HASCO 的小模架系列是专门为高效低成本生产小批量塑件而开发的。这种可交换的模具系统特别适合新的敏捷模具系统。它可以在正在注射的机台上迅速而高效地更换模具。将小系列模具 K3600 装入这种敏捷模具系统，既可以减少换模的时间，又可以降低模具成本。

HASCO 小模架可在注塑机上简洁方便地实现换模，实现快速换模，减少停机时间。模板材料为 1.2767 和 Toolo×33，有效降低模具成本，具有四个模架规格，分别是 156×156、190×246、246×296、296×396，它们与 K 系列模架尺寸兼容。

在注塑机打开状态下，HASCO 小模架系列 K3600 安装在敏捷模具系统上，位于动模侧，通过调节手轮利用模板两侧的夹紧钳夹紧模架的型芯板，然后机器启动将定模型腔夹紧。HASCO 小模架系列安装示意图见图 7-30，HASCO 小模架系列组装图见图 7-31。

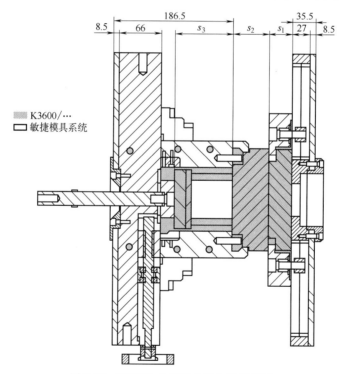

图 7-30 HASCO 小模架系列安装示意图

7.1.2.6 HASCO 模架的导向元件

HASCO 模架的导向元件类型见图 7-32，其功能简介见表 7-5。

7.1.3 DME 标准模架

7.1.3.1 DME 标准模架系列

美国的 DME 模架共有 6 个系列，即 A 系列、B 系列、AX 系列、T 系列、X 系列（5

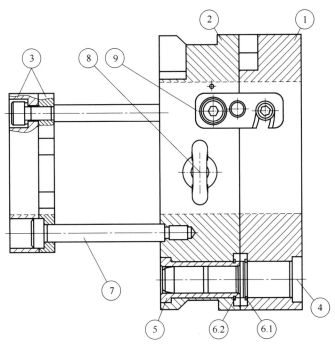

序号	名称	数量	标准代号	序号	名称	数量	标准代号
1	定模板	1	K3620/…	6.1	轴用弹性挡圈	4	Z67/…
2	动模板	1	K3621/…	6.2	轴用弹性挡圈	4	Z67/…
3	顶出系统组合	1	K3660/3670/…	7	带肩螺栓	4	Z38/10×70
4	导柱	4	Z032/…	8	吊环	1	Z710/…
5	导套	4	Z1101/…	9	锁模块	1	Z73/…

图 7-31 HASCO 小模架系列组装图

板）和 X 系列（6 板），其供货方式为以组立后的状态提供给客户，如图 7-33 所示。这里介绍的是传统的 DME 模架，近几年 DME 公司又开发了适合欧洲风格的模架和适合亚洲市场的模架，本书不再赘述。

7.1.3.2 DME 标准模架的特点

DME 标准模架的特点如下。

① DME 标准模架都是直身模架，尺寸为英制，导柱都装在定模，垫块和动模座板连接成一体，形成"推杆箱"，这种结构刚性较好。推杆箱见图 7-34。

② DME 标准模架的钢材，有 DME ♯1 钢材，DME ♯2 钢材，DME ♯3 钢材，DME ♯5 钢材，DME ♯6 钢材，DME ♯7 钢材。有关钢材性能见第 14 章。

③ DME 标准模架的钢材组合见图 7-35，表达方式分别为 DME ♯1 模架，DME ♯2 模架，DME ♯3 模架，DME ♯7 模架，这种表达方式只代表模架的材料等级，和模具寿命有关，不代表模架的尺寸规格。

④ DME 标准模架采用直身模架设计，码模槽的设计节省模架宽度尺寸，在有限的模架面积内可以容纳更大的模具型腔和模具型芯。码模槽的设计见图 7-36 中的❶。

⑤ 动模模板之间设计有空心的管状定位销，可以容纳冷却水管路，方便模具设计。管状定位销的设计见图 7-36 中的❷。

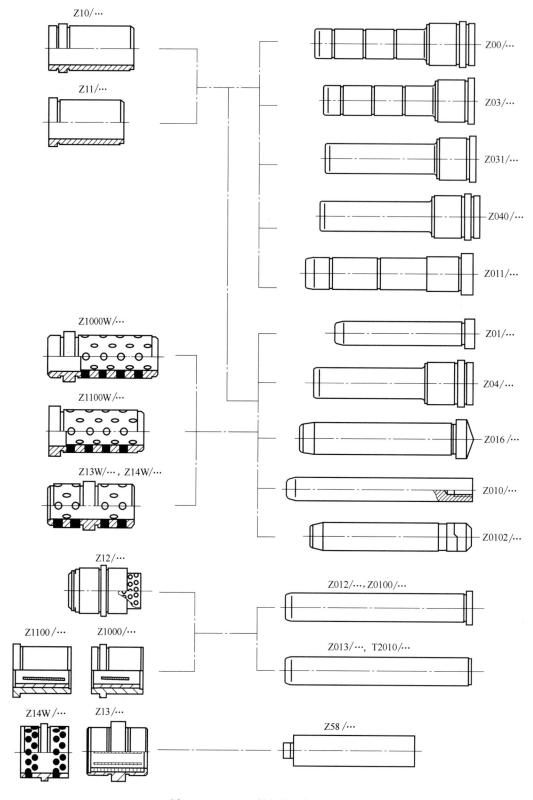

图 7-32 HASCO 模架的导柱导套类型

表 7-5　HASCO 模架的导柱及其类型

序号	代号	名称	图例	附注
1	Z 00/…	有肩定位导柱		尾部带有定位功能,带油槽,有肩导柱
2	Z 03/…	有肩导柱		尾部不带定位功能,带油槽,有肩导柱
3	Z 031/…	有肩导柱		尾部不带定位功能,无油槽,有肩导柱,DLC 涂覆
4	Z 040/…	定位导柱无油槽型		尾部带定位功能,无油槽,有肩导柱,DLC 涂覆
5	Z 011/…	导柱		主要用作顶针板导柱
6	Z 01/…	导柱（斜导柱）		主要用作斜导柱
7	Z 04/…	定位导柱无油槽型		尾部带定位功能,无油槽,有肩导柱,与石墨铜导套相配合
8	Z 016/…	斜导柱		尾部带 18°斜度
9	Z 010/…	斜导柱		头部有内六角沉孔,便于拧紧
10	Z0102/…	斜导柱		主要用作斜导柱,尾部带夹紧垫圈
11	Z012/…,Z0100/…	顶针板导柱		无油槽,与滚珠导套相配合
12	Z013/…,T2010/…	顶针板导柱		无油槽,与滚珠导套相配合
13	Z58/…	顶针板导柱兼支撑柱(撑头)		顶针板导柱兼支撑柱(撑头),与石墨导套配合,也可与滚珠导套配合

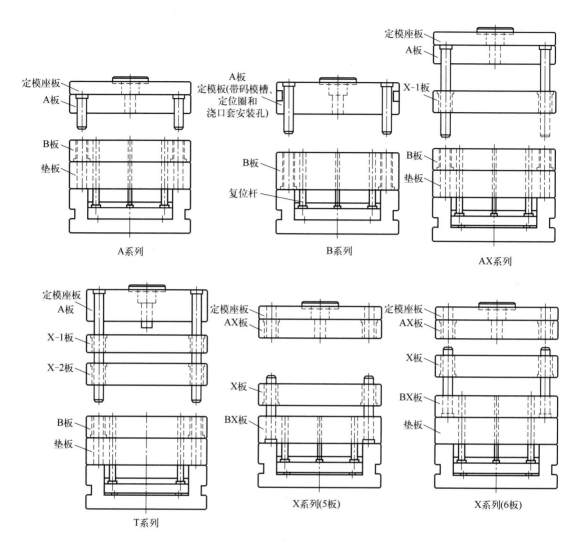

定模座板
A板
定模座板
A板(带码模槽、定位圈和浇口套安装孔)
定模座板
A板
X-1板

B板
垫板
B板
复位杆
B板
垫板

A系列
B系列
AX系列

定模座板
A板
X-1板
X-2板
B板
垫板
定模座板
AX板
X板
BX板
定模座板
AX板
X板
BX板
垫板

T系列
X系列(5板)
X系列(6板)

图 7-33 DME 模架系列

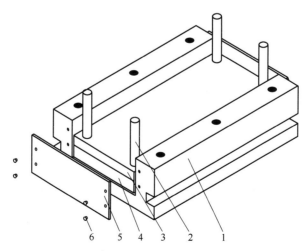

6 5 4 3 2 1

图 7-34 DME 的推杆箱

1—连体方铁；2—复位杆；3—推杆固定板；4—推板；5—防护板；6—螺钉

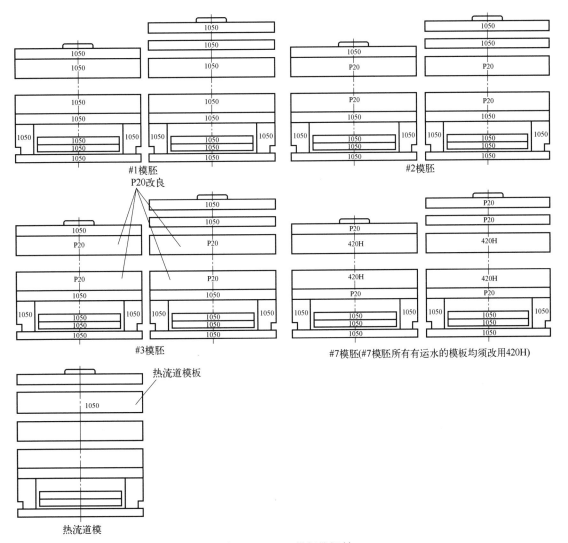

#1模胚
P20改良

#2模胚

#3模胚

#7模胚(#7模胚所有有运水的模板均须改用420H)

热流道模板

热流道模

图 7-35 DME 模架的钢材

⑥ 垃圾钉焊接在推板底部,可以有效防止推板松动,避免顶出系统故障。垃圾钉见图 7-36 中的❸。

⑦ DME 标准模架的导柱导套的油槽和龙记模架不同,龙记模架的油槽开设在导柱上,DME 标准模架的油槽开设在导套内,呈曲线状,便于藏油和纳污,同时在导套圆周开有一个注油孔。

⑧ A 系列标准模架是最常见的大水口模架,有 43 个尺寸规格,其尺寸规格从 7.875×7.875 到 23.75×35.5。适合需要在 A、B 板开通框的情形,可以方便安装镶件。

⑨ B 系列标准模架也是最常见的大

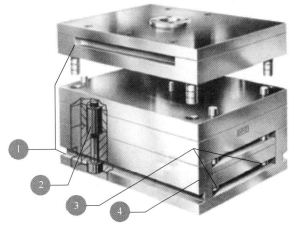

图 7-36 DME 模架的特点

水口模架，与 A 系列相比，其动模和定模的模板均合二为一。当需要 A、B 板直接开盲的精框时，一般选择此种模架，A 板和 B 板较厚，因而具有强度高和刚性好的特点。

⑩ AX 系列标准模架，是在 A 系列的基础上，在定模侧增加一块浮动板 X-1，用于需要定模侧推出塑件或者需要在定模侧抽芯等特殊情况，动作原理类似于龙记标准的简化细水口模架。

⑪ T 系列用于三板模具。三板模由于水口料会引起塑料原料的浪费而被热流道所取代，因而三板模占整个注塑模具的比例不到 2%，T 系列模胚在美国应用较少。

⑫ X 系列用于推件板模具，X 系列分为 5 板和 6 板两种，5 板的动模 BX 板较厚，刚性好。6 板的动模增加一块垫板，便于安放镶件。

7.1.3.3 MUD 的特点

MUD 是 Master Unit Die Plastics Jnc. 公司开发的快换模胚系统。MUD 模具快速换模的概念被用来应对提高生产率和降低成本的并行挑战。适用于塑胶产品批量不大而品种众多的场合，是一种降低模具制造成本和使用成本的解决方案。经过多年的实际使用，现已取得了成功的经验并得到广泛推广。标准模架的快速换模方法如图 7-37 所示。MUD 通常分为 U 形、H 形和双 H 三种，图 7-38 所示为最常见的 U 形系统。MUD 模胚为通用件，由客户提供，模具厂只需要设计制造前后模仁，顶针面板和顶针底板。从图 7-38 可以看到，顶针板由撑头限位，撑头兼作导柱，同时撑头的头部兼作垃圾钉，此类模具一般较小，设计时要注意 MUD 模具装入注塑机时，基准面一定要朝地侧，运水尽可能朝天侧，以免运水撞到模胚。

图 7-37 标准模架的
快速换模方法

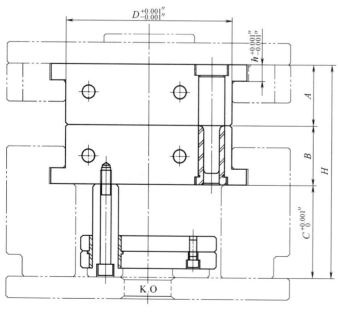

图 7-38 MUD 模架及其模具

图 7-39 U 形模架

U 形模架见图 7-39，H 形模架见图 7-40 及图 7-41，双 H 模架见图 7-42 及图 7-43，MUD 模具图见图 7-44。

图 7-40　H 形模架（一）　　　　　　　　　　　　图 7-41　H 形模架（二）

图 7-42　双 H 模架（一）　　　　　　　　　　　　图 7-43　双 H 模架（二）

　　MUD 快换模架可以实现更快的注塑产品生产转换和较低的模具成本。MUD 模具快速更换系统的方法是基于一个可以将无限数量的模具在注塑机上快速更换的模架。这个模架长期固定在注塑机上不用拆卸。大多数的模具的换模不超过 5min，不需要特殊的设备，可以由一个人操作。只需松开四个卡箍，断开所有加热或冷却水路，并从中滑动插入模具快速更换模架。然后新的模具替换插入，重新连接冷却水路，再夹住新的插入模具准备生产。这种方法减少了 75% 的停机时间。因为不再需要第二人协助更换模具，相关的劳动力成本降低。新模具的初始成本也降低了 66%。这是因为只需要重新生产一个配套插入的模具型腔和型芯，没有必要更换整个标准模具模架。

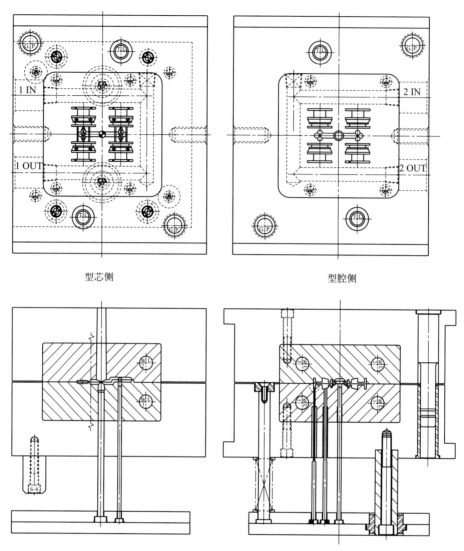

型芯侧 型腔侧

图 7-44 MUD 模具图

7.2 模架的确定和标准的选用

7.2.1 模架标准选用

模具设计需要根据客户的类型确定选择哪类模架体系。尽可能采用标准模架，在特殊情况下，可以对模架的部分形状、尺寸和材料做出更改。例如用于医疗、食品或腐蚀性强的塑料的模具，要向客户确认是否要用不锈钢模架或电镀模架。

中小型模具是指模板的长度和宽度在 600mm 以下的模具，这类模具的强度，只要模板的型腔长宽尺寸不大于模板长度和宽度的 60%，深度不超过长度的 10%，可以不必计算。

模架尺寸要能匹配客户指定的注塑机，如果模具需要厚度方向先吊入注塑机然后通过旋转才能匹配注塑机时，在模具设计评审时必须告知客户，征得客户的书面同意并写入模具设计式样书中。因为有些客户不允许吊入注塑机然后旋转来装夹模具。

选择模架后，模架上的标准件须与模架标准相匹配。模架上的标准件选用标准见表 7-6。

表 7-6　模架上的标准件技术要求　　　　　　　　　　　　　　　　　　　mm

分类	边钉,水口边,哥林柱,托边类				边司,直司,中托司类				销钉类
	紧配部分 D_1/d_1	滑配部分(轴公差)			紧配部分		滑配部分(孔公差)		
		直径		公差	无管位的司的紧配部位	H6/m5	边司,直司,中托司类	G6	
		边钉,水口边,托边类	哥林柱类						
公制例：FUTABA,PUNCH,正钢	H6/m5	$d<12$	$d<12$	−0.015 −0.020	有管位的司的紧配部位	H6/h6			H7/m6
		$12<d\leqslant16$	$12<d\leqslant16$	−0.020 −0.025					
		$16<d\leqslant30$	$16<d\leqslant50$	−0.025 −0.030	司的管位部位(仅限于有管位的结构)	$H7 \begin{smallmatrix}-0.1\\-0.2\end{smallmatrix}$	镶石墨的中托司	H7	
		$30<d\leqslant35$		−0.030 −0.035					
		$35<d\leqslant50$		−0.030 −0.040					
		$d>50$		−0.030 −0.050					
公制(DIN)例：HASCO	边的紧配部位 Z00/…,Z014/…,Z03/…	H7/k6	Z00/…,Z01/…,Z011/…,Z014/…,Z015/…,Z02/…,Z022/…,Z03/…	g6	司的紧配部位	H7/k6	其他	H7	
	Z011/…	H7/m6	Z012/…,Z013/…(配 Z12/…滚珠衬套)	h4	司的管位部位(仅限于有管位的结构)	H7/e7	Z10W/…,Z11W/…,Z10W/…	F8	
	边的管位部位 Z00/…,Z0142/…,Z0152/…	H7/e7							
英制例：DME	$\frac{+0.013}{0}\Big/\frac{+0.038}{+0.025}$		−0.025 −0.038		司的紧配部位	$\frac{+0.013}{0}\Big/\frac{+0.025}{+0.013}$	边司,直司类	$\frac{+0.025}{+0.013}$	$\frac{+0.005}{0}\Big/\frac{+0.008}{+0.003}$
					中托司的管位部位	$\frac{+0.013}{0}\Big/\frac{-0.025}{-0.051}$	中托司类	$\frac{+0.038}{+0.025}$	

7.2.2　模架的典型结构

7.2.2.1　两板模具

两板模的成型零件分设在动、定模两部分上，闭合后构成封闭的型腔。如图 7-45 所示，开模后，制品和流道留在动模，动模部分设有顶出系统。两板式注塑模结构简单，生产操作较方便，但有其局限性，除采用直接浇口外，型腔的浇口位置只能选在制品的侧面或者在制品边缘附近用潜浇口注塑。但是，两板模具方便使用机械手，缩短注塑成型周期。

两板模具设计注意事项：

① 浇注系统和流道凝料的顶出机构一定要与注塑方式相适应，主要的注塑方式是指全自动注塑、半自动注塑和手动，全自动注塑时需要分清是机械手抓取还是塑件自动跌落；

② 模具的闭合高度要与注塑机的规格相适应；

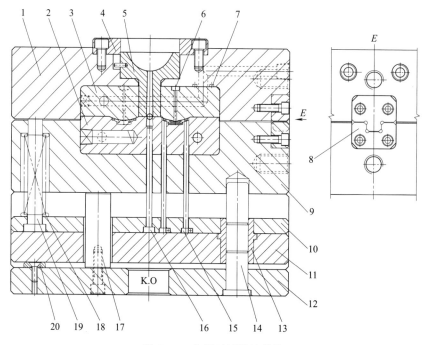

图 7-45 典型两板模具结构

1—定模板；2—型芯；3—型腔；4—定位圈；5—浇口套；6—型腔镶针；7—防水胶圈；
8—零度定位块；9—型芯板；10—推杆固定板；11—推板；12—动模座板；13—导套；
14—导柱；15—推杆；16—流道推杆；17—支撑柱；18—弹簧；19—复位杆；20—垃圾钉

③ 型腔和型芯板具有足够的强度，以防在注射压力下变形；

④ 精密模具除有导柱导套导向外，还需要设计零度定位块定位。

7.2.2.2 三板模具

三板模如图 7-46 所示，与两板模相比较，三板模增加了流道推板。由于三板模能在塑料件的中心位置设置点浇口，它在塑件表面只留下针尖大小的一个痕迹，不会影响塑件的外观，而这对外观质量要求高的塑料件往往十分有利。但由于点浇口的进料平面不在分型面上，而且点浇口为倒锥形。所以在模具上必须设置专门的凝料脱出机构，以将点浇口拉断，同时，为保证两个分模面的打开顺序和打开距离，必须在模具上增加相应的顺序开模控制机构。因此，相比较两板模而言，三板模结构要复杂。

7.2.2.3 无顶针板模具

无顶针板模具顶出不需要注塑机顶出动作，依靠注塑机开模力带动拉板开模。无推板模架属于非标模架，可以参照标准模架设计。无顶针板模具结构如图 7-47 所示。

7.2.2.4 热流道模具

典型热流道模具如图 7-48 所示。热流道模具的模架一般为非标模架。

7.2.2.5 叠层模具

图 7-49 为一套瓶盖 8+8 的叠层模具。叠层模具多用热流道成型，最常用于扁平塑件，适合大批量生产。典型的叠层模具最中间的滑动部分需要设计模外导向系统，利用注塑机哥林柱承担重量并提供导向。开模机构需要动定模稳定均匀打开，典型的开模机构有三种，即齿轮齿条开模机构、链条或拉杆驱动开模机构以及螺旋杆驱动开模机构，此螺旋杆与脱螺纹的螺旋杆传动原理相同。

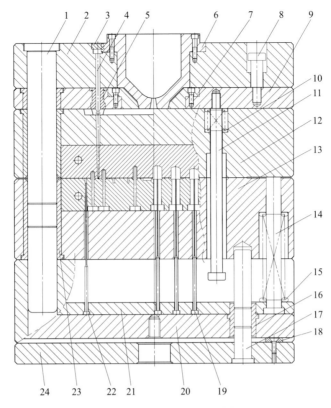

图 7-46 典型三板模具结构

1—导柱；2—定模座板；3—压板；4—拉料销；5—拉料销衬套；6—定位圈；7—浇口衬套；8—限位销；
9—推料板；10,15—弹簧；11—限位拉杆；12—定模板；13—动模板；14—复位杆；16,23—导套；
17—导柱；18—垃圾钉；19,22—顶针；20—推板；21—推杆固定板；24—动模座板

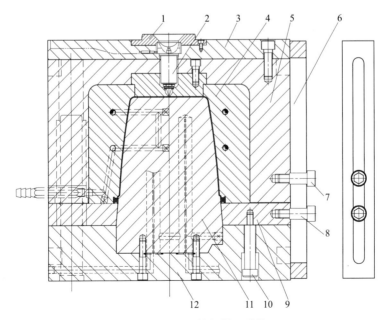

图 7-47 无顶针板模具结构

1—定位圈；2—热嘴；3—定模座板；4—型腔；5—定模板；6—拉板；
7,8,10—限位螺钉；9—推件板；11—动模型芯；12—动模板

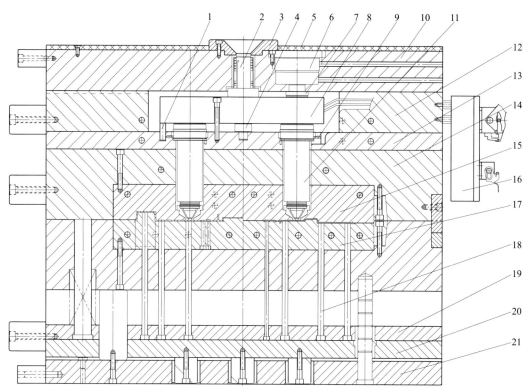

图 7-48 热流道模具

1—定位销；2—主射嘴；3—定位圈；4,7—支撑垫；5—隔热板；6—气缸阀针系统；8—分流板；
9—发热丝及热电偶；10—面板；11—热嘴；12—支撑板；13—定模垫板；14—定模板；15—型腔；
16—电控盒；17—型芯；18—推杆；19—推杆固定板；20—推板；21—动模座板

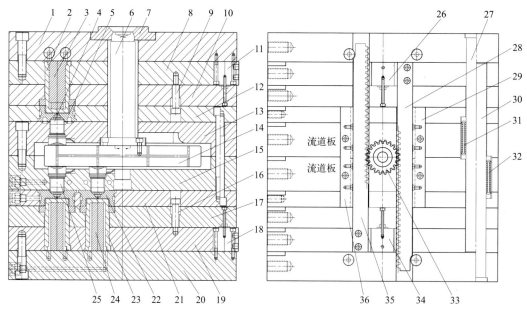

流道板

流道板

图 7-49 叠层模具

1—定模座板；2,23—型芯镶件；3,24—冷却镶件；4,25—热嘴；5,22—型腔镶件；6—主射嘴；7—定位圈；8—定模垫板；
9,16—限位销；10,17—推件板；11,18,26,34—气缸；12,21—定模板；13,15—分流板垫板；14—分流板；
19—动模垫板；20—动模座板；27,30—导柱；28,35—齿条；29,36—齿条导向块；31,32—导套；33—齿轮

7.2.2.6 双色模具

双色注塑是指将两种不同的材料注塑到同一套模具，注塑出来的零件由两种材料组成的成型工艺。有时两种材料是不同颜色的，有的是软硬胶不同，从而提高产品的美观性和装配性等。双色模具按照地域不同有两种基本结构，在亚洲普遍采用两个模架的双色模具。图7-50是亚洲双色模具图，两套模架尺寸规格完全一致，具有高精度和互换性。两个模架，动模不同，定模完全相同。富得巴模架精度较高，很多模具厂家选择采用富得巴模架。

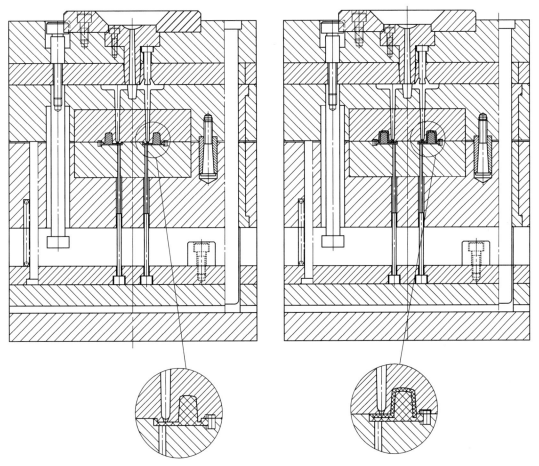

图 7-50 两个模架的双色模具

亚洲双色模具由于采用两个独立的模架，因此，要求两套模架的旋转精度不能超过0.02mm，由于双色模具一般为中小型模具，其模架精度和互换性必须得到保证。另外，每套模架的导柱导套在基准角偏移，以防模具装错。注意在一个模架的双色模具中，由于模具的动模需要旋转，因此，导柱导套不可偏移。

7.2.3 模架的补充加工

7.2.3.1 开框

模胚开框按结构有通框和盲框之分，按开框工艺分有中框与单边基准框。一般来讲机壳类模具多采用盲框，精密模具例如接插件模具多采用通框。盲框强度高，但底面平整度稍差，难以达到高精度。通框反之，虽然强度不高，但可利用托板表面作为框底，因而底面平整度好，精度很高。盲框角部有两种形式，如图 7-51 所示，图（a）为角部圆弧型，制作成本稍高，多用于欧美出口模具；图（b）为角部避空型，制作简便，成本低。

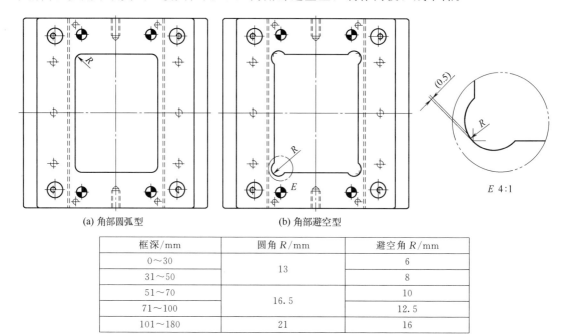

(a) 角部圆弧型　　　　　　　　　(b) 角部避空型

框深/mm	圆角 R/mm	避空角 R/mm
0~30	13	6
31~50		8
51~70	16.5	10
71~100		12.5
101~180	21	16

图 7-51　盲框角部的形式

另外，大型模具以及出口欧美的模具，为了提高盲框的强度，尽可能用圆弧刀将框底四周做成 $R6$ 圆角。

模架开框后有可能变形，因此在没有滑块抽芯的模具中，开框深度一般不应超过模板厚度的 1/2，如果有滑块抽芯，滑块槽开通至模框，则开框的深度更浅，要按具体情况加以分析。模架开框变形通常产生在粗加工后，因此，多数情况下采用模架厂直接开精框，以消除模架开框变形。开框的精度如图 7-52 所示。

精框公差			
	长宽 300mm 以内	长宽 300~600mm	长宽 600~900mm
长 X	±0.02	±0.03	±0.04
宽 Y	±0.02	±0.03	±0.04
深 D	0/−0.05	0/−0.05	0/−0.05
对框	±0.02	±0.03	±0.04

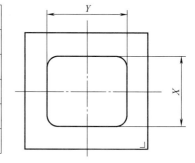

图 7-52　开框的精度

7.2.3.2　结构要素及其他加工

（1）撬模槽

撬模槽通常有两种做法，一种是在模具的四个角部铣 45°斜面，见图 7-53。这种做法比较简便，不会占用模板空间，缺点是容易打滑，因此撬模力比较小。适合导柱尾部无定位的模架，如龙记模架等，在亚洲应用最广，在北美也有一些厂家采用。加工时需要注意必须加工两个 45°面。模板之间如果存在定位销定位，则撬开力会很大，U 形撬模槽的作用就很明显。

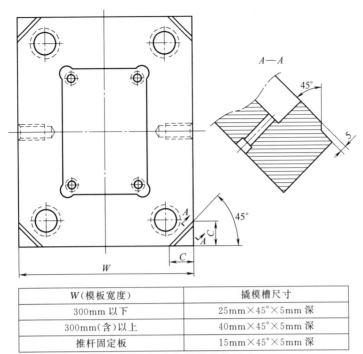

W（模板宽度）	撬模槽尺寸
300mm 以下	25mm×45°×5mm 深
300mm(含)以上	40mm×45°×5mm 深
推杆固定板	15mm×45°×5mm 深

图 7-53　角部撬模槽的尺寸

　　U 形撬模槽如图 7-54 所示，这种撬模槽在每块模板的边缘设置 4 处，在 CNC 机床上用带斜度的铣刀铣出。U 形撬模槽着力点佳，不易打滑，在欧洲和北美模具中广泛使用，特别适合导柱尾部有定位的欧洲模架，如 HASCO 模架、DMS 模架、乐嘉文标准模架等。在设计时，需要注意 U 形撬模槽不要与模具的其他部分干涉。同时，欧美客户会要求模具厂在每一块模板的分开处都要加工 U 形撬模槽，在推杆固定板和推板之间也要加工 U 形撬模槽。

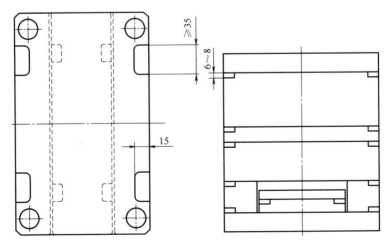

图 7-54　U 形撬模槽的尺寸

（2）排气槽

　　模架的排气槽通常开在导套的固定端底部，见图 7-55 所示。每个导套的末端都需要开

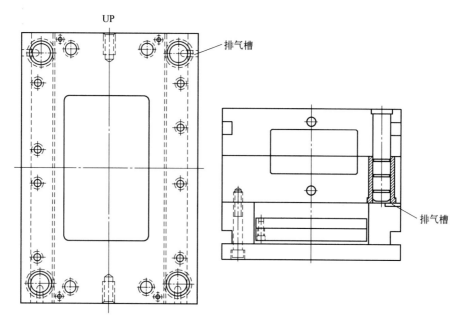

图 7-55 模架的排气槽

设一个排气槽，槽的尺寸为宽度 5mm，深度 0.8～1mm，通向模具的外面。需要注意天侧的两个排气槽水平开设，防止灰尘或异物进入，地侧的两个垂直开设。在中大型模具中，如果导套没有开设排气槽，则会出现合模不平稳，导柱容易擦烧，也会出现异响，因此导套的排气是十分必要的。模架分型面处四角排气如图 7-56 所示。

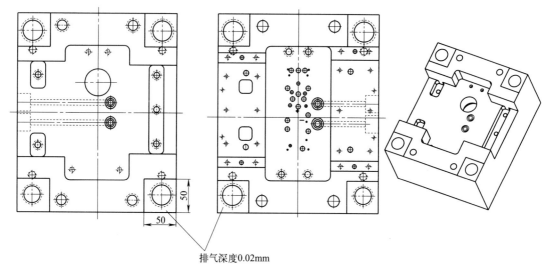

排气深度0.02mm

图 7-56 模架分型面处四角排气

（3）精止口

精止口用于模板之间精密定位，如图 7-57 所示。定模板 1 与型腔板 3 之间的精止口起到精密定位的作用，两模板之间用螺栓连接，无相对运动。型腔板 3 与动模板 11 之间的精止口除了起精密定位作用外，还在模具开合过程中不断地摩擦，因此增加了耐磨板 12，便于调整和维护。

精止口的加工需要注意型腔侧凸出，型芯侧凹进，方向不得做反。其配合角度一般以10°为宜，配合面积不小于75％。

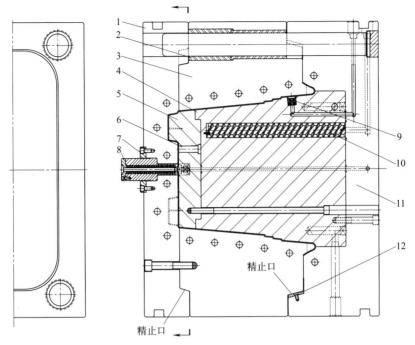

图 7-57 精止口的加工

1—定模板；2—导套；3—型腔板；4—型芯；5—铍铜；6—小镶件；7—定位圈；
8—浇口套；9—气阀；10—螺旋冷却件；10—动模板；12—耐磨板

（4）吊模孔

龙记标准模架吊模孔加工标准如表 7-7 所示，吊模孔螺纹规格如图 7-58 所示。

表 7-7 龙记标准模架吊模孔加工标准

型号范围	A、B 板		支撑板		动定模座板		推件板		垫块		推板和推杆固定板	
	公制	英制/in	公制	英制/in	公制	英制/in	公制	英制/in	公制	英制/in	公制	英制/in
1515～2035	M12	1/2										
2040～3035	M16	5/8										
3040～3050	M20	3/4										
3055～3060	M24	1										
3335～3540	M20	3/4	M20	3/4								
3545～4040	M24	1	M24	1								
4045～4050												
4055～4070	M30	1¼	M30	1¼			M16	5/8				
4545～5070												
5555～5570					M16	5/8						
5575～6080	M36	1½	M36	1½							M16	5/8
6565～6580												
6585～65100	M42		M42				M20	3/4	M16	5/8		
7070～7075	M36	1½	M36	1½								
7080～70100	M42		M42									
8080～8085							M24	1				
8090～80100	M48		M48									

注：当支撑板、推件板板厚与 A、B 板中任一件板厚相当时，吊模孔需与 A、B 板一致。

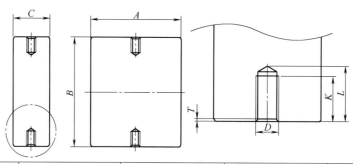

公制螺纹	英制螺纹	钻孔直径 D		K		L		口部倒角	公制螺距
		直径/mm	公差	螺纹深度/mm	公差	孔深度/mm	公差		
M5		4.2	+0.1 0	12	±0.2	16	±1	1×60°	1
M6		5.2		14		19			
M8		6.5		16		23		1.5×60°	
M10		8.5	+0.2 0	20	±0.3	25	±2		1.5
M12		10.5		24		33			1.75
	1/2″	10.8						2×60°	
M16		14		29		39			2
	5/8″	13.5							
M20		17.5	+0.2 0	33	±0.5	46	±3		2.5
	3/4″	16.5						2.5×60°	
M24		21		40		56			3
	1″	22.5							
M30		26.5		49		67			3.5
	1-1/4″	28.5						3×60°	
M36		32		60		85			4
	1-1/2″	34							
M40		36	+0.35 0		±0.8		±3.5		4.5
M42		37.5		70		95			4.5
M48		43						4×60°	5
M56		50.5		75		103			5.5
M64		57.5							6

图 7-58 吊模孔螺纹规格

（5）码模槽

码模槽通常是指直身模架安装于注塑机的固定槽，工字模架可以利用动定模固定板直接安装在注塑机上，一般不需要再设计加工码模槽，如图 7-59 所示。直身模架码模槽如图 7-60 所示。

点浇口工字模架的定模固定板较厚，如果像两板模工字模架那样直接码模，会使码模压板压不紧，应该按照图 7-61 所示，将定模固定板码模部位铣掉一些，有时也需要将动模固定板码模部位铣掉一些，具体尺寸参考图 7-60。

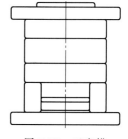

图 7-59 工字模

7.2.4　非标模架的设计

7.2.4.1　非标模架的应用场合

模具设计的原则是尽可能采用标准模架，以缩短制模周期，降低模具成本。因为非标准模架的价格要比标准模架高出 30％以上。但是在有些特殊情况下，标准模架无法满足使用，这时就必须订购非标模架。常见的情形如下。

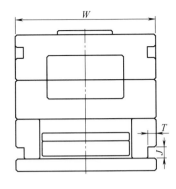

国标模架（龙记模架）的码模槽

模架规格	码模槽深度 T/mm	码模槽高度 J/mm
2020~2340	12	20
2525~2940	15	20
3030~3350	18	25
3535~3570	20	25
4040~4070	22	25
4545~4570	25	30
5050~5070	30	30

英制模架的码模槽

模架宽度 W	码模槽深度 T	码模槽高度 J
<13.375″	5/8″	7/8″~1″
14.875″~19.50″	3/4″	7/8″~1″
23.75″~29.50″	7/8″	7/8″~1″
>30″	1.0″	7/8″~1″

图 7-60 直身模的码模槽

① 大型塑料零件，比如汽车保险杠、仪表板和门板等部件，沙滩椅、大型周转箱、大型家电如洗衣机、大型医疗器械如 CT 机等大型塑件，塑件本身尺寸远远超出标准模架的尺寸范围，这时，定模一般采用整体结构，即不镶模仁，俗称原身留。所选用的钢材也是适合型腔制造的模具钢材，需要设计非标模架。

② 塑件尺寸和形状特殊，需要设计特殊的模具结构。常见的情形是塑件细长、需要脱螺纹、深腔壳体、薄壁塑件、倒装模具、双色模具、动定模双向顶出模具和热流道模具等。

③ 日用品模具，如塑料盆、水桶等模具，模具虽然较大，但不需要推杆和复位杆，塑件需要加厚推件板推出。这时模架就是非标模架。

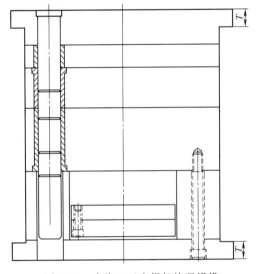

图 7-61 点浇口工字模架的码模槽

④ 模具结构复杂，导致必须设计非标模架。有些塑件需要强脱、二次顶出、复杂的侧向分型和抽芯机构，都有可能需要设计非标模架。如输液外盖模具，酱油瓶盖模具。

⑤ 某些长寿命模具，模架的 A、B 板，推板等采用高等级钢材，尺寸规格仍然是标准尺寸，但模架属于非标模架。

⑥ 某些高端模具，导向元件采用高端元件，例如采用精密滚珠导柱导套、DLC 精密涂层导柱等，模架也就属于非标模架。

7.2.4.2 非标模架设计注意事项

① 尽可能在标准模架的基础上设计，参照标准模架的尺寸参数。

② 导柱导套等导向件必须采用标准件。

③ 有二次顶出的模具，顶针板必须设置导柱导套，对精密模具设计滚珠导套或者石墨自润滑导套。

④ 模架的码模槽、排气槽和撬模槽等参照标准模架设计。

非标模架的技术要求参考表 7-8。

表 7-8 模具通用零部件精度与技术要求

零件名称	部位		要求	材质	标准值（mm/mm）	
					一般注塑模	精密注塑模
模板	单板厚度		上下平行度	S45C	0.02/300 以下	0.01/300 以下
	组装厚度		上下平行度		0.01/300 以下	0.005/300 以下
	导向孔（或导套安装孔）、导柱安装孔		直径精度		JIS H7	
			公、母模上的位置同轴度		±0.02 以下	±0.01 以下
			与模板平面垂直度		0.02% 以下	0.01% 以下
	顶针孔 回针孔		直径精度		JIS H7	
			与模板平面垂直度		配合长度≤300 0.03	配合长度≤200 0.01
导柱	固定部分		直径精度：磨削加工	SUJ2	JIS K6,K7,m6	
	滑动部分				JIS f7,e6	
	垂直度		无弯曲		0.02/100 以下	0.01/100 以下
	硬度		淬火、回火		55HRC 以上	50～60HRC
导套	外径		直径精度：磨削加工	SUJ2	JIS K6,K7,m6	
	内径				JIS H7	
	内、外径关系		同轴		0.01	0.005
	硬度		淬火、回火		55HRC 以上	50～60HRC
顶针 回针	滑动部分	$\phi2.5\sim\phi5$	直径精度：磨削加工	SKD61 SKH51	−0.01～−0.03	−0.005～−0.015
		$\phi6\sim\phi12$			−0.02～−0.05	−0.01～−0.025
	垂直度		无弯曲		0.1/100 以下	0.05/100 以下
	硬度		淬火、回火或氮化		55HRC 以上	50～60HRC
顶针、回针固定板	顶针安装孔		孔距尺寸与模板上的孔距相同，直径精度	S45C	孔公差±0.30	孔公差±0.15
	回针安装孔				孔公差±0.10	孔公差±0.05
侧向抽芯机构	滑动配合部分		滑畅，不会卡死	SKD61 SKS-3	JIS H7,e6	
	硬度		导滑部分双方或一方淬火		50～60HRC	55HRC 以上

7.2.5 模架的刚度

模板厚度设计要能承受注塑的压力，对于无托板的模架，B 板沉框底部厚度应与相同规格标准模胚的托板同厚，如果 B 板有滑块，B 板应加厚 10～20mm。

对于细水口或简化型细水口模架，A 板厚度如果超过标准系列最大值，必须把面板加厚一个或多个型号，同时把水口拉杆加粗一个或多个型号。图 7-62 所示为大型三板模天侧导向系统，通过设计在注塑机哥林柱上的尼龙垫块，增加模具刚度。当 A 板质量达到表中数值时，设计天侧导向系统。

大型三板模地侧导向系统见图 7-63 所示。导向支架利用螺钉固定在面板上，A 板边缘设计滚轮，滚轮在导向支架上滚动，以支撑 A 板。

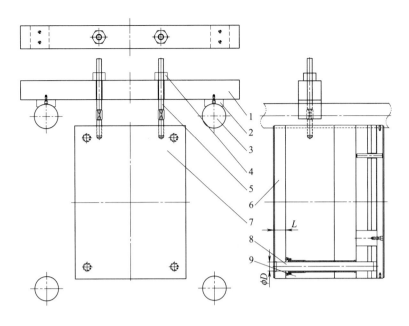

mm

导柱直径	A 板质量	面板厚度 L	导柱直径	A 板质量	面板厚度 L
$\phi 16$	～30kg	25	$\phi 50$	450～600kg	70
$\phi 20$	30～70kg	30	$\phi 55$	600～800kg	75
$\phi 25$	70～100kg	35	$\phi 60$	800～1000kg	80
$\phi 30$	100～130kg	45	$\phi 65$	1000～1200kg	85
$\phi 35$	130～230kg	50	$\phi 70$	1200～1400kg	90
$\phi 40$	230～350kg	60	$\phi 75$	1400～1700kg	95
$\phi 45$	350～450kg	65	$\phi 80$	1700～2000kg	100

图 7-62　大型三板模天侧导向系统

1—导向架；2—尼龙垫块；3—注塑机哥林柱；4—螺母；5—双头螺柱；6—面板；7—模具；8—长导柱；9—A 板

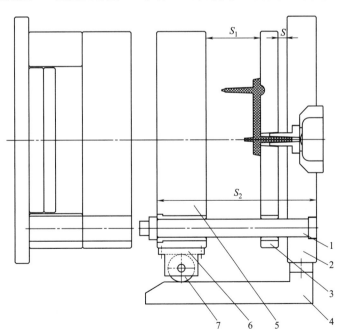

图 7-63　大型三板模地侧导向系统

1—长导柱；2—面板；3—流道推板；4—导向支架；5—A 板；6—滚轮座；7—滚轮

7.3 行程开关

7.3.1 机械式行程开关

在全自动注塑中，顶针板在注塑机合模前，必须首先复位。另外油缸等动作执行元件也必须利用行程开关控制。成型过程中，模具打开后，由行程开关控制是否合模。即当顶针板后退不到位时，注塑机会提示报警无法合模，反之则顺利合模。行程开关多用在模具需要有合模先后次序或需要强制复位时，油缸推出或其他特殊机构中。行程开关有机械式和光电式两种，图7-64所示为机械式行程开关，可以根据需要安装在方铁侧面或动模底板上。图7-64左图为欧姆龙行程开关，右图为MISUMI品牌行程开关，型号为V-15-1A5-T。行程开关有很多种，安装时需要参照模具配件供应商的设计说明书。

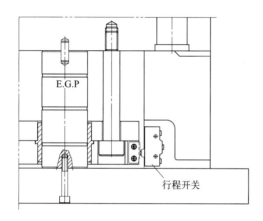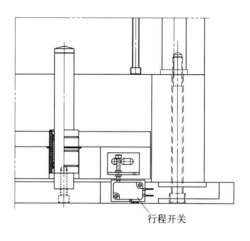

图 7-64　机械式行程开关

7.3.2 光电行程开关

在现代注塑中，越来越多采用光电行程开关，光电行程开关为非接触式行程开关，克服了机械行程开关的磨损等问题。光电行程开关的控制功能更加精准。

7.3.2.1 HASCO 光电行程开关 Z1401

HASCO光电行程开关Z1401不需要安装在模具上，不与模具接触，见图7-65，在模具上仅安装Z140/…，Z140/…与顶针底板不能接触，保持1mm间隙，其尺寸参数如图7-66所示。

7.3.2.2 HASCO 光电行程开关 Z1471

HASCO光电行程开关Z1471见图7-67，其为非接触式行程开关，扫描推板和推杆固定板接触部位的交线，因此，推板和推杆固定板结合处，正对行程开关的部位不得倒角。这种行程开关的应用见图7-68，图中支架为自制件，利用普通钢材制作。

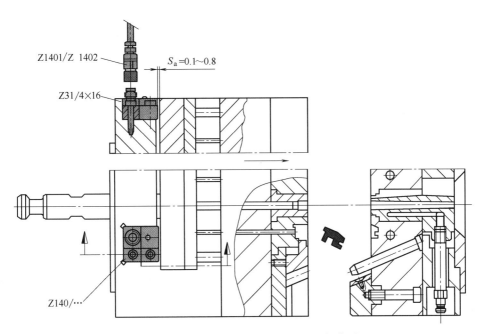

图 7-65　HASCO 光电行程开关 Z1401 组装图

Z1401/Z 1402

$S_a=0.1\sim0.8$

Z31/4×16

Z140/…

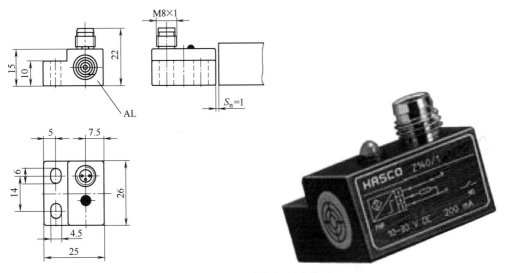

M8×1

$S_n=1$

AL

图 7-66　HASCO 光电行程开关 Z140

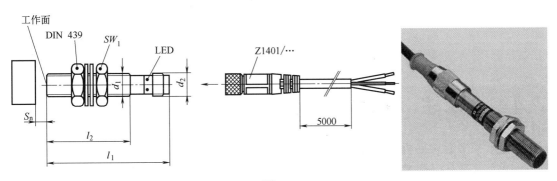

工作面

DIN 439

SW_1

LED

d_1

d_2

S_n

l_2

l_1

Z1401/…

5000

图 7-67

最高温度/℃	DIN 439	SW_1	d_2	l_2	l_1	S_n	d_1	型号
	M5×0.5	7	M8×1	20	41	1.5	M 5×0.5	Z1471/1.5/5
70	M8×1	13	M8×1	30.5	45	2	M8×1	2/8
	M12×1	17	M12×1	50	65		M12×1	2/12
	M18×1	24	M12×1	50.5	83	5	M18×1	5/18

图 7-67 HASCO 光电行程开关 Z1471

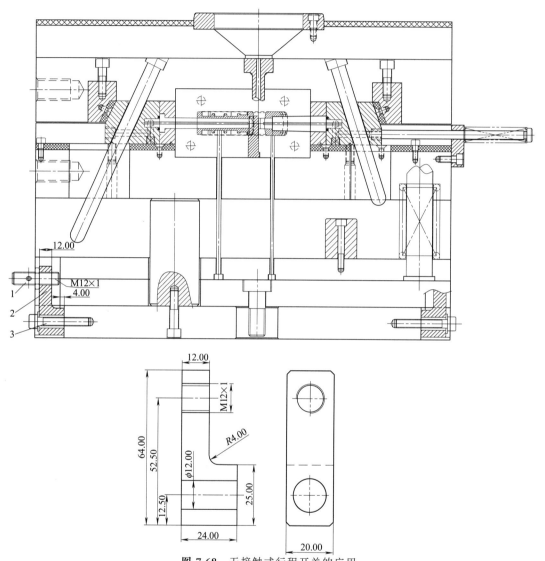

图 7-68 无接触式行程开关的应用

1—HASCO 光电行程开关 Z1471；2—支架（自制件）；3—螺钉

7.4 支撑柱（撑头）

由于动模 B 板与底板之间有悬空，所以，为了防止模具受力过大发生变形，在模具方铁之间设计支撑柱（撑头）以增加模具强度。热流道系统模具中，A 板背后避空部分亦应多布置支撑柱支撑分流板及定模板，因为此处注射压力极高，变形可能性极大。支撑柱位置设计应避开顶针及斜顶等，以免干涉。

支撑柱的四种形式如图 7-69 所示。第一种和第二种为最常见形式，直接用 S50C 或 P20 钢材加工两端平面，外径保留黑色氧化皮，不易生锈。第三和第四种支撑柱兼作推板导柱。支撑柱设计注意事项如下。

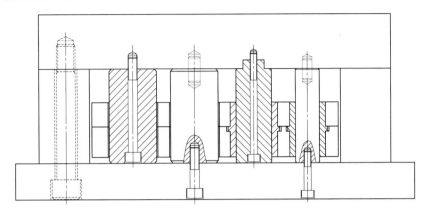

图 7-69 支撑柱的四种形式

① 两端要磨平，与推杆应单边有 1.5～2mm 的空位。

② 直径 D 应选择 5 的倍数，最小 $\phi20$，M 为相应的固定螺钉大小，最小为 M6。

③ 支撑柱的直径尽可能大，数量尽可能多，支撑柱与支撑柱之间的距离不可大于 80mm。

④ 支撑柱设计在浇口附近或碰穿区域附近，尽可能靠近模具中心。

⑤ 在模具比较小的情况下，布置大的支撑柱要注意不得减弱推板的强度，防止推板由于支撑柱的避空孔太大太多而削弱强度。

⑥ 在位置有限时，也可以设计矩形支撑柱。

⑦ 支撑柱高度 H_1 要大于方铁高度，尺寸关系如下：

当模具尺寸小于 300mm 时：$H_1＝H＋0.05$；

当模具尺寸在 400mm 以下时：$H_1＝H＋0.1$；

当模具尺寸在 400mm 和 700mm 之间时：$H_1＝H＋0.15$；

当模具尺寸大于 700mm 时：$H_1＝H＋0.2$。

7.5 垃圾钉

7.5.1 垃圾钉

垃圾钉通常设置在推板底部或动模座板上，以支撑推板，利用点支撑远比利用面支撑易保证平面度。推板与底板有间隙，使推板平衡或不产生吸附动模座板的情况。垃圾钉设置数量应根据模具大小、顶出机构数量等进行设置，通常大型模具为了防止推板变形，还需在中间增加垃圾钉以增加模板的支撑点。保证不会因有垃圾而导致推板不能完全复位。

垃圾钉结构有两种，如图 7-70（a）所示为螺钉固定的结构，便于拆卸；图 7-70（b）所示为利用过盈配合压入的垃圾钉。

利用过盈配合强行打入的紧固方式安装后不易取出，通常在小型模具上采用。螺钉紧固方式，安装后可根据需要取出，常用在大型模具或要求较高的模具上。出口模具多采用螺钉安装的垃圾钉。

垃圾钉需要承受注射压力对推杆、推管、斜顶的冲击，为防止推板变形，需要设计足够多的垃圾钉。垃圾钉数量的设定见表 7-9。

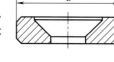
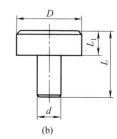

表 7-9　垃圾钉数量

模架长度	垃圾钉数量
270mm 或以下	4～6 个
300～400mm	8～10 个
450mm 或以上	10 个以上

图 7-70　垃圾钉

垃圾钉设置注意事项：

① 垃圾钉位置需要注意同其他配件的干涉，例如支撑柱、推管、顶棍孔等；

② 所有垃圾钉间距视模具大小和位置在 80～120mm 之间，布局尽可能均匀；

③ 垃圾钉位置应尽量考虑推板的受力及变形区域，在回针、受力较大的斜顶、直顶下应布有垃圾钉，防止推板受力后变形。

7.5.2　垃圾槽

对于顶针板在注塑时受力较大的场合，为了增大顶针板与底板的接触面积，可用底板上开槽的方式取代垃圾钉。垃圾槽在欧洲模具中广泛应用，具体尺寸如图 7-71 所示。

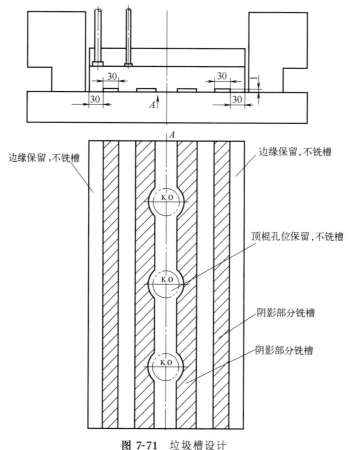

图 7-71　垃圾槽设计

7.5.3　无垃圾钉

随着 7S（现场管理法）在工厂的普及，在大型模具中，有不用垃圾钉的趋势，也不设计垃圾槽，如图 7-72 所示。

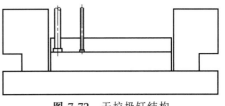

图 7-72　无垃圾钉结构

7.6　弹性元件选用标准

7.6.1　推板复位弹簧

模具中弹簧的作用：

① 自动复位：套装在复位杆上；

② 定位：用于滑块内，辅助滑块动作及定位；

③ 辅助开模：用于模具定距分型或作为控制组件的辅助动力。

模具中常用压缩弹簧，且截面为扁长方形。弹簧的寿命与压缩比相关，为方便使用，弹簧供应商常将不同弹性系数的弹簧以颜色管理，需要注意不同的弹簧厂家的弹簧颜色系列不同。塑胶模具常用弹簧为轻小负荷到中负荷，需要行程较大，以日本东发弹簧最为著名。重荷重和极重荷重多用于冲压模具，行程较小。矩形弹簧的寿命与压缩比见表 7-10。

表 7-10　矩形弹簧的寿命与压缩比

种类	轻小荷重	轻荷重	中荷重	重荷重	极重荷重
100 万次	40.0%	32.0%	25.6%	19.2%	16.0%
50 万次	45.0%	36.0%	28.8%	21.6%	18.0%
30 万次	50.0%	40.0%	38.0%	24.0%	20.0%
最大压缩量	58.0%	48.0%	38.0%	28.0%	24.0%
色别	黄色（TF）	浅蓝（TL）	红色（TM）	绿色（TH）	咖啡色（TB）

推板复位弹簧通常选用矩形截面模具弹簧，且为轻负荷弹簧，也可根据要求选用中负荷弹簧。需要注意欧洲模具不采用弹簧复位，常用拉杆强制复位。日本东发有专为塑胶模具设计制造的弹簧，其规格见表 7-11。

当推杆退回原位时，弹簧依然对推板保持弹力，因而需要对复位弹簧设计预压量。中小型模具预压量为 10～15mm，大型模具预压量为 20mm，当推杆及斜顶数量少时弹簧预压量取小值，反之取大值。

根据模具的顶出距离来确定弹簧的长度。弹簧的压缩量必须在其有效变形范围内，压缩比以 30%～40% 为宜，压缩比越小，弹簧寿命越长，其计算经验公式如下：

$$L_{自由} = (E + P)/S$$

式中　E——推板行程；

　　　P——预压量；

　　　S——压缩比。

中小型模具的复位弹簧直径，均由其采用的标准模架上的复位杆直径决定，数量也为 4 个。大型模具，复位阻力较大，尤其存在多个大角度斜顶时，需要多加 2～4 个复位弹簧。不在复位杆上的弹簧，中间需加导向杆。弹簧的安装形式如图 7-73 所示。弹簧外径为 d，

弹簧内径为 D，复位杆和弹簧导杆直径均为 d_2，弹簧导杆直径参考复位杆直径。弹簧沉孔比弹簧外径大 $2\sim5$mm。推板行程 $E<L_1$，$L_2=L_{自由}-P$。

计算出来的弹簧长度，均需要加长选用标准长度，见表 7-11。

弹簧安装注意事项如下：

① 设计模具时，不能使弹簧压缩量达到最大压缩量。

② 弹簧安装面应平整，弹簧轴线应相对安装面垂直，以避免发生偏载，因此，弹簧不可截短使用。

③ 所有弹簧内部均要有导向杆。

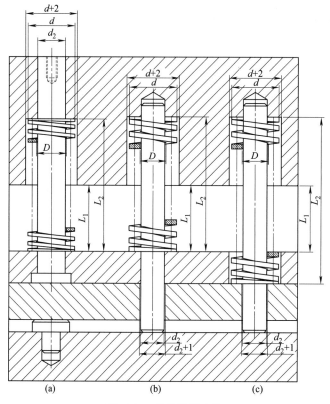

图 7-73 复位弹簧安装

表 7-11 东发塑胶模具弹簧规格

型号	外径 /mm	内径 /mm	自由长 /mm	弹性系数		自由长×40.0% 100 万次		自由长×45.0% 50 万次		自由长×50.0% 30 万次	
				N/mm	kgf/mm	压缩量 /mm	负荷 /N(kgf)	压缩量 /mm	负荷 /N(kgf)	压缩量 /mm	负荷 /N(kgf)
TR 14.5×20			20	10.90	{1.11}	8.0		9.0		10.0	
25			25	8.72	{0.89}	10.0		11.3		12.5	
30			30	7.27	{0.74}	12.0		13.5		15.0	
35			35	6.23	{0.64}	14.0		15.8		17.5	
40	14.5	9.0	40	5.45	{0.56}	16.0	88.3 {9.0}	18.0	98.1 {10.0}	20.0	107.9 {11.0}
45			45	4.84	{0.49}	18.0		20.3		22.5	
50			50	4.36	{0.44}	20.0		22.5		25.0	
55			55	3.96	{0.40}	22.0		24.8		27.5	
60			60	3.63	{0.37}	24.0		27.0		30.0	

型号	外径/mm	内径/mm	自由长/mm	弹性系数 N/mm	弹性系数 kgf/mm	自由长×40.0% 100万次 压缩量/mm	自由长×40.0% 100万次 负荷/N(kgf)	自由长×45.0% 50万次 压缩量/mm	自由长×45.0% 50万次 负荷/N(kgf)	自由长×50.0% 30万次 压缩量/mm	自由长×50.0% 30万次 负荷/N(kgf)
65			65	3.35	{0.34}	26.0		29.3		32.5	
70			70	3.11	{0.32}	28.0		31.5		35.0	
75			75	2.91	{0.30}	30.0		33.8		37.5	
80	14.5	9.0	80	2.73	{0.28}	32.0	88.3 {9.0}	36.0	98.1 {10.0}	40.0	107.9 {11.0}
90			90	2.42	{0.25}	36.0		40.5		45.0	
100			100	2.18	{0.22}	40.0		45.0		50.0	
125			125	1.74	{0.18}	50.0		56.3		62.5	
TR 17×25			25	14.82	{1.51}	10.0		11.3		12.5	
30			30	12.35	{1.26}	12.0		13.5		15.0	
35			35	10.58	{1.08}	14.0		15.8		17.5	
40			40	9.26	{0.94}	16.0		18.0		20.0	
45			45	8.23	{0.84}	18.0		20.3		22.5	
50			50	7.41	{0.76}	20.0		22.5		25.0	
55			55	6.74	{0.69}	22.0		24.8		27.5	
60	17.0	11.0	60	6.17	{0.63}	24.0	147.1 {15.0}	27.0	166.7 {17.0}	30.0	186.3 {19.0}
65			65	5.70	{0.58}	26.0		29.3		32.5	
70			70	5.29	{0.54}	28.0		31.5		35.0	
75			75	4.94	{0.50}	30.0		33.8		37.5	
80			80	4.63	{0.47}	32.0		36.0		40.0	
90			90	4.12	{0.42}	36.0		40.5		45.0	
100			100	3.70	{0.38}	40.0		45.0		50.0	
125			125	2.96	{0.30}	50.0		56.3		62.5	
150			150	2.47	{0.25}	60.0		67.5		75.0	
TR 21×30			30	13.80	{1.41}	12.0		13.5		15.0	
35			35	11.83	{1.21}	14.0		15.8		17.5	
40			40	10.35	{1.06}	16.0		18.0		20.0	
45			45	9.20	{0.94}	18.0		20.3		22.5	
50			50	8.28	{0.84}	20.0		22.5		25.0	
55			55	7.53	{0.77}	22.0		24.8		27.5	
60	21.0	13.0	60	6.90	{0.70}	24.0	166.7 {17.0}	27.0	186.3 {19.0}	30.0	205.9 {21.0}
65			65	6.37	{0.65}	26.0		29.3		32.5	
70			70	5.91	{0.60}	28.0		31.5		35.0	
75			75	5.52	{0.56}	30.0		33.8		37.5	
80			80	5.18	{0.53}	32.0		36.0		40.0	
90			90	4.60	{0.47}	36.0		40.5		45.0	
100			100	4.14	{0.42}	40.0		45.0		50.0	
125			125	3.31	{0.34}	50.0		56.3		62.5	
150			150	2.76	{0.28}	60.0		67.5		75.0	
TR 26×30			30	26.87	{2.74}	12.0		13.5		15.0	
35			35	23.03	{2.35}	14.0		15.8		17.5	
40			40	20.16	{2.06}	16.0		18.0		20.0	
45			45	17.92	{1.83}	18.0		20.3		22.5	
50	26.0	16.5	50	16.12	{1.64}	20.0	323.6 {33.0}	22.5	362.8 {37.0}	25.0	402.1 {41.0}
55			55	14.66	{1.49}	22.0		24.8		27.5	
60			60	13.44	{1.37}	24.0		27.0		30.0	
65			65	12.40	{1.26}	26.0		29.3		32.5	
70			70	11.52	{1.17}	28.0		31.5		35.0	

型号	外径/mm	内径/mm	自由长/mm	弹性系数		自由长×40.0% 100万次		自由长×45.0% 50万次		自由长×50.0% 30万次	
				N/mm	kgf/mm	压缩量/mm	负荷/N(kgf)	压缩量/mm	负荷/N(kgf)	压缩量/mm	负荷/N(kgf)
75			75	10.75	{1.10}	30.0		33.8		37.5	
80			80	10.08	{1.03}	32.0		36.0		40.0	
90			90	8.96	{0.91}	36.0		40.5		45.0	
100			100	8.06	{0.82}	40.0		45.0		50.0	
110	26.0	16.5	110	7.33	{0.75}	44.0	323.6 {33.0}	49.5	362.8 {37.0}	55.0	402.1 {41.0}
125			125	6.45	{0.66}	50.0		56.3		62.5	
150			150	5.37	{0.55}	60.0		67.5		75.0	
175			175	4.61	{0.47}	70.0		78.8		87.5	
200			200	4.03	{0.41}	80.0		90.0		100.0	
TR 32×40			40	25.06	{2.56}	16.0		18.0		20.0	
45			45	22.28	{2.27}	18.0		20.3		22.5	
50			50	20.05	{2.04}	20.0		22.5		25.0	
60			60	16.71	{1.70}	24.0		27.0		30.0	
70			70	14.32	{1.46}	28.0		31.5		35.0	
80			80	12.53	{1.28}	32.0		36.0		40.0	
90			90	11.14	{1.14}	36.0		40.5		45.0	
100	32.0	21.0	100	10.02	{1.02}	40.0	402.1 {41.0}	45.0	451.1 {46.0}	50.0	500.1 {51.0}
110			110	9.11	{0.93}	44.0		49.5		55.0	
125			125	8.02	{0.82}	50.0		56.3		62.5	
150			150	6.68	{0.68}	60.0		67.5		75.0	
175			175	5.73	{0.58}	70.0		78.8		87.5	
200			200	5.01	{0.51}	80.0		90.0		100.0	
250			250	4.01	{0.41}	100.0		112.5		125.0	
300			300	3.34	{0.34}	120.0		135.0		150.0	
TR 39×40			40	27.24	{2.78}	16.0		18.0		20.0	
45			45	24.21	{2.47}	18.0		20.3		22.5	
50			50	21.79	{2.22}	20.0		22.5		25.0	
60			60	18.16	{1.85}	24.0		27.0		30.0	
70			70	15.57	{1.59}	28.0		31.5		35.0	
80			80	13.62	{1.39}	32.0		36.0		40.0	
90			90	12.11	{1.23}	36.0		40.5		45.0	
100	39.0	26.0	100	10.90	{1.11}	40.0	431.5 {44.0}	45.0	490.3 {50.0}	50.0	539.4 {55.0}
110			110	9.91	{1.01}	44.0		49.5		55.0	
125			125	8.72	{0.89}	50.0		56.3		62.5	
150			150	7.26	{0.74}	60.0		67.5		75.0	
175			175	6.23	{0.63}	70.0		78.8		87.5	
200			200	5.45	{0.56}	80.0		90.0		100.0	
250			250	4.36	{0.44}	100.0		112.5		125.0	
300			300	3.63	{0.37}	120.0		135.0		150.0	
TR 46×50			50	24.41	{2.49}	20.0		22.5		25.0	
60			60	20.34	{2.07}	24.0		27.0		30.0	
70			70	17.43	{1.78}	28.0		31.5		35.0	
80			80	15.26	{1.56}	32.0		36.0		40.0	
90	46.0	32.0	90	13.56	{1.38}	36.0	490.3 {50.0}	40.5	549.2 {56.0}	45.0	608.0 {62.0}
100			100	12.20	{1.24}	40.0		45.0		50.0	
110			110	11.09	{1.13}	44.0		49.5		55.0	
125			125	9.76	{1.00}	50.0		56.3		62.5	

型号	外径/mm	内径/mm	自由长/mm	弹性系数		自由长×40.0% 100万次		自由长×45.0% 50万次		自由长×50.0% 30万次	
				N/mm	kgf/mm	压缩量/mm	负荷/N(kgf)	压缩量/mm	负荷/N(kgf)	压缩量/mm	负荷/N(kgf)
150	46.0	32.0	150	8.14	{0.83}	60.0	490.3 {50.0}	67.5	549.2 {56.0}	75.0	608.0 {62.0}
175			175	6.97	{0.71}	70.0		78.8		87.5	
200			200	6.10	{0.62}	80.0		90.0		100.0	
250			250	4.88	{0.50}	100.0		112.5		125.0	
300			300	4.07	{0.41}	120.0		135.0		150.0	

7.6.2　氮气弹簧

7.6.2.1　基本特性

模具专用氮气弹簧是一种以高压氮气为工作介质的新型弹簧组件。它具有体积小、弹力大、行程长和工作平稳的特点。氮气弹簧使用寿命长，弹力曲线平缓，使用时不需要预紧。它能完成金属弹簧、橡胶和气垫等常规弹性元件难以完成的工作。使用氮气弹簧能够简化模具设计制造，方便模具安装和调整，延长模具的使用寿命，确保产品质量稳定。氮气弹簧可以构成弹性系统，实现压力恒定和延时动作，是一种具有柔性性能的新一代最理想的弹性元件。

氮气弹簧参数如图 7-74 所示，弹力曲线如图 7-75 所示。其参数如下。

① 公称弹压力 F：该系列氮气弹簧在 20℃ 时，充气压强为 15MPa 后初始时的弹压力，同系列氮气弹簧的公称弹压力相同；

② 行程 S：该型号氮气弹簧的工作行程，为了安全使用，必须保留 10%S（>5mm）作为空行程；

③ 总长 L：是指该型号氮气弹簧的制造长度，即在自然状态时的最大长度，必须满足总长 $L \geqslant$ 基长 $+2S$；

④ 工作寿命：在正常使用时，氮气弹簧的工作寿命（行程≤50mm）为 100 万次以上，如果行程大于 50mm 时，将以氮气弹簧实际累计行程约 100000m 计算其寿命，即工作寿命＝100000m÷（实际行程×2）。

图 7-74　氮气弹簧参数

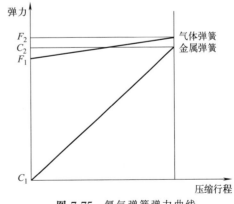

图 7-75　氮气弹簧弹力曲线

与普通金属弹簧相比，氮气弹簧具有以下性能特点：

① 所需平面安装位置较小；

② 氮气弹簧所需安装高度空间较小；

③ 氮气弹簧弹压力均匀；

④ 具有初始弹压力且压力恒定。

7.6.2.2 安装方法

氮气弹簧安装方法如图 7-76 所示。图（a）为沉孔安装，图（b）为底部螺孔安装，图（c）为底槽压板安装，图（d）为上槽卡环安装，图（e）为径向抱紧安装。

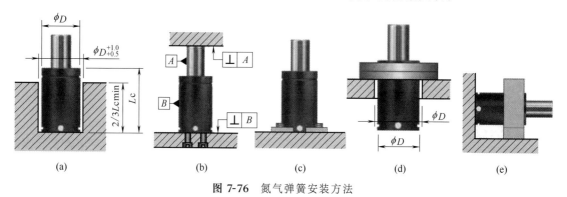

图 7-76 氮气弹簧安装方法

使用注意事项如下：

① 氮气弹簧作为独立的模具部件，不得进行任何二次加工，比如对缸体、密封圈和其他任何部位做机械加工，不得为减小行程而将活塞杆截短，在寿命期内，亦无须做任何维修拆卸等工作；

② 必须严格按推荐工作行程使用，工作行程≤0.9S，严禁超行程压缩；

③ 活塞杆上端顶压的工件的接触面与活塞杆轴线的不垂直度应小于 1°，即应保持垂直，严禁偏载；

④ 氮气弹簧底部固定在水平的固定板上，不可侧向受力，压缩作用力必须与缸体底部垂直；

⑤ 氮气弹簧在被压缩后，不要使活塞杆自由空回程，以免引起氮气弹簧内部损坏；

⑥ 拆解和维护必须请专业人士进行。

7.6.2.3 型号选择

氮气弹簧的品牌很多，其中最著名的是美国 KALLER、HYSON、DADCO 和德国 STABILUS，国内优秀品牌有大通精密公司开模师，其氮气弹簧型号见表 7-12。

大通精密氮气弹簧公称弹压力从 450N 到 100000N，外径 D 从 ϕ12mm 到 ϕ195mm，类型有国际标准型、短巧型和超紧凑型三种，能够满足冲压模具和注塑模具的需求。图 7-77～图 7-80 为常用氮气弹簧技术参数。

7.6.2.4 典型应用

在注塑模具中，氮气弹簧主要应用于顶出系统和侧向抽芯系统，也可用于各种斜顶机构或斜楔机构中。它的功能是使模具零件平稳复位。它可以随着模具开启，施加比较大的力量，平稳地推出顶出系统或楔块，将塑件顺利脱模。它可以保证定模和动模的接触比较平稳，从而使抽芯机构或斜顶机构运动平稳。同时，它占有的模具空间小，使模具结构更为紧凑。

氮气弹簧安放在模具中时，一般都需要安装法兰盘，将氮气弹簧紧固到位，确保氮气弹簧动作平稳可靠。其典型应用有三种。

表 7-12　大通精密氮气弹簧型号 mm

类型	直径 D	总长 L		行程 S		公称弹压力	代号
		min	max	min	max		
国际标准型	ϕ12	62	292	10	125	450N(45kg)	MQB450
国际标准型	ϕ19	62	292	10	125	750N(75kg)	MQB750
国际标准型	ϕ32	70	300	10	125	1700N(0.17t)	MQB1700
短巧型	ϕ25	62	292	10	125		MQJ1700
超紧凑型	ϕ19	44	285	7	125		MQC1700
国际标准型	ϕ38	70	300	10	125	2500N(0.25t)	MQB2500
短巧型	ϕ38	60	290	10	125		MQJ2500
超紧凑型	ϕ32	50	280	10	125		MQC2500
超紧凑型	ϕ25	44	285	7	125	3200N(0.32t)	MQC3200
超紧凑型	ϕ32	50	280	10	125	3500N(0.35t)	MQC3500
国际标准型	ϕ45	111	405	13	160	5000N(0.5t)	MQB5000
短巧型	ϕ45	70	300	10	125		MQJ5000
超紧凑型	ϕ38	50	280	10	125		MQC5000
国际标准型	ϕ50	121	495	13	200	7500N(0.75t)	MQB7500
短巧型	ϕ50	70	300	10	125		MQJ7500
超紧凑型	ϕ45	52	282	10	125		MQC7500
国际标准型	ϕ63	126	500	13	200	10000N(1t)	MQB10000
短巧型	ϕ63	75	305	10	125		MQJ10000
超紧凑型	ϕ50	58	288	10	125		MQC10000
国际标准型	ϕ75	140	710	15	300	15000N(1.5t)	MQB15000
短巧型	ϕ75	80	310	10	125		MQJ15000
超紧凑型	ϕ63	64	294	10	125		MQC15000
国际标准型	ϕ88	150	710	20	300	24000N(2.4t)	MQB24000
短巧型	ϕ88	85	315	10	125		MQJ24000
超紧凑型	ϕ75	65	295	10	125		MQC24000
国际标准型	ϕ95	160	720	20	300	30000N(3t)	MQB30000
短巧型	ϕ95	90	320	10	125		MQJ30000
超紧凑型	ϕ88	75	305	10	125		MQC30000
国际标准型	ϕ113	160	720	20	300	42000N(4.2t)	MQB42000
短巧型	ϕ113	95	325	10	125		MQJ42000
超紧凑型	ϕ95	78	308	10	125		MQC42000
国际标准型	ϕ120	180	740	20	300	50000N(5t)	MQB50000
短巧型	ϕ120	100	330	10	125		MQJ50000
超紧凑型	ϕ113	85	315	10	125		MQC50000
国际标准型	ϕ140	180	740	20	300	66000N(6.6t)	MQB66000
短巧型	ϕ140	105	335	10	125		MQJ66000
超紧凑型	ϕ120	88	318	10	125		MQC66000
国际标准型	ϕ150	195	755	20	300	75000N(7.5t)	MQB75000
短巧型	ϕ150	115	345	10	125		MQJ75000
超紧凑型	ϕ140	95	325	10	125		MQC75000
国际标准型	ϕ195	200	760	20	300	100000N(10t)	MQB100000
超紧凑型	ϕ150	128	328	25	125		MQC100000

公称弹压力

S

L

ϕD

推荐工作行程≤0.9S

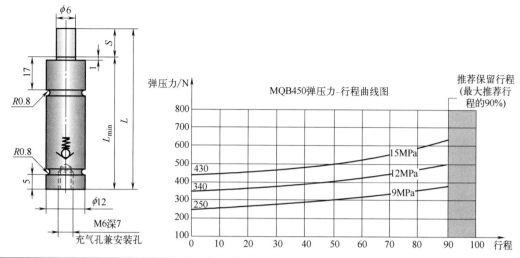

公称弹压力	450N	最大工作速度	≤0.8m/s	单位温度压力变化率	±0.3%/℃
最大充气压强	18MPa	工作介质	氮气 N₂	推荐工作频率	6～60 次/min
最小充气压强	2.5MPa	工作温度范围	20～80℃		

图 7-77　MQB450 氮气弹簧技术参数

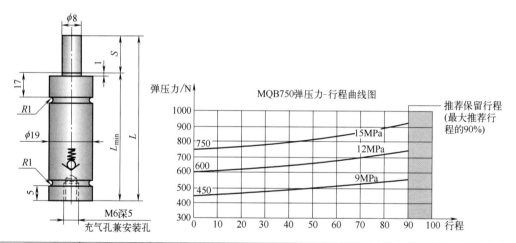

公称弹压力	750N	最大工作速度	≤0.8m/s	单位温度压力变化率	±0.3%/℃
最大充气压强	18MPa	工作介质	氮气 N₂	推荐工作频率	6～60 次/min
最小充气压强	2.5MPa	工作温度范围	20～80℃		

图 7-78　MQB750 氮气弹簧技术参数

（1）应用于顶针板上

在大型模具中，常常选用氮气弹簧来保证推板的回位安全可靠。

（2）用于弹块或者定模斜顶上

对于模具中一些成型在定模侧的深骨位，通常需要布置定模弹块，保证产品不粘定模。对于模具中一些成型在定模侧的倒扣，一般需要布置斜顶，保证产品脱模。而最简单可行的方案就是使用氮气弹簧，可以充分发挥氮气弹簧压力大、占用空间小的优点。

（3）用于滑块上

大型模具天侧的滑块重量较大时，通常情况下，需要增加弹簧或者滑块扣来保证滑块在开模状态下不往下掉。弹簧或者滑块扣的力需要大于滑块自身重量的数倍，我们常用的 DME

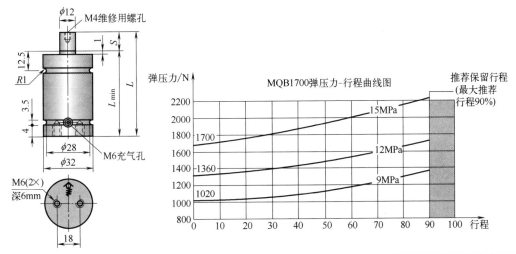

公称弹压力	1700N	最大工作速度	≤0.8m/s	单位温度压力变化率	±0.3%/℃
最大充气压强	18MPa	工作介质	氮气 N₂	推荐工作频率	6~60 次/min
最小充气压强	2.5MPa	工作温度范围	20~80℃		

图 7-79 MQB 1700 氮气弹簧技术参数

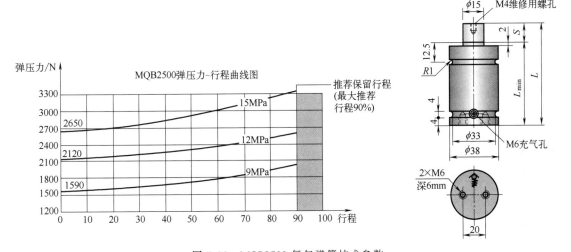

图 7-80 MQB2500 氮气弹簧技术参数

滑块扣的最大承受质量为 44kg，按此计算大型滑块需要安装 10 多个滑块扣。普通矩形弹簧在相同安装空间内也不能承受这么大重量。此时，选择氮气弹簧可以使问题迎刃而解。

7.6.3 碟形弹簧

HASCO 碟形弹簧代号 Z62/…，材料为 1.8159，对应于国际钢号 51CrV4，DIN 2093，常用于三板模流道推板与 A 板的优先分离，模具内自动切流道系统凝料以及放置于复位杆底部作为先复位元件使用。HASCO 碟形弹簧组合方式如图 7-81 所示。

碟形弹簧安装时，需要注意以底端大径朝向负荷力量的方向。偶数碟形弹簧堆叠的末端定位方式如图 7-82（a）所示，奇数碟形弹簧堆叠的末端定位方式如图 7-82（b）所示。

多组碟形弹簧组装时，必须注意内径必须设计导向杆，导向杆要求硬度 55HRC 以上。并且在安装时使导向杆与碟形弹簧保留适当间隙，同时做好润滑以减小磨损。

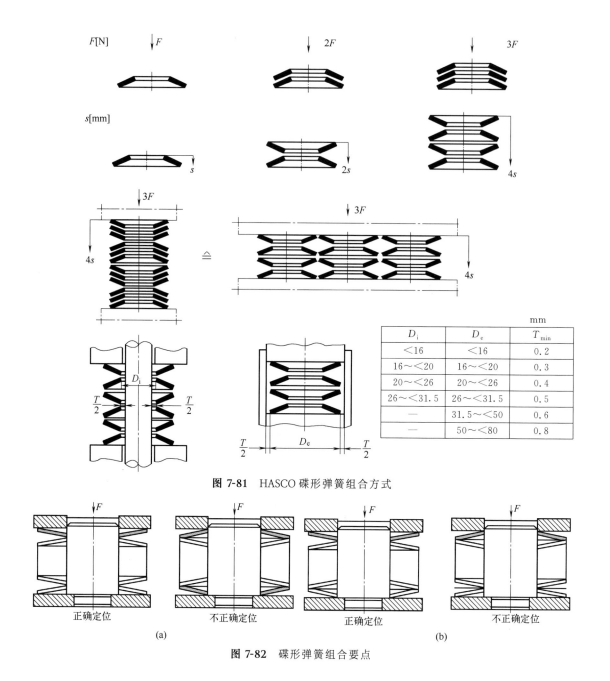

| | | mm |
D_i	D_e	T_{min}
<16	<16	0.2
16~<20	16~<20	0.3
20~<26	20~<26	0.4
26~<31.5	26~<31.5	0.5
—	31.5~<50	0.6
—	50~<80	0.8

图 7-81 HASCO 碟形弹簧组合方式

正确定位　　　不正确定位　　　正确定位　　　不正确定位

(a)　　　　　　　　　　　　　　(b)

图 7-82 碟形弹簧组合要点

7.6.4 聚氨酯橡胶

弹力胶在注塑模具中常用于以下两种场合。

① 在复位杆下面,使复位杆具备先复位的功能。模具打开后,弹力胶将复位杆推出2～4mm,合模时,定模先触碰到复位杆,在动定模分型面接触前,将推板复位。

② 在活动模板之间替代弹簧,如图7-83所示。在中大型模具中,模板之间存在较大的贴合力,开模时会有一个很大的开模力,在需要首先打开的模板之间安装弹力胶,可以保证开模时各模板按顺序打开。图7-83(a)为模具打开的状态;图7-83(b)为模具闭合的状态,弹力胶处于压缩状态。

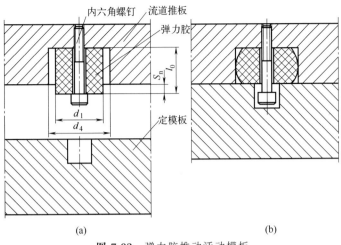

图 7-83 弹力胶推动活动模板

HASCO 标准的弹力胶有三种，硬度不同，最大压缩量也不同。T 4200/···邵氏硬度为 80，最大压缩量为 35%；T 4201/···邵氏硬度为 90，最大压缩量为 30%；T 4202/···邵氏硬度为 96，最大压缩量为 25%。HASCO 标准 T 4200/···弹力胶规格如图 7-84 所示。

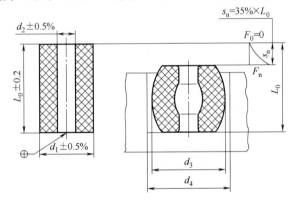

mm

s_n	F_n	d_4	d_3	d_2	d_1	L_0	型号	s_n	F_n	d_4	d_3	d_2	d_1	L_0	型号
4.2	940	26	22	6.5	16	12	T 4200/16×12	5.6	3850	48	43	13.5	32	16	T 4200/32×16
5.6	900					16	16	7	3740					20	20
7	880					20	20	8.7	3600					25	25
8.7	860					25	25	11.2	3460					32	32
11.2	830					32	32	14	3420					40	40
4.2	1440	32	27	8.5	20	12	T 4200/20×12	17.5	3350					50	50
5.8	1400					16	16	7	6660	61	54		40	20	T 4200/40×20
7	1350					20	20	8.7	6410					25	25
8.7	1330					25	25	11.2	6190					32	32
11.2	1280					32	32	14	6010					40	40
14	1260					40	40	17.5	5870					50	50
5.6	2270	38	34	10.5	25	16	T 4200/25×16	22	5760					63	63
7	2200					20	20	8.7	10400	75	68	17	50	25	T 4200/50×25
8.7	2160					25	25	11.2	9970					32	32
11.2	2090					32	32	14	9650					40	40
14	2050					40	40	17.5	9400					50	50
17.5	1980					50	50	22	9140					63	63

图 7-84

s_n	F_n	d_4	d_3	d_2	d_1	L_0	型号
28	8980	75	68		50	80	80
11.2	17600					32	T 4200/63×32
14	16880					40	40
17.5	16300	94	85	17	63	50	50
22	15770					63	63
28	15260					80	80
35	14940					100	100
14	28690					40	T 4200/80×40
17.5	27500					50	50
22	26400	118	108	21	80	63	63
28	25500					80	80
35	24900					100	100
43.7	24200					125	125

s_n	F_n	d_4	d_3	d_2	d_1	L_0	型号
17.5	46700					50	T4200/100×50
22	44500					63	63
28	42700	150	135	21	100	80	80
35	41500					100	100
43.7	40000					125	125
22	73900					63	T4200/125×63
28	69500					80	80
35	66100	188	169	27	125	100	100
43.7	64800					125	125
56	62300					160	160

图 7-84 T 4200/…弹力胶规格

7.7 起吊装置设计

7.7.1 吊环设计

吊环为标准件，吊环孔的螺纹孔深度必须符合相关规范，螺纹孔轴线必须与端面垂直，吊环安装时必须能够拧到底使其凸缘贴紧模板表面。吊环选用标准如图 7-85 所示，单个吊环允许荷重见表 7-13。

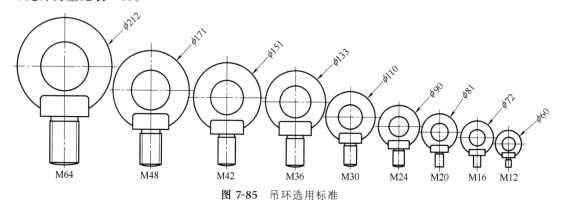

图 7-85 吊环选用标准

表 7-13 吊环允许荷重

d	承载荷重/kg	允许模具质量范围/kg	d	承载荷重/kg	允许模具质量范围/kg
M12	180	<300	M36	2300	1750~2650
M16	480	300~530	M42	3400	2650~4000
M20	630	530~730	M48	4500	4000~6500
M24	930	730~1100	M64	9000	6500~15000
M30	1500	1100~1750			

标准模架上设计有相应的吊环孔，可按标准吊环安装使用。非标模架设计时，参考标准模架。尺寸规格超过 4545 的模架，模板的四边均应设计吊环孔。每个质量超过 10kg 的模具零部件都必须有合适的吊环螺纹孔。

吊环位置设计应使模具及模具零部件在起吊时尽量保持平衡。吊环孔位置设计要避免吊环与运水接头、热流道的插座盒以及油缸等部件干涉。

7.7.2 吊模梁设计

吊模梁是模具的吊装元件，两端各有一个螺栓分别固定在模具的动、定模座板上。图 7-86 为欧洲模具的固定式吊模梁，吊模梁设计在模具的天侧，吊环必须设计在模具的重心位置，而不必设计在中心。两端的固定螺栓用外六角螺栓，便于拧下。

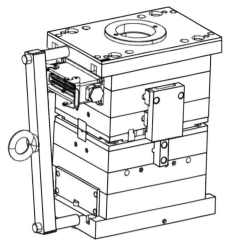

HASCO 标准的吊模梁 Z70 如图 7-87 所示，吊模梁必须涂上红色油漆，以提醒操作者在工作时移开吊模梁。注意吊模梁的设计不要和运水接头以及天侧的滑块等干涉。中间的吊环可以调整位置，使用时将吊环调整到模具的重心位置使起吊平衡。

图 7-86 欧洲模具的固定式吊模梁

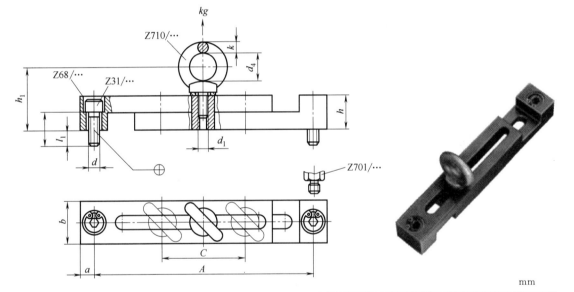

mm

l_1	Z31/$d \times l$	a	h	h_1	d_4	k	b	d_1	C	A max	A min	kg	类型	型号
11.5	Z31/8×25	10	25	43	20	8	30	M8	40/80	180	140	140	1	Z70/1
14.5	Z31/10×30	12.5	30	52	25	10	40	M10	50/140	300	210	230	2	2
19	Z31/16×40	17.5	40	70	35	14	60	M16	60/195	430	295	700	3	3

图 7-87 HASCO 标准吊模梁

7.8 锁模块

锁模块的作用是防止模具在运输、吊装或搬运过程中从分模面处打开，造成模具损坏或人身安全事故。锁模块不能只锁住动定模，凡是有可能打开的模板都要锁住。锁模块必须涂上红色油漆，固定在模具的操作侧，以提醒操作者在工作时移开锁模块。

具体要求如下：

① 锁模块材料为 S50C，涂红色油漆；

② 锁模块长度一般为 60mm，在三板模和其他类型的模具中需加长，尺寸应根据实际情况而定；

③ 锁模块必须放 2 个在操作侧和非操作侧对称位置，在 A 板或 B 板多加一个螺纹孔，生产时可以固定在模板不用拆走，位置以不阻碍生产为原则；

④ 模架规格在 250mm 以上的，必须在装 2 个锁模块，650mm 以上的模架则要加四个，以免在搬运途中打开。

HASCO 的两板模锁模块 Z73 尺寸如图 7-88 所示。

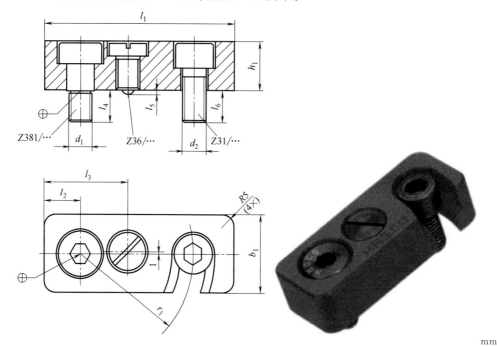

mm

Z381/…	Z31/…	Z36/…	d_1	d_2	r_1	l_2	l_3	l_4	l_5	l_6	h_1	b_1	l_1	型号
Z381/6×6	Z31/6×14	Z36/5×12	M6	M6	30	10	24	9	0.9	8	12	20	50	Z73/12×20×50
8×10	8×18	8×16	M8	M8	38	13	30	11	1.5	11	16	25	63	16×25×63
10×12	10×22	10×20	M10	M10	48	15	35	13	2	13	20	32	80	20×32×80

图 7-88 HASCO 两板模锁模块

7.9 模脚

为防模具表面直接接触地面发生锈蚀和保护模具外置机构，一般在模具的地侧装上模具保护脚（简称模脚），用来支撑模具。具体装配及规格如下：

① 模具保护脚材料为 S50C，保留钢材外径上的黑色氧化皮，不易生锈；

② 模具保护脚安装位置根据模具设计要求而定，要求做到平衡对称；

③ 模具保护脚一般 4 个，如模具太高或大型模具，则装 8 个甚至更多；

④ 模具保护脚尺寸规格如图 7-89 所示，如有油缸等，高度很高时，可根据实际情况调整直径 D，要求结实稳固；

⑤ 如地侧装有先复位机构或其他机构，模具保护脚高度应根据实际情况而定，要求做高 5mm 以上。

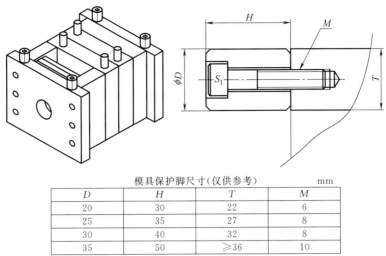

模具保护脚尺寸(仅供参考)			mm
D	H	T	M
20	30	22	6
25	35	27	8
30	40	32	8
35	50	$\geqslant 36$	10

图 7-89 模具保护脚尺寸规格

7.10 模具标识与铭牌

模具标识主要是指将模具天侧符号、吊模孔螺纹规格、运水孔、气孔、电气接头、客户模号、模具铭牌及热流道铭牌按企业标准表示在模具上。铭牌用平头螺钉固定，其余标识直接刻写在模具操作侧。模具标识示意图如图 7-90 所示。

铭牌材料为黄铜板、不锈钢板或铝合金板，铭牌尺寸大小可以根据实际模具大小做适当调整，字体必须清晰美观。铭牌装于操作侧，位置在方铁上。模具铭牌如图 7-91 所示。

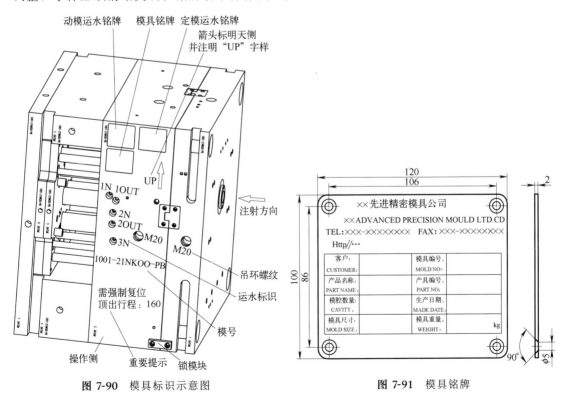

图 7-90 模具标识示意图

图 7-91 模具铭牌

运水铭牌如图 7-92 所示。进水依次为 1 IN、2 IN、3 IN…；出水依次为 1 OUT、2 OUT、3 OUT…；出口法国的模具进水依次为 E01、E02 、E03…；出水依次为 A01、A02、A03…。热流道铭牌如图 7-93 所示。

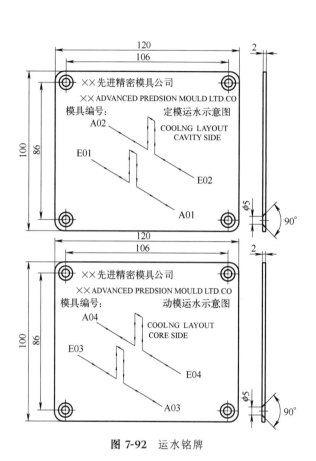

图 7-92　运水铭牌

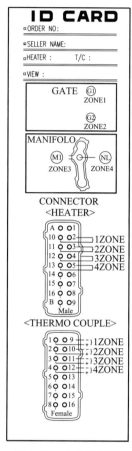

图 7-93　热流道铭牌

7.11　推板防护板

推板防护板固定在模具的天侧，用 4 个平头螺钉安装在两个方铁上，主要目的是防止机械手运作时浇注系统凝料或小型塑件跌落在顶出系统中，避免发生故障，也可避免空气中的污物或自动吸料时料粒跌入顶出系统中。

推板防护板一般采用厚度为 3～5mm 的 PMMA 板料制作，用 M4 平头螺钉固定。设计时需要注意推板和行程开关等运动部件不能与推板防护板干涉。推板防护板如图 7-94 所示。

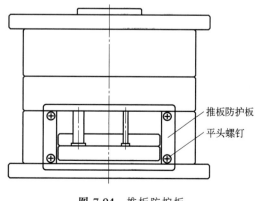

图 7-94　推板防护板

7.12 顺序开模控制元件

7.12.1 三板模开模控制机构

7.12.1.1 小拉杆+尼龙扣

三板模需要控制开模次序，使水口推板与 A 板首先分离，取出流道系统凝料，常用小拉杆和尼龙扣控制开模顺序，如图 7-95 所示。很多模具设计书籍说尼龙扣在设计时要注意顶部开孔排气，根据笔者在日企多年模具设计经验，不需要设计排气孔排气。尼龙扣靠斜度螺钉调整，使模板与树脂产生摩擦力，有缓冲模板间开闭的作用。尼龙扣的尺寸规格如图 7-96 所示。限位螺钉与小拉杆组合见图 7-97，限位螺钉的规格见图 7-98，小拉杆规格见图 7-99。尼龙扣开模多见于东亚模具，欧美客户较少采用。

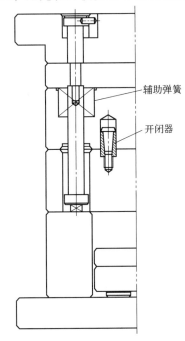

图 7-95　三板模开模控制

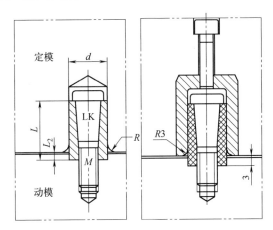

mm

d	L	M	d	L_2
12	20	6	4	3
13	20	6	4	3
16	25	8	6	3
20	25	10	6	3

图 7-96　尼龙扣的规格

7.12.1.2 小拉杆+机械拉钩（扣机）

欧美客户很少设计三板模具，如果需要设计三板模，则多用机械扣机控制开模顺序，如图 7-100 所示。

设计注意事项：

① 限位螺钉（塞打螺钉）开距 B：$B=B_1+B_2+50$（如果 $B<120$，取 120）；

② 细水口模胚边钉开距：$C=$限位螺钉（塞打螺钉）开距 $A+B$；

③ 扣机 L 尺寸确定：$L=C-2$；

④ 无特殊要求时，限位钉要做管位 3～5mm。

7.12.2 拉板

拉板开模机构简单，成本低，如图 7-101 所示，有加保持套和不加保持套两种结构。

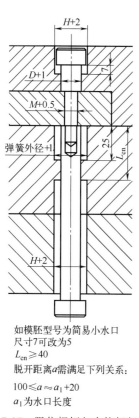

如模胚型号为简易小水口
尺寸7可改为5

$L_{en} \geqslant 40$

脱开距离 a 需满足下列关系：

$100 \leqslant a \approx a_1 + 20$

a_1 为水口长度

图 7-97 限位螺钉与小拉杆组合

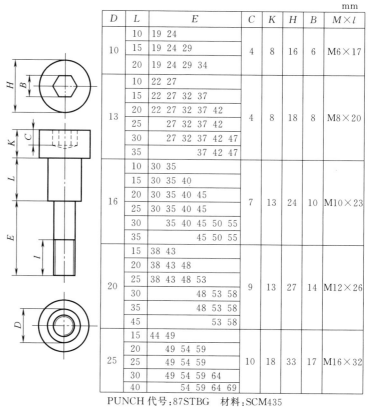

mm

D	L	E				C	K	H	B	M×l
10	10	19 24				4	8	16	6	M6×17
	15	19 24 29								
	20	19 24 29 34								
13	10	22 27				4	8	18	8	M8×20
	15	22 27 32 37								
	20	22 27 32 37 42								
	25	27 32 37 42								
	30	27 32 37 42 47								
	35	37 42 47								
16	10	30 35				7	13	24	10	M10×23
	15	30 35 40								
	20	30 35 40 45								
	25	30 35 40 45								
	30	35 40 45 50 55								
	35	45 50 55								
20	15	38 43				9	13	27	14	M12×26
	20	38 43 48								
	25	38 43 48 53								
	30	48 53 58								
	35	48 53 58								
	45	53 58								
25	15	44 49				10	18	33	17	M16×32
	20	49 54 59								
	25	49 54 59								
	30	49 54 59 64								
	40	54 59 64 69								

PUNCH 代号：87STBG　材料：SCM435

如：87PBTN10-10-19

图 7-98 限位螺钉的规格

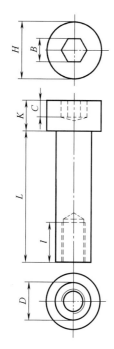

mm

D	L	C	K	H	B	M×l
10	40 50 60 70 80 90 100	4	8	16	6	M6×17
	110 120 130 140 150					
	160 170 180					
13	60 70 80 90 100 110	4	8	18	8	M8×20
	120 130 140 150 160					
	170 180 190 200 210					
	220 230 240 250					
	260 280					
16	100 110 120 130 140	7	13	24	10	M10×23
	150 160 170 180 190					
	200 210 220 230 240					
	250 260 280 300					
20	120 130 140 150 160	9	13	27	14	M12×26
	170 180 190 200 210					
	220 230 240 250 260					
	280 300 350					
25	170 180 190 200 210	10	18	33	17	M16×32
	220 230 240 250 260					
	280 300 350					

盘起　代号：87PBTN　材料：SCM43

如：87PBTN16-150

图 7-99 小拉杆规格

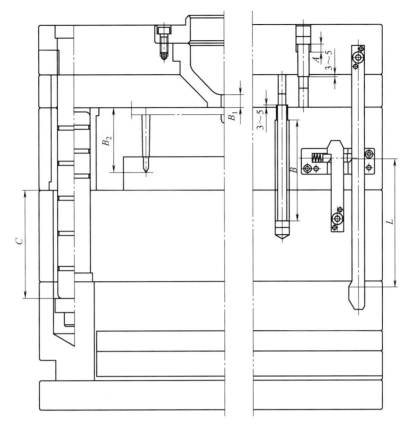

图 7-100 三板模开模距离控制

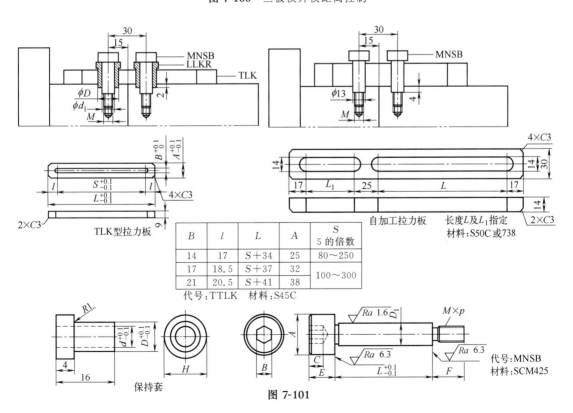

B	l	L	A	S 5 的倍数
14	17	$S+34$	25	80~250
17	18.5	$S+37$	32	100~300
21	20.5	$S+41$	38	

代号:TTLK   材料:S45C

图 7-101

	d	H	代码编号	
			代号	D
19	6.5	13		10
25	9	16	LLKR	13
32	11	19		16
38	13	23		20

代号:LLKR　材料:S45C

D_1	A	B	C	E	F	$M×p$	L(以5为基数递增)
4.5	7	2.5	1.6	3	6	3×0.5	10 15 20 25 30 35 40
5.5	9	3	2.2	4	7	4×0.7	10 15 20 25 30 35 40 45 50
6.5	10	4	2.5	5	9	5×0.8	10 15 20 25 30~70
8	13	5	3	6	9	6×1.0	10 15 20 25 30~90
10	16	6	4	8	12	8×1.25	10 15 20 25 30~120
13	18	8	5	10	16	10×1.5	10 15 20 25 30~130
16	24	10	7	14	18	12×1.75	10 15 20 25 30~150
20	27	14	9	18	24	16×2.0	10 15 20 25 30~150

固定螺钉

图 7-101　拉板开模机构

7.12.3　顺序开合模控制机构

在二次顶出、二次分型和定模顶出等复杂模具结构中，往往需要控制各个模板的打开次序和合模次序。有些模具需要控制开模次序，有些模具需要在控制开模次序的同时控制合模次序。顺序开合模控制机构俗称扣机，有很多种类，不同的模具标准件供应商设计了不同的标准件。在分析使用顺序开合模控制机构时，必须弄清是只需要控制开模顺序，还是开合模都需要进行控制。比如 HASCO 扣机 Z170/1，2，3…不仅可以控制开模顺序，也具有控制合模顺序的功能；HASCO 扣机 Z171/1，2，3…可以控制开模顺序。目前出口模具多采用 HASCO 扣机、STRACK 扣机、RABOURDIN 扣机和 Wmould 开模师等。

7.12.3.1　顺序开模控制机构

HASCO 扣机采用机械式锁合，锁紧安全可靠，安装方便，且对模架加工量小，控制杆和拉钩可根据实际情况设计调整。销钉孔和螺钉孔位置需要根据模架尺寸配合加工。适用于大中小各类模具。

HASCO 扣机 Z171 分为三种规格，分别为 Z171/1、Z171/2 和 Z171/3，其工作原理完全相同，Z171/1 的行程和负荷最小，适合小型模具；Z171/3 的行程和负荷最大，适合大型模具。Z171 可以用来控制开模顺序。图 7-102 的开模顺序为 Ⅰ→Ⅱ。HASCO 三种扣机 Z171 尺寸规格见图 7-103~图 7-105。HASCO 扣机 Z171 必须成对安装使用，对称布置。

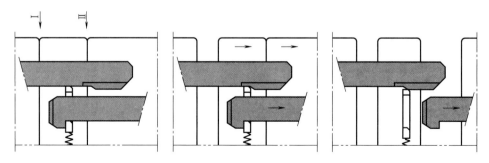

图 7-102　HASCO 扣机 Z171

7.12.3.2　顺序合模控制机构

在模具设计中，有些模具需要控制各模板的合模次序。最常见的合模控制机构如图 7-106

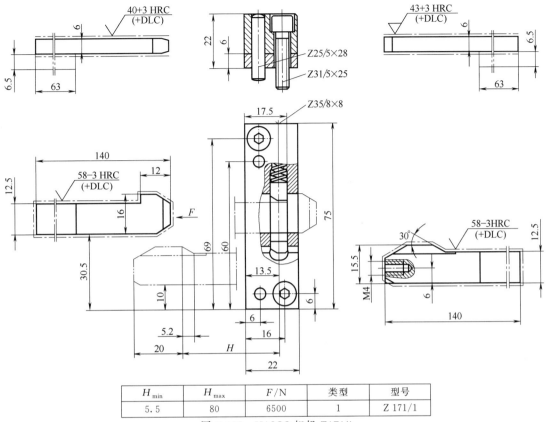

图 7-103 HASCO 扣机 Z171/1

H_{min}	H_{max}	F/N	类型	型号
5.5	80	6500	1	Z 171/1

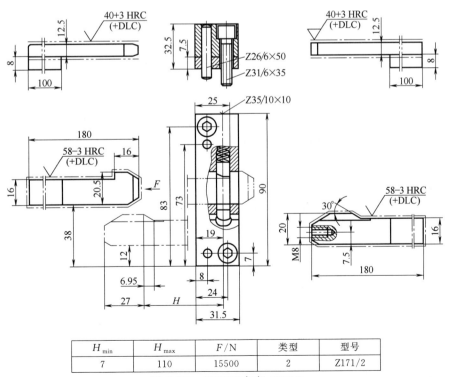

图 7-104 HASCO 扣机 Z171/2

H_{min}	H_{max}	F/N	类型	型号
7	110	15500	2	Z171/2

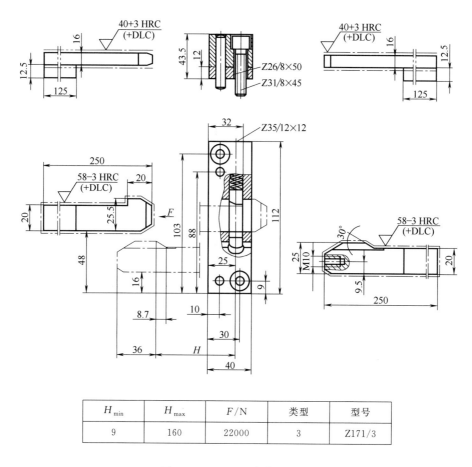

H_{min}	H_{max}	F/N	类型	型号
9	160	22000	3	Z171/3

图 7-105 HASCO 扣机 Z171/3

所示。该机构能够控制合模顺序，A、B 板先合模后，再推动 A 板与面板合模。也可以将此机构倒装，用来控制推件板模具，使推件板与 B 板先合模，再 A、B 板合模。插条、挡块和挡条都采用 DC11 制作，热处理 58～62HRC。

HASCO 顺序开合模机构 Z170 既可以控制开模顺序，又可以控制合模顺序。图 7-107 中，开模顺序为 I→II，合模次序正好相反，先合 II，再合 I。三种开合模控制机构见图 7-108～图 7-110。

安装注意事项：

① Z170 安装需要平行于开模方向，固定前必须使模具处于闭合状态，并消除拉杆与滚轮销之间的间隙；

② 每套模具至少使用两套或四套锁模拉钩，其尺寸和行程必须一致，必须对称安装，否则会因受力不均而损坏；

③ 安装完成后，需要在合模机或注塑机上慢速进行开合模具顺序测试，以确保正确无误。

HASCO 顺序开合模机构 Z170 材料为 1.2764，拉钩和插杆上下表面由于需要钻孔安装，因此采用低硬度 40HRC，侧面为主要工作表面，与滑动块接触容易磨损，采用高硬度 58HRC，外表面全部采用 DLC 处理，增加耐磨性。

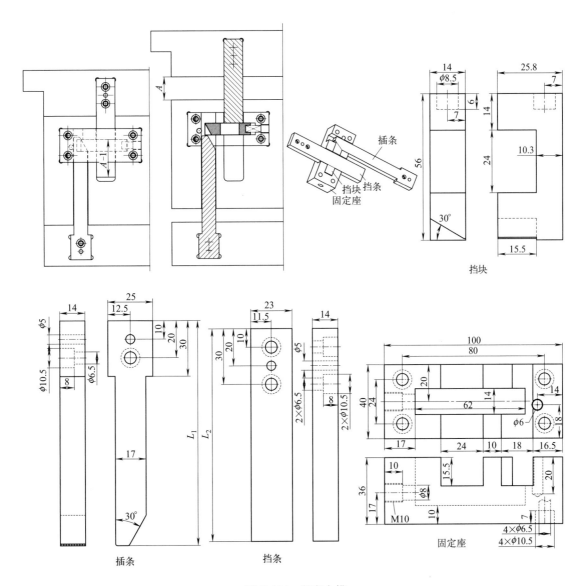

挡块

插条

挡条

固定座

图 7-106 顺序合模

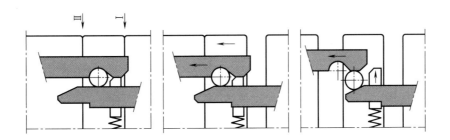

图 7-107 HASCO 顺序开合模机构 Z170

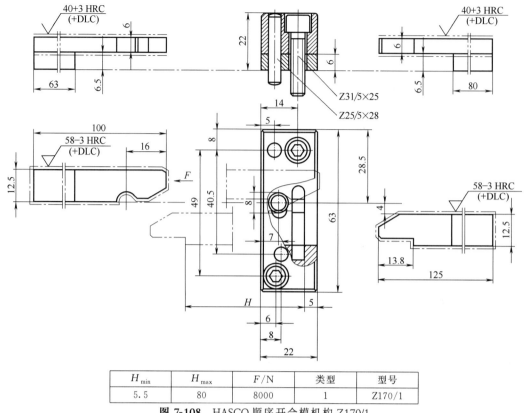

H_{min}	H_{max}	F/N	类型	型号
5.5	80	8000	1	Z170/1

图 7-108 HASCO 顺序开合模机构 Z170/1

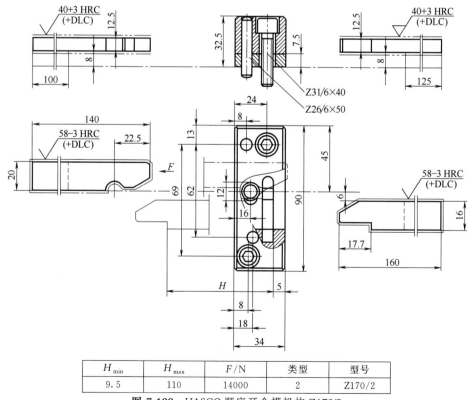

H_{min}	H_{max}	F/N	类型	型号
9.5	110	14000	2	Z170/2

图 7-109 HASCO 顺序开合模机构 Z170/2

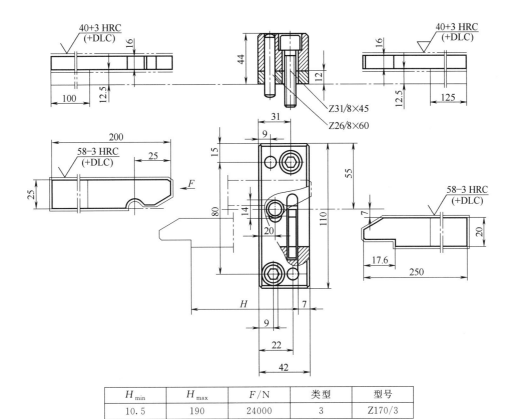

H_{min}	H_{max}	F/N	类型	型号
10.5	190	24000	3	Z170/3

图 7-110 HASCO 顺序开合模机构 Z170/3

第8章 排气系统设计

8.1 模具排气系统

8.1.1 困气的原因

注塑模具型腔内的气体，主要是空气和塑料熔体分解产生的气体。注塑成型时，在排气不良的模具中，型腔内的气体经受很大的压力而产生反作用力，这种反作用力阻止熔融塑料的正常充填，而且气体压缩所产生的热也可能使塑料烧焦。滞留的气体使制品产生银纹、剥离等表面质量缺陷并在塑件上呈现明显可见的流动痕迹和熔接痕，使制品的力学性能降低。在充模速度大、温度高、物料黏度低、注塑压力大和制品壁厚的情况下，气体在一定压缩程度下能渗入塑料内部，造成气孔、组织疏松及产生气泡等缺陷。因此，在注塑过程中，型腔内的气体必须及时排出，否则会影响塑件质量。

适当地开设排气槽可以大大降低注射压力、注射时间、保压时间以及锁模力，使塑件成型由困难变为容易，从而提高生产效率，降低生产成本，降低注塑机的能量消耗。

8.1.2 排气系统设计原则

排气槽是为了使模具型腔内的气体排出模具外面而在模具上开设的气流通槽或孔。不合理的排气或有排气但不充分，则会产生以下不良：

① 气体聚集会浸蚀模具表面及合模线（parting line）；

② 会产生过多的结合线（结合线处强度降低，并且不美观）；

③ 会浪费太多的注射压力（会增加注塑的难度）；

④ 需使用过高的料筒温度（增加注塑工作难度，温控失常，材料的性能出现偏差，增加循环时间，产品发热，使注塑操作难以进行）；

⑤ 循环不稳定性：会经常性地需要调机，解决品质问题；

⑥ 颜色问题：出现色差，使颜色变黑或变亮；

⑦ 要增加模具抛光：浪费时间、成本并使钢材易腐蚀；

⑧ 注塑件难以达到客户要求的标准；

⑨ 给技术人员、QA、操作员及模具维护人员的工作增加困难；

⑩ 降低材料的级别。

通常将排气槽先开设在料流的末端或容易积气处。其基本设计要点如下：

① 排气要保证迅速、完全，排气速度要与充模速度相适应；

② 排气槽尽量设在塑件较厚的部位；

③ 排气槽应尽量设在分型面型腔的一侧，便于加工；

④ 排气槽应尽量设在料流的终点，如型腔最后充填的部位、流道和冷料穴的终端；

⑤ 排气槽的深度与塑料的流动性以及注射压力、注射温度有关。常用塑料的排气槽深度见图 8-1。

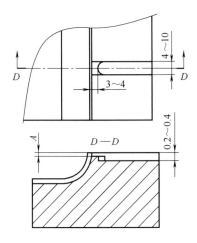

塑料	排气槽前端尺寸 A/mm
ABS	0.025～0.038
POM	0.013～0.025
PMMA	0.038～0.050
PA	0.008～0.013
PC	0.038～0.064
PET/PBT	0.013～0.018
PE	0.013～0.030
PP	0.013～0.020
GPPS	0.018～0.025
HIPS	0.020～0.030
PVC	0.013～0.018
PU	0.010～0.020
SAN	0.025～0.038
TPE	0.013～0.018

图 8-1　常用塑料的排气槽深度

模具排气在模具整体性能中占有重要的一环。模具如果没有好的排气，就不可能生产出质量稳定的产品。好的模具应是密闭性好，而且能够保证气体自由排出，而不是气体被高度压缩。排气槽位置和大小的选定，过去主要依靠经验判断。目前可以借助模流分析软件，排气槽设置位置参考 CAE 的分析结果，判断出模具最后充填的部位，设计良好的排气。在出口模具设计中，一个重要理念是主动排气，而不是等试模结束后根据样板补充加工排气。主动排气的另一种设计方法是注塑前型腔抽真空。

8.2　排气系统设计

8.2.1　分型面排气

分型面的排气槽容易清理，不容易堵塞，排气效果好，是气体主要排出的地方。分型面排气除了型腔和型芯的排气外，也包括型腔、型芯和滑块分型面之间的排气。分型面开排气槽有两种方式：一是局部开排气槽，二是沿型腔全周开排气槽。

要尽可能做全周排气结构，深度做到 0.025～0.030mm，全周排气效果最佳，整个 PL 线均设排气，而理论上合模面永不接触，如果全周排气不可能的情况下只能做局部排气。当模具不能做全周排气时，最后充胶位及次最后充胶位必须考虑加排气，这种排气为局部排气。

全周排气如图 8-2 所示。全周排气多用在模具结构简单的扁平塑件中，这时分型面为整体平面，一级排气槽和二级排气槽均由平底铣刀加工。当塑件结构复杂，分型面高低起伏较大时，无法设计全周排气。

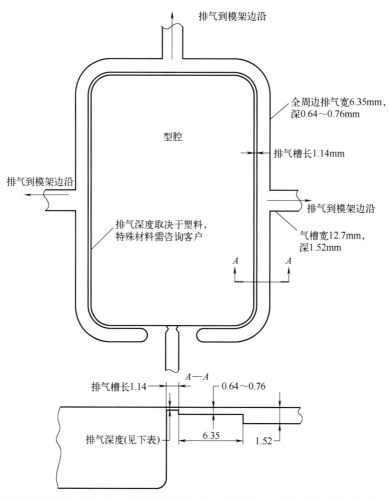

排气到模架边沿

全周边排气宽6.35mm，
深0.64～0.76mm

型腔

排气槽长1.14mm

排气到模架边沿

排气到模架边沿

排气深度取决于塑料，
特殊材料需咨询客户

气槽宽12.7mm，
深1.52mm

A A

$A—A$

排气槽长1.14

0.64～0.76

排气深度(见下表)

6.35   1.52

塑料	ABS	ACETAL	ACRYLIC	EVA	NYLON	PC	PE	PS	PP	SAN
排气深度/mm	0.03	0.03	0.04	0.01	0.01	0.05	0.01	0.01	0.01	0.03

图 8-2 全周排气设计

如果因分型面不规则不能做全周排气，较好的方法是在定模做局部排气。模具设计时，沿型腔周围设计局部排气槽，并标注排气槽尺寸。根据模流分析的结果，或者是依据同类模具的设计经验，选择容易困气的具体位置设计排气。加工局部排气槽时，首先按尺寸用平底带倒角的铣刀加工二级排气槽，并预留一级排气槽的位置。加工完二级排气槽后，再用手摇小磨床磨出一级排气槽。一级排气槽也可以用平底铣刀加工。

分型面的排气还包括流道排气，两板模的流道在分型面上，需要在分流道的末端和拐角处设计排气槽，可参考图 8-3 局部排气的设计方法。三板模的流道在 A 板与流道推板之间，排气槽需要开设在 A 板背面流道的末端。

排气槽深度较小，足够空气通过即可。排气深度根据成品所用塑料的流动性而定，流动性越好，深度越浅，反之，则越深。排气槽深度尺寸一般在 0.015～0.05mm 之间。

排气槽设计不能过多，过多的排气槽会减小分型面的接触面积。分型面的接触面积不足会造成分型面的局部塌陷，反过来会减小排气槽的深度，导致模具排气不良。越是薄壁制品，越是远离浇口的部位，排气槽的开设就越为重要。

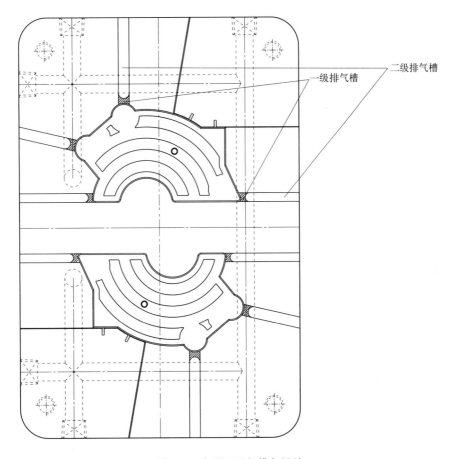

图 8-3　分型面局部排气设计

　　一个最常见的错误概念是太多排气导致披锋，实际上恰好相反，不合理的排气需加过大的压力，当允许气体排出时，胶料会随气体排出，而唯一导致排气过量而致披锋的则是气槽深度太深。因此在正确设计和加工排气槽时，排气槽不会使注塑件出现批锋。

8.2.2　镶件排气

　　在薄壁结构的型腔中，熔体流动的末端，型腔盲孔的底部，塑件实心柱位的端部，塑件加强筋和螺钉柱的底部以及型腔的封闭角落都是最容易困气的地方，这些地方的排气主要靠镶件接触面间的排气槽，图 8-4 是镶件排气的典型实例。利用镶件排气需注意以下四点。

　　① 镶件排气槽的设计尺寸与分型面排气完全相同，可参见图 8-1 常用塑料的排气槽深度。

　　② 镶件的排气槽一定要连通到镶件底部，气流通过排气槽，从底部倒角三级排气槽将气体通到模具外，与大气接通。

　　③ 镶件之间的排气槽很容易被胶粉或污垢堵塞，必须定期清理。

　　④ 深骨位、柱位及小的针点胶位，或薄的胶位需特殊考虑排气，可采用镶针或用扁顶针排气。

8.2.3　顶出系统排气

顶出系统排气通常包括推杆排气、推管排气和扁顶针排气三种。顶出系统排气的排气效果要远远好于镶针排气。顶出系统由于周期性的往复运动，不易阻塞，具有自我清洁的作用。推管的排气槽设计如图8-5所示。顶针和镶针的排气槽设计如图8-6所示。

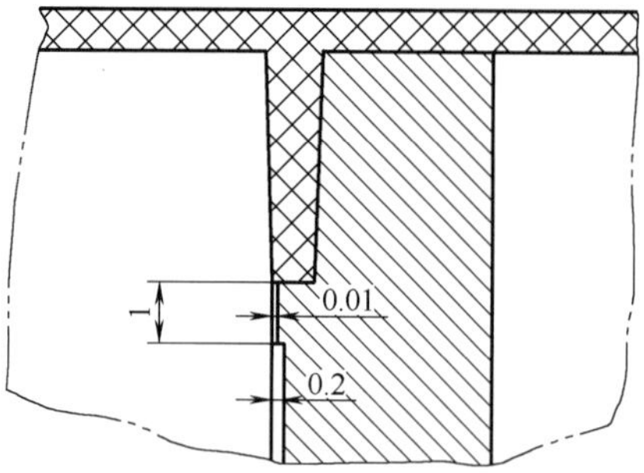

8.2.4　透气钢排气

透气钢是用球状颗粒合金烧结而成的材料，强度较差，但质地疏松，允许气体通过。在需排气的部位放置一块这样的合金即可达到排气的要求，但其底部通气孔直径不宜太大，以防止型腔压力将其挤压变形。透气钢使用注意事项如下。

图 8-4　镶件排气

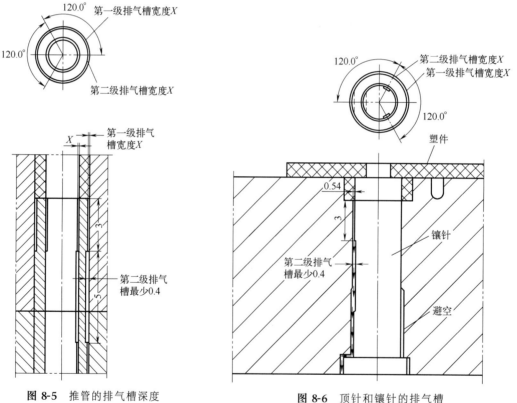

图 8-5　推管的排气槽深度　　　　图 8-6　顶针和镶针的排气槽

① 透气钢的透气效果与其厚度成反比，所以其使用厚度为 $30\sim50mm$。

② 透气钢在粗加工时，可采用铣床或其他机床任意加工，精加工时除电火花加工外，不可用任何机械加工（磨床或铣床）。

③ 镶件底部要做排气槽。

④ 透气钢可直接用螺钉连接。

⑤ 透气钢如要开运水，运水孔要做镀 Dichtol 处理。

⑥ 透气钢出厂硬度为 $35\sim38HRC$，可淬火至 $55HRC$，测试硬度时需用专用仪器。

⑦ 检查透气效果的方法，可涂少量液体如脱模剂在透气钢工件表面上，再从出气位吹入压缩空气，检查泡沫涌起的情况便可知道透气性能。

⑧ 清洁阻塞透气孔的方法：

a. 加热工件至 500°F（260℃），维持最少 1h；

b. 冷却至室温后，浸入丙酮，维持最少 15min；

c. 取出工件，用高压气枪从工件底部吹出阻塞物；

d. 重复步骤 a、b，直至没有阻塞物被吹出。

图 8-7 所示为透气钢镶件设计方法。

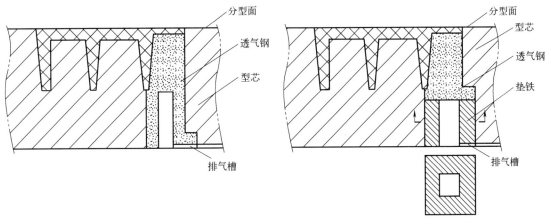

图 8-7 透气钢排气

8.2.5 导柱导套排气

导柱导套排气十分重要，特别是对于大型模具。导柱端部的排气槽多数开设在导柱的底部，使空气从导柱底部排至模外。模胚导套位置加排气槽如图 8-8 所示。排气槽开在 A 板上，宽度 6mm，深度 3mm。在模具地侧的两个排气槽朝下，天侧的排气槽不要朝向天侧，以免落入灰尘。天侧的两个排气槽分别朝向操作侧和非操作侧。

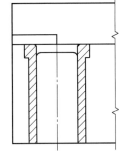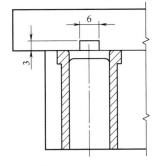

图 8-8 导套排气

8.2.6 导光柱排气

深筒类塑件和高度尺寸较大的盒形、筒形的壳形塑件，如果从底面由侧浇口进料，则顶端极易困气，因此多数情况下采用顶端做镶件的方式排气。但因为塑件表面会留下夹线，必须得到客户确认。

导光柱是现代电子产品常见的透光原件，多数采用 PMMA 和 PC 原料，少数采用 GPPS 原料。导光柱的顶部属于外观件，不得有任何缺陷，由于塑件结构的特性，极易困气，图 8-9 是这类塑件常见的镶拼方法，在塑件的顶端设计整体镶件，每个柱位底部加顶针，流道末端设计排气（图中尺寸为英制）。

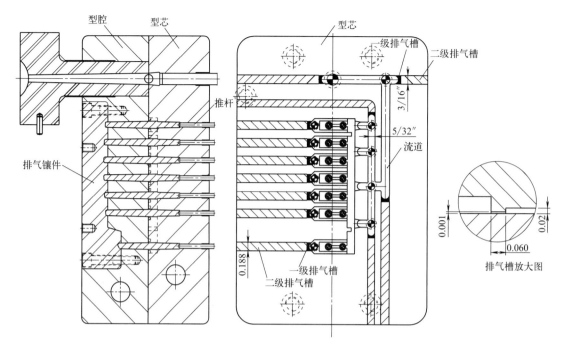

图 8-9 导光柱排气

8.3 型腔抽真空设计

型腔抽真空设计属于主动排气,是利用真空吸引,去除型腔气体的方法。注塑成型过程中,型腔内的气体是造成塑件某些缺陷的重要影响因素,应用抽真空装置,不但可有效地提高塑件表面质量,同时还可以改善工艺条件,降低生产成本,缩短塑件生产周期,提高生产效率。

注塑机模具型腔抽真空装置,包括真空泵、真空罐、真空测量和控制装置、控制阀、气体过滤器和密封圈等元件。牙科设备旋转盖板产品如图 8-10 所示,图 8-11 为牙科设备旋转盖板型腔抽真空模具。

在注塑前排空型腔内的空气,主要是为了提高再生产的准确度和成型塑件的质量。真空注塑系统需要构成一个回路,回路中必须包含一个真空蓄压罐。对于大型塑件,则需要将几个真空蓄压罐串联。

只有在整个模具被完全密封时才能有效排空型腔。由于模具上有许多移动的零件如滑块和推杆等,完全封闭模具是很复杂的并且实际上是不可能做到的。这种将模具改为由一个只有一个分型面的封闭的外套或盒子包起来,在脱模方式允许的程度内,真空区外不设置或设置极少的移动零件的设计可以很容易实现封闭。图 8-11 中,除了分型面设计密封圈外,在推杆和斜顶上也均设计了密封圈。

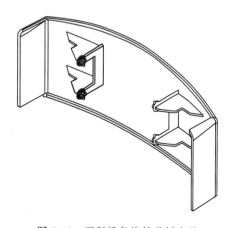

图 8-10 牙科设备旋转盖板产品

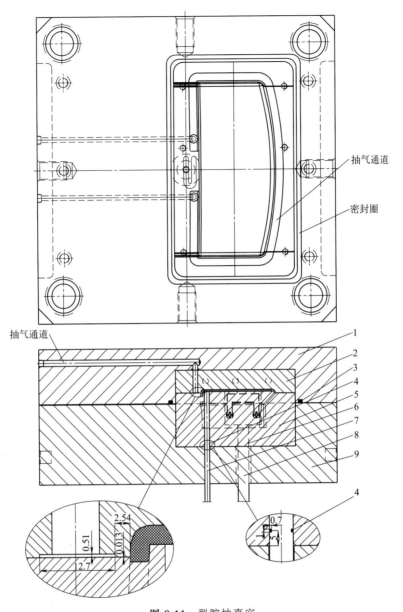

图 8-11 型腔抽真空

1—定模板；2—型腔；3,4,6—密封圈；5—型芯；7—推杆；8—斜顶；9—动模板

第9_章 侧向分型与抽芯系统设计

当注塑成型含有侧凸凹或者侧孔的塑件时，开模时必须首先将成型这部分的型芯或型腔脱离塑件，才能将整个塑件从模具型腔中脱出，通常需要将首先脱离塑件的这部分型芯或型腔做成活动的滑块，称为侧向分型和抽芯机构。侧向分型与抽芯机构一般包含滑块机构和斜顶机构两种，斜顶机构在抽芯的同时还可以起到顶出脱模的作用。滑块机构俗称行位，通常由多个元件组成，其常用驱动元件有斜导柱、弹簧、弯销、T形槽和液压抽芯等。

9.1 抽芯机构设计原则

9.1.1 安全性原则

9.1.1.1 滑块弹簧的安全设计

在开模后，滑块会随模具的运动后退一段距离，为保证滑块能安全回位，必须给滑块安装一个限制装置，以保证滑块在开模运动到要求距离后保持原地不动。考虑到安全的因素，弹簧通常配合斜导柱或者弯销一起使用，弹簧不能单独作为滑块的驱动元件，弹簧容易因疲劳而断裂从而引起模具的故障和事故。尤其是模具内部的内置弹簧在高温下容易失效，而内置弹簧失效后不易察觉，容易撞坏模具甚至引起事故。欧洲客户一般不喜欢内置弹簧。

滑块上的外置弹簧有两种安全性设计方式，如图9-1和图9-2所示。对于较大的滑块，弹簧的弹力不得小于滑块重量的1.5倍。图9-1所示是利用螺栓套作为模外弹簧的限位装置，螺栓套7由螺栓5固定在滑块上。螺栓套由韧性较好的模具钢材638制作，不能做热处理。这种设计安全可靠，避免了用塞打螺栓直接固定弹簧容易断裂而使弹簧飞出的危险。

图9-2所示是模外弹簧及保护装置的设计，左侧增加了保护装置10，是典型的动模滑块外置弹簧设计。右侧所示是定模滑块外置弹簧保护装置8，这种设计可以有效地起到安全保护作用。

螺栓5的规格选择，小滑块选择M8，大滑块选择M10以上。图9-1中螺栓套7与滑块挡板8之间单边间隙为0.5mm，螺栓套安装处不做沉孔，与滑块尾部对齐即可。螺栓与螺栓套之间不留间隙，即M10螺栓对应螺栓套内孔为ϕ10mm，螺栓采用8.8级螺栓，不能采用限位螺钉（塞打螺钉）。

9.1.1.2 先复位装置的设计

当滑块底部存在顶针时，合模前，顶针板必须先回位到顶出前的状态，图9-3所示为

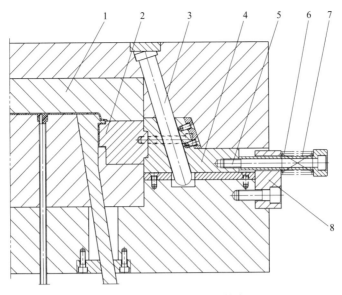

图 9-1 模外弹簧及其螺栓套

1—型腔；2—滑块镶件；3—斜导柱；4—滑块座；5—螺栓；6—弹簧；7—螺栓套；8—滑块挡板

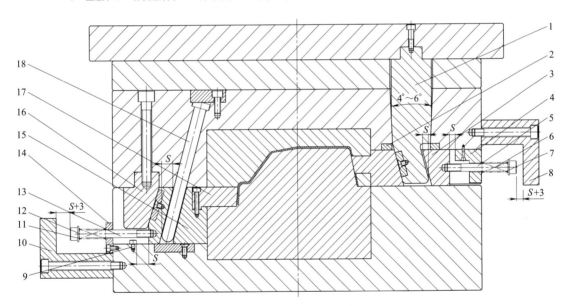

图 9-2 模外弹簧及保护装置

1—弯销；2—耐磨块；3—滑块；4,14—挡块；5,13—螺栓；6,11—弹簧；7,12—垫圈；8,10—模外弹簧保护装置；
9—限位钉；15—滑块座；16—斜楔；17—滑块镶件；18—斜导柱

DME 的圆形先复位装置，图（a）表示模具闭合状态，图（b）表示模具开启状态，先复位杆刚刚接触到弹性套的瞬间。顶出距离为 L，则斜导柱头部距离滑块内孔的作用点距离应为 $L+5$，先复位杆的长度要保证斜导柱在进入滑块之前，顶针板已被推回。这种先复位装置，设计在模具内部，复位动作可靠，耐久性好，适合长寿命的模具设计。设计时注意在模具内部的布置，防止其阻碍机械手的动作。

9.1.1.3　滑块安全针的设计

设计滑块安全针（safety pin）是欧洲模具特有的设计理念。由于制品顶出的需要，如

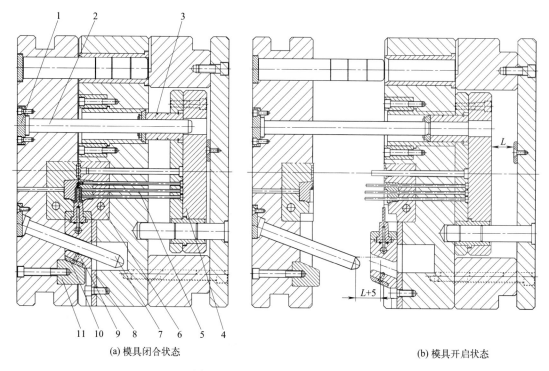

(a) 模具闭合状态   (b) 模具开启状态

图 9-3　DME 的圆形先复位装置

1—压板；2—先复位杆；3—弹性套；4—顶针板；5—顶针；6—型芯；7—斜导柱；

8—滑块底部耐磨块；9—滑块；10—耐磨块；11—斜楔

果在滑块下面布置了顶针，合模之前，顶针板如果没有及时复位，则模具滑块有可能与顶针或其他顶出元件发生碰撞，如图 9-4（a）所示。滑块安全针就是用来解决这个问题的。滑块安全针通常设计在滑块底部，和顶针一样安装在顶针板上。其作用是如果顶针板没有准确复位，安全针会高出滑块压条的平面，合模时安全针会阻碍滑块向前移动，从而保护滑块和其底部的顶针不致碰撞（安全针的直径不得小于 5mm）。滑块安全针有两种设计方式，对于较小的滑块，滑块安全针设计在滑块定位台阶的前端阻挡滑块前进，如图 9-4（b）所示。较大的滑块，则在滑块上钻孔，顶出时安全针会从滑块的此孔中穿过，阻碍滑块向前移动，如图 9-4（c）所示。

　　滑块安全针设计实例如图 9-5 所示。左侧为合模状态，右侧为开模后，安全针进入滑块

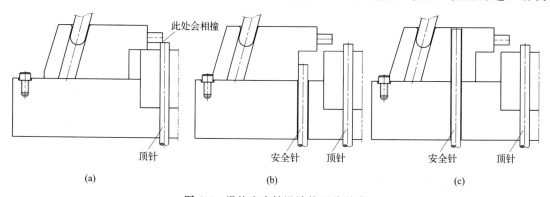

(a)   (b)   (c)

图 9-4　滑块安全针设计的两种形式

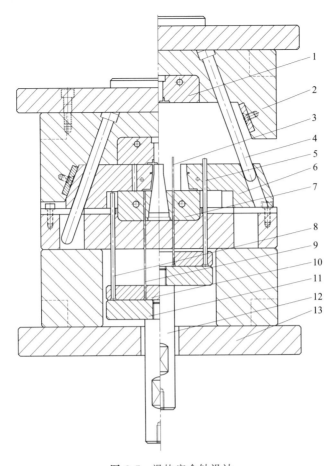

图 9-5 滑块安全针设计

1—型腔；2—A 板；3,9—推杆；4—斜导柱；5,8—滑块安全针；6—滑块；

7—型芯；10—推杆固定板；11—推板；12—顶棍；13—动模座板

的孔。模具设计滑块安全针后，仍然需要设计复位杆使顶针板复位。欧洲模具多数采用强拉强顶结构，使顶针板强制复位。另外，在顶针板上必须设计回位确认电子行程开关，确保模具准确复位。

9.1.1.4 顶出装置复位的确认

顶出装置复位的确认，一般通过安装电子行程开关来解决。电子行程开关有多种结构，欧洲模具多采用 HASCO 的接近开关（proximity switch）。这种非接触式的电子开关，结构简单，无磨损，寿命长，在欧洲得到广泛应用。

9.1.2 斜导柱机构优先原则

当塑件需要滑块抽芯时，如果可以设计斜导柱抽芯机构，则必须设计成斜导柱抽芯，尽可能优先采用斜导柱抽芯的滑块机构。这一原则适用于出口欧洲、北美和日本等国家和地区的出口模具，也适合国内精密高效长寿命的塑料注塑模具。

9.1.3 镶拼原则

考虑滑块加工工艺、磨损后的维修、方便设置运水胶圈、细小的滑块镶针的固定等因素，侧向型芯和滑块座采用镶拼结构，有很多优点。一模多腔的较小塑件，多个滑块型芯可以镶嵌在同一个滑块座上，利于加工、调整、更换和维修。如图 9-6 所示是一出四的模具，四个独立的滑块组装在同一个滑块座上。滑块上的安装凸台三边垂直，顶面做 3° 斜度与滑块座的凹槽紧配合，滑块座的斜面上钻螺栓孔（图中未画出），将滑块镶件锁紧。

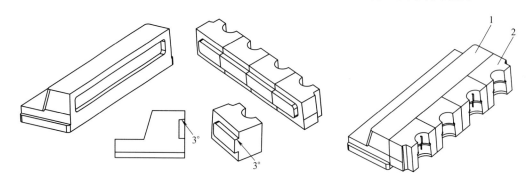

图 9-6 滑块镶件与滑块座
1—滑块座；2—滑块镶件

　　如图 9-7 所示为打印机盖板动模设计图，打印机盖板两条长边分别有 3 个小扣位，需要设计滑块，两个短边也各有一个小扣位需要设计滑块。动模为了便于加工，设计成全镶拼的结构，小滑块分别从 4 个边缘的镶件上穿过。这种全镶拼的结构，使模具滑块部位可以直接 CNC 加工到位，避免 EDM 加工。

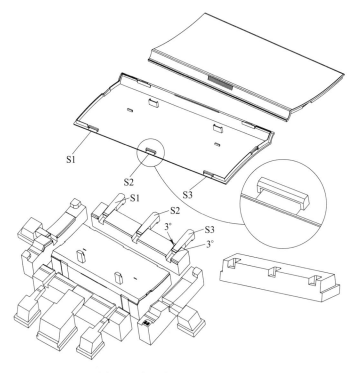

图 9-7 打印机盖板动模设计图

　　图 9-8 所示为传真机面壳滑块的镶拼结构。产品结构复杂，塑件侧面的多个散热孔需要设计滑块成型。滑块分成滑块座 7 和滑块镶件 6 两部分，便于加工，避免了 EDM 加工。

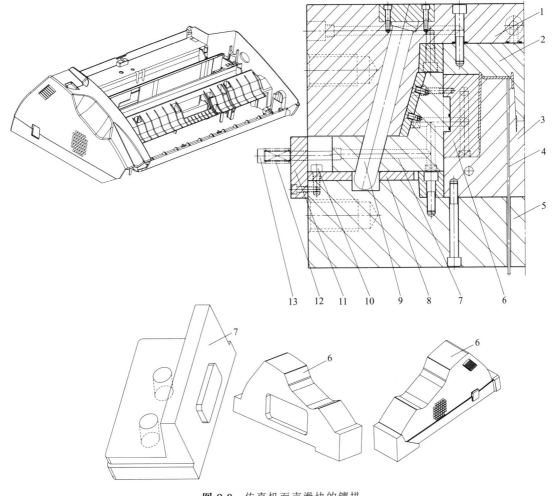

图 9-8 传真机面壳滑块的镶拼

1—A 板；2—型腔；3—型芯；4—推杆；5—B 板；6—滑块镶件；7—滑块座；8—耐磨板；9—斜导柱；10—限位钉；11—弹簧挡板；12—弹簧；13—螺杆

9.1.4 冷却原则

一般来说，宽度在 60mm 以上的滑块必须加工冷却水路。注意滑块后面的运水接头一定要在合理的位置接入。冷却水路尽可能靠近成型表面，有利于塑件快速冷却。冷却水路应尽可能避开斜导柱孔、弹簧孔和螺纹孔等。若滑块成型面为复杂曲面，各冷却孔的深度及水路整个运行线路应由 3D 图纸完整表达，然后在 2D 图纸上分别标上加工数据及各水孔代码，以避免加工者加工时出错。若滑块头部有相关的成型镶件，则水路应避开镶件孔。

9.1.5 热膨胀原则

滑块与压条之间应具有合理的间隙，特别是在成型温度较高的塑胶材料时，由于高温引起的热膨胀会使滑块机构卡死或者运行不畅，严重时导致斜导柱弯曲或者折断。大型滑块在高温成型时，更容易出现滑块卡滞的现象，解决办法是在滑块底部中心位置设计导向条，滑块与两侧的压条加大间隙。间隙的数值需要根据钢材的线胀系数计算。

9.2　滑块分型线的选择

　　滑块 PL 线的建立，与客户对产品的外观要求应该保持完全一致。图 9-9 所示为电话机底壳滑块分型线，滑块 4 与型腔 1 的分型线处，塑件呈倾斜状，滑块保持与塑件垂直，倾斜22.5°，避免了型腔和滑块出现尖角。

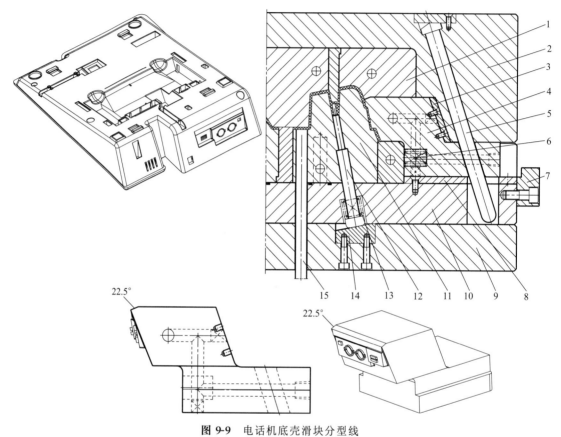

图 9-9　电话机底壳滑块分型线

1—型腔；2—A 板；3,8—耐磨板；4—滑块；5—斜导柱；6,13—弹簧；7—挡块；
9—动模垫板；10—动模板；11—型芯；12—斜度抽针；14—垫块；15—推杆

　　图 9-10 所示为动模隧道式滑块设计。由于塑件结构特殊性，滑块只能设计成隧道式滑块。滑块 6 从型芯 5 的中间穿过。隧道式滑块多用于较小扣位的脱模，设计时需要注意型芯在滑块顶部的强度。

9.3　斜导柱侧向分型与抽芯机构

　　斜导柱侧向分型与抽芯机构是最常用的侧向分型与抽芯机构，具有结构简单、动作可靠的优点，在全世界都得到普遍的采用。斜导柱侧向分型与抽芯机构利用斜导柱作为传动零件，把垂直的开模运动传递到侧向瓣合的哈夫模块或者侧型芯，使之产生侧向运动，从而完成侧向分型与抽芯动作。斜导柱侧向分型与抽芯机构是最优先采用的抽芯机构，在特殊情况下当其无法满足使用要求时才使用其他的抽芯机构。

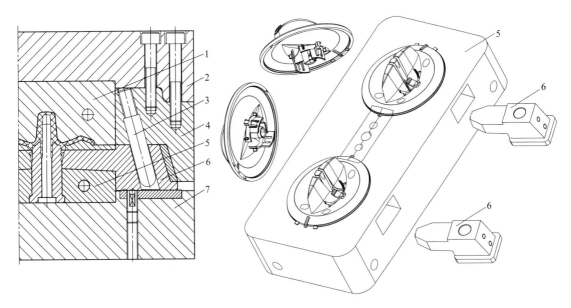

图 9-10　隧道式滑块

1—型腔；2—A 板；3—斜导柱；4—斜楔；5—型芯；6—滑块；7—B 板

9.3.1　设计要点

典型的斜导柱侧向分型与抽芯机构如图 9-11 所示。

斜导柱侧向分型与抽芯机构设计要点如下：

① 若斜导柱的高度 H 超过 177.8mm（7″）时，见图 9-12，滑块要采用油缸推动；

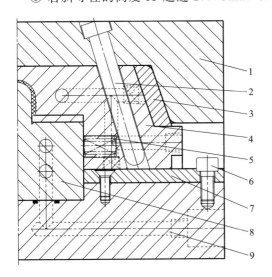

图 9-11　斜导柱侧向分型与抽芯机构

1—A 板；2—斜导柱；3,7—耐磨板；4—滑块；5—弹簧；
6—限位螺钉；8—型芯；9—B 板

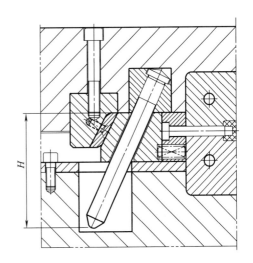

图 9-12　斜导柱的高度限制

② 有滑动摩擦的位置注意开设润滑槽，为了防止润滑油外流，不宜把油槽开成"开式"，而应该为"封闭式"，如图 9-13 和图 9-14 所示；

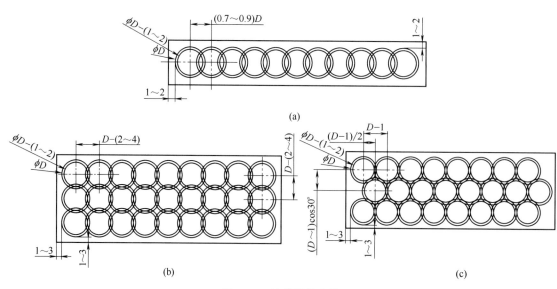

图 9-13　油槽规格参数

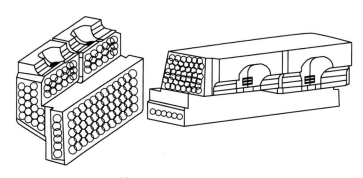

图 9-14　滑块油槽示意图

③ 斜导柱的极限抽芯距为 70mm，具体视滑块的大小而定，超过 70mm 时，斜导柱过长而强度不足，这时需采用油缸抽芯；

④ 滑块动作应顺滑，不可出现死动作、不均匀、松动等现象；

⑤ 滑块设计时，应该注意其重心位置必须在滑块座上，滑块在模具外水平放置时，不应出现低头现象，否则在运行时会出现卡滞，解决的办法是适当延长滑块座尾部长度；

⑥ 滑块滑动部分长度应为其宽度的 1.5 倍左右，抽芯后滑块在导向槽内的长度应为其总长的 2/3；

⑦ 滑块耐磨片和压条上要有油槽，压条一定要有定位或定位销钉；

⑧ 滑块伸入前模或较大滑块两侧与前模锁紧部位，要加耐磨块，角度为 1°～5°；

⑨ 所有的滑块必须有限位装置；

⑩ 所有的滑块与斜楔必须有不同的硬度，多数情况下，滑块不能与型腔和型芯采用相同钢材，无法避免时，滑块需要做氮化处理；

⑪ 多处滑块，尽量集中，统筹考虑将多个小滑块设计在同一个滑块座上；

⑫ 滑块锁紧面不小于胶位面；

⑬ 滑块容易装拆、维修，滑动配合面能磨配，滑块与相配合的零部件之间有独立的定位；

⑭ 所有摩擦面、受力面按要求镶耐磨块；

⑮ 斜导柱进入滑块前，导柱已进入导套；

⑯ 产品是否粘滑块，如果无法避免，则应设计滑块顶针机构。

9.3.2 斜导柱设计

斜导柱的安装和锁紧方式见表 9-1，斜导柱的设计要点如下：

① 斜导柱头部应倒角并磨光；

② 斜导柱的角度应小于滑块锁紧面斜度 2°，斜导柱在滑块上的避空孔为直径加 1mm；

③ 斜导柱的长度必须小于 10 倍的直径；

表 9-1　斜导柱锁紧方式

简图	说明	简图	说明
	最常用的固定方法,适宜用在模板较薄且 A 板与定模座板不分开的情况下,配合面较长,稳定性较好,斜导柱与 A 板的配合公差为 H7/m6,斜楔在动模反锁刚性好		适宜用在模板较薄且 A 板与定模座板分开的情况下,配合面较长,稳定性较好,斜楔在动模反锁刚性好
	适宜用在模板厚、模具空间大的情况下,且两板模与三板模均可使用,斜导柱顶部安装长度需大于其直径的 1.5 倍,稳定性较好		适宜用在模板较厚的情况下,且两板模与三板模均可使用,斜导柱顶部安装长度须大于其直径的 1.5 倍,这种装配稳定性较差,适用于中小型模具
	适宜用在模板较厚的情况下,且两板模与三板模均可使用,斜导柱顶部安装长度须大于其直径的 1.5 倍,适用于大中型模具,螺钉下应加弹垫,以防松动		适宜用在模板较厚的情况下,且两板模与三板模均可使用,斜导柱顶部安装长度须大于其直径的 1.5 倍,适用于大中型模具,斜导柱压块应与模板平齐,不能高出表面

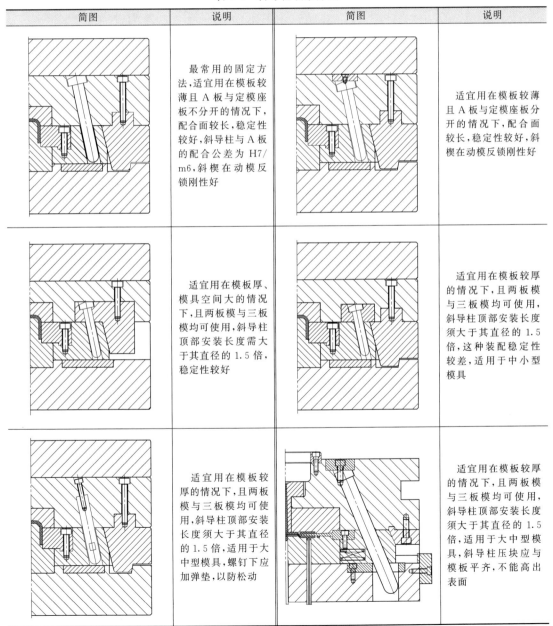

简图	说明	简图	说明
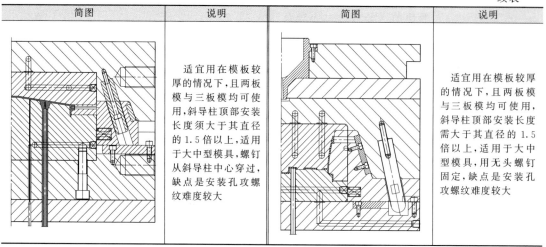	适宜用在模板较厚的情况下,且两板模与三板模均可使用,斜导柱顶部安装长度须大于其直径的1.5倍以上,适用于大中型模具,螺钉从斜导柱中心穿过,缺点是安装孔攻螺纹难度较大	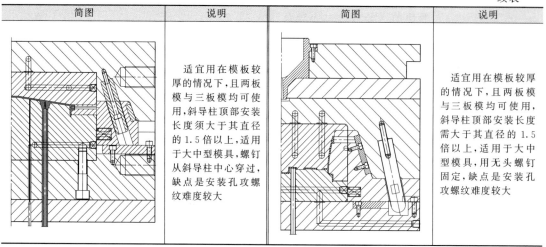	适宜用在模板较厚的情况下,且两板模与三板模均可使用,斜导柱顶部安装长度需大于其直径的1.5倍以上,适用于大中型模具,用无头螺钉固定,缺点是安装孔攻螺纹难度较大

④ 斜导柱伸入滑块的长度必须大于滑块高度的 2/3;

⑤ 斜导柱固定部位长度必须大于等于斜导柱直径的 1.5 倍。

9.3.3 滑块设计

9.3.3.1 一般规则

斜导柱驱动的滑块设计如图 9-15 所示。在模具设计时,滑块区域尽可能不设计顶针,有特殊情况时必须设计先复位装置。当滑块的宽度超过 200mm 时,滑块中间需增加导向块,同时需增设 2 个斜导柱。当滑块宽度超过 300mm 时增加中心导向块。所有的滑块导向块需热处理淬火和氮化,导向块材质用 1.2510,56～58HRC,耐磨块的高度要高出所在平面 0.5mm。大型滑块斜导柱拔动位置应在滑块尾部较低的位置,同时在滑块顶部设计工艺螺钉孔。

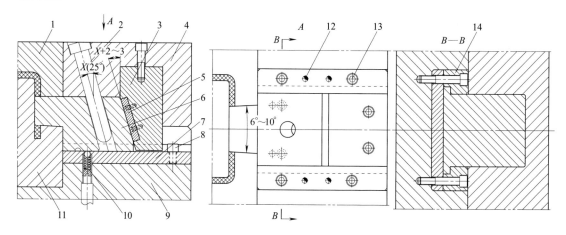

图 9-15 滑块设计一般示例

1—型腔;2—斜导柱;3—斜楔;4—A板;5,7—耐磨板;6—滑块;8—限位螺钉;

9—B板;10—定位波珠;11—型芯;12—销钉;13—螺钉;14—压条

特小滑块的设计如图 9-16 所示。当模具位置非常紧张,滑块必须设计很小,采用这种方式最节省位置,也比较简单。弯销既起锁紧滑块的作用,开模时,又能起到斜导柱的作用。但是由于滑块很小，如图 9-16（a）所示，滑块上线切割通孔，弯销从中穿过；如图 9-16（b）所示滑块上面的斜槽为通槽，使滑块的强度大大降低。

在设计这种滑块时，弯销前后两面的角度是一致的，同时倾斜角度应尽可能小，以减小滑块和弯销所受的力。滑块斜槽各处应加圆角，以方便弯销插入及增加强度。由于结构所限，此种滑块一般行程较小，受力不大，适合扣位等行程很小的情况。

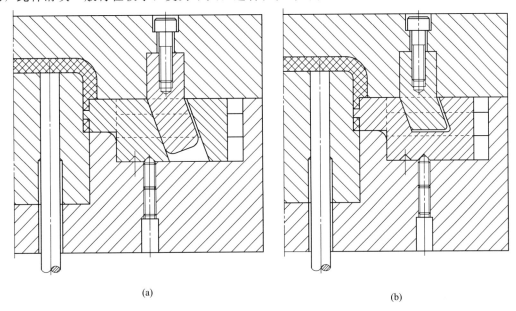

(a)   (b)

图 9-16 特小滑块设计

9.3.3.2 滑块角度

滑块靠近胶位的一端，沿着运动方向的两个侧面与型腔和型芯之间的配合需要设计 $3°\sim5°$ 斜度，以使运动顺畅。滑块的这种运动斜度有两种，如图 9-17 所示，（a）为滑块的正投影的两侧分别有斜度 $X°$，这个斜度适合滑块与型芯之间的配合。（b）为滑块高出分型面与型腔配合的情形，斜度 $X°$ 显示在右视图上。滑块的这种运动方向的斜度只能取一种，避免水平与垂直两个方向都加斜度。

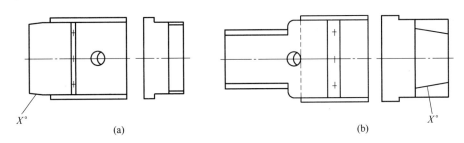

$X°$ (a)   (b) $X°$

图 9-17 滑块角度方向选择

9.3.3.3 油槽设计

滑动零件的滑动部位需开油槽，如滑块、斜顶和耐磨块等，油槽做法参考图 9-13 和图 9-14，油槽深度 0.8mm，各种油槽加工形状的优劣如图 9-18 所示。图（a）为最佳的结构，油槽由同心圆相交而成，加工时不要超过边缘。实践表明，图（b）和图（c）的形状较差，油污容易从滑块表面溢出，污染产品。尽可能不要采用图（b）和图（c）所示形状。

需要加油槽的场合：滑块的底部、侧面和背面（斜面），与滑块滑动时底面接触的模架、内模、镶件等表面，压条的近滑块侧面、部分底面，斜顶的四周面，模具在注塑过程中需活动的镶件侧面，所有耐磨块的摩擦面，等等。

油槽的形状一律为圆形，尺寸 D 视加工表面大小合理选择，应保证不破边界，深度 0.8mm。需加工表面宽度较小时，可根据宽度使得圆形油槽呈直线形排列（此时相邻圆心距与 D 的比值应小些，推荐值 0.7）；需加工表面宽度较大时，尺寸 D 应取大些（此时相邻圆心距与 D 的比值亦可大些），如图 9-13 所示。

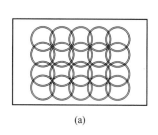 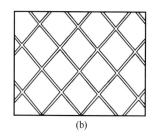 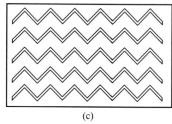

(a)　　　　　　　　　　(b)　　　　　　　　　　(c)

图 9-18　油槽形状选择

9.3.4　压条设计

压条为滑块的导向元件。常用的导向元件为倒 L 型和直线型。倒 L 型压条如图 9-19 所示，设计时尽可能将固定槽加深，将压条沉入 B 板之中，并在每个压条上加两个定位销。直线型压条如图 9-20 所示，导滑部位在底部的两侧，导滑部位与 B 板做成滑动配合，不留间隙，导滑部位高度 T 至少 15mm。压条的导滑部位要加油槽。压条的材料要用合金钢制造，并热处理淬火。

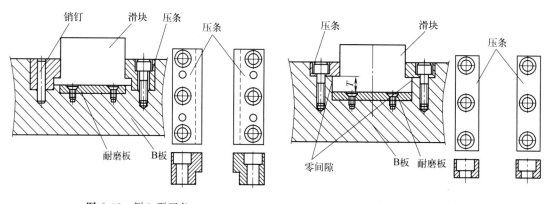

图 9-19　倒 L 型压条　　　　　　　　　　**图 9-20**　直线型压条

大滑块的压条设计如图 9-21 所示。压条材料为 2510，热处理 52～54HRC，压条与滑块的侧面接触间隙为 0.2mm，中心导向块材料为 2344，热处理 46～48HRC。

9.3.5　耐磨块设计

模具寿命在 30 万次以上的模具均需要设计耐磨块，滑块宽度在 30mm 以下的小滑块可以省略。耐磨块设计如图 9-22 所示。

耐磨块通常固定在滑块的斜面和底部。其作用是增加耐磨性，从而增加模具寿命。设计

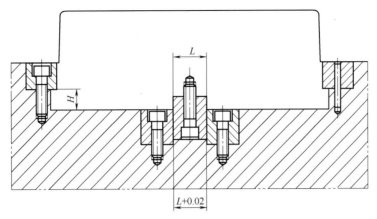

图 9-21 大滑块的压条设计

耐磨块也有利于模具装配、维护。耐磨块通常采用合金钢 2510 制作，热处理硬度 52HRC以上。滑块面积较大时，耐磨块需要拆分成多块，以便于制作。耐磨块用平头螺钉固定在 B板的滑块槽底部，滑块斜面处的耐磨块可以固定在滑块上，也可以固定在斜楔上。模具设计时耐磨块高出固定平面 0.2～0.5mm，便于组装时调整。热处理前，需要在摩擦面加工油槽。其标准厚度尺寸为 5mm、6mm、8mm、10mm、12mm，热处理前厚度方向留余量，热处理后磨平。

耐磨块的油槽与滑块底部的油槽设计方式完全一样，需要设计成相交圆，深度 0.8mm，热处理前深度需加磨削余量，圆圈不能破边，以防油污钻出。

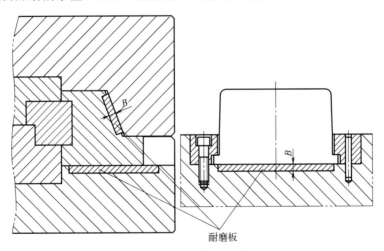

图 9-22 耐磨块设计

9.3.6 滑块定位形式

滑块的定位方式，通常有五种，如图 9-23 所示。图（a）为弹簧内置定位，适用于滑块朝向天侧，或倾斜向上的情形；或者是滑块上有凸出的细小镶件或镶针；或者是滑块底部有推杆的情形。图（b）当弹簧的安装长度在 50mm 以上时，将弹簧外置。宽度较大的滑块，可以安装两个以上的弹簧。图（c）当滑块较小，且不在天侧时，可以采用波珠定位。滑块定位波珠规格如表 9-2 所示。图（d）为 SUPERIOR 滑块锁，在欧洲模具中应用较多。其使

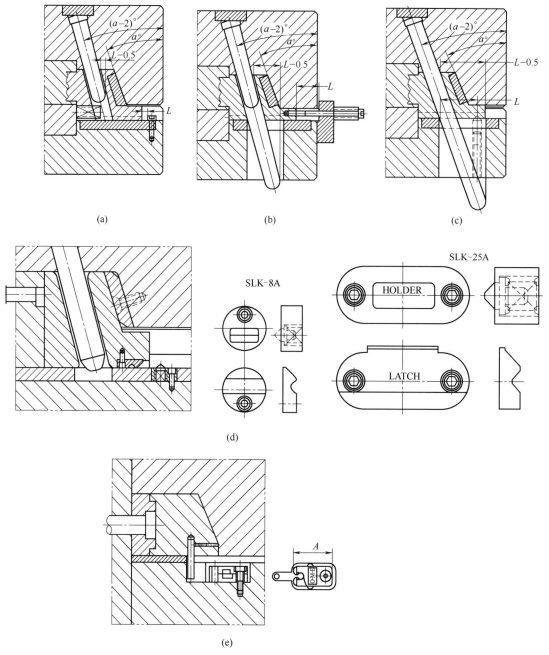

图 9-23　滑块的定位方式

用位置与定位波珠类似，其受力略大于定位波珠。SLK-8A 适合 3.6kg 以下滑块，SLK-25A
适合 11kg 以下滑块。图（e）为 DME 标准滑块夹，俗称老虎扣。使用时需要按照滑块重量
选用，规格如表 9-3 所示。

　　为防止滑块合模时与模具其他部分发生干涉而损坏模具，所有滑块必须定位可靠。

表 9-2　滑块定位波珠规格表

滑块波珠直径	M12	M10	M8	M6
滑块质量/kg	3	2.5	2.3	1.8

表 9-3　DME滑块夹规格参数

型号	A/in	滑块最大质量
PLS0001	1.5	22 LBS/10kg
PLS0002	2.13	44 LBS/20kg
PLS0003	3.38	88 LBS/40kg

对开式哈夫滑块的定位采用互锁的形式，如图 9-24 所示，图（a）为产品图，图（b）为两个哈夫滑块，图（c）为两个滑块组合的平面图。两个哈夫滑块互相以10°斜度锁紧。

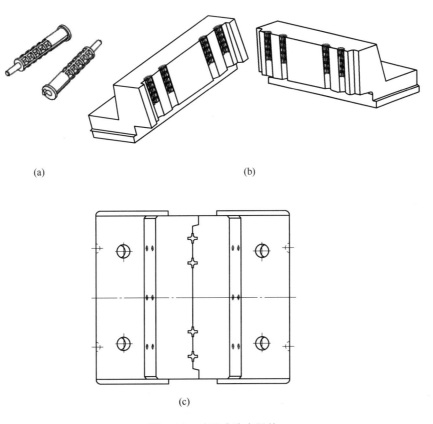

(a)　　　　　　　　　　　　　　　(b)

(c)

图 9-24　对开式哈夫滑块

9.3.7　滑块锁紧形式

型腔中的注射压力会使滑块向后移动，斜楔的作用是抵抗这种后退力，确保滑块在正确的位置。图 9-25 是斜楔的各种形式。图 9-25（a）所示斜楔在模胚 A 板原身留出，这种形式的斜楔力量最大，多用于滑块机构高出分型面并且滑块侧向受力较大的情形。图 9-25（b）所示斜楔镶在 A 板上，多用于模胚 A 板较薄的情形，或者是较小的滑块。图 9-25（c）所示斜楔是镶在 A 板上的另一种情形，斜楔底部设计反铲的斜面，斜面度数为 5°～10°，多用于滑块侧向受力较大的情形，可以有效避免滑块出现毛边。

滑块必须要有足够的锁紧面积，斜楔的高度需大于胶位面高度的 2/3。对于滑块上胶位面积较大的情况，按照前述，斜楔需做反铲。

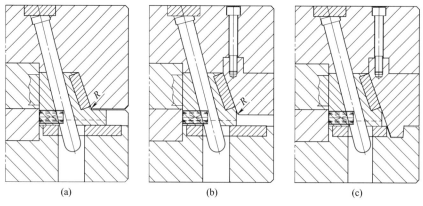

(a)   (b)   (c)

图 9-25 楔紧块的各种形式

9.4 内抽芯滑块设计

9.4.1 动模内抽芯滑块设计

动模内滑块抽芯机构如图 9-26 所示。

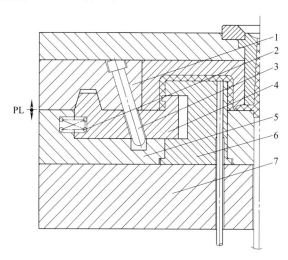

图 9-26 动模内滑块抽芯机构

1—A 板；2—弹簧；3—斜导柱；4—内滑块；5—B 板；6—型芯；7—垫板

当定模较厚或不便于设置斜导柱时，可以将斜导柱设计在动模。斜导柱倒置内滑块抽芯机构如图 9-27 所示。

9.4.2 定模内抽芯滑块设计

定模内滑块抽芯结构如图 9-28 和图 9-29 所示，此两种定模滑块结构适用于塑件无碰穿孔的情形，需要注意 $B < C$，同时尺寸 W 不能过小，以保证型腔的强度。

有碰穿孔的定模内滑块结构如图 9-30 所示。有碰穿孔的定模双向内滑块结构如图 9-31 所示。

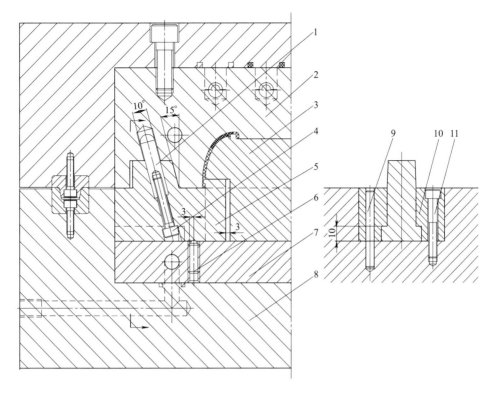

图 9-27　斜导柱倒置内滑块抽芯机构

1—斜导柱；2—型腔；3—型芯；4—螺钉；5—内滑块；6—定位波珠；

7—镶件；8—B 板；9—定位销；10—压条；11—螺钉

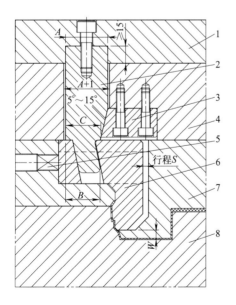

图 9-28　定模内滑块结构（一）

1—定模座板；2—弯销；3—垫块；4—流道推板；

5—弹簧；6—内滑块；7—型腔；8—型芯

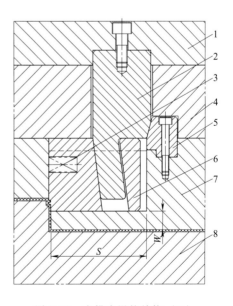

图 9-29　定模内滑块结构（二）

1—定模座板；2—弯销；3—弹簧；4—流道推板；

5—垫块；6—内滑块；7—型腔；8—型芯

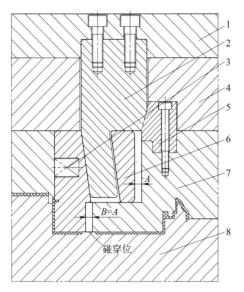

图 9-30 有碰穿孔的定模内滑块结构

1—定模座板；2—弯销；3—弹簧；4—流道推板；
5—垫块；6—内滑块；7—型腔；8—型芯

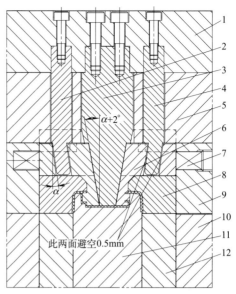

图 9-31 定模双向内滑块结构

1—定模座板；2,4—弯销；3—斜楔；5—流道推板；
6—内滑块；7—弹簧；8—型腔；9—A 板；
10—B 板；11—动模镶件；12—型芯

9.5 定模抽芯机构

　　定模滑块有多种设计方式。风扇座产品为圆形塑件，外观要求高，顶部为塑件的安装部位，有两个相对的圆孔形成出模倒扣，需要设计滑块抽芯机构。这种塑件结构仅需设计局部滑块抽芯机构，模具如图 9-32 所示。

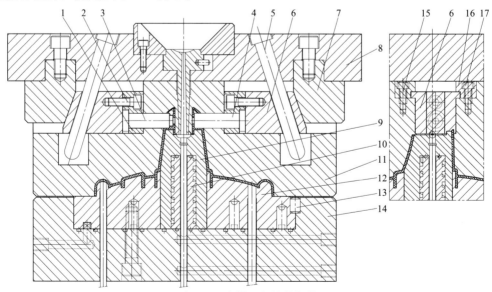

图 9-32 定模顶部抽芯机构

1—滑块镶针固定板；2,15,17—螺钉；3,4—滑块镶件；5—斜导柱；6—滑块座；7—斜楔；8—定模座板；
9—动模镶件；10—冷却镶件；11—型腔；12—型芯；13—定位销；14—B 板；16—压条

图 9-33 所示为信号发生器外壳定模抽芯图。塑件边缘的通孔和侧凹需要设计定模滑块抽芯，由于塑件侧面需要抽芯的部位距离边缘很近，定模型腔强度不足，因而型腔 5 和滑块小镶针压板 9 加高伸进动模型芯内。弯销 4 根部用螺钉固定在定模座板 1 上，头部以 5°斜面与锁紧块 15 配合，中间在 A 板内用锁紧块 14 做定位锁紧，配合面斜度为 10°。锁紧块 14 安装部位需要设计沉头，再用螺钉固定在 A 板 3 上。锁紧块 14 采用 3 点定位，能够确保刚度和强度。外挂弹簧 17 定位可靠，整套模具能长期使用属于长寿命模具。

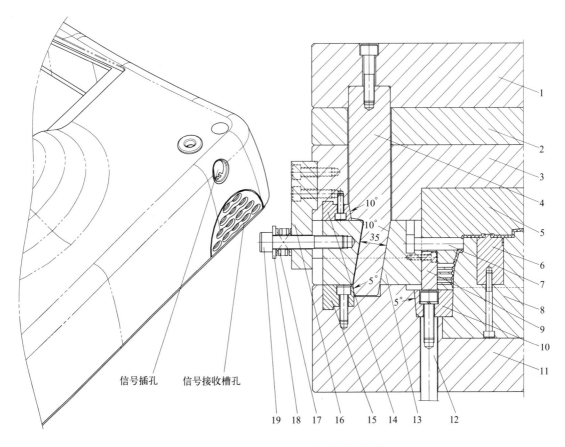

图 9-33 信号发生器外壳定模抽芯机构

1—定模座板；2—流道推板；3—A 板；4—弯销；5—型腔；6—动模镶件；7—滑块镶针；8—型芯；9—滑块小镶针压板；10—推块；11—B 板；12—推杆；13—滑块座；14,15—锁紧块；16—挡块；17—弹簧；18—垫圈；19—螺杆

当定模滑块较小，抽芯距离较小，用于扣位等抽芯时，滑块距离模架边缘较远，可将滑块抽芯的弹簧设计在滑块前端，作内置弹簧设计，如图 9-34 所示。

图 9-35 所示为大型模具中的定模抽芯设计。A 板与定模座板分离 35mm，斜导柱 8 没有从滑块座 12 中分离，斜楔 2 头部在 B 板 10 做 10°斜度的反铲，加强刚性。

大型塑件定模滑块小行程抽芯，如图 9-36 所示，采用弯销机构，滑块 5 利用 T 形槽在型腔 2 中滑动。开模时，弯销 8 始终不脱离定模滑块 5，因此，滑块不需要设计定位波珠等。

图 9-37 所示为弯销定模抽芯的限位机构。弯销 2 的端面在 B 板 7 以斜度锁紧的同时，设计一个定位平台控制弯销的间隙。

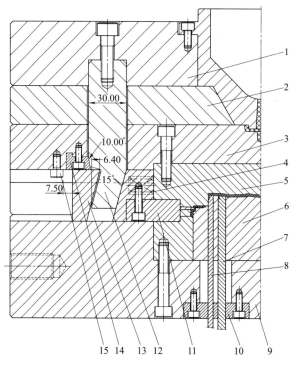

图 9-34 内置弹簧定模抽芯机构

1—定模座板；2—流道推板；3—A 板；4—弹簧；5—型腔；6—型芯；7,8—斜顶；9—B 板；
10—斜顶导向块；11—滑块镶件；12—弯销；13—滑块座；14—锁紧块；15—限位块

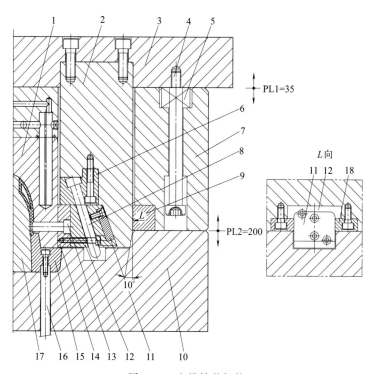

图 9-35 定模抽芯机构

1—型腔；2—斜楔；3—定模座板；4—限位螺钉；5—弹簧；6—斜导柱固定板；7—A 板；8—斜导柱；9—挡块；10—B 板；
11—耐磨板；12—滑块座；13—滑块镶针；14—滑块镶针固定板；15—推块；16—推杆；17—型芯；18—压条

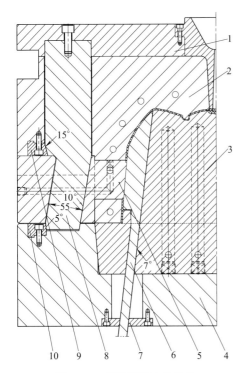

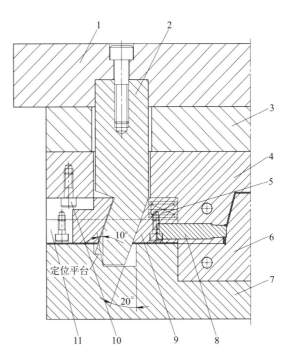

图 9-36　弯销定模抽芯机构

1—定模座板；2—型腔；3—型芯；4—B板；

5—定模滑块；6—斜顶；7—斜顶导向块；

8—弯销；9,10—锁块

图 9-37　弯销定模抽芯限位机构

1—定模座板；2—弯销；3—流道推板；4—A板；5—弹簧；

6—型芯；7—B板；8—滑块镶件；9—定模滑块；

10—限位螺钉；11—滑块压条

9.6　斜滑块设计

9.6.1　斜滑块计算

由于成品的倒扣面是倾斜的，与开模方向不成 90°，因此滑块的运动方向要与塑件倒扣斜面方向一致，否则会损伤塑件，此时滑块的方向与开模方向不垂直，见图 9-38 和图 9-39。

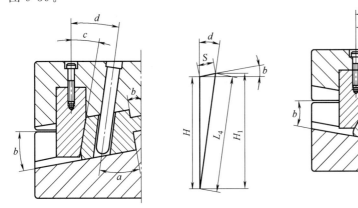

图 9-38　滑块向动模方向倾斜

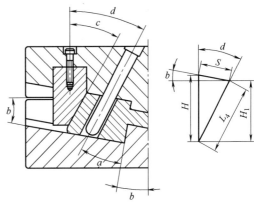

图 9-39　滑块向定模方向倾斜

① 当滑块抽芯方向与分型面成角度关系，且滑块向动模方向倾斜时，如图 9-38 所示。

$$a = d + b$$
$$d = a - b$$
$$15° \leqslant a \leqslant 25°$$
$$c = d + (2° \sim 3°)$$
$$H = S\cos a / \sin(a - b)$$
$$L_4 = S\sin(90 + b) / \sin(a - b)$$
$$H_1 = L_4 \cos d = L_4 \cos(a - b)$$

② 当滑块抽芯方向与分型面成夹角的关系，且滑块向定模方向倾斜时，如图 9-39 所示。

$$a = d - b$$
$$d = a + b$$
$$15° \leqslant a \leqslant 25°$$
$$c = d + (2° \sim 3°)$$
$$H = S\cos a / \sin(a + b)$$
$$L_4 = S\cos b / \sin(a + b)$$
$$H_1 = L_4 \cos d = L_4 \cos(a + b)$$

式中　H——最小开模距离；

H_1——在最小开模距离下，滑块在开模方向上实际后退的距离；

L_4——在最小开模距离下，斜导柱与滑块相对滑动的距离；

a——斜导柱相对于滑块滑动方向的倾斜角度，一般取 $15° \sim 25°$；

b——滑块的倾斜角度。

9.6.2　定模斜滑块

9.6.2.1　定模斜弹滑块结构分析

定模斜弹滑块是定模滑块的最重要的结构形式，常用在制品的外形整体抽芯或者大面积抽芯的情况下。在大型箱体类塑件的模具中，定模斜弹滑块抽芯，能够减小模具外形尺寸，也能够便于塑件从模具中移出。常见的定模斜弹滑块抽芯机构如图 9-40 所示。

T 形导向块在滑块座的大斜面上，为了导向平稳，需要设计两个 T 形导向块。在胶位深度较大时，滑块座大斜面做 T 形槽，会损害滑块强度，这时可以将 T 形槽设计在滑块的端面，见图 9-41。

当动定模分开时，在上下拉钩与弹簧的作用下，滑块沿 T 形导向块运动，当滑块运动到一段行程（W_3），上下拉钩分开，滑块在弹簧的作用下继续向下运动，直到碰到限位块停止，滑块退出成品倒扣。当滑块行程很大时，所选弹簧的自由长需很长，此时需在弹簧中间加一个导向杆。

$$W_1 > W_3 > S, H_1 > H_2 > W_1, a = \beta$$

设计定模斜弹滑块时，需要注意滑块顶部在型腔内的定位。如果没有定位面，则模具组装时很难控制尺寸。图 9-40 中型腔 2 的右侧面为滑块镶件 13 的左面承担定位作用。需要注意这个定位面一定要选在定模型腔上，不能仅仅依靠滑块之间互相定位来解决。

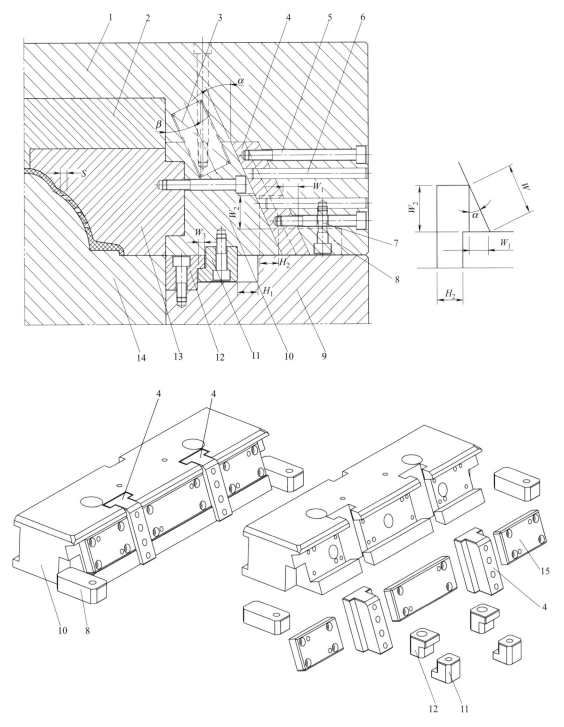

图 9-40　定模斜弹滑块抽芯机构

1—A 板；2—型腔；3—弹簧；4—T 形导向块；5,7—螺钉；6—定位销；8—限位块；9—B 板；
10—滑块座；11—上拉钩；12—下拉钩；13—滑块镶件；14—型芯；15—耐磨板

9.6.2.2　定模斜弹滑块导向

　　图 9-41 所示为圆形产品一出二的模具图，模具结构采用对开式哈夫前模斜弹滑块抽芯。

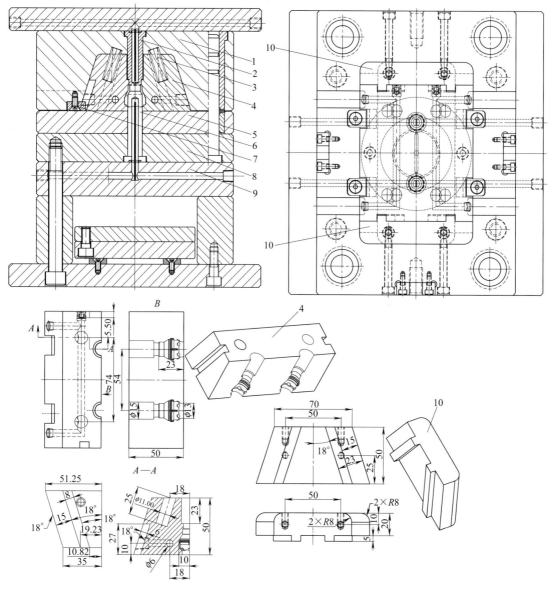

图 9-41 前模斜弹滑块抽芯

1—A板；2—定模镶件；3—弹簧；4—定模斜滑块；5—推件板；6—型芯；7—限位块；8—B板；9—垫板；10—导向块

定模镶件 2 为两个定模斜滑块 4 提供定位，这种定位方式俗称伺服位。伺服位在定模斜弹抽芯的模具中具有非常重要的作用，不可忽视。因为塑件的原因，有些模具结构不存在定模镶件，胶位都在滑块上。这时需要在滑块两端专门设计定位镶件。小型塑件的模具，也可将导向块 10 设计在滑块两端，起到定位和导向作用。

图 9-42 为另一种前模斜弹哈夫抽芯机构，导向块 8 设计在滑块两端。双向拉钩 7 同时拉动两侧的定模滑块。设计时需要注意双向拉钩顶部与滑块之间要有 0.5mm 的间隙。

9.6.2.3 大型定模斜弹滑块设计

图 9-43 所示为大型定模斜弹滑块设计。大型模具组装需要设计工艺螺钉 2 和 7 固定滑块，在配模和抛光时也可以方便加工。定模镶件 5 起伺服位作用。斜导柱 4 在挑开滑块的同

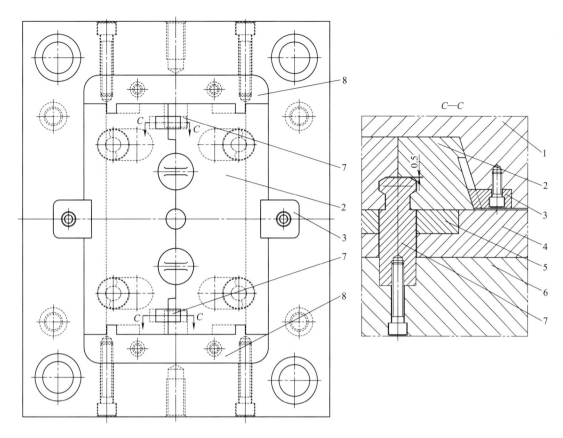

图 9-42　前模斜弹哈夫抽芯机构

1—A 板；2—定模哈夫滑块；3—限位块；4—推件板；5—推件板镶件；6—B 板；7—双向拉钩；8—导向块

时可以为弹簧提供导向。耐磨块 22 设计 3°斜面，减小开模时滑块滑动阻力。

由于模具较大，限位块螺钉规格应在 M10 以上。

由于滑块较大，定模座板 8 内精框深度较大，加工时保证斜面精度的难度较大，因此，在保留足够斜面长度时，滑块顶部可以加大角度避空，保证精框具有定位、导向和锁模的功能即可。

9.6.2.4　定模滑块稳定性机构

近年来针对大型模具，使用油缸和氮气弹簧作为顶出元件，克服了弹簧在长度和弹力方面的不足。图 9-44 为垂直安装弹簧，并用 DME 老虎扣对滑块限位的模具设计，开模后，滑块稳定性较好。

冰箱底层抽屉如图 9-44 所示，产品外形尺寸为 429.51mm×227.53mm×176.5mm，产品结构为单边开口的非封闭型，两端存在倒扣位需要做大滑块，扣手位置的侧面大型腔镶件需要伸入动模，需要克服强度不足的问题，避免因强度不足而产生毛边。

对于箱体类的大型模具，定模抽芯具有明显的优势，开模后，抽芯机构都留在定模，塑件随动模移动，并最终留在动模上。顶出后，不论是机械手取件还是人工取件，塑件周围没有抽芯机构阻挡塑件取出。

定模侧向抽芯机构有很多设计方式，对于大型滑块，冰箱抽屉模具采用了定模斜弹的结构形式。滑块的驱动方式为弹簧 9 加拉钩 18，斜楔 14 中心设计了导向条 29，两侧各有一个

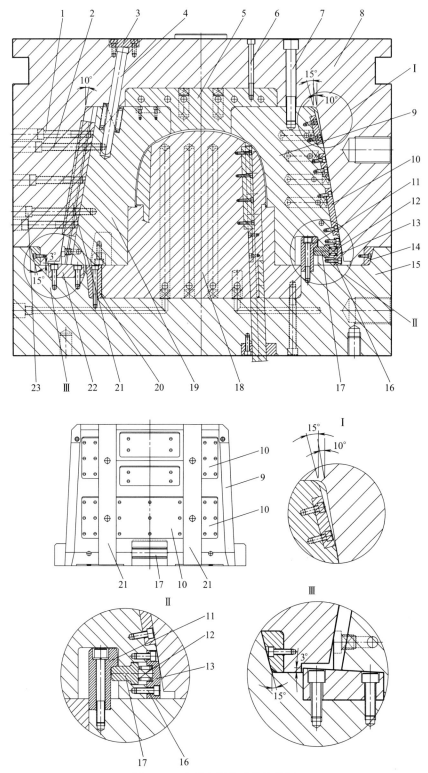

图 9-43 大型定模斜弹滑块设计

1,6,16,23—螺钉；2,7—工艺螺钉；3—压板；4—斜导柱；5—定模镶件；8—定模座板；
9,19—定模斜弹滑块；10—耐磨板；11—拉钩；12—弹簧；13—压板；14—锁紧块；
15—B板；17—弹块；18—型芯；20—挤紧块；21—导向块；22—耐磨块

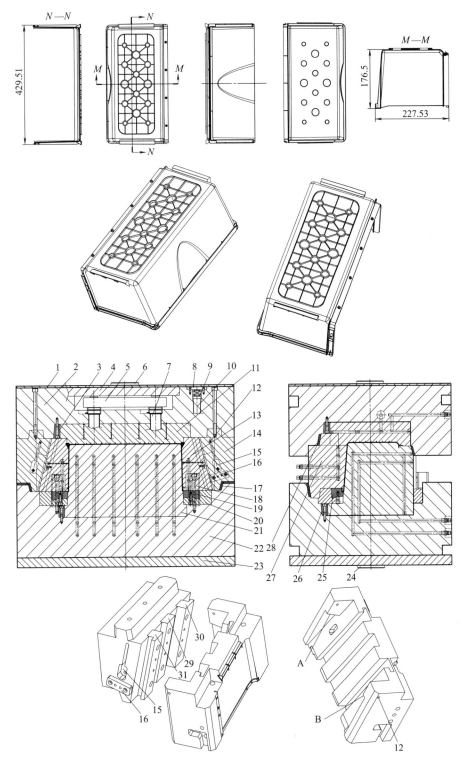

图 9-44 冰箱抽屉模具图

1—隔热板；2—型腔板；3,26—挤紧块；4—分流板压板；5—分流板；6—定位圈；7—热嘴；8—压板；9—弹簧；
10—弹出销；11—型腔；12—限位销；13—滑块；14—斜楔；15—DME限位夹；16—限位块；17—耐磨板；
18—拉钩；19—推板镶件；20—推板；21—型芯；22—型芯板；23—底板；24—定位圈；25—推板镶件；
27—型腔镶件；28—调整块；29—导向条；30,31—T形镶件

T 形镶件 30 与 31，T 形镶件与滑块上的 T 形槽配合，斜楔 14 的两侧面分别安装一个限位块 16，滑块的背面有 A、B 两个限位面，滑块移动到限位面接触限位块后，停止移动，这时滑块上的限位销 12 接触到限位夹 15 被其固定，限位夹俗称"老虎扣"，是 DME 的标准件（DME 代号 PSM0001），滑块打开后用限位夹定位安全可靠。

开模时，模具沿分型面打开，动模在注塑机的驱动下向后移动，固定在模具型芯板上的拉钩 18 拉住滑块两侧的拉钩槽，滑块在 T 形槽的作用下，逐渐脱出塑件的倒扣，滑块被限位夹固定后停止移动。塑件随着动模型芯 21 继续向后移动，到达开模行程后开模动作停止，油缸驱动推板 20 推出塑件，塑件被机械手夹出移动至机器旁边的输送带上。合模时，首先油缸带动推板回位，然后动模移动至分型面闭合。

这种垂直安装的弹簧，可以采用油缸或氮气弹簧来代替，增大开模弹力。

9.6.3 动模斜滑块

动模斜向抽芯如图 9-45 所示。斜滑块 5 与滑块座 7 之间用 T 形槽相连，在斜导柱 3 的作用下，通过滑块座 7 带动斜滑块 5 抽芯。滑块座通过底部的定位销在 DME 老虎扣内定位。

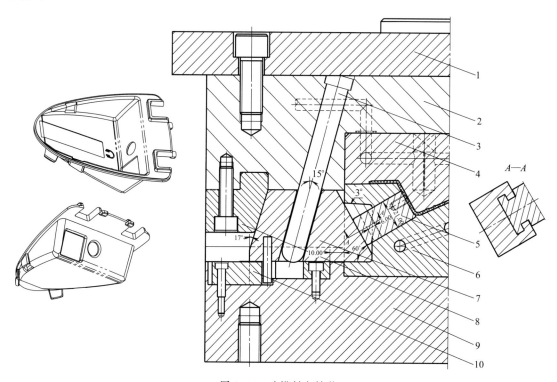

图 9-45 动模斜向抽芯
1—定模座板；2—A 板；3—斜导柱；4—型腔；5—斜滑块；6—型芯；7—滑块座；8—斜楔；9—B 板；10—定位夹

9.7 T 形槽驱动滑块设计

T 形槽驱动滑块设计多用于空间位置较小的定模滑块抽芯和动模滑块抽芯，也可用于倾斜的大滑块抽芯。滑块宽度较大时，采用一个斜导柱则滑块运动很难平衡，两个以上斜导柱则很难做到一致性，这时采用 T 形槽驱动滑块则是最佳选择。

9.7.1　T 形槽驱动滑块节省空间位置

　　控制仪上壳如图 9-46 所示。塑件小端方形盒子侧面有圆孔需要设计定模滑块抽芯，大端顶面为斜面，其上有 5 个倾斜柱位孔需要设计定模斜向滑块抽芯，由 T 形槽驱动前模斜

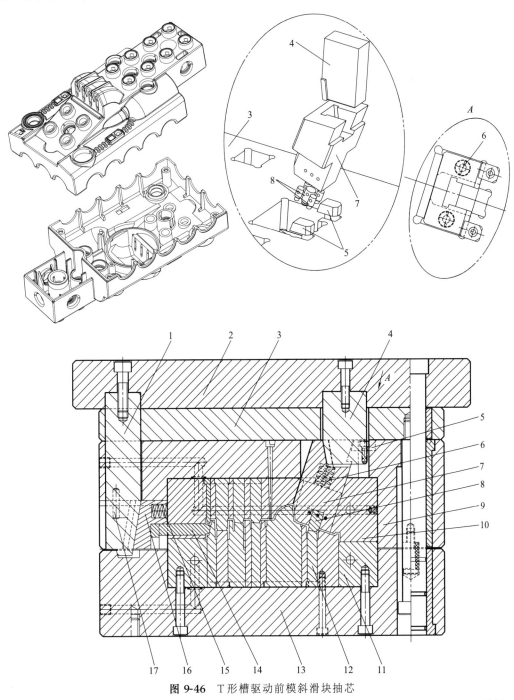

图 9-46　T 形槽驱动前模斜滑块抽芯

1—弯销；2—定模座板；3—流道推板；4—T 形斜楔；5—限位块；6,15—弹簧；7—斜滑块；8,14—滑块镶件；
9—A 板；10—型腔；11—型芯；12—动模镶件；13—B 板；16—定模滑块；17—限位销

滑块抽芯。

9.7.2　T形槽驱动多个滑块设计

大水杯产品最大外形尺寸为 $\phi145mm\times190mm$，如图 9-47 所示。塑件尺寸较大，大小 8 个滑块，模具设计排位为 1 出 1。浇注系统设计为大水口设计，熔融塑料经过浇口套进入分型面后，沿内孔 3 点侧浇口进胶。

从图中可以看出，杯体塑件小端圆周外侧有 3 处骨位，一处外螺纹通孔柱位；内孔小端处有 3 处断续螺纹，需要设计小滑块抽芯；内孔大端处有 2 处扣位，需要设计内滑块抽芯；塑件外形需要设计哈夫大滑块成型。模具设计的难点在于内外滑块相互交错，位置干涉。

塑件小端的 3 个内滑块 4 采用 T 形槽驱动，浇口套兼作铲机。滑块槽开设在定模镶件 3 内，用压块导向并压紧。定模侧面小螺纹孔滑块 7 采用油缸驱动。此螺纹外径由两个哈夫大滑块成型。

两个哈夫大滑块 13 为动模滑块，避免与两个内滑块 24 干涉。为了提高两个大滑块 13 的合模精度，在其结合面设计两组圆形锥度定位块。由于这两个哈夫滑块高度较大，导向条 11（压条）必须设计在滑块腰部，用螺钉固定在 B 板 12 上。此滑块由于空间位置较小，采用斜楔 29 通过 T 形块 28 驱动。哈夫滑块利用弹簧 36 和弹簧压紧螺钉 37 限位。内滑块 24 利用内滑块弯销 23 驱动，此滑块较小，夹在两个哈夫大滑块中间。

由于塑件形状的特殊性，无法采用顶针顶出，因此在塑件的边缘采用 4 个推块 32 顶出。由于推块在滑块的底部，因此，需要设计先复位机构。中心流道推杆 21 安装在推杆垫块 22 上，因此，在推板 19 顶出 12mm 后，推杆垫块 22 才通过推杆 21 将中心水口料顶断，实现浇口和塑件在模具内自动分离。

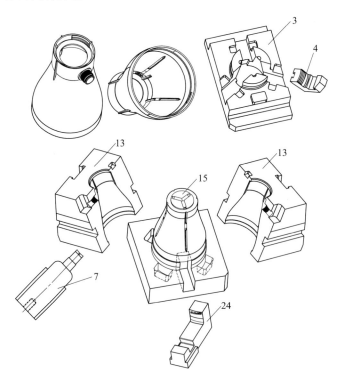

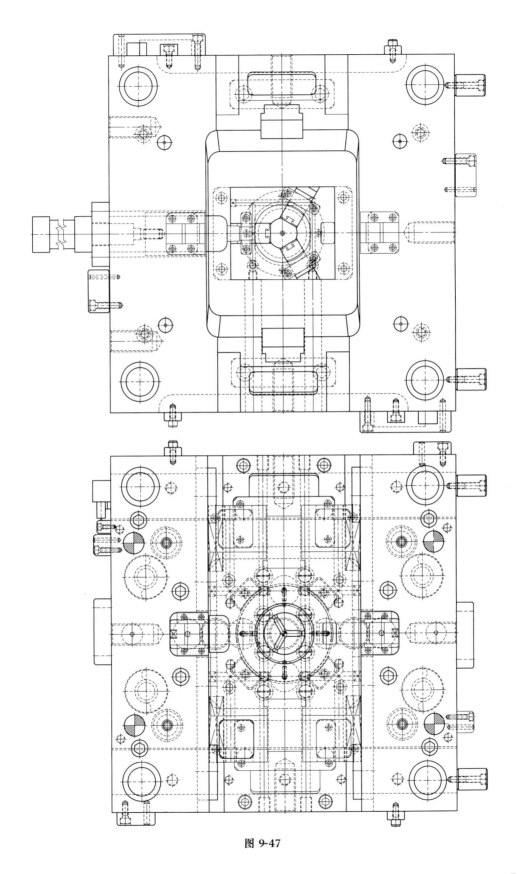

图 9-47

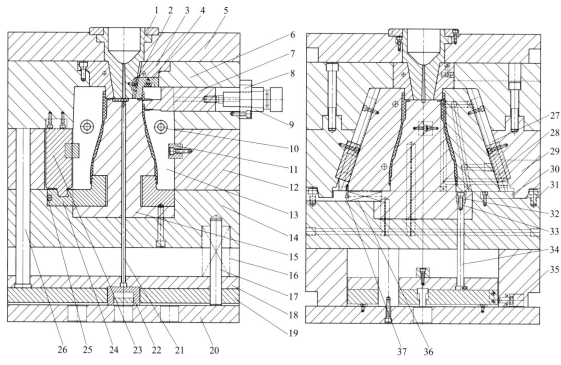

图 9-47 大水杯模具图

1—浇口套；2,28—T形块；3—定模镶件；4,24—内滑块；5—定模座板；6—A板；7—螺纹孔滑块镶件；8—油缸座；
9—油缸；10—锥形定位块；11—滑块导向条；12—B板；13—动模大滑块；14—动模垫板；15—型芯；16,25,36—弹簧；
17—弹簧导杆；18—推杆固定板；19—推板；20—动模座板；21—流道推杆；22—推杆垫块；23—内滑块弯销；26—复位杆；
27,30—耐磨板；29—斜楔；31—限位螺钉；32—推块；33—螺钉；34—推杆；35—行程开关；37—弹簧压紧螺钉

9.7.3 复杂 T 形槽驱动滑块设计

玩具鸟屋塑件如图 9-48 所示，尺寸为 327mm×145mm×160mm，材料为 ABS，重

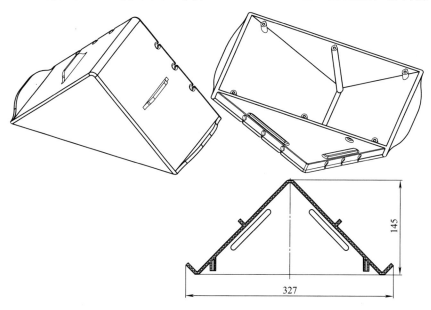

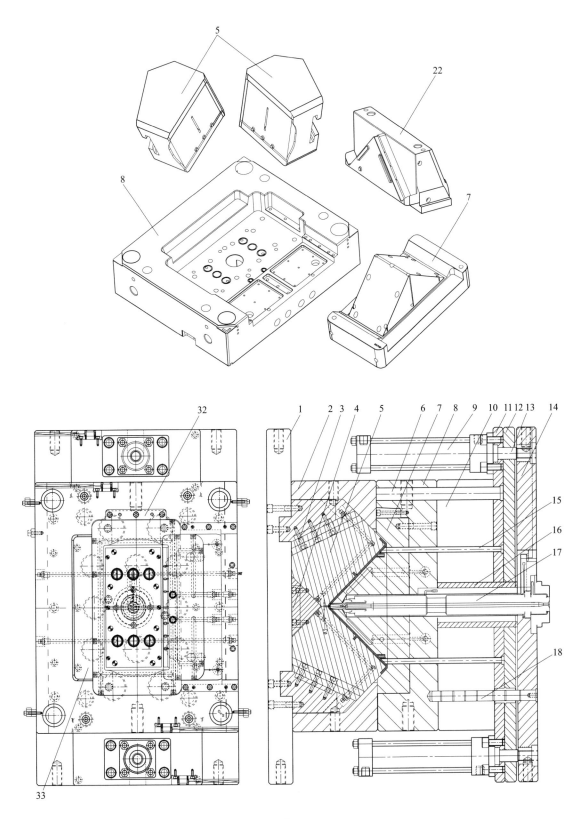

图 9-48

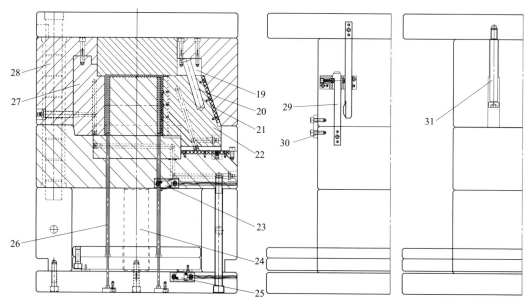

图 9-48　玩具鸟屋模具图

1—动模座板；2—动模板；3—导滑块；4—垫块；5—斜滑块；6—复位杆；7—型芯；8—型芯固定板；
9—液压缸；10—垫块；11—推杆固定板；12—推板；13—液压缸活塞接头；14—定模座板；15—推杆；
16—热喷嘴套管；17—热喷嘴；18—推板导柱；19—斜导柱固定板；20—斜导柱；21—耐磨板；
22—大滑块；23，25—行程开关；24—撑头；26—推管；27—动模镶件；28—导柱；
29—拉模扣；30—锁模块；31—限位螺钉；32，33—挤紧块

0.525kg，塑件平均壁厚为 4.5mm，两侧斜面上分别有 1 个凸耳和 3 个电线卡位，均需要设计倾斜的滑块成型，塑件背面的 1 个三角形平面上有 2 个长孔，也需要设计滑块抽芯机构。该塑件为外观件，浇口不能设计在外表面，模具设计的难点在于 3 处侧向抽芯机构和选择合理的浇注方式，以及消除热膨胀对模具侧向抽芯机构的影响。

成型塑件左右两侧的 2 个凸耳和 3 个电线卡位，必然会产生滑块熔接痕，影响塑件美观。经过分析，此塑件的滑块分型面宜选在其最高点处。

经过分析塑件的结构，模具需要 3 个大滑块抽芯，为了减小模具尺寸，适合吨位 3×10^6N 注塑机生产，抽芯机构采用 T 形槽驱动滑块，模具结构设计为倒装结构。动模板设计成整体套装结构，为 3 个滑块提供足够的锁紧力。塑件顶出设计了推管和推杆，全部安装在推板上。倒装模具的顶出机构常用液压缸来驱动，液压缸活塞杆利用液压缸活塞接头 13 连接在定模座板 14 上，液压缸缸体则连接在推杆固定板 11 上。模具的打开和闭合机构利用拉模扣 29 来控制，行程限位利用限位螺钉 31 实现。推板的顶出和回程通过行程开关 23 和 25 监测。在型芯固定板 8 的底部设计了撑头 24，模具中心设计有热喷嘴套管 16，增加了型芯固定板的刚度。在大滑块 22 的底部和斜面均设计了耐磨板，大滑块结构如模具图所示。型芯 7 组装在型芯固定板 8 上，型芯 7 通过挤紧块 32 和 33 来压紧。模具设计采用了龙记模架，型号为 GCH-5060-A210-B150-C200-L450 简化点浇口模架。

开模后，在注塑机动模板的驱动下，模具动模座板 1 后退，动模座板 1 与动模板 2 分开，在导滑块 3 的带动下，2 个斜滑块 5 沿着斜向移动脱离塑件。开模 60mm 后，在限位螺钉 31 的作用下，动模板 2 随动模座板 1 后退，拉模扣 29 打开，模具主分型面打开，在斜导柱 20 的作用下大滑块 22 完成侧向抽芯，推板上的液压缸带动推板通过推杆和推管顶出塑件。

模具结构设计新颖，机构运作平稳灵活。开模后，斜滑块停留在动模侧，塑件留在定模侧，液压缸顶出平缓稳定，便于机械手取出塑件，可实现全自动生产。

9.8 滑块顶针设计

9.8.1 单个滑块顶针设计

有些塑件在侧向抽芯时，胶位会粘在滑块上拉变形；还有一些塑件，侧面胶位复杂，多个柱位和复杂的形状需要分几次抽芯，以分散胶位对滑块的粘接力。在这些情况下，往往需要设计滑块顶针或者二次抽芯机构。塑件胶位面积较小，滑块较小时，往往设计一个滑块顶针就可以解决问题。塑件侧面大面积的胶位容易粘滑块时，往往需要设计多个滑块顶针，这种情况下，需要设计滑块顶针板。也有一些塑件，滑块上的长柱位需要设计滑块司筒，使模具结构更加复杂。

斜楔原身留时滑块顶针如图 9-49 所示。抽芯时，胶位容易粘在滑块镶件 11 上。开模时，导销右端的圆柱头部顶在斜楔 7 的垂直面上不随滑块移动，从而使塑件胶位不随滑块移动，避免胶位拉变形。图 9-50 所示为斜楔为镶拼结构时滑块顶针的设计方式。

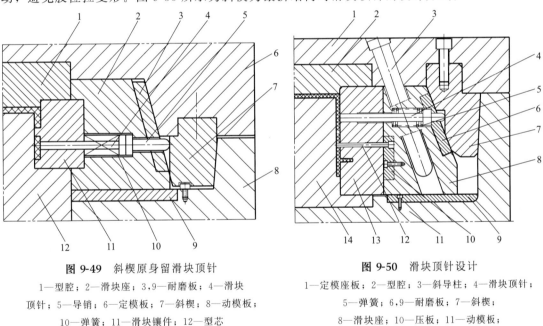

图 9-49 斜楔原身留滑块顶针

1—型腔；2—滑块座；3,9—耐磨板；4—滑块顶针；5—导销；6—定模板；7—斜楔；8—动模板；10—弹簧；11—滑块镶件；12—型芯

图 9-50 滑块顶针设计

1—定模座板；2—型腔；3—斜导柱；4—滑块顶针；5—弹簧；6,9—耐磨板；7—斜楔；8—滑块座；10—压板；11—动模板；12—镶针；13—滑块镶件；14—型芯

打印机支架滑块顶针设计如图 9-51 所示。塑件的上下胶位包在滑块镶件 8 上，柱位很长，在柱位底部做镶针 7 排气，滑块顶针 6 用无头螺钉 2 固定在小滑块 4 上。小滑块 4 在弹簧 5 作用下移动，小滑块 4 左端面与斜楔 1 的垂直面配合顶住塑件避免塑件粘滑块镶件。小滑块 4 的移动利用限位螺钉 3 限位。

9.8.2 大型滑块顶针设计

大型滑块顶针的结构如图 9-52 所示。胶位包在滑块 2 上，滑块在油缸驱动下向右移动时，

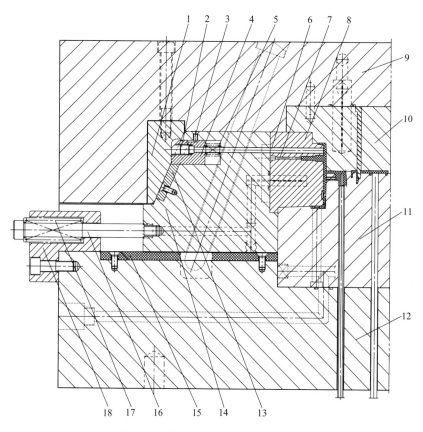

图 9-51 打印机支架滑块顶针设计

1—斜楔；2—无头螺钉；3—限位螺钉；4—小滑块；5,17—弹簧；6—滑块顶针；7—滑块镶针；8—滑块镶件；
9—A板；10—型腔；11—型芯；12—B板；13,15—耐磨板；14—滑块座；16—螺钉；18—限位座

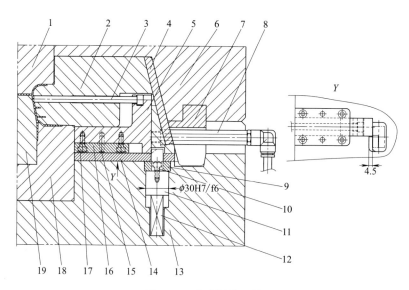

图 9-52 大型滑块顶针

1—型腔；2—滑块；3—滑块顶针；4—耐磨板；5—滑块顶针座；6—定模板；7—斜楔；8—冷却水管；9—压板；
10,17—螺钉；11—滑动销；12—弹簧；13—动模板；14—导向条；15—销钉；16—导轨；18—型芯；19—动模镶件

滑块顶针座 5 右端面在滑动销 11 头部斜面的阻挡下保持不动，从而滑块顶针 3 顶住塑件不粘滑块。当滑块移动到右边垂直面碰到滑块顶针座 5 左侧面时，滑块顶针座将滑动销压入导向条 14 内，滑块继续移动脱离塑件，完成侧向抽芯。

9.8.3 滑块分级抽芯机构

图 9-53 所示的塑件，滑块为动模滑块，胶位包在滑块 13 上，镶针 12 外面的柱位很长，对滑块也有很大的包紧力，模具设计需要镶针 12 首先抽芯，分解滑块的包紧力。T 形镶件 2 带动小滑块 3 移动，镶针 12 通过无头螺钉 16 固定在小滑块 3 上。滑块 13 的移动由油缸驱动，图中未示出。

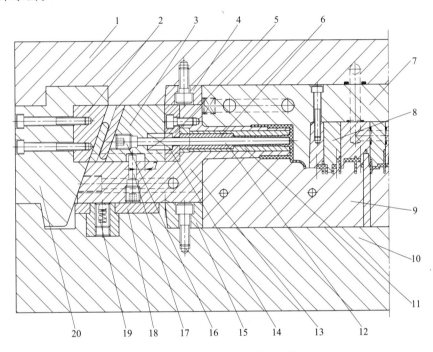

图 9-53　滑块长柱位先抽芯机构

1—定模座板；2—T 形镶件；3—小滑块；4,15—挤紧块；5—压板；6—镶件；7—型腔；
8—定模镶件；9—型芯；10—动模板；11—镶件；12—镶针；13—滑块；14—弹簧；
16—无头螺钉；17—挡销；18—耐磨板；19—定位波珠；20—斜楔

9.8.4 滑块顺序分离抽芯机构

图 9-54 所示为打印机磁粉筒支架塑件，此类打印机内部支架结构复杂，正面有通纸面，通纸面上的骨位是为纸张提供支撑和移动导向用的，通纸面要求较高，不能有阻碍纸张移动的任何缺陷。支架的两个侧面需要安装齿轮和其他功能部件，因此结构较为复杂。侧面的骨位和柱位需要设计滑块顶针、滑块推管或者分级抽芯机构等，分解滑块包紧力，避免塑件变形。

开模时，弹簧 6 使弹块 7 弹出避免塑件粘住型腔 11。在挡块 4 的作用下，滑块分离板暂时不动，滑块镶针 17、滑块镶件 18 和滑块镶件 19 首先抽芯。挡块 4 离开滑块分离板 5 后，滑块镶件 8 等其余部件实现抽芯。

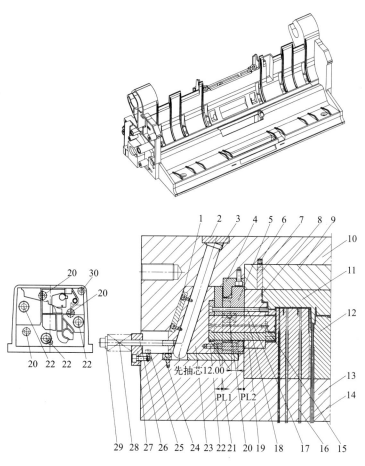

图 9-54 滑块顺序分离抽芯机构

1,24—耐磨板；2—斜导柱压板；3—斜导柱；4,27—挡块；5—滑块分离板；6,20,28—弹簧；7—弹块；8,18,19—滑块镶件；9—型腔垫板；10—A 板；11—型腔；12—型芯；13—B 板；14—推管；15—滑块镶针；16—顶针；17—滑块镶针；21—滑块镶针压板；22—滑块限位螺钉；23—滑块座；25—限位钉；26—螺杆；29—垫圈；30—螺钉

9.8.5 滑块顶针板设计

当塑件侧面胶位面积较大时，需要设计多个滑块顶针或滑块推管。这时，为了使多个滑块顶针步调一致，需要设计滑块顶针板。滑块顶针板和动模顶针板一样，需要设计导向元件，例如导柱导套等，也要设计限位元件，更重要的是需要驱动力和复位机构。

图 9-55 所示为某打印机支架的滑块顶针板设计，滑块上胶位复杂，长的柱位需要设计滑块推管。滑块顶针需要选择在最容易粘滑块的部位，复位杆多选择在碰穿孔的位置，导向元件、限位元件和弹簧的位置需要平衡设置。

图 9-56 所示为复印机支架，塑件结构复杂，侧壁有两处形成碰穿孔。滑块镶针 6 和滑块镶针 8 形成碰穿关系。如果不分级抽芯，就会使塑件粘滑块而拉变形。开模后，斜楔 11 带动滑块座 17 向右移动抽芯。在弹簧 9 作用下，滑动块 20 带动镶针 8 向右移动抽芯。滑块座 4 和滑块镶件 24 一起向左移动抽芯，此时滑块镶针 6 暂时不动，滑块镶件 24 碰到滑块顶针面板后，带动滑块镶针 6 向左移动抽芯，通过分级抽芯避免塑件变形。同理，滑块顶针 33 和滑块顶针 34 分别顶在塑件的两侧避免塑件粘模。

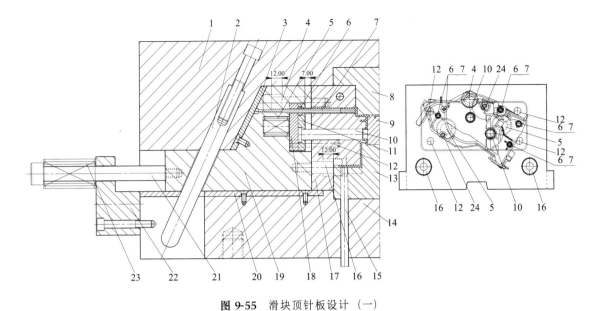

图 9-55 滑块顶针板设计（一）

1—A 板；2—斜导柱；3,20—耐磨板；4,16—限位螺钉；5,23—弹簧；6—滑块推管；7—推管内针；

8—型腔；9—动模镶件；10—复位杆；11—滑块顶针面板；12—导柱；13—型芯；14—B 板；

15—顶针；17—滑块镶件；18—滑块顶针底板；19—滑块座；

21—螺钉；22—限位座

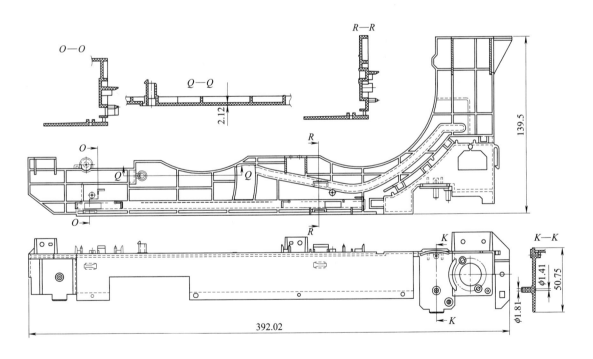

图 9-56

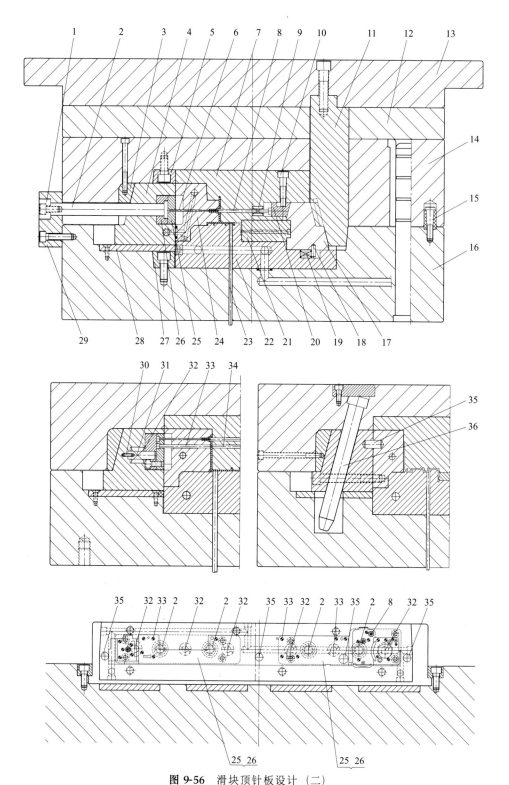

图 9-56　滑块顶针板设计（二）

1—限位垫；2—导向杆；3,11—斜楔；4,17—滑块座；5,27—挤紧块；6,8—滑块镶针；7—型腔；9,19,31—弹簧；
10—限位钉；12—流道推板；13—定模座板；14—A板；15—尼龙扣；16—B板；18—拨杆；20—滑动块；
21,24—滑块镶件；22—型芯；23—推杆；25—滑块顶针面板；26—滑块顶针底板；28—耐磨板；
29—挡块；30—无头螺钉；32—导销；33,34—滑块顶针；35—定位销；36—斜导柱

9.9 圆弧抽芯机构

9.9.1 斜导柱驱动圆弧抽芯

图 9-57 所示为弧形罩斜导柱直接进行抽芯的模具实例。塑件在分模面内的圆弧曲率半径较大时，可以采用斜导柱直接抽芯，滑块上斜导柱孔需要加工成长孔。滑块的运动轨道与塑件圆弧同心。斜导柱圆弧抽芯结构简单，模具成本低。

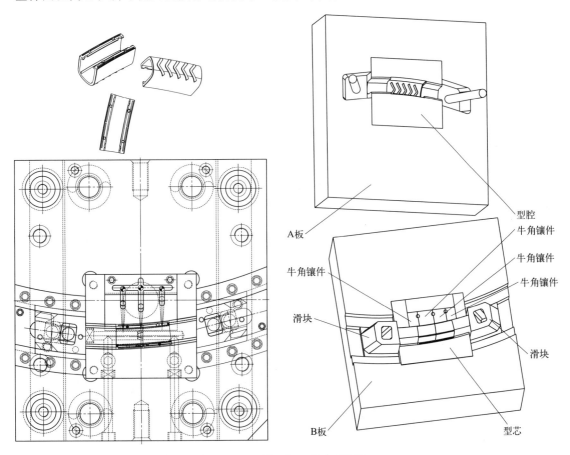

A板

型腔
牛角镶件
牛角镶件
牛角镶件
滑块
滑块
型芯
B板

图 9-57 斜导柱驱动圆弧抽芯

9.9.2 连杆驱动圆弧抽芯

按摩仪索环产品最大外形尺寸为 57.50mm×54.10mm×25.10mm，塑件平均胶位厚度 2.70mm，塑件材料为 PVC，如图 9-58 所示。塑件主体造型近似牛角，中间带一圆弧形通孔，大端孔径 φ6.50mm，牛角造型边缘是一个带孔的薄片。塑件中心的圆弧通孔，在水平面内其圆弧半径为 R106mm，模具设计的难点在于此圆弧通孔的脱模。

按摩仪索环产品采用硬质 PVC 成型，其内部的圆弧通孔需要旋转模芯才能脱模。确定模具设计方案时，首先需要确定开模方向。模具的分型面较为简单，是一个平面。经过分析，塑件尺寸较小，将塑件放倒至水平位置，在水平面内旋转内芯较为方便。在水平面内旋转，还是选择在竖直面内旋转，要视塑件的尺寸和结构而定。例如淋浴头的花洒手柄结构较复杂，多采用在竖直面内旋转。

圆弧通孔的内芯通过滑块圆弧抽芯来实现脱模。导向块 11 通过圆弧内孔为滑块镶件 13 导向。滑块镶件 13 固定在滑块 10 上，滑块 10 沿着圆弧轨道滑动，带动滑块镶件 13 实现抽芯脱模。开模时，斜导柱 3 带动滑块座 6 移动。滑块 10 依靠连杆 8 带动。转轴螺钉 5 拧紧后，要确保连杆 8 能够自由转动。开模后，塑件由手工取出，因结构原因，塑件外形不允许设计顶针。

该套模具思路新颖，结构设计巧妙，将复杂的圆弧抽芯问题简化为简单的滑块抽芯。

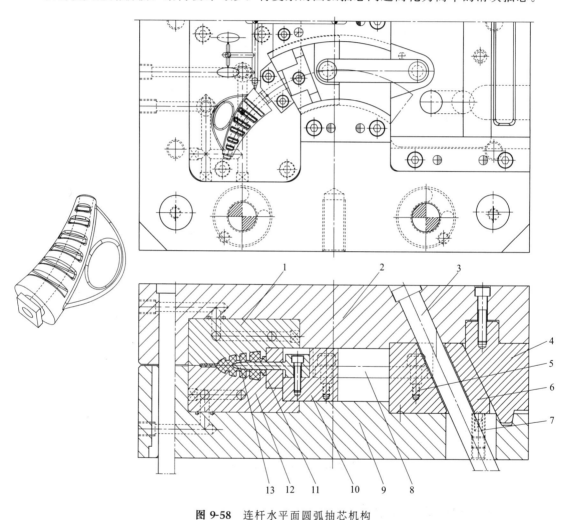

图 9-58　连杆水平面圆弧抽芯机构

1—型腔；2—A 板；3—斜导柱；4—斜楔；5—转轴螺钉；6—滑块座；7—定位波珠；8—连杆；9—B 板；10—滑块；
11—导向块；12—型芯；13—滑块镶件

草莓箱体模具如图 9-59 所示，产品最大外形尺寸为 360.49mm × 330.67mm × 85.83mm，塑件平均胶位厚度 2.50mm，塑件材料为 ABS，塑件质量为 490.62g。模具设计的难点在于塑件一侧边缘的圆弧倒扣，需要旋转滑块抽芯，圆弧倒扣处内侧同样存在倒扣，需要设计大型斜顶。

塑件尺寸较大，模具设计型腔排位为 1 出 1，塑件进胶方式为单个热嘴从塑件顶部中心

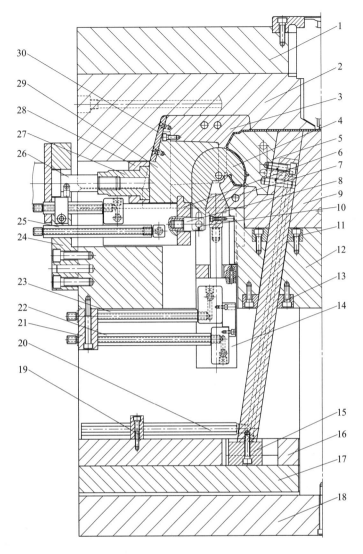

图 9-59　草莓箱旋转抽芯模具设计

1—定模座板；2—A 板；3—大滑块；4—旋转滑块；5—斜顶组合；6—旋转抽芯油缸固定板；7—锁紧块；
8—活塞杆；9—型芯；10—销轴；11,13—斜顶导向板；12—B 板；14—锁紧油缸；15—斜顶座；
16—推杆固定板；17—推板；18—动模座板；19—水管固定座；20—水管；21—油管固定座；
22,23,25—油管；24—油缸支架；26—大油缸活塞杆；27—油缸接头；
28—油缸接头压板；29—大滑块座；30—耐磨板

进胶。模胚为非标模胚 7575，注塑机为三菱 650t 注塑机。

　　模具设计如图 9-59 所示。侧面倒扣的滑块产品倒扣 18.4mm，滑块行程为 21.5mm，滑块采用斜导柱驱动。斜导柱倾斜角度为 13°，直径为 φ30mm，滑块宽度为 342mm。由于滑块较宽，采用两个斜导柱驱动。滑块斜面增加耐磨板，并在滑块上设计 φ11mm 冷却回路，为滑块冷却。这两个滑块在水平位置，分别采用 2 个波珠定位。

　　此滑块在移动前，需要旋转，脱出圆弧扣位。此处采用 3 个油缸实现抽芯动作。旋转摆动油缸滑块行程 48mm，油缸行程 50mm；大滑块移动油缸塑件倒扣 37.2mm，滑块行程 41mm，油缸行程 50mm；底部锁紧滑块行程 66mm，油缸行程 70mm。全部滑块为后模滑块，开模后，首先锁紧油缸 14 活塞杆回缩，解除锁紧，然后，旋转抽芯油缸通过活塞杆 8，带动轴销 10 推动旋转滑块 4 绕中心旋转，从而实现圆弧抽芯。轴销 10 可以在滑块 4 的槽中滑动。圆弧抽芯完成后，大滑块移动油缸带动大滑块完成整个抽芯动作。此大油缸为双轴油缸，尾部的螺母碰行程开关能够实现油缸行程控制。小油缸及其旋转滑块固定在大油缸滑块底部。合模时，大滑块首先复位，然后旋转抽芯油缸复位，最后锁紧油缸锁紧。

滑块和斜顶的宽度都较大，冷却水管较长，设计了冷却回路支架，便于支撑冷却系统。

9.9.3 齿轮齿条驱动圆弧抽芯

齿轮齿条驱动圆弧抽芯是最常见的圆弧抽芯机构。齿轮齿条驱动圆弧抽芯具有动作可靠，位置可以精确控制，驱动机构设计方向和方式可以灵活选择等特点。图 9-60 所示为口腔弯管圆弧抽芯模具设计，整套模具采用齿轮齿条圆弧抽芯。口腔弯管为口腔治疗加药的圆弧滴管，产品尺寸很小，材料为 PP，型腔排位为 1 出 16，两排对称排列。开模后，斜楔 7 通过 T 形槽驱动锁紧滑块 11 抽芯，松开滑块座 9，齿条 21 驱动大齿轮 18 顺时针旋转，同轴上的小齿轮 17 带动摆动齿轮 16 逆时针摆动，滑块座 9 固定在摆动齿轮 16 上，通过圆弧摆动实现圆弧抽芯。

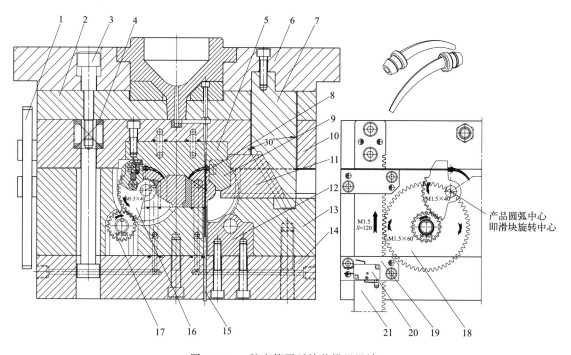

图 9-60 口腔弯管圆弧抽芯模具设计

1—拉杆；2—流道推板；3—小拉杆组合；4—弹簧；5—型腔；6—定模座板；7—斜楔；8—滑块圆弧镶件；
9—滑块座；10—A 板；11—锁紧滑块；12—轴座；13—B 板；14—垫板；15—推杆；16—摆动齿轮；
17—小齿轮；18—大齿轮；19—行程开关座；20—行程开关；21—齿条

9.10 油缸抽芯机构

油缸抽芯结构紧凑，直线运动平稳，抽芯力大，在模具中得到较多应用。但因其工作效率较低、控制烦琐，使其应用受到了一定的限制。比如德国客户总是喜欢机械传动抽芯，不喜欢油缸抽芯，因此，出口模具使用油缸抽芯一定需要得到客户确认。

出口模具使用油缸抽芯时，需要注意客户对油缸品牌的要求，北美客户大多使用 PARKER 油缸或 MILLER 油缸，德国客户喜欢默克尔油缸，日本客户喜欢太阳铁油缸。

9.10.1　定模油缸抽芯

定模滑块用油缸驱动，可以简化模具结构，但需注意动作顺序的控制和滑块锁紧，以免动作错乱损坏模具，或油缸锁紧力不足而无法封胶，也可能因为抽芯力不足而抽不动滑块。在位置很小，油缸无法锁紧时，其抽芯只限于较小的扣位或孔位抽芯，不可用于侧向力较大的大面积抽芯。一个常见的应用是热流道模具在定模抽芯时经常会遇到定模的几块模板不方便分开的情况，这时利用油缸抽芯就可以解决此问题。图 9-61 所示为定模油缸抽芯。

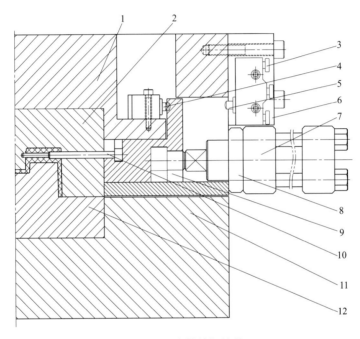

图 9-61　定模油缸抽芯

1—A 板；2—型腔；3—行程开关；4，5—行程开关触点；6—行程开关座；7—油缸；8—油缸座；9—滑块座；
10—滑块镶针；11—B 板；12—型芯

图 9-62 是油缸驱动弯销定模抽芯的典型结构。在此例中，用油缸 3 驱动弯销 8，此弯销可以用导柱改制，并用导套 9 导向。弯销 8 的头部斜面加耐磨板 16，并与型腔 11 反锁，确保可靠锁紧。

9.10.2　油缸长距离抽芯

当滑块行程较大或动模滑块向动模侧倾斜较大时，如用斜导柱抽芯，其受力较差，容易损坏。因此当滑块行程超过 60mm 时，多用油缸抽芯，可以有效改善受力状况。

PARKER 油缸最高工作压力通常有 7MPa、14MPa 和 21MPa 三种，在模具设计中，通常采用 7MPa、14MPa 两种。一般情况下在模具设计时，对油缸驱动力不做计算。但如果没有类比对象或在滑块特别大或行程特别长的场合，须对油缸驱动力进行计算，才能选择合适

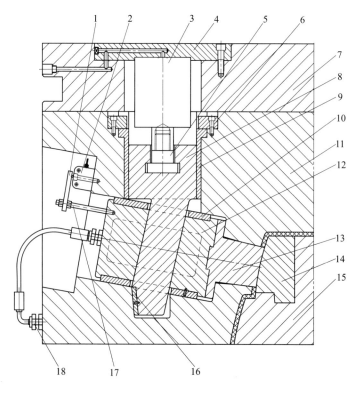

图 9-62 油缸驱动弯销定模抽芯

1—行程开关压板；2—行程开关；3—油缸；4—盖板；5—油缸接头；6—压块；7—定模座板；8—弯销；9—导套；
10,16—耐磨板；11—型腔；12—滑块座；13—滑块；14—镶件；15—型芯；
17—螺杆；18—冷却水管接头

的油缸。

油缸行程是根据运动部件的行程来确定的，确定油缸行程时还须考虑油缸的活塞端隙。活塞端隙的作用是使油缸在启动时有足够的油压面积，使油缸能顺利启动，避免因启动油压面积不够而无法启动油缸。此外，还可减少活塞对缸体的冲击。油缸行程计算公式如下，实际选择时可以选择大于计算行程的油缸。

油缸行程 $L =$ 运动部件的行程 $S + 2 \times$ 活塞端隙（活塞端隙一般选 5mm）

在模具结构中油缸应有行程限位控制开关，确保活塞端隙。出口模具设计时要选择带有行程开关的液压缸。同时应具备模具生产时自动控制所必需的信号源。滑块的两个极限位置都应设计可调节的行程开关。这种行程开关为抗高压型电感式接近开关，结构紧凑，安装调整方便，省去运动机构上设计和安装极限开关的烦琐环节，为设计和安装调整提供极大的方便。当顶出零件与滑块有干涉时，顶针板要复位后才能合滑块，且滑块合拢到位后才能合模。定模滑块设计时，在开模之前应先抽滑块，根据具体模具结构确定是先合滑块还是先合模。模具带有多个功能一致的油缸时，多个油缸必须带集油器在相同时间统一进油，才能步调协同一致。

图 9-63 所示为电子体温计油缸抽芯的典型结构。常见的电子体温计外壳呈扁筒形，小端为圆形，外面压入或粘接铝头，大端内部沿长度方向有几条长骨位，为线路板导向和定位，铝头内部的感温线与线路板相连。定模镶件 11 与中子 16 碰穿成型长孔，此孔为温度显

示窗口。模具设计的难点为塑件的顶出和中子的冷却。

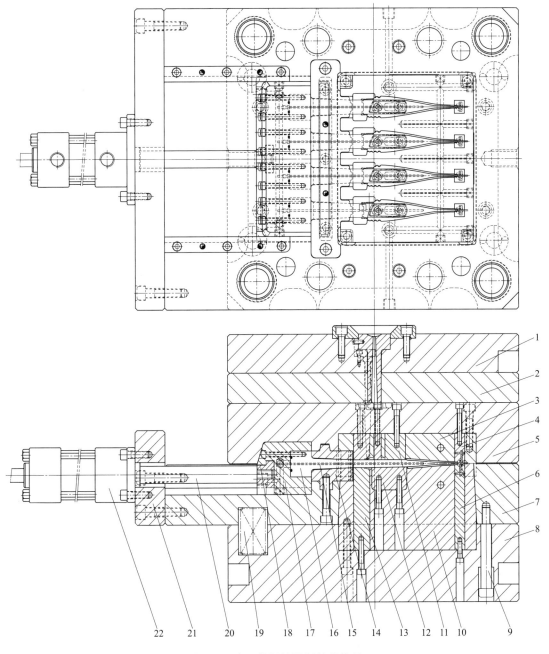

图 9-63 电子体温计油缸抽芯模具

1—定模座板；2—流道推板；3—型腔；4,11—定模镶件；5—A 板；6,12,13—动模镶件；7—动模弹板；
8—B 板；9—限位螺钉；10—型芯；14—刮板；15—冷却棒；16—中子；17—滑块座；18—油缸接头；
19—弹簧；20—油缸活塞杆；21—油缸固定板；22—油缸

　　定模部分的开模过程与一般三板模具完全相同。分型面打开后，在弹簧 19 作用下，动模弹板 7 带动其上的所有元件与 B 板 8 分离。塑件在中子 16 上与型芯 10 以及其他动模镶件脱离。油缸 22 通过活塞杆 20 带动滑块座 17 抽芯，塑件边缘移动到刮板 14 时，刮板 14 阻止塑件移动，将塑件从中子上分离。

由于中子的小端直径非常小，一般为$\phi 2mm$左右，容易变形，其定位要通过定模镶件 4 和动模镶件 6 调节。中子在注塑过程中容易弯曲，影响生产正常进行，需要选择韧性较好的钢材 TDAC 制造。中子的冷却需要在其内部设计冷却棒冷却。

9.10.3 油缸复合抽芯

斜导柱驱动滑块运动必须借助于模板的开启才能动作，但油缸驱动滑块是独立于模板开启的。因此，油缸驱动滑块可以设计在模板打开动作的任意时段，且具有便于调节滑块运动方向的作用。油缸驱动滑块可以用于复杂滑块的抽芯，将滑块倾斜运动分解为简单运动。图 9-64 所示为油缸复合抽芯，油缸带动水平斜楔 9 通过 T 形槽驱动倾斜滑块座 11 斜向移动，带动滑块镶针 15 完成抽芯。

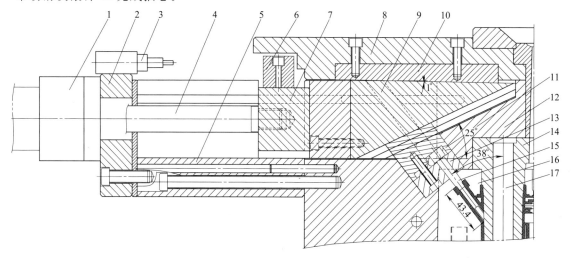

图 9-64　油缸复合抽芯

1—油缸；2—油缸固定板；3—行程开关；4—油缸活塞杆；5—油缸支架；6—触头块；7—油缸连接块；8—定模座板；
9—水平斜楔；10—耐磨板；11—倾斜滑块座；12—A 板；13—镶针固定板；14—定模镶件；15—滑块镶针；
16—哈夫滑块；17—定模镶针

9.11　复合滑块设计

9.11.1　滑块上滑块脱模计算

图 9-65 所示为反射罩盖板滑块脱模机构设计，塑件外形为圆弧曲面，两侧各有一沿半径方向的斜孔，此斜孔构成出模倒扣，由于外观面不能留有痕迹，需做定模隧道滑块抽芯。图 9-66 所示为反射罩盖板滑块脱模机构设计尺寸计算。

模具设计要点如下：

① 定模座板厚度 $H_2 \geqslant 1.5D$（D 为大拉杆直径，H_2 为定模座板的厚度）；

② 弯销镶入定模座板深度 $H \geqslant 2/3H_2$；

③ 浇口套头部要做一段锥度，以便合模，且要装在定模座板上，以防止注塑机上的喷嘴脱离浇口衬套，产生拉丝现象流道凝料不便取出，影响下一次注射。

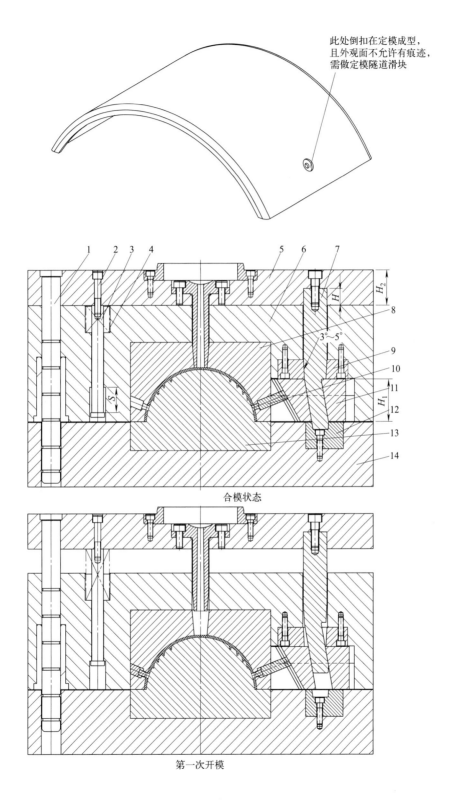

此处倒扣在定模成型，
且外观面不允许有痕迹，
需做定模隧道滑块

合模状态

第一次开模

图 9-65

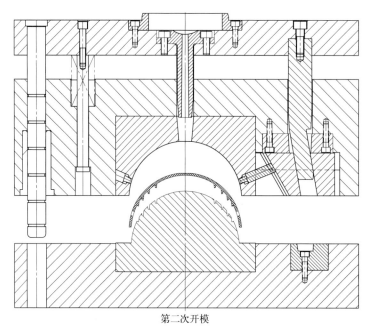

第二次开模

图 9-65 反射罩盖板滑块脱模机构设计

1—大拉杆（导柱）；2—螺钉；3—小拉杆（限位螺杆）；4—弹簧；5—定模座板；6—A板；7—弯销；8—型腔；
9—耐磨板；10—滑块镶件；11—滑块；12—固定块；13—型芯；14—B板

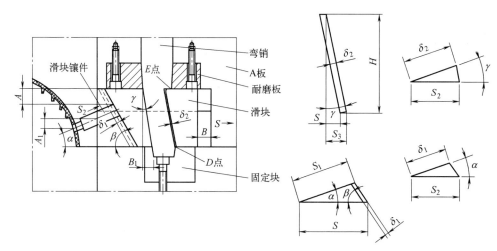

图 9-66 反射罩盖板滑块脱模机构设计尺寸计算

④ 弯销在 A 板内要避空；

⑤ 耐磨板要高出 A 板 0.5mm，保护 A 板，并支撑弯销，防止弯销受力变形；

⑥ 小拉杆限位行程 $S \leq 2/3H_1$，以利合模（H_1 为滑块高度）；

⑦ 弯销前端最好装固定块，易调整，易加工，构成三点支撑，增加弯销强度；

⑧ 要使耐磨块装配顺利，要求点 E 在点 D 右侧，见图 9-66；

⑨ 滑块与弯销装配时，要特别注意尺寸 B 与 B_1 的关系，应为 $B > B_1$，但为了装配顺畅，也可将其滑块座后模板部分全部挖通。

反射罩盖板滑块设计尺寸计算如图 9-66 所示，尺寸关系计算如下：

$$S_3 = H \tan\gamma$$

式中，H 为滑块下降的高度即小拉杆行程；γ 为弯销角度。

$$S_2 = \delta_2 \cos\gamma$$

式中，δ_2 为弯销与滑块间隙，一般为 0.5mm。

$$S = S_3 - S_2 = H\tan\gamma - \delta_2\cos\gamma = (H\sin\gamma - \delta_2)/\cos\gamma$$

式中，S 为滑块水平运动距离。

$$S_4 = \delta_1/\cos\alpha$$

式中，δ_1 为滑块镶件与滑块间隙；α 为滑块镶件倾斜角度。

$$S_1 = (H\sin\beta - \delta_1)/\sin(\alpha + \beta)$$

式中，β 为沟槽间隙，一般为 0.5mm；S_1 为滑块镶件脱离倒扣距离。

装配时需要注意，滑块镶件与倾斜的镶件孔装配，尺寸 A 与 A_1 的关系应为 $A > A_1$。

9.11.2　滑块上滑块强制脱模

水管弯头模具设计图见图 9-67，材料为硬质 PVC，水管弯头形状简单，结构单纯。水管弯头在水管口部外径上存在三角形倒扣，是模具设计的难点。

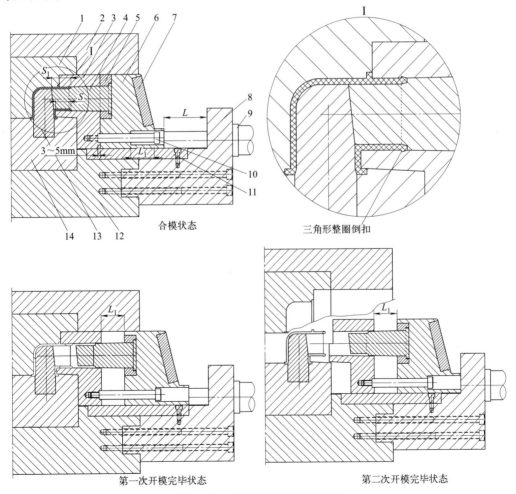

图 9-67　水管弯头滑块强制脱模

1—型腔；2—A 板；3—滑块大镶件；4—滑块内孔镶件；5—滑块镶件固定板；6—滑块座；7,11—耐磨板；
8—油缸支架；9—油缸；10—限位螺钉；12—B 板；13—动模镶件；14—型芯

实际采用的模具设计方案为将塑件立起来设计，这种模具设计方案只需要设计一个大滑块带动一个小滑块就可以解决问题。大滑块为滑块大镶件3，小滑块为滑块内孔镶件4，滑块大镶件3解决水管弯头外径的脱模问题，滑块内孔镶件4用来解决水管弯头内径的脱模问题。

模具结构复杂，主要是涉及水管口部外径上三角形倒扣强制脱模的问题。一般来说，塑件的内外侧凹陷较浅，同时成型塑件的塑料为聚乙烯、聚丙烯、聚甲醛这类带有足够弹性的塑料时能够强制脱模。为使强制脱模时的脱模阻力不要过大引起塑件损坏和变形，塑件侧凹深度必须在要求的合理范围内，同时还要重视将凹凸起伏处设计为圆角或斜面过渡结构。

强制脱模的最关键因素不是塑料材料，而是塑件的变形空间。塑件强制脱模的基本原理就是利用塑料材料的弹性变形。在脱模过程中，当带有障碍的塑件获得足够的变形量脱离障碍时，才可以将塑件滑动脱离模具，而不会破坏模具及塑件的障碍结构。因此，强制脱模的规则为：外侧强脱，内侧腾空；内部强脱，外部腾空。

本套模具塑件外侧倒扣强脱，内部腾空就是先将滑块内孔镶件4抽出。开模后，油缸拉动滑块座6，滑块第一次分离 L_1，先将滑块内孔镶件4抽出；紧接着在限位螺钉10的作用下，滑块大镶件3脱离塑件。塑件外径上三角形倒扣在滑块大镶件3内实现了强脱。

9.11.3 滑块上滑块延时抽芯

本套模具属于典型的滑块拖滑块结构，如图9-68所示，垂直抽芯小滑块2所在位置的胶位存在倒扣，利用滑块镶件12无法直接抽芯，因此设计了复合滑块抽芯机构。开模动作为：滑块镶件12固定在滑块座7上，斜导柱3在滑块座7的孔内有避空，并做延迟抽芯。

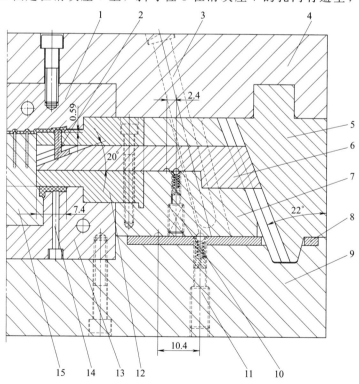

图 9-68 滑块上滑块斜导柱延迟抽芯

1—型腔；2—垂直抽芯小滑块；3—斜导柱；4—A板；5—T形槽斜楔；6—小斜楔；7—滑块座；8—耐磨板；
9—B板；10,11—定位波珠；12—滑块镶件；13—型芯；14—动模镶针；15—动模镶件

开模时，T形槽斜楔 5 首先驱动小斜楔 6 在滑块座 7 的水平孔内移动，小斜楔 6 带动垂直抽芯小滑块 2 使垂直方向首先脱出倒扣，紧接着斜导柱 3 驱动滑块座 7 实现脱模。

9.11.4 滑块上滑块解决不同方向抽芯

图 9-69 所示为聚光投影仪底壳，通过设计滑块上滑块解决不同方向抽芯的案例。从产品图可以看出，塑件结构较为复杂，有一个侧壁悬空，且一边有多个圆孔和方孔，另一边有 10 个长的筋位和通槽，这些筋位和通槽与水平面呈 25°倾斜，此部位塑件里侧也需要设计斜顶脱模。塑件其余 3 个侧面局部也需要设计小滑块。大滑块设计需要解决的主要问题是侧壁上的两端抽芯具有不同的角度，即 10 个长的筋位和通槽倾斜 25°，而多个圆孔和方孔抽芯方向与水平面平行；另一个问题是抽芯时侧壁粘滑块的问题，滑块上的骨位、孔位较多，滑块与里侧的斜顶碰穿，必须解决塑件粘滑块的问题，否则会使塑件拉变形。

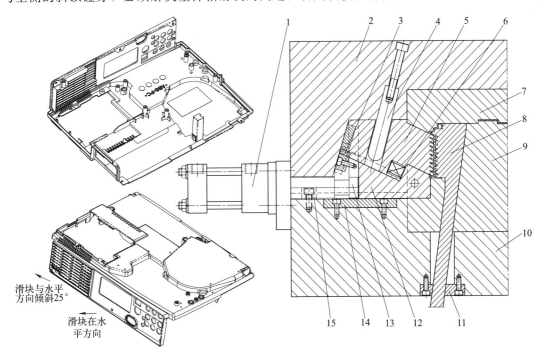

图 9-69 滑块上滑块不同方向抽芯

1—油缸；2—A 板；3—斜滑块限位块；4—斜导柱；5—斜滑块；6—弹簧；7—型腔；8—斜顶；9—型芯；10—B 板；
11—斜顶导向块；12—水平滑块；13—油缸接头；14—耐磨板；15—水平滑块限位块

由于侧壁悬空高度 80.54mm，滑块抽芯必须保证塑件不能变形。为此，设计了滑块上滑块的结构形式，即在大滑块上再增加一个小滑块来解决两个不同角度方向的抽芯问题，大滑块采用油缸抽芯，其上的小滑块用斜导柱抽芯。开模时，先由斜导柱斜向抽芯，抽芯完毕，再由油缸带动大滑块完成抽芯。合模时，先用斜导柱驱动小滑块闭合，再用油缸使大滑块复位闭合。油缸抽芯的优点就是容易控制滑块闭合的时机，使滑块运行平稳。

塑件粘滑块的问题，一般采用滑块顶针解决。常见的滑块顶针有三种结构形式，其中一种是在滑块斜面上做出一小段垂直段，模具开模时，此垂直段闭合不移动，滑块顶针会在弹簧作用下顶住塑件。对于滑块上胶位面积较大的大型滑块，需要设计滑块顶针板安置滑块顶针。本例的滑块上有多个通孔，在这种情况下，滑块顶针结构最为简单，仅仅在滑块顶针上设计一个小弹簧就可以了。在滑块的斜面和底面均设计了耐磨板，便于组装飞模和调整（滑块顶针图中未示出）。

9.11.5　滑块上滑块改变抽芯方向

滑块上滑块可以解决不同方向倒扣抽芯问题，也可以将倾斜抽芯简化为水平方向抽芯，缩小抽芯距离，简化模具厚度。

图 9-70 所示为滑块上弹簧二次抽芯机构。塑件边缘的顶面曲面向下倾斜，此处胶位在内部斜滑块 9 上，直接水平抽芯形成倒扣无法脱模，必须设计滑块上滑块解决此问题。斜导柱 15 驱动滑块座 14 抽芯时，燕尾槽滑块 10 通过 T 形槽带动内部斜滑块 9 朝右下方滑出，解决垂直方向的倒扣。内部斜滑块 9 的尾部装有限位螺钉 1 限位。弹簧 12 装在滑块座 14 孔内，用无头螺钉 13 定位，弹簧 12 装在内部斜滑块 9 的尾部，提供内部斜滑块 9 在 T 形槽上滑动的初始力。本套模具的倒扣，也可以设计动模斜滑块，滑动方向为图面左下方，那样会加厚模具闭合高度，需要加大注塑机吨位，延长注塑周期，加大注塑成本。

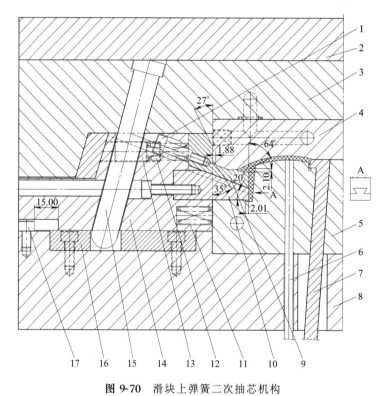

图 9-70　滑块上弹簧二次抽芯机构

1,17—限位螺钉；2—定模座板；3—A 板；4—型腔；5—型芯；6—推杆；7—斜顶；8—B 板；9—内部斜滑块；
10—燕尾槽滑块；11,12—弹簧；13—无头螺钉；14—滑块座；15—斜导柱；16—耐磨块

图 9-71 所示为天线罩倾斜滑块抽芯。左右两处都是将倾斜抽芯的滑块运动改变为水平方向的运动。所有的滑块之间均为 T 形槽驱动。左侧的抽芯为动模滑块抽芯，内部斜滑块 9 向左下方滑动抽芯。T 形槽斜楔 11 驱动 T 形槽滑块 10，T 形槽滑块 10 驱动内部斜滑块 9 完成抽芯。右侧斜导柱 4 驱动滑块 5，滑块 5 通过 T 形槽驱动斜滑块 3 完成斜向抽芯。

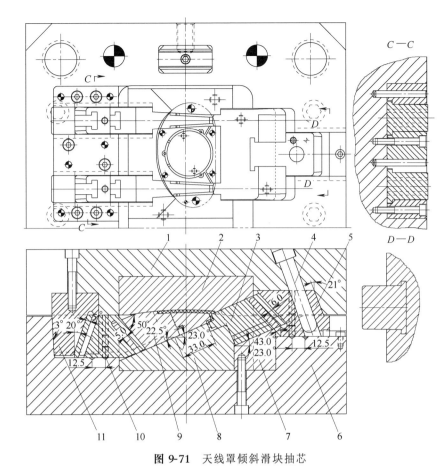

图 9-71 天线罩倾斜滑块抽芯

1—A 板；2—型腔；3—斜滑块；4—斜导柱；5—滑块；6—B 板；7—动模镶件；8—型芯；9—内部斜滑块；

10—T 形槽滑块；11—T 形槽斜楔

9.12 滑块设计常见问题举例

9.12.1 动定模滑块位置干涉

实际的模具设计中，经常会遇到动定模滑块位置干涉问题，也有动模侧滑块之间位置干涉，动模侧或定模侧滑块抽芯方向交错干涉，动模侧内外抽芯滑块位置干涉，动定模滑块之间干涉或交错等问题。这些问题往往会影响合模次序，需要用复杂的扣机来控制开模次序或合模次序，这些模具问题往往很复杂，需要具体问题具体分析。

图 9-72 所示为动定模滑块位置干涉。斜滑块 9 为定模斜滑块，T 形槽斜楔 1 通过 T 形槽驱动中间 T 形槽斜楔 7，中间 T 形槽斜楔 7 通过 T 形槽驱动斜滑块 9 斜向运动；动模滑块 13 成型塑件侧面倒扣，由于位置所限，斜导柱 14 固定在动模滑块 13 上。

图 9-73 所示为内外滑块位置干涉。T 形槽斜楔 4 用 T 形槽驱动定模滑块 6，完成定模抽芯；弯销 7 固定在 T 形槽斜楔 4 的端面，在 T 形槽斜楔 4 驱动定模滑块过程中，弯销 7 驱动内滑块 8 完成内部抽芯。

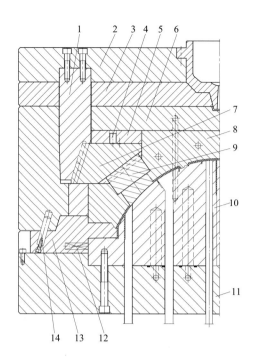

图 9-72　动定模滑块位置干涉

1—T 形槽斜楔；2—定模座板；3—流道推板；4—定位波珠；5—调整板；6—A 板；7—中间 T 形槽斜楔；
8—型腔；9—斜滑块；10—型芯；11—B 板；12—弹簧；13—动模滑块；14—斜导柱

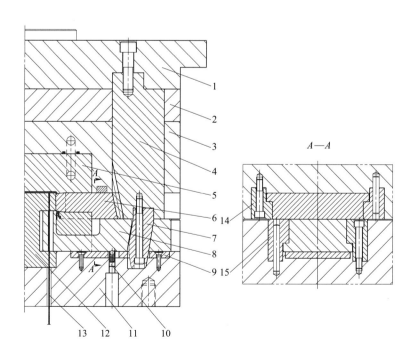

图 9-73　内外滑块位置干涉

1—定模座板；2—流道推板；3—A 板；4—T 形槽斜楔；5—型腔；6—定模滑块；7—弯销；8—内滑块；9—耐磨板；
10—定位波珠；11—B 板；12—型芯；13—扁顶针；14—定模滑块压条；15—内滑块压条

9.12.2 抽芯方向相交的滑块设计

9.12.2.1 HVLP 喷枪气帽交叉滑块抽芯机构

HVLP 喷枪气帽是喷枪形成气雾的关键零件，安装在喷枪的最前端，其产品如图 9-74 所示。塑件外形尺寸为 $\phi32.90\text{mm} \times 19.0\text{mm}$，质量 7.28g，材料采用 PPS，缩水率 0.5%。塑件基本形状为圆形，顶面有 2 处斜面凸起，在每个凸起的斜面上有一大一小 2 个平行的斜孔，分别与底面的孔相通，这 2 个孔分别喷出涂料和空气。塑件中心大孔所喷出的空气与斜面大孔所喷出的空气以 55°角汇合，形成一个低压空气流的扇面，将斜面小孔中喷出的涂料均匀地喷在所加工的表面上，形成涂料膜。塑件尺寸较小，除了中心锥孔、斜面的斜孔和 4 个锥形通孔之外，其余均为实心体，可见塑件壁厚较厚。模具设计有 2 个难点：一是抽芯难度，两组斜孔相向而行，空间距离较小，且小孔孔径仅为 $\phi1.60\text{mm}$，模具斜向抽芯有一定的难度；二是塑件中心孔 $\phi17.175\text{mm}$ 的精度要求为 $\pm0.025\text{mm}$。经分析，PPS 塑料尺寸稳定性好，通过合理的模具设计，可满足其精度要求。

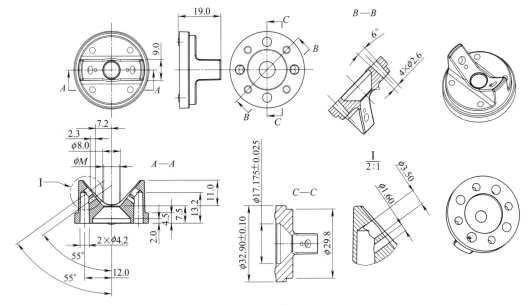

图 9-74 HVLP 喷枪气帽产品图

$\phi1.60\text{mm}$ 和 $\phi3.50\text{mm}$ 两个斜孔分别与 2 个 $\phi4.2\text{mm}$ 的直孔碰穿，要求定模镶针与滑块镶针接触紧密，配合良好，避免孔内出现毛边，毛边会影响塑件使用中气流的大小和方向，同时毛边会被喷射在所喷涂工件的表面引起不良。塑件在工作过程中会承受一定压力，要求塑件强度和耐磨性好，因此注塑成型过程中不得存在各种缺陷。

塑件结构尺寸较小，尺寸精度要求较高，斜向抽芯空间距离小，抽芯结构较复杂，开模时需从 2 个方向斜向抽芯，容易引起干涉。对于高精度塑件，型腔数量不宜过多，因此采用 1 模 2 腔的结构设计，模具结构如图 9-75 所示，模具局部爆炸结构如图 9-76 所示。

塑件外形较简单，分型面为一个平面，开模方向的选取较为关键。如果将塑件的 2 个斜面凸起设计在定模，对塑件成型不存在任何问题，但是 2 个斜度抽芯滑块的设计和制作难度较大，开模过程复杂，在后期的注塑成型过程中塑件的成型周期、模具的稳定性和使用寿命必然会受到影响。另外，PPS 塑料属于高温成型塑料，模具温度较高，定模温度必然高于

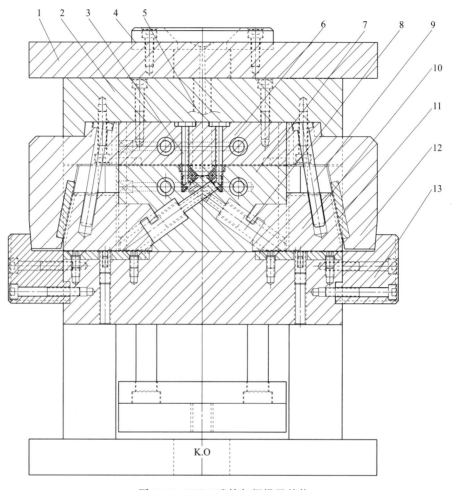

图 9-75 HVLP 喷枪气帽模具结构

1—定模座板；2—型腔板；3—定模镶针；4—定位圈；5—浇口套；6—型芯；7—型芯；8—小滑块；9—斜导柱；
10—大滑块；11—耐磨块；12—斜楔；13—限位块

动模，高温会对模具抽芯机构有一定影响，导致滑块运行不顺甚至卡滞或烧坏。因此，将斜孔抽芯设计在动模，会使模具结构简单，延长模具的使用寿命。

　　塑件 2 个斜面上的小孔需要设计斜滑块抽芯机构，且塑件空间距离很小，抽芯机构运动方向存在干涉。为此，设计了交叉抽芯机构，如图 9-76 所示，小滑块 6 上设计铣一个长方形孔，小滑块 8 穿过此长方形孔，有效解决了干涉问题。两侧斜滑块都是通过斜导柱驱动大滑块，大滑块通过拉钩带动小滑块运动，巧妙地解决了小空间内滑块斜向抽芯的问题。大滑块的斜面和底面均设计了耐磨块，并加工油槽。

9.12.2.2 汽车滤油器盖交叉滑块抽芯机构

　　汽车滤油器盖产品如图 9-77 所示，材料为 POM，产品最大外径尺寸为 $\phi110mm$，产品质量为 99.5g，产品平均胶位厚度为 2.2mm。产品内腔呈 U 形，圆环口部与滤油器本体组装并密封，底部设计有两个油嘴，与内腔接通，分别用来进油和出油。油嘴外径上有环形槽，用来束紧油管，因此油嘴需要侧向抽芯才能脱模。此外，产品底部有两个空心柱，是用来固定电子元件的，两个空心柱的侧面各有一个侧向槽，此两槽的方向呈 90°，需要侧向抽芯。在产品的底部另有一段平面卡槽，需要设计两个互相垂直的滑块才能脱模。产品有 6 处

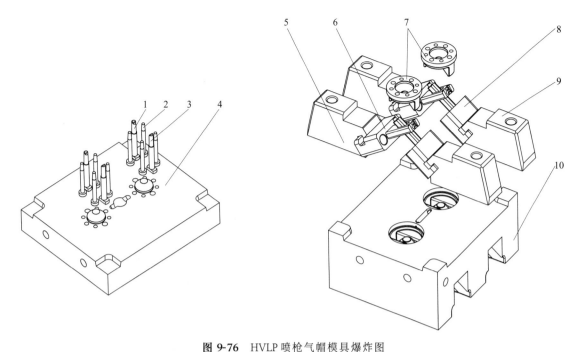

图 9-76 HVLP喷枪气帽模具爆炸图

1～3—定模镶针；4—型腔板；5,9—大滑块；6,8—小滑块；7—塑件；10—型芯

需要侧向抽芯，其中平面卡槽处两个滑块互相干涉，同时受尺寸限制，滑块较小，容易变形，给模具设计带来困难。

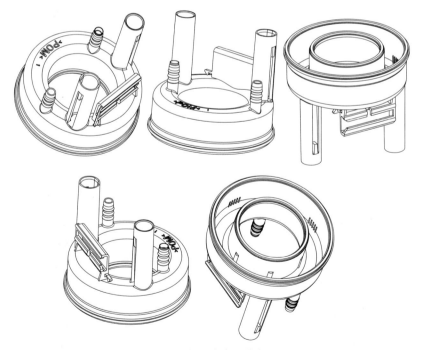

图 9-77 汽车滤油器盖产品图

产品的分型面为一个平面，底部有 6 处需要侧向抽芯。为了简化模具结构，便于塑件脱模，分型面的选择，将全部抽芯机构设计在后模，胶位全部出在后模，塑件壳体内腔出在前模，由于

前模不需要设计顶出机构，可以保证塑件内腔平整光洁，避免毛边掉入内腔的油液中。

　　汽车滤油器盖模具图如图9-78所示。根据汽车产品的大批量生产要求，模具设计选择了1出2，模胚为三板模，细水口进胶至产品圆形的中心，再转潜伏式浇口，从产品内径的圆周3点进胶，浇口套39的外面设计了一个衬套38，便于磨损后更换。在流道推板2靠近浇口套的位置设计了两条运水，用来冷却浇口套内的主流道，有效地缩短了注塑周期。

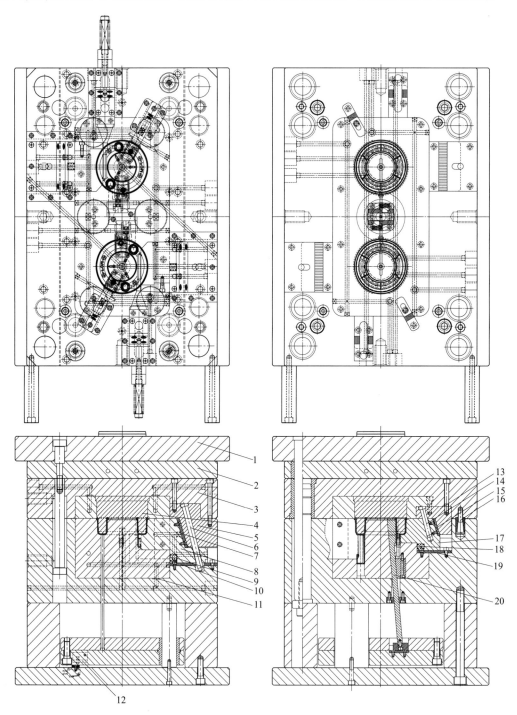

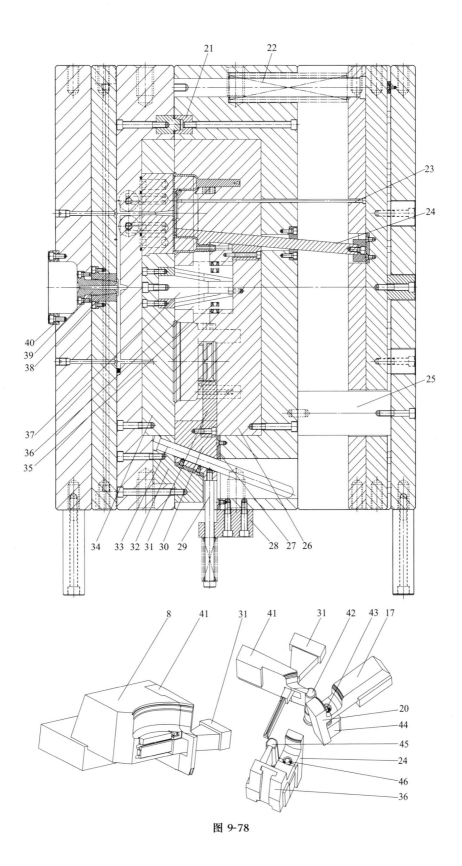

图 9-78

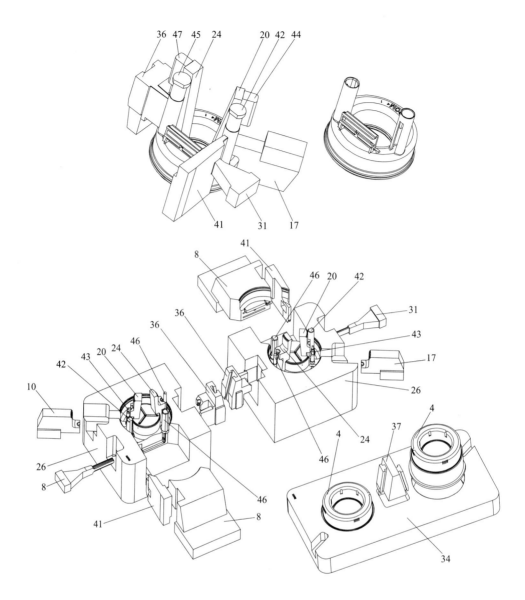

图 9-78 汽车滤油器盖模具图

1—面板；2—流道推板；3—A 板；4—定模镶件；5,13,32,37—斜楔；6,14,33—斜导柱；7,15,27—耐磨块；
8,17,30,36—滑块；9,18,35—弹簧；10,19—耐磨板；11—防水胶圈；12—行程开关；
16—尼龙扣；20,24—斜顶；21—圆形定位锁；22—回位弹簧；23—推杆；25—撑头；
26—后模仁；28—限位块；29—螺栓；31,41—滑块镶件；34—型腔；38—衬套；39—浇口套；
40—定位圈；42,45—插穿镶针；43,46—镶针；44,47—镶针固定板

　　模具设计采用了龙记 DCI4060 细水口的标准模胚。产品底部的两个油嘴外径上的环形槽，其侧向抽芯分别采用了两组斜顶和滑块对碰的哈夫结构成型，滑块 17 和斜顶 20 为一组，另一组由滑块 36 和斜顶 24 组成。油嘴的内孔分别由镶针 43 和镶针 46 成型。产品底部的两个空心柱侧面各有一个侧向槽，分别由滑块 36 和滑块镶件 41 成型，此两个滑块的运动方向互相垂直。滑块 36 位于模具的中间，由于受到标准模胚大小的限制，采用了 T 形槽驱动的滑块，由斜楔 37 的 T 形槽带动两个滑块 36 抽芯，其余滑块均采用斜导柱驱动的结构，

斜导柱驱动滑块抽芯具有运行平稳结构可靠的特性。滑块 36 和滑块镶件 31 的抽芯部位都处于后模仁的分型面以下,俗称隧道式滑块。产品底部的平面卡槽,在互相垂直方向设计滑块 8、滑块镶件 41 和滑块镶件 31,由图中可以看到,滑块镶件 41 和滑块镶件 31 的运动方向垂直并且干涉,在设计中,在滑块镶件 41 的侧面开一个方孔,滑块镶件 31 从此方孔中穿过,通过计算滑块行程,使二者不得干涉,巧妙地解决了抽芯中滑块干涉的问题。大滑块分解成滑块 8 和滑块镶件 41 目的就是便于滑块镶件 41 的更换,并且滑块镶件 41 的方孔加工方便。

开模时,在树脂开闭器的作用下,模具首先从 A 板 3 和流道推板 2 处分开,拉料销将流道凝料从 A 板拉出,在小拉杆组合件的限位下,流道推板停止移动,流道凝料从浇口套脱出被机械手移走,同时,A 板在小拉杆组合件的限位下停止移动,模具沿分型面从动定模打开。各个滑块分别在斜导柱和 T 形槽的驱动下完成抽芯,制品的顶出由两个斜顶和 3 个推杆顶出,动模的 3 个潜伏式浇口由 3 个推杆分别顶出。该模具的设计说明,对于复杂的侧向抽芯,需要仔细分析滑块的动作,利用抽芯距离的不同,巧妙解决滑块的干涉问题。

9.12.3 相互干涉的滑块设计

图 9-79 为动模滑块与内滑块位置干涉的实例。大滑块 4 和内滑块 8 位置相互干涉。大滑块 4 成型塑件侧面的外形,尺寸较大;内滑块 8 成型塑件内侧的扣位,宽度较小。由于位置干涉,内滑块 8 从大滑块 4 的底部穿过,用小斜楔 7 驱动。

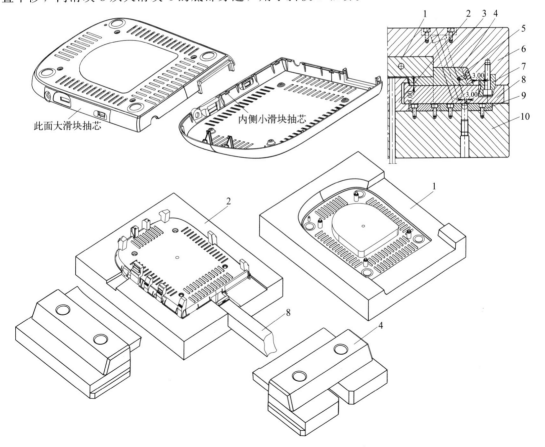

图 9-79 动模滑块与内滑块位置干涉

1—型腔;2—型芯;3—斜导柱;4—大滑块;5—耐磨块;6—A 板;7—小斜楔;8—内滑块;9—耐磨板;10—B 板

9.12.4 延迟抽芯机构设计

图 9-80 所示为动模滑块延迟抽芯机构。由于塑件特殊的结构，顶部的胶位需要两个哈夫滑块成型，塑件顶部的碰穿孔需要先脱模，然后滑块才能移动。为此，在斜楔 6 与滑块 7 结合的斜面上做出高度为 10mm 的直身位，斜导柱 8 在滑块 7 的斜孔也做相应的避空。开模后，滑块暂不移开，等待弹动销 2 弹开后，滑块再完成抽芯。

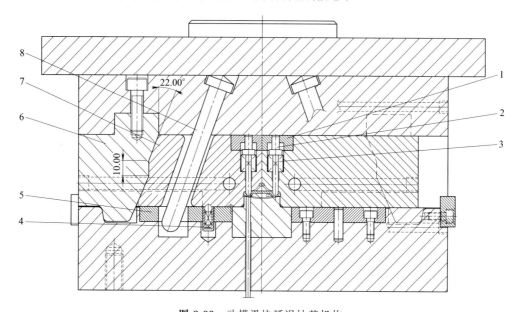

图 9-80 动模滑块延迟抽芯机构

1—盖板；2—弹动销；3—弹簧；4—波珠；5—耐磨板；6—斜楔；7—滑块；8—斜导柱

图 9-81 所示为定模滑块延迟抽芯机构。塑件为电动牙刷本体，外形有按钮孔和装饰花纹图案，定模斜弹滑块 9 为哈夫滑块，两件滑块结合处以纵向斜面虎口互锁。电动牙刷本体

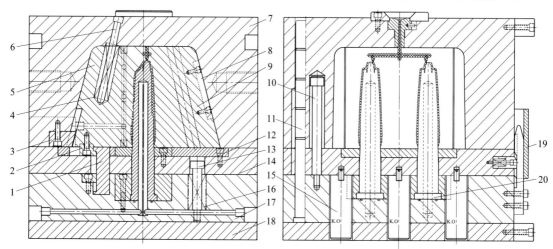

图 9-81 定模斜弹滑块延迟抽芯机构

1—拉钩；2—拉块；3—限位块；4,16—弹簧；5—定模斜弹滑块；6—斜导柱；7—A 板；8—耐磨块；
9—定模斜弹滑块；10—推件板限位杆；11—导柱；12—推件板镶件；13—弹簧导杆；14—推件板；
15—顶棍；17—B 板；18—垫板；19—扣机；20—型芯

一般采用 POM 制作，塑件截面不规则，部分形状近似椭圆，塑件对于型芯 20 的包紧力非常大，如果定模斜弹滑块 9 移开后，推件板再推出塑件，会使塑件变形，因此，设计了定模滑块延迟抽芯机构。斜导柱 6 主要起为弹簧导正作用。开模后，在扣机 19 的作用下，A 板 7 与推件板 14 暂不分开，顶棍 15 推动推件板 14 与 B 板 17 分离，塑件包在滑块内与型芯 20 分离。继续顶出，扣机 19 松开，A 板 7 与推件板 14 分离，拉钩 1 通过拉块 2 拉动滑块 9 分离完成定模滑块延迟抽芯。

9.13　斜顶机构

9.13.1　斜顶设计要点

斜顶又叫斜推杆、斜方，其主要功能是脱出塑件的倒扣并且具有塑件顶出的功能。对于斜顶的要求是能使塑件顺利脱模，合模时能准确复位，并且具有长寿命，耐磨损。斜顶设计如图 9-82 所示，为了保证斜顶工作稳定、可靠，设计时应该注意以下几点。

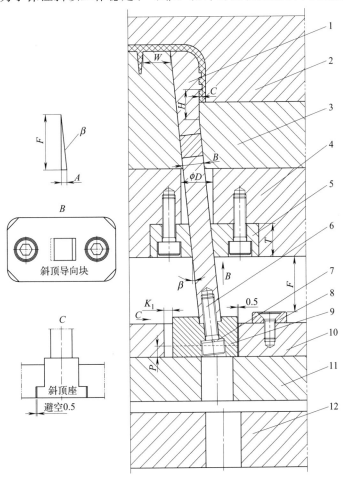

图 9-82　斜顶设计

1—斜顶；2—型腔；3—型芯；4—动模板；5—斜顶导向块；6—螺钉；7—弹簧垫圈；8—限位块；9—斜顶座；
10—推杆固定板；11—推板；12—动模座板

① 斜顶的刚性。对于小型斜顶，在结构允许的情况下，尽量加大斜顶横截面尺寸 B，尽可能使 $B \geqslant 6mm$，在满足侧向脱模的情况下，斜顶的倾斜角 β 尽量选用较小角度，一般不大于 $15°$。

② 斜顶横向移动空间。为了保证斜顶在顶出时不与塑件上的其他结构发生干涉，应当充分考虑斜顶的侧向移动距离和倾斜角 β，以保证有足够的横向移动距离，即 $W > A$。

③ 斜顶的准确复位。为了保证合模后，斜顶准确复位，一般利用平行于开模方向的垂直面复位，即利用尺寸 H 所指的平面复位。

④ 钢材及热处理。斜顶顶出时，其侧面摩擦力较大，因此，需要钢材具有较高的强度和硬度，一般将斜顶氮化以提高其耐磨性，近年来开发了 DLC 涂覆技术，广泛应用于滑动部件。

⑤ 导向。长寿命斜顶需要设计导向块 5 导向，以保证运动的稳定。导向块利用锡青铜制作，厚度 $T \geqslant 15$；大型模具动模板 4 较厚，在动模板的上部，即与型芯 3 接触部位同样设计导向块。

⑥ 便于拆装。在推板 11 与动模座板 12 开孔，便于拧紧螺钉 6，弹簧垫圈 7 用来防松，不可省略。

⑦ 行程计算：$A = F \times \tan\beta$，$K_1 \geqslant A + 2$，$A \geqslant C + 1.5$。

（1）斜顶设计注意事项

① 胶位尺寸较大的斜顶尽可能设计冷却回路。

② 所有的斜顶在配合区域做油槽。油槽形状和滑块的油槽设计一样为相交的圆形。

③ 所有的斜顶与型芯配合部位必须有不同的硬度。

④ 当有斜顶时，顶针板加行程开关，确保顶针板准确复位。

⑤ 推板上在斜顶周围增加螺钉起加强作用。

（2）斜顶设计前需要评审的事项

① 斜顶有独立的基准面，便于加工。

② 斜顶容易装拆、维修。

③ 斜顶行程是否足够。

④ 是否已考虑产品缩水和变形。

⑤ 产品是否跟着斜顶走，是否会拉伤产品，是否会铲胶，如何防止。

⑥ 斜顶长度尽可能短。如何避免细长斜顶在加工过程中产生变形。

⑦ 型芯和 B 板上的斜顶孔如何加工。

⑧ 分析斜顶与斜顶座连接方式的优缺点。

⑨ 尽量减少斜顶与斜顶座间产生的转矩。

⑩ 斜顶顶出、回位是否有顺序要，求如何实现，是否可靠。

⑪ 斜顶顶出后，是否仍撑住产品，导致取产品困难。

9.13.2 各种斜顶结构

9.13.2.1 常规设计

斜顶的结构很多，五花八门。常见的斜顶结构除了如图 9-82 所示的之外，还有如图 9-83 所示的 T 形槽结构和销钉结构。其余很多的结构都是这几种基本结构的变种，主要体现在滑块座的导滑方式上。图 9-83（a）中，T 形槽的单边宽度 $> 2mm$ 即可，太宽会影响斜顶

强度。尺寸较小的斜顶也可以只做单边 T 形槽。图 9-83（b）中，销钉需要淬火，直径≥
4mm，尺寸 T≥4mm。

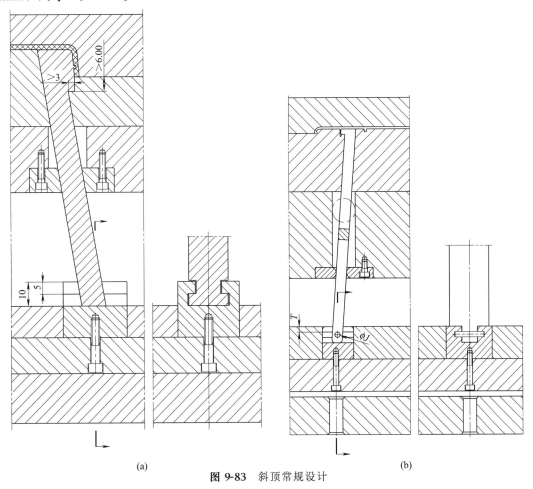

(a)   (b)

图 9-83 斜顶常规设计

9.13.2.2　简易斜顶

简易斜顶的结构很多，常见的几种如图 9-84 所示。在出口模具中，常规斜顶设计应使
斜顶连接到推板上，在斜顶过长、空间位置有限、超出顶针板范围和互相干涉等特殊情形
下，才可以采用简化斜顶。在出口欧美日的模具中采用简化斜顶应得到客户确认。

简易斜顶使用时注意，在定模斜弹滑块的模具中，不宜使用简易斜顶，以免斜弹滑块与
斜顶发生干涉，使斜顶无法复位。

9.13.2.3　极小斜顶设计

极小斜顶是指塑件比较小的情况下，受塑件结构限制，斜顶尺寸规格和行程都很小，此
时斜顶的强度很弱，因此尽可能缩短斜顶长度，采用可靠的斜顶导向机构并对斜顶零件氮
化。图 9-85 所示为手机面壳极小斜顶的结构。加高斜顶座 5 的高度，使斜顶座 5 在导向块 4
中滑动配合，并缩短斜顶 2 的长度。斜顶 2 与斜顶座 5 以圆弧面配合。

图 9-86 所示为极小斜顶的另一种设计方式。当斜顶截面尺寸很小时，例如 4mm×
5mm，6mm×6mm，不能将其延伸到推杆固定板，采用推杆 5 用单边 T 形槽连接，此时斜
顶材料为 1.2343，热处理 54HRC。推杆 5 在导向管 6 内滑动，导向管头部用压块固定在 B
板背面。推杆 5 利用防转垫圈 10 防止转动。

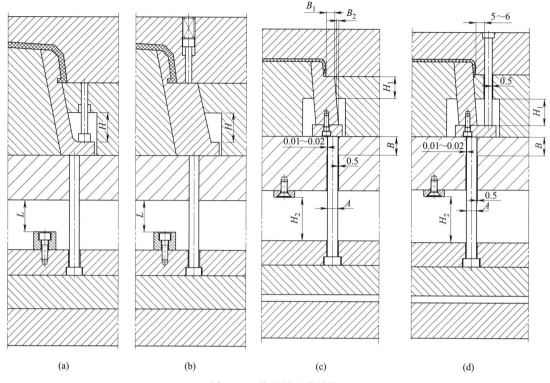

图 9-84 简易斜顶的结构

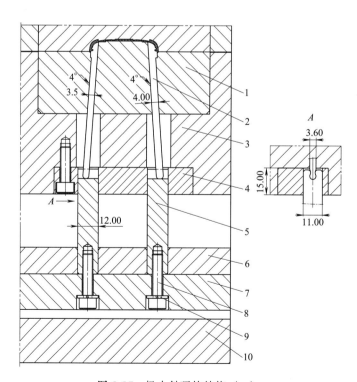

图 9-85 极小斜顶的结构（一）

1—型芯；2—斜顶；3—动模板；4—斜顶导向块；5—斜顶座；6—推杆固定板；7—推板；8—螺钉；

9—弹簧垫圈；10—动模座板

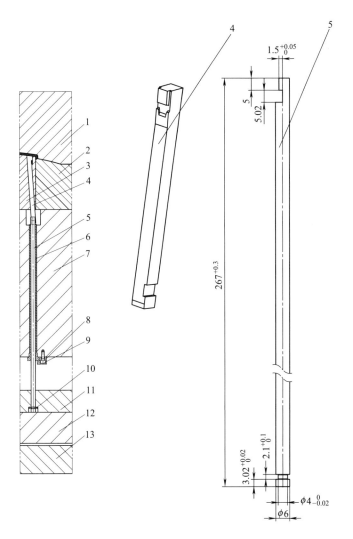

图 9-86 极小斜顶的结构（二）

1—型腔；2—型芯；3—动模镶件；4—斜顶；5—推杆；6—导向管；7—B 板；8—压块；9—螺钉；

10—防转垫圈；11—推杆固定板；12—推板；13—动模底板

9.13.2.4 大型斜顶

　　大型斜顶的设计如图 9-87 和图 9-88 所示。当斜顶尺寸很大时，如果直接加长连接到推板上，B 板的避空孔很大，则导致 B 板强度削弱，同时会使推杆固定板加工后强度削弱，推板承受注射压力，导致顶出系统出现故障。另一方面，会浪费模具钢材。

　　大型斜顶设计时，需要注意设计相应的冷却回路。

　　图 9-89 为 T 形槽斜顶应用实例。图（a）为大型 CT 机体线槽，产品外形尺寸为 434.3mm× 128.56mm×23.50mm，塑件尺寸较长，边缘有窄槽，塑件对动模型芯包紧力很大，窄槽内位置有限，无法设计推杆，因为直径 $\phi2$mm 以下的推杆顶出力有限。如果设计直顶会夹住制品难以脱模，为此必须设计斜顶使塑件脱模。图（b）为 T 形槽斜顶设计图。由于塑件在水平面内呈弯曲的不规则形状，每一侧的 T 形槽斜顶需要分成两段，每个斜顶需要设计两个推杆顶出，以保持顶出平衡，需要保证两个 T 形推杆 4 的长度尺寸完全一致。

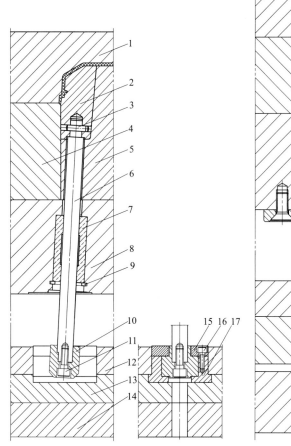

图 9-87　分体式斜顶

1—定模座板；2—分体式斜顶；3—定位销；4—型芯；
5—动模镶件；6—导向杆；7—青铜导套；8—动
模板；9—孔用弹性挡圈；10—滑动块；
11,16—螺钉；12—推杆固
定板；13—推板；14—动模座板；
15—压板；17—斜顶座

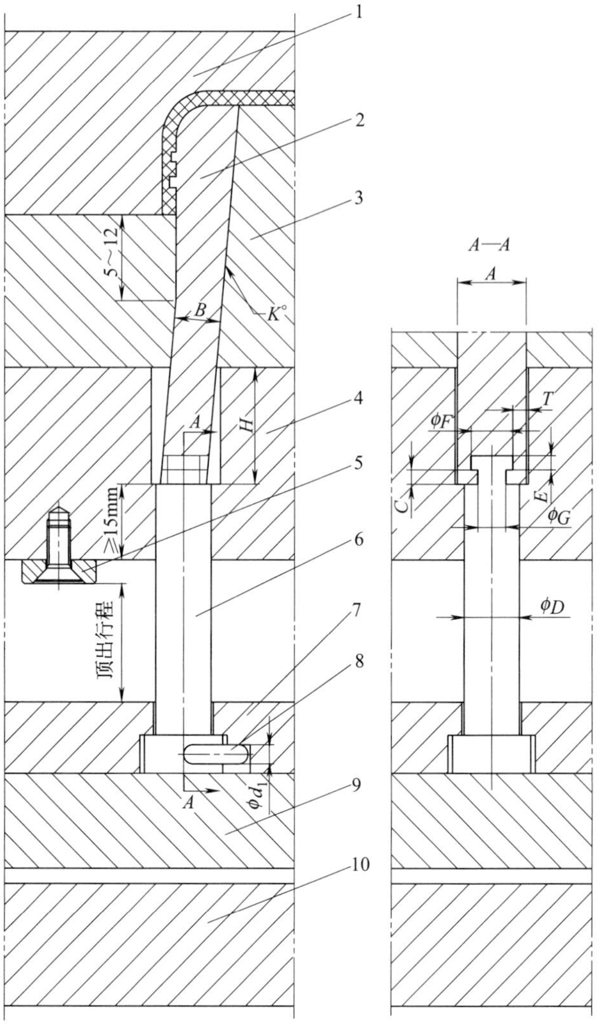

图 9-88　T 形槽斜顶

1—定模座板；2—斜顶；3—型芯；4—动模板；
5—限位块；6—T 形推杆；7—推杆固定板；
8—定位销；9—推杆；10—动模座板

9.13.2.5　连杆式斜顶

图 9-90 所示为连杆式斜顶圆周脱模的例子。塑件为圆形产品，内圆周有 6 处倒扣需要设计斜顶脱模。斜顶结构为连杆式斜顶，斜顶顶出后会脱离动模型芯，因此，斜顶与动模型芯以 T 形槽配合为斜顶导向。斜顶三个侧面都设计了脱模斜度，连杆 5 与斜顶 2 及滑动块 8 之间均为圆柱销钉连接。连杆式斜顶具有结构可靠、顶出摩擦阻力较小的特点。

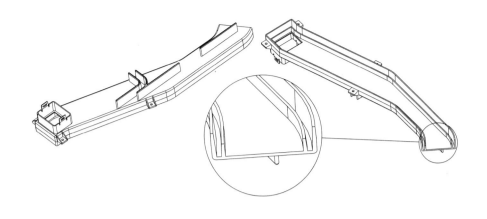

(a)

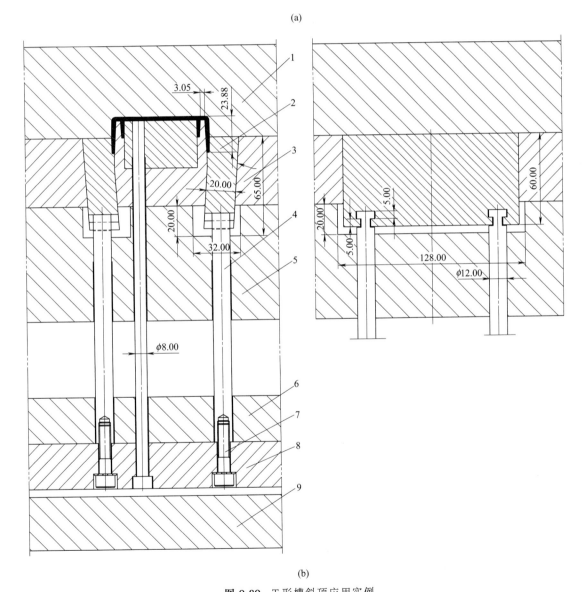

(b)

图 9-89 T形槽斜顶应用实例

1—型腔；2—斜顶；3—型芯；4—T形推杆；5—动模板；6—推杆固定板；7—螺钉；8—推板；9—动模座板

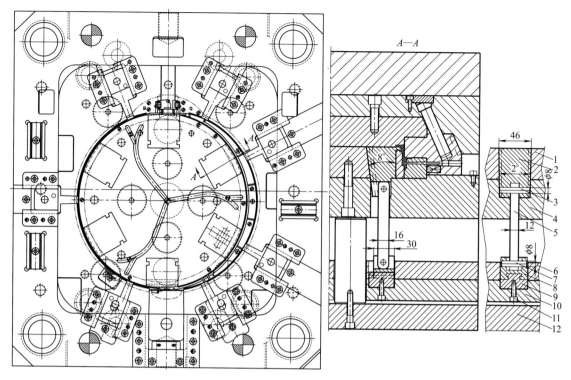

图 9-90 连杆式斜顶圆周脱模

1—型芯；2—斜顶；3—转动销；4—B 板；5—连杆；6—推杆固定板；7—转动销；8—滑动块；9—斜顶座；
10—推板；11—螺钉；12—动模座板

图 9-91 为铰链式斜顶脱模，此结构来源于 PCS 标准。PCS 是美国著名的模具标准件供应商，因此，铰链式斜顶多用于出口美国的模具。设计时需要注意斜顶连杆 7 不能垂直设计，需要倾斜于运动方向 1°～2°，斜顶 4、连杆 7 与斜顶座 9 之间的圆弧配合面均需要线切割加工，所有斜顶元件全部需要氮化处理。注意顶针板需要导柱导向，顶出系统的回位要准确及时。

9.13.2.6 弹性斜顶

弹性斜顶最早发源于欧洲，目前在出口模具中得到广泛应用。弹性斜顶具有占用空间小，结构简便的特点，特别是两个斜顶在紧密贴合时，采用弹性斜顶非常具有优势。弹性斜顶采用 1.2106 弹簧钢制造，芯部硬度 45HRC，工作面 55HRC，弹性斜顶应用实例如图 9-92 所示。DMS 弹性斜顶规格见图 9-93，DMS 弹性斜顶应用注意事项见图 9-94，弹性斜顶设计要点见图 9-95。

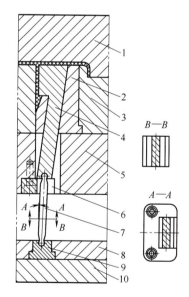

图 9-91 铰链式斜顶脱模

1—型腔；2—动模镶件；3—型芯；4—斜顶；5—B 板；
6—斜顶导向块；7—斜顶连杆；8—推杆固定板；
9—斜顶座；10—推板

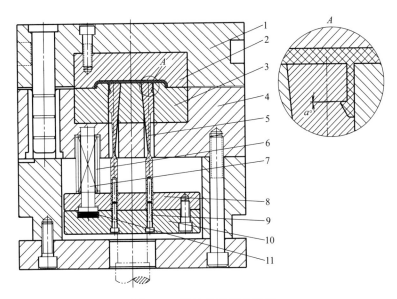

图 9-92 弹性斜顶应用实例

1—定模板；2—型腔；3—型芯；4—动模板；5—弹性斜顶；6—回位弹簧；7—复位杆；8—推杆固定板；
9—螺钉；10—推板；11—碟形弹簧

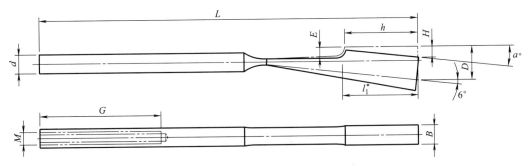

mm

名称	d	B	h	D	E	G	l_1^*	H	L	M
SC060622	6	6.2	22	9	3.5	40	25	3.3	125	M4
SC060822	6	8.2	22	9	3.5	40	25	3.3	125	M4
SC080825	8	8.2	25	11.5	4.5	50	30	4.3	140	M5
SC081025	8	10.2	25	11.5	4.5	50	30	4.3	140	M5
SC081225	8	12.2	25	11.5	4.5	50	30	4.3	140	M5
SC101430	10	14.2	30	15	5.5	60	38	5.3	175	M6
SC101630	10	16.2	30	15	5.5	60	38	5.3	175	M6
SC101830	10	18.2	30	15	5.5	60	38	5.3	175	M6

图 9-93 DMS 弹性斜顶规格

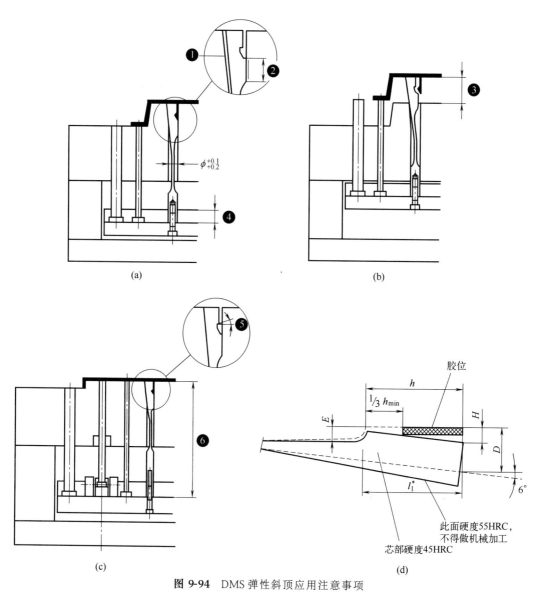

$\phi^{+0.1}_{+0.2}$

(a)

(b)

胶位

此面硬度55HRC,
不得做机械加工

芯部硬度45HRC

(c)

(d)

图 9-94 DMS 弹性斜顶应用注意事项

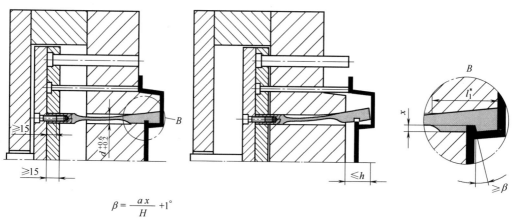

$$\beta = \frac{ax}{H} + 1°$$

图 9-95 弹性斜顶设计要点

在图 9-92 中，应用弹性斜顶时，扣位不能太大，扣位部分需要足够的脱模斜度 $a°$，在复位杆底部需要设计碟形弹簧 11，或者用黄橡胶或弹簧作为先复位元件。

弹性斜顶设计注意事项如下：

① 弹性斜顶斜度面（即胶位的背面）与型芯完全贴合（即保证贴合长度 l_1^* 值），见图 9-94（a）中❶所指的斜面；

② 安装时如果弹性斜顶太长，可以从底部螺纹处截短使用；

③ 弹性斜顶行程（H 值）是指完全弹开后头部最高点行程，从头部向下行程会相应变小；

④ 倒扣所在的面与分型面垂直，封胶面长度不小于 $1/3h$，见图 9-94（a）中❷所指的垂直面；

⑤ 动模板安装孔直径为 $d_{+0.2}^{+0.1}$，推板固定板厚度不得小于 15mm，见图 9-94（a）中❹所指尺寸；

⑥ 推板推出行程必须小于 h，见图 9-94（b）中❸所指的尺寸；

⑦ 为了确保脱模顺利，尽可能加大扣位脱模斜度 $a°$，最小脱模斜度为 2°，见图 9-94（c）中❺所指尺寸；

⑧ 弹性斜顶的长度公差为名义尺寸＋0.02～＋0.05，见图 9-94（c）中❻所指尺寸。

9.13.3 斜顶导向

9.13.3.1 型芯内导向

斜顶常用的导向形式有导向槽导向和导向块导向两种。

在动模型芯内，导向槽是由型芯的导向孔来导向，根据导向孔的截面形状分为长方形导向、T 形槽导向和燕尾槽导向等。多数情况下，斜顶导向孔为矩形。T 形槽导向多数用于较大的斜顶或者斜顶在动模型芯的边缘，顶出后斜顶容易悬空的情况下，设计 T 形槽导向可以增加斜顶的稳定性。图 9-96 所示为 T 形槽导向斜顶。

燕尾槽导向多用于斜顶较小或者较大的场合。在小型模具中，空间位置较小，无法设计 T 形槽导向斜顶；在某些大型模具中，由于 T 形槽导向会增加空间位置，损害模具强度，在此时可以设计燕尾槽导向斜顶，如图 9-97 所示。

9.13.3.2 B 板内导向

斜顶在 B 板内导向十分重要，良好的导向可以增加斜顶的稳定性，延长模具寿命。图 9-98 所示为下滑式斜顶导向，由于 B 板较厚，在 B 板上下分别设计一个斜顶导向块。

图 9-99 中，图（a）所示为 B 板内斜顶导向块的典型设计；图（b）为斜顶导向块整体设计方式；图（c）为斜顶导向块简化式设计方式，在线切割难以满足加工精度时通常采用此方式导向；图（d）为斜顶导向块分成两件设计的方式。

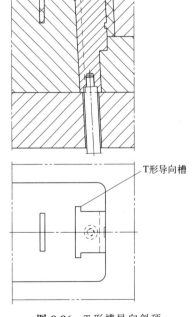

T形导向槽

图 9-96 T 形槽导向斜顶

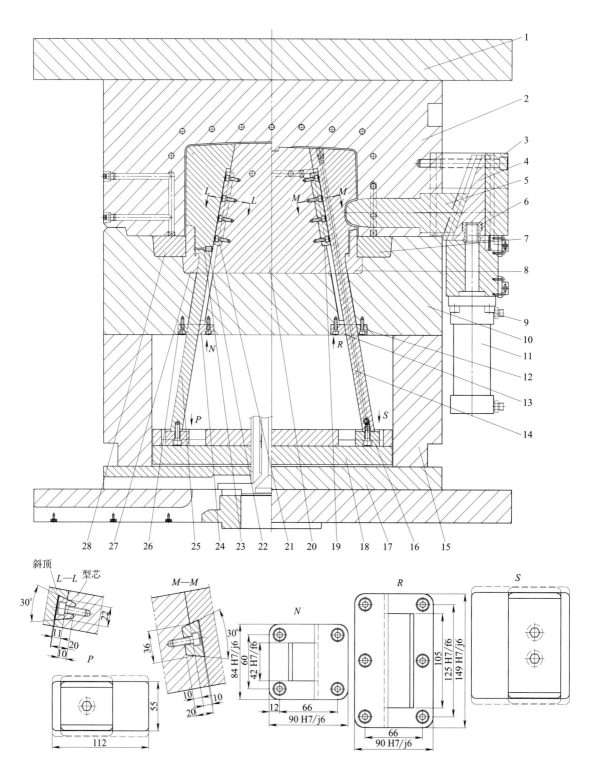

图 9-97　大斜顶和气缸抽芯大型滑块

1—动模座板；2—A板；3—支架挡板；4—斜楔；5—滑块；6—气缸接头；7—推块；8—动模镶件；9—行程开关；
10—B板；11—气缸；12,13,24,26—斜顶导向板；14,25—斜顶；15—方铁；16—斜顶座；17—定模垫板；
18—推板；19,21—燕尾块；20—型芯；22—无头螺钉；23—斜顶镶针；
27—动模镶件；28—推块

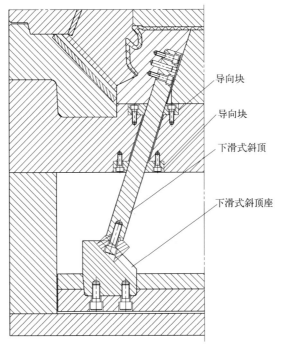

图 9-98 下滑式斜顶导向

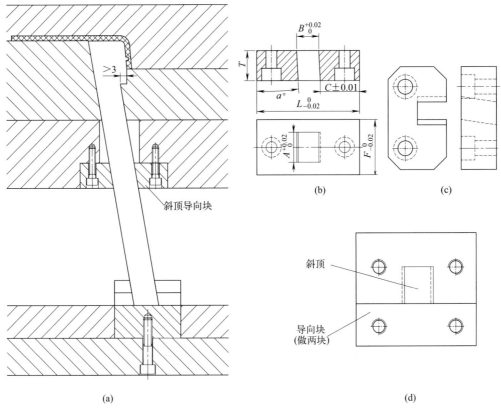

(a)

(b)

(c)

(d)

图 9-99 斜顶导向块设计

图 9-100 所示为斜顶导向块分割的另一种设计方式。

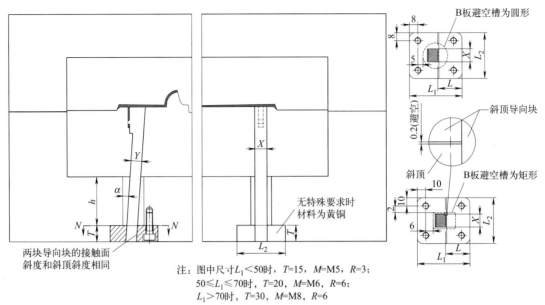

注：图中尺寸 $L_1<50$ 时，$T=15$，$M=M5$，$R=3$；
$50 \leqslant L_1 \leqslant 70$ 时，$T=20$，$M=M6$，$R=6$；
$L_1>70$ 时，$T=30$，$M=M8$，$R=6$

图 9-100 斜顶导向块分割

9.13.3.3 斜顶杆的导向

圆形斜顶杆导向如图 9-101 所示。图（a）为斜顶与 B 板之间避空，斜顶用标准导套导向，导套紧配在 B 板内；图（b）为斜顶与 B 板之间避空，用带肩导套导向；图（c）为斜顶头部两侧做脱模斜度；图（d）为圆形斜顶与滑块座的配合关系，螺钉下面装有弹簧垫圈防松；图（e）为 MISUMI、OILES 等标准斜顶座周边避空。

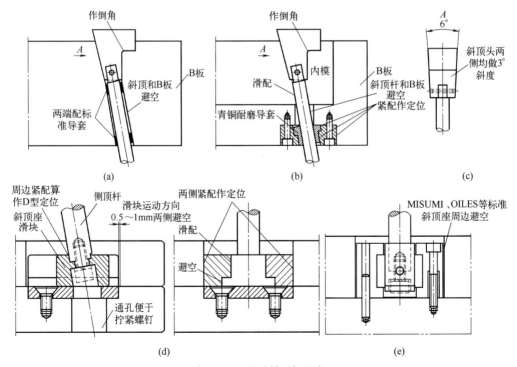

图 9-101 圆形斜顶杆导向

9.13.4　斜顶座结构

图 9-102 所示为 T 形斜顶座，斜顶除了在导滑面的上下与斜顶座滑动配合无间隙之外，其余各面均应留出 0.2mm 的间隙。图 9-103 为穿销结构斜顶和斜顶座结构。销钉直径至少为 $\phi4mm$，滑块座硬度 40HRC 以上。

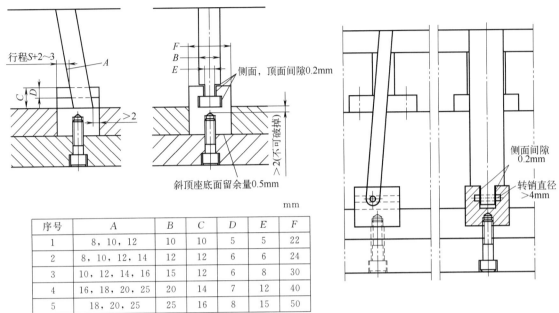

序号	A	B	C	D	E	F
1	8，10，12	10	10	5	5	22
2	8，10，12，14	12	12	6	6	24
3	10，12，14，16	15	12	6	8	30
4	16，18，20，25	20	14	7	12	40
5	18，20，25	25	16	8	15	50

图 9-102　T 形斜顶座

图 9-103　穿销结构斜顶座

图 9-104 所示为螺钉连接斜顶座结构形式。斜顶座用螺钉连接在斜顶底部，螺钉下面装有弹簧垫圈防松，在推板上增加斜顶耐磨块便于磨损后维护更换。

图 9-105 为穿销结构斜顶座改进形式。销钉直径至少为 $\phi4mm$，斜顶底部平面承受注塑压力，受力状况比图 9-103 有明显改善。

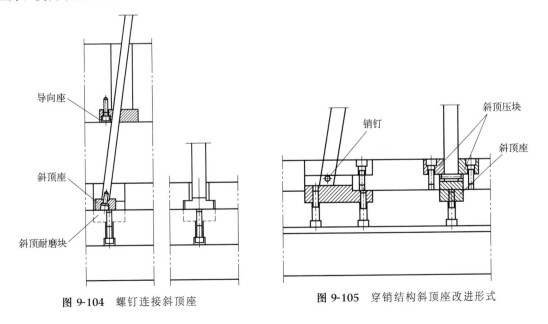

图 9-104　螺钉连接斜顶座

图 9-105　穿销结构斜顶座改进形式

图 9-106 所示为大斜顶斜顶座设计。图 9-107 为大斜顶穿销结构斜顶座。滑动部位为面接触，接触性与耐磨性好，结构刚性好，适用大模具。

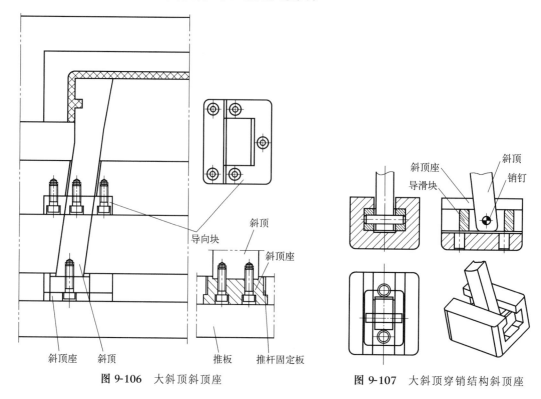

图 9-106　大斜顶斜顶座

图 9-107　大斜顶穿销结构斜顶座

9.13.5　斜顶标准件简介

图 9-108 所示为大通精密石墨铜润滑斜顶座，斜顶杆部为圆形，斜顶与斜顶座配合处铣扁，并用紧定螺钉紧固，滑动部位为石墨铜结构，具有自润滑功能，滑动阻力较小，顶出过程顺畅。

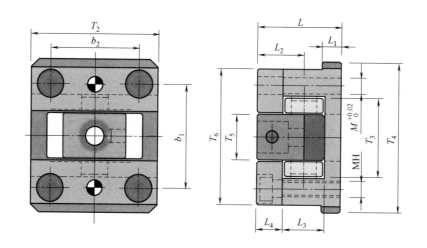

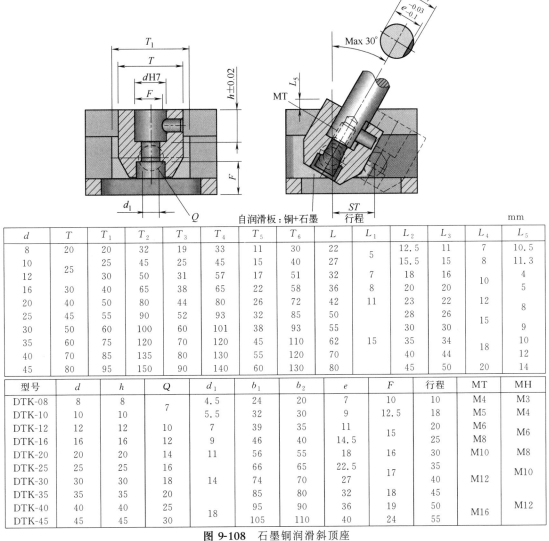

d	T	T_1	T_2	T_3	T_4	T_5	T_6	L	L_1	L_2	L_3	L_4	L_5
8	20	20	32	19	33	11	30	22	5	12.5	11	7	10.5
10	25	25	45	25	45	15	40	27		15.5	15	8	11.3
12		30	50	31	57	17	51	32	7	18	16	10	4
16	30	40	65	38	65	22	58	36	8	20	20		5
20	40	50	80	44	80	26	72	42	11	23	22	12	8
25	45	55	90	52	93	32	85	50		28	26	15	
30	50	60	100	60	101	38	93	55		30	30		9
35	60	75	120	70	120	45	110	62	15	35	34	18	10
40	70	85	135	80	130	55	120	70		40	44		12
45	80	95	150	90	140	60	130	80		45	50	20	14

自润滑板：铜+石墨　　　ST 行程　　　mm

型号	d	h	Q	d_1	b_1	b_2	e	F	行程	MT	MH
DTK-08	8	8	7	4.5	24	20	7	10	10	M4	M3
DTK-10	10	10		5.5	32	30	9	12.5	18	M5	M4
DTK-12	12	12	10	7	39	35	11	15	20	M6	M6
DTK-16	16	16	12	9	46	40	14.5		25	M8	
DTK-20	20	20	14	11	56	55	18	16	30	M10	M8
DTK-25	25	25	16		66	65	22.5	17	35	M12	M10
DTK-30	30	30	18	14	74	70	27		40		
DTK-35	35	35	20		85	80	32	18	45		M12
DTK-40	40	40	25	18	95	90	36	19	50	M16	
DTK-45	45	45	30		105	110	40	24	55		

图 9-108　石墨铜润滑斜顶座

图 9-109 所示为大通精密圆弧面转动斜顶座结构。斜顶可以在圆弧面转动斜顶座滑块内轻微摆动，斜顶座滑块可以在斜顶座内滑动，因此，顶出阻力较小，适合长寿命模具设计。

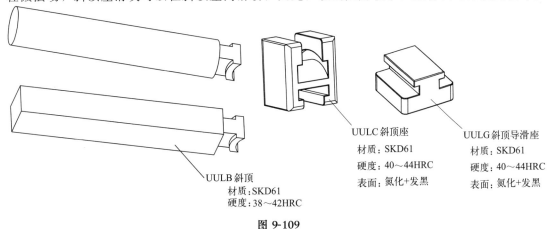

UULC斜顶座
材质：SKD61
硬度：40～44HRC
表面：氮化+发黑

UULG斜顶导滑座
材质：SKD61
硬度：40～44HRC
表面：氮化+发黑

UULB斜顶
材质：SKD61
硬度：38～42HRC

图 9-109

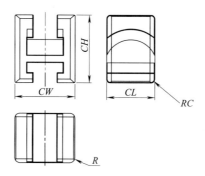

英制型号	CW	CL	CH	RC	R	系列	备注
UULCM-50	0.5	0.437	0.625	0.125	0.25	0.25	
UULCU-87	0.875	0.75	0.875	0.187	0.406	0.5	尺寸为英制
UULCX-175	1.75	1.5	1.656	0.125	0.875	1	

公制型号	CW	CL	CH	RC	R	系列	备注
UULCMM-22	22	18	25	6	10	10	尺寸为公制

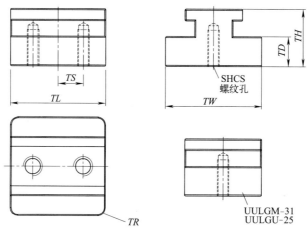

型号 （英制）	TS	$TL_{-0.010}^{0}$	$TW_{-0.001}^{0}$	$TH_{0}^{+0.01}$	$TD_{0}^{+0.01}$	TR	系列	SHCS （螺钉规格）	允许行程	备注
UULGM-31	—	0.75	0.5	0.5	0.344	0.094	0.25	♯10-32 ×1″	5/16	
UULGM-100	0.5	1.5							1⅛	
UULGU-25	—	1	0.875	0.468	0.219	0.188	0.5	1/4-20 ×3/4	1/4	
UULGU-50	0.375	1.25							1/2	尺寸为 英制
UULGU-100	0.625	1.75							1″	
UULGU-150	0.75	2.25							1½	
UULG-50	0.625	2	1.75	0.625	0.25	0.313	1	3/8-16 ×1¼	1/2	
UULG-100	0.875	2.5							1″	
UULG-250	1.375	4							2½	

型号 （公制）	TS	$TL_{-0.025}^{0}$	$TW_{-0.025}^{0}$	$TH_{0}^{+0.25}$	$TD_{0}^{+0.25}$	TR	系列	SHCS （螺钉规格）	允许行程	备注
UULGMM-10	10	33	22	13	6	5	10	M5×20	10	尺寸为
UULGMM-30	15	52							30	公制

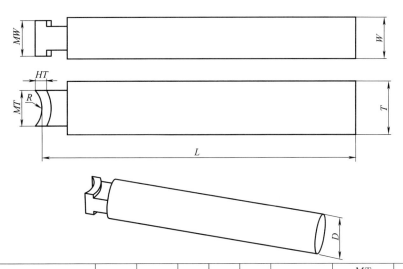

型号（英制）	$T^{+0.010}_{0}$	$W^{+0.010}_{0}$	L/in	HT	R	系列（MW）	MT（最小厚度）	备注
UULBM-37×25-L8	3/8	1/4	8	0.156	0.25	0.25	0.25	尺寸为英制，斜顶截面为矩形
UULBM-50×25-L8	1/2	1/4	8	0.156	0.25	0.25	0.312	尺寸为英制，斜顶截面为矩形
UULBM-75×37-L8	3/4	3/8	8	0.156	0.25	0.25	0.312	尺寸为英制，斜顶截面为矩形
UULBU-50×50-L8	1/2	1/2	8	0.187	0.406	0.5	0.5	尺寸为英制，斜顶截面为矩形
UULBU-50×50-L14	1/2	1/2	14	0.187	0.406	0.5	0.5	尺寸为英制，斜顶截面为矩形
UULBU-50×100-L8	1/2	1″	8	0.187	0.406	0.5	0.5	尺寸为英制，斜顶截面为矩形
UULBU-50×100-L14	1/2	1″	14	0.187	0.406	0.5	0.5	尺寸为英制，斜顶截面为矩形
UULBU-100×50-L8	1″	1/2	8	0.187	0.406	0.5	0.5	尺寸为英制，斜顶截面为矩形
UULBU-100×50-L14	1″	1/2	14	0.187	0.406	0.5	0.5	尺寸为英制，斜顶截面为矩形
UULBU-150×50-L8	1½	1/2	8	0.187	0.406	0.5	0.5	尺寸为英制，斜顶截面为矩形
UULBU-150×50-L14	1½	1/2	14	0.187	0.406	0.5	0.5	尺寸为英制，斜顶截面为矩形
UULBU-75-150-L8	3/4	1½	8	0.187	0.406	0.5	0.625	尺寸为英制，斜顶截面为矩形
UULBU-75×150-L14	3/4	1½	14	0.187	0.406	0.5	0.625	尺寸为英制，斜顶截面为矩形
UULBU-150×75-L8	1½	3/4	8	0.187	0.406	0.5	0.625	尺寸为英制，斜顶截面为矩形
UULBU-150×75-L14	1½	3/4	14	0.187	0.406	0.5	0.625	尺寸为英制，斜顶截面为矩形
UULBV-100×150-L10	1″	1½	10	0.375	0.875	1	1	尺寸为英制，斜顶截面为矩形
UULBV-100×150-L18	1″	1½	18	0.375	0.875	1	1	尺寸为英制，斜顶截面为矩形
UULBV-100×100-L10	1″	1″	10	0.375	0.875	1	1	尺寸为英制，斜顶截面为矩形
UULBV-100×100-L18	1″	1″	18	0.375	0.875	1	1	尺寸为英制，斜顶截面为矩形
UULBV-150×100-L10	1½	1″	10	0.375	0.875	1	1	尺寸为英制，斜顶截面为矩形
UULBV-150×100-L18	1½	1″	18	0.375	0.875	1	1	尺寸为英制，斜顶截面为矩形

型号（公制）	$D^{0}_{-0.001}$	L/in	R	HT	系列（MW）	MT（最小厚度）	备注
UULBM-43D-L8	$\phi 7/16$	8	0.25	0.156	0.25	0.312	尺寸为英制，斜顶截面为圆形
UULBU-75D-L8	$\phi 3/4$	8	0.406	0.187	0.5	0.5	尺寸为英制，斜顶截面为圆形
UULBU-75D-L14	$\phi 3/4$	14	0.406	0.187	0.5	0.5	尺寸为英制，斜顶截面为圆形
UULBU-75D-L18	$\phi 3/4$	18	0.406	0.187	0.5	0.5	尺寸为英制，斜顶截面为圆形
UULBX-125D-L10	$\phi 1¼$	10	0.875	0.375	1	1	尺寸为英制，斜顶截面为圆形
UULBX-125D-L18	$\phi 1¼$	18	0.875	0.375	1	1	尺寸为英制，斜顶截面为圆形

型号（英制）	$D^{0}_{-0.025}$	L	R	HT	系列（MW）	MT（最小厚度）	备注
UULBMM-15D-L250	$\phi 15$	250	10	5	10	10	尺寸为公制，斜顶截面为圆形

图 9-109

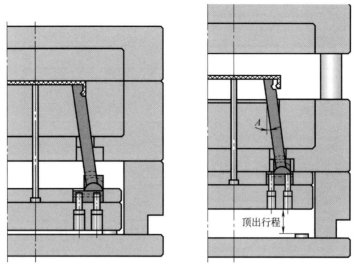

图 9-109　圆弧面转动斜顶座

9.13.6　复杂斜顶

9.13.6.1　定模斜顶结构

图 9-110 所示为有碰穿孔定模斜顶。图 9-111 所示为有碰穿孔定模斜顶简易设计。

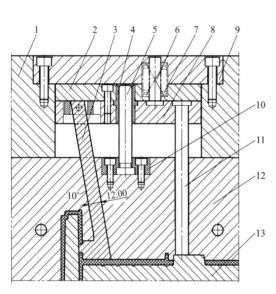

图 9-110　有碰穿孔定模斜顶

1—定模板；2—定模推板；3—斜顶；4—导套；5—导柱；
6—弹簧导杆；7—弹簧；8—推杆固定板；9—盖板；
10—固定块；11—复位杆；12—型腔；13—型芯

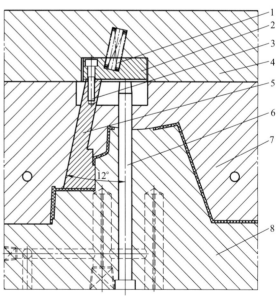

图 9-111　有碰穿孔定模斜顶简易设计

1—弹簧；2—定模推板；3—螺钉；4—定模板；5—斜顶；
6—复位杆；7—A 板；8—型芯

9.13.6.2　斜顶顶针设计

斜顶顶出塑件时，胶位部分有粘斜顶的可能性，这时需要设计斜顶顶针。斜顶顶针设计如图 9-112 所示。T_1 为斜顶顶针的行程，$T \geqslant T_1 + 0.3$，H 为斜顶顶针相对于塑件保持不动时斜顶行程中上升的高度。斜顶顶针设计时需要注意，斜顶顶针弹出的最高点不能超出 A 点，见图 9-112（a）。如果斜顶顶针需要顶出的行程较大，无法避免，则在斜顶顶部增加平台，结合点移到 B 点，见图 9-112（b）。只有这样才能保证合模时，不产生干涉。

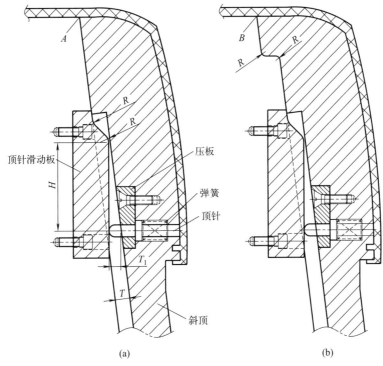

(a)　　　　　　　　　　(b)

图 9-112　斜顶顶针设计

9.13.6.3　大角度斜顶

大角度斜顶设计如图 9-113 所示，图（a）为合模状态，图（b）为顶出状态。在斜顶座上设计专门的导杆，辅助斜顶顶出。这种斜顶目前已经有标准元件供应，模具设计可以选用标准件。

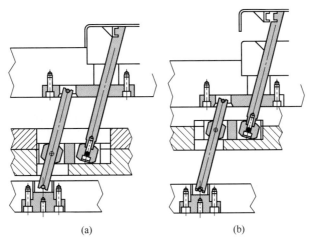

(a)　　　　　　　　　　(b)

图 9-113　大角度斜顶设计

图 9-114 所示为多个大角度斜顶设计，图（a）为三个斜顶共用推杆固定板，图（b）为两个导杆为推杆固定板导向。

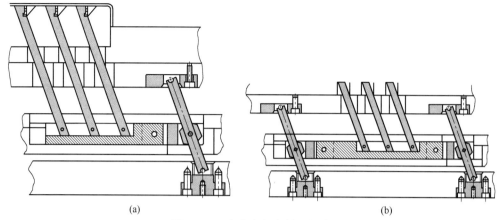

(a)   (b)

图 9-114　多个大角度斜顶设计

9.13.6.4　减速斜顶和加速斜顶

　　当塑件顶部胶位面与分模面有倾斜，且此倾斜面会阻碍斜顶运动时，需要设计下滑式斜顶。下滑式斜顶也叫减速斜顶。下滑式斜顶设计见图 9-115，斜顶座与塑件顶部胶位面同方向倾斜相同角度。图 9-116 所示为大角度下滑式斜顶，其中，图（a）为合模状态，图（b）为顶出状态。

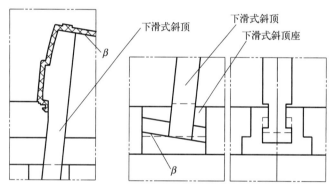

图 9-115　下滑式斜顶

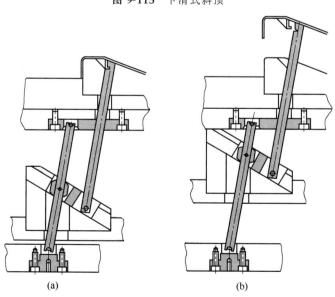

(a)   (b)

图 9-116　大角度下滑式斜顶

图 9-117 所示为大角度上升式斜顶，其中，图（a）为合模状态，图（b）为顶出状态。上升式斜顶也叫加速斜顶。

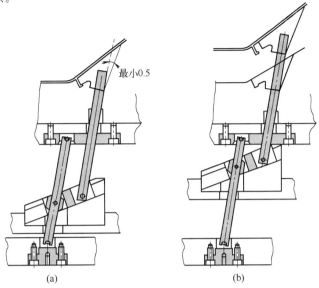

最小0.5

(a)　　　　　　　　(b)

图 9-117 大角度上升式斜顶

9.13.7　斜顶顶出结构汇集

9.13.7.1　大斜顶和气缸抽芯

大斜顶和气缸抽芯大型滑块模具设计如图 9-97 所示。

9.13.7.2　斜顶和倾斜滑块碰穿

图 9-118 所示为斜顶和倾斜滑块碰穿的模具结构。

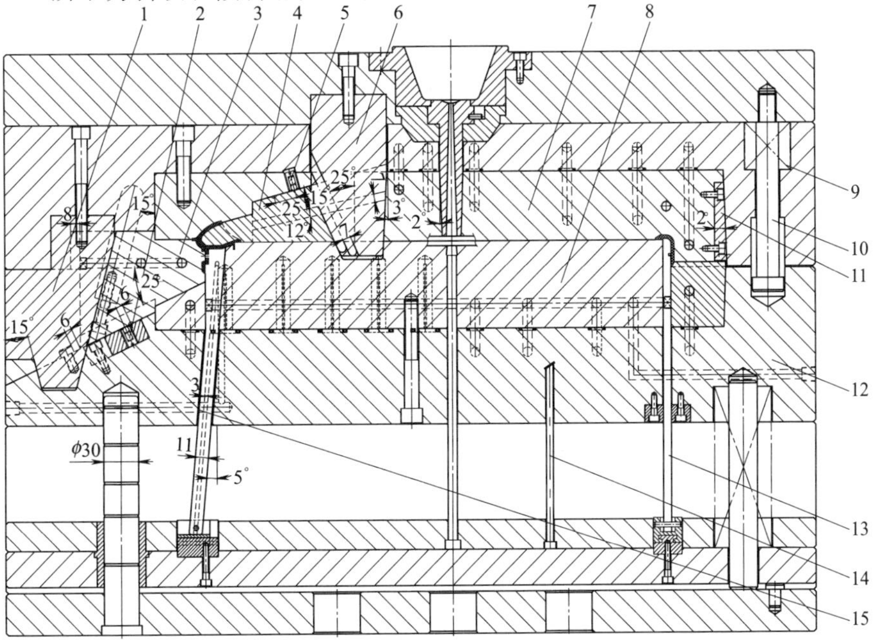

图 9-118 斜顶和倾斜滑块碰穿

1,6—斜楔；2—定位波珠；3—动模斜滑块；4—定模滑块；5—定位波珠；7—型腔；8—型芯；
9—弹簧；10—限位螺钉；11—调整片；12—B板；13—斜顶；14—推杆；15—大斜顶

第 *10* 章 温度调节系统设计

10.1 模具温度调节概述

10.1.1 温度调节的重要性

模具温度是指在注塑过程中与制品接触的型腔表面温度。模具温度直接影响制品在型腔中的冷却速度，对制品的内在性能和外观质量都有很大的影响。模具温度调节的目的是使冷却速度平衡、成型性能良好、塑件尺寸稳定、避免塑件变形、无各种注塑缺陷以及物理性能良好。温度控制的效果应达到能使型腔和型芯保持在理想的温度范围之内，并能在规定的时间内从模具中带走相应的热量，另外还需将多腔模具每个型腔的温度差维持在规定范围内，以及将单腔大型塑件的各个部分的温度差维持在规定的范围内。

注塑成型模具经过多年的发展，精确地、稳定地进行塑料件成型已属于最低标准，如何缩短成型周期将成为考量模具优劣的重要因素。通常，在成型周期中占比最大的是冷却时间，为了缩短冷却的时间，最重要的是在熔料填充完毕后，高效地吸收型腔表面的热量，迅速降低成型品的表面温度。

为了提高材料的流动性，使其容易填充，保证制品质量，所以使模具在成型时有较高的模温。而在填充结束后，为了使填充于模具内的熔融树脂能迅速固化，必须有效除去热量，所以运水的设计就是为了缩短成型循环时间。

冷却的目的：
① 均衡冷却，提高塑件质量；
② 有效冷却，缩短注塑周期；
③ 机构冷却，确保模具运行。

10.1.2 温度控制的效果

10.1.2.1 改善成型性能

使模具保持在与特定的塑料相适宜的温度，则可以显著改善成型性能。模具温度高时，型腔内熔融塑料的流动性改善，可促进充填。但就成型效率（成型周期）而言，模具温度宜适当降低。如此，可缩短材料冷却固化的时间，提高成型效率。由于模具温度在很大程度上决定了冷却时间，因此要尽可能使模具保持在可允许的低温状态，有利于缩短注塑周期。

10.1.2.2 尺寸精度稳定

如果模具温度发生变化，那么收缩率也会产生很大的变动。因此，需要保持型腔温度恒定，才可使影响收缩率的因素得到稳定，尺寸精度也就得到保证。

低的模温使分子"冻结取向"加快，使得型腔内熔体的冻结层厚度增加，同时模温低阻碍结晶，从而降低制品的成型收缩率。相反，模具温度高，则熔体冷却缓慢，松弛时间长，取向水平低，有利于结晶，产品的实际收缩率较大。

10.1.2.3 防止变形

如果冷却速度均衡，则收缩率也相同，塑件变形也小，因而可以防止塑件变形。塑件胶位厚大时，若冷却不充分的话，则其表面发生收缩下陷。即使胶位厚度适当，若冷却方法不良，成型品各部分的冷却速度不同的话，也会因热收缩而引起翘曲、扭曲等变形，因而需使模具各部分均匀冷却。

模具的冷却系统设计不合理或模具温度控制不当，塑件冷却不足，都会引起塑件翘曲变形。对于模具温度的控制，应根据制品的结构特征来确定定模与动模、模芯与模壁、模壁与嵌件间的温差，从而利用模塑各部位冷却收缩速度的不同，塑件脱模后更趋于向温度较高的一侧弯曲的特点，来抵消取向收缩差，避免塑件按取向规律翘曲变形。对于形体结构完全对称的塑件，模温应相应保持一致，使塑件各部位的冷却均匀。

10.1.2.4 消除外观缺陷

模具温度也会影响塑件的外观质量，例如光泽不良、蚀纹件外观不良等，如对模具温度进行调节，则可以防止此类缺陷。较高的温度可以改善树脂的流动性，通常会使制件表面平滑、有光泽，特别是提高玻璃纤维增强型树脂制件的表面美感，减少表面浮纤，同时还能改善熔合线的强度和外表。而对于蚀纹面，如果模温较低的话，熔体较难充填到纹理的根部，使得制品表面显得发亮，"转印"不到模具表面的真实纹理，提高模具温度和料温后可以使制品表面得到理想的蚀纹效果。

10.1.2.5 改善塑件的物理性能

如果模具温度与各类塑料相适应，则可使塑料的物理性能处于最佳状态。然而获得使塑料处于最佳状态的温度并不容易，因而只能是在容许的模具温度范围内，选择注塑参数调整注塑机。通常熔融材料充填成型空间时，低的模具温度会使塑料迅速固化。此时为了充填，需要很大的成型压力。因此，固化时，施加于成型品的一部分压力残留于内部，成为所谓的残留应力。对于PC或变性PPO之类硬质材料，此残留应力大到某种程度以上时，会发生应力龟裂现象或造成制品变形。PA或POM等结晶性塑料的结晶化度及结晶化状态显著取决于其冷却速度，冷却速度愈慢时，所得结果愈好。由上可知，模具温度高，虽不利于成型效率，但却常有利于成型品的品质。

成型件内应力的形成基本上是由冷却时不同的热收缩率造成，当制品成型后，它的冷却是由表面逐渐向内部延伸，表面首先收缩硬化，然后渐至内部，在这过程中由于收缩快慢之差而产生内应力。当塑件内的残余内应力高于树脂的弹性极限时，或在一定化学环境的侵蚀下，塑件表面就会产生裂纹。对PC与PMMA透明树脂所做的研究显示，残余内应力在表面层为压缩形态，内层为伸张形态。而表面压应力依其表面冷却状况而定，冷的模具使熔融树脂急速地冷却下来，从而使得成型品产生较高的残余内应力。模温是控制内应力最基本的条件，稍许改变模温，对它的残余内应力将有很大的改变。一般来说，每一种产品和树脂的可接受内应力都有其最低的模温限度。而成型薄壁或较长流动距离时，其模温应比一般成型时的最低限度要高些。

特别是对于结晶性塑料，如果产品在较低的模温下成型，分子的取向和结晶被瞬间冻结，当在较高温的使用环境或二次加工条件下，其分子链会进行部分地重新排列和结晶的过程，使得产品甚至在远低于材料的热变形温度（HDT）下变形。

正确的做法是使用所推荐的接近其结晶温度的模温生产，使产品在注塑成型阶段就得到充分的结晶，避免这种在高温环境下的后结晶和后收缩。

总之，模具温度是注塑成型工艺中的最基本的控制参数之一，同时在模具设计中也是首要考虑的因素。它对制品的成型、二次加工和最终使用过程的影响是不可低估的。

10.1.2.6 保证模具正常运作

对于高温注射的模具，模具的热膨胀会使模具尺寸加大，由于动定模的温度不同，温差会使导柱导套间隙发生变化，导致导柱导套运行不畅甚至卡滞，严重影响模具寿命。因此大型模具需要在导柱和导套周围开设冷却水路保障模具的正常运作。三板模的流道推板增加冷却回路，可以降低模具温度，延长模具寿命。图 10-1 所示是三板模面板和流道推板的冷却。

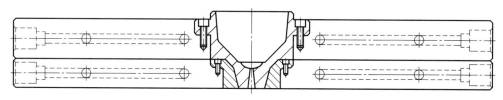

图 10-1 面板和流道推板的冷却

10.1.3 温度控制的理论要素

模具的温度调整，对成型品的质量、物性及注塑成型效率有很大影响，冷却孔的大小与其分布为重要的设计事项。热量在空气中，主要依靠辐射和对流来传播，在固体或液体中主要靠传导来传播。固体的热传导也因物质的不同而有所差异，而且不同物质的交界处也有界膜传热系数。在液体中，热量的传导因管路的大小、流速、密度、黏度等而异，在模具冷却系统中，热量的计算公式很复杂，很多流动要素需要假定，精确求解难度很大，而且计算过程费时费力。

常用的冷却介质为水和空气，冷却水在模具内的流道符合伯努利原理，空气冷却和薄壁件的顶出也是利用了伯努利原理。它是在流体力学的连续介质理论方程建立之前，水力学所采用的基本原理，其实质是流体的机械能守恒，即：动能＋重力势能＋压力势能＝常数。其最为著名的推论为：等高流动时，流速大，压力就小。

实际液体由于存在黏滞性而具有两种流动形态。液体质点做有条不紊的运动，彼此不相混掺的形态称为层流。液体质点做不规则运动、互相混掺、轨迹曲折混乱的形态叫作紊流。它们传递动量、热量和质量的方式不同：层流通过分子间相互作用，紊流主要通过质点间的混掺。紊流的热传递速率远大于层流，模具冷却系统的设计就是需要介质的紊流状态。

紊流是流体力学中的一个术语，是指流体从一种稳定状态向另一种稳定状态变化过程中的一种无序状态。具体是指流体流动时各质点间的惯性力占主要地位，流体各质点不规则地流动。紊流一般相对层流而言。一般用雷诺数判定。雷诺数小，意味着流体流动时各质点间的黏性力占主要地位，流体各质点平行于管路内壁有规则地流动，呈层流流动状态。雷诺数大，意味着惯性力占主要地位，流体呈紊流流动状态，一般管道雷诺数 $Re<2000$ 为层流状态，$Re>4000$ 为紊流状态，$Re=2000\sim4000$ 为过渡状态。在不同的流动状态下，流体的运动规律、流速的分布等都是不同的，因而管道内流体的平均流速与最大流速的比值也是不同的。因此雷诺数决定了黏性流体的流动特性。流体在管内流动时，其质点沿着与管轴平行的方向做平滑直线运动。此种流动称为层流。流体的流速在管中心处最大，近壁处最小。管内流体的平均流速与最大流速之比等于 0.5，根据雷诺实验，当雷诺数 $Re < 2100$ 时，流体的流动状态为层流。冷却系统的设计计算方法很多，但对于注塑模而言，由于是断续工作的，而且受人为因素影响较多，所以无须很精确地计算。

近年来由于计算机的发展，塑料在模具中的流动能够进行数字模拟。ANSYS 流体单元能进行流体动力学分析，分析类型可以为瞬态或稳态。分析结果可以是每个节点的压力和通过每个单元的流率。并且可以利用后处理功能产生压力、流率和温度分布的图形显示。另外，还可以使用三维表面效应单元和热-流管单元模拟结构的流体绕流并包括对流换热效应。模流分析（moldflow）软件是运用数据模拟，通过电脑完成注塑成型的模拟仿真，模拟模具注塑的过程，得出各种数据结果，通过这些结果对模具的方案可行性进行评估，完善模具设计方案及产品设计方案。

10.1.4 模具温度控制方式

模具的温度控制方式主要有两种，即模具的冷却和加热。一般模具，通常以常温的水来冷却，其温度控制由水的流量调节，流动性好的低熔点材料大都以此方法成型。但有时为了改善制品变形，须将水再加以冷却。小型成型品的射出时间，保压时间都短，成型周期取决于冷却时间，此种成型为了提高效率，经常也以冷水冷却，但用冷水冷却时，大气中的水分会凝聚于成型空间表面，造成成型品缺陷，须加以注意。

成型高熔点材料或胶位较厚，流动距离长的成型品，为了防止充填不足或应变的发生，有时对水管通温水。成型难流动塑料时，成型面积大或大型成型品时，也会将模具加热，此时用热水或热油，或用电加热器来控制模具温度。模具温度较高时，需考虑模具滑动部位的间隙，避免模具因热膨胀而作动不良。一般中熔点成型材料，有时因成型品的质量或流动性而使用加热方式来控制模具温度。

10.1.5 影响模具冷却的因素

注塑模具是一个热交换体，输入模具的热量有两个来源，第一是熔融的塑料将大量热量输入模具，其次是注塑机的炮嘴接触模具，将热量传递到模具。模具输出的热量主要是冷却系统通过冷却介质的流动带走热量，注塑件脱模后会带走一部分热量，模具会散热到空气中损失一部分热量。对于注塑成型模具来说，最理想的状态是输入热量和输出热量的差额能够保持稳定，因此冷却系统非常重要，而影响模具冷却的因素有很多，列举如下：

① 从入口到出口冷却介质的温差；

② 从入口到出口冷却介质的流量；

③ 模具零件热导率；

④ 从注塑到顶出，塑料的温差；

⑤ 流道系统尺寸和布局；

⑥ 流道类型（热流道或冷流道）；

⑦ 与成型制品直接接触部件内的冷却管道（尺寸和布局）；

⑧ 模板中冷却管道的尺寸和布局；

⑨ 进出软管的尺寸（直径和数量）；

⑩ 冷却水在模具中的流动状态（层流或紊流）。

10.2 常用塑料的冷却性能

对于同种塑料来说，塑件壁厚越薄，需要的冷却时间越少。反之，塑件壁厚越厚，需要的冷却时间越多。常见塑件壁厚与冷却时间的关系，见表 10-1，常见塑料的冷却特性，见表 10-2。

表 10-1 常见塑件壁厚与冷却时间（S）的关系

壁厚/mm	ABS	PA	HDPE	LDPE	PP	PS	PVC
0.5	—	—	1.8	—	1.8	1.0	—
0.8	1.8	2.5	3.0	2.3	3.0	1.8	2.1
1.0	2.9	3.8	4.5	3.5	4.5	2.9	3.3
1.2	4.0	5.2	6.1	4.8	6.2	4.0	4.5
1.5	5.7	7.0	8.0	6.6	8.0	5.7	6.3
1.8	7.4	8.9	10.0	8.4	10.0	7.4	8.1
2.0	9.3	11.2	12.5	10.6	12.5	9.3	10.1
2.2	11.4	13.4	14.6	12.7	14.7	11.4	12.2
2.5	13.7	15.9	17.5	15.2	17.5	13.7	14.7
3.2	20.5	23.4	25.5	22.5	25.5	20.5	21.7
3.8	28.5	32.0	34.5	30.9	34.5	28.5	30.0
4.5	38.2	42.2	45.3	41.0	45.3	38.2	40.0
5.0	49.0	53.9	57.5	52.4	57.5	49.0	51.1
5.7	61.0	66.8	71.0	65.0	71.0	61.0	63.5
6.4	75.0	80.0	85.0	79.0	85.0	75.0	77.5

表 10-2 常见塑料的冷却特性

塑料名称	型号	比热容/[J/(kg·℃)]	密度/(kg/m³)	固化温度/℃	收缩率/%	塑料温度/℃	模具温度/℃	模具冷却水孔长度/(m/g)			防火等级 UL94
								流量 0.18m³/h	流量 0.24m³/h	流量 0.30m³/h	
PS	H120	1.708×10^3	1.05	105	0.5	180~240	35~70	1.06	0.85	0.71	
	EXG11		1.05		0.5						HB
	470A	1.792×10^3	1.05	95	0.5			1.16	0.92	0.77	
	400	1.708×10^3	1.05	100	0.5~0.6			1.10	0.87	0.73	
	408	1.708×10^3	1.05	100	0.5~0.6			1.10	0.87	0.73	
	G-12-75	2.093×10^3	1.05		0.4			1.35	1.07	0.90	HB
	GS-1		1.17		0.5						V-0
	CS-14000				0.65						
	SE-HM-1		1.06		0.5						V-2
	G-14GP		1.05		0.5						
	XL-1	1.808×10^3	1.04	97	0.5			1.15	0.91	0.77	HB
	XL-7	1.808×10^3	1.04	97	0.5			1.15	0.91	0.77	HB
	H-45	1.833×10^3	1.04	97	0.5			1.14	0.91	0.76	HB
	H-65		1.04		0.5						HB
	CS5	1.808×10^3	1.17	95	0.55~0.6			1.17	0.93	0.78	
	UH-7	1.808×10^3	1.04	105	0.5			1.09	0.86	0.73	HB
	MS500		1.05		0.5						HB
	HT-53		1.05		0.5						HB
	MSG-C				0.55						
	HI-R-5	2.788×10^3	1.04	106	0.3~0.5			1.67	1.32	1.11	HB

塑料名称	型号	比热容 /[J/(kg·℃)]	密度 /(kg/m³)	固化温度 /℃	收缩率 /%	塑料温度 /℃	模具温度 /℃	模具冷却水孔长度/(m/g) 流量 0.18m³/h	流量 0.24m³/h	流量 0.30m³/h	防火等级 UL94
PP	ME140	$2.876×10^3$	0.91	100	1.4	180~230	25~60	1.61	1.28	1.07	
	ME240	$2.411×10^3$	0.91		1.6			1.45	1.15	0.97	
	KS245	$1.716×10^3$	1.05		1.2			1.03	0.82	0.69	HB
	MS631	$1.938×10^3$	0.90		1.75			1.17	0.93	0.78	
	MS684S	$2.821×10^3$	0.90	120	1.6			1.40	1.11	0.93	HB
	SH662	$2.922×10^3$	0.91	125	1.6~1.7			1.38	1.10	0.92	HB
	JSA90	$2.842×10^3$	0.90	83	1.4~1.5			1.71	1.36	1.14	
	BJHH-SA-20		1.07		1.3						
	J-3053HP	$2.805×10^3$	0.90	100	1.4~1.8			1.57	1.24	1.05	HB
	J720N6	$2.888×10^3$	1.15		1.6			1.68	1.33	1.12	
	S-2				1.6						
ABS	1M-10		1.06		0.5	220~230	50~70				
	1M-15S		1.05		0.5						
	A3891		1.03		0.5						
	191F		1.05		0.5						
	120	$1.909×10^3$	1.06	108	0.5			1.04	0.83	0.69	
	190	$1.909×10^3$	1.06	105	0.5			1.07	0.85	0.71	
	VA508-7S	$1.708×10^3$	1.05	102	0.5			0.98	0.78	0.65	
	844V-X05	$2.265×10^3$	1.19	112	0.4~0.7			1.20	0.95	0.80	5V/V-0
	NC100				0.5						5V/V-0
	NC112				0.5						5V/V-0
	D38				0.5						HB
	D58				0.5						HB
	12A				0.5						HB
	15A				0.5						HB
	HK101K1				0.55	180~240	35~70				HB
	15K4	$2.231×10^3$	1.04	140	0.5			0.96	0.76	0.64	
	NC118W				0.5						
	WB45A				0.5						
	♯300		1.05		0.5						HB
	TPX-420				0.5						
	410				0.5						
	VW230		1.10		0.6						V-2
	TJ3G		1.05		0.5						HB
	V520		1.20		0.5	200~230	50~60				V-0/5VA
	EX120		1.05		0.5						HB
	ELX CL-301		1.10		0.5						HB
	NA3820		1.19		0.5						5V/V-0
	GR-2110G		1.04		0.3						HB
	NALS-820		1.19		0.5						5V/V-0
PC	♯500		1.25		0.35	270~300	80~90				V-0
	Lexan940		1.21		0.6	270~300	80~90				V-0
	GS-3130SG		1.55		0.6	270~300	80				
	KE1300	$2.022×10^3$	1.19	160	0.5~0.7	270~300	80~120	0.70	0.55	0.46	
POM	SW-01		1.42		1.8	190~210	60~80				HB
	AW-02/AW-01		1.37		1.9	190~210	60~80				HB
	M90-44	$1.465×10^3$	1.41		1.9	190~210	60~80	0.85	0.68	0.57	HB
	5.010	$1.465×10^3$	1.42		1.9	190~205	80	0.82	0.65	0.55	HB
	LA531		1.38		2						HB

塑料名称	型号	比热容/[J/(kg·℃)]	密度/(kg/m³)	固化温度/℃	收缩率/%	塑料温度/℃	模具温度/℃	模具冷却水孔长度/(m/g) 流量0.18m³/h	流量0.24m³/h	流量0.30m³/h	防火等级UL94
ABS+PC	TN-3813B	2.164×10³	1.23	142	0.5			1.26	1.00	0.84	V-0
	MC5400	1.448×10³	1.18	120	0.5			0.84	0.67	0.56	5VB
	CE10				0.5						
PPO/PPE	AN20	2.009×10³	1.08	130	0.5~0.7	200~280	50~70	1.04	0.82	0.69	V-0
	PX272B		1.06		0.6						5V/V-0
	N85		1.08		0.6						5V/V-0
	HFG200		1.24		0.2~0.4						5V/V-0
	500V		1.08		0.6	240~290	70~100				V-1
	100Z		1.08		0.6	220~270	40~70				V-0
PMMA	MG5	2.256×10³	1.14	113	0.2~0.6	190~240	60~80	1.18	0.94	0.79	HB
	MD	1.465×10³	1.19		0.5	190~250	40~70	0.79	0.63	0.53	HB
	60N	1.465×10³	1.19		0.2~0.6	200~240	50~80	0.79	0.63	0.53	HB
PA	1300S	2.813×10³	1.14	220	1.3~2.0	275~290	80	1.45	1.15	0.97	V-2
MBS	KM0073				0.4						
HDPE	210J		0.97		1.9						
LDPE	M6520		0.92		2.5						

10.3 冷却系统设计

10.3.1 对冷却系统设计的要求

① 布局简单，方便管路连接；
② 对称性；
③ 保证所需要的回路数；
④ 考虑模板尺寸和注塑机上可用空间；
⑤ 模板上所用螺钉的大小数量；
⑥ 顶出系统的元件与距离；
⑦ 导柱导套位置和尺寸；
⑧ 最佳冷却效果；
⑨ 成本。

10.3.2 注塑模冷却系统设计要点

10.3.2.1 冷却系统一般设计原则

一般对冷却系统的设置需考虑下列原则：

① 冷却管的口径、间隔以及至型腔表面的距离，这些都对模具温度的控制有重大影响。这些关系比例的最大值如下：如冷却管口径为1时，管与管的间隔最大值为5，管与型腔表面的最大距离为3。此外，制品胶位较厚冷却水管必须缩小间隔并且需要更加接近型腔表面。

② 为保持模具温度分布均匀，冷却水应先从模具温度较高处进入，然后循环至温度较低处再流出。通常流道、浇口附近的成型材料温度高，所以通冷水，温度低的外侧部分，则

循环热交换的温水，此循环系统的管路连接，是在模具内加工贯穿孔，在模具外连接孔与孔。

③ 成型 PE 等收缩大的材料时，因其成型收缩大，冷却管路不宜沿收缩方向。

④ 冷却管应尽量沿型腔的轮廓设置，以保持模具温度分布均匀。

⑤ 冷却水流动过程中不得有短路或停滞现象，否则影响冷却效果，而且冷却管路尽可能使用贯穿孔方式，以便日后清理。

⑥ 设计时要合理选择水孔直径大小、数量及其分布，对于厚壁处应加强冷却。为使模具冷却均匀，冷水入口和出口温差以小为好。一般温差小于 5℃。对于精密制品模温差小于 3℃。此外，在冷却回路长度为 1.2～1.5m 以上时，需要增加流道数量，加大流量。液体流动最好是紊流，这样冷却效果最佳。

10.3.2.2　冷却系统设计规格

① 小型模具冷却通道距离镶件、推杆以及其他边界的距离大于或等于 3mm。由于钻孔越长孔偏斜度越大，因此，大型模具的冷却通道距离镶件、推杆以及其他边界的距离大于或等于 5mm。

② 滑块和斜顶有条件的也需要水路，因为模温不同会影响产品外观。所有宽度大于60mm 以上的滑块都要求做运水。30mm×30mm 大小以上的斜顶需要充分冷却。

③ 热流道板、A 板、B 板也要求做运水，以便于降低模温。模仁和模架的热流道附近最好有独立的水路。

④ 运水壁到胶位的距离要求 10～15mm。小模具取小值，大模具取大值。

⑤ 设计运水时要考虑哥林柱不会干涉模具外侧运水的连接，滑块动作时其上的部件不会碰上哥林柱。

⑥ 150t 以上注塑机的模具，其直通冷却水孔径应在 ϕ10mm 以上。150t 以下注塑机的模具，其冷却水孔径应在 ϕ8mm 以上。运水孔径应在 ϕ6mm 以上。大型模具的冷却运水孔径最大可以做到 ϕ20mm。

10.3.2.3　大型模具集水块设计

大型模具运水回路较多，在模具设计时，需要设计集水块以便统一安排运水回路。集水块尽量放在天侧靠近非操作侧，其次是非操作侧。动定模最多一边 8 组水路，所有水路进出都在集水块上。集水块上要编码 1，2，3，4…。集水块需要标牌说明水路内容。3D 设计中要把机器哥林柱或面板、码模位置画进去，然后考虑水接头软管、集水块等是否影响模具的安装和干涉。水路的串连方式、软管接头等需要在 3D 设计中体现，水路的串连方式需要在设计时确认。

10.3.3　冷却系统设计注意事项

① 相邻两组运水的距离不得小于 30mm，否则会造成水嘴接头干涉。

② 运水的进出位置一定要考虑是否会和码模压板有干涉，造成在注塑机上无法安装运水。

③ 模具装配图上要标明天侧，天侧就是吊模方向。运水接头尽可能不要设计在模具天侧，以免影响机械手的顶出。运水接头设计位置的优先顺序：反操作侧—操作侧—地侧—天侧。天侧的接头一旦发生漏水，会有导致模仁生锈的可能，同时在自动化生产时，有可能影响机械手的动作。地侧的运水，安装困难，产品自动落下之时，容易挂在水管上。从安全与不影响生产的角度来考虑，运水接头出口优先选非操作侧。出口模具均强制性地要求水管接

在非操作侧。出口模具内模运水不允许采用堵铜的方法，而要采用堵头螺钉。

④ 运水铭牌的设计，水路出入口需做标记刻印，通用的标记为 1 IN，1 OUT……。出口德国的模具运水进出口打字码，用 E1（进）、A1（出）、E2、A2……。出口法国的模具运水进出口打字码，用 E1（进）、S1（出）、E2、S2……。

⑤ 模具上有数组冷却回路时，冷却水应首先通入接近主流道的部位。水路设计原则是从中心往外扩散，每一穴的进出位置要一样，确保产品成型条件相同。流道前部必须设置冷却水道。强化浇口冷却，塑料充模时浇口附近温度最高，因此浇口附近最好能强化冷却。

⑥ 当镶件下面有运水胶圈时，不能使用挂台定位，镶件一定要用螺钉固定。

⑦ 精密模具，医疗制品模具，为了免于冷却通道生锈，通常用不锈钢制造。

10.3.4 提高模温调节能力的途径

① 模具上的冷却水孔直径尽可能大，冷却通道数量尽可能多，以增大传热面积，缩短冷却时间，达到提高生产效率的目的。

② 模具材料通常选钢材，但在某些难以散热的位置，在保证模具刚度和强度的条件下可选铍铜、铝合金等热导率高的模具材料作为嵌件使用。

③ 冷却介质一般采用常温水，以冷却水出、入口处温差小于 5℃ 为好，冷却水的流速以尽可能高为好，其流动状态以紊流为佳。

④ 冷却回路分布要均匀，即冷却回路距型腔距离和水路之间的间隔应能保证型腔表面的温度均匀。

⑤ 冷却水路应避免靠近可能产生熔接痕的部位。

⑥ 同一回路和冷却通道的截面必须相等。

⑦ 冷却回路进出必须形成一个回路，避免死水。

⑧ 在实际注塑生产时，冷却水应该在最后 30 模前被关闭，以便模具有足够的热量来防止型腔内壁上凝结水珠。

热导率愈高时，传导效率愈好，容易控制及排除热量。亦即热导率愈高时，模具成型空间的表面温度变动少，传导率低时，表面温度变化大。通常熔融材料充填成型空间时，浇口附近温度高，离浇口愈远处的温度愈低。若将成型品分割成若干部分，则该部分的热量正比于体积。欲提高成型效率，获得应变少的制品时，模具构造须能对应于成型空间的形状或胶位厚度，进行均匀的高效率冷却。在模具加工冷却管路时，管路的数目、大小及配置极其重要。模具成型空间表面的温度分布，因水管的大小、配置、水温而异，水道相隔太宽会导致不均衡的模面温度，降低冷却效果。正常情况下，冷却管路的分布应使冷却水管壁到胶位的距离约为 2 倍的水路直径。胶位越厚，需要带走的热量越多，胶位厚度与冷却水管的关系见图 10-2。

10.3.5 通过模温调节防止塑件变形

大型平板类塑件，容易由于应力而变形，表面翘曲。注塑时，需要通过改善运水回路的温差而调节变形。这时，需要将动定模的运水回路呈 90°纵横垂直排布，便于局部的温度调节。图 10-3 所示是打印机支架塑件通过运水垂直分布改善塑件变形的实例，图（a）为定模运水示意图，定模的运水回路垂直于模架的长边；图（b）为动模运水示意图，动模的运水回路平行于模架的长边。运水通道的间距以 38～55mm 为宜，视模具大小而确定，最小距离不得小于 30mm，否则会使相邻两个运水接头干涉。

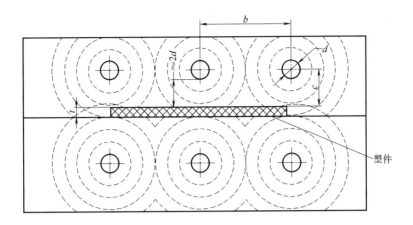

胶位厚度 t/mm	水路中心到塑件的距离 c/mm	水路间距 b/mm	水路直径 d/mm
$0\sim1.0$	$11.3\sim15.0$	$10.0\sim13.0$	$\phi4.5\sim\phi6.0$
$1.0\sim2.0$	$15.0\sim21.0$	$13.0\sim19.0$	$\phi6.0\sim\phi8.0$
$2.0\sim4.0$	$21.0\sim27.0$	$19.0\sim23.0$	$\phi8.0\sim\phi10.0$

图 10-2 胶位厚度与冷却水管的关系

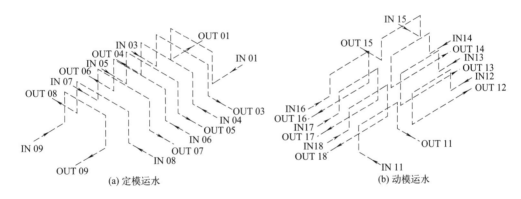

图 10-3 动、定模运水垂直分布改善塑件变形

10.4 直通运水的设计

10.4.1 直通运水参数

直通运水是最常用的运水回路设计,如图 10-4 所示。在所有的冷却回路中,直通运水流速大,冷却效率高,带走的热量也最多。

运水距胶位的距离和运水间距的设计如图 10-5 所示。图(a)为运水距胶位的距离和运水间距的设计;图(b)为运水与分型面的距离;图(c)为水塘与分型面的距离。水塘与相对应运水尺寸设计标准如图 10-6 所示,$a\leqslant(1\sim1.5)D$,$L=(2.5\sim3)D$,b 不能做太大,否则水塘底部储存很多死水,影响冷却效率。

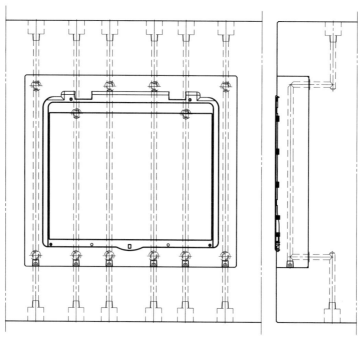

图 10-4 直通运水设计

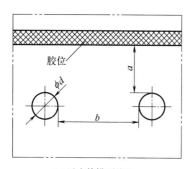

(a) 运水的排列关系

$2d \leqslant a \leqslant 3d$

$3d \leqslant b \leqslant 4d$

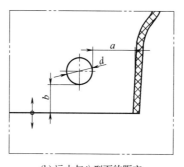

(b) 运水与分型面的距离

$1.5d \leqslant a \leqslant 2.5d$

$d = 15 \sim 20$mm

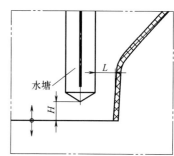

(c) 水塘与分型面的距离

10mm $\leqslant L \leqslant 20$mm

$H = 15 \sim 20$mm

图 10-5 运水距胶位的距离和运水间距的设计

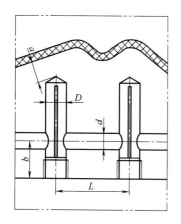

水孔直径 d/mm	水井直径 D/mm
$\phi 6$	$\phi 10$
$\phi 8$	$\phi 12$
$\phi 10$	$\phi 15$
$\phi 12$	$\phi 19$
$\phi 15$	$\phi 24$
$\phi 19$	$\phi 30$

图 10-6 水塘与相对应运水尺寸设计标准

10.4.2 冷却水嘴钻孔标准

直通运水的进出水口部需要设计螺纹（也叫喉牙），此螺纹有三种不同的体系。PT 为普通锥形螺纹，规格为英制，中国、日本等国家的模具常用此规格。NPT 为美制密封螺纹，常用于出口美国的模具中，注意不要与一般英制螺纹混淆。BSP 为英制平行螺纹，密封性能较差，对螺纹加工的要求较高，较少采用。出口欧洲的模具，运水螺纹一般采用公制的平行螺纹。冷却运水钻孔标准如图 10-7 所示，注意，当倾斜角度≥15°时一定设计沉孔，利于螺纹的加工。对于要求不高的模具，为了节省加工时间，常用紫铜做运水堵头，其加工尺寸如图 10-8 所示。

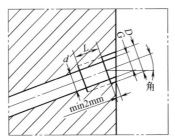

mm

序号	喉牙 G	喉牙深度 L	水孔直径 d	沉孔直径 D	底孔		
					PT	NPT	BSP
1	1/8	12	$\phi 4/\phi 6/\phi 8$	$\phi 12$	$\phi 8.6$	$\phi 8.6$	$\phi 8.8$
2	1/4	15	$\phi 10/\phi 12$	$\phi 16$	$\phi 11.5$	$\phi 11.8$	$\phi 11.0$
3	3/8	15	$\phi 15$	$\phi 20$	$\phi 15$	$\phi 15.2$	$\phi 14.5$
4	1/2	20	$\phi 19$	$\phi 25$	$\phi 18.5$	$\phi 19$	$\phi 18$
5	3/4	22	$\phi 24$	$\phi 32$	$\phi 24$	$\phi 24.5$	$\phi 23$
6	1	25	$\phi 30$	$\phi 40$	$\phi 30.2$	$\phi 30.7$	$\phi 29$
7	1 1/4						
8	1 1/2						
9	1 3/4				$\phi 39$	$\phi 39.5$	$\phi 38$
10	2						

图 10-7 冷却运水钻孔标准

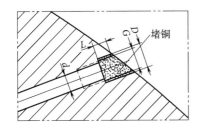

水孔直径 d/mm	喉牙 G	沉孔直径 D/mm	铜塞深度 L/mm
$\phi 8$	1/8	$\phi 12$	$L=6\sim 10$
$\phi 10$	1/4	$\phi 15$	$L=8\sim 12$
$\phi 12$	1/4	$\phi 15$	$L=8\sim 12$
$\phi 15$	3/8	$\phi 20$	$L=10\sim 14$
$\phi 19$	1/2	$\phi 25$	$L=12\sim 16$

图 10-8 冷却运水铜堵尺寸

10.4.3 水塘

水塘也叫水井，用于模仁比较高、比较厚或镶件比较多处，水井中使用隔水片使水流换向。碰到隔水片的冷却介质的前端部分，沿隔水片流经冷却孔内，吸收、带走热量。如图 10-9 所示，A 为模仁做水井，模架上钻两个小孔；B 为直接将水井做在模仁和模架上；C 为模仁局部镶件水井的做法。

水井直径需要根据同一水路截面相等来确定，一般考虑钻头及隔水片的尺寸，$\phi 6$mm 和 $\phi 8$mm 水路一般取 $\phi 12$mm 的水井。$\phi 12$mm 是水井直径的最小尺寸，再小就会影响冷却效率。

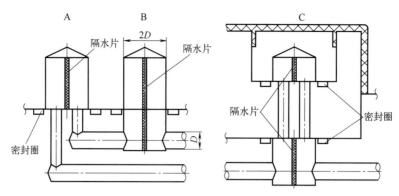

图 10-9 隔水片的几种类型

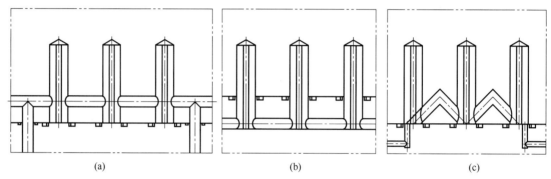

图 10-10 多个水井的连接

图 10-10 所示为多个水井的连接。图（a）为多个水井在模仁上连接成一排，每个水井底部设计密封圈；图（b）为水井在模仁和模板各做一部分；图（c）为不方便水平钻孔时，多个水井倾斜钻孔连接。

图 10-11 所示为安装在动模底板上的隔水片的用法，动模镶件类似于推管内针，这种冷却多用于圆筒形塑件的动模芯冷却。

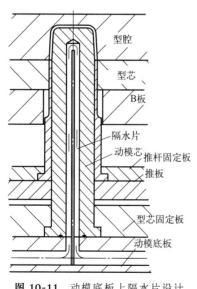

图 10-11 动模底板上隔水片设计

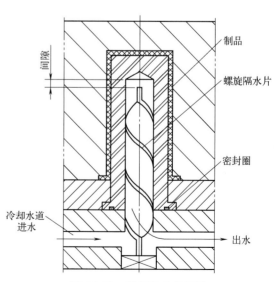

图 10-12 螺旋隔水片设计

图 10-12 所示为螺旋隔水片设计。塑件的直径不太大时，使冷却孔前端交叉，形成类似心形的冷却回路。虽然在模具中设有用于流通冷却水（或冷却油）的流道，但是单纯地采用冷却孔不能保证获得有效的冷却。为了使冷却介质（流体）更有效地发挥作用，可增大冷却介质接触发热部分的时间与面积。螺旋隔水片充分应用了这一原理。由于螺旋隔水片可使冷却介质（流体）在旋转螺旋流道的同时流经冷却孔内部，因此可提高与冷却孔内表面的接触概率，能够更有效地冷却模具。此外，该产品的特点之一是便于进行组装、调整。由于采用尼龙树脂制作，所以可根据冷却水孔的深度，在组装现场轻松切断成所需的长度。而且，在拆卸模具时，可以轻松拆下隔水片，还可方便地去除水垢。

目前标准件供应商已经将螺旋隔水片制作成了具有一定长度系列的标准件，材质也扩展到不锈钢、铜和铝等。

10.4.4　运水转接

直通运水设计时，经常会遇到在两块模仁镶件之间的连接问题。图 10-13 中，图（a）为在模板上倾斜交叉钻孔使两块镶件之间运水相连，常用于小型模具；图（b）为在模板上铣削方形下沉，安放运水转接镶件，多用于大中型模具；图（c）为在模板底部钻大孔，并加螺纹堵头，使两块镶件运水相连，常用于要求不高的中小型模具。

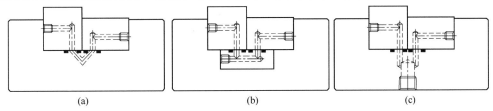

(a)　　　　　　　　　　　(b)　　　　　　　　　　　(c)

图 10-13　运水转接设计

10.4.5　直通运水设计实例

图 10-14 为直通运水设计实例。定模的运水有两组。从 A 板直接设计直通运水穿过型腔后，再进入镶件，并用两组隔水片转换方向，运水在零件交界处均设计密封圈。另一组直通运水在型腔内循环。动模的两组运水均为倾斜钻孔，运水进出模架的方向互相垂直。滑块镶

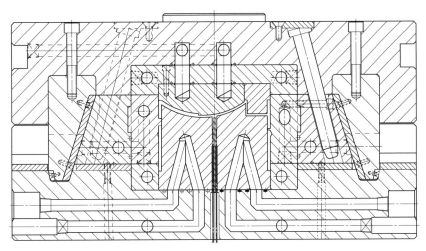

图 10-14　直通运水设计实例

件以凸台定位镶入滑块座，运水胶圈设计在滑块镶件和滑块座交界处，运水为直通运水。

图 10-15 为透明镜片直通运水设计。透明镜片结构简单，但在 4 穴的模具中注塑调机有时会存在困难。塑件的顶针设计在塑件两端溢流的胶位，从此位置顶出不会影响制品外观。为了提高模具精度，便于注塑调机，动定模模仁均分为两件，运水为直通运水，在模板上交叉钻孔，使运水相互连接。

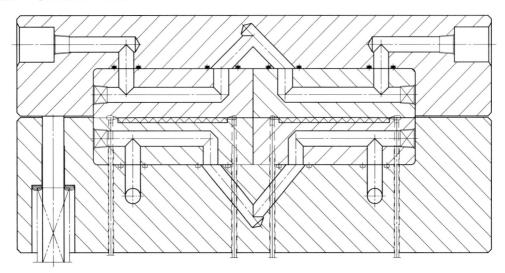

图 10-15　透明镜片直通运水设计

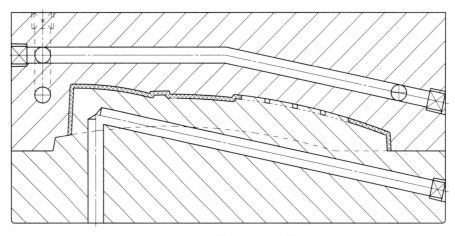

图 10-16　倾斜的运水设计

图 10-16 所示为倾斜的运水设计，塑件外形为倾斜的形状，为了获得均匀的冷却效果，运水需要与塑件大体上保持平行。

图 10-17 所示为大型模具直通运水设计。定模运水分三条。中间镶件的直通运水接入模架从左右两侧进出，左右两个镶件的运水也为直通运水，运水进出的接头布置在模架的顺长方向。塑件外形胶位处在动模，沿塑件外形设计多条运水。动模镶件的两边均为大型斜顶，型芯的冷却设计了交叉钻孔的直通运水。

图 10-18 为大型模具的水塘设计，塑件与图 10-17 为同一塑件，运水为不同部位的设计，此处没有斜顶。此部位运水从模架接入后，设计多个水塘，每个水塘中间设计隔水片。

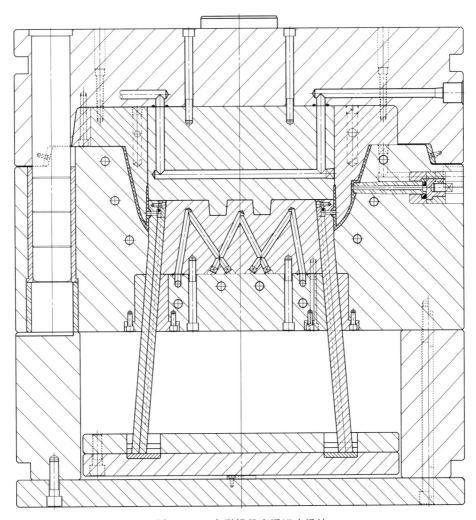

图 10-17 大型模具直通运水设计

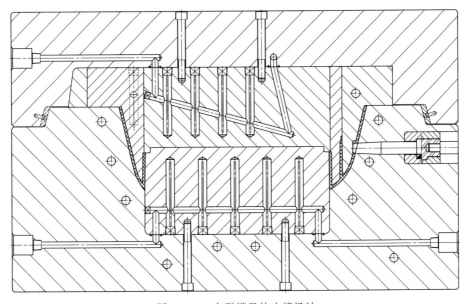

图 10-18 大型模具的水塘设计

图 10-19 所示为随形直通运水设计。实际的塑件结构往往很复杂，直通运水不可能永远是水平钻孔，水塘也不可能是同一高度。所谓随形直通运水设计，就是运水需要结合塑件的形状，保持均匀冷却。因此模具设计时，对于不规则塑件，运水高度尺寸的确定需要借助三维软件进行，以免出现错误。

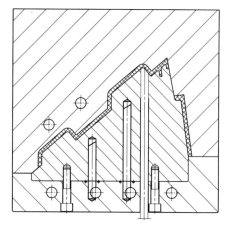

图 10-19　随形直通运水设计

10.5　圆环型运水的设计

10.5.1　圆形型腔运水设计

圆片状塑件或近似圆片形塑件，型腔和型芯很浅，通常采用直通运水，沿塑件的外周形状倾斜钻孔，堵住不要的部分，冷却效果良好。圆形薄制品的冷却回路如图 10-20 所示。

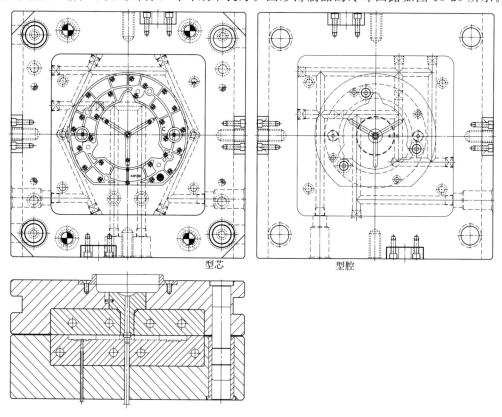

型芯　　　　　　　　型腔

图 10-20　圆形薄制品的冷却回路

10.5.2 盘型环绕运水设计

与图 10-20 所示的薄片塑件不同，图 10-21 所示为薄盘制品的冷却回路，薄盘制品形状虽为方形或圆形，但是塑件存在多条沟槽，模具需要散发的热量较多。这种塑件的冷却不能简单地设计一条直通运水。需要结合塑件形状，在模仁底部设螺旋式的冷却沟槽。平面螺旋式直通运水对于类似盒形、杯盖类塑件，是广泛使用的冷却回路，冷却效率佳。冷却水从底部的中心往流道附近进入，沿螺旋沟槽循环冷却。

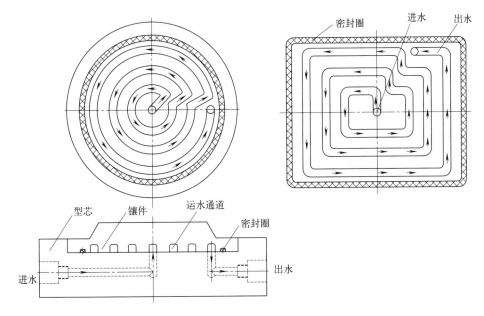

图 10-21 薄盘制品的冷却回路

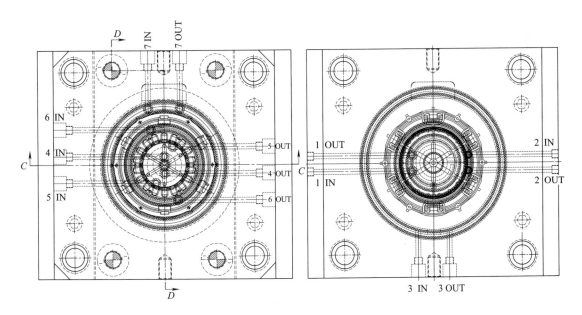

图 10-22

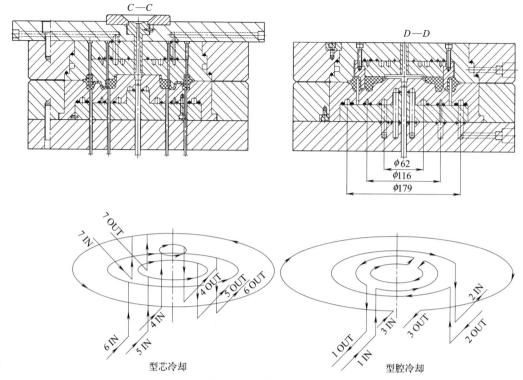

图 10-22 圆盘形塑件的平面螺旋式运水设计

图 10-22 所示为圆盘形塑件的平面螺旋式运水设计的实例。由于塑件尺寸较大，模具为大型模具，动定模均设计了平面螺旋式运水。型腔和型芯高度较大，为此设计了运水镶件，以使运水回路接近塑件。

螺旋水槽冷却效率非常高，但结构复杂。有时遇到局部热量积聚的地方，需要采用局部冷却。适当加大模仁的大小，在模仁的不同高度设计两层水路，可以有效地冷却模仁，缩短产品成型周期，提高模具的寿命。

10.5.3 圆盘轮辐形运水设计

大型圆盘形塑件轮辐式运水见图 10-23 中动模运水回路。轮辐式运水也是直通运水的一种。大型圆盘形塑件动模有多条深骨位，沿半径方向布置，运水必须和这些深骨位相对应，将运水设计成轮辐式布置在骨位的空当处。在轮辐式运水的路径上，设计了多个水塘，并加隔水片，增加冷却效果。倾斜方向的钻孔需要堵塞，运水接头以水平方向接出，方便连接运水。

10.5.4 圆形塑件运水设计

对于直径大于或等于 40mm 的圆形动模型芯，可通过在中心镶入冷却镶件来冷却。冷却镶件使冷却液先从中心钻孔流入动模型芯顶端，再从冷却镶件与动模型芯之间的螺旋管路流到模具的周边出口，如图 10-24（a）所示。此种设计会使动模型芯的强度显著降低，动模型芯的壁厚至少 3mm。

冷却镶件可使用双螺旋管路，冷却液从一螺旋管路流到动模型芯顶端再从另一螺旋管路流出，如图 10-24（b）所示。

图 10-25 为使用双螺旋管路冷却，冷却镶件中心设计流道推杆 10 的动模型芯典型冷却设计。

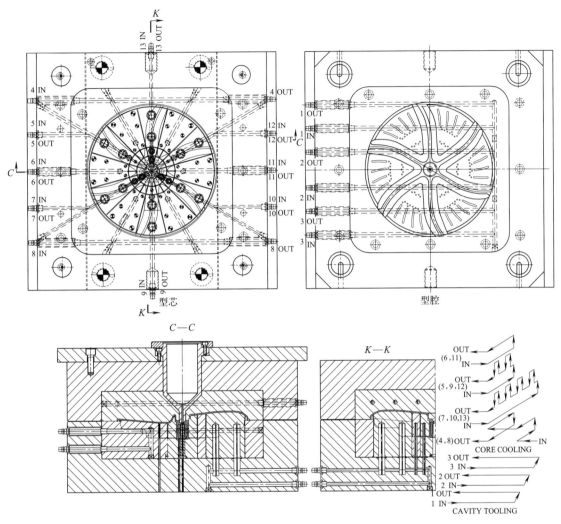

图 10-23 圆盘形塑件轮辐式运水

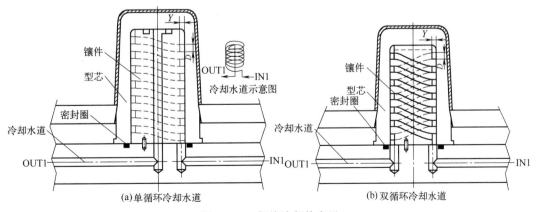

(a) 单循环冷却水道

(b) 双循环冷却水道

图 10-24 螺旋冷却的应用

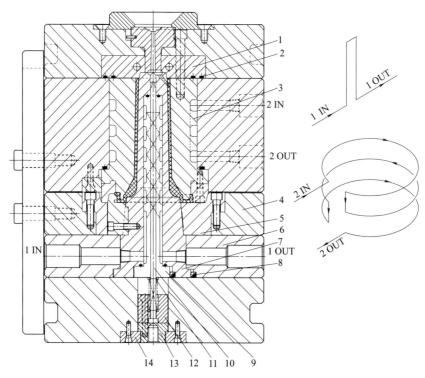

图 10-25 双螺旋管路冷却

1—定模镶件；2—密封圈；3—型腔；4—推板；5—推板镶件；6—型芯固定板；7—型芯；8—密封圈；9—冷却镶件；

10—流道推杆；11—弹簧；12—推杆固定板；13—顶出镶件；14—限位块

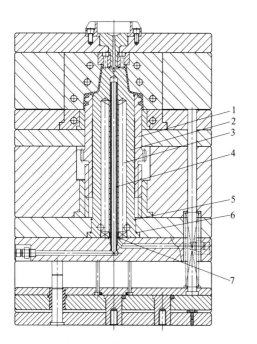

图 10-26 螺纹型芯的冷却

1—螺纹型芯；2—中心镶件；3—隔水片；

4—喷管；5~7—密封圈

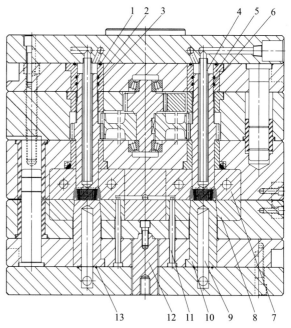

图 10-27 转动螺纹型芯的冷却

1~3,13—密封圈；4—喷管；5—导向套；6—螺纹型芯；

7—型腔；8—型芯；9—隔水片；10—动模芯；

11—流道拉杆；12—顶棍

图 10-26 所示为螺纹型芯的冷却。在中心镶件 2 的中心设计冷却喷管 4 构成一条独立的冷却回路，沿喷管 4 的圆周设计 4 条水塘，在水塘中设计隔水片。脱螺纹模具螺纹型芯的冷却是确保模具能够正常生产的必要条件。

图 10-27 所示为转动螺纹型芯的冷却。螺纹型芯 6 的中心有喷管 4，冷却水从喷管 4 顶部喷出，落入底部，在螺纹型芯 6 的外径与导向套 5 的底部设计密封圈。

10.5.5 圆形多腔模具运水设计

图 10-28 所示为圆形小制品多腔模具冷却系统设计。运水需要从型芯镶件的圆周接入。模具设计和组装时需要注意不要压坏密封圈。

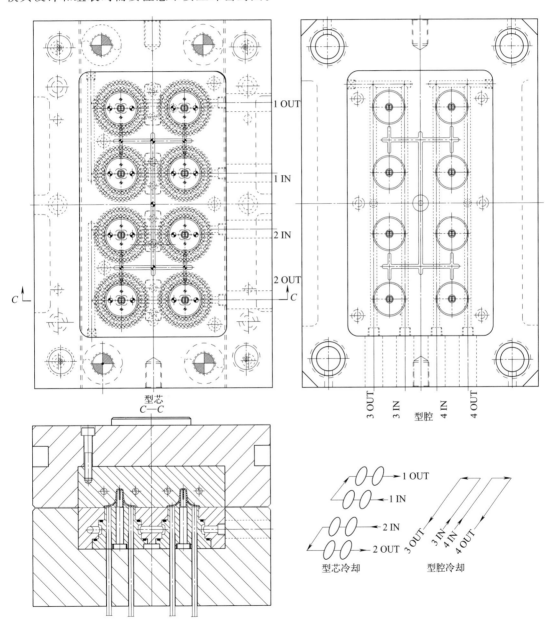

图 10-28 圆形小制品冷却系统设计

10.6 铍铜冷却的应用

10.6.1 热传导良好的金属

在模具上过热的地方，通常使用良导热性的金属铍铜合金等来达到冷却的目的。铍铜合金在注塑模具中有以下几个作用。

① 应用高热导率的铍铜合金，可以提高模具的冷却速度，缩短注塑周期。一般地，铜合金的热导率要比钢材高 5～10 倍，对于薄壁塑件，它们的传热速度更快。

② 应用高热导率的铍铜合金，可以提高成品质量。由于冷却速度提高，模具的温度降低很快，因此模具中因局部热量聚集对成品所造成的损害程度可以降低，从而使变形报废率降低，塑件质量提高。

③ 由于铍铜合金具有很高的热导率，模具中使用铍铜合金区域的热量可以迅速地散发出去，因此对于小镶件或型芯，如果加工冷却通道的空间不足，使用铍铜可以减少或省去冷却通道。

④ 普通水路无法满足的情况，可以考虑使用铍铜。有条件时铍铜里再添加冷却水路，可以更好地冷却。

⑤ 由于铍铜合金的价格比钢材贵，使用铍铜合金会使模具成本增加。

⑥ 高质量铍铜硬度 36～42HRC，普通钢材热处理后硬度 48～50HRC，如果塑料含有很高的玻璃纤维，铍铜材料就很容易磨损，因此使用铍铜时需要和客户确认。

⑦ 当模具要求具有较高温度时，不推荐使用铍铜合金材料，因为它们传热太快，很难保持充足的热量。

10.6.2 铍铜冷却的应用举例

10.6.2.1 滑块镶件铍铜冷却

图 10-29 所示为滑块镶件应用铍铜冷却。滑块镶件 1 周围的胶位较厚，热量很集中，滑块位置较小，无法设计冷却回路，在滑块镶件 1 中镶入铍铜 2，并在铍铜 2 的尾部通入运水冷却。

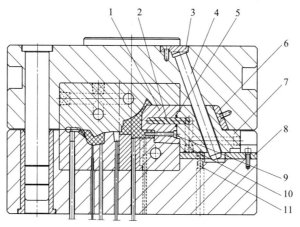

图 10-29 滑块镶件应用铍铜冷却

1—滑块镶件；2—铍铜；3—斜导柱压板；4—斜导柱；5—胶圈；6,8—耐磨板；7—滑块座；9—滑块镶针；

10—运水堵头；11—波珠

10.6.2.2 热嘴衬套应用铍铜冷却

图 10-30 所示为热嘴衬套应用铍铜冷却。在热嘴衬套 16 的圆周镶入 8 条铍铜棒 4，冷却水回路经过铍铜棒的尾部进行冷却。

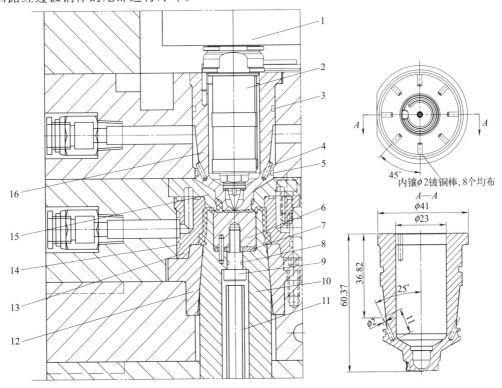

图 10-30 热嘴衬套应用铍铜冷却

1—分流板；2—热嘴；3,5,8,14—胶圈；4—铍铜棒；6,10—动模镶件；7—调整垫；9—螺钉；
11—喷管；12—推板镶件；13—型腔镶件；15—倒扣镶件；16—热嘴衬套

10.6.2.3 铍铜镶件在大型模具的应用

图 10-31 所示为铍铜镶件在大型模具中的应用。塑件动模有多条平行的深骨位，骨位之

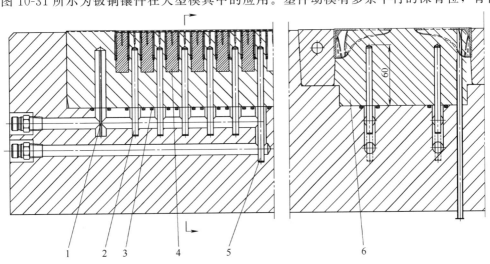

图 10-31 铍铜镶件在大型模具中的应用

1—隔水片；2,5—铍铜棒；3—胶圈；4—小镶件；6—型芯镶件

间距离较小，热量很集中，为此设计了铍铜冷却。深骨位之间设计铍铜棒 2，并在铍铜棒尾部通入冷却水，冷却效果很好。

10.6.2.4 铍铜镶针

图 10-32 为铍铜作为定模镶针的应用。图 10-33 为铍铜镶针在滑块的应用。

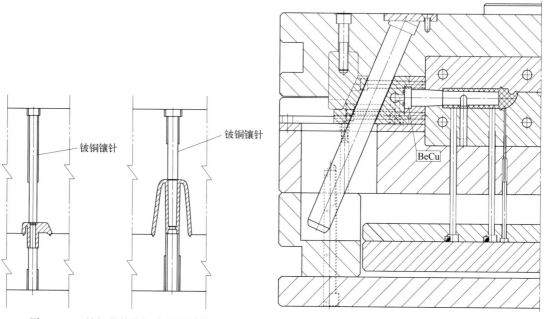

图 10-32 铍铜镶针作为定模镶针的应用　　图 10-33 铍铜镶针在滑块的应用

10.6.2.5 铍铜镶件用于薄壁筒形件

图 10-34 为铍铜在薄壁筒形件中的应用。薄壁筒形件注塑时需要采用高速注塑机，同时注塑周期在 10s 以下，要求模具具有良好的冷却系统。筒底采用铍铜镶件，加快冷却速度。

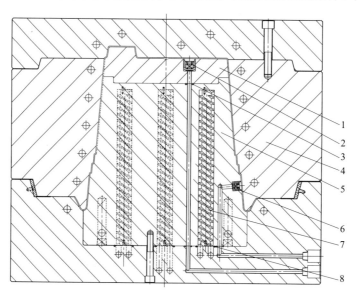

图 10-34 铍铜在薄壁筒形件的应用

1—铍铜镶件；2,6—气阀；3,8—密封圈；4—A 板；5—型芯；7—铝螺旋冷却件

10.6.2.6 铍铜镶件解决局部热量集中

对于复杂的机壳模具，在深骨位多而且分布密集的角落或中心，散热会很困难，局部需要设计铍铜镶件。

图 10-35 所示的大型圆盘，动模深骨位较多，中心热量较为集中，特设计了铍铜镶件 3，

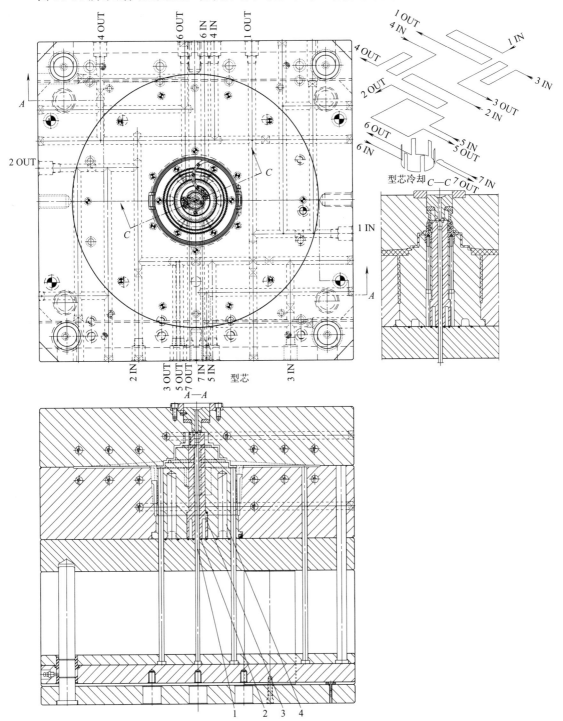

图 10-35 铍铜在局部散热的应用

1—流道推杆；2—密封圈；3—铍铜镶件；4—隔水片

并在镶件底部通冷却水冷却。

10.6.2.7　铍铜用于脱螺纹模具冷却

脱螺纹模具螺纹芯的冷却十分必要，是模具稳定生产的条件。图 10-36 所示为铍铜在脱螺纹模具散热的应用。塑件直径较小，内部的螺纹芯无法设计冷却回路，为此在螺纹芯中心设计了铍铜针 3，并在铍铜棒 1 的尾部通入冷却水。

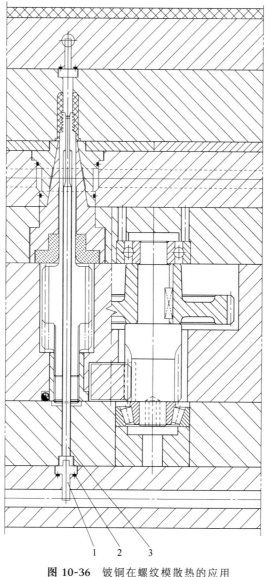

图 10-36　铍铜在螺纹模散热的应用
1—铍铜棒；2—胶圈；3—铍铜针

10.7　细小部位的冷却

10.7.1　细小镶件冷却

直径细长的型芯，可在其中心钻盲孔，再装入喷管或隔水片进行冷却。若无法装入喷管或隔水片，以热导率良好的铍铜合金作型芯材料，或以导热管（冷却棒）直接装入盲孔中，再以冷却水做间接冷却，效果尤佳。

10.7.1.1 喷泉冷却

对于直径很小的细长型芯，可使用喷泉冷却，冷却水从底部的一个入口处进入经喷管顶部喷出，由喷管外壁与型芯内孔壁之间的间隙流下，从上面的一条水平出口流出。喷泉冷却不仅可用于动模型芯的冷却，也可用于无法钻孔的其他部位，如图 10-37 所示。

图 10-38 所示为细小镶件喷泉冷却的实例。图（a）中，件 1 为喷管，件 2 为密封圈，件 3 为型芯。图（b）中，件 4 为型芯，件 5 为密封圈，件 6 为喷管座，喷管安装在喷管座上，作为标准件使用。

图 10-38 标出了喷泉冷却的强度，型芯钻孔时需要注意保留顶部至少 9mm。

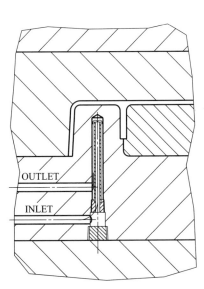

图 10-37 喷泉冷却的强度

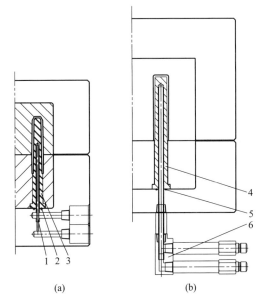

图 10-38 细小镶件喷泉冷却

1—喷管；2,5—密封圈；3,4—型芯；6—喷管座

10.7.1.2 圆形型芯冷却的适用范围

圆形细长型芯多数在动模，如果塑件直径较小，其冷却就很困难。图 10-39 列出了圆形型芯直径与冷却方式选择。图中从上到下依次为直径加大后的型芯冷却方式。第 1 例为型芯直径 $\phi3$，需要将冷却水通到型芯底部冷却；第 2 例为型芯直径 $\phi5\sim\phi8$，需要型芯内部镶入冷却棒或铍铜针冷却；第 3 例为型芯直径 $\phi12\sim\phi20$，直接镶入铍铜针冷却；第 4 例为型芯直径 $\phi8\sim\phi40$，型芯内部设计喷管冷却；第 5 例为型芯直径 $>\phi40$，型芯内部设计螺旋冷却镶件；第 6 例同样为型芯直径 $>\phi40$，型芯内部设计螺旋冷却镶件，运水进出都设计在动模板上。

10.7.1.3 细小型芯隔水片冷却实例

细小型芯的冷却除了可在型芯内部做喷管冷却外，也可做阶段式的冷却孔，内装隔水片，使冷却水路分隔。隔水片冷却的运水流量会大于喷管冷却。图 10-40 所示为细小动模型芯隔水片冷却实例。

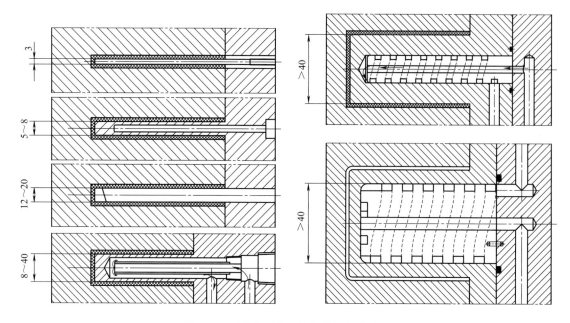

图 10-39 圆形型芯直径与冷却方式选择

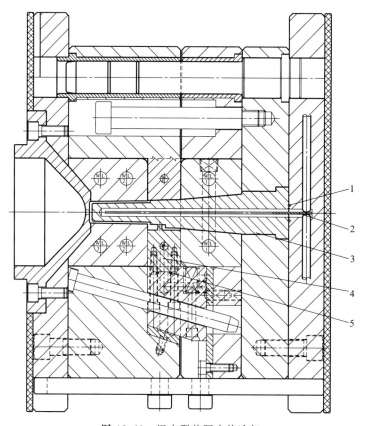

图 10-40 细小型芯隔水片冷却

1,5—密封圈；2—隔水片；3—动模芯；4—滑块镶件

10.7.2 推管冷却实例

喷泉冷却除了以一个小的喷管取代隔水片以外，喷泉冷却法与隔水片式相同。冷却液都是先从冷却管路流至管的底部，然后再从顶端喷出如同喷泉一般，喷出的冷却液顺着喷管外侧流下，继续流回到冷却管路。细长型芯的最佳冷却方式是喷泉冷却。而喷管的外径必须调整至使喷管内外两截面的冷却水流动阻力相等，其条件为内直径/外直径＝0.5。喷泉式管路通常直接旋入动模型芯即可使用，直径较小的喷管应于末端做斜边以增大出口的截面积。

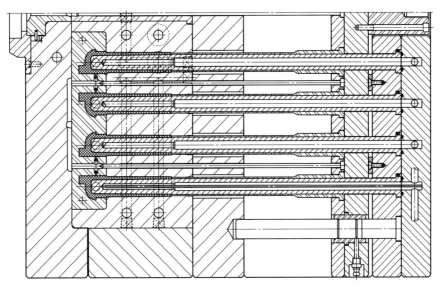

图 10-41 推管内针隔水片冷却

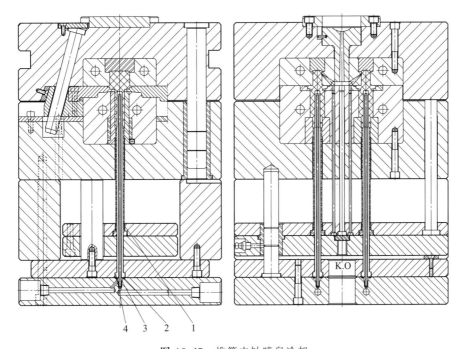

图 10-42 推管内针喷泉冷却

1—推管；2—密封圈；3—喷管；4—推管内针

推管作为顶出元件，推管内针包在胶位里面，细长的内针需要设计冷却回路。推管内针的冷却方式有喷泉冷却和隔水片冷却两种。图 10-41 所示为推管内针隔水片冷却。推管内针的冷却水孔为阶梯孔，相应的隔水片也要做成阶梯的。图 10-42 所示为推管内针喷泉冷却。

10.7.3　推管的吹气冷却

推管顶出时，由隔水片或喷管对推管内针做冷却。但孔径太小时，水垢易集结，冷却孔有可能堵塞。此种情况下，采用压缩空气冷却，冷却效果颇佳。推管的吹气冷却如图 10-43 所示。气路开设在推板上，如图 10-43（b）所示。

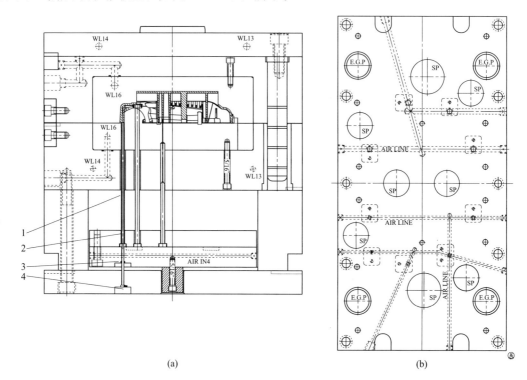

(a)　　　　　　　　　　　　　(b)

图 10-43　推管的吹气冷却

1—推管；2—推管芯；3—胶圈；4—推管固定板

10.7.4　冷却棒的应用

10.7.4.1　冷却棒的工作原理

冷却棒又叫热管或导热管，其工作原理是蒸发、冷凝原理和毛细现象的巧妙结合。在一密闭结构中装有若干载热介质，借助于热介质的蒸发、蒸气的输出和冷凝，然后通过毛细作用使冷凝液从冷凝段返回蒸发段，这样就把热量从结构的一部分传给另一部分。冷却棒由三段组成，在蒸发段被外热源加热时，毛细芯中的载热介质就被蒸发成蒸气，同时吸收了汽化热，由于存在压力差的关系，蒸气沿着中间通吸力的作用下，从毛细芯中又流回蒸发段，维持受热蒸发，如此往复循环，连续不断地把热量由蒸发段传递到冷凝段。冷却棒具有超高的导热性能，被称为"热的超导体"，导热能力可达铜的几百至上千倍。冷却棒使用的要点如下。

① 冷却棒具有很好的热响应性，利用其优良的热传导性，可以把模具微小但突出部分

因注塑带来的热量从一端迅速传递到另一端，由装有冷却水的部分进行冷却，再把低温传递到顶端，周而复始。模具局部区域热量集中，但不能采用铍铜镶件时，可以考虑采用冷却棒。

② 冷却棒是由特制的紫铜管加入网状管芯后，再加入一定量的制冷剂精制而成。制冷剂在封闭的管内吸收外部热量而挥发，挥发的制冷剂因气压差向低温端移动，在低温端释放热量而液化，液态的制冷剂因网状管芯的吸力作用返回顶端。

③ 在安装前一定要做热响应性测试：在 80℃ 或者 100℃ 热水或开水中，将冷却棒浸入 1/2 长度，在 5s 或者稍长一点时间内，冷却棒上端部温度达到 70℃ 左右或者更高些为优良品，反之则效果会差些。

10.7.4.2　冷却棒的规格

一般来说冷却棒直径最小可以做到 2mm，长度可以任意长。但冷却棒的导热效果与其直径和长度有直接关系，一般的直径越小、长度越大，其导热的效果相应要降低，所以在模具设计时要充分考虑这一点，任何事情没有绝对的，合适的比例才能达到最佳的效果。常见的冷却棒直径规格有 $\phi2mm$、$\phi3mm$、$\phi4mm$、$\phi5mm$、$\phi6mm$、$\phi8mm$、$\phi9.5mm$、$\phi10mm$ 和 $\phi12mm$ 数种，长度范围为 20～300mm。冷却棒的规格与应用如图 10-44 所示。

10.7.4.3　冷却棒的特点

冷却棒适合细长型芯和普通冷却水无法到达的狭窄位置，它有很好的热传导性能，可以将一端的热量迅速传递到另一端。安装冷却棒后，在其尾部接通冷却水，就实现了一个最佳的热转换过程。这个转换过程不仅仅是通过金属传递热量，还利用铜管内的制冷液作为热交换媒介，热传导性是铜的 200 倍左右。冷却棒使用的温度范围为 -50～200℃。

（1）冷却棒的特点

① 冷却效果好，它不仅是通过金属传导热量，而且还将制冷剂作为热交换媒介来使用，热传导性是铜的 200 倍，并且具有优良的热响应性。

② 稳定的冷却效果，与使用隔水片和喷管不同，热导管很少因生锈和水垢等原因使水流减少导致冷却效果下降，也不用担心冷却剂会蒸发和泄漏，减少了大量的维修和保养工作。

（2）与其他冷却方式相比，冷却棒的优点

① 由于冷却棒能够高速吸热与冷却，可使注塑成型循环周期缩短 30% 以上。

② 可获得残余应力少的成型品，防止产品缩水与变形。

③ 由于冷却水不沸腾，塑件精度佳。

④ 塑件外表面佳。

⑤ 可长时间运转，保持模具稳定，减少颜色不均的现象。

⑥ 模具保养很有效，因此可维持精度，并减少劳动力。

⑦ 除了新模具使用外，也可用于对散热不良的旧模具改良。

⑧ 延长模具使用寿命。

⑨ 可以降低能源损耗。

10.7.4.4　冷却棒安装注意事项

① 安装孔径加工要比直径大 0.1～0.2mm。

② 安装深度需达到管总长 L 的 1/3～2/3，其余部分为冷却水浸泡面积。

③ 冷却棒装入时，表面需要涂抹传热润滑膏，尽量使传热润滑膏充满模具孔与导热管

之间的间隙，增加热传导性能。同时还可以起到稳固作用。

④ 冷却水道孔径应在 $\phi 1.5mm$ 以上，以便冷却水可以带走足够的热量与方便温度调节。

⑤ 冷却棒不可切断和拆开，也不可弯曲和压扁，这点在设计时要充分考虑。

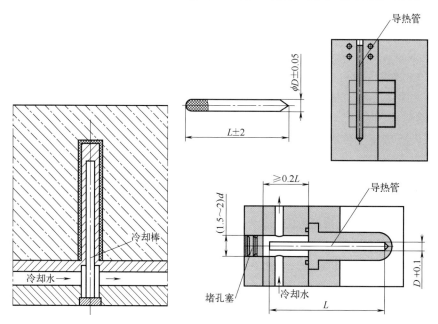

图 10-44 冷却棒的规格与应用

10.7.4.5 冷却棒的安装方向

由于冷却棒冷却效果好，在国内外已得到广泛应用。冷却棒不仅用于局部冷却，而且逐渐趋向于用冷却棒代替喷管冷却。在笔杆注塑模与电子体温计外壳模具中，冷却棒冷却更是不可取代的唯一冷却方式。

冷却棒冷却效率与安装方向有关，水平安置冷却棒效率表如图 10-45 所示。最佳的冷却效率是将冷却棒尾部的进出水冷却侧置于模具天侧。冷却棒的安装方向如图 10-46 所示。

每小时吸收容纳热量的能力，单位kcal/h(1kcal=4.186kJ)

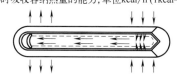

D/mm	40℃	80℃	120℃
2.38	10	14	15
3	16	21	22
4	21	24	28
5	42	54	69
6	65	71	82
8	82	92	101
10	101	115	127
12	135	149	164

图 10-45 水平安置冷却棒效率表

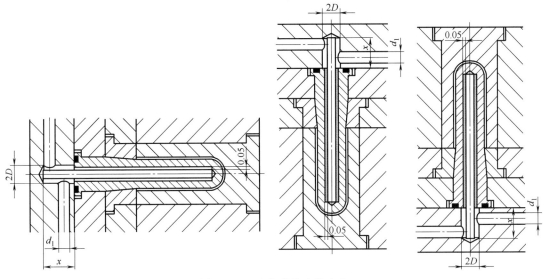

图 10-46 冷却棒的安装方向

10.8 深腔壳体的冷却

10.8.1 圆形深腔壳体冷却

圆形深筒塑件的冷却如图 10-47 所示。型腔用通框镶在 A 板上，型腔底部设计直通运水。圆形型腔外周设计三组圆环形直通运水。动模型芯内部设计圆形冷却镶件，沿着冷却镶件圆周设计一组螺旋形运水。

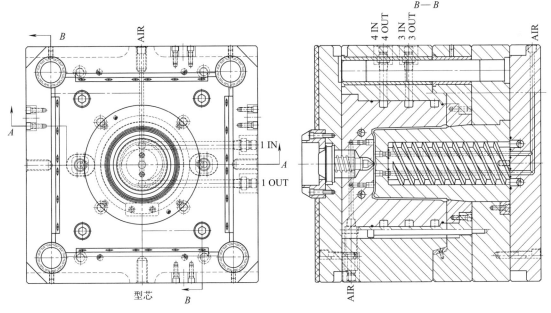

图 10-47

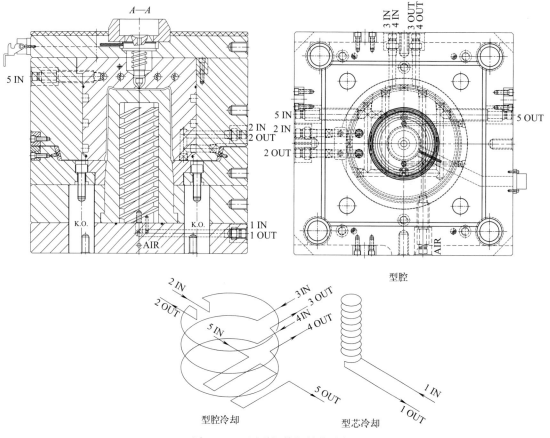

图 10-47　圆形深筒塑件的冷却

10.8.2　矩形深腔壳体冷却

矩形深筒塑件的冷却如图 10-48 所示。型腔底部的两组直通运水 13 和 14 通过模板进

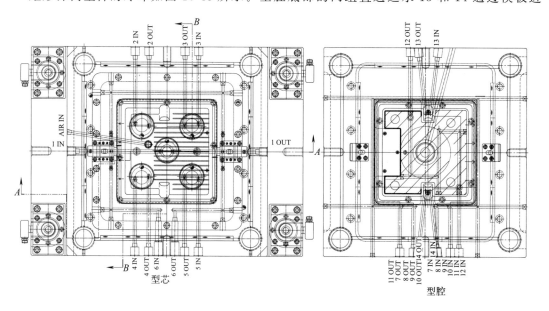

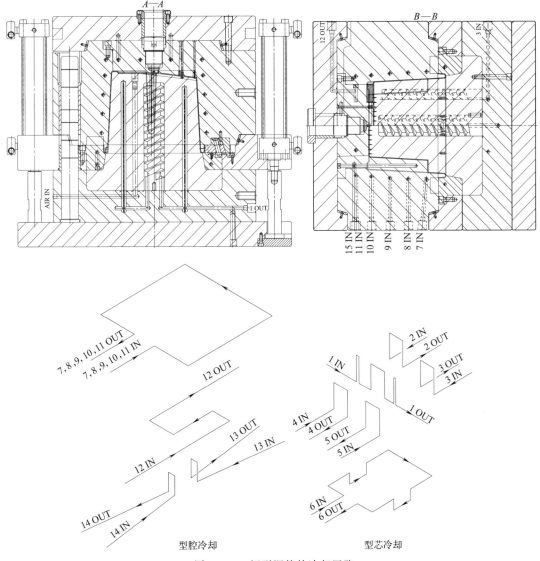

图 10-48 矩形深筒的冷却回路

出。沿着型腔外形设计了 5 组矩形环绕回路，分别是 7，8，9，10 和 11。矩形型芯的冷却，中间设计了 5 组螺旋形运水，四边用隔水片设计了直通运水回路。

10.9 滑块和斜顶的冷却

10.9.1 滑块冷却系统设计

　　滑块和斜顶的冷却与型腔和型芯相比，由于增加了运动特性，需要避免水路与其他零件产生干涉。水管如采用软管，必须做好固定，不要与模具边缘摩擦。

　　图 10-49 所示为 HASCO 滑块冷却接头，冷却接头 Z878 安装在滑块底部，用接长水嘴 Z90 延伸至模具外侧。

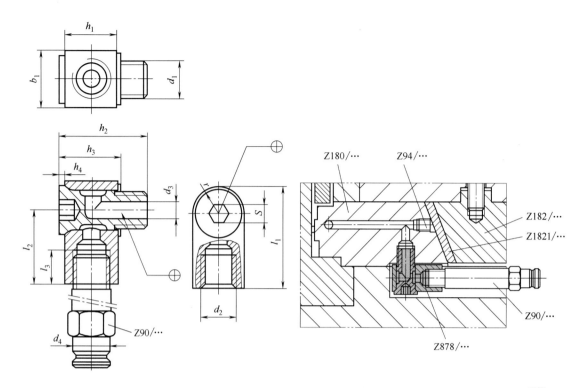

S	r	h_1	h_2	h_3	h_4	b_1	l_1	l_2	l_3	d_3	d_2	d_4	d_1	型号
5	7	14	25	16	1	14	25	18	8.5	4.5	M10×1	9	M10×1	Z878/9/10×1
											G1/8		G1/8A	9/R1/8
6	9.5	19	32	22	2	19	36	26.5	12	6	G1/4	13	G1/4A	13/R1/4
10	15	30	47	34.5	3	30	50	35	16	11	G1/2	19	G1/2A	19/R1/2

图 10-49 HASCO 滑块冷却接头

图 10-50 所示为油缸抽芯的冷却回路，冷却水嘴安装在油缸固定架上。

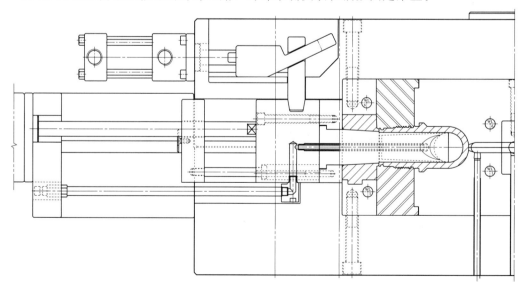

图 10-50 油缸抽芯的冷却回路

10.9.2　斜顶冷却系统设计

大型斜顶必须设计冷却水路。斜顶的冷却系统设计（行业俗称运水设计）与斜顶结构相关。大型斜顶运水可以通过斜顶导向杆内部的冷却通道连接到顶针板上，也可以设计冷却水接长杆连接在顶针板上。斜顶冷却系统设计时需要注意斜顶顶出时软管不要受到挤压，冷却水软管需要可靠固定。典型的斜顶冷却系统设计如图 10-51 所示。

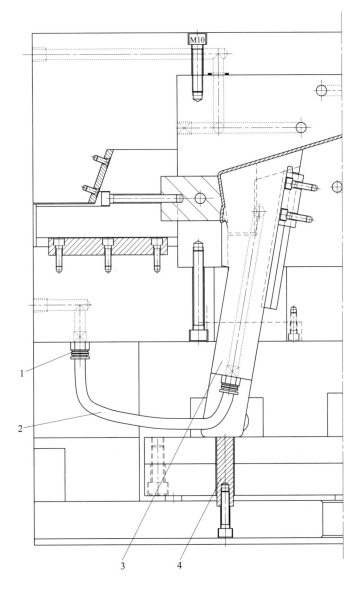

图 10-51　斜顶的冷却系统设计
1—运水接头；2—运水软管；3—斜顶；4—垫块

图 10-52 所示为斜顶加长运水杆的运水接头螺牙规格。为避免干涉，在动模底板开槽与运水软管避开。

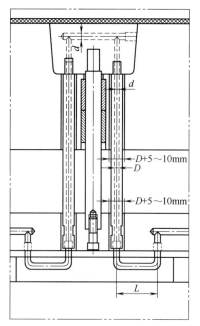

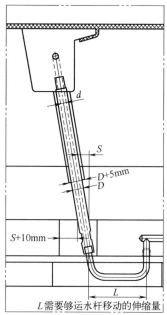

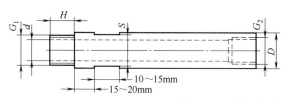

d	D	G_1	G_2	S	H
$\phi 6$	14	¼	⅛	12	10
$\phi 8$	16	¼	⅛	14	13
$\phi 10$	18	⅜	¼	16	15
$\phi 12$	20	½	⅜	18	18

mm

图 10-52 斜顶加长运水杆的螺牙规格

图 10-53 所示为斜顶加长运水杆的密封圈规格。

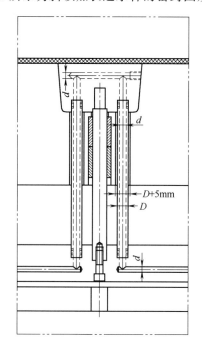

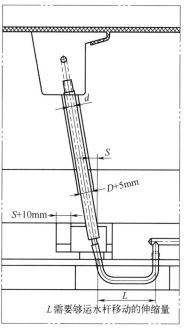

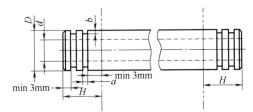

d	D	a	b	胶圈规格（HASCO）
$\phi4$	$\phi10$	1.9	1.2	Z98/7.5/1.5
$\phi5$	$\phi12$	1.9	1.2	Z98/9.5/1.5
$\phi8$	$\phi16$	3.1	1.9	Z98/11.8/2.4
$\phi10$	$\phi20$	3.1	1.9	Z98/15.3/2.4
$\phi12$	$\phi20$	3.1	1.9	Z98/15.3/2.4
$\phi15$	$\phi24$	3.1	1.9	Z98/19.3/2.4

图 10-53　斜顶加长运水杆的密封圈规格

对于斜顶面积太小，没有足够空间设计运水接长杆的情况，斜顶运水需要在斜顶导向杆中心通过，斜顶运水设计如图 10-54 所示。

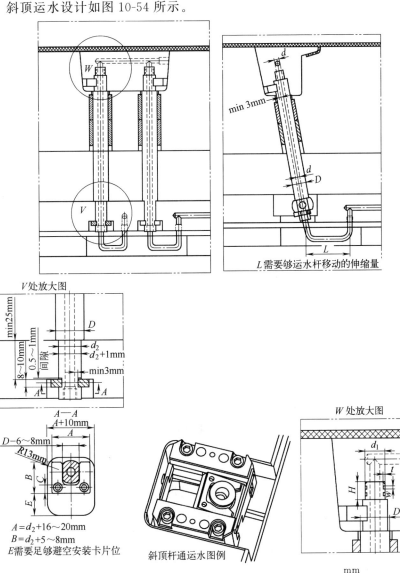

d_1	H	w	t	胶圈规格（HASCO）
$\phi16$	$\phi10$	1.9	1.2	Z98/7.5/1.5
$\phi20$	$\phi12$	1.9	1.2	Z98/9.5/1.5
$\phi24$	$\phi16$	3.1	1.9	Z98/11.8/2.4
$\phi20$	$\phi20$	3.1	1.9	Z98/15.3/2.4

图 10-54　斜顶加长运水杆的密封圈规格

10.10 高温模具温度控制

10.10.1 模具加热和保温

10.10.1.1 模具加热

在注塑成型中，加热是模具温度调节的一个重要方面。在某些生产过程中需要向模具输入适当热量才能维持生产过程的正常运行。对流动性较差的塑料成型和大型模具预热时，均需要对模具进行加热。使模具温度始终控制在一个合理的范围之内，在模具中将这部分为模具提供热能的结构装置叫作模具加热系统。需要加热的情形如下。

① 某些高黏性或结晶性塑料的注塑成型，需要维持较高的模温。若仅靠塑料熔体在模具内释放的热量来维持其较高的模温是不够的，例如高黏性塑料聚苯醚等。

② 对于大型注塑模，在生产前，必须将模具预热到某一温度，以保证制品尺寸和性能的均匀性，提高制品的合格率。

③ 热流道模具技术的应用日益普及，为使塑料熔体在分流板内始终保持熔融状态，必须考虑热流道系统的加热和温度控制。热流道模具的流道温度通常使用插入式加热器来控制。

④ 非热流道模具在成型高熔点材料或肉厚较厚、流动距离长、面积大的成型品时，经常需将模具加热，此时亦可使用加热器将模具加热以利成型。

⑤ 热固性塑料的注塑成型，需要提高模具温度，必须对模具加热来促使交联反应顺利进行。

当要求模具温度在80℃以上时，就要设加热装置。模具加热的方法很多，可用热水、蒸汽、热油及电加热等。用热水、蒸汽、热油加热时采用冷却水通道。由于电加热清洁、结构简单，可调节的温度范围大，因此目前应用比较普遍。当型腔表面温度在80～200℃时，一般通过筒式加热器或热油进行温度控制。

① 热油加热。热油通过冷却水通道对模具进行加热，一般多用于大型模具初始和保温加热以及流动性差的塑料模具加热。加热温度小于150℃。当模具温度达到正常的成型温度时，改用水冷却，因此需要配备温度调节装置。

② 蒸汽加热。蒸汽也是通过冷却水通道对模具进行加热，模具升温迅速并容易保持稳定。当需要冷却模具时，只要关闭蒸汽，将冷却水通入通道，就能很快使模具冷却。蒸汽加热的设备结构复杂，使用成本较高，很少采用。

③ 热水加热。热水也是通过冷却水通道对模具进行加热，模具温度应小于75℃，因为当水温大于75℃时容易蒸发成蒸汽，蒸汽在水中的传热效果不好。这种加热装置的结构设计与冷却水路相同，这对于开机前的预热，正常生产一段时间后又需要冷却的塑料注塑模来说大为方便。在有条件的地方最好使用热水加热，因为这样的加热装置有强制流动过程，可使整个模温分布较为均匀，有利于制品质量的提高。但模温调节有困难，且延滞期较长，应予以充分考虑。

④ 电加热。电加热装置简单、投资小、便于安装、维护和使用，温度调节方便，易实现自动控制，因此，在模具加热中运用最广泛。最常用的加热类型有：电热板、电热圈和电热棒。

电热棒加热是在模具适当位置上钻孔，将电热棒插入并接入温度控制器进行温度调节。这种加热装置系统结构简单，使用方便，清洁卫生，传热好，为要求模温较高的大型塑料模具所采用。但有局部过热的缺点，设计时应予以注意。

电加热计算的任务是根据实际需要计算出电功率，选用电阻的规格。要得到所需电功率的数值，应做热平衡计算，通过单位时间内供应给模具的热量与模具成型所耗的热量平衡，从而计算出所需的电功率。由于这样的计算方法较复杂，计算数据不一定与实际情况吻合。所以在实际计算过程中，应用简化计算方法，并有意适当增大计算结果，通过电控装置加以控制和调节。

模具加热的原则：

① 合理选择和布置电加热装置，使模具温度尽量平衡；

② 电加热装置功率应适当，不宜过小，也不宜过大；

③ 注意模具温度的调节，保持模具温度的均匀和稳定，模具温度由相应的温控装置进行调控。

模具温度调节系统的外围设施主要是为了确保温度调节系统的正常运行，服务于模具的温度调节系统，可以认为是注塑机的一种附属装置。常见模具温度调节系统如下。

① 循环冷却水路。即把流过模具的冷却水循环到冷却水塔进行散热、降温，然后再循环到模具并对模具进行冷却，这对大型模具尤其重要。另外，也可节约用水，使冷却水循环使用。

② 压缩空气系统。冷却介质为空气的冷却系统，需要空气压缩机和压缩空气的循环回路及附属设施，把压缩空气通入模具进行模具冷却。

③ 模温控制器。对于高要求的模具，模具的温度必须严格控制，所以需要配备模温控制器，以便对模具温度进行精确控制。当模具温度超过规定的温度时，模温控制器就关闭加热系统，并打开冷却系统，使模具温度下降到规定的温度值；当模具温度低于规定的温度时，模温控制器就打开加热系统，并关闭冷却系统，使模具温度上升到规定的温度值。

④ 模温速冷机。对于要求在注塑充模及保压结束后，快速冷却模具，使制品迅速冷却定型以减小塑件变形或缩短注塑周期的场合，可以采用专门的模具速冷机，加大冷却力度，在短时间内将制品冷却到规定的温度。

10.10.1.2 模具保温

（1）隔热板保温

使用隔热板可使模具在较短时间内达到预定的生产温度，减少热量损失。防止模具热量过度散发以确保型腔温度恒定，从而达到保证注塑件品质稳定的目的。模具温度在80℃以上时，需要在模具和注塑机之间实施绝热措施，通常在模具面板上和底板上增加隔热板。

隔热板通常安装在模具动模底板和定模底板上，也有固定在注塑成型机模具安装板上的。这两种情形，都是通过隔热板阻断模具和注塑机之间的热量传导。注塑尼龙和PBT等结晶性塑料时，模具型腔表面温度变化对成型产品的尺寸和外观品质影响极大，因此，安装隔热板以保证塑件品质稳定。

高温成型的模具，如果热量传入注塑机，会影响注塑机的精度，加大注塑机导柱的磨损。在热流道模具中，经常会设计隔热板来延长模具和注塑机寿命。MISUMI隔热板性能选择见表10-3。

隔热板材料具有隔热和抗压的功能。与传统的石棉板相比，模具隔热板材质是玻璃纤维和耐高温的树脂合成的复合材料，有很好的抗形变和抗压性能。模具隔热板突出的材料性能主要体现在以下几点：

① 不含石棉，对环境和人体伤害较小；

② 低热导率；

③ 抗压能力强；

④ 很好的机械和尺寸稳定性；

⑤ 低吸水率，化学稳定性好；

⑥ 长期使用不变形，使用寿命长。

通过应用隔热板，能够优化生产工艺参数，实现节能的目的，主要体现在以下方面：

① 节能高达 60%；

② 均匀的型腔表面温度分布；

③ 降低了预热和循环时间。

表 10-3　MISUMI 隔热板性能选择

类别		标准型	耐热型	高强度型	高温耐久型	纸胶木板型	布胶木板型
型号	经济型系列	C-HIP	C-HIPH	C-HIPX	C-HIPL	C-HIPP	C-HIPC
	高性能型系列	HIP	HIPH	HIPX	HIPL	HIPP	HIPC
				HIPXT	HIPGT		
适用塑料类型		通用塑料 工程塑料	工程塑料	需要高充填压力的塑料	工程塑料	通用塑料	通用塑料
适用塑料		PP、PE、PS、ABS、POM、PBT、PA 等	PA66+GF、POM、PPS、PC、PMMA 等	PC、PMMA 等	PA66+GF、POM、PPS、PC、PMMA 等	PVC、PP 等	PVC、PP 等

隔热板使用注意事项如下。

① 加工时须用集尘器吸粉尘，注意不要让粉尘飞散。因粉尘含有玻璃纤维，落到皮肤上会使人不适，落到机器上，会影响机器精度。

② 用钻头钻孔时易发生破裂，需格外注意。安装时用沉头螺钉固定。

③ 因是积层压制成型，不适用于螺纹加工。

④ 安装在模具底板后，注意在导柱孔等孔位避空。拆模时尽可能不拆下隔热板。

⑤ 尽量不要在有水的地方使用。含有水分的隔热板随着温度上升，会出现裂缝导致性能显著降低。

⑥ 超过 300℃ 使用（耐热型）时，初始使用时会冒烟及有些异味，但不影响质量。

（2）模板减少散热的措施

模具可以通过减少接触面积达到减少散热的目的。在动模底板和定模底板开槽，1823-30×× 的模架，开槽深度为 2mm，如图 10-55（a）所示。3535-55×× 的模架，开槽深度为 3mm，如图 10-55（b）所示。

10.10.2　高光模具温度控制

传统注塑技术由于在塑件表面容易产生熔接痕、缩痕、流痕、波纹和表面浮纤等缺陷，影响塑件外观质量，需经过喷涂等二次表面加工进行改善，延长了生产周期，增加了制造成本。使用高光注塑成型技术，可以有效提高塑件表面质量。

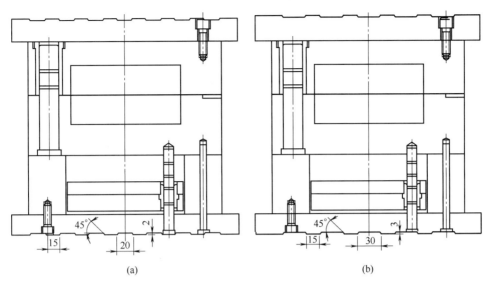

图 10-55 模板铣槽减少散热

图 10-56 (a) 所示为打印机盖板，其外形尺寸为 428mm×198mm×90mm，最大壁厚为 2.5mm，质量 252g，塑件材料为 ABS，成型收缩率为 0.5%。塑件的平面缺口处为两处翻转铰链，需要使用小滑块抽芯，塑件侧面需要设计一个大的滑块抽芯成型。图 10-56 (b) 为打印机盖板高光模具结构图。

高光注塑成型对模具的基本要求是型腔内表面质量要非常高，以确保塑件的表面质量。由于注塑成型过程中模具需要不断升温和降温，型腔应选用高质量的钢材。高光模具的性能和使用寿命与模具所使用的钢材有着直接的关系。高光注塑模的型腔钢材除了要具有良好的切削性、放电加工性，还要具有极佳的抛光性、较高的硬度和耐磨性。

高光注塑模的主要特点是工作温度较高，在较高的模温下成型有利于消除熔接痕、流痕和塑件内应力等缺陷。为了减少模具工作时的热量扩散，在动模和定模底面加树脂隔热板，隔热板的平整度要求较高，平面度为 0.02mm。在型腔和型芯的 4 个侧面设计圆形凹坑 [见图 10-56 (c) 和 (d)]，凹坑直径为 φ12mm，深度 1mm，减少了型芯、型腔与模板的接触面积，从而减少了热量损失。

高光模具温度控制系统设计有 2 种回路，即高温回路和低温回路。冷却水嘴的连接方式如图 10-56 (e) 所示，注塑成型过程中，高温回路中通入 100～120℃的水蒸气，监测和控制型腔温度在 80～90℃。冷却低温回路中通入 30～50℃的冷却水，使其尽快带走型腔板的热量，缩短注塑成型周期。型芯和型腔两侧都要设计交错的高、低温回路，分别如图 10-56 (g) 和 (i) 所示，各回路之间的间距为 35～40mm。针阀式热嘴周围需要设计单独的冷却回路，见图 10-56 (h)。

使用 ANSYS 中用于 FLOTRAN CFD 分析的 FLUID 141 和 FLUID 142 单元模拟温度控制回路中流体复杂的三维流动、流体的压力和温度分布，研究回路中热量的分布梯度，把模具作为热交换器进行研究以及对流体流动性质（层流或紊流）进行研究。层流中的水速度场都是平滑而有序的，高黏性流体（如石油等）的低速流动通常是层流。紊流分析用于处理一些由于流速较高和黏性较低而引起紊流波动的流体流动情况，通常用雷诺数来判别流体是层流还是紊流。成型打印机盖板模的温度控制，定模采用了两台模温机，动模采用了一台

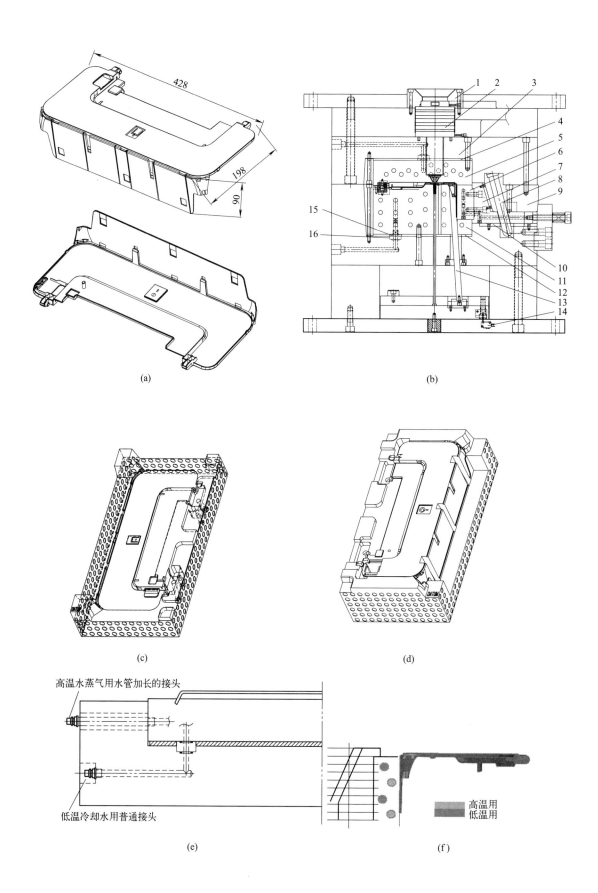

(a)

(b)

(c)

(d)

高温水蒸气用水管加长的接头

低温冷却水用普通接头

(e)

高温用
低温用

(f)

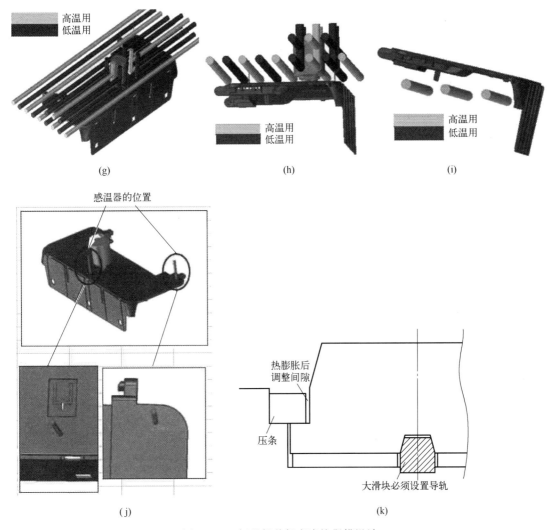

图 10-56　打印机盖板高光注塑模设计

1—法兰；2—针阀式热嘴；3—定模板；4—定模隔热板；5—定模仁；6—大滑块；7—大滑块座；8—斜导柱；9—铲机；
10—耐磨板；11—动模仁；12—动模隔热板；13—斜顶；14—电子行程开关；15—钢垫；16—密封圈

模温机。经过 ANSYS 软件分析，控制进出模温机的水量和压力，模温机的进出水管直径均取 $\phi25\mathrm{mm}$，形成理想的载荷与边界条件，确保冷却系统的水流属于紊流状态。

　　设置高温和低温控制回路时，必须在模具内合理地布置温控管道，确保可以快速升温和降温。应用 ANSYS 软件分析设计模具的温度控制系统，高温回路采用加长水管接头直接将通入型芯管道的水蒸气引出，可以不采用密封圈密封，可防止密封圈长期在高温下作业而老化失效。温度的监测通过在定模侧安装感温器实现，如图 10-56（j）所示，感温器安装在型腔的底部，从型腔底部引出，感温器的头部距离型腔表面 $3\sim5\mathrm{mm}$。

　　模具在加热过程中会产生热膨胀，这对模具的定位机构、导向机构、滑块抽芯机构和斜滑块顶出机构等所有运动部件都会产生影响，容易发生卡滞现象。因此，需要采取相应的隔热、密封和加适当的间隙等措施减少模具热膨胀产生的影响。不同的钢材具有不同的热膨胀系数，膨胀量也不同，在设计和加工时要充分考虑钢质零件的热膨胀，留有调整的余量，打印机盖板模具采取的应对措施如图 10-56（k）所示。

10.10.3　高温塑料温度控制

加热是调节模具温度的一个方面，为了保持一定的注射温度，应对模具进行加热。大型模具中，如果熔融塑料流程较长，塑件壁较厚，为了防止充模不足，在开始注射时应对模具进行加热，如 PA、POM 等。成型大面积制品时，模具需加热到 100℃ 以上。可用热水、热油或电加热。对需加热的模具，要注意可动部件活动间隙是否适当。对于中等熔点的 PP、ABS 等大型制品的模具，在成型前进行预热，之后进行生产，当模具温度升到超过规定范围时，要进行冷却，但有时也使用局部加热的方法，以防制品发生残余变形。

对于模温大于 100℃ 的高温模用 HASCO 水嘴 Z811/13/R3/8，此水嘴为单向阀水嘴，防止拔出水管时热水往外喷。

大批量生产塑件的模具和生产精密塑件的模具，它们之间的冷却有着基本区别。对于大批量生产塑件的模具，为了缩短周期，最好使用"急冷"，这在塑件中可能引起较大的尺寸波动、粗糙度和不匀的结构以及较大的内应力。"急冷"意味着冷却通道至型腔的间距是很近的，并且模温比较低。

注塑成型精密塑件的前提是模温要高。为了获得所需要的"缓冷"效果，冷却通道的配置和直径是不同的，经常需要急热急冷的高温模具成型。就生产精密塑件来说，要求公差带窄和力学性能良好。这就要求要"缓冷"。考虑到模具的充模和塑件的力学性能，在注射的瞬时，模温最好接近熔点温度，然后慢慢地冷却到脱模温度的状况是理想的。然而，这是不现实的，因为考虑到模具的热惯性，就注塑成型有一个短的周期性的强度变化和需要一个合理的周期时间而论，"缓冷"只能提供一个一般性的准则。

型腔与型芯的运水如果差别太大，则需要在前后模的 A、B 板设置探热针（热电偶），以控制前后模温尽量一致，如图 10-57 所示。

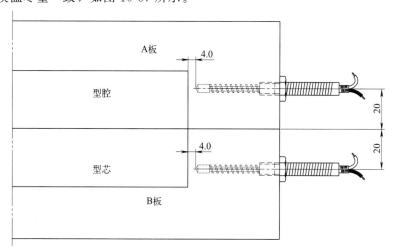

图 10-57　模架上探热针的安装

图 10-58 所示为型腔热电偶的安装，热电偶安装在型腔，更容易准确测量型腔内的温度。所用的牌号为 HASCO 热电偶 Z1295/1。

图 10-59 所示为高温模的运水连接方式。在高温模中，运水胶圈容易老化，因此，运水应采用接长杆，将接长杆直接拧在前后模仁上。

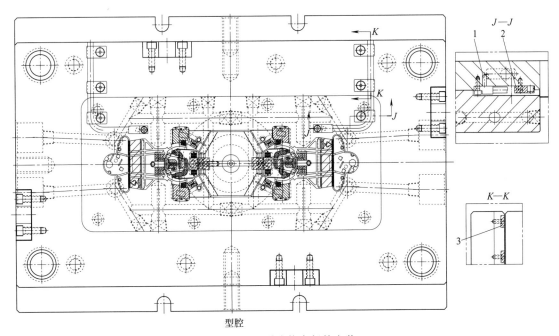

型腔

图 10-58 型腔热电偶的安装

1—热电偶；2,3—压板

型芯侧　　　　　　　　　　　　型腔侧

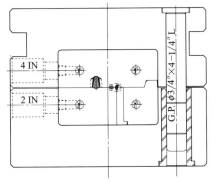

图 10-59 高温模具的运水连接方式

图 10-60 所示为高温塑料成型模具的温控系统。模具的每一块模板都设计了运水回路。

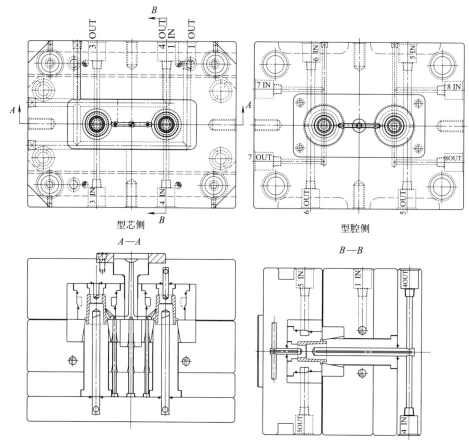

型芯侧　　　　　　　　　　　　　　　型腔侧

A—A　　　　　　　　　　　　　　　B—B

图 10-60　高温塑料成型模具的温控系统

10.11　精密塑件水路平衡

10.11.1　水路平衡

由于塑件的形状在多数情况下是非对称的，型腔中的热量分布也不是均衡的，如果冷却速度不是均衡设计，塑件的一部分已经冷却了，其他部分还是热的，这时就会产生热应力，热应力是塑件变形开裂的主要原因。因而塑件胶位较厚的地方、塑件骨位较多较密的地方、塑件的拐角等，这些部位热量最容易集中，是需要重点冷却的部位，这些部位的冷却需要单独设立冷却回路。

广义浇注系统平衡的概念除了传统的流道和浇口平衡之外，冷却系统也必须平衡。冷却系统平衡有两种情况，一是对于多腔模具，要求环绕每一穴的冷却水路具有相同的长度；二是对于单型腔的大型模具，制品的每个部位都具有相同或等效的冷却回路。这种冷却系统平衡，对于大型的精密注塑制品显得尤为重要。某些较大型塑件，模具排位 1 出 1，塑件结构形状存在对称的结构要素，精密成型则要求制品的每个部位都均匀一致，不得存在变形，尺寸公差和形位公差也完全一致。

10.11.2　单型腔塑件的水路平衡

图 10-61 所示为大班椅底座五星脚的模具图，五星脚的五条腿呈完全对称的正五边形，材料为 PA6＋30GF，缩水率为 0.6％，塑件的中心镶嵌一个钢套，增加其强度和耐磨性。模具 A、B 板的规格为 796mm×796mm，由此可见，模具属于大型模具。运水钻孔直径为 ϕ15mm，运水设计呈对称设计，即运水设计路线为沿着五星脚的五条腿的方向，相同部位的每条运水都具有相同的长度。

图 10-61（a）所示为定模平面图，从图中可以看出，每条腿的顶部各有一条运水，沿 U 形线路从不同高度通向模外，腿的两侧各有一条平面内交叉倾斜运水，相邻的运水呈 V 形接通，构成一条完整的运水回路。每层共有 5 组，共有两层，分布在不同的高度上，见图 10-61（c）。由于每条运水的长度在 350mm 以上，需要利用深孔钻加工。

从图 10-61 中可以看出，在定模中心的浇口套是温度最高的地方，通了一组运水，这组运水从下部的模板通入浇口套，随后进入 5 组隔水片循环冷却，然后再次从下部的模板流出。

动模的运水如图 10-61（b）所示，动模由于存在顶出机构的影响，而且动模又存在加强筋，热量最集中，因此动模冷却运水的设计存在很大的难度。理想的运水设计应该是既不影响注塑周期，又能避免塑件的变形，同时五条腿的运水尺寸又能完全一致。和定模类似，腿的两侧各有一条平面内交叉倾斜运水，相邻的运水呈 V 形接通，动模的运水在此基础上，每条腿增加了 3 组隔水片，构成一条完整的运水回路。从图 10-61（c）中可以看出，在每条腿的两侧的 3 组隔水片呈八字形排布。

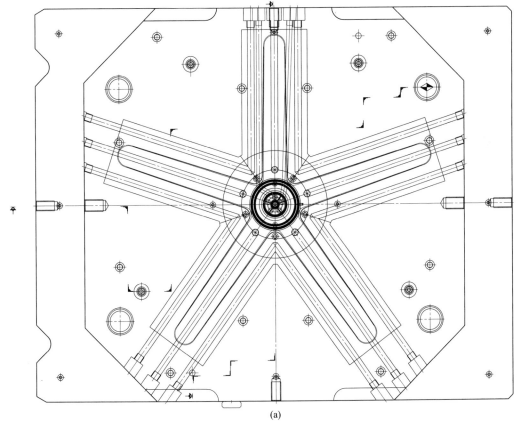

(a)

图 10-61

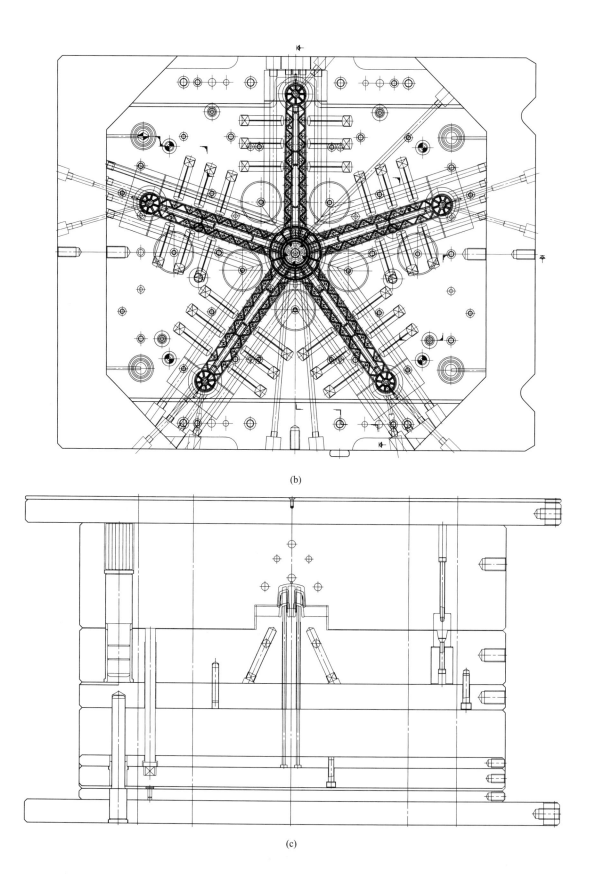

(b)

(c)

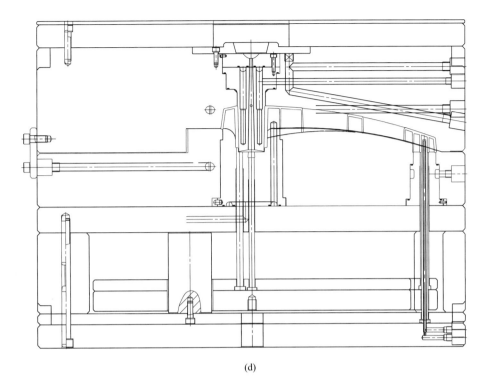

(d)

图 10-61 大班椅底座五星脚模具图

动模的中心设计一个圆形镶件，在镶件上设计了 1 组运水，同样进入 5 组隔水片循环冷却后再次从上部的模板流出。在每条腿的头部，动模侧各有一个圆圈筋位，此处组装大班椅的万向脚轮，见图 10-61（d），为了便于加工和模具排气，设计了一个圆形镶件，镶件外形分别设计一组冷却运水。镶件的中心，配置一个推管，推管中心的细针，同样设计一组冷却运水。

10.11.3 多型腔塑件的水路平衡

多腔模具的水路平衡就是要求环绕每一穴的冷却水路具有相同的长度，从注塑流道平衡的角度看，多型腔模具的典型型腔数量一般为 2、4、8 腔，如果是 16 腔以

图 10-62 大班椅活动腿

上，塑件很小，一般为瓶盖类塑件。图 10-62 所示为大班椅活动腿产品图。为了改善其受力状况，增加强度，在塑件内部设计了多条相交的加强筋。密集的加强筋在注塑时聚集了很多热量。因此，为了获得高质量塑件，模具的冷却显得十分关键。

图 10-63 所示为大班椅活动腿模具图，塑件材料为 PA6+30GF，缩水率为 0.6%，模具排位采用 1 出 4 腔，热流道注塑成型。塑件形状呈长条形，一端的头部存在倒扣，需要局部哈夫滑块成型。塑件排位将需要滑块成型的一端设置在模具中间位置，两个塑件共用一对滑块成型。模具中心的 4 个滑块占用很大空间，给模具的冷却运水设计造成很大的困难。塑件为尼龙材料，动模侧的加强筋会聚集很多热量，必须设计良好的冷却回路才能正常注塑。

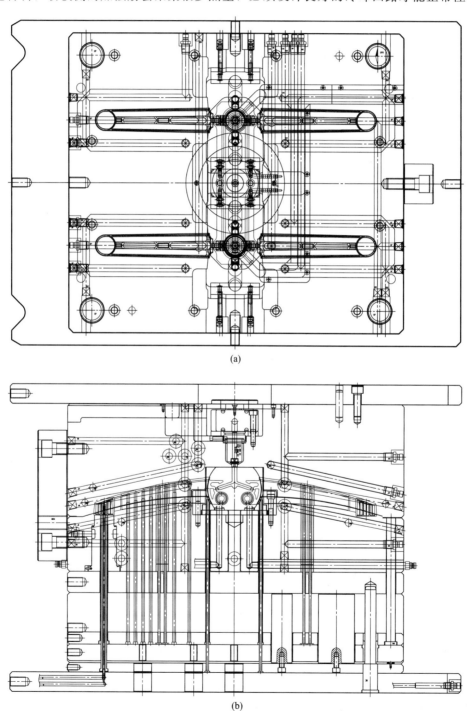

(a)

(b)

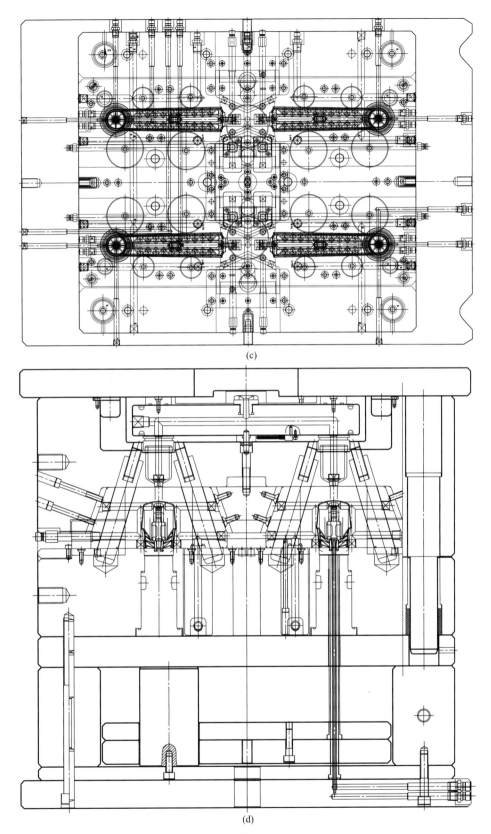

(c)

(d)

图 10-63 大班椅活动腿模具图

从图 10-63（a）、（b）、（c）、（d）各个视图可以看出，无论是定模还是动模，都设计了完全相等长度的冷却回路，塑件一端的圆形部位，中间有推管，推管的芯子中间也设计了冷却回路。

10.12 温控系统标准

10.12.1 温控系统标准概述

BSP 英制标准管螺纹有两种最常用的形式，分别为英制标准直管螺纹（BSPP）和英制标准锥螺纹（BSPT）。

BSPP 为英文全称 british standard pipe parallel threads 的简写，分别取每个单词的首字母。其中 parallel 是平行的意思。BSPT 为英文全称 british standard pipe taper threads 的简写。taper 表示有锥度。

为了简化，通常也用字母"G"代替 BSPP，字母"R"代替 BSPT，我们常见的有些资料中标注管螺纹大小为 G1/2 或 R1/2，BSPT 也就是我们见得最多的 PT 螺纹。我们可以通过测量螺纹的大径和每英寸（25.4mm）的牙数来识别标准管螺纹。

各规格的管螺纹举例：G1/8-28，G1/4-19，G3/8-19，G1/2-14，G3/4-14，G1-11，G1 1/4-11，G1 1/2-11。相同公称直径的 G 牙与 R 牙的牙距一样。

NPTF 美制标准锥管螺纹，锥螺纹锁紧后螺牙弹性形变，通过螺纹齿面互锁来进行密封。NPTF 为英文全称 national pipe taper fuel threads 的简写，NPT 是英文 national pipe taper threads 的简写。

NPTF 外螺纹能与 NPTF、NPSF 或 NPSM 内螺纹相互配合。需要注意的是 NPTF 接头不得与 BSPT 相配合。虽然两种都是锥度管螺纹，但 NPTF 螺纹的牙型角为 60°，而 BSPT 螺纹的牙型角为 55°。

美制螺纹常用的有美制粗牙（UNC）和美制细牙（UNF），还有美制特细牙（UNEF），UNC 英文全称为 unified coarse thread，UNF 英文全称为 unified fine thread，UNEF 英文全称为 unified extra fine thread。

① 公制管螺纹代号 M，公制锥管螺纹代码 M。

② 英制直管螺纹代号 G、BSPP、PF、K，英制锥管螺纹代号 ZG、BSPT、PT、R、Rc。

③ 美制锥管螺纹代号 NPT、NPTF、NPSF、NPSM、NPSP、Z。

在注塑模具中，我国和东亚地区（日本、韩国等）大多使用英制锥度管螺纹密封。在模具图上标注为 PT1/8，PT1/4，PT3/8，等等。

在欧洲注塑模具中，大多使用公制直管螺纹密封。在模具图上标注为 M10×1，等等。

在美国（北美）注塑模具中，大多使用美制锥度管螺纹密封。在模具图上标注为 NPT1/8，NPT1/4，NPT3/8，等等。NPT 与 PT 虽然都是以英寸来表示的，但是牙型不同，不可混淆。

10.12.2 DME 标准件

模温小于 100℃的低温模用 DME 水嘴 N9-3/8A。DME 标准的水嘴分别见表 10-4 和表 10-5。

表 10-4　DME 水嘴规格尺寸

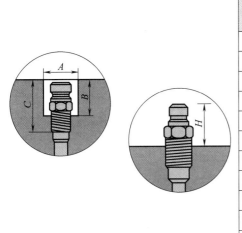

规格代号	NPT	六方尺寸	A	B	C	H
JP250	1/16	7/16	11/16	11/16	1″	5/8
JP251	1/8	7/16	11/16	11/16	1″	5/8
JP252-(SV)	1/4	9/16	27/32	15/16	$1\frac{3}{16}$	7/8
JP253-(SV)	3/8	11/16	1.000	15/16	$1\frac{1}{4}$	29/32
JP351	1/8	9/16	1.000	15/16	$1\frac{1}{4}$	7/8
JP352-(SV)	1/4	9/16	1.000	$1\frac{3}{32}$	$1\frac{7}{16}$	$1\frac{1}{32}$
JP353-(SV)	3/8	11/16	1.000	$1\frac{1}{8}$	$1\frac{7}{16}$	$1\frac{1}{16}$
JP354-(SV)	1/2	7/8	$1\frac{3}{16}$	$1\frac{1}{4}$	$1\frac{9}{16}$	$1\frac{3}{16}$
JP553	3/8	7/8	$1\frac{1}{4}$	$1\frac{3}{16}$	$1\frac{5}{8}$	$1\frac{1}{8}$
JP554	1/2	7/8	$1\frac{1}{4}$	$1\frac{1}{2}$	$1\frac{13}{16}$	$1\frac{7}{16}$
JP556	3/4	$1\frac{1}{8}$	$1\frac{1}{2}$	$1\frac{9}{16}$	$1\frac{7}{8}$	$1\frac{1}{2}$

表 10-5　DME 加长水嘴规格尺寸

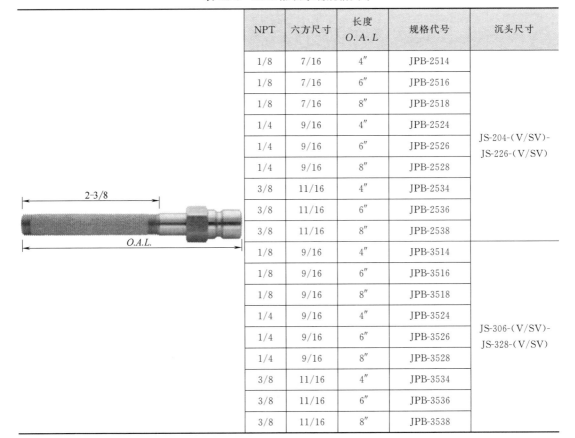

NPT	六方尺寸	长度 O.A.L	规格代号	沉头尺寸
1/8	7/16	4″	JPB-2514	
1/8	7/16	6″	JPB-2516	
1/8	7/16	8″	JPB-2518	
1/4	9/16	4″	JPB-2524	
1/4	9/16	6″	JPB-2526	JS-204-(V/SV)-
1/4	9/16	8″	JPB-2528	JS-226-(V/SV)
3/8	11/16	4″	JPB-2534	
3/8	11/16	6″	JPB-2536	
3/8	11/16	8″	JPB-2538	
1/8	9/16	4″	JPB-3514	
1/8	9/16	6″	JPB-3516	
1/8	9/16	8″	JPB-3518	
1/4	9/16	4″	JPB-3524	
1/4	9/16	6″	JPB-3526	JS-306-(V/SV)-
1/4	9/16	8″	JPB-3528	JS-328-(V/SV)
3/8	11/16	4″	JPB-3534	
3/8	11/16	6″	JPB-3536	
3/8	11/16	8″	JPB-3538	

10.12.3　HASCO 标准件

HASCO 标准密封圈规格代号为 Z98，其尺寸见图 10-64，HASCO 运水接头 Z81 尺寸如图 10-65 所示。

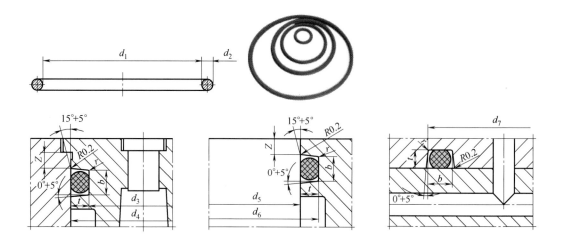

mm

$d_2$min	d_4	d_3	d_5	d_6	d_7	b	r	t	d_1	d_2	型号
1.5	6	3.8	4	6.2	7.5				3.8		Z98/3.8/1.5
	6.2	4	4.2	6.4	7.7	2		1.1	4	1.5	4/1.5
	7	4.8	5	7.2	8.5				4.8		4.8/1.5
	7.2	5	5.2	7.4	8.7				5		5/1.5
2	8.7	5	5.2	8.9	10.7	3.4		1.85	5	2.5	5/2.5
1.5	8	5.8	6	8.2	9.5	2		1.1	5.8	1.5	5.8/1.5
	8.2	6	6.2	8.4	9.7	2		1.1	6	1.5	6/1.5
2	9	6	6.2	9.2	10.7	2.7		1.5	6	2	6/2
1.5	9.2	7	7.2	9.4	10.7	2		1.1	7	1.5	7/1.5
2	10	7	7.2	10.2	11.7	2.7		1.5	7	2	7/2
1.5	9.7	7.5	7.7	9.9	11.2	2		1.1	7.5	1.5	7.5/1.5
2	11.65	7.65	7.85	11.85	13.65	3.8		2	7.65	2.65	7.65/2.65
1.5	10.2	8	8.2	10.4	11.7	2		1.1	8	1.5	8/1.5
2	11	8	8.2	11.2	12.7	2.7	0.3	1.5	8	2	8/2
1.5	11.2	9	9.2	11.4	12.7	2		1.1	9	1.5	9/1.5
2	12	9	9.2	12.2	13.7	2.7		1.5	9	2	9/2
1.5	11.7	9.5	9.7	11.9	13.2	2		1.1	9.5	1.5	9.5/1.5
	12	9.8	10	12.2	13.5	2		1.1	9.8	1.5	9.8/1.5
	12.2			12.4	13.7	2		1.1	10	1.5	10/1.5
2	13	10	10.2	13.2	14.7	2.7		1.5	10	2	10/2
	13.6	10	10.2	13.8	15.5	3.2		1.8	10	2.4	10/2.4
1.5	13.2	11	11.2	13.4	14.7	2		1.1	11	1.5	11/1.5
2	14	11	11.2	14.2	15.7	2.7		1.5	11	2	11/2
1.5	14.4	11.8	12	14.6	16.1	2.4		1.3	11.8	1.8	11.8/1.8
2	15.4	11.8	12	15.6	17.3	3.2		1.8	11.8	2.4	11.8/2.4
1.5	14.2	12	12.2	14.4	15.7	2		1.1	12	1.5	12/1.5
2	15.1	12.1	12.2	15.2	16.7	2.7		1.5	12	2	12/2
2.5	16.6	12		16.8	18.7	4	0.6	2.3		3	12/3
1.5	15.2	13	13.2	15.4	16.7	2		1.1	13	1.5	13/1.5
	16	13	13.2	16.2	17.7	2.7		1.5	13	2	13/2
2	16.9	13.3	13.5	17.1	18.8	3.2	0.3	1.8	13.3	2.4	13.3/2.4
	17.5	13.9	14.1	17.7	19.4				13.9		13.9/2.4

$d_2\,\text{min}$	d_4	d_3	d_5	d_6	d_7	b	r	t	d_1	d_2	型号
1.5	16.6			16.8	18.3	2.4	0.3	1.3		1.8	Z98/14/1.8
2	17	14	14.2	17.2	18.7	2.7		1.5	14	2	14/2
2.5	18.6			18.8	20.7	4	0.6	2.3		3	14/3
1.5	17.6	15	15.2	17.8	19.3	2.4		1.3	15	1.8	15/1.8
2	18.7			18.9	20.7	3.3		1.85		2.5	15/2.5
	18.9	15.3	15.5	19.1	20.8	3.2		1.8	15.3	2.4	15.3/2.4
1.5	18.2	15.6	15.8	18.4	19.9	2.4	0.3	1.3	15.6	1.78	15.6/1.78
2	19	16	16.2	19.2	20.7	2.7		1.5	16	2	16/2
1.5	19.6	17	17.2	19.8	21.3	2.4		1.3	17	1.8	17/1.8
2	21.1	17.5	17.7	21.3	23	3.2		1.8	17.5	2.4	17.5/2.4
2.5	22.1			22.3	24.2	4	0.6	2.3		3	17.5/3
	21	18	18.2	21.2	22.7	2.7		1.5	18	2	18/2
	21.6			21.8	23.5	3.2		1.8		2.4	18/2.4
	21.7			21.9	23.7	3.3		1.85		2.5	18/2.5
2	22.9	19.3	19.5	23.1	24.8	3.2	0.3	1.8	19.3	2.4	19.3/2.4
	23	20	20.2	23.2	24.7	2.7		1.5	20	2	20/2
	23.7			23.9	25.7	3.3		1.85		2.5	20/2.5
	24.9	21.3	21.5	25.1	26.8	3.2		1.8	21.3	2.4	21.3/2.4
	25			25.2	26.7	2.7		1.5		2	22/2
	25.7	22	22.2	25.9	27.7	3.3		1.85	22	2.5	22/2.5
2.5	26.6			26.8	28.7	4	0.6	2.3		3	22/3
	26.9	23.3	23.5	27.1	28.8	3.2		1.8	23.3	2.4	23.3/2.4
2	27.47	23.47	23.67	27.67	29.41	3.6		2	23.47	2.62	23.47/2.62
	27	24	24.2	27.2	28.7	2.7		1.2	24	2	24/2
	27.7			27.9	29.7	3.3		1.85		2.5	24/2.5
1.5	29	25	25.2	29.2	28.7	2		2	25	1.5	25/1.5
2	28.9	25.3	25.5	29.1	30.8	3.2	0.3	1.8	25.3	2.4	25.3/2.4
1.5	28.2			28.4	29.7	2		1.1		1.5	26/1.5
2	29	26	26.2	29.2	30.7	2.7		1.5	26	2	26/2
	29.7			29.9	31.7	3.3		1.85		2.5	26/2.5
	30.9	27.3	27.5	31.1	32.8	3.2		1.8	27.3	2.4	27.3/2.4
	31	28	28.2	31.2	32.7	2.7		1.5	28	2	28/2
	31.7			31.9	33.7	3.3	0.3	1.85		2.5	Z98/28/2.5
2.5	32.6			32.8	34.7	4	0.6	2.3		3	28/3
1.5	31.2	29	29.2	31.4	32.7	2		1.1	29	1.5	29/1.5
2	33.82	29.82	30.02	34.02	35.76	3.6	0.3	2	29.82	2.62	29.82/2.62
	33	30	30.2	33.2	34.7	2.7		1.5	30	2	30/2
	33.7			33.9	35.7	3.3		1.85		2.5	30/2.5
2.5	34.8	30.2	30.4	35	36.9	4	0.6	2.3	30.2	3	30.2/3
1.5	34.2			34.4	35.7	2		1.1		1.5	32/1.5
2	35	32	32.2	35.2	36.7	2.7	0.3	1.5	32	2	32/2
	35.7			35.9	37.7	3.3		1.85		2.5	32/2.5
2.5	36.8	32.2	32.4	37	38.9	4	0.6	2.3	32.2	3	32.2/3
1.8	35.2	33	33.2	35.4	36.7	2		1.1	33	1.5	33/1.5
2.5	38.8	34.2	34.4	39	40.9	4	0.6	2.3	34.2	3	34.2/3
	38	35	35.2	38.2	39.7	2.7		1.5	35	2	35/2
2	38.7			38.9	40.7	3.3		1.85		2.5	35/2.5
	39	36	36.2	39.2		2.7	0.3	1.5	36	2	36/2
	39.7			39.9	41.7	3.3		1.85		2.5	36/2.5
2.5	40.6			40.8	42.7	4	0.6	2.3		3	36/3
2	41	38	38.2	41.2		2.7	0.3	1.5	38	2	38/2
2	42.7	39	39.2	42.9	44.7	3.3		1.85	39	2.5	39/2.5
2.5	43.6			43.8	45.7	4	0.6	2.3		3	39/3
2	43.34	39.34	39.54	43.54	45.28	3.6		2	39.34	2.62	39.34/2.62
	43.7	40	40.2	43.9	45.7	3.3		1.85	40	2.5	40/2.5
1.5	44.2	42	42.2	44.4	45.7	2	0.3	1.1	42	1.5	42/1.5
2	45			45.2	46.7	2.7		1.5		2	42/2
1.5	45.4	43	43.2	45.6	46.9	2.1		1.2	43	1.6	43/1.6
2.5	49	43.7	43.9	49.2	51.4	4.6	0.6	2.65	43.7	3.5	43.7/3.5
2	47.7	44	44.2	47.9	49.7	3.3	0.3	1.85	44	2.5	44/2.5
2.5	48.6			48.8	50.7	4	0.6	2.3		3	44/3
2	49	46	46.2	49.2	50.7	2.7	0.3	1.5	46	2	46/2
	52.7	49	49.2	52.9	54.7	3.3		1.85	49	2.5	49/2.5
2.5	53.6			53.8	55.7	4	0.6	2.3		3	49/3

图 10-64

d_2 min	d_4	d_3	d_5	d_6	d_7	b	r	t	d_1	d_2	型号
2	55	52	52.2	55.2	56.7	2.7	0.3	1.5	52	2	Z98/52/2
2.5	58.6	54	54.2	58.8	60.7	4	0.6	2.3	54	3	54/3
	60.6	56	56.2	60.8	62.7				56		56/3
	62.6	58	58.2	62.8	64.7				58		58/3
	63.6	59	59.2	63.8	65.7				59		59/3
	66.6	62	62.2	66.8	68.7				62		62/3
	67.6	63	63.2	67.8	69.7				63		63/3
	70.6	66	66.2	70.8	72.7				66		66/3
2	70.7	67	67.2	70.9		3.3	0.3	1.85	67	2.5	67/2.5
	71.7	68	68.2	71.9	73.7				68		68/2.5
2.5	74.6	70	70.2	74.8	76.7	4		2.3	70	3	70/3
	77.6	73	73.2	77.8	79.7				73		73/3
	84.6	80	80.2	84.8	86.7				80		80/3
	87.6	83	83.2	87.8	89.7				83		83/3
	94.6	90	90.2	94.8	96.7				90		90/3
	97.6	93	93.2	97.8	99.7				93		93/3
	104.6	100	100.2	104.8	106.7				100		100/3
	107.6	103	103.2	107.8	109.7		0.6		103		103/3
	116.6	112	112.2	116.8	118.7				112		112/3
	126.6	122	122.2	126.8	128.7				122		122/3
	136.6	132	132.2	136.8	138.7				132		132/3
3.5	148.2	142	142.2	148.4	150.7	5.2		3.1	142	4	142/4
	156.2	150	150.2	156.4	158.7				150		150/4
	166.2	160	160.2	166.4	168.7				160		160/4
	176.2	170	170.2	176.4	178.7				170		170/4
	186.2	180	180.2	186.4	188.7				180		180/4
	196.2	190	190.2	196.4	198.7				190		190/4
	206.2	200	200.2	206.4	208.7				200		200/4

图 10-64　HASCO 运水胶圈

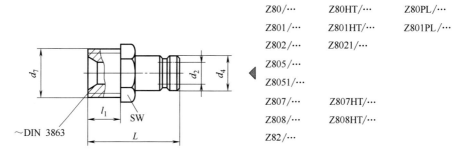

Z80/···　　Z80HT/···　　Z80PL/···

Z801/···　　Z801HT/···　　Z801PL/···

Z802/···　　Z8021/···

Z805/···

Z8051/···

Z807/···　　Z807HT/···

Z808/···　　Z808HT/···

Z82/···

mm

	L	l_1	SW	d_2	d_4	d_7	型号
	18	5	7	2.7	5	M5×0.5	Z81/5/5×0.5
	20		9			M8×0.75	5/8×0.75
10	24	7	11	4.5	9	M7×1	9/7×1
						M8×0.75	9/8×0.75
				5.5		M9×1	9/9×1
						M10×1	9/10×1
				6		G1/8A	9/R1/8
						M14×1.5	9/14×1.5
						G1/4A	9/R1/4
	26	9	15	8.5	13	M11×1	13/11×1
						M14×1.5	13/14×1.5
				9		G1/4A	13/R1/4
			17			M16×1.5	13/16×1.5
						G3/8A	13/R3/8
1	51	16	27	13	19	M24×1.5	19/24×1.5
	47	12	22			G1/2A	19/R1/2
	51	16	27			G3/4A	19/R3/4

图 10-65　HASCO 运水接头

先进注塑模设计手册——现代理念·设计标准·全自动注塑

第11章 热流道模具设计

11.1 热流道成型原理

热流道成型原理是通过加热的手段使流道和浇口的塑料保持在熔融状态的一种注射方法。热流道系统是注塑模具的标准化部件，能够取代普通的浇注系统。热流道成型技术是建立在高分子流变学基础上的高效注塑成型方法。热流道系统已经是高度标准化的系统部件了，模具制造厂家可以根据塑件和模具的具体要求方便地选择所需要的系统。热流道系统在我国尚无统一的国家标准，国际上著名的热流道厂家都形成了各自独特的热流道系统标准。由于在流道附近或中心设有加热棒或加热圈，所以从注塑机喷嘴出来到浇口的整个流道都处于熔融状态。无论是分流板还是热嘴，其加热方式均有两种，即外热式和内热式。

11.1.1 热流道系统的优点

① 缩短注塑周期，提高效率；

② 代替普通浇注系统，不产生流道系统凝料，节约了原材料，取消了回收料再粉碎的工序；

③ 提高产品一致性，提高产品质量，改善产品外观；

④ 降低产品应力，减少产品变形；

⑤ 可以采用针阀浇口，进行分步注射，加工制造不同规格尺寸的零件系列；

⑥ 提供更多的加工控制，以便对注塑工艺进行精确调整。

11.1.2 热流道系统的缺点

① 模具成本上升。热流道元件价格昂贵，使用热流道系统会使模具成本显著上升。热流道系统价格昂贵的根本原因是其价格包含了技术服务费用，尤其是出口模具，热流道价格还要包含国际服务费。因此，选择热流道供应商时，需要选择知名品牌，保证模具质量。

② 热流道模具制作工艺设备要求高。由于热流道成型技术涉及多门学科，如模具材料、加热材料、电子学等，所以热流道模具需要精密加工作保证，热流道系统与模板之间的配合公差为0.01mm，需要考虑模具材料的热膨胀，塑料在热流道系统内部的流变学问题，等等。

③ 对塑料原料的要求。热流道系统并非对所有塑料都适合，对于一些热敏性塑料，需要考虑防止塑料的过热分解，对于含有玻璃纤维的塑料，还要防止热嘴系统过度磨损，由于热流道喷嘴直径的关系，一些小型腔的数目和分布受到限制。

④ 增加模具闭合高度。安装热流道系统后，会使模具的闭合高度增加，有可能超出注塑机的范围，从而需要选择更大的注塑机。

⑤ 操作和维修复杂。热流道模具的操作和维修复杂，需要训练有素的员工队伍。因而，使用热流道系统时，需要认真分析其隐含的隐蔽成本。

11.1.3　热流道系统关键性能要素的体现

① 精确控制塑料熔体温度，消除材料降解；
② 平衡流道设计，塑件型腔均匀填充；
③ 合适的热嘴规格尺寸保证熔体的顺利流动和型腔充分填充；
④ 正确的浇口结构及尺寸，保证型腔充分填充，针阀式浇口及时关闭，从而避免流涎现象，缩短注塑周期；
⑤ 流道无死角区域，保证快速换色，防止材料降解；
⑥ 使压力损失降到最小，锁模力减小；
⑦ 保压时间合理。

11.1.4　热流道系统的应用场合

① 产品体积较大、采用冷流道流程较远；
② 产品表面质量要求较高；
③ 塑料流动性较差，充填较困难；
④ 塑料原料价格昂贵，为了节约原材料；
⑤ 设计时要根据产品要求和特点认真分析，最终与客户沟通后决定是否采用热嘴或热流道。

11.2　热流道系统的结构

热流道系统由以下主要部件组成：主射嘴、分流板、热嘴和温度控制系统。热流道系统的组成见表 11-1。在单腔模具中，如果塑件较小，只需要一个浇口，那么就不需要分流板，此时热流道系统只有单个热嘴。多型腔模具或者单型腔但塑件需两个以上的浇口时，均需要设计分流板。图 11-1 所示为某手机面壳单型腔模具，单点进胶，浇口设置在窗口位置，使用单个 HUSKY 针阀式热嘴，阀针由气压驱动。

表 11-1　热流道系统的组成

名称	功能
主流道	将从注塑机喷嘴射出的熔融塑料，通过主流道输送到分流道
分流道	将从主流道来的熔融塑料，分配到每个热嘴，所通过的路径为分流道
热嘴	通过它将熔融塑料送到模具的型腔或附加的冷流道
浇口	热嘴的口部为浇口，熔融塑料进入型腔的最后通道

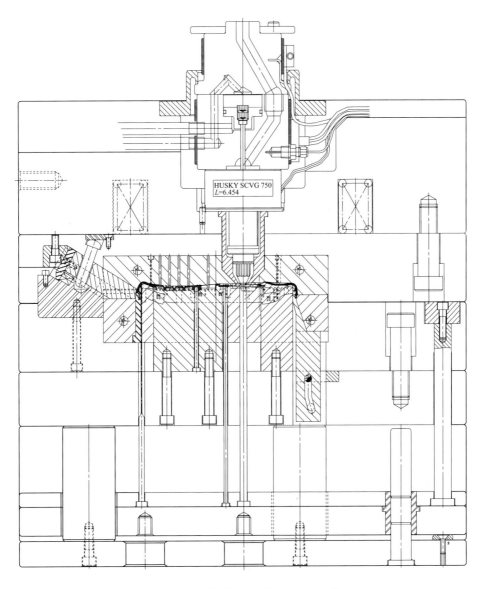

图 11-1 成型手机面壳的 HUSKY 热嘴

图 11-2 所示为成型单腔壳体的 HASCO 倾斜热嘴。

图 11-3 所示为单个 MOLDMASTER 针阀嘴，气缸通过活塞杆驱动弯臂摆动，弯臂通过齿轮驱动阀针座上下移动，从而带动阀针上下移动浇口实现关闭。

图 11-4 所示为 INCOE 4 点热流道系统。分流板加热与温控系统区域编号为 Z5，设计了两组筒形加热器 M17（M18）、M21（M22）。筒形加热器电压 230V，每组功率为 1700W，热电偶接线插头为 19、20。4 个热嘴区域编号分别为 Z1～Z4，第一组热嘴 Z1 的加热电源线插头正负极分别为 B1 和 B2，第一组热嘴 Z1 的热电偶线插头正负极分别为 3 和 4，依次类推，将 4 组热嘴的加热电源线插头正负极和热电偶线插头正负极，以及分流板的电压、功率和热电偶插头编号全部列入表内，此表需要刻制在模具铭牌上，置于模具外形的操作侧，便于现场人员接线。

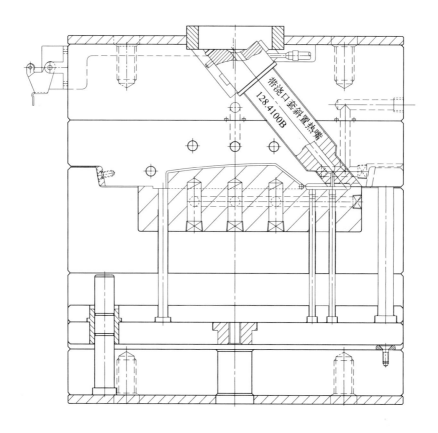

图 11-2 成型单腔壳体的 HASCO 倾斜热嘴

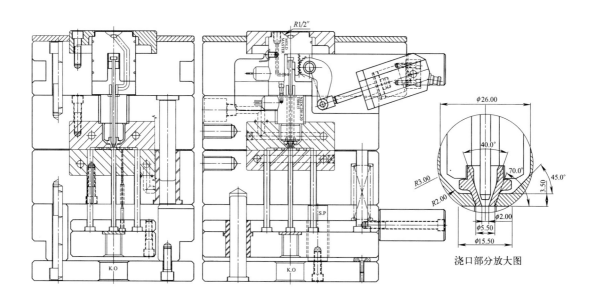

浇口部分放大图

图 11-3 单个 MOLDMASTER 针阀嘴

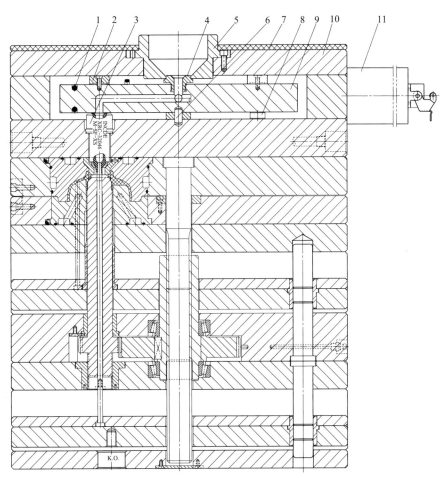

1—加热器；2,8—隔热垫；3—热嘴；4—主射嘴；5—定位圈；6—中心定位销；7—隔热板；

9—分流板；10—面板；11—电气插座盒

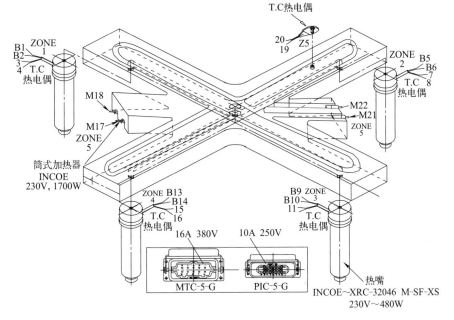

图 11-4

T/C 温控盒（1）				
区域	插针号	电线号	插针号	电线号
1	1	3	6	4
2	2	7	7	8
3	3	11	8	12
4	4	15	9	16
5	5	19	10	20

电源插座盒（1）					
区域	插针号	电线号	插针号	电线号	最大功率/W
1	1	B1	1	B2	480
2	2	B5	2	B6	480
3	3	B9	3	B10	480
4	4	B13	4	B14	480
5	5	M17，M21	5	M18，M22	3400
					4840

正极（＋）　　　　　　　负极（－）

图 11-4　INCOE 4 点热流道系统

11.3　热嘴

11.3.1　对热嘴的要求

（1）对热嘴加热、绝热方面和注塑生产的基本要求

① 热嘴的加热温度分布均衡和稳定，避免产生峰值。浇口区的温度应能合理控制。浇口中的熔体热力闭合稳定，阀针机械闭合可靠。

② 热嘴与模具之间有良好的热绝缘。

③ 熔料从模具的浇口位置分离，浇口清洁美观。浇口是热嘴或型腔的一部分，是热流道系统的重要临界位置。浇口熔料不应有任何拉丝、下垂和流涎。

④ 熔体在热嘴通道中层流推进时，压力损失尽量小，无死点和滞留降解，且换色容易。

（2）对热嘴的结构、装配和寿命的要求

① 热嘴制造材料应耐磨、耐腐蚀、耐热。热嘴加工精良，与注塑模的寿命相匹配。

② 热嘴壳体有足够的壁厚、良好的热疲劳强度。

③ 在热嘴与分流板之间应保持可靠连接，无熔体泄漏。

④ 热嘴壳体与浇口套之间螺纹连接可靠，无熔体泄漏。导流梭与浇口套能互换。

⑤ 清洗、拆卸和调整维护容易，换色可靠干净。

11.3.2　热嘴容量

热嘴是热流道系统的终端元件，它将熔融塑料输送到模具型腔或附加的冷流道。对热嘴的要求是为防止熔体流动性能变化，流道中熔体温度要保持稳定。由于提高型腔温度后会增加冷却时间，为避免模塑制品内应力造成的熔体应变，应考虑热嘴与较冷的模具之间的热绝缘。

热嘴一般是在热流道厂家专业生产，模具厂家只需要按照热流道厂商的产品样本选择。选择热嘴需要注意的是对于铍铜制造的热嘴，加工 PP 料有化学反应而使铍铜被腐蚀，注塑件会被合金分子污染。选择热流道系统时最重要的参数是塑件材料、塑件壁厚、塑件质量（克）、进胶方式。大型部件的浇口位置和数量可以利用模流分析软件确定。

热嘴的浇口直径与注射量成正比。选用热嘴时应根据塑件重量及不同的塑料类型来选择

合适的热嘴。热流道供应商一般会给出每种热嘴相对于不同流动性塑料的最大注射量。塑料不同，其流动性就不相同。另外，应注意热嘴的浇口大小，它不仅影响注射量，还会产生其他影响。如果浇口太小，会延长成型周期；如果浇口太大，则浇口不易封闭，易流涎或拉丝。

正确的浇口尺寸计算需要通过成型材料的性能和流动能力确定，图 11-5 所示为注射量与注射孔直径的关系。注射孔包括热嘴内塑料流动通道和浇口直径两部分内容。较小的浇口会使熔融塑料升高剪切速率，可能会导致聚合物链断裂和相应的塑料材料性能恶化。在热流道系统中最高的剪切速率在浇口区域产生。因此，正确确定浇口尺寸是非常重要的。

在图 11-5 中，将塑料依据流动性不同分为以下 4 级：

1 级：PE、PP、SB、TPE、PUR、LDPE、TPO；

2 级：PA11、PA66、PA12、HDPE；

3 级：ABS、PC、PMMA、POM、SAN、PET；

4 级：PVC、PPS、PEI。

热嘴的最大供料能力与长度成正比，也需要与相应的分流板匹配。图 11-6 所示为分流板与热嘴的长度关系。

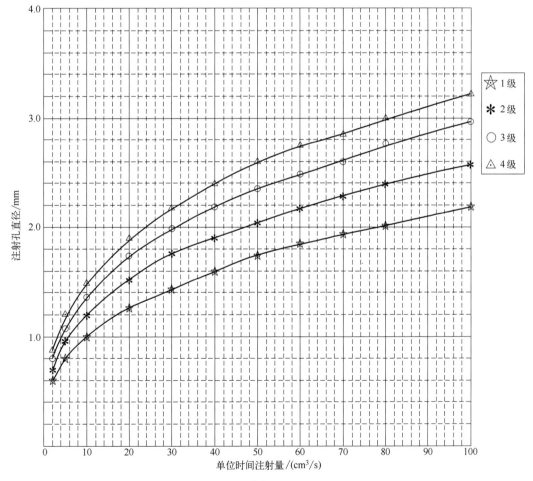

图 11-5

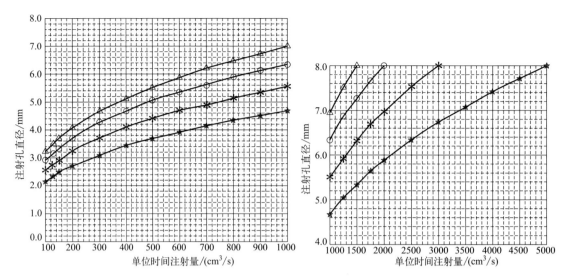

图 11-5　注射量与注射孔直径的关系

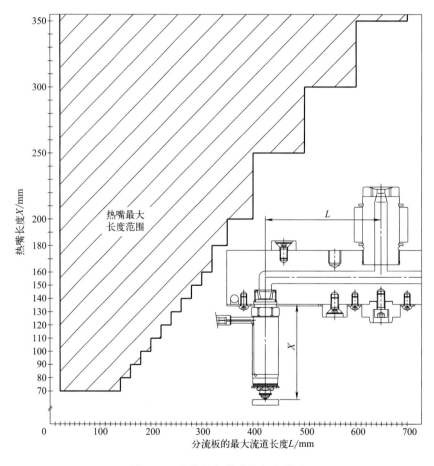

图 11-6　分流板与热嘴的长度关系

11.3.3 开式浇口

11.3.3.1 圆形浇口

开式浇口对应的热嘴为开放式喷嘴，开式浇口有三种基本类型：圆形浇口、环形浇口和边缘浇口。这种浇口对于加压的塑料来说是敞开的，但在每次注射循环结束时，浇口中的塑料就凝固起来充当一个模塞。这样，在模具打开顶出制品时，可以防止热嘴头部中的热塑料漏出，进入型腔。注塑机的操作条件（温度、时间、压力）对开式浇口的正常运作起着非常重要的作用。

开模时，浇口中的部分材料留在了制品上，从而造成了一个难看的浇口残迹（通常是锥形的）。浇口残迹的大小和形状要取决于浇口的形状以及注塑机的成型条件（温度、时间、压力），因此也取决于模具设计，同样或甚至更多地取决于模具装配。

图 11-7 为圆形浇口的三种形式。图（a）浇口长度 L 很短，断开点位于高出制品的锥形凸起部位。在断开点上方还会有一个小锥形凸起。图（b）为无锥形凸起的设计，浇口断裂后塑件表面有轻微缺胶的痕迹。图（c）为直接浇口，使用时浇口拉断后为倒锥柄的大浇口痕迹，必须用工具切除。

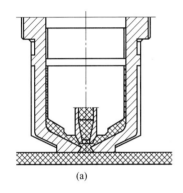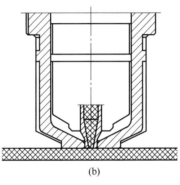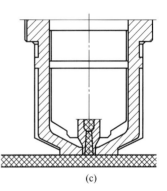

|（a）|（b）|（c）|

图 11-7 圆形浇口

11.3.3.2 环形浇口

基本的环形浇口实质上是一个在其中心部位加入了鱼雷芯探头的开式浇口。环形浇口形状与注嘴梢部的形状密切相关。环形浇口通常会留下环形痕迹。常见的环形浇口直径最大为 $\phi 2.5 \sim \phi 3.0 mm$，它是依靠热力闭合的小浇口。

无论在圆形浇口还是在环形浇口中，加热的探头或注嘴梢部都位于型腔体的一个井形孔的中心。井形孔的底端就是浇口，尖锐的注嘴梢部靠近浇口或位于浇口内。

由于注嘴梢部暴露于高速的塑料料流中，会由于磨损而需要更换。在一些热流道中，热嘴头部是一个独立的元件，用螺纹拧进注嘴筒内，易于更换。注嘴梢部的材料通常都是铍铜，因为它具有优良的导热性和强度。当预计注嘴梢部会发生严重的磨损或者梢部导热性较低，而又希望钢材具有较高的耐磨性时，可采用工具钢梢部。热流道制造厂家已经开发出了各种典型形状的注嘴梢部和浇口，在他们的产品样本中都有介绍。典型的环形浇口如图 11-8 所示。

（1）环形浇口的优点

① 在截面积相等的情况下，管状通道的壁厚要比圆形浇口的直径小得多。鱼雷芯的热膨胀对浇口有很大的影响，必须进行计算以达到合适的深度和直径。

② 浇口的完全冻结很少发生。在浇口的其余部分已经冻结之后，靠近浇口很薄的一层塑料仍保持热量。在下次注射过程中，塑料就会很容易进入型腔，避免圆形浇口冻结后的模塞冲入型腔而影响塑件质量。

③ 很少发生拉丝现象。因此，环形浇口更适合用于容易产生拉丝现象的塑料（如 PA）。还经常用于需要很高的充模速度获得快速循环的模具，如生产一次性杯子等。

④ 环形浇口形成的浇口残迹比圆形浇口的小。

⑤ 环形浇口内的温度更便于控制。

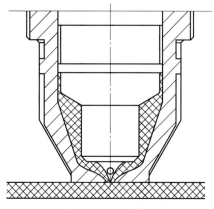

图 11-8　环形浇口

（2）环形浇口的缺点

① 由于来自分流板的塑料将进入到注嘴的中心线处，将该料流经两个或以上分流道从热嘴中心向外侧输送。如果这些分流道太靠近浇口和（或）温度太低，输送的料流可能没有足够的时间熔进管状料流中。可能导致在制品中出现可见的熔合线，影响塑件外观。

② 环形浇口并不适用于所有的塑料，因为需要高压力来克服狭缝中很高的流动阻力。

③ 热嘴头部与浇口间的狭缝很容易被塑料中的杂质堵塞。

④ 塑料长时间受热嘴的加热之后会降解，降解的塑料常常被新鲜的料流冲刷下来，造成制品外观不良。

11.3.3.3　边缘浇口

喷嘴的轴线（指入口方向）与喷嘴中流道方向（指出口方向）一致，称为直线喷嘴。反之，喷嘴轴线与流道出口方向垂直，称为角度喷嘴。边缘喷嘴就属于角度喷嘴。边缘浇口是注塑件侧面位置的开放式浇口。图 11-9 是一个典型的热流道边缘浇口布置。其原理与圆形浇口相同。类似于冷流道系统的潜伏浇口，经剪断后留下较小痕迹。在每次注射循环结束时，浇口中的材料冻结。不同于圆形浇口和环形浇口被拉伸断裂，边缘式喷嘴的浇口是被剪切分离的。

除单喷嘴外，都为多点喷嘴。使用多个喷嘴时，随着喷嘴数目减少和流道板的缩小和免除，能使热流道系统的成本下降。多浇口的喷嘴，如双浇口的边缘喷嘴的应用，可方便安置多型腔的小型塑件的浇注。

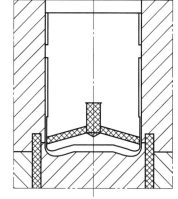

图 11-9　边缘浇口

边缘浇口的设计要点如下：

① 隔热罩应尽可能地大，以形成一个不易冻结的塑料池；

② 浇口段长度应很小，在 0.5～1.0mm 范围内越小越好，但要受到钢材强度的限制；

③ 浇口段长度必须比制品正对浇口处的壁厚小，从而在下次注射过程中，凝固后的模塞能很容易地被注入的塑料推出浇口；

④ 从浇口注入的塑料的反作用力必须要有支撑来平衡，以防造成注嘴弯曲，偏离浇口。

在同一熔料井中可设置相对的（间隔 180°）两个浇口，分别为两个型腔供料。也可设置三个浇口（间隔 120°）分别为三个小模型供料。甚至四个浇口（间隔 90°）分别为四个更小的型腔供料。如果只有一个型腔，正对浇口处必须设置一个机械支撑，或者注嘴设计得很刚硬，足以承受弯曲力。边缘浇口的排布方式如图 11-10 所示。

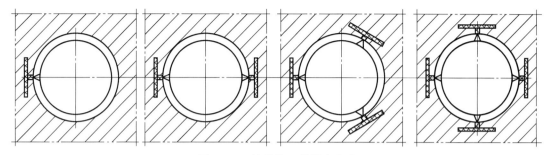

图 11-10　边缘浇口的排布方式

11.3.4　针阀式浇口

11.3.4.1　针阀式浇口特性

　　针阀式浇口的原理是，浇口打开和关闭与注射压力无关。针阀式热嘴在应用中，有以下几方面的优势。

　　① 针阀式热嘴可确保在塑料凝固前，准确控制浇口闭合的时间。因此，对于多腔模具，可以使每一穴的浇口闭合时间一致和各注射点计量一致。

　　② 可有效缩短注塑周期。能够精准控制注塑参数，成型公差较严的塑件。

　　③ 浇口位置无废料残留，无流涎和拉丝现象，仅有阀针留下的圆柱印迹，能提高塑件表面质量。

　　④ 可有较大的浇口通道，浇口直径常为 $\phi2\sim\phi8\mathrm{mm}$，可以达到 $\phi20\mathrm{mm}$。因此，适用于对剪切敏感的塑料。浇口直径通常是塑件壁厚的两倍。

　　⑤ 适合大型塑料制品的注射，可使其以较低保压压力，获得内应力较低的制品。特别是通过现代模流分析，可以更加精准地对大型塑件的浇口实现时序控制。

　　（1）针阀式浇口的特点

　　① 合模后，浇口立即打开，注射压力可迅速转移至型腔。

　　② 注射后，注射压力保持不变，阀针关闭型腔，以备下一次注塑的胶料塑化。

　　③ 如成型几个数量和形状不同的塑件，可以运用时序控制器，调节每一穴产品的注射量，以便改善熔接痕等。

　　④ 针阀式浇口尺寸较大，以便低压和高速成型，改善塑件充填条件。

　　⑤ 阀针处浇口封胶较好，产品浇口完美，塑件质量较好。通过减少内部压力，提高产品的质量，减小产品变形的可能性，延长模具使用寿命。

　　（2）针阀式热嘴的使用限制因素

　　① 液压缸或气缸的使用，使模具闭合高度加大，而且需要额外的装置，模具成本和注塑成本均有增加。

　　② 技术难度加大，模具成本上升。

　　③ 操作和安装维护均需要技术熟练的操作者。

11.3.4.2　针阀式浇口分类

　　针阀式喷嘴通过阀针使浇口实现机械闭合。常见的针阀式浇口如图 11-11 所示，图（a）

为带浇口套针阀式热嘴，塑件表面除了阀针印迹，还有一个较大的同心圆痕迹。图（b）为不带浇口套针阀式热嘴，塑件表面只有阀针印迹。图（c）为带浇口套针阀式大型热嘴，浇口印迹与图（a）相同。图（d）、图（e）均为带加长浇口套的热嘴，加长部分可以根据塑件形状截短或加工成适合塑件的形状。图（f）为浇口套端面加工成浅球面以利塑料流动。

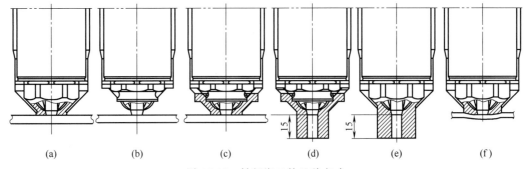

图 11-11 针阀浇口的几种方式

阀针头部几何参数直接影响注塑件质量。阀针关闭方式如图 11-12 所示。浇口与阀针的配合形状有锥形和圆柱形两种。锥形配合如图 11-12（a）和（c）所示。阀针与浇口锥形配合时需要注意，二者不能具有相同的锥度，也就是说二者的斜面不可完全贴合，二者应为线接触，便于阀针穿过浇口，将多余的熔融塑料从接触线后面的狭长间隙挤向后方。如果二者的锥度相同，就会压溃浇口部位，损坏模具。浇口的锥度要大于阀针的锥度。浇口锥度一般为 $36°\sim40°$，阀针锥度为 $22°\sim38°$。

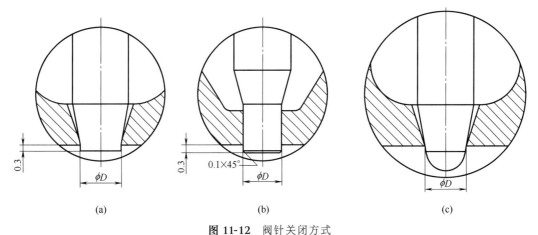

图 11-12 阀针关闭方式

圆柱形配合多用于液压驱动的阀针，锥面配合的形状多用于气压驱动的场合。

11.3.4.3 针阀式浇口阀针驱动方式

针阀式浇口按照阀针驱动动力源不同，将阀针驱动方式分为四种：弹簧式、气缸式、液压式和电子式。弹簧驱动的阀针虽然热流道系统成本较低，但是系统难以控制，浇口痕迹不稳定，应用较少。

针阀式热嘴的发展主要体现在阀针的驱动方式上。经过几十年的发展，现在的针阀式热嘴的驱动方式与过去相比已经有了很大发展，目前主要有液压驱动、气压驱动、电磁驱动和阀针固定板整体浮动等几种方式。电磁驱动克服了液压驱动有可能泄漏的缺点，目前已经应用于无尘车间等对环境有较高要求的地方。气压驱动发展为一个气缸带动 4 个阀针的方式。气缸标准件的设计使得模具加工变得简单，将之前的高精度气缸孔加工从模板上取消，气缸的加工由热流道供应商来完成。阀针固定板整体浮动可以带动全部阀针，有利于减少气缸数量，节省模具空间。

气动针阀式喷嘴需要用二位五通电磁阀来进行独立控制。一个电磁阀控制 4 组阀针时，如果最大气缸距离达到 400mm，则气体回路直径钻孔 8mm；如果最大气缸距离达到 200mm，则气体回路直径钻孔 6mm。图 11-13 所示为气缸杠杆式驱动阀针。图（a）为冷却回路与气路的布局；图（b）为气缸杠杆式驱动阀针详细结构；图（c）为阀针头部闭锁的三种形式。

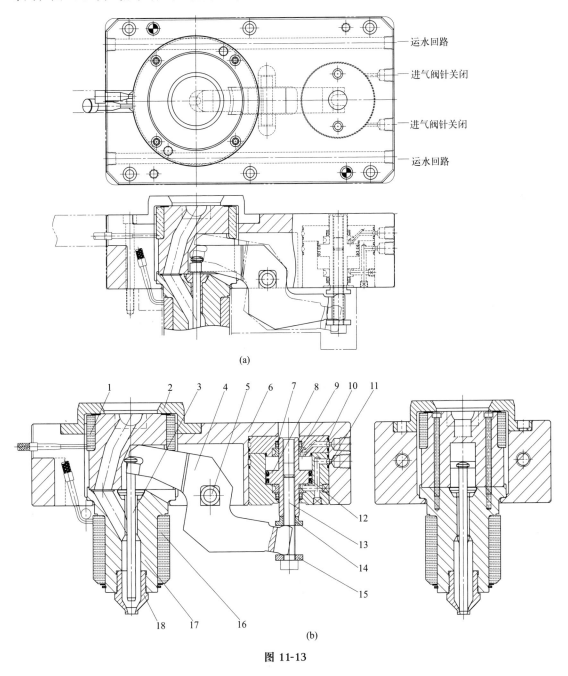

图 11-13

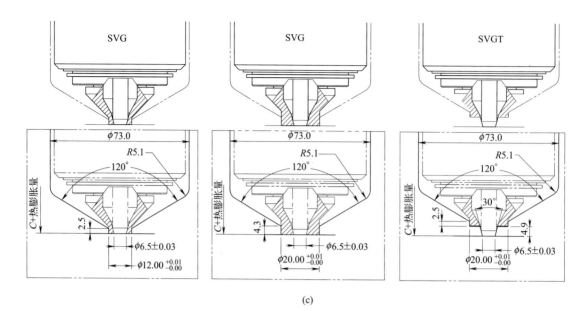

(c)

图 11-13 气缸杠杆式驱动针阀浇口

1,16—加热圈;2—定位圈;3—阀针;4—杠杆;5—转轴;6—气缸安装板;7—密封环;
8—气缸活塞;9—气缸镶件;10,11—密封圈;12—油封;13—螺杆;14—上拨块;
15—下拨块;17—热嘴本体;18—可换嘴头

通常将缸体设计在定模座板上,缸体位置需要占用较大空间。缸体的加工精度要求高,引起模具成本上升。在模具装配的过程中,为了保证与型腔板、流道板、定模座板的高精度(同轴度)配合,就必须提高模具相应配合部分的加工精度。定模座板上加工缸体后,还需要加工冷却回路。加工气路通道时需要注意不要与冷却回路干涉。气压驱动的最大优点是不用担心空气泄漏,不会引起环境污染。气压式针阀浇口的优缺点见表11-2。

表 11-2 气压式针阀浇口优缺点

优点	缺点
①结构简单 ②反应速度相对较快 ③操作简单、容易 ④成本较少、低 ⑤因为使用空气,故O形密封圈的损坏不会引起周围环境的污染	①需较大气缸 ②O形密封圈的使用寿命比油压的短 ③缸体占用模板空间较大 ④缸体要求加工精度较高

图 11-14 所示为气缸活塞驱动针阀浇口。气缸活塞与阀针同心安装,通气后活塞上下移动带动阀针实现启闭。

图 11-15 所示为齿轮齿条驱动针阀浇口。液压油缸 9 通过活塞杆 8 使齿轮 7 旋转摆动,从而带动齿条 6 上下移动,驱动阀针 5 完成启闭。

图 11-16 所示为液压油缸驱动阀针,液压式针阀浇口的优缺点如表 11-3 所示。

图 11-17 所示为电缸驱动阀针。

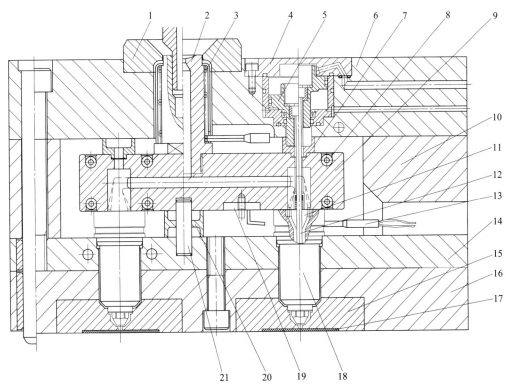

图 11-14 气缸活塞驱动针阀浇口

1—定位圈；2—主射嘴；3,8—电热丝；4—压盖；5—活塞；6—定模座板；7—隔热垫；9—热流道板；
10—支撑板；11—阀针导套；12—阀针；13—加热丝；14—热嘴固定板；15—型腔；16—A 板；
17—塑件；18—热嘴；19—热电偶；20—中心隔热垫；21—定位销

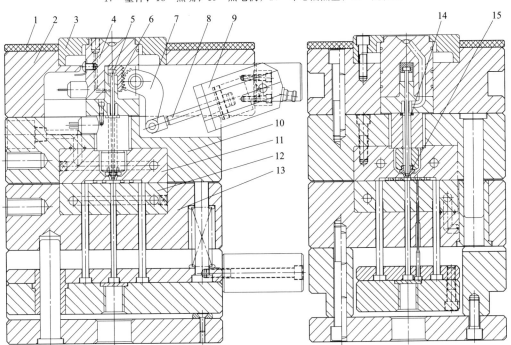

图 11-15 齿轮齿条驱动针阀浇口

1—隔热板；2—定模座板；3—定位圈；4—热嘴；5—阀针；6—齿条；7—齿轮；8—活塞杆；
9—油缸；10—A 板；11—型腔；12—型芯；13—B 板；14—密封垫；15—可换嘴头

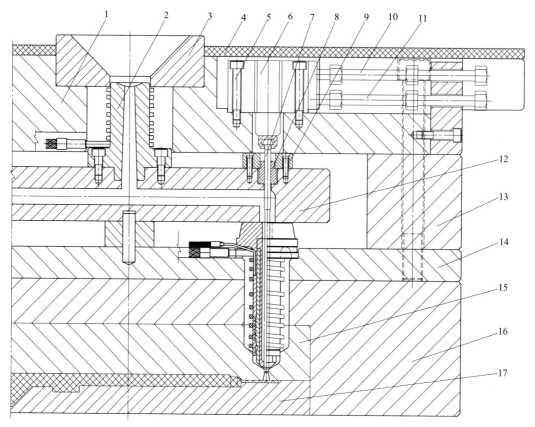

图 11-16 液压油缸驱动阀针

1—定模座板；2—主射嘴；3—定位圈；4—隔热板；5—螺钉；6—液压油缸；7—阀针；
8—阀针导向套；9—隔热垫；10,11—液压油管；12—分流板；13—热流道支撑板；
14—热嘴安装板；15—型腔；16—A 板；17—型芯

表 11-3 液压式针阀浇口优缺点

优点	缺点
①运用相对较小的缸体,就能获得较大的压力 ②O 形密封圈使用寿命相对较长	①需油压装置 ②因为用油,故有漏油的可能性且周边环境不干净 ③难操作 ④由于油的碳化,会诱发许多故障 ⑤反应速度相对较慢

图 11-18 所示为阀针板驱动阀针。在小塑件多腔模具中，型腔中心距很小，阀针设计在阀针板上可以节约空间位置，目前极限的中心距可以做到 13mm。阀针调节器可以根据需要单独调节每个阀针的位置。阀针板由液压油缸或电缸驱动。

11.3.5 热嘴加热类型

11.3.5.1 外热式

热嘴（也叫喷嘴）有外加热、内加热和内外混合加热三种加热方式。短的热嘴有用热传导间接加热的方式，这种短热嘴用铍铜合金制造，用流道板加热。主流道热嘴还可利用注塑机的喷嘴传导加热。

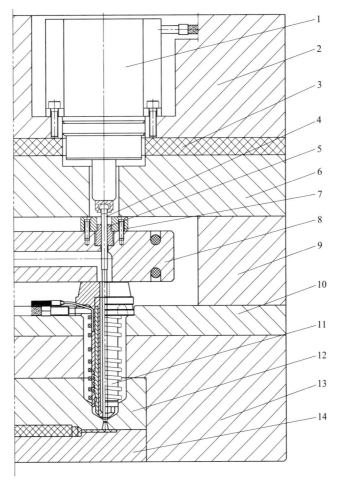

图 11-17 电缸驱动阀针

1—电缸；2—定模座板；3—高精度隔热板；4—阀针；5—阀针导向套；6—电缸安装板；7—压力垫；
8—分流板；9—热流道支撑板；10—热嘴安装板；11—热嘴；12—型腔；13—A 板；14—型芯

　　热嘴要对模具绝缘，最好的热绝缘是提供空气间隙。热嘴外壳与模板孔之间的大部分面积用空气间隙绝热。为了防止热嘴的顶针对浇口区域模具产生热传递，用塑料皮层作绝热仓。在热嘴与模具的接触部位，用钛合金或陶瓷材料绝热。在满足强度和刚度的前提下，使接触面积最小。

　　主流道热嘴与注射点热嘴的根本区别，在于前者与注塑机喷嘴直接接触，后者与流道板的流道相通，从而把塑料熔体引入浇口。主流道热嘴也叫中央喷嘴、主射嘴。如果主流道热嘴直接注射到模具型腔或者注射到冷流道，它就被称为单热嘴，简称单嘴。

　　热嘴加热和绝热的设计原则如下。

　　① 防止塑料熔体在热嘴里的流动变化。流道中的熔体温度不变，能控制注射点热嘴浇口的熔体热力闭合或机械闭合；能防止主流道热嘴两端的熔体冻结；没有热嘴的过量加热，温度分布特性应该接近直线。

　　② 由于提高型腔温度后会增加冷却时间，所以为了避免模塑制品内的残余应力造成翘曲变形，应考虑热嘴与冷模具之间的热绝缘。

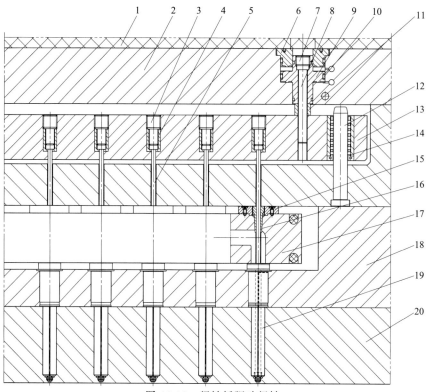

图 11-18　阀针板驱动阀针

1—隔热板；2—定模座板；3—丝堵；4—调节套；5—阀针；6—气缸盖；7—堵头；8—拉杆；9—活塞；
10—密封圈；11,16—阀针导套；12—导柱；13—阀针板；14—滚珠导套；15—隔热垫；
17—分流板；18—热流道安装板；19—热嘴；20—型腔

外加热是热嘴最主流的加热方式，外加热热嘴如图 11-19 所示。

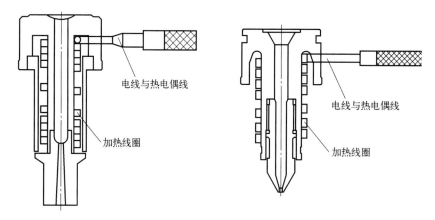

图 11-19　外加热热嘴

11.3.5.2　内热式

内部加热热嘴与传统的外部加热热嘴相比具有可节省生产成本等优势。采用内部加热喷嘴的经济性体现在它们可实现 100% 的密封，由此塑料原料不会泄漏出去而损坏流道或喷嘴附近的电线。而采用传统的外部加热热嘴，泄漏和系统损坏则时常发生。

对于外部加热热嘴来说，其加热系统的敏感部件，例如热电偶、加热线圈及套管等，均位于热嘴体的外部。当线圈受热时，它会膨胀，造成自身与热嘴体之间有一个间隙，使其不能均匀地接触热嘴体。线圈必须在较高的温度下进行加热，以能够适当地加热塑料，较高的温度也意味着有过热和烧坏线圈的风险。相比之下，采用内部加热热嘴就不会有这些风险。由于电热丝周围的绝热空间达到最大密度的压缩，因而消除了电热丝和热嘴孔周围的任何空隙。由于热嘴内的加热器是热嘴体的一个组成部分，因此，该加热器耐热，并有助于加热。基于高度密实的绝热体，加热器元件能够得到冷却，即加热器通电时，表面电热丝产生的热量可被转移。这不仅使得系统运行更有效，也有助于延长加热器的使用寿命。使用内部加热热嘴的另一个明显的好处是热电偶的位置。由于热电偶和加热元件的位置更接近热嘴底部的浇口，使得它们的传热温度更加精确，继而获得更好的热分布曲线和更可控的熔体温度，从而获得更好的成型部件质量。

导流梭针尖式热嘴热量来源有三种。图 11-20 所示为内加热导流梭针尖式热嘴的两个方向的剖视图。分流板 1 为外加热，它需要空气间隔支撑在型腔 5 中。塑料熔体进入热嘴后，经两个斜孔流入环隙流道。熔料在开放式的针尖浇口射入型腔。加热器和热电偶 2 在热嘴的中央。有的将热电偶置于导流梭针尖的前端，对浇口区的温度控制有利。

这种内热式针尖喷嘴流道为环形，冻结皮层驻留在模板的外管道表面上，改善了热嘴的绝热，它因此可以没有热嘴壳体。内热式热嘴不需要与定模板之间的绝热空隙，它是节能的熔体输送方式。它有较小的径向直径，允许热嘴间有较小的距离，较多用于多型腔的小制品注塑。

内加热热嘴可以用 5V 的低电压加热，能有效节能，延长使用寿命。

11.3.5.3 混合式加热

内外混合加热热嘴如图 11-21 所示。

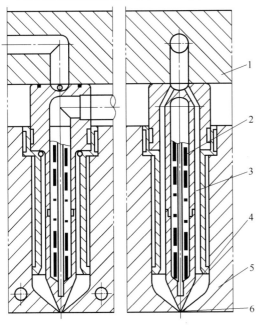

图 11-20　内加热热嘴

1—分流板；2—加热器和热电偶；3—流道；4—内加热导流梭针尖；5—型腔；6—针尖式浇口

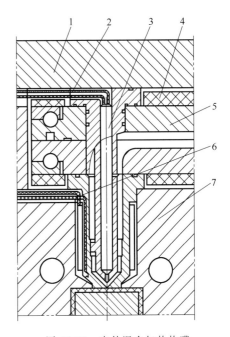

图 11-21　内外混合加热热嘴

1—定模座板；2—内加热器和热电偶；3—内加热导流梭针尖；4—加热板；5—分流板；6—外加热器和热电偶；7—型腔

11.3.6　热流道模具加工与安装要求

　　将带浇口的热嘴称为整体式热嘴，其主要用于结晶性塑料。该热嘴上有完整浇口将物料浇注到模具的型腔，热嘴的端面是型腔的组成部分。不带浇口的热嘴称为部分式热嘴，主要用于无定型塑料。模具上的浇口与热嘴组合时，还有塑料皮层的绝热仓。还有一种较少见到的无壳体热嘴，单有内加热的鱼雷棒。这种无壳体热嘴主要用于易加工塑料（如 PE 或 PP）和不需要经常换色的塑料。无壳体热嘴需要在模具上加工浇口套，如图 11-22 所示。A_1 为型腔板的厚度，TE 为热膨胀量，热嘴加工需要注意加工精度，接近浇口的部位为多段圆弧的旋转体，普通刀具很难加工到位，精加工必须用电极 EDM 加工。浇口部位深度尺寸 0.64mm 和直身位高度 0.1mm 需要通过圆球测量和计算。此处的圆球直径为 $\phi10$mm，热嘴肩部的安装尺寸 $\phi38.1$mm 和绝热仓直径 $\phi19.05$mm 是重要尺寸，其公差必须得到保证。每个热流道厂家的热嘴尺寸不同，但此处的安装公差基本相同。$\phi38.1$mm 处为滑配，$\phi19.05$mm 是紧配。

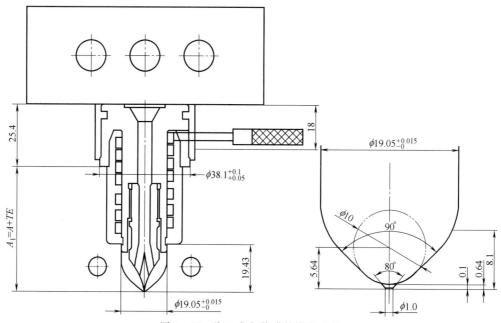

图 11-22　浇口套与热嘴的安装公差

　　图 11-23 是针阀式热嘴安装公差，考虑到针阀长度，对所有模板都需要限制公差。热嘴安装部位需要保证尺寸精度和几何精度。

　　图 11-24 所示为针阀式热流道系统气缸部位安装公差。

11.3.7　热嘴热膨胀

　　选择热嘴时，需要考虑到其热膨胀，其计算按图 11-25 进行。

$$\Delta L = La(T_m - T_w)$$

式中　ΔL——热膨胀预留最小空间，mm；

　　　a——钢材的热胀系数，可取 1.32×10^{-5}；

　　　T_m——热嘴温度；

　　　T_w——模具温度。

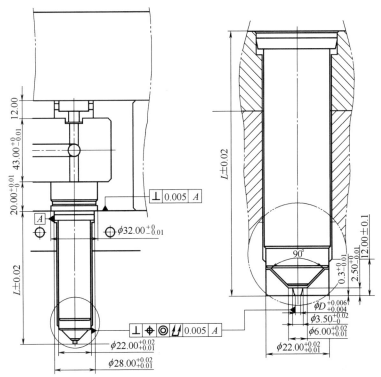

图 11-23 针阀式热嘴安装公差

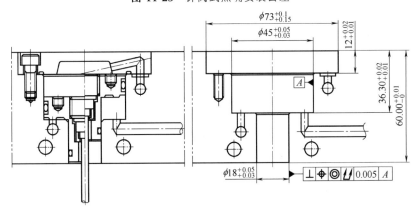

图 11-24 针阀式热流道系统气缸部位安装公差

11.3.8 浇口套切除

  用于主流道的单个直接浇口的热嘴，和分流板下的分流道的热嘴，浇口部位的结构基本相同。热嘴在浇口部位有带浇口套和不带浇口套两种。不带浇口套的热嘴，浇口套的结构需要做在模仁上。带浇口套的直接做在热嘴上，由热流道系统提供。标准系列浇口套长度一般在 10mm 以内，但模具设计者经常有加长的需求。其目的大多数是为了建立起有效热屏障，让模具型腔远离热嘴浇口，便于布置冷却通道，保证注塑件质量。有时是为了让浇口套前端

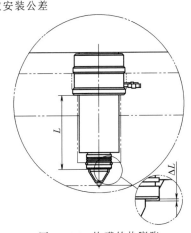

图 11-25 热嘴的热膨胀

参与塑件成型，能适应塑件的斜面或曲面。

热流道系统结构和制造较为复杂，模具设计时需要选用专业的热流道供应商提供不同规格的系列产品做选择。各供应商具有各不相同的系列标准，其热嘴加热方式、浇口套结构和标识均不相同。图 11-26 所示为热嘴浇口套参与塑件成型的例子。

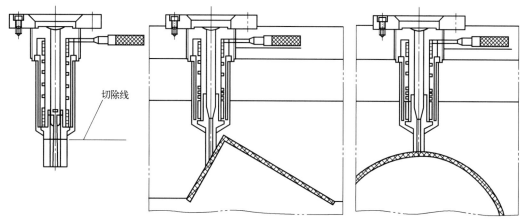

图 11-26　热嘴浇口套参与塑件成型

11.4　分流板

11.4.1　分流板结构

分流板是热流道系统的中心部件。其功能是将主射嘴传输来的塑料熔体经流道送到各注射点的热嘴。分流板的设计需要以传热学和流变学为基础，使分流板温度均衡，实现熔融塑料的合理分配和输送，做到流动平衡。

从分流板与热嘴的安装结构来区分，分流板有两种结构。滑动式安装结构是热嘴安装在分流板底部，热嘴头部顶面与分流板底面依靠压力贴合。这种连接结构在加热状态下，膨胀的分流板能在热嘴头部顶端滑动。螺纹式热嘴是用螺纹固定在分流板上的热嘴。

热流道系统要保证大批量制品生产的质量，分流板中塑料熔体合理分配到各注射点的原则是平衡充模。这是基于以下基本原理：

① 对多型腔模具注塑成型的制品，熔体必须在相等压力下以相同的温度和适宜的剪切速率输送至每个型腔，必须保证同时充满所有型腔，并以同样的时间传递保压压力；

② 对成型大小和形状不同的制品的多型腔注塑模，塑料熔体经分流板的流道和热嘴的传输，能同时充填每个型腔；

③ 多个注射点的单型腔注塑成型，当塑料熔体传输到各个注射点时，具有型腔各区域所需的充模状态，能给制品上熔合缝以恰当的位置，使料流前锋能稳定充填。

在一模多腔的热流道注塑模的流道板上，流道的布置和截面尺寸的设计必须满足注射的塑料熔体对各型腔的平衡充模，以保证注塑制品的质量和精度的一致性。但是，此种分流板自然平衡的排布会使流道太长，使浇注系统中的压力降增大。

在一模多腔的热流道模具中，当喷嘴的安装直径大于塑件的投影面时，各注射点之间的间距就应该由喷嘴外径、喷嘴间流道板板壁的强度和刚度决定。还需要注意喷嘴与主流道喷嘴的间距,喷嘴之间的间距应不小于 10mm。在型腔较多的模具中,多层次流道用重叠组装的分流板,便于达到自然平衡且减小分流板体积。但分流板的散热面积较大。大型注塑件的分流板,需要利用模流分析软件进行分析,这些工作一般由热流道系统供应商来完成。图 11-27 所示为 Thermoplay 公司的大型热流道系统。

图 11-27 Thermoplay 公司的大型热流道系统

11.4.2 分流板流道布局

分流板中流道的布局有多种形式。形状规则的小型塑件,模具型腔排位为规则的平衡式排位。常用单点型、直线型、V 型、星型、X 型、Y 型、H 型以及它们的组合,如图 11-28 所示。

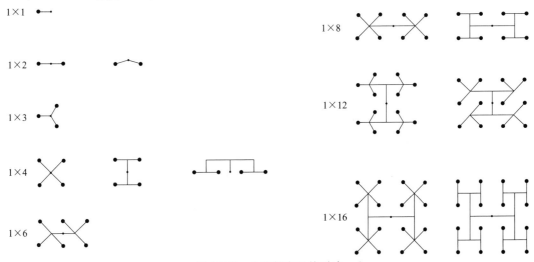

图 11-28 分流板布局的形式

热流道的分流板有很多结构,不同的热流道供应商所设计的分流板也不相同,没有统一的国际标准。模具制造厂只需要根据各个热流道厂商的产品目录选择适合自身产品需求的热流道系统即可。因此分流板的设计和制造一般不需要在模具厂进行。图 11-29 所示的分流板布局,(a)、(b)、(c)、(d)、(e)、(f)、(g)、(h) 分别为 1 出 1 到 1 出 8 的型腔排位设计。(d) 为非平衡式设计,如果要达到平衡,则需要设计成双层分流板。

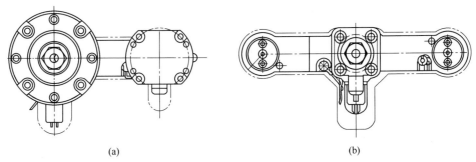

(a)　　　　　　　　　　　　　　(b)

图 11-29

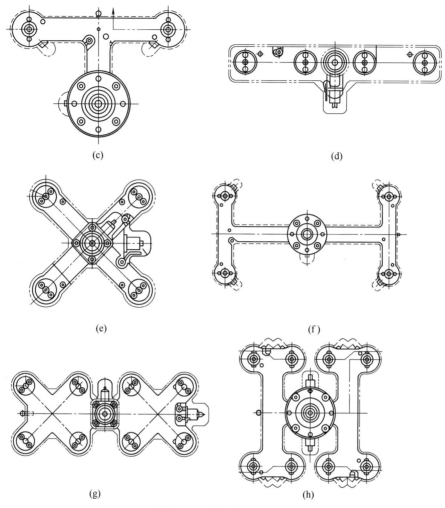

图 11-29　分流板的布局

11.4.3　外热式分流板

根据加热方式的不同，分流板主要分为两大类：外加热分流板，也叫 HOT；另一种是内加热分流板，也叫 COOL。

目前，分流板的设计仍然以外热式为主，占有市场绝大多数份额。内热式分流板由于操作容易成本低，仍然有许多拥护者。流变学理论和技术的发展，使外热式的分流板易于控制，可以预见未来高档模具都会选择外热式分流板。外加热的分流板与定模各模板的温度相差 200℃，因此，分流板与定模各模板之间的接触面积要尽可能小，承压垫的接触面积尽可能小。定模座板需要加隔热板，以免模具与注塑机产生热交换。

图 11-30 所示为外热式分流板加热方式，常见加热方式有加热管加热，管式加热器可以设计成与分流板回路相接近的形状。另一种加热方式为加热棒加热，形状为直线型，常用于形状简单的加热回路。

也有一些品牌热流道系统采用加热板加热，安装于分流板的上下表面。

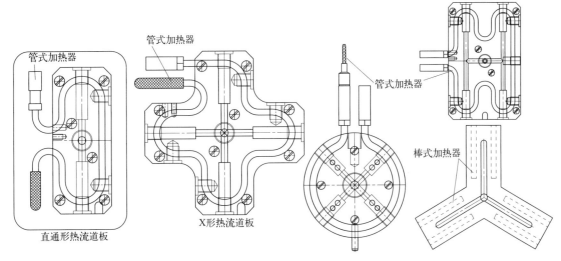

图 11-30 外热式分流板加热方式

11.4.4 内热式分流板

热流道系统的内加热包括分流板的内加热和热嘴的内加热，内加热分流板如图 11-31 所示。热嘴的内加热能改善浇口区域的温度分布，但技术难度高。内加热的分流板节约电能且成本低，操作方便，但市场占有率较低。

分流板的内加热是将加热棒作为芯轴置于流道中央。模板上流道通孔与加热芯轴形成环形流道截面。每次停止注射时可卸下加热棒和两端的堵塞，去除冻结的塑料皮层。注射时，塑料会冻结分布在流道外壁上，起到绝热效果。如果是无定型塑料，则在冻结层和流动层之间还有高弹性的塑料层。注射时塑料输送有周期性，整个流道截面上的流动层厚度和冻结层厚度有变化，而高弹性层的推进是较慢的，实际的输送通道截面不到整个流道截面的 1/2。

（1）内热式分流板的优点

① 模具刚度好，分流板就是模板，消除了弯曲变形的可能性。

② 比外热式分流板平均节省 50％的电功率消耗。

③ 熔体被直接加热，外缘的绝热塑料皮层温度仅有 40～60℃，分流板不需要绝热，无须担心热膨胀等因素。

④ 流道内的塑料皮层能起密封作用，无熔体泄漏的缺陷。

⑤ 模具闭合高度降低，升温迅速，维护容易。

在稳定状态下，内加热分流板与定模各模板的温度相差 55℃，分流板与定模之间无须悬空支撑，四周无须空隙绝热。也有在分流板与定模座板之间加装精密隔热板的。

（2）内加热分流板应用的局限性

① 固化的塑料皮层厚度很难确定，很难进行流变学的流动计算，难以进行模流分析。

② 滞留在流道中的熔融塑料随着时间的加长而分解，流道需要及时清理。内热式系统适用于热稳定性好及温度范围较宽的塑料，如 PE、PP、PS 及一些工程塑料。

③ 内加热器由于受到空间位置的限制，流道的排布常需要设计多层流道，熔体流动阻力较大。

④ 内热式分流板与内热式热嘴相配才能发挥出优势，此时系统必须用内热式的针尖式喷嘴。

大型模具内热式分流板应用如图 11-32 所示。

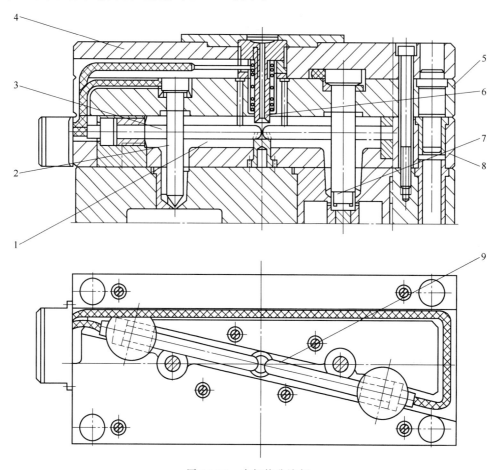

图 11-31　内加热分流板

1,9—流道；2—加热棒；3—内加热鱼雷棒；4—定模固定板；5—定模板；6—主流道喷嘴；7—分喷嘴；8—流道板

11.4.5　分流板设计注意事项

对分流板的选择或设计，有如下要求：

① 对多型腔模具，考虑对注射型腔的充模条件；

② 在分流板流道里最小的压力损失；

③ 沿着流动路径保持温度恒定，熔融塑料温度能够精密控制，防止熔体黏度的波动和在极端情况下的过热和热损伤；

④ 塑料流动无死角，塑料无分解或性能劣化现象，换色顺利，在塑料换色时，容易清洗；

⑤ 分流板与模具间绝热良好，以减少热损失和温度控制的困难；

⑥ 缩短启动时的加热时间，浇口能够正确充填，浇口部位充分冷却，确保浇口有效关闭；

⑦ 保证分流板和喷嘴之间无泄漏；

⑧ 良好的耐用性，更换和维护加热器方便；

⑨ 每个型腔的充填做到平衡，喷嘴尺寸能够维持熔融塑料的流动，熔体具有合理的停留时间。

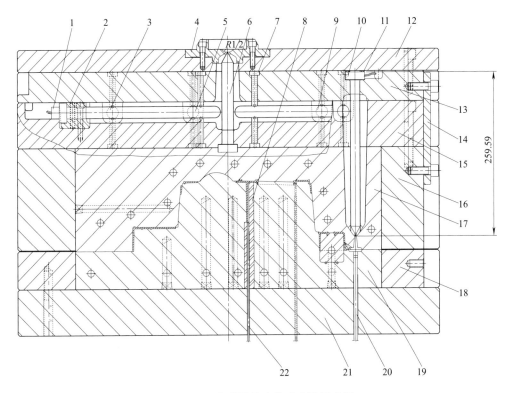

图 11-32 大型模具内热式分流板应用

1,3,5,9—流道鱼雷加热器；2—流道堵头；4—定位圈；6—主流道鱼雷加热器；7—支撑柱；8—动模镶件；
10—热嘴鱼雷芯；11—隔热垫；12—定模座板；13—分流道上垫板；14—连接板；15—分流道下垫板；
16—A 板；17—型腔；18—B 板；19—型芯；20—流道推杆；21—动模垫板；22—推杆

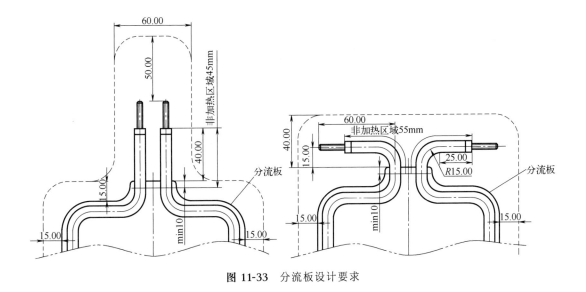

图 11-33 分流板设计要求

分流板设计要求如图 11-33 所示。分流板边缘与模板开槽的距离保持在 15mm，加热管延长至分流板外面 45mm，分流板上下的模板必须采用足够的螺栓可靠连接，产生并保持足够数量的预加载，螺栓性能等级最小值为 12.9。表 11-4 所示为热流道系统常用螺钉转矩表。

表 11-4　热流道系统常用螺钉转矩表

公制		英制	
M5	9N·m	3/16	6　Ft-Lbs[①]
M6	15N·m	1/4	10　Ft-Lbs
M8	36N·m	5/16	25　Ft-Lbs
M10	71N·m	3/8	50　Ft-Lbs
M12	122N·m	1/2	90　Ft-Lbs

① 1Ft-Lbs≈1.355N·m。

11.5　承压垫

　　承压垫和中央定位支撑垫承受螺钉固定预紧力、热膨胀在分流板平面上产生的剪切力、热膨胀在分流板和热嘴长度方向上产生的压力。承压垫的设计和装配应防止在注射时分流板和热嘴的接触面上产生熔料泄漏。为了防止承压垫压陷定模座板，在相应位置要镶入淬硬镶件，其硬度为50HRC以上。承压垫和中央定位支撑垫主要起隔热的作用，尽可能选择导热性能差的钢材制作，也有用陶瓷等复合材料制作的，如图11-34所示。

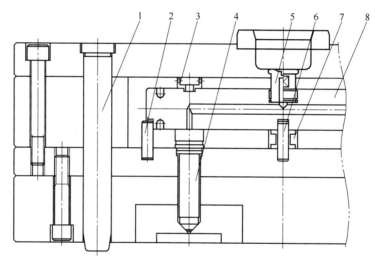

图 11-34　承压垫和中央定位支撑垫

1,2—定位销；3—承压垫；4—热嘴；5—主射嘴；6—中央定位销；7—中央定位支撑垫；8—分流板

11.6　发热管

　　分流板上的加热元件主要有发热管和发热棒。发热管选择需要根据分流板的形状，分流板一般由热流道系统供应商设计，模具厂家只是选用热流道品牌。发热管形状如图11-35所示。

图 11-35　发热管形状

11.7 热半模

热半模已经广泛应用于模具行业，包括瓶盖、瓶塞、包装、制药和一次性医疗用品等。热半模系统设计旨在促进热流道系统优化，全面优化的流道尺寸和系统设计，将确保产品在使用中的质量。

热半模系统的优点主要有以下几种。

① 热流道供应商进行完整的组装、布线、安装和加热测试，然后将它发送给客户。这是一种方便、快速、安全和可靠的热流道系统解决方案，可以缩短制模周期。

② 防止材料泄漏，容易替换热流道系统模芯、线圈加热器和热电偶。操作简单和方便，不需要经注塑机操作来拆除整个模具，不需改变热流道系统配合情况，极大地节省了维护和安装模具时间。

③ 系统的整合更有效率，可以避免在装配过程中的错误，不需要做现场调整。

④ 不仅可以让设计保持良好的灵活性，还可以有效降低成本和交货期。

⑤ 热流道系统技术的优点是，节省材料，很容易实现自动化，提高零部件的容量，缩短生产周期，等等。和一般模具相比，可以增加生产，有效地实现自动化。

图 11-36 所示为模具带滑块热半模结构。图 11-37 为 HOTTIP 的 1 模 32 穴开放式热半模结构。图 11-38 为 HOTTIP 的 1 模 8 穴针阀式热半模结构。

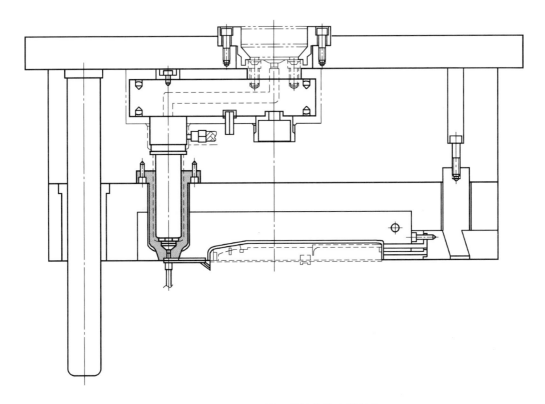

图 11-36 HOTTIP 模具带滑块热半模结构

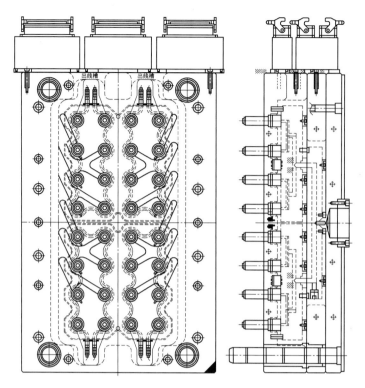

图 11-37 HOTTIP 的 1 模 32 穴开放式热半模结构

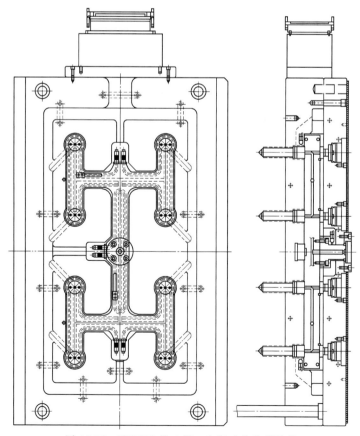

图 11-38 HOTTIP 的 1 模 8 穴阀式热半模结构

11.8 著名热流道系统简介

国内常见的国外著名热流道系统有：MOLD-MASTER 热流道系统、Synventive 热流道系统、Husky 热流道系统、EWIKON 热流道系统、INCOE 热流道系统、THERMOPLAY 热流道系统和 YUDO 热流道系统等。国内具有完全知识产权的热流道品牌为上海克朗宁热流道系统。国内品牌还有精控热流道（HOTTIP）系统等。

11.9 热流道模具实例

11.9.1 绝热流道模具

图 11-39 所示为单点浇口绝热流道注塑模，此结构仅限于单腔模具，且受浇口位置的限制。如图 11-40 所示，此结构可用于单腔模具，塑件端面有浇口套痕迹，浇口套端面可加工。如图 11-41 所示的结构，可用于多腔模具，采用了常规流道与绝热流道组合，利于熔融塑料充填。缺点是会产生部分流道凝料。如图 11-42 所示为 DME T 系列绝热喷嘴，可用于三板模。图 11-43 所示为 DME TR 系列绝热喷嘴，同样用于三板模。图 11-44 所示为侧浇口绝热喷嘴，用于圆筒形产品内部进胶。

热流道系统研制厂家较多，不同厂家的系统结构和安装尺寸差异较大。模具设计时需要针对自己的具体产品选择相应的热流道系统。在热流道系统中，各个元件已经进行了标准化和系列化。模具设计和制造厂家不需要设计研制分流板和热嘴等元件。只需要按照热流道样

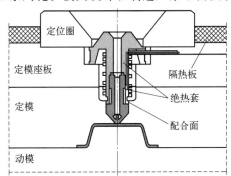

图 11-39 单点浇口绝热流道注塑模

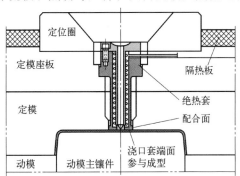

图 11-40 浇口套参与成型的绝热流道注塑模

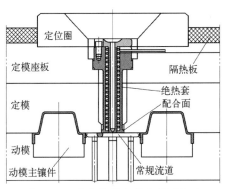

图 11-41 常规流道与绝热流道组合

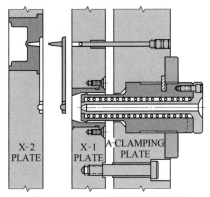

图 11-42 DME T 系列绝热喷嘴

本进行选择即可。热流道系统的国产化也取得了很大的进展，出现了很多优秀的热流道系统研发生产厂家。关于热流道的基础知识和理论，国内也进行了相关的研究。进一步的知识建议读者研读徐佩弦等编写的《热流道注射模塑》一书。

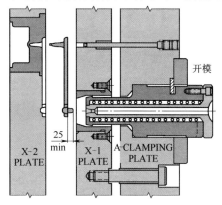

图 11-43　DME TR 系列绝热喷嘴　　　　　图 11-44　侧浇口绝热喷嘴

热流道模具的外观要求如下：

① 热流道铭牌必须安装在操作侧且显示电压、接线针点、数量；

② 所有的热流道接头、接线需要客户确认；

③ 所有的带分流板的出线槽均需倒角，从板的底部引出；

④ 所有的镶件必须不干涉热流道的装卸；

⑤ 所有的接线必须可辨别且沉入槽内，用压块固定；

⑥ 热流道接线盒必须装配在模具天面上，且不得有运水进出。接线不能悬挂暴露在外面。

11.9.2　热流道模具

图 11-45 所示为热流道倒装模具。

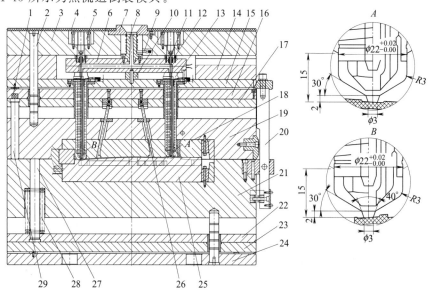

图 11-45　热流道倒装模具

1—聚氨酯弹簧；2—导柱；3—定模座板；4—隔热板；5—气缸；6—分流板；7—定位圈；8—主射嘴；9—加热圈；
10—中心垫；11—阀针；12—阀针导套；13—热嘴；14—定模垫板；15—热嘴固定板；16—定模推板；
17—定模推杆固定板；18—型腔；19—A 板；20—扣机；21—B 板；22—动模推杆固定板；23—动模推板；
24—动模座板；25—型芯；26—斜顶；27—动模复位杆；28—回位弹簧；29—定模复位杆

图 11-46 所示为圆垫塑件 1 出 8 穴双层分流道模具。热流道系统为 DME 开放式系统。

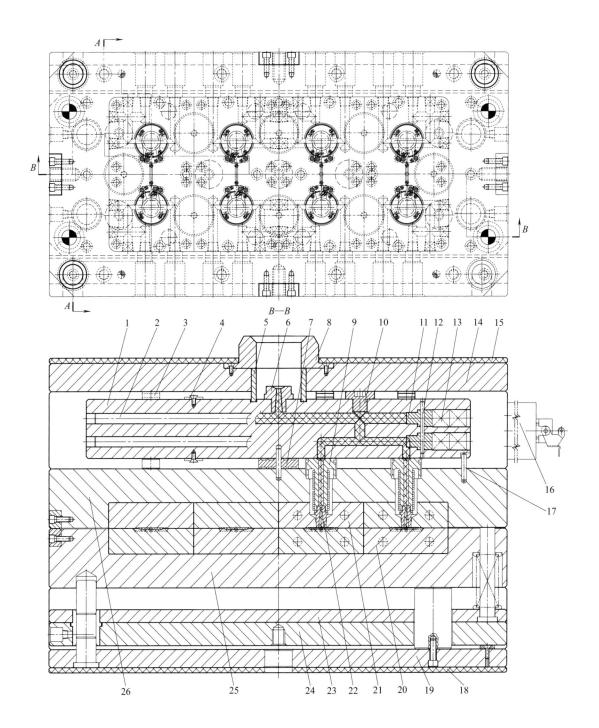

图 11-46

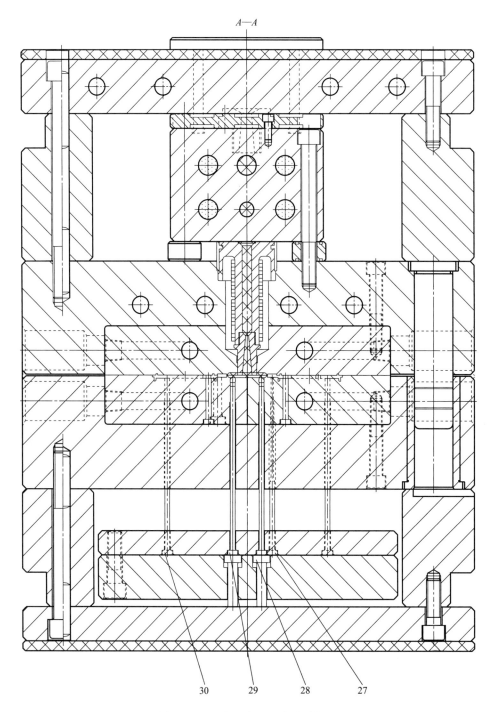

图 11-46 1 出 8 穴双层分流道模具

1—分流板；2—加热棒；3—隔热垫；4—热电偶；5—支撑套；6—主射嘴；7—中心垫；8—定位圈；
9—热嘴；10, 13—丝堵；11—堵头；12, 17—定位销；14—定模座板；15, 18—隔热板；16—插座盒；
19—动模座板；20—型芯；21—型腔；22—嘴头；23—推杆固定板；24—推板；25—B 板；26—A 板；
27, 29, 30—推杆；28—延迟推杆

第 章 导向与定位系统设计

12.1 模具导向

12.1.1 动定模导向

12.1.1.1 导柱导套

导向机构的作用有以下三点。

① 定位作用。模具闭合后，保证动定模或上下模位置正确，保证型腔的形状和尺寸精确。导向机构在模具装配过程中也起到了定位作用，便于装配和调整。

② 导向作用。合模时，首先是导向零件接触，引导动定模或上下模准确闭合，避免型芯先进入型腔造成成型零件损坏。

③ 承受一定的侧向压力。塑料熔体在充填过程中会产生单向侧压力，或者由于成型设备精度低，使导柱承受了一定的侧向压力，以保证模具的正常工作。若侧压力很大时，不能单靠导柱来承担，需增设锥面定位机构。

注塑模导向系统的作用是保证注塑模在开模合模过程中动作的安全、顺利、准确；注塑模定位系统的作用是保证注塑模在合模后注射过程中的精度和刚度。在一般精度的模具中，导向系统往往可以兼起定位的作用，但在精密模具或大、中型模具中，必须有良好的定位系统，否则模具的精度、寿命会受到严重影响。

对注塑模导向定位系统的基本要求：导向安全稳定，定位精确可靠，具有足够的强度、刚度和耐磨性。

所有模具都需要导柱导套，以保证动定模在闭合时方向和位置的准确性。导柱配置的数量为 4 个，分布在模架的四个角部。设计导柱和导套时应注意下列各点。

① 订购标准模架时，一般包含导柱和导套。设计非标模架时，尽可能选择标准导柱和导套。

② 导柱应合理均匀分布在模架的四周或角部，其中心至模具外缘应有足够的距离，以保证模具强度，防止在压入导柱和导套时发生变形，导柱中心到模架边缘的距离为导柱固定段直径的 1~1.5 倍。

③ 导柱的直径根据模具尺寸来选定，应保证足够的抗弯强度。

④ 导柱固定段的直径和导套的外径应相等，以利于装配加工，保证其同轴度。

⑤ 导柱和导套应有足够的耐磨性，可采用 20 号钢材或 20CrMnTi 制造，经渗碳淬火处

理，其硬度不应低于 48～55HRC，也可以直接采用 T8A 碳素工具钢，再经淬火处理。

⑥ 导柱可以安装在定模，见图 12-1（a），也可以安装在动模，见图 12-1（b）。欧洲和北美习惯使用导柱安装在定模的模具结构，亚洲的中国和日本模具的导柱均在动模，例如龙记和富得巴模架。为了便于机械手操作，导柱最好装在定模。HASCO 模架结构如图 12-2 所示，其导柱尾部伸进相邻的模板起定位作用。

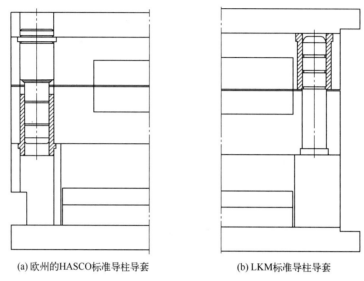

(a) 欧州的HASCO标准导柱导套　　　　　　(b) LKM标准导柱导套

图 12-1　导柱的安装方向

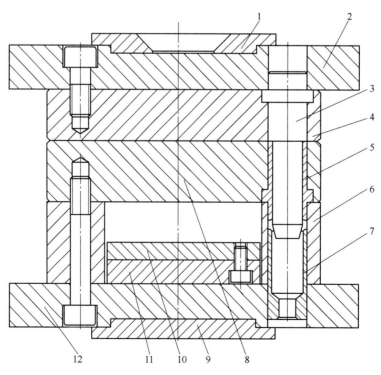

图 12-2　HASCO 模架的结构

1—定位圈；2—定模座板；3—导柱；4—A 板；5—导套；6—方铁；7—定位套；8—B 板；
9—动模定位圈；10—推杆固定板；11—推板；12—动模座板

⑦ 导柱一般开有油槽，以便存储油污。DME 标准的导柱没有油槽，将油槽开设在与其相配合的导套上，并将导套镀铜，这种导柱导套不易出现擦烧的状况，如图 12-3 所示。

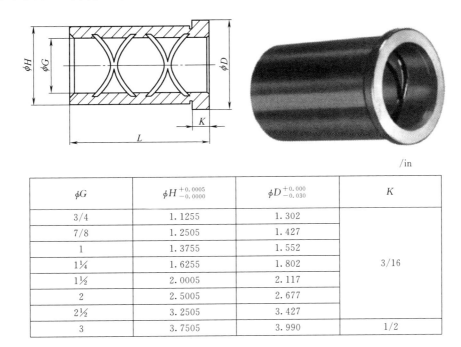

/in

ϕG	$\phi H^{+0.0005}_{-0.0000}$	$\phi D^{+0.000}_{-0.030}$	K
3/4	1.1255	1.302	
7/8	1.2505	1.427	
1	1.3755	1.552	
1¼	1.6255	1.802	3/16
1½	2.0005	2.117	
2	2.5005	2.677	
2½	3.2505	3.427	
3	3.7505	3.990	1/2

图 12-3 DME 标准导套

图 12-4 所示为导柱导套的设计方式。图（a）为普通安装方式。图（b）为模板较厚，减小导套配合长度，导套侧面用紧定螺钉固定。图（c）为动模板厚的大型模具，增加模具强度的设计。图（d）为定模落差较大，防止导柱上油污粘到塑件上，便于机械手取件的设计。

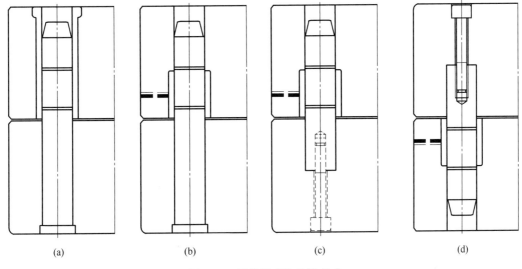

| (a) | (b) | (c) | (d) |

图 12-4 导柱导套的设计方式

12.1.1.2 方导柱

由于圆形导柱导套之间存在间隙，实际接触是线接触，抵御侧向力和精密导向具有局限性。因此，在大型模具中，需要采用方导柱为动定模合模导向。每只方导柱只负责一个方向的导向，其加工精度高，导向间隙接近为零。因此广泛应用于大型模具和高精度中型模具中。方导柱由于外形表面积较大，外侧暴露在模具外面，因此其散热性较好，不容易擦烧。图 12-5 所示为 HASCO 方导柱 Z071 与 Z072，这种方导柱有两种类型，1 型是普通热处理的，2 型是表面经过 DLC 处理，增加了耐磨性的。1 型和 2 型的尺寸是完全一样的。

方导柱设计注意事项：

① 采用方导柱时，注意不能妨碍机械手取件，妨碍机械手取件时，操作侧和非操作侧设计两个方导柱，天地侧则设计圆形锥度定位块；

② 方导柱需要设计在模架的中心，尽可能消除热变形的影响；

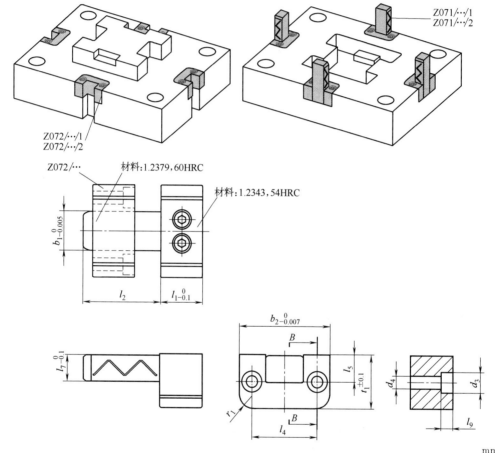

r_1	t_1	d_4	d_3	l_9	l_7	l_5	l_4	b_2	b_1	l_1	l_2	类型	型号
6	27	6.6	11	6.8	13.5	13.5	34	47	20	22	22	1	Z071/20×22×22/1
											40		40
8	30				14.5	15	39	52	25	27	63		Z071/25×27×40/1
													63
	40	9	15	9	19.5	20	49	67	32	36	40		Z071/32×36×40/1
											80		80
10	50	11	18	11	22.5	27	63	88	40	46	50		Z071/40×46×50/1
											100		100
	55	14	20	13	24.5	27.5	75	100	50	56	56		Z071/50×56×56/1
											112		112

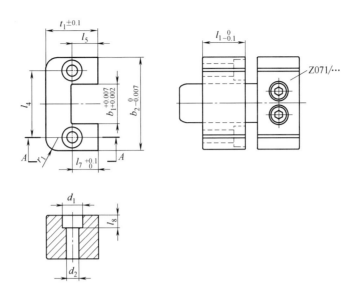

mm

r_1	t_1	d_2	d_1	l_8	l_7	l_5	l_4	b_2	b_1	l_1	类型	型号
6	27	6.6	11	6.8	14	13.5	34	47	20	22		Z072/20×22/1
8	30				15	15	39	52	25	27		25×27
	40	9	15	9	20	20	49	67	32	36	1	32×36
10	50	11	18	11	23	27	63	88	40	46		40×46
	55	14	20	13	25	27.5	75	100	50	56		50×56

图 12-5 HASCO 方导柱 Z071 与 Z072

③ 方导柱需要成对使用。同时,方导柱只能配合圆形导柱导套使用,不可单独使用;

④ 在订购标准模架时,需要在模架厂家直接增加方导柱槽的加工和安装;

⑤ 方导柱设计在定模侧,则便于机械手取件;

⑥ 中小型模具的方导柱可以采用 HASCO 标准元件,大型模具的方导柱则需要定制。

图 12-6 所示为大型模具方导柱的三种设计形式。材料采用美国 0-1 钢材,热处理 54~56HRC。

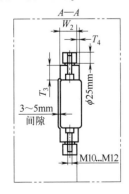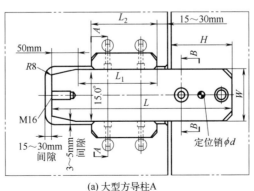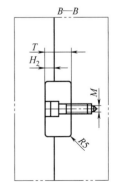

(a) 大型方导柱A

图 12-6

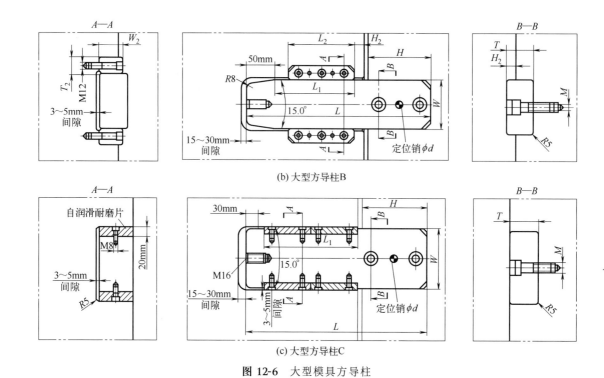

(b) 大型方导柱B

(c) 大型方导柱C

图 12-6 大型模具方导柱

12.1.2 推板导向

若顶出系统存在直径 2mm 以下推杆、推管和斜顶，模具中必须设计推板导向系统。推板导向系统包括导柱和导套，可防止推板因受力不均而推出不平衡。图 12-7 所示为推板导柱导套的一般结构。和动定模导柱导套类似，如果推板导套采用铜镶石墨的材质，则导柱不加工油槽。需要特别注意的是推板导柱顶部与伸进 B 板背面的孔之间不能紧配合，应该留有单边 0.2mm 的间隙，以防由于加工精度误差引起导柱安装不垂直。模架购买进厂后，应先检查导柱的垂直度，再进行打字码和拆解。

推板导柱的材质为 SUJ2，热处理（60＋2）HRC（高频淬火），推板导柱直径大小一般与复位杆直径大小一致，对特大型模具的推板导柱可适当做大一些。3030 及以下的小模具，多采用图 12-7 的 C 型。

高温模具推板导柱设计如图 12-8 所示。由于模具温度较高，B 板的温度高于推板和推杆固定板，需要将推板导柱固定在 B 板背面，推板导柱与动模座板之间存在间隙。只有这样设计推板，导向才会顺畅。

模架尺寸	3030 以下	3030～5050	5050～7070	7070～1000×1000	1000×1000 以上
推板导柱直径 D/mm	$\phi16$	$\phi20$	$\phi30$	$\phi40$	$\phi50$
尾部螺纹 M	M8	M10	M12	M12	M12
尺寸 A/mm	15	20	25	30	35
数量/个	2	4	4	4	6

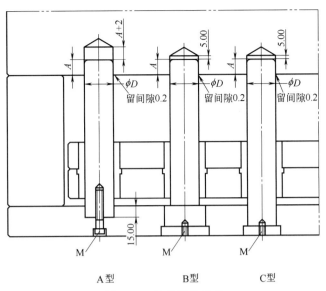

A型   B型   C型

图 12-7 推板导柱导套

要求较高的模具推板导套也可以采用铜镶石墨的导套或者滚珠导套。图 12-9 所示为滚珠导套的几种形式。图（a）为MISUMI 滚珠导套，导套外径上端与推杆固定板紧密配合，下端与推板设计单边间隙 0.5，导套外径上可调定位片调整安装的高度位置。图（b）为 HASCO 滚珠导套，导柱不与 B 板接触，这是欧洲模具设计的基本风格，避免导柱因为过定位而影响其垂直度。图（c）为二次顶出的情况下，HASCO 滚珠导套滚珠保持架高度尺寸较大，在两层有限厚度的顶针板内容纳不下，可以沿着滚珠保持架外径的沟槽用线切割切去一排滚珠。用滚珠导套时，导柱外径不可加工油槽。

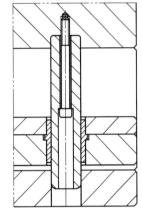

图 12-8 高温模具推板导柱设计

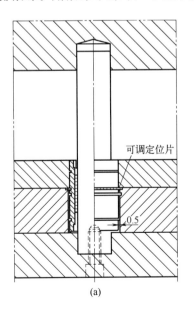

可调定位片

0.5

(a)

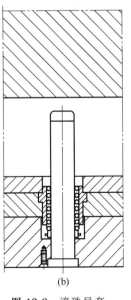

(b)

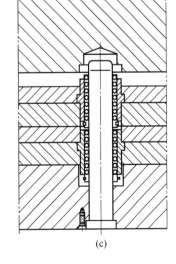

(c)

图 12-9 滚珠导套

图 12-10 所示为兼作支撑柱的导柱导套设计，图（a）为普通导套，图（b）为铜镶石墨的导套。这两种导套与推板均需要设计间隙 0.5，导柱顶部设计 $\phi 10$ 定位销固定在 B 板背面，底部用螺钉固定在动模座板上。这种导柱导套设计精度高，运动阻力小，使顶针板导向更加顺畅。HASCO 标准和 MISUMI 标准均有相应的标准件供应。

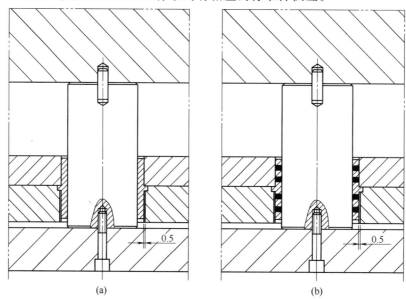

(a)　　　　　　　　　　　　(b)

图 12-10　兼作支撑柱的导柱设计

12.1.3　滑块导向与定位

图 12-11 所示为定模斜弹滑块导向结构。开模时，滑块导向柱 11 和滑块导向套同步移开，能够保证两个定模斜弹滑块平稳移动，塑件不被拖花。

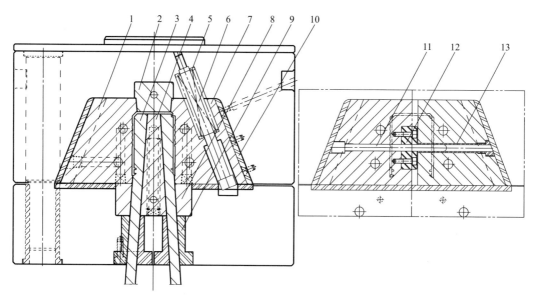

图 12-11　定模斜弹滑块导向结构

1,7—定模斜弹滑块；2—定模镶件；3—斜顶；4—动模镶件；5—弹簧；6—限位螺杆；8—型芯；
9—斜顶导向块；10—耐磨板；11—滑块导向柱；12—导向衬套；13—滑块导向套

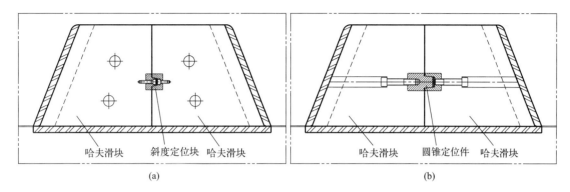

图 12-12 滑块互锁定位

图 12-12 所示为两个哈夫滑块互锁定位机构。图（a）为在两个哈夫滑块接合面上采用斜度定位块定位，设计在滑块的两侧避开胶位。图（b）为在两个哈夫滑块接合面上采用圆锥定位件定位。一般设计 2～4 个，成对对称使用。也可以在两个哈夫滑块的结合面上设计虎口定位，类似于动定模型腔和型芯的定位虎口。

12.1.4　石墨铜导向元件

高温模具或要求较高的模具需要采用铜镶石墨的导套，此时，导柱不能加工油槽。铜镶石墨的导向元件具有良好的润滑作用。铜镶石墨导套，基体是铜，润滑剂是石墨，在与导柱相对运动的过程中，基体中的石墨散发出来分布在铜套和导柱之间作为润滑剂形成一种润滑膜，从而降低摩擦系数达到自润滑的效果。几乎所有的模具运动元件都可以采用石墨铜导向元件，例如，方导柱采用铜镶石墨的结构。图 12-13 所示为 HASCO 铜镶石墨方导柱 Z07 和 Z17。

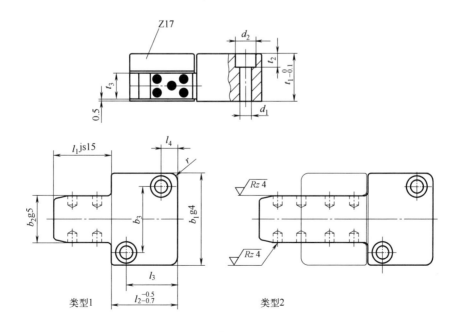

类型1

类型2

图 12-13

mm

类型	r	t_3	t_2	t_1	d_2	d_1	l_4	l_3	b_3	b_1	l_2	b_2	l_1	型号
1	6	11		20	11	6.6	7	15	26	40	22	16	20	Z07/22/16×20
2													40	40
1		13	6.9	22				19	31	45	27	20	25	Z07/27/20×25
2													50	50
1	8	14		25			9	27	35	50	36	25	32	Z07/36/25×32
2													63	63
1		19	9	32	15	9	11	35	45	63	46	32	40	Z07/46/32×40
2													80	80
1	10	22	11	36	18	11	15	40	60	85	56	40	50	Z07/56/40×50
2													100	100
1		24	13	40	20	14	18	48	74	100	66	50	56	Z07/66/50×56
2													112	112

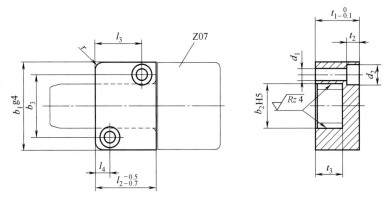

mm

r	t_3	t_2	t_1	d_2	d_1	l_4	l_3	b_3	b_1	l_2	b_2	型号
6	12		20			7	15	26	40	22	16	Z17/22/16
	14	6.2	22	10.3	6.3		19	31	45	27	20	27/20
8	15		25			9	27	35	50	36	25	30/25
	20	9	32	15	9	11	35	45	63	46	32	46/32
10	23	11	36	18	11	15	40	60	85	56	40	56/40
	25	13	40	20	14	18	48	74	100	66	50	66/50

图 12-13 HASCO 铜镶石墨方导柱 Z07 和 Z17

12.2 模具定位

12.2.1 模架定位

12.2.1.1 零度定位

模架定位块的定位通常称为二级定位。二级定位是前后模胚的精确定位，零度定位块的定位精度要远远高于导柱导套的定位精度。定位块在模胚上的配合槽尽量在模架厂配合加工，保证前后模架的配合精度。定位块材料采用合金钢热处理或铜加石墨材料，定位块摩擦面要有润滑油槽。零度定位块具有导向和定位两种作用，可以有效保护模仁上的薄弱插穿面。对精密模具来说模架定位块非常重要，因此，零度定位块在北美模具中是必需品。

零度定位块的两个侧面配合高度决定了定位作用的长度。设计了零度定位块后，动定模在合模合紧之前就产生了一段距离的精密导向和定位，因此在具有较多插穿位的模具中，零度定位块可以有效保护插穿位的镶件不被损伤。图 12-14 所示为 HASCO 零度定位块 Z085。

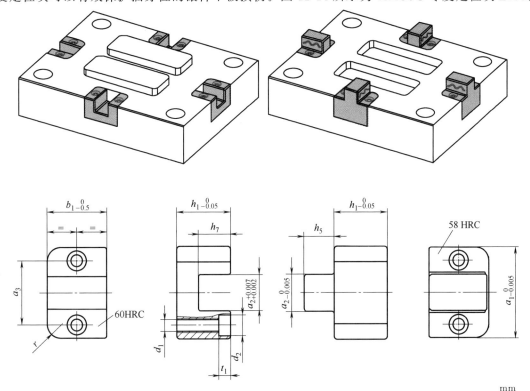

mm

r	t_1	d_2	d_1	a_3	a_2	h_7	h_5	h_1	a_1	b_1	类型	型号
6	4.6	8	M5	20	10	10	9	19.8	30	28	1	Z085/30×28/1
8	6.8	11	M8	35	20	17.5	16.5	29.8	50	33		50×33
10	9	15	M10	52	30	25	24	39.8	75	38		75×38

图 12-14 HASCO 零度定位块 Z085

12.2.1.2 锥度定位

锥度定位块多用于亚洲地区，在出口北美（含美国）模具中较少采用。其基本安装位置有两种，如图 12-15 所示，图（a）为垂直于模架边缘安装，图（b）为平行于模架边缘安装。两种安装方式没有优劣之分，视空间位置而定，并尽可能安装在模架中心。锥度定位块只有在合模后，才起到抵抗侧向力的作用，合模过程中几乎没有导向作用。

12.2.1.3 圆锥定位

圆锥定位块多用于中小型模具。图 12-16 所示为 HASCO 圆锥定位块的尺寸。小型模具中也可以设计 2 个圆锥定位块，呈对角线布置。

12.2.1.4 大型模架互锁

大型塑件结构复杂，侧向力也大，对模具的定位和互锁要求也很高。通常大型模架的定位互锁有三种基本结构。图 12-17 所示为大型模架边缘互锁，动模板边缘凸起包住定模板。边缘互锁可以在互锁斜面上设计耐磨板，便于模具组装和维护。

全周包围互锁多用于型腔较深，成型力较大的模具，动模板对定模板起到互锁加强的作用。在塑件产品结构允许的情况下，最好设计成全周定位，动模板边缘全周凸起包住定模板。

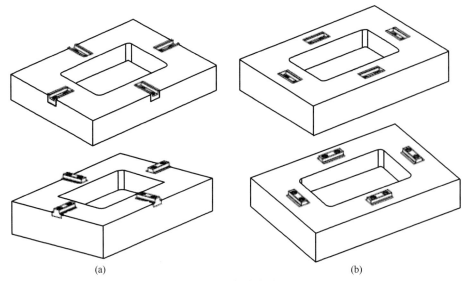

(a)　　　　　　　　　　　(b)

图 12-15　锥度定位块

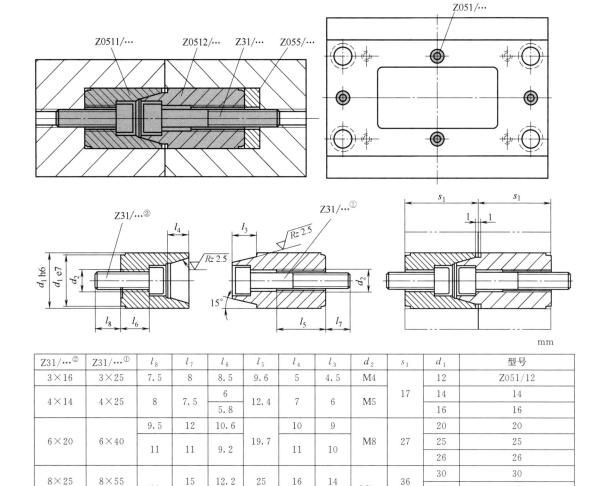

Z31/…②	Z31/…①	l_8	l_7	l_6	l_5	l_4	l_3	d_2	s_1	d_1	型号
3×16	3×25	7.5	8	8.5	9.6	5	4.5	M4	17	12	Z051/12
4×14	4×25	8	7.5	6	12.4	7	6	M5		14	14
				5.8						16	16
6×20	6×40	9.5	12	10.6	19.7	10	9	M8	27	20	20
		11	11	9.2		11	10			25	25
										26	26
8×25	8×55	13	15	12.2	25	16	14	M10	36	30	30
										32	32
8×30	8×70		16	16.8	27	20	18		46	42	42

图 12-16　圆锥定位块

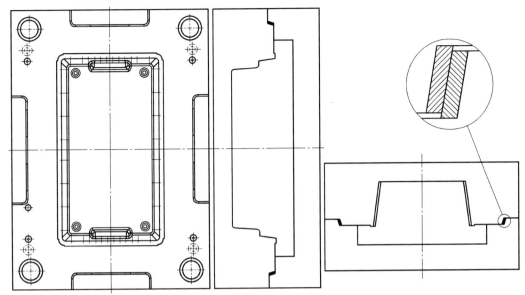

图 12-17 大型模架边缘互锁

　　四角互锁是大型模架的另外一种互锁形式，如图 12-18 所示。模架四个角部互锁的角度为 $10°\sim15°$，角部互锁可以应用于所有模具，特别是在四边有大型滑块不方便设计边缘互锁

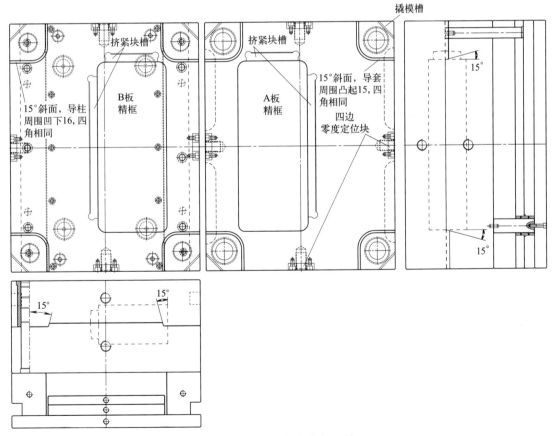

图 12-18 大型模架角部互锁

的模具中。模架加工后检查时，可以涂色检查，保证其斜面接触率不低于80%。

12.2.2 型腔型芯互锁定位

12.2.2.1 模仁虎口互锁

模仁上设计虎口作为精定位，通常称为模具的三级定位，主要功能是保护模具插穿面的精确定位。模仁虎口互锁如图 12-19 所示。多数情况下将凸起的一侧置于动模侧，便于保护凸起的型芯，也可以减少加工量和节约钢材。虎口的斜面角度越小精度越高，一般取 5°～10°。

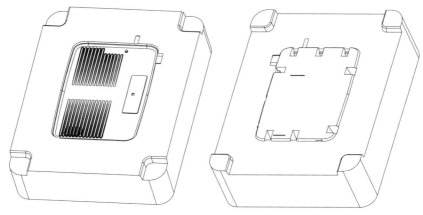

图 12-19　模仁虎口互锁

模仁虎口定位是前后模仁的精确定位，是有效保护模仁上插穿面的主要定位机构，同时也承受注塑的侧向压力。虎口定位一般设计为角度插穿，角度要比模仁上的最小插穿角和外观纹面角度小 0.5°～1°，才能保证在开合模过程中有效保护模仁插穿面和有效防止纹面拉花。虎口在加工和合配模具时插穿要比模仁上紧，有精度加工实力的模具厂尽量分别设定合理的加工公差，尽量较少人工合配，来保证配合精度，这一点对精密模具尤为重要。虎口高度尽量设计为高于模仁最高面 1～2mm，可以有效保护模仁面。

12.2.2.2 模仁双向互锁

模仁双向互锁如图 12-20 所示。5°斜面 A 与 5°斜面 A′互相配合；5°斜面 B 与 5°斜面 B′

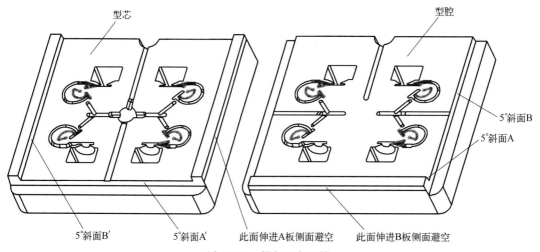

图 12-20　模仁双向互锁

互相配合。全部配合面都可以利用磨床磨削，定位精度要明显高于四角虎口定位。当塑件在型腔和型芯胶位大体对称的中小型模具中，设计模仁双向互锁可以有效提高动定模的合模精度。因此，这种定位方式广泛应用于欧洲模具中。

12.2.3 模架与模仁互锁系统

12.2.3.1 镶块定位原则与方法

① 镶块基准角的两个侧面做成垂直面，作为基准面。基准面对面的面做成 $3°\sim5°$ 斜度，方便镶块配框，镶块分型面表面基准角部位刻基准符号。镶块定位原则如图 12-21 所示。

② 镶块对应的 A、B 板框底应该加 R 角，最小为 R6，其镶块底部加 C 角，$C=R+1$。

③ 当镶块的框深度超过 150mm 时，其镶块的两个基准面从底部起要避空 $0.5\sim1$mm，避空高度为其框深的 1/3。

④ 塑件的换款镶块要设计成从分型面可以拆卸，以便模具在生产过程不下模就可以更换镶块。

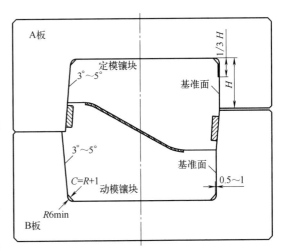

图 12-21 镶块定位原则

⑤ 质量超过 20kg 的镶块要在分型面加 2 个工艺螺孔，以方便起吊。

12.2.3.2 镶块互锁设计原则与方法

① 镶块互锁原则上放置在镶块的四个角落，以保证镶块受力平衡。

② 镶块互锁的角度一般为 $5°$，当塑件上的插穿角度小于 $7°$ 时，应与客户提出评审。因镶块的互锁角度一定要小于产品上的插穿角度，以此来保护产品的插穿角，镶块互锁设计方法见图 12-22。

③ 镶块互锁的根部要追加 R 角，增加互锁的强度和减少加工时间。

④ 对于产品高度落差比较大的产品，其镶块互锁的高度尽量做大，以承受其成型压力。

12.2.3.3 镶块与模架互锁设计原则与方法

当固定侧型芯或活动侧型芯凸出分型面进入到对方的镶块槽时，型芯凸出的部分可以与对方的镶块槽进行互锁，在型芯凸出部分加耐磨片，见图 12-23。

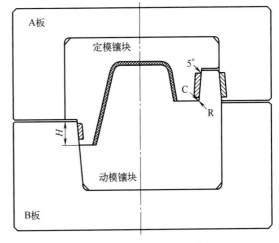

图 12-22 镶块互锁设计方法

12.2.3.4 模架互锁设计原则与方法

① A、B 板最好是整圈做成互锁，有利于承受更大的成型压力。如果条件不允许时，A、B 板的四个角落做互锁。

② 根据塑件产品特性，当固定侧是型腔，活动侧是型芯时，其 A、B 板互锁应该做成 B 板锁 A 板，见图 12-24。当固定侧是型芯，活动侧是型腔时，其 A、B 板互锁应该做成 A 板锁 B 板，见图 12-25。

③ 所有 A、B 板互锁都应在凸出分型面的一侧加耐磨片，耐磨片的面积至少是互锁侧面的 70%，并且要凸出侧面 1～1.5mm。

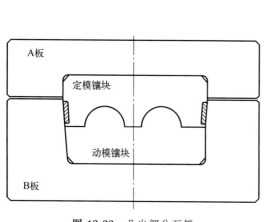

图 12-23　凸出部分互锁

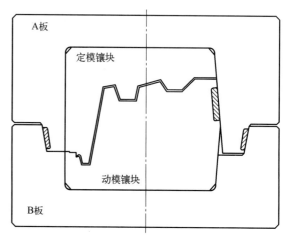

图 12-24　B 板锁 A 板

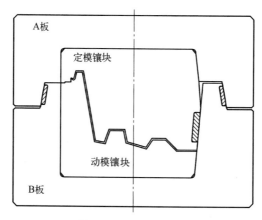

图 12-25　A 板锁 B 板

第13章 双色模具设计

13.1 双色模具种类

13.1.1 双色注塑机分类

双色注塑是运用双色注塑机和双色注塑模具将两种不同的塑料注塑成型为一件产品的生产方式。双色模具的结构随着注塑机的不同有很大区别。同时随着塑件不同，双色模具结构也有很大不同。

设计双色模具之前，首先需要确定客户的双色注塑机类型和规格。双色注塑机的种类很多，常见的主要有以下七大类。

（1）炮筒水平平行式双色注塑机

注塑机的主射嘴和副射嘴均位于固定侧，且在水平方向平行。动模侧配有旋转工作台，可以根据实际需要选择购买和安装，也可以根据实际需求自行设计非标转盘。这类注塑机是亚洲比较普遍采用的机型。水平平行式双色注塑机见图13-1。

（2）炮筒竖直平行的双色注塑机

主射嘴和副射嘴均位于固定侧，且在竖直方向平行。动模侧配有旋转工作台，可以根据实际需要选择安装。

（3）L型双色注塑机

L型双色注塑机的主射嘴和副射嘴成90°，副射嘴位于反操作侧。动模工作台配

图13-1 炮筒水平平行式双色注塑机

有旋转工作台，可以根据实际需要选择购买和安装。L型双色注塑机多用于欧洲双色模具。L型双色注塑机见图13-2。

（4）H型双色注塑机

H型双色注塑机的主射嘴和副射嘴成90°，副射嘴位于天侧。动模工作台配有旋转工作台，可以根据实际需要选择购买和安装。H型双色注塑机多用于欧洲双色模具。

（5）平衡式双色注塑机

平衡式双色注塑机的主射嘴和副射嘴成180°，副射嘴位于动模侧。注塑机中间底座上带有旋转工作台，模具在中间旋转工作台上可以旋转180°，类似于叠层模具，塑件在中间

旋转工作台上用油缸顶出。这种注塑机价格昂贵，比较稀有，多用于大型双色塑件。

（6）立式双色注塑机

立式注塑机主射嘴和副射嘴平行，且相对于地面垂直。定模固定在上工作台，动模配有旋转工作台。模具需要设计成分体式双色模具。主要用于小型双色塑件的成型。

（7）多色注塑机

多色注塑机除了主射嘴外，配有多个副射嘴，且各射嘴的角度不同，可以成型多物料的塑料产品。

以上各种双色注塑机中，最常见的为前面4类，第6类立式双色注塑机在小型塑件注塑中也很常见，例如电动牙刷、电子手表等行业。

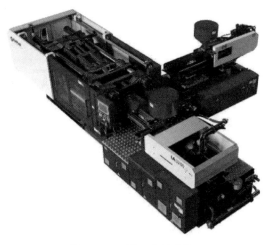

图 13-2　L 型双色注塑机

双色注塑机按照模具设计风格和模具结构不同可以分为两大类。日本和我国的双色注塑机，代表了亚洲风格，都是具有两套平行的注射系统。例如前面的第1、第2和第6类。第1、第2类双色注塑机的模具结构可以为整体式模具结构，也可以分开设计成2个模架的结构。第6类立式双色注塑机需要设计成分体结构。

欧洲的双色模具，大多是基于 ARBURG（雅宝）注塑机设计的，一个炮筒水平，另一个炮筒垂直。ARBURG 注塑机通过选择模块化的注塑单元，为不同的塑胶制品选择特定的机器配置。通过增加不同的注塑单元模块，实现单双色机器通用。ARBURG 一台机器也可以实现立式机器和卧式机器兼用，可以发挥最大的效益。因此欧洲的双色模具，是从模具顶面（或）和侧面两个不同方向注塑的，这样只需要一个模胚，模具的旋转是通过固定在注塑机动模侧的双色转盘实现的。欧洲式双色模具所用的机台包括前面的第3、第4类双色注塑机。

双色模具种类繁多，设计风格迥异。本书是以亚洲双色和欧洲双色这样的体系分类，简单明了。双色模具设计之前，需要首先根据客户的双色注塑机种类，确定相应的模具风格。对于双色塑料产品，需要仔细审核两种物料的相融性，包胶结构的可靠性，确定两种物料的注射次序。关于双色模具更多的知识，请参见《双色注塑成型模具设计经典案例：从入门到精通》（张少飞著，机械工业出版社，2019 年）。

13.1.2　双色模具设计

13.1.2.1　模架

双色模具订购模架时必须注明双色模架，如果是两个模架的，其基准角导柱导套可以作偏孔，但要保证两套模架的动定模完全可以自由互换。同时两套模架的总高也要相同，还要两套模具定模和动模分别等高，在订购模架时将此技术要求标明。

整体式双色模具，只有一个模架，其基准角导柱导套不能做偏孔，四个导柱导套和精框对称，动模旋转 180° 后能与定模匹配。

双色模的模架，精框的分中尺寸一定要求完全一致或对称，动定模导套导柱的中心距公差为 ±0.01mm。

在进行双色模具设计前，需要清楚注塑机的吨位，旋转盘的回转直径，两个模架旋转时角部倒角，需要注意运水接头位置。

动定模定位圈同心度的公差为±0.02mm，定模两定位圈间距公差为±0.02mm，顶棍与顶棍孔的间隙单边为0.1mm，动定模导套导柱的中心距公差为±0.01mm，精框四边和深度都要加公差，否则当动模旋转180°后，因高低不一致而使塑件产生批锋。精框深公差为−0.02mm。

如果在模架厂已经将模架加工完，模具厂要加工浇口套孔和顶棍孔时，要以4个导柱导套孔的间距中心为加工基准，否则加工精度不易保证，模具容易卡死。

13.1.2.2 设置收缩率问题

对于双色模的收缩率的设置，以及要不要对第二次注塑的物料设置收缩率的问题，目前尚未有较统一的规则，需视第二次注塑用何材料以及胶位相对于整个产品的结构而定。

如果两次注塑均采用同种材料，而且产品的外形尺寸要求较严格，最好是两次注塑都进行收缩率设置，收缩率相同。但需要考量第一次注塑后的塑件作为第二次注塑的型腔时对第二次注塑的影响。对于收缩率相差不大的两种物料，也可以取相同的收缩率以简化模具设计，例如用ABS包在PC材料上二次注塑。

TPR（TPE）单独使用时的收缩率较大，例如软胶按键类零件常用TPR作为成型的物料，通常其收缩率按1.5%计算。TPR（TPE）作为二次射出物料时收缩率的计算方法较为复杂。TPR作为二次射出物料时，其收缩受到本体熔接部位的影响，计算较为复杂，须根据本体与TPR相熔接部位的形状，分析其收缩规律，以便确定适当的收缩率。

（1）确定收缩中心

对回转体类塑料件，其回转中心即为收缩中心，但在实际中，异形塑料件较多，这时要做具体分析，一般取TPR与本体熔接表面的中心点可满足实际的需要。使两种物料在3D建模时具有相同的坐标中心，可以方便模具设计。

（2）确定收缩率

TPR（TPE）物料在做二次射出时，其各个方向的收缩率并不相同，呈各向异性。在模具设计及CNC加工电极时要对塑料件做具体分析，例如图13-3所示的电子体温计外壳，主体为ABS材料，右端为TPE软胶，前端软胶在与硬胶结合部位收缩率较小，按1.0%计算收缩率；软胶长度方向收缩较大，需按1.5%计算收缩。

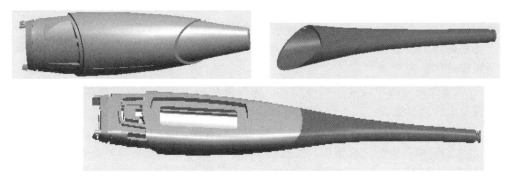

图 13-3 电子体温计外壳

对于TPR作为整体封闭式包容本体的情况下，TPR收缩率各方向均按1.0%计算。因为一次材料已经把产品轮廓撑住了，二次材料不会收缩更多。只有合理确定收缩率，才能保证 TPR 二次射出塑件的尺寸精度，不断地积累经验，才能准确判断收缩中心。

如果第二次注塑的胶位占据整个塑件的比例不大时，对第二次注塑的产品与第一次注塑设计相同收缩率；如果第二次注塑的材料是软胶，塑件本身很小时，例如图 13-6 所示的电话机双色按钮，软胶也通常可取与硬胶相同的收缩率。

13.1.2.3　双色模设计要点

双色注塑制品一般以 ABS、PC 等硬塑料配合 TPE 软塑料为主，也可能是 ABS、PC 等硬塑料相互结合。模具设计前应充分考虑采用的两种物料之间必须具有良好的黏合性和融合性。其次需要先注塑温度较高的塑料，以免塑件变形。通常的情况是先注塑产品的硬胶部分，再注塑产品的软胶部分。由于软胶易变形，先注塑硬胶可以为塑件提供基本的刚性支撑。

双色注塑模具通常需要旋转动模。模具的动模绕中心旋转 180°后，必须能够与定模准确合模。因此双色模具对模架的定位精度要求较高，动定模导套导柱的中心距公差为 ±0.01mm。订模架时要注明是双色模架，四个导柱导套和精框对称，动模旋转 180°后能与定模准确合模。

在模具加工时，要注意两组动模完全一样，需要在同一台机床上加工，误差控制在 0.02mm 之内，旋转后要求动定模配合良好。模框四边和深度都要加公差，否则当动模旋转 180°后，塑件会因闭合高度不一致而产生批锋。

主射台用来第一次成型，副射台用来第二次成型。一般我们选择模具中心的射嘴为主射台，而模胚侧面的为副射台，用来第二次成型。第一次注塑的产品要放在非操作侧，因为第一次注塑后产品要旋转 180°进行第二次注塑，正好转到操作侧，方便塑件取出。

双色模具一定要合理选择浇口位置。一次产品最好选择潜伏式进胶，这样产品和流道可以自动切断。当无法采用潜伏式进胶时，可以考虑点浇口或者热流道模具。需要特别注意，在第二次注塑时，熔融塑料的流动是否会冲击第一次已经成型的物料，使其胶位变形，如果有这种情况则一定要加以改善。

双色模的设计要点总结如下。

① 设计之前务必先了解注塑机的参数，例如注塑机种类，码模螺孔尺寸，转盘规格，顶杆尺寸和顶出位置，转轴尺寸和规格；对产品进行排位时，确定模具的最大外形尺寸小于转盘的回转直径。

② 第一次注塑的产品要放在非操作侧，操作者对一次的料头难以抓取。一次注塑设计为三板模具点浇口进胶时，一次注塑流道需设计弹流道装置，以方便全自动生产。第一次注塑后产品要旋转 180°进行第二次注塑，正好转到操作侧，方便取产品。特别要注意软胶水口料的脱模动作是否可靠。

③ 一次进胶务必能将浇口自动剪切，以免残留凸出，二次进胶形成次品。二次的浇口尽可能将一次的浇口遮盖。二次的浇口尽量设计在隐蔽部位，采取潜伏式浇口、牛角浇口、点浇口或底部搭接进胶。注意不要使二次注塑的料流冲动一次塑胶，在产品表面产生留痕。

④ 注意动定模的重复定位精度，所有插穿面的斜度落差尽量大些，要 0.1mm 以上。封胶时尽量用碰穿面封胶，而不用插穿面封胶。

⑤ 双色模设计的基本原则：

a. 硬胶做 1 次，软胶做 2 次；

b. 透明料做 1 次，非透明料做 2 次；

c. 成型温度高的塑料做 1 次，成型温度低的做 2 次。

⑥ 两个定模的形状是不同的，分别成型两种物料。而两个动模的形状完全一样。模具的动定模绕中心旋转 180°后，必须吻合。模具设计时必须做旋转检查。模具加工时，需要提高加工精度，确保两个动模的尺寸精度相差不大于 0.01mm。

⑦ 在设计第二次注塑的型腔时，为了避免型腔插（或擦）伤第一次已经成型好的产品胶位，可以将一次硬胶在局部避空。但是必须慎重考虑每一处封胶位的强度，即在注塑中，塑胶是否会在大的注塑压力下发生变形，导致第二次注塑可能会有批锋产生。

⑧ 注塑时，第一次注塑成型的产品尺寸可以略大，以使它在第二次成型时能与另一个型腔压得更紧，以达到封胶的作用。注意在第二次注塑时，塑胶的流动是否会冲动第一次已经成型好的产品，使其胶位变形，如果有这个可能，一定要想办法改善。

⑨ 在 A、B 板合模前，要注意定模滑块或斜顶是否会先复位而压坏产品。若如此，必须想办法使 A、B 板先合模，之后定模的滑块或斜顶才能复位。

⑩ 两个型腔和型芯的运水布置尽量充分，并且均衡、一致。

⑪ 注意客户提供的注塑机平行炮嘴的方向，是 x 方向还是 y 方向，以此来定产品排位的布局。两次注塑产品间距必须以注塑机炮嘴的间距为准。

⑫ 动模两个产品相同，顶针相同，需要设计两个独立的顶出系统，顶棍也是两个。由于动模要旋转，顶针板只能用弹簧复位，不可设计强拉强顶强制复位。

⑬ 边锁必须在模具中心的四边，且动定模对称，否则当动模旋转 180°后与定模对不上。

⑭ 亚洲双色注塑机的两个炮筒水平平行，其运水座在动模转盘中心，因此，双色模具的运水必须设计在模架的侧面，便于接入运水座。运水不宜设计在天地侧。如图 13-4 所示。

13.1.2.4　双色模设计举例

炮筒水平平行或竖直平行的两种双色注塑机，其模具既可以设计成分体式，即两个模架；也可以设计成整体式，即一个模架。

图 13-4　两个炮筒水平平行双色注塑机的运水座

分体式两个模架可以分开加工，两台机器同时加工可以缩短制模时间。整体式的可以节约模具空间，同时码模比较简单。

第一次胶料的侧面倒扣，如果设计动模滑块或斜顶均可以脱模时，设计成动模斜顶比较简单。

图 13-5 所示为电动牙刷外壳双色模具。硬胶为 ABS，软胶为 TPE，塑件大端为圆筒形，顶端逐渐缩小为非对称筒形，塑件的外侧有按键孔需要设计滑块抽芯，另外三个侧面有装饰性软胶，需要设计滑块成型。经过分析，硬胶需要设计 4 面滑块，面积较大的两个侧面设计在哈夫大滑块上，另外两个侧面装饰性条纹图案面积较小，只需要设计两个相对的小滑块。此处的两处小倒扣面积很小，在二次注塑时，与软胶没有贯通，因此，此处局部避空。二次注塑的滑块可以简化为两个哈夫大滑块。

双色模具的滑块设计为定模滑块能够使模具简单，因此，所有滑块均为定模斜弹滑块。

开模时，滑块在拉钩 14 和拉钩 15 的作用下辅助弹簧 9 开模。模架为整体式模架，型腔排位为 1 出 2，三板模结构，设计两套独立的顶出系统。

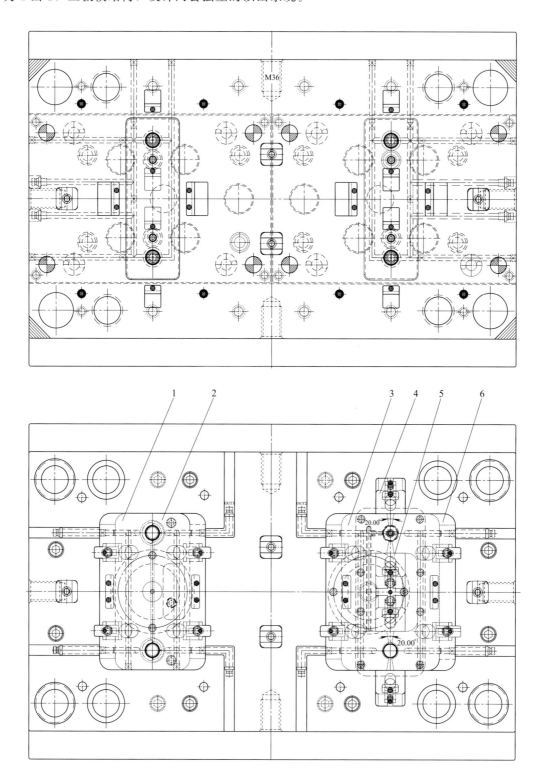

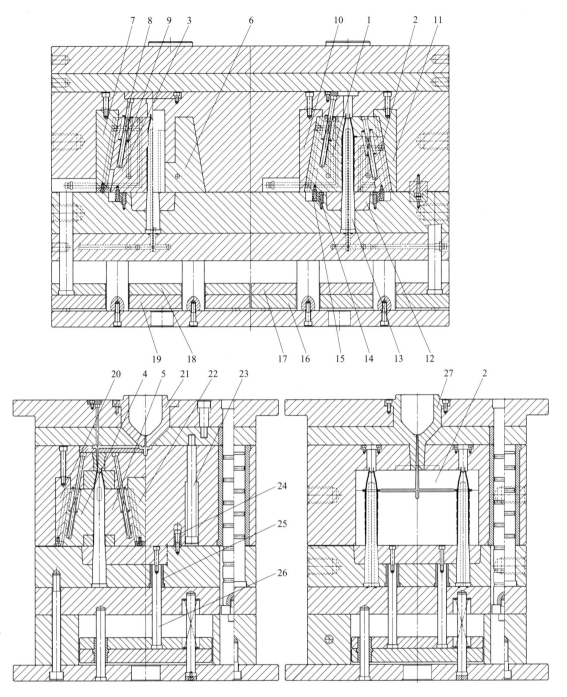

图 13-5 电动牙刷外壳双色注塑模设计

1,2—软胶哈夫滑块；3,6—硬胶哈夫滑块；4,5—硬胶小滑块；7,10,11—T 形槽斜楔；8—弹簧导杆；
9—弹簧；12—推件板镶件；13—动模镶件；14,15—拉钩；16,19—推板；17,18—推杆固定板；20,22—小滑
块 T 形槽斜楔；21—硬胶浇口套；23—限位拉杆；24—尼龙扣；25—推杆导套；26—推杆；27—软胶浇口套

该模具具有两个不同的定模，主要体现在滑块上。两个定模型腔分别连接两个浇口套，分别进 ABS 和 TPE。该模具具有两个完全一样的动模（内模和模架）。第一次开模，硬胶进胶，软胶不进，然后开模，拿走硬胶水口料，模具不顶出。后模绕模具中心转 180°，再

合模。硬胶和软胶同时注塑进胶。然后第二次开模，开模时软硬胶两边同时取走水口料，软胶顶出，硬胶不顶出。动模绕模具中心转 180°，进入下一次循环。

　　模具设计的要点为全部滑块均为定模滑块，模具设计简单方便。注射软胶时，对硬胶的小滑块部位局部做避空，简化了模具设计。

　　图 13-6 所示为电话机双色按键产品图。按键顶端的数字和字母采用双色注塑成型。两次注塑的材料均为 ABS，采用双色注塑的按键，可以避免印刷按键字迹容易磨掉的缺陷。

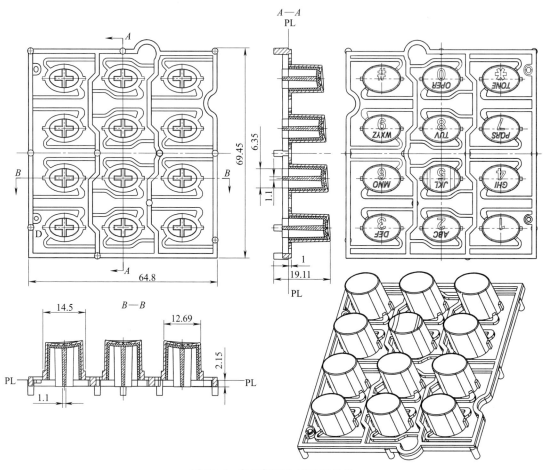

图 13-6　电话机双色按键产品图

　　模具设计图见图 13-7，其采用了中板顶出旋转双色模具结构。中板顶出旋转双色模具为整体式双色模具，一个模架，一个顶出系统，只装在二次射出的一侧。顾名思义，动模不需要整套模具旋转，动模只在中板顶出后旋转再合模。电话机双色按键的顶部数字和字母在第一次注射时成型，第二次注射时胶位将整个数字和字母的周围全部填满，形成顶部光滑的按键。第一次注塑采用点浇口在按键顶部避开数字和字母的位置进胶。第二次进胶在每个按键之间连接桥的顶面进胶，同样采用点浇口。有一些大写字母"O""P""Q""A""B""R""D"等，还有数字"0""4""6""8""9"等具有封闭性结构，二次料无法填入一次料的封闭结构，就必须采用"跷跷板"的模具结构，或中板顶出旋转机构。

　　本套模具采用中板顶出旋转的模具结构可以代替"跷跷板"。注意硬胶动模镶件 18 和软胶动模镶件 23 采用了不同的顶部结构，这两种动模镶件顶部结构不同，而且固定不旋转。

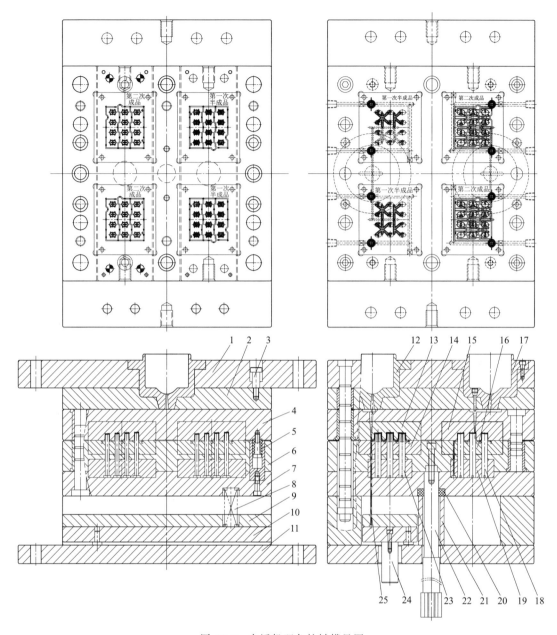

图 13-7 电话机双色按键模具图

1—定模座板；2—流道推板；3—定位销；4—A 板；5—尼龙扣；6—中板；7—动模垫板；8—弹簧；

9—推杆固定板；10—推板；11—动模垫板；12—软胶浇口套；13—软胶定模型腔；14—型芯；

15—硬胶定模型腔；16—型芯；17—硬胶浇口套；18—硬胶动模镶件；19—镶件固定板；

20—导向衬套；21—支撑套；22—花键转轴；23—软胶动模镶件；24，25—推杆

硬胶动模镶件 18 在非数字和字母笔画部位做几条凸起的钢料与定模碰穿。模具打开后，花键转轴 22 将中板 6 和型芯 14 从动模推出，一次胶位半成品与硬胶动模镶件 18 脱离，旋转至二次注塑工位后，中板再后退合模。一次胶位半成品与软胶动模镶件 23 合在一起，其碰穿槽的空余部位便于二次胶料填充。注塑完毕后，开模，取出水口料，在二次注塑侧顶出塑件。整套模具排位为 2×2，一次注塑和二次注塑各两穴。

13.2 亚洲双色模具设计

13.2.1 设计注意事项

中国台湾和日本的双色注塑机，有两套平行的注射系统，多数情形下，是水平平行的两套注射系统。图13-8所示为日本住友130吨双色注塑机。模具的码模位置必须在动模的圆圈内，避免引起碰撞事故。

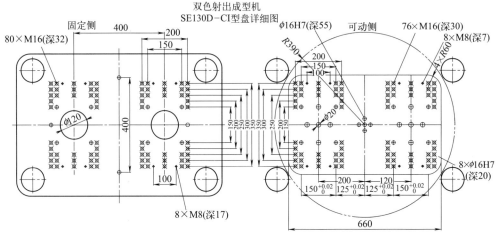

图13-8 日本住友130吨双色注塑机

13.2.2 设计实例分析

前已述及，有一些大写字母"O""P""Q""A""B""R""D"等，还有数字"0""4""6""8""9"等具有封闭性结构，必须采用"跷跷板"的模具结构，或中板顶出旋转机构。

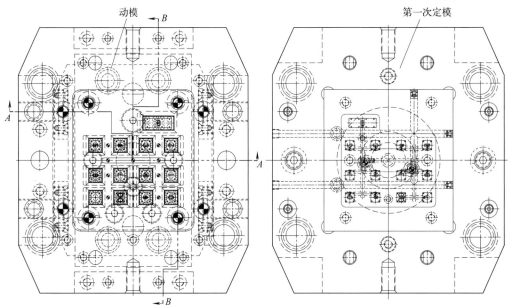

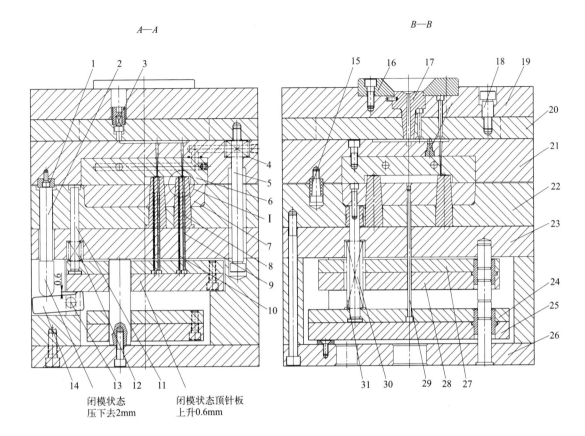

A—A

B—B

1 2 3

15 16 17 18 19

4
5
6
I
7
8
9
10

20
21
22
23
24
25
26

14 13 12 11

31 30 29 28 27

0.6

闭模状态
压下去2mm

闭模状态顶针板
上升0.6mm

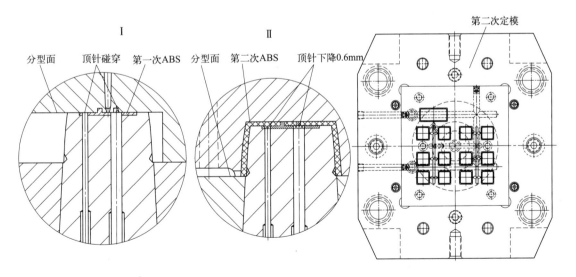

I

Ⅱ

第二次定模

分型面 顶针碰穿 第一次ABS

分型面 第二次ABS 顶针下降0.6mm

图 13-9

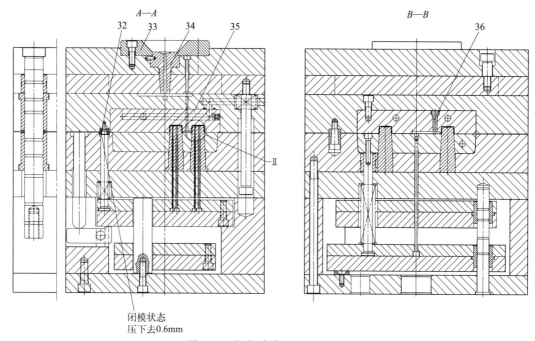

图 13-9　按钮跷跷板双色模具图

1—压块；2—压杆；3—弹流道装置；4,12,31—弹簧；5—小拉杆；6——次型腔；7—型芯；8—动模镶件；
9,10—碰穿顶针；11—导杆；13—转轴；14—杠杆；15—尼龙扣；16——次定位圈；17——次浇口套；
18—限位螺钉；19—定模座板；20—流道推板；21—A板；22—B板；23—动模垫板；24—推杆固定板；
25—推板；26—动模底板；27—碰穿针固定板；28—跷跷板；29—流道推杆；30—顶出杆；32—下压块；
33—二次定位圈；34—二次浇口套；35—二次型腔；36—流道切换器

"跷跷板"是一种典型的双色模具结构，是两个模架的双色模具，两个动模完全相同，两个定模除了型腔不同外，在模架边缘的压块 1 和下压块 32 也不同，如图 13-9 所示。第一次注塑时，只装压块 1，不装下压块 32；第二次注塑时，不装压块 1，只装下压块 32。第一次注塑时，压块 1 将压杆 2 压下去 2mm，杠杆 14 绕转轴 13 摆动，将跷跷板 28 顶起，使碰穿顶针 9 和 10 上升与定模型腔碰穿，在第一次塑胶上形成碰穿孔。开模后，模板打开，取出水口料，动模旋转 180°，再合模，进行第二次注塑。下压块 32 将导杆 11 压下 0.6mm，碰穿顶针 9 和 10 脱离第一次的胶位，二次胶料从碰穿孔底部进入，填充到字母和数字的封闭部位。再次开模，完成二次注塑的一侧，推板 25 将塑件推出。

13.3　欧洲双色模具设计

13.3.1　欧洲双色模具的优势

与亚洲和国内厂家双色注塑机采用平行注塑结构不同，欧洲的双色注塑机按照先进思路设计，采用直角式结构，模块化组合，独立的副射台设置马达、油泵、射胶装置及控制系统，使机器随时能变回单物料生产方式，简单方便。ARBURG（雅宝）注塑机亦可用于单色产品生产，一机两用，提供多元化功能及全方位的服务。

欧洲双色模具使用一套模胚，具有模具精度高，节省注塑机空间，节省能源等特点。模具的安装和调试也更加方便简洁。两套独立的注射系统，可以采用冷流道系统，也可以根据塑件的特点，采用热流道和冷流道结合的注塑方式。

欧洲双色注塑机发展呈现基本成型技术的"组合"态势，如双色成型加模内贴标（IML）、双色成型加模内组合（IMA）、双色成型加叠层模（stackmold）、双色成型加 IML 加 IMA 加叠层模、双色成型加夹层射出等。这些都可以在一部注塑机上完成。因此，双色技术愈来愈受重视，而且不只呈现双色技术，还能够与其他技术结合，创造更高的效益，双色注塑机也正在朝更低成本、更高速度、更精密，更低能耗的方向不断改进。

欧洲的双色注塑机和双色成型，已不仅仅要求两种或是多种颜色塑料的简单结合，而在制品精度、外形美观、不同颜色塑料更好地融合，以及制品成型周期上都对注塑机提出了更高的要求。双色注塑成型技术是当前注塑成型技术的一大热点也是难点，欧洲双色模具技术在注塑领域具有独特的优势。由于双色注塑成型技术成本投入高、工艺复杂等，我国对双色注塑成型技术的研究与应用与欧洲国家还存在一定的差距。因此，我国需要认真学习和研究欧洲的先进注塑技术，使其尽快国产化。

13.3.2　基于 ARBURG 的双色模具设计

13.3.2.1　塑件产品简介

某电站大型电气控制柜开关按钮产品图如图 13-10 所示，塑件由两种不同塑料制成，主体材料为 PC，刻度线为 ABS。按钮主体采用黑色，其刻度线做成白色。采用双色成型的开关按钮避免了丝印或喷漆易磨损掉色的缺点。

产品造型比较简单，形状接近草帽形，其最大外形尺寸为 $\phi63.3\text{mm}\times6.45\text{mm}$，平均胶位厚度 2mm，塑件顶部有一个 D 型通孔。此处以开关按钮双色模具设计为例，详细介绍基于 ARBURG 的欧洲双色模设计要点及关键技术。

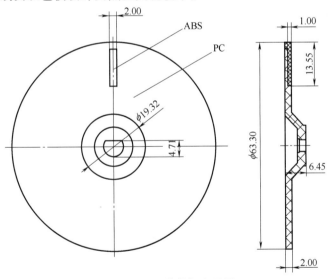

图 13-10　开关按钮产品图

13.3.2.2　型腔数量确定

开关按钮属于大批量生产的塑件，型腔排位为 4＋4，即 4 穴为 ABS，另外 4 穴为 PC，模胚为仿 HASCO 标准非标模胚 296×396，动模板的四角设计 20×45°倒角，缩小回转半径。模胚的动模和定模模板之间分别设计空心定位销或利用导柱的尾部定位，以增加模具刚性。整套模胚的回转精度不超过±0.01mm，以保证产品的精度。动模组装在双色转盘上，用两个圆锥定位块 37 定位，模具设计图见图 13-11。

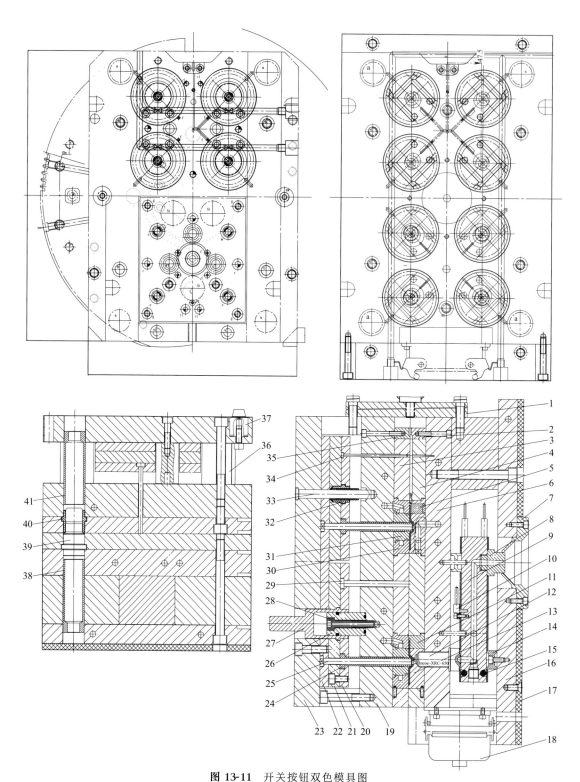

图 13-11　开关按钮双色模具图

1—吊模梁；2—侧浇口定模镶件；3—B 板；4—A 板；5,11,13—定模镶件；6—定模垫板；7—定位圈；
8—主射嘴；9—分流板；10—热电偶；12—热嘴；14—隔热垫；15—加热管；16—定模板；17—隔热板；
18—多芯插座；19—动模垫板；20—顶针面板；21—顶针底板；22—司筒针固定板；23—动模板；24—推管；
25—推管针；26—气缸活塞；27—气缸套；28—通气螺栓；29—回针；30,31—动模镶件；
32—滚珠导套；33—导柱；34—流道顶针；35—侧浇口动模镶件；36—方铁；
37—圆锥定位块；38—模架定位销；39—导柱；40—导套；41—模架定位销

13.3.2.3 浇注系统设计

双色模具具有两套相互独立的浇注系统。开关按钮主体材料 PC 采用 INCOE 热流道系统在塑件顶部一点进胶；刻度线材料 ABS 采用冷流道潜伏式浇口从塑件边缘一点进胶。热流道系统的热嘴轴线平行于开模方向，潜伏式冷流道的主流道从模具侧面垂直开模方向注射。ABS 材料从模具侧面进入分型面后，沿 X 形分流道分别进入 4 个型腔的二次注射部位。欧洲注塑机的喷嘴端面为平面，侧浇口动模镶件 35 和侧浇口定模镶件 2 组合后形成平面，ABS 塑料从此处流进型腔。

13.3.2.4 温控系统设计

双色模具的定模冷却系统运水与注塑机冷却系统相连，由于动模安装在双色转盘上，其运水需要接在双色转盘上。为避免热量散失，在定模板安装了隔热板。动模冷却水由转盘底板运水入口 68 进入转盘底板 53，然后进入转盘外套 48，在转盘外套内循环并对其冷却后经过大齿轮运水出口 66 用软管进入动模垫板 19，通过模具内的冷却回路进入到动模镶件 30 和动模镶件 31 对动模进行冷却，最终冷却运水再按相反的回路进入转盘完成冷却循环。由于定模是固定不旋转的，其冷却回路设计和普通单色模具相同。

13.3.2.5 顶出系统设计

双色注塑模具具有两套独立的顶出系统。双色模转盘的后面设计有顶出系统，如图 13-12 所示。ARBURG 注塑机的顶棍顶动转盘的顶出底板 42，通过转盘顶杆 44 顶动模具上的气缸套 27，带动顶针面板 20 和顶针底板 21 顶出。顶出底板 42 中心设计了顶出板导柱 45 和主轴内导套 65 配合导向，顶出限位柱 43 为顶出限位装置。

双色模具内两组型腔在动模完全相同，定模型腔则不相同。开关按钮主体 PC 材料第一次成型完成后留在动模上，由于采用热流道成型，不需要顶出流道凝料。模具分型面打开，动模旋转 180°，合入另一组定模，再完成 ABS 材料的二次成型。然后由推管 24 推出塑件，流道顶针 34 顶出流道凝料。顶针板分成左右两套，分别装有相同的顶出元件，但顶出时，只有第二次成型这边的顶针板动作，而第一次成型的一侧不动作。

顶出系统采用模内气缸回位。模内气缸是常用的顶针板回位的动力来源，具有体积小、占用模板空间小的特点，回位可靠、无环境污染等优点。与弹簧复位相比，可以避免顶针板在弹簧作用下的变形，因此在二次顶出系统和双色模具中应用广泛。在模板上加工气缸体和压缩空气的通道，活塞可以用 DIN 1.2842 制造并热处理，并用密封圈密封，密封圈的槽加工在活塞上。

压缩空气通过双色转盘顶部安装板 57 上的进气接头 56 进入双色转盘，通过空气通道进入转盘外套 48，在转盘外套 48 内循环后通过转盘主轴空气出口 64 进入模具动模板 23。从模具动模板 23 经过方铁 36，进入动模垫板 19，通过通气螺栓 28 的内孔进入气缸套 27 的内腔，推动顶针板复位。回针 29 起到辅助回位的作用。

13.3.3 ARBURG 双色模关键装备——转盘

13.3.3.1 双色注塑机转盘功能

双色注塑机转盘是双色注塑机的最重要的工艺装备。双色转盘通有冷却水路，润滑油路，气路，电路。其中气路的作用是供模具顶出系统复位，电路是用来给液压马达提供动力和控制作用的。双色注塑机转盘是 ARBURG 双色注射时的关键部件，其可靠性和旋转精

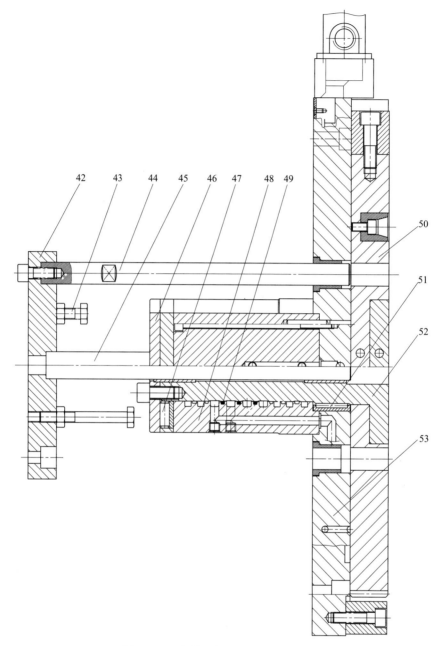

图 13-12 欧洲双色模转盘的顶出机构

42—顶出底板；43—顶出限位柱；44—顶杆；45—顶出板导柱；46—轴承端盖；47—平面滚柱轴承；48—转盘外套；

49—密封圈；50—转盘大齿轮（$z=142$，$m=3$）；51—滚针轴承；52—转盘主轴；53—转盘底板

度，对双色模具合模和注射具有巨大的影响，是双色模具设计和制造的关键技术。

ARBURG 注塑机使用双色转盘实现两个工位的交替。由于两次注塑同步进行，生产周期短，效率高，所以适合大产量、高精密的零件。典型的欧洲双色模注塑机转盘见图 13-13。其工作原理是先在工位 1 完成第一种塑料（PC）的注塑成型，经保压、开模后由转盘把整个动模连同半成型制品转动 180°到达工位 2，再次合模后做第二次注射进行共塑成型。第二次注射结束并经保压后，制品被顶出型腔，转盘反向转动 180°回到工位 1，完成整

个注塑周期。两个工位两种塑料的注射、合模、保压等过程是同步进行的，因而生产效率很高。

13.3.3.2　双色注塑机转盘设计要点

双色注塑机与普通注塑机的主要区别在于其具有两个独立注射系统并且具有使模具动模实现旋转的机构。双色模转盘的结构性能影响工位切换的时间间隔和工作的稳定性，因而影响整个生产周期。同时它的质量分布的合理与否也影响塑机的能耗与运行的稳定性。因此合理的双色模转盘设计能提高停止稳定性、减少磨损、降低能耗并延长其使用寿命。

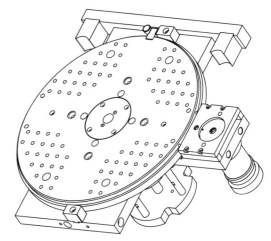

图 13-13　欧洲双色模注塑机转盘（齿轮齿形未画出）

欧洲双色模注塑机转盘基本结构如图 13-14 所示，其基本结构包含转盘底板、顶部安装板、转盘主轴、主轴外套、液压马达、齿轮、轴承、限位块、尼龙支撑块等零件。转盘大齿轮与转盘主轴刚性连接并通过滚针轴承 51 实现与转盘底板 53 的相对旋转运动。当转盘上加载模具后，转盘主轴会有一定程度的倾斜，此侧倾会造成转盘底板与转盘主轴的旋转磨损，模具合模配对精度降低。为了加大双色模转盘的刚性，在顶部安装板 57 上设计尼龙支撑块 58，与注塑机的哥林柱配合，以抵消模具和转盘的下倾力矩，可以有效解决转盘侧倾、下垂问题和磨损问题。大齿轮的旋转定位采用限位挡块 55 定位，定位精度 0.02mm 以内。

13.3.3.3　双色注塑机转盘制造要点

双色注塑机转盘转动平稳性和耐磨性都和转盘零件的材料和加工精度密切相关。转盘外套 48 内的气路和水路都属于旋转密封，对于零件的加工精度和密封件的质量都有很高的要求。转盘外套 48 与转盘主轴 52 在热处理后采用高精度数控车床加工，确保尺寸公差与几何公差。三个齿轮在完成精加工后再进行 DLC 涂覆，以增加齿面的耐磨性和运动的平稳性。所有轴承均采用 SKF 高精度长寿命轴承。

双色注塑机转盘是欧洲双色模具和双色注塑的基础装备。目前，双色注塑产品朝着复杂精密的方向发展，更进一步地朝着多物料注塑发展。随着汽车、高铁和航空器工业的发展，双色模具和双色注塑产品朝着大型化发展，带动双色注塑机转盘也朝着大型化发展。

13.3.4　欧洲双色模具设计实例

图 13-15 所示为车轮产品图，产品硬胶部分为 PP，软胶为 TPE。产品造型为圆形，内侧中心和边缘一周均布多条骨位。软胶包围在硬胶外侧一周。内部空心柱位内孔直径为 $\phi6.25$，内壁有一圈较小倒扣，需要强制脱模。

模具排位为软硬胶分别为 8 穴。模具结构为一个模架，中板顶出并旋转的模具结构。模具进胶方式为双色热流道注射。两种物料的流道设计在同一个分流板内。定模座板 2 中心为一次浇口套 4，二次浇口套 1 设计在模具侧面。一次注射和二次注射均为潜伏式浇口潜定模进胶。车轮双色模具如图 13-16 所示。

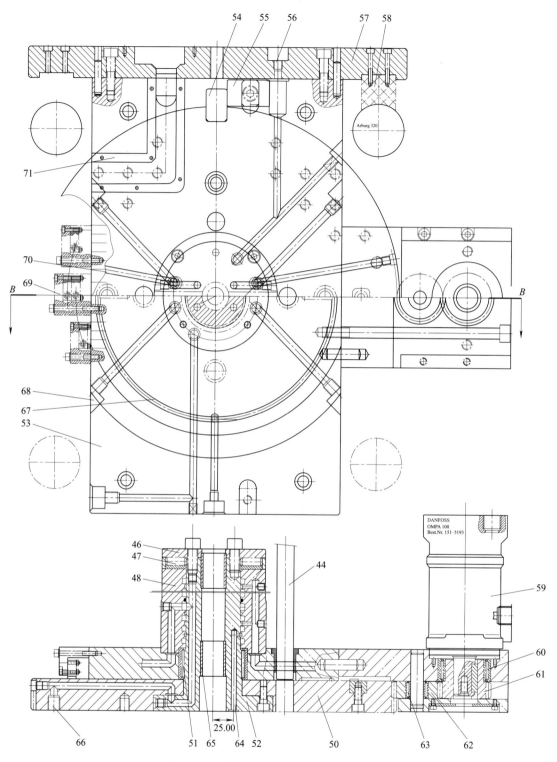

图 13-14 欧洲双色模注塑机转盘基本结构

54—旋转限位块；55—限位挡块；56—进气接头；57—顶部安装板；58—尼龙支撑块；59—液压马达；
60—滚柱轴承；61—齿轮（$z=19$，$m=3$）；62—齿轮（$z=18$，$m=3$）；63—滚针轴承；64—转盘主轴空气出口；
65—主轴内导套；66—大齿轮运水出口；67—转盘底板润滑脂槽；68—转盘底板运水入口；
69—运水接头固定板；70—运水通路；71—电线槽盖板

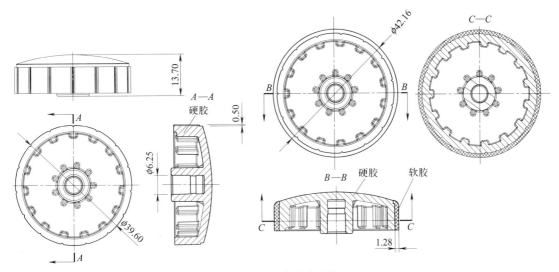

图 13-15 车轮产品图

一次注射完成后，开模，流道推杆 37 将硬胶水口料顶出自动跌落。油缸 41 带动顶出板 18 使中心转轴 27 顶出。中心转轴 27 将型芯 10 和镶件固定板 32 一起顶出，动模镶件 29 带动塑件与中心镶针 30 分离，塑件中心内孔倒扣实现强脱。油缸 49 通过齿条 16 驱动齿轮 22 实现中板机构旋转。旋转 180°后再次合模，注射并冷却后，在推杆 39 作用下塑件成品被顶出模外。

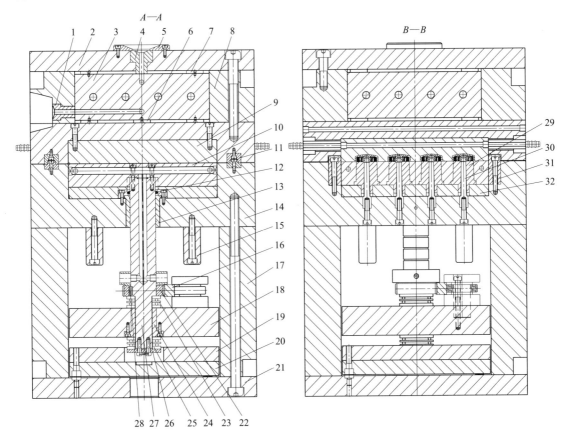

图 13-16

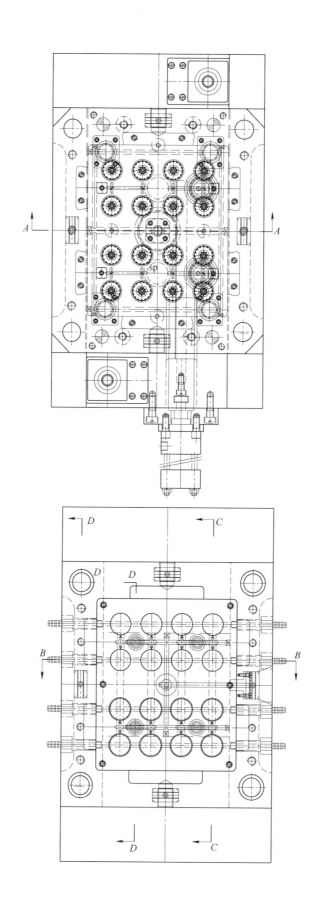

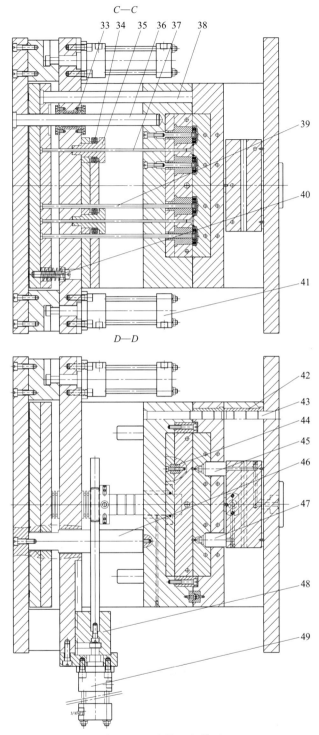

图 13-16   车轮双色模具

1—二次浇口套；2—定模座板；3—分流板；4—一次浇口套；5—定位圈；6—中心垫；7—承压垫；8—支撑垫板；
9—型腔；10—型芯；11—斜度定模块；12—密封圈；13—衬套；14—B板；15—限位柱；16—齿条；17—支撑块；
18—顶出板；19—推杆固定板；20—推板；21—动模底板；22—齿轮；23,25—平面轴承；24—导向套；26—轴承压板；
27—中心转轴；28—平键；29—动模镶件；30—中心镶针；31—模仁挤紧块；32—镶件固定板；33—滚珠导套；
34—导向轴承；35—轴承固定座；36—导柱；37—流道推杆；38—复位杆；39—推杆；40—弹簧；41,49—油缸；
42—导套；43—导柱；44—定位块；45—一次热嘴；46—撑头；47—二次热嘴；48—齿条固定座

第14章 注塑模材料选用

14.1 合金元素对钢材性能影响

为了满足模具钢高硬度和高耐磨性的要求，其成分要求高碳。高碳可以保证淬火获得高碳的马氏体，提高钢材硬度和抗切断能力；高碳还可以保证钢材能获得所需的碳化物，提高钢材的耐磨性。合金元素主要是为了保证钢的耐磨性、热硬性、热稳定性和回火稳定性的较强碳化物形成元素 W、Mo、Cr、V 等，辅以保证其热处理工艺性能的合金元素 Mn、Si、Cr、Mo 等，以提高钢热处理的淬透性，减少热处理过程中的变形与开裂等。模具钢材除了具备高硬度和高耐磨性外，往往还需要具备其他的性能，例如高温强度。高温强度主要取决于合金的化学成分，Mo、W 及 Co 等是提高高温强度的元素。为了保持钢的耐蚀性，其马氏体组织中必须含有 $11\%\sim12\%$ 的铬（质量分数），对于碳的质量分数为 $1.0\%\sim1.2\%$ 的高铬不锈钢，钢中必须添加钼元素，这样可以增加固溶体中的铬含量，进一步改善钢的耐蚀性。同时钼还可以在回火后引起弥散硬化，有利于提高钢的二次硬化程度和热稳定性。高抛光性能的钢材一般含有 Cr、Mo、Ni 等合金元素。

各种合金元素的特点以及对模具钢的影响简要归纳如下。

① 碳（C）。与 Cr、Mo、V 元素结合形成碳化物。固溶于基体中的碳在淬火时有硬化马氏体的作用。

② 硅（Si）。炼钢时用于对钢液脱氧，与镍及铬共存可改善淬透性。硅不形成碳化物而是固溶于基体中，是提高基体强度和耐热性的元素。

③ 锰（Mn）。锰在钢液精炼时用于脱氧和脱硫。其中一部分锰与硫（S）结合形成非金属夹杂物硫化锰（MnS），残留于基体当中。此夹杂物会降低模具材料的韧性。有时为了改善切削性也会特意添加硫元素。

固溶于基体中的锰元素会大幅度提高钢的淬透性，是对淬透性影响最大的元素。另外，锰与镍（Ni）同样具有稳定奥氏体的作用。

④ 镍（Ni）。镍固溶于基体中，既可提高钢的强度，也可改善其韧性。镍也可提高钢的淬透性，但效果不如锰和铬。

⑤ 铬（Cr）。铬是模具钢当中应用最多的元素，起到多种作用。铬固溶于基体中，在改善钢的淬透性方面，其作用仅次于锰，其还可抑制回火软化。添加了铬，还可提高钢的韧性及高温强度，耐蚀性也会得到显著改善。虽然耐蚀性受含碳量的影响，但铬的质量分数达 13% 以上时，在空气和水等的一般腐蚀环境下，其腐蚀量会明显减少。与钼和钒一样，铬元

素易与碳元素结合，可形成各种硬质碳化物。这些碳化物分布于从低合金钢到高速工具钢的基体之中，对提高模具的耐磨性发挥着作用。

⑥ 钼（Mo）。与铬元素类似，钼元素固溶于基体中，可提高钢的淬透性，有助于改善其耐热性和耐蚀性，常作为冷作模具钢、热作模具钢和高速工具钢的添加元素。但含有钼的矿山资源有限，其价格较高。

钼最大的特点是，固溶于基体中的钼在 500℃ 左右回火时会析出微细的 Mo_2C 碳化物，显示出了较显著的析出硬化效果。该析出硬化现象称为二次硬化。与钒、钨和铬等其他元素相比，钼的二次硬化效果最好。高速工具钢中添加质量分数为 4% 左右的钼，有助于实现高温回火时的高硬度。

⑦ 钨（W）。钨的特性几乎与钼相同，可形成硬质碳化物，有助于提高二次硬化效果。钨元素原来用于钨系高速工具钢（SKH2）中，但钨逐渐被添加一半含量即可达到同等效果的钼取代。目前添加钨的工具钢只限于高速钢等。

⑧ 钒（V）。钒元素较易形成碳化物，与钼和钨类似，高温回火时可析出微细碳化物 V_4C_3，有二次硬化效果。通常在高速工具钢和粉末高速工具钢中大量添加钒元素，使其成为硬质颗粒分散在钢中，有增强耐磨性的作用。

⑨ 钴（Co）。钴无法形成碳化物，而是固溶于基体中，有助于提高钢的耐热性及耐高温蠕变性。在模具钢当中，主要在承受高负荷的高合金高速工具钢中添加钴。

14.2　模具钢材热处理

14.2.1　淬火

钢材的热处理是将钢在固态下进行加热、保温和冷却，以改变钢的内部组织结构，从而获得所需性能的一种工艺方法。它通过改变材料的组织结构，达到改善和提高钢材的力学性能，而钢件的形状和尺寸基本不变的目的。热处理是模具制造过程中不可或缺的加工工艺之一。热处理对模具的质量、寿命和模具成本具有很大影响。

通常所说的模具热处理包括两部分，即模具钢材热处理和模具零件热处理。模具钢材的热处理是在钢厂完成的，其基本性能要符合国家或行业标准的规定。模具零件的热处理通常是在热处理专业厂家完成的。塑料模具零件的热处理常见的就是淬火，行业里俗称硬模。

硬模加工时，需要先开粗，就是将运水孔及螺纹、线切割穿丝孔等加工好，外形长宽高预留 0.5mm 加工余量，胶位部位开粗并预留适当加工余量再进行热处理。加工余量需要视模具零件结构及预计的变形程度确定。热处理完成后，首先将外形精加工磨至要求的尺寸，在磨削过程中，需要注意各面垂直度。磨削各外形面合格后，再进行胶位面 CNC 加工或 EDM 等加工。

塑料模具钢材中，有些钢材是预硬化钢材，可以直接使用，不需要热处理。制作硬模需要选择适合热处理的钢材，例如 S136H 是预硬化钢材，不适合再热处理，适合热处理的是 S136 钢材。

14.2.2　氮化

含有铬、钼、钒和铝元素的合金钢材都可以氮化，这些钢材通过周围的介质使氮气扩散到其表面，然后加以吸收。氮化后，上述合金元素与氮结合，形成坚硬的表面，其硬度可达 $600\sim800\mathrm{HB}$。

氮化处理的温度及时间取决于各种介质，塑胶模具中最常用的是等离子氮化。等离子氮化是在高电流放电的等离子体中进行的氮化工艺。这种工艺使得氮沉积在模具表面，其硬化深度可从几个微米到 1mm。处理后，表面即可得到最大硬度，并且不需要对表面进行后处理。氮化处理温度在 $350\sim380\text{℃}$ 之间，处理时间一般为 $20\sim16\mathrm{h}$。

经过氮化的模具零件一般不会出现变形，可使模具具有韧性及较高的表面硬度，并消除了应力，同时也改善了耐腐蚀性能。特别要注意像 S50C 等碳素钢，并不适合氮化，这类钢材氮化达不到应有的效果，反而使其韧性降低。

14.2.3 其他表面处理

14.2.3.1 型腔和型芯电镀

电镀严格来说，不属于热处理范围。本书为便于叙述，将其列入钢材热处理章节。电镀是指在直流电的作用下，镀液中的金属离子还原沉积在零件表面而形成一定性能的金属镀层的过程。

塑料模具镀层一般是电镀硬铬，镀铬层有良好的耐蚀性。根据镀液成分和工艺条件的不同，镀铬层的硬度可在 $400\sim1200\mathrm{HV}$ 内变化。在低于 500℃ 下加热，对镀铬层的硬度无影响。镀铬层的摩擦系数低，尤其是干摩擦系数，是所有金属中最低的，故有很好的耐磨性。镀铬层有较高的耐热性和耐磨性，在 900℃ 以上才开始氧化。镀硬铬具有硬度高、摩擦系数低、耐磨性好、耐蚀性好且镀层光亮，与基体结合力较强等优点，可用作型腔和型芯的表面防护层，以改善其表面性能。镀层的厚度一般在 0.1mm 以下，可用于尺寸超差零件的修复。

14.2.3.2 PVD 处理

PVD（物理气相沉积）以各种物理方法产生的原子或分子沉积在基材上形成外加覆盖层，工件沉积温度一般不超过 600℃。模具钢沉积后通常都无须进行热处理，因而其应用比化学气相沉积（CVD）广泛。物理气相沉积可分为真空蒸镀、阴极溅射和离子镀三类，与CVD法相比，PVD 的主要优点是处理温度较低、沉积速度较快、无公害等，因而有很高的实用价值。其不足之处是沉积形成的外加覆盖层与工件的结合力较小，镀层的均匀性稍差，此外它的设备造价高，操作、维护的技术要求也较高。PVD 可用在斜顶或滑块部位的表面处理以提高模具寿命。

14.2.3.3 DLC 涂层技术

DLC 涂层技术是新兴发展起来的一种表面涂覆处理技术。DLC 是一种由碳元素构成、在性质上和钻石类似，同时又具有石墨原子组成结构的物质。类金刚石薄膜（DLC）是一种非晶态薄膜，由于具有高硬度和高弹性模量、低摩擦系数、自润滑、耐磨损以及良好的真空摩擦学特性，很适合于作为耐磨涂层。DLC 涂层技术可以应用在斜顶、滑块等运动部件上，减少摩擦磨损，提高模具寿命。近来 DLC 技术在塑料模具行业应用越来越广泛。例如著名的模具零部件供应商 HASCO 标准件的导柱和方导柱等零件已经广泛采用了 DLC 涂层技术。

14.2.3.4 激光热处理

利用高功率、高密度激光束（一般用 $10^4\sim10^5\,\mathrm{W/cm^2}$）对金属进行表面处理的方法称为激光热处理。激光热处理分为激光相变硬化（表面淬火、表面非晶化及表面重熔淬火）、激光表面合金化（表面敷层合金化、硬质粒子喷射合金化、气体合金化）等表面改性工程，产生其他表面加热淬火强化达不到的表面成分、组织及性能的改变。

激光热处理为高速加热、高速冷却，获得的组织细密、硬度高、耐磨性好，淬火部位可获得大于 3920MPa 的残余应力，有助于提高疲劳性能。通过对光斑尺寸的控制，激光热处理可以进行局部选择性淬火，尤其适合其他热处理方法无法处理的不通孔、沉沟、微区、夹角、圆角和刀具刃部等局部区域的硬化。激光可以远距离传送，容易实现一台激光器供若干工作台同时或单独使用，易于采用计算机对激光热处理工艺过程进行控制和管理，实现生产过程的自动化。此外激光热处理具有耗电低、变形极小、不需冷却介质、速度快、效率高及无工业污染等优点。激光热处理可用在斜顶或滑块部位的表面处理。

14.3 常用模具材料简介

14.3.1 S50C 中碳钢

美国标准编号 AISI 1050～1055；日本标准编号 S50C～S55C；德国标准编号 1.1730。中碳钢或 50♯钢，香港称为王牌钢，此钢材的硬度为 170～220HB，价格便宜，加工容易，用在模架、顶柱、吊模梁及一些不重要的零件上，市场上一般标准模架是采用此种钢材。

14.3.2 40CrMnMo7 预硬塑胶模具钢

美国（AISI）、日本、新加坡、中国标准编号：P20，德国及欧洲国家编号：DIN 1.2311、1.2378、1.2312。此种钢是预硬钢，一般不适宜热处理，可以氮化处理，此钢种的硬度差距也很大，为 31～38HRC，已做预硬处理，适合切削加工，合适做要求不高的模具镶件，有些要求较高的模具模架也采用 P20 制作。其中较为普遍的品牌有：ASSAB 一胜百品牌，瑞典产的有两种不同硬度，718S290～330HB（33～34HRC）、718H 330～370HB（34～38HRC）；大同钢厂，日本产，NAK 80（硬度 38～40HRC）及 NAK55（硬度 38～40HRC）两种，一般情况下，NAK 80 做定模镶件，NAK55 做动模镶件，NAK55 不能直接做 EDM 皮纹，只适合做动模镶件；德胜钢厂 THYSSEN，德国产，有好几种编号，GS-711（硬度 34～36HRC）、GS738（硬度 32～35HRC）、GS808VAR（硬度 38～42HRC）、GS318（硬度 29～33HRC）、GS312（硬度 29～33HRC），GS312 含硫不能做 EDM 纹，在欧洲做模架较为普遍，GS312 的牌号为 40 Cr Mn Mo S8；百禄（BOHLER）；奥地利产，编号有 M261（38～42HRC）、M238（36～42HRC）、M202（29～33HRC），M202 不能做 EDM 纹，也是含硫。

14.3.3 X 40 CrMo V51 热作钢

美国（AISI）、中国香港、新加坡标准编号 H13，此种钢材出厂硬度是 185～230HB，须热处理。参考对应的国标（GB）标准牌号 4Cr5MoV1Si、美国 AISI 标准牌号 H13 MODIFIED、日本 JIS 标准牌号 SKD61、日本日立（HITACHI）标准牌号 DAC、日本不二越（NACHI）标准牌号 HDS61、德国 DIN 标准材料编号 1.2344、奥地利百禄（BOHLER）标准牌号 W302、瑞典 UDDEHOLM 标准牌号 ORVAR 专利钢材、瑞典一胜百（ASSAB）标准牌号 8402/8407。

用在塑胶模具上的硬度一般是48～52HRC，也可氮化处理，由于需要热处理，加工工序繁多，故模具价格较高。由于要热处理到40HRC以上的硬度，模具一般用机械加工比较困难，所以在热处理之前一定要先做工件的粗加工，尤其是运水孔，螺钉孔及攻螺纹，必须做好才能进行热处理。

8407钢是瑞典一胜百热作模具钢，属于铬、钼、钒合金工具钢和电渣重熔钢。该钢组织结构均匀，高洁净度，具有高韧性及良好的耐热性能，抗熔性良好，热强性、韧性配合佳，耐高温金属液冲蚀，耐高温回火性能优，耐冷热疲劳，抗龟裂能力强。具有优良的高温强度，韧性及延展性高，且各向同性也好，同时具有优良的可加工性、抛光性、淬透性，以及好的热处理尺寸稳定性。在焊接该钢时，将工件预热到325～350℃，焊区温度不得超过475℃，焊后应及时进行回火处理，回火开始2h的冷却速度为20～40℃/h。该钢在焊接过程中，焊接点与周围温差应≤150℃，堆焊时，第一层及第二层电流要小，焊珠要细，这样热影响区才会浅，热量传递少，焊接区域韧性也好。焊接时建议采用软态焊丝，如美国MMA的29Cr-9Ni系列AMSE312焊丝，这样可提高抵抗裂纹扩展的能力。

8407供货状态为退火态，硬度185HBW。该钢典型化学成分（质量分数）举例：$\omega_C = 0.39\%$、$\omega_{Cr} = 5.20\%$、$\omega_{Mn} = 0.40\%$、$\omega_{Si} = 1.00\%$、$\omega_{Mo} = 1.40$、$\omega_V = 0.90\%$。

8407普通淬火、回火规范：淬火温度（1020 ± 10）℃，油冷，回火温度585℃/610℃/640℃，回火两次，每次2h，处理后硬度49HRC/47HRC/45HRC。适用于金属压铸模、挤压模。适合于工作温度≤600℃的热作模具。适用于PA、POM、PE、EP塑料模。

14.3.4   X 45 Ni Cr Mo 4 冷作钢

美国标准AISI 6F7，欧洲编号DIN 1.2767。此种钢材出厂硬度260HB，需要热处理，一般应用硬度为50～54HRC，欧洲客户比较常用此钢。1.2767钢是德国电渣重熔精炼模具钢和高铬不锈钢。该钢耐磨性好，高韧性、高硬度、高抗压强度，尺寸稳定性优良，耐蚀性特佳，抛光及可加工性良好，易达到镜面效果，淬透性极好，可空冷淬硬。

该钢经奥氏体化后缓冷可得到粗珠光体组织，可使硬度降低到210HBW。由于该钢奥氏体和珠光体转变的特殊性，进行常规球化退火难以软化，采用高温加热可以降低硬度，而且等温之后的缓冷工艺，可使组织完全转变。奥氏体化温度为860℃，等温温度为640℃。供货状态为预硬态，硬度265～310HBW。化学成分（质量分数）：$\omega_C = 0.45\%$、$\omega_{Cr} = 1.35\%$、$\omega_{Mn} = 0.40\%$、$\omega_{Si} = 0.25\%$、$\omega_{Mo} = 0.25\%$、$\omega_{Ni} = 0.40\%$。

14.3.5   X 42 Cr 13 不锈钢

AISI 420 STAVAX，DIN 1.2083。出厂硬度180～240HB，需要热处理，应用硬度48～52HRC，不适合氮化热处理（锐角的地方会龟裂）。此钢耐腐蚀性及抛光效果良好，所以一般成型透明胶件及有腐蚀性的胶料，例如PVC及防火料V2、V1、V0类的塑料很合适用此种钢材。此钢材常用的品牌有一胜百（ASSAB）S-136ESR、德胜（THYSSEN）GS083-ESR、GS083 GS083VAR。此钢材有时客户也会要求用作模架，因为具有防锈效果，可以保证冷却管道的运水顺畅，使生产周期稳定。

14.3.6   X 36 Cr Mo 17 预硬不锈钢

DIN 1.2316，AISI 420 STAVAX。出厂硬度265～380HB，因为抛光到高光洁度时，

由于硬度不够很容易有坑纹，同时在注塑时也易有花痕，要经常抛光，所以不宜用于透明件。此钢大多数用于需要防锈功能的模具上，例如有腐蚀塑胶料，如 PVC、V1、V2、V0 类，此钢用在塑胶模具上常用的品牌：一胜百（ASSAB）S-136H，出厂硬度为 290～330HB；德胜钢厂（THYSSEN）GS316（265～310HB）、GS316ESR（30～34HRC）、GS083M（290～340HB）、GS128H（38～42HRC）；日本大同（DAIDO）PAK90（300～330HB）。

14.3.7　X 38 Cr Mo 51 热作钢

美国 AISI H11，欧洲 DIN 1.2343。此钢出厂硬度为 210～230HB，需要热处理，一般应用硬度为 50～54HRC。据钢厂的资料显示，此钢比 1.2344（H13）韧性略高，在欧洲采用比较多，常用此钢做定模及动模镶件。由于在亚洲及美洲地区此钢不甚普及，所以品牌不多，只有 2～3 个品牌在香港，广东采用最多的是德胜钢厂（THYSSEN）的 GS343 EFS，此钢可氮化处理。

14.3.8　S 7 重负荷工具钢

S7 为重负荷工具钢，其韧性和耐磨性远远高于 8407 和 1.2344，深受美国客户重视。出厂硬度为 200～225HB，需要热处理，应用硬度为 54～58HRC。此钢一般是美国客户要求采用在定及动模镶件及滑块也有，欧洲及华南地区应用不太普遍。常用的品牌有一胜百（ASSAB）COMPAX-S7 及德胜钢厂（THYSSEN）GS307。

S7 钢是美国 ASTM 标准中重负荷工具钢和中碳合金工具钢。该钢铬含量较高，有较好的耐回火性和抗高温氧化性。轧态的棒料经退火软化处理后，其原始组织为（F+C），需在热处理后使用，使用硬度为 54～58HRC。供货状态为退火态，硬度为 200～225HBW。该钢典型化学成分（质量分数）举例：$\omega_C = 0.51\%$、$\omega_{Si} = 0.30\%$、$\omega_{Mn} = 0.66\%$、$\omega_S = 0.007\%$、$\omega_P = 0.009\%$、$\omega_{Mo} = 1.40\%$、$\omega_{Cr} = 3.18\%$、$\omega_V = 0.23\%$。退火规范：退火温度 810～830℃，以 15～30℃/h 的冷却速度冷却，软化效果最好。淬火、回火规范：淬火温度 850～880℃，回火温度 550℃。典型应用举例：

① 承受重载荷的模具钢。
② 用于热固性塑料模具、高温热固性塑料模具、长寿命热塑性塑料模具。
③ 用于定模、动模及滑块镶件等。

14.3.9　X 155 Cr Mo V12-1 冷作钢

中国 GB 标准牌号 Cr12Mo1V1，美国编号 AISI D2，欧洲编号 DIN 1.2379，日本编号 JIS SKD11，出厂硬度为 240～255HB，应用硬度 56～60HRC，可氮化处理。此钢多数用在模具的滑块上（日本客户比较多用）。品牌有一胜百（ASSAB）XW-41、大同钢厂（DAIDO）DC-53/DC11、德胜钢厂（THYSSEN）GS-379。SKD11 最大的特性就是热处理后滑动摩擦系数较小，多用于滑块的导滑部位。

14.3.10　100 Mn Cr W4 & 90 Mn Cr V 8 油钢

AISI 01，DIN 1.2510 & AISI 02，DIN 1.2842。出厂硬度 220～230HB，要热处理，应用硬度 58～60HRC。此钢一般用在塑胶模具滑块的耐磨板及垃圾钉上，品牌有一胜百

(ASSAB)，DF2，德胜（THYSSEN）GS-510 及 GS-842，龙记（LKM）2510。

14.3.11　VIKING 钢

① 材料的特性。该钢是一种油冷、气冷硬化冷作模具钢和多用途高合金模具钢。该钢具有高耐磨性、高韧性、热处理变形小、韧性与耐磨性兼备、热处理尺寸稳定、可加工性和耐磨加工性能良好等特点，常用硬度 52～58HRC。

② 供货状态。硬度为 225HBW。

③ 化学成分。该钢典型化学成分（质量分数）举例：$\omega_C = 0.50\%$、$\omega_{Cr} = 8.00\%$、$\omega_{Mo} = 1.50\%$、$\omega_V = 0.50\%$。

④ 参考对应牌号。瑞典 UDDEHOLM 的 VIKING 专利钢、瑞典一胜百标准牌号 VIKING、德国 DIN 标准牌号 1.2767。

⑤ 普通淬火、回火规范。淬火温度 1025℃，回火温度 180℃/250℃/300℃，硬度 59HRC/57HRC/57HRC。

⑥ 典型应用举例：

a. 用于精冲模、切边模、拉深模、冷锻模、摆辗模、轧制模、形状复杂的冷挤模、制管拉深模。用于塑胶模的插接件注塑模具中，主要用来制作细小镶件，具有韧性好、长寿命的特点。

b. 用作具有高耐磨性和高韧性的多用途高合金模具钢。

c. 主要用于高载荷冲压模、成型模、磨损性塑料成型模等。

d. 高速冲压模具。

14.3.12　SKH51 钢

① 材料的特性。

SKH51 钢是国际通用的日本钨钼系韧性高速工具钢。该钢的碳化物颗粒细小均匀，具有韧性高、耐冲击、可加工性优良、热塑性好等特点，具有良好的耐磨性能，尤其是可抵抗 600℃ 高温不易软化，热硬性良好，硬度可达 64HRC，耐磨性比高铬钢高 2 倍，韧性强 1.5 倍，但热处理工艺难度较大、成本高。

② 供货状态。退火态，硬度≤240HBW。

③ 化学成分。该钢典型化学成分（质量分数）举例：$\omega_C = 0.80\% \sim 0.90\%$、$\omega_{Si} \leqslant 0.40\%$、$\omega_{Mn} \leqslant 0.40\%$、$\omega_{Cr} = 3.8\% \sim 4.5\%$、$\omega_{Mo} = 4.5\% \sim 5.5\%$、$\omega_W = 5.5\% \sim 6.7\%$、$\omega_V = 1.6\% \sim 2.2\%$。

④ 参考对应牌号。美国 AISI 标准牌号 M2、德威 GS 标准牌号 GS388、日本 JIS 标准牌号 SKH51。

⑤ 淬火、回火规范。淬火温度 1210℃，空气或盐浴冷却，回火温度 560℃，回火三次，均热后保温 1h，硬度 64HRC。

⑥ 典型应用举例：

a. 高使用寿命冷冲模、高速冲裁模；

b. 厚度≤6mm 硅钢片、不锈钢片及高碳钢片冲剪、精密冲模、冲头；

c. 各种高精度、高使用寿命耐磨损标准冲头、特殊冲头及搓丝工具等制品；

d. 适宜制作各种成型工具，如冷挤压头、挤压模、高使用寿命冲模；

e. 高精密塑料模具，长寿命塑料注塑模具的顶针和司筒常采用 SKH51 制作。

14.3.13　BeCu 铍铜

此材料一般用在塑胶模具难以做冷却的位置上，因为铜的散热效果比钢快很多，品牌有 MOLDMAX 30/40，硬度分别为 26～32HRC 及 36～42HRC，德胜（B2）出厂硬度为 35HRC。

14.3.14　AMPCO 940 合金铜

此材料出厂硬度为 210HB，用在模具上难以做冷却的地方上，散热效果也很理想，只是较铍铜软一些，强度没有铍铜那么好，产量不大的模具也可考虑采用。

14.4　模具材料选择要点

模具镶件材料应具备的性能主要有四个方面：硬度、耐磨性、强度和韧性、耐蚀性。模具镶件材料主要根据塑料制品的批量、塑料类别来确定。制品为一般塑料，例如 ABS、PP、PC 等塑料，通常选用 P20 等类型的预硬化模具钢，若制品批量较大，需要制作硬模，则应选用淬火回火钢，如 H13 等。高光洁度或透明的塑料制品，例如 PMMA、PS、AS、PC 等塑料，主要选用 420 等类型的耐蚀不锈钢。含有玻璃纤维增强的塑料制品，主要选用 H13 等类型的具有高耐磨性的淬火钢。当制品的材料为 PVC、POM 或含有阻燃剂时，主要选用耐蚀不锈钢，如 420SS 等。另外，对于出口模具，一定按照客户模具设计式样书指定的材料设计制作。

14.5　不同厂家模具钢材性能

国内常见的进口塑料模具钢材很多，瑞典一胜百（ASSAB）模具钢材性能见表 14-1，奥地利百禄模具钢材性能见表 14-2，美国芬克乐模具钢材性能见表 14-3，日本大同、日立模具钢材性能见表 14-4，德国撒斯特模具钢材性能见表 14-5，世界各国主要模具钢材对照表见表 14-6。

表 14-1　瑞典一胜百（ASSAB）模具钢材性能

钢材编号	特性	出厂状态	化学成分/%									钢材用途
			碳 C	铬 Cr	钼 Mo	锰 Mn	镍 Ni	钨 W	钒 V	硅 Si	铝 Al	
618	塑料模钢	预硬化 30～35HRC	0.38	1.9	0.15	1.4						高抛光度及高要求内模件，适合 PA、POM、PS、PE、PP、ABS 塑料
718S	塑料模钢	预硬化 30～35HRC	0.38	2.0	0.2	1.4	1.0			0.3		高抛光度及高要求内模件，适合 PA、POM、PS、PE、PP、ABS 塑料
718H	塑料模钢	预硬化 35～38HRC	0.38	2.0	0.2	1.4	1.0			0.3		高抛光度及高要求内模件，适合 PA、POM、PS、PE、PP、ABS 塑料

钢材编号	特性	出厂状态	化学成分/%									钢材用途
			碳	铬	钼	锰	镍	钨	钒	硅	铝	
			C	Cr	Mo	Mn	Ni	W	V	Si	Al	
S136	防酸镜面模钢	退火至215HB	0.38	13.6		0.5			0.3	0.9		镜面模，防酸性高，可避免运水孔锈蚀，适合PVC、PP、EP、PC、PMMA塑料
S136H	防酸镜面模钢	预硬化30～35HRC	0.38	13.6		0.5			0.3	0.9		
8407	压铸模钢	退火至185HB	0.39	5.3	1.3	0.4			0.9	1.0		金属压铸、挤压模，PA、POM、PS、PE、EP塑料模具
DF-2	不变形油钢	退火至190HB	0.95	0.6		1.2		0.6	0.1			薄片冲压、首饰印花模
XW-5	耐磨高铬钢	退火至240HB	2.05	12.5		0.8		1.3		0.3		不锈钢、硅钢片冲压模、拉伸模
QR090	高温热作钢	退火至180HB	0.38	2.6	2.25				0.9			铜合金高温热压、挤压、热锻模
XW-41	特高韧性铬钢	退火至210HB	1.55	11.8	0.8	0.3			0.8			螺钉滚丝板，冷挤压成型模

表 14-2　奥地利百禄模具钢材性能

钢材编号	特性	出厂状态	化学成分/%									钢材用途
			碳	铬	钼	锰	镍	钨	钒	硅	铝	
			C	Cr	Mo	Mn	Ni	W	V	Si	Al	
M201	塑料模钢	预硬化30～34HRC	0.4	2.0	0.2	1.5				0.3		一般要求的塑料模具
M202	塑料模钢	预硬化30～34HRC	0.4	2.0	0.2	1.5				0.3		一般要求的塑料模具
M238	塑料模钢	预硬化31～35HRC	0.4	2.0	0.2	1.5	1.1			0.3		高要求的塑料模，抛光性能极佳
M300	防酸镜面模钢	预硬化31～35HRC	0.38	16.0	1.2	0.7	0.8			0.3		防酸及需镜面抛光的模具
M310	防酸镜面模钢	退火至225HB	0.43	13.5		0.36				0.36		防腐蚀及需镜面抛光的模具，如PVC等
W302	压铸模钢	退火至235HB	0.4	5.0	1.3	0.4			1.1	1.0		铝、锌合金压铸模具
K460	不变形油钢	退火至225HB	0.95	0.5		11		0.5	0.1	0.3		各类五金冲压模具及木工切削工具
K110	特高韧性铬钢	退火至225HB	1.55	11.5	0.7	0.4			1.0	0.3		重负荷冲压模、冲不锈钢、铜、硅钢片、铝片等
K100	耐磨铬钢	退火至250HB	2.0	11.5		0.32				0.2		重型五金冲压模
S600	高速度钢	退火至240～300HB	0.9	4.0	5.0	0.3		6.5	1.8	0.2		韧性精密耐磨冷冲模及刀具

表 14-3　美国芬克乐模具钢材性能

钢材编号	特性	出厂状态	化学成分/%									钢材用途
			碳	铬	钼	锰	镍	钨	钒	硅	铝	
			C	Cr	Mo	Mn	Ni	W	V	Si	Al	
P20HH	预硬塑料模钢	预硬化 33～37HRC	0.33	1.85	0.5	0.9	0.6			0.3		高抛光度,高硬度,适合 PA、POM、PS、PE、PP、ABS 塑料
P20LQ	预硬塑料模钢	预硬化 33～37HRC	0.33	1.80	0.5	0.8	0.45			0.45		适用于表面光洁度镜面级而无须注塑酸性塑料的模具
P20	塑料模具钢	预硬化 290～330HB	0.33	1.79	0.49	0.78	0.42			0.41		一般要求的塑料模具
420	防酸模具钢	退火至 215～240HB	0.38	13.0			0.5					适合防锈的模具
420H	预硬防酸模具钢	预硬化 290～330HB	0.38	13.0		0.50						适合防锈的模具
H13	压铸模钢	退火至 230HB	0.37	5.0	1.3	0.50			1.0	0.9		铝、镁、锌合金压铸模具

表 14-4　日本大同、日立模具钢材性能

钢材编号	特性	出厂状态	化学成分/%									钢材用途
			碳	铬	钼	锰	镍	钨	钒	硅	铝	
			C	Cr	Mo	Mn	Ni	W	V	Si	Al	
SLD (SKD11)	高碳、高铬钢,耐磨性及韧性极高	退火至 255HB	1.50	12	1.0	0.45			0.35	0.25		各种冷模,成型轧辊,剪刀,形状繁杂的冷压工具,塑料模具
DAC (SKD61)	压铸模具钢	退火至 230HB	0.39	5.20	1.4	0.4			0.8	1.0		铝、镁、锌合金压铸模具
DC53 (SLD8)	韧性铬钢	退火至 HB210										冷挤压成型模,高硬度材料冲裁模
DC11	韧性铬钢	退火至 255HB	1.6	13.0	1.2	0.6	0.5		0.5	0.4		冷挤压成型模,高硬度材料冲裁模
FDAC (DH2F)	压铸模具钢	预硬化 40～44HRC	0.38	5.3	1.4	0.65			0.55	1.0		无须热处理,直接用于铝、镁、锌合金压铸模具
NAK80	塑料模具钢	预强韧化 400HB	0.12				3.30			0.35	0.95	高硬度,镜面效果特佳,放电性能良好,焊接性能极佳
PAK90 (HPM38)	防酸镜面模具钢	预硬化 31～35HRC	0.38	13.5	0.1				0.3	0.9		精密塑料模,高镜面度模具
SKH-9 (YXM1)	高速钢	退火至 240～300HB	0.85	4.0	5.0	0.45		6.2	2.0	0.45		各种耐磨耐冲击工具,高级冲压模具
SGT	不变形油钢	退火至 190HB	0.95	12.0	0.75	1.05		0.75		0.25		精密工具,仪器,木工刀具,各种冲压模具
YCS3 (YK30)	高碳素钢	退火至 230HB	1.05	0.30		0.8				0.35		机械零件,五金模垫板等

钢材编号	特性	出厂状态	化学成分/%									钢材用途
			碳	铬	钼	锰	镍	钨	钒	硅	铝	
			C	Cr	Mo	Mn	Ni	W	V	Si	Al	
PX5 (PX88)	预硬塑料模钢	预硬化 30~35HRC	0.3	2.50	0.40	0.9	0.30		0.15	0.5		良好抛光性能的塑料模具钢
HPM7	预硬塑料模钢	预硬化 30~35HRC	0.30	2.50	0.40	0.90	0.30		0.15	0.5		大型模具,具有良好抛光性能
MUP	预硬塑料模钢	预硬化 30~35HRC	0.34	1.8	0.4	0.5	0.5			0.8		高质长期生产塑料模具
H3100	纯红铜	75~120HV										电蚀电极

表 14-5 德国撒斯特模具钢材性能

钢材编号	特性	出厂状态	化学成分/%									钢材用途
			碳	铬	钼	锰	镍	钨	钒	硅	铝	
			C	Cr	Mo	Mn	Ni	W	V	Si	Al	
2311	预硬塑料模钢	预硬化 30~34HRC	0.37	1.9	0.2	1.45						一般要求塑料模具
2738(H)	预硬塑料模钢	预硬化 30~34HRC (34~38 HRC)	0.37	2.0	0.4	1.1	1.0					高韧性塑料模具
2316	防酸模具钢	预硬化 265~310HB	0.4	16.0	1.0	0.5	1.0					防酸模具钢,适合 PVC、POM、CA
2316H	防酸模具钢	预硬化 30~34HRC	0.4	16.0	1.0	0.5	1.0					防酸模具钢,适合 PVC、POM、CA
2083	防酸模具钢	退火至 215~240HB	0.43	13.0	1.0	0.3						防酸模具钢,适合 PS、SAN 等
2083H	防酸模具钢	退火至 280~310HB	0.43	13.0	1.0	0.3						防酸模具钢,适合 PS、SAN 等
2344	压铸模钢	退火至 225HB	0.38	5.0	1.3	0.4			1.0	1.0		塑料模及铝、镁、锌压铸模
2510	不变形油钢	退火至 230HB	0.93	0.6		1.1		0.6	0.1			冷冲压模及木工切割工具
2379	韧性铬钢	退火至 225HB	1.55	12.0	0.7				1.0			精密冲压模、高硬度材料冲裁模

表 14-6 各国主要模具钢材牌号对照表

模具钢种类	美国	瑞典	奥地利百禄	日本 (JIS)	日本大同	德国 (DIN)	德胜 GS
塑料模具钢	P20	618	M201/M202		PDX1/PDX3	1.2311	GS-2311/GS-2312
	P20+Ni	718	M238		PDX5	1.2738	GS-738
	420	S136	M310		S-STAR	1.2083	GS-083
	420	168/S136 改良	M300		G-STAR	1.2316	GS-316
	P21				NAK80		GS-808
冷作模具钢	D2	XW-41	K110			1.2379	GS-379
		XW-42		SKD11	DC-11/ SLD		

模具钢种类	美国	瑞典	奥地利百禄	日本 （JIS）	日本大同	德国 （DIN）	德胜 GS
冷作模具钢	A8 改良	ASSAB88	K340		DC-53/ SLD8		GS-821
	A2	XW-10		SKD12	DC-12/ SLD		GS-821
	O1	DF-2	K460	SKS3	GOA	1.251	GS-2510
				SKS93	YK30/ YCS3		
热作模具钢	H13	8407	W302	SKD61	DAC/DHA1	1.2344	GS-344
	H13＋S				FDAC/DH2F		
	QRO-90	W303			DF71/DAC55		GS-344

14.6 出口模具常用钢材

14.6.1 出口日本模具钢材

出口日本的模具，需要选择日本的模具钢材。由于日本产品更新换代较快，模具多采用软模，即钢材以预硬化钢材为主。通常最常用的模具钢材就是型腔用 NAK80，型芯用 NAK55，蚀纹采用日本妮红蚀纹。普通模具的顶针采用 SKD61 顶针，高温模具采用 SKH51 高速钢顶针。

14.6.2 出口欧洲模具钢材

德国在 20 世纪 50 年代就已经建立了自己的模具标准体系。欧洲注塑模具最常用的是德国的 HASCO 标准、STRACK 标准、EOC 标准，英国的 DMS 标准，美国的 DME 欧洲规格（公制标准件），法国的 ROUBARDIN 标准和奥地利的 MEUSBURGER 标准，其中最著名的就是德国的 HASCO 标准。欧洲的模具具有高效、精密和长寿命的优势，而决定模具可靠性的最重要的因素除了模具设计和模具保养外，还取决于模具钢材和热处理方法以及模具的加工工艺。一套优质的模具应该充分了解和满足客户的需求并且是符合客户理念的，是为不同客户的不同产品而量身定制的解决方案。

欧洲的注塑模具，其前后模仁一般都需要热处理，俗称硬模。前后模仁常用的钢材是 DIN 1.2343 和 DIN 1.2344，两者都属于欧洲常用的标准热作模具钢。DIN 1.2343 的热处理硬度是 50～54HRC，适用于有腐蚀性要求的模仁和滑块，有高的抛光要求时用 DIN 1.2343 ESU。DIN 1.2344 的热处理硬度是 48～52HRC，适用于有高的耐磨性要求的模仁和滑块，特别是玻璃纤维含量比较高的塑料，其韧性比 DIN 1.2343 略低。DIN 1.1730 相当于我国的 45 号或 50 号碳素钢，适合制造不受力或者不重要的零件。DIN 1.2312 属于预硬化钢材，一般不适宜热处理，但是可以氮化。常用来制作模胚的 A/B 板，支撑柱（撑头）和顶棍等。DIN 1.2767 适于制作小镶件或者滑块和斜顶等其他移动部件。DIN 1.2842 用于制作滑块压条和耐磨板等零件，热处理 48～52HRC，并氮化，氮化层厚度 0.2～0.4mm。以上钢材的用途如图 14-1 所示。

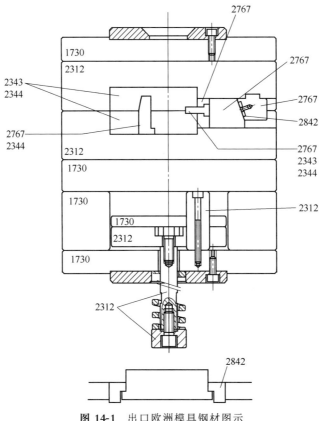

图 14-1 出口欧洲模具钢材图示

14.6.3 出口美国模具钢材

14.6.3.1 一般要求

美国的注塑模具，其前后模仁通常都需要热处理，热处理硬度 45HRC 以上，因而俗称硬模。模仁硬度的确定原则是根据分型面的合模应力。当分型面的合模应力在 $3.5t/in^2$ 以下时，可以选择硬度在 45HRC 以下的预硬化模具钢材，当分型面的合模应力在 $5t/in^2$ 以上时，选择的钢材硬度必须在 45HRC 以上。前后模仁最常用的钢材是 H13 和 S7，H 系列钢材属于高温模具钢，具有良好的硬度、耐磨性以及承受高压和间歇冲击的能力，H13 的热处理硬度为 $48\sim52$HRC。S 系列钢材属于抗冲击模具钢，有 7 个钢种，即 S1～S7，含碳量 $0.4\%\sim0.6\%$，塑胶模最常用的就是 S7，其化学成分为 $\omega_C=0.45\sim0.55$、$\omega_{Mn}=0.20\sim0.90$、$\omega_P\leqslant0.030$、$\omega_S\leqslant0.030$、$\omega_{Si}=0.20\sim1.00$、$\omega_{Cr}=3.00\sim3.50$、$\omega_V\leqslant0.35$、$\omega_{Mo}=1.30\sim1.80$，由于 S7 属于铬钼合金钢材，是有高耐冲击和韧性的特殊性质组合的钢材，并且具有容易加工和热处理的特性，所以广泛应用于前后模仁（50～54HRC），同时特别适合制作比较小的滑块镶件或前后模仁镶件（54～56HRC）。O1 钢材是美国标准不变形油钢，最佳油淬硬化工具钢，热处理硬度可达 58～62HRC。该钢有较好的加工性能、耐磨性佳、热处理性能稳定和尺寸变形小，但韧性及耐腐蚀能力较弱，广泛应用于滑块压条、耐磨板等辅助零件中。美国塑胶模具常用的钢材如图 14-2 所示。

14.6.3.2 DME 模架钢材

DME 模架钢材性能如表 14-7 所示。

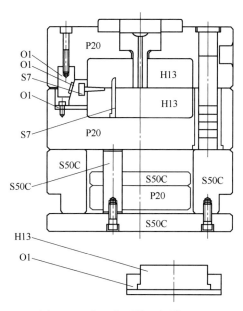

图 14-2 出口美国模具钢材图示

表 14-7 DME 模架钢材性能表

DME 牌号	对应其他标准	抗拉强度 /(N/mm²)	化学成分	性能与应用
DME1	C45W 1.1730	640MPa	$\omega_C=0.45$ $\omega_{Si}=0.30$ $\omega_{Mn}=0.70$	非合金工具钢。不易硬化,易于加工。用于模具和简单的结构部件
DME3	40 Cr Mn Mo S 86 1.2312	1050MPa	$\omega_C=0.40$ $\omega_{Mn}=1.50$ $\omega_{Mo}=0.20$ $\omega_{Si}=0.40$ $\omega_{Cr}=1.90$ $\omega_S=0.07$	低合金预热处理工具钢。良好的机械加工性能。不需要热处理。可以氮化
DME4	21 Mn Cr 5 1.2162	590MPa	$\omega_C=0.21$ $\omega_{Mn}=1.20$ $\omega_{Si}=0.30$ $\omega_{Cr}=1.20$	表面硬化工具钢,适用于高表面硬度的滚齿加工。用于注塑模具镶件
DME5	X 40 Cr Mo V 51 1.2344	750MPa	$\omega_C=0.40$ $\omega_{Mn}=0.40$ $\omega_{Mo}=1.30$ $\omega_{Si}=1.00$ $\omega_{Cr}=5.20$ $\omega_V=1.00$	中合金热作模具钢。抗热冲击和耐热疲劳。可以热处理。用于注塑和压铸模具
DME6	X 45 Ni Cr Mo 4 1.2767 D-M-E6(ESU) 1.2767(ESU)	830MPa	$\omega_C=0.45$ $\omega_{Cr}=1.40$ $\omega_{Ni}=4.00$ $\omega_{Mo}=0.30$ $\omega_{Si}=0.20$ $\omega_{Mn}=0.30$	全硬化工具钢。高抛光度。韧性和冲击性好,抵抗力强,可制作高标准注塑模具

DME 牌号	对应其他标准	抗拉强度 /(N/mm²)	化学成分	性能与应用
DME7	40 Cr Mn Mo 7 1.2311	1050MPa	$\omega_C=0.40$ $\omega_{Si}=0.40$ $\omega_{Mn}=1.50$ $\omega_{Cr}=1.90$ $\omega_{Mo}=0.20$	低合金预热处理工具和型腔钢。适用于软模。可以镀硬铬和氮化。可以达到高要求型腔和型芯表面
DME9	≈45 Ni Cr 6 ≈1.2738 Impax® Supreme	1050MPa 290～330HB	$\omega_C=0.37$ $\omega_{Si}=0.30$ $\omega_{Mn}=1.40$ $\omega_{Cr}=2.00$ $\omega_{Ni}=1.00$ $\omega_{Mo}=0.20$ $\omega_S=0.008$	真空脱气 Cr、Ni、Mo 钢。适用于软模。优异的抛光和蚀纹性能，良好机械加工性能。纯度高，均匀性好。所有尺寸硬度均匀。最高表面要求的注塑模具型腔用钢
DME10	≈X 36 Cr Mo 17 ≈1.2316 Ramax® S	1150MPa ≈340HB	$\omega_C=0.33$ $\omega_{Si}=0.35$ $\omega_{Mn}=1.35$ $\omega_{Cr}=16.70$ $\omega_V=0.12$	铬合金不锈钢具有优良的机械加工性能。很好的耐蚀性。所有尺寸硬度均匀。良好的压痕抵抗。不建议将 Ramax® S 用于模具镶件
DME11	≈X 42 Cr 13 ≈1.2083 Stavax® ESU	～720MPa ≈200HB	$\omega_C=0.38$ $\omega_{Si}=0.9$ $\omega_{Mn}=0.5$ $\omega_{Cr}=13.6$ $\omega_V=0.3$	铬合金不锈钢工具钢。良好的耐蚀性和耐磨性。抛光性好。良好的机械加工性和硬化稳定性。极好的型腔制造钢
DME20	X42Cr13 1.2083	～720MPa	$\omega_C=0.42$ $\omega_{Cr}=13.0$	铬合金不锈钢工具钢。良好的耐腐性和耐磨性。抛光性好。良好的可加工性。极好的型腔制造钢
DME21	X 155 CrVMo 12 1 1.2379	～850MPa	$\omega_C=1.55$ $\omega_{Cr}=12.0$ $\omega_{Mo}=0.7$ $\omega_V=1.0$	12%莱氏铬钢。最大的耐磨性，良好的韧性。最尖端的耐久性和抗回火性,特殊热处理后可氮化
DME22	X 210 CrW 12 1.2436	～830Mpa	$\omega_C=2.10$ $\omega_{Cr}=12.0$ $\omega_W=0.7$	12%莱氏铬钢。最大耐磨性,最佳的韧性
DME23	90 MnCrV 8 1.2842	～750MPa	$\omega_C=0.9$ $\omega_{Mn}=2.0$ $\omega_{Cr}=0.4$ $\omega_V=0.1$	良好的锐边具有耐久性。高硬度。热处理后具备良好尺寸稳定性
DME25	X 38 CrMoV 5 1 1.2343	～770MPa	$\omega_C=0.38$ $\omega_{Si}=1.0$ $\omega_{Cr}=5.3$ $\omega_{Mo}=1.3$ $\omega_V=0.4$	具有高温稳定性和良好韧性的热作模具钢。适合渗氮。适合有色金属压铸模具和塑料模具

DME牌号	对应其他标准	抗拉强度/(N/mm²)	化学成分	性能与应用
DME26	X 19 Ni Cr Mo 4 1.2764	～855MPa	$\omega_C=0.19$ $\omega_{Mo}=0.30$ $\omega_{Cr}=1.3$ $\omega_{Ni}=4.1$	非常坚硬的空气硬化表面硬化钢,尺寸变化很小,优异的抛光性能。适于具有复杂雕刻的塑料模具
DME39	X 100 CrMoV 51 1.2363	～770MPa	$\omega_C=1.0$ $\omega_{Si}=0.3$ $\omega_{Cr}=5.3$ $\omega_{Mn}=0.5$ $\omega_{Mo}=1.1$ $\omega_V=0.2$	热处理时尺寸稳定性高。高耐磨性和韧性
DME76	16 MnCr5 1.7131	～700MPa	$\omega_C=0.16$ $\omega_{Mn}=1.15$ $\omega_{Si}=0.28$ $\omega_{Cr}=0.9$	表面硬化工具钢。合适用于表面硬度极高的滚压加工和精整。用于注塑模具镶件

14.6.3.3　按照模具寿命和使用要求选择钢材

模具材料的选用需要考虑模具的分类,一般把模具按使用寿命的长短分五级,一级在百万次以上,二级是 50 万～100 万次,三级在 30 万～50 万次,四级在 10 万～30 万次,五级在 10 万次以下,一级与二级模具都要求采用热处理硬度在 50HRC 左右的钢材,否则容易磨损,注塑出的产品易超差,故所选的钢材既要有较好的热处理性能,又要在高硬度的状态下有良好的加工性能。出口模具的硬模通常选用瑞典的 8407、S136,美国的 420、H13,欧洲的 2316、2344、083,日本的 SKD61、DC53 一类的钢材。

除此外,注塑的原料及其所增加的填料对选用钢材有很大的影响,尤其是玻璃纤维,对模具的磨损大。有些塑胶料有酸腐蚀性,有些因添加了增强剂、防火剂或其他改性剂,选材时要综合考虑。

有强腐蚀性的塑胶一般选 S136、2316、420 一类钢材,弱腐蚀性的除选 S136、2316、420 外,还有 SKD61、NAK80、PAK90、718M。强酸性的塑胶料有 PVC、POM、PBT,弱酸性的塑胶料有 PC、PP、PMMA、PA。产品的外观要求对模具材料的选择亦有很大的影响,透明件和表面要求抛镜面的产品,可选用的材料有 S136、2316、718S、NAK80、PAK90、420,透明度特高的模具应选 S136,其次是 420。

三级模具用预硬料多,牌号有 S136H、2316H、718H、083H,硬度 270～340HB,四五级模具用 P20、718、738、618、2311、2711,对于要求特低的模具,还有可能用到 S50C、45♯钢,即直接在模胚上做型腔。

参 考 文 献

[1] 宋玉恒. 塑料注射模具设计实用手册 [M]. 北京：航空工业出版社，1994.

[2] 齐卫东. 简明塑料模具设计手册 [M]. 北京：北京理工大学出版社，2008.

[3] 张维合. 注塑模具设计实用手册 [M]. 北京：化学工业出版社，2011.

[4] 赵龙志，赵明娟，付伟. 现代注塑模具设计实用技术手册 [M]. 北京：机械工业出版社，2013.

[5] 李德群，唐志玉. 中国模具工程大典：第三卷 [M]. 北京：电子工业出版社，2007.

[6] 刘朝福. 注塑模具设计师速查手册 [M]. 北京：化学工业出版社，2010.

[7] 王鹏驹，唐志玉. 塑料模具设计手册 [M]. 北京：机械工业出版社，2005.

[8] 陈治良. 现代涂装手册 [M]. 北京：化学工业出版社，2010.

[9] 齐贵亮. 塑料模具成型新技术 [M]. 北京：机械工业出版社，2011.

[10] H. 瑞斯. 模具工程 [M]. 朱元吉，译. 2 版. 北京：化学工业出版社，2004.

[11] 丹尼尔·弗伦克勒，亨里克·扎维斯托夫斯基. 注射模的热流道 [M]. 徐佩弦，译. 北京：化学工业出版社，2004.

[12] 王建华，徐佩弦. 注射模的热流道技术 [M]. 北京：机械工业出版社，2005.

[13] E. 林纳 P. 恩格. 注射模具 130 例 [M]. 吴崇峰，译. 北京：化学工业出版社，2005.

[14] 徐佩弦. 塑料注射成型与模具设计指南 [M]. 北京：机械工业出版社，2013.

[15] 徐佩弦，张占波，王利军. 热流道注射模塑 [M]. 北京：机械工业出版社，2016.

[16] 塑料模具技术手册编委会. 塑料模具技术手册 [M]. 北京：机械工业出版社，1997.

[17] 申开智. 塑料模具设计与制造 [M]. 北京：化学工业出版社，2006.

[18] T·A·奥斯瓦德，L·特恩格 P·J·格尔曼. 注射成型手册 [M]. 吴其晔，译. 北京：化学工业出版社. 2005. 3

[19] 黄成. 中文版 UGNX 模具设计完全学习手册 [M]. 北京：清华大学出版社，2015.

[20] 廖双泉，赵艳芳，廖小雪. 热塑性弹性体及其应用 [M]. 北京：中国石化出版社，2014.

[21] M·J·戈登. 塑料制品工业设计 [M]. 苑会林，译. 北京：化学工业出版社，2005.

[22] 田书竹. 模具开发实用技术 [M]. 北京：化学工业出版社，2018.

[23] 李小明. 基于绿色设计理念下的模具设计与制造 [J]. 湖南农机，2012，39 (9)：43-44.

[24] 吴成龙. 注塑成型模内组装技术现状与应用 [J]. 塑料制造，2013 (10)：70-74.

[25] 周屹. 基于 3D 打印的叶轮随形冷却模具设计与制造 [J]. 塑料科技，2017，45 (3)：76-80.

[26] 张永辉. 快速换模技术在注塑机上的应用 [J]. 科技企业家，2013 (7)：145.

[27] 钟莫. 专家提出优先发展智能模具 [N]. 中国工业报，2011-03-17 (B03).

[28] 吴成龙，刘斌. 翻盖塑料制品的模内合盖注射模设计 [J]. 模具工业，2013，39 (12)：58-60.

[29] 刘勇. 浅谈日本塑料模具的结构特点 [J]，模具制造，2015 (1)：39-44.

[30] 刘勇. 浅谈欧洲注塑模结构特点 [J]. 模具制造，2015 (4)：1-7.

[31] 刘勇. 轿车电线卡动定模二次顶出注塑模设计 [J]. 模具制造，2015 (5)：49-53.

[32] 刘勇. 打印机支架针阀式热流道模具设计 [J]. 模具制造，2015 (6)：42-47.

[33] 刘勇. 打印机盖板针阀热嘴高光模具设计 [J]. 模具工业：2015，41 (10)：49-52.

[34] 刘勇. 浅谈美国注塑模结构特点 [J]. 模具制造，2015 (10)：62-68.

[35] 刘勇. 挡圈大司筒双顶针板半热流道模设计 [J]. 模具制造，2015 (11)：32-34.

[36] 刘勇. 奶粉罐包边盖注射模设计 [J]. 模具制造，2016 (1)：39-42.

[37] 刘勇. 电子体温计本体注射模设计与制造 [J]. 模具制造，2016 (2)：42-45.

[38] 刘勇. 汽车滤油器盖复杂抽芯注射模设计 [J]. 模具制造，2016 (3)：39-42.

[39] 刘勇. 基于制造工艺的注射模全镶拼结构设计原理 [J]. 模具制造，2016 (8)：46-50.

[40] 刘勇. 鼓粉盒长距离抽芯注射模设计 [J]. 模具制造，2016 (9)：43-48.

[41] 刘勇. 玩具鸟屋注射模设计及改进 [J]. 模具工业，2016，42 (7)：50-56.

[42] 刘勇. 冰箱抽屉注射模设计 [J]. 模具工业，2016，42 (9)：47-50.

[43] 刘勇. 压力容器本体热流道注射模设计 [J]. 模具制造，2017 (3)：50-53.

[44]　刘勇. 浅谈欧洲注射模技术创新 [J]. 模具制造，2017 (5)：43-48.

[45]　刘勇. 打印机磁带盒盖注射模设计 [J]. 模具制造，2017 (6)：45-49.

[46]　刘勇. 染发液瓶盖本体注射模设计 [J]. 模具制造，2017 (7)：35-38.

[47]　刘勇. 斜齿轮轴二次顶出注射模设计 [J]. 模具制造，2017 (9)：43-45.

[48]　刘勇. HVLP 喷枪气帽注射模设计 [J]. 模具工业，2017，43 (7)：52-54.

[49]　刘勇. 路由器底壳注塑模设计 [J]. 模具工业，2017，43 (5)：57-59.

[50]　刘勇. 水流计壳体自动脱螺纹注射模设计 [J]. 模具制造，2018 (6)：52-55.

[51]　刘勇. 汽车电线卡动定模顶出注射模设计 [J]. 模具制造，2018 (12)：43-48.

[52]　刘勇. 石英表机芯支架注射模设计与制造 [J]. 模具制造，2019 (4)：36-39.

[53]　刘勇. 调制解调器外壳注射模设计 [J]. 模具制造，2019 (5)：44-47.

[54]　刘勇，李捷. 电动剃须刀摆臂注塑模设计 [J]. 模具工业，2019，45 (5)：57-59.

[55]　刘勇. 汽车空调管路保持架注塑模具设计 [J]. 模具技术，2018 (6)：18-21.

[56]　刘勇. 全自动注射模内剪切浇口技术研究 [J]. 模具制造，2020 (4)：38-42.

[57]　刘勇. 基于 ARBURG 注塑机双色模具设计及装备制造技术研究 [C]. 模具制造月刊创刊 20 周年论文大奖赛论文集：173-178.